CATIA V5-6 R2014 工程应用精解丛书

CATIA V5-6 R2014
曲面设计实例精解

北京兆迪科技有限公司　编著

机 械 工 业 出 版 社

本书是进一步学习 CATIA V5-6 R2014 曲面设计的高级实例书籍。本书介绍了 13 个经典的实际曲面产品的设计全过程，其中 3 个实例采用目前最为流行的 TOP_DOWN（自顶向下）方法进行设计，这些实例涉及各个行业和领域，选用的实例都是生产一线实际应用中的各种产品，经典而实用。

本书在内容上，针对每一个实例先进行概述，说明该实例的特点，使读者对它有一个整体概念的认识，学习也更有针对性，接下来的操作步骤翔实、透彻，图文并茂，引领读者一步一步地完成设计，这种讲解方法能使读者更快、更深入地理解 CATIA 曲面设计中的一些抽象的概念、重要的设计技巧和复杂的命令及功能，还能使读者较快地进入曲面产品设计实战状态；在写作方式上，本书紧贴 CATIA V5-6 R2014 软件的实际操作界面，使初学者能够直观、准确地操作软件进行学习，从而尽快地上手，提高学习效率。本书附带 1 张多媒体 DVD 学习光盘，制作了 118 个曲面设计技巧和具有针对性的实例教学视频，并进行了详细的语音讲解，时间长达 18 小时以上；光盘中还包含本书所有的范例文件以及练习素材文件。另外，为方便 CATIA 低版本用户和读者的学习，光盘中特提供了 CATIA V5R17、CATIA V5R20 和 CATIA V5R21 版本的素材源文件。

本书内容全面，条理清晰，实例丰富，讲解详细，图文并茂，可作为广大工程技术人员和设计工程师学习 CATIA V5-6 曲面设计的自学教程和参考书，也可作为大中专院校学生和各类培训学校学员的 CAD/CAM 课程上课及上机练习的教材。

图书在版编目（CIP）数据

CATIA V5-6 R2014 曲面设计实例精解/北京兆迪科技有限公司编著. —5 版. —北京：机械工业出版社，2015.5

（CATIA V5-6 R2014 工程应用精解丛书）

ISBN 978-7-111-49923-7

I. ①C… II. ①北… III. ①曲面—机械设计—计算机辅助设计—应用软件—教材 IV. ①TH122

中国版本图书馆 CIP 数据核字（2015）第 073821 号

机械工业出版社（北京市百万庄大街 22 号 邮政编码：100037）

策划编辑：杨民强 丁 锋 责任编辑：丁 锋

责任校对：黄兴伟 封面设计：张 静

责任印制：乔 宇

北京铭成印刷有限公司印刷

2015 年 6 月第 5 版第 1 次印刷

184mm×260 mm ·23.5 印张 ·439 千字

0001—3000 册

标准书号：ISBN 978-7-111-49923-7

ISBN 978-7-89405-756-3（光盘）

定价：59.80 元 （含多媒体 DVD 光盘 1 张）

凡购本图书，如有缺页、倒页、脱页，由本社发行部调换

电话服务

服务咨询热线： 010-88361066

读者购书热线： 010-68326294

010-88379203

网络服务

机工官网：www.cmpbook.com

机工官博：weibo.com/cmp1952

金书网：www.golden-book.com

教育服务网：www.cmpedu.com

前　言

CATIA 是法国达索（Dassault）系统公司的大型高端 CAD/CAE/CAM 一体化应用软件，在世界 CAD/CAE/CAM 领域中处于领导地位，其内容涵盖了产品从概念设计、工业造型设计、三维模型设计、分析计算、动态模拟与仿真、工程图输出到生产加工成产品的全过程，应用范围涉及航空航天、汽车、机械、造船、通用机械、数控（NC）加工、医疗器械和电子等诸多领域。

曲面建模与设计是产品设计的基础和关键，要熟练掌握使用 CATIA 对各种曲面零件的设计，只靠理论学习和少量的练习是远远不够的。编著本书的目的正是为了使读者通过书中的经典实例，迅速掌握各种曲面零件的建模方法、技巧和构思精髓，使读者在短时间内成为一名 CATIA 曲面设计高手。

本书是进一步学习 CATIA V5-6 R2014 曲面设计的高级实例书籍，其特色如下。

- 本书介绍了 13 个经典的实际曲面产品的设计全过程，其中 3 个实例采用目前最为流行的 TOP_DOWN（自顶向下）方法进行设计，令人耳目一新，对读者的实际设计具有很好的指导和借鉴作用。
- 讲解详细，条理清晰，图文并茂，保证自学的读者能够独立学习书中的内容。
- 写法独特，采用 CATIA V5-6 R2014 软件中真实的对话框、按钮和图标等进行讲解，使初学者能够直观、准确地操作软件，从而大大提高学习效率。
- 附加值高，本书附带 1 张多媒体 DVD 学习光盘，制作了 118 个曲面设计技巧和具有针对性实例的教学视频并进行了详细的语音讲解，时间长达 18 小时以上，可以帮助读者轻松、高效地学习。

本书的编写人员主要来自北京兆迪科技有限公司，该公司专门从事 CAD/CAM/CAE 技术的研究、开发、咨询及产品设计与制造服务，并提供 CATIA、ANSYS、ADAMS 等软件的专业培训及技术咨询。

本书由北京兆迪科技有限公司编著，参加编写的人员有詹熙达、王焕田、刘静、雷保珍、刘海起、魏俊岭、任慧华、詹路、冯元超、刘江波、周涛、段进敏、赵枫、邵为龙、侯俊飞、龙宇、施志杰、詹棋、高政、孙润、李倩倩、黄红霞、尹泉、李行、詹超、尹佩文、赵磊、王晓萍、陈淑童、周攀、吴伟、王海波、高策、冯华超、周思思、黄光辉、党辉、冯峰、詹聪、平迪、管璇、王平、李友荣。本书已经过多次校对，如有疏漏之处，恳请广大读者予以指正。

电子邮箱：zhanygjames@163.com

编　者

本 书 导 读

为了能更好地学习本书的知识，请您仔细阅读下面的内容。

读者对象

本书是学习 CATIA V5-6 R2014 产品设计的实例图书，可作为工程技术人员进一步学习 CATIA 的自学教程和参考书，也可作为大中专院校学生和各类培训学校学员的 CATIA 课程上课或上机练习教材。

写作环境

本书使用的操作系统为 64 位的 Windows 7，系统主题采用 Windows 经典主题。本书采用的写作蓝本是 CATIA V5-6 R2014。

光盘使用

为方便读者练习，特将本书所有素材文件、已完成的实例文件、配置文件和视频语音讲解文件等放入随书附带的光盘中，读者在学习过程中可以打开相应素材文件进行操作和练习。

本书附赠多媒体 DVD 光盘 1 张，建议读者在学习本书前，先将光盘中的所有文件复制到计算机硬盘的 D 盘中。在 D 盘上 cat2014.7 目录下共有 3 个子目录。

（1）work 子目录：包含本书的全部已完成的实例文件。

（2）video 子目录：包含本书讲解中的视频文件（含语音讲解）。读者学习时，可在该子目录中按顺序查找所需的视频文件。

（3）before 子目录：包含了 CATIA V5R17 、CATIA V5R20 和 CATIA V5R21 版本范例文件以及练习素材文件，以方便 CATIA 低版本用户和读者的学习。

光盘中带有“ok”后缀的文件或文件夹表示已完成的范例。

本书约定

- 本书中有关鼠标操作的简略表述说明如下。
  - ☑ 单击：将鼠标指针移至某位置处，然后按一下鼠标的左键。
  - ☑ 双击：将鼠标指针移至某位置处，然后连续快速地按两次鼠标的左键。
  - ☑ 右击：将鼠标指针移至某位置处，然后按一下鼠标的右键。
  - ☑ 单击中键：将鼠标指针移至某位置处，然后按一下鼠标的中键。
  - ☑ 滚动中键：只是滚动鼠标的中键，而不能按中键。
  - ☑ 选择（选取）某对象：将鼠标指针移至某对象上，单击以选取该对象。
  - ☑ 拖移某对象：将鼠标指针移至某对象上，然后按住鼠标的左键不放，同时移动鼠标，将该对象移动到指定的位置后再松开鼠标的左键。

- 本书中的操作步骤分为 Task、Stage 和 Step 三个级别，说明如下。
  - ☑ 对于一般的软件操作，每个操作步骤以 Step 字符开始。
  - ☑ 每个 Step 操作视其复杂程度，其下面可含有多级子操作。例如 Step1 下可能包含（1）、（2）、（3）等子操作，（1）子操作下可能包含①、②、③等子操作，①子操作下可能包含 a）、b）、c）等子操作。
  - ☑ 如果操作较复杂，需要几个大的操作步骤才能完成，则每个大的操作冠以 Stage1、Stage2、Stage3 等，Stage 级别的操作下再分 Step1、Step2、Step3 等操作。
  - ☑ 对于多个任务的操作，则每个任务冠以 Task1、Task2、Task3 等，每个 Task 操作下则可包含 Stage 和 Step 级别的操作。
- 由于已建议读者将随书光盘中的所有文件复制到计算机硬盘的 D 盘中，所以书中在要求设置工作目录或打开光盘文件时，所述的路径均以“D：”开始。

技术支持

本书是根据北京兆迪科技有限公司给国内外一些著名公司（含国外独资和合资公司）编写的培训案例整理而成的，具有很强的实用性，其编写人员主要来自北京兆迪科技有限公司，该公司专门从事 CAD/CAM/CAE 技术的研究、开发、咨询及产品设计与制造服务，并提供 CATIA、ANSYS、ADAMS 等软件的专业培训及技术咨询，读者在学习本书的过程中如果遇到问题，可通过访问该公司的网站 http://www.zalldy.com 来获得技术支持。

咨询电话：010-82176248，010-82176249。

目　　录

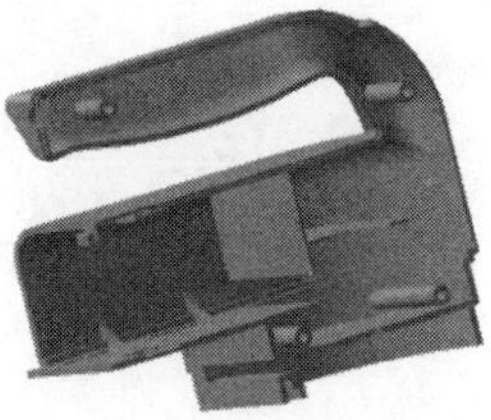

左侧外壳

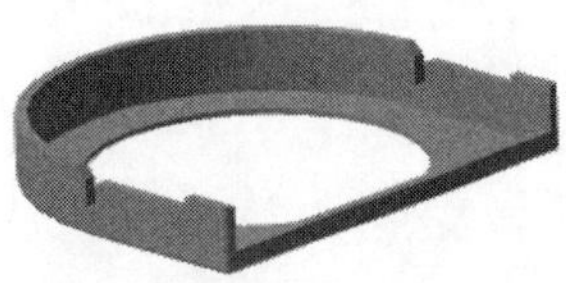

前端盖

组装图

右侧外壳

前端外壳

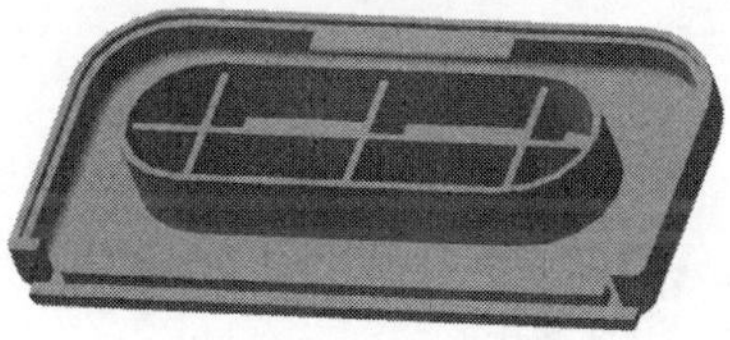

下盖

开关

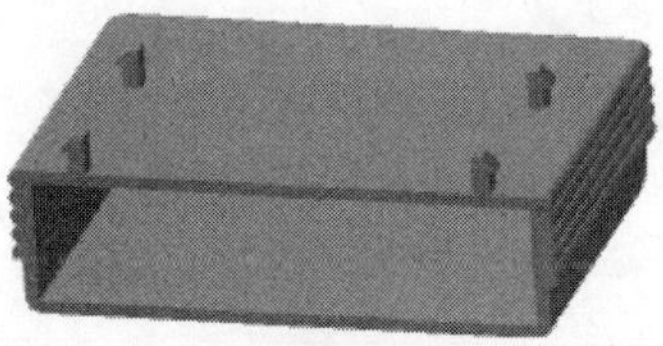

箱体

上盖

齿轮盒

组装图

下盖

前轮

螺旋桨

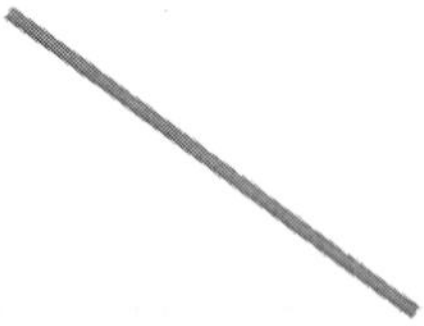
支撑杆 02

支撑杆 01

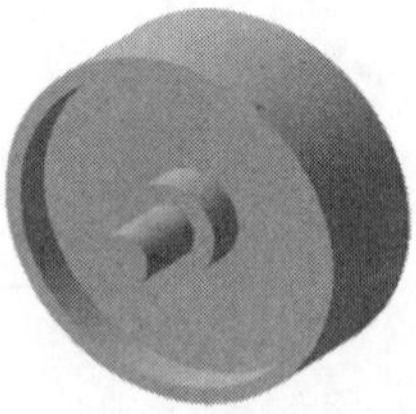
后轮

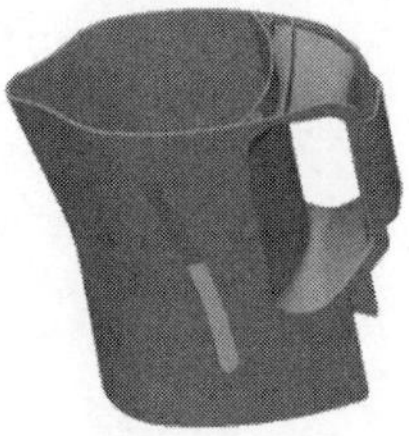
热水壶主体

底座上盖

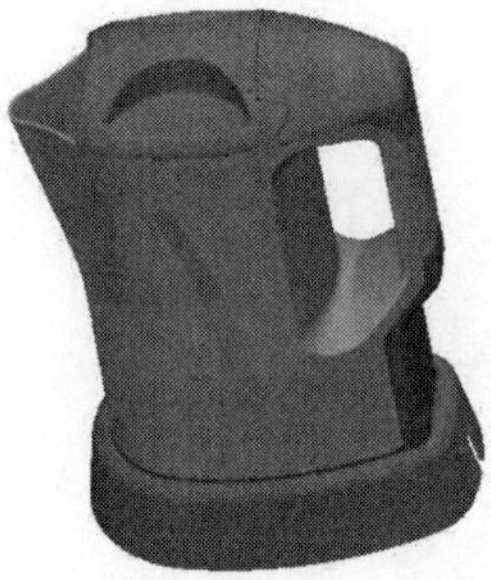
组装图

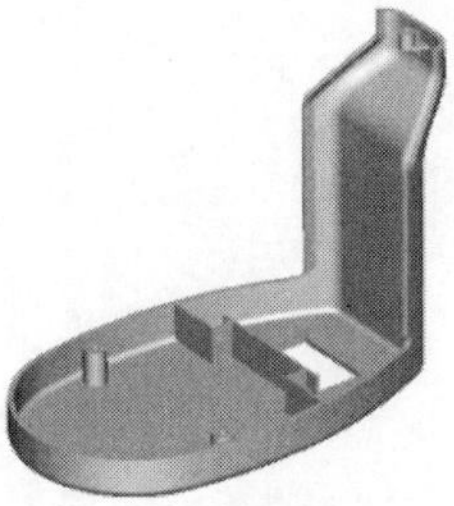
主体底座

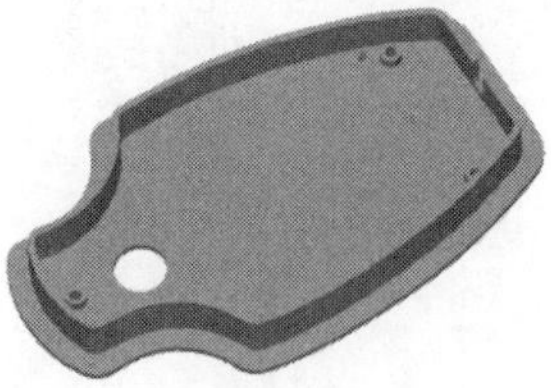
底座下盖

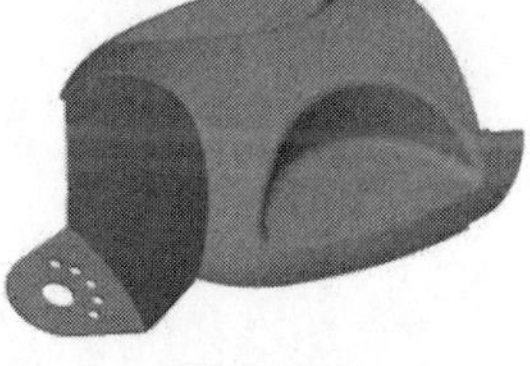
移动上盖

指示灯

固定上盖

刻度条

实例 1 涡　　轮

实例概述：

本实例讲解了涡轮的设计过程，其中使用了一些实体建模的基本命令：旋转、凸台、凹槽和圆形阵列等。零件的设计思路颇为精巧，特别是涡轮的叶片，采用了薄壁凸台的方法，免去了绘制草图的麻烦。零件模型及特征树如图 1.1 所示。

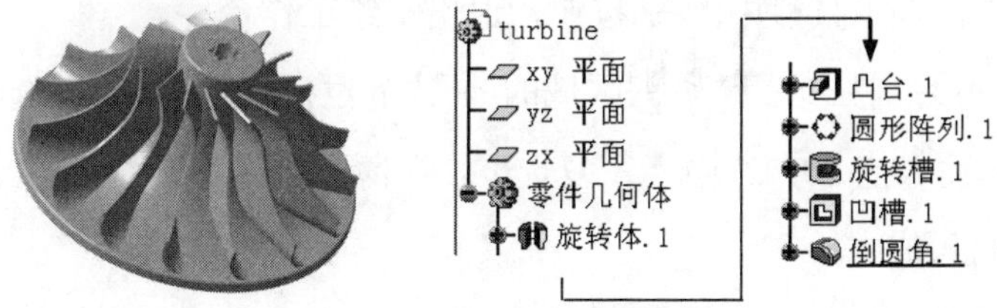

图 1.1　零件模型及特征树

Step1. 新建模型文件。选择下拉菜单 文件 → 新建... 命令；系统弹出“新建”对话框，在 类型列表： 列表框中选择 Part 选项，单击 确定 按钮；在“输入零件名称”文本框中输入名称 turbine，选中 启用混合设计 复选框，单击 确定 按钮，进入“零件设计”工作台。

Step2. 创建图 1.2 所示的零件基础特征——旋转体 1。

（1）选择命令。选择下拉菜单 插入 → 基于草图的特征 → 旋转体... 命令（或单击按钮），系统弹出“定义旋转体”对话框。

（2）创建截面草图。在“定义旋转体”对话框中单击按钮，选取“xy 平面”为草图平面；在草绘工作台中绘制图 1.3 所示的截面草图；单击“工作台”工具栏中的按钮，退出草绘工作台。

（3）定义旋转角度。在 限制 区域的 第一角度： 文本框中输入值 360。

（4）定义回转轴。激活 轴线 区域的 选择： 文本框并右击，在弹出的快捷菜单中选择 Y 轴 为回转轴。

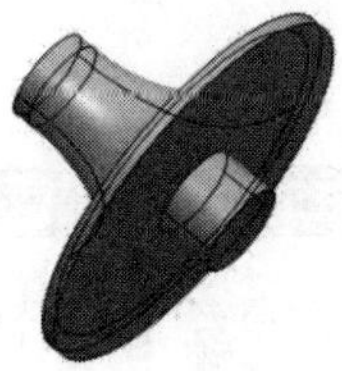

图 1.2　旋转体 1

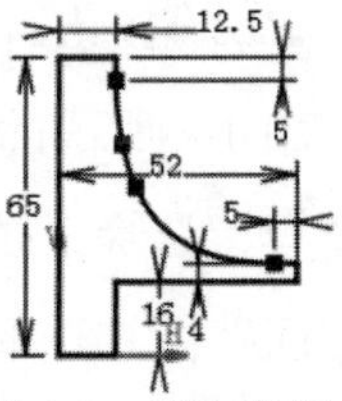

图 1.3　截面草图

（5）单击 确定 按钮，完成旋转体 1 的创建。

Step3. 添加图 1.4 所示的零件特征——凸台 1。

（1）选择命令。选择下拉菜单 插入 → 基于草图的特征 ▸ → 凸台... 命令（或单击 按钮），系统弹出“定义凸台”对话框。

（2）创建截面草图。

① 定义草图平面。在“定义凸台”对话框中单击 按钮，选取“xy 平面”为草图平面。

② 绘制截面草图。在草绘工作台中绘制图 1.5 所示的截面草图。

③ 单击“工作台”工具栏中的 按钮，退出草绘工作台。

（3）定义拉伸深度属性。在 第一限制 区域的 类型： 下拉列表中选择 尺寸 选项，在 第一限制 区域的 长度： 文本框中输入值 50；选中 厚 复选框，在薄凸台区域的 厚度 1 文本框中输入值 0；在 厚度 2： 文本框中输入值 1。

（4）完成特征的创建。单击 确定 按钮，完成凸台 1 的添加。

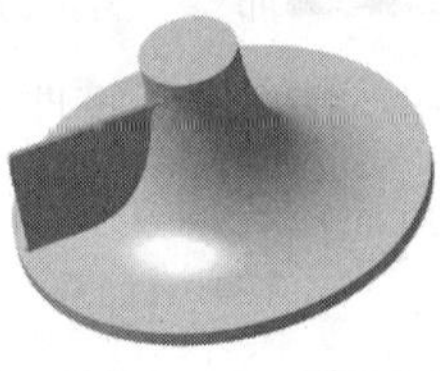

图 1.4 凸台 1

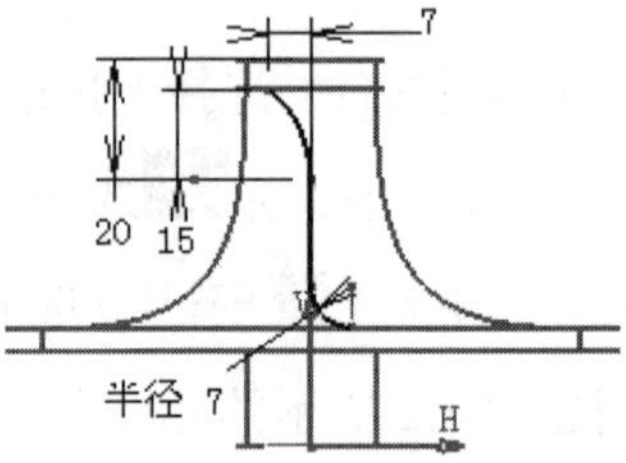

图 1.5 截面草图

Step4. 添加图 1.6 所示的零件特征——圆形阵列 1。

（1）选择下拉菜单 插入 → 变换特征 ▸ → 圆形阵列... 命令，系统弹出“定义圆形阵列”对话框。

（2）定义阵列参数。在 轴向参考 选项卡的 参数： 下拉列表中选择 实例和角度间距 选项；在 实例： 文本框中输入值 15；在 角度间距： 文本框中输入值 24。

（3）定义阵列对象。激活 要阵列的对象 区域内的 对象： 文本框，选取凸台 1 为要阵列的对象。

（4）右击 参考方向 区域内的 参考元素： 文本框，在弹出的快捷菜单中选择 Y 轴 选项。

（5）单击 确定 按钮，完成圆形阵列 1 的添加。

Step5. 添加图 1.7 所示的零件特征——旋转槽 1。

（1）选择命令。选择下拉菜单 插入 → 基于草图的特征 ▸ → 旋转槽... 命令。

（2）创建截面草图。选取“xy 平面”为草图平面；在草绘工作台中绘制图 1.8 所示的截面草图；单击“工作台”工具栏中的 按钮，退出草绘工作台。

（3）定义旋转角度。在限制区域的第一角度：文本框中输入值 360。

（4）定义旋转轴。激活轴线区域的选择：文本框并右击，在弹出的快捷菜单中选择Y 轴为旋转轴。

（5）单击确定按钮，完成旋转槽 1 的添加。

图 1.6　圆形阵列 1

图 1.7　旋转槽 1

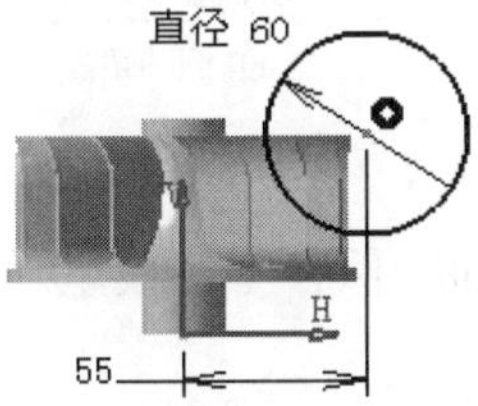

图 1.8　截面草图

Step6. 添加图 1.9 所示的零件特征——凹槽 1。

（1）选择命令。选择下拉菜单插入 → 基于草图的特征 ▸ → 凹槽... 命令（或单击按钮），系统弹出“定义凹槽”对话框。

（2）创建图 1.10 所示的截面草图。选取图 1.11 所示的平面为草图平面，绘制图 1.10 所示的截面草图；单击“工作台”工具栏中的按钮，退出草绘工作台。

（3）定义凹槽参数。在第一限制区域的类型：下拉列表中选择直到最后选项，单击确定按钮，完成凹槽 1 的添加。

说明：在绘制此草图时，可使用旋转命令或通过做辅助线方式来完成。

图 1.9　凹槽 1

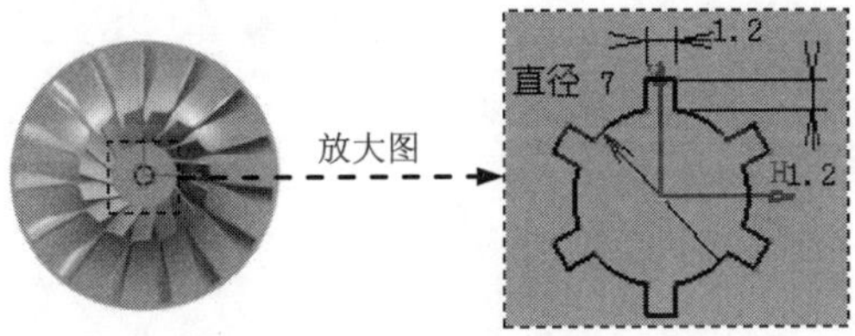

图 1.10　截面草图

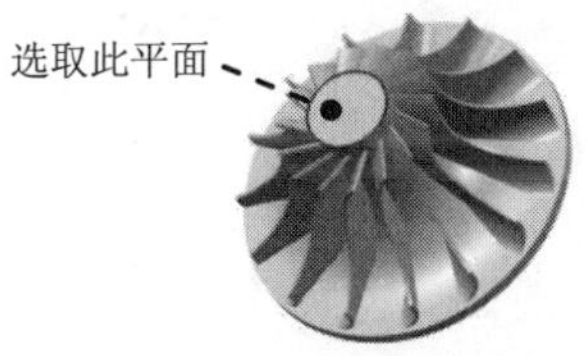

图 1.11　定义草图平面

Step7. 添加图 1.12b 所示的倒圆角 1。

（1）选择命令。选择下拉菜单插入 → 修饰特征 ▸ → 倒圆角... 命令（或单击按钮），系统弹出“倒圆角定义”对话框。

（2）定义要倒圆角的对象。在“倒圆角定义”对话框的选择模式：下拉列表中选择相切选项，选取图 1.12a 所示的边线 1、边线 2 和平面 1 为要倒圆角的对象。

（3）定义倒圆角半径。在对话框的半径：文本框中输入值 1。

（4）单击确定按钮，完成倒圆角 1 的添加。

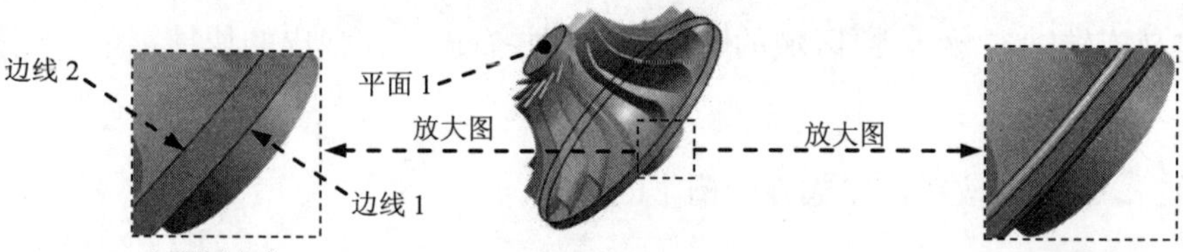

a）倒圆角前　b）倒圆角后

图 1.12　倒圆角 1

Step8. 保存零件模型。选择下拉菜单 文件 → 保存 命令，即可保存零件模型。

实例 2 笔　　帽

实例概述：

本实例讲解了一款笔帽的设计过程，其中使用了一些实体建模中的常用命令，需要注意的是多截面混合实体的创建方法。希望读者在完成本例学习后能掌握多截面混合实体的基本创建方法。零件模型及相应的特征树如图 2.1 所示。

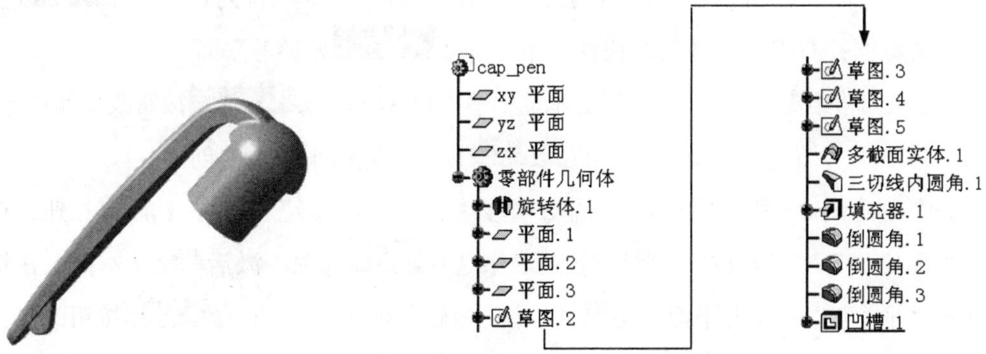

图 2.1　零件模型及特征树

Step1. 新建模型文件。选择下拉菜单 文件 → 新建... 命令；系统弹出“新建”对话框，在 类型列表： 列表框中选择 Part 选项，单击 确定 按钮；在“输入零件名称”文本框中输入名称 cap_pen，选中 启用混合设计 复选框，单击 确定 按钮，进入“零件设计”工作台。

Step2. 创建图 2.2 所示的零件基础特征——旋转体 1。

（1）选择命令。选择下拉菜单 插入 → 基于草图的特征 → 旋转体... 命令（或单击按钮），系统弹出“定义旋转体”对话框。

（2）创建截面草图。在“定义旋转体”对话框中单击按钮，选取“xy 平面”为草图平面；在草绘工作台中绘制图 2.3 所示的截面草图；单击“工作台”工具栏中的按钮，退出草绘工作台。

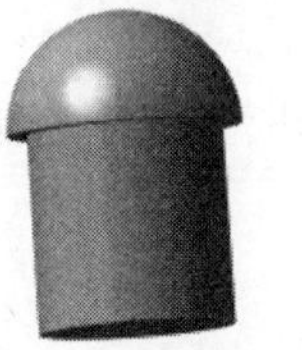

图 2.2　旋转体 1

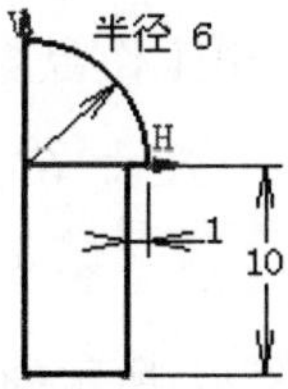

图 2.3　截面草图

（3）定义旋转角度。在限制区域的第一角度：文本框中输入值 360。

（4）定义回转轴。激活轴线区域的选择：文本框并右击，在弹出的快捷菜单中选择Y 轴为旋转轴。

（5）单击确定按钮，完成旋转体 1 的创建。

Step3. 创建图 2.4 所示的平面 1。

（1）选择命令。单击“参考元素（扩展）”工具栏中的按钮，系统弹出“平面定义”对话框。

（2）定义平面类型和参考平面。在弹出的对话框的平面类型：下拉列表中选择偏移平面选项；激活参考：文本框并右击，在弹出的快捷菜单中选取ZX 平面为参考平面。

（3）定义偏移距离和方向。在偏移：文本框中输入值 3，单击反转方向按钮改变偏移方向。

（4）单击“平面定义”对话框中的确定按钮，完成平面 1 的创建。

Step4. 创建图 2.5 所示的平面 2。单击“参考元素（扩展）”工具栏中的按钮；在弹出的“平面定义”对话框的平面类型：下拉列表中选择偏移平面选项；激活参考：文本框，在特征树中选择“平面 1”为参考平面；在偏移：文本框中输入值 15；单击反转方向按钮改变偏移方向；单击对话框中的确定按钮，完成平面 2 的创建。

Step5. 创建图 2.6 所示的平面 3。单击“参考元素（扩展）”工具栏中的按钮；在对话框的平面类型：的下拉列表中选择偏移平面选项，激活参考：文本框，在特征树中选择“平面 2”为参考平面；在偏移：文本框中输入值 25；单击反转方向按钮改变偏移方向；单击“平面定义”对话框中的确定按钮，完成平面 3 的创建。

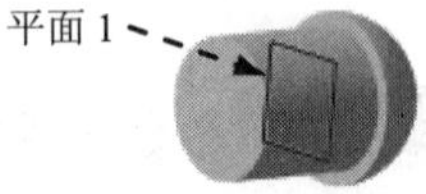

图 2.4　平面 1

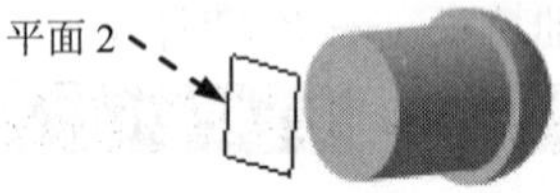

图 2.5　平面 2

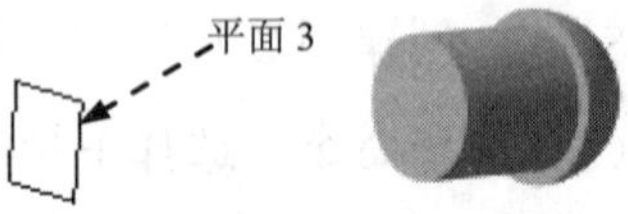

图 2.6　平面 3

Step6. 创建图 2.7 所示的草图 2。

（1）选择命令。选择下拉菜单插入 ➡ 草图编辑器 ➡ 草图命令。

（2）创建截面草图。选择“xy 平面”为草图平面，绘制图 2.7 所示的草图。

（3）单击“退出工作台”按钮，完成草图 2 的创建。

注意：在标注“尺寸 6”时，要将尺寸线移至模型边界外，否则生成的尺寸可能不是我们所需要的结果。

Step7. 创建图 2.8 所示的草图 3。选择平面 1 为草图平面。

Step8. 创建图 2.9 所示的草图 4。选择平面 2 为草图平面。

Step9. 创建图 2.10 所示的草图 5。选择平面 3 为草图平面。

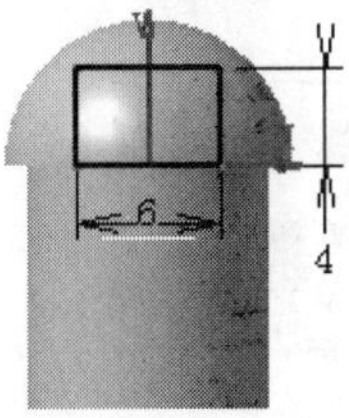

图 2.7　草图 2

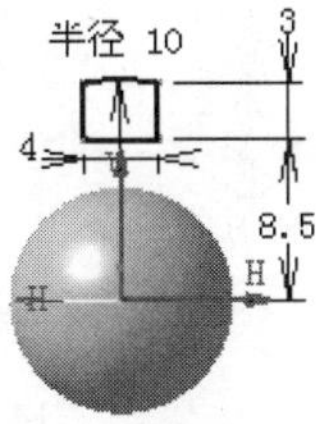

图 2.8　草图 3

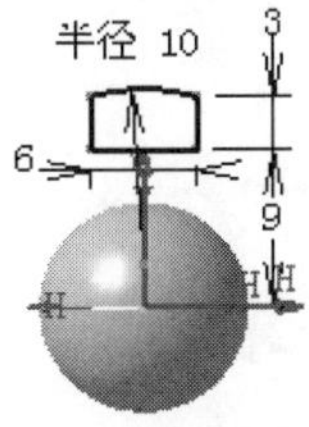

图 2.9　草图 4

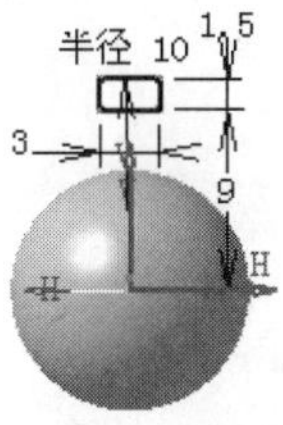

图 2.10　草图 5

Step10. 创建图 2.11 所示的零件特征——多截面实体 1。

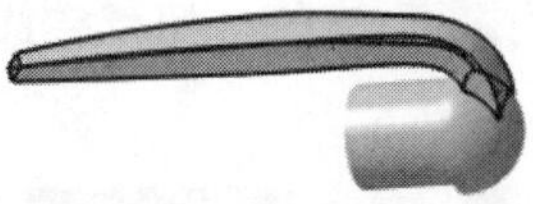

图 2.11　多截面实体 1

（1）选择命令。选择下拉菜单 插入 → 基于草图的特征 ▸ → 多截面实体... 命令（或单击 按钮），系统弹出“多截面实体定义”对话框。

（2）定义截面曲线。依次选取草图 2、草图 3、草图 4 和草图 5 为截面曲线。

说明： 替换闭合点。右击 4 个截面的闭合点，在弹出的快捷菜单中选择 替换 命令，将 4 个闭合点调整在同一侧，并且闭合方向一致，其他文本框按系统默认设置。

（3）单击 确定 按钮，完成多截面实体 1 的创建。

Step11. 创建图 2.12b 所示的三切线内圆角 1。

（1）选择命令。选择下拉菜单 插入 → 修饰特征 ▸ → 三切线内圆角... 命令（或单击 按钮），系统弹出“定义三切线内圆角”对话框。

（2）定义圆角化的面。选择图 2.12a 所示的平面 1 和平面 2 为要圆角化的面。

（3）定义要移除的面。选择图 2.12a 所示的平面 3 为要移除的面。

（4）单击 确定 按钮，完成三切线内圆角 1 的创建。

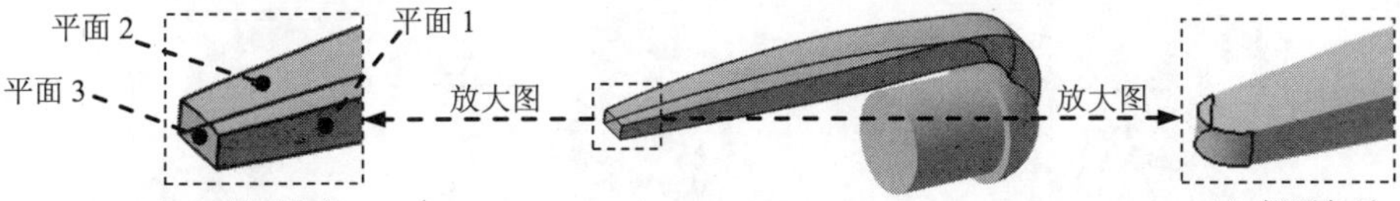

a）倒圆角前　　b）倒圆角后

图 2.12　创建三切线内圆角 1

Step12. 创建图 2.13 所示的零件特征——凸台 1。

（1）选择命令。选择下拉菜单 插入 → 基于草图的特征 ▸ → 凸台... 命令（或单击 按钮），系统弹出“定义凸台”对话框。

（2）创建截面草图。选取“yz 平面”为草图平面；在草绘工作台中绘制图 2.14 所示的截面草图；单击“工作台”工具栏中的按钮，退出草绘工作台。

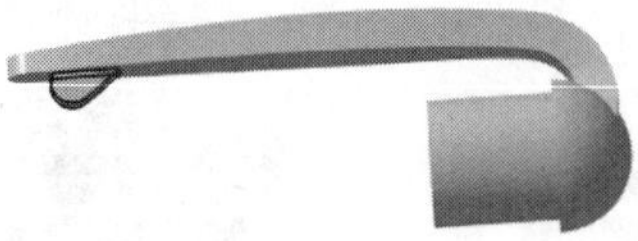

图 2.13　凸台 1

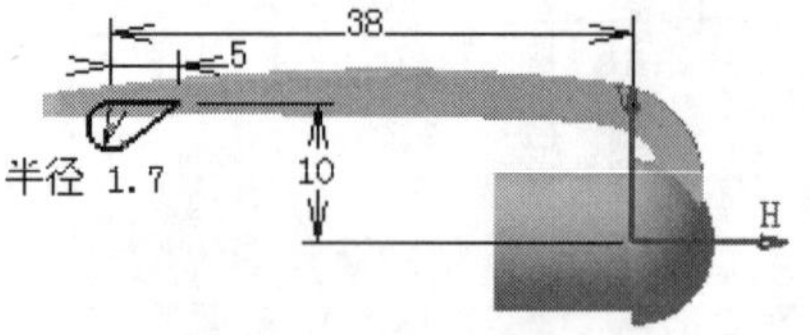

图 2.14　截面草图

（3）定义拉伸深度属性。在第一限制区域的类型：下拉列表中选择尺寸选项；单击对话框中的更多>>按钮，在第二限制区域的类型：下拉列表中选择尺寸选项；在第一限制与第二限制区域的长度：文本框中均输入值 1；单击确定按钮，完成凸台 1 的创建。

Step13. 创建图 2.15b 所示的倒圆角 1。

（1）选择命令。选择下拉菜单插入 ➡ 修饰特征 ➡ 倒圆角...命令（或单击按钮），系统弹出“倒圆角定义”对话框。

（2）定义要倒圆角的对象。在“倒圆角定义”对话框的选择模式：下拉列表中选择相切选项，选取图 2.15a 所示的边线为要倒圆角的对象。

说明： 选取此边线后，系统将自动选取与此边线相切的所有边线为圆角的对象。

（3）定义倒圆角半径。在对话框的半径：文本框中输入值 1。

（4）单击确定按钮，完成倒圆角 1 的创建。

a）倒圆角前　　b）倒圆角后

图 2.15　倒圆角 1

Step14. 创建图 2.16b 所示的倒圆角 2。选择图 2.16a 所示的边线为倒圆角的对象，圆角半径值为 1。

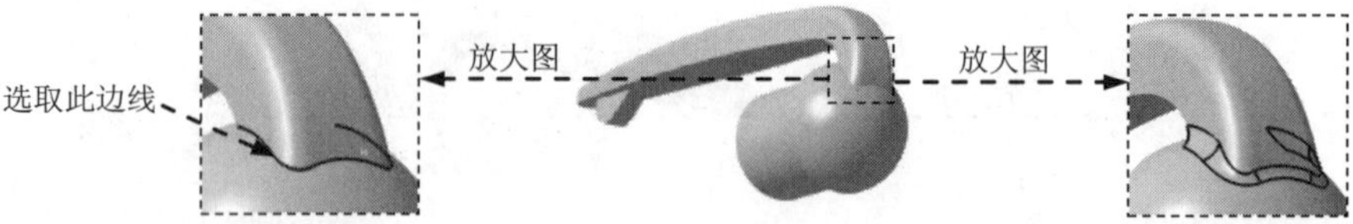

a）倒圆角前　　b）倒圆角后

图 2.16　倒圆角 2

Step15. 创建图 2.17b 所示的倒圆角 3。选择图 2.17a 所示的 2 条边线为倒圆角的对象，圆角半径值为 0.3。

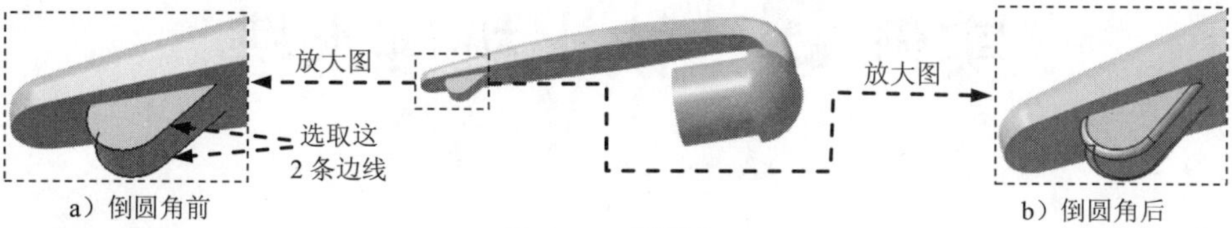

图 2.17 倒圆角 3

Step16. 创建图 2.18 所示的零件特征——凹槽 1。

（1）选择命令。选择下拉菜单 插入 ➡ 基于草图的特征 ▸ ➡ 凹槽... 命令（或单击 按钮），系统弹出“定义凹槽”对话框。

（2）创建图 2.19 所示的截面草图。选取图 2.20 所示的平面为草图平面；绘制图 2.19 所示的截面草图；单击“工作台”工具栏中的 按钮，退出草绘工作台。

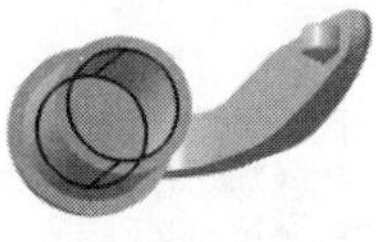

图 2.18 凹槽 1

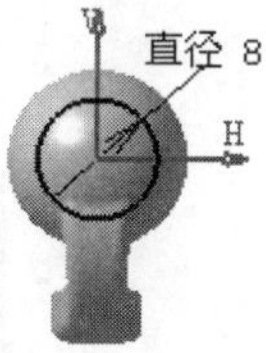

图 2.19 截面草图

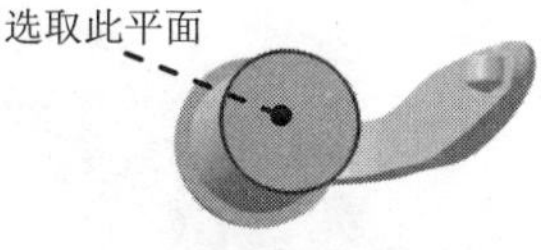

图 2.20 定义草图平面

（3）定义深度属性。在 类型： 下拉列表中选择 尺寸 选项，在 深度： 文本框中输入值 10；单击 确定 按钮，完成凹槽 1 的创建。

Step17. 保存零件模型。

实例 3　饮水机接水槽

实例概述：

本实例介绍了饮水机接水槽的设计过程。主要运用了实体建模的一些常用命令，包括凸台、凹槽、抽壳、加强肋和倒圆角等，需要注意的是加强肋和“用户阵列”阵列方式的创建方法。零件模型及特征树如图 3.1 所示。

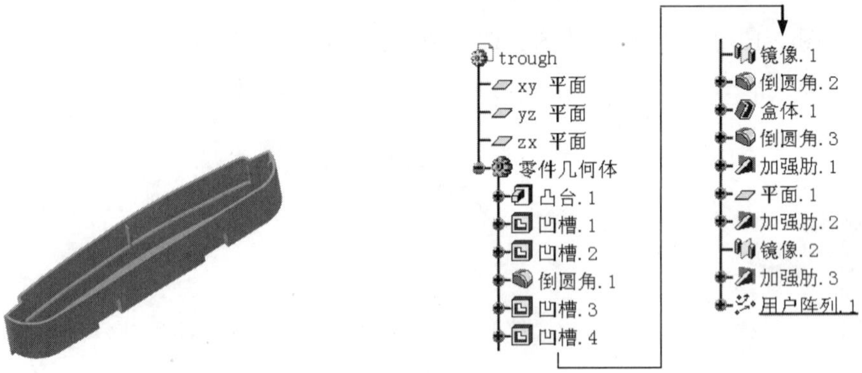

图 3.1　零件模型及特征树

Step1. 新建模型文件。选择下拉菜单 文件 → 新建... 命令；系统弹出“新建”对话框，在 类型列表： 列表框中选择 Part 选项，单击 确定 按钮；在“输入零件名称”文本框中输入名称 trough，选中 启用混合设计 复选框，单击 确定 按钮，进入“零件设计”工作台。

Step2. 创建图 3.2 所示的零件基础特征——凸台 1。

（1）选择命令。选择下拉菜单 插入 → 基于草图的特征 → 凸台... 命令（或单击按钮），系统弹出“定义凸台”对话框。

（2）创建截面草图。

① 定义草图平面。在对话框中单击按钮，选取“xy 平面”为草图平面。

② 创建截面草图。在草绘工作台中绘制图 3.3 所示的截面草图。

说明：截面草图中的半径 600 的圆弧与半径 605 的圆弧同心，半径 25 的圆弧的圆心及上端点与 H 轴在一条直线上。

③ 单击“工作台”工具栏中的按钮，退出草绘工作台。

（3）定义拉伸深度属性。

① 定义深度方向。采用系统默认的深度方向。

② 定义深度类型。在 第一限制 区域的 类型: 下拉列表中选择 尺寸 选项。

③ 定义深度值。在 第一限制 区域的 长度: 文本框中输入值 40。

（4）单击 确定 按钮，完成凸台 1 的创建。

图 3.2 凸台 1

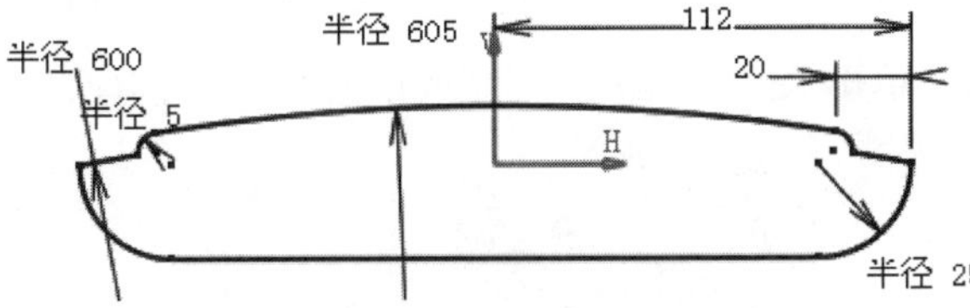

图 3.3 截面草图

Step3. 创建图 3.4 所示的零件特征——凹槽 1。

（1）选择命令。选择下拉菜单 插入 → 基于草图的特征 → 凹槽... 命令（或单击 按钮），系统弹出“定义凹槽”对话框。

（2）创建图 3.5 所示的截面草图。选取图 3.6 所示的平面为草图平面；绘制图 3.5 所示的截面草图；单击“工作台”工具栏中的 按钮，退出草绘工作台。

（3）定义凹槽属性。在 第一限制 区域的 类型: 下拉列表中选择 尺寸 选项，在 第一限制 区域的 深度: 文本框中输入值 15。单击 确定 按钮，完成凹槽 1 的创建。

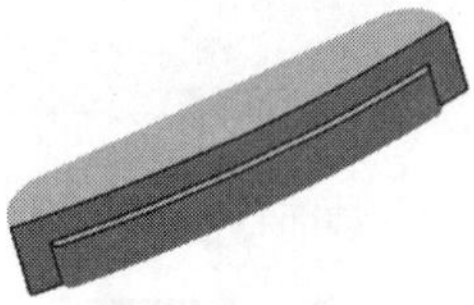

图 3.4 凹槽 1

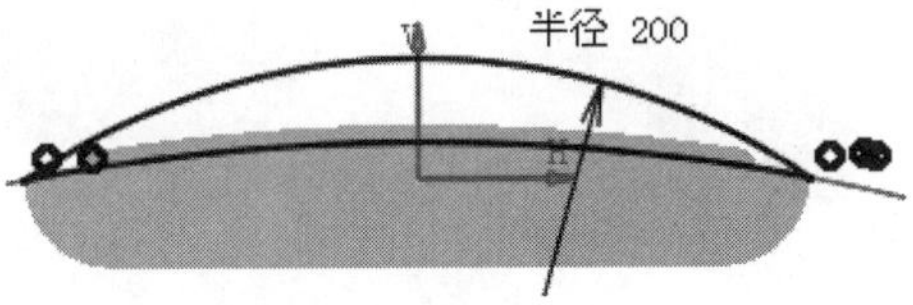

图 3.5 截面草图

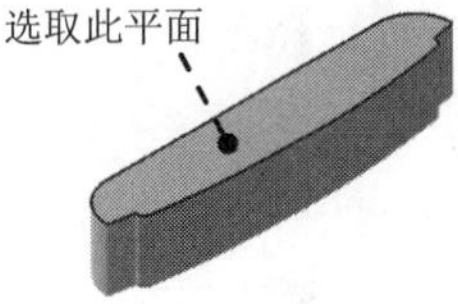

图 3.6 定义草图平面

Step4. 创建图 3.7 所示的零件特征——凹槽 2。选择下拉菜单 插入 → 基于草图的特征 → 凹槽... 命令；选取图 3.8 所示的平面为草图平面；创建图 3.9 所示的截面草图；在 第一限制 区域的 类型: 下拉列表中选择 尺寸 选项；在 第一限制 区域的 深度: 文本框中输入值 3；单击 确定 按钮，完成凹槽 2 的创建。

说明：草图中尺寸 566 标注的是半径为 600 的圆弧的圆心到点画线之间的距离。

图 3.7 凹槽 2

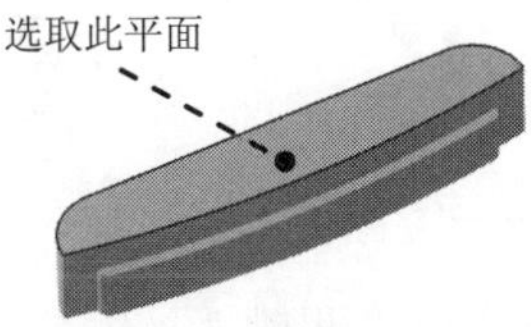

图 3.8 定义草图平面

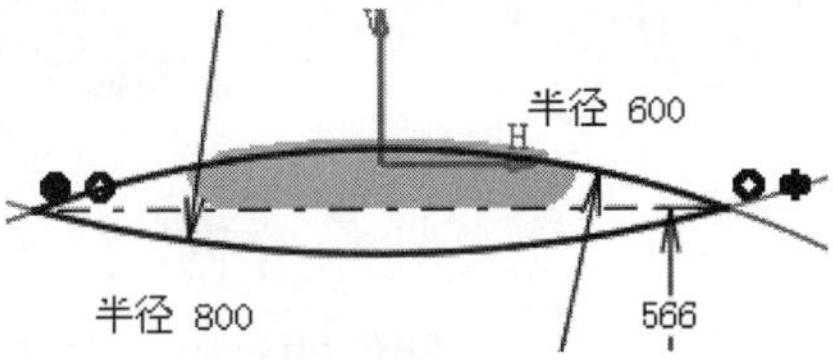

图 3.9 截面草图

Step5. 创建图 3.10b 所示的倒圆角 1。

（1）选择命令。选择下拉菜单 插入 → 修饰特征 → 倒圆角... 命令（或单击按钮），系统弹出“倒圆角定义”对话框。

（2）定义要倒圆角的对象。在“倒圆角定义”对话框的选择模式：下拉列表中选择相切选项，选取图 3.10a 所示的边线为要倒圆角的对象。

（3）定义倒圆角半径。在半径：文本框中输入值 3。

（4）单击确定按钮，完成倒圆角 1 的创建。

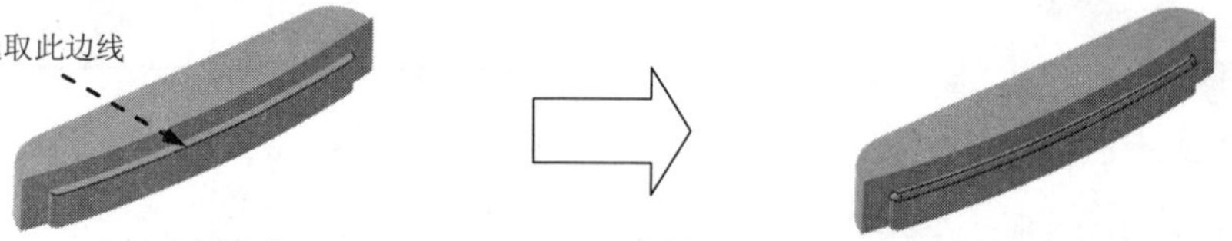

a）倒圆角前　　b）倒圆角后

图 3.10　倒圆角 1

Step6. 创建图 3.11 所示的零件特征——凹槽 3。选择下拉菜单插入 ➡ 基于草图的特征 ➡ 凹槽...命令；选取图 3.12 所示的平面为草图平面；创建图 3.13 所示的截面草图；在第一限制区域的类型：下拉列表中选择尺寸选项；在第一限制区域的深度：文本框中输入值 17；单击反转方向按钮，然后单击确定按钮，完成凹槽 3 的创建。

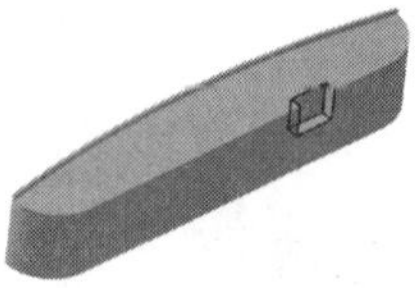

图 3.11　凹槽 3

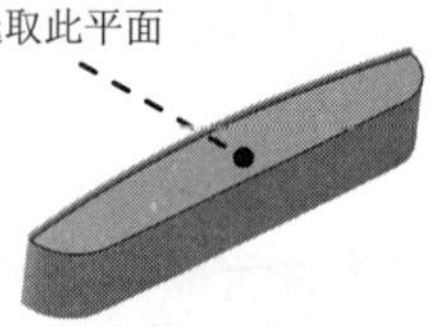

图 3.12　定义草图平面

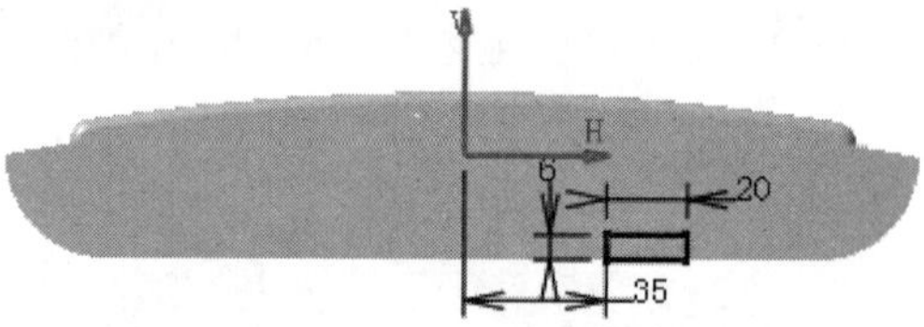

图 3.13　截面草图

Step7. 创建图 3.14 所示的零件特征——凹槽 4。选择下拉菜单插入 ➡ 基于草图的特征 ➡ 凹槽...命令；选取图 3.15 所示的平面为草图平面；创建图 3.16 所示的截面草图；在第一限制区域的类型：下拉列表中选择尺寸选项；在第一限制区域的深度：文本框中输入值 5；单击反转方向按钮，然后单击确定按钮，完成凹槽 4 的创建。

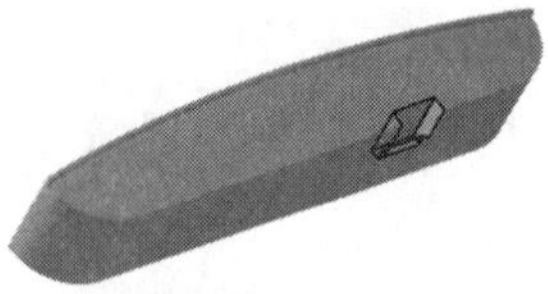

图 3.14　凹槽 4

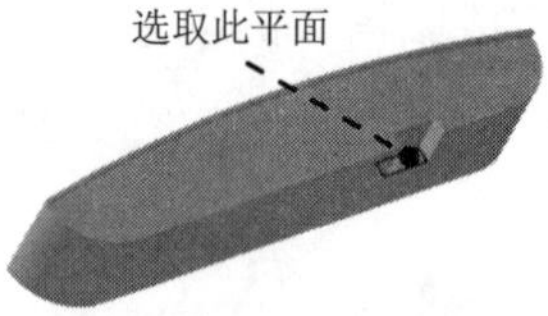

图 3.15　定义草图平面

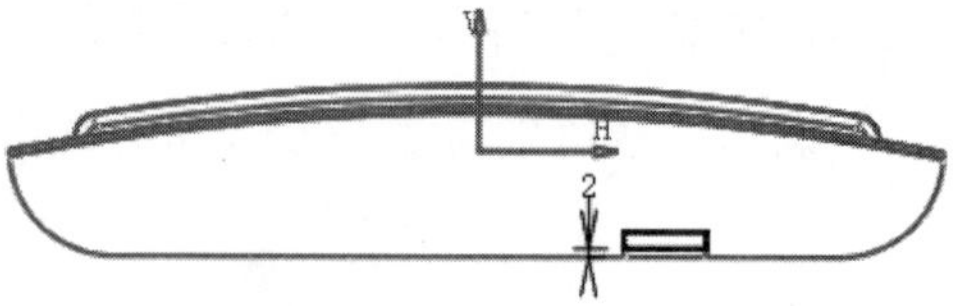

图 3.16　截面草图

Step8. 创建图 3.17 所示的零件特征——镜像 1。

（1）定义要镜像的对象。在特征树中选择“凹槽 3”和“凹槽 4”为要镜像的对象。

（2）选择命令。选择下拉菜单插入 ➡ 变换特征 ➡ 镜像...命令。

（3）定义镜像元素。选取“yz 平面”为镜像元素。

（4）单击确定按钮，完成镜像 1 的创建。

Step9. 创建图 3.18b 所示的倒圆角 2。选取图 3.18a 所示的 3 条边线为要倒圆角的对象，倒圆角半径值为 3。

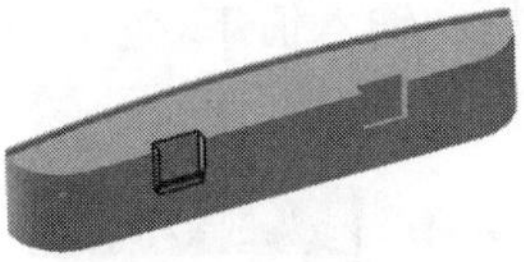

图 3.17　镜像 1

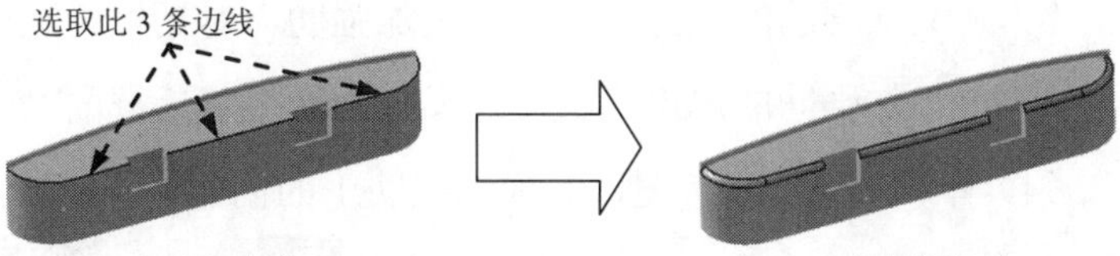

a）倒圆角前　　b）倒圆角后

图 3.18　倒圆角 2

Step10. 创建图 3.19b 所示的零件特征——抽壳 1。

（1）选择命令。选择下拉菜单插入 ➡ 修饰特征 ▸ ➡ 抽壳...命令（或单击“修饰特征”工具栏中的按钮），系统弹出“定义盒体”对话框。

（2）选择要移除的面。在系统选择要移除的面。的提示下，选择图 3.19a 所示的平面为要移除的面。

（3）定义抽壳厚度。在默认内侧厚度：文本框中输入值 2，在默认外侧厚度：文本框中输入值 0。

（4）单击确定按钮，完成抽壳 1 的创建。

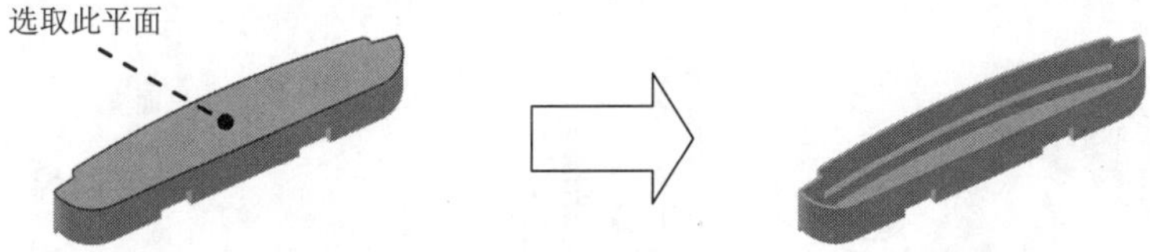

a）抽壳前　　b）抽壳后

图 3.19　抽壳 1

Step11. 创建图 3.20b 所示的倒圆角 3。选取图 3.20a 所示的边线为要倒圆角的对象，倒圆角半径值为 3。

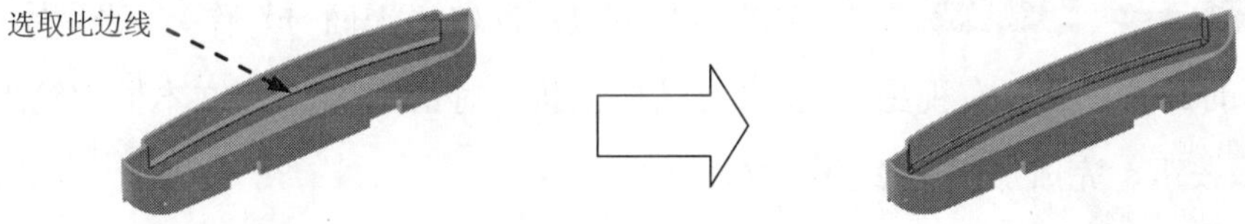

a）倒圆角前　　b）倒圆角后

图 3.20　倒圆角 3

Step12. 创建图 3.21 所示的零件特征——加强肋 1。

（1）选择命令。选择下拉菜单插入 ➡ 基于草图的特征 ▸ ➡ 加强肋...命令（或单击“基于草图的特征”工具栏中的按钮），系统弹出“定义加强肋”对话框。

（2）创建图 3.22 所示的截面草图。

① 定义草图平面。单击按钮，选取“yz 平面”为草图平面。

② 创建截面草图。在草绘工作台中绘制图 3.22 所示的截面草图。

③ 单击“工作台”工具栏中的按钮，退出草绘工作台。

（3）定义加强肋属性。

① 定义加强肋的模式。在“定义加强肋”对话框中选中 从侧面 单选项。

② 定义加强肋的厚度。在“定义加强肋”对话框的厚度 1:文本框中输入值 1。

（4）单击 确定 按钮，完成加强肋 1 的创建。

Step13. 切换工作台。选择下拉菜单 开始 → 机械设计 → 线框和曲面设计 命令，切换到“线框和曲面设计”工作台。

Step14. 创建图 3.23 所示的平面 1。

（1）选择命令。选择下拉菜单 插入 → 线框 → 平面... 命令（或单击按钮），系统弹出“平面定义”对话框。

（2）定义平面类型和参考平面。在弹出的对话框的平面类型:下拉列表中选择偏移平面选项；激活参考:文本框并右击，在弹出的快捷菜单中选取 ZX 平面 为参考平面。

（3）定义偏移距离。在偏移:文本框中输入值 6，单击 反转方向 按钮。

（4）单击 确定 按钮，完成平面 1 的创建。

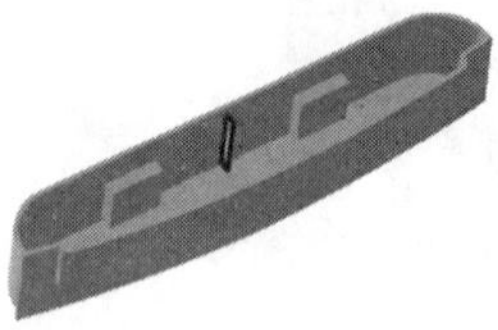
图 3.21　加强肋 1

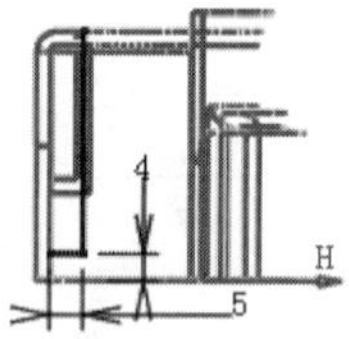

图 3.22　截面草图

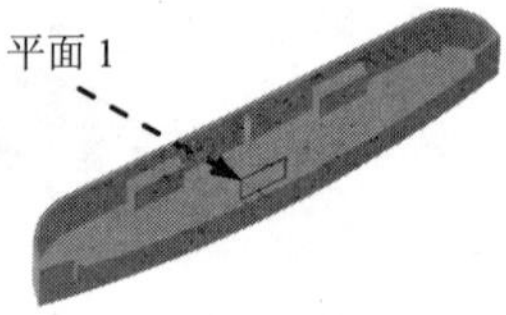

图 3.23　平面 1

Step15. 切换到“零件设计”工作台。

Step16. 创建图 3.24 所示的零件特征——加强肋 2。选择下拉菜单 插入 → 基于草图的特征 → 加强肋... 命令；单击按钮，选取“平面 1”作为草图平面；创建图 3.25 所示的截面草图（右视图）；在“定义加强肋”对话框的厚度 1:文本框中输入值 1；单击 确定 按钮，完成加强肋 2 的创建。

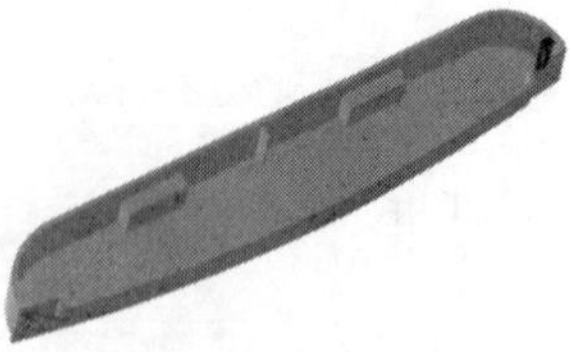
图 3.24　加强肋 2

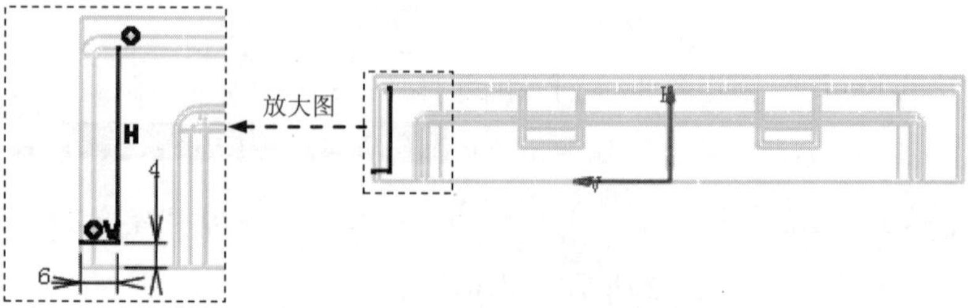

图 3.25　截面草图

Step17. 创建图 3.26 所示的零件特征——镜像 2。选择下拉菜单 插入 → 变换特征 → 镜像... 命令；选择“加强肋 2”为要镜像的对象；选取“yz 平面”为镜像元素；单击 确定 按钮，完成镜像 2 的创建。

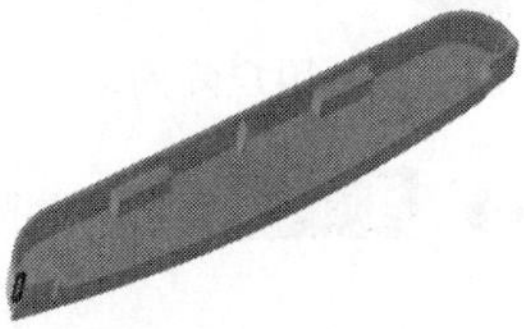

图 3.26 镜像 2

Step18. 创建图 3.27 所示的零件特征——加强肋 3。选择下拉菜单 插入 → 基于草图的特征 → 加强肋... 命令；单击 按钮，选取“yz 平面”为草图平面；创建图 3.28 所示的截面草图；在“定义加强肋”对话框的 厚度 1: 文本框中输入值 1；单击 确定 按钮，完成加强肋 3 的创建。

说明：图 3.28 所示的截面草图中的一条虚线是通过投影 3D 轮廓边线命令完成的。

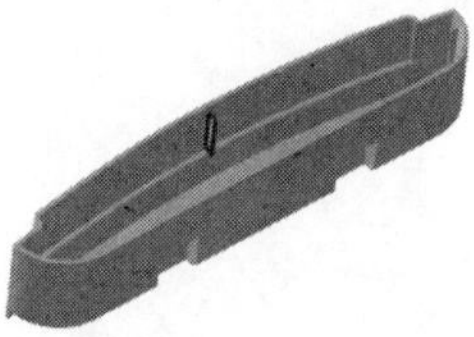

图 3.27 加强肋 3

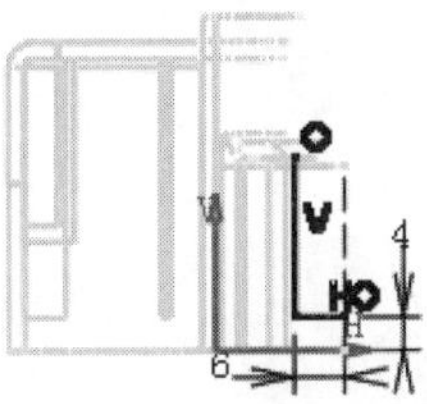

图 3.28 截面草图

Step19. 创建图 3.29 所示的草图 9。选择下拉菜单 插入 → 草图编辑器 → 草图 命令；选择图 3.30 所示的平面为草图平面；创建图 3.31 所示的截面草图。

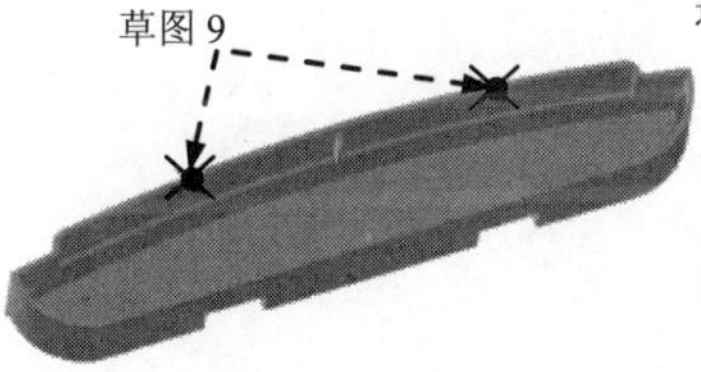

图 3.29 草图 9

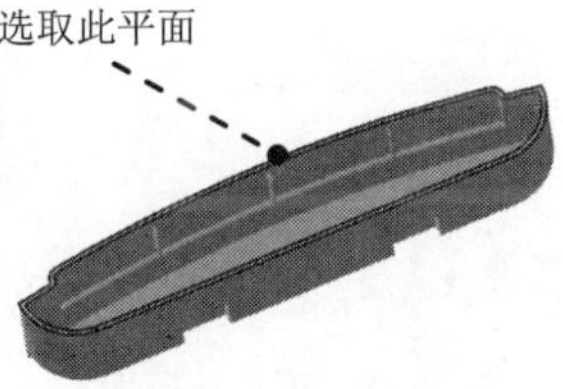

图 3.30 定义草绘平面

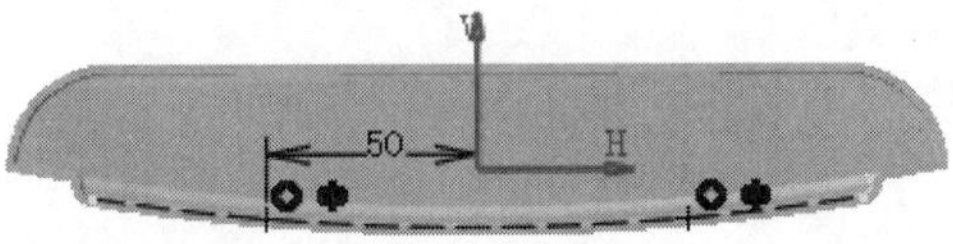

图 3.31 截面草图

Step20. 创建图 3.32 所示的零件特征——用户阵列 1。

（1）选择命令。选择下拉菜单 插入 → 变换特征 → 用户阵列... 命令。

（2）定义用户模式参数。单击“定义用户阵列”对话框中 实例: 区域内的 位置: 文本框，选择“草图 9”为位置点；单击 要阵列的对象 区域的 对象: 文本框，选择“加强肋 3”为要阵列的对象。

（3）单击 确定 按钮，完成用户阵列 1 的创建。

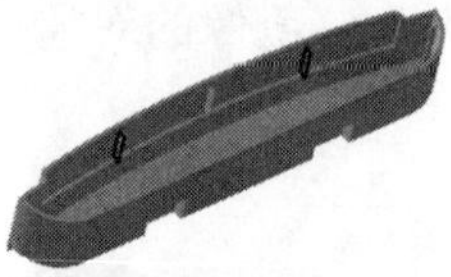

图 3.32　用户阵列 1

Step21. 选择下拉菜单 文件 → 保存 命令，即可保存零件模型。

实例 4 打 火 机 壳

实例概述：

本实例详细讲解了打火机壳的设计过程。其设计思路是，首先在“线框及曲面设计”工作台中创建出打火机壳的骨架曲线；其次在“零件设计”工作台中，使用多截面实体、凹槽、倒圆角和镜像等命令完成最终模型的创建。零件模型及特征树如图 4.1 所示。

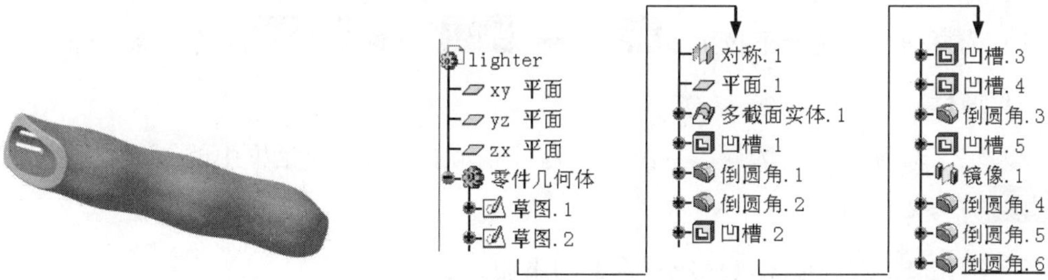

图 4.1 零件模型及特征树

Step1. 新建模型文件。选择下拉菜单 文件 ➡ 新建... 命令；系统弹出“新建”对话框，在 类型列表： 列表框中选择 Part 选项，单击 确定 按钮；在“输入零件名称”文本框中输入名称 lighter，选中 启用混合设计 复选框，单击 确定 按钮，进入“零件设计”工作台。

Step2. 切换工作台。选择下拉菜单 开始 ➡ 机械设计 ➡ 线框和曲面设计 命令，切换到“线框和曲面设计”工作台。

Step3. 创建图 4.2 所示的草图 1。

（1）选择命令。选择下拉菜单 插入 ➡ 草图编辑器 ➡ 草图 命令（或单击工具栏中的“草图”按钮）。

（2）定义草图平面。选择“xy 平面”为草图平面。

（3）绘制图 4.3 所示的草图 1。

（4）单击“工作台”工具栏中的按钮，完成草图 1 的创建。

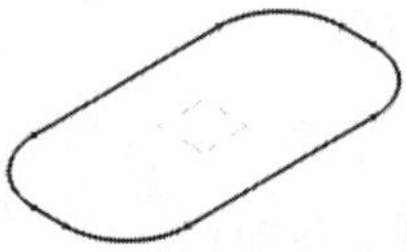

图 4.2 草图 1（建模环境）

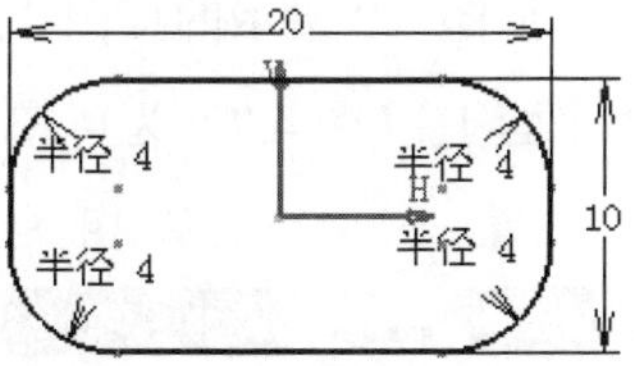

图 4.3 草图 1（草绘环境）

Step4. 添加图 4.4 所示的草图 2。选择下拉菜单 插入 → 草图编辑器 → 草图 命令；选择“zx 平面”为草图平面；绘制图 4.5 所示的草图 2。

说明：在绘制此草图时，应将样条曲线的下端点与草图 1 边界端点重合。

图 4.4 草图 2（建模环境）

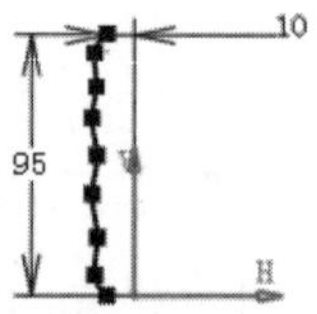

图 4.5 草图 2（草绘环境）

Step5. 添加图 4.6 所示的零件特征——对称 1。

（1）选择命令。选择下拉菜单 插入 → 操作 → 对称... 命令，系统弹出“对称定义”对话框。

（2）定义对称参数。选择“草图 2”为对称元素；右击对话框中的 参考: 文本框，选择 YZ 平面 为参考平面。

（3）单击 确定 按钮，完成对称 1 的添加。

Step6. 添加图 4.7 所示的平面 1。

（1）选择命令。选择下拉菜单 插入 → 线框 → 平面... 命令（或单击 按钮），系统弹出“平面定义”对话框。

（2）定义平面类型和参考平面。在弹出的对话框的 平面类型: 下拉列表中选择 平行通过点 选项；激活 参考: 文本框并右击，在弹出的快捷菜单中选取 XY 平面 为参考平面。

（3）定义参考点。激活 点: 文本框并右击，选择图 4.8 所示的对称 1 的顶点为参考点，偏移方向按系统默认方向。

（4）单击“平面定义”对话框中的 确定 按钮，完成平面 1 的添加。

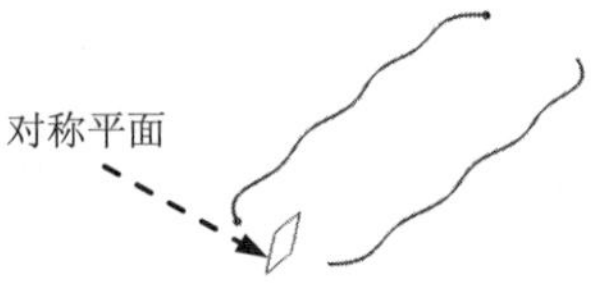

图 4.6 对称 1

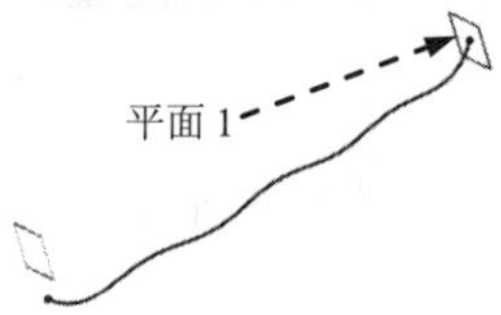

图 4.7 平面 1

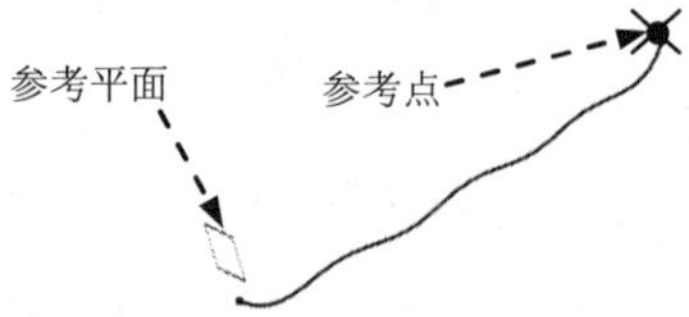

图 4.8 选取参考点

Step7. 添加图 4.9 所示的草图 3。选择下拉菜单 插入 → 草图编辑器 → 草图 命令；选择“平面 1”（图 4.7）为草图平面；绘制图 4.10 所示的草图 3。

注意：在绘制此草图时，先选取草图 1，然后选择下拉菜单 插入 → 操作 → 3D 几何图形 → 投影 3D 元素 命令即可。

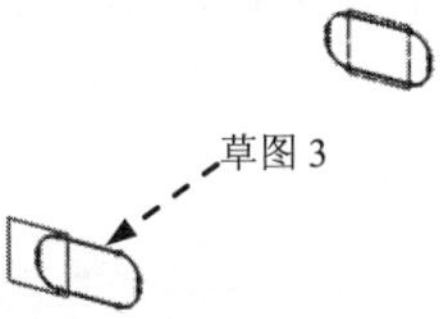

图 4.9 草图 3（建模环境）

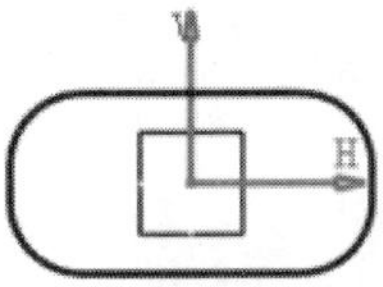

图 4.10 草图 3（草绘环境）

Step8. 切换到“零件设计”工作台。

Step9. 添加图 4.11 所示的零件特征——多截面实体 1。

（1）选择命令。选择下拉菜单 插入 ➡ 基于草图的特征 ▸ ➡ 多截面实体... 命令（或单击按钮），系统弹出“多截面实体定义”对话框。

（2）定义截面曲线。依次选取图 4.12 所示的草图 1 和草图 3 为截面曲线。

注意：选取截面曲线时，应将两个截面的闭合点定义在同一侧，并且闭合方向一致，其他选项按系统默认设置。

（3）定义引导线。激活 引导线 选项卡，依次选取图 4.12 所示的草图 2 和对称 1 为引导线。

（4）单击“多截面实体定义”对话框中的 确定 按钮，完成多截面实体 1 的添加。

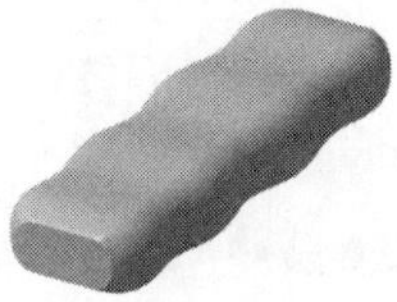

图 4.11 多截面实体 1

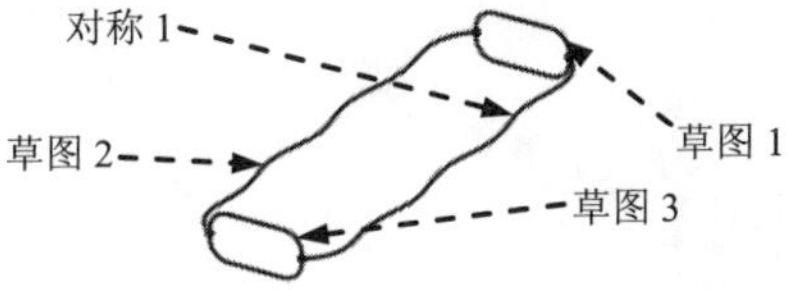

图 4.12 选取截面曲线和引导线

Step10. 添加图 4.13 所示的零件特征—— 凹槽 1。选择下拉菜单 插入 ➡ 基于草图的特征 ▸ ➡ 凹槽... 命令；选取图 4.14 所示的平面为草图平面；创建图 4.15 所示的截面草图；在 第一限制 区域的 类型： 下拉列表中选择 尺寸 选项，在 深度： 文本框中输入值 1。单击 确定 按钮，完成凹槽 1 的添加。

图 4.13 凹槽 1

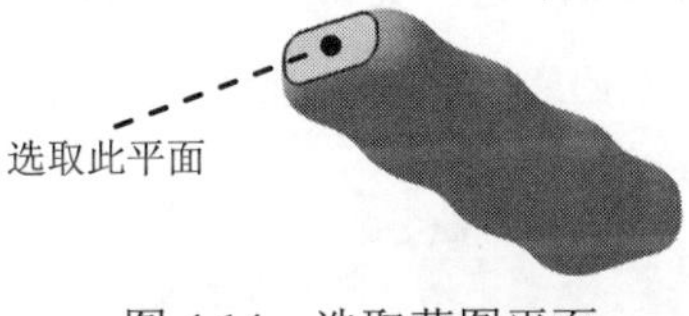

图 4.14 选取草图平面

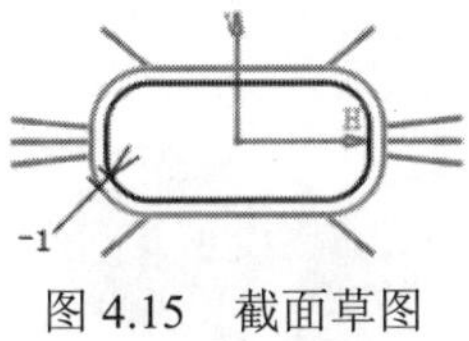

图 4.15 截面草图

Step11. 添加图 4.16b 所示的倒圆角 1。选择图 4.16a 所示的边线为倒圆角的对象，圆角半径值为 0.5。

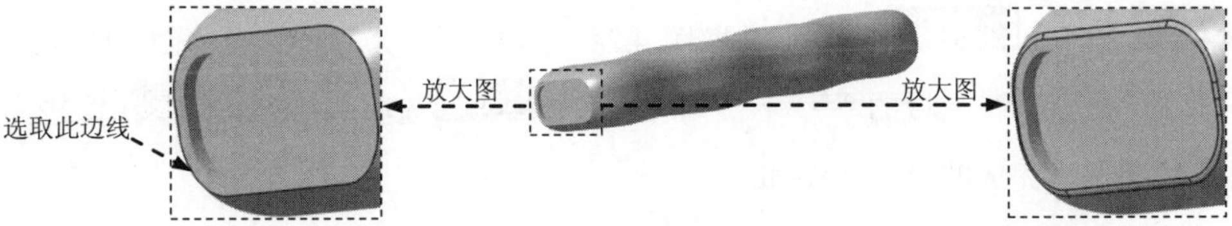

a）倒圆角前 b）倒圆角后

图 4.16 倒圆角 1

Step12. 添加图 4.17b 所示的倒圆角 2。选择图 4.17a 所示的边线 1 和平面 1 为倒圆角的对象，圆角半径值为 0.1。

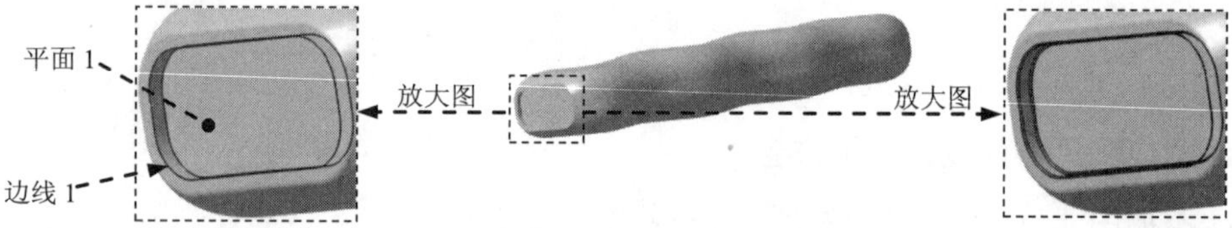

a）倒圆角前　　b）倒圆角后

图 4.17　倒圆角 2

Step13. 添加图 4.18 所示的零件特征—— 凹槽 2。选择下拉菜单 插入 ➡ 基于草图的特征 ➡ 凹槽... 命令；选取“zx 平面”为草图平面；创建图 4.19 所示的截面草图；在 第一限制 和 第二限制 区域的 类型: 下拉列表中均选择 直到最后 选项；单击对话框中的 反转边 按钮；单击 确定 按钮，完成凹槽 2 的添加。

注意：添加凹槽 2 的位置与添加凹槽 1 的位置不是在同一侧。

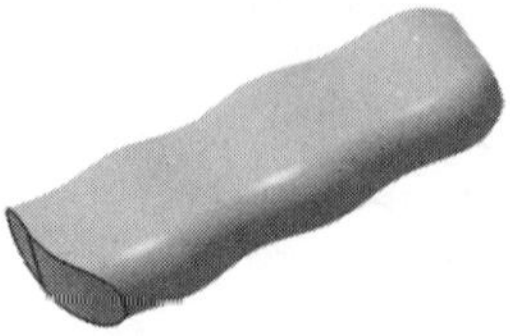

图 4.18　凹槽 2

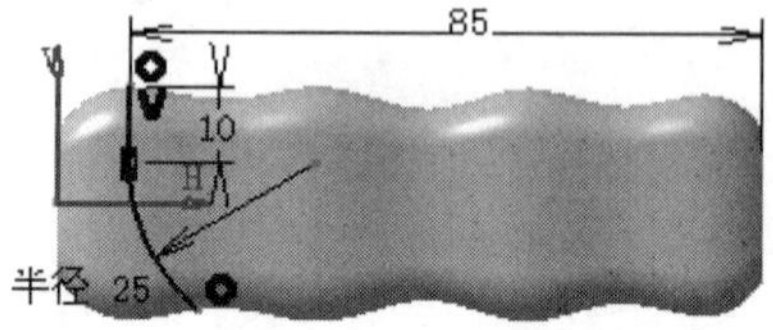

图 4.19　截面草图

Step14. 添加图 4.20 所示的零件特征—— 凹槽 3。选择下拉菜单 插入 ➡ 基于草图的特征 ➡ 凹槽... 命令；选取图 4.21 所示的平面为草图平面；创建图 4.22 所示的截面草图；在 第一限制 区域的 类型: 下拉列表中选择 尺寸 选项，在 深度: 文本框中输入值 80；单击 反转方向 按钮；单击 确定 按钮，完成凹槽 3 的添加。

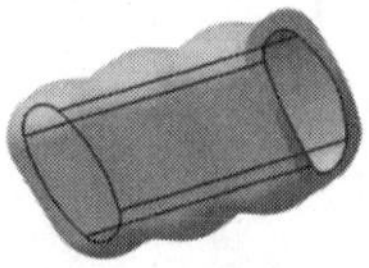

图 4.20　凹槽 3

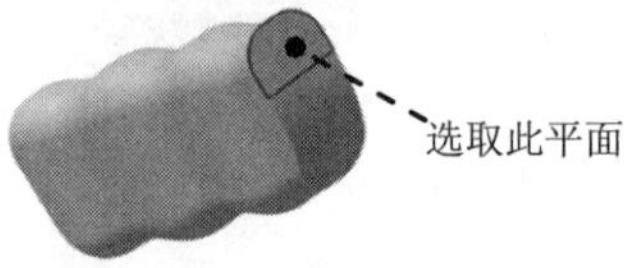

图 4.21　定义草图平面

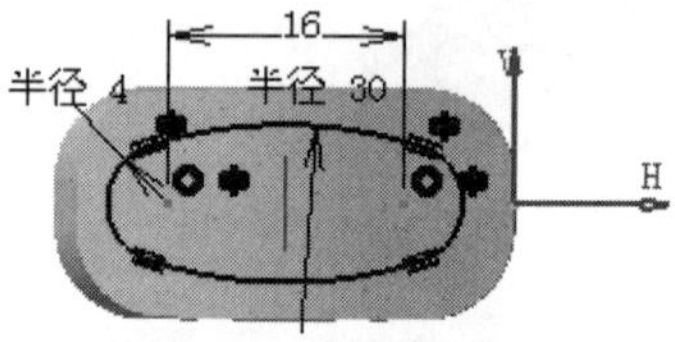

图 4.22　截面草图

Step15. 添加图 4.23 所示的零件特征—— 凹槽 4。选择下拉菜单 插入 ➡ 基于草图的特征 ➡ 凹槽... 命令；选取图 4.24 所示的平面为草图平面；创建图 4.25 所示的截面草图；在 第一限制 区域的 类型: 下拉列表中选择 直到最后 选项；单击 反转方向 按钮；单击 确定 按钮，完成凹槽 4 的添加。

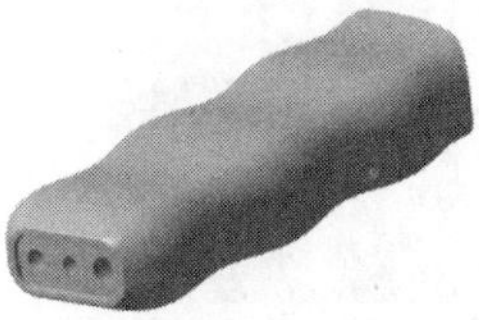

图 4.23　凹槽 4

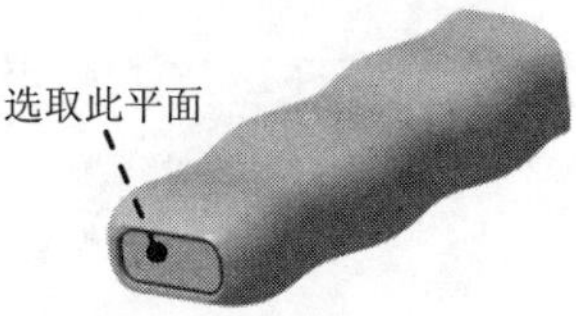

图 4.24　选取草图平面

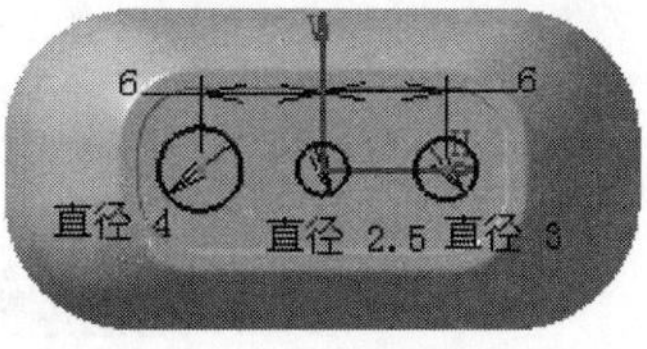

图 4.25　截面草图

Step16. 添加图 4.26b 所示的倒圆角 3。选择图 4.26a 所示的 3 条边线为倒圆角的对象，圆角半径值为 0.1。

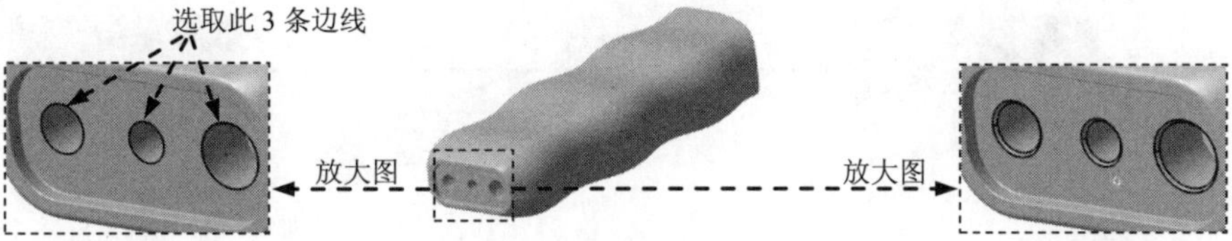

a）倒圆角前　　b）倒圆角后

图 4.26　倒圆角 3

Step17. 添加图 4.27 所示的零件特征—— 凹槽 5。选择下拉菜单 插入 → 基于草图的特征 → 凹槽... 命令；选取“yz 平面”为草图平面；创建图 4.28 所示的截面草图；在 第一限制 区域的 类型：下拉列表中选择 直到最后 选项；单击 反转方向 按钮；单击 确定 按钮，完成凹槽 5 的添加。

Step18. 添加图 4.29 所示的零件特征——镜像 1。

（1）在特征树中选择凹槽 5 为要镜像的对象。

（2）选择下拉菜单 插入 → 变换特征 → 镜像... 命令，系统弹出“定义镜像”对话框。

（3）选取“zx 平面”为镜像元素。

（4）单击 确定 按钮，完成镜像 1 的添加。

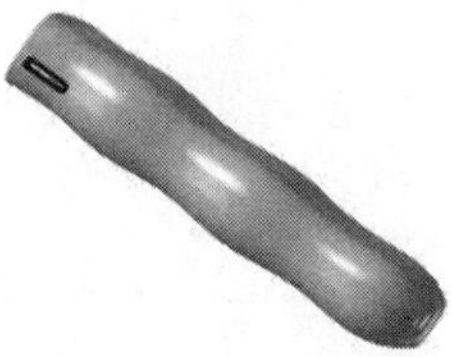

图 4.27　凹槽 5

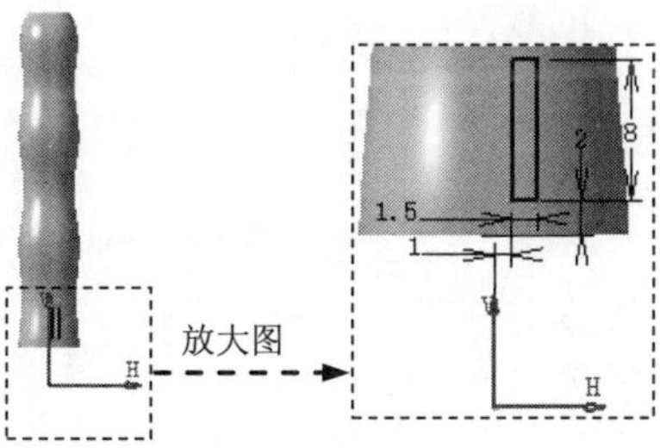

图 4.28　截面草图

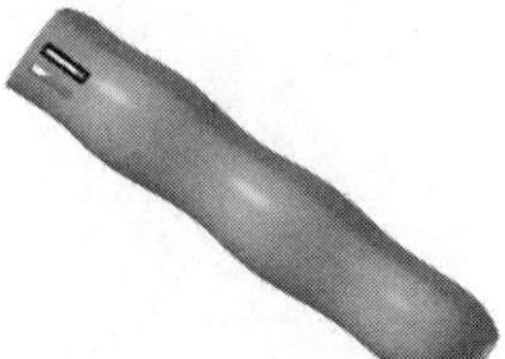

图 4.29　镜像 1

Step19. 添加图 4.30b 所示的倒圆角 4。选择图 4.30a 所示的 8 条边线为倒圆角的对象，圆角半径值为 0.5。

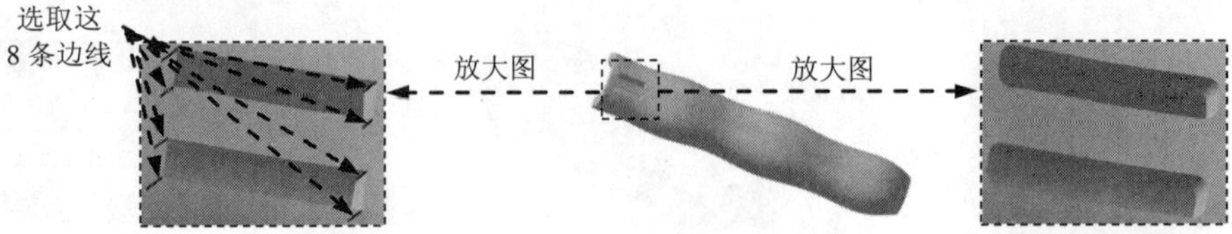

a）倒圆角前　　b）倒圆角后

图 4.30　倒圆角 4

Step20. 添加图 4.31b 所示的倒圆角 5。选择图 4.31a 所示的 2 条边线为倒圆角的对象，圆角半径值为 0.2。

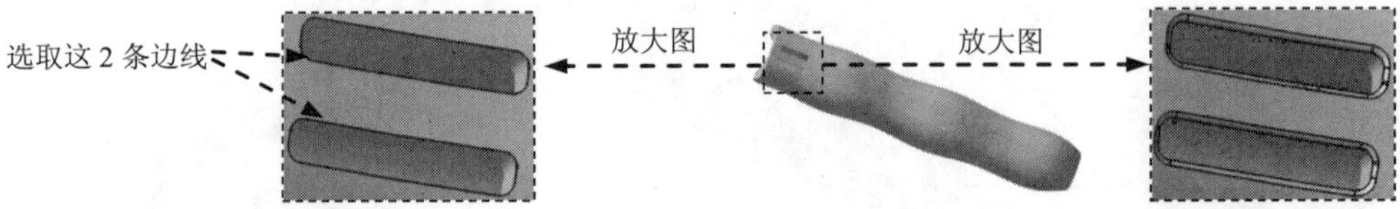

a）倒圆角前　　b）倒圆角后

图 4.31　倒圆角 5

Step21. 添加图 4.32b 所示的倒圆角 6。选择图 4.32a 所示的 2 条边线为倒圆角的对象，圆角半径值为 0.5。

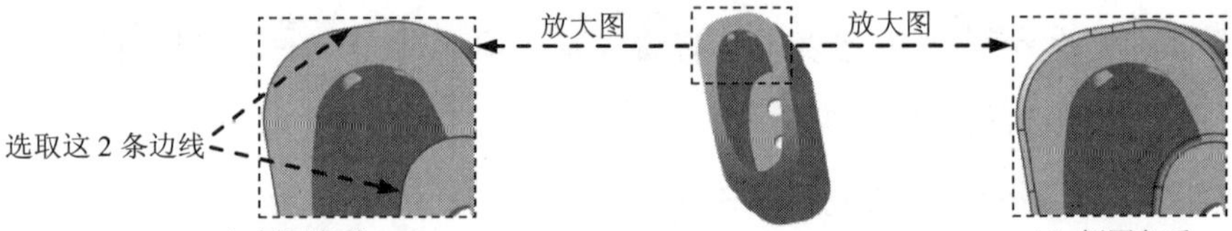

a）倒圆角前　　b）倒圆角后

图 4.32　倒圆角 6

Step22. 保存零件模型。选择下拉菜单 文件 → 保存 命令，即可保存零件模型。

实例5 香 皂 盒

实例概述：

本实例介绍了一个香皂盒的设计过程。通过本实例的学习，读者可以从中掌握凸台、曲面拉伸、曲面平移、实体分割等特征的应用，其中需要读者注意曲面平移和实体分割的创建方法以及工作台的切换。零件模型及特征树如图 5.1 所示。

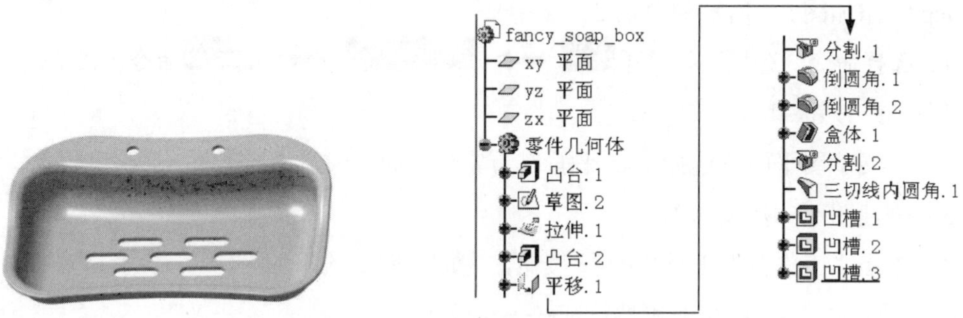

图 5.1 零件模型及特征树

Step1. 新建模型文件。选择下拉菜单 文件 → 新建... 命令；系统弹出“新建”对话框，在 类型列表： 列表框中选择 Part 选项，单击 确定 按钮；在“输入零件名称”文本框中输入名称 fancy_soap_box，选中 启用混合设计 复选框，单击 确定 按钮，进入“零件设计”工作台。

Step2. 创建图 5.2 所示的零件基础特征——凸台 1。

（1）选择命令。选择下拉菜单 插入 → 基于草图的特征 → 凸台... 命令（或单击 按钮），系统弹出“定义凸台”对话框。

（2）创建截面草图。

① 定义草图平面。在对话框中单击 按钮，选取“xy 平面”为草图平面。

② 创建截面草图。在草绘工作台中绘制图 5.3 所示的截面草图。

③ 单击“工作台”工具栏中的 按钮，退出草绘工作台。

（3）定义拉伸深度属性。

① 定义深度方向。采用系统默认的深度方向。

② 定义深度类型。在 第一限制 区域的 类型： 下拉列表中选择 尺寸 选项。

③ 定义深度值。在 第一限制 区域的 长度： 文本框中输入值 30。

（4）单击 确定 按钮，完成凸台 1 的创建。

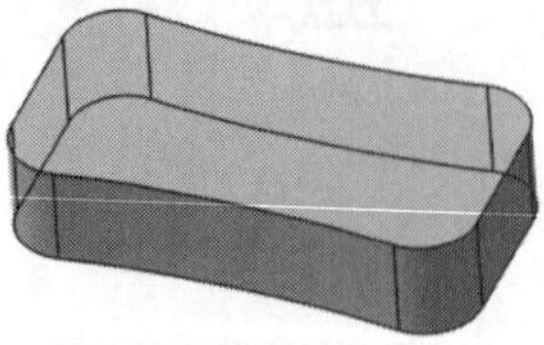

图 5.2 凸台 1

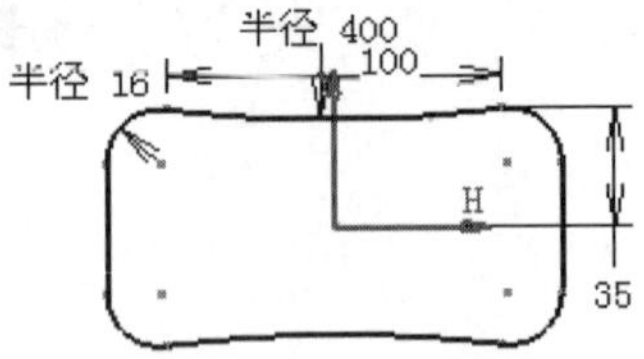

图 5.3 截面草图

Step3. 切换工作台。选择下拉菜单 开始 → 机械设计 → 线框和曲面设计 命令，切换到“线框和曲面设计”工作台。

Step4. 添加图 5.4 所示的草图 2。

（1）选择命令。选择下拉菜单 插入 → 草图编辑器 → 草图 命令（或单击工具栏中的“草图”按钮）。

（2）定义草图平面。选择“yz 平面”为草图平面。

（3）创建图 5.5 所示的草图。

（4）单击“工作台”工具栏的按钮，完成草图 2 的添加。

Step5. 添加图 5.6 所示的零件特征——拉伸 1。

（1）选择命令。选择下拉菜单 插入 → 曲面 → 拉伸... 命令，系统弹出“拉伸曲面定义”对话框。

（2） 定义拉伸类型和尺寸。选取草图 2 为拉伸轮廓；在“拉伸曲面定义”对话框的 限制 1 和 限制 2 区域的 类型: 下拉列表中均选择 尺寸 选项；在 限制 1 和 限制 2 区域的 尺寸: 文本框中均输入值 75。

（3）单击 确定 按钮，完成拉伸 1 的添加。

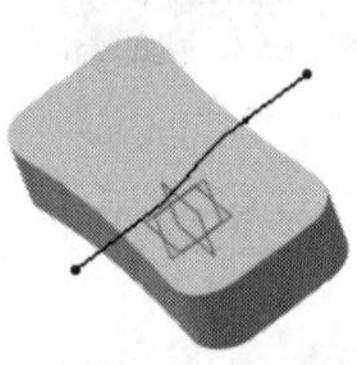

图 5.4 草图 2（建模环境）

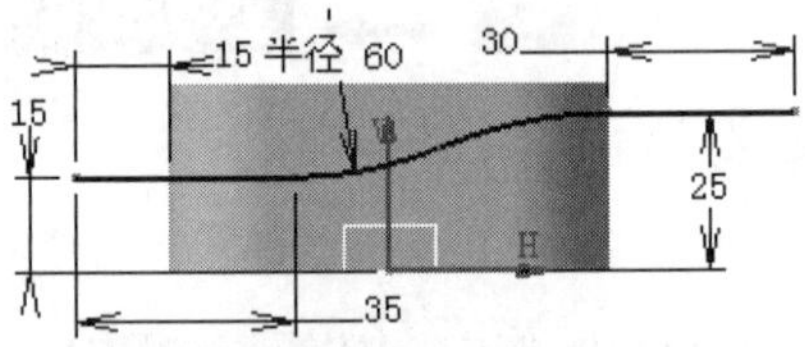

图 5.5 草图 2（草绘环境）

图 5.6 拉伸 1

Step6. 转换工作台。选择下拉菜单 开始 → 机械设计 → 零件设计 命令，切换到“零件设计”工作台。

Step7. 添加图 5.7 所示的零件特征——凸台 2。选择下拉菜单 插入 → 基于草图的特征 → 凸台... 命令；选取图 5.8 所示的平面为草图平面；创建图 5.9 所示的截面草图；在 第一限制 区域的 类型: 下拉列表中选择 直到曲面 选项；选择“拉伸 1”为凸台限制；单击 确定 按钮，完成凸台 2 的添加。

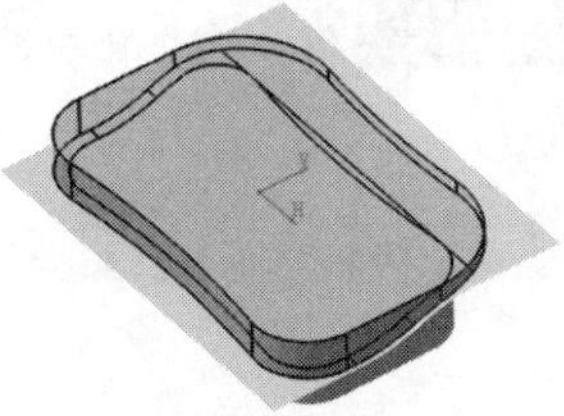

图 5.7 凸台 2

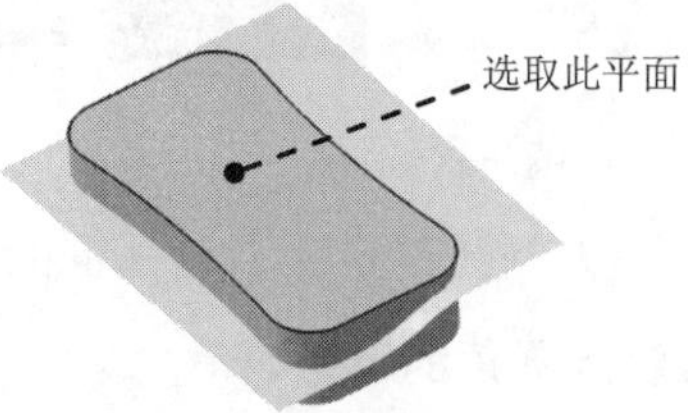

图 5.8 选取草图平面

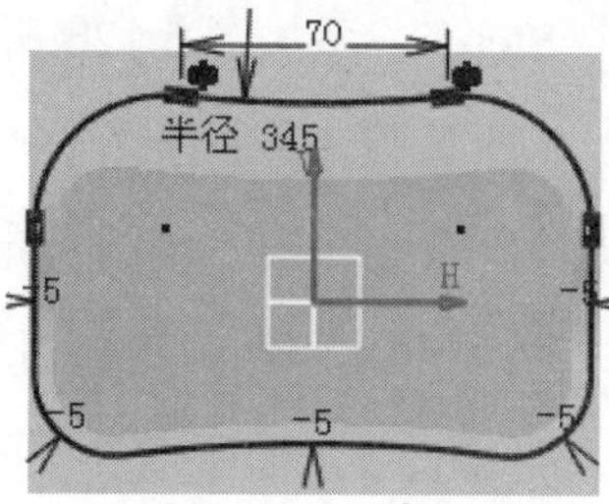

图 5.9 截面草图

Step8. 切换到“线框和曲面设计”工作台。

Step9. 添加图 5.10 所示的零件特征——平移 1。

（1）选择命令。选择下拉菜单 插入 ➡ 操作 ▸ ➡ 平移... 命令，系统弹出“平移定义”对话框。

（2）定义平移参数。在“平移定义”对话框的 向量定义： 下拉列表中选择 方向、距离 选项；选取“拉伸 1”为平移元素；在 方向： 文本框中右击，选择 Z 部件；在 距离： 文本框中输入值 3。

（3）单击 确定 按钮，完成平移 1 的添加。

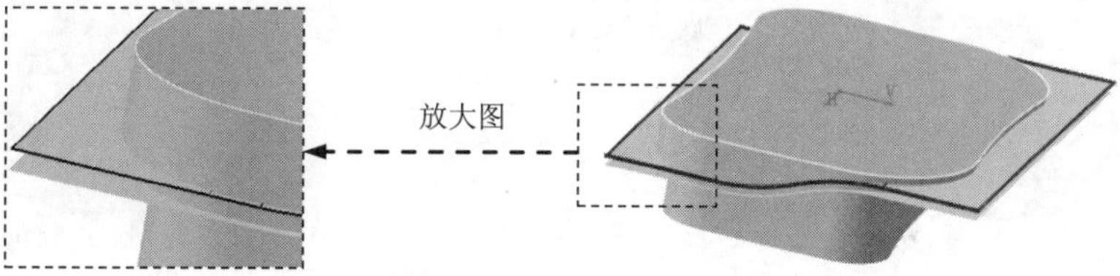

图 5.10 平移 1

Step10. 切换到“零件设计”工作台。

Step11. 添加图 5.11 所示的零件特征——分割 1。

（1）选择命令。选择下拉菜单 插入 ➡ 基于曲面的特征 ▸ ➡ 分割... 命令，系统弹出“定义分割”对话框。

（2）选取分割元素。选取“平移 1”为分割元素。

（3）单击 确定 按钮，完成分割 1 的操作。

说明：此步完成后可将拉伸 1 与平移 1 隐藏。

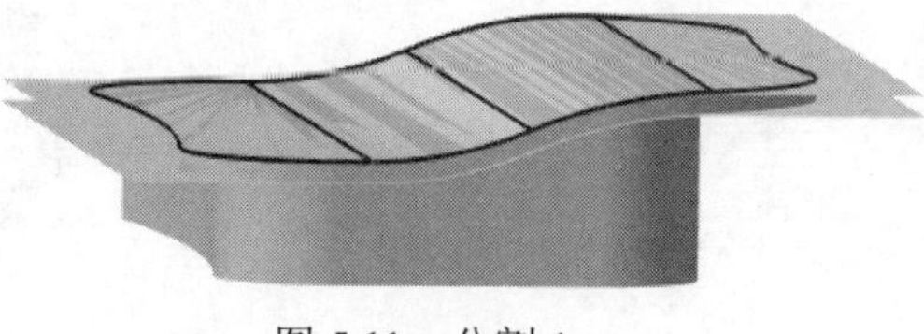

图 5.11 分割 1

Step12. 添加图 5.12b 所示的倒圆角 1。

（1）选择命令。选择下拉菜单 插入 → 修饰特征 ▸ → 倒圆角... 命令（或单击按钮），系统弹出“倒圆角定义”对话框。

（2）定义要倒圆角的对象。在“倒圆角定义”对话框的 选择模式： 下拉列表中选择 相切 选项，选取图 5.12a 所示的平面为要倒圆角的对象。

（3）定义倒圆角半径。在对话框的 半径： 文本框中输入值 12。

（4）单击 确定 按钮，完成倒圆角 1 的添加。

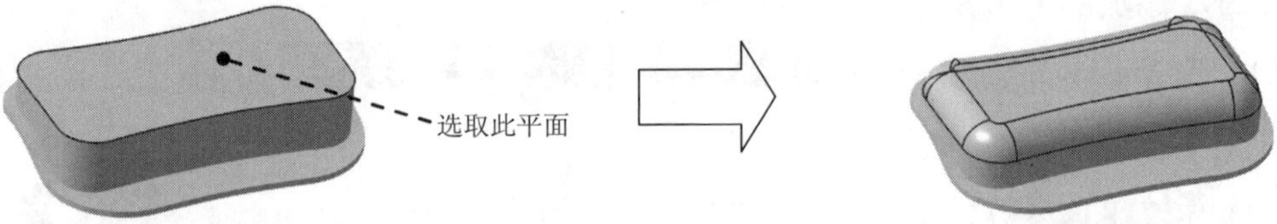

a）倒圆角前　　b）倒圆角后

图 5.12　倒圆角 1

Step13. 添加图 5.13b 所示的倒圆角 2。选取图 5.13a 所示的边线为倒圆角的对象，圆角半径值为 4。

a）倒圆角前　　b）倒圆角后

图 5.13　倒圆角 2

Step14. 添加图 5.14b 所示的零件特征——抽壳 1。

（1）选择命令。选择下拉菜单 插入 → 修饰特征 ▸ → 抽壳... 命令（或单击“修饰特征”工具栏中的按钮），系统弹出“定义盒体”对话框。

（2）选择要移除的面。在系统 选择要移除的面。 的提示下，选取图 5.14a 所示的 4 个面为要移除的面。

（3）定义抽壳厚度。在 默认内侧厚度： 文本框中输入值 0，在 默认外侧厚度： 文本框中输入值 2。

（4）单击 确定 按钮，完成抽壳 1 的添加。

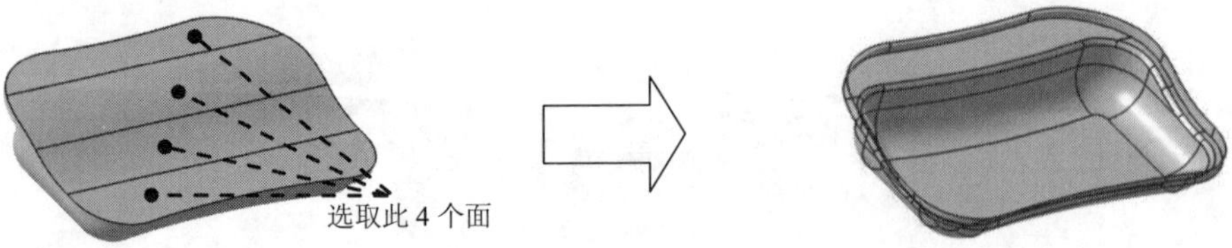

a）抽壳前　　b）抽壳后

图 5.14　抽壳 1

Step15. 添加图 5.15b 所示的零件特征——分割 2。选择下拉菜单 插入 → 基于曲面的特征 ▸ → 分割... 命令；选取“拉伸 1”为分割元素；单击 确定 按钮，完成分割 2 的操作。

a）分割前　　b）分割后

图 5.15　分割 2

Step16. 添加图 5.16b 所示的三切线内圆角 1。

（1）选择命令。选择下拉菜单 插入 → 修饰特征 ▸ → 三切线内圆角... 命令（或单击 按钮），系统弹出“定义三切线内圆角”对话框。

（2）定义圆角化的面。选取图 5.16a 所示的平面 1 和平面 2 为要圆角化的面。

（3）定义要移除的面。选取图 5.16a 所示的平面 3 为要移除的面。

（4）单击对话框中的 确定 按钮，完成三切线内圆角 1 的添加。

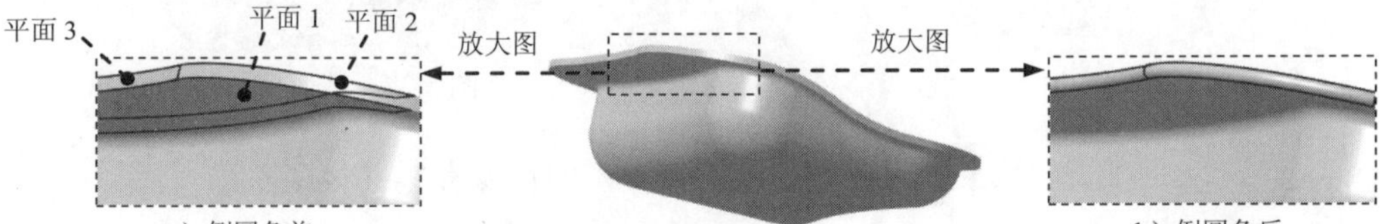

a）倒圆角前　　b）倒圆角后

图 5.16　三切线内圆角 1

Step17. 添加图 5.17 所示的零件特征——凹槽 1。

（1）选择命令。选择下拉菜单 插入 → 基于草图的特征 ▸ → 凹槽... 命令（或单击 按钮），系统弹出“定义凹槽”对话框。

（2）创建图 5.18 所示的截面草图。选取“xy 平面”为草图平面。创建图 5.18 所示的截面草图；单击“工作台”工具栏中的 按钮，退出草绘工作台。

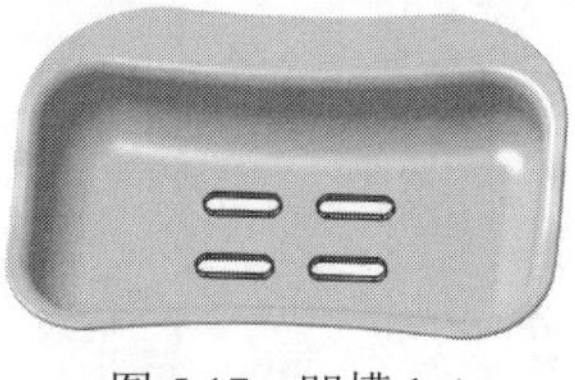

图 5.17　凹槽 1

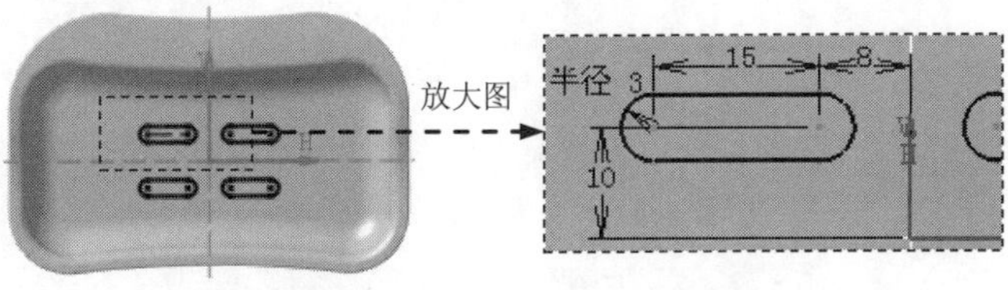

图 5.18　截面草图

（3）定义深度属性。在 类型： 下拉列表中选择 直到最后 选项。单击 确定 按钮，完成凹槽 1 的添加。

Step18. 添加图 5.19 所示的零件特征——凹槽 2。选择下拉菜单 插入 → 基于草图的特征 → 凹槽... 命令；选取“xy 平面”为草图平面；创建图 5.20 所示的截面草图；在 类型: 下拉列表中选择 直到最后 选项；单击 确定 按钮，完成凹槽 2 的添加。

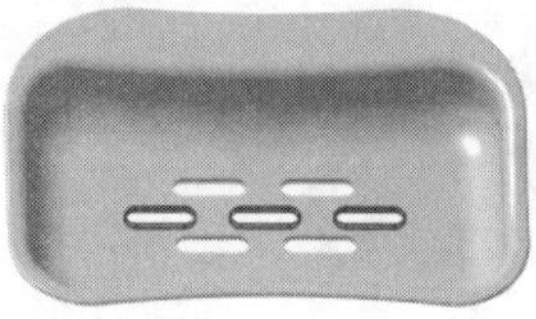

图 5.19 凹槽 2

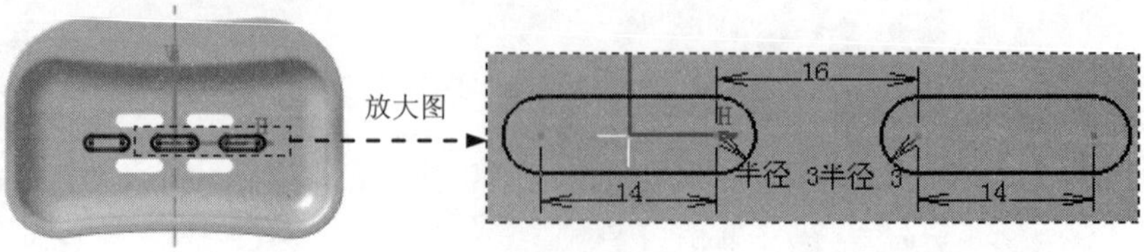

图 5.20 截面草图

Step19. 添加图 5.21 所示的零件特征——凹槽 3。选择下拉菜单 插入 → 基于草图的特征 → 凹槽... 命令；选取“xy 平面”为草图平面；创建图 5.22 所示的截面草图；在 类型: 下拉列表中选择 直到最后 选项；单击 确定 按钮，完成凹槽 3 的添加。

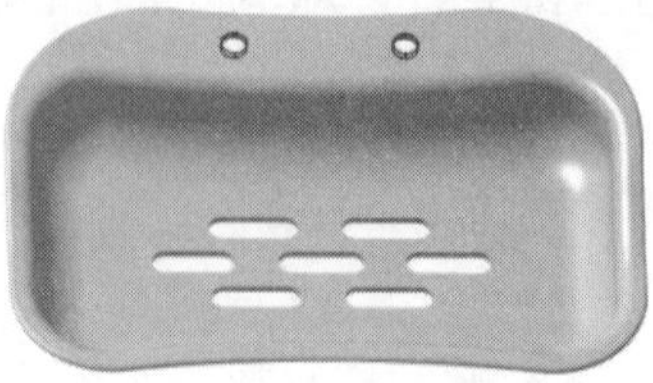

图 5.21 凹槽 3

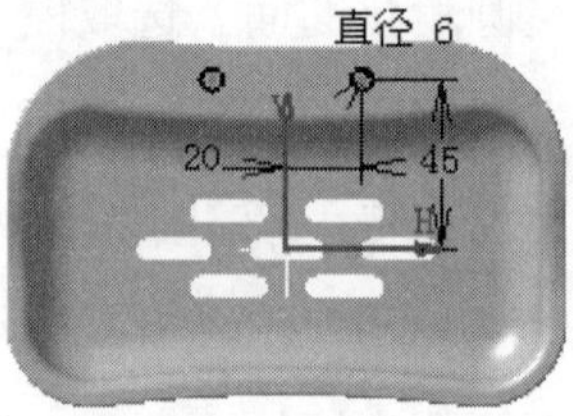

图 5.22 截面草图

Step20. 选择下拉菜单 文件 → 保存 命令，即可保存零件模型。

实例 6 饮水机开关

实例概述：

本实例将介绍一个饮水机开关的设计过程，主要运用了凸台、凹槽、旋转、肋、倒圆角等一些基本特征，其中肋的创建是本实例的一个亮点。希望读者在完成本例后能掌握这些基本特征的创建方法及技巧。零件模型及特征树如图 6.1 所示。

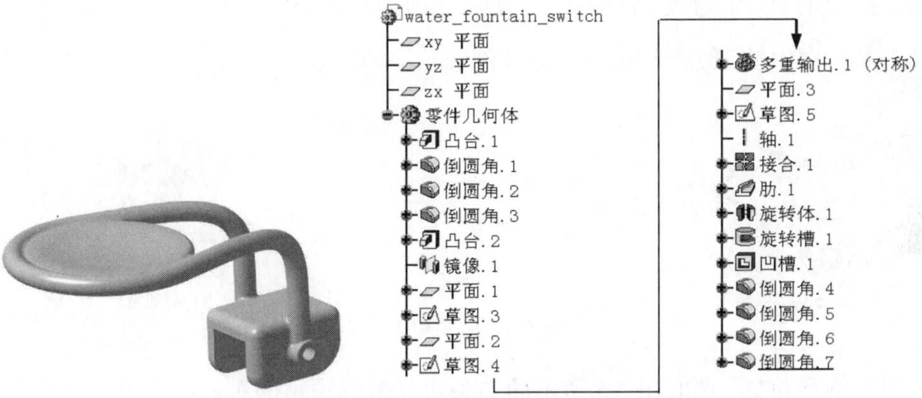

图 6.1 零件模型及特征树

Step1. 新建模型文件。选择下拉菜单 文件 → 新建... 命令；系统弹出“新建”对话框，在 类型列表： 列表框中选择 Part 选项，单击 确定 按钮；在“输入零件名称”文本框中输入名称 water_fountain_switch，选中 启用混合设计 复选框，单击 确定 按钮，进入“零件设计”工作台。

Step2. 创建图 6.2 所示的零件基础特征——凸台 1。

（1）选择命令。选择下拉菜单 插入 → 基于草图的特征 → 凸台... 命令（或单击按钮），系统弹出“定义凸台”对话框。

（2）创建截面草图。

① 定义草图平面。在对话框中单击按钮，选取“xy 平面”为草图平面。

② 绘制截面草图。在草绘工作台中绘制图 6.3 所示的截面草图。

③ 单击“工作台”工具栏中的按钮，退出草绘工作台。

图 6.2 凸台 1

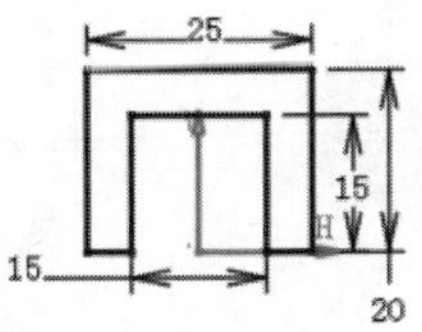

图 6.3 截面草图

（3）定义拉伸深度属性。在第一限制区域的类型：下拉列表中选择尺寸选项。在第一限制区域的长度：文本框中输入值 15；单击更多>>按钮，在第二限制区域的类型：下拉列表中选择尺寸选项,在长度：文本框中输入值 15；单击确定按钮，完成凸台 1 的创建。

Step3. 添加图 6.4b 所示的倒圆角 1。

（1）选择命令。选择下拉菜单插入 → 修饰特征 ▸ → 倒圆角... 命令。

（2）定义要倒圆角的对象。在“倒圆角定义”对话框的选择模式：下拉列表中选择相切选项，选取图 6.4a 所示的 2 条边线为要倒圆角的对象。

（3）定义倒圆角半径。在对话框的半径：文本框中输入值 10。

（4）单击对话框中的确定按钮，完成倒圆角 1 的添加。

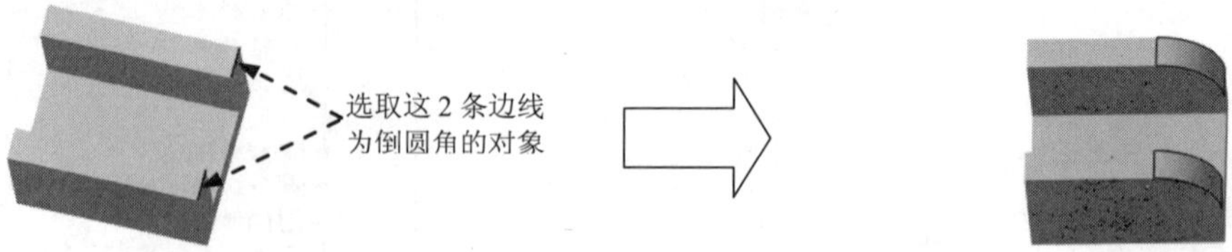

a）倒圆角前　　b）倒圆角后

图 6.4　倒圆角 1

Step4. 添加倒圆角 2。选取图 6.5 所示的 2 条边线为倒圆角的对象，圆角半径值为 5。

Step5. 添加倒圆角 3。选取图 6.6 所示的边线为倒圆角的对象，圆角半径值为 3。

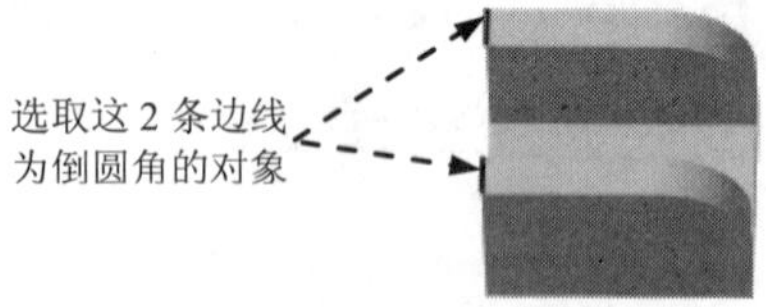

图 6.5　定义倒圆角对象

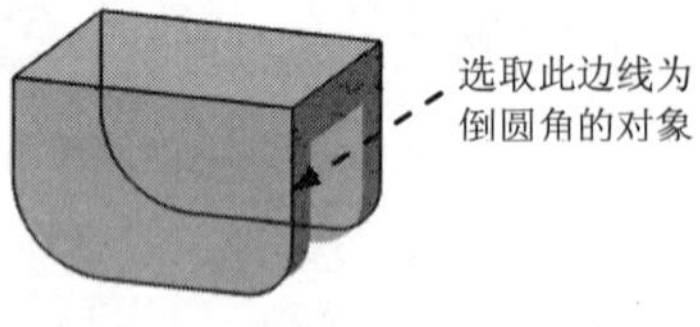

图 6.6　定义倒圆角对象

Step6. 添加图 6.7 所示的零件特征——凸台 2。选取图 6.8 所示的平面为草图平面，绘制图 6.9 所示的截面草图。在长度：文本框中输入值 4。

Step7. 添加图 6.10 所示的零件特征——镜像 1。

（1）选取 Step6 创建的凸台 2 为要镜像的对象。

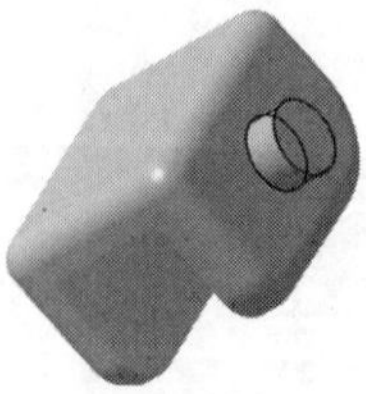

图 6.7　凸台 2

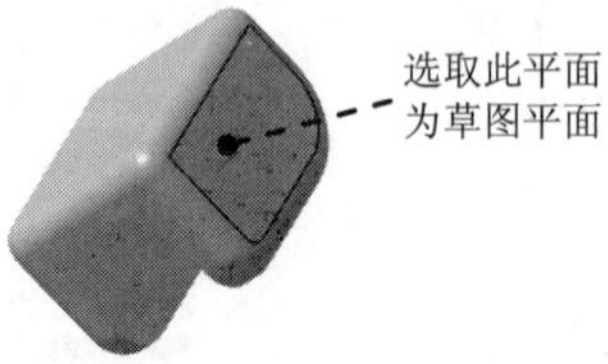

图 6.8　定义草图平面

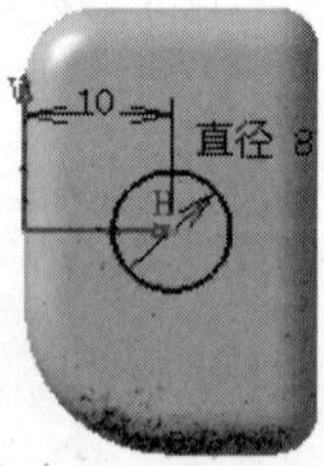

图 6.9　截面草图

（2）选择下拉菜单 插入 → 变换特征 ▸ → 镜像... 命令，系统弹出“定义镜像”对话框。

（3）选取“yz 平面”为镜像元素，单击 确定 按钮，完成镜像 1 的添加。

Step8. 创建图 6.11 所示的平面 1。

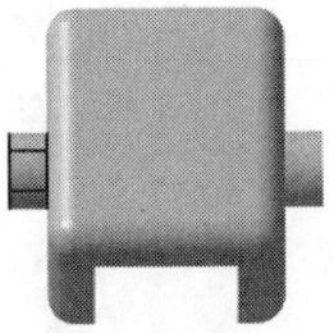

图 6.10 镜像 1

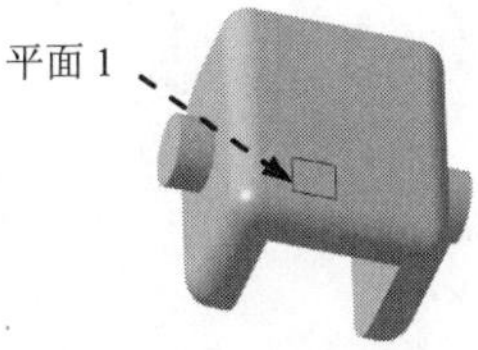

图 6.11 平面 1

（1）选择下拉菜单 开始 → 机械设计 ▸ → 线框和曲面设计 命令，切换到“线框和曲面设计”工作台。

（2）选择命令。选择下拉菜单 插入 → 线框 ▸ → 平面... 命令（或单击 按钮），系统弹出“平面定义”对话框。

（3）定义设置参数。在 平面类型： 文本框的下拉列表中选择 偏移平面 选项，激活 参考： 文本框并右击，在弹出的快捷菜单中选取 ZX 平面 为参考平面；在 偏移： 文本框输入值 10。采用系统默认的偏移方向，单击 确定 按钮，完成平面 1 的添加。

Step9. 添加图 6.12 所示的草图 3。选取图 6.13 所示的平面为草图平面，绘制图 6.12 所示的草图。

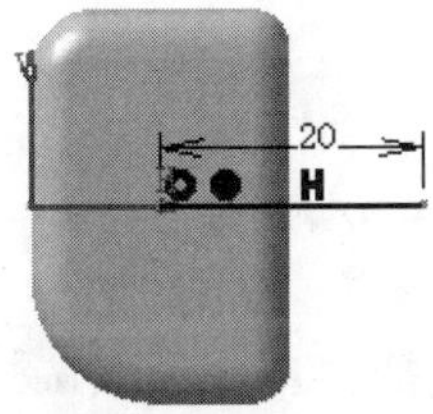

图 6.12 草图 3

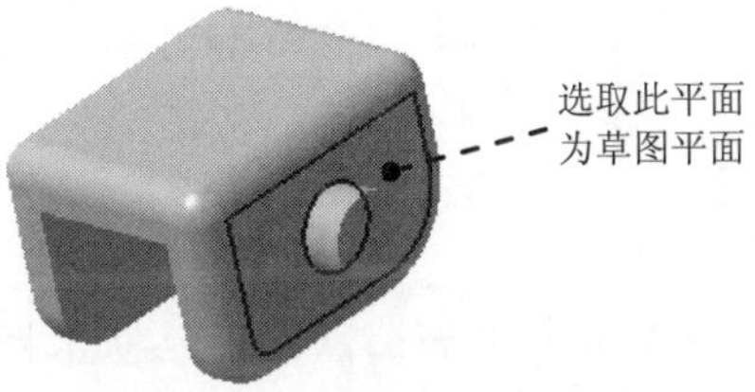

图 6.13 定义草图平面

注意： 使草图 3 所绘制的直线端点与图 6.9 所示的圆心重合。

Step10. 添加图 6.14 所示的平面 2。

（1）选择命令。选择下拉菜单 插入 → 线框 ▸ → 平面... 命令（或单击 按钮），系统弹出“平面定义”对话框。

（2）定义平面类型。在“平面定义”对话框的 平面类型： 下拉列表中选择 与平面成一定角度或垂直 选项。

（3）定义旋转轴和参考平面。激活 旋转轴： 文本框，选取草图 3 为旋转轴；激活 参考： 文本框并右击，在弹出的快捷菜单中选取YZ 平面为参考平面；在角度:文本框中输入值 15，单击确定按钮，完成平面 2 的添加。

Step11. 添加图 6.15 所示的草图 4。选取平面 2 为草图平面，绘制图 6.15 所示的草图。

注意：应该使样条曲线的端点与草图 3 直线的端点重合并相切，绘制一条竖直并通过此草图端点的构造线，使样条曲线的下端点与构造线相切。

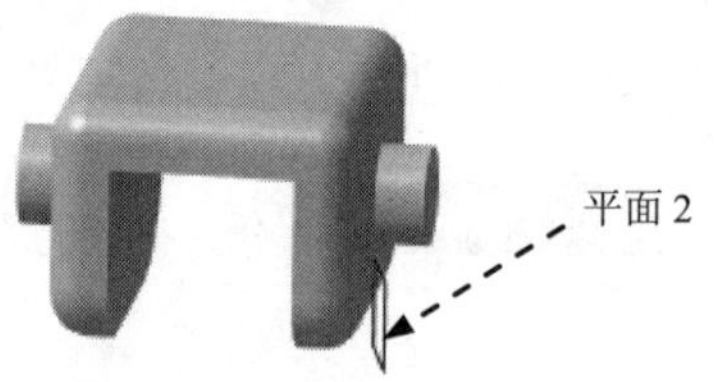

图 6.14　平面 2

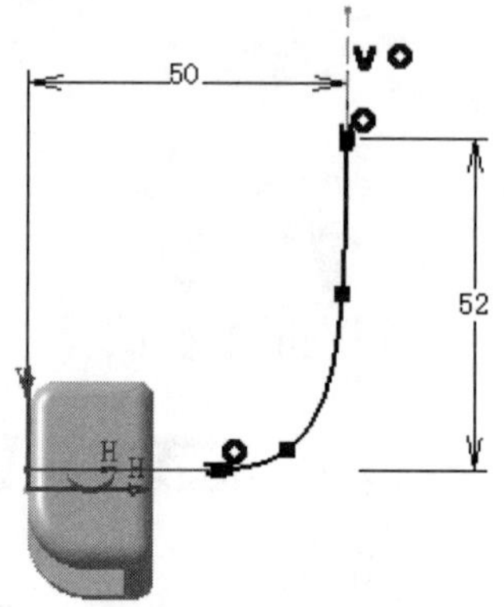

图 6.15　草图 4

Step12. 添加图 6.16 所示的多重输出 1（对称）。

（1）定义对称变换的元素。按住 Ctrl 键，在特征树中分别选取草图 3、草图 4 为对称的元素。

（2）选择命令。选择下拉菜单插入 → 操作 ▸ → 对称...命令（或单击按钮），系统弹出“对称定义”对话框。

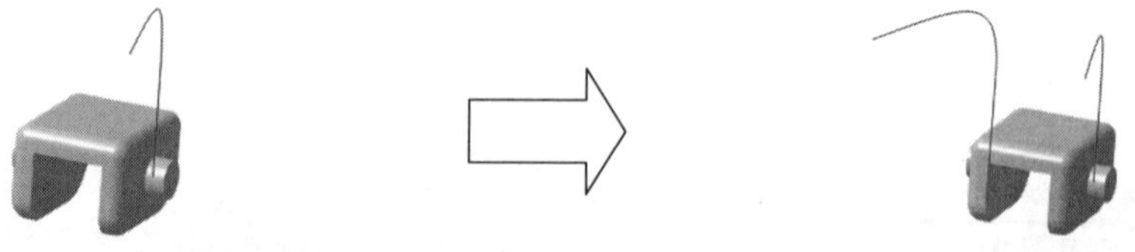

a）对称前　　b）对称后

图 6.16　多重输出 1（对称）

（3）定义参考平面。激活参考:文本框并右击，在弹出的快捷菜单中选取YZ 平面为参考平面。

（4）单击确定按钮，完成多重输出 1（对称）的添加。

Step13. 创建图 6.17 所示的平面 3。

（1）选择命令。选择下拉菜单插入 → 线框 ▸ → 平面...命令（或单击按钮），系统弹出“平面定义”对话框。

（2）定义平面类型。在“平面定义”对话框的平面类型:下拉列表中选择平行通过点选项。

（3）定义参考平面和参考点。激活参考:文本框并右击，在弹出的快捷菜单中选取ZX 平面为参考平面；激活点:文本框，选取草图 4 的上端点为参考点。单击确定按钮，完成平面 3 的添加。

Step14. 添加图 6.18 所示的草图 5。选取平面 3 为草图平面，绘制图 6.18 所示的草图 5。

注意：应该使圆弧曲线的两个端点分别与草图 4 的端点和多重输出 1（对称）的曲线的端点重合并且分别与两条曲线相切。

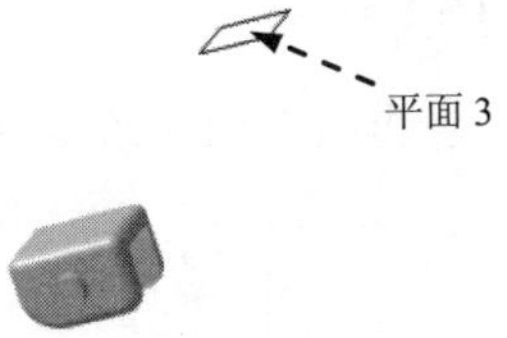

图 6.17　平面 3

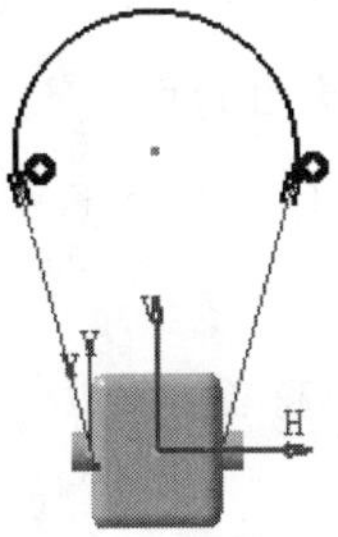

图 6.18　草图 5

Step15. 创建图 6.19 所示的轴 1。

（1）选择命令。选择下拉菜单 插入 → 线框▸ → 轴线... 命令（或单击按钮），弹出“轴线定义”对话框。

（2）定义元素和轴线类型。激活 元素: 文本框，选取草图 5 为元素对象；在 轴线类型: 的下拉列表中选择 圆的法线 选项。

（3）单击 确定 按钮，完成轴 1 的添加。

Step16. 添加图 6.20 所示的接合 1。

（1）选择命令。选择下拉菜单 插入 → 操作▸ → 接合... 命令（或单击按钮），弹出“接合定义”对话框。

（2）定义要接合的元素。按住 Ctrl 键，分别选择草图 3、草图 4、草图 5、多重输出 1（对称）为要接合的对象。

（3）单击 确定 按钮，完成接合 1 的添加。

图 6.19　轴 1

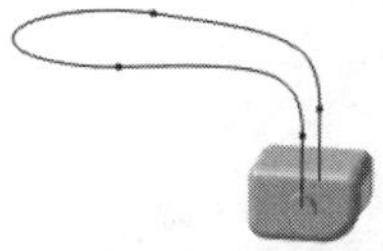

图 6.20　接合 1

Step17. 切换到“零件设计”工作台。

Step18. 添加图 6.21 所示的零件特征——肋 1。

（1）选择命令。选择下拉菜单 插入 → 基于草图的特征 → 肋... 命令（或单击按钮），系统弹出“定义肋”对话框。

（2）创建截面草图。

① 定义草图平面。在 轮廓 文本框处单击按钮，选取平面 1 为草图平面。

② 绘制截面草图。在草绘工作台中绘制图 6.22 所示的截面草图。

注意： *应该使圆的中心点与草图 3 的端点重合。*

③ 单击“工作台”工具栏中的按钮，退出草绘工作台。

（3）定义中心曲线。选取接合 1 为中心曲线，其他选项采用系统默认设置。

（4）单击 确定 按钮，完成肋 1 的添加。

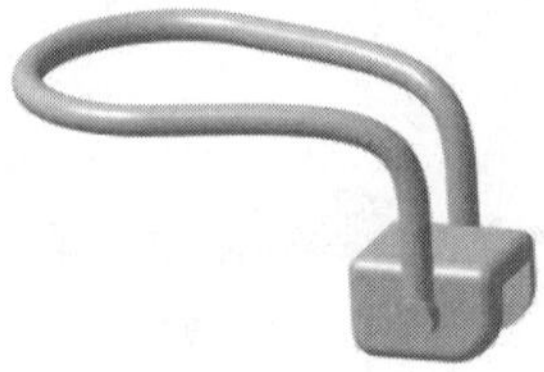

图 6.21　肋 1

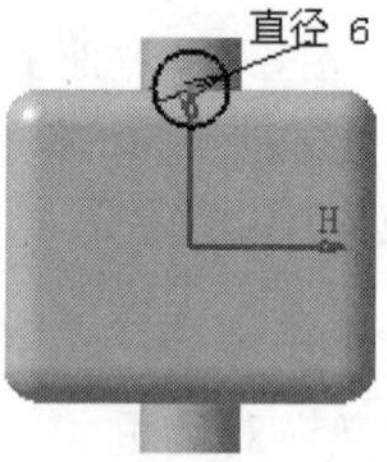

图 6.22　截面草图

Step19. 添加图 6.23 所示的零件基础特征——旋转体 1。

（1）选择命令。选择下拉菜单 插入 → 基于草图的特征 → 旋转体... 命令（或单击按钮），系统弹出“定义旋转体”对话框。

（2）创建截面草图。

① 定义草图平面。在“定义旋转体”对话框中单击按钮，选取“yz 平面”为草图平面。

② 绘制截面草图。在草绘工作台中绘制图 6.24 所示的截面草图。

说明： *在绘制截面草图时，可将接合 1 显示出来以便于添加几何约束。*

③ 单击“工作台”工具栏中的按钮，退出草绘工作台。

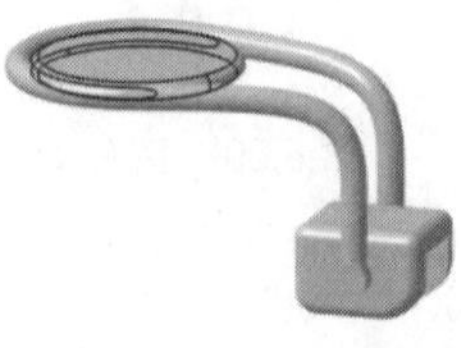

图 6.23　旋转体 1

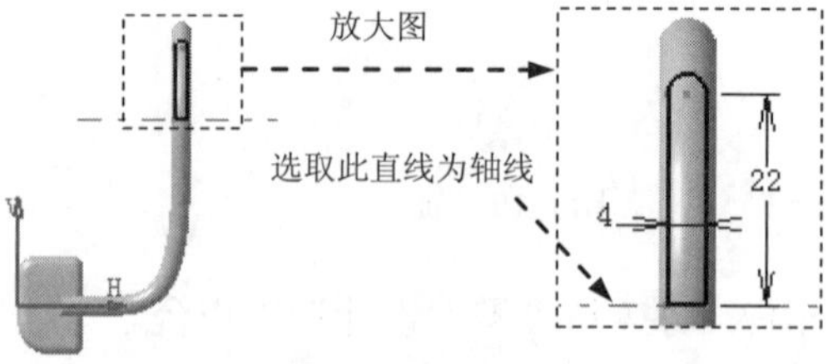

图 6.24　截面草图

（3）定义旋转角度。在 限制 区域的 第一角度： 文本框中输入值 360。

（4）定义轴线。激活【轴线】文本框，选取图 6.24 所示的直线为轴线。

（5）单击【确定】按钮，完成旋转体 1 的添加。

Step20. 添加图 6.25 所示的零件特征——旋转槽 1。

（1）选择命令。选择下拉菜单【插入】→【基于草图的特征】→【旋转槽...】命令（或单击按钮），系统弹出“定义旋转槽”对话框。

（2）创建图 6.26 所示的截面草图。选取“yz 平面”为草图平面；在草绘工作台中绘制图 6.26 所示的截面草图；单击“工作台”工具栏中的按钮，退出草绘工作台。

（3）定义旋转角度。在【限制】区域的【第一角度：】文本框中输入值 360。

（4）定义轴线。激活【轴线】文本框后选取图 6.26 所示的直线为轴线。

（5）单击【确定】按钮，完成旋转槽 1 的添加。

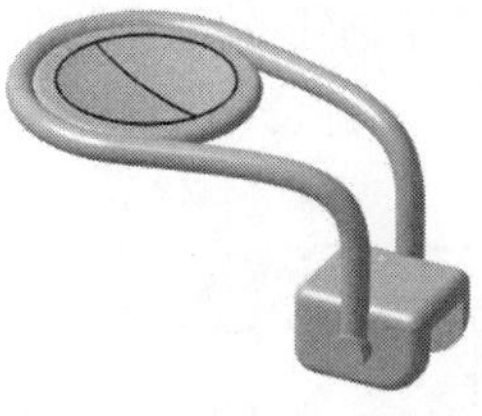

图 6.25 旋转槽 1

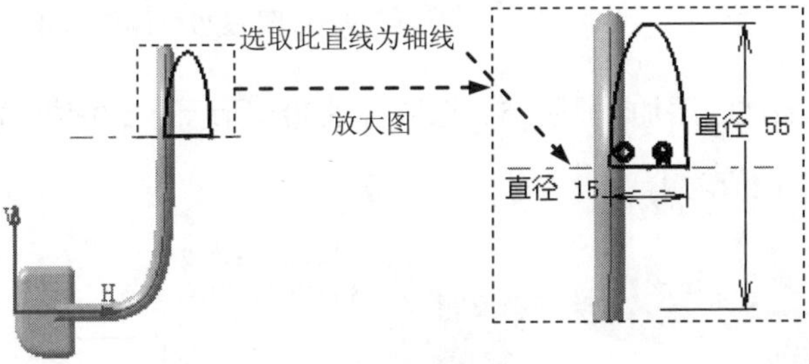

图 6.26 截面草图

Step21. 添加图 6.27 所示的零件特征——凹槽 1。

（1）选择命令。选择下拉菜单【插入】→【基于草图的特征】→【凹槽...】命令（或单击按钮），系统弹出“定义凹槽”对话框。

（2）创建图 6.28 所示的截面草图。选取“yz 平面”为草图平面；在草绘工作台中绘制图 6.28 所示的截面草图；单击“工作台”工具栏中的按钮，退出草绘工作台。

说明：绘制的圆与凸台 2 的轮廓同心。

（3）定义深度属性。在对话框【第一限制】区域的【类型：】下拉列表中选择【直到最后】选项，单击【更多>>】按钮，在对话框的【第二限制】区域的【类型：】下拉列表中选择【直到最后】选项，单击【确定】按钮，完成凹槽 1 的添加。

图 6.27 凹槽 1

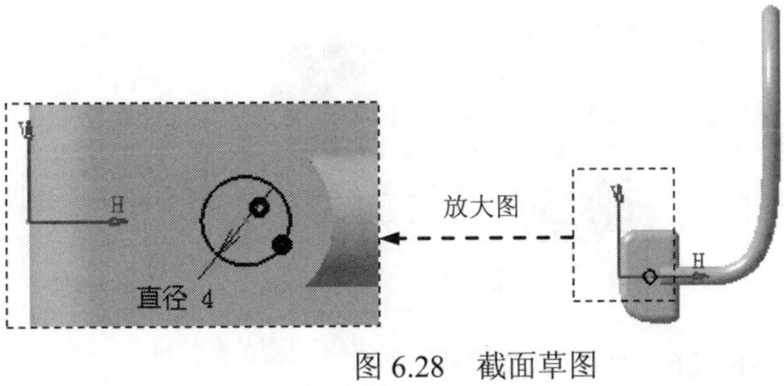

图 6.28 截面草图

Step22. 添加图 6.29b 所示的倒圆角 4。

（1）选择命令。选择下拉菜单 插入 → 修饰特征 ▶ → 倒圆角... 命令。

（2）定义要倒圆角的对象。在“倒圆角定义”对话框的 选择模式： 下拉列表中选择 相切 选项，选取图 6.29a 所示的边线为要倒圆角的对象。

（3）定义倒圆角半径。在对话框的 半径： 文本框中输入值 2。

（4）单击 确定 按钮，完成倒圆角 4 的添加。

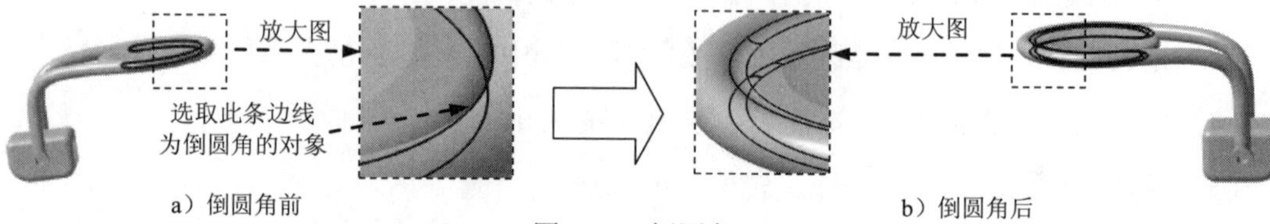

图 6.29　倒圆角 4

Step23. 添加倒圆角 5。选取图 6.30a 所示的 2 条边线以及对面的 2 条边线为倒圆角的对象，圆角半径值为 1。

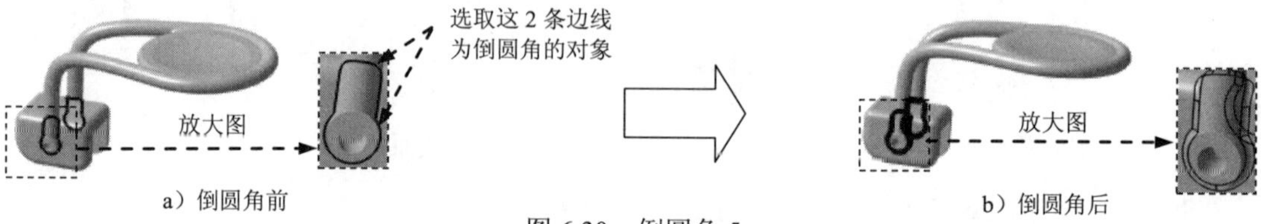

图 6.30　倒圆角 5

Step24. 添加倒圆角 6。选取图 6.31a 所示的边线为倒圆角的对象，圆角半径值为 20。

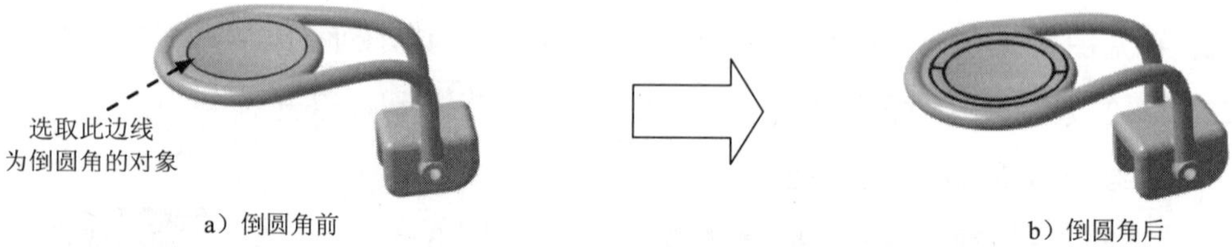

图 6.31　倒圆角 6

Step25. 添加倒圆角 7。选取图 6.32a 所示的边线和对面的边线为倒圆角的对象，圆角半径值为 0.5。

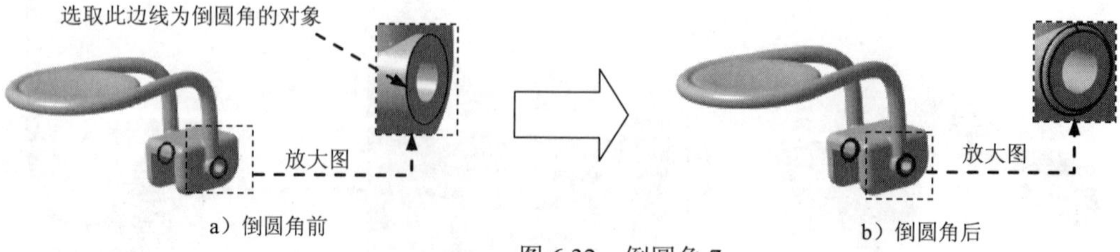

图 6.32　倒圆角 7

Step26. 保存零件模型。

实例 7 挂　钩

实例概述：

本实例介绍了图 7.1 所示挂钩的设计过程。该模型设计过程中运用了实体和曲面相结合的设计方法，其灵活性和适用性很强。另外，本例主要介绍多截面曲面、桥接以及填充曲面等一些曲面的基本特征的应用。零件模型及特征树如图 7.1 所示。

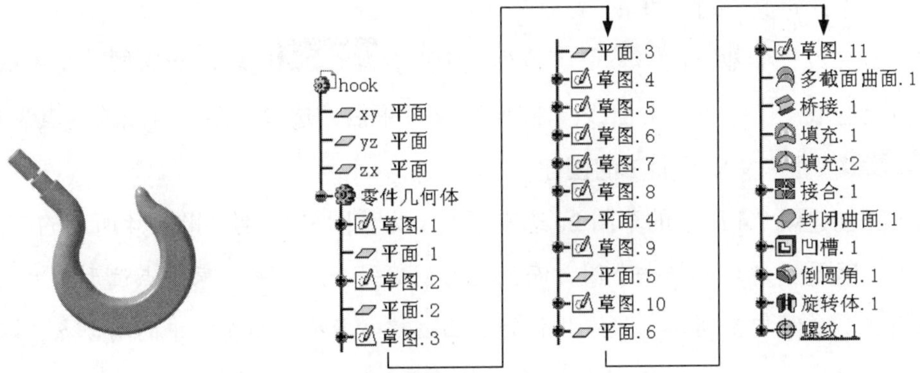

图 7.1　零件模型及特征树

Step1. 新建模型文件。

（1）选择下拉菜单 文件 → 新建... 命令，系统弹出“新建”对话框。

（2）在 类型列表: 列表框中选择 Part 选项，单击 确定 按钮，系统弹出“新建零件”对话框。

（3）在“输入零件名称”文本框中输入名称 hook，选中 启用混合设计 复选框，单击 确定 按钮，进入“零件设计”工作台。

Step2. 切换工作台。选择下拉菜单 开始 → 机械设计 → 线框和曲面设计 命令，切换到“线框和曲面设计”工作台。

Step3. 创建图 7.2 所示的草图 1。

（1）选择命令。选择下拉菜单 插入 → 草图编辑器 → 草图 命令（或单击 按钮）。

（2）选取“yz 平面”为草图平面，绘制图 7.2 所示的草图。

（3）单击“工作台”工具栏中的 按钮，退出草绘工作台。

Step4. 创建图 7.3 所示的平面 1。

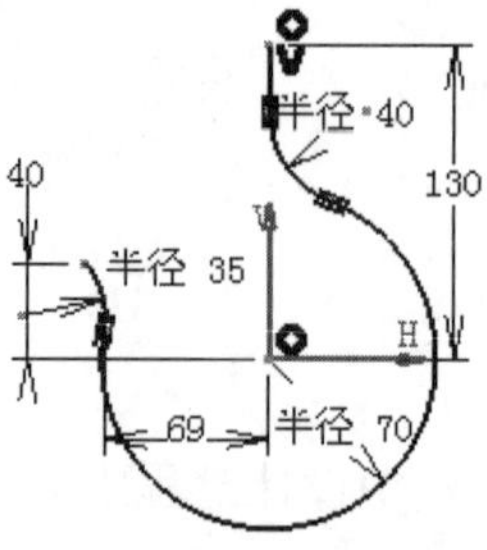

图 7.2 草图 1

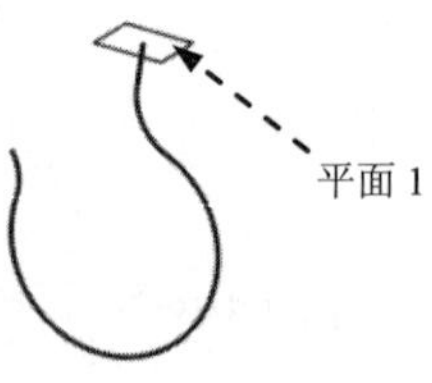

图 7.3 平面 1

（1）选择命令。选择下拉菜单 插入 → 线框 → 平面... 命令（或单击按钮），系统弹出“平面定义”对话框。

（2）定义设置参数。在 平面类型： 下拉列表中选择 曲线的法线 选项，激活 曲线： 文本框，然后在特征树上选取草图 1 为参考曲线；激活 点： 文本框后，选取草图 1 直线的端点为参考点，单击 确定 按钮，完成平面 1 的创建。

Step5. 创建图 7.4 所示的草图 2。选取平面 1 为草图平面，绘制图 7.4 所示的截面草图。

说明：草图 2 不仅包括一个圆，而且还需创建一个点，并约束该点位于圆上及与绝对轴横轴相合，如图 7.5 所示。该点将作为后面创建“多截面曲面”中的闭合点。以下草图（3、4、6、8、9）中同样包括这样一个点，并且点的方向必须在同一侧。

图 7.4 草图 2（建模环境）

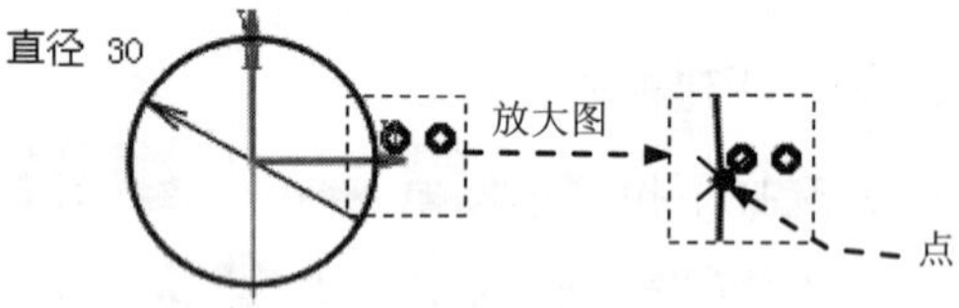

图 7.5 草图 2（草绘环境）

Step6. 创建图 7.6 所示的平面 2。在 平面类型： 下拉列表中选择 平行通过点 选项；激活 参考： 文本框，然后右击，在弹出的快捷菜单中选取 XY 平面 为参考平面；激活 点： 文本框后，选取图 7.7 所示的点为参考点，单击 确定 按钮，完成平面 2 的创建。

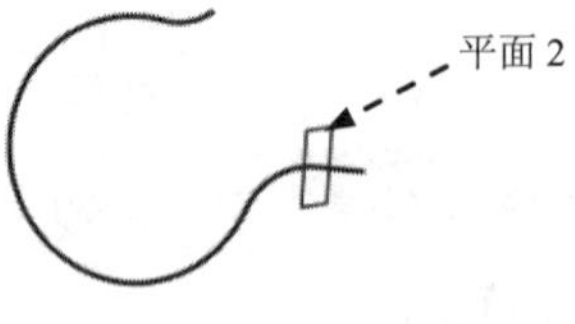

图 7.6 平面 2

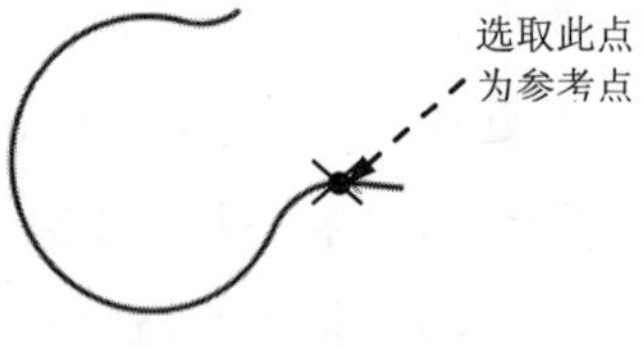

图 7.7 定义参考点

Step7. 创建草图 3。选取平面 2 为草图平面，把草图 2 投影到平面 2 上。

注意：在使用“投影 3D 元素”命令时，草图 2 中的圆及点都要进行投影。

Step8. 创建图 7.8 所示的平面 3。在平面类型：下拉列表中选择曲线的法线选项，激活曲线：文本框，然后在特征树上选取草图 1 为参考曲线；激活点：文本框，选取图 7.9 所示的点为参考点，单击确定按钮，完成平面 3 的创建。

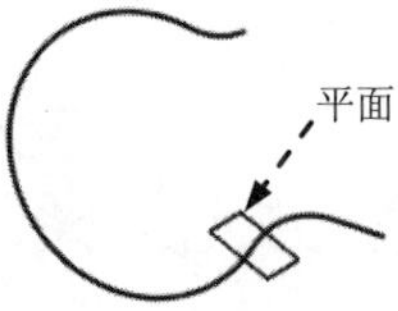

图 7.8 平面 3

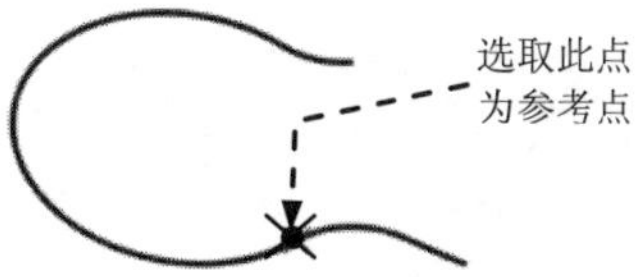

图 7.9 定义参考点

Step9. 创建图 7.10 所示的草图 4。选取平面 3 为草图平面，绘制图 7.11 所示的截面草图。

说明：使圆点与图 7.9 所示的参考点相合，并且绘制图 7.11 所示的一条构造线，使构造线的端点与圆相合，并且与绝对轴的横轴水平，在其端点处绘制一个点，该点的方向与草图 2 的点在同一侧。

Step10. 创建图 7.12 所示的草图 5（一个点）。选取“yz 平面”为草图平面。

说明：使草图 5 所绘制的点与草图 1 的曲线相合并且与横向绝对轴相合。

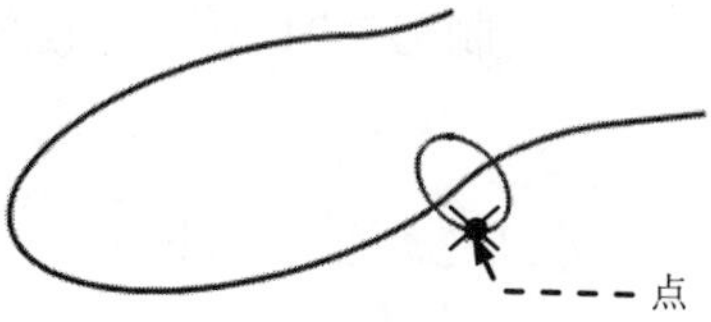

图 7.10 草图 4（建模环境）

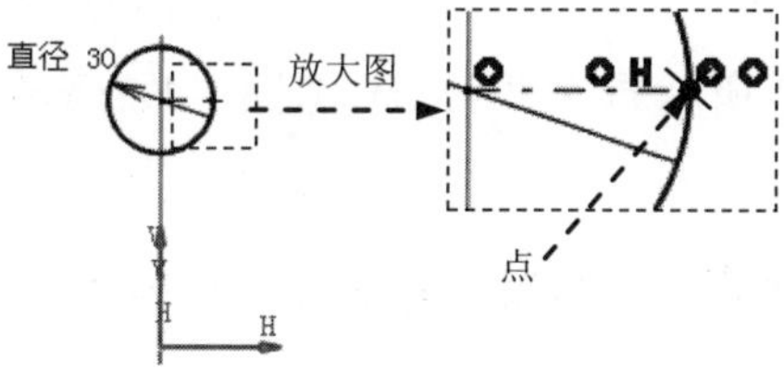

图 7.11 草图 4（草绘环境）

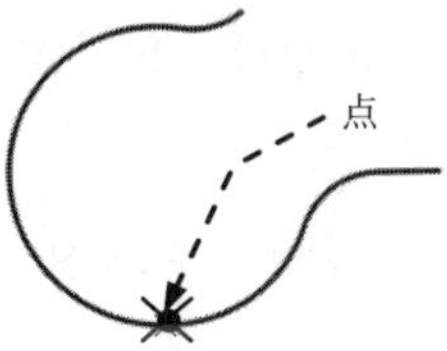

图 7.12 草图 5（建模环境）

Step11. 创建图 7.13 所示的草图 6。选取“xy 平面”为草图平面，绘制图 7.14 所示的草图。

说明：使草图 6 所绘制的圆的圆心与草图 5 所绘制的点相合。

Step12. 创建图 7.15 所示的草图 7（一个点）。选取“yz 平面”为草图平面。

说明：使草图 7 所绘制的点与草图 1 的曲线相合，并且与平面 3 相合。

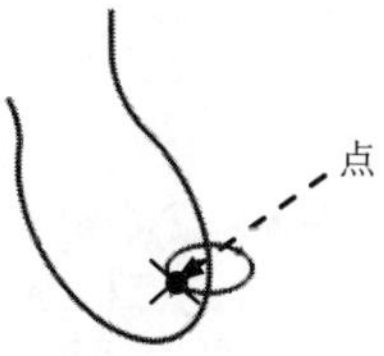

图 7.13 草图 6（建模环境）

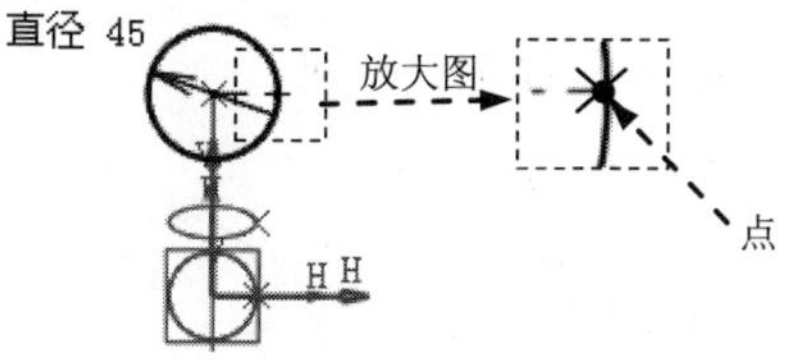

图 7.14 草图 6（草绘环境）

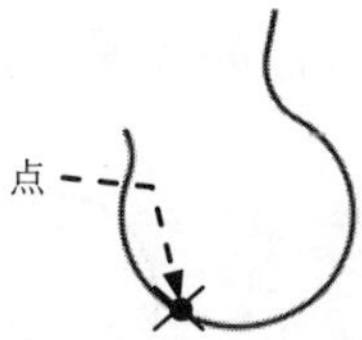

图 7.15 草图 7（建模环境）

Step13. 创建图 7.16 所示的草图 8。选取平面 3 为草图平面，绘制图 7.17 所示的截面草图。

说明：使草图 8 所绘制的圆的圆心与草图 7 所绘制的点相合，并且还需创建一个点。

图 7.16　草图 8（建模环境）

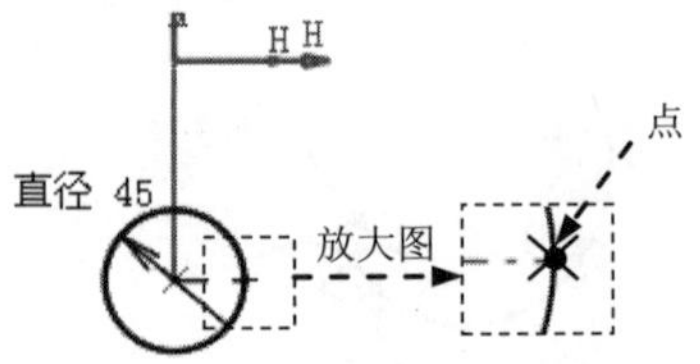

图 7.17　草图 8（草绘环境）

Step14. 创建图 7.18 所示的平面 4。在平面类型：下拉列表中选择曲线的法线选项，激活曲线：文本框，然后在特征树上选取草图 1 为参考曲线；激活点：文本框，选取图 7.19 所示的点为参考点，单击确定按钮，完成平面 4 的创建。

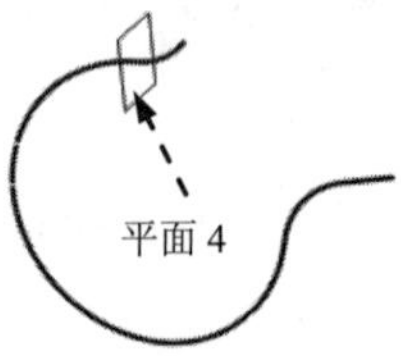

图 7.18　平面 4

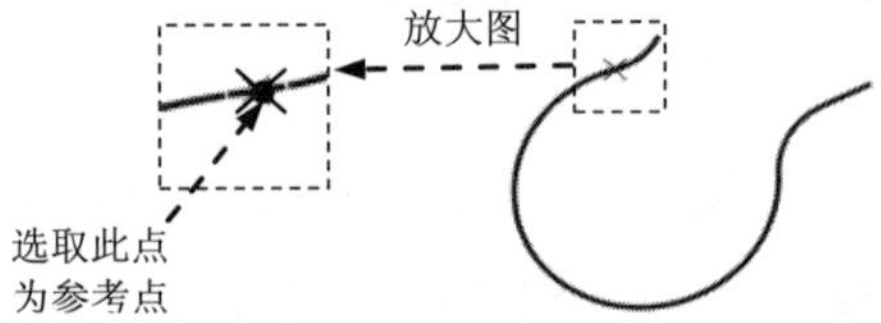

图 7.19　定义参考点

Step15. 创建图 7.20 所示的草图 9。选取平面 4 为草图平面，绘制图 7.21 所示的截面草图。

说明：使草图 9 所绘制的圆的圆心与平面 4 的参考点相合，并且还需创建一个点。

图 7.20　草图 9（建模环境）

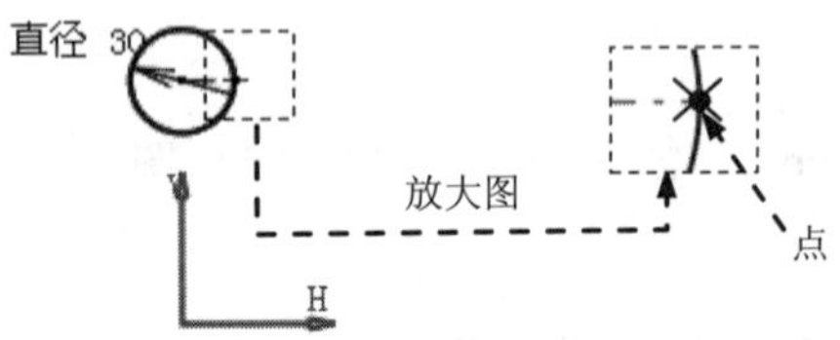

图 7.21　草图 9（草绘环境）

Step16. 创建图 7.22 所示的平面 5。在平面类型：下拉列表中选择曲线的法线选项，激活曲线：文本框，然后在特征树上选取草图 1 为参考曲线；激活点：文本框，选取图 7.23 所示的点为参考点，单击确定按钮，完成平面 5 的创建。

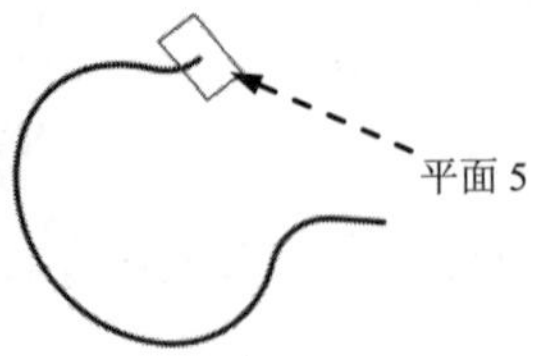

图 7.22　平面 5

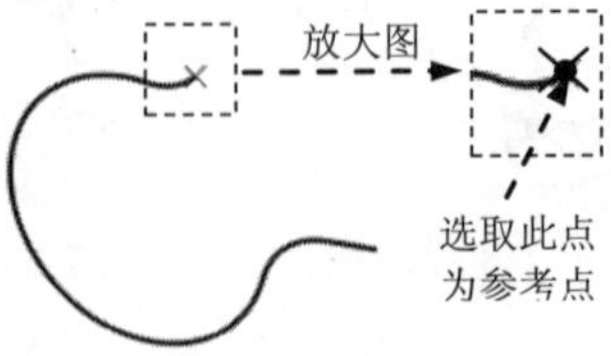

图 7.23　定义参考点

Step17. 创建图 7.24 所示的草图 10。选取平面 5 为草图平面。绘制图 7.25 所示的截面草图。

说明：使草图 10 所绘制的圆的圆心与图 7.23 所示的端点相合，并且还需创建一个点。

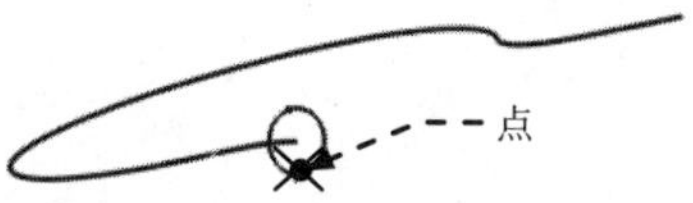

图 7.24 草图 10（建模环境）

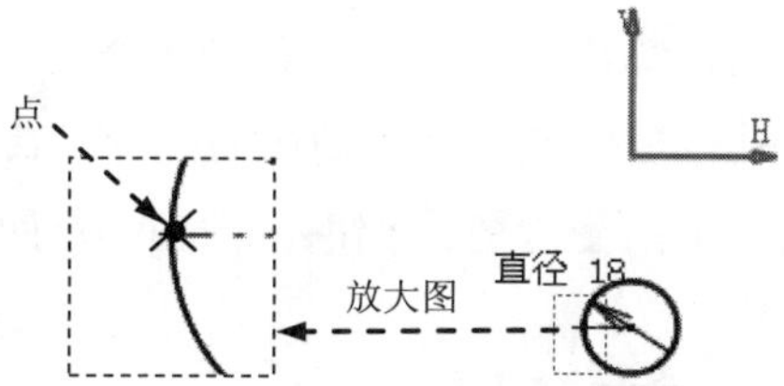

图 7.25 草图 10（草绘环境）

Step18. 创建图 7.26 所示的平面 6。在平面类型:下拉列表中选择偏移平面选项，激活参考:文本框，然后在特征树上选取平面 5 为参考平面；在偏移:文本框中输入值 10，单击反转方向按钮，单击确定按钮，完成平面 6 的创建。

Step19. 创建图 7.27 所示的草图 11（点）。选取平面 6 为草图平面。

说明：使草图 11 所绘制的点与图 7.25 所绘制的圆同心。

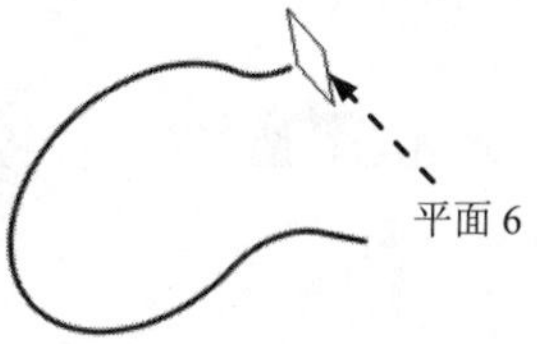

图 7.26 平面 6

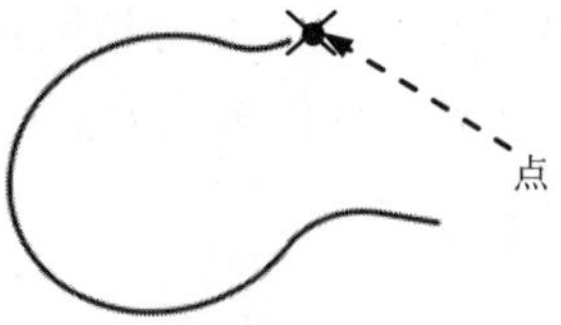

图 7.27 草图 11（建模环境）

Step20. 添加图 7.28b 所示的零件特征——多截面曲面 1。

（1）选择命令。选择下拉菜单插入 → 曲面 → 多截面曲面...命令（或单击按钮），系统弹出“多截面曲面定义”对话框。

（2）选取截面。依次选取图 7.28a 所示的草图 2、3、4、6、8、9 为截面。

（3）定义闭合点。系统默认的闭合点是极值点，右击要替换的闭合点，在系统弹出的快捷菜单中选择替换命令，选取要替换的点。

说明：替换以上 6 个截面的闭合点使其成为前面草图所绘制的点，闭合点方向统一朝向草图外侧，这样可使生成的曲面光滑、曲率变化匀称。

（4）单击脊线选项，选取草图 1 为脊线，单击确定按钮，完成多截面曲面 1 的添加。

Step21. 添加图 7.29 所示的零件特征——桥接 1。

（1）选择命令。选择下拉菜单插入 → 曲面 → 桥接曲面...命令（或单击按钮），系统弹出“桥接定义”对话框。

（2）定义曲线及曲面。激活第一曲线:文本框，选取图 7.30 所示的草图 9 为第一曲线对象；

激活第一支持面：文本框，选取多截面曲面 1 为支持面；激活第二曲线：文本框，选取草图 10 为第二曲线；在第一连续：下拉列表中选择相切选项。

（3）定义闭合点。在工作台处右击要替换的闭合点（此时系统默认的为第一点和第二点），系统弹出快捷菜单，选择替换命令后选取替换目标。

说明：替换以上 2 条曲线的闭合点使其成为前面草图所绘制的点，闭合点方向统一朝向草图外，这样使所生成的曲面光滑、曲率变化匀称，与多截面曲面相接处光滑过渡。

（4）单击确定按钮，完成桥接 1 的创建。

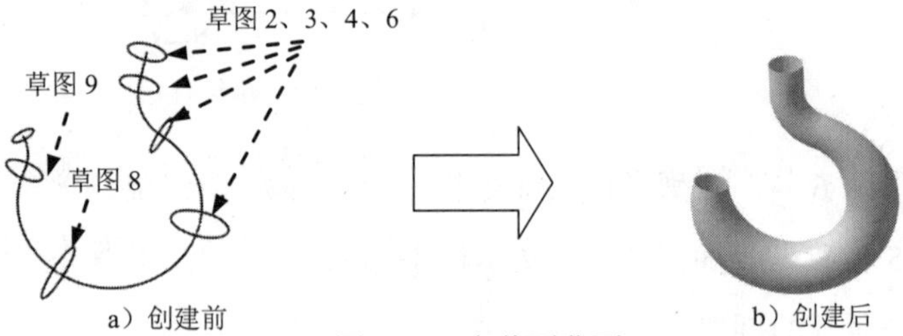

图 7.28　多截面曲面 1

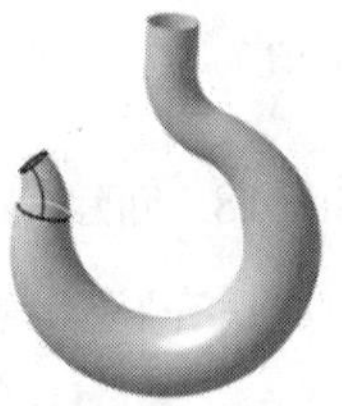
图 7.29　桥接 1

Step22. 添加图 7.31b 所示的零件特征——填充 1。

（1）选择命令。选择下拉菜单插入 → 曲面▸ → 填充...命令（或单击按钮），系统弹出“填充曲面定义”对话框。

（2）定义边界。选取图 7.31a 所示的边为边界对象，单击确定按钮，完成填充 1 的添加。

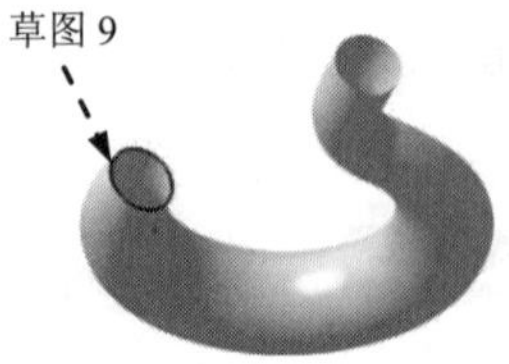

图 7.30　定义曲线

图 7.31　填充 1

Step23. 添加图 7.32b 所示的零件特征——填充 2。

（1）定义边界。选取图 7.32a 所示的草图 10 为边界，在边界：区域中单击支持面选项，选取桥接 1 为支持面。

（2）定义连续性。在连续：下拉列表中选取切线选项，激活穿越点：文本框，选取草图 11 为穿越点，单击确定按钮，完成填充 2 的添加。

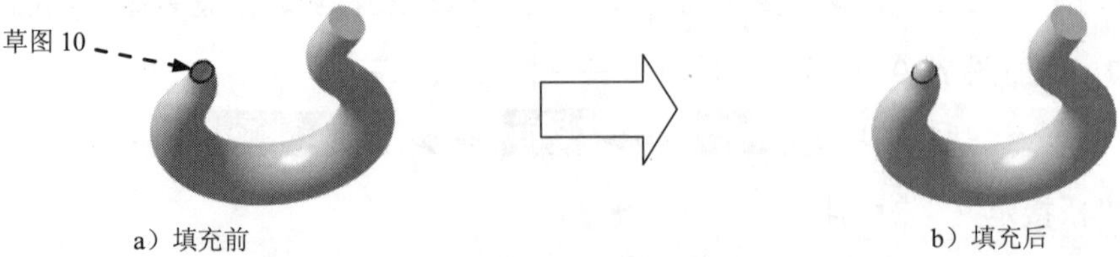

图 7.32　填充 2

Step24. 添加零件特征——接合 1。

（1）选择命令。选择下拉菜单 插入 → 操作 ▸ → 接合... 命令（或单击按钮），弹出“接合定义”对话框。

（2）定义要接合的元素。分别选择多截面曲面 1、桥接 1、填充（1、2）为要接合的元素。

（3）单击 确定 按钮，完成接合 1 的创建。

说明： 接合命令是把单个曲面接合在一起，以便后续特征的操作。

Step25. 将工作台切换到“零件设计”工作台。

Step26. 创建图 7.33a 所示的零件特征——封闭曲面 1。

（1） 选择命令。选择下拉菜单 插入 → 基于曲面的特征 ▸ → 封闭曲面... 命令（或单击按钮），弹出“定义封闭曲面”对话框 。

（2） 定义对象。选取接合 1 为要封闭的对象，单击 确定 按钮，完成封闭曲面 1 的创建。

说明： 封闭曲面命令是把曲面转化为实体，以便后续特征的操作。在完成此步后，可将“接合 1”特征隐藏。

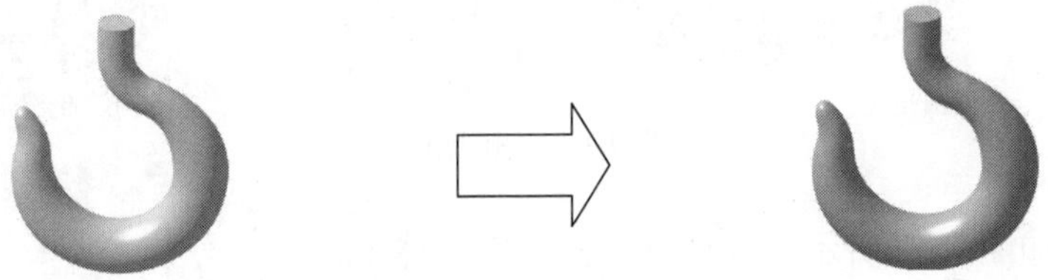

a）曲面　　b）实体

图 7.33　封闭曲面 1

Step27. 添加图 7.34 所示的零件特征——凹槽 1。

（1）选择命令。选择下拉菜单 插入 → 基于草图的特征 ▸ → 凹槽... 命令（或单击按钮），系统弹出“定义凹槽”对话框。

（2）创建图 7.35 所示的截面草图。

① 定义草图平面。单击按钮，选取“zx 平面”为草图平面。

② 绘制截面草图。在草绘工作台中绘制图 7.35 所示的截面草图。

③ 单击“工作台”工具栏中的按钮，退出草绘工作台。

（3）定义深度属性。

① 定义深度方向。采用系统默认的深度方向。

② 定义深度类型。在对话框 第一限制 区域的 类型： 下拉列表中选择 直到最后 选项，单击 更多>> 按钮；在对话框 第二限制 区域的 类型： 下拉列表中选择 直到最后 选项，单击 反转边 按钮；单击 确定 按钮，完成凹槽 1 的添加。

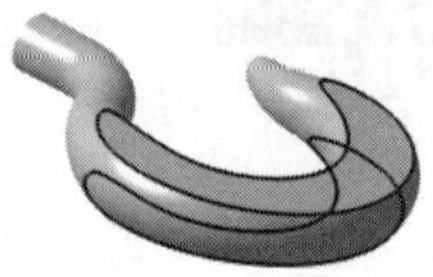

图 7.34　凹槽 1

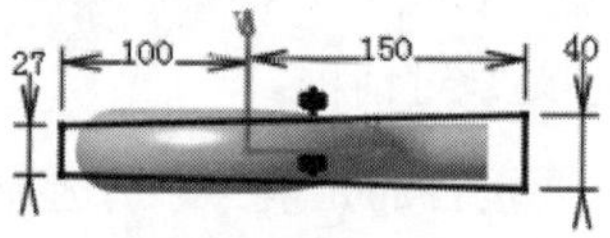

图 7.35　截面草图

Step28. 添加图 7.36b 所示的倒圆角 1。

（1）选择命令。选择下拉菜单 插入 → 修饰特征 → 倒圆角... 命令（或单击 按钮），系统弹出“倒圆角定义”对话框。

（2）定义要倒圆角的对象。在“倒圆角定义”对话框的 选择模式： 下拉列表中选择 相切 选项，选取图 7.36a 所示的边线为要倒圆角的对象。

（3）定义倒圆角半径。在对话框的 半径： 文本框中输入值 5。

（4）单击“倒圆角定义”对话框中的 确定 按钮，完成倒圆角 1 的添加。

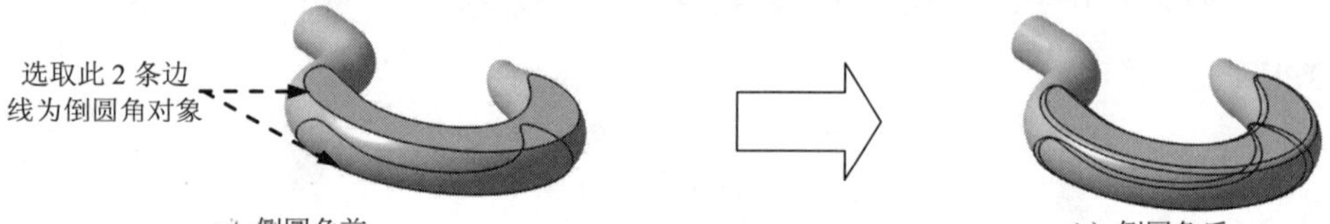

a）倒圆角前　　b）倒圆角后

图 7.36　倒圆角 1

Step29. 添加图 7.37 所示的零件特征——旋转体 1。

（1）选择命令。选择下拉菜单 插入 → 基于草图的特征 → 旋转体... 命令（或单击 按钮），系统弹出“定义旋转体”对话框。

（2）创建截面草图。

① 定义草图平面。在“定义旋转体”对话框中，单击 按钮，选取“zx 平面”为草图平面。

② 绘制截面草图。在草绘工作台中绘制图 7.38 所示的截面草图。

③ 单击“工作台”工具栏中的 按钮，退出草绘工作台。

（3）定义旋转角度。在 限制 区域的 第一角度： 文本框中输入值 360。

（4）定义回转轴。选取图 7.38 所示的边线为回转轴。

（5）单击 确定 按钮，完成旋转体 1 的创建。

Step30. 添加零件特征——螺纹 1。

（1）选择命令。选择下拉菜单 插入 → 修饰特征 → 内螺纹/外螺纹... 命令（或单击 按钮），系统弹出“定义外螺纹/内螺纹”对话框。

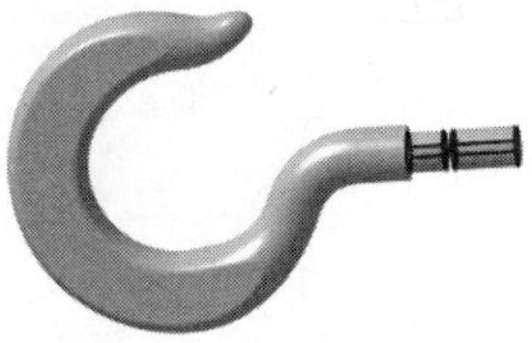

图 7.37 旋转体 1

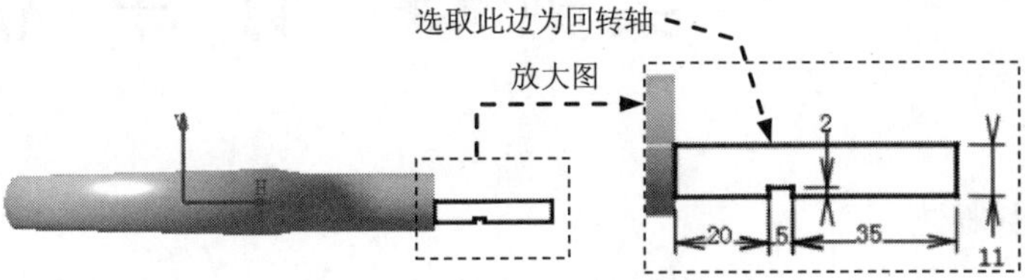

图 7.38 截面草图

（2）几何定义。激活侧面：文本框，选取图 7.39 所示的面为支持面，激活限制面：文本框，选取图 7.40 所示的面为限制面。

（3）数值定义。在数值定义区域的类型：下拉列表中选择公制粗牙螺纹选项，在外螺纹描述：下拉列表中选择M22选项，在外螺纹深度：文本框中输入值 30。

（4）单击确定按钮，完成螺纹 1 的创建。

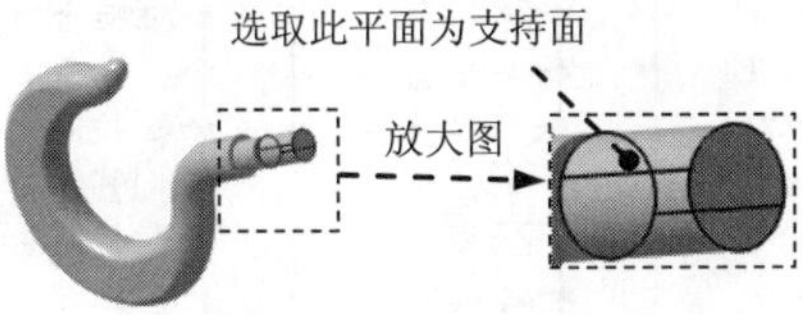

图 7.39 定义支持面

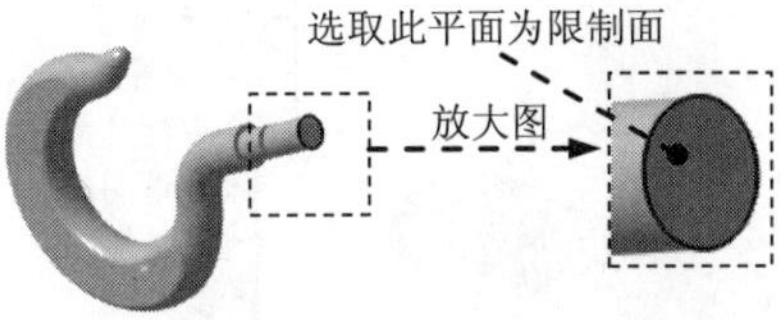

图 7.40 定义限制面

Step31. 选择下拉菜单文件 ➡ 保存命令，即可保存零件模型。

实例8 订书机盖

实例概述：

本实例介绍了一款订书机盖的设计过程。其主要设计思路是，首先在“线框和曲面设计”工作台完成模型的表面外形设计；然后转换到“零件设计”工作台中，利用“封闭曲面”命令将模型转化为实体；最后，使用凹槽和圆角特征命令完善整个模型。其中涉及很多曲面的命令，如扫掠、拉伸、修剪、分割和接合等，需要读者注意的是在修剪时曲面的修剪方向。零件模型及特征树如图 8.1 所示。

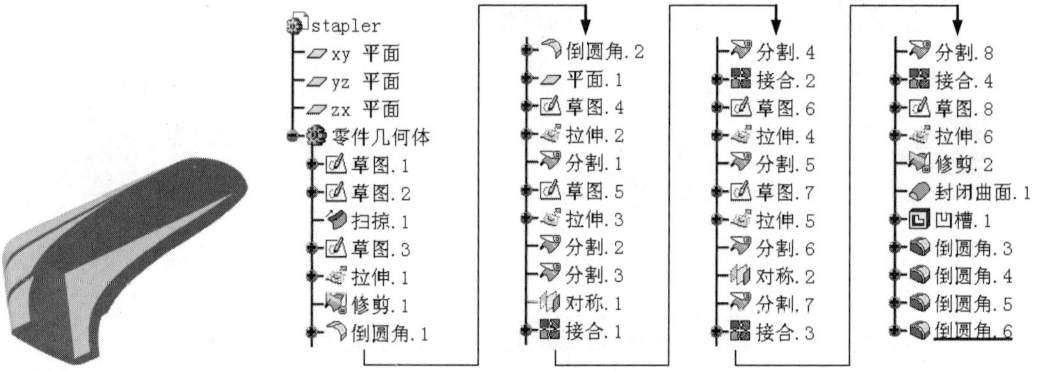

图 8.1 零件模型及特征树

Step1. 新建模型文件。选择下拉菜单 文件 → 新建... 命令；在 类型列表： 列表框中选择 Part 选项，单击 确定 按钮；在“输入零部件名称”文本框中输入名称 stapler，选中 启用混合设计 复选框，单击 确定 按钮，进入“零件设计”工作台。

Step2. 切换工作台。选择下拉菜单 开始 → 机械设计 → 线框和曲面设计 命令，切换到“线框和曲面设计”工作台。

Step3. 创建图 8.2 所示的草图 1。

（1）选择命令。选择下拉菜单 插入 → 草图编辑器 → 草图 命令（或单击工具栏的“草图”按钮）。

（2）定义草绘平面。选取“yz 平面”为草绘平面。

（3）绘制图 8.3 所示的草图。

（4）单击“工作台”工具栏的按钮，完成草图 1 的创建。

图 8.2　草图 1（建模环境）

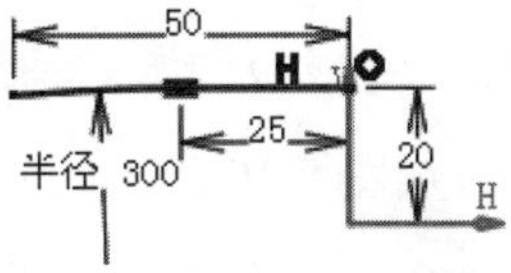

图 8.3　草图 1（草绘环境）

Step4. 添加图 8.4 所示的草图 2。选择下拉菜单 插入 ➡ 草图编辑器 ▸ ➡ 草图 命令；选取“zx 平面”为草绘平面；绘制图 8.5 所示的草图。

说明：图 8.5 所示的草图中的圆弧的圆心与 V 轴相合。

Step5. 添加图 8.6 所示的零件特征——扫掠 1。

（1）选择命令。选择下拉菜单 插入 ➡ 曲面 ▸ ➡ 扫掠... 命令。

（2）定义扫掠类型。在“扫掠曲面定义”对话框的 轮廓类型: 区域中单击按钮，在 子类型: 下拉列表中选择 使用参考曲面 选项。

（3）定义扫掠参数。选取“草图 2”为扫掠轮廓，选取“草图 1”为引导曲线。

（4）单击 确定 按钮，完成扫掠 1 的添加。

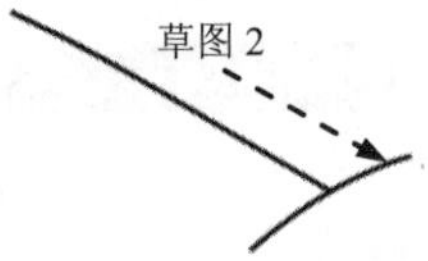

图 8.4　草图 2（建模环境）

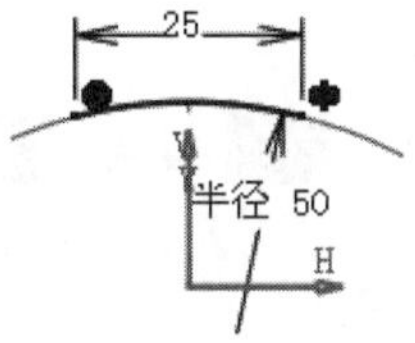

图 8.5　草图 2（草绘环境）

图 8.6　扫掠 1

Step6. 添加图 8.7 所示的草图 3。选择下拉菜单 插入 ➡ 草图编辑器 ▸ ➡ 草图 命令；选取“xy 平面”为草绘平面；绘制图 8.8 所示的草图（俯视图状态）。

说明：图 8.8 所示的草图中的圆弧的圆心与 V 轴相合。

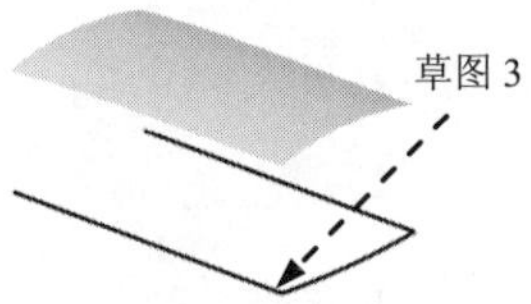

图 8.7　草图 3（建模环境）

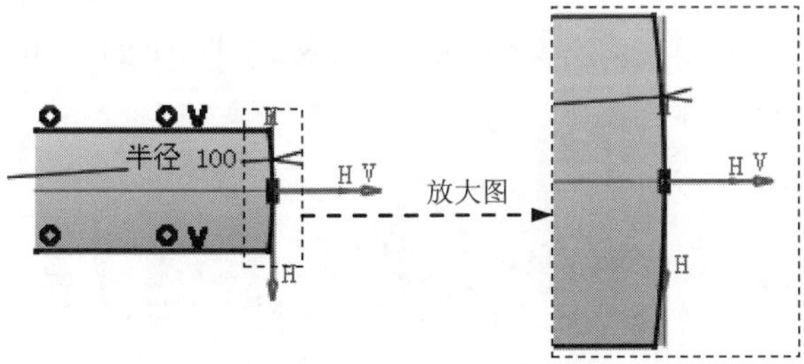

图 8.8　草图 3（草绘环境）

Step7. 添加图 8.9 所示的零件特征——拉伸 1。

（1）选择命令。选择下拉菜单 插入 ➡ 曲面 ▸ ➡ 拉伸... 命令。

（2）定义拉伸类型和尺寸。选取“草图 3”为拉伸轮廓；在“拉伸曲面定义”对话框

的限制 1区域的类型：下拉列表中选择尺寸选项；在限制 1区域的尺寸：文本框中输入值 25；单击确定按钮，完成拉伸 1 的添加。

Step8. 添加图 8.10 所示的零件特征——修剪 1。

（1）选择命令。选择下拉菜单插入 → 操作 → 修剪...命令。

（2）定义修剪类型。在“修剪定义”对话框的模式：下拉列表中选择标准选项。

（3）定义修剪元素。选取“拉伸 1”和“扫掠 1”为修剪元素。

（4）定义修剪方向。单击“修剪定义”对话框中的另一侧/上一元素按钮，以改变修剪方向。

说明：若修剪方向不对，读者可单击另一侧/下一元素按钮调整修剪方向。

（5）单击确定按钮，完成修剪 1 的添加。

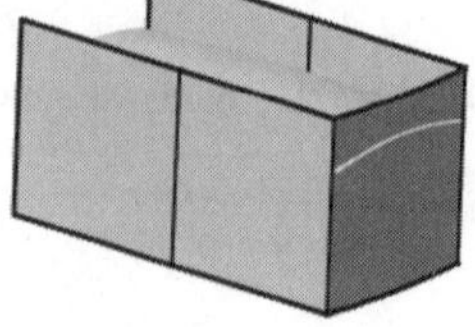

图 8.9　拉伸 1

图 8.10　修剪 1

Step9. 切换工作台。选择下拉菜单开始 → 形状 → 创成式外形设计命令，切换到“创成式外形设计”工作台。

Step10. 添加图 8.11b 所示的倒圆角 1。

（1）选择命令。选择下拉菜单插入 → 操作 → 倒圆角...命令。

（2）定义圆角化的对象。在“倒圆角定义”对话框的选择模式：下拉列表中选择相切选项，选取图 8.11a 所示的 2 条边线为要圆角化的对象。

（3）确定倒圆角半径。在“倒圆角定义”对话框的半径：文本框中输入值 5。

（4）单击确定按钮，完成倒圆角 1 的添加。

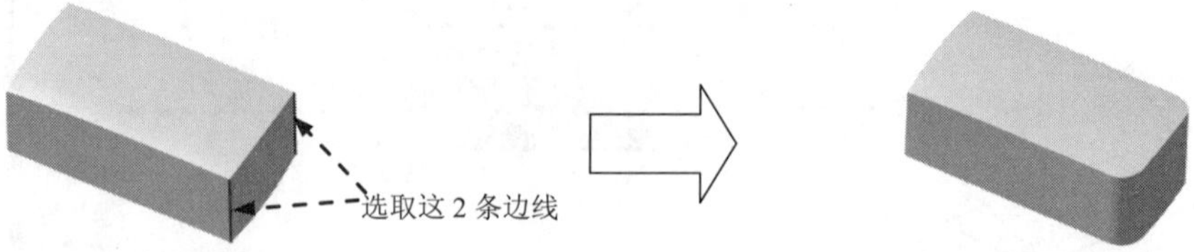

a）倒圆角前　　b）倒圆角后

图 8.11　倒圆角 1

Step11. 添加图 8.12b 所示的倒圆角 2。选择下拉菜单插入 → 操作 → 倒圆角...命令；在“倒圆角定义”对话框的选择模式：下拉列表中选择相切选项；选取图 8.12a 所示的边线为要圆角化的对象；在“倒圆角定义”对话框的半径：文本框中输入值 5。

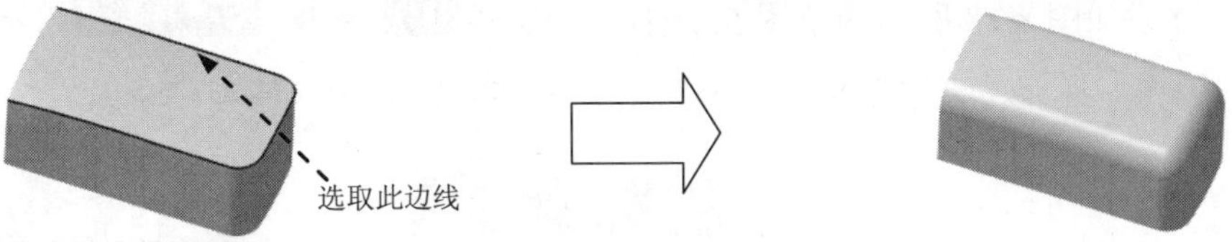

a）倒圆角前　　　　b）倒圆角后

图 8.12　倒圆角 2

Step12. 添加图 8.13 所示的平面 1。

（1）选择命令。选择下拉菜单 插入 → 线框 → 平面... 命令（或单击按钮），系统弹出“平面定义”对话框。

（2）定义平面类型和参考平面。在弹出的“平面定义”对话框的 平面类型: 下拉列表中选择 偏移平面 选项；激活 参考: 文本框并右击，在弹出的快捷菜单中选取 YZ 平面 为参考平面。

（3）定义偏移距离。在 偏移: 文本框中输入值 20，采用系统默认的偏移方向。

（4）单击“平面定义”对话框中的 确定 按钮，完成平面 1 的添加。

Step13. 添加图 8.14 所示的草图 4。选择下拉菜单 插入 → 草图编辑器 → 草图 命令；选取“平面 1”为草绘平面；绘制图 8.15 所示的草图。

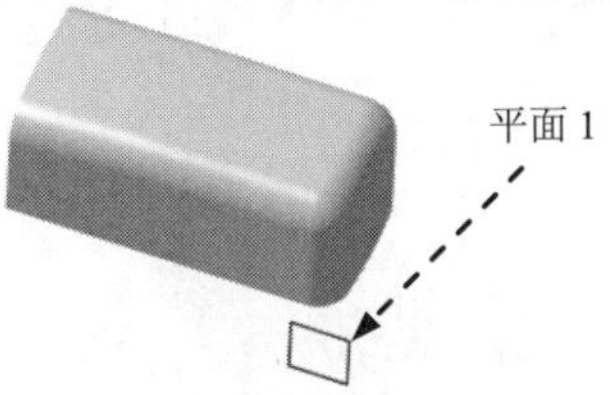

图 8.13　平面 1

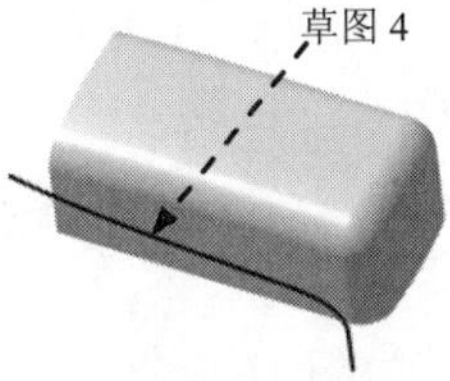

图 8.14　草图 4（建模环境）

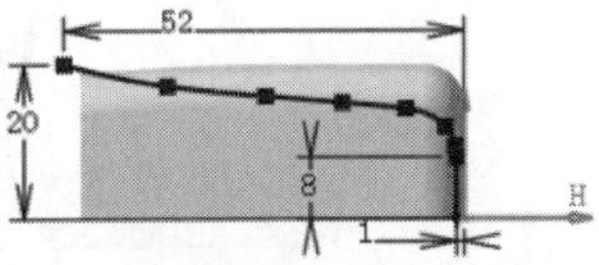

图 8.15　草图 4（草绘环境）

Step14. 添加图 8.16 所示的零件特征——拉伸 2。选择下拉菜单 插入 → 曲面 → 拉伸... 命令；选取“草图 4”为拉伸轮廓；在“拉伸曲面定义”对话框的 限制 1 区域的 类型: 下拉列表中选择 尺寸 选项；在 限制 1 区域的 尺寸: 文本框中输入值 50；单击 反转方向 按钮，改变拉伸方向；单击 确定 按钮，完成拉伸 2 的添加。

Step15. 添加图 8.17 所示的零件特征——分割 1。

（1）选择命令。选择下拉菜单 插入 → 操作 → 分割... 命令。

（2）定义要切除的元素。选取“倒圆角 2”为要切除的元素。

（3）定义切除元素。选取“拉伸 2”为切除元素。

（4）定义分割方向。单击“分割定义”对话框中的 另一侧 按钮，以改变分割方向。

（5）单击 确定 按钮，完成分割 1 的添加。

图 8.16　拉伸 2

图 8.17　分割 1

Step16. 添加图 8.18 所示的草图 5。选择下拉菜单 插入 ➡ 草图编辑器 ➡ 草图 命令；选取“xy 平面”为草绘平面；绘制图 8.19 所示的草图（俯视图状态）。

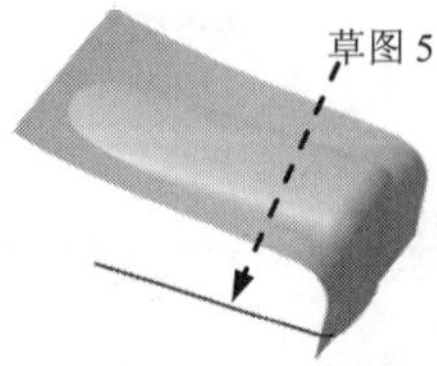

图 8.18　草图 5（建模环境）

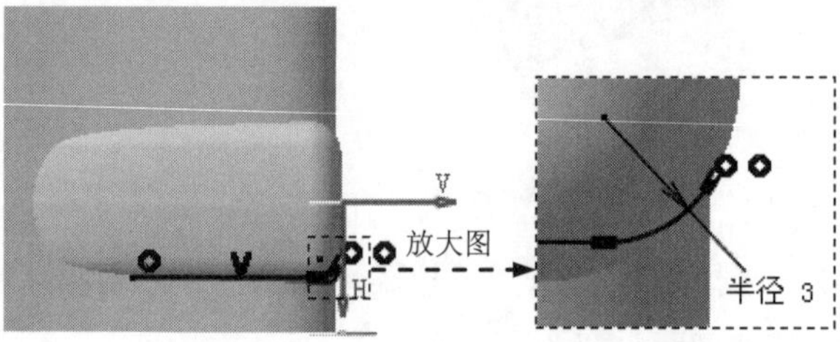

图 8.19　草图 5（草绘环境）

Step17. 添加图 8.20 所示的零件特征——拉伸 3。选择下拉菜单 插入 ➡ 曲面 ➡ 拉伸... 命令；选取“草图 5”为拉伸轮廓；在“拉伸曲面定义”对话框的 限制 1 区域的 类型: 下拉列表中选择 尺寸 选项；在 限制 1 区域的 尺寸: 文本框中输入值 20。

Step18. 添加图 8.21 所示的零件特征——分割 2。选择下拉菜单 插入 ➡ 操作 ➡ 分割... 命令；选取“拉伸 3”为要切除的元素；选取“拉伸 2”为切除元素。

说明：若方向相反，可在“分割定义”对话框中单击 另一侧 按钮，以改变分割方向。

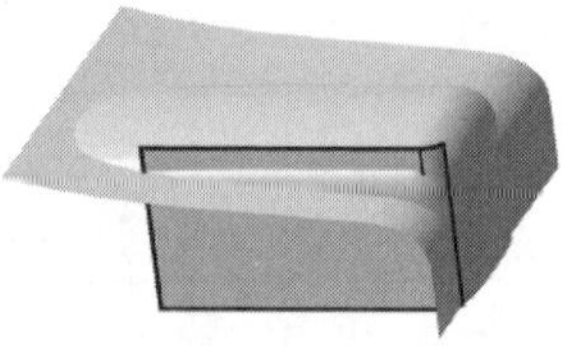

图 8.20　拉伸 3

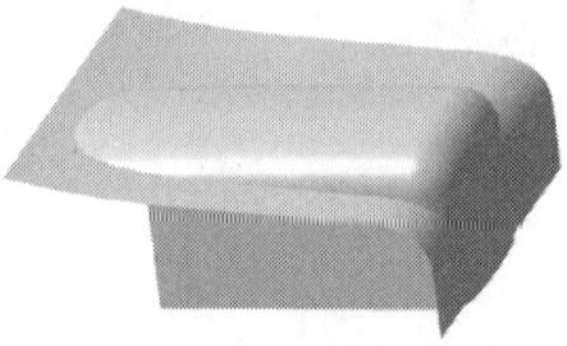

图 8.21　分割 2

Step19. 添加图 8.22 所示的零件特征——分割 3。选择下拉菜单 插入 ➡ 操作 ➡ 分割... 命令；选取“拉伸 2”为要切除的元素；选取“分割 1”为切除元素；单击“分割定义”对话框中的 另一侧 按钮，以改变分割方向。

Step20. 添加图 8.23 所示的零件特征——对称 1。

（1）选择命令。选择下拉菜单 插入 ➡ 操作 ➡ 对称... 命令。

（2）定义对称元素。选取“分割 2”为对称元素。

（3）定义参考平面。在 参考: 文本框中右击，在弹出的快捷菜单中选择 YZ 平面 为参考平面。

（4）单击 确定 按钮，完成对称 1 的添加。

图 8.22　分割 3

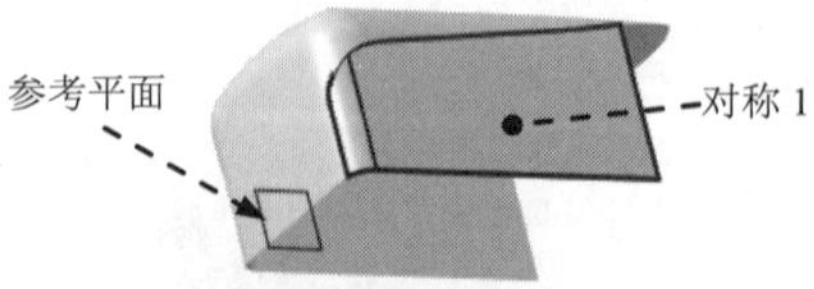

图 8.23　对称 1

Step21. 添加图 8.24 所示的零件特征——接合 1。

（1）选择命令。选择下拉菜单 插入 ➡ 操作 ▸ ➡ 接合... 命令。

（2）选择要接合的元素。选取“分割 1”“分割 2”和“对称 1”为要接合的元素。

（3）单击 确定 按钮，完成接合 1 的添加。

Step22. 添加图 8.25b 所示的零件特征——分割 4。选择下拉菜单 插入 ➡ 操作 ▸ ➡ 分割... 命令；选取“分割 3”为要切除的元素；选择“接合 1”为切除元素。

说明：在进行分割 4 时，系统会弹出“多重结果管理”对话框，在该对话框中选中 保留所有子元素。单选项即可。

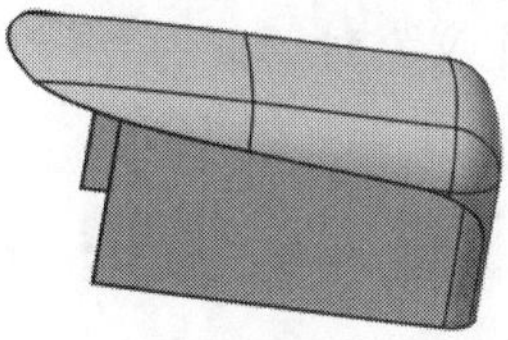

图 8.24 接合 1

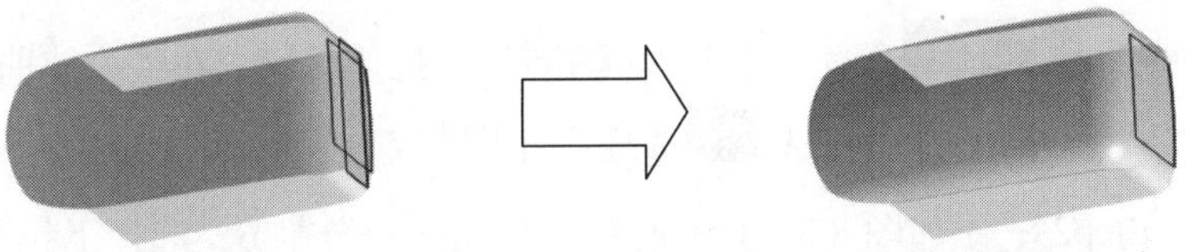

a）分割前 b）分割后

图 8.25 分割 4

Step23. 添加图 8.26 所示的零件特征——接合 2。选择下拉菜单 插入 ➡ 操作 ▸ ➡ 接合... 命令；选取“接合 1”和“分割 4”为要接合的元素。

Step24. 添加图 8.27 所示的草图 6。选择下拉菜单 插入 ➡ 草图编辑器 ▸ ➡ 草图 命令；选取“平面 1”为草绘平面；绘制图 8.28 所示的草图。

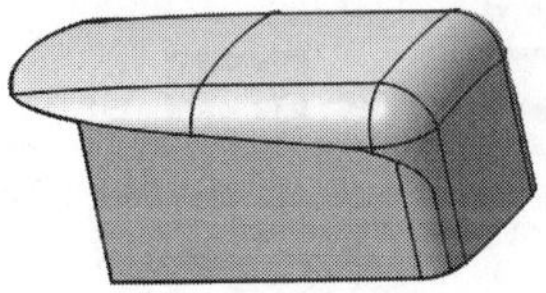

图 8.26 接合 2

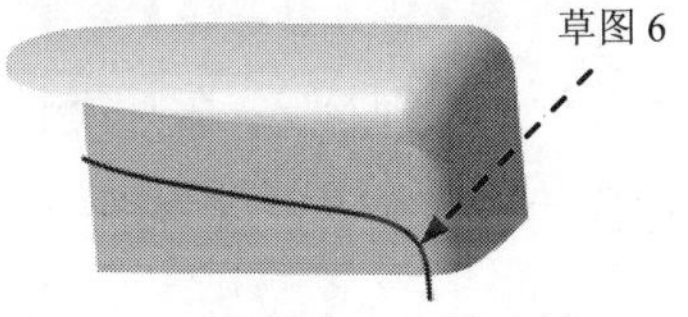

图 8.27 草图 6（建模环境）

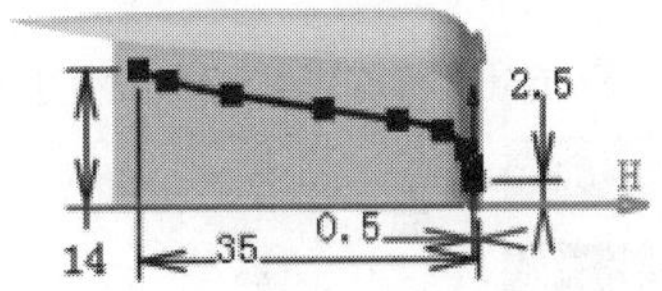

图 8.28 草图 6（草绘环境）

Step25. 添加图 8.29 所示的零件特征——拉伸 4。选择下拉菜单 插入 ➡ 曲面 ▸ ➡ 拉伸... 命令；选取“草图 6”为拉伸轮廓；在“拉伸曲面定义”对话框的 限制 1 区域的 类型: 下拉列表中选择 尺寸 选项；在 限制 1 区域的 尺寸: 文本框中输入值 40；单击 反转方向 按钮，改变拉伸方向；单击 确定 按钮，完成拉伸 4 的添加。

Step26. 添加图 8.30 所示的零件特征——分割 5。选择下拉菜单 插入 ➡ 操作 ▸ ➡ 分割... 命令；选取“接合 2”为要切除的元素；选取“拉伸 4”为切除元素；单击“分割定义”对话框中的 另一侧 按钮，以改变分割方向。

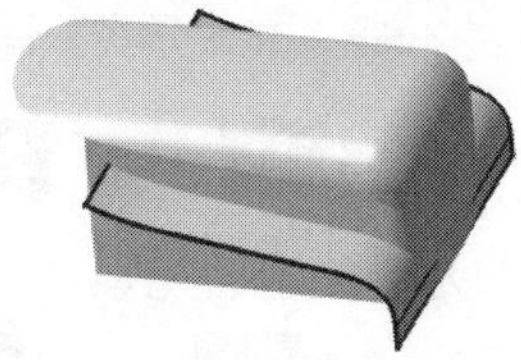

图 8.29 拉伸 4

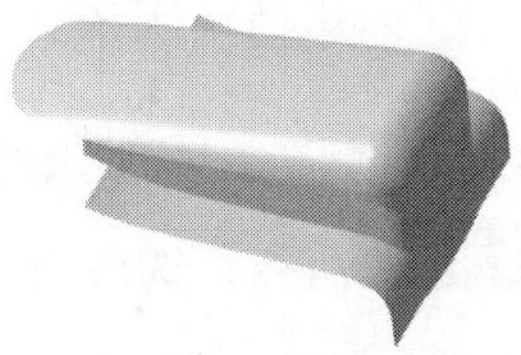

图 8.30 分割 5

Step27. 添加图 8.31 所示的草图 7。选择下拉菜单 插入 ➡ 草图编辑器 ➡ 草图 命令；选取“xy 平面”为草绘平面；绘制图 8.32 所示的草图（俯视图状态）。

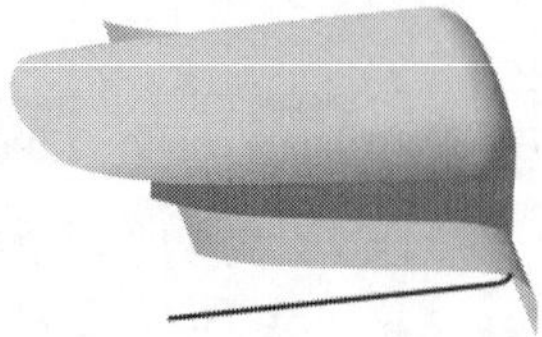

图 8.31　草图 7（建模环境）

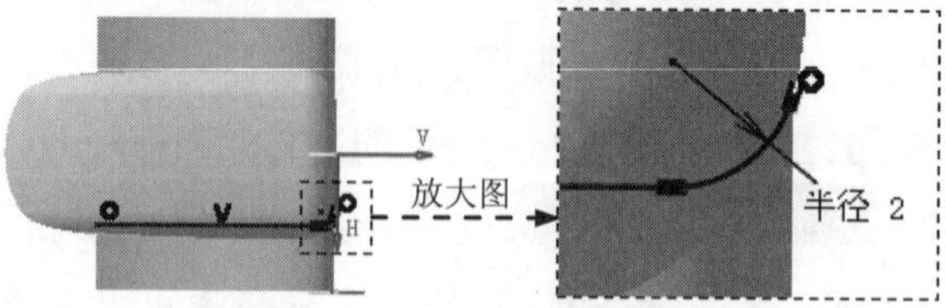

图 8.32　草图 7（草绘环境）

Step28. 添加图 8.33 所示的零件特征——拉伸 5。选择下拉菜单 插入 ➡ 曲面 ➡ 拉伸... 命令；选取“草图 7”为拉伸轮廓；在“拉伸曲面定义”对话框的 限制 1 区域的 类型: 下拉列表中选择 尺寸 选项；在 限制 1 区域的 尺寸: 文本框中输入值 20。

Step29. 添加图 8.34 所示的零件特征——分割 6。选择下拉菜单 插入 ➡ 操作 ➡ 分割... 命令；选取“拉伸 5”为要切除的元素；选择“拉伸 4”为切除元素。

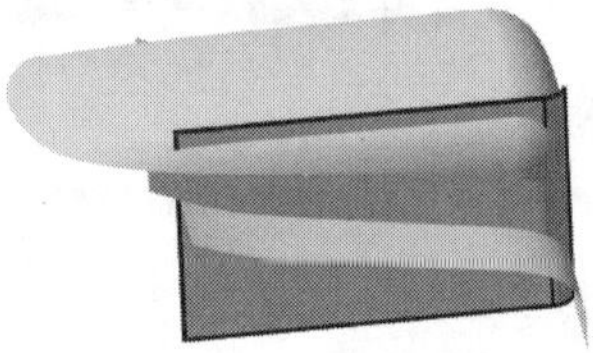

图 8.33　拉伸 5

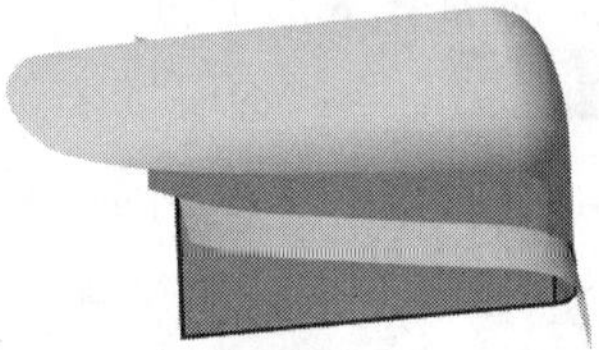

图 8.34　分割 6

Step30. 添加图 8.35 所示的零件特征——对称 2。选择下拉菜单 插入 ➡ 操作 ➡ 对称... 命令；选取“分割 6”为对称元素；在 参考: 文本框中右击，在弹出的快捷菜单中选择 YZ 平面 为参考平面。

Step31. 添加图 8.36 所示的零件特征——分割 7。选择下拉菜单 插入 ➡ 操作 ➡ 分割... 命令；选取“拉伸 4”为要切除的元素；选取“分割 5”为切除元素；单击“分割定义”对话框中的 另一侧 按钮，以改变分割方向。

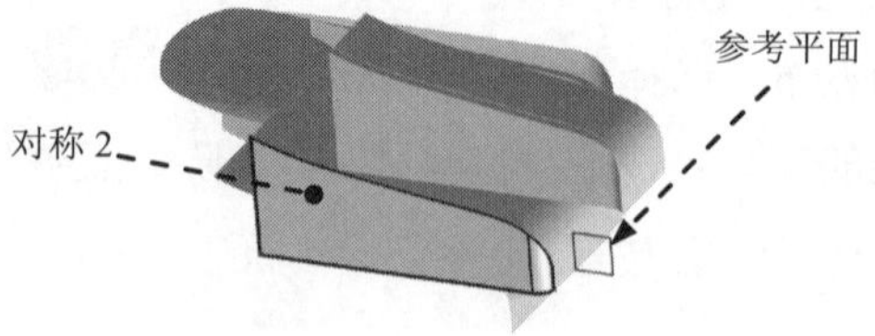

图 8.35　对称 2

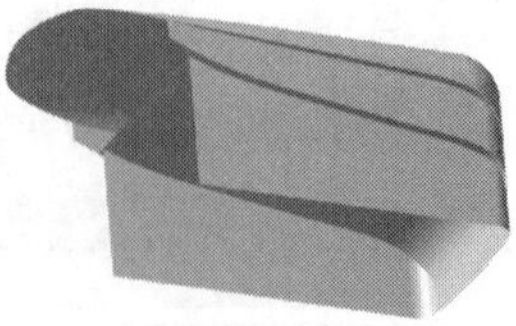

图 8.36　分割 7

Step32. 添加图 8.37 所示的零件特征——接合 3。选择下拉菜单 插入 ➡ 操作 ➡ 接合... 命令，选取“分割 6”“对称 2”和“分割 5”为要接合的元素。

Step33. 添加图 8.38b 所示的零件特征——分割 8。选择下拉菜单 插入 ➡ 操作 ➡

→ 分割... 命令；选取“分割 7”为要切除的元素；选取“接合 3”为切除元素。

说明：若此处弹出“多重结果管理”对话框，采用保留所有子元素即可。

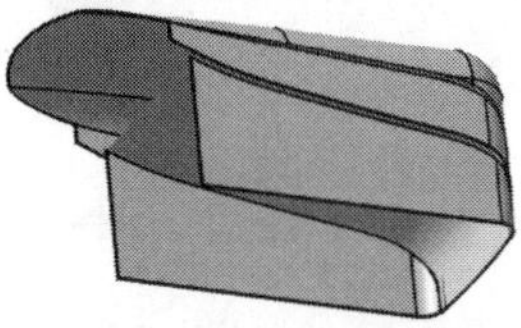

图 8.37　接合 3

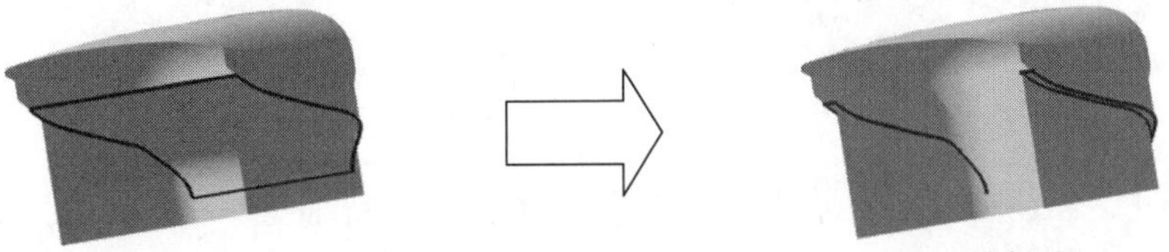

a）分割前　　b）分割后

图 8.38　分割 8

Step34. 添加图 8.39 所示的零件特征——接合 4。选择下拉菜单 插入 → 操作 ▸ → 接合... 命令；选取“接合 3”和“分割 8”为要接合的元素。

Step35. 添加图 8.40 所示的草图 8。选择下拉菜单 插入 → 草图编辑器 ▸ → 草图 命令；选取“平面 1”为草绘平面；绘制图 8.41 所示的草图。

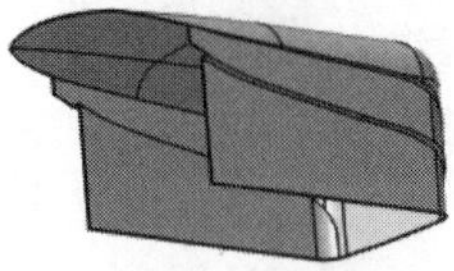

图 8.39　接合 4

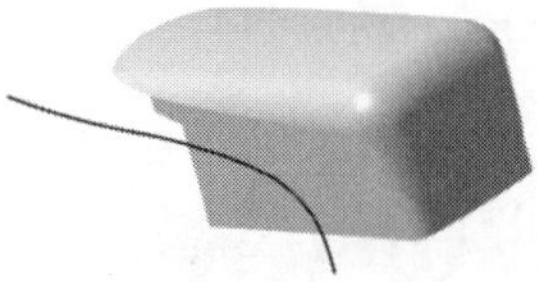

图 8.40　草图 8（建模环境）

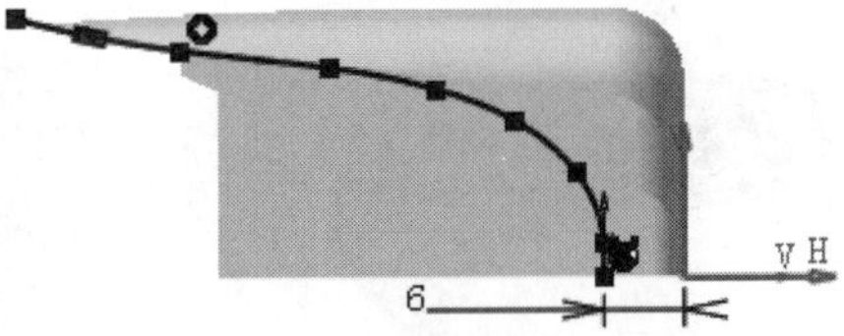

图 8.41　草图 8（草绘环境）

Step36. 添加图 8.42 所示的零件特征——拉伸 6。选择下拉菜单 插入 → 曲面 ▸ → 拉伸... 命令；选取“草图 8”为拉伸轮廓；在“拉伸曲面定义”对话框的 限制 1 区域的 类型: 下拉列表中选择 尺寸 选项；在 限制 1 区域的 尺寸: 文本框中输入值 40；单击 反转方向 按钮，改变拉伸方向；单击 确定 按钮，完成拉伸 6 的添加。

Step37. 添加图 8.43 所示的零件特征——修剪 2。选择下拉菜单 插入 → 操作 ▸ → 修剪... 命令；在“修剪定义”对话框的 模式: 下拉列表中选择 标准 选项；选取“拉伸 6”和“接合 4”为修剪元素；单击“修剪定义”对话框中的 另一侧/下一元素 按钮和 另一侧/上一元素 按钮，以改变修剪方向。

Step38. 转换工作台。选择下拉菜单 开始 → 机械设计 ▸ → 零件设计 命令，切换到“零件设计”工作台。

Step39. 添加图 8.44 所示的零件特征——封闭曲面 1。

（1）选择命令。选择下拉菜单 插入 → 基于曲面的特征 ▸ → 封闭曲面... 命令。

（2）定义要封闭的对象。选取“修剪 2”为要封闭的对象。

（3）单击 确定 按钮，完成封闭曲面 1 的添加。

说明：完成此步后，将“修剪 2”隐藏。

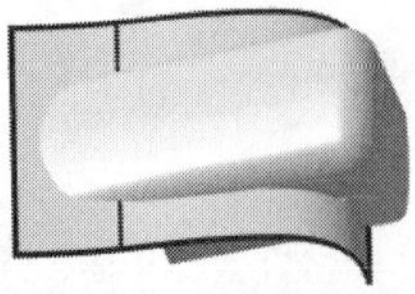

图 8.42 拉伸 6

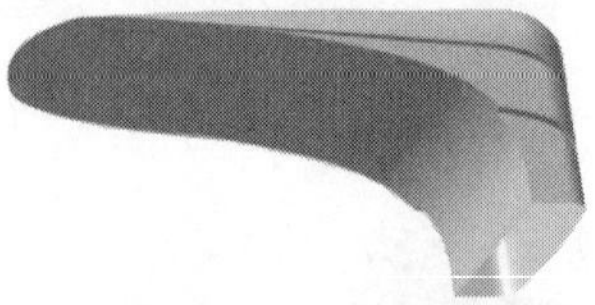

图 8.43 修剪 2

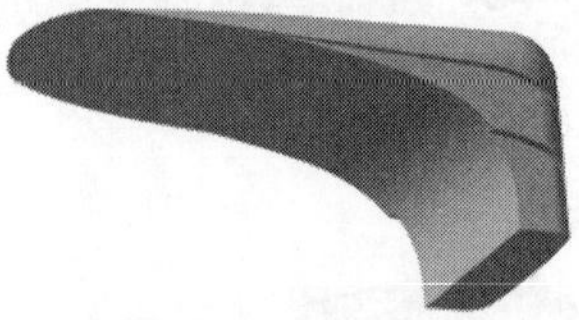

图 8.44 封闭曲面 1

Step40. 添加图 8.45 所示的零件特征——凹槽 1。选择下拉菜单 插入 → 基于草图的特征 → 凹槽... 命令；选取图 8.46 所示的平面为草绘平面；绘制图 8.47 所示的草图；在 类型: 下拉列表中选择 尺寸 选项，在 深度: 文本框中输入值 18；单击 确定 按钮，完成凹槽 1 的添加。

说明：尺寸半径为 98 的圆弧的圆心与 V 轴相合。

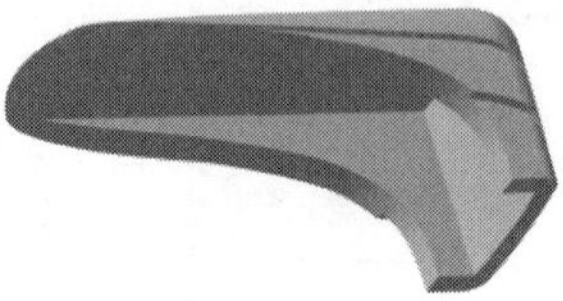

图 8.45 凹槽 1

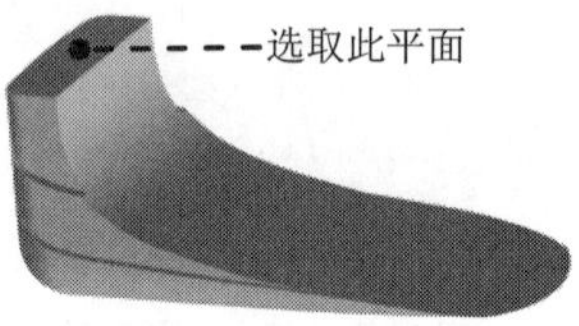

图 8.46 选取草绘平面

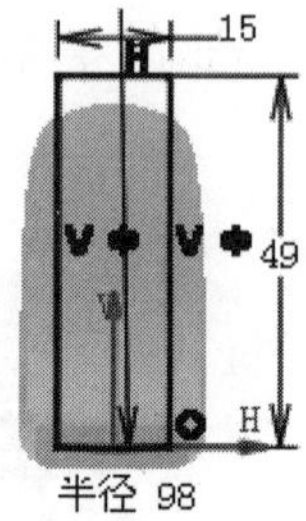

图 8.47 截面草图

Step41. 添加图 8.48b 所示的倒圆角 3。选取图 8.48a 所示的 2 条边线为倒圆角对象，圆角半径值为 0.1。

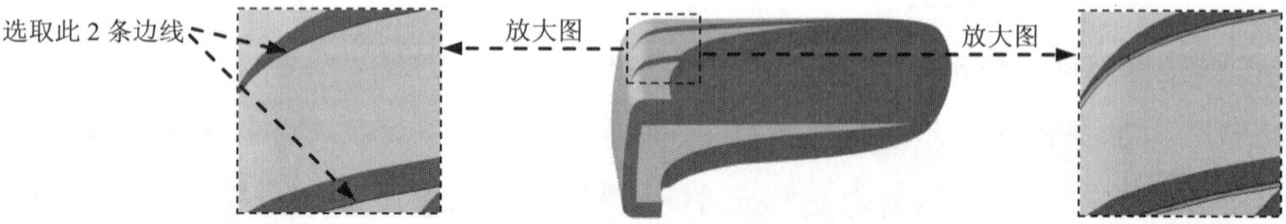

a）倒圆角前　　b）倒圆角后

图 8.48 倒圆角 3

Step42. 添加图 8.49b 所示的倒圆角 4。选取图 8.49a 所示的 2 条边线为倒圆角对象，圆角半径值为 0.1。

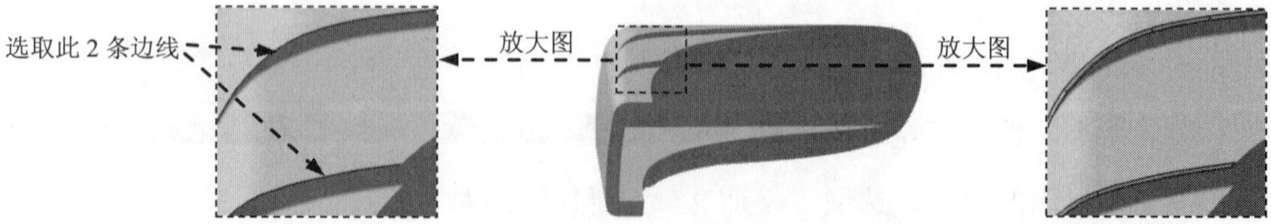

a）倒圆角前　　b）倒圆角后

图 8.49 倒圆角 4

Step43. 添加图 8.50b 所示的倒圆角 5。选取图 8.50a 所示的 2 条边线为倒圆角对象，圆角半径值为 0.1。

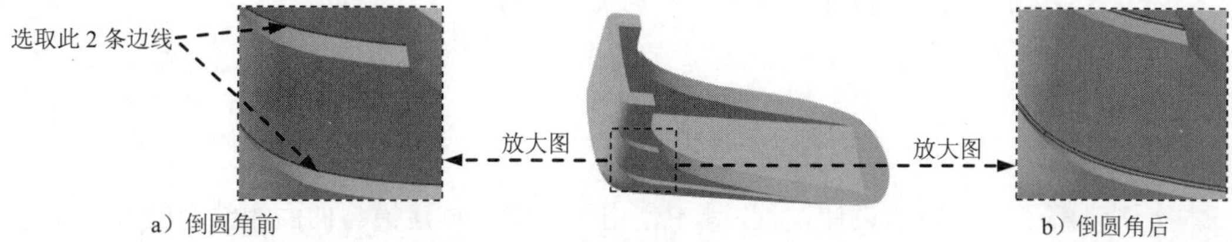

图 8.50 倒圆角 5

Step44. 添加图 8.51b 所示的倒圆角 6。选取图 8.51a 所示的 2 条边线为倒圆角对象，圆角半径值为 0.1。

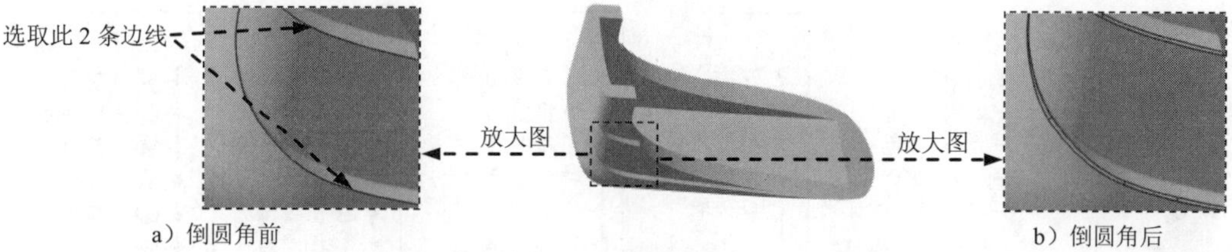

图 8.51 倒圆角 6

Step45. 保存零件模型。选择下拉菜单 文件 → 保存 命令，即可保存零件模型。

实例 9 饮 料 瓶

实例概述：

本实例讲解了饮料瓶的设计过程，其中使用了一些实体建模与曲面相结合的基本命令：旋转体、凸台、肋、圆形阵列、提取、投影、相交、填充、接合、多截面曲面等命令。本实例的设计亮点是瓶口螺纹收尾处的创建方法，通过本例的学习，读者会对曲面造型有进一步的认识。零件模型及特征树如图 9.1 所示。

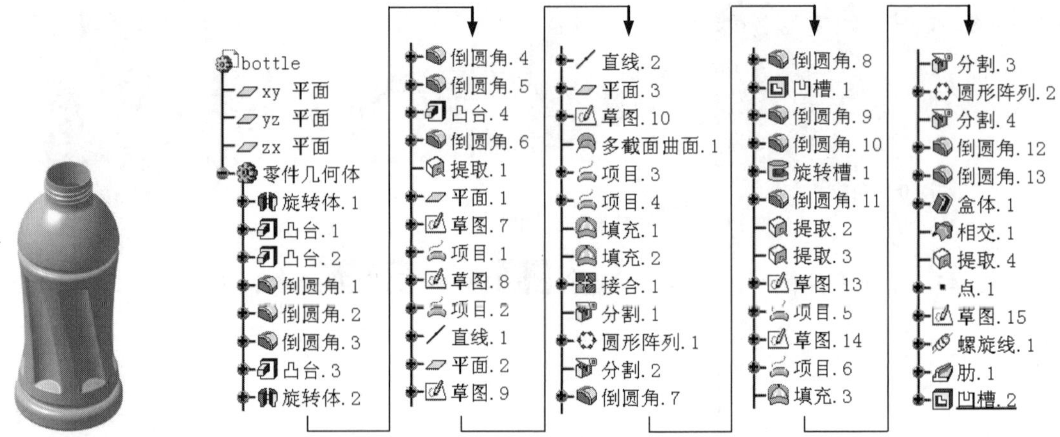

图 9.1 零件模型及特征树

Step1. 新建模型文件。选择下拉菜单 文件 → 新建... 命令；在 类型列表： 列表框中选择 Part 选项，单击 确定 按钮；在“输入零件名称”文本框中输入名称 bottle，选中 启用混合设计 复选框，单击 确定 按钮，进入“零件设计”工作台。

Step2. 创建图 9.2 所示的零件基础特征——旋转体 1。

（1）选择命令。选择下拉菜单 插入 → 基于草图的特征 → 旋转体... 命令（或单击按钮）。

（2）添加截面草图。

① 定义草图平面。在“定义旋转体”对话框中单击按钮，选取“yz 平面”为草图平面。

② 绘制截面草图。在草绘工作台中绘制图 9.3 所示的截面草图。

③ 单击“工作台”工具栏中的按钮，退出草绘工作台。

（3）定义旋转角度。在 限制 区域的 第一角度： 文本框中输入值 360。

（4）定义回转轴。在轴线区域的选择：文本框中右击，在弹出的快捷菜单中选择Z 轴为回转轴。

（5）单击确定按钮，完成旋转体 1 的创建。

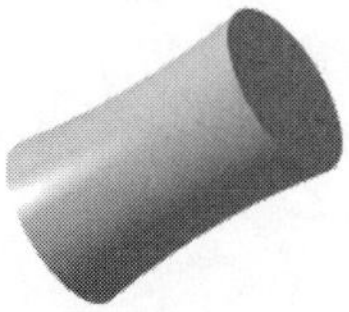

图 9.2 旋转体 1

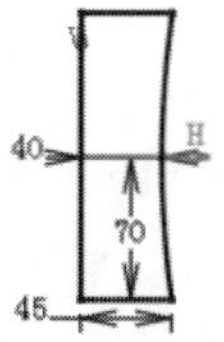

图 9.3 截面草图

Step3. 添加图 9.4 所示的零件特征——凸台 1。选择下拉菜单插入 → 基于草图的特征 → 凸台...命令；单击按钮，选取图 9.5 所示的平面为草图平面；绘制图 9.6 所示的截面草图；在第一限制区域的类型：下拉列表中选择尺寸选项；在第一限制区域的长度：文本框中输入值 5；单击确定按钮，完成凸台 1 的添加。

注意：读者在选择草图平面时可将工作台中的指南针调整到 Z 轴正方向朝向左下的方位，然后再选取图 9.5 所示的平面，这样可以确保后面的草图方位不变。

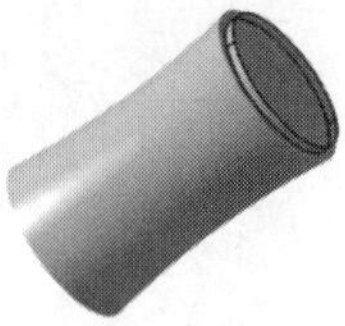

图 9.4 凸台 1

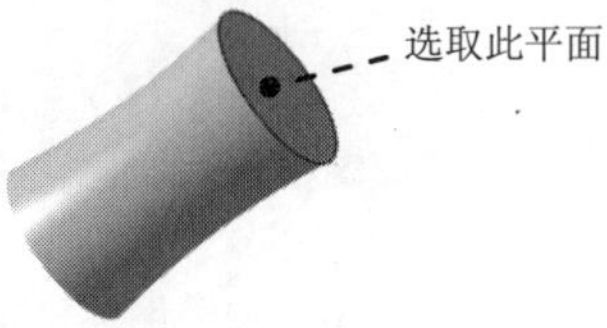

图 9.5 选取草图平面

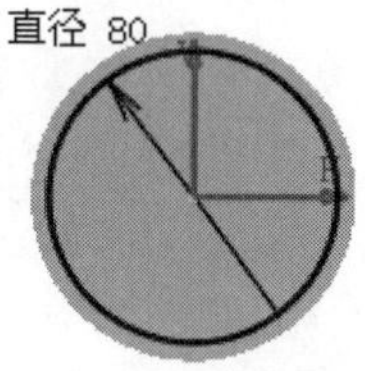

图 9.6 截面草图

Step4. 添加图 9.7 所示的零件特征——凸台 2。选择下拉菜单插入 → 基于草图的特征 → 凸台...命令；单击按钮，选取图 9.8 所示的平面为草图平面；绘制图 9.9 所示的截面草图；在第一限制区域的类型：下拉列表中选择尺寸选项；在第一限制区域的长度：文本框中输入值 20；单击确定按钮，完成凸台 2 的添加。

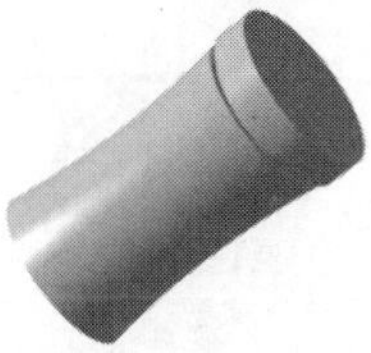

图 9.7 凸台 2

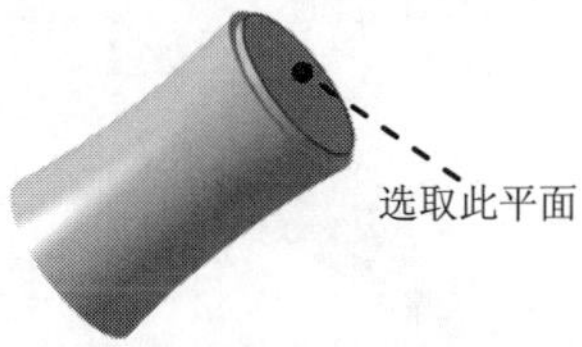

图 9.8 选取草图平面

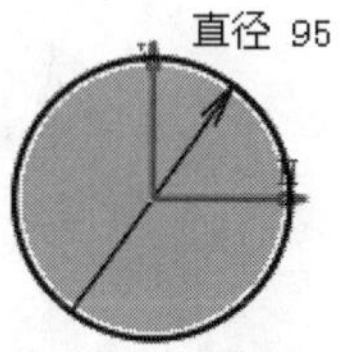

图 9.9 截面草图

Step5. 添加图 9.10b 所示的倒圆角 1。选择下拉菜单插入 → 修饰特征 → 倒圆角...命令；选取图 9.10a 所示的边线为倒圆角对象，圆角半径值为 4。

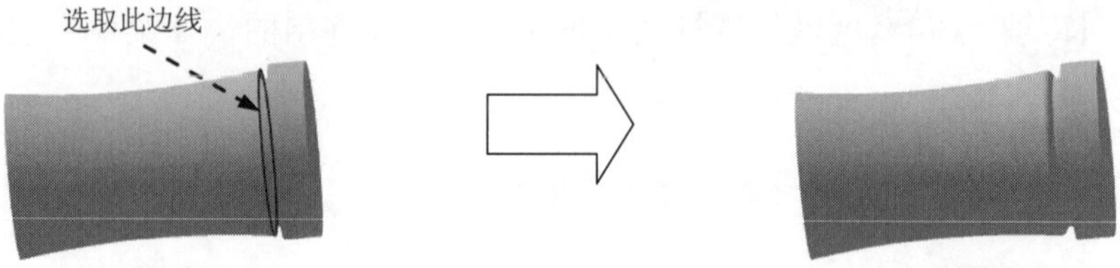

a）倒圆角前　　b）倒圆角后

图 9.10　倒圆角 1

Step6. 添加图 9.11b 所示的倒圆角 2。选择图 9.11a 所示的 2 条边线为倒圆角对象，圆角半径值为 6。

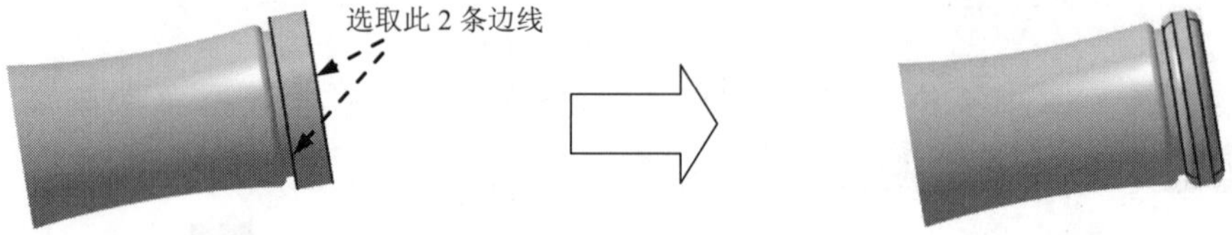

a）倒圆角前　　b）倒圆角后

图 9.11　倒圆角 2

Step7. 添加图 9.12b 所示的倒圆角 3。选择图 9.11a 所示的 2 条边线为倒圆角对象，圆角半径值为 2。

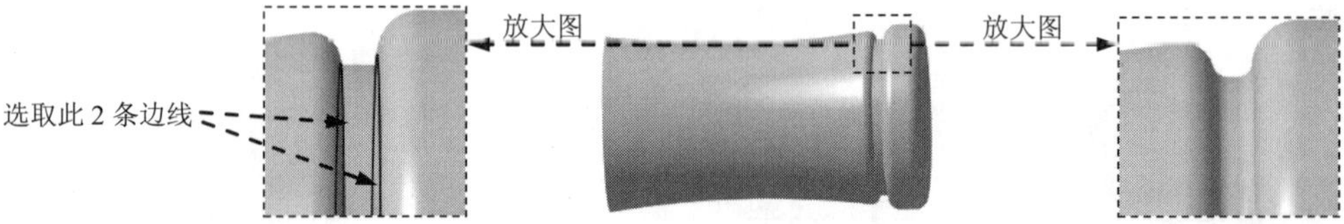

a）倒圆角前　　b）倒圆角后

图 9.12　倒圆角 3

Step8. 添加图 9.13 所示的零件特征——凸台 3。选择下拉菜单 插入 → 基于草图的特征 → 凸台... 命令；单击按钮，选取图 9.14 所示的平面为草图平面；绘制图 9.15 所示的截面草图；在 第一限制 区域的 类型： 下拉列表中选择 尺寸 选项；在 第一限制 区域的 长度： 文本框中输入值 5；单击 确定 按钮，完成凸台 3 的添加。

图 9.13　凸台 3

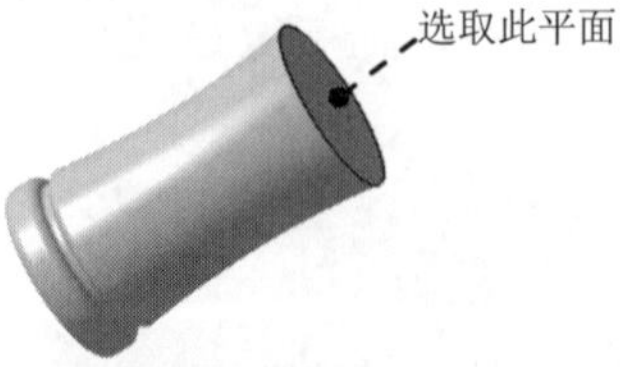

图 9.14　定义草图平面

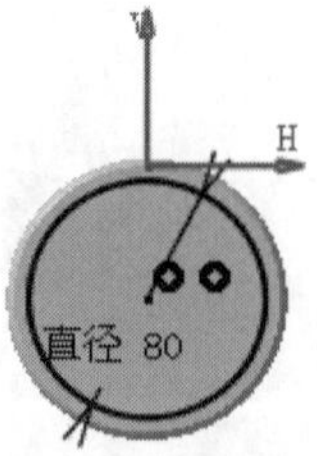

图 9.15　截面草图

Step9. 添加图 9.16 所示的零件特征——旋转体 2。选择下拉菜单 插入 → 基于草图的特征 → 旋转体... 命令；单击按钮，选取“yz 平面”为草图平面；绘制

图 9.17 所示的截面草图；在限制区域的第一角度：文本框中输入值 360 ；激活轴线区域的选择：文本框并右击，在弹出的快捷菜单中选择Z 轴为回转轴；单击确定按钮，完成旋转体 2 的添加。

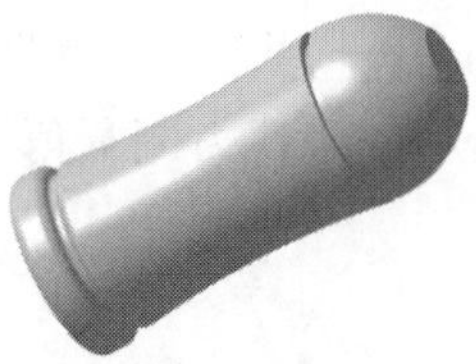

图 9.16　旋转体 2

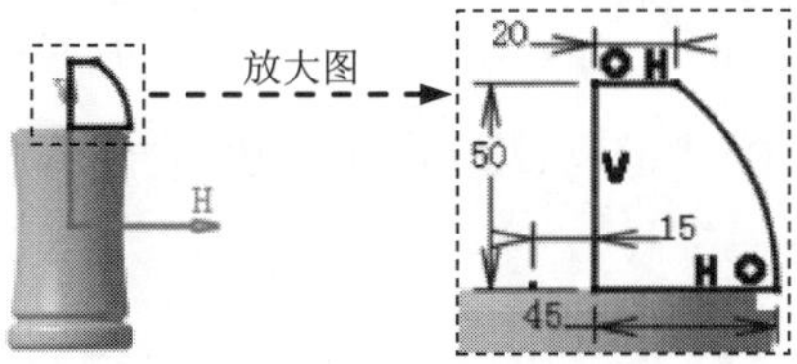

图 9.17　截面草图

Step10. 添加图 9.18b 所示的倒圆角 4。选取图 9.18a 所示的 2 条边线为倒圆角对象，圆角半径值为 4。

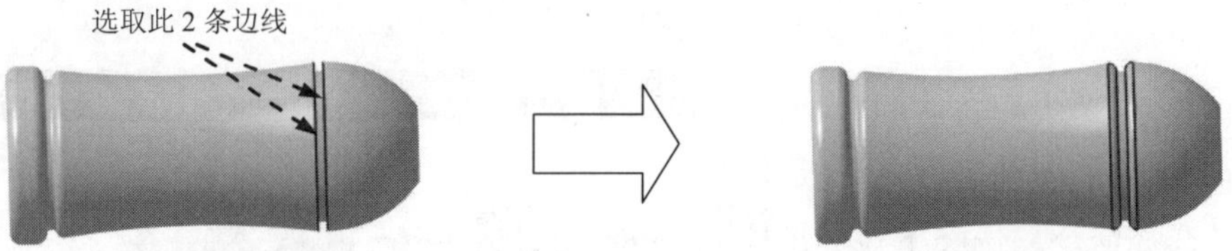

a）倒圆角前　　b）倒圆角后

图 9.18　倒圆角 4

Step11. 添加图 9.19b 所示的倒圆角 5。选取图 9.19a 所示的 2 条边线为倒圆角对象，圆角半径值为 2。

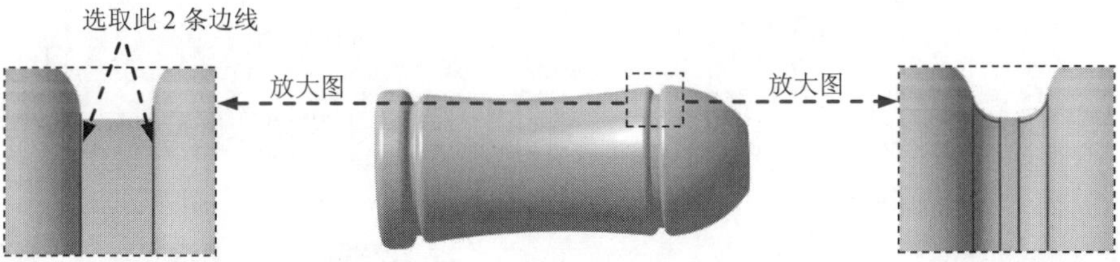

a）倒圆角前　　b）倒圆角后

图 9.19　倒圆角 5

Step12. 添加图 9.20 所示的零件特征——凸台 4。选择下拉菜单插入 → 基于草图的特征 → 凸台...命令；单击按钮，选取图 9.21 所示的平面为草图平面；绘制图 9.22 所示的截面草图；在第一限制区域的类型：下拉列表中选择尺寸选项；在第一限制区域的长度：文本框中输入值 25；单击确定按钮，完成凸台 4 的添加。

注意：在绘制该截面草图时，先选取图 9.22 所示的平面，然后选择下拉菜单插入 → 操作 → 3D 几何图形 → 投影 3D 元素命令，将选中的平面边线投影到草图平面上。

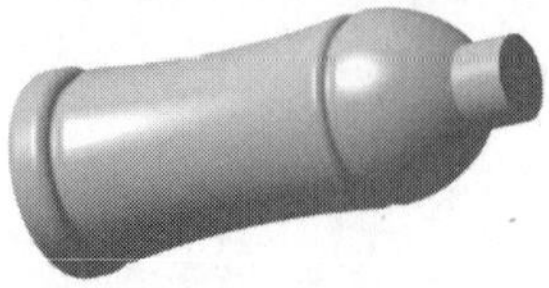
图 9.20　凸台 4

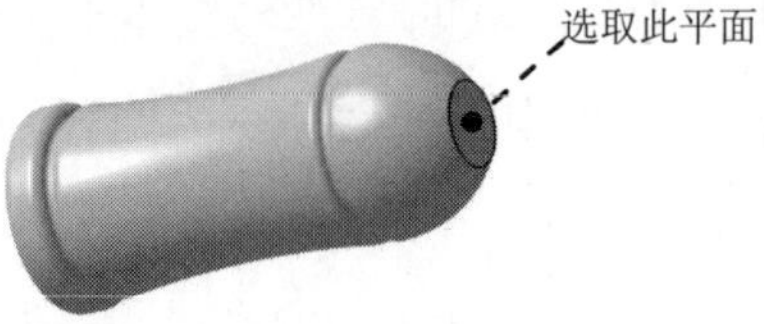

图 9.21　定义草图平面

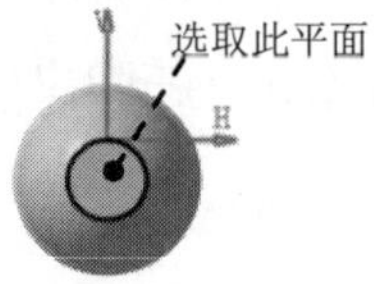

图 9.22　截面草图

Step13. 添加图 9.23b 所示的倒圆角 6。选取图 9.23a 所示的边线为倒圆角对象，圆角半径值为 8。

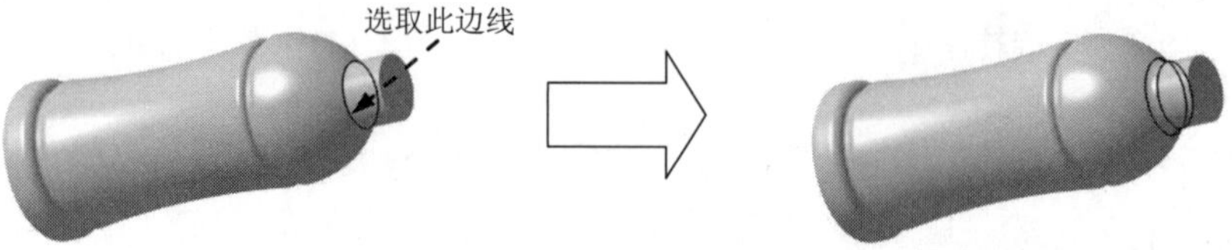

a）倒圆角前　　b）倒圆角后

图 9.23　倒圆角 6

Step14. 切换工作台。选择下拉菜单 开始 → 形状 ▸ → 创成式外形设计 命令。

Step15. 添加图 9.24 所示的提取 1。

（1）选择命令。选择下拉菜单 插入 → 操作 ▸ → 提取... 命令。

（2）定义拓展类型。在“提取定义”对话框的 拓展类型: 下拉列表中选择 无拓展 选项。

（3）定义要提取的元素。选取图 9.25 所示的面为要提取的元素。

（4）单击 确定 按钮，完成提取 1 的添加。

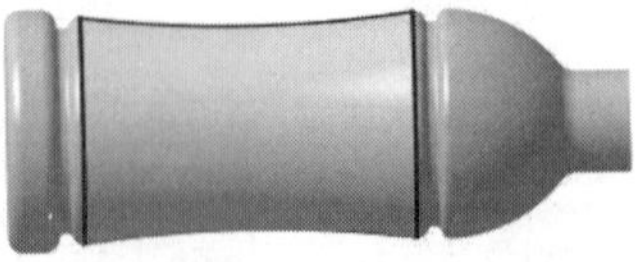
图 9.24　提取 1

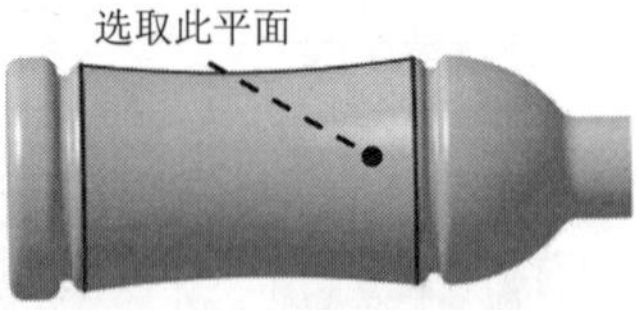

图 9.25　选取提取元素

Step16. 添加图 9.26 所示的平面 1。选择下拉菜单 插入 → 线框 ▸ → 平面... 命令；在“平面定义”对话框的 平面类型: 下拉列表中选择 偏移平面 选项；激活 参考: 文本框并右击，在弹出的快捷菜单中选择 YZ 平面 为参考平面；在 偏移: 文本框中输入值 50，采用系统默认的偏移方向；单击 确定 按钮，完成平面 1 的添加。

Step17. 添加图 9.27 所示的草图7。选择下拉菜单 插入 → 草图编辑器 ▸ → 草图 命令；选取“平面 1”作为草图平面；绘制图 9.28 所示的草图。

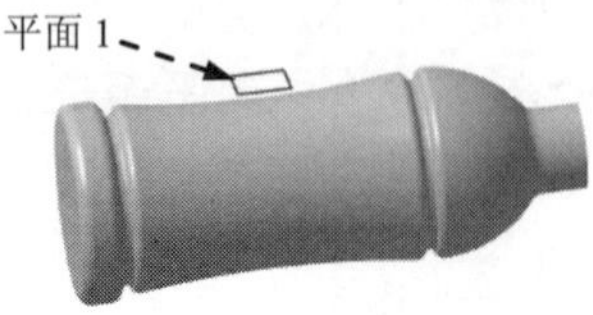

图 9.26　平面 1

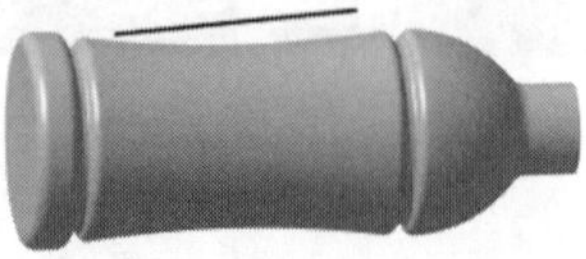
图 9.27　草图 7（建模环境）

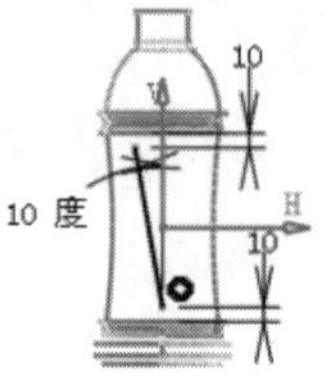

图 9.28　草图 7（草绘环境）

Step18. 添加图 9.29 所示的投影 1。

（1）选择命令。选择下拉菜单 插入 → 线框▸ → 投影... 命令。

（2）定义投影类型。在“投影定义”对话框的 投影类型: 下拉列表中选择 沿某一方向 选项。

（3）定义投影参数。选取“草图 7”为要投影的元素；选取“提取 1”为支持面；右击 方向: 文本框，选择 X 部件 选项。

（4）单击 确定 按钮，完成投影 1 的添加。

Step19. 添加图 9.30 所示的草图 8。选择下拉菜单 插入 → 草图编辑器 ▸ → 草图 命令；选取“平面 1”为草图平面；绘制图 9.31 所示的草图。

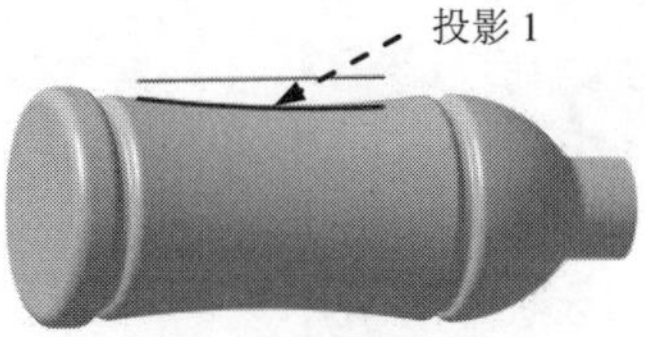

图 9.29　投影 1

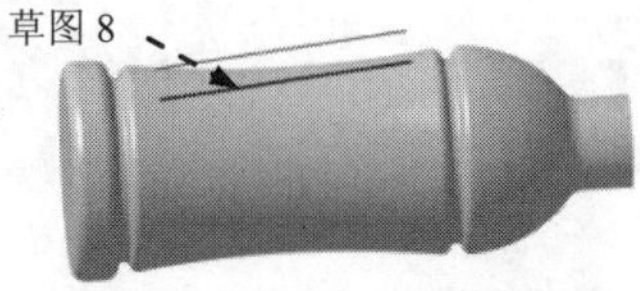

图 9.30　草图 8（建模环境）

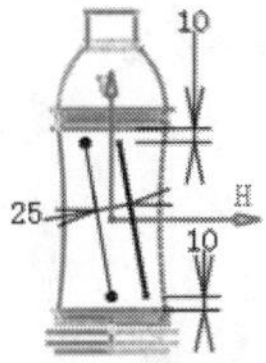

图 9.31　草图 8（草绘环境）

Step20. 添加图 9.32 所示的投影 2。选择下拉菜单 插入 → 线框▸ → 投影... 命令；在“投影定义”对话框的 投影类型: 下拉列表中选择 沿某一方向 选项；选取“草图 8”为要投影的元素；选取“提取 1”为支持面；右击 方向: 文本框，在弹出的快捷菜单中选择 X 部件 选项；单击 确定 按钮，完成投影 2 的添加。

Step21. 添加图 9.33 所示的直线 1。选择下拉菜单 插入 → 线框▸ → 直线... 命令；在“直线定义”对话框的 线型: 下拉列表中选择 点-点 选项；分别选取图 9.34 所示的“点 1”和“点 2”；单击 确定 按钮，完成直线 1 的添加。

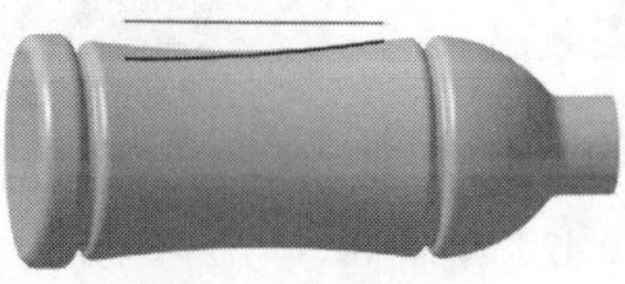
图 9.32　投影 2

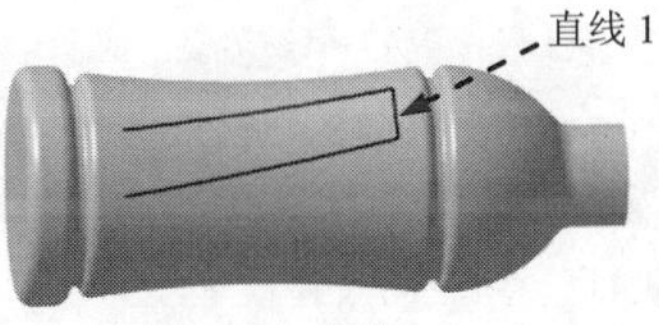

图 9.33　直线 1

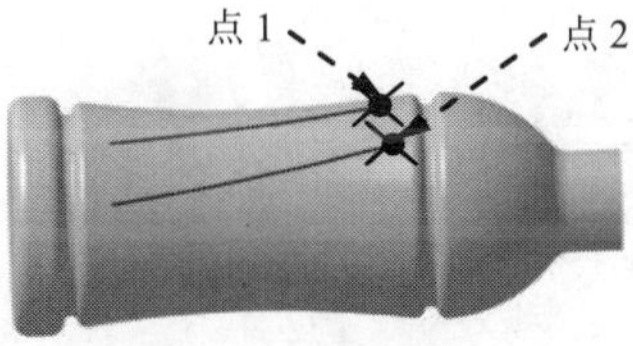

图 9.34　选取点

Step22. 添加图 9.35 所示的平面 2。选择下拉菜单 插入 → 线框▸ → 平面... 命令；在“平面定义”对话框的 平面类型: 下拉列表中选择 与平面成一定角度或垂直 选项；选取“直线 1”为旋转轴；激活 参考: 文本框并右击，在弹出的快捷菜单中选择 XY 平面 为参考平面；在 角度: 文本框中输入值-30；单击 确定 按钮，完成平面 2 的添加。

Step23. 添加图 9.36 所示的草图 9。选择下拉菜单 插入 → 草图编辑器 ▸ → 草图 命令；选取“平面 2”为草图平面；绘制图 9.37 所示的草图。

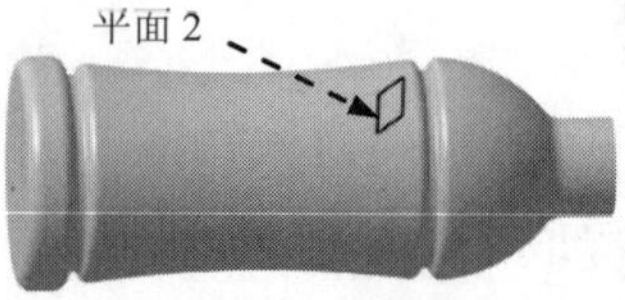

图 9.35　平面 2

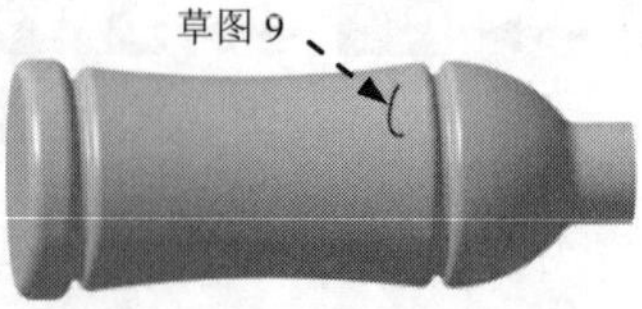

图 9.36　草图 9（建模环境）

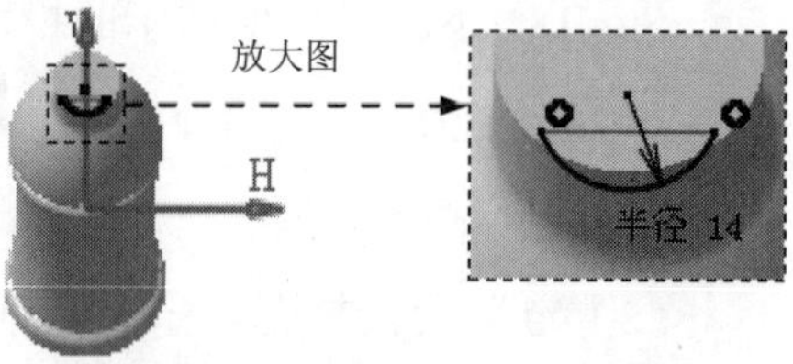

图 9.37　草图 9（草绘环境）

Step24. 添加图 9.38 所示的直线 2。选择下拉菜单 插入 → 线框 → 直线... 命令；在“直线定义”对话框的 线型: 下拉列表中选择 点-点 选项；分别选取图 9.39 所示的“点 1”和“点 2”；单击 确定 按钮，完成直线 2 的添加。

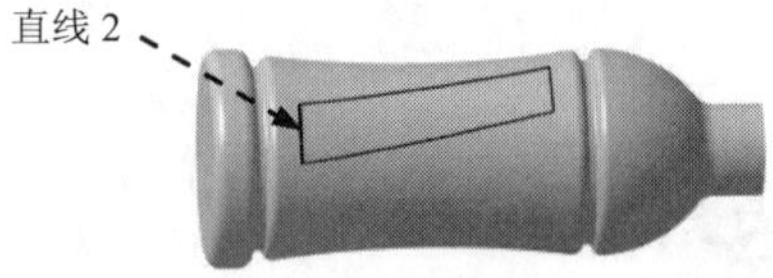

图 9.38　直线 2

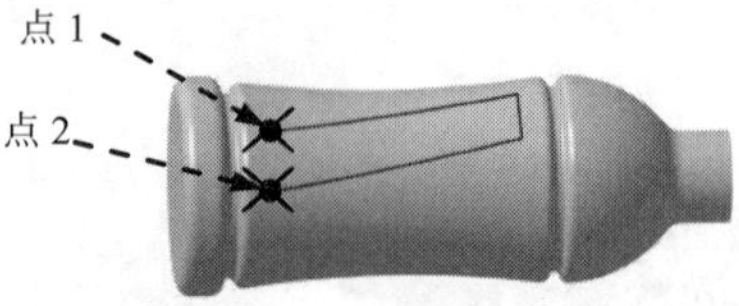

图 9.39　选取点

Step25. 添加图 9.40 所示的平面 3。选择下拉菜单 插入 → 线框 → 平面... 命令；在“平面定义”对话框的 平面类型: 下拉列表中选择 与平面成一定角度或垂直 选项；选取“直线 2”为旋转轴；激活 参考: 文本框并右击，在弹出的快捷菜单中选择 XY 平面 为参考平面；在 角度: 文本框中输入值 30；单击 确定 按钮，完成平面 3 的添加。

Step26. 添加图 9.41 所示的草图 10。选择下拉菜单 插入 → 草图编辑器 → 草图 命令；选取“平面 3”为草图平面；绘制图 9.42 所示的草图。

说明：草图中相合约束时草图与直线 2 的两个端点相合。

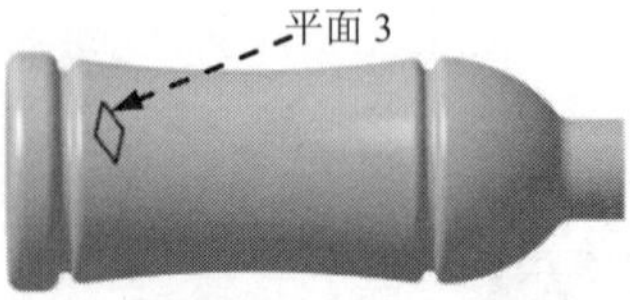

图 9.40　平面 3

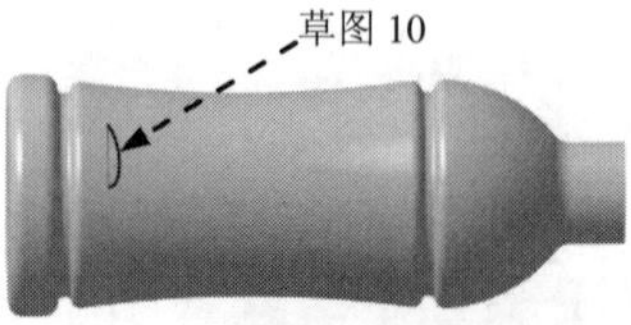

图 9.41　草图 10（建模环境）

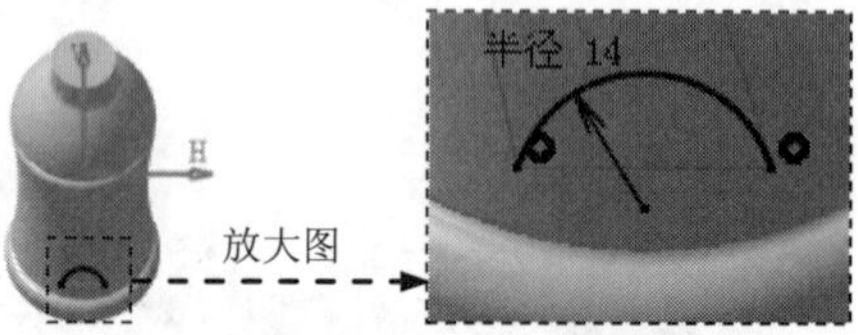

图 9.42　草图 10（草绘环境）

Step27. 添加图 9.43 所示的零件特征——多截面曲面 1。选择下拉菜单 插入 → 曲面 → 多截面曲面... 命令；选取“草图 10”和“草图 9”为截面曲线；选取“项目 1”和“项目 2”为引导线。完成多截面曲线 1 的添加。

注意：选取截面曲线时，应使两个截面的闭合点在同一侧，并且闭合方向一致，其他文本框按系统默认设置。

Step28. 添加图 9.44 所示的投影 3。选择下拉菜单 插入 → 线框 → 投影... 命令；在“投影定义”对话框的 投影类型: 下拉列表中选择 沿某一方向 选项；选择“直线 1”为要投影的元素；选取“提取 1”为支持面；右击方向:文本框，在弹出的快捷菜单中选择X 部件选项；单击确定按钮，完成投影 3 的添加。

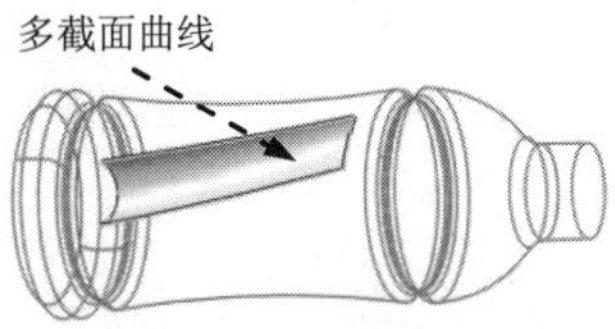

图 9.43 多截面曲线 1

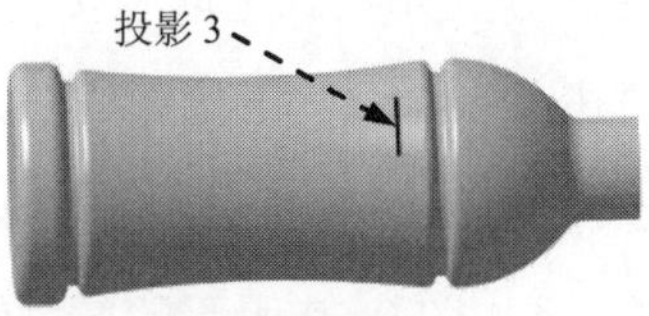

图 9.44 投影 3

Step29. 添加图 9.45 所示的投影 4。选择下拉菜单插入 → 线框 → 投影...命令；在“投影定义”对话框的投影类型:下拉列表中选择沿某一方向选项；选择“直线 2”为要投影的元素；选取“提取 1”为支持面；右击方向:文本框，在弹出的快捷菜单中选择X 部件选项；单击确定按钮，完成投影 4 的添加。

Step30. 添加图 9.46 所示的零件特征——填充 1。

（1）选择命令。选择下拉菜单插入 → 曲面 → 填充...命令。

（2）定义填充边界。选取“项目 4”和“草图 10”为填充边界。

（3）单击确定按钮，完成填充 1 的添加。

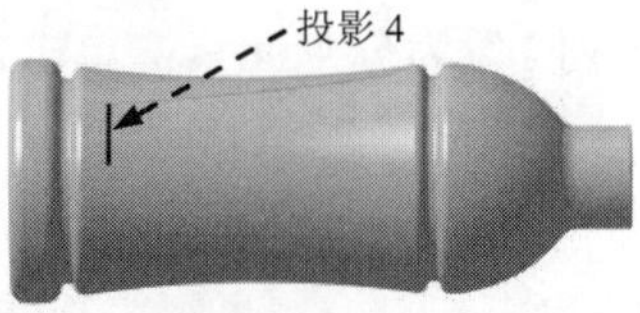

图 9.45 投影 4

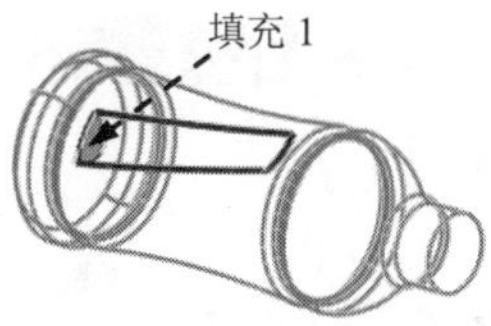

图 9.46 填充 1

Step31. 添加图 9.47 所示的零件特征——填充 2。选择下拉菜单插入 → 曲面 → 填充...命令；选取“草图 9”和“项目 3”为填充边界；单击确定按钮，完成填充 2 的添加。

Step32. 添加图 9.48 所示的零件特征——接合 1。

（1）选择命令。选择下拉菜单插入 → 操作 → 接合...命令。

（2）选择要接合的元素。选取“填充 2”“填充 1”和“多截面曲面 1”为要接合的元素。

（3）单击确定按钮，完成接合 1 的添加。

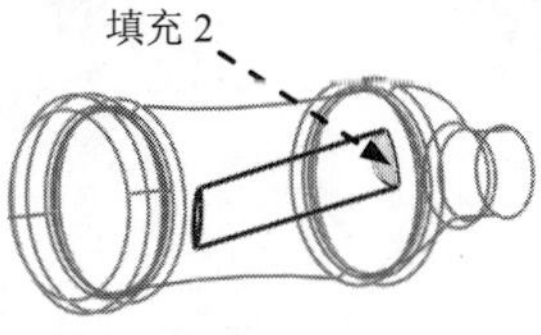

图 9.47 填充 2

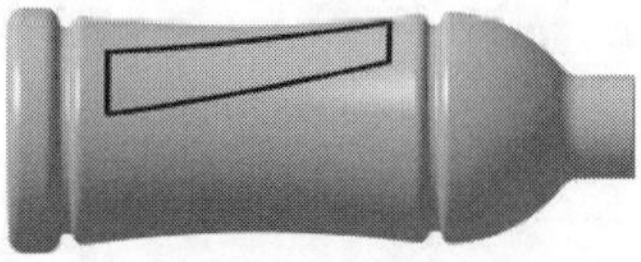
图 9.48 接合 1

Step33. 切换到“零件设计”工作台。

Step34. 添加图 9.49 所示的零件特征——分割 1。

（1）选择命令。选择下拉菜单 插入 → 基于曲面的特征 ▸ → 分割... 命令。

（2）定义分割元素。选取“接合 1”为分割元素。

（3）单击 确定 按钮，完成分割 1 的添加。

Step35. 切换到“创成式外形设计”工作台。

Step36. 添加图 9.50 所示的零件特征——圆形阵列 1。

（1）选择命令。选择下拉菜单 插入 → 高级复制工具 ▸ → 圆形阵列... 命令。

（2）定义阵列对象。在特征树中选取“接合 1”为要阵列的对象。

（3）定义阵列参数。在 轴向参考 选项卡的 参数: 下拉列表中选择 实例和角度间距 选项；在 实例: 文本框中输入值 6；在 角度间距: 文本框中输入值 60。

（4）定义参考方向。右击 参考元素: 区域内的 参考元素: 文本框，在弹出的快捷菜单中选择 Z 轴 选项。

（5）单击 确定 按钮，完成圆形阵列 1 的添加。

Step37. 切换到“零件设计”工作台。

Step38. 添加图 9.51 所示的零件特征——分割 2。选择下拉菜单 插入 → 基于曲面的特征 ▸ → 分割... 命令；选取“圆形阵列 1”为分割元素；单击 确定 按钮，完成分割 2 的添加。

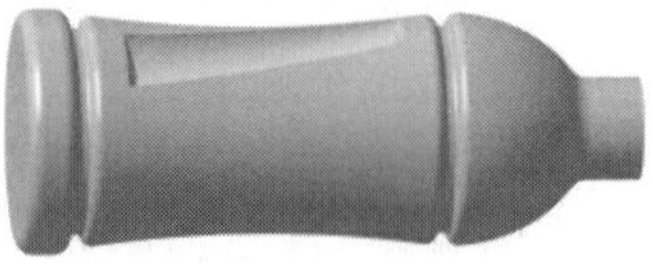
图 9.49　分割 1

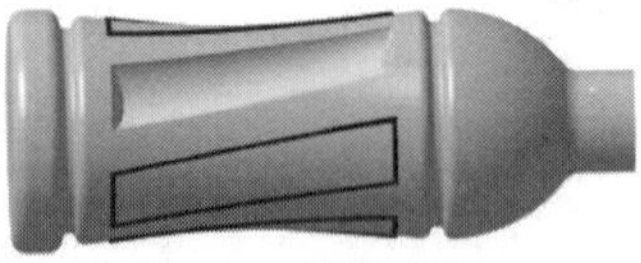
图 9.50　圆形阵列 1

图 9.51　分割 2

Step39. 添加图 9.52b 所示的倒圆角 7。选取图 9.52a 所示的边线为倒圆角对象，圆角半径值为 2。

注意：此处倒圆角应选取其他所有图 9.52a 所示的边线。

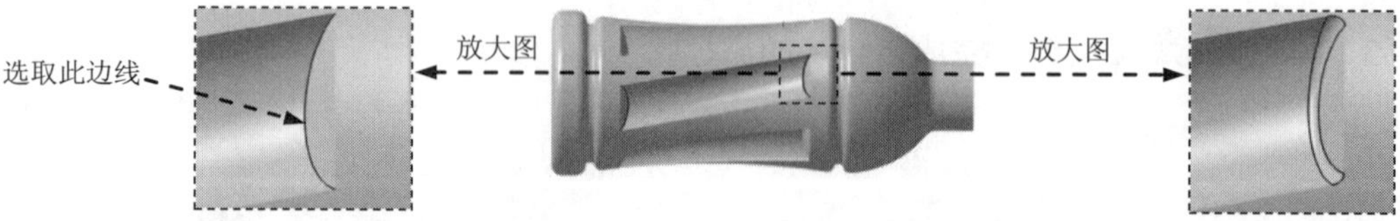

a）倒圆角前　　b）倒圆角后

图 9.52　倒圆角 7

Step40. 添加图 9.53b 所示的倒圆角 8。选取图 9.53a 所示的边线为倒圆角对象，圆角半径值为 2。

注意：此处倒圆角应选取其他所有图 9.53a 所示的边线。

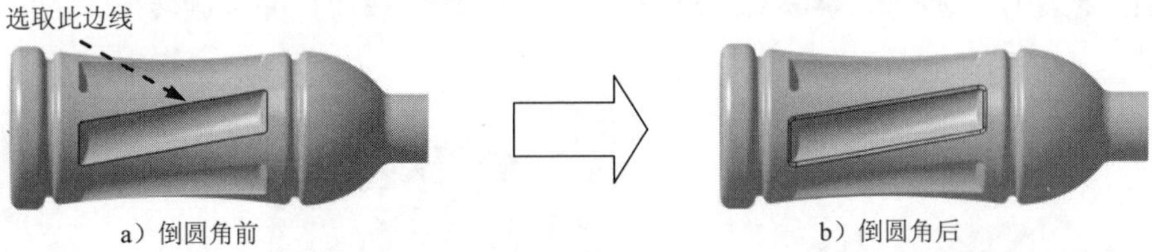

图 9.53 倒圆角 8

Step41. 添加图 9.54 所示的零件特征——凹槽 1。选择下拉菜单 插入 → 基于草图的特征 → 凹槽... 命令；选取图 9.55 所示的平面为草图平面；绘制图 9.56 所示的截面草图（仰视图状态）；在 类型: 下拉列表中选择 尺寸 选项，在 深度: 文本框中输入值 4；单击 确定 按钮，完成凹槽 1 的添加。

图 9.54 凹槽 1

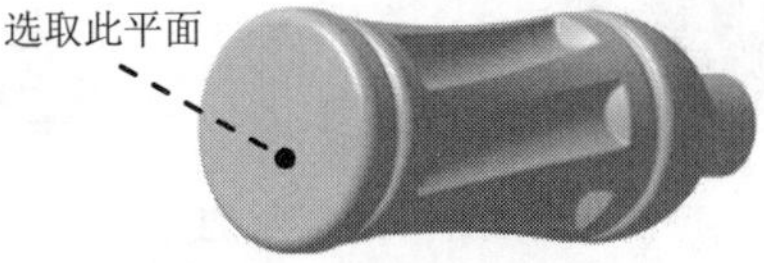

图 9.55 选取草图平面

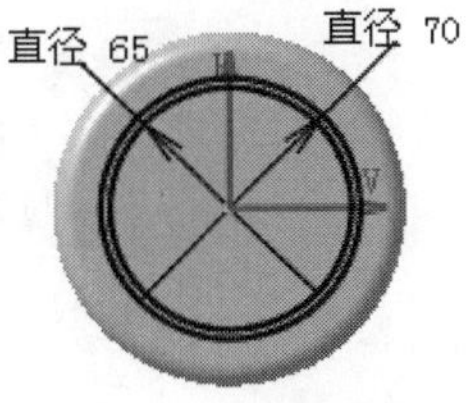

图 9.56 截面草图

Step42. 添加图 9.57b 所示的倒圆角 9。选取图 9.57a 所示的 2 条边线为倒圆角对象，圆角半径值为 3。

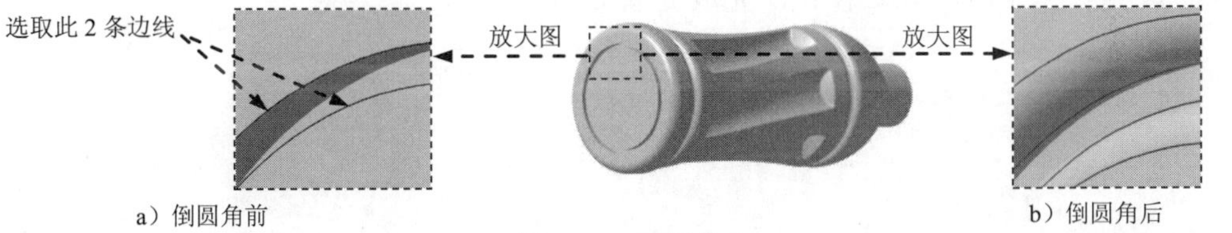

图 9.57 倒圆角 9

Step43. 添加图 9.58b 所示的倒圆角 10。选取图 9.58a 所示的 2 条边线为倒圆角对象，圆角半径值为 2。

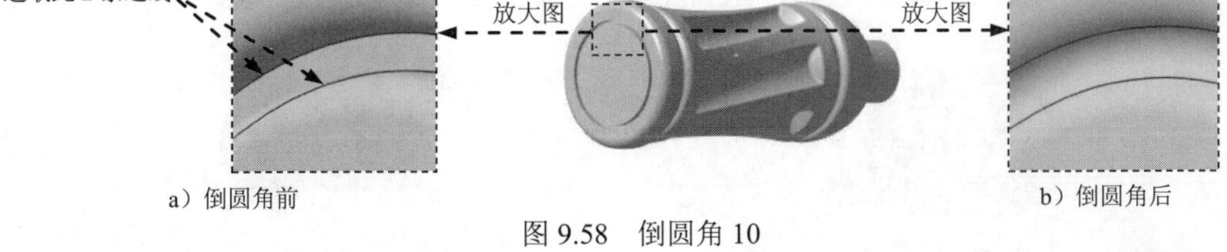

图 9.58 倒圆角 10

Step44. 添加图 9.59 所示的零件特征——旋转槽 1。选择下拉菜单 插入 → 基于草图的特征 → 旋转槽... 命令；选取“yz 平面”为草图平面；绘制图 9.60 所示的截面草图；在限制区域的第一角度：文本框中输入值 360；激活轴线区域的选择：文本框并右击，在弹出的快捷菜单中选择Z 轴为回转轴；单击确定按钮，完成旋转槽 1 的添加。

图 9.59　旋转槽 1

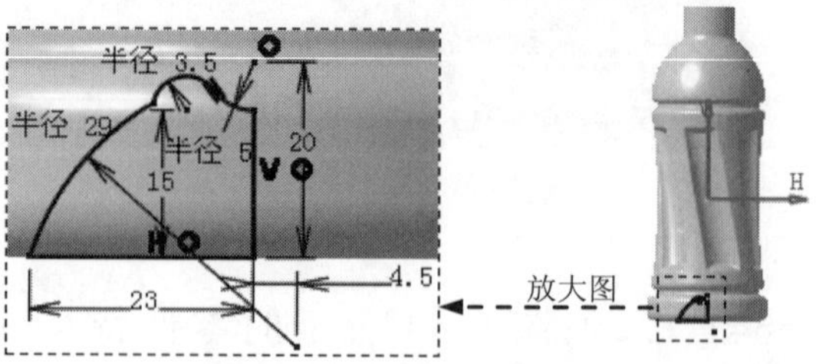

图 9.60　截面草图

Step45. 添加图 9.61b 所示的倒圆角 11。选取图 9.61a 所示的边线为倒圆角对象，圆角半径值为 4。

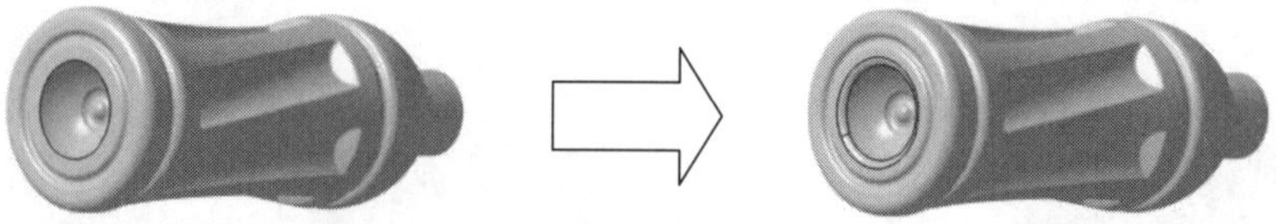

a）倒圆角前　　b）倒圆角后

图 9.61　倒圆角 11

Step46. 切换到“创成式外形设计”工作台。

Step47. 添加图 9.62 所示的提取 2。选择下拉菜单插入 → 操作 → 提取...命令；在“提取定义”对话框的拓展类型：下拉列表中选择无拓展选项；选取图 9.63 所示的面为要提取的元素；单击确定按钮，完成提取 2 的添加。

图 9.62　提取 2

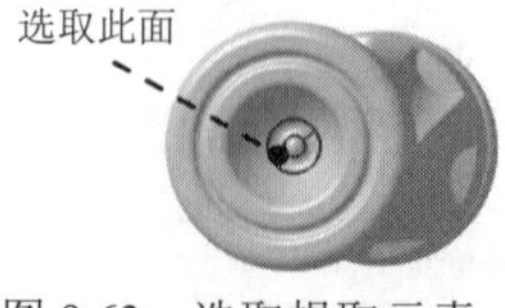

图 9.63　选取提取元素

Step48. 添加图 9.64 所示的提取 3。选择下拉菜单插入 → 操作 → 提取...命令；在“提取定义”对话框的拓展类型：下拉列表中选择无拓展选项；选取图 9.65 所示的面为要提取的元素；单击确定按钮，完成提取 3 的添加。

图 9.64　提取 3

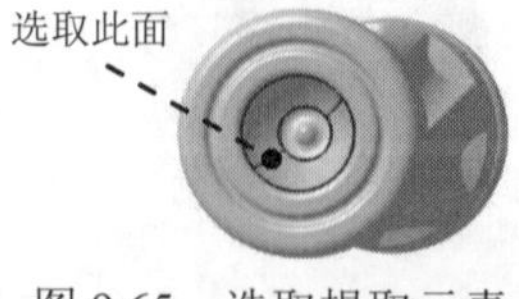

图 9.65　选取提取元素

Step49. 添加图 9.66 所示的草图 13。选择下拉菜单插入 → 草图编辑器 → 草图命令；选取图 9.67 所示的平面为草图平面；绘制图 9.68 所示的截面草图。

图 9.66 草图 13

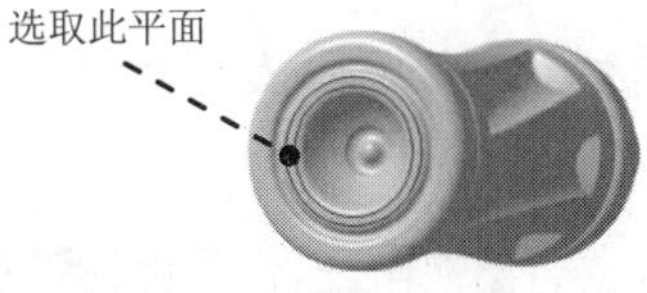

图 9.67 定义草图平面

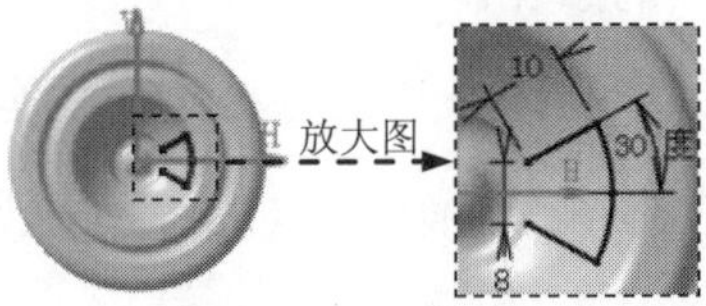

图 9.68 截面草图

Step50. 添加图 9.69 所示的投影 5。选择下拉菜单 插入 → 线框▸ → 投影... 命令；在“投影定义”对话框的 投影类型： 下拉列表中选择 沿某一方向 选项；选择“草图 13”为要投影的元素；选取“提取 3”为支持面；右击 方向： 文本框，在弹出的快捷菜单中选择 Z 部件 选项；单击 确定 按钮，完成投影 5 的添加。

Step51. 添加图 9.70 所示的草图 14。选择下拉菜单 插入 → 草图编辑器 ▸ → 草图 命令；选取“平面 1”为草图平面；绘制图 9.71 所示的截面草图。

说明：图 9.71 所示的截面草图中的圆弧的两端点分别与投影 5 草图的两端点相合。

图 9.69 投影 5

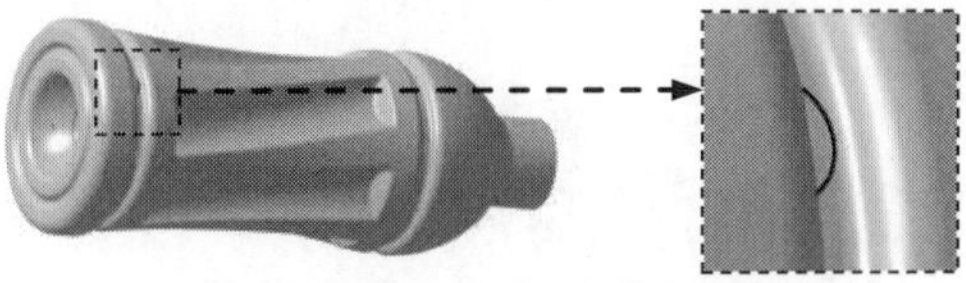

图 9.70 草图 14（建模环境）

Step52. 添加图 9.72 所示的投影 6。选择下拉菜单 插入 → 线框▸ → 投影... 命令；在“投影定义”对话框的 投影类型： 下拉列表中选择 沿某一方向 选项；选取“草图 14”为要投影的元素；选取“提取 2”为支持面；右击 方向： 文本框，选择 X 部件 选项；单击 确定 按钮，完成投影 6 的添加。

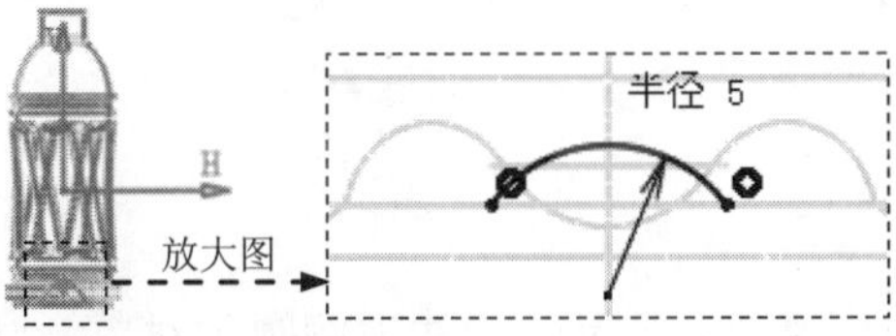

图 9.71 草图 14（草绘环境）

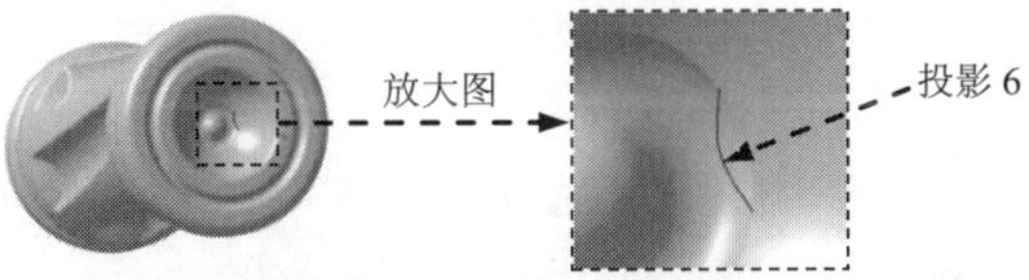

图 9.72 投影 6

Step53. 添加填充 3。选择下拉菜单 插入 → 曲面 ▸ → 填充... 命令；选取“项目 5”和“项目 6”为填充边界；单击 确定 按钮，完成填充 3 的添加。

Step54. 切换到“零件设计”工作台。

Step55. 添加图 9.73 所示的零件特征——分割 3。选择下拉菜单 插入 → 基于曲面的特征 ▸ → 分割... 命令；选取“填充 3”为分割元素；单击 确定 按钮，完成分割 3 的添加。

说明：若分割方向相反，可单击模型中的箭头以改变分割方向。

Step56. 切换到“创成式外形设计”工作台。

Step57. 添加圆形阵列 2。选择下拉菜单 插入 → 高级复制工具 ▸ → 圆形阵列... 命令；在特征树中选取“填充 3”为要阵列的对象；在 轴向参考 选项卡的 参数: 下拉列表中选择 实例和角度间距 选项；在 实例: 文本框中输入值 4；在 角度间距: 文本框中输入值 90；右击 参考元素: 区域内的 参考元素: 文本框，在弹出的快捷菜单中选择 Z 轴 选项；单击 确定 按钮，完成圆形阵列 2 的添加。

Step58. 切换到“零件设计”工作台。

Step59. 添加图 9.74 所示的零件特征——分割 4。选择下拉菜单 插入 → 基于曲面的特征 ▸ → 分割... 命令；选取“圆形阵列 2”为分割元素；单击 确定 按钮，完成分割 4 的添加。

图 9.73 分割 3

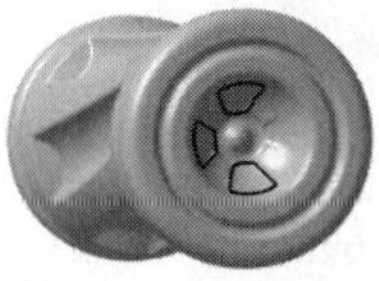
图 9.74 分割 4

Step60. 添加图 9.75b 所示的倒圆角 12。在 选择模式: 的下拉列表中选择 最小 选项，选取图 9.75a 所示的 4 条边线为倒圆角对象，圆角半径值为 4。

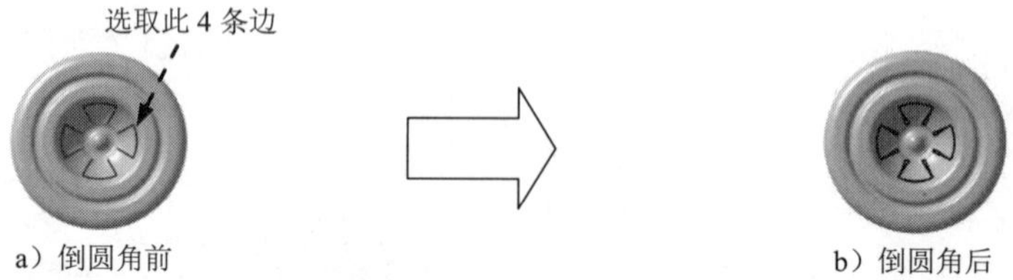

图 9.75 倒圆角 12

Step61. 添加图 9.76b 所示的倒圆角 13。选取图 9.76a 所示的边线为倒圆角对象，圆角半径值为 4。

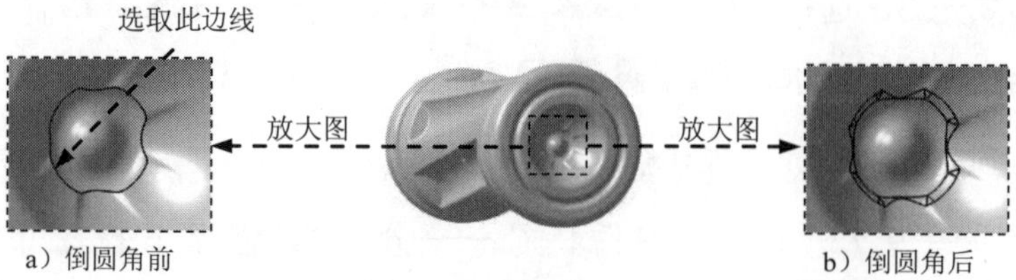

图 9.76 倒圆角 13

Step62. 添加图 9.77b 所示的零件特征——抽壳 1。选择下拉菜单 插入 ➡ 修饰特征 ➡ 抽壳... 命令；选取图 9.77a 所示的面为要移除的面；在 默认内侧厚度： 文本框中输入值 1，在 默认外侧厚度： 文本框中输入值 0；单击 确定 按钮，完成抽壳 1 的添加。

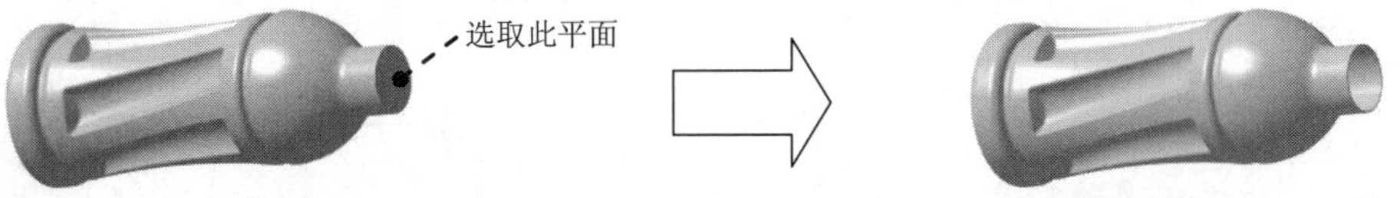

a）抽壳前　　b）抽壳后

图 9.77　抽壳 1

Step63. 切换到“创成式外形设计”工作台。

Step64. 添加相交 1。

（1）选择命令。选择下拉菜单 插入 ➡ 线框 ➡ 相交... 命令。

（2）定义相交元素。选取“zx 平面”为第一元素，选择图 9.78 所示的边线为第二元素。

（3）单击 确定 按钮，然后在弹出的“多重结果管理”对话框中选择 保留所有子元素。 单选项，完成相交 1 的添加。

Step65. 添加图 9.79 所示的提取 4。选择下拉菜单 插入 ➡ 操作 ➡ 提取... 命令；在“提取定义”对话框的 拓展类型： 下拉列表中选择 无拓展 选项；选取图 9.80 所示的点（X 轴正向上）为要提取的元素；单击 确定 按钮，完成提取 4 的添加。

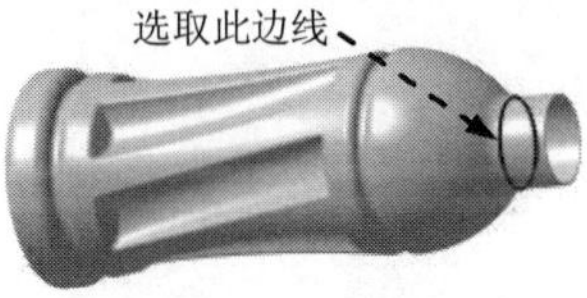

图 9.78　相交 1

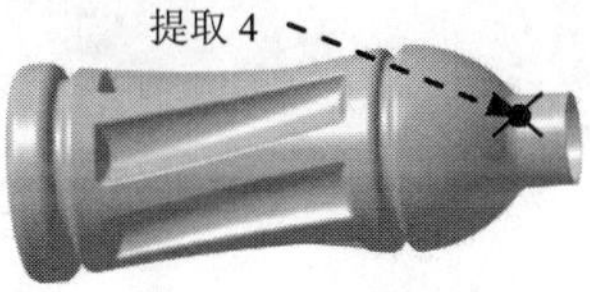

图 9.79　提取 4

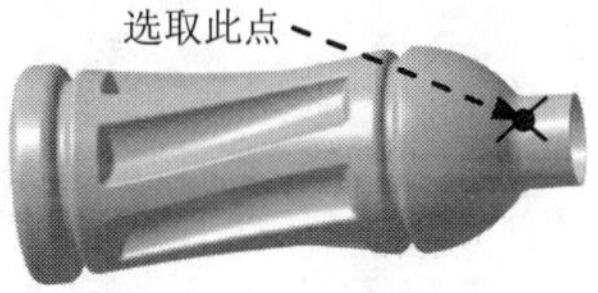

图 9.80　选择提取点

Step66. 添加图 9.81 所示的点 1。

（1）选择命令。选择下拉菜单 插入 ➡ 线框 ➡ 点... 命令。

（2）定义点的类型。在“点定义”对话框的 点类型： 下拉列表中选择 曲面上 选项。

（3）定义点的参数。选取图 9.82 所示的曲面为基准曲面；激活 方向： 文本框并右击，在弹出的快捷菜单中选择 Z 部件 选项；在 距离： 文本框中输入值 3；激活参考区域的 点： 文本框，选取“提取 4”为参考点。

（4）单击 确定 按钮，完成点 1 的添加。

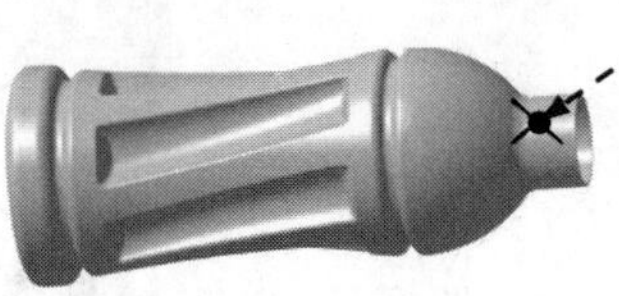

图 9.81　点 1

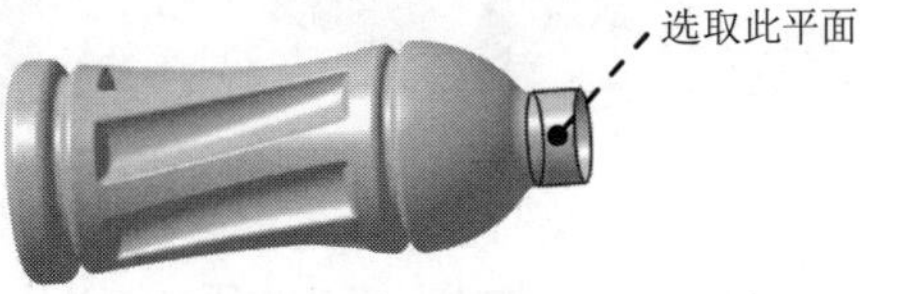

图 9.82　选取基准曲面

Step67. 添加图 9.83 所示的草图 15。选择下拉菜单 插入 ➡ 草图编辑器 ▸ ➡ 草图 命令；选取“zx 平面”为草图平面；绘制图 9.84 所示的草图。

说明： 草图标注中，草图的一个端点与点 1 重合，尺寸 18 约束的是两个圆弧的圆心到轴线的距离，尺寸 20 约束的是草图的上端点到轴线的距离。

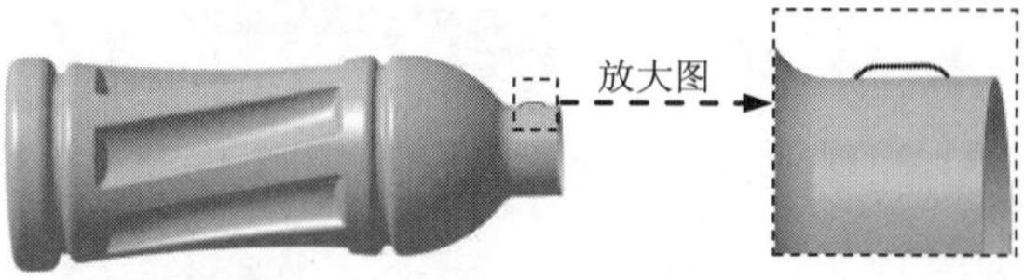

图 9.83　草图 15（建模环境）

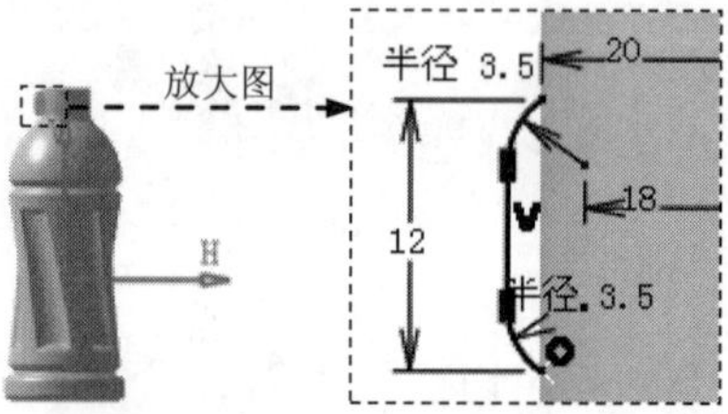

图 9.84　草图 15（草绘环境）

Step68. 添加图 9.85 所示的螺旋线 1。

（1）选择命令。选择下拉菜单 插入 ➡ 线框 ▸ ➡ 螺旋线... 命令。

（2）定义螺旋线的参数。选取“点 1”为起点；激活 轴： 文本框并右击，在弹出的快捷菜单中选择 Z 轴 选项；在 类型 区域的 螺距： 文本框中输入值 5；在 高度： 文本框中输入值 15；在 方向： 下拉列表中选择 逆时针 选项；激活 半径变化 区域内的 轮廓： 文本框，选取“草图 15”为轮廓线。

（3）单击 确定 按钮，完成螺旋线 1 的添加。

图 9.85　螺旋线 1

Step69. 切换到“零件设计”工作台。

Step70. 添加图 9.86 所示的零件特征——肋 1。选择下拉菜单 插入 ➡ 基于草图的特征 ▸ ➡ 肋... 命令；单击 轮廓 文本框后面的 按钮，选取“zx 平面”为草图平面，绘制图 9.87 所示的草图为肋的轮廓（右视图状态），单击 按钮，退出草绘工作台；选取“螺旋线 1”为中心曲线；在 控制轮廓 下拉列表中选择 拔模方向 选项，右击 选择： 文本框，在弹出的快捷菜单中选择 Z 轴 选项。单击 确定 按钮，完成肋 1 的添加。

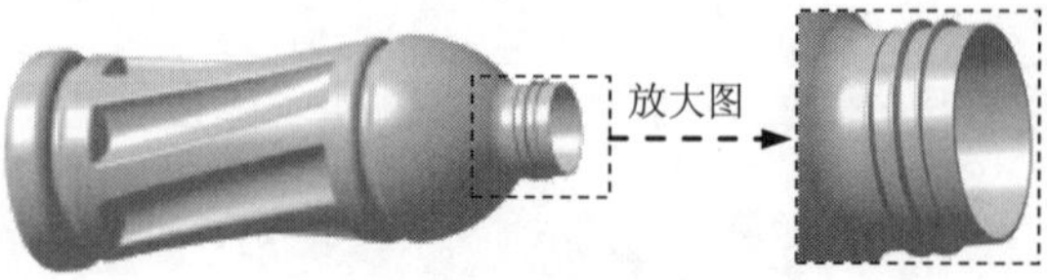

图 9.86　肋 1

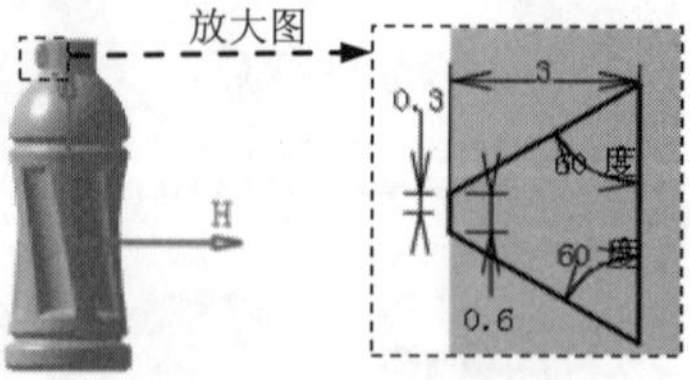

图 9.87　截面草图

Step71. 添加图 9.88 所示的零件特征——凹槽 2。选择下拉菜单 插入 ➡

基于草图的特征 → 凹槽...命令；选取“xy 平面”为草图平面；绘制图 9.89 所示的截面草图；在类型：下拉列表中选择直到最后选项；单击反转方向按钮，改变凹槽方向；单击确定按钮，完成凹槽 2 的添加。

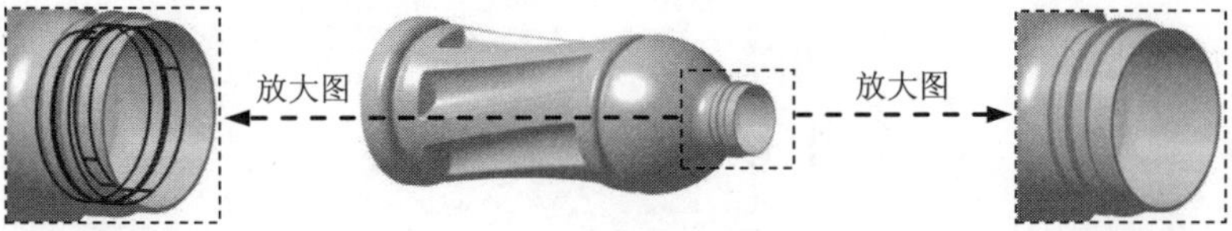

a）凹槽前　　b）凹槽后

图 9.88　凹槽 2

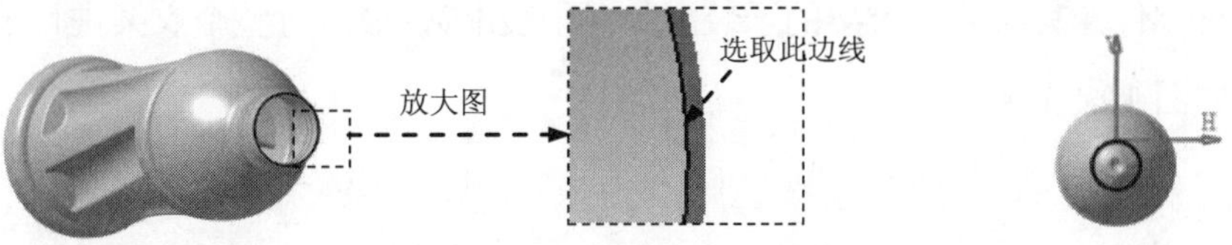

图 9.89　截面草图

注意：在绘制该截面草图时，先选取图 9.89 所示的边线，然后选择插入 → 操作 → 3D 几何图形 → 投影 3D 元素命令，将选中的平面边线投影到草图平面上。

Step72. 保存零件模型。

实例 10 衣　架

10.1 概　述

本实例详细讲解了一款生活中常见的衣架的设计过程。其主要设计思路是，首先创建出衣架的所有零件，其次装配衣架的子装配（夹子装配），最后对整个衣架进行装配，得到最终模型，如图 10.1.1 所示。

a）组装图　　b）爆炸图

图 10.1.1　装配模型

10.2 衣 架 主 体

本节将介绍衣架主体的设计过程，运用了“多截面曲面”“对称”“加厚曲面”等命令，其中“多截面曲面”的特征是要掌握的重点，此外“多截面曲面”的截面顺序是值得注意的地方（由于创建模型使用了大量的样条曲线，所以创建的最终模型会有所不同）。该零件模型及相应的特征树如图 10.2.1 所示。

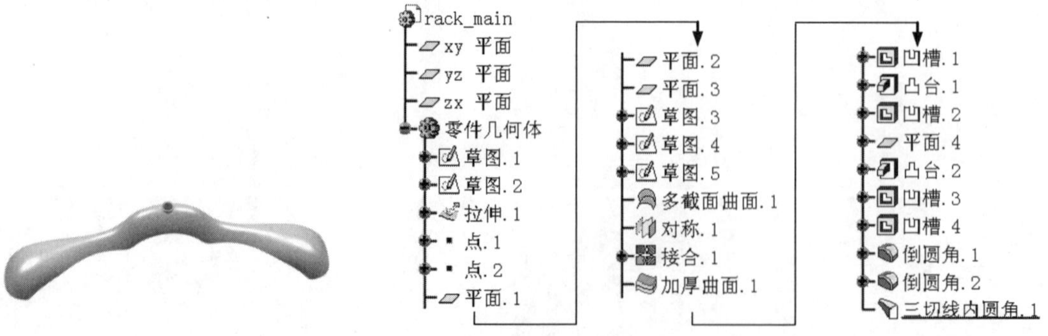

图 10.2.1　零件模型及特征树

Step1. 新建模型文件。选择下拉菜单文件 → 新建... 命令；在类型列表：列表框中选择Part选项，单击确定按钮；输入名称 rack_main，选中启用混合设计复选框，单击确定按钮，进入“零件设计”工作台。

Step2. 切换工作台。选择下拉菜单开始 → 机械设计 → 线框和曲面设计命令，切换到“线框和曲面设计”工作台。

Step3. 创建图 10.2.2 所示的草图 1。

（1）选择命令。选择下拉菜单插入 → 草图编辑器 → 草图命令（或单击按钮）。

（2）选取“xy 平面”为草图平面，绘制图 10.2.2 所示的草图。

说明：所绘制的曲线为样条曲线，通过点控制样条，如图 10.2.2 所示。

Step4. 创建图 10.2.3 所示的草图 2。选取“yz 平面”为草图平面，绘制图 10.2.4 所示的草图。

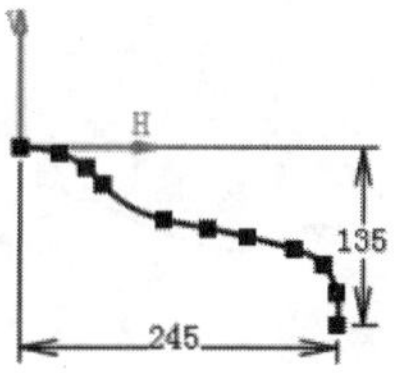

图 10.2.2 草图 1

图 10.2.3 草图 2（建模环境）

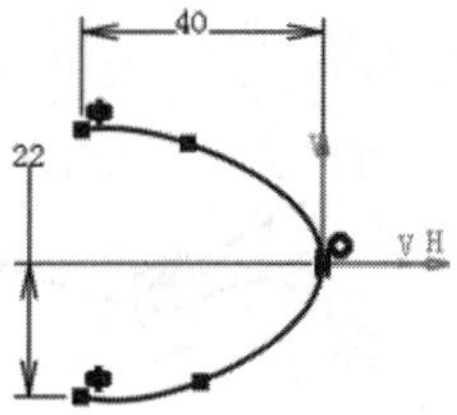

图 10.2.4 草图 2（草绘环境）

Step5. 创建图 10.2.5 所示的零件特征——拉伸 1。

（1）选择命令。选择下拉菜单插入 → 曲面 → 拉伸... 命令（或单击按钮），系统弹出“拉伸曲面定义”对话框。

（2）激活轮廓：文本框，在特征树上选取草图 2 为轮廓对象。方向：文本框采用系统默认的拉伸方向。

（3）设置参数。在拉伸限制区域的类型：下拉列表中选择尺寸选项。在尺寸：文本框中输入值 20，单击反转方向按钮反方向拉伸。单击确定按钮，完成拉伸 1 的创建。

Step6. 创建图 10.2.6 所示的点 1。

（1）选择命令。选择下拉菜单插入 → 线框 → 点... 命令（或单击按钮），系统弹出“点定义”对话框。

（2）在点类型：下拉列表中选择曲线上选项，激活曲线：文本框，选取草图 1 为对象，选中曲线长度比率单选项，在比率：文本框中输入值 0.6。

（3）单击确定按钮，完成点 1 的创建。

Step7. 创建图 10.2.7 所示的点 2。选取曲线长度比率单选项，在比率：文本框中输入值 0.3。

图 10.2.5　拉伸 1

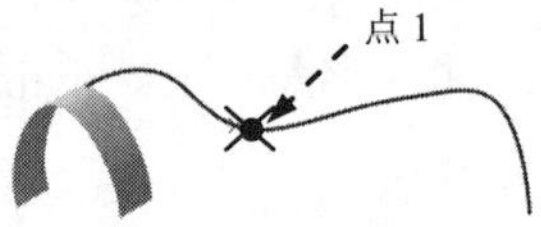

图 10.2.6　点 1

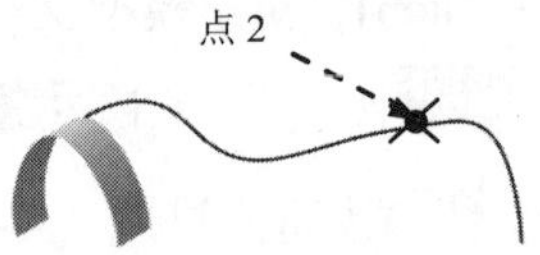

图 10.2.7　点 2

Step8. 创建图 10.2.8 所示的平面 1。

（1）选择命令。选择下拉菜单 插入 ➡ 线框 ➡ 平面... 命令（或单击 按钮），系统弹出“平面定义”对话框。

（2）定义设置参数。在 平面类型： 下拉列表中选择 曲线的法线 选项，激活 曲线： 文本框然后在特征树上选取草图 1 为参考曲线；激活 点： 文本框，选取点 1 为起点，单击 确定 按钮，完成平面 1 的创建。

Step9. 创建图 10.2.9 和图 10.2.10 所示的平面 2 和平面 3。选取草图 1 为参考曲线，分别选取点 2 和草图 1 的端点为起点。

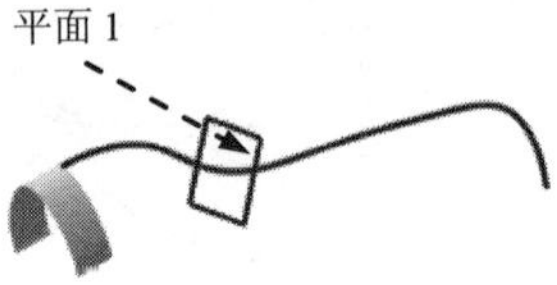

图 10.2.8　平面 1

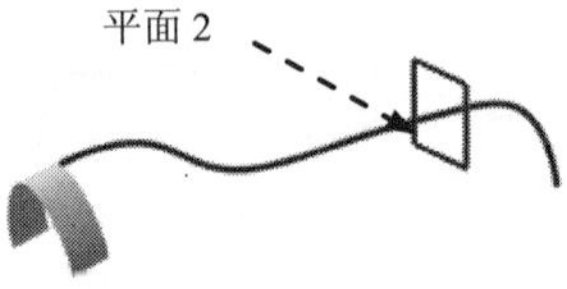

图 10.2.9　平面 2

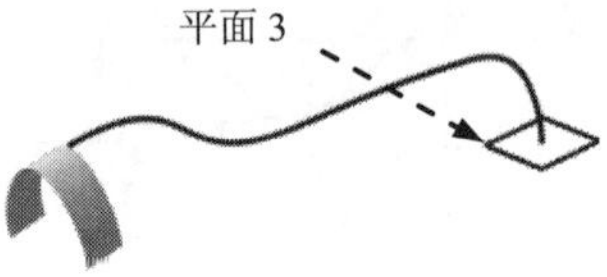

图 10.2.10　平面 3

Step10. 创建图 10.2.11 所示的草图 3。选取“平面 1”为草图平面，绘制图 10.2.12 所示的草图。

说明：使截面草图样条曲线的顶点与点 1 相合。

图 10.2.11　草图 3（建模环境）

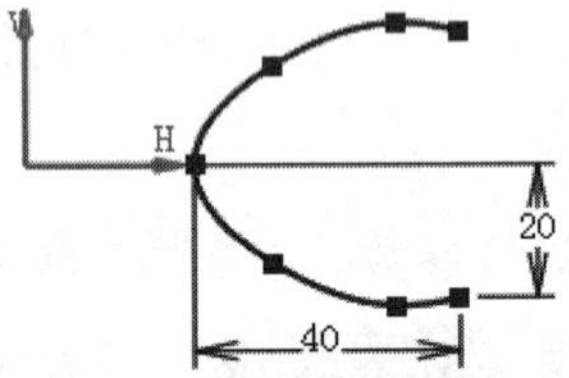

图 10.2.12　草图 3（草绘环境）

Step11. 创建图 10.2.13 所示的草图 4。选取“平面 2”为草图平面，绘制图 10.2.14 所示的草图。

说明：使截面草图样条曲线的顶点与点 2 相合。

图 10.2.13　草图 4（建模环境）

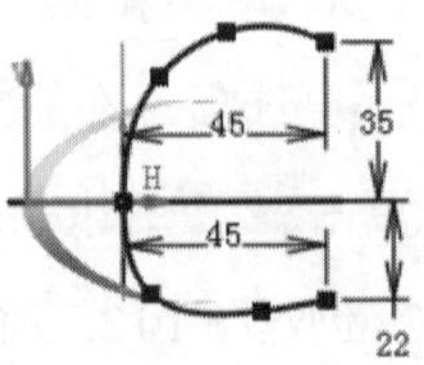

图 10.2.14　草图 4（草绘环境）

Step12. 创建图 10.2.15 所示的草图 5。选取“平面 3”为草图平面，绘制图 10.2.16 所示的草图。

说明：使截面草图样条曲线的顶点与草图 1 的端点相合。

图 10.2.15　草图 5（建模环境）

图 10.2.16　草图 5（草绘环境）

Step13. 添加零件特征——多截面曲面 1。

（1）选择命令。选择下拉菜单 插入 → 曲面 ▸ → 多截面曲面... 命令（或单击按钮），系统弹出“多截面曲面定义”对话框。

（2）选取截面。依次选取图 10.2.17 所示的草图 2、3、4、5 为截面。选取草图 2 后，单击 切线 按钮，在特征树上选取“拉伸 1”为切线对象。

（3）单击 引导线 选项，激活其空白区域，选取草图 1 为引导线，单击 确定 按钮，完成多截面曲面 1 的添加。

说明：由于创建模型使用了大量的样条曲线，所以创建的最终模型会有所不同。

Step14. 添加图 10.2.18 所示的零件特征——对称 1。

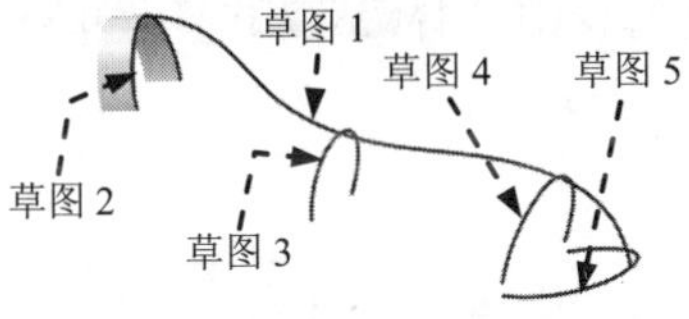

图 10.2.17　定义截面

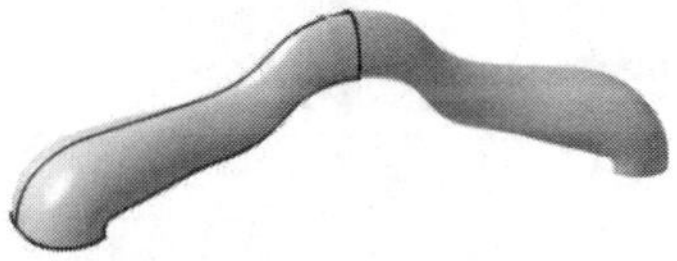

图 10.2.18　对称 1

（1）选择命令。选择下拉菜单 插入 → 操作 ▸ → 对称... 命令（或单击按钮），系统弹出“对称定义”对话框。

（2）定义对称变换的元素和参考平面。在 元素: 处单击，然后在特征树上选取多截面曲面 1 为元素对象；激活 参考: 文本框后右击，在弹出的快捷菜单中选取 YZ 平面 为参考平面。

（3）单击 确定 按钮，完成对称 1 的添加。

Step15. 添加零件特征——接合 1。

（1）选择命令。选择下拉菜单 插入 → 操作 ▸ → 接合... 命令（或单击按钮），弹出“接合定义”对话框。

（2）定义要接合的元素。按住 Ctrl 键，分别选择多截面曲面 1、对称 1 为要接合的元素对象。

（3）单击 确定 按钮，完成接合 1 的添加。

说明：接合命令是把单个曲面接合在一起以便后续特征的创建操作。

Step16. 添加图 10.2.19b 所示的零件特征——加厚曲面 1。

（1）将工作台切换到“零件设计”状态。

（2）选择命令。选择下拉菜单 插入 → 基于曲面的特征 ▸ → 厚曲面... 命令（或单击 按钮），系统弹出“定义厚曲面”对话框。

（3）在 第一偏移： 文本框中输入值 2，激活 要偏移的对象： 文本框，选取接合 1 为对象，单击 确定 按钮，完成加厚曲面 1 的添加。

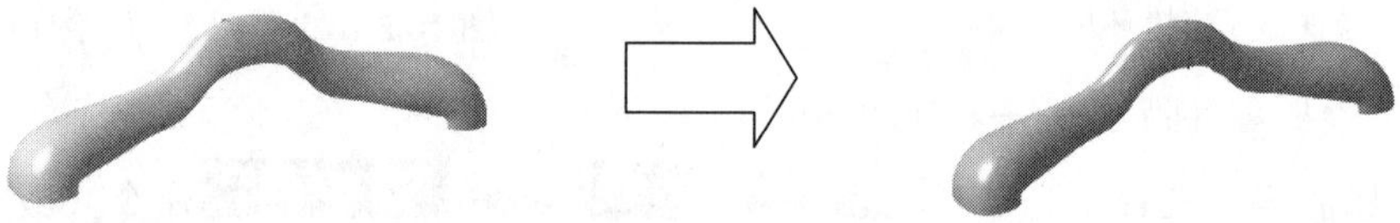

a）加厚前　　b）加厚后

图 10.2.19　加厚曲面 1

Step17. 添加图 10.2.20 所示的零件特征——凹槽 1。

（1）选择命令。选择下拉菜单 插入 → 基于草图的特征 ▸ → 凹槽... 命令（或单击 按钮），系统弹出“定义凹槽”对话框。

（2）选取“xy 平面”为草图平面；创建图 10.2.21 所示的截面草图，单击“工作台”工具栏中的 按钮，退出草绘工作台。

（3）定义深度属性。在对话框的 第一限制 区域的 类型： 下拉列表中选择 直到最后 选项，单击 更多>> 按钮，在对话框的 第二限制 区域的 类型： 下拉列表中选择 直到最后 选项，单击 确定 按钮，完成凹槽 1 的添加。

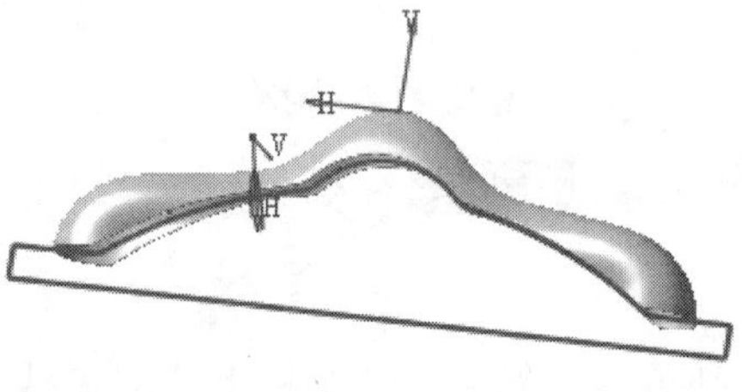

图 10.2.20　凹槽 1

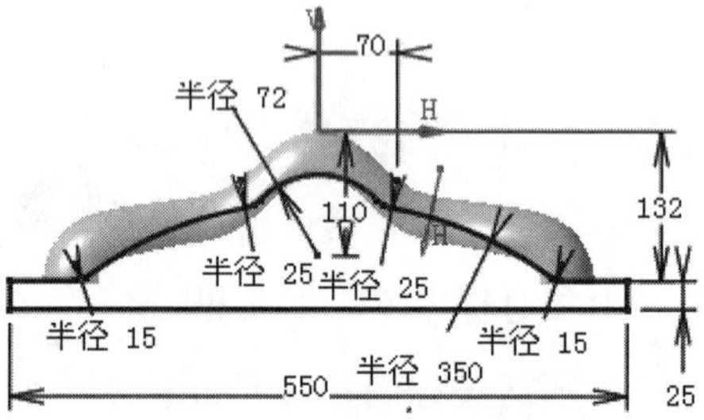

图 10.2.21　截面草图

Step18. 添加图 10.2.22 所示的零件特征——凸台 1。

（1）选择命令。选择下拉菜单 插入 → 基于草图的特征 ▸ → 凸台... 命令（或单击 按钮），系统弹出“定义凸台”对话框。

（2）创建截面草图。选取“zx 平面”为草图平面，绘制图 10.2.23 所示的截面草图。

（3）定义拉伸深度属性。单击 反转方向 按钮，反向拉伸实体；在 第一限制 区域的 类型： 下拉列表中选择 尺寸 选项。在 第一限制 区域的 长度： 文本框中输入值 10；单击 确定 按钮，完成凸台 1 的添加。

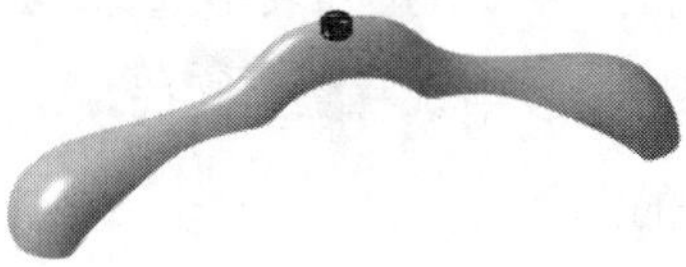

图 10.2.22 凸台 1

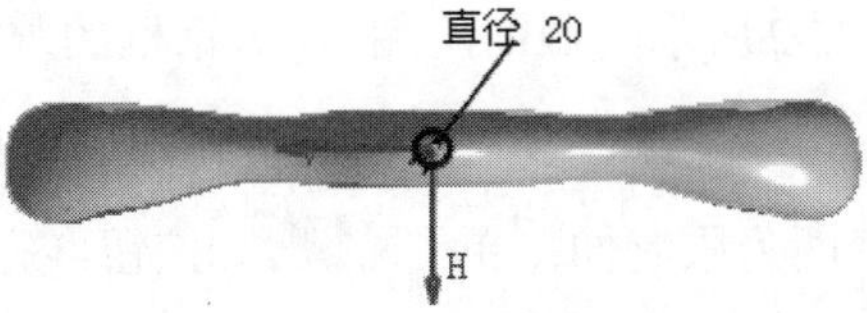

图 10.2.23 截面草图

Step19. 添加图 10.2.24 所示的零件特征——凹槽 2。选取凸台 1 的上表面为草图平面，绘制图 10.2.25 所示的截面草图。在 第一限制 区域的 类型： 下拉列表中选择 直到最后 选项。

图 10.2.24 凹槽 2

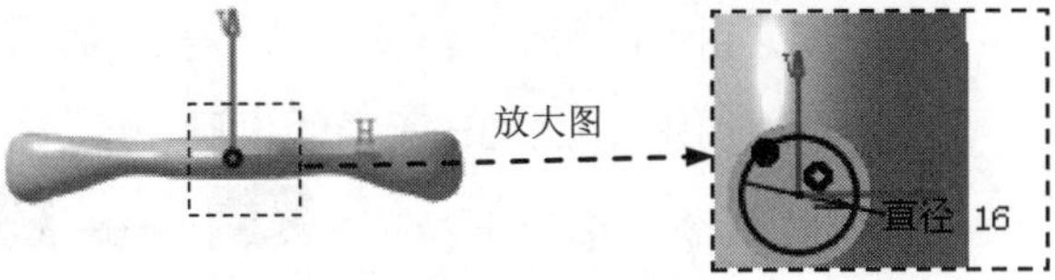

图 10.2.25 截面草图

Step20. 添加图 10.2.26 所示的平面 4。

（1）切换到“线框和曲面设计”工作台。

（2）选择命令。选择下拉菜单 插入 → 线框 → 平面... 命令（或单击 按钮），系统弹出“平面定义”对话框。

（3）在 平面类型： 下拉列表中选择 偏移平面 选项，激活 参考： 文本框，然后在特征树上选取“zx 平面”为参考平面；在 偏移： 文本框中输入值 95；单击 反转方向 按钮，向下偏移。单击 确定 按钮，完成平面 4 的添加。

Step21. 添加图 10.2.27 所示的零件特征——凸台 2。切换到“零件设计”工作台。选取平面 4 为草图平面，绘制图 10.2.28 所示的截面草图。在 第一限制 区域的 类型： 下拉列表中选择 直到下一个 选项。

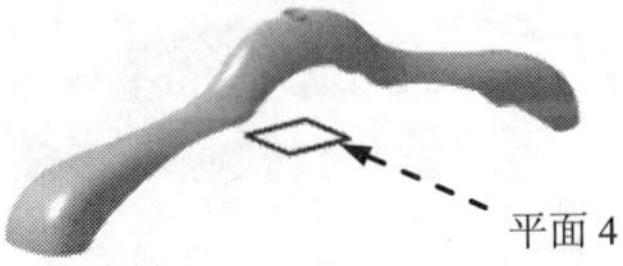

图 10.2.26 平面 4

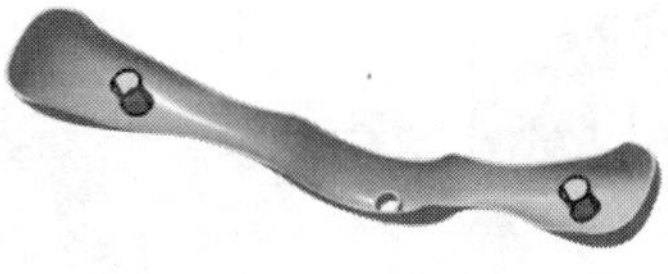

图 10.2.27 凸台 2

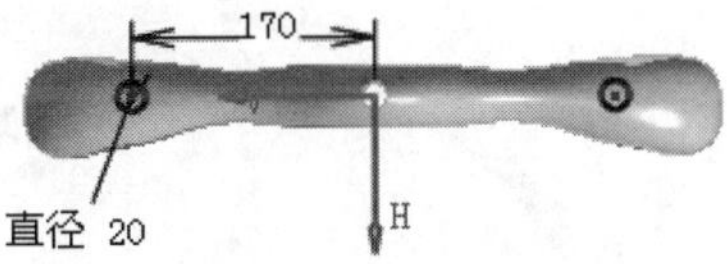

图 10.2.28 截面草图

Step22. 添加图 10.2.29 所示的零件特征——凹槽 3。选取凸台 2 的上表面为草图平面，绘制图 10.2.30 所示的截面草图，凹槽的深度值为 25。

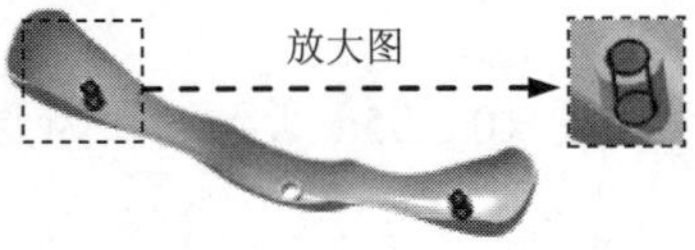

图 10.2.29 凹槽 3

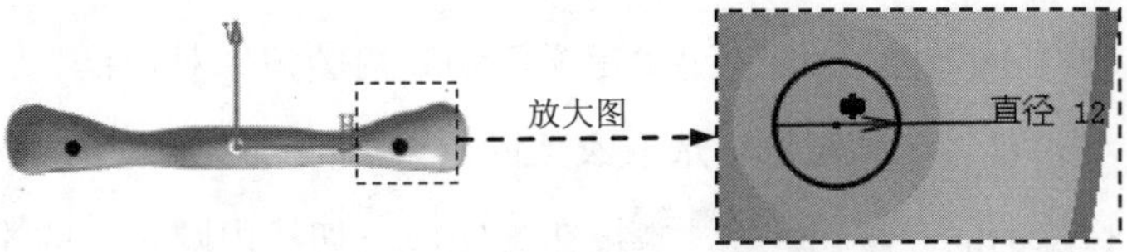

图 10.2.30 截面草图

Step23. 添加图 10.2.31 所示的零件特征——凹槽 4。选取“yz 平面”为草图平面，绘制图 10.2.32 所示的截面草图；在对话框的 第一限制 区域的 类型： 下拉列表中选择 直到曲面 选项，单击 更多>> 按钮，在对话框的 第二限制 区域的 类型： 下拉列表中选择 直到曲面 选项，选取凹槽 3 的内表面为限制面；单击 确定 按钮，完成凹槽 4 的添加。

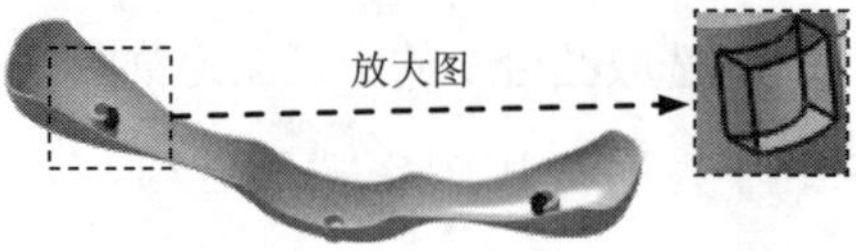

图 10.2.31　凹槽 4

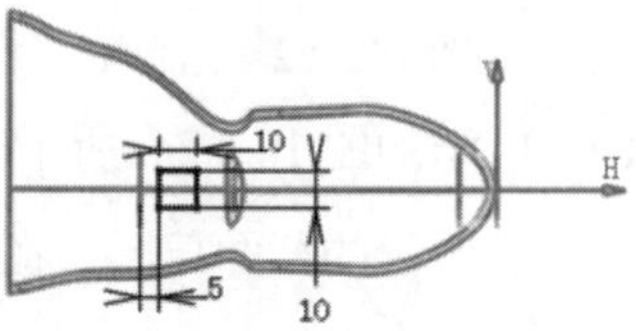

图 10.2.32　截面草图

Step24. 添加图 10.2.33b 所示的倒圆角 1。

（1）选择命令。选择下拉菜单 插入 → 修饰特征 ▸ → 倒圆角... 命令。

（2）定义要倒圆角的对象。选取图 10.2.33a 所示的 5 条边线和对称的另外 5 条边线为要倒圆角的对象。

（3）定义倒圆角半径。在对话框的 半径： 文本框中输入值 0.5。

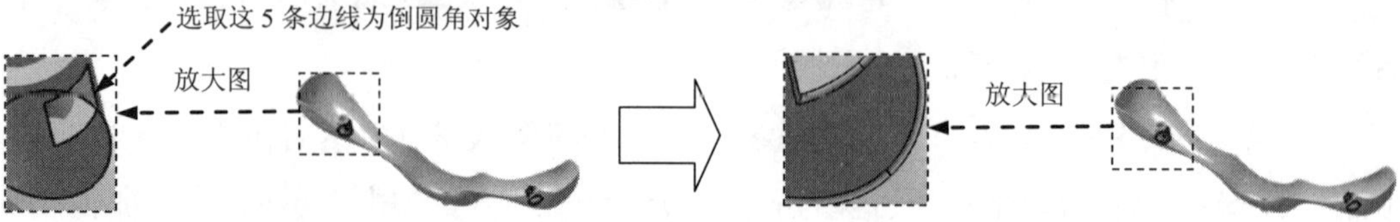

a）倒圆角前　　b）倒圆角后

图 10.2.33　倒圆角 1

Step25. 添加图 10.2.34b 所示的倒圆角 2。选择图 10.2.34a 所示的 2 个面为倒圆角对象，圆角半径值为 0.5。

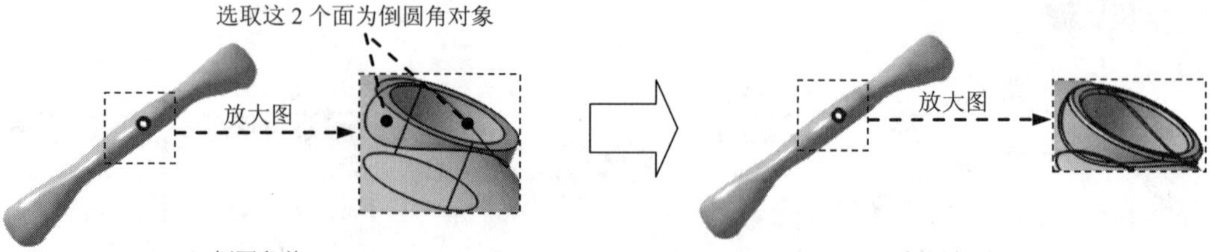

a）倒圆角前　　b）倒圆角后

图 10.2.34　倒圆角 2

Step26. 添加图 10.2.35b 所示的零件特征——三切线内圆角 1。

（1）选择命令。选择下拉菜单 插入 → 修饰特征 ▸ → 三切线内圆角... 命令（或单击 按钮），系统弹出“定义三切线内圆角”对话框。

（2）定义对象。选取衣架的内外表面为要圆角化的面，选择图 10.2.35a 所示的面为要移除的面。单击 确定 按钮，完成三切线内圆角 1 的添加。

说明：选取图 10.2.33a 所示的面后，系统自动选取与其相关联的面为对象。

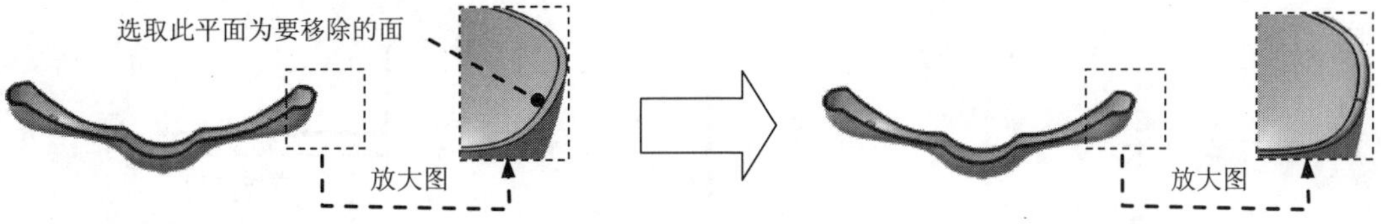

a）圆角前　　b）圆角后

图 10.2.35 三切线内圆角 1

Step27. 至此，零件模型创建完毕。选择下拉菜单 文件 → 保存 命令。

10.3 夹　　子

该零件模型及相应的特征树如图 10.3.1 所示。

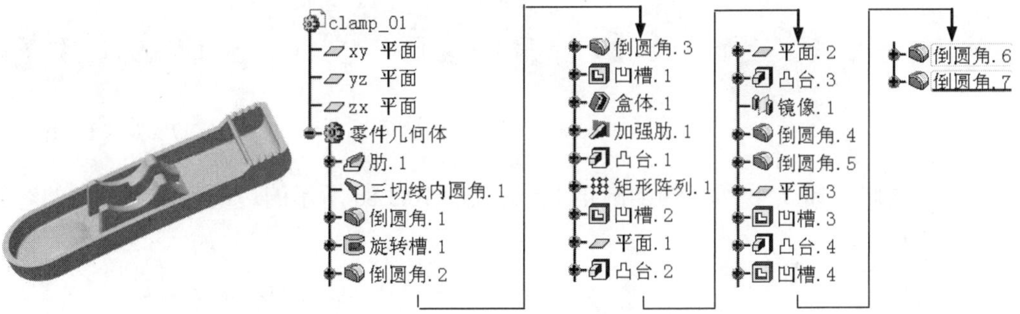

图 10.3.1 零件模型及特征树

Step1. 新建模型文件。选择下拉菜单 文件 → 新建... 命令；在 类型列表： 列表框中选择 Part 选项，单击 确定 按钮；输入名称 clamp_01，选中 启用混合设计 复选框，单击 确定 按钮，进入“零件设计”工作台。

Step2. 创建图 10.3.2 所示的零件特征——肋 1。

（1）选择命令。选择下拉菜单 插入 → 基于草图的特征 → 肋... 命令（或单击 按钮），系统弹出“定义肋”对话框。

（2）创建轮廓截面草图。在 轮廓 区域单击 按钮，选取“yz 平面”为草图平面；绘制图 10.3.3 所示的截面草图，单击 按钮，退出草绘工作台。

（3）创建中心曲线截面草图。在 中心曲线 区域单击 按钮，选取“xy 平面”为草图平面，此时会弹出“更新诊断：草图 1”对话框，单击 关闭 按钮。绘制图 10.3.4 所示的截面草图，单击 按钮，退出草绘工作台。

（4）单击 确定 按钮，完成肋 1 的创建。

图 10.3.2　肋 1

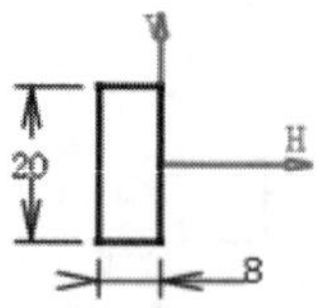

图 10.3.3　轮廓截面草图

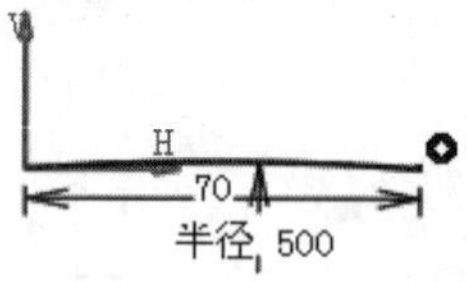

图 10.3.4　中心曲线截面草图

Step3. 添加图 10.3.5 所示的零件特征——三切线内圆角 1。

（1）选择命令。选择下拉菜单 插入 ➡ 修饰特征 ▸ ➡ 三切线内圆角... 命令（或单击按钮），系统弹出“定义三切线内圆角”对话框。

（2）定义对象。选择图 10.3.6 所示的面为要圆角化的面，选择图 10.3.7 所示的面为要移除的面。

图 10.3.5　三切线内圆角 1

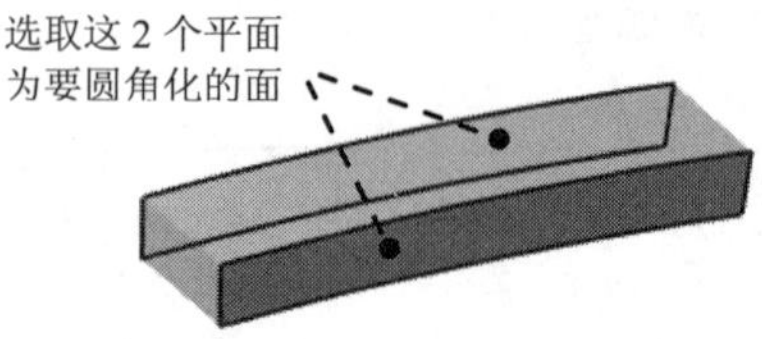

图 10.3.6　定义圆角化平面

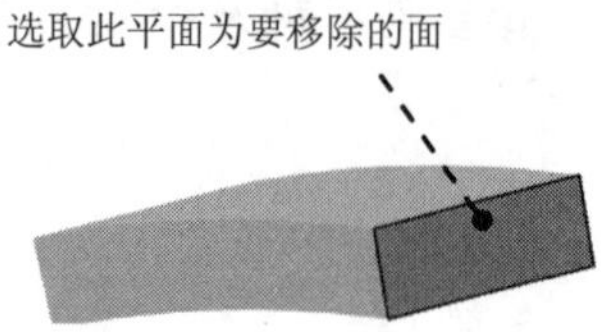

图 10.3.7　定义移除面

Step4. 添加图 10.3.8b 所示的倒圆角 1。选取图 10.3.8a 所示的边线为要倒圆角的对象，圆角半径值为 5。

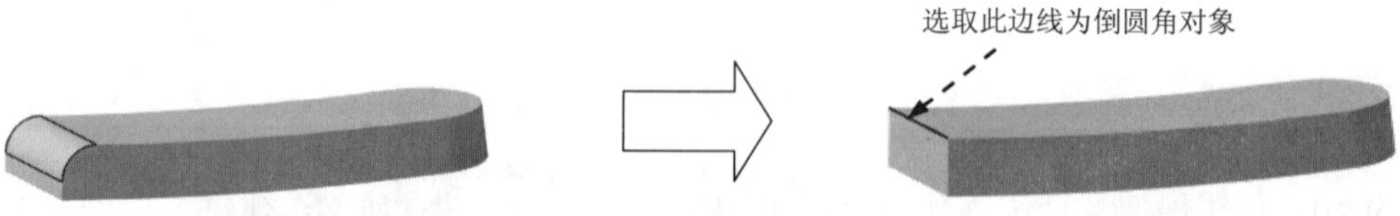

a）倒圆角前　　b）倒圆角后

图 10.3.8　倒圆角 1

Step5. 添加图 10.3.9 所示的零件特征——旋转槽 1。

（1）选择命令。选择下拉菜单 插入 ➡ 基于草图的特征 ▸ ➡ 旋转槽... 命令（或单击按钮），系统弹出“定义旋转槽”对话框。

（2）创建图 10.3.10 所示的截面草图。选取“xy 平面”为草图平面，绘制图 10.3.10 所示的截面草图。

（3）定义旋转角度。在 限制 区域的 第一角度： 文本框中输入值 360。

（4）定义回转轴。在 轴线 区域中激活 选择： 文本框后，选取图 10.3.10 所示的轴线为回转轴。

（5）单击 确定 按钮，完成旋转槽 1 的添加。

图 10.3.9　旋转槽 1

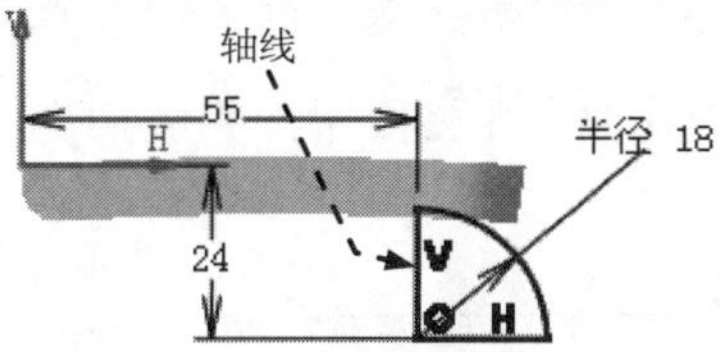

图 10.3.10　截面草图

Step6. 添加图 10.3.11b 所示的零件特征——倒圆角 2。选取图 10.3.11a 所示的边线为要倒圆角的对象，圆角半径值为 5。

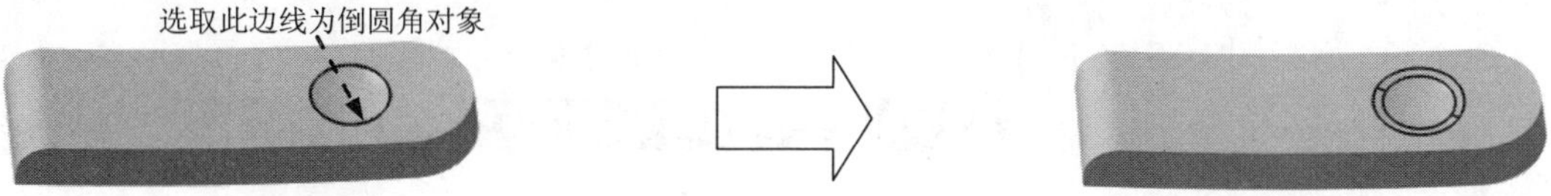

a）倒圆角前　　b）倒圆角后

图 10.3.11　倒圆角 2

Step7. 添加图 10.3.12b 所示的倒圆角 3。选取图 10.3.12a 所示的边线为要倒圆角的对象，圆角半径值为 2。

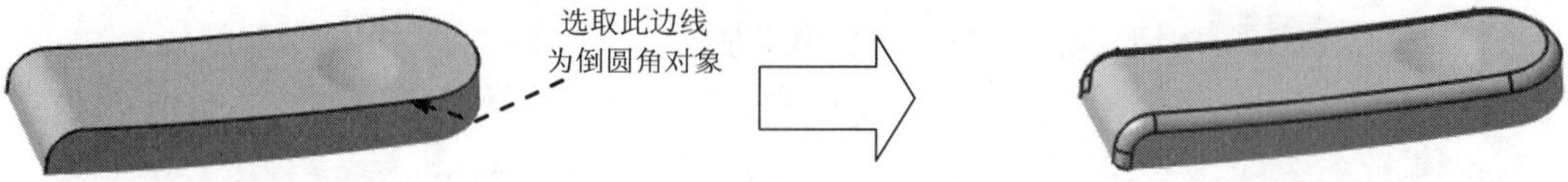

a）倒圆角前　　b）倒圆角后

图 10.3.12　倒圆角 3

Step8. 添加图 10.3.13 所示的零件特征——凹槽 1。

（1）选择命令。选择下拉菜单 插入 → 基于草图的特征 → 凹槽... 命令（或单击按钮），系统弹出“定义凹槽”对话框。

（2）创建图 10.3.14 所示的截面草图。选取“xy 平面”为草图平面。

（3）定义深度属性。在对话框的 第一限制 区域的 类型： 下拉列表中选择 直到最后 选项，单击 更多>> 按钮，在对话框的 第二限制 区域的 类型： 下拉列表中选择 直到最后 选项，单击 确定 按钮，完成凹槽 1 的添加。

图 10.3.13　凹槽 1

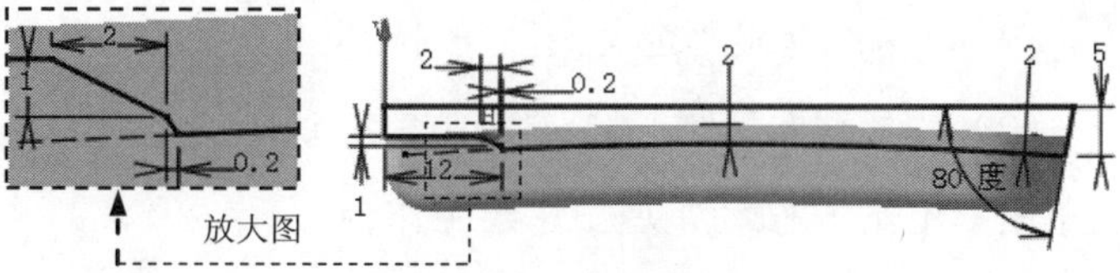

图 10.3.14　截面草图

Step9. 添加图 10.3.15b 所示的零件特征——抽壳 1。

（1）选择命令。选择下拉菜单 插入 → 修饰特征 → 抽壳... 命令（或单击按钮），系统弹出“定义盒体”对话框。

（2）在默认内侧厚度：文本框中输入值 1.5，选取图 10.3.15a 所示的面为要移除的平面。

（3）单击 确定 按钮，完成抽壳 1 的添加。

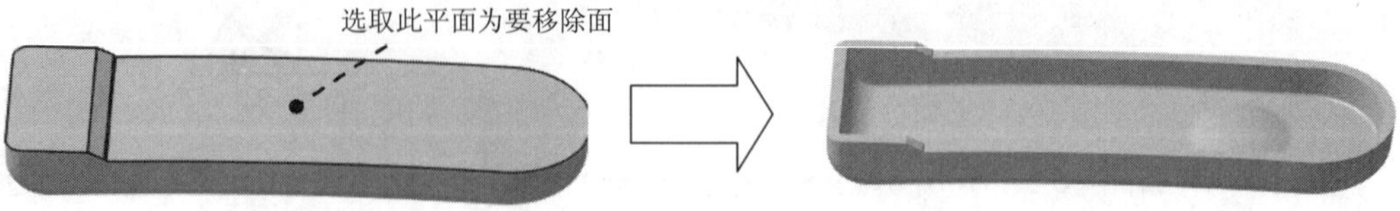

a）抽壳前　　b）抽壳后

图 10.3.15　抽壳 1

Step10. 添加图 10.3.16 所示的零件特征——加强肋 1。

（1）选择命令。选择下拉菜单 插入 → 基于草图的特征 → 加强肋... 命令（或单击按钮），系统弹出“定义加强肋”对话框。

（2）创建轮廓截面草图。在轮廓区域单击按钮，选取图 10.3.17 所示的平面为草图平面；绘制图 10.3.18 所示的截面草图，单击按钮，退出草绘工作台。

（3）在模式区域中选择 从顶部 单选项，在厚度 1：文本框中输入值 1。

（4）单击 确定 按钮，完成加强肋 1 的添加。

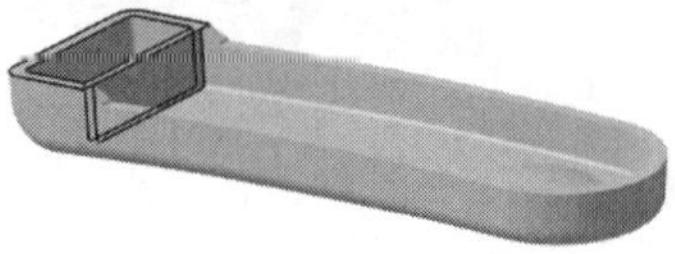

图 10.3.16　加强肋 1

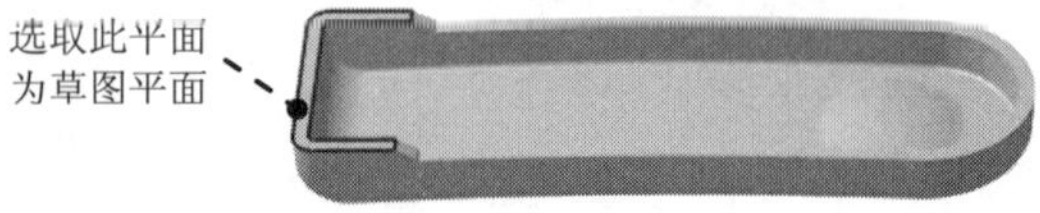

图 10.3.17　定义草图平面

Step11. 添加图 10.3.19 所示的零件特征——凸台 1。

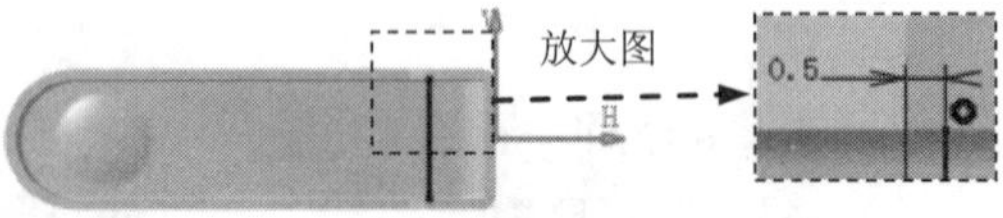

图 10.3.18　截面草图

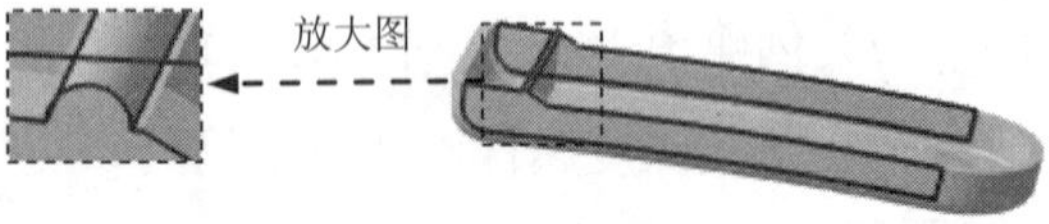

图 10.3.19　凸台 1

（1）选择命令。选择下拉菜单 插入 → 基于草图的特征 → 凸台... 命令（或单击按钮），系统弹出“定义凸台”对话框。

（2）创建截面草图。选取图 10.3.20 所示的平面为草图平面；绘制图 10.3.21 所示的截面草图；单击按钮，退出草绘工作台。

（3）定义拉伸深度属性。在 第一限制 区域的 类型：下拉列表中选择 直到平面 选项，选取与草图平面相对的模型最外侧表面为限制对象。

（4）单击 确定 按钮，完成凸台 1 的添加。

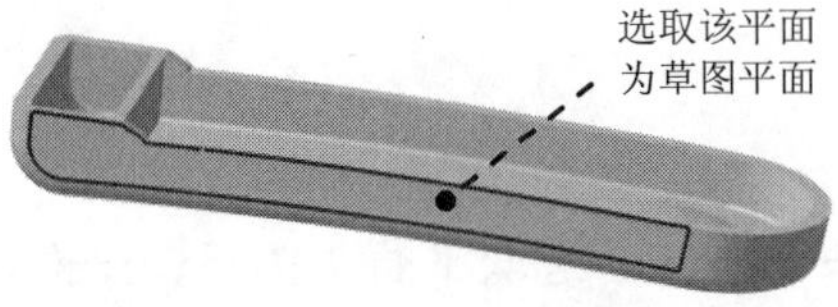

图 10.3.20 定义草图平面

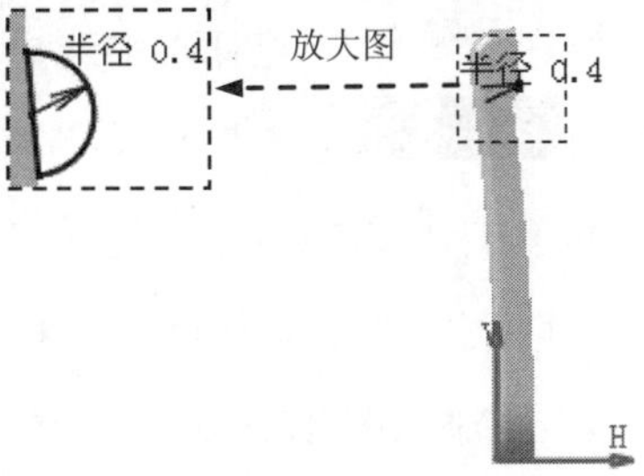

图 10.3.21 截面草图

Step12. 添加图 10.3.22 所示的零件特征——矩形阵列 1。

(1) 选择命令。选择下拉菜单 插入 → 变换特征 → 矩形阵列... 命令（或单击 按钮)，系统弹出“定义矩形阵列”对话框。

(2) 在 第一方向 区域的 参数: 下拉列表中选择 实例和间距 选项,在 实例: 文本框中输入值 5；在 间距: 文本框中输入值 1.7。

(3) 定义参考方向。在 参考元素 文本框处右击，在弹出的下拉菜单中选择 X 轴 为参照方向。单击 反转 按钮，选择反方向。

(4) 定义要阵列的对象。在 对象 文本框处单击，激活文本框，在特征树上选取凸台 1。

(5) 单击 确定 按钮，完成矩形阵列 1 的添加。

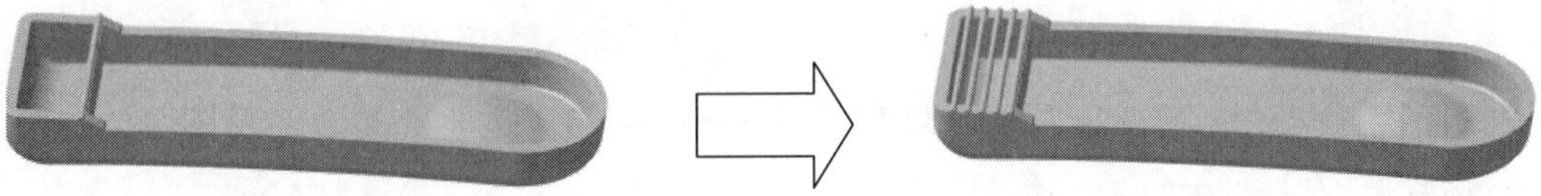

a）阵列前　　b）阵列后

图 10.3.22 矩形阵列 1

Step13. 添加图 10.3.23 所示的零件特征——凹槽 2。选取图 10.3.23 所示的平面为草图平面，绘制图 10.3.24 所示的截面草图，在 第一限制 区域的 类型: 下拉列表中选择 直到最后 选项。

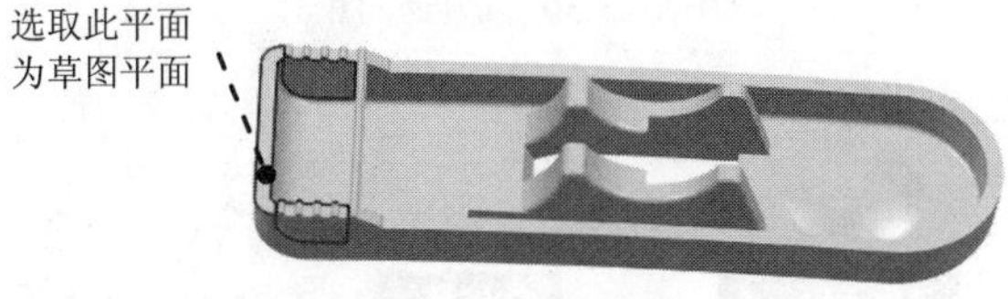

图 10.3.23 凹槽 2

图 10.3.24 截面草图

Step14. 添加图 10.3.25 所示的平面 1。

(1) 切换到“线框和曲面设计”工作台。

(2) 选择命令。选择下拉菜单 插入 → 线框 → 平面... 命令（或单击 按钮)，系统弹出“平面定义”对话框。

（3）在平面类型：下拉列表中选择偏移平面选项，激活参考：文本框后右击，在弹出的下拉菜单中选取 ZX 平面为参考平面；在偏移：文本框中输入值 3，单击反转方向按钮。

（4）单击确定按钮，完成平面 1 的添加。

（5）切换到“零件设计”工作台。

Step15. 添加图 10.3.26 所示的零件特征——凸台 2。选取平面 1 为草图平面，绘制图 10.3.27 所示的截面草图，在第一限制区域的类型：下拉列表中选择直到最后选项。

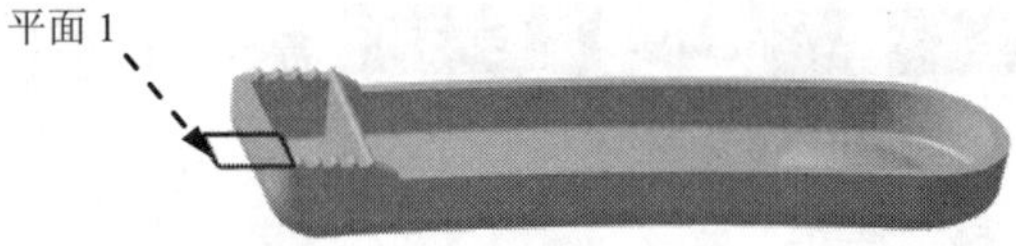

图 10.3.25　平面 1

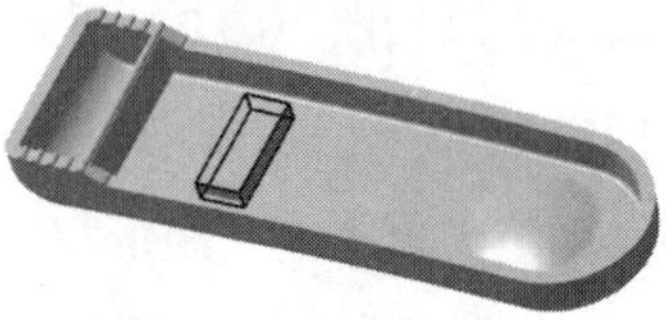
图 10.3.26　凸台 2

Step16. 创建图 10.3.28 所示的平面 2。参考平面为“xy 平面”，偏移距离值为 6。

说明：创建平面时要注意切换工作台。

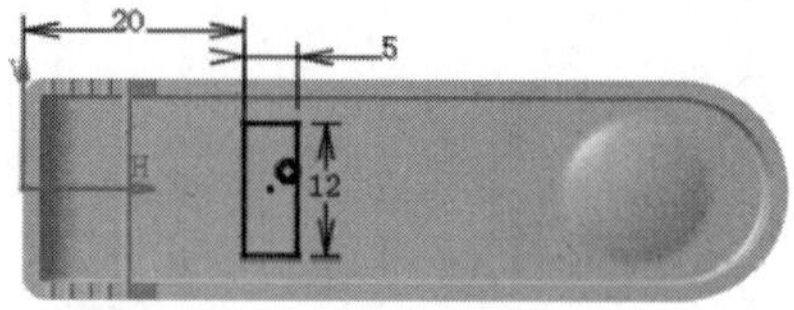

图 10.3.27 截面草图

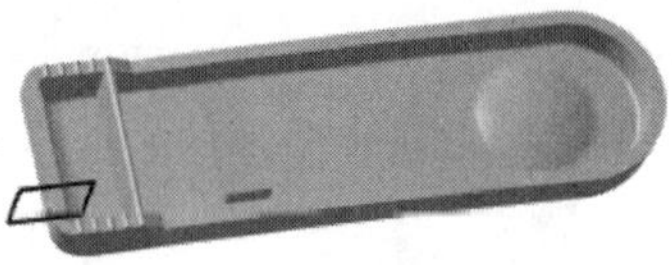
图 10.3.28　平面 2

Step17. 添加图 10.3.29 所示的零件特征——凸台 3。选取平面 2 为草图平面，绘制图 10.3.30 所示的截面草图，在长度：文本框中输入值 2。

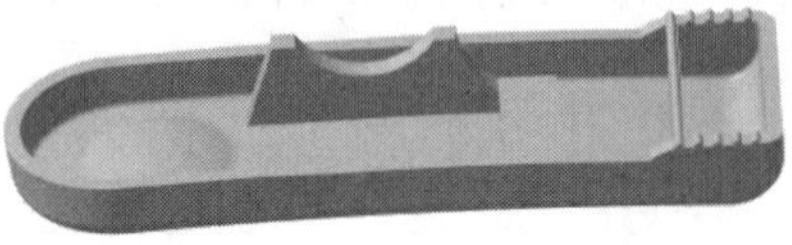
图 10.3.29　凸台 3

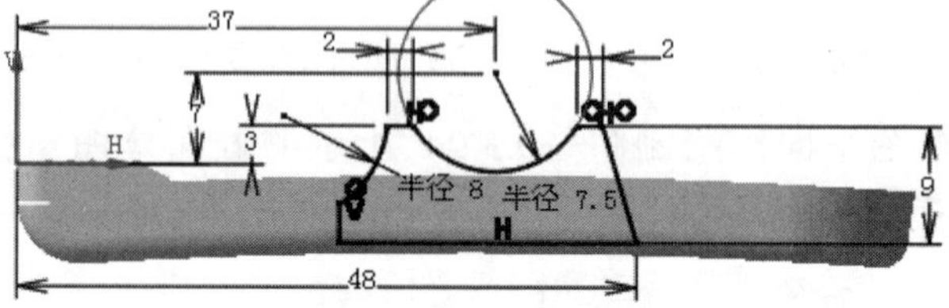

图 10.3.30　截面草图

Step18. 添加图 10.3.31 所示的零件特征——镜像 1。

（1）选取镜像对象。在特征树上选取凸台 3 为镜像对象。

（2）选择命令。选择下拉菜单插入 → 变换特征 → 镜像...命令（或单击按钮），系统弹出“定义镜像”对话框。

（3）在镜像元素：文本框处右击，在弹出的下拉菜单中选取 XY 平面为镜像元素，单击确定按钮，完成镜像 1 的添加。

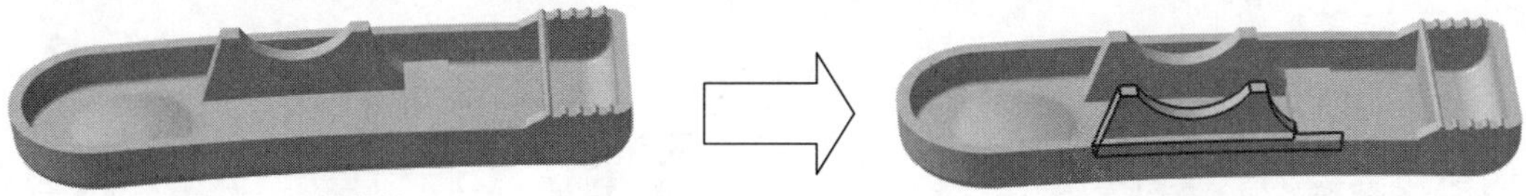

a）镜像前　　b）镜像后

图 10.3.31　镜像 1

Step19. 添加图 10.3.32b 所示的倒圆角 4。选取图 10.3.32a 所示的 4 条边线为要倒圆角的对象，圆角半径值为 1。

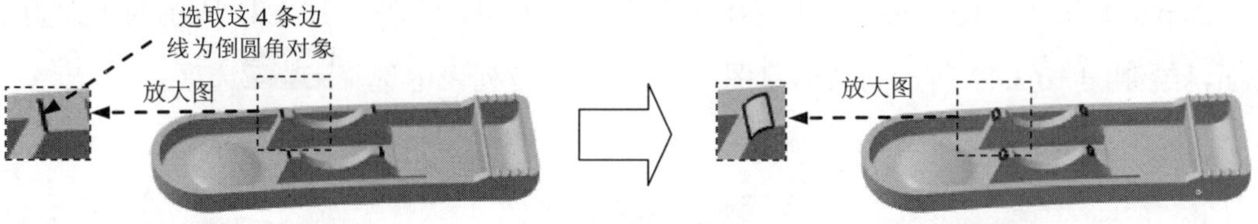

a）倒圆角前　　b）倒圆角后

图 10.3.32　倒圆角 4

Step20. 添加图 10.3.33b 所示的零件特征——倒圆角 5。选取图 10.3.33a 所示的 4 条边线为要倒圆角的对象，圆角半径值为 0.5。

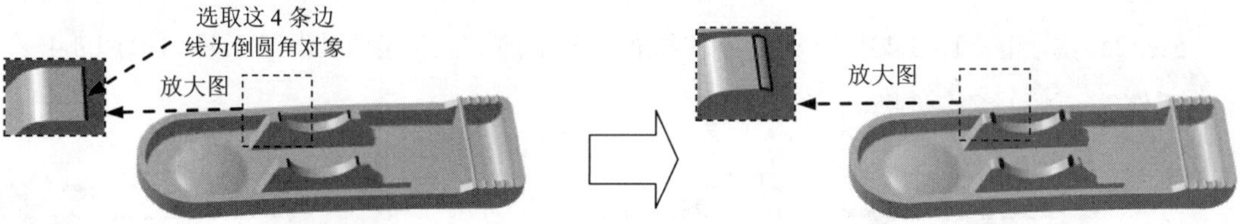

a）倒圆角前　　b）倒圆角后

图 10.3.33　倒圆角 5

Step21. 添加图 10.3.34 所示的平面 3。参考平面为“zx 平面”，偏移距离为 10。

Step22. 添加图 10.3.35 所示的零件特征——凹槽 3。选取平面 3 为草图平面，绘制图 10.3.36 所示的截面草图，在深度：文本框中输入值 5。

图 10.3.34　平面 3

图 10.3.35　凹槽 3

Step23. 添加图 10.3.37 所示的零件特征——凸台 4。选取图 10.3.38 所示的平面为草图平面，绘制图 10.3.39 所示的截面草图，在类型：下拉列表中选择直到下一个选项。

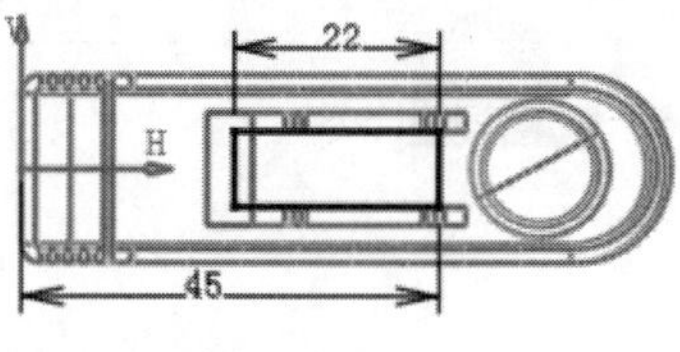

图 10.3.36　截面草图

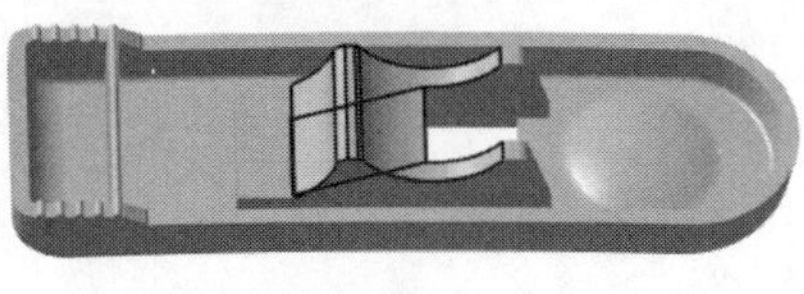

图 10.3.37　凸台 4

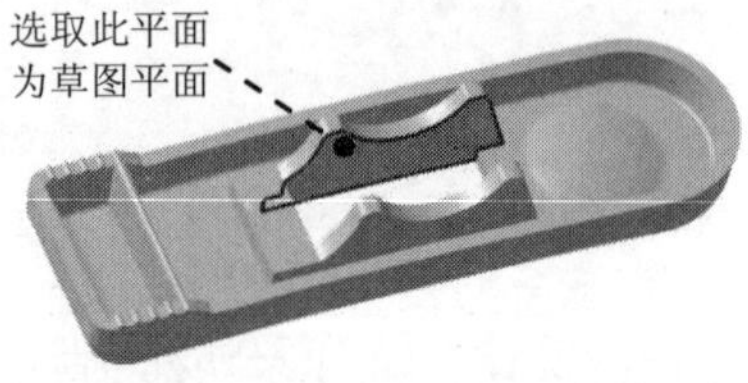

图 10.3.38　定义草图平面

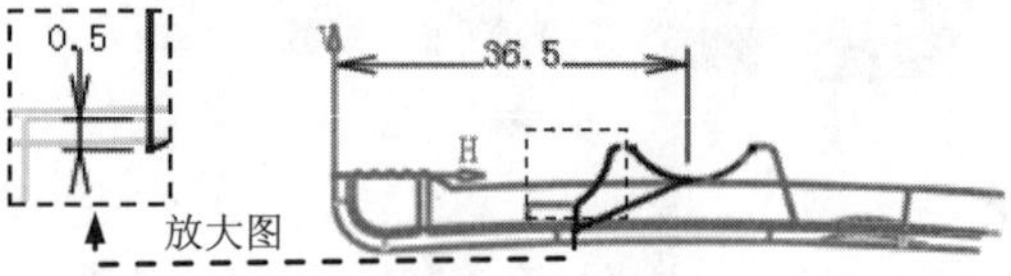

图 10.3.39　截面草图

Step24. 添加图 10.3.40 所示的零件特征——凹槽 4。选取图 10.3.41 所示的平面为草图平面，绘制图 10.3.42 所示的截面草图，在 类型: 下拉列表中选择 直到最后 选项。

图 10.3.40　凹槽 4

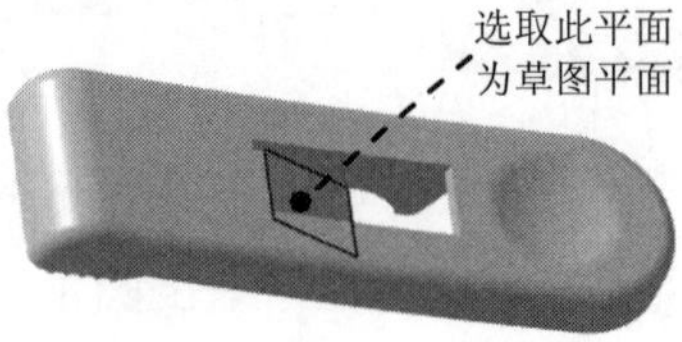

图 10.3.41　定义草图平面

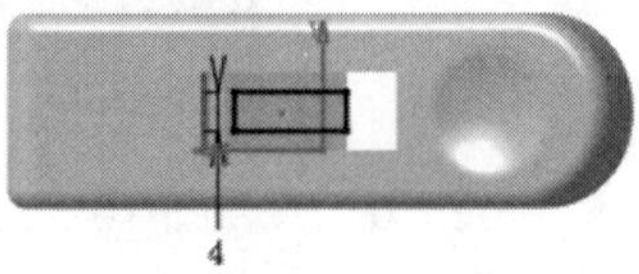

图 10.3.42　截面草图

Step25. 添加图 10.3.43b 所示的零件特征——倒圆角 6。选取图 10.3.43a 所示的 4 条边线为要倒圆角的对象，圆角半径值为 0.5。

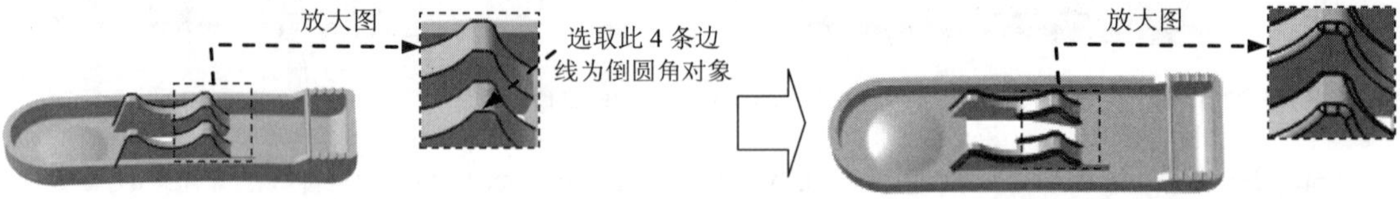

a）倒圆角前　　b）倒圆角后

图 10.3.43　倒圆角 6

Step26. 添加图 10.3.44b 所示的零件特征——倒圆角 7。选取图 10.3.44a 所示的 4 条边线为要倒圆角的对象，圆角半径值为 0.5。

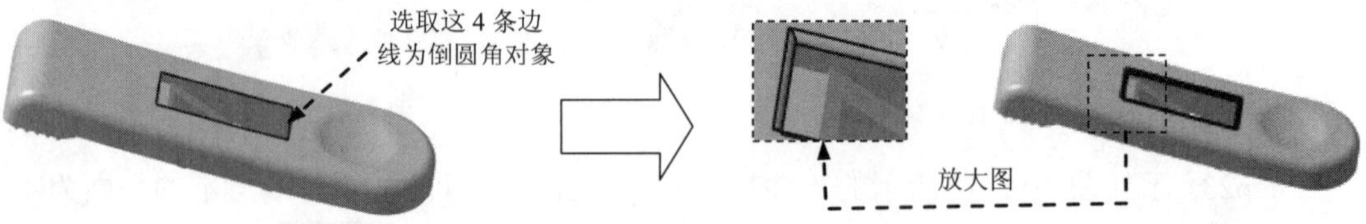

a）倒圆角前　　b）倒圆角后

图 10.3.44　倒圆角 7

Step27. 保存零件模型。选择下拉菜单 文件 → 保存 命令。

10.4 弹 簧 片

弹簧片零件模型及相应的特征树如图 10.4.1 所示。

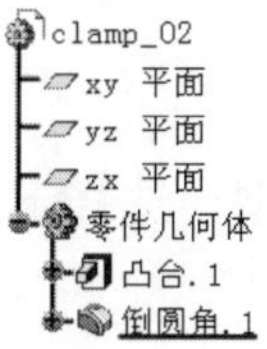

图 10.4.1 零件模型及特征树

Step1. 新建模型文件。选择下拉菜单 文件 → 新建... 命令；在 类型列表: 列表框中选择 Part 选项，单击 确定 按钮；输入名称 clamp_02，选中 启用混合设计 复选框，单击 确定 按钮，进入“零件设计”工作台。

Step2. 创建图 10.4.2 所示的零件基础特征——凸台 1。

（1）选择命令。选择下拉菜单 插入 → 基于草图的特征 → 凸台... 命令（或单击 按钮），系统弹出“定义凸台”对话框。

（2）创建截面草图。选取“xy 平面”为草图平面，绘制图 10.4.3 所示的截面草图。

（3）定义深度类型。在对话框的 第一限制 区域的 类型: 下拉列表中选择 尺寸 选项，并在 长度: 文本框中输入值 4。单击 更多>> 按钮，在对话框的 第二限制 区域的 类型: 下拉列表中选择 尺寸 选项，并在 长度: 文本框中输入值 4，单击 确定 按钮，完成凸台 1 的创建。

图 10.4.2 凸台 1

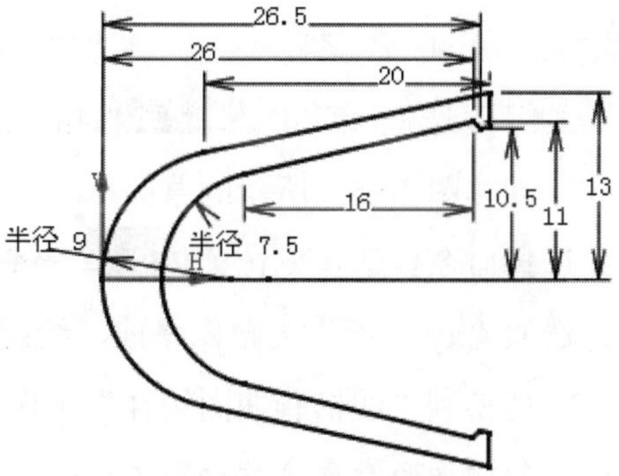

图 10.4.3 截面草图

Step3. 添加图 10.4.4b 所示的倒圆角 1。

（1）选择命令。选择下拉菜单 插入 → 修饰特征 → 倒圆角... 命令。

（2）定义要倒圆角的对象。选取图 10.4.4a 所示的 6 个面为要倒圆角的对象。

（3）定义倒圆角半径。在对话框的 半径: 文本框中输入值 0.5。

（4）单击确定按钮，完成倒圆角 1 的添加。

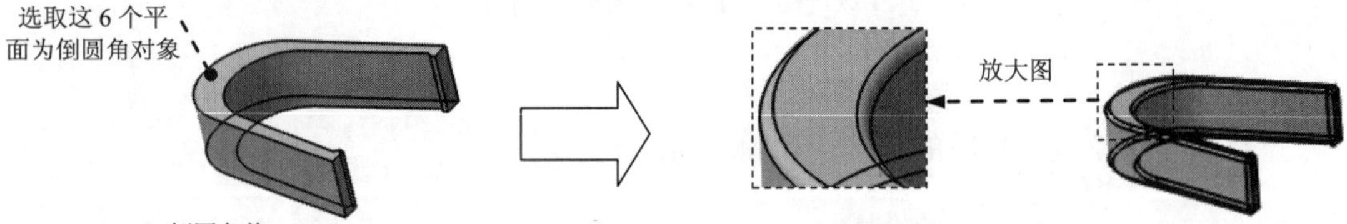

a）倒圆角前　　b）倒圆角后

图 10.4.4　倒圆角 1

Step4. 保存零件模型。选择下拉菜单文件 → 保存命令。

10.5 衣 架 杆

该零件模型及相应的特征树如图 10.5.1 所示。

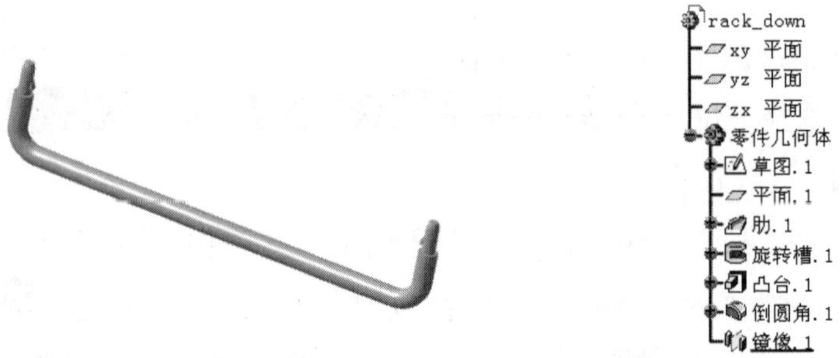

图 10.5　零件模型及特征树

Step1. 新建模型文件。选择下拉菜单文件 → 新建...命令；在类型列表：列表框中选择Part选项，单击确定按钮；在“输入零件名称”文本框中输入名称 rack_down，选中启用混合设计复选框，单击确定按钮，进入“零件设计”工作台。

Step2. 创建图 10.5.2 所示的草图 1。

（1）选择命令。选择下拉菜单插入 → 草图编辑器 → 草图命令。

（2）选取“xy 平面”为草图平面，绘制图 10.5.2 所示的草图。

Step3. 切换到“线框和曲面设计”工作台。

说明：创建平面时要注意切换工作台。

Step4. 创建图 10.5.3 所示的平面 1。

（1）定义平面类型。在“平面定义”对话框的平面类型：下拉列表中选择平行通过点选项。

（2）定义参考平面和参考点。激活参考：文本框后右击，在弹出的快捷菜单中选取ZX 平面为参考平面；激活点：文本框，选取草图 1 的上端点为参考点。单击确定按钮，完成平面 1 的创建。

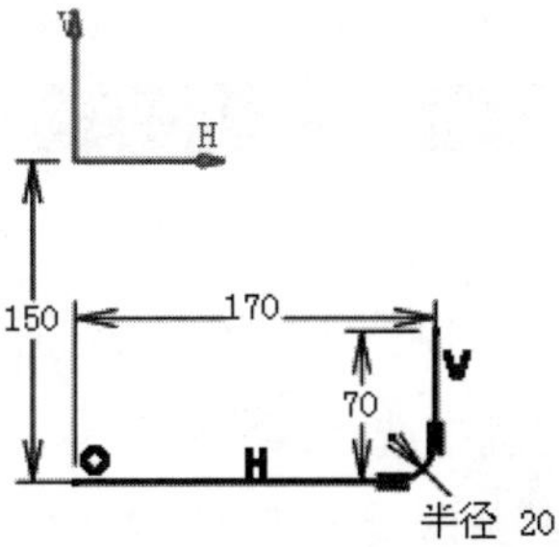

图 10.5.2 草图 1

图 10.5.3 平面 1

Step5. 添加图 10.5.4 所示的零件特征——肋 1。

（1）选择命令。选择下拉菜单 插入 → 基于草图的特征 → 肋... 命令（或单击按钮），系统弹出“定义肋”对话框。

（2）创建轮廓截面草图。在 轮廓 区域中单击按钮，选取“平面 1”为草图平面；绘制图 10.5.5 所示的截面草图。

（3）激活 中心曲线 文本框，选取“草图 1”为中心曲线，单击 确定 按钮，完成肋 1 的添加。

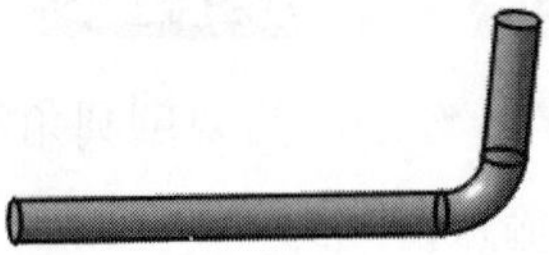

图 10.5.4 肋 1

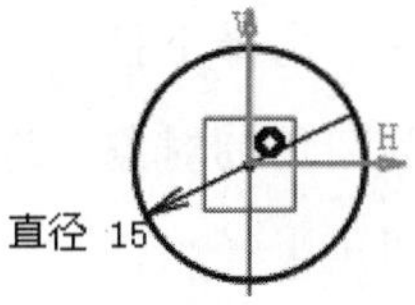

图 10.5.5 截面草图

Step6. 添加图 10.5.6 所示的零件特征——旋转槽 1。

（1）选择命令。选择下拉菜单 插入 → 基于草图的特征 → 旋转槽... 命令（或单击按钮），系统弹出“定义旋转槽”对话框。

（2）创建截面草图。选取“xy 平面”为草图平面；绘制图 10.5.7 所示的截面草图；单击按钮，退出草绘工作台。

（3）定义旋转角度。在 限制 区域的 第一角度： 文本框中输入值 360。

（4）定义轴线。激活 轴线 文本框后，选取图 10.5.7 所示的直线为轴线。

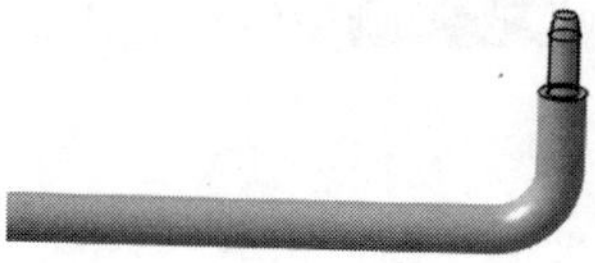

图 10.5.6 旋转槽 1

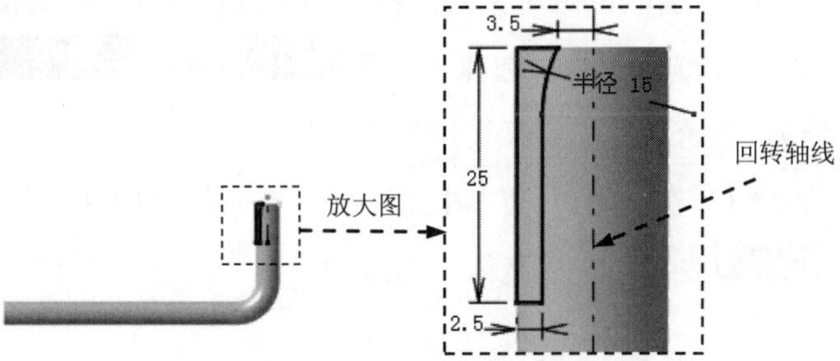

图 10.5.7 截面草图

（5）单击 确定 按钮，完成旋转槽 1 的添加。

Step7. 添加图 10.5.8 所示的零件基础特征——凸台 1。

（1）选择命令。选择下拉菜单 插入 → 基于草图的特征 → 凸台... 命令（或单击按钮），系统弹出“定义凸台”对话框。

（2）创建截面草图。选取“xy 平面”为草图平面；绘制图 10.5.9 所示的截面草图。

（3）定义深度类型。在 第一限制 区域的 类型：下拉列表中选择 尺寸 选项。在 第一限制 区域的 长度：文本框中输入值 2.5；单击 更多>> 按钮，在 第二限制 区域的 类型：下拉列表中选择 尺寸 选项，在 长度：文本框中输入值 2.5；单击 确定 按钮，完成凸台 1 的添加。

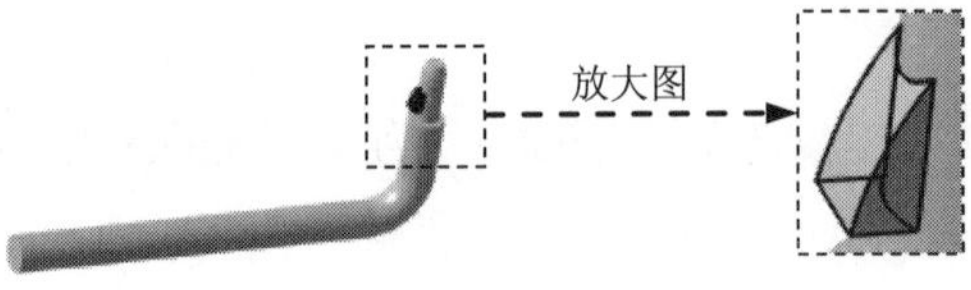

图 10.5.8　凸台 1

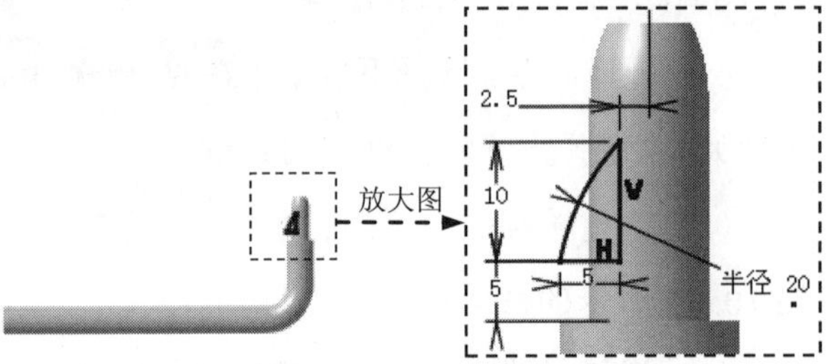

图 10.5.9　截面草图

Step8. 添加图 10.5.10b 所示的倒圆角 1。

（1）选择命令。选择下拉菜单 插入 → 修饰特征 → 倒圆角... 命令。

（2）定义要倒圆角的对象。选取图 10.5.10a 所示的 5 条边线为要倒圆角的对象。

（3）定义倒圆角半径。在对话框的 半径：文本框中输入值 0.5。

（4）单击 确定 按钮，完成倒圆角 1 的添加。

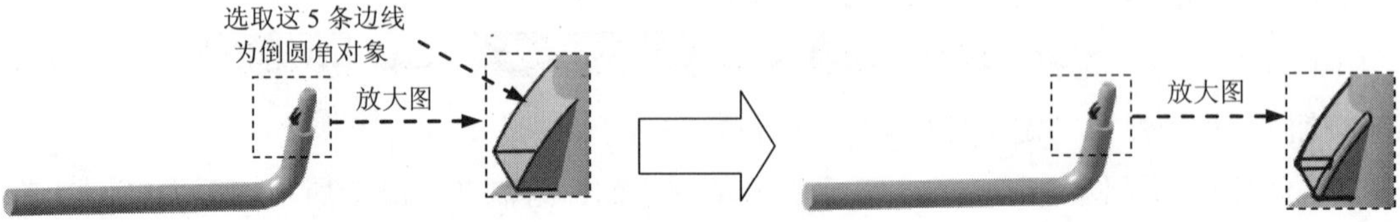

a）倒圆角前　　b）倒圆角后

图 10.5.10　倒圆角 1

Step9. 添加图 10.5.11 所示的零件特征——镜像 1。

（1）选取镜像对象。在特征树上选取肋 1、旋转槽 1、凸台 1、倒圆角 1 为镜像对象。

（2）选择命令。选择下拉菜单 插入 → 变换特征 → 镜像... 命令（或单击按钮），系统弹出“定义镜像”对话框。

（3）在 镜像元素：文本框处右击，在弹出的下拉菜单中选取 yz 平面 为镜像元素，单击 确定 按钮，完成镜像 1 的添加。

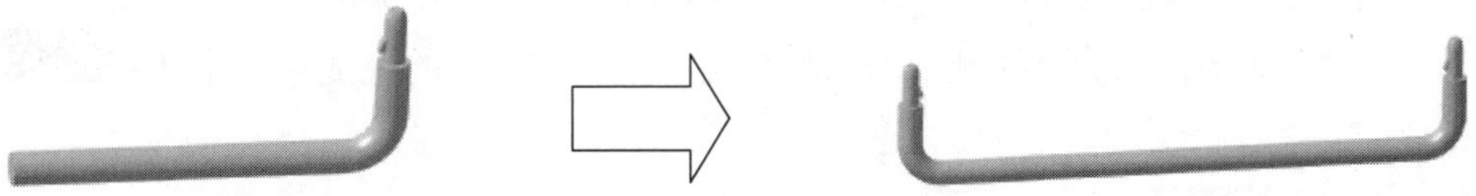

a）镜像前　　b）镜像后

图 10.5.11　镜像 1

Step10. 保存零件模型。选择下拉菜单 文件 → 保存 命令，即可保存零件模型。

10.6 挂　　钩

该零件模型及相应的特征树如图 10.6.1 所示。

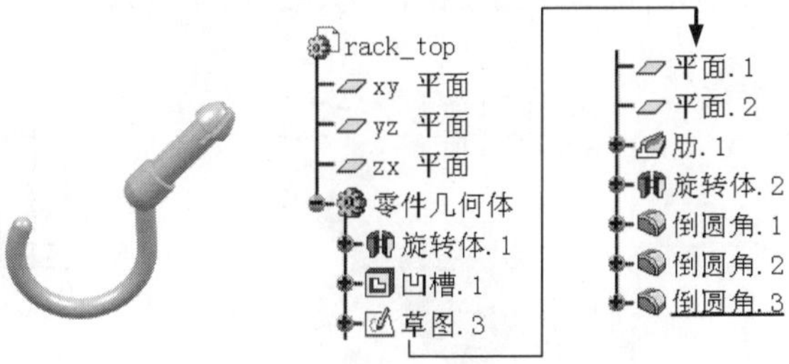

图 10.6.1　零件模型及特征树

Step1. 新建模型文件。选择下拉菜单 文件 → 新建... 命令；在 类型列表： 列表框中选择 Part 选项，单击 确定 按钮；在“输入零件名称”文本框中输入名称 rack_top，选中 启用混合设计 复选框，单击 确定 按钮，进入“零件设计”工作台。

Step2. 创建图 10.6.2 所示的零件基础特征——旋转体 1。

（1）选择命令。选择下拉菜单 插入 → 基于草图的特征 → 旋转体... 命令（或单击按钮），系统弹出“定义旋转体”对话框。

（2）创建截面草图。单击按钮，选取“xy 平面”为草图平面；绘制图 10.6.3 所示的截面草图；单击“工作台”工具栏中的按钮，退出草绘工作台。

图 10.6.2　旋转体 1

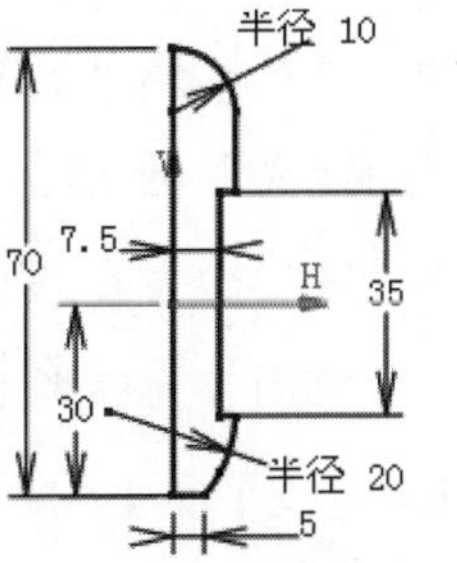

图 10.6.3　截面草图

（3）定义旋转角度。在限制区域的第一角度：文本框中输入值 360。

（4）定义回转轴。在轴线区域中右击选择：文本框，在弹出的快捷菜单中选择Y 轴作为旋转轴线。

（5）单击确定按钮，完成旋转体 1 的创建。

Step3. 添加图 10.6.4 所示的零件特征——凹槽 1。

（1）选择命令。选择下拉菜单插入 → 基于草图的特征 → 凹槽...命令（或单击按钮），系统弹出“定义凹槽”对话框。

（2）创建截面草图。单击按钮，选取图 10.6.5 所示的平面为草图平面；绘制图 10.6.6 所示的截面草图；单击“工作台”工具栏中的按钮，退出草绘工作台。

（3）定义深度类型。在对话框的第一限制区域的类型：下拉列表中选择尺寸选项，在深度：文本框中输入值 20。单击确定按钮，完成凹槽 1 的添加。

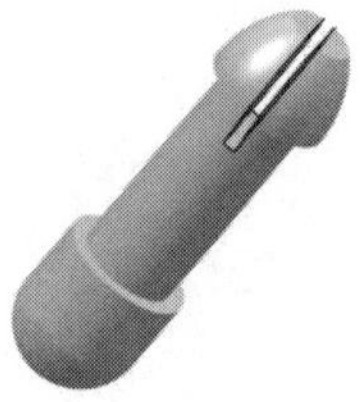

图 10.6.4　凹槽 1

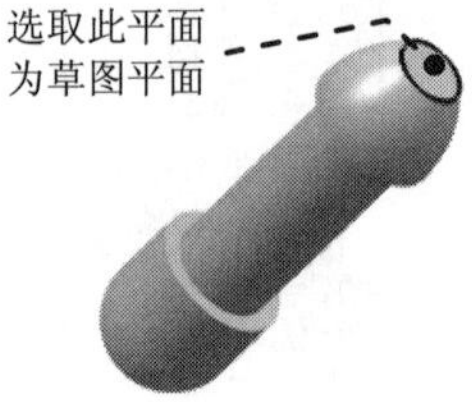

图 10.6.5　定义草图平面

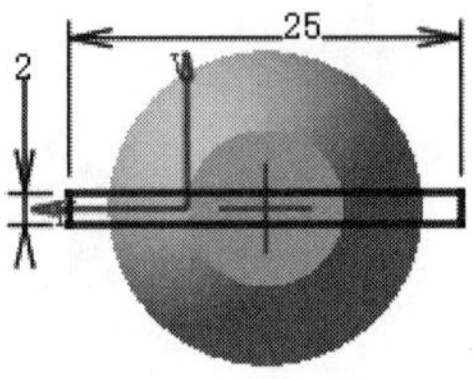

图 10.6.6　截面草图

Step4. 创建图 10.6.7 所示的草图 3。选择下拉菜单插入 → 草图编辑器 → 草图命令。选取“yz 平面”为草图平面，绘制图 10.6.8 所示的草图。

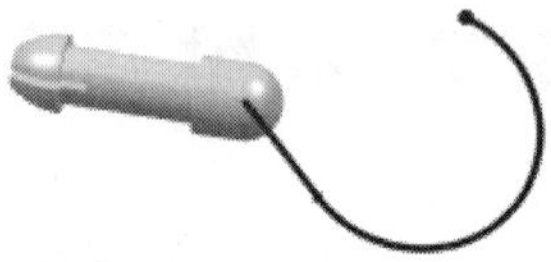

图 10.6.7　草图 3（建模环境）

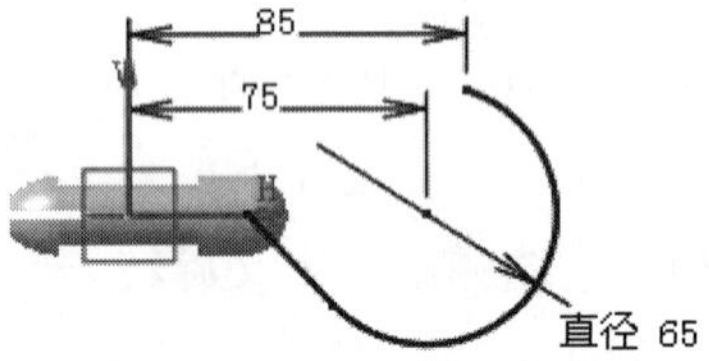

图 10.6.8　草图 3（草绘环境）

Step5. 添加图 10.6.9 所示的平面 1。

（1）选择命令。选择下拉菜单插入 → 线框 → 平面...命令（或单击按钮），系统弹出“平面定义”对话框。

（2）定义设置参数。在平面类型：下拉列表中选择曲线的法线选项，激活曲线：文本框，然后在特征树上选取草图 3 为参考曲线；激活点：文本框，选取草图 3 的端点为参照起点，单击确定按钮，完成平面 1 的添加。

Step6. 添加图 10.6.10 所示的平面 2。在平面类型：下拉列表中选择通过平面曲线选项，激活曲线：文本框，然后在特征树上选取草图 3 为参考曲线，完成平面 2 的添加。

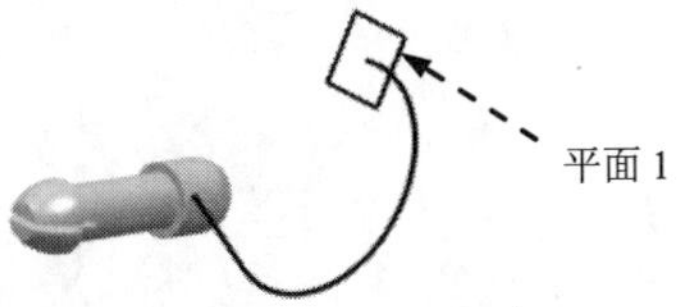

图 10.6.9 平面 1

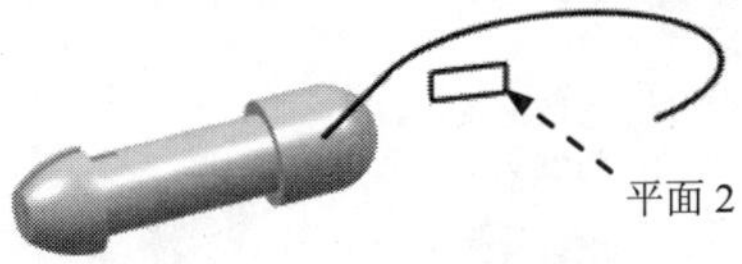

图 10.6.10 平面 2

Step7. 添加图 10.6.11 所示的零件特征——肋 1。

（1）选择命令。选择下拉菜单 插入 ➡ 基于草图的特征 ▸ ➡ 肋... 命令（或单击 按钮），系统弹出“定义肋”对话框。

（2）创建轮廓截面草图。单击 按钮，选取“平面 1”为草图平面；绘制图 10.6.12 所示的截面草图；单击“工作台”工具栏中的 按钮，退出草绘工作台。

（3）激活 中心曲线 文本框，选取草图 3 为中心曲线，单击 确定 按钮，完成肋 1 的添加。

说明：使截面草图的圆心与草图 3 的端点相合。

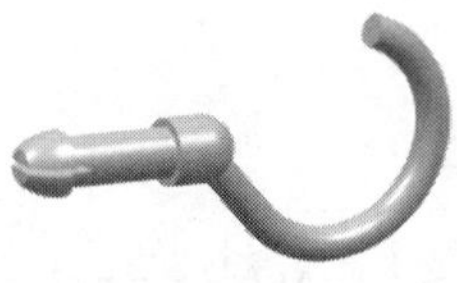

图 10.6.11 肋 1

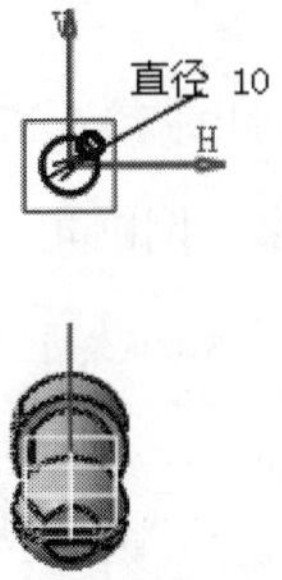

图 10.6.12 截面草图

Step8. 添加图 10.6.13 所示的零件基础特征——旋转体 2。选取“平面 2”为草图平面；绘制图 10.6.14 所示的截面草图；选取图 10.6.14 所示的轴线为回转轴。

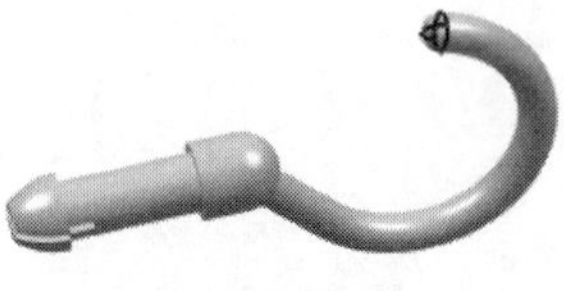

图 10.6.13 旋转体 2

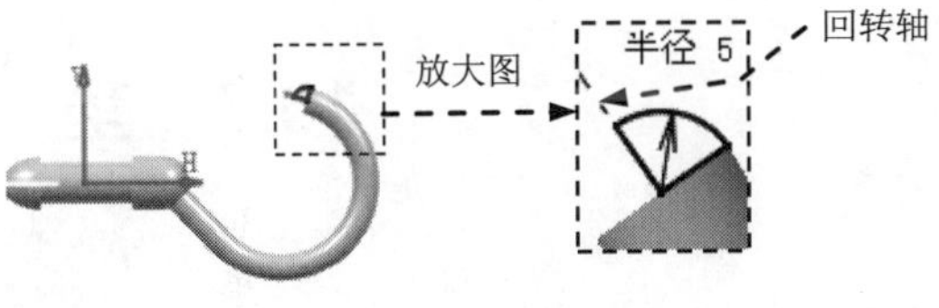

图 10.6.14 截面草图

Step9. 添加图 10.6.15b 所示的倒圆角 1。

（1）选择命令。选择下拉菜单 插入 ➡ 修饰特征 ▸ ➡ 倒圆角... 命令（或单击 按钮），系统弹出“倒圆角定义”对话框。

（2）定义要倒圆角的对象。选取图 10.6.15a 所示的边线为要倒圆角的对象。

（3）定义倒圆角半径。在对话框的 半径： 文本框中输入值 2。

（4）单击 确定 按钮，完成倒圆角 1 的添加。

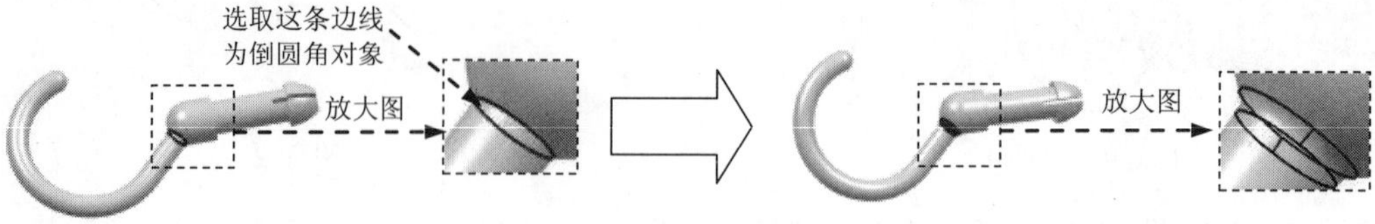

a）倒圆角前　　　　b）倒圆角后

图 10.6.15　倒圆角 1

Step10. 添加图 10.6.16b 所示的倒圆角 2。选取图 10.6.16a 所示的边线为要倒圆角的对象，倒圆角半径值为 0.5。

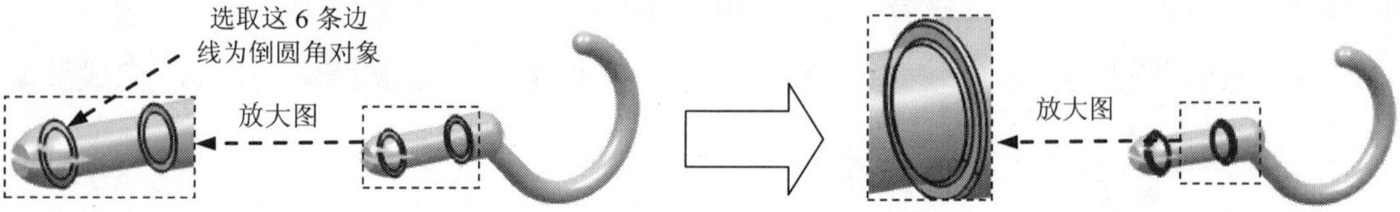

a）倒圆角前　　　　b）倒圆角后

图 10.6.16　倒圆角 2

Step11. 添加图 10.6.17b 所示的零件特征——倒圆角 3。选取图 10.6.17a 所示的边线为要倒圆角的对象，倒圆角半径值为 0.5。

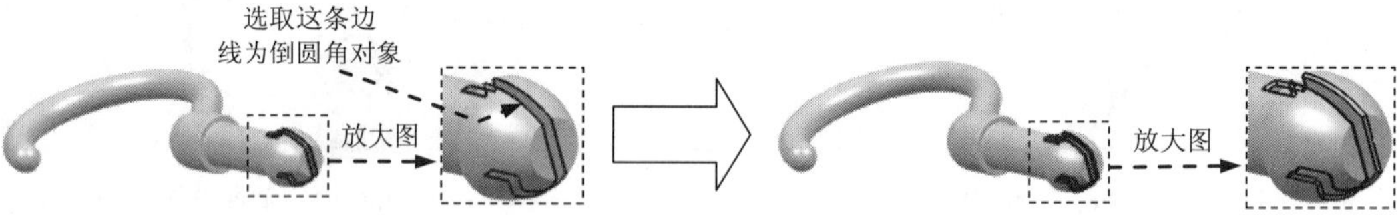

a）倒圆角前　　　　b）倒圆角后

图 10.6.17　倒圆角 3

Step12. 保存零件模型。选择下拉菜单 文件 → 保存 命令。

10.7　垫　　片

零件模型及相应的特征树如图 10.7.1 所示。

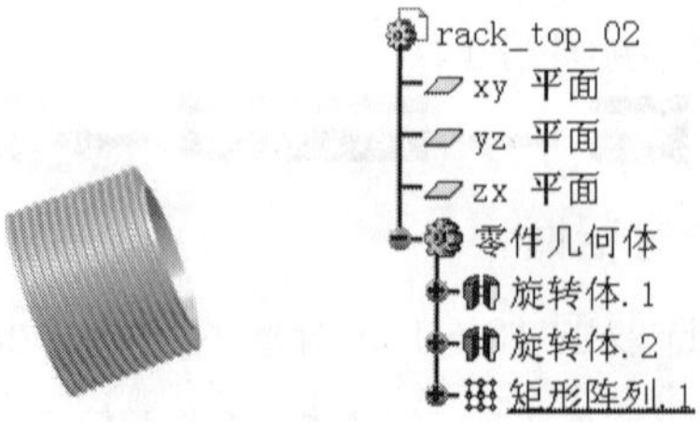

图 10.7.1　零件模型及特征树

Step1. 新建模型文件。选择下拉菜单文件 → 新建...命令；在类型列表：列表框中选择Part选项，单击确定按钮，系统弹出“新建零件”对话框；在“输入零件名称”文本框中输入名称 rack_top_02，选中启用混合设计复选框，单击确定按钮，进入“零件设计”工作台。

Step2. 创建图 10.7.2 所示的零件基础特征——旋转体 1。

（1）选择命令。选择下拉菜单插入 → 基于草图的特征 → 旋转体...命令（或单击按钮），系统弹出“定义旋转体”对话框。

（2）创建截面草图。单击按钮，选取“xy 平面”为草图平面；绘制图 10.7.3 所示的截面草图；单击“工作台”工具栏中的按钮，退出草绘工作台。

（3）定义旋转角度。在限制区域的第一角度：文本框中输入值 360。

（4）定义回转轴。在轴线区域中右击选择：文本框，在弹出的快捷菜单中选择Y 轴作为旋转轴线。

（5）定义薄旋转体。单击厚轮廓按钮，单击更多>>按钮，在厚度 2：文本框中输入值 0.1，单击确定按钮，完成旋转体 1 的创建。

图 10.7.2　旋转体 1

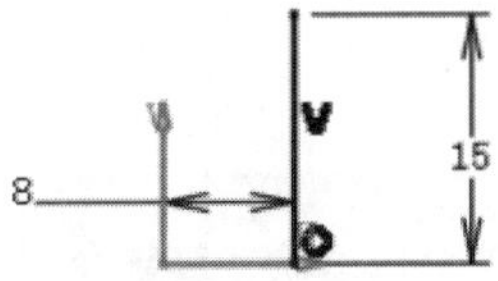

图 10.7.3　截面草图

Step3. 添加图 10.7.4 所示的零件特征——旋转体 2。选取“xy 平面”为草图平面，绘制图 10.7.5 所示的截面草图，选取 y 轴为回转轴。

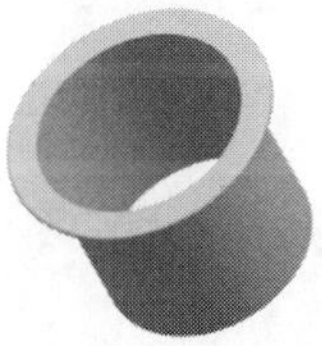

图 10.7.4　旋转体 2

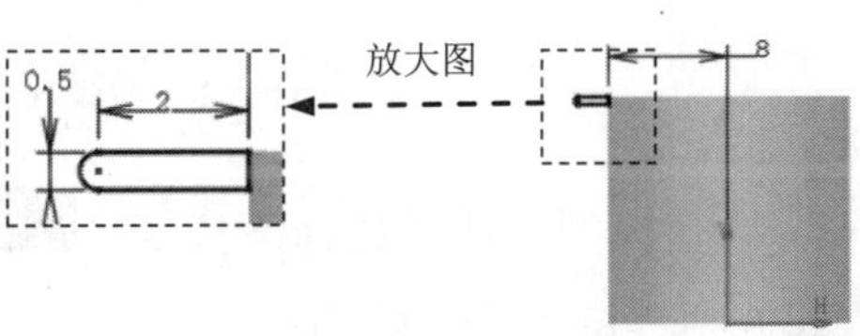

图 10.7.5　截面草图

Step4. 添加图 10.7.6 b 所示的零件特征——矩形阵列 1。

（1）选择命令。选择下拉菜单插入 → 变换特征 → 矩形阵列...命令（或单击按钮），系统弹出“定义矩形阵列”对话框。

（2）在第一方向区域的参数：下拉列表中选择实例和间距选项，在实例：文本框中输入值 15；在间距：文本框中输入值 1。

（3）定义参考方向。在参考元素文本框处右击，在弹出的下拉菜单中选择Y 轴为参照方向。单击反转按钮。

（4）定义要阵列的对象。在对象：文本框处单击，激活文本框，在特征树上选取旋转体 2。

（5）单击确定按钮，完成矩形阵列 1 的添加。

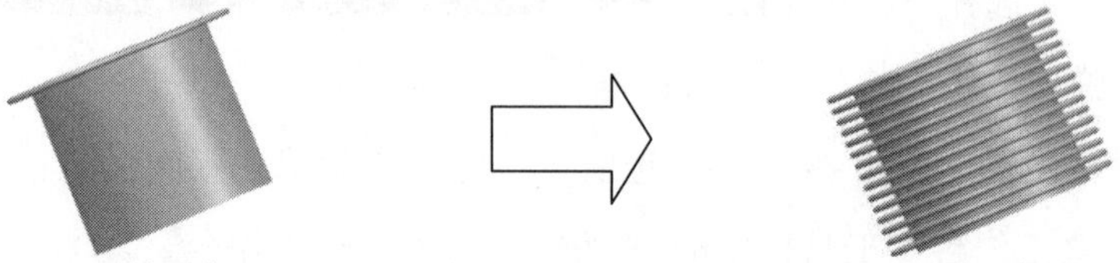

a）阵列前　　b）阵列后

图 10.7.6　矩形阵列 1

Step5. 至此，零件模型创建完毕。选择下拉菜单文件 → 保存命令。

10.8　夹子的装配

夹子的装配结果及特征树如图 10.8.1 所示。

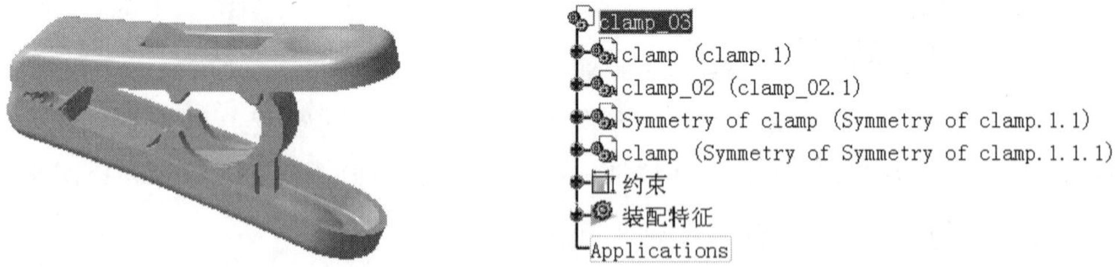

图 10.8.1　装配结果及特征树

Step1. 新建模型文件。选择下拉菜单文件 → 新建...命令；在类型列表：列表框中选择Product选项，单击确定按钮。

Step2. 更改文件名。右击特征树中的Product1，在弹出的快捷菜单中选择属性命令，系统弹出“属性”对话框。在“属性”对话框中选择产品选项卡。在零件编号文本框中将 Product1 改为 clamp_03，单击确定按钮。

说明：新建的装配文件名默认为 Product1。

Step3. 引入第一个零件。

（1）单击特征树中的clamp_03，使 clamp_03 处于激活状态。

（2）选择命令。选择下拉菜单 插入 → 现有部件... 命令（或单击按钮），系统弹出“选择文件”对话框。

（3）选取要添加的模型。选择路径 D:\cat2014.7\work\ch10，选取零件模型 clamp_01，单击 打开(O) 按钮。

Step4. 完全约束第一个零件。选择下拉菜单 插入 → 固定 命令（或单击按钮）。选择固定对象，选取特征树中的 clamp_01 (clamp_01.1)（或单击模型），此时在模型上显示出“固定”约束符号，说明第一个零件完全被固定。

Step5. 引入第二个零件。

（1）单击特征树中的 clamp_03，使 clamp_03 处于激活状态。

（2）选择命令。选择下拉菜单 插入 → 现有部件... 命令（或单击按钮），系统弹出“选择文件”对话框。选取零件模型 clamp_02，单击 打开(O) 按钮。

Step6. 放置第二个零件。

第二个零件引入后，可能与第一个零件重合，或者其方向和方位不便于进行装配放置。解决这种问题的方法如下。

（1）选择命令。选择下拉菜单 编辑 → 移动 → 操作... 命令（或单击按钮），系统弹出“操作参数”对话框。

（2）根据需要可单击对话框中的按钮，移动部件到需要的位置。

Step7. 定义第一个装配约束。

（1）选择命令。选择下拉菜单 插入 → 相合... 命令（或单击按钮）。

（2）分别选取两模型图 10.8.2 所示的轴线为相合轴。

（3）更新操作。选择下拉菜单 编辑 → 更新 命令（或单击按钮），完成第一个装配约束，如图 10.8.3 所示。

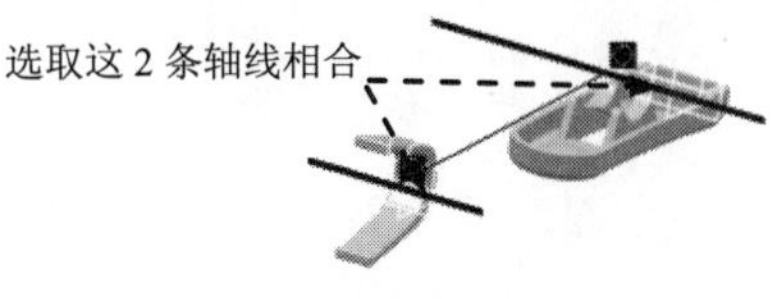

图 10.8.2 定义相合轴

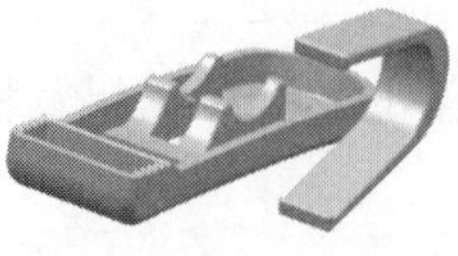

图 10.8.3 完成第一个装配约束

说明：当选择相合命令，将鼠标移动到部件的圆形面后，系统将自动出现一条轴线，此时只需单击即可选中轴线。

Step8. 定义第二个装配约束。分别选取两模型的 xy 平面为相合参考平面，如图 10.8.4 所示。

Step9. 定义第三个装配约束。分别选取图 10.8.5 所示的边线和 clamp_02 零件模型的 zx 平面为相合参考，如图 10.8.6 所示。

图 10.8.4　完成第二个装配约束

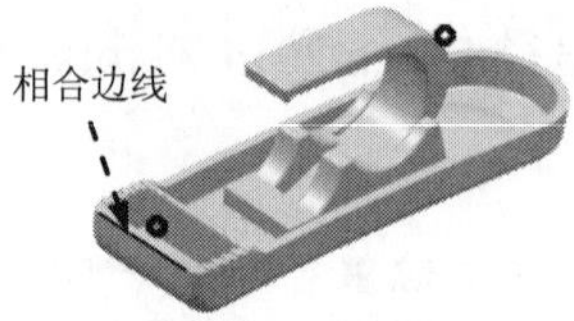

图 10.8.5　定义相合边线

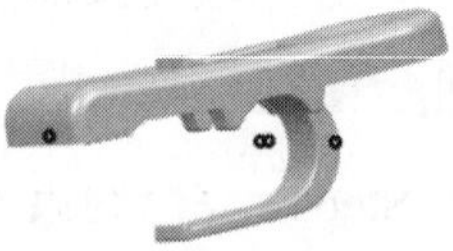

图 10.8.6　完成第三个装配约束

Step10. 创建图 10.8.7b 所示的装配特征——装配对称 1。

（1）选取 clamp_01 为要镜像的对象。

（2）选择命令。选择下拉菜单 插入 → 对称 命令（或单击按钮），系统弹出“装配对称向导”对话框。

（3）选取 clamp_02 零件的 zx 平面为镜像平面，系统弹出“装配对称向导”对话框，单击 完成 按钮，系统弹出“装配对称结果”对话框，单击 关闭 按钮，完成装配对称 1 的创建。

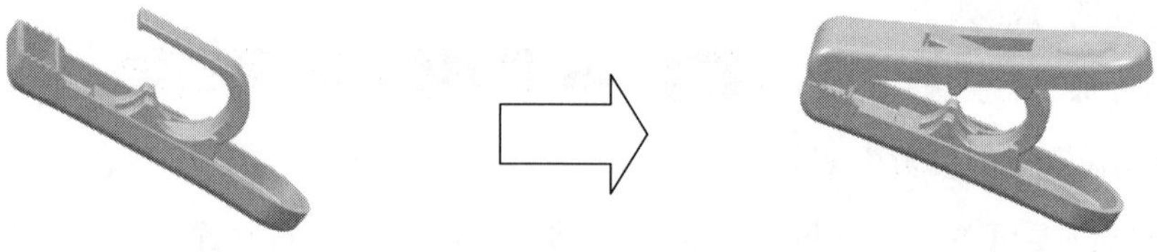

a）对称前　　b）对称后

图 10.8.7　装配对称 1

Step11. 至此，衣架的子装配（夹子）过程完毕。选择下拉菜单 文件 → 保存 命令，保存装配模型。

10.9　衣架的装配

衣架的总装配结果及特征树如图 10.9.1 所示。

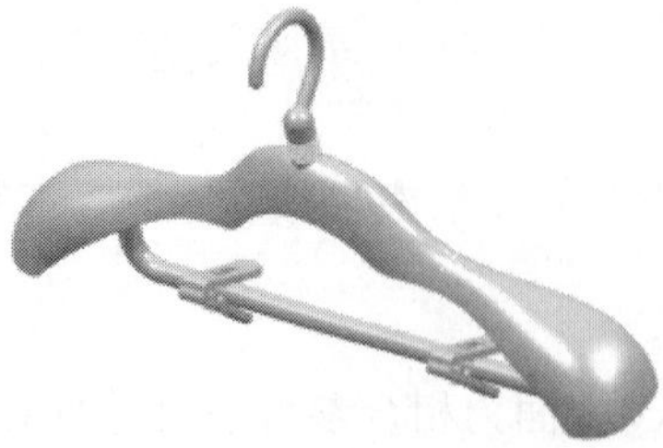

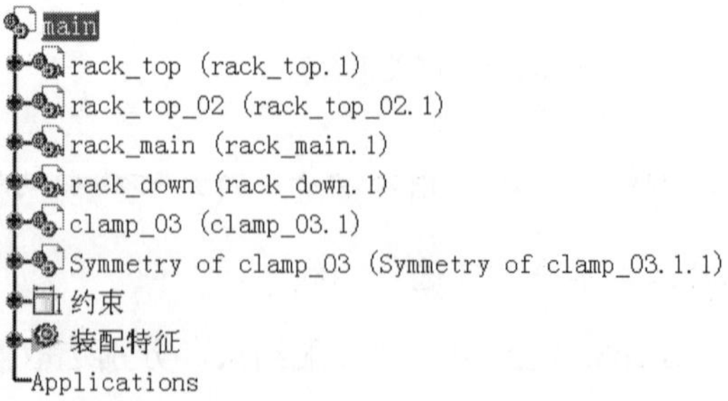

图 10.9.1　装配结果及特征树

Step1. 新建模型文件。选择下拉菜单 文件 → 新建... 命令；在 类型列表： 列表框中选择 Product 选项，单击 确定 按钮。

Step2. 更改文件名。右击特征树中的 Product1，在弹出的快捷菜单中选择 属性 命令，系统弹出“属性”对话框。在“属性”对话框中选择 产品 选项卡。在 零件编号 文本框中输入将 Product1 改为 main，单击 确定 按钮。

说明： 新建的装配文件名默认为 Product1。

Step3. 引入第一个零件。

（1）单击特征树中的 main，使 main 处于激活状态。

（2）选择命令。选择下拉菜单 插入 → 现有部件... 命令（或单击按钮），系统弹出“选择文件”对话框。

（3）选取要添加的模型。选择路径 D:\cat2014.7\work\ch10，选取零件模型 rack_top，单击 打开(O) 按钮。

Step4. 完全约束第一个零件。选择下拉菜单 插入 → 固定 命令（或单击按钮）。选择固定对象，选取零件模型 rack_top，此时在模型上显示出“固定”约束符号，说明第一个零件完全被固定。

Step5. 引入第二个零件 rack_top_02。

Step6. 定义第一个装配约束。

（1）选择命令。选择下拉菜单 插入 → 相合... 命令（或单击按钮）。

（2）分别选取两模型图 10.9.2a 所示的轴为相合轴线。

（3）更新操作。选择下拉菜单 编辑 → 更新 命令（或单击按钮），完成第一个装配约束，如图 10.9.2b 所示。

说明： 当选择相合命令，将鼠标移动到部件的圆形面后，系统将自动出现一条轴线，此时只须单击即可选中轴线。

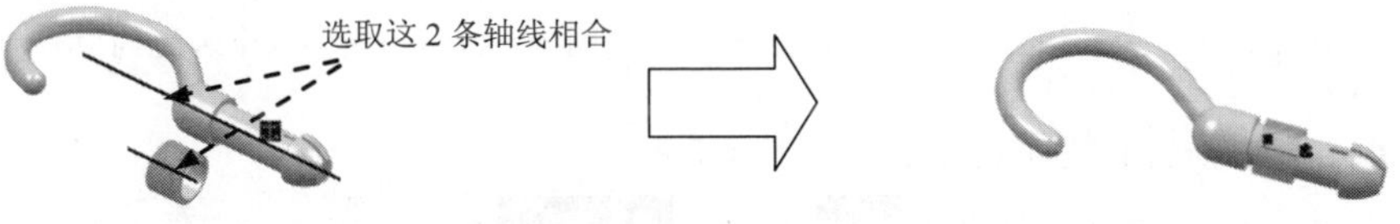

a）相合前　　b）相合后

图 10.9.2　完成第一个装配约束

Step7. 定义第二个装配约束。分别选取图 10.9.3a 所示的面为相合面。

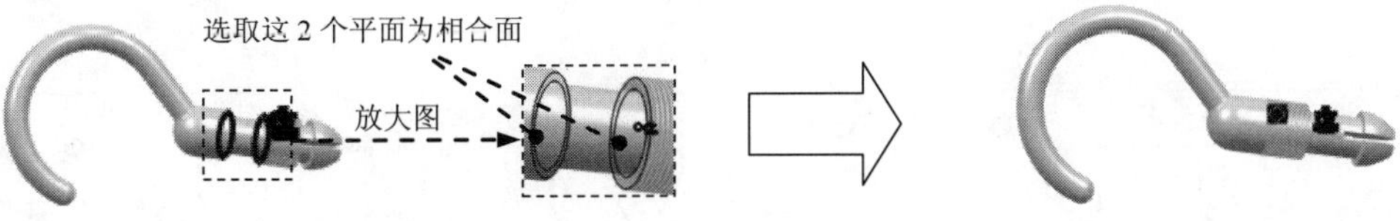

a）相合前　　b）相合后

图 10.9.3　完成第二个装配约束

Step8. 引入第三个零件 rack_main。

Step9. 定义第三个装配约束。分别选取图 10.9.4a 所示的轴为相合轴线。

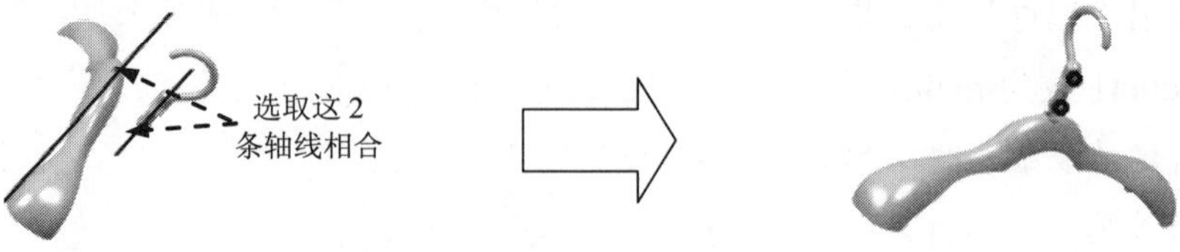

a）相合前　　b）相合后

图 10.9.4 完成第三个装配约束

Step10. 定义第四个装配约束。分别选取图 10.9.5a 所示的面为相合面。

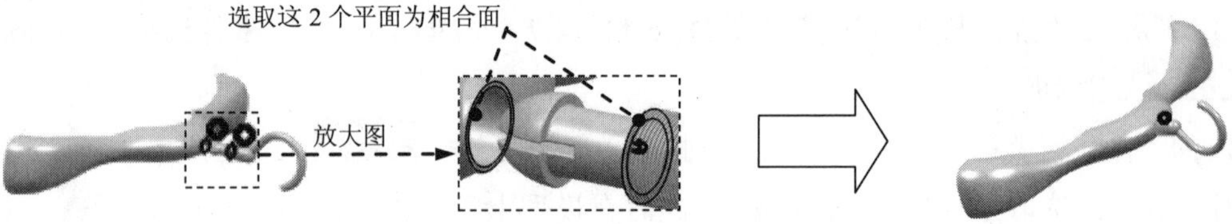

a）相合前　　b）相合后

图 10.9.5　完成第四个装配约束

Step11. 引入第四个零件 rack_down。

Step12. 定义第五个装配约束。分别选取图 10.9.6 所示的轴为相合轴线。

Step13. 选取另外两条轴线完成第六个装配约束，如图 10.9.7 所示。

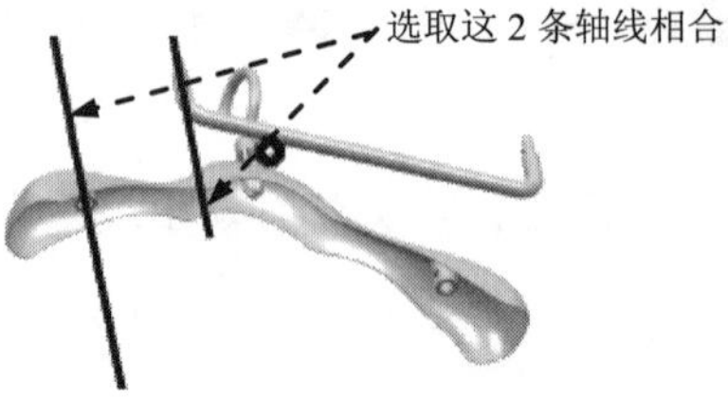

图 10.9.6　定义相合对象

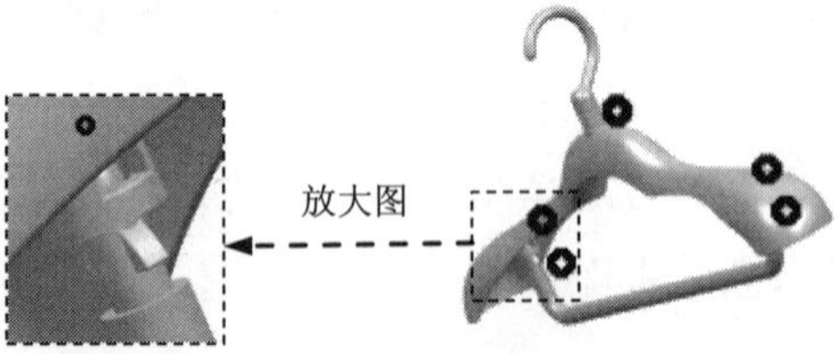

图 10.9.7　完成第六个装配约束

Step14. 定义第七个装配约束。

（1）选择命令。选择下拉菜单 插入 → 接触... 命令（或单击按钮）。

（2）分别选取两模型图 10.9.8a 所示的两个面为接触面。

（3）更新操作。选择下拉菜单 编辑 → 更新 命令（或单击按钮），完成第七个装配约束。

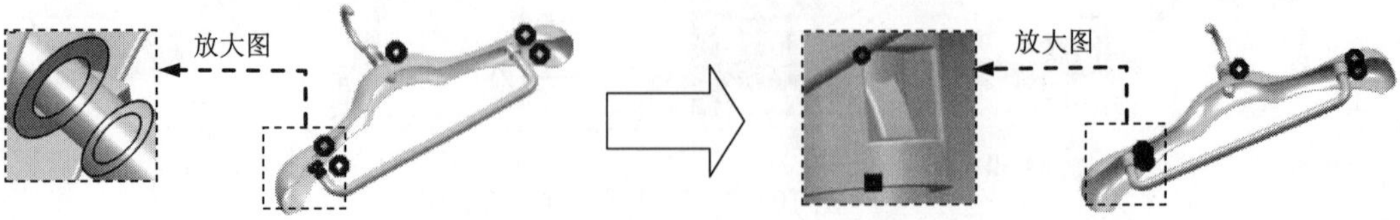

a）接触前　　b）接触后

图 10.9.8　完成第七个装配约束

Step15. 引入第五个零件夹子 clamp_03。

Step16. 定义第八个装配约束。分别选取图 10.9.9a 所示的面（轴线）为相合面。

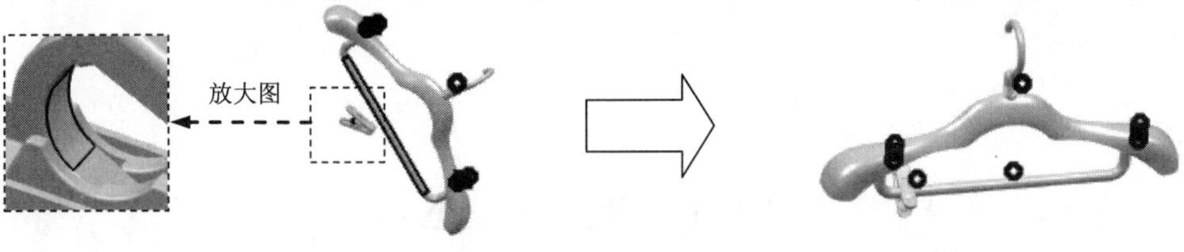

a）相合前　　b）相合后

图 10.9.9　完成第八个装配约束

Step17. 定义第九个装配约束。

（1）选择命令。选择下拉菜单 插入 → 偏移... 命令（或单击按钮）。

（2）分别选取衣架杆的轴线与图 10.9.10a 所示的面为偏移约束对象。系统弹出“约束属性”对话框，在 偏移 文本框中输入值 60，单击 确定 按钮。

（3）更新操作。选择下拉菜单 编辑 → 更新 命令（或单击按钮），完成第九个装配约束。

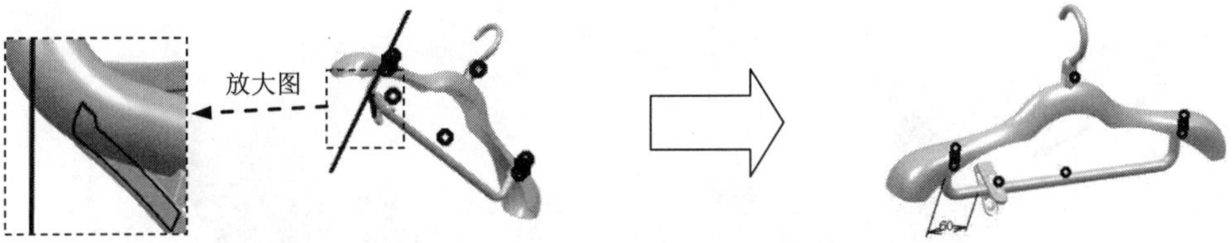

a）相合前　　b）相合后

图 10.9.10　完成第九个装配约束

Step18. 创建图 10.9.11b 所示的装配特征——装配对称 1。

（1）选取 clamp_03 为要镜像的对象。

（2）选择命令。选择下拉菜单 插入 → 对称 命令（或单击按钮），系统弹出“装配对称向导”对话框。

（3）选取 rack_main 零件的“yz 平面”为镜像平面，系统弹出“装配对称向导”对话框，单击 完成 按钮，系统弹出“装配对称结果”对话框，单击 关闭 按钮，完成装配对称 1 的创建。

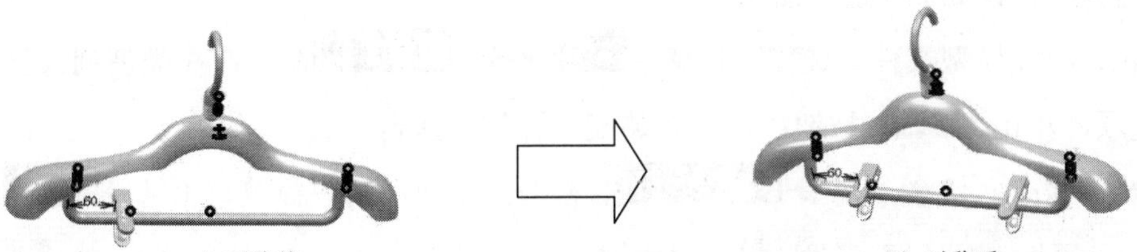

a）对称前　　b）对称后

图 10.9.11　装配对称 1

Step19. 至此，衣架的总装配过程完毕。选择下拉菜单 文件 → 保存 命令，保存装配模型。

实例 11 毛衣去毛器

11.1 概　　述

本实例详细讲解了一款毛衣去毛器的设计过程。同样，本实例也采用了自顶向下的设计方法。在开始设计之前要仔细分析模型的设计过程，考虑每一个单独的结构如何创建，如何从整体结构中分割出单独的零部件，并且要保持关联。本例中毛衣去毛器的设计过程清晰明了，每创建一个控件都会分割出一个零部件，最后一级控件分割出三个零部件，共同组成完整的装配体。毛衣去毛器模型如图 11.1.1 所示。本例中毛衣去毛器的设计流程图如图 11.1.2 所示。

图 11.1.1　毛衣去毛器模型

11.2 一 级 控 件

下面讲解一级控件（first）的创建过程。一级控件在整个设计过程中起着十分重要的作用，它为其他控件直接或间接提供原始模型并且确定了模型的整体外观形状。该零件实体模型及相应特征树如图 11.2.1 所示。

Step1. 新建模型文件。选择下拉菜单 文件 → 新建... 命令；在类型列表框中选择 Product 选项，单击 确定 按钮；进入“装配设计”工作台。

Step2. 修改文件名。在 Product1 上右击，在弹出的快捷菜单中选择 属性 选项；系统弹出“属性”对话框。在 零件编号 文本框中输入文件名 trim_pelucohi；单击 确定 按钮，完成文件名的修改。

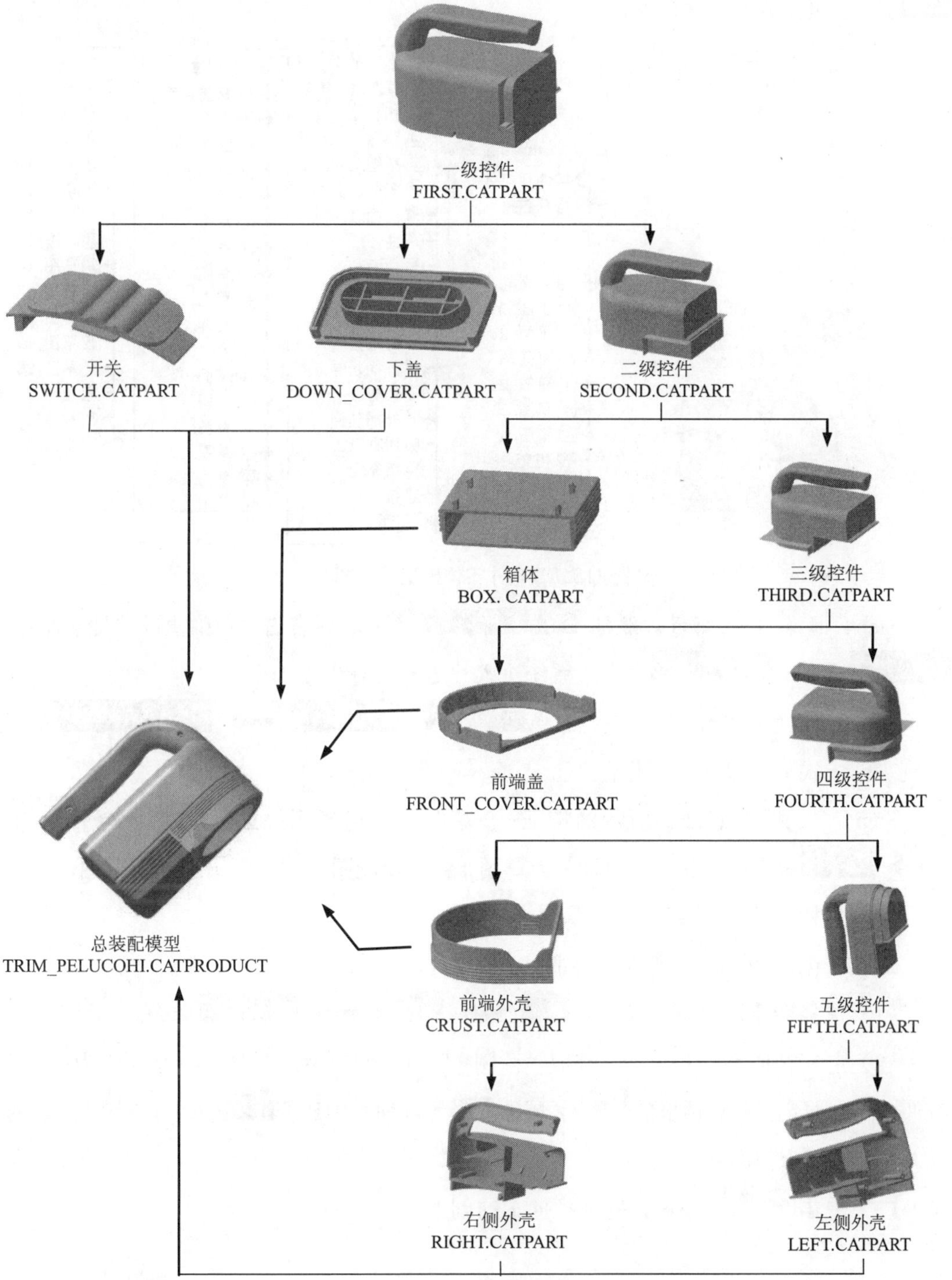

图 11.1.2　设计流程图

Step3. 新建零部件及修改文件名。激活 trim_pelucohi ，选择下拉菜单 插入 → 新建零件 命令；在 Part1 (Part1. 1) 上右击，在弹出的快捷菜单中选择 属性 选项；系统弹出“属性”对话框。在 实例名称 和 零件编号 两个文本框中均输入文件名 first；单击确定按钮完成文件名的修改。

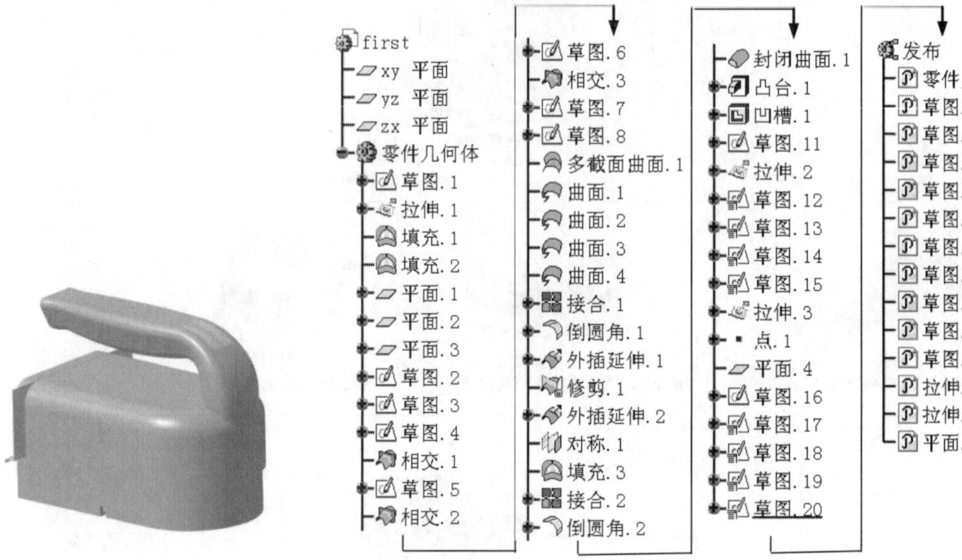

图 11.2.1　零件实体模型及特征树

Step4. 编辑 first 部件。激活 first (first) 然后右击，在弹出的快捷菜单中选择 first 对象 ➡ 在新窗口中打开命令；系统进入“零件设计”工作台。

Step5. 切换工作台。选择下拉菜单 开始 ➡ 形状 ➡ 创成式外形设计命令，切换到“创成式外形设计”工作台。

Step6. 创建图 11.2.2 所示的特征——草图 1。选择下拉菜单 插入 ➡ 草图编辑器 ➡ 草图命令；选取“xy 平面”为草图平面；绘制图 11.2.2 所示的截面草图，单击“工作台”工具栏中的按钮，退出草绘工作台。

Step7. 创建图 11.2.3 所示的特征——拉伸 1。

（1）选择命令。选择下拉菜单 插入 ➡ 曲面 ➡ 拉伸...命令。

（2）定义拉伸类型和尺寸。选取“草图 1”为拉伸轮廓；选取“xy 平面”为拉伸方向；在“拉伸曲面定义”对话框的限制 1 区域的类型:下拉列表中选择尺寸选项；在限制 1 区域的尺寸:文本框中输入值 40。

（3）单击确定按钮，完成拉伸 1 的创建。

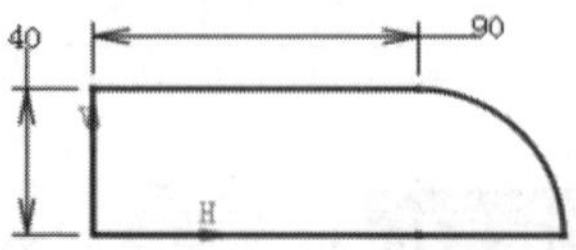

图 11.2.2　草图 1

图 11.2.3　拉伸 1

Step8. 创建图 11.2.4 所示的特征——填充 1。选择下拉菜单 插入 ➡ 曲面 ➡

填充...命令；分别选取图 11.2.5 所示的 4 条边线为边界线；单击确定按钮，完成填充 1 的创建。

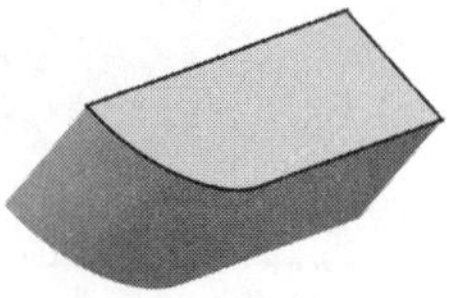

图 11.2.4　填充 1

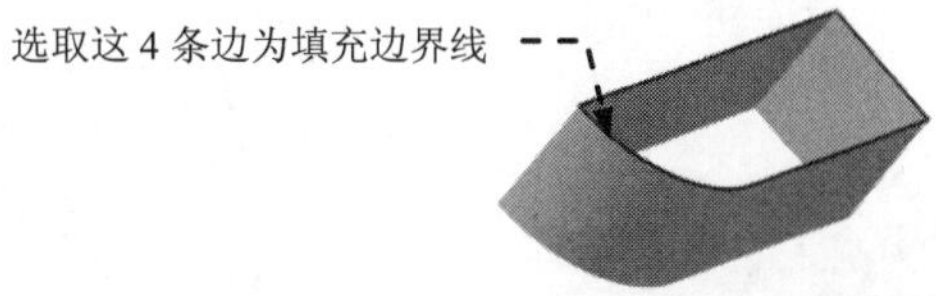

图 11.2.5　选取边界线

Step9. 创建图 11.2.6 所示的特征——填充 2。选择下拉菜单插入 → 曲面 → 填充...命令；分别选取图 11.2.7 所示的 4 条边线为边界线；单击确定按钮，完成填充 2 的创建。

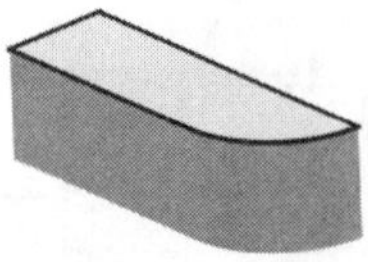

图 11.2.6　填充 2

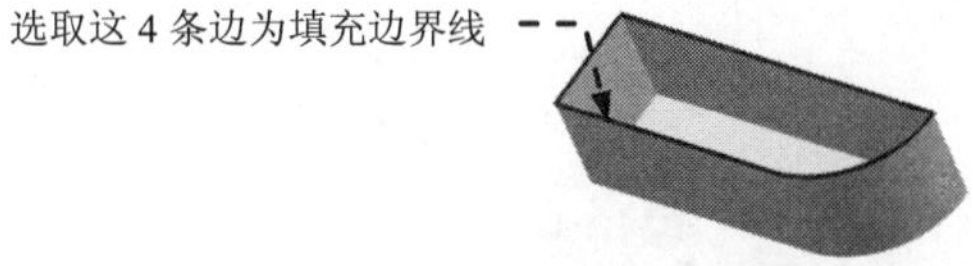

图 11.2.7　选取边界线

Step10. 创建图 11.2.8 所示的特征——平面 1。选择下拉菜单插入 → 线框 → 平面...命令；在平面类型：下拉列表中选择偏移平面选项；激活参考：文本框并右击，在弹出的快捷菜单中选取YZ 平面为参考平面；在偏移：文本框输入值 60；单击确定按钮，完成平面 1 的创建。

Step11. 创建图 11.2.9 所示的特征—— 平面 2。选择下拉菜单插入 → 线框 → 平面...命令；在平面类型：下拉列表中选择偏移平面选项；激活参考：文本框并右击，在弹出的快捷菜单中选取YZ 平面为参考平面；在偏移：文本框输入值 20；单击确定按钮，完成平面 2 的创建。

Step12. 创建图 11.2.10 所示的特征—— 平面 3。选择下拉菜单插入 → 线框 → 平面...命令；在平面类型：下拉列表中选择偏移平面选项；激活参考：文本框并右击，在弹出的快捷菜单中选取YZ 平面为参考平面；在偏移：文本框输入值 90；单击确定按钮，完成平面 3 的创建。

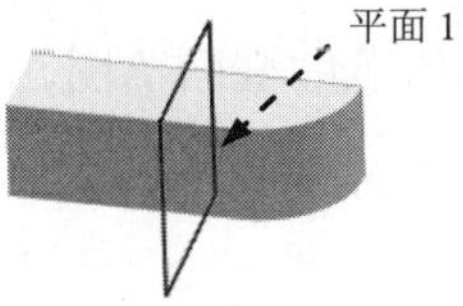

图 11.2.8　平面 1

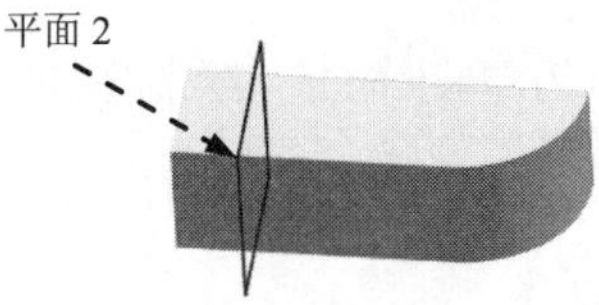

图 11.2.9　平面 2

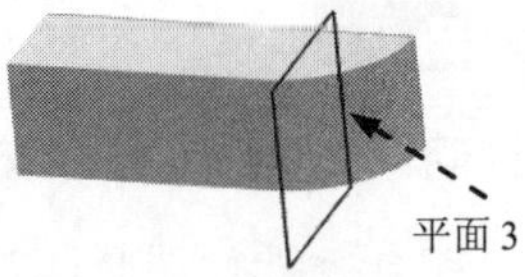

图 11.2.10　平面 3

Step13. 创建图 11.2.11 所示的特征——草图 2。选择下拉菜单 插入 → 草图编辑器 → 草图 命令；选取图 11.2.11 所示的面为草图平面；绘制图 11.2.12 所示的截面草图。

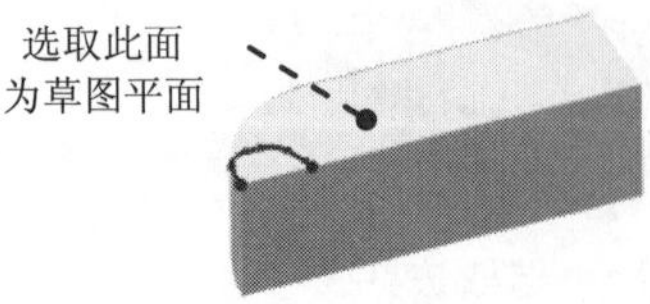

图 11.2.11 草图 2（建模环境）

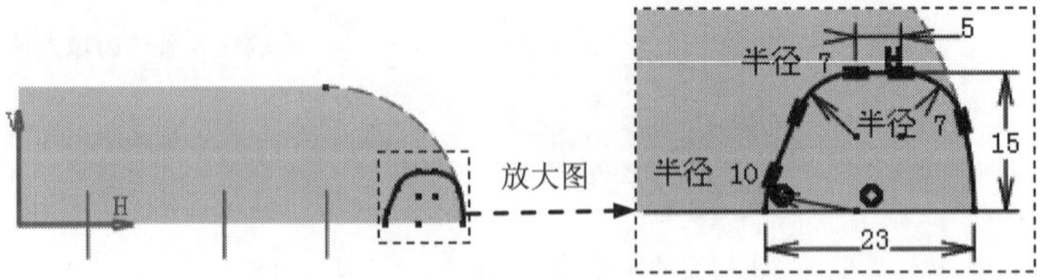

图 11.2.12 草图 2（草绘环境）

Step14. 创建图 11.2.13 所示的特征——草图 3。选择下拉菜单 插入 → 草图编辑器 → 草图 命令；选取“zx 平面”为草图平面；绘制图 11.2.14 所示的截面草图。

说明：使草图 3 与草图 2 一端点相合。

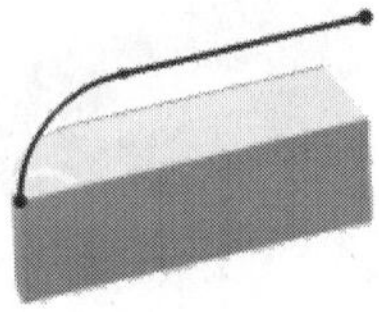

图 11.2.13 草图 3（建模环境）

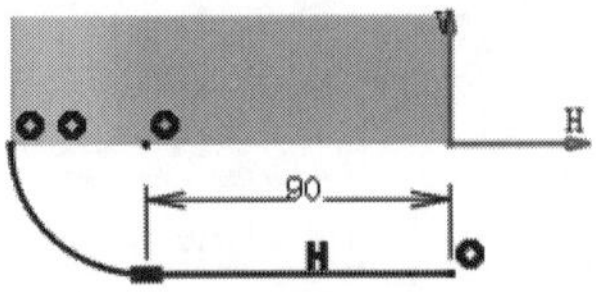

图 11.2.14 草图 3（草绘环境）

Step15. 创建图 11.2.15 所示的特征——草图 4。选择下拉菜单 插入 → 草图编辑器 → 草图 命令；选取“zx 平面”为草图平面；绘制图 11.2.16 所示的截面草图。

说明：使草图 4 与草图 2 相合。

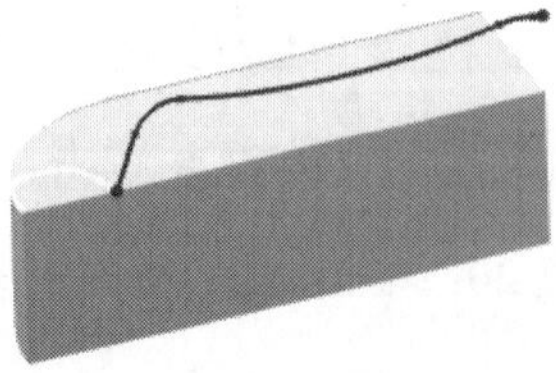

图 11.2.15 草图 4（建模环境）

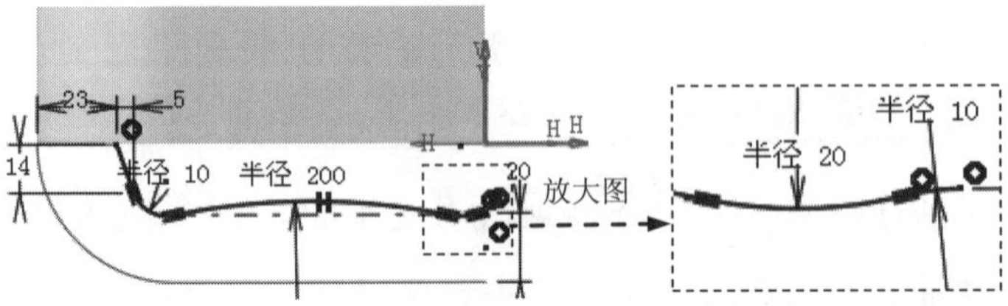

图 11.2.16 草图 4（草绘环境）

Step16. 创建图 11.2.17 所示的特征——相交 1。选择下拉菜单 插入 → 线框 → 相交... 命令；选取“草图 4”为第一元素；选取“平面 3”为第二元素；单击 确定 按钮，完成相交 1 的创建。

Step17. 创建图 11.2.18 所示的特征——草图 5。选择下拉菜单 插入 → 草图编辑器 → 草图 命令；选取“平面 3”为草图平面；绘制图 11.2.19 所示的截面草图。

说明：使草图 5 与相交点相合，读者在绘制草图时可能与图 11.2.19 所示的方位不完全一致，可自行进行调整，下面不再叙述。

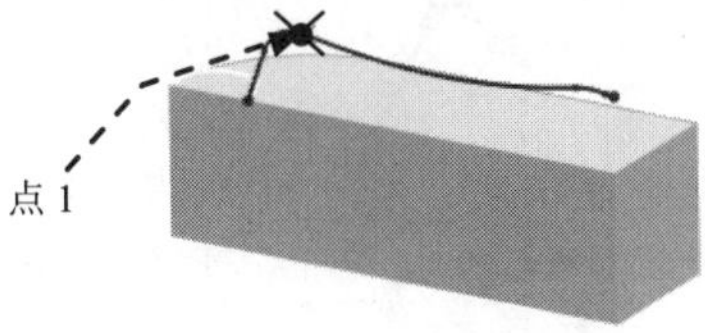

图 11.2.17 相交 1

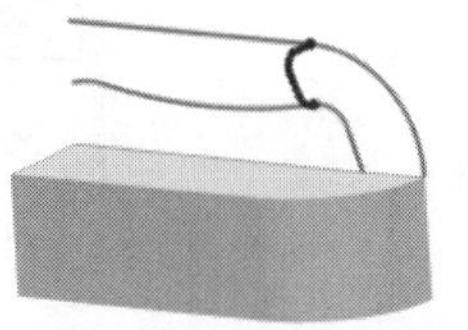

图 11.2.18 草图 5（建模环境）

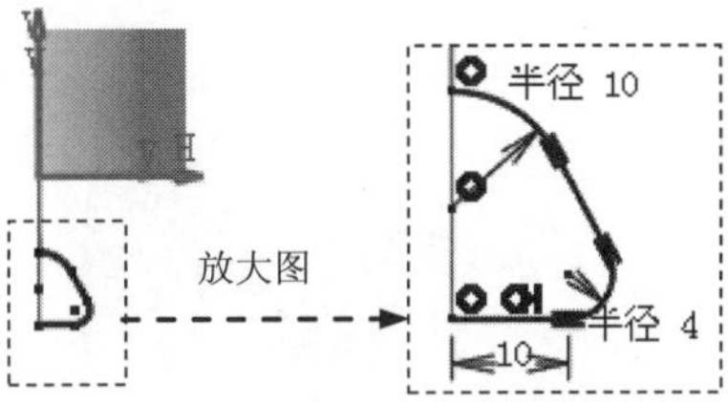

图 11.2.19 草图 5（草绘环境）

Step18. 创建图 11.2.20 所示的特征——相交 2。选择下拉菜单 插入 → 线框 → 相交... 命令；选取“草图 4”为第一元素；选取“平面 1”为第二元素；单击 确定 按钮，完成相交 2 的创建。

Step19. 创建图 11.2.21 所示的特征——草图 6。选择下拉菜单 插入 → 草图编辑器 → 草图 命令；选取“平面 1”为草图平面；绘制图 11.2.22 所示的截面草图。

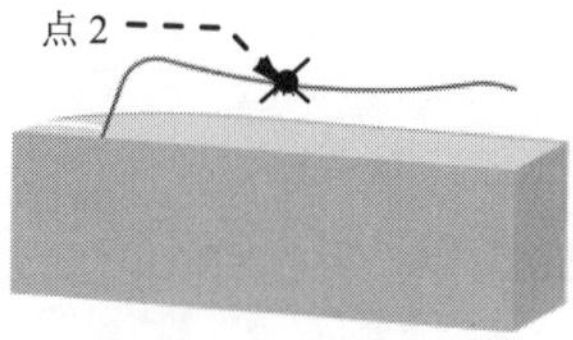

图 11.2.20 相交 2

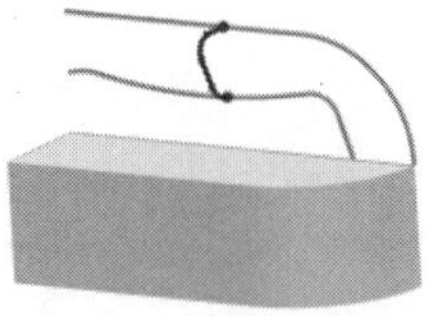

图 11.2.21 草图 6（建模环境）

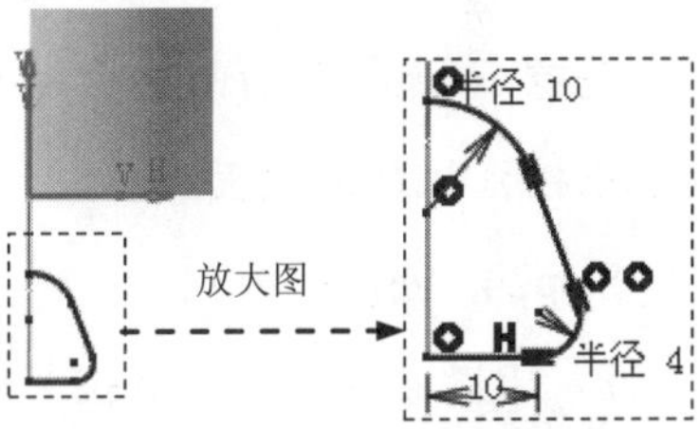

图 11.2.22 草图 6（草绘环境）

Step20. 创建图 11.2.23 所示的特征——相交 3。选择下拉菜单 插入 → 线框 → 相交... 命令；选取“草图 4”为第一元素；选取“平面 2”为第二元素；单击 确定 按钮，完成相交 3 的创建。

Step21. 创建图 11.2.24 所示的特征——草图 7。选择下拉菜单 插入 → 草图编辑器 → 草图 命令；选取“平面 2”为草图平面；绘制图 11.2.25 所示的截面草图。

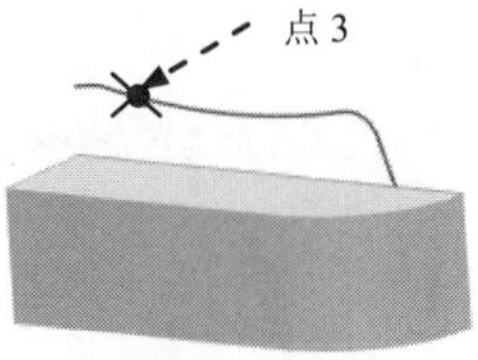

图 11.2.23 相交 3

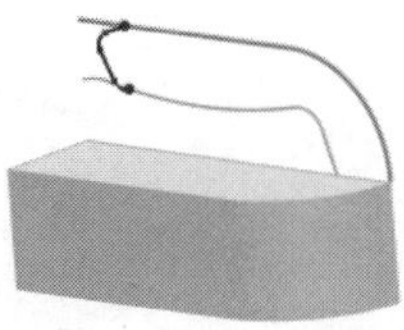

图 11.2.24 草图 7（建模环境）

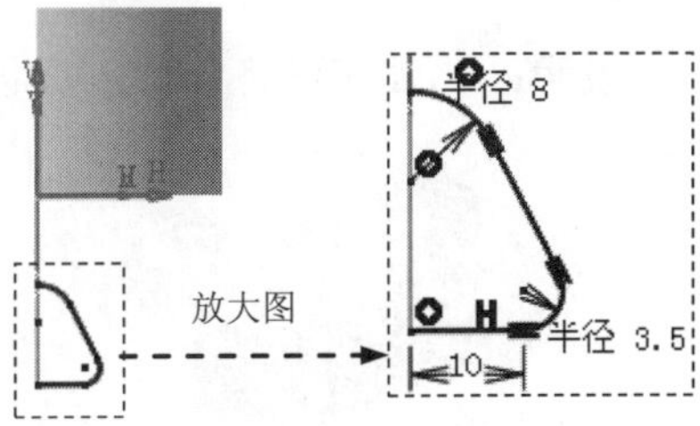

图 11.2.25 草图 7（草绘环境）

Step22. 创建图 11.2.26 所示的特征——草图 8。选择下拉菜单 插入 → 草图编辑器 → 草图 命令；选取“yz 平面”为草图平面；绘制图 11.2.27 所示的截面草图。

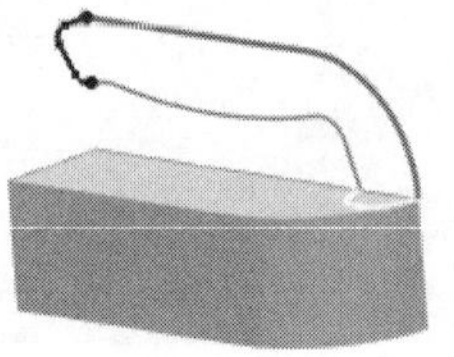

图 11.2.26　草图 8（建模环境）

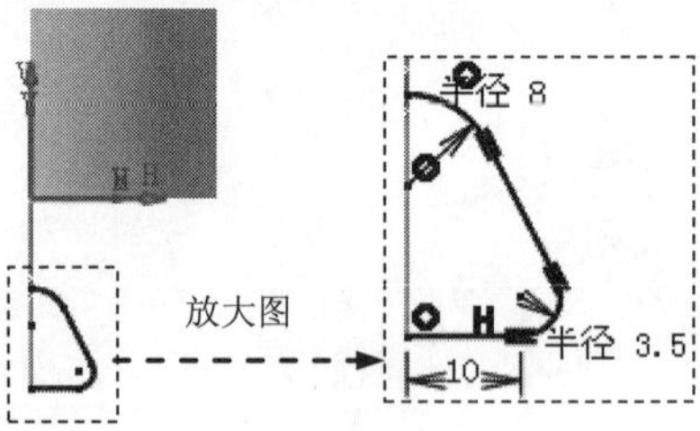

图 11.2.27　草图 8（草绘环境）

Step23. 创建图 11.2.28 所示的特征——多截面曲面 1。

（1）选择命令。选择下拉菜单 插入 ➡ 曲面 ▸ ➡ 多截面曲面... 命令。

（2）定义截面曲线。依次选取“草图 2”“草图 5”“草图 6”“草图 7”和“草图 8”为截面曲线。

（3）定义引导线。依次选取“草图 3”“草图 4”为引导线。

（4）单击 确定 按钮，完成多截面曲线 1 的创建。

注意： 选取截面曲线时，应使两个截面的闭合点在同一侧，并且闭合方向一致，其他文本框按系统默认设置。

Step24. 创建拆解面 1、2、3、4。

（1）选择命令。选择下拉菜单 插入 ➡ 操作 ▸ ➡ 拆解... 命令，系统弹出“拆解”对话框。

（2）选择对象。选取拉伸 1 为拆解对象，单击 确定 按钮，完成拆解面的创建。

说明： 创建拆解面是为了把整个面拆解成单个面，以便后续特征操作，把拆解后的曲面 4（zx 平面上的那个曲面）隐藏。

Step25. 创建图 11.2.29 所示的特征——接合 1。选择下拉菜单 插入 ➡ 操作 ▸ ➡ 接合... 命令；选取图 11.2.29 所示的面为要接合的元素；单击 确定 按钮，完成接合 1 的创建。

说明： 此时可以将拉伸 1 及拆解的曲面 4 隐藏。

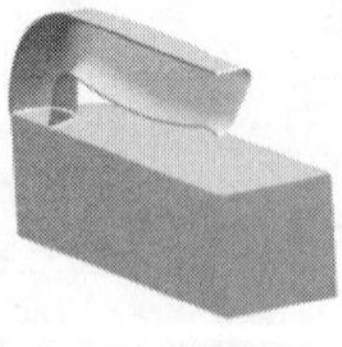

图 11.2.28　多截面曲面 1

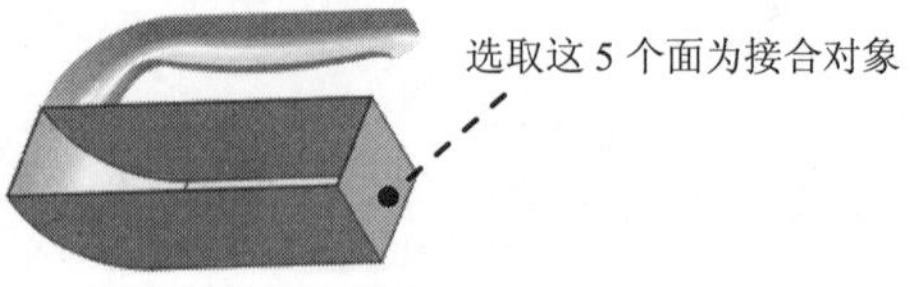

图 11.2.29　接合 1

Step26. 创建图 11.2.30b 所示的特征——倒圆角 1。选择下拉菜单 插入 ➡ 操作 ▸ ➡ 倒圆角... 命令；选取图 11.2.30a 所示的边为要圆角的对象；在 半径: 文本框中输入值 12，单击 确定 按钮，完成倒圆角 1 的创建。

a）倒圆角前　　　　b）倒圆角后

图 11.2.30　倒圆角 1

Step27. 创建图 11.2.31 所示的特征——外插延伸 1。

（1）选择命令。选择下拉菜单 插入 → 操作 ▸ → 外插延伸... 命令。

（2）定义外插延伸边界。选取图 11.2.32 所示的草图 2 为外插延伸边界。

（3）定义外插延伸元素。选取“多截面曲面 1”为外插延伸元素。

（4）定义限制参数。在“外插延伸定义”对话框 限制 区域的 类型: 下拉列表中选择 长度 选项；在 长度: 文本框中输入值 15。

（5）单击 确定 按钮，完成外插延伸 1 的创建。

Step28. 创建图 11.2.33 所示的特征——修剪 1。选择下拉菜单 插入 → 操作 ▸ → 修剪... 命令；选取“倒圆角 1”和“外插延伸 1”为修剪元素；单击 另一侧/上一元素 和 另一侧/下一元素 按钮改变修剪方向；选中 自动外插延伸 复选框，单击 确定 按钮，完成修剪 1 的创建。

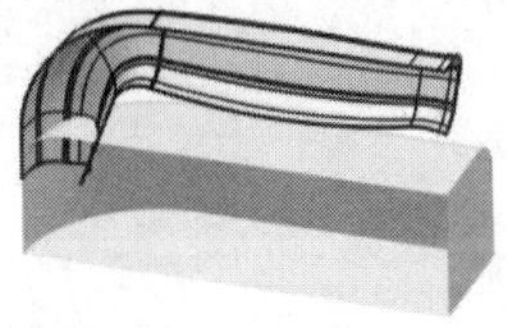

图 11.2.31　外插延伸 1

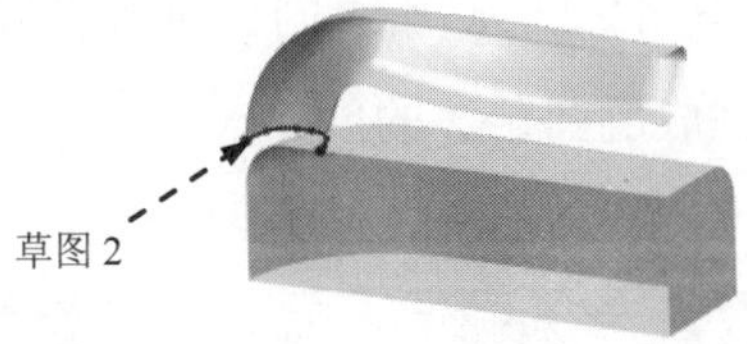

图 11.2.32　选取外插边界

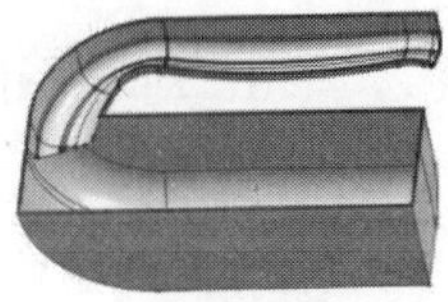

图 11.2.33　修剪 1

Step29. 创建图 11.2.34 所示的特征——外插延伸 2。

（1）选择命令。选择下拉菜单 插入 → 操作 ▸ → 外插延伸... 命令。

（2）定义外插延伸边界。选取图 11.2.35 所示的草图 8 为外插延伸边界。

（3）定义外插延伸元素。选取“修剪 1”为外插延伸元素。

（4）定义限制参数。在“外插延伸定义”对话框 限制 区域的 类型: 下拉列表中选择 长度 选项；在 长度: 文本框中输入值 3。

（5）单击 确定 按钮，完成外插延伸 2 的创建。

Step30. 创建图 11.2.36 所示的特征——对称 1。选择下拉菜单 插入 → 操作 ▸ → 对称... 命令。选取“外插延伸 2”为对称元素；选取“zx 平面”为参考元素；单击 确定 按钮，完成对称 1 的创建。

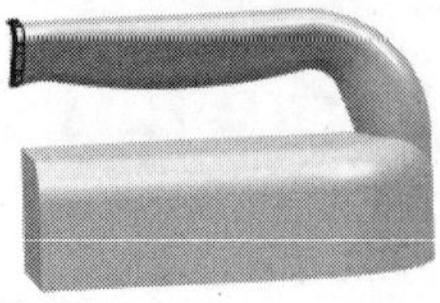

图 11.2.34　外插延伸 2

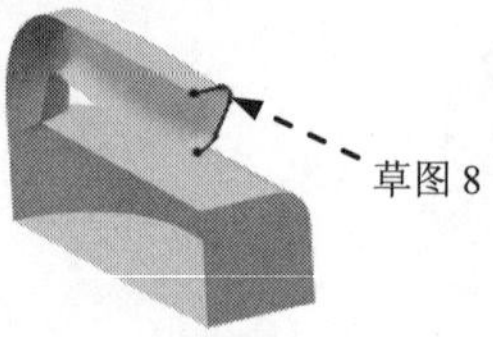

图 11.2.35　选取外插边界

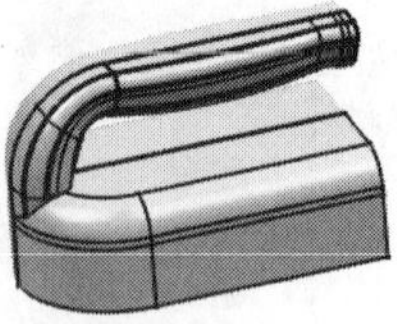

图 11.2.36　对称 1

Step31. 创建图 11.2.37 所示的特征——填充 3。选择下拉菜单 插入 → 曲面 → 填充... 命令；选取图 11.2.38 所示的边线为边界线；单击 确定 按钮，完成填充 3 的创建。

图 11.2.37　填充 3

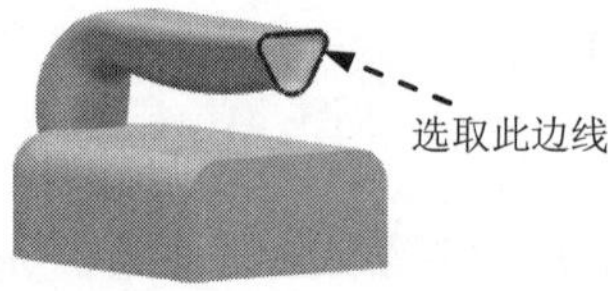

图 11.2.38　选取边界线

Step32. 创建接合 2。选择下拉菜单 插入 → 操作 → 接合... 命令；选取“对称 1”“填充 3”和“外插 2”为要接合的元素；单击 确定 按钮，完成接合 2 的创建。

Step33. 创建图 11.2.39b 所示的特征——倒圆角 2。选择下拉菜单 插入 → 操作 → 倒圆角... 命令；选取图 11.2.39a 所示的边线为要圆角的对象；在 半径: 文本框中输入值 2，单击 确定 按钮，完成倒圆角 2 的创建。

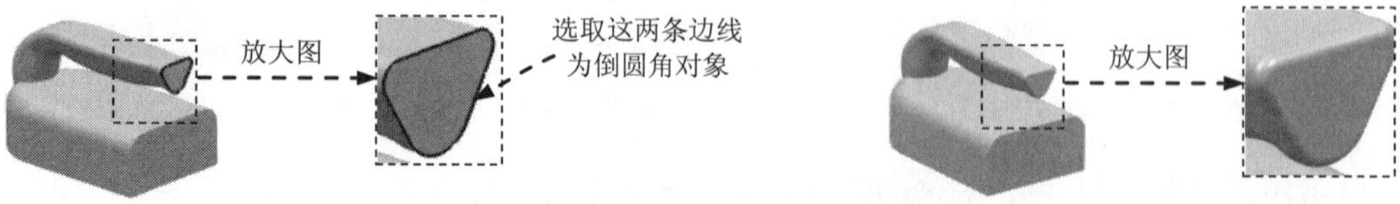

a）倒圆角前　　b）倒圆角后

图 11.2.39　倒圆角 2

Step34. 切换工作台。选择下拉菜单 开始 → 机械设计 → 零件设计 命令，切换到“零件设计”工作台。

Step35. 创建图 11.2.40 所示的特征——封闭曲面 1。

（1）选择命令。选择下拉菜单 插入 → 基于曲面的特征 → 封闭曲面... 命令。

（2）定义要关闭的对象。选取“倒圆角 2”为要关闭的对象。

（3）单击 确定 按钮，完成封闭曲面 1 的创建。

说明：完成此步后，将“倒圆角 2”隐藏。

Step36. 创建图 11.2.41 所示的特征——凸台 1。

（1）选择命令。选择下拉菜单 插入 ➡ 基于草图的特征 ▸ ➡ 凸台... 命令，系统弹出“定义凸台”对话框。

（2）创建截面草图。

① 定义草图平面。在“定义凸台”对话框中单击按钮，选取图 11.2.40 所示的面为草图平面。

② 绘制截面草图。在草绘工作台中绘制图 11.2.42 所示的截面草图。

③ 单击“工作台”工具栏中的按钮，退出草绘工作台。

（3）定义拉伸深度属性。在 第一限制 区域的 类型： 下拉列表中选择 尺寸 选项。在 第一限制 区域的 长度： 文本框中输入值 25（可通过 反转方向 更改凸台的方向），单击 确定 按钮，完成凸台 1 的创建。

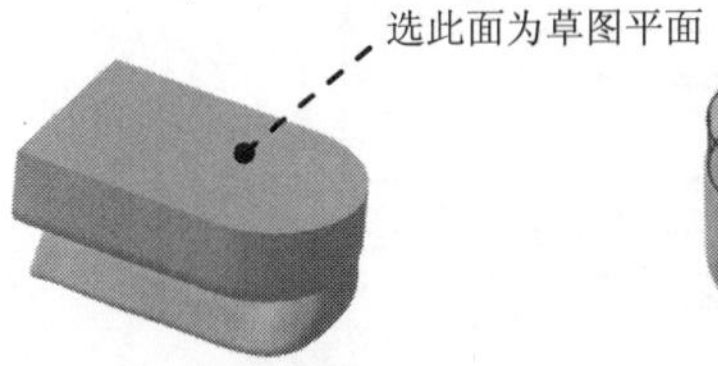

图 11.2.40　封闭曲面 1

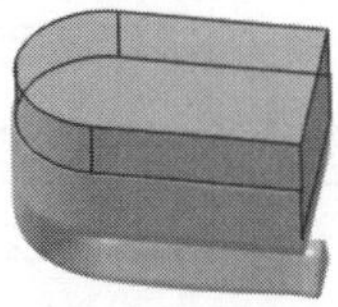

图 11.2.41　凸台 1

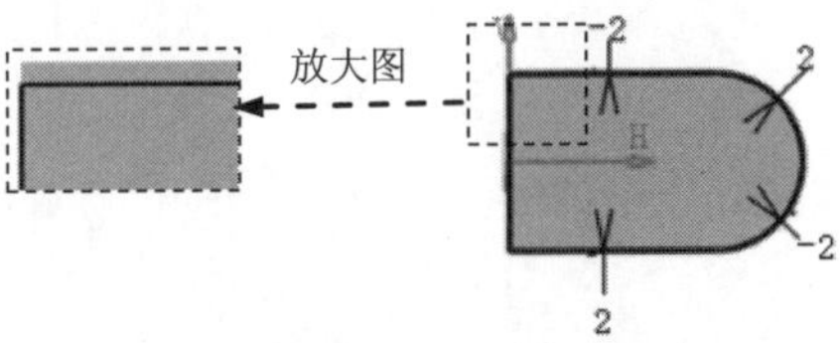

图 11.2.42　截面草图

Step37. 创建图 11.2.43 所示的特征——凹槽 1。选择下拉菜单 插入 ➡ 基于草图的特征 ▸ ➡ 凹槽... 命令；选取“zx 平面”为草图平面；绘制图 11.2.44 所示的截面草图；在 第一限制 区域的 类型： 下拉列表中选择 直到最后 选项；单击 更多>> 按钮，在 第二限制 区域的 类型： 下拉列表中选择 直到最后 选项，单击 确定 按钮，完成凹槽 1 的创建。

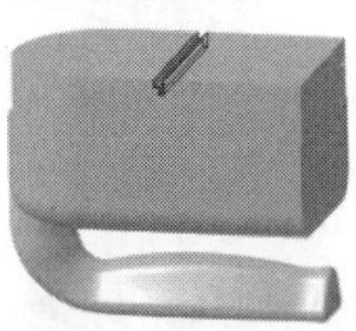

图 11.2.43　凹槽 1

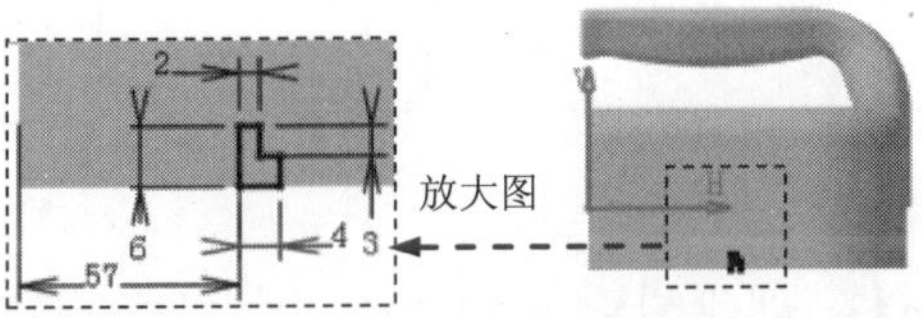

图 11.2.44　截面草图

Step38. 创建图 11.2.45 所示的特征——草图 11。选择下拉菜单 插入 ➡ 草图编辑器 ▸ ➡ 草图 命令；选取“zx 平面”为草图平面；绘制图 11.2.45 所示的截面草图。

Step39. 切换工作台。选择下拉菜单 开始 ➡ 形状 ▸ ➡ 创成式外形设计 命令，切换到“创成式外形设计”工作台。

Step40. 创建图 11.2.46 所示的特征——拉伸 2。

（1）选择命令。选择下拉菜单 插入 ➡ 曲面 ▸ ➡ 拉伸... 命令。

（2）定义拉伸类型和尺寸。选取“草图 11”为拉伸轮廓；选取“zx 平面”为拉伸方向；在“拉伸曲面定义”对话框的 限制 1 区域的 类型： 下拉列表中选择 尺寸 选项；在 限制 1 区域的 尺寸：

文本框中输入值 50；在限制 2区域的尺寸:文本框中输入值 50。

（3）单击 确定 按钮，完成拉伸 2 的创建。

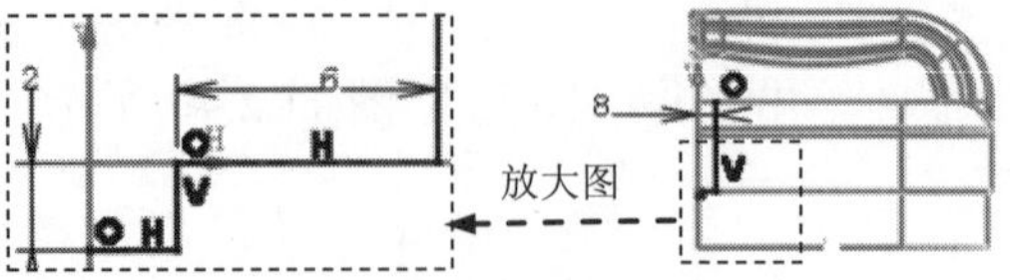

图 11.2.45　草图 11

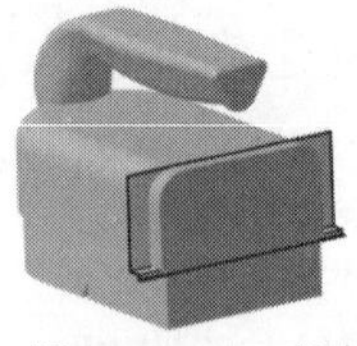
图 11.2..46　拉伸 2

Step41. 创建图 11.2.47 所示的特征——草图 12。选择下拉菜单 插入 ➡ 草图编辑器 ➡ 定位草图... 命令；选取“zx 平面”为草图平面；绘制图 11.2.47 所示的截面草图。

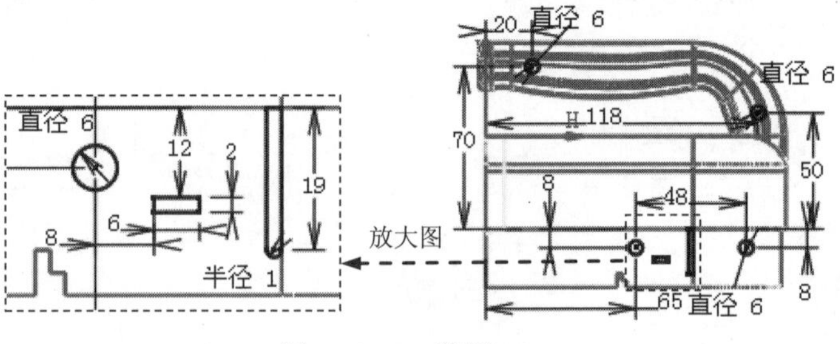

图 11.2.47　草图 12

Step42. 创建图 11.2.48 所示的特征——草图 13。选择下拉菜单 插入 ➡ 草图编辑器 ➡ 定位草图... 命令；选取“xy 平面”为草图平面；绘制图 11.2.48 所示的截面草图。

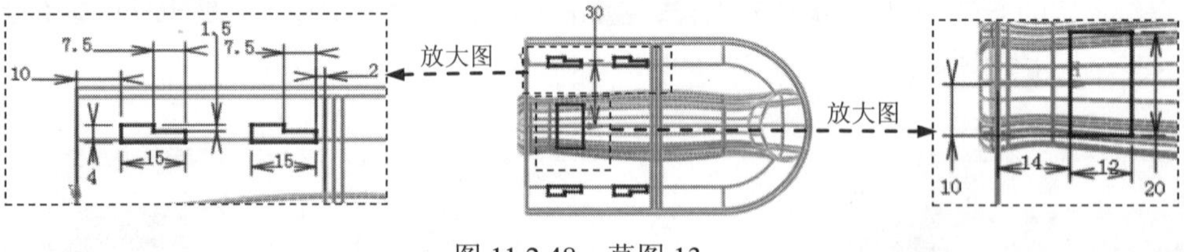

图 11.2.48　草图 13

Step43. 创建图 11.2.49 所示的特征——草图 14。选择下拉菜单 插入 ➡ 草图编辑器 ➡ 定位草图... 命令；选取“zx 平面”为草图平面；绘制图 11.2.49 的截面草图。

Step44. 创建图 11.2.50 所示的特征——草图 15。选择下拉菜单 插入 ➡ 草图编辑器 ➡ 定位草图... 命令；选取“zx 平面”为草图平面；绘制图 11.2.50 的截面草图。

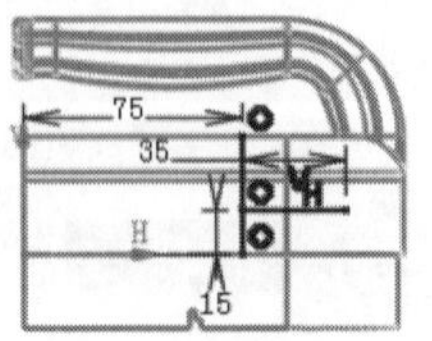

图 11.2.49　草图 14

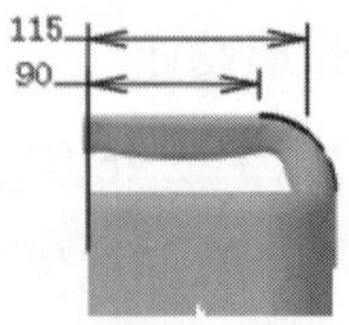

图 11.2.50　草图 15

Step45. 创建图 11.2.51 所示的特征——拉伸 3。

（1）选择命令。选择下拉菜单 插入 → 曲面▸ → 拉伸... 命令。

（2）定义拉伸类型和尺寸。选取“草图 15”为拉伸轮廓；选取“zx 平面”为拉伸方向；在“拉伸曲面定义”对话框的 限制 1 区域的 类型: 下拉列表中选择 尺寸 选项；在 限制 1 区域的 尺寸: 文本框中输入值 7.5；在 限制 2 区域的 尺寸: 文本框中输入值 7.5。

（3）单击 确定 按钮，完成拉伸 3 的创建。

Step46. 创建图 11.2.52 所示的特征——点 1。

（1）选择命令。选择下拉菜单 插入 → 线框▸ → 点... 命令。

（2）定义类型。在弹出的“直线定义”对话框的 点类型: 下拉列表中选择 曲线上 选项。激活 曲线: 文本框，选取图 11.2.51 所示的拉伸 3 的边线为参考曲线。

（3）定义点参数。选中 曲线长度比率 单选项，在 比率: 文本框中输入值 0.5。

（4）单击 确定 按钮，完成点 1 的创建。

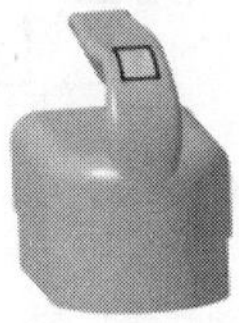

图 11.2.51 拉伸 3

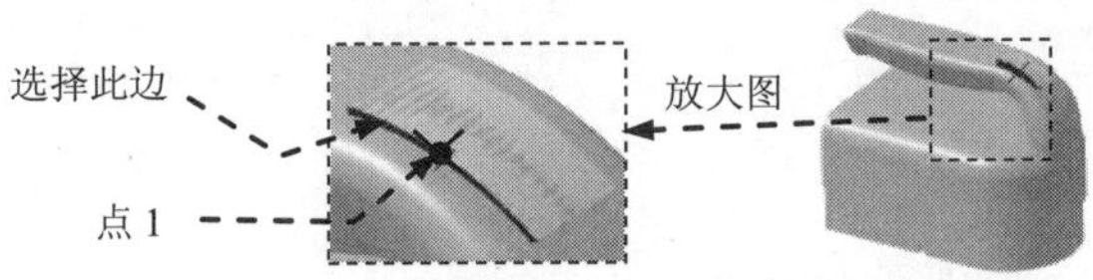

图 11.2.52 点 1

Step47 创建图 11.2.53 所示的特征——平面 4。选择下拉菜单 插入 → 线框▸ → 平面... 命令；在 平面类型: 下拉列表中选择 曲面的切线 选项；选取“拉伸 3”为参考曲面；选取“点 1”为参考点；单击 确定 按钮，完成平面 4 的创建。

Step48. 创建图 11.2.54 所示的特征——草图 16。选择下拉菜单 插入 → 草图编辑器 ▸ → 草图 命令；选取“平面 4”为草图平面；绘制图 11.2.54 所示的截面草图。

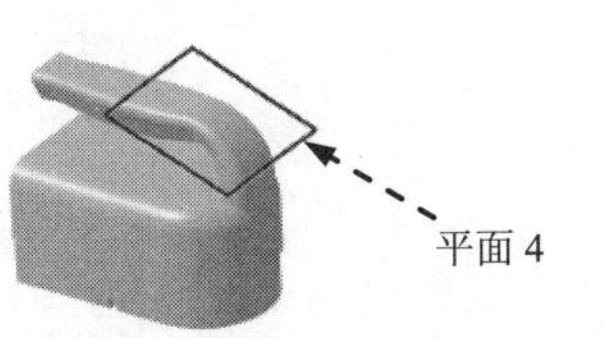

图 11.2.53 平面 4

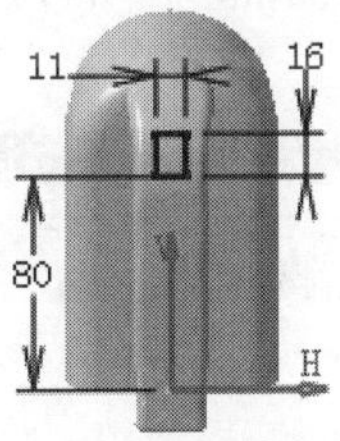

图 11.2.54 草图 16

Step49. 创建图 11.2.55 所示的特征——草图 17。选择下拉菜单 插入 → 草图编辑器 ▸ → 定位草图... 命令；选取“yz 平面”为草图平面；绘制图 11.2.55 所示的截面草图。

Step50. 创建图 11.2.56 所示的特征——草图 18。选择下拉菜单 插入 → 草图编辑器 ▸ → 定位草图... 命令；选取“zx 平面”为草图平面；绘制图 11.2.56 所示的截面草图。

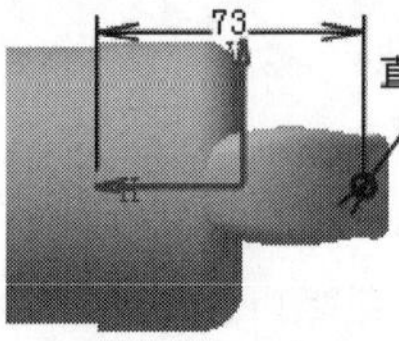

图 11.2.55　草图 17

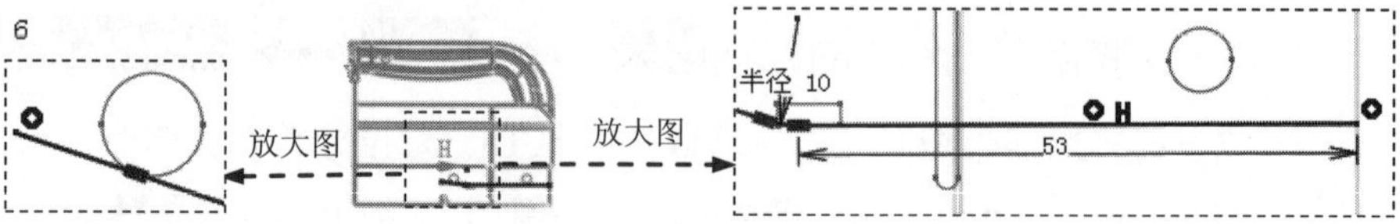

图 11.2.56　草图 18

Step51. 创建图 11.2.57 所示的特征——草图 19。选择下拉菜单 插入 → 草图编辑器 → 定位草图... 命令；选取“xy 平面”为草图平面；绘制图 11.2.57 所示的截面草图。

Step52. 创建图 11.2.58 所示的特征——草图 20。选择下拉菜单 插入 → 草图编辑器 → 定位草图... 命令；选取“zx 平面”为草图平面；绘制图 11.2.58 所示的截面草图。

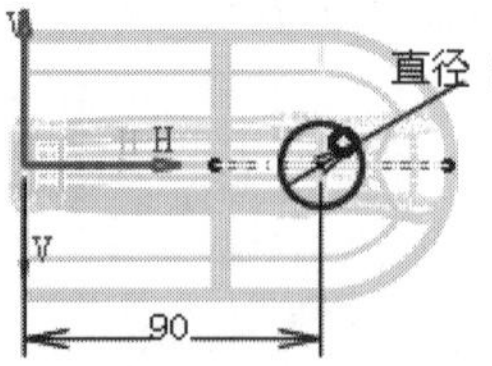

图 11.2.57　草图 19

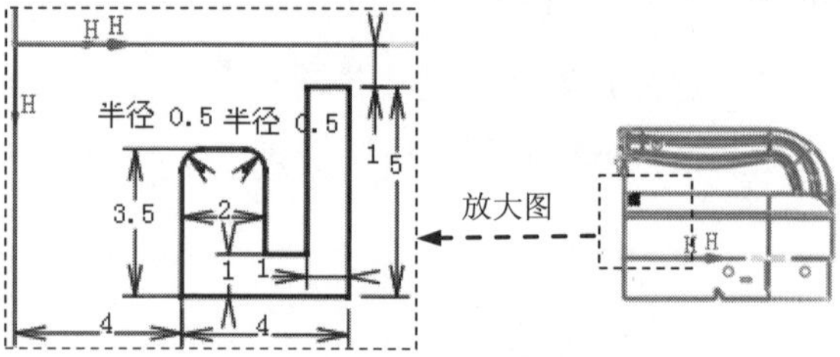

图 11.2.58　草图 20

Step53. 发布实体特征。

（1）选择命令。选择下拉菜单 工具 → 发布... 命令。系统弹出图 11.2.59 所示的“发布”对话框。

（2）选取要发布的特征。在特征树中选取 零件几何体 为要发布元素。

（3）单击 确定 按钮，完成发布特征。

Step54. 发布单个特征及草图。选择下拉菜单 工具 → 发布... 命令，选取特征树中的草图、拉伸曲面和平面为发布对象。发布后特征树如图 11.2.60 所示。

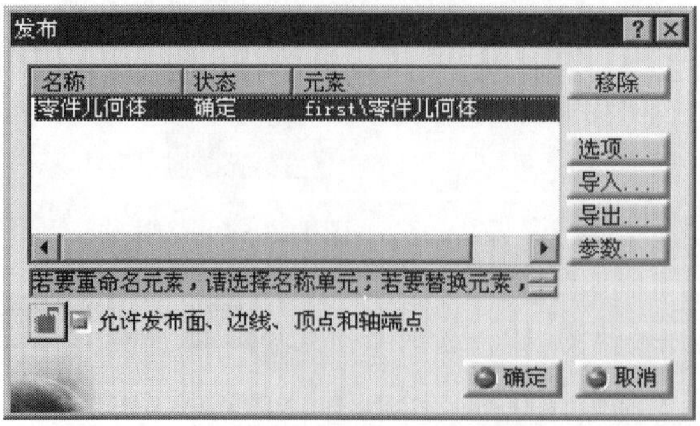

图 11.2.59　“发布”对话框

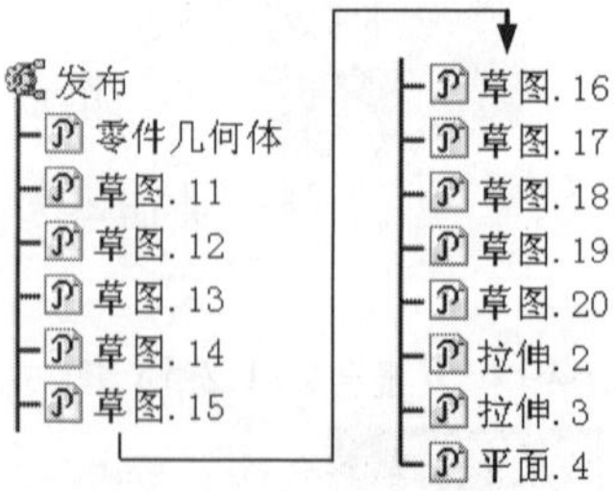

图 11.2.60　特征树

Step55. 保存零件模型。选择下拉菜单 文件 → 保存 命令，即可保存零件模型。

Step56. 保存组件。选择下拉菜单 窗口 → trim_pelucohi.CATProduct 命令，切换到组件窗口，保存组件。

11.3 二 级 控 件

下面要创建的二级控件（second）是从一级控件中分割出来的，它继承了一级控件的相应外观形状，同时它又作为控件模型为三级控件提供相应外观和对应尺寸，保证零件之间的可装配性。零件模型及相应的特征树如图 11.3.1 所示。

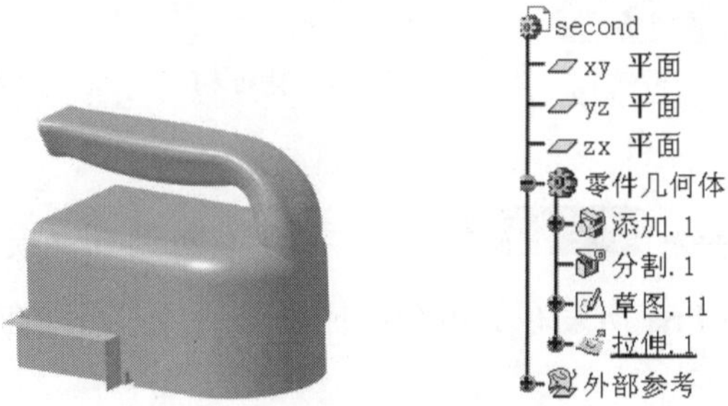

图 11.3.1 零件模型及特征树

Step1. 新建模型文件。激活 trim_pelucohi，选择下拉菜单 插入 → 新建零件 命令；系统弹出“新零件：原点”对话框；单击 是(Y) 按钮完成零部件的创建。

Step2. 修改文件名。在特征树 Part1 (Part1.2) 上右击，在弹出的快捷菜单中选择 属性 选项；系统弹出“属性”对话框。在 实例名称 和 零件编号 两个文本框中均输入文件名 second；单击 确定 按钮，完成文件名的修改。

Step3. 编辑 second 部件。激活 second (second)；然后右击，在弹出的快捷菜单中选择 second 对象 → 在新窗口中打开 命令；系统进入“创成式外形设计”工作台。

Step4. 切换工作台。选择下拉菜单 开始 → 机械设计 → 零件设计 命令，切换到“零件设计”工作台。

说明：如果系统目前处于“零件设计”工作台中，则不用切换工作台，Step4 操作可以省略。

Step5. 创建实体外部引用。

（1）选择下拉菜单 窗口 → first.CATPart 命令。

（2）在发布特征树中选择 零件几何体 右击，在弹出的快捷菜单中选择 复制 命令。

（3）选择下拉菜单 窗口 → second.CATPart 命令。系统切换到 second 模型文件。

（4）在特征树 second 上右击，在弹出的快捷菜单中选择 选择性粘贴... 命令，系统弹出图 11.3.2 所示的“选择性粘贴”对话框，选择 与原文档相关联的结果 选项，单击 确定 按钮，完成外部引用的创建，此时特征树如图 11.3.3 所示。

（5）创建布尔操作。在特征树上选中 几何体.2，然后选择下拉菜单 插入 → 布尔操作 → 添加... 命令，此时特征树如图 11.3.4 所示。

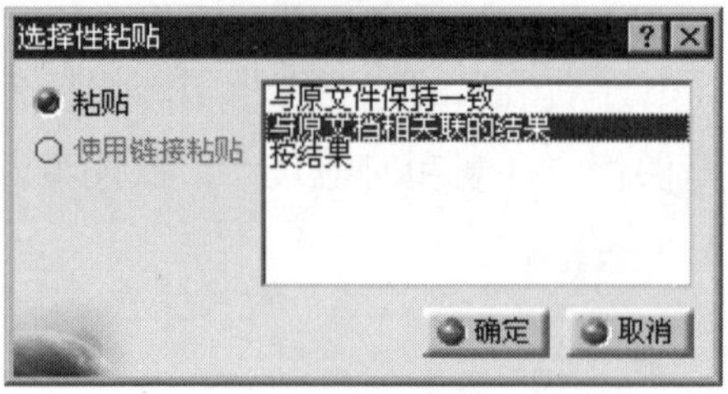

图 11.3.2 “选择性粘贴”对话框

图 11.3.3 特征树

图 11.3.4 特征树

Step6. 创建特征外部引用。

（1）选择下拉菜单 窗口 → first.CATPart 命令。系统切换到 first 模型文件。

（2）在发布特征树上选中 first 所发布的单个特征及草图后右击，在弹出的快捷菜单中选择 复制 命令。

（3）选择下拉菜单 窗口 → second.CATPart 命令。系统切换到 second 模型文件。

（4）在特征树 second 上右击，在弹出的快捷菜单中选择 选择性粘贴... 命令，系统弹出“选择性粘贴”对话框，选择 与原文档相关联的结果 选项，单击 确定 按钮，完成外部引用的创建，此时特征树如图 11.3.5 所示。

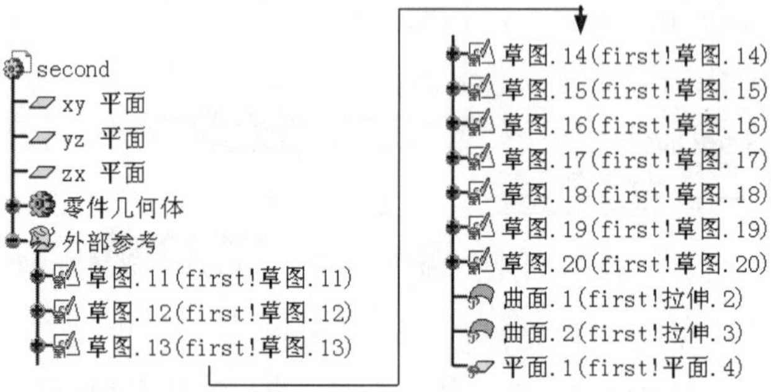

图 11.3.5 特征树

Step7. 创建图 11.3.6 所示的特征——分割 1。

（1）选择命令。选择下拉菜单 插入 → 基于曲面的特征 → 分割... 命令。系统弹出“定义分割”对话框。

（2）定义分割元素。选取外部参考的（图 11.3.7）“拉伸 2”为分割元素。

（3）单击 确定 按钮，完成分割 1 的创建。

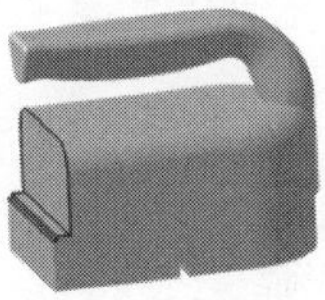

图 11.3.6　分割 1

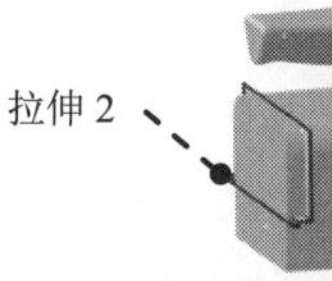

图 11.3.7　选取分割元素

Step8. 切换工作台。选择下拉菜单 开始 → 形状 ▸ → 创成式外形设计 命令，切换到“创成式外形设计”工作台。

Step9. 创建图 11.3.8 所示的特征——草图 1。选择下拉菜单 插入 → 草图编辑器 ▸ → 草图 命令；选取“zx 平面”为草图平面；绘制图 11.3.8 所示的截面草图。

说明：读者在创建草图时，可能草图的编号与文档的编号不一致，但不影响操作，后同。

Step10. 创建图 11.3.9 所示的特征——拉伸 1。

（1）选择命令。选择下拉菜单 插入 → 曲面 ▸ → 拉伸... 命令。

（2）定义拉伸类型和尺寸。选取“草图 1”为拉伸轮廓；选取“zx 平面”为拉伸方向；在“拉伸曲面定义”对话框的 限制 1 区域的 类型: 下拉列表中选择 尺寸 选项；在 限制 1 区域的 尺寸: 文本框中输入值 50；在 限制 2 区域的 尺寸: 文本框中输入值 50。

（3）单击 确定 按钮，完成拉伸 1 的创建。

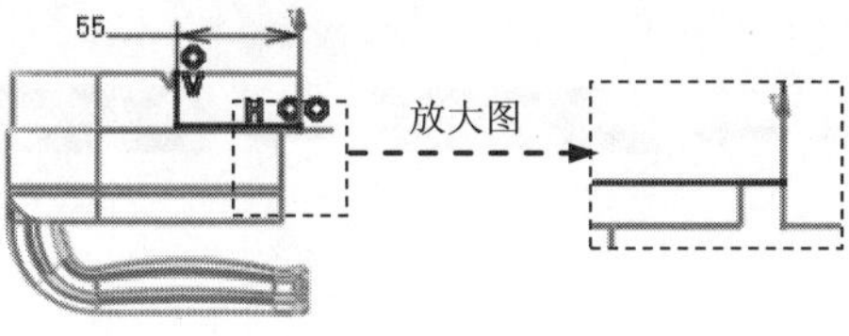

图 11.3.8　草图 1

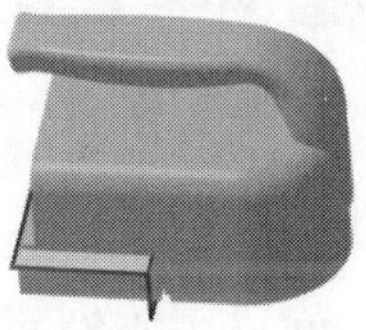

图 11.3.9　拉伸 1

Step11. 发布实体特征。选择下拉菜单 工具 → 发布... 命令，在特征树中选择 零件几何体 为要发布元素。单击 确定 按钮，完成发布特征。

Step12. 发布单个特征及草图。选择下拉菜单 工具 → 发布... 命令，在 外部参考 的展开树中选取其所有的特征及草图和 second 所作的拉伸 1 为发布对象。

Step13. 保存零件模型。选择下拉菜单 文件 → 保存 命令，即可保存零件模型。

Step14. 选择下拉菜单 窗口 → trim_pelucohi.CATProduct 命令并保存组件。

11.4　三 级 控 件

三级控件（third）是继承二级控件的基准创建出来的又一级控件，它为后面要创建的四级控件提供整体外形及尺寸。下面讲解三级控件的创建过程，零件模型及相应的特征树如图 11.4.1 所示。

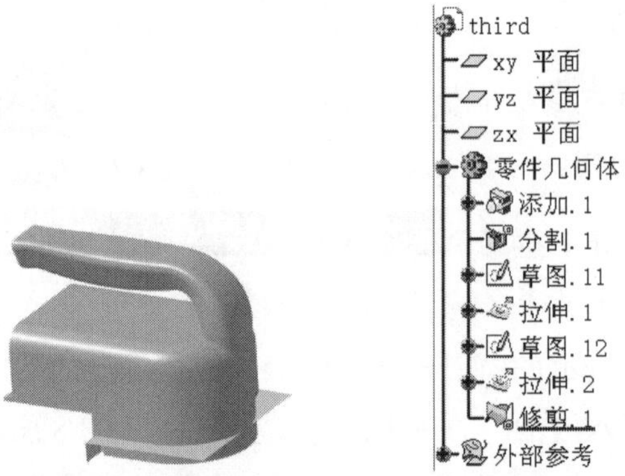

图 11.4.1　零件模型及特征树

Step1. 新建模型文件。激活 trim_pelucohi，选择下拉菜单 插入 → 新建零件 命令；系统弹出“新零件：原点”对话框；单击 是(Y) 按钮完成零部件的创建。

Step2. 修改文件名。在 Part1 (Part1.3) 上右击，在弹出的快捷菜单中选择 属性 选项；系统弹出“属性”对话框。在 实例名称 和 零件编号 两个文本框中均输入文件名 third；单击 确定 按钮完成文件名的修改。

Step3. 编辑 third 部件。激活 third (third)，然后右击，在弹出的快捷菜单中选择 third 对象 → 在新窗口中打开 命令。

Step4. 切换工作台。选择下拉菜单 开始 → 机械设计 → 零件设计 命令，切换到“零件设计”工作台。

Step5. 创建实体外部引用。

（1）选择下拉菜单 窗口 → second.CATPart 命令。系统切换到 second 模型文件。

（2）在特征树中选择 零件几何体 右击，在弹出的快捷菜单中选择 复制 命令。

（3）选择下拉菜单 窗口 → third.CATPart 命令。系统切换到 third 模型文件。

（4）在特征树 third 上右击，在弹出的快捷菜单中选择 选择性粘贴... 命令，系统弹出“选择性粘贴”对话框，选择 与原文档相关联的结果 选项，单击 确定 按钮，完成外部引用的创建。

（5）创建布尔操作。在特征树上选中 几何体.2，然后选择下拉菜单 插入 → 布尔操作 → 添加... 命令，完成布尔操作。

Step6. 创建特征外部引用。

（1）选择下拉菜单 窗口 → second.CATPart 命令，切换到 second 模型文件。

（2）在特征树上选中 second 所发布的特征及草图平面后右击，在弹出的快捷菜单中选择复制命令。

（3）选择下拉菜单窗口 → third.CATPart命令。系统切换到 third 模型文件。

（4）在特征树third上右击，在弹出的快捷菜单中选择选择性粘贴...命令，系统弹出“选择性粘贴”对话框，选择与原文档相关联的结果选项，单击确定按钮，完成外部引用的创建。

Step7. 创建图 11.4.2 所示的特征——分割 1。

（1）选择命令。选择下拉菜单插入 → 基于曲面的特征 → 分割...命令。系统弹出“定义分割”对话框。

（2）定义分割元素。选取图 11.4.3 所示的曲面（外部参考的“曲面 3”为分割元素）为分割元素。

图 11.4.2　分割 1

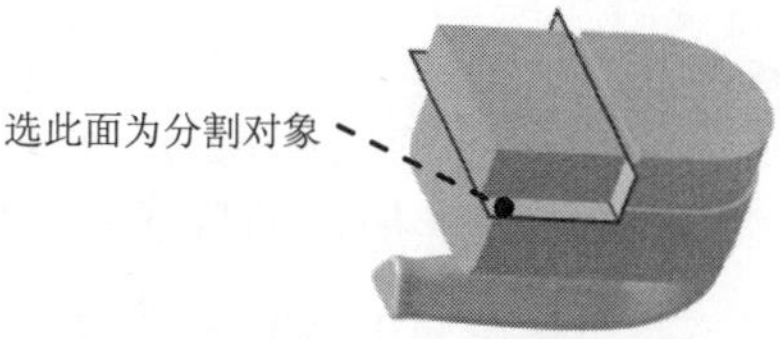

图 11.4.3　选取曲面分割元素

（3）单击确定按钮，完成分割 1 的创建。

Step8. 切换工作台。选择下拉菜单开始 → 形状 → 创成式外形设计命令，切换到“创成式外形设计”工作台。

Step9. 创建图 11.4.4 所示的特征——草图 1。选择下拉菜单插入 → 草图编辑器 → 草图命令；选取“zx 平面”为草图平面；绘制图 11.4.4 所示的截面草图。

Step10. 创建图 11.4.5 所示的特征——拉伸 1。

（1）选择命令。选择下拉菜单插入 → 曲面 → 拉伸...命令。

（2）定义拉伸类型和尺寸。选取“草图 1”为拉伸轮廓；选取“zx 平面”为拉伸方向；在“拉伸曲面定义”对话框的限制 1区域的类型：下拉列表中选择尺寸选项；在限制 1区域的尺寸：文本框中输入值 50；在限制 2区域的尺寸：文本框中输入值 50。

（3）单击确定按钮，完成拉伸 1 的创建。

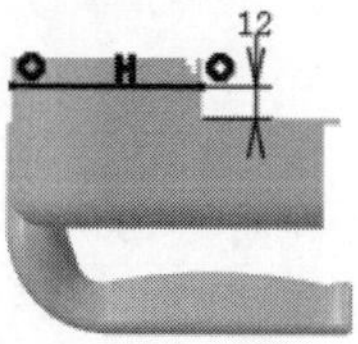

图 11.4.4　草图 1

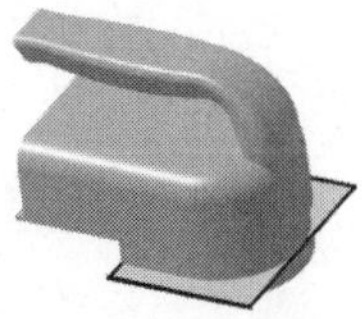
图 11.4.5　拉伸 1

Step11. 创建图 11.4.6 所示的特征——草图 2。选择下拉菜单插入 → 草图编辑器

→ 草图命令；选取图 11.4.7 所示的面为草图平面；绘制图 11.4.6 所示的截面草图。

Step12. 创建图 11.4.8 所示的特征——拉伸 2。

（1）选择命令。选择下拉菜单 插入 → 曲面 ▸ → 拉伸... 命令。

（2）定义拉伸类型和尺寸。选取“草图 2”为拉伸轮廓；选取 Z 部件 为拉伸方向；在“拉伸曲面定义”对话框的 限制 1 区域的 类型: 下拉列表中选择 直到元素 选项；选取拉伸 1 为限制面；单击 确定 按钮，完成拉伸 2 的创建。

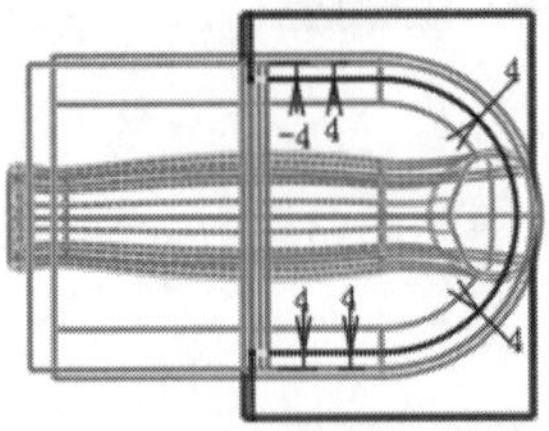

图 11.4.6 草图 2

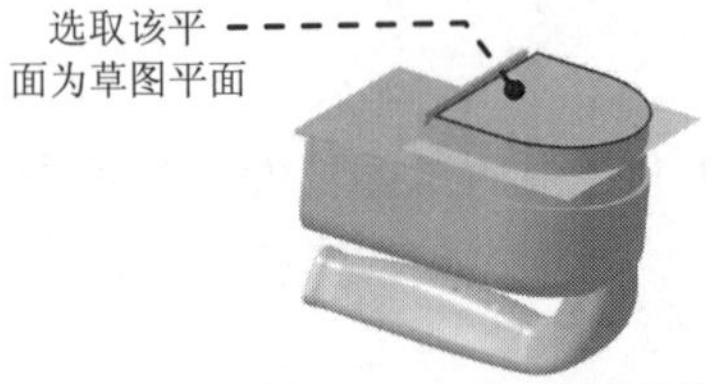

图 11.4.7 定义草图平面

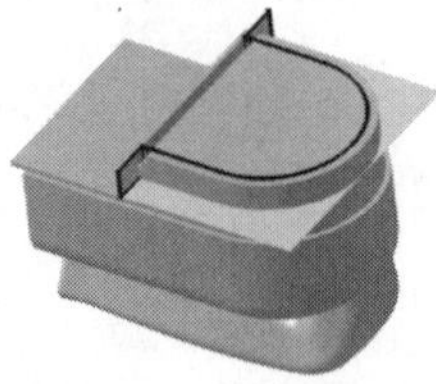

图 11.4.8 拉伸 2

Step13. 创建图 11.4.9 所示的特征——修剪 1。选择下拉菜单 插入 → 操作 ▸ → 修剪... 命令；选取“拉伸 1”和“拉伸 2”为修剪元素（可通过 另一侧/下一元素 、另一侧/上一元素 调整修剪方向）；单击 确定 按钮，完成修剪 1 的创建。

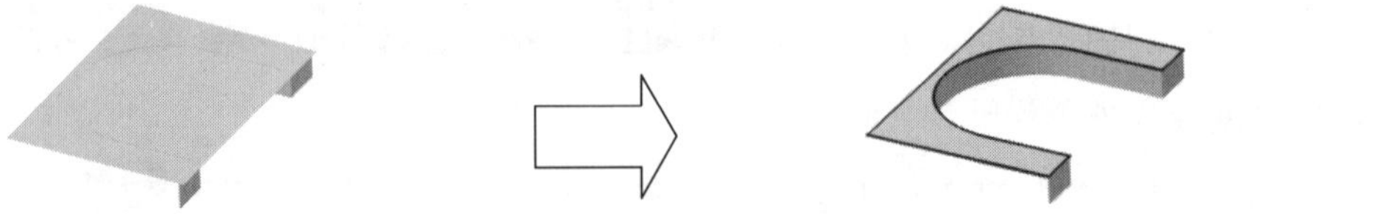

a）修剪前　　b）修剪后

图 11.4.9 修剪 1

Step14. 发布实体特征。选择下拉菜单 工具 → 发布... 命令，在特征树中选择 零件几何体 为要发布元素。单击 确定 按钮，完成发布特征。

Step15. 发布单个特征及草图。选择下拉菜单 工具 → 发布... 命令，在 外部参考 的展开树中选取其所有的特征及草图和 third 所作的“修剪 1”为发布对象。

Step16. 保存零件模型。选择下拉菜单 文件 → 保存 命令，即可保存零件模型。

Step17. 选择下拉菜单 窗口 → trim_pelucohi.CATProduct 命令并保存组件。

11.5 四级控件

四级控件（fourth）是继承三级控件的基准创建出来的，它为后面的零部件提供整体外形及尺寸。下面讲解四级控件的创建过程，零件模型及相应的特征树如图 11.5.1 所示。

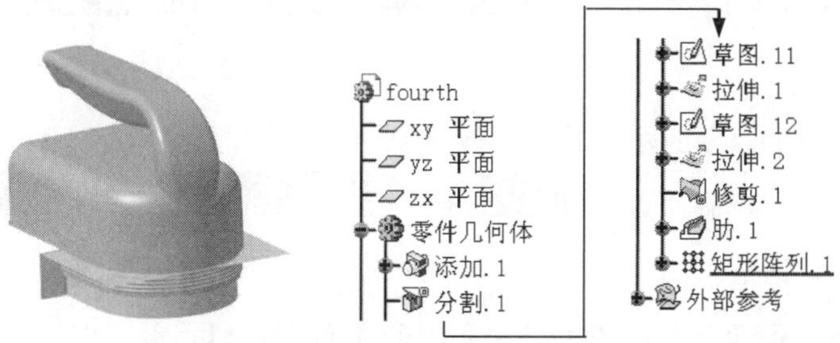

图 11.5.1 零件模型及特征树

Step1. 新建模型文件。激活 trim_pelucohi，选择下拉菜单 插入 → 新建零件 命令；系统弹出“新零件：原点”对话框；单击 是(Y) 按钮完成零部件的创建。

Step2. 修改文件名。在 Part1 (Part1.4) 上右击，在弹出的快捷菜单中选择 属性 选项；系统弹出“属性”对话框。在 实例名称 和 零件编号 两个文本框中均输入文件名 fourth；单击 确定 按钮完成文件名的修改。

Step3. 编辑 fourth 部件。激活 fourth (fourth)；然后右击，在弹出的快捷菜单中选择 fourth 对象 → 在新窗口中打开 命令。

Step4. 切换工作台。选择下拉菜单 开始 → 机械设计 → 零件设计 命令，切换到“零件设计”工作台。

Step5. 创建实体外部引用。

（1）选择下拉菜单 窗口 → third.CATPart 命令。系统切换到 third 模型文件。

（2）在特征树中选择 零件几何体 右击，在弹出的快捷菜单中选择 复制 命令。

（3）选择下拉菜单 窗口 → fourth.CATPart 命令。系统切换到 fourth 模型文件。

（4）在特征树 fourth 上右击，在弹出的快捷菜单中选择 选择性粘贴... 命令，系统弹出“选择性粘贴”对话框，选择 与原文档相关联的结果 选项，单击 确定 按钮，完成外部引用的创建。

（5）创建布尔操作。在特征树上选中 几何体.2，然后选择下拉菜单 插入 → 布尔操作 → 添加... 命令，完成布尔操作。

Step6. 创建特征外部引用。

（1）选择下拉菜单 窗口 → third.CATPart 命令。系统切换到 third 模型文件。

（2）在发布特征树上选中 third 所发布的单个特征及草图后右击，在弹出的快捷菜单中选择 复制 命令。

（3）选择下拉菜单 窗口 → fourth.CATPart 命令。系统切换到 fourth 模型文件。

（4）在特征树 fourth 上右击，在弹出的快捷菜单中选择 选择性粘贴... 命令，系统弹出“选择性粘贴”对话框，选择与原文档相关联的结果选项，单击确定按钮，完成外部引用的创建。

Step7. 创建图 11.5.2 所示的特征——分割 1。

（1）选择命令。选择下拉菜单插入 → 基于曲面的特征 ▸ → 分割...命令。系统弹出“定义分割”对话框。

（2）定义分割元素。选取图 11.5.3 所示的曲面为分割元素。

（3）单击确定按钮，完成分割 1 的创建。

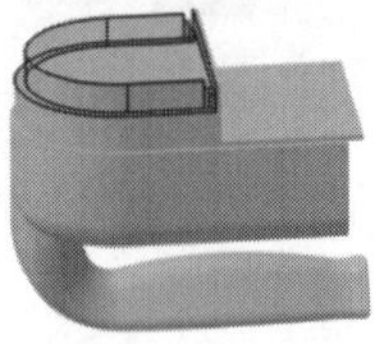

图 11.5.2　分割 1

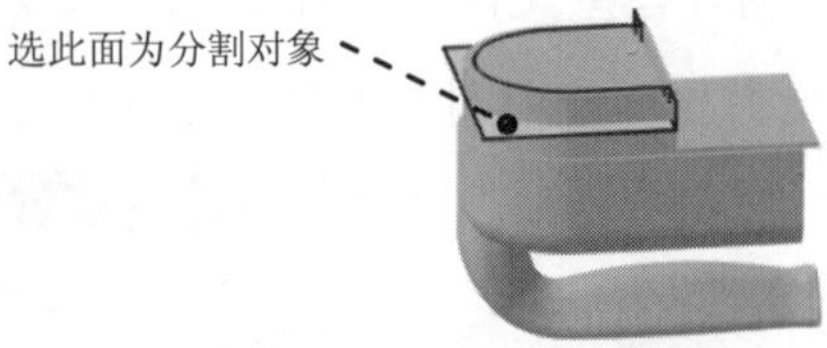

图 11.5.3　选取分割元素

Step8. 切换工作台。选择下拉菜单开始 → 形状 ▸ → 创成式外形设计命令，切换到“创成式外形设计”工作台。

Step9. 创建图 11.5.4 所示的特征——草图 1。选择下拉菜单插入 → 草图编辑器 ▸ → 草图命令；选取“zx 平面”为草图平面；绘制图 11.5.4 所示的截面草图。

Step10. 创建图 11.5.5 所示的特征——拉伸 1。

（1）选择命令。选择下拉菜单插入 → 曲面 ▸ → 拉伸...命令。

（2）定义拉伸类型和尺寸。选取“草图 1”为拉伸轮廓；选取“zx 平面”为拉伸方向；在“拉伸曲面定义”对话框的限制 1区域的类型：下拉列表中选择尺寸选项；在限制 1区域的尺寸：文本框中输入值 50。在限制 2区域的尺寸：文本框中输入值 50。

（3）单击确定按钮，完成拉伸 1 的创建。

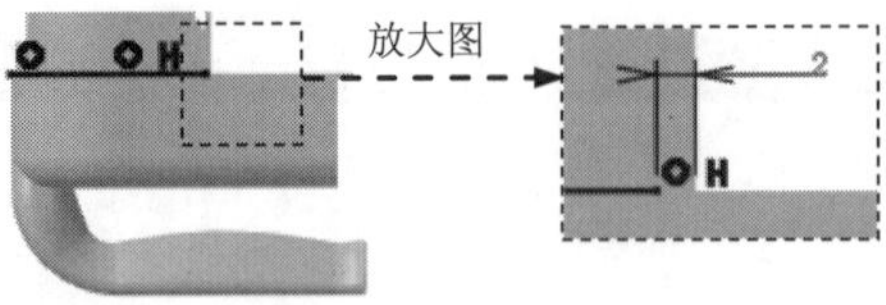

图 11.5.4　草图 1

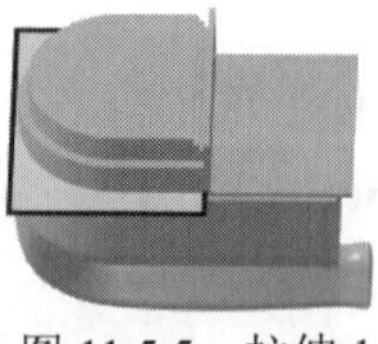

图 11.5.5　拉伸 1

Step11. 创建图 11.5.6 所示的特征——草图 2。选择下拉菜单插入 → 草图编辑器 ▸ → 草图命令；选取图 11.5.7 所示的面为草图平面；绘制图 11.5.6 所示的截面草图。

Step12. 创建图 11.5.8 所示的特征——拉伸 2。选择下拉菜单插入 → 曲面 ▸ → 拉伸...命令，选取“草图 2”为拉伸轮廓；选取Z 部件为拉伸方向；在“拉伸曲面定义”对话框的限制 1区域的类型：下拉列表中选择直到元素选项；选取“拉伸 1”为限制面；单击确定按钮，完成拉伸 2 的创建。

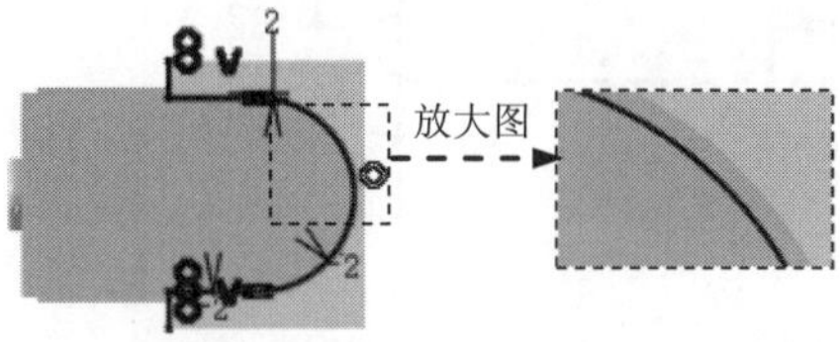

图 11.5.6 草图 2

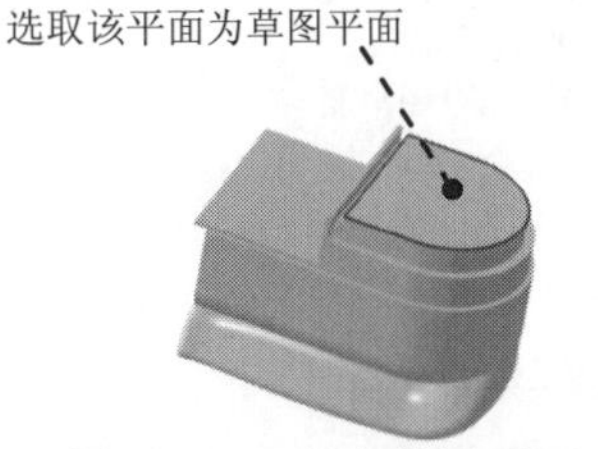

图 11.5.7 定义草图平面

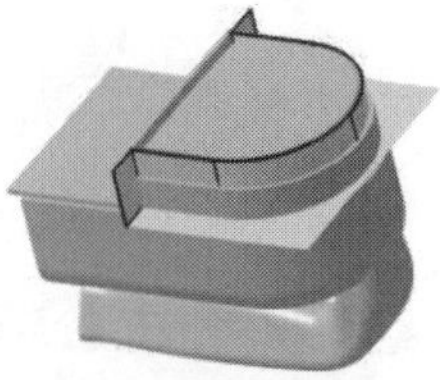

图 11.5.8 拉伸 2

Step13. 创建图 11.5.9 所示的特征——修剪 1。选择下拉菜单 插入 → 操作 → 修剪... 命令；选取“拉伸 1”和“拉伸 2”为修剪元素（可通过 另一侧/下一元素、另一侧/上一元素 调整修剪方向）；单击 确定 按钮，完成修剪 1 的创建。

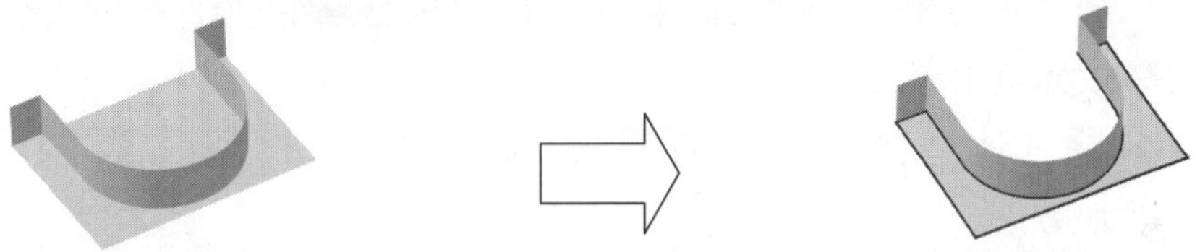

a）修剪前 b）修剪后

图 11.5.9 修剪 1

Step14. 创建图 11.5.10 所示的特征——草图 3。选择下拉菜单 插入 → 草图编辑器 → 草图 命令；选取图 11.5.11 所示的面为草图平面；绘制图 11.5.10 所示的截面草图。

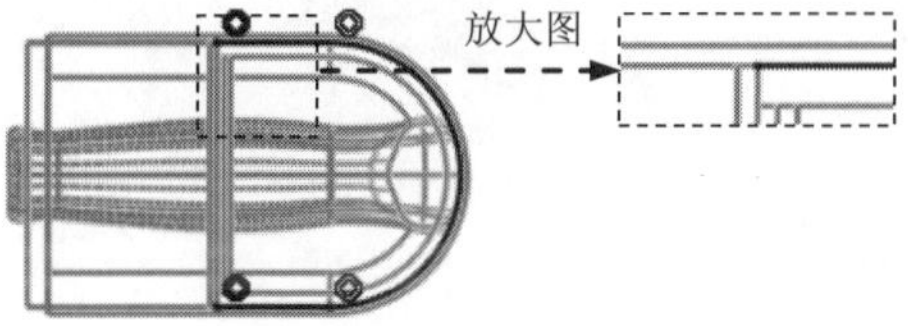

图 11.5.10 草图 3

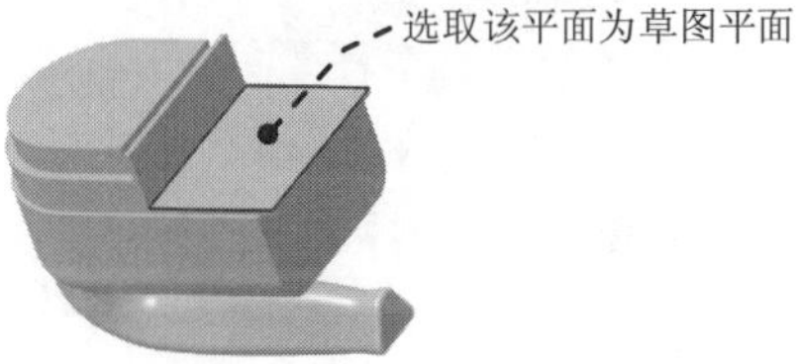

图 11.5.11 定义草图平面

Step15. 切换工作台。选择下拉菜单 开始 → 机械设计 → 零件设计 命令，切换到“零件设计”工作台。

Step16. 创建图 11.5.12 所示的零件特征——肋 1。

（1）选择命令。选择下拉菜单 插入 → 基于草图的特征 → 肋... 命令，系统弹出“定义肋”对话框。

（2）创建截面草图。

① 定义草图平面。在 轮廓 文本框处单击按钮，选取图 11.5.12 所示的面为草图平面。

② 绘制截面草图。在草绘工作台中绘制图 11.5.13 所示的截面草图。

③ 单击“工作台”工具栏中的按钮，退出草绘工作台。

（3）定义中心曲线。选取草图 3 为中心曲线，其他选项采用系统默认设置。

（4）单击 确定 按钮，完成肋 1 的创建。

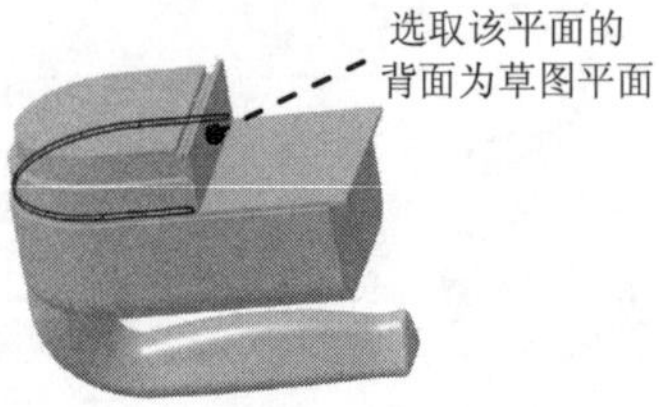

图 11.5.12　肋 1

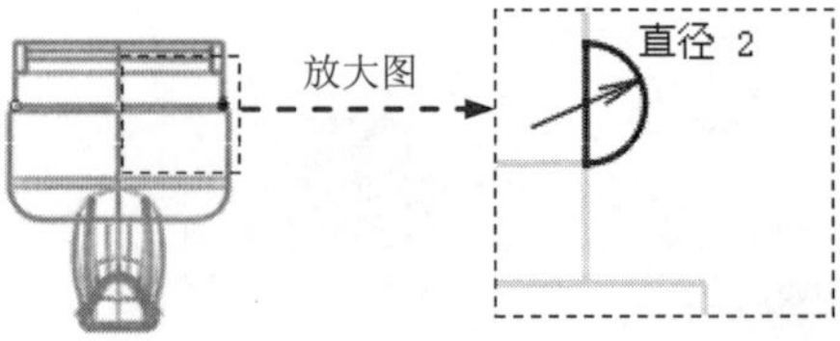

图 11.5.13　截面草图

Step17. 创建图 11.5.14b 所示的变换特征——矩形阵列 1。

（1）选择命令。选择下拉菜单 插入 → 变换特征 ▸ → 矩形阵列... 命令（或单击 按钮），系统弹出“定义矩形阵列”对话框。

（2）在 第一方向 选项的 参数: 文本框的下拉列表中选择 实例和间距 选项，在 实例: 文本框中输入值 5，并在 间距: 文本框中输入值 2。

（3）定义参考方向。在 参考方向 区域的 参考元素: 文本框处右击，在弹出的下拉菜单中选择 Z 轴 选项为参照方向。

（4）定义阵列对象。在 要阵列的对象 区域处单击，在特征树中选取肋 1 为阵列对象。

（5）单击 确定 按钮，完成矩形阵列 1 的创建。

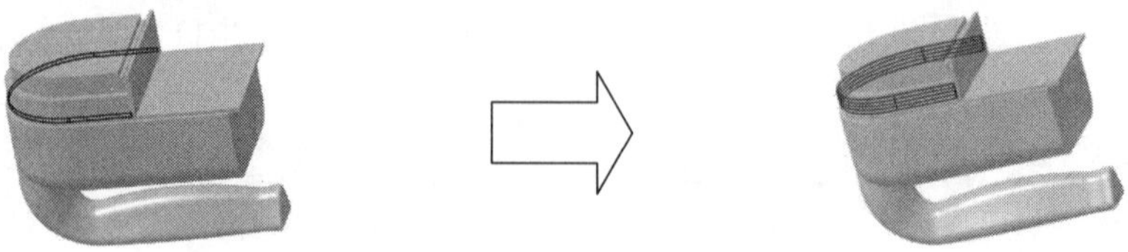
a）阵列前　　b）阵列后

图 11.5.14　矩形阵列 1

Step18. 发布实体特征。选择下拉菜单 工具 → 发布... 命令，在特征树中选择 零件几何体 为要发布元素。单击 确定 按钮，完成发布特征。

Step19. 发布单个特征及草图。选择下拉菜单 工具 → 发布... 命令，在 外部参考 的展开树中选取其所有的特征及草图和 fourth 所作的“修剪 1”为发布对象。

Step20. 保存零件模型。选择下拉菜单 文件 → 保存 命令，即可保存零件模型。

Step21. 保存组件。选择下拉菜单 窗口 → trim_pelucohi.CATProduct 命令，切换到组件窗口，保存组件。

11.6　五级控件

五级控件（fifth）是继承四级控件的基准创建出来的又一级控件，它为后面的零部件提供整体外形及尺寸。零件模型及相应的特征树如图 11.6.1 所示。

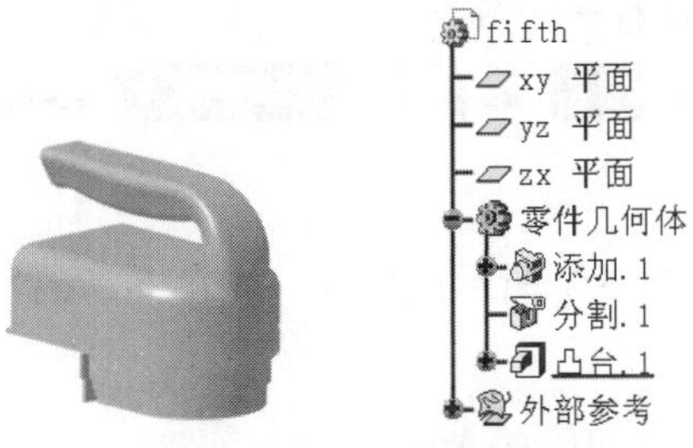

图 11.6.1 零件模型及特征树

Step1. 新建模型文件。激活 trim_pelucohi，选择下拉菜单 插入 → 新建零件 命令；系统弹出“新零件：原点”对话框；单击 是(Y) 按钮完成零部件的创建。

Step2. 修改文件名。在 Part1 (Part1.5) 上右击，在弹出的快捷菜单中选择 属性 选项；系统弹出“属性”对话框。在 实例名称 和 零件编号 两个文本框中均输入文件名 fifth；单击 确定 按钮完成文件名的修改。

Step3. 编辑 fifth 部件。激活 fifth (fifth)；然后右击，在弹出的快捷菜单中选择 fifth 对象 → 在新窗口中打开 命令；系统进入“零件设计”工作台。

Step4. 创建实体外部引用。

（1）选择下拉菜单 窗口 → fourth.CATPart 命令。系统切换到 fourth 模型文件。

（2）在特征树中选择 零件几何体 右击，在弹出的快捷菜单中选择 复制 命令。

（3）选择下拉菜单 窗口 → fifth.CATPart 命令。系统切换到 fifth 模型文件。

（4）在特征树 fifth 上右击，在弹出的快捷菜单中选择 选择性粘贴... 命令，系统弹出“选择性粘贴”对话框，选择 与原文档相关联的结果 选项，单击 确定 按钮，完成外部引用的创建。

（5）创建布尔操作。在特征树上选中 几何体.2，然后选择下拉菜单 插入 → 布尔操作 → 添加... 命令，完成布尔操作。

Step5. 创建特征外部引用。

（1）选择下拉菜单 窗口 → fourth.CATPart 命令。系统切换到 fourth 模型文件。

（2）在发布特征树上选中四级控件发布的单个特征及草图后右击，在弹出的快捷菜单中选择 复制 命令。

（3）选择下拉菜单 窗口 → fifth.CATPart 命令。系统切换到 fifth 模型文件。

（4）在特征树 fifth 上右击，在弹出的快捷菜单中选择 选择性粘贴... 命令，系统弹出“选择性粘贴”对话框，选择 与原文档相关联的结果 选项，单击 确定 按钮，完成外部引用的创建。

Step6. 创建图 11.6.2 所示的特征——分割 1。

（1）选择命令。选择下拉菜单 插入 → 基于曲面的特征 → 分割... 命令。系统弹出“定义分割”对话框。

（2）定义分割元素。选取图 11.6.3 所示的曲面（外部参考的“曲面 5”为分割元素）为分割元素。

（3）单击 确定 按钮，完成分割 1 的创建。

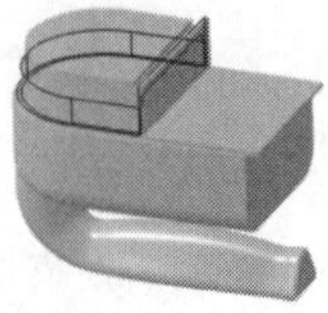

图 11.6.2　分割 1

图 11.6.3　选取分割元素

Step7. 创建图 11.6.4 所示的特征——凸台 1。

（1）选择命令。选择下拉菜单 插入 → 基于草图的特征 → 凸台... 命令，系统弹出“定义凸台”对话框。

（2）创建截面草图。

① 定义草图平面。在“定义凸台”对话框中单击按钮，选取图 11.6.4 所示的面为草图平面。

② 绘制截面草图。在草绘工作台中绘制图 11.6.5 所示的截面草图。

③ 单击“工作台”工具栏中的按钮，退出草绘工作台。

（3）定义拉伸深度属性。

① 定义深度方向。采用系统默认的深度方向（以后未加注明，均为默认的深度方向）。

② 定义深度类型。在 第一限制 区域的 类型： 下拉列表中选择 直到平面 选项。

③ 定义深度值。激活 限制： 文本框，选取与草图平面相对的面为限制面，单击 确定 按钮，完成凸台 1 的创建。

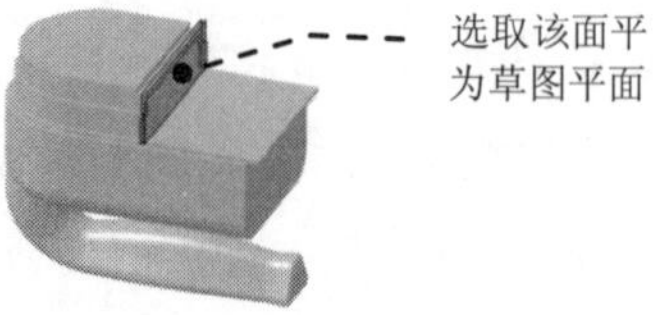

图 11.6.4　凸台 1

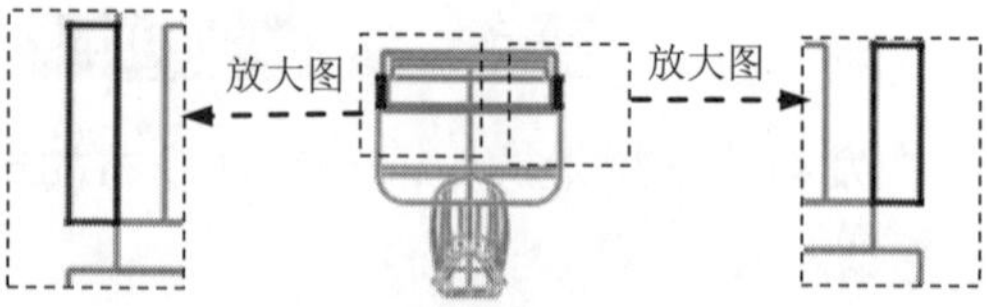

图 11.6.5　截面草图

Step8. 发布实体特征。选择下拉菜单 工具 → 发布... 命令，在特征树中选择 零件几何体 为要发布元素。单击 确定 按钮，完成发布特征。

Step9. 发布单个特征及草图。选择下拉菜单工具 → 发布...命令，在外部参考的展开树中选择其所有的特征为发布对象。

Step10. 保存零件模型。选择下拉菜单文件 → 保存命令，即可保存零件模型。

Step11. 选择下拉菜单窗口 → trim_pelucohi.CATProduct命令并保存组件。

11.7 下　　盖

下面讲解下盖（down_cover）的创建过程。下盖是从一级控件的基础上分割出来的，同时获得本身的外形尺寸，这些都是对其进行设计的依据。零件模型及相应的特征树如图 11.7.1 所示。

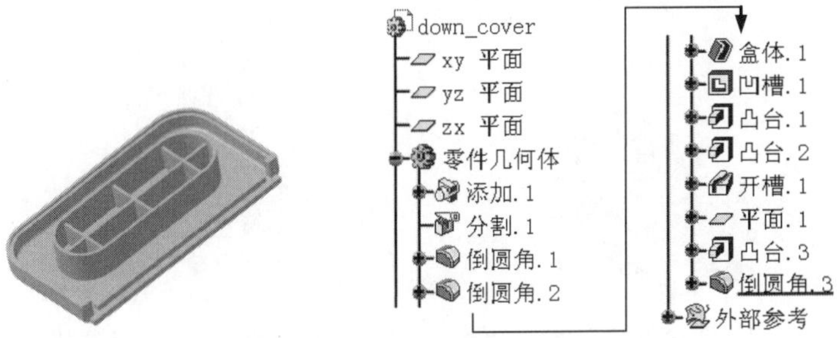

图 11.7.1　零件模型及特征树

Step1. 新建模型文件。激活trim_pelucohi，选择下拉菜单插入 → 新建零件命令；系统弹出“新零件：原点”对话框；单击是(Y)按钮完成零部件的创建。

Step2. 修改文件名。在Part1 (Part1.6)上右击，在弹出的快捷菜单中选择属性选项；系统弹出“属性”对话框。在实例名称和零件编号两个文本框中均输入文件名 down_cover；单击确定按钮完成文件名的修改。

Step3. 编辑 down_cover 部件。激活down_cover (down_cover.)；然后右击，在弹出的快捷菜单中选择down_cover. 对象 → 在新窗口中打开命令；系统进入“零件设计”工作台。

Step4. 创建实体外部引用。

（1）选择下拉菜单窗口 → first.CATPart命令。系统切换到 first 模型文件。

（2）在特征树中选择零件几何体右击，在弹出的快捷菜单中选择复制命令。

（3）选择下拉菜单窗口 → down_cover.CATPart命令。系统切换到 down_cover 模型文件。

（4）在特征树down_cover 上右击，在弹出的快捷菜单中选择选择性粘贴...命令，系统弹出“选择性粘贴”对话框，选择与原文档相关联的结果选项，单击确定按钮，完成外部引用的创建。

（5）创建布尔操作。在特征树上选中几何体.2，然后选择下拉菜单 插入 → 布尔操作 → 添加... 命令，完成布尔操作。

Step5. 创建特征外部引用。

（1）选择下拉菜单 窗口 → first.CATPart 命令。系统切换到 first 模型文件。

（2）在特征树上选中图 11.7.2 所示的拉伸面（发布特征中的拉伸 2）为要复制的对象，在弹出的快捷菜单中选择 复制 命令。

（3）选择下拉菜单 窗口 → down_cover.CATPart 命令。系统切换到 down_cover 模型文件。

（4）在特征树 down_cover 上右击，在弹出的快捷菜单中选择 选择性粘贴... 命令，系统弹出“选择性粘贴”对话框，选择 与原文档相关联的结果 选项，单击 确定 按钮，完成外部引用的创建。此时特征树如图 11.7.3 所示。

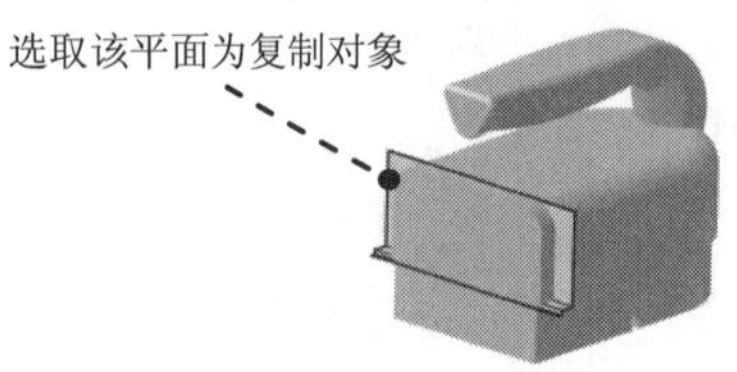

图 11.7.2　选择复制对象

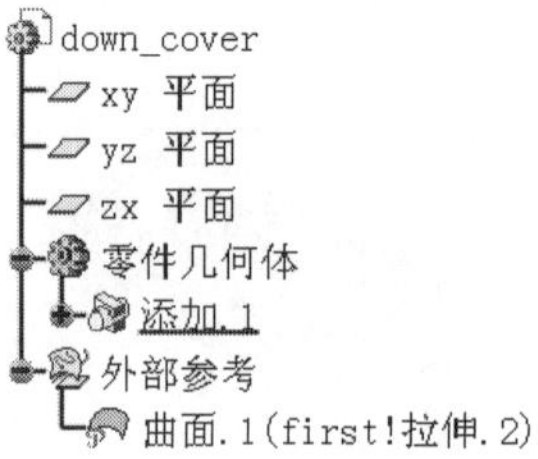

图 11.7.3　特征树

Step6. 创建图 11.7.4 所示的特征——分割 1。

（1）选择命令。选择下拉菜单 插入 → 基于曲面的特征 → 分割... 命令。系统弹出“定义分割”对话框。

（2）定义要分割元素。选取图 11.7.5 所示的曲面为分割元素，单击箭头调整分割方向。

（3）单击 确定 按钮，完成分割 1 的创建。

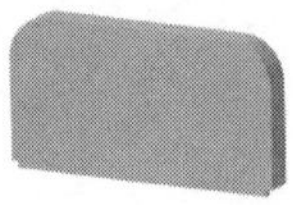
图 11.7.4　分割 1

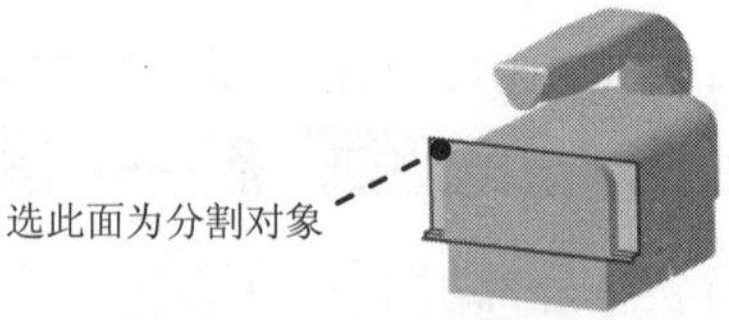

图 11.7.5　选取分割元素

Step7. 创建图 11.7.6b 所示的特征——倒圆角 1。

（1）选择命令。选择下拉菜单 插入 → 修饰特征 → 倒圆角... 命令，系统弹出“倒圆角定义”对话框。

（2）定义要倒圆角的对象。在“倒圆角定义”对话框的 选择模式： 下拉列表中选择 相切 选项，选取图 11.7.6a 所示边线为倒圆角的对象。

（3）定义倒圆角半径。在对话框的 半径: 文本框中输入值 3。

（4）单击 确定 按钮，完成倒圆角 1 的创建。

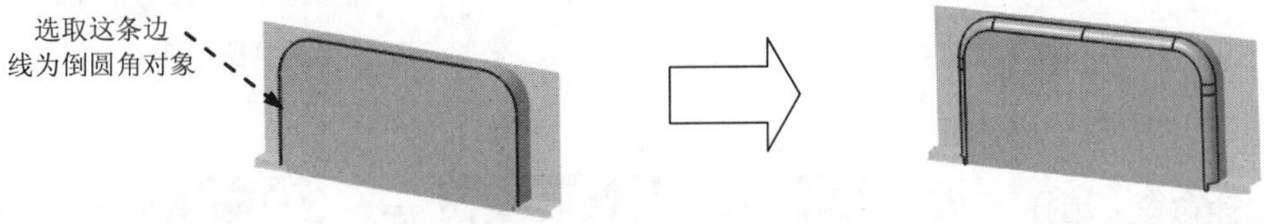

a）倒圆角前　　b）倒圆角后

图 11.7.6　倒圆角 1

Step8. 创建图 11.7.7b 所示的特征——倒圆角 2。选择下拉菜单 插入 → 修饰特征 → 倒圆角... 命令，选取图 11.7.7a 所示边线为倒圆角的对象。在 半径: 文本框中输入值 1。

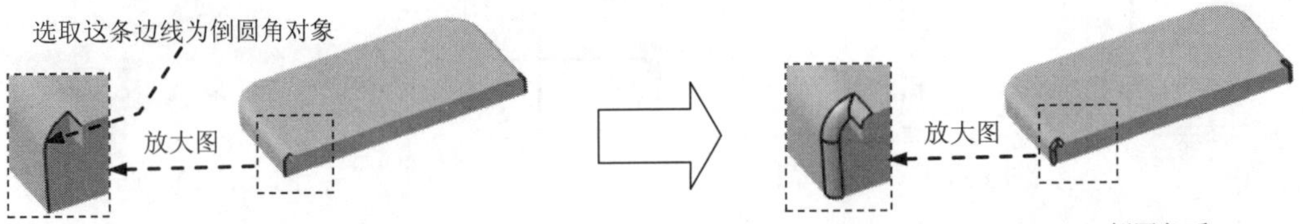

a）倒圆角前　　b）倒圆角后

图 11.7.7　倒圆角 2

Step9. 创建图 11.7.8 所示的特征——抽壳 1。选择下拉菜单 插入 → 修饰特征 → 抽壳... 命令；选取图 11.7.8a 所示的面为要移除的面；在 默认内侧厚度: 文本框中输入值 2，在 默认外侧厚度: 文本框中输入值 0，单击 确定 按钮，完成抽壳 1 的创建。

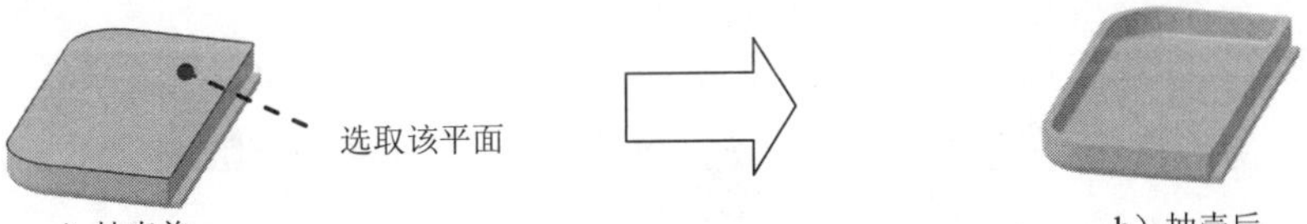

a）抽壳前　　b）抽壳后

图 11.7.8　抽壳 1

Step10. 创建图 11.7.9 所示的特征——凹槽 1。

（1）选择命令。选择下拉菜单 插入 → 基于草图的特征 → 凹槽... 命令，系统弹出“定义凹槽”对话框。

（2）单击按钮，选取图 11.7.10 所示的平面为草图平面。绘制图 11.7.11 所示的截面草图，单击按钮，退出草绘工作台。

（3）定义深度属性。

① 定义深度方向。采用系统默认的深度方向。

② 定义深度类型。在对话框 第一限制 区域的 类型: 下拉列表中选择 直到下一个 选项，单击 确定 按钮，完成凹槽 1 的创建。

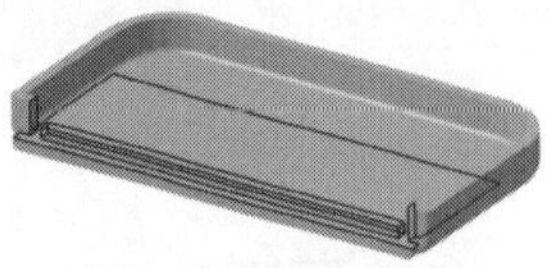

图 11.7.9　凹槽 1

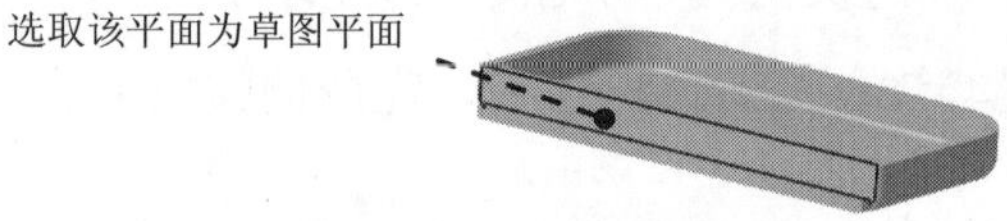

图 11.7.10　定义草图平面

Step11. 创建图 11.7.12 所示的零件基础特征——凸台 1。

（1）选择命令。选择下拉菜单 插入 → 基于草图的特征 ▸ → 凸台... 命令，系统弹出“定义凸台”对话框。

（2）创建截面草图。单击按钮，选取图 11.7.13 所示的平面为草图平面，绘制图 11.7.14 所示的截面草图，单击按钮，退出草绘工作台。

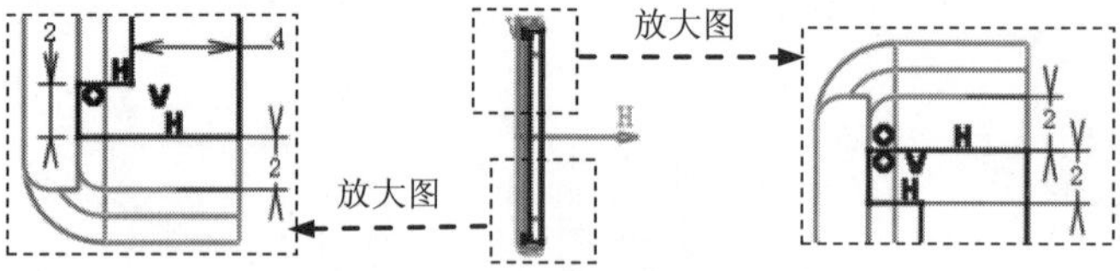

图 11.7.11　截面草图

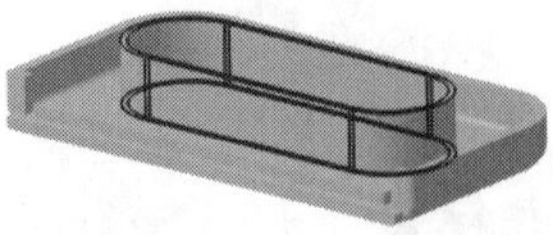

图 11.7.12　凸台 1

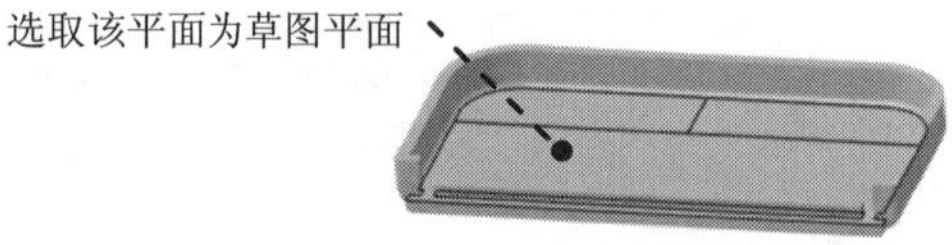

图 11.7.13　定义草图平面

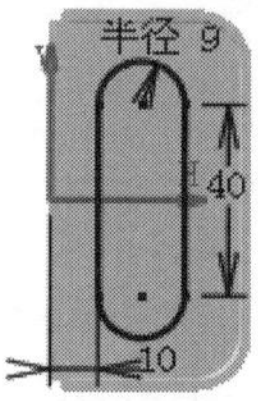

图 11.7.14　截面草图

（3）定义拉伸深度属性。

① 定义深度类型。在 第一限制 区域的 类型： 下拉列表中选择 尺寸 选项，在 第一限制 区域的 长度： 文本框中输入值 10。

② 选中 厚 复选框，单击 更多>> 按钮，在 薄凸台 区域的 厚度 1 文本框中输入值 0，在 厚度 2： 文本框中输入值 1。

（4）完成特征的创建。单击 确定 按钮，完成凸台 1 的创建。

Step12. 创建图 11.7.15 所示的零件基础特征——凸台 2。

（1）选择命令。选择下拉菜单 插入 → 基于草图的特征 ▸ → 凸台... 命令，系统弹出“定义凸台”对话框。

（2）创建截面草图。单击按钮，选取图 11.7.13 所示的平面为草图平面，绘制图 11.7.16 所示的截面草图，单击按钮，退出草绘工作台。

（3）定义拉伸深度属性。

① 定义深度类型。在第一限制区域的类型：下拉列表中选择尺寸选项，在第一限制区域的长度：文本框中输入值 8。

② 选中厚复选框，单击更多>>按钮，在薄凸台区域的厚度 1文本框中输入值 0.5，在厚度 2：文本框中输入值 0.5。

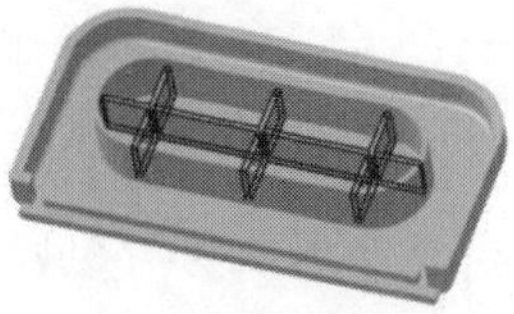

图 11.7.15 凸台 2

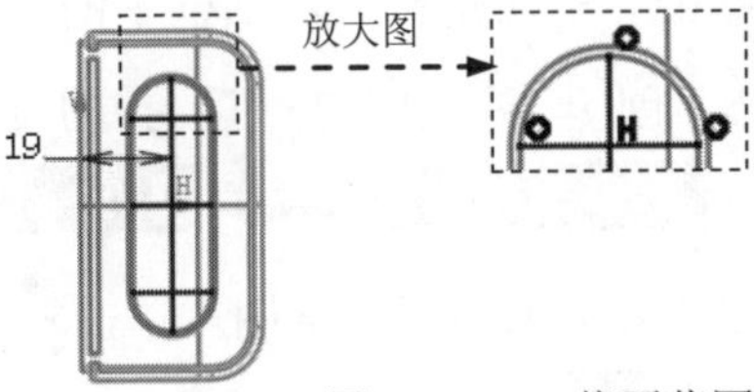

图 11.7.16 截面草图

（4）完成特征的创建。单击确定按钮，完成凸台 2 的创建。

Step13. 创建图 11.7.17 所示的特征——开槽 1。

（1）选择下拉菜单插入 → 基于草图的特征 → 开槽...命令，系统弹出“定义开槽”对话框。

（2）创建轮廓截面草图。在轮廓文本框处单击按钮，选取图 11.7.18 所示的平面为草图平面，绘制图 11.7.19 所示的截面草图，单击按钮，退出草绘工作台。

图 11.7.17 开槽 1

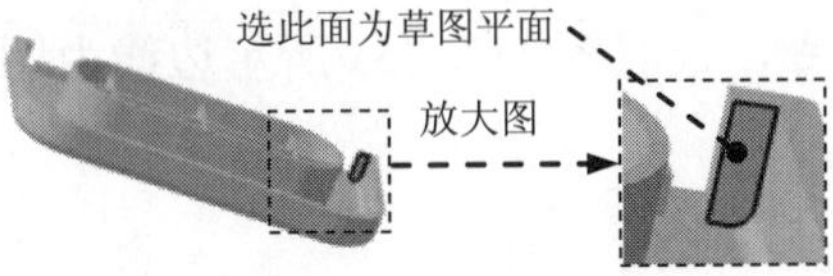

图 11.7.18 定义草图平面

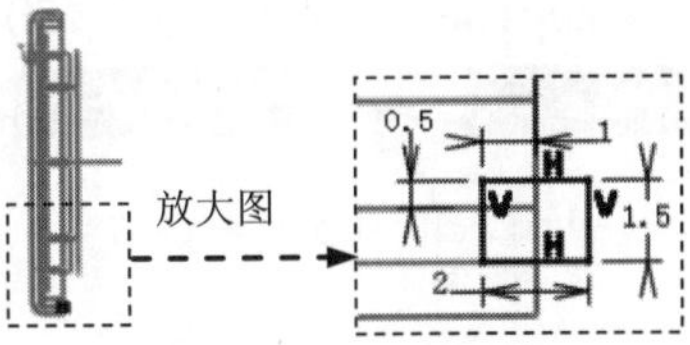

图 11.7.19 截面草图

（3）创建中心曲线草图。在中心曲线文本框处单击按钮，选取图 11.7.20 所示的平面为草图平面，绘制图 11.7.21 所示的截面草图，单击按钮，退出草绘工作台。

（4）单击确定按钮，完成开槽 1 的创建。

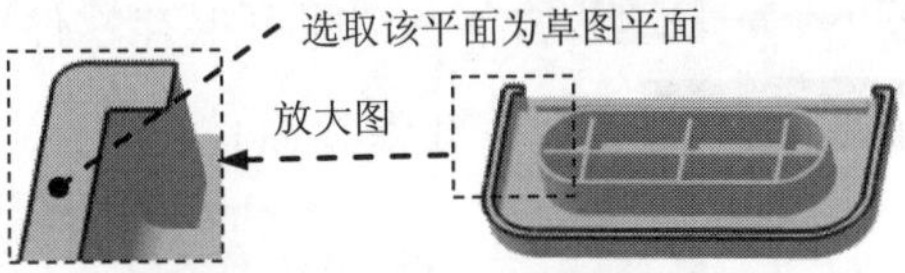

图 11.7.20 定义草图平面

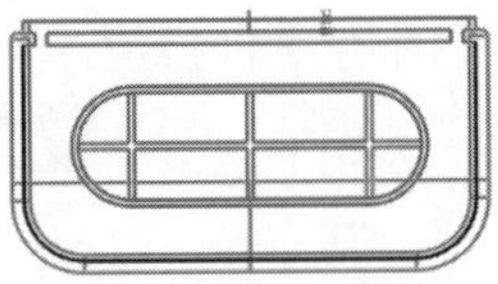

图 11.7.21 截面草图

Step14. 添加图 11.7.22 所示的平面 1。

（1）选择命令。单击“参考元素（扩展）”工具栏中的按钮，系统弹出“平面定义”对话框。

（2）定义平面类型和参考平面。在弹出的对话框的平面类型:下拉列表中选择偏移平面选项；激活参考:文本框并右击，在弹出的快捷菜单中选取 XY 平面为参考平面。

（3）定义偏移距离和方向。在偏移:文本框中输入值 2，采用系统默认的偏移方向（向实体一侧）。

（4）单击“平面定义”对话框中的确定按钮，完成平面 1 的添加。

Step15. 创建图 11.7.23 所示的零件基础特征——凸台 3。选择下拉菜单插入 ➡ 基于草图的特征 ➡ 凸台...命令，选取图 11.7.22 所示的平面 1 为草图平面，绘制图 11.7.24 所示的截面草图，单击按钮退出草绘工作台。在第一限制区域的类型:下拉列表中选择尺寸选项，在第一限制区域的长度:文本框中输入值 3。单击确定按钮，完成凸台 3 的创建。

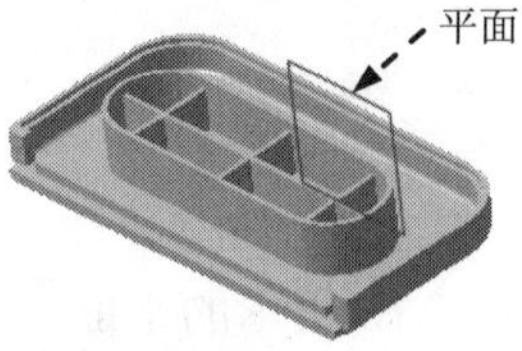

图 11.7.22　平面 1

图 11.7.23　凸台 3

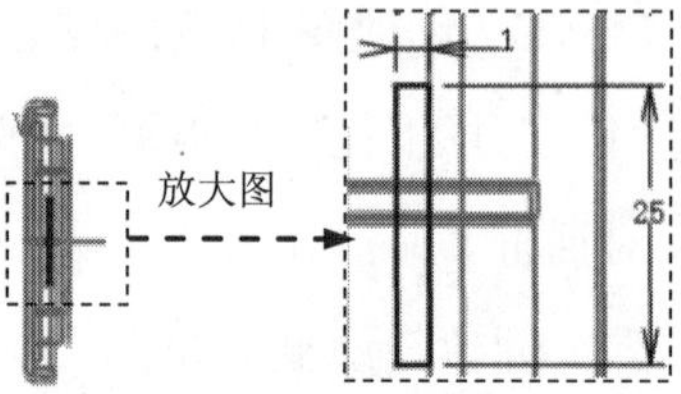

图 11.7.24　截面草图

Step16. 创建图 11.7.25b 所示的特征——倒圆角 3。选择下拉菜单插入 ➡ 修饰特征 ➡ 倒圆角...命令，选取图 11.7.25a 所示边线为倒圆角的对象。在半径:文本框中输入值 0.5。

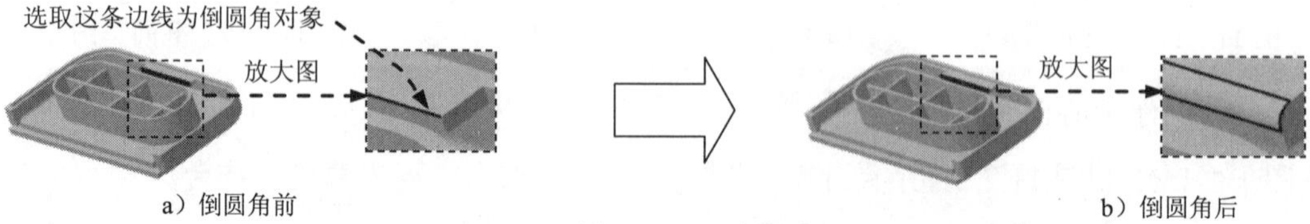

a）倒圆角前　　b）倒圆角后

图 11.7.25　倒圆角 3

Step17. 保存零件模型。选择下拉菜单文件 ➡ 保存命令，即可保存零件模型。

Step18. 选择下拉菜单窗口 ➡ trim_pelucohi.CATProduct命令，并保存组件。

11.8　开　　关

下面讲解开关（switch）的创建过程，零件模型及相应的特征树如图 11.8.1 所示。

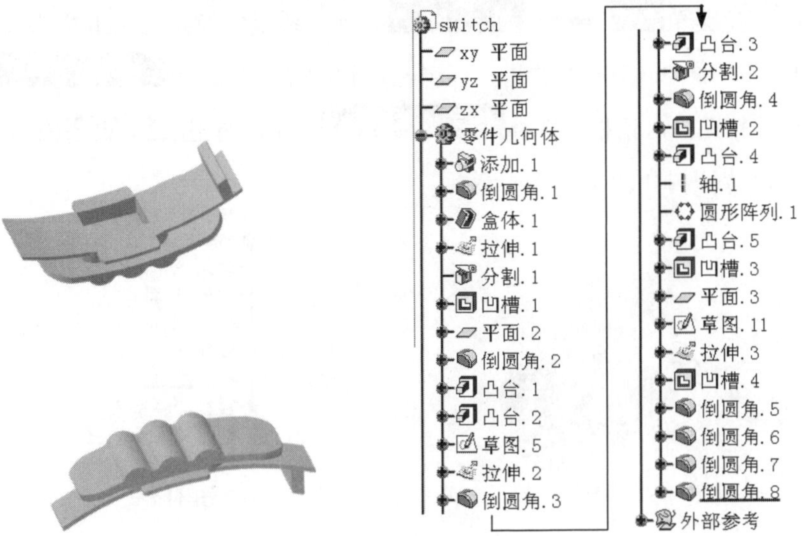

图 11.8.1 零件模型及特征树

Step1. 新建模型文件。激活 trim_pelucohi，选择下拉菜单 插入 → 新建零件 命令；系统弹出“新零件：原点”对话框；单击 是(Y) 按钮完成零部件的创建。

Step2. 修改文件名。在 Part1 (Part1.7) 上右击，在弹出的快捷菜单中选择 属性 选项；系统弹出“属性”对话框。在 实例名称 和 零件编号 两个文本框中均输入文件名 switch；单击 确定 按钮完成文件名的修改。

Step3. 编辑 switch 部件。激活 switch (switch)，然后右击，在弹出的快捷菜单中选择 switch 对象 → 在新窗口中打开 命令；系统进入“零件设计”工作台。

Step4. 创建实体外部引用。

（1）选择下拉菜单 窗口 → fifth.CATPart 命令。系统切换到 fifth 模型文件。

（2）在特征树中选择 零件几何体 右击，在弹出的快捷菜单中选择 复制 命令。

（3）选择下拉菜单 窗口 → switch.CATPart 命令。系统切换到 switch 模型文件。

（4）在特征树 switch 上右击，在弹出的快捷菜单中选择 选择性粘贴... 命令，系统弹出“选择性粘贴”对话框，选择 与原文档相关联的结果 选项，单击 确定 按钮，完成外部引用的创建。

（5）创建布尔操作。在特征树上选中 几何体.2，然后选择下拉菜单 插入 → 布尔操作 → 添加... 命令，完成布尔操作。

Step5. 创建特征外部引用。

（1）选择下拉菜单 窗口 → fifth.CATPart 命令。系统切换到 fifth 模型文件。

（2）在特征树上选中图 11.8.2 所示的平面和草图为要复制的对象，在弹出的快捷菜单中选择 复制 命令。

（3）选择下拉菜单 窗口 → switch.CATPart 命令。系统切换到 switch 模型文件。

（4）在特征树 switch 上右击，在弹出的快捷菜单中选择 选择性粘贴... 命令，系统弹出“选择性粘贴”对话框，选择 与原文档相关联的结果 选项，单击 确定 按钮，完成外部引用的创建。此时特征树如图 11.8.3 所示。

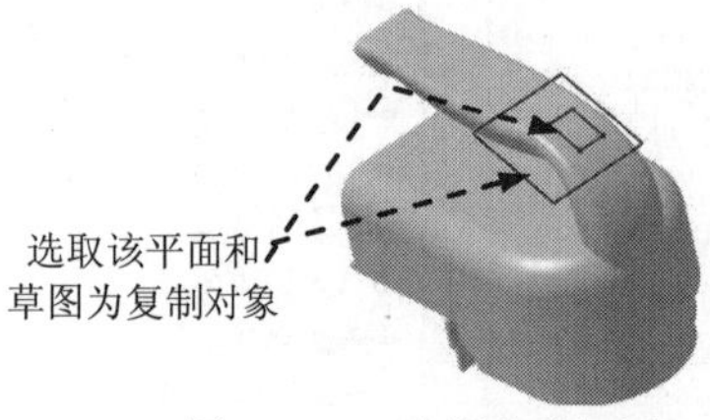

图 11.8.2　选择复制对象

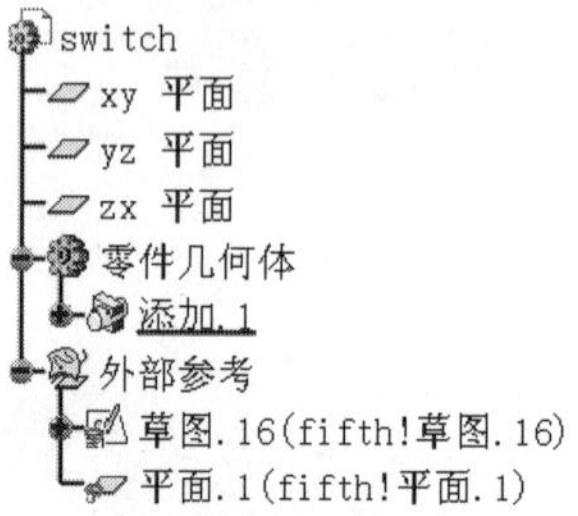

图 11.8.3　特征树

Step6. 创建图 11.8.4b 所示的特征——倒圆角 1。

（1）选择命令。选择下拉菜单 插入 → 修饰特征 ▸ → 倒圆角... 命令，系统弹出“倒圆角定义”对话框。

（2）定义要倒圆角的对象。在“倒圆角定义”对话框的 选择模式： 下拉列表中选择 相切 选项，选取图 11.8.4a 所示边线为倒圆角的对象。

（3）定义倒圆角半径。在对话框的 半径： 文本框中输入值 2。

（4）单击 确定 按钮，完成倒圆角 1 的创建。

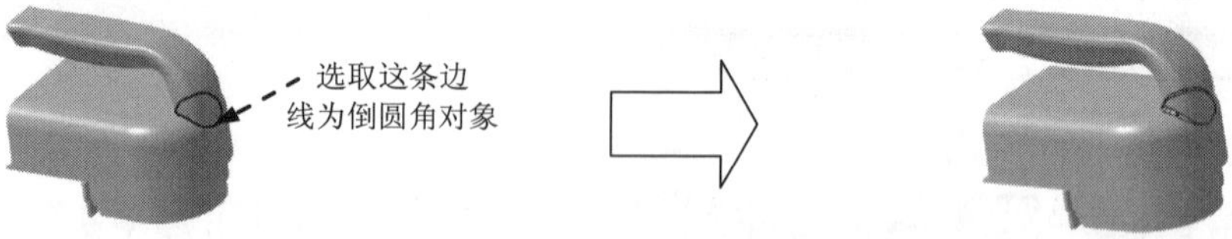

a）倒圆角前　　b）倒圆角后

图 11.8.4　倒圆角 1

Step7. 创建图 11.8.5 所示的特征——抽壳 1。选择下拉菜单 插入 → 修饰特征 ▸ → 抽壳... 命令；选取图 11.8.5a 所示的面为要移除的面；在 默认内侧厚度： 文本框中输入值 2，在 默认外侧厚度： 文本框中输入值 0；单击 确定 按钮，完成抽壳 1 的创建。

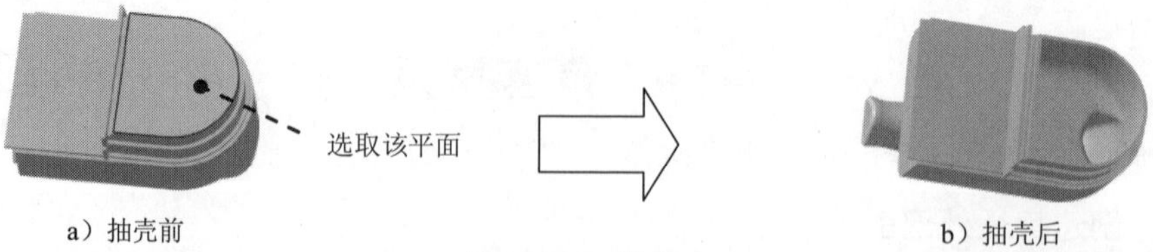

a）抽壳前　　b）抽壳后

图 11.8.5　抽壳 1

Step8. 切换工作台。选择下拉菜单 开始 → 形状 ▸ → 创成式外形设计 命令，切换到“创成式外形设计”工作台。

Step9. 创建图 11.8.6 所示的特征——拉伸 1。

（1）选择命令。选择下拉菜单 插入 → 曲面 ▸ → 拉伸... 命令。

（2）定义拉伸类型和尺寸。选取图 11.8.2 所示的草图为拉伸轮廓；采用系统默认的拉伸方向；在“拉伸曲面定义”对话框的 限制 1 区域的 类型: 下拉列表中选择 尺寸 选项；在 限制 1 区域的 尺寸: 文本框中输入值 5，在 限制 2 区域的 尺寸: 文本框中输入值 5。

（3）单击 确定 按钮，完成拉伸 1 的创建。

Step10. 切换到“零件设计”工作台。

Step11. 创建图 11.8.7 所示的特征——分割 1。

（1）选择命令。选择下拉菜单 插入 → 基于曲面的特征 ▸ → 分割... 命令。系统弹出“定义分割”对话框。

（2）定义分割元素。选取拉伸 1 为分割元素，单击箭头调整分割方向。

（3）单击 确定 按钮，完成分割 1 的创建。

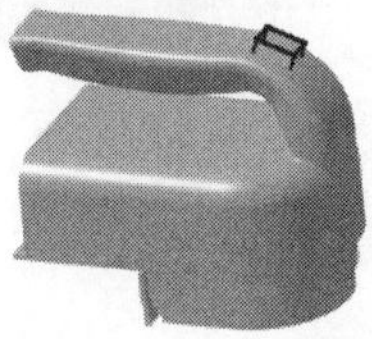

图 11.8.6 拉伸 1

图 11.8.7 分割 1

Step12. 创建图 11.8.8 所示的特征——凹槽 1。

（1）选择命令。选择下拉菜单 插入 → 基于草图的特征 ▸ → 凹槽... 命令，系统弹出“定义凹槽”对话框。

（2）单击 按钮，选取图 11.8.2 所示引用平面为草图平面。绘制图 11.8.9 所示的截面草图，单击 按钮，退出草绘工作台。

（3）定义深度属性。在对话框 第一限制 区域的 类型: 下拉列表选择 直到下一个 选项，单击 反转边 按钮反向切除实体，单击 确定 按钮，完成凹槽 1 的创建。

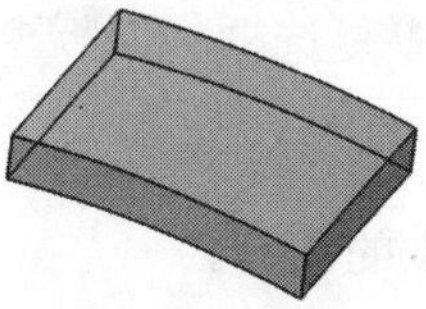

图 11.8.8 凹槽 1

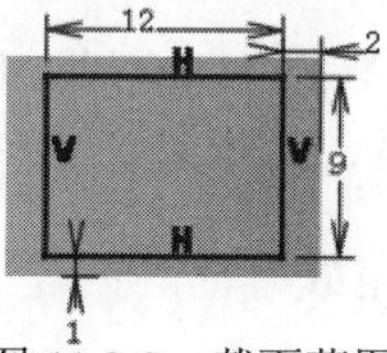

图 11.8.9 截面草图

Step13. 切换到“创成式外形设计”工作台。

Step14. 创建图 11.8.10 所示的特征—— 平面 1。选择下拉菜单 插入 → 线框 ▸ → 平面... 命令；在 平面类型: 下拉列表中选择 偏移平面 选项；选择图 11.8.11 所示的平面为参考平面；在偏移：文本框中输入值 4.5；单击反转方向按钮，然后单击确定按钮，完成平面 1 的创建。

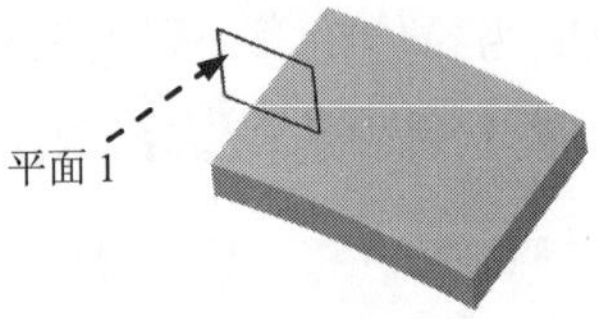

图 11.8.10　平面 1

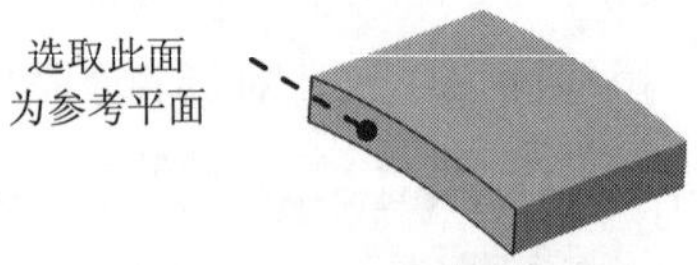

图 11.8.11　选取参考面

Step15. 切换到“零件设计”工作台。

Step16. 创建图 11.8.12b 所示的特征——倒圆角 2。选择下拉菜单插入 ➡ 修饰特征 ➡ 倒圆角...命令，选取图 11.8.12a 所示边线为倒圆角的对象。在半径：文本框中输入值 2。

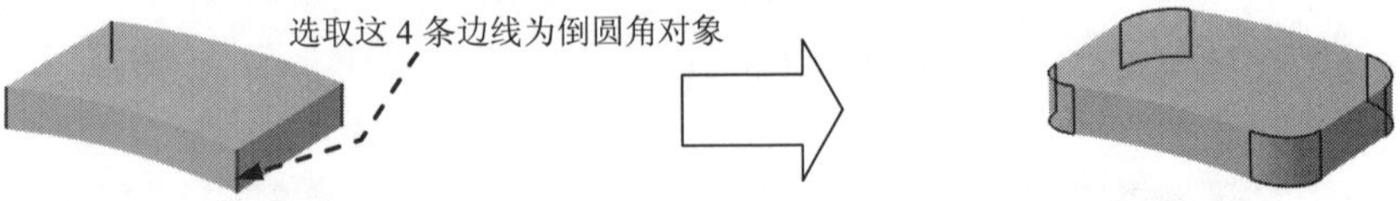

a）倒圆角前　　b）倒圆角后

图 11.8.12　倒圆角 2

Step17. 创建图 11.8.13 所示的零件基础特征——凸台 1。

（1）选择命令。选择下拉菜单插入 ➡ 基于草图的特征 ➡ 凸台...命令，系统弹出“定义凸台”对话框。

（2）创建截面草图。单击按钮，选取“平面 1”为草图平面，绘制图 11.8.14 所示的截面草图（一条圆弧），单击按钮，退出草绘工作台。

（3）定义拉伸深度属性。

①定义深度类型。在第一限制区域的类型：下拉列表中选择直到平面选项，选取图 11.8.15 所示的面为限制面。

②选中厚复选框，单击更多>>按钮，在第二限制区域的类型：下拉列表中选择直到平面选项；选取图 11.8.15 所示的面为限制面。在方向区域选中轮廓的法线复选框；在薄凸台区域的厚度 1文本框中输入值 0.5；选中其下的中性边界复选框。

（4）完成特征的创建。单击确定按钮，完成凸台 1 的创建。

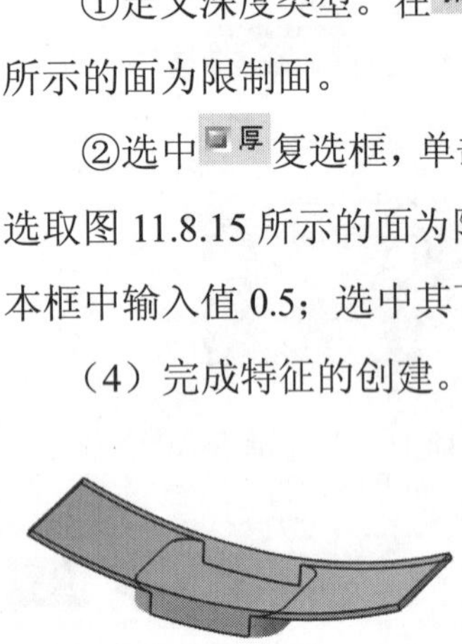

图 11.8.13　凸台 1

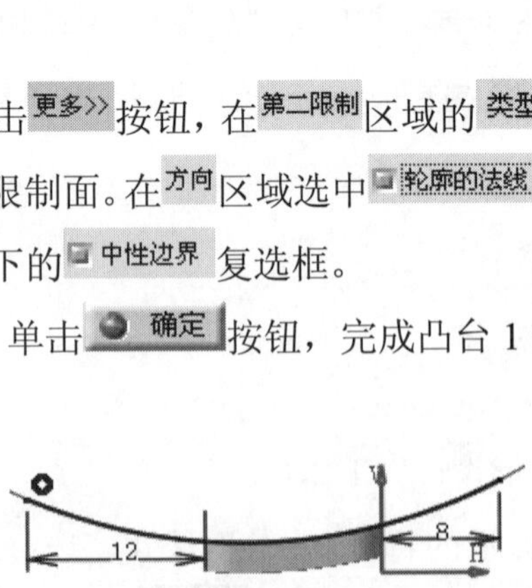

图 11.8.14　截面草图

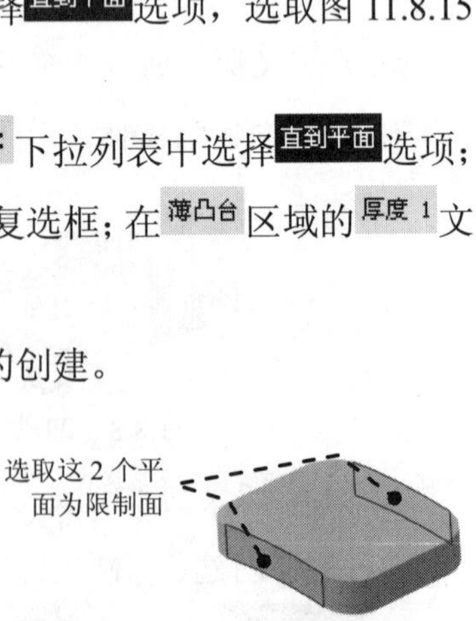

图 11.8.15　选取限制面

Step18. 创建图 11.8.16 所示的零件基础特征—— 凸台 2。选择下拉菜单 插入 → 基于草图的特征 → 凸台... 命令，单击按钮，选取平面 1 为草图平面，绘制图 11.8.17 所示的截面草图（一条圆弧），单击按钮，退出草绘工作台。在 第一限制 区域的 类型： 下拉列表中选择 尺寸 选项，在 第一限制 区域的 长度： 文本框中均输入值 7；选中 厚 复选框，单击 更多>> 按钮，在 第二限制 区域的 类型： 下拉列表中选择 尺寸，在 第二限制 区域的 长度： 文本框中均输入值 7；在 方向 区域选中 轮廓的法线 复选框；在 薄凸台 区域的 厚度 1 文本框中输入值 1；选中其下的 中性边界 复选框，单击 确定 按钮，完成凸台 2 的创建。

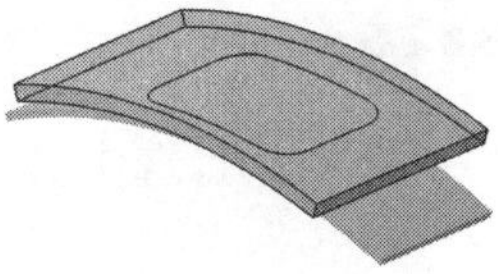
图 11.8.16　凸台 2

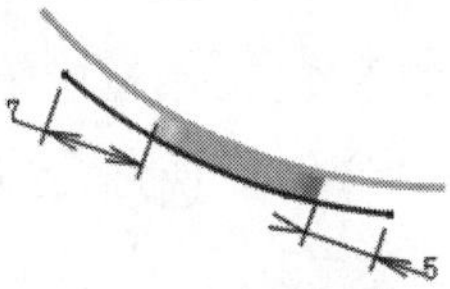

图 11.8.17　截面草图

Step19. 创建图 11.8.18 所示的特征——草图 1。选择下拉菜单 插入 → 草图编辑器 → 草图 命令；选取“平面 1”为草图平面；绘制图 11.8.18 所示的截面草图，单击“工作台”工具栏中的按钮，退出草绘工作台。

注意： 在绘制该截面草图时，先选取模型的边线，然后选择 插入 → 操作 → 3D 几何图形 (3) → 投影 3D 元素 命令，将选中的元素投影到草图平面上。

Step20. 切换到“创成式外形设计”工作台。

Step21. 创建图 11.8.19 所示的特征——拉伸 2。

（1）选择命令。选择下拉菜单 插入 → 曲面 → 拉伸... 命令。

（2）定义拉伸类型和尺寸。选取草图 1 为拉伸轮廓；选取平面 1 为拉伸方向；在“拉伸曲面定义”对话框的 限制 1 区域的 类型： 下拉列表中选择 尺寸 选项；在 限制 1 区域的 尺寸： 文本框中输入值 7，在 限制 2 区域的 尺寸： 文本框中输入值 7。

（3）单击 确定 按钮，完成拉伸 2 的创建。

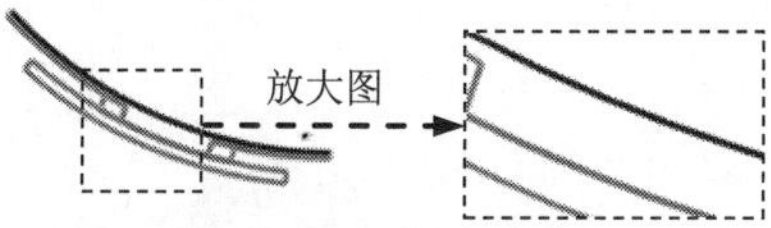

图 11.8.18　草图 1

图 11.8.19　拉伸 2

Step22. 切换到“零件设计”工作台。

Step23. 创建图 11.8.20b 所示的特征—— 倒圆角 3。选择下拉菜单 插入 → 修饰特征 → 倒圆角... 命令，选取图 11.8.20a 所示边线为倒圆角的对象。在 半径： 文本框中输入值 4。

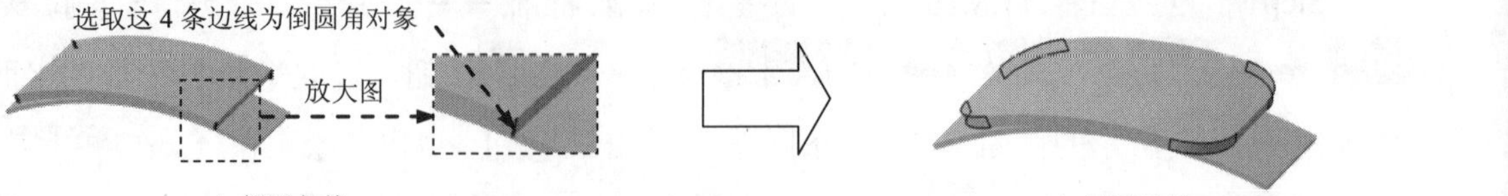

a）倒圆角前　　b）倒圆角后

图 11.8.20　倒圆角 3

Step24. 创建图 11.8.21 所示的零件基础特征——凸台 3。选择下拉菜单 插入 → 基于草图的特征 → 凸台... 命令；选取平面 1 为草图平面，绘制图 11.8.22 所示的截面草图，单击按钮，退出草绘工作台。在 第一限制 区域的 类型： 下拉列表中选择 尺寸 选项，在 第一限制 区域的 长度： 文本框中输入值 7。选中 厚 和 镜像范围 复选框，单击 更多>> 按钮，在 方向 区域选中 轮廓的法线 单选项；在 薄凸台 区域的 厚度 1 文本框中输入值 1，选中其下的 中性边界 单选项，单击 确定 按钮，完成凸台 3 的创建。

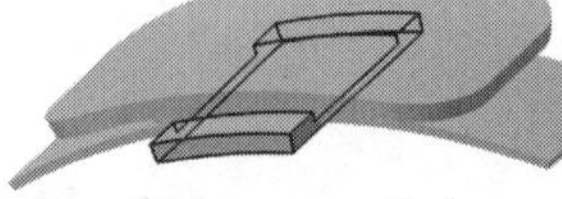

图 11.8.21　凸台 3

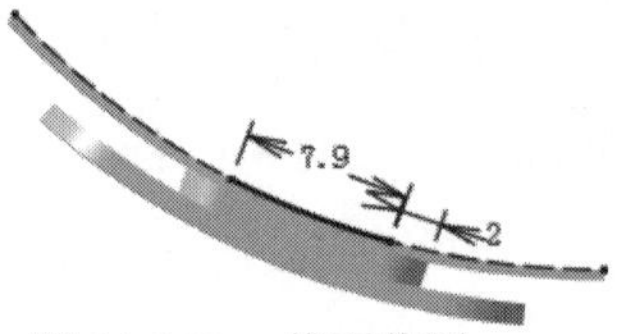

图 11.8.22　截面草图

Step25. 创建图 11.8.23 所示的特征——分割 2。选择下拉菜单 插入 → 基于曲面的特征 → 分割... 命令；选取拉伸 2 为分割元素，单击 确定 按钮，完成分割 2 的创建。

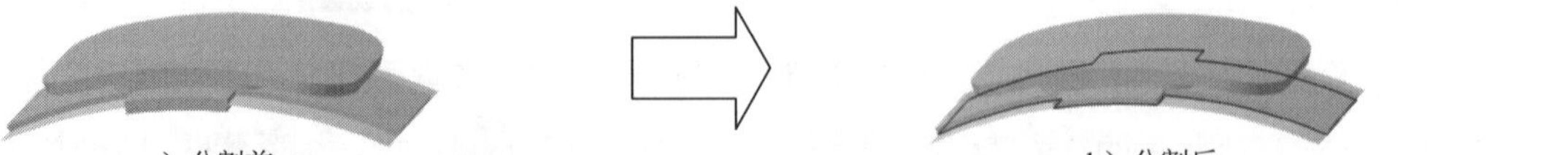

a）分割前　　b）分割后

图 11.8.23　分割 2

Step26. 创建图 11.8.24b 所示的特征——倒圆角 4。选择下拉菜单 插入 → 修饰特征 → 倒圆角... 命令，选取图 11.8.24a 所示边线为倒圆角的对象。在 半径： 文本框中输入值 1。

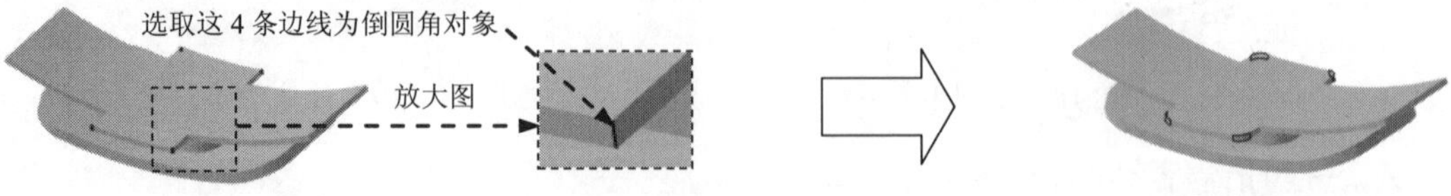

a）倒圆角前　　b）倒圆角后

图 11.8.24　倒圆角 4

Step27. 创建图 11.8.25 所示的特征——凹槽 2。选择下拉菜单 插入 → 基于草图的特征 → 凹槽... 命令，选取图 11.8.2 所示的面为草图平面；绘制图 11.8.26

所示的截面草图，单击按钮，退出草绘工作台；在对话框 第一限制 区域的 类型：下拉列表中选择 直到下一个 选项，单击 确定 按钮，完成凹槽 2 的创建。

说明： 图 11.8.26 所示的截面草图中的两条水平直线关于草图 1 对称。

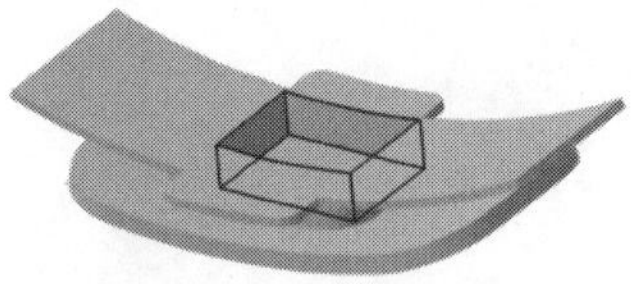

图 11.8.25　凹槽 2

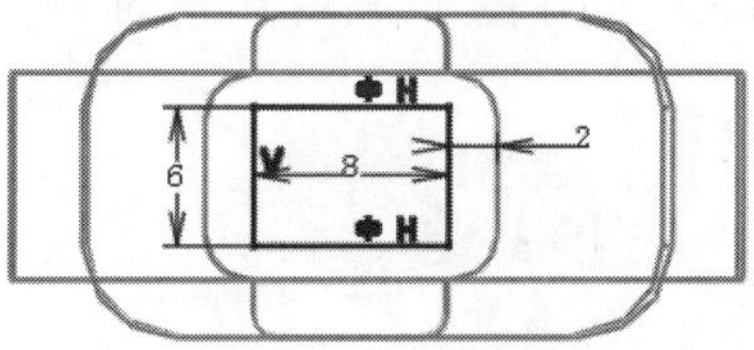

图 11.8.26　截面草图

Step28. 创建图 11.8.27 所示的特征——凸台 4。选择下拉菜单 插入 → 基于草图的特征 → 凸台... 命令；选取平面 1 为草图平面，绘制图 11.8.28 所示的截面草图，单击按钮，退出草绘工作台。在 第一限制 区域的 类型：下拉列表中选择 尺寸 选项，在 第一限制 区域的 长度：文本框中输入值 7，选中 镜像范围 复选框，单击 确定 按钮，完成凸台 4 的创建。

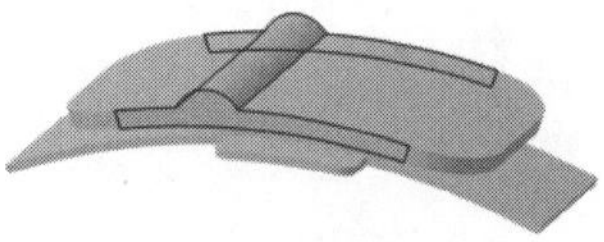

图 11.8.27　凸台 4

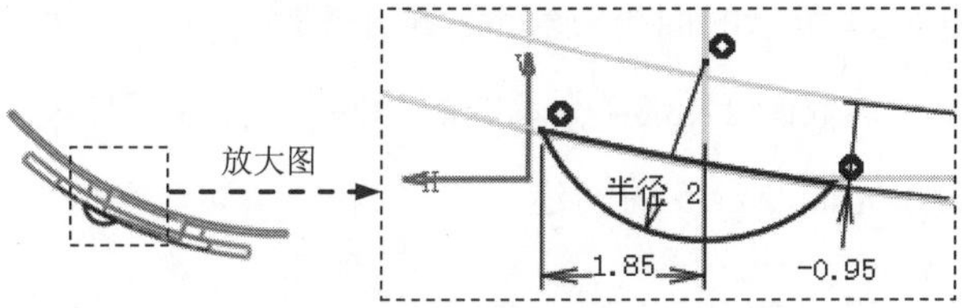

图 11.8.28　截面草图

Step29. 切换到“创成式外形设计”工作台。

Step30. 创建图 11.8.29 所示的轴 1。选择下拉菜单 插入 → 线框 → 轴线... 命令；选取图 11.8.30 所示的面为参考元素。单击 确定 按钮，完成轴 1 的创建。

Step31. 切换到“零件设计”工作台。

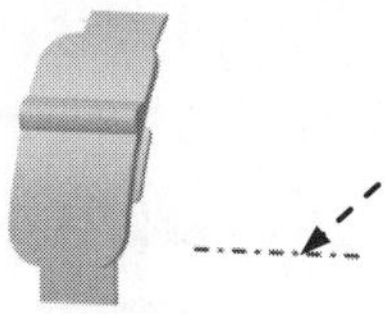

图 11.8.29　轴 1

图 11.8.30　选取参考面

Step32. 创建图 11.8.31 所示的特征——圆形阵列 1。

（1）选择下拉菜单 插入 → 变换特征 → 圆形阵列... 命令，系统弹出“定义圆形阵列”对话框。

（2）定义阵列参数。在“定义圆形阵列”对话框的参数下拉列表中选择 实例和角度间距 选项；在实例：文本框中输入值 3，在角度间距：文本框中输入值-6；选取轴 1 为参考方向元素；选取凸台 4 为要圆形阵列的对象

（3）单击 确定 按钮，完成圆形阵列 1 的创建。

Step33. 创建图 11.8.32 所示的零件基础特征——凸台 5。

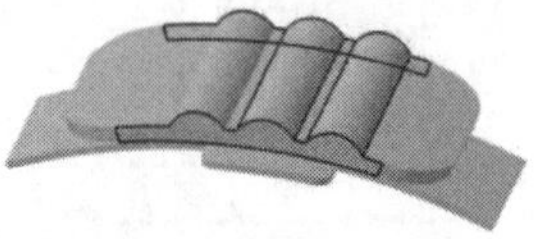

图 11.8.31　圆形阵列 1

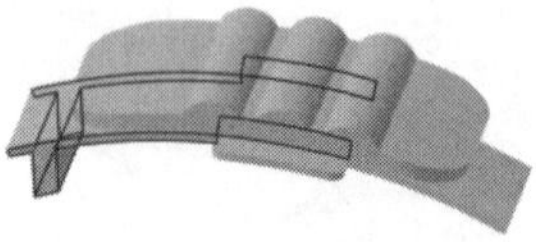

图 11.8.32　凸台 5

（1）选择命令。选择下拉菜单 插入 → 基于草图的特征 → 凸台... 命令，系统弹出“定义凸台”对话框。

（2）创建截面草图。单击按钮，选取平面 1 为草图平面，绘制图 11.8.33 所示的截面草图，单击按钮，退出草绘工作台。

（3）定义拉伸深度属性。在 第一限制 区域的 类型：下拉列表中选择 直到平面 选项，选取图 11.8.34 所示的面为限制面；单击 更多>> 按钮，在 第二限制 区域的 类型：下拉列表中选择 直到平面 选项；选取图 11.8.34 所示的面为限制面。在 方向 区域选中 轮廓的法线 复选框；单击 确定 按钮，完成凸台 5 的创建。

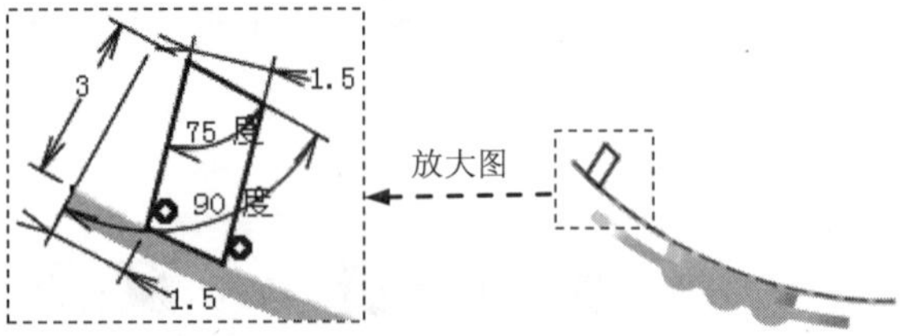

图 11.8.33　截面草图

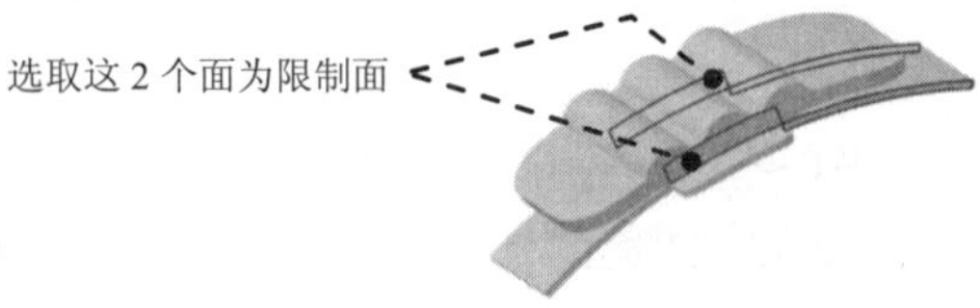

图 11.8.34　选取限制面

Step34. 创建图 11.8.35 所示的特征——凹槽 3。选择下拉菜单 插入 → 基于草图的特征 → 凹槽... 命令，选取外部参考的平面为草图平面；绘制图 11.8.36 所示的截面草图，把最大实体轮廓线向里偏置 0.2；单击按钮，退出草绘工作台；在对话框 第一限制 区域的 类型：下拉列表选择 直到下一个 选项，单击 反转边 按钮反向切除实体；单击 更多>> 按钮，在对话框 第二限制 区域的 类型：下拉列表选择 直到下一个 选项，单击 确定 按钮，完成凹槽 3 的创建。

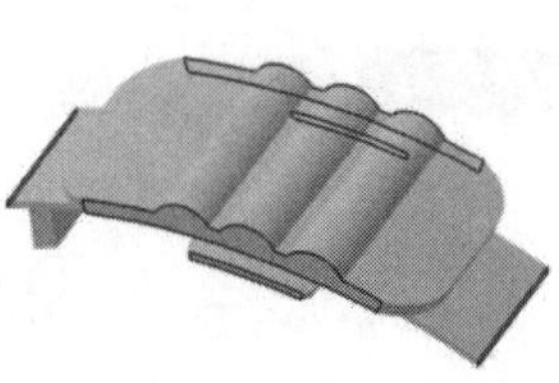

图 11.8.35　凹槽 3

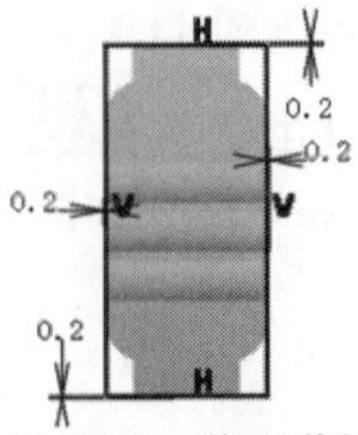

图 11.8.36　截面草图

Step35. 切换到“创成式外形设计”工作台。

Step36. 创建图 11.8.37 所示的特征——平面 2。选择下拉菜单 插入 → 线框 ▸ → 平面... 命令；在 平面类型: 下拉列表中选择 偏移平面 选项；选取图 11.8.3 所示的平面 1 为参考平面；在 偏移: 文本框中输入值 10；单击 确定 按钮，完成平面 2 的创建。

Step37. 创建图 11.8.38 所示的特征——草图 2。选择下拉菜单 插入 → 草图编辑器 ▸ → 草图 命令；选取图 11.8.39 所示的面为草图平面；绘制图 11.8.38 所示的草图，单击“工作台”工具栏中的按钮，退出草绘工作台。

图 11.8.37 平面 2

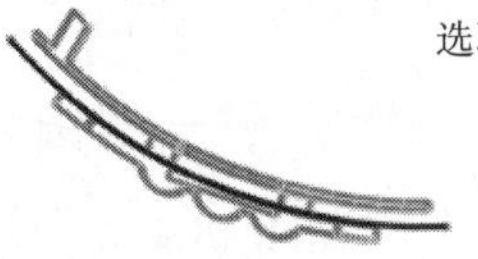

图 11.8.38 草图 2

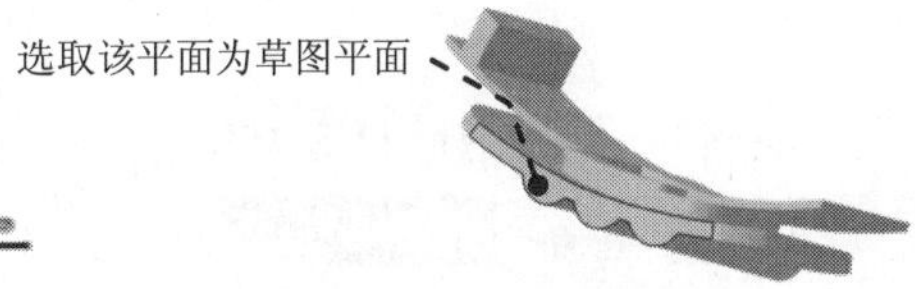

图 11.8.39 定义草图平面

Step38. 创建图 11.8.40 所示的特征——拉伸 3。

（1）选择命令。选择下拉菜单 插入 → 曲面 ▸ → 拉伸... 命令。

（2）定义拉伸类型和尺寸。选取草图 2 为拉伸轮廓；选取平面 1 为拉伸方向；在“拉伸曲面定义”对话框的 限制 1 区域的 类型: 下拉列表中选择 尺寸 选项；在 限制 1 区域的 尺寸: 文本框中输入值 15，在 限制 2 区域的 尺寸: 文本框中输入值 2。

（3）单击 确定 按钮，完成拉伸 3 的创建。

Step39. 切换到“零件设计”工作台。

Step40. 创建图 11.8.41 所示的特征——凹槽 4。选择下拉菜单 插入 → 基于草图的特征 ▸ → 凹槽... 命令，选取平面 2 为草图平面；绘制图 11.8.42 所示的截面草图，单击按钮，退出草绘工作台；在对话框 第一限制 区域的 类型: 下拉列表选择 直到曲面 选项，选取拉伸 3 为限制面；单击 确定 按钮，完成凹槽 4 的创建。

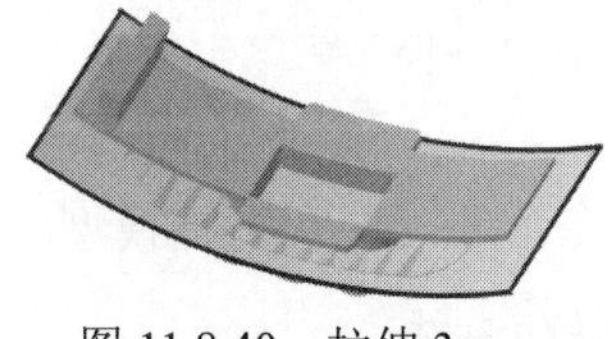

图 11.8.40 拉伸 3

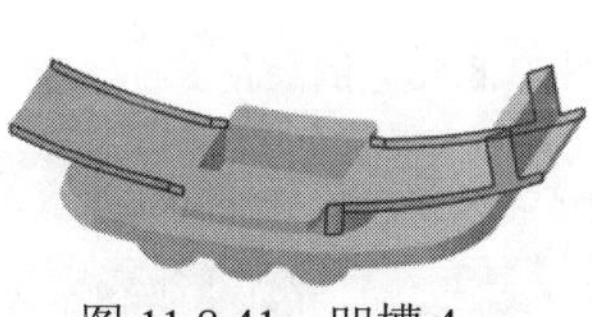

图 11.8.41 凹槽 4

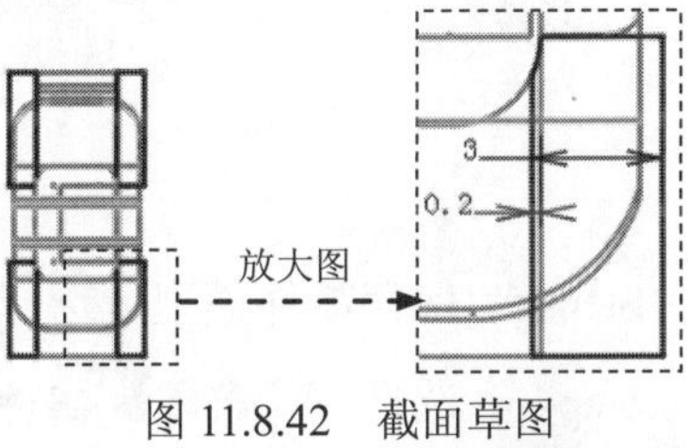

图 11.8.42 截面草图

Step41. 创建图 11.8.43b 所示的特征——倒圆角 5。选择下拉菜单 插入 → 修饰特征 ▸ → 倒圆角... 命令，选取图 11.8.43a 所示边线为倒圆角的对象。在 半径: 文本框中输入值 0.5。

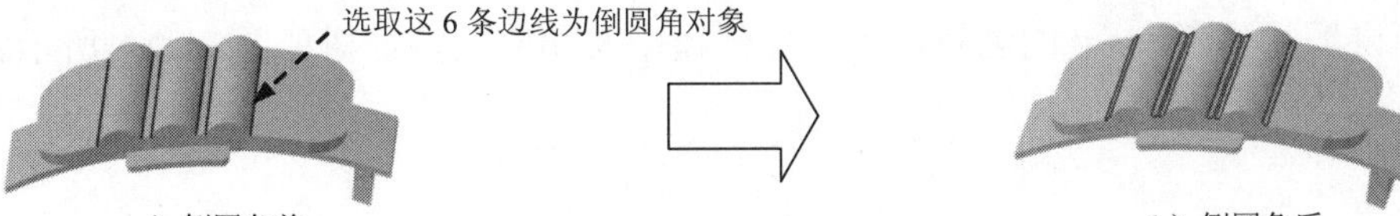

a）倒圆角前 b）倒圆角后

图 11.8.43 倒圆角 5

Step42. 创建图 11.8.44b 所示的特征——倒圆角 6。选择下拉菜单 插入 → 修饰特征 → 倒圆角... 命令，选取图 11.8.44a 所示边线为倒圆角的对象。在 半径: 文本框中输入值 2。

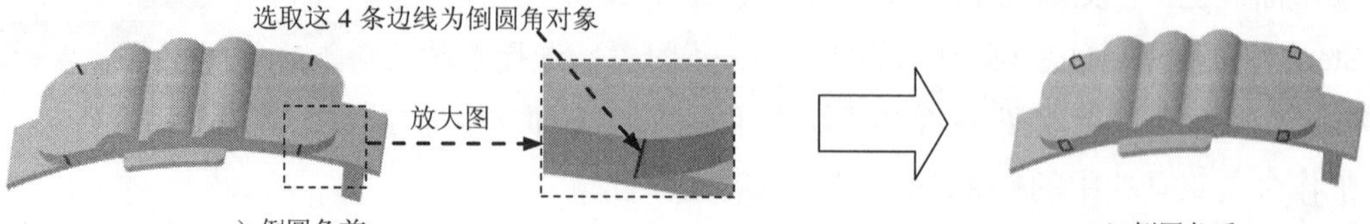

图 11.8.44 倒圆角 6

Step43. 创建图 11.8.45b 所示的特征——倒圆角 7。选择下拉菜单 插入 → 修饰特征 → 倒圆角... 命令，选取图 11.8.45a 所示边线为倒圆角的对象。在 半径: 文本框中输入值 0.2。

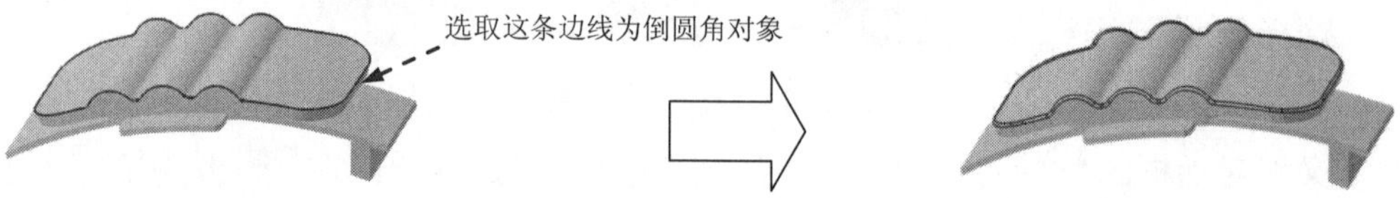

图 11.8.45 倒圆角 7

Step44. 创建图 11.8.46b 所示的特征——倒圆角 8。选择下拉菜单 插入 → 修饰特征 → 倒圆角... 命令，选取图 11.8.46a 所示边线为倒圆角的对象。在 半径: 文本框中输入值 0.2。

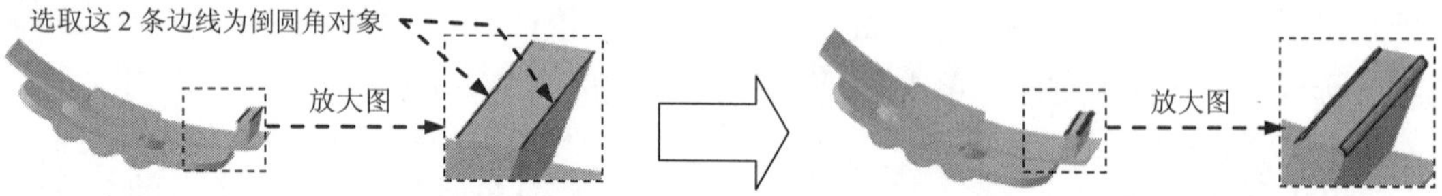

图 11.8.46 倒圆角 8

Step45. 保存零件模型。选择下拉菜单 文件 → 保存 命令，即可保存零件模型。

Step46. 选择下拉菜单 窗口 → trim_pelucohi.CATProduct 命令并保存组件。

11.9 箱　　体

下面讲解箱体（box）的创建过程，零件模型及相应的特征树如图 11.9.1 所示。

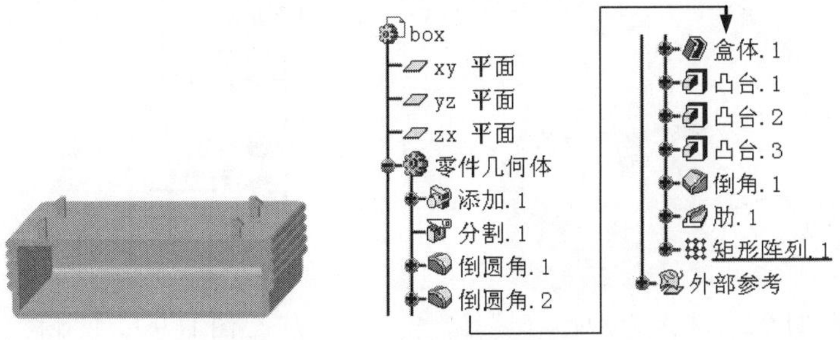

图 11.9.1　零件模型及特征树

Step1. 新建模型文件。激活 trim_pelucohi，选择下拉菜单 插入 → 新建零件 命令；系统弹出“新零件：原点”对话框；单击 是(Y) 按钮，完成零部件的创建。

Step2. 修改文件名。在 Part1 (Part1.8) 上右击，在弹出的快捷菜单中选择 属性 选项；系统弹出“属性”对话框。在 实例名称 和 零件编号 两个文本框中均输入文件名 box；单击 确定 按钮完成文件名的修改。

Step3. 编辑 box 部件。激活 box (box.)；然后右击，在弹出的快捷菜单中选择 box. 对象 → 在新窗口中打开 命令；系统进入“零件设计”工作台。

Step4. 创建实体外部引用。

（1）选择下拉菜单 窗口 → second.CATPart 命令。系统切换到 second 模型文件。

（2）在特征树中选择 零件几何体 右击，在弹出的快捷菜单中选择 复制 命令。

（3）选择下拉菜单 窗口 → box.CATPart 命令。系统切换到 box 模型文件。

（4）在特征树 box 上右击，在弹出的快捷菜单中选择 选择性粘贴... 命令，系统弹出“选择性粘贴”对话框，选择 与原文档相关联的结果 选项，单击 确定 按钮，完成外部引用的创建。

（5）创建布尔操作。在特征树上选中 几何体.2，然后选择下拉菜单 插入 → 布尔操作 → 添加... 命令，完成布尔操作。

Step5. 创建特征外部引用。

（1）选择下拉菜单 窗口 → second.CATPart 命令。系统切换到 second 模型文件。

（2）在特征树上选中图 11.9.2 所示的拉伸面（second 所发布的拉伸 1）及草图（second 所发布的草图 13）后右击，在弹出的快捷菜单中选择 复制 命令。

（3）选择下拉菜单 窗口 → box.CATPart 命令。系统切换到 box 模型文件。

（4）在特征树 box 上右击，在弹出的快捷菜单中选择 选择性粘贴... 命令，系统弹出“选择性粘贴”对话框，选择 与原文档相关联的结果 选项，单击 确定 按钮，完成外部引用的创建。此时特征树如图 11.9.3 所示。

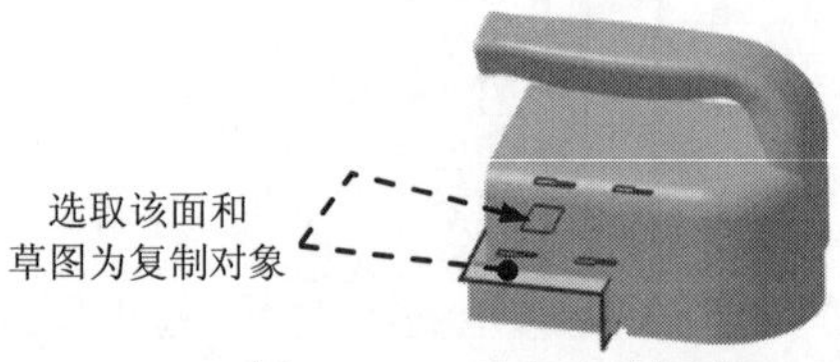

图 11.9.2　选择复制对象

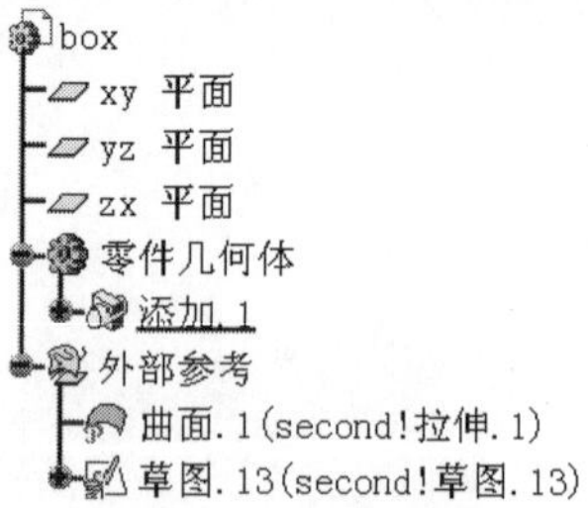

图 11.9.3　特征树

Step6. 创建图 11.9.4 所示的特征——分割 1。

（1）选择命令。选择下拉菜单 插入 → 基于曲面的特征 ▸ → 分割... 命令。系统弹出“定义分割”对话框。

（2）定义分割元素。选取图 11.9.5 所示的曲面为分割元素。

（3）单击 确定 按钮，完成分割 1 的创建。

图 11.9.4　分割 1

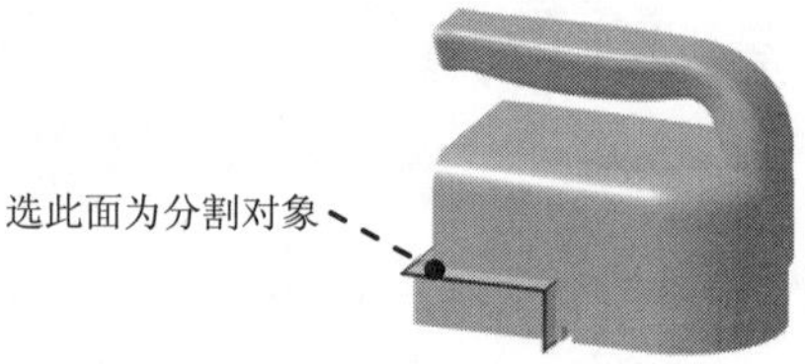

图 11.9.5　选取分割元素

Step7. 创建图 11.9.6b 所示的特征——倒圆角 1。

（1）选择命令。选择下拉菜单 插入 → 修饰特征 ▸ → 倒圆角... 命令，系统弹出“倒圆角定义”对话框。

（2）定义要倒圆角的对象。在“倒圆角定义”对话框的 选择模式: 下拉列表中选择 相切 选项，选取图 11.9.6a 所示边线为倒圆角的对象。

（3）定义倒圆角半径。在对话框的 半径: 文本框中输入值 5。

（4）单击 确定 按钮，完成倒圆角 1 的创建。

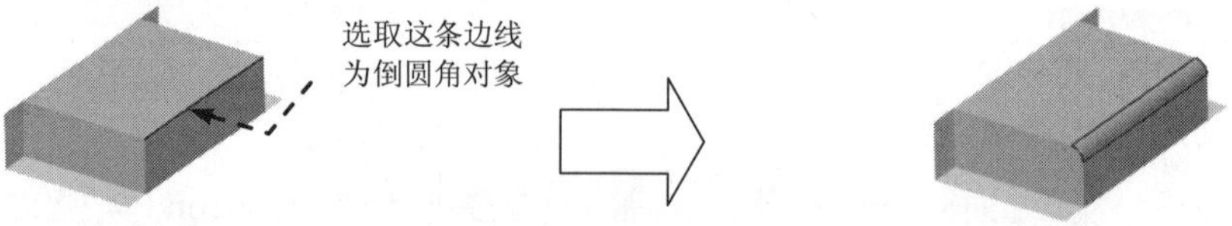

a）倒圆角前　　b）倒圆角后

图 11.9.6　倒圆角 1

Step8. 创建图 11.9.7b 所示的特征—— 倒圆角 2。选择下拉菜单 插入 → 修饰特征 ▸ → 倒圆角... 命令，选取图 11.9.7a 所示边线为倒圆角的对象。在 半径: 文本框中输入值 2。

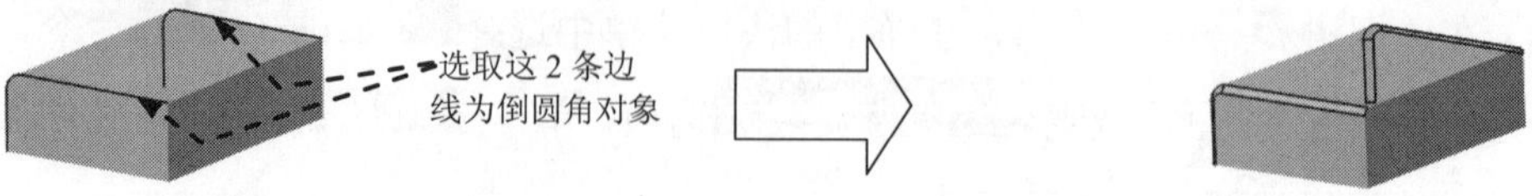

a）倒圆角前　　b）倒圆角后

图 11.9.7　倒圆角 2

Step9. 创建图 11.9.8b 所示的特征——抽壳 1。选择下拉菜单 插入 → 修饰特征 ▸ → 抽壳... 命令；选取图 11.9.8a 所示的面为要移除的面；在 默认内侧厚度: 文本框中输入值 2，在 默认外侧厚度: 文本框中输入值 0；单击 确定 按钮，完成抽壳 1 的创建。

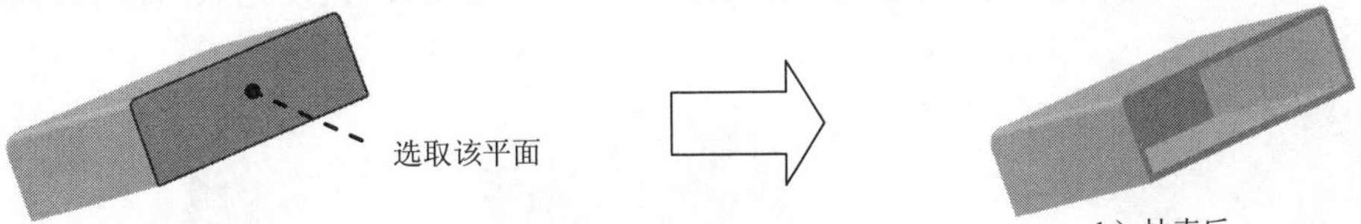

a）抽壳前　　b）抽壳后

图 11.9.8　抽壳 1

Step10. 创建图 11.9.9 所示的特征——凸台 1。

（1）选择命令。选择下拉菜单 插入 → 基于草图的特征 ▸ → 凸台... 命令，系统弹出“定义凸台”对话框。

（2）创建截面草图。单击 按钮，选取图 11.9.9 所示的平面为草图平面，绘制图 11.9.10 所示的截面草图，单击 按钮，退出草绘工作台。

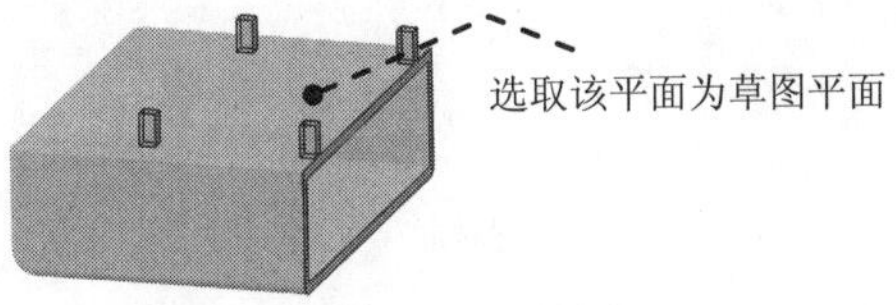

图 11.9.9　凸台 1

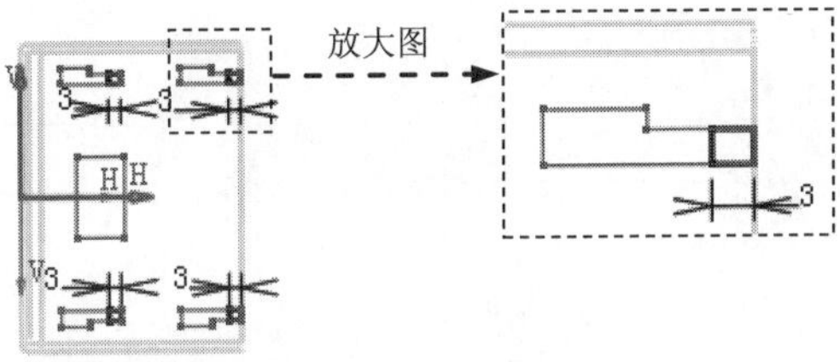

图 11.9.10　截面草图

（3）定义拉伸深度属性。在 第一限制 区域的 类型: 下拉列表中选择 尺寸 选项，在 第一限制 区域的 长度: 文本框中输入值 6。

（4）完成特征的创建。单击 确定 按钮，完成凸台 1 的创建。

Step11. 创建图 11.9.11 所示的特征——凸台 2。选择下拉菜单 插入 → 基于草图的特征 ▸ → 凸台... 命令，单击 按钮，选取图 11.9.12 所示的平面为草图平面，绘制图 11.9.13 所示的截面草图，单击 按钮，退出草绘工作台。在 第一限制 区域的 类型: 下拉列表中选择 尺寸 选项，在 第一限制 区域的 长度: 文本框中输入值 3，然后单击 反转方向 按钮，单击 确定 按钮，完成凸台 2 的创建。

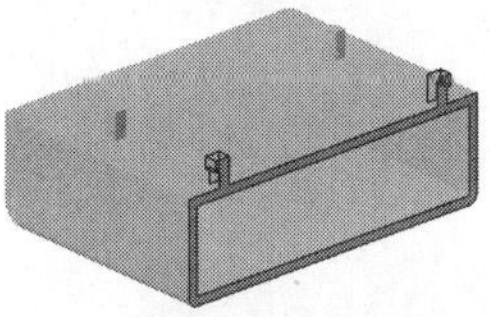

图 11.9.11　凸台 2

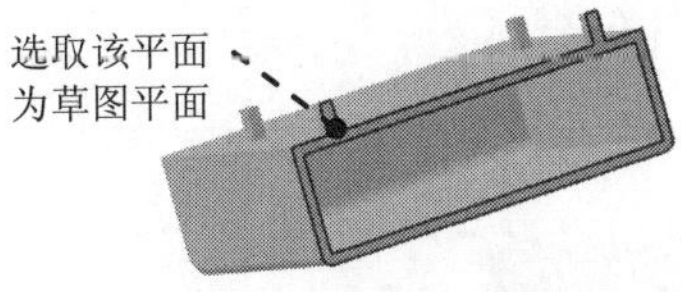

图 11.9.12　定义草图平面

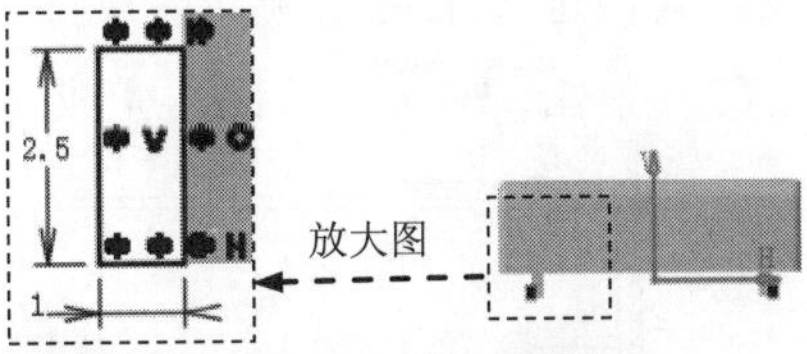

图 11.9.13　截面草图

Step12. 创建图 11.9.14 所示的特征——凸台 3。选择下拉菜单 插入 →

基于草图的特征 → 凸台...命令，单击按钮，选取图 11.9.15 所示的平面为草图平面，（绘制草图与 Stcp11 的相同，读者可以把凸台 2 的实体边线投影过来），单击按钮，退出草绘工作台。在第一限制区域的类型：下拉列表中选择尺寸选项，在第一限制区域的长度：文本框中输入值 3。然后单击反转方向按钮，单击确定按钮，完成凸台 3 的创建。

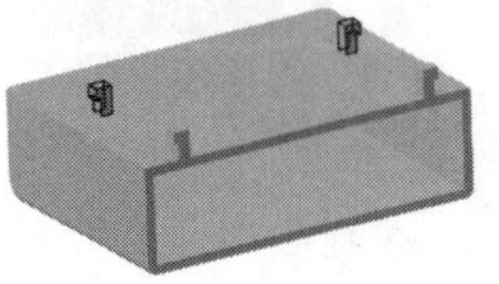
图 11.9.14　凸台 3

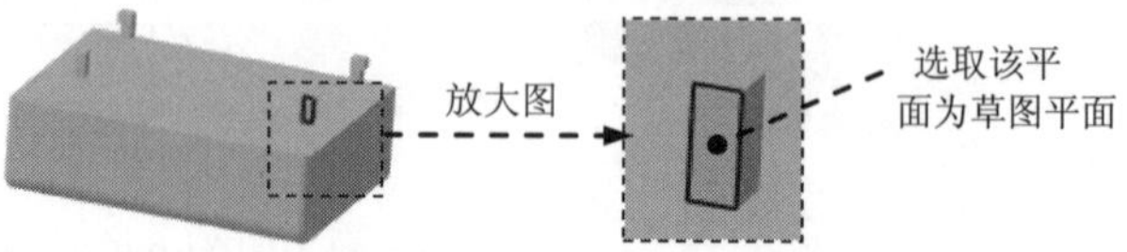

图 11.9.15　定义草图平面

Step13. 创建图 11.9.16b 所示的特征——倒角 1。

（1）选择下拉菜单插入 → 修饰特征 → 倒角...命令，系统弹出“定义倒角”对话框。

（2）在模式：下拉列表中选择长度 1/角度选项，在长度 1：文本框中输入值 2；在角度：文本框中输入值 45。选取图 11.9.16a 所示边线为倒角的对象。

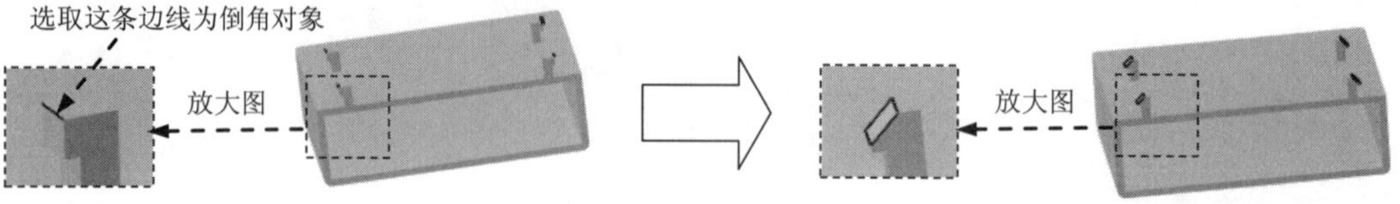

a）倒角前　　b）倒角后

图 11.9.16　倒角 1

（3）单击确定按钮，完成倒角 1 的创建。

Step14. 创建图 11.9.17 所示的特征——草图 1。选择下拉菜单插入 → 草图编辑器 → 草图命令；选取图 11.9.18 所示的平面为草图平面，把实体边线投影到草图平面，单击“工作台”工具栏中的按钮，退出草绘工作台。

Step15. 创建图 11.9.19 所示的特征——肋 1。

（1）选择命令。选择下拉菜单插入 → 基于草图的特征 → 肋...命令，系统弹出“定义肋”对话框。

（2）在轮廓文本框处单击按钮，选取图 11.9.20 所示的平面为草图平面。在草绘工作台中绘制图 11.9.21 所示的截面草图，单击按钮，退出草绘工作台。选取草图 1 为中心曲线，其他选项采用系统默认设置。

（3）单击确定按钮，完成肋 1 的创建。

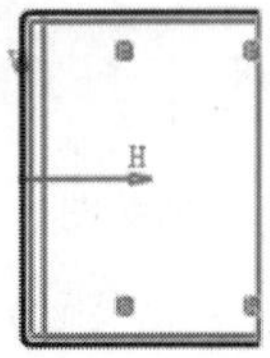
图 11.9.17　草图 1

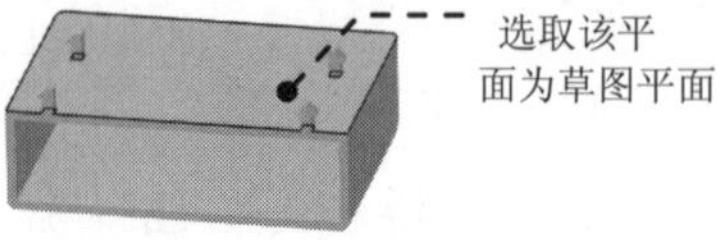

图 11.9.18　定义草图平面

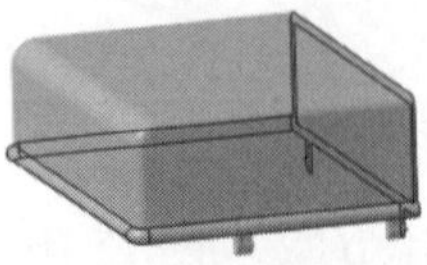
图 11.9.19　肋 1

Step16. 创建图 11.9.22 所示的变换特征——矩形阵列 1。

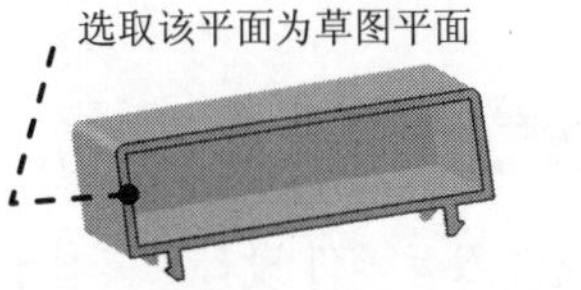

图 11.9.20 定义草图平面

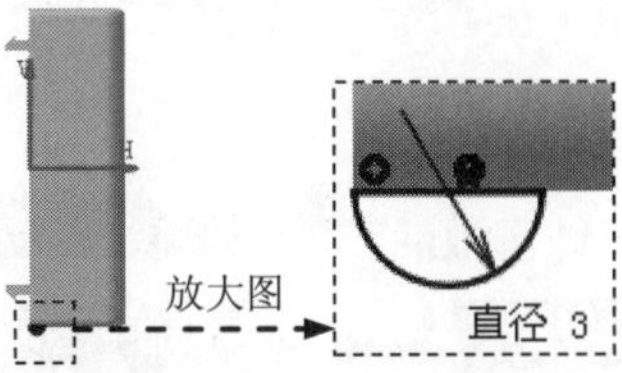

图 11.9.21 截面草图

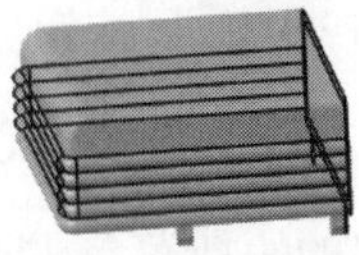

图 11.9.22 矩形阵列 1

（1）选择命令。选择下拉菜单 插入 → 变换特征 ▸ → 矩形阵列... 命令（或单击 按钮），系统弹出“定义矩形阵列”对话框。

（2）在 第一方向 选项的 参数: 文本框的下拉列表中选择 实例和间距 选项，在 实例: 文本框中输入值 5，并在 间距: 文本框中输入值 3。

（3）定义参考方向。在 参考方向 区域的 参考元素: 文本框处右击，在弹出的下拉菜单中选择 Z 轴 选项为参照方向。

（4）定义阵列对象。在 要阵列的对象 区域处单击，在绘图区选取肋 1 为阵列对象。

（5）单击 确定 按钮，完成矩形阵列 1 的创建。

Step17. 保存零件模型。选择下拉菜单 文件 → 保存 命令，即可保存零件模型。

Step18. 选择下拉菜单 窗口 → trim_pelucohi.CATProduct 命令，并保存组件。

11.10 前 端 盖

下面讲解前端盖（front_cover）的创建过程。零件模型及相应的特征树如图 11.10.1 所示。

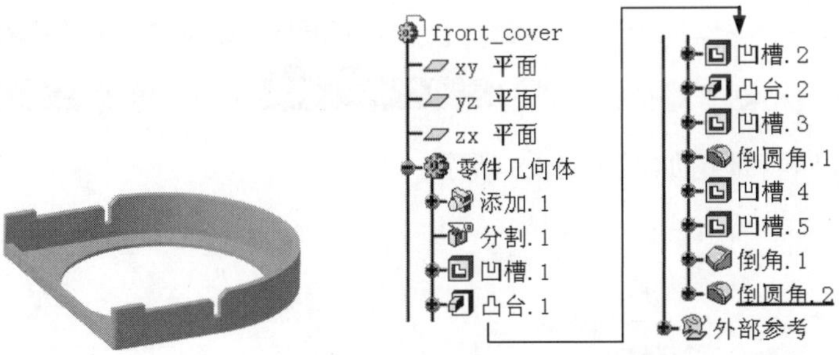

图 11.10.1 零件模型及特征树

Step1. 新建模型文件。激活 trim_pelucohi，选择下拉菜单 插入 → 新建零件 命令；系统弹出“新零件：原点”对话框；单击 是(Y) 按钮完成零部件的创建。

Step2. 修改文件名。在Part1 (Part1.9)上右击，在弹出的快捷菜单中选择属性选项；系统弹出“属性”对话框。在实例名称和零件编号两个文本框中均输入文件名 front_cover；单击确定按钮完成文件名的修改。

Step3. 编辑 front_cover 部件。激活front_cover (front_cover)，然后右击，在弹出的快捷菜单中选择front_cover 对象 ➡ 在新窗口中打开命令；系统进入“零件设计”工作台。

说明：如果此时系统进入的是“创成式外形设计”工作台，切换到“零件设计”工作台即可。

Step4. 创建实体外部引用。

（1）选择下拉菜单窗口 ➡ third.CATPart命令。系统切换到 third 模型文件。

（2）在特征树中选择零件几何体右击，在弹出的快捷菜单中选择复制命令。

（3）选择下拉菜单窗口 ➡ front_cover.CATPart命令。系统切换到 front_cover 模型文件。

（4）在特征树front_cover上右击，在弹出的快捷菜单中选择选择性粘贴...命令，系统弹出“选择性粘贴”对话框，选择与原文档相关联的结果选项，单击确定按钮，完成外部引用的创建。

（5）创建布尔操作。在特征树上选中几何体.2，然后选择下拉菜单插入 ➡ 布尔操作 ➡ 添加...命令，完成布尔操作。

Step5. 创建特征外部引用。

（1）选择下拉菜单窗口 ➡ third.CATPart命令。系统切换到 third 模型文件。

（2）在发布特征树上选中图 11.10.2 所示的拉伸面（third 所发布的修剪 1）及草图（third 所发布的草图 12 和草图 19）后右击，在弹出的快捷菜单中选择复制命令。

（3）选择下拉菜单窗口 ➡ front_cover.CATPart命令，系统切换到 front_cover 模型文件。

（4）在特征树front_cover上右击，在弹出的快捷菜单中选择选择性粘贴...命令，系统弹出“选择性粘贴”对话框，选择与原文档相关联的结果选项，单击确定按钮，完成外部引用的创建。此时特征树如图 11.10.3 所示。

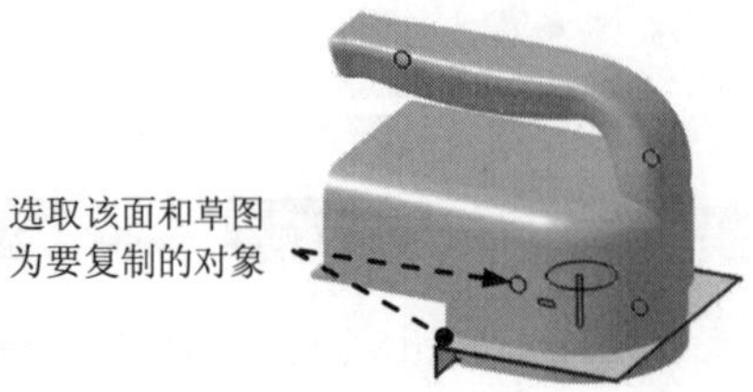

图 11.10.2 选取复制对象

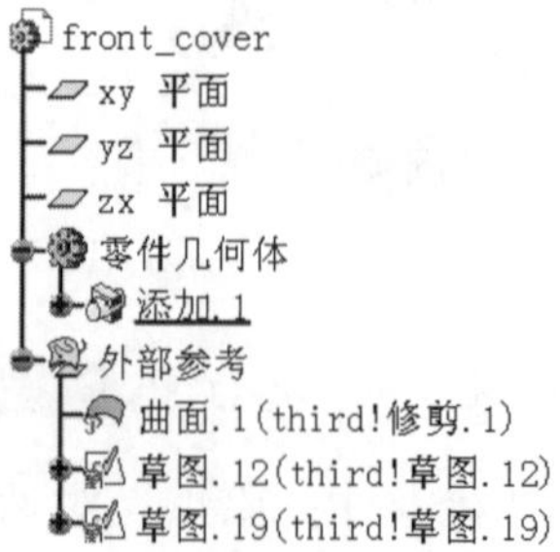

图 11.10.3 特征树

Step6. 创建图 11.10.4 所示的特征——分割 1。

（1）选择命令。选择下拉菜单 插入 ➡ 基于曲面的特征 ▸ ➡ 分割... 命令。系统弹出“定义分割”对话框。

（2）定义分割元素。选取图 11.10.5 所示的曲面为分割元素。

（3）单击 确定 按钮，完成分割 1 的创建。

图 11.10.4　分割 1

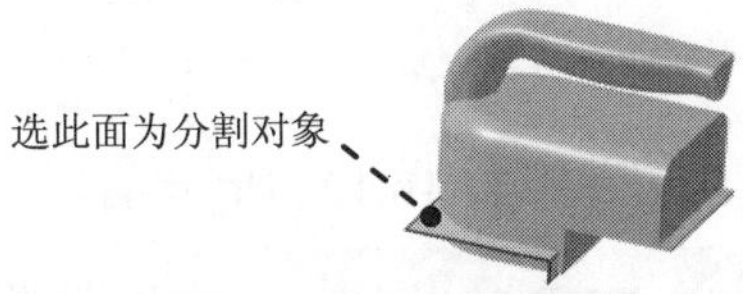

图 11.10.5　选取分割元素

Step7. 创建图 11.10.6 所示的特征——凹槽 1。

（1）选择命令。选择下拉菜单 插入 ➡ 基于草图的特征 ▸ ➡ 凹槽... 命令，系统弹出“定义凹槽”对话框。

（2）单击 按钮，选取图 11.10.7 所示的平面为草图平面。绘制图 11.10.8 所示的截面草图，单击 按钮，退出草绘工作台。

（3）定义深度属性。

① 定义深度方向。采用系统默认的深度方向，然后单击 反转边 按钮。

② 定义深度类型。在对话框 第一限制 区域的 类型： 下拉列表选择 直到下一个 选项，单击 确定 按钮，完成凹槽 1 的创建。

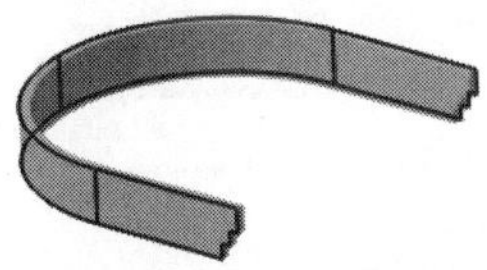

图 11.10.6　凹槽 1

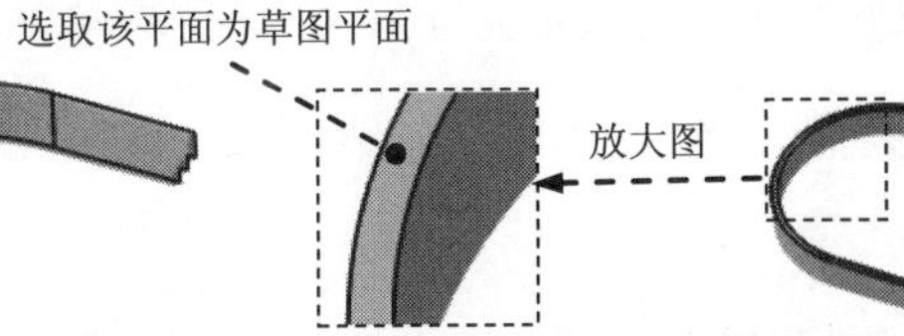

图 11.10.7　定义草图平面

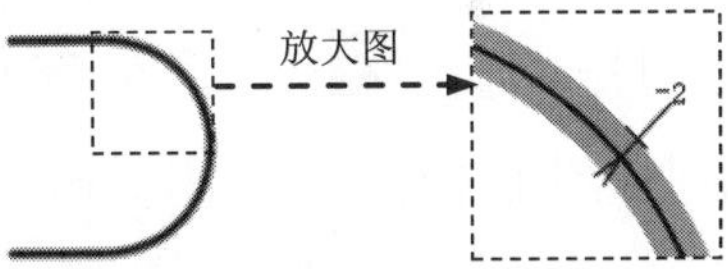

图 11.10.8　截面草图

Step8. 创建图 11.10.9 所示的特征——凸台 1。

（1）选择命令。选择下拉菜单 插入 ➡ 基于草图的特征 ▸ ➡ 凸台... 命令，系统弹出“定义凸台”对话框。

（2）创建截面草图。单击 按钮，选取“zx 平面”为草图平面，绘制图 11.10.10 所示的截面草图，单击 按钮，退出草绘工作台。

（3）定义拉伸深度属性。在 第一限制 区域的 类型： 下拉列表中选择 直到平面 选项，选取图 11.10.11 所示的面为限制面；单击 更多>> 按钮，在 第二限制 区域的 类型： 下拉列表中选择 直到平面 选项；选取图 11.10.11 所示的面为限制面。在 方向 区域选中 轮廓的法线 复选框；单击 确定 按钮，完成凸台 1 的创建。

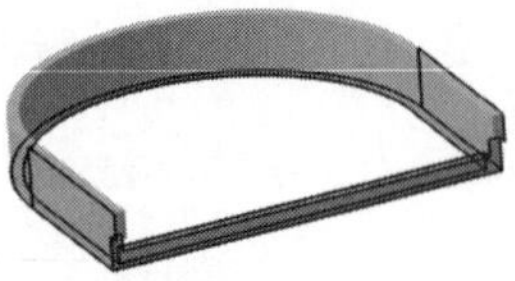

图 11.10.9　凸台 1

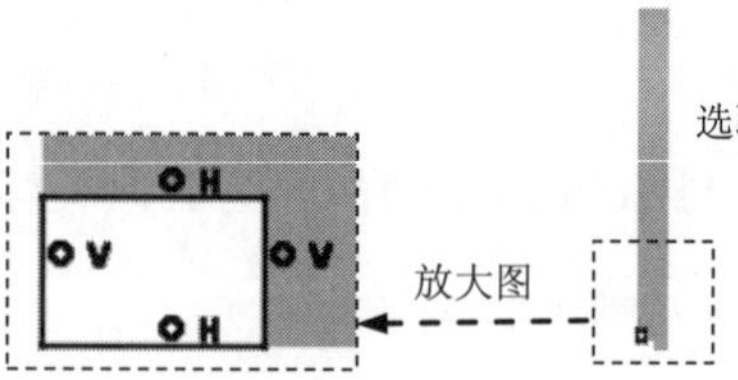

图 11.10.10　截面草图

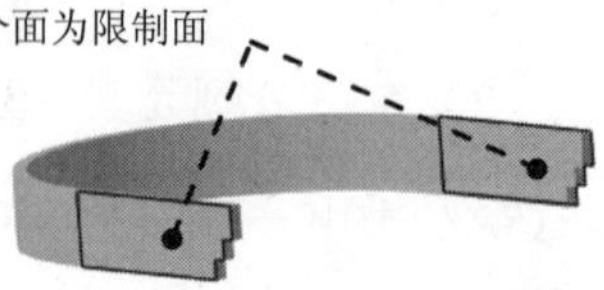

图 11.10.11　选取限制面

Step9. 创建图 11.10.12 所示的特征——凹槽 2。选择下拉菜单 插入 → 基于草图的特征 → 凹槽... 命令，选取“zx 平面”为草图平面；绘制图 11.10.13 所示的截面草图；单击按钮，退出草绘工作台；在对话框 第一限制 区域的 类型： 下拉列表中选择 直到下一个 选项，在 第二限制 区域的 类型： 下拉列表中选择 直到下一个 选项；单击 确定 按钮，完成凹槽 2 的创建。

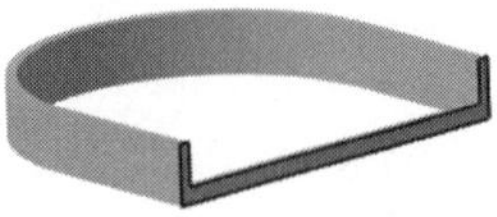

图 11.10.12　凹槽 2

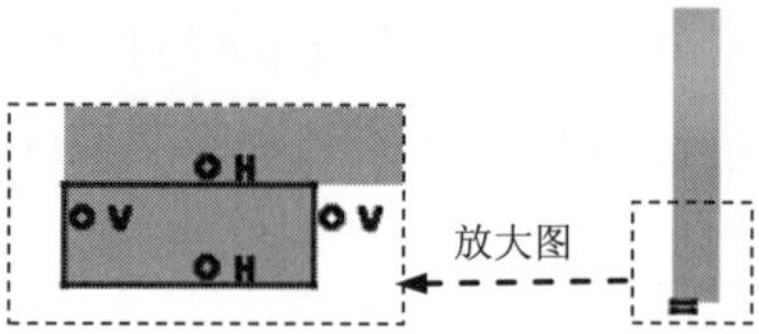

图 11.10.13　截面草图

Step10. 创建图 11.10.14 所示的零件基础特征——凸台 2。选择下拉菜单 插入 → 基于草图的特征 → 凸台... 命令，选取图 11.10.15 所示的平面为草图平面，绘制图 11.10.16 所示的截面草图，单击按钮，退出草绘工作台。在 第一限制 区域的 类型： 下拉列表中选择 尺寸 选项，在 第一限制 区域的 长度： 文本框中输入值 1。单击 确定 按钮，完成凸台 2 的创建。

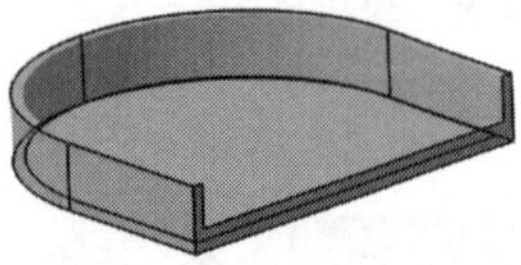

图 11.10.14　凸台 2

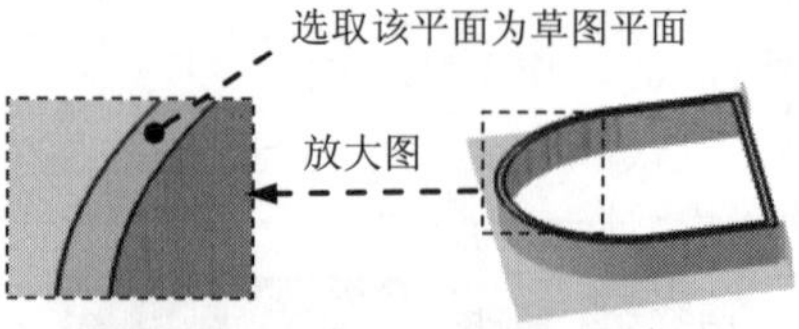

图 11.10.15　定义草图平面

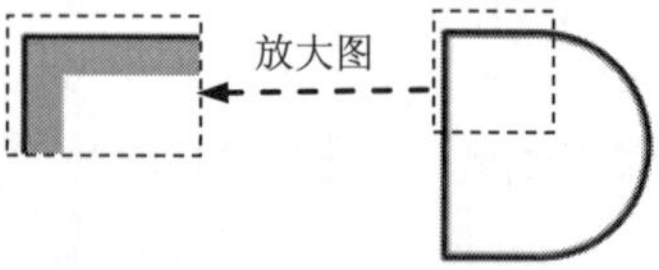

图 11.10.16　截面草图

Step11. 创建图 11.10.17 所示的特征——草图 1。选择下拉菜单 插入 → 草图编辑器 → 草图 命令；选取图 11.10.18 所示的平面为草图平面，单击“工作台”工具栏中的按钮，退出草绘工作台。

Step12. 创建图 11.10.19 所示的特征——凹槽 3。选择下拉菜单 插入 → 基于草图的特征 → 凹槽... 命令，选取草图 1 为截面轮廓，在对话框 第一限制 区域的类型：下拉列表选择直到下一个选项，单击确定按钮，完成凹槽 3 的创建。

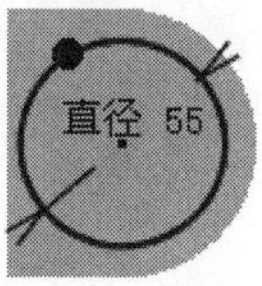

图 11.10.17 草图 1

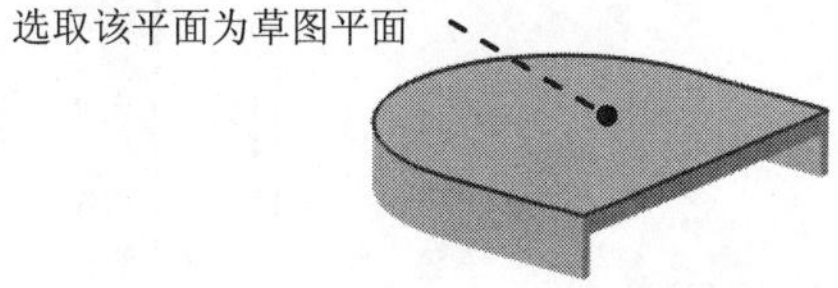

图 11.10.18 定义草图平面

图 11.10.19 凹槽 3

Step13. 创建图 11.10.20b 所示的特征——倒圆角 1。

（1）选择命令。选择下拉菜单插入 → 修饰特征 → 倒圆角...命令，系统弹出“倒圆角定义”对话框。

（2）定义要倒圆角的对象。在“倒圆角定义”对话框的选择模式：下拉列表中选择相切选项，选取图 11.10.20a 所示边线为倒圆角的对象。

（3）定义倒圆角半径。在对话框的半径：文本框中输入值 1。

（4）单击确定按钮，完成倒圆角 1 的创建。

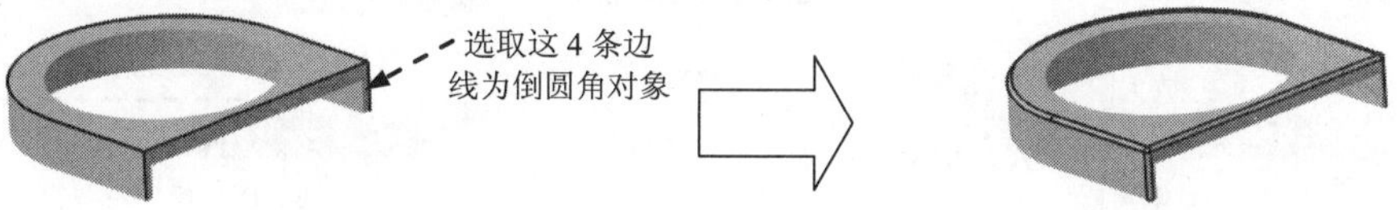

a）倒圆角前　　b）倒圆角后

图 11.10.20 倒圆角 1

Step14. 创建图 11.10.21 所示的特征——凹槽 4。选择下拉菜单插入 → 基于草图的特征 → 凹槽...命令，选取“zx 平面”为草图平面；绘制图 11.10.22 所示的截面草图，单击按钮，退出草绘工作台。在对话框第一限制区域的类型：下拉列表中选择直到下一个选项，在第二限制区域的类型：下拉列表中选择直到下一个选项；单击确定按钮，完成凹槽 4 的创建。

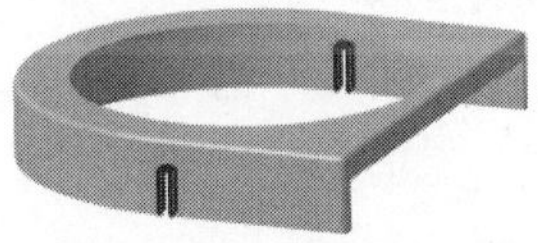

图 11.10.21 凹槽 4

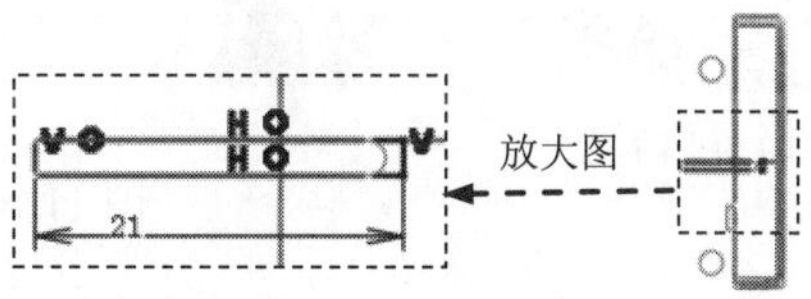

图 11.10.22 截面草图

Step15. 创建图 11.10.23 所示的特征——凹槽 5。选择下拉菜单插入 → 基于草图的特征 → 凹槽...命令，选取“zx 平面”为草图平面；绘制图 11.10.24 所示的截面草图，单击按钮，退出草绘工作台。在对话框第一限制区域的类型：下拉列表中选择直到下一个选项，在第二限制区域的类型：下拉列表中选择直到下一个选项；单击确定按钮，完成凹槽 5 的创建。

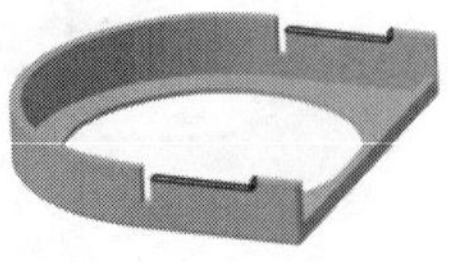

图 11.10.23　凹槽 5

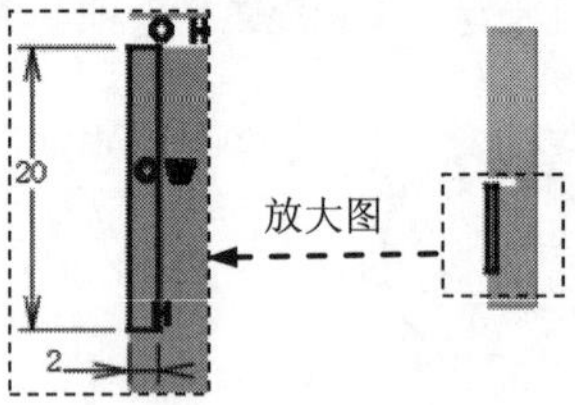

图 11.10.24　截面草图

Step16. 创建图 11.10.25b 所示的特征——倒角 1。

（1）选择下拉菜单 插入 → 修饰特征 ▸ → 倒角... 命令，系统弹出“定义倒角”对话框。

（2）在 模式: 的下拉列表中选择 长度 1/角度 选项，在 长度 1: 文本框中输入值 2；在 角度: 文本框中输入值 45，选取图 11.10.25a 所示边线为倒角的对象。

（3）单击 确定 按钮，完成倒角 1 的创建。

a）倒角前　　b）倒角后

图 11.10.25　倒角 1

Step17. 创建图 11.10.26b 所示的特征——倒圆角 2。选择下拉菜单 插入 → 修饰特征 ▸ → 倒圆角... 命令，选取图 11.10.26a 所示边线为倒圆角的对象。在 半径: 文本框中输入值 1。

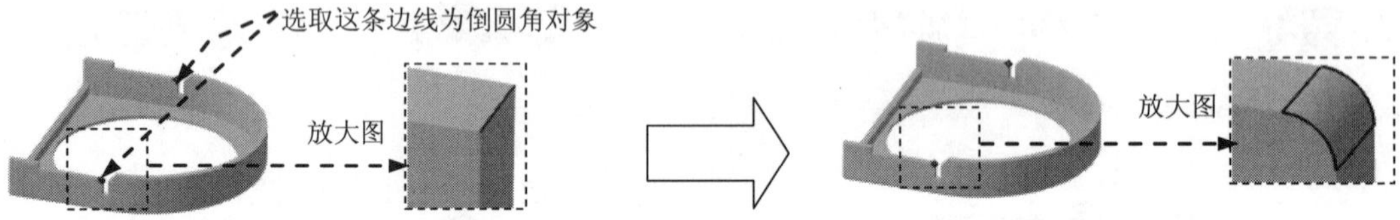

a）倒圆角前　　b）倒圆角后

图 11.10.26　倒圆角 2

Step18. 保存零件模型。选择下拉菜单 文件 → 保存 命令，即可保存零件模型。

Step19. 选择下拉菜单 窗口 → trim_pelucohi.CATProduct 命令并保存组件。

11.11　左 侧 外 壳

下面讲解左侧外壳（left）的创建过程。零件模型及相应的特征树如图 11.11.1 所示。

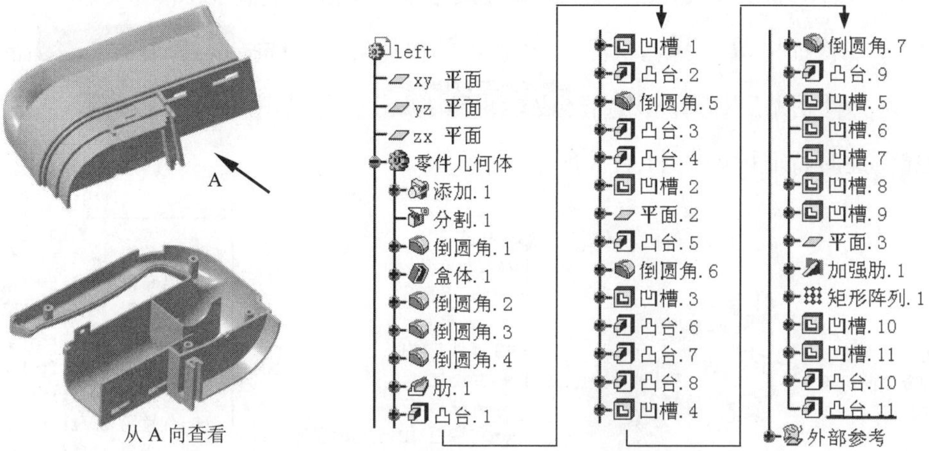

图 11.11.1 零件模型及特征树

Step1. 新建模型文件。激活 trim_pelucohi，选择下拉菜单 插入 → 新建零件 命令；系统弹出“新零件：原点”对话框；单击 是(Y) 按钮完成零部件的创建。

Step2. 修改文件名。在 Part1 (Part1.10) 上右击，在弹出的快捷菜单中选择 属性 选项；系统弹出“属性”对话框。在 实例名称 和 零件编号 两个文本框中均输入文件名 left；单击 确定 按钮完成文件名的修改。

Step3. 编辑 left 部件。激活 left (left)；然后右击，在弹出的快捷菜单中选择 left 对象 → 在新窗口中打开 命令；系统进入“零件设计”工作台。

Step4. 创建实体外部引用。

（1）选择下拉菜单 窗口 → fifth.CATPart 命令。系统切换到 fifth 模型文件。

（2）在特征树中选择 零件几何体 右击，在弹出的快捷菜单中选择 复制 命令。

（3）选择下拉菜单 窗口 → left.CATPart 命令。系统切换到 left 模型文件。

（4）在特征树 left 上右击，在弹出的快捷菜单中选择 选择性粘贴... 命令，系统弹出“选择性粘贴”对话框，选择 与原文档相关联的结果 选项，单击 确定 按钮，完成外部引用的创建。

（5）创建布尔操作。在特征树上选中 几何体.2，然后选择下拉菜单 插入 → 布尔操作 → 添加... 命令，完成布尔操作。

Step5. 创建特征外部引用。

（1）选择下拉菜单 窗口 → fifth.CATPart 命令。系统切换到 fifth 模型文件。

（2）在特征树发布中选中图 11.11.2 所示的平面和草图为要复制的对象，在弹出的快捷菜单中选择 复制 命令。

（3）选择下拉菜单 窗口 → left.CATPart 命令。系统切换到 left 模型文件。

（4）在特征树 left 上右击，在弹出的快捷菜单中选择 选择性粘贴... 命令，系统弹出“选择性粘贴”对话框，选择 与原文档相关联的结果 选项，单击 确定 按钮，完成外部引用的创建。此时特征树如图 11.11.3 所示。

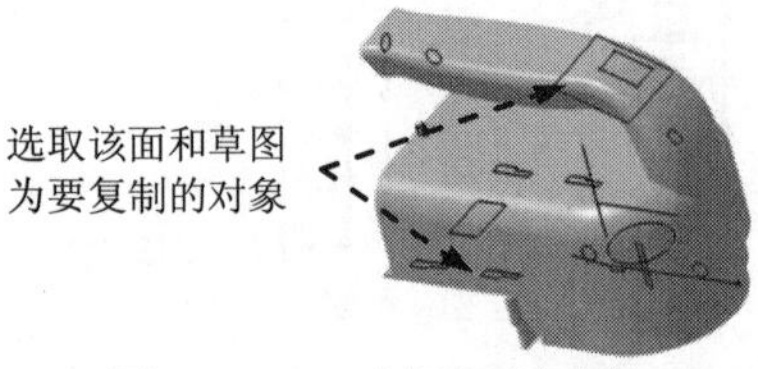

图 11.11.2　选择复制对象

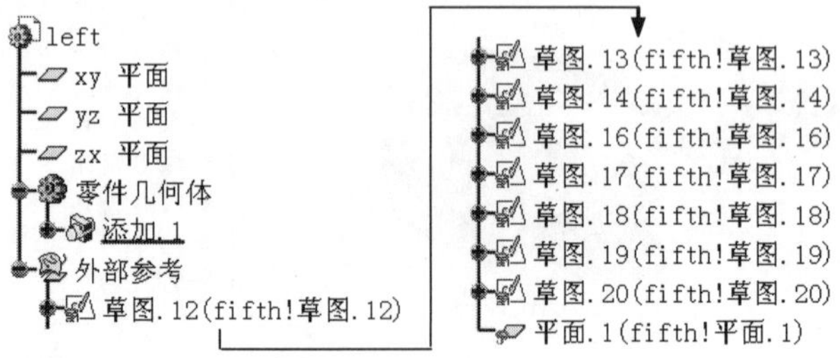

图 11.11.3　特征树

Step6. 创建图 11.11.4 所示的特征——分割 1。

（1）选择命令。选择下拉菜单 插入 → 基于曲面的特征 ▸ → 分割... 命令。系统弹出“定义分割”对话框。

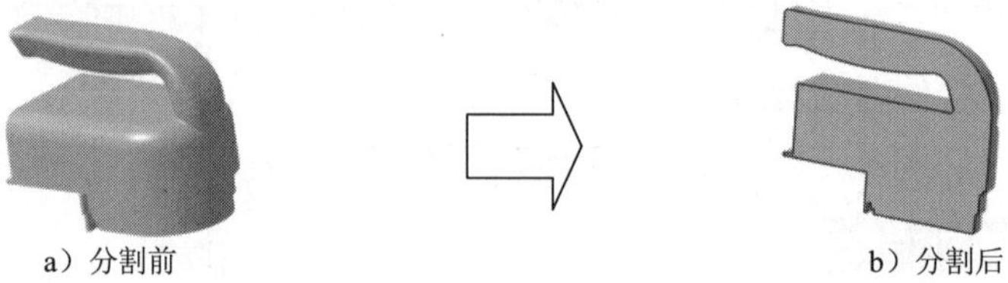

图 11.11.4　分割 1

（2）定义分割元素。选取“zx 平面”为分割元素。

（3）单击 确定 按钮，完成分割 1 的创建。

Step7. 创建图 11.11.5b 所示的特征——倒圆角 1。

（1）选择命令。选择下拉菜单 插入 → 修饰特征 ▸ → 倒圆角... 命令，系统弹出“倒圆角定义”对话框。

（2）定义要倒圆角的对象。在“倒圆角定义”对话框的 选择模式: 下拉列表中选择 相切 选项，选取图 11.11.5a 所示边线为倒圆角的对象。

（3）定义倒圆角半径。在对话框的 半径: 文本框中输入值 2。

（4）单击 确定 按钮，完成倒圆角 1 的创建。

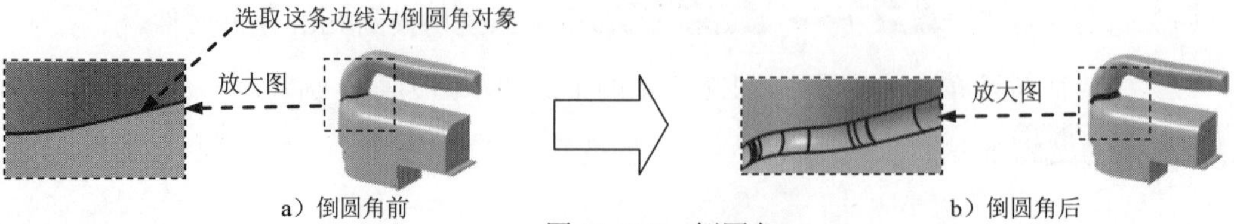

图 11.11.5　倒圆角 1

Step8. 创建图 11.11.6b 所示的特征——抽壳 1。选择下拉菜单 插入 ➡ 修饰特征 ➡ 抽壳... 命令；选取图 11.11.6a 所示的面为要移除的面；在 默认内侧厚度： 文本框中输入值 2，在 默认外侧厚度： 文本框中输入值 0；单击 确定 按钮，完成抽壳 1 的创建。

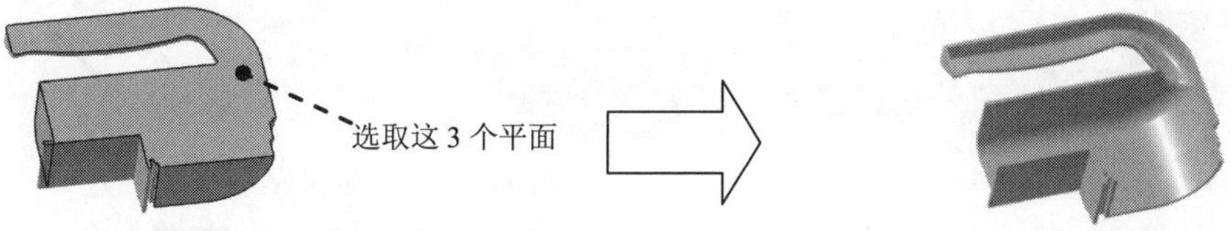

a）抽壳前　　b）抽壳后

图 11.11.6　抽壳 1

Step9. 创建图 11.11.7b 所示的特征——倒圆角 2。选择下拉菜单 插入 ➡ 修饰特征 ➡ 倒圆角... 命令，选取图 11.11.7a 所示边线为倒圆角的对象。在 半径： 文本框中输入值 0.5。

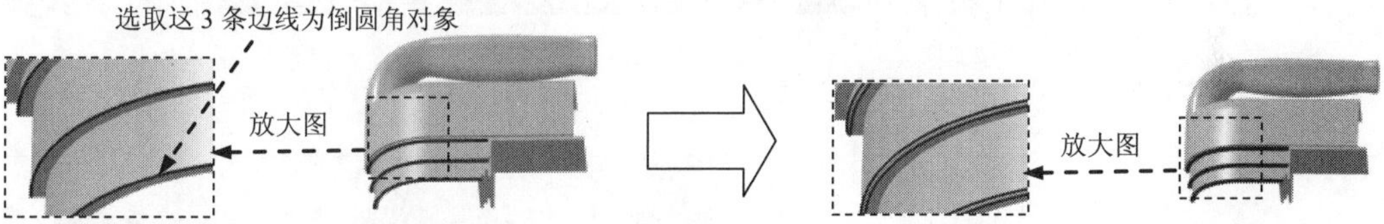

a）倒圆角前　　b）倒圆角后

图 11.11.7　倒圆角 2

Step10. 创建图 11.11.8b 所示的特征——倒圆角 3。选择下拉菜单 插入 ➡ 修饰特征 ➡ 倒圆角... 命令，选取图 11.11.8a 所示边线为倒圆角的对象。在 半径： 文本框中输入值 0.5。

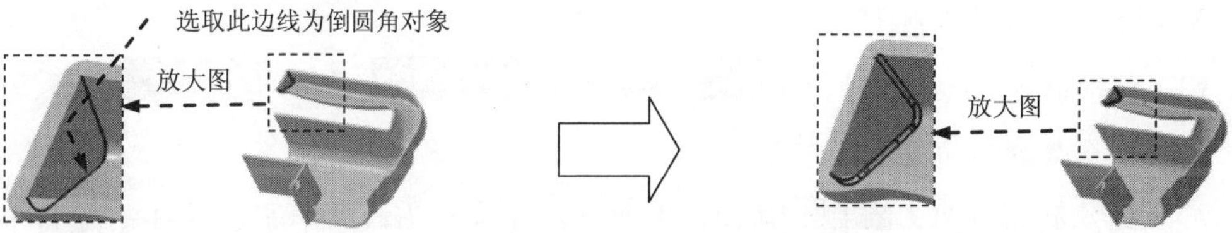

a）倒圆角前　　b）倒圆角后

图 11.11.8　倒圆角 3

Step11. 创建图 11.11.9b 所示的特征——倒圆角 4。选择下拉菜单 插入 ➡ 修饰特征 ➡ 倒圆角... 命令，选取图 11.11.9a 所示边线为倒圆角的对象。在 半径： 文本框中输入值 1。

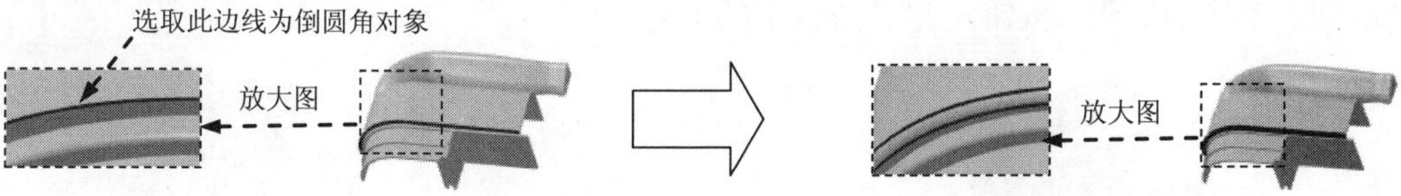

a）倒圆角前　　b）倒圆角后

图 11.11.9　倒圆角 4

Step12. 创建图 11.11.10 所示的特征——草图 1。选择下拉菜单 插入 → 草图编辑器 → 草图 命令；选取图 11.11.11 所示的平面为草图平面；单击“工作台”工具栏中的按钮，退出草绘工作台。

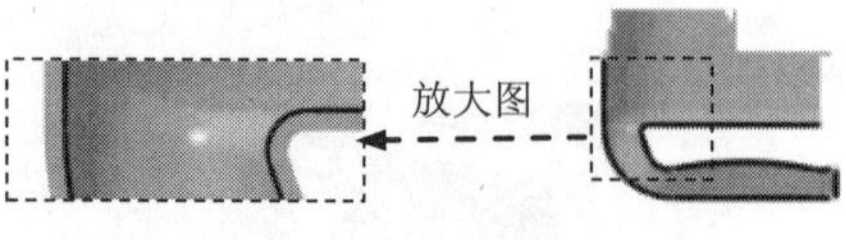

图 11.11.10　草图 1

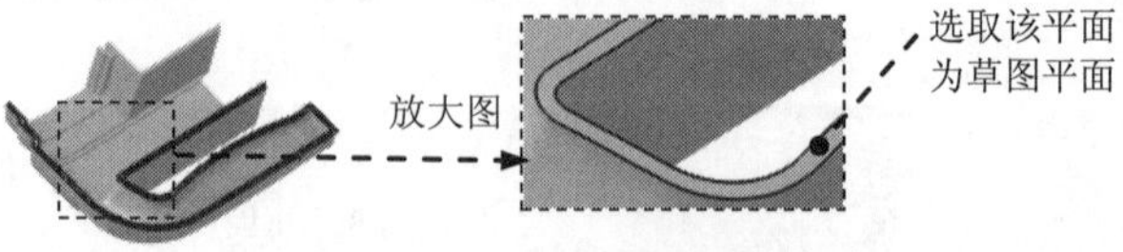

图 11.11.11　定义草图平面

Step13. 创建图 11.11.12 所示的特征——草图 2。选择下拉菜单 插入 → 草图编辑器 → 草图 命令；选取图 11.11.13 所示的平面为草图平面；单击“工作台”工具栏中的按钮，退出草绘工作台。

Step14. 创建图 11.11.14 所示的特征——肋 1。

（1）选择命令。选择下拉菜单 插入 → 基于草图的特征 → 肋... 命令，系统弹出“定义肋”对话框。

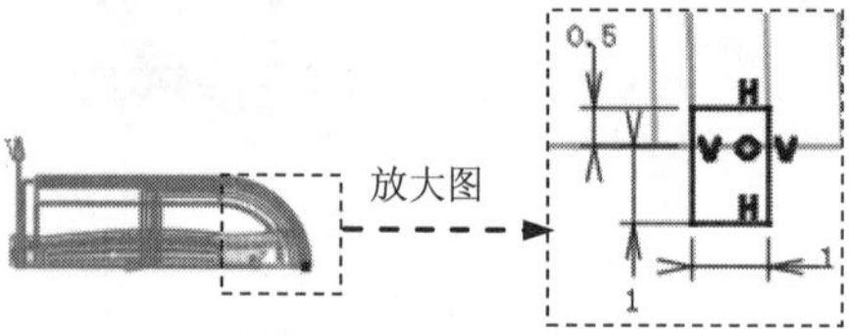

图 11.11.12　草图 2

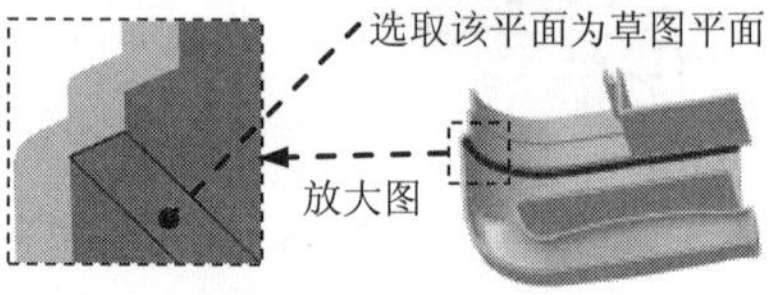

图 11.11.13　定义草图平面

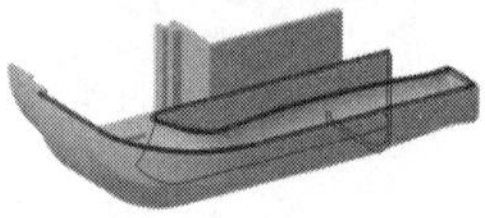
图 11.11.14　肋 1

（2）选取草图 2 为轮廓，选取草图 1 为中心曲线，其他采用系统默认设置。

（3）单击 确定 按钮，完成肋 1 的创建。

Step15. 创建图 11.11.15 所示的特征——凸台 1。

（1）选择命令。选择下拉菜单 插入 → 基于草图的特征 → 凸台... 命令，系统弹出“定义凸台”对话框。

（2）创建截面草图。单击按钮，选取“zx 平面”为草图平面，绘制图 11.11.16 所示的截面草图（以外部参考的草图 18 投影即可），单击按钮，退出草绘工作台。

（3）定义拉伸深度属性。在 第一限制 区域的 类型： 下拉列表中选择 尺寸 选项，在 第一限制 区域的 长度： 文本框中输入值 40。选中 厚 复选框；单击 更多>> 按钮，在 方向 区域选中 轮廓的法线 复选框；在 薄凸台 区域的 厚度 1 文本框中输入值 2；在 厚度 2： 文本框中输入值 0；选中 合并末端 复选框，单击 确定 按钮，完成凸台 1 的创建。

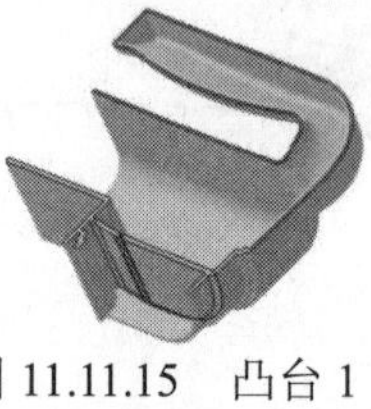
图 11.11.15　凸台 1

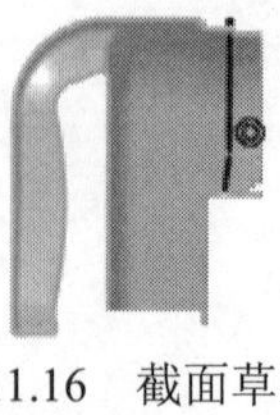
图 11.11.16　截面草图

Step16. 创建图 11.11.17 所示的特征——凹槽 1。

（1）选择命令。选择下拉菜单 插入 → 基于草图的特征 ▸ → 凹槽... 命令，系统弹出“定义凹槽”对话框。

（2）单击按钮，选取图 11.11.18 所示的平面为草图平面。绘制图 11.11.19 所示的截面草图（以外部参考草图 12 的边线进行偏移），单击按钮，退出草绘工作台。

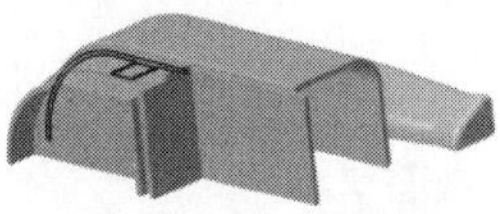

图 11.11.17 凹槽 1

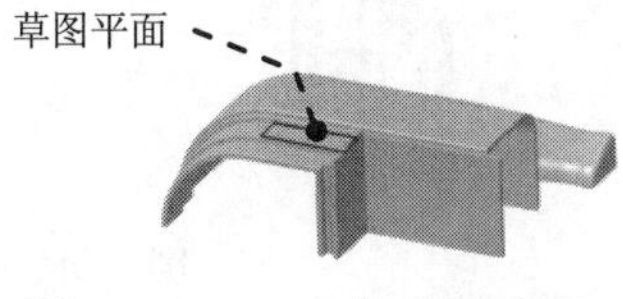

图 11.11.18 定义草图平面

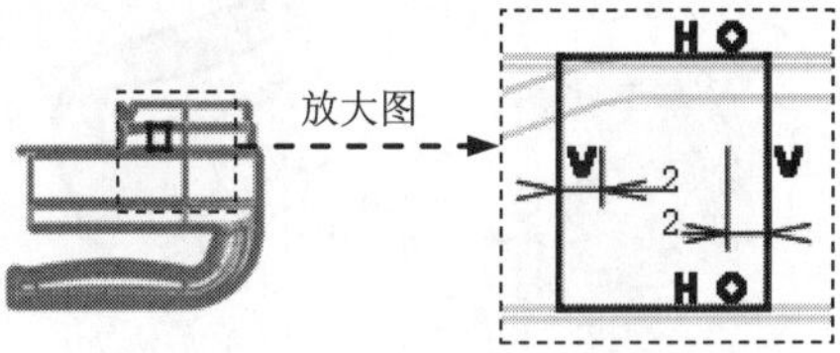

图 11.11.19 截面草图

（3）定义深度属性。

① 定义深度方向。采用系统默认的深度方向。

② 定义深度类型。在对话框 第一限制 区域的 类型： 下拉列表选择 尺寸 选项，在 限制 1 区域的 深度： 文本框中输入值 0.5，单击 确定 按钮，完成凹槽 1 的创建。

Step17. 创建图 11.11.20 所示的特征—— 凸台 2。选择下拉菜单 插入 → 基于草图的特征 ▸ → 凸台... 命令，单击按钮，选取图 11.11.20 所示的平面为草图平面，绘制图 11.11.21 所示的截面草图，单击按钮，退出草绘工作台。在 第一限制 区域的 类型： 下拉列表中选择 尺寸 选项，在 第一限制 区域的 长度： 文本框中输入值 1。单击 确定 按钮，完成凸台 2 的创建。

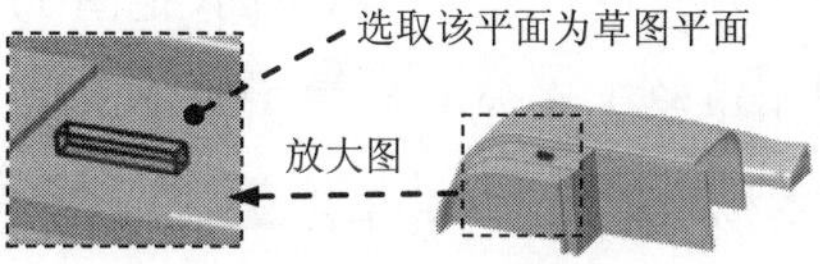

图 11.11.20 凸台 2

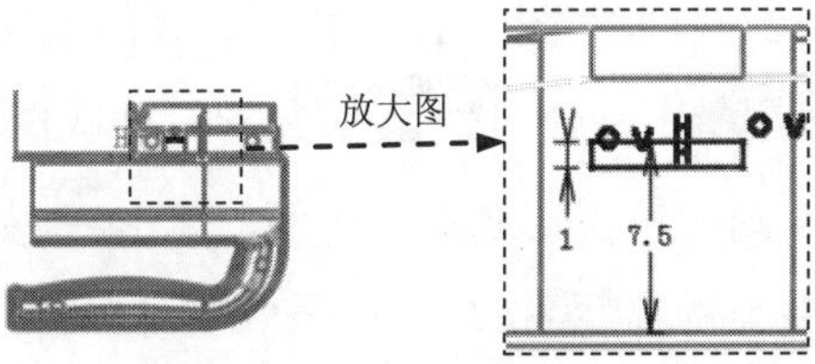

图 11.11.21 截面草图

Step18. 创建图 11.11.22b 所示的特征——倒圆角 5。选择下拉菜单 插入 → 修饰特征 ▸ → 倒圆角... 命令，选取图 11.11.22a 所示边线为倒圆角的对象。在 半径： 文本框中输入值 0.5。

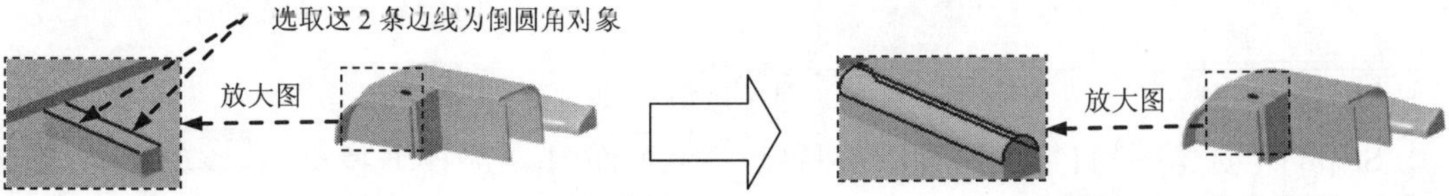

a）倒圆角前　　b）倒圆角后

图 11.11.22 倒圆角 5

Step19. 创建图 11.11.23 所示的特征——凸台 3。选择下拉菜单 插入 → 基于草图的特征 → 凸台... 命令，单击按钮，选取图 11.11.23 所示的平面为草图平面，绘制图 11.11.24 所示的截面草图，单击按钮，退出草绘工作台。在 第一限制 区域的 类型： 下拉列表中选择 直到下一个 选项，单击 确定 按钮，完成凸台 3 的创建。

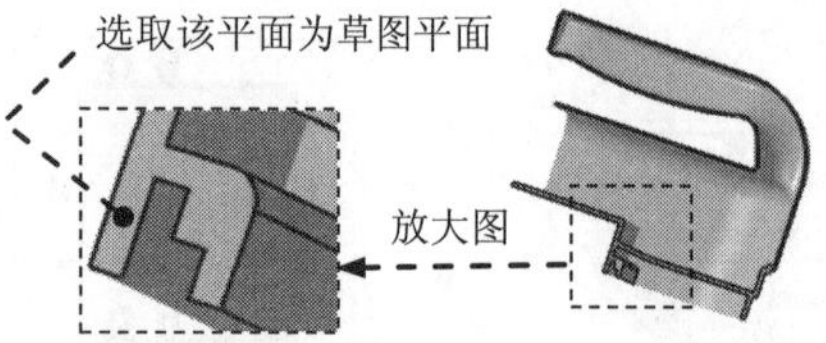

图 11.11.23 凸台 3

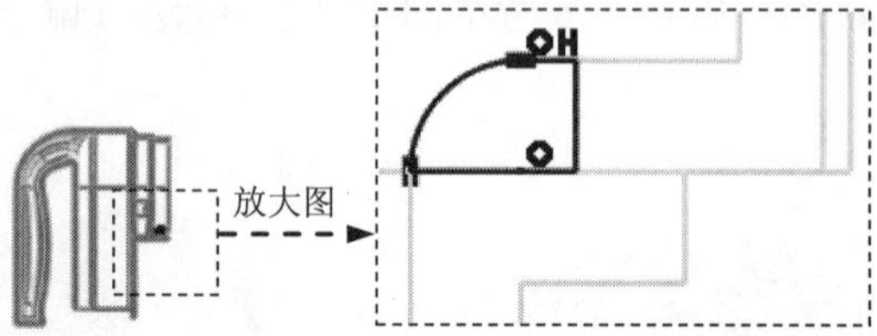

图 11.11.24 截面草图

Step20. 创建图 11.11.25 所示的特征——凸台 4。选择下拉菜单 插入 → 基于草图的特征 → 凸台... 命令，单击按钮，选取图 11.11.26 所示的平面为草图平面，把图 11.11.26 所示的草图边线（以外部参考草图 13 为参照）投影到草图平面，单击按钮，退出草绘工作台。在 第一限制 区域的 类型： 下拉列表中选择 直到平面 选项，选取图 11.11.25 所示的平面为限制面，单击 确定 按钮，完成凸台 4 的创建。

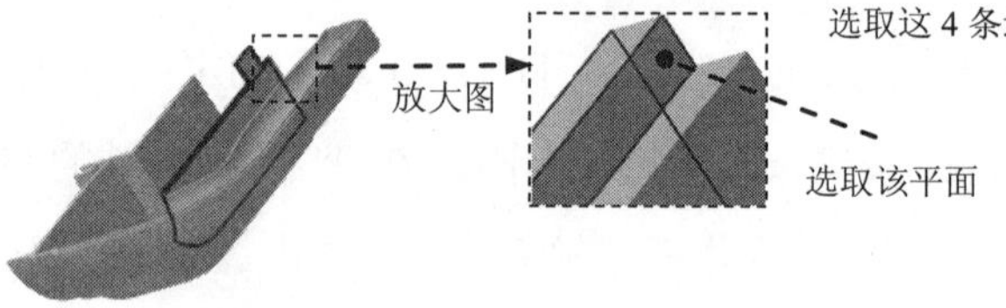

图 11.11.25 凸台 4

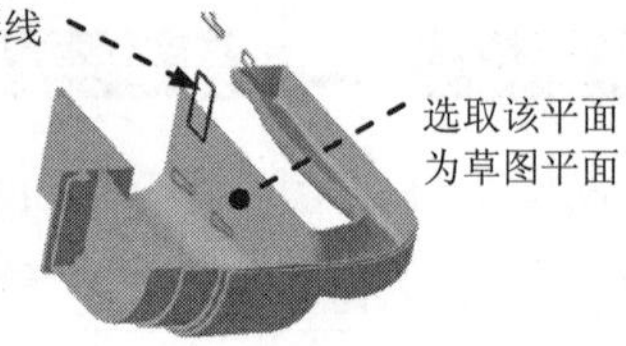

图 11.11.26 定义草图平面

Step21. 创建图 11.11.27 所示的特征——凹槽 2。选择下拉菜单 插入 → 基于草图的特征 → 凹槽... 命令，选取图 11.11.27 所示的平面为草图平面，把图 11.11.28 所示的草图边线投影到草图平面，单击按钮，退出草绘工作台。在 第一限制 区域的 类型： 下拉列表中选择 尺寸 选项，在 第一限制 区域的 深度： 文本框中输入值 1，单击 确定 按钮，完成凹槽 2 的创建。

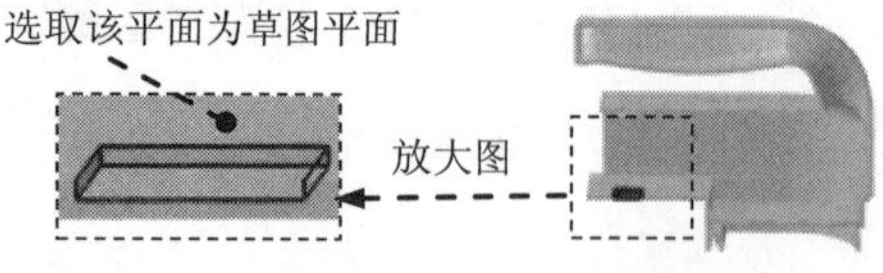

图 11.11.27 凹槽 2

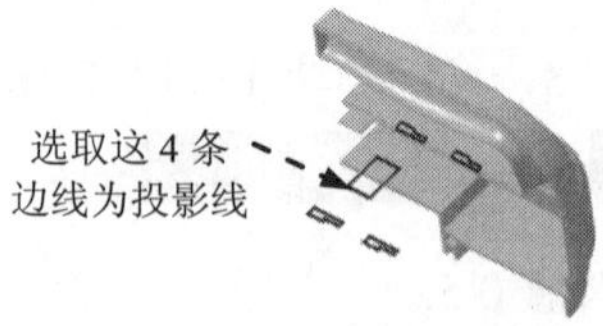

图 11.11.28 截面草图

Step22. 切换到“创成式外形设计”工作台。

Step23. 创建图 11.11.29 所示的特征—— 平面 1。选择下拉菜单 插入 → 线框 → 平面... 命令；在 平面类型： 下拉列表中选择 偏移平面 选项；激活 参考： 文本框并右击，在弹出的快捷菜单中选取 YZ 平面为参考平面；在偏移：文本框中输入值 20；单击 确定 按钮，完成平面 1 的创建。

Step24. 切换到“零件设计”工作台。

Step25. 创建图 11.11.30 所示的特征——凸台 5。选择下拉菜单 插入 ➡ 基于草图的特征 ➡ 凸台... 命令，单击按钮，选取平面 1 为草图平面，绘制图 11.11.31 所示的截面草图，单击按钮，退出草绘工作台。在 第一限制 区域的 类型：下拉列表中选择 尺寸 选项，在 第一限制 区域的 长度：文本框中输入值 1.5。选中 镜像范围 复选框，单击 确定 按钮，完成凸台 5 的创建。

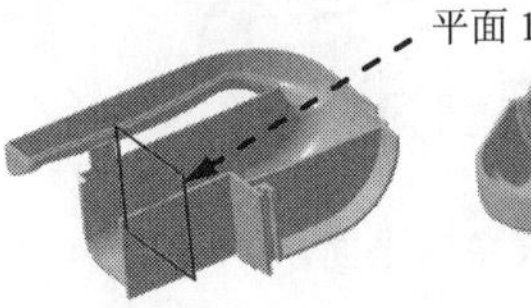

图 11.11.29 平面 1

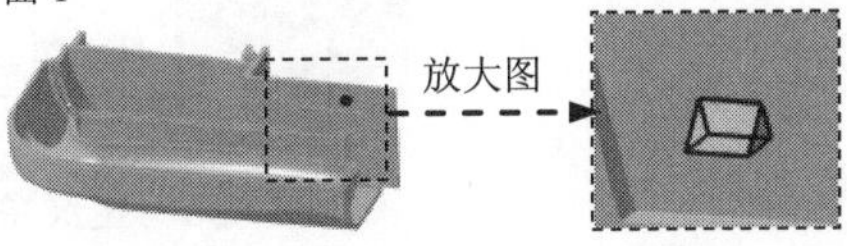

图 11.11.30 凸台 5

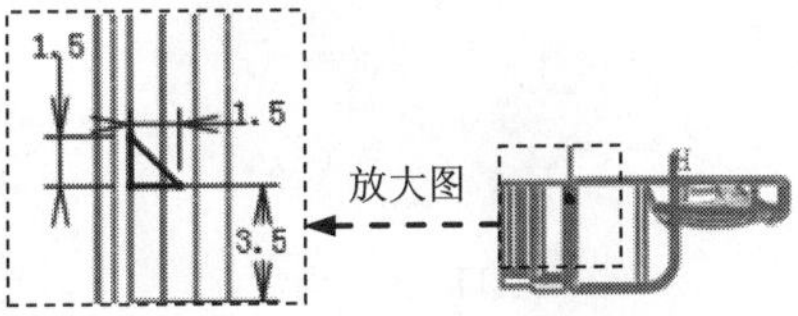

图 11.11.31 截面草图

Step26. 创建图 11.11.32b 所示的特征——倒圆角 6。选择下拉菜单 插入 ➡ 修饰特征 ➡ 倒圆角... 命令，选取图 11.11.32a 所示边线为倒圆角的对象，在 半径：文本框中输入值 0.2。

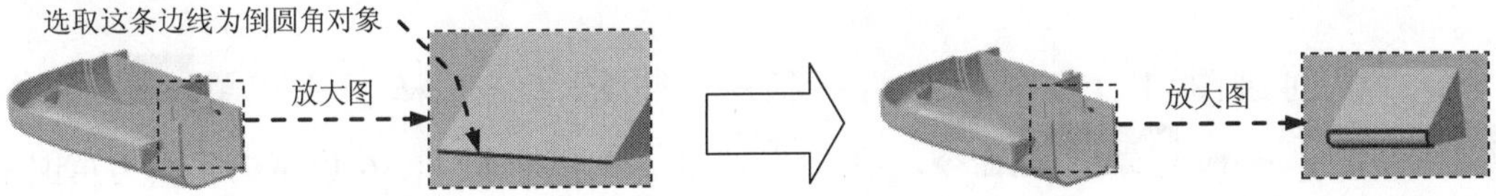

a）倒圆角前　　b）倒圆角后

图 11.11.32 倒圆角 6

Step27. 创建图 11.11.33 所示的特征——草图 3。选择下拉菜单 插入 ➡ 草图编辑器 ➡ 草图 命令；选取图 11.11.34 所示的平面为草图平面；单击“工作台”工具栏中的按钮，退出草绘工作台。

Step28. 创建图 11.11.34 所示的特征——凹槽 3。选择下拉菜单 插入 ➡ 基于草图的特征 ➡ 凹槽... 命令，选取草图 3 为截面草图，单击按钮，退出草绘工作台，在 第一限制 区域的 类型：下拉列表中选择 直到下一个 选项，单击 确定 按钮，完成凹槽 3 的创建。

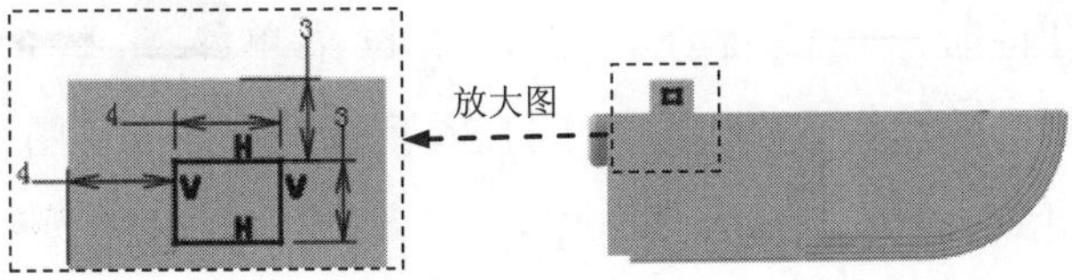

图 11.11.33 草图 3

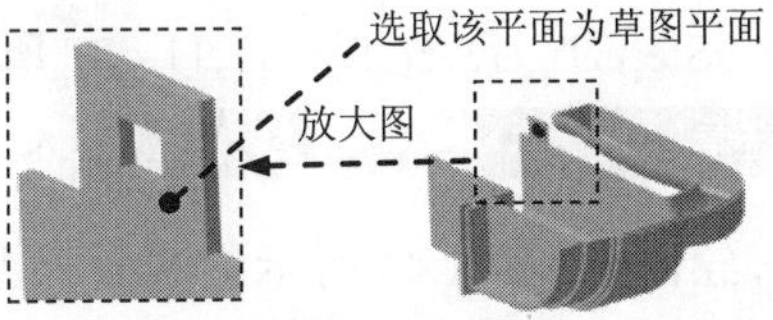

图 11.11.34 凹槽 3

Step29. 创建图 11.11.35 所示的特征——凸台 6。选择下拉菜单 插入 → 基于草图的特征 ▸ → 凸台... 命令，单击 按钮，选取图 11.11.36 所示的平面为草图平面，绘制图 11.11.37 所示的截面草图（以外部参考的草图 14 为参照），使草图与图 11.11.38 所示的草图曲线相合，单击 按钮，退出草绘工作台。在 第一限制 区域的 类型： 下拉列表中选择 直到下一个 选项；选中 厚 复选框，单击 更多>> 按钮，在 方向 区域选中 轮廓的法线 复选框；在 薄凸台 区域的 厚度 1 文本框中输入值 1，选中其下的 中性边界 的复选框，单击 确定 按钮，完成凸台 6 的创建。

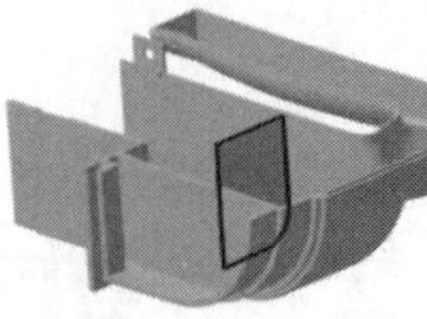

图 11.11.35　凸台 6

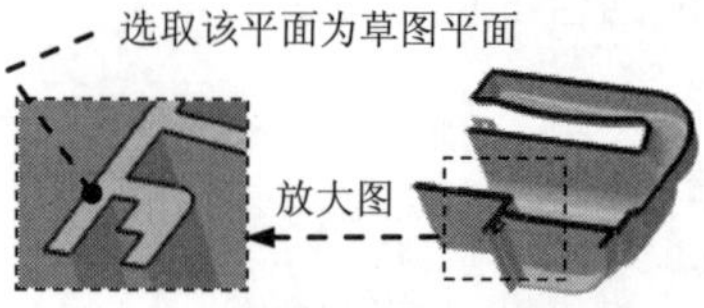

图 11.11.36　定义草图平面

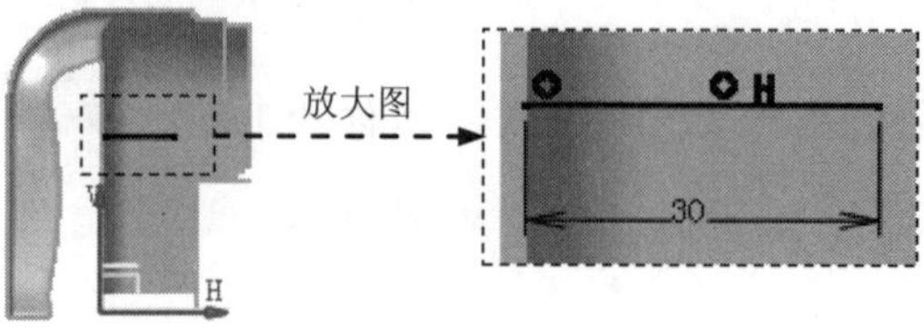

图 11.11.37　截面草图

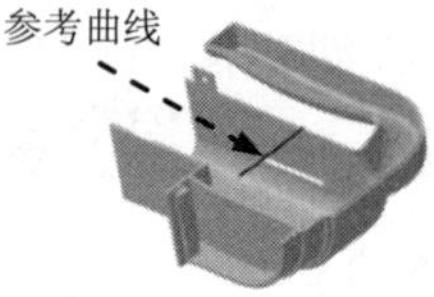

图 11.11.38　选取相合曲线

Step30. 创建图 11.11.39 所示的特征——凸台 7。选择下拉菜单 插入 → 基于草图的特征 ▸ → 凸台... 命令，单击 按钮，选取图 11.11.36 所示的平面为草图平面，绘制图 11.11.40 所示的截面草图，使草图与图 11.11.41 所示的草图曲线相合，单击 按钮，退出草绘工作台。在 第一限制 区域的 类型： 下拉列表中选择 直到下一个 选项；选中 厚 复选框，单击 更多>> 按钮，在 方向 区域选中 轮廓的法线 复选框；在 薄凸台 区域的 厚度 1 文本框中输入值 1，选中其下的 中性边界 复选框，单击 确定 按钮，完成凸台 7 的创建。

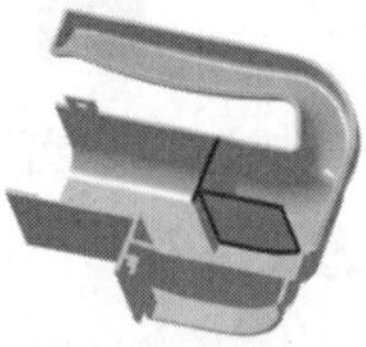

图 11.11.39　凸台 7

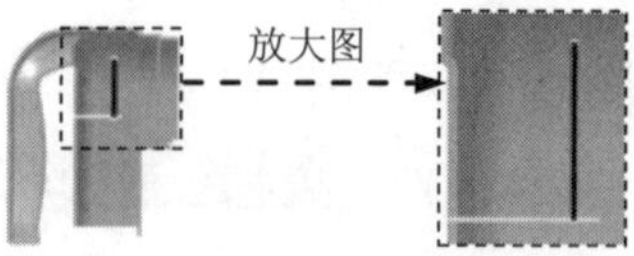

图 11.11.40　截面草图

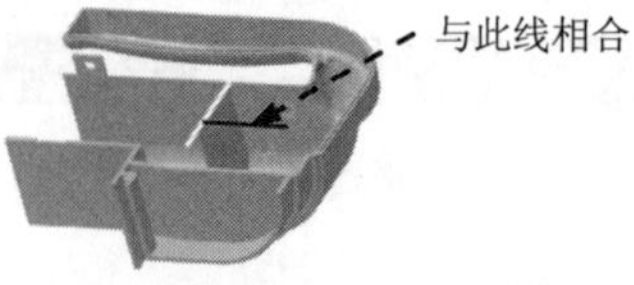

图 11.11.41　选取相合曲线

Step31. 创建图 11.11.42 所示的特征——凸台 8。选择下拉菜单 插入 → 基于草图的特征 ▸ → 凸台... 命令，单击 按钮，选取图 11.11.36 所示的平面为草图平面，绘制图 11.11.43 所示的截面草图，单击 按钮，退出草绘工作台。在 第一限制 区域的 类型： 下拉列表中选择 直到下一个 选项；单击 确定 按钮，完成凸台 8 的创建。

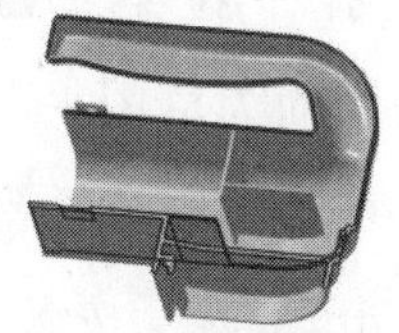

图 11.11.42 凸台 8

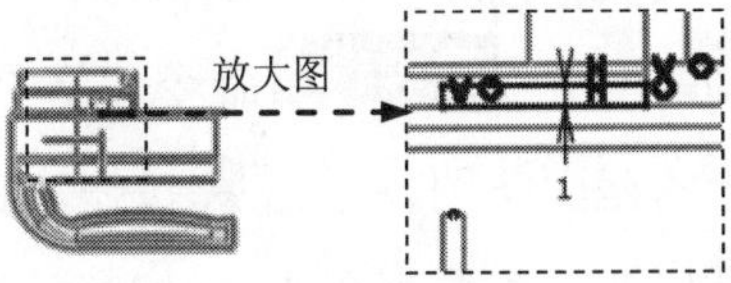

图 11.11.43 截面草图

Step32. 创建图 11.11.44 所示的特征——凹槽 4。选择下拉菜单 插入 → 基于草图的特征 ▸ → 凹槽... 命令，选取图 11.11.44 所示的平面为草图平面；绘制图 11.11.45 所示的截面草图（以外部参考的草图 19 为参照），单击按钮，退出草绘工作台，在 第一限制 区域的 类型: 下拉列表中选择 尺寸 选项，在 第一限制 区域的 深度: 文本框中输入值 1，单击 确定 按钮，完成凹槽 4 的创建。

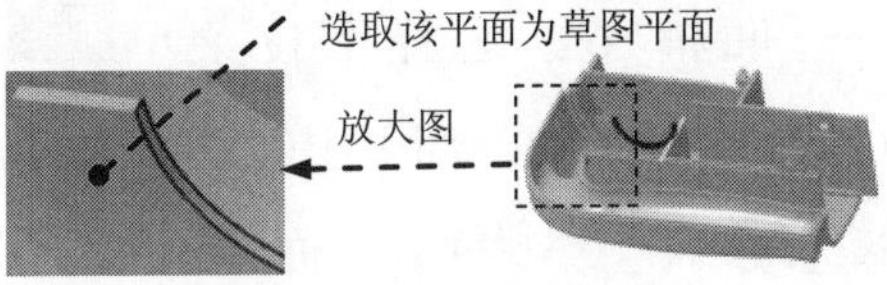

图 11.11.44 凹槽 4

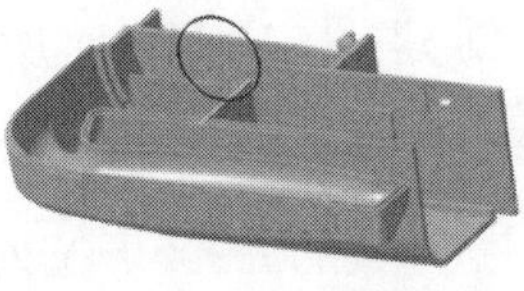

图 11.11.45 截面草图

Step33. 创建图 11.11.46b 所示的特征——倒圆角 7。选择下拉菜单 插入 → 修饰特征 ▸ → 倒圆角... 命令，选取图 11.11.46a 所示边线为倒圆角的对象。在 半径: 文本框中输入值 1。

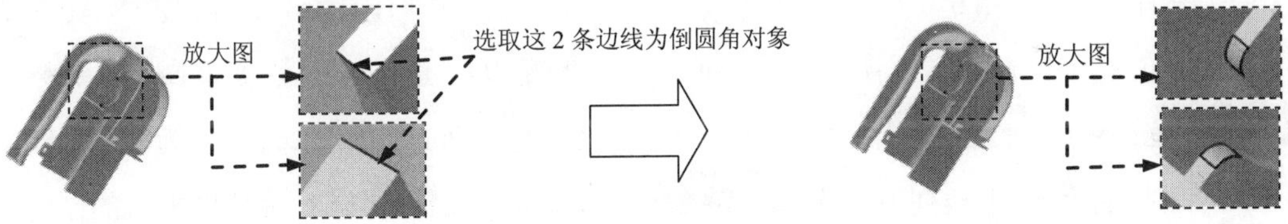

a）倒圆角前 b）倒圆角后

图 11.11.46 倒圆角 7

Step34. 创建图 11.11.47 所示的特征——凸台 9。选择下拉菜单 插入 → 基于草图的特征 ▸ → 凸台... 命令，单击按钮，选取“zx 平面”为草图平面，把图 11.11.48 所示的圆（以外部参考的草图 12 为参照）投影到草图平面，单击按钮，退出草绘工作台。在 第一限制 区域的 类型: 下拉列表中选择 尺寸 选项，在 第一限制 区域的 长度: 文本框中输入值 2。在 第二限制 区域的 类型: 下拉列表中选择 直到下一个 选项；单击 确定 按钮，完成凸台 9 的创建。

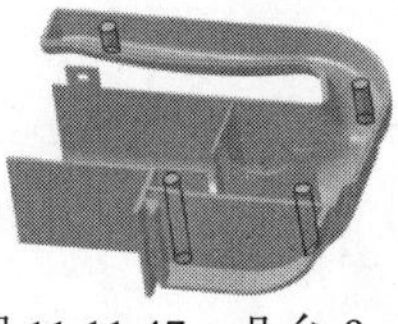

图 11.11.47 凸台 9

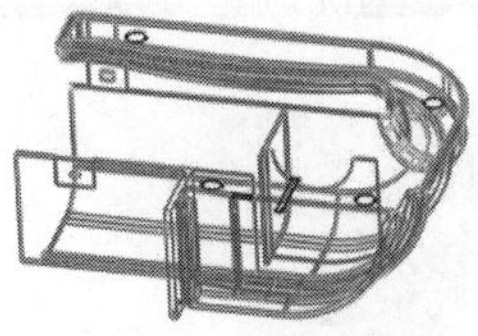

图 11.11.48 截面草图

Step35. 创建图 11.11.49 所示的特征——凹槽 5。选择下拉菜单 插入 → 基于草图的特征 ▸ → 凹槽... 命令，选取图 11.11.49 所示的平面为草图平面；绘制图 11.11.50 所示的截面草图，单击按钮，退出草绘工作台，在 第一限制 区域的 类型: 下拉列表中选择 尺寸 选项，在 第一限制 区域的 深度: 文本框中输入值 5，单击 确定 按钮，完成凹槽 5 的创建。

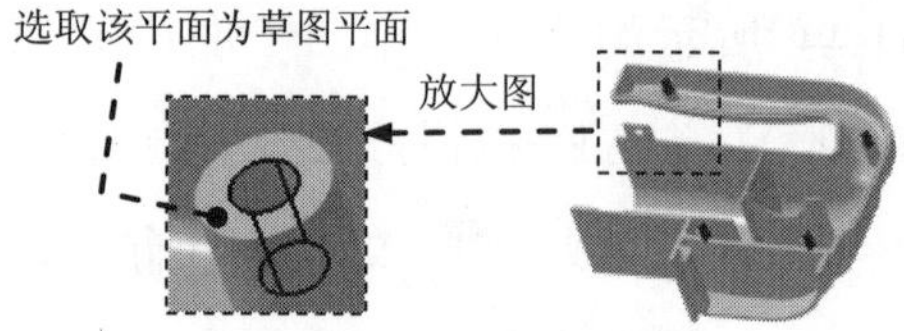

图 11.11.49 凹槽 5

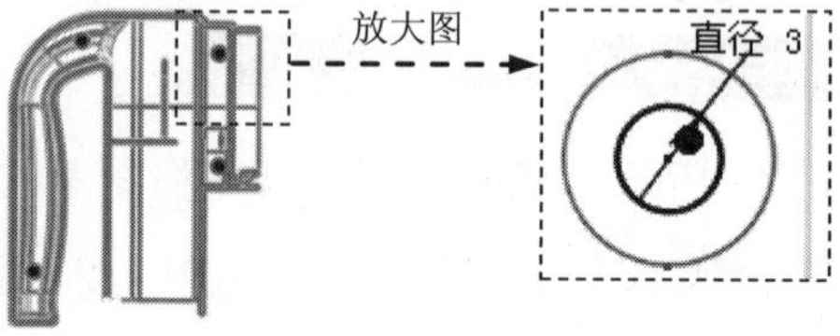

图 11.11.50 截面草图

Step36. 创建图 11.11.51 所示的特征——凹槽 6。选择下拉菜单 插入 → 基于草图的特征 ▸ → 凹槽... 命令，选取图 11.11.52 所示的外部引用的草图 16 为截面草图，在 第一限制 区域的 类型: 下拉列表中选择 尺寸 选项，在 第一限制 区域的 深度: 文本框中输入值 5，单击 确定 按钮，完成凹槽 6 的创建。

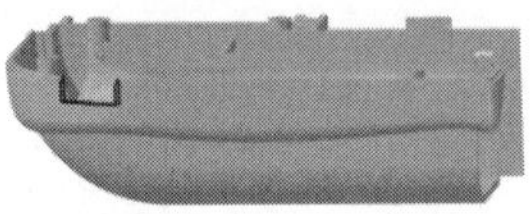
图 11.11.51 凹槽 6

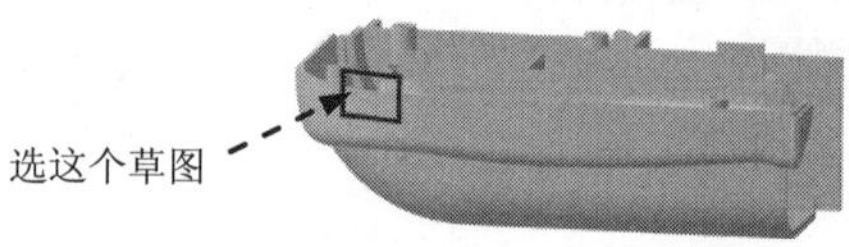

图 11.11.52 截面草图

Step37. 创建图 11.11.53 所示的特征—— 凹槽 7。选择下拉菜单 插入 → 基于草图的特征 ▸ → 凹槽... 命令，选取图 11.11.54 所示的外部引用的草图 17 为截面草图。在 第一限制 区域的 类型: 下拉列表中选择 直到下一个 选项，单击 确定 按钮，完成凹槽 7 的创建。

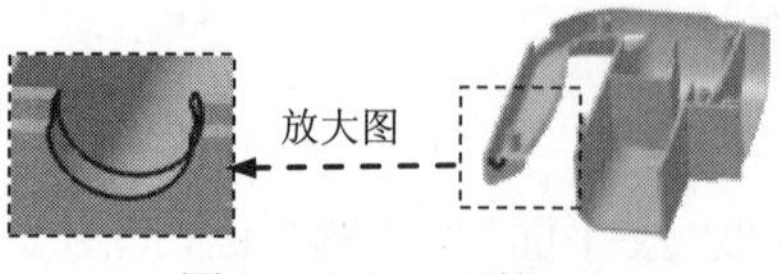

图 11.11.53 凹槽 7

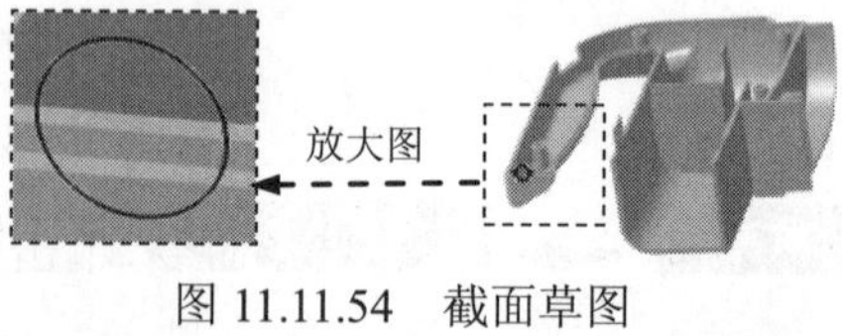

图 11.11.54 截面草图

Step38. 创建图 11.11.55 所示的特征—— 凹槽 8。选择下拉菜单 插入 → 基于草图的特征 ▸ → 凹槽... 命令，选取图 11.11.56 所示的平面为草图平面；把图 11.11.56 所示的草图投影到草图平面，单击按钮，退出草绘工作台。在 第一限制 区域的 类型: 下拉列表中选择 直到下一个 选项，单击 确定 按钮，完成凹槽 8 的创建。

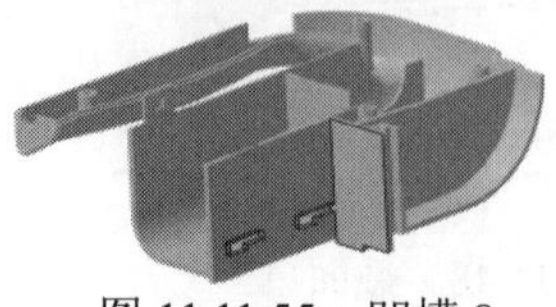
图 11.11.55 凹槽 8

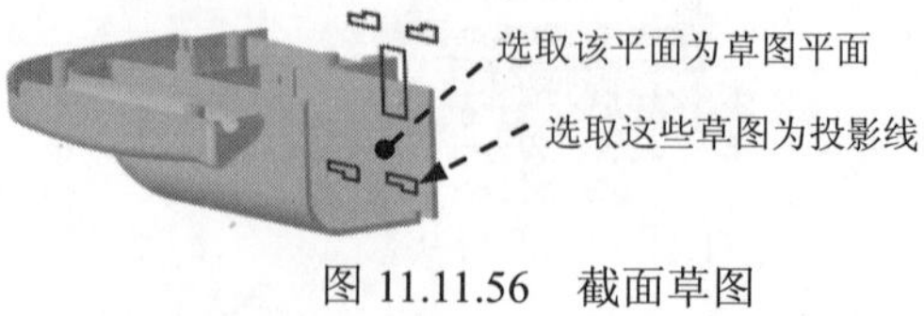

图 11.11.56 截面草图

Step39. 创建图 11.11.57 所示的特征——凹槽 9。选择下拉菜单 插入 → 基于草图的特征 → 凹槽... 命令，选取图 11.11.57 所示的平面为草图平面，绘制图 11.11.58 所示的截面草图，单击 按钮，退出草绘工作台。在 第一限制 区域的 类型: 下拉列表中选择 直到平面 选项，选取图 11.11.57 所示的草图平面对面的面为限制面；单击 确定 按钮，完成凹槽 9 的创建。

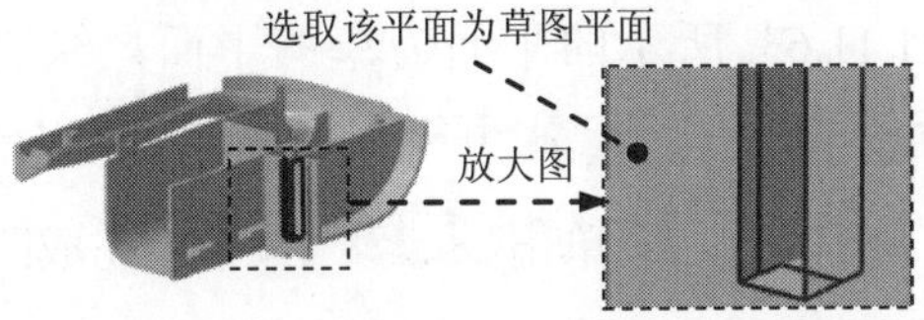

图 11.11.57 凹槽 9

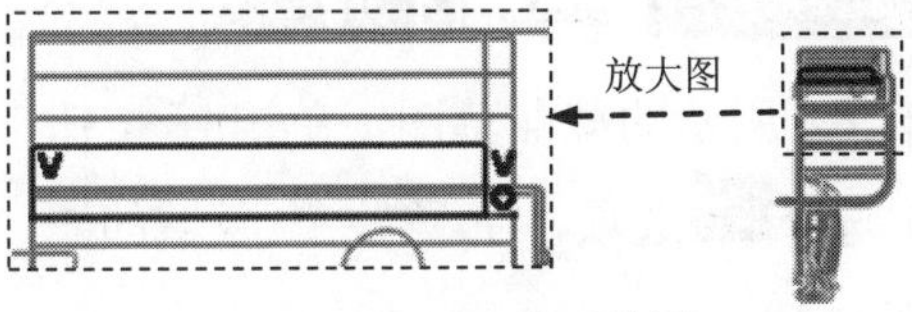

图 11.11.58 截面草图

Step40. 切换到“创成式外形设计”工作台。

Step41. 创建图 11.11.59 所示的特征——平面 2。选择下拉菜单 插入 → 线框 → 平面... 命令；在 平面类型: 下拉列表中选择 偏移平面 选项；激活 参考: 文本框并右击，在弹出的快捷菜单中选取 YZ 平面 为参考平面；在 偏移: 文本框输入值 60；单击 确定 按钮，完成平面 2 的创建。

Step42. 切换到“零件设计”工作台。

Step43. 创建图 11.11.60 所示的特征——加强肋 1。

（1）选择命令。选择下拉菜单 插入 → 基于草图的特征 → 加强肋... 命令，系统弹出“定义加强肋”对话框。

（2）创建截面草图。单击 按钮，选取“平面 2”为草图平面。绘制图 11.11.61 所示的截面草图，单击 按钮，退出草绘工作台。

（3）定义拉伸深度属性。在 厚度 区域的 厚度 1: 文本框中输入值 2；选中其下的 中性边界 复选框，单击 确定 按钮，完成加强肋 1 的创建。

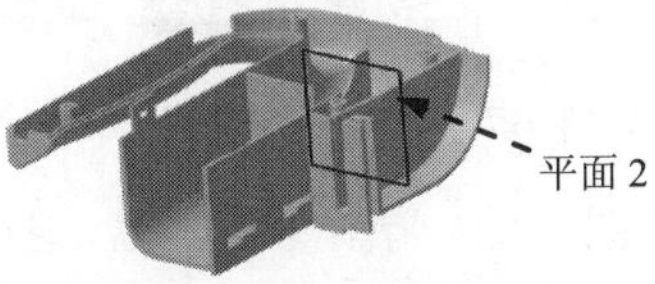

图 11.11.59 平面 2

图 11.11.60 加强肋 1

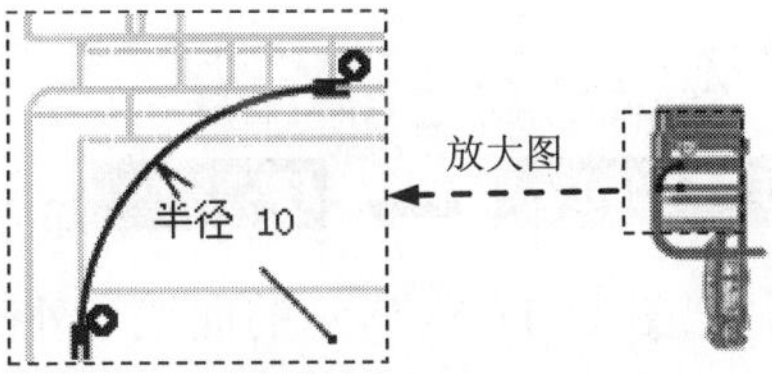

图 11.11.61 截面草图

Step44. 创建图 11.11.62 所示的变换特征——矩形阵列 1。

（1）选择命令。选择下拉菜单 插入 → 变换特征 → 矩形阵列... 命令（或单击 按钮），系统弹出“定义矩形阵列”对话框。

（2）在 第一方向 选项的 参数: 文本框的下拉列表中选择 实例和间距 选项，在 实例: 文本框中输入值 2，并在 间距: 文本框中输入值-30。

（3）定义参考方向。在参考方向区域的参考元素：文本框处右击，在弹出的下拉菜单中选择X轴选项为参考方向。

（4）定义阵列对象。在要阵列的对象区域处单击，在绘图区选取“加强肋 1”为阵列对象。

（5）单击确定按钮，完成矩形阵列 1 的创建。

Step45. 创建图 11.11.63 所示的特征——凹槽 10。选择下拉菜单插入 ➡ 基于草图的特征 ➡ 凹槽...命令，选取图 11.11.63 所示的平面为草图平面；绘制图 11.11.64 所示的截面草图，单击按钮，退出草绘工作台。在第一限制区域的类型：下拉列表中选择尺寸选项，在第一限制区域的深度：文本框中输入值 2；单击确定按钮，完成凹槽 10 的创建。

图 11.11.62　矩形阵列 1

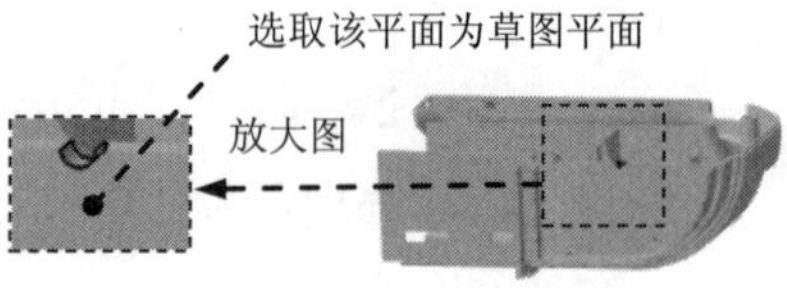

图 11.11.63　凹槽 10

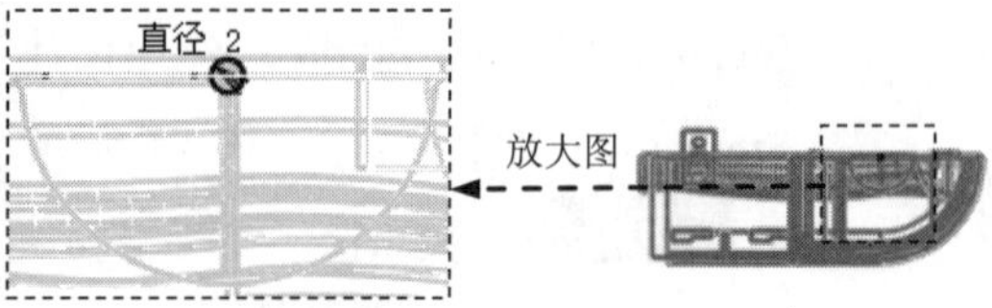

图 11.11.64　截面草图

Step46. 创建图 11.11.65 所示的特征—— 凹槽 11。选择下拉菜单插入 ➡ 基于草图的特征 ➡ 凹槽...命令，选取图 11.11.63 所示的平面为草图平面；绘制图 11.11.66 所示的截面草图，单击按钮，退出草绘工作台。在第一限制区域的类型：下拉列表中选择尺寸选项，在第一限制区域的深度：文本框中输入值 1；单击确定按钮，完成凹槽 11 的创建。

图 11.11.65　凹槽 11

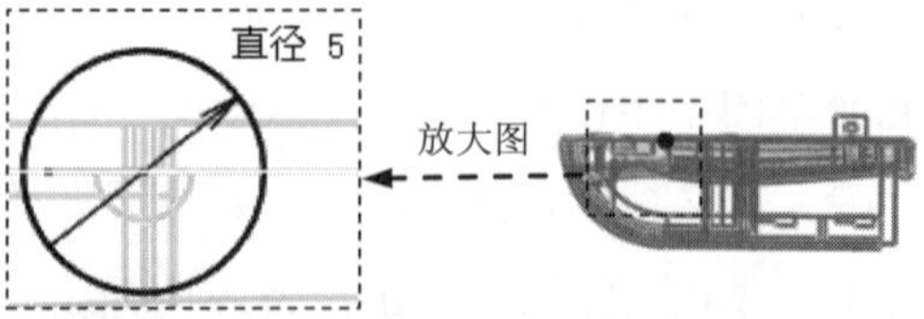

图 11.11.66　截面草图

Step47. 创建图 11.11.67 所示的特征—— 凸台 10。选择下拉菜单插入 ➡ 基于草图的特征 ➡ 凸台...命令，单击按钮，选取图 11.11.67 所示的平面为草图平面，把图 11.11.68 所示的曲线（外部参考的草图 12）投影到草图平面，单击按钮，退出草绘工作台。在第一限制区域的类型：下拉列表中选择直到下一个选项，单击确定按钮，完成凸台 10 的创建。

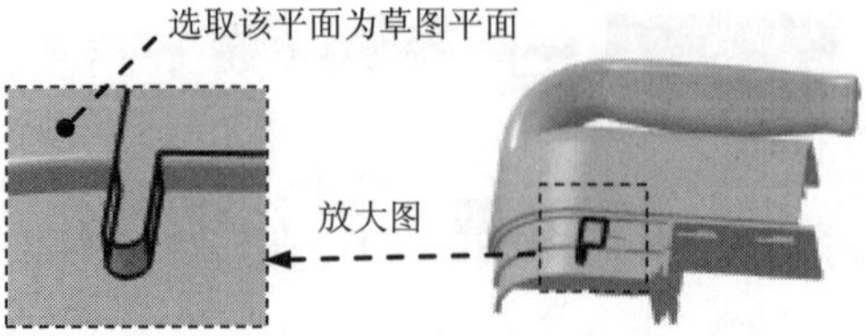

图 11.11.67　凸台 10

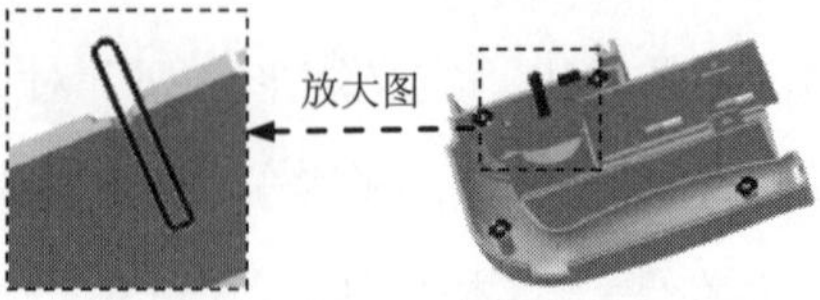

图 11.11.68　截面草图

Step48. 创建图 11.11.69 所示的特征——凸台 11。选择下拉菜单 插入 → 基于草图的特征 ▸ → 凸台... 命令，选取图 11.11.70 所示的截面草图（外部参考的草图 20），在 第一限制 区域的 类型： 下拉列表中选择 尺寸 选项，在 第一限制 区域的 长度： 文本框中输入值 1。在 第二限制 区域的 类型： 下拉列表中选择 尺寸 选项；在 长度： 文本框中输入值 4，单击 确定 按钮，完成凸台 11 的创建。

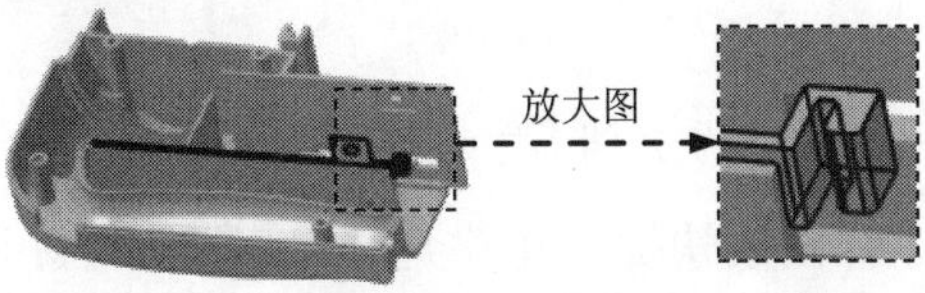

图 11.11.69 凸台 11

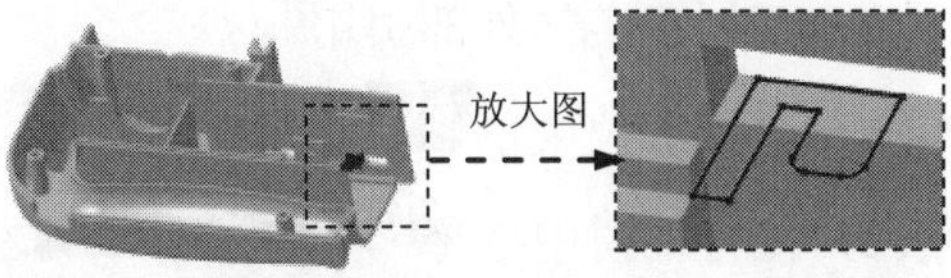

图 11.11.70 截面草图

Step49. 保存零件模型。选择下拉菜单 文件 → 保存 命令，即可保存零件模型。

Step50. 选择下拉菜单 窗口 → trim_pelucohi.CATProduct 命令，并保存组件。

11.12 右侧外壳

下面讲解右侧外壳（right）的创建过程。右侧外壳作为五级控件的一部分也同样继承了相应的外观形状，同时获得本身的外形尺寸，这些都是对此进行设计的依据。零件模型及相应的特征树如图 11.12.1 所示。

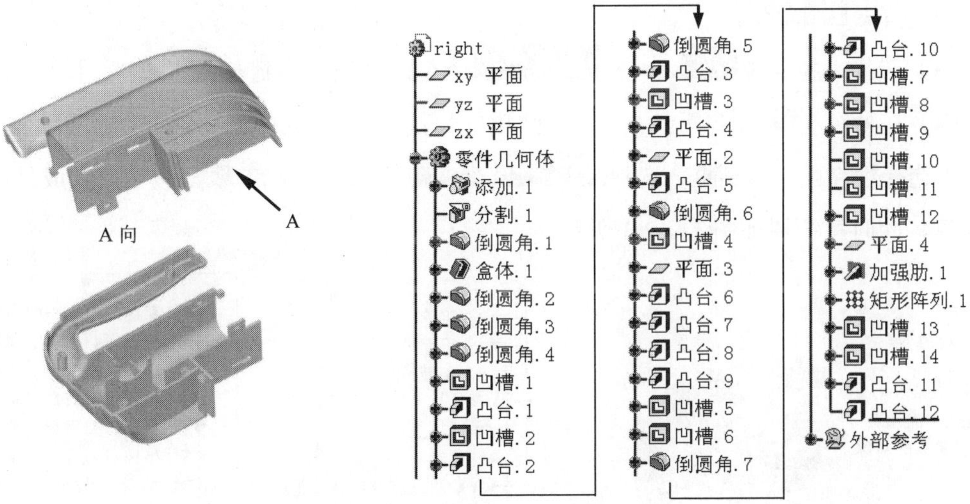

图 11.12.1 零件模型及特征树

Step1. 新建模型文件。激活 trim_pelucohi，选择下拉菜单 插入 → 新建零件 命令；系统弹出“新零件：原点”对话框；单击 是(Y) 按钮完成零部件的创建。

Step2. 修改文件名。在 Part1 (Part1.1) 上右击，在弹出的快捷菜单中选择 属性 选项；系统弹出“属性”对话框。在 实例名称 和 零件编号 两个文本框中均输入文件名 right；单击 确定 按钮完成文件名的修改。

Step3. 编辑 right 部件。激活 right (right)；然后右击，在弹出的快捷菜单中选择 right 对象 ▸ → 在新窗口中打开 命令；系统进入“零件设计”工作台。

Step4. 创建实体外部引用。

（1）选择下拉菜单 窗口 → fifth.CATPart 命令。系统切换到 fifth 模型文件。

（2）在特征树中选择 零件几何体 右击，在弹出的快捷菜单中选择 复制 命令。

（3）选择下拉菜单 窗口 → right.CATPart 命令。系统切换到 right 模型文件。

（4）在特征树 right 上右击，在弹出的快捷菜单中选择 选择性粘贴... 命令，系统弹出“选择性粘贴”对话框，选择 与原文档相关联的结果 选项，单击 确定 按钮，完成外部引用的创建。

（5）创建布尔操作。在特征树上选中 几何体.2，然后选择下拉菜单 插入 → 布尔操作 → 添加... 命令，完成布尔操作。

Step5. 创建特征外部引用。

（1）选择下拉菜单 窗口 → fifth.CATPart 命令。系统切换到 fifth 模型文件。

（2）在特征树发布中选中图 11.12.2 所示的平面和草图为要复制的对象，在弹出的快捷菜单中选择 复制 命令。

（3）选择下拉菜单 窗口 → right.CATPart 命令，系统切换到 right 模型文件。

（4）在特征树 right 上右击，在弹出的快捷菜单中选择 选择性粘贴... 命令，系统弹出“选择性粘贴”对话框，选择 与原文档相关联的结果 选项，单击 确定 按钮，完成外部引用的创建。此时特征树如图 11.12.3 所示。

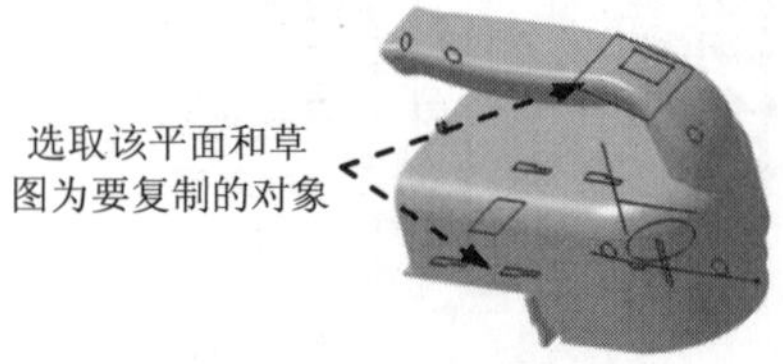

图 11.12.2　选择复制对象

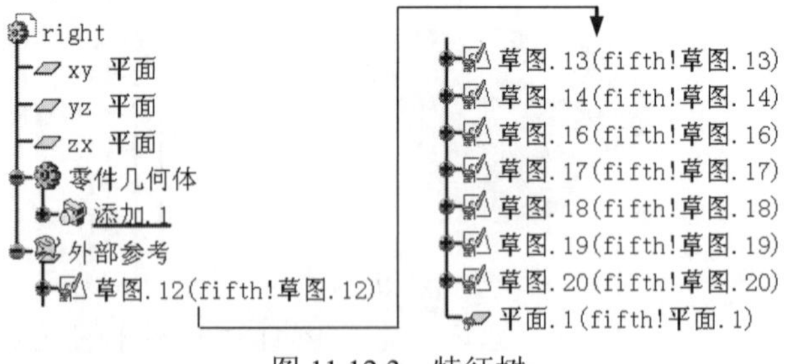

图 11.12.3　特征树

Step6. 创建图 11.12.4b 所示的特征——倒圆角 1。

（1）选择命令。选择下拉菜单 插入 → 修饰特征 ▸ → 倒圆角... 命令，系统弹出“倒圆角定义”对话框。

（2）定义要倒圆角的对象。在“倒圆角定义”对话框的选择模式：下拉列表中选择相切选项，选取图 11.12.4a 所示边线为倒圆角的对象。

（3）定义倒圆角半径。在对话框的半径：文本框中输入值 2。

（4）单击确定按钮，完成倒圆角 1 的创建。

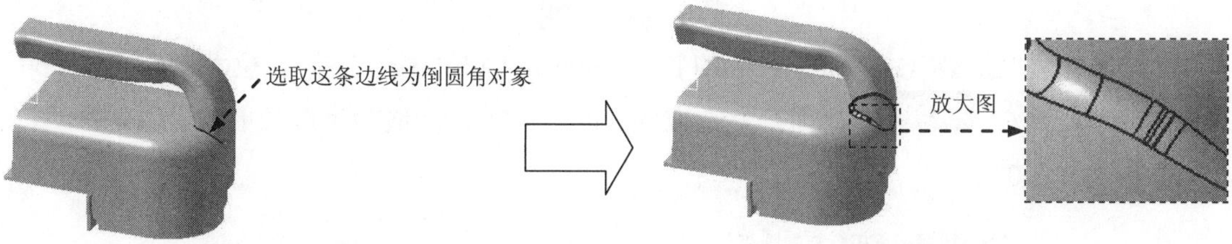

a）倒圆角前　　b）倒圆角后

图 11.12.4　倒圆角 1

Step7. 创建图 11.12.5b 所示的特征——抽壳 1。选择下拉菜单插入 → 修饰特征 → 抽壳...命令；选取图 11.12.5a 所示的面为要移除的面；在默认内侧厚度：文本框中输入值 2，在默认外侧厚度：文本框中输入值 0；单击确定按钮，完成抽壳 1 的创建。

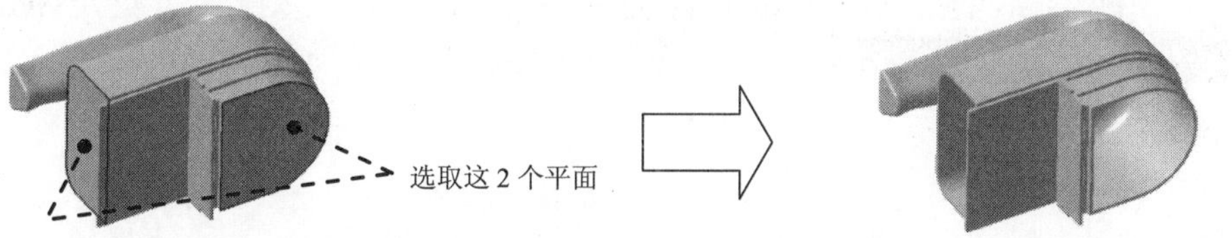

a）抽壳前　　b）抽壳后

图 11.12.5　抽壳 1

Step8. 创建图 11.12.6 所示的特征——分割 1。

（1）选择命令。选择下拉菜单插入 → 基于曲面的特征 → 分割...命令。系统弹出“定义分割”对话框。

（2）定义分割元素。选取“zx 平面”为分割元素。

（3）单击确定按钮，完成分割 1 的创建。

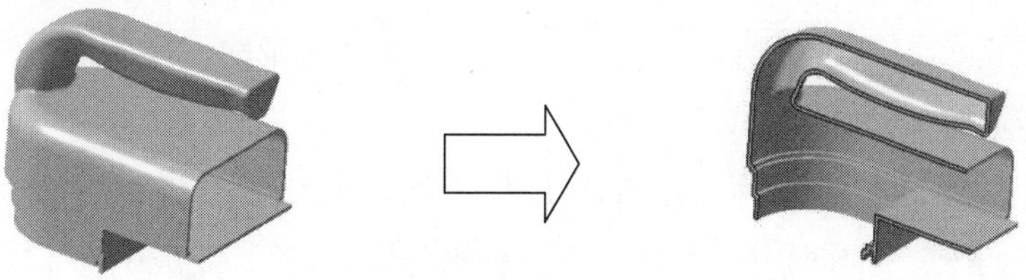

a）分割前　　b）分割后

图 11.12.6　分割 1

Step9. 创建图 11.12.7b 所示的特征——倒圆角 2。选择下拉菜单插入 → 修饰特征 → 倒圆角...命令，选取图 11.12.7a 所示边线为倒圆角的对象。在半径：文本框中输入值 1。

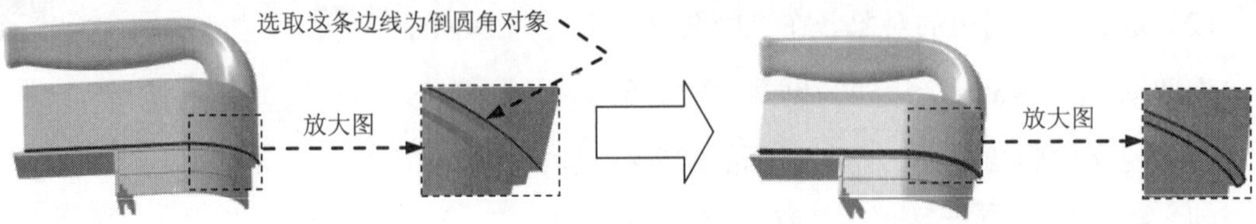

a）倒圆角前　　b）倒圆角后

图 11.12.7　倒圆角 2

Step10. 创建图 11.12.8b 所示的特征——倒圆角 3。选择下拉菜单 插入 → 修饰特征 ▸ → 倒圆角... 命令，选取图 11.12.8a 所示边线为倒圆角的对象。在 半径：文本框中输入值 0.5。

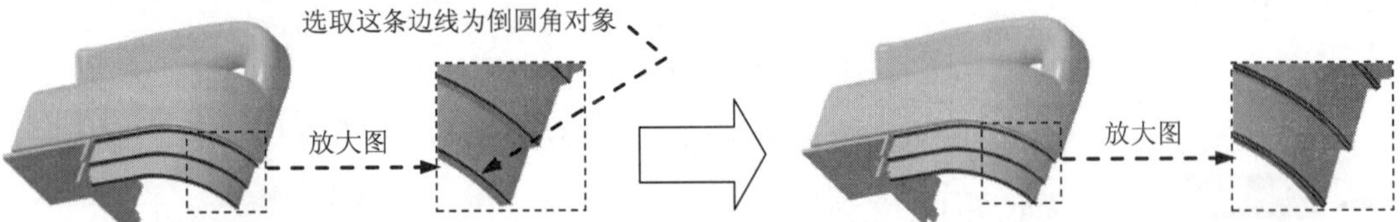

a）倒圆角前　　b）倒圆角后

图 11.12.8　倒圆角 3

Step11. 创建图 11.12.9b 所示的特征——倒圆角 4。选择下拉菜单 插入 → 修饰特征 ▸ → 倒圆角... 命令，选取图 11.12.9a 所示边线为倒圆角的对象。在 半径：文本框中输入值 0.5。

a）倒圆角前　　b）倒圆角后

图 11.12.9　倒圆角 4

Step12. 创建图 11.12.10 所示的特征——凹槽 1。

（1）选择命令。选择下拉菜单 插入 → 基于草图的特征 ▸ → 凹槽... 命令，系统弹出“定义凹槽”对话框。

（2）单击按钮，选取图 11.12.10 所示的平面为草图平面。绘制图 11.12.11 所示的截面草图，单击按钮，退出草绘工作台。

（3）采用系统默认的深度方向。在对话框 第一限制 区域的 类型：下拉列表中选择 尺寸 选项，在 第一限制 区域的 深度：文本框中输入值 1。单击 确定 按钮，完成凹槽 1 的创建。

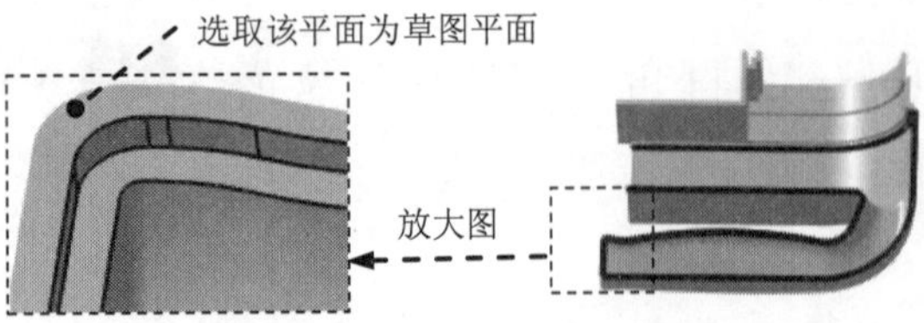

图 11.12.10　凹槽 1

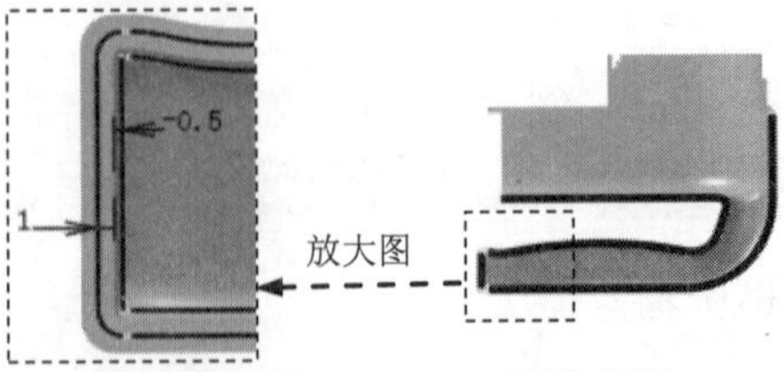

图 11.12.11　截面草图

Step13. 创建图 11.12.12 所示的特征——凸台 1。

（1）选择命令。选择下拉菜单 插入 → 基于草图的特征 ▸ → 凸台... 命令，系统弹出“定义凸台”对话框。

（2）创建截面草图。单击按钮，选取图 11.12.10 所示的平面为草图平面，绘制图 11.12.13 所示的截面草图（以外部参考的草图 18 为参照），使其与图 11.12.14 所示的线相合，单击按钮，退出草绘工作台。

（3）定义拉伸深度属性。在 第一限制 区域的 类型： 下拉列表中选择 尺寸 选项，在 第一限制 区域的 长度： 文本框中输入值 40。选中 厚 复选框；单击 更多>> 按钮，在 方向 区域选中 轮廓的法线 复选框；在 薄凸台 区域的 厚度 1 文本框中输入值 2；在 厚度 2： 文本框中输入值 0；选中 合并末端 复选框，单击 确定 按钮，完成凸台 1 的创建。

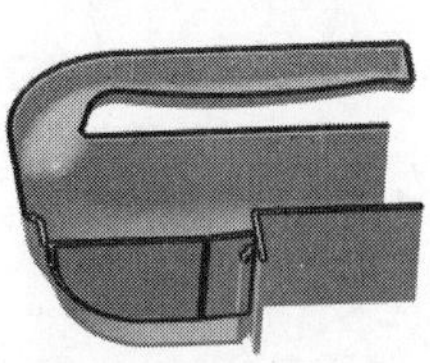
图 11.12.12　凸台 1

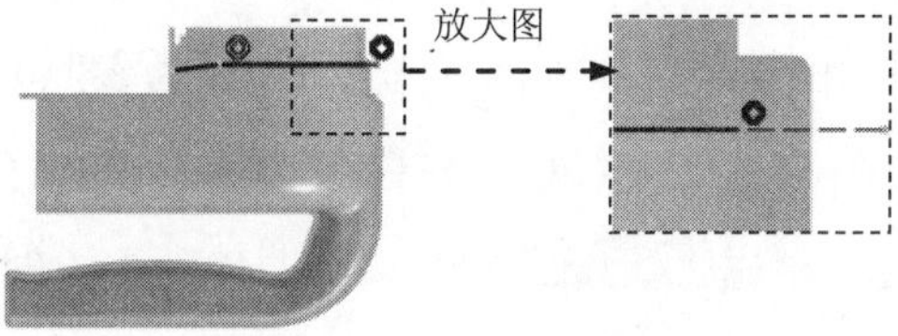

图 11.12.13　截面草图

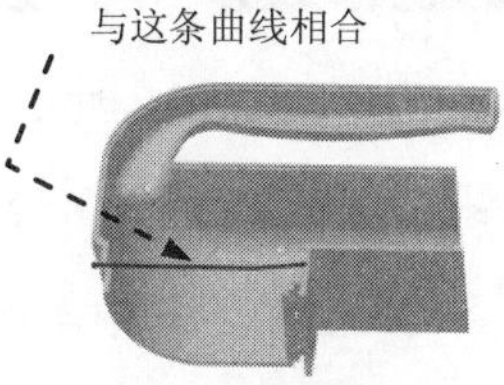

图 11.12.14　定义相合线

Step14. 创建图 11.12.15 所示的特征——凹槽 2。选择下拉菜单 插入 → 基于草图的特征 ▸ → 凹槽... 命令，选取图 11.12.15 所示的平面为草图平面，绘制图 11.12.16 所示的截面草图（以外部参考草图 12 的边线进行偏移），单击按钮，退出草绘工作台。在 第一限制 区域的 类型： 下拉列表中选择 尺寸 选项，在 第一限制 区域的 深度： 文本框中输入值 0.5，单击 确定 按钮，完成凹槽 2 的创建。

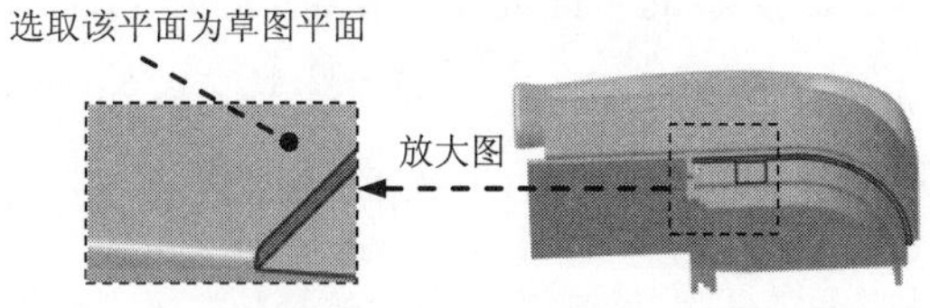

图 11.12.15　凹槽 2

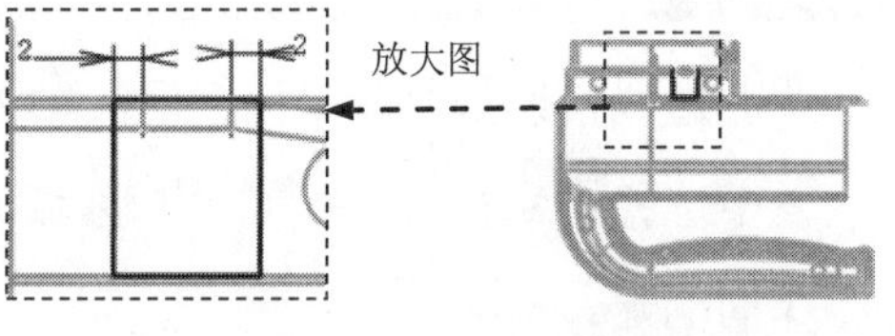

图 11.12.16　截面草图

Step15. 创建图 11.12.17 所示的特征——凸台 2。选择下拉菜单 插入 → 基于草图的特征 ▸ → 凸台... 命令，单击按钮，选取图 11.12.17 所指的平面为草图平面，绘制图 11.12.18 所示的草图，单击按钮退出草绘工作台。在 第一限制 区域的 类型： 下拉列表中选择 尺寸 选项，在 第一限制 区域的 长度： 文本框中输入值 1，单击 确定 按钮，完成凸台 2 的创建。

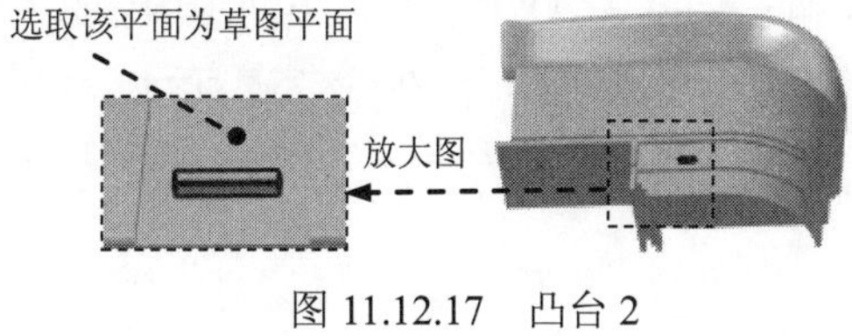

图 11.12.17　凸台 2

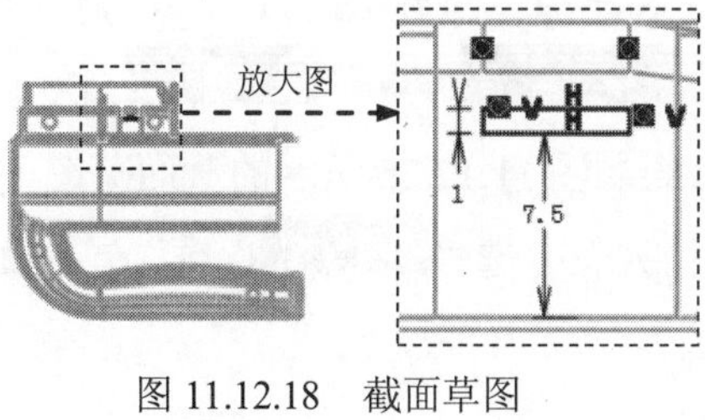

图 11.12.18　截面草图

Step16. 创建图 11.12.19b 所示的特征——倒圆角 5。选择下拉菜单 插入 → 修饰特征 ▸ → 倒圆角... 命令，选取图 11.12.19a 所示边线为倒圆角的对象。在 半径： 文本框中输入值 0.5。

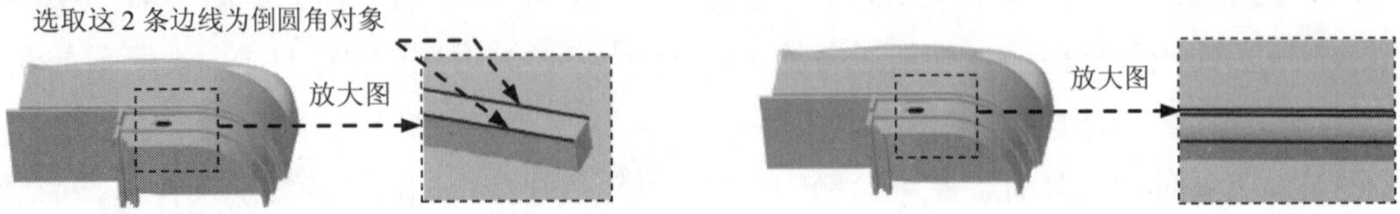

a）倒圆角前　　b）倒圆角后

图 11.12.19　倒圆角 5

Step17. 创建图 11.12.20 所示的特征——凸台 3。选择下拉菜单 插入 → 基于草图的特征 ▸ → 凸台... 命令，单击按钮，选取图 11.12.20 所示的平面为草图平面，把图 11.12.21 所示的草图边线（以外部参考草图 13 为参照）投影到草图平面，单击按钮，退出草绘工作台。在 第一限制 区域的 类型： 下拉列表中选择 尺寸 选项，在 第一限制 区域的 长度： 文本框中输入值 2，单击 确定 按钮，完成凸台 3 的创建。

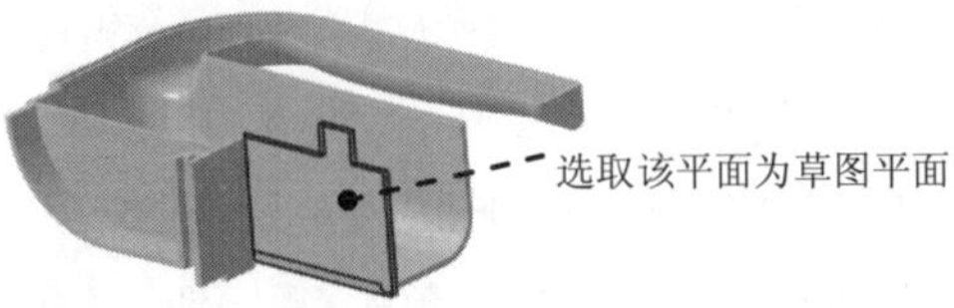

图 11.12.20　凸台 3

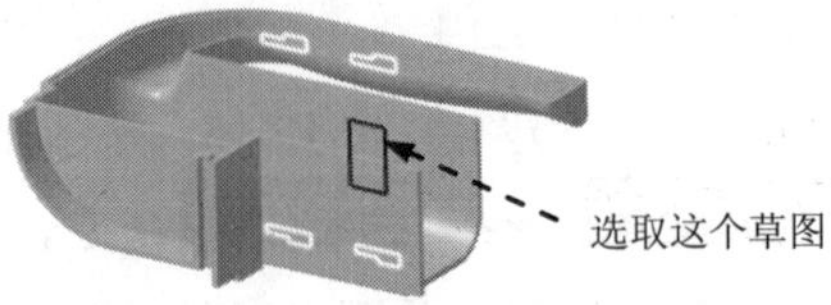

图 11.12.21　截面草图

Step18. 创建图 11.12.22 所示的特征——凹槽 3。选择下拉菜单 插入 → 基于草图的特征 ▸ → 凹槽... 命令，选取图 11.12.22 所示的平面为草图平面，把图 11.12.23 所示的草图边线投影到草图平面，单击按钮，退出草绘工作台。在 第一限制 区域的 类型： 下拉列表中选择 尺寸 选项，在 第一限制 区域的 深度： 文本框中输入值 1，单击 确定 按钮，完成凹槽 3 的创建。

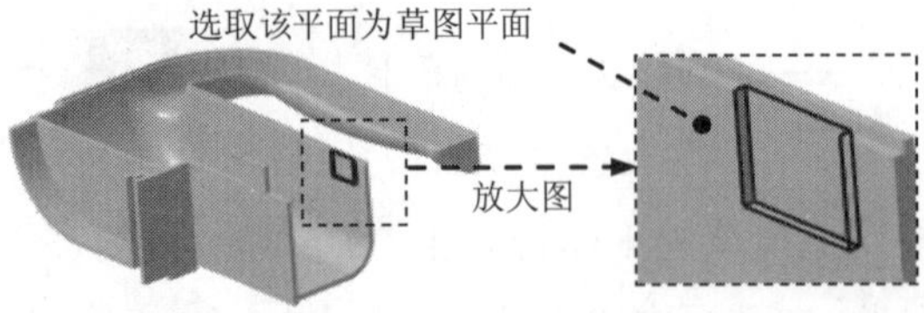

图 11.12.22　凹槽 3

图 11.12.23　截面草图

Step19. 创建图 11.12.24 所示的特征——凸台 4。选择下拉菜单 插入 → 基于草图的特征 ▸ → 凸台... 命令，单击按钮，选取图 11.12.24 所示的平面为草图平面，绘制图 11.12.25 所示的截面草图，单击按钮，退出草绘工作台。在 第一限制 区域的 类型： 下拉列表中选择 直到下一个 选项，单击 确定 按钮，完成凸台 4 的创建。

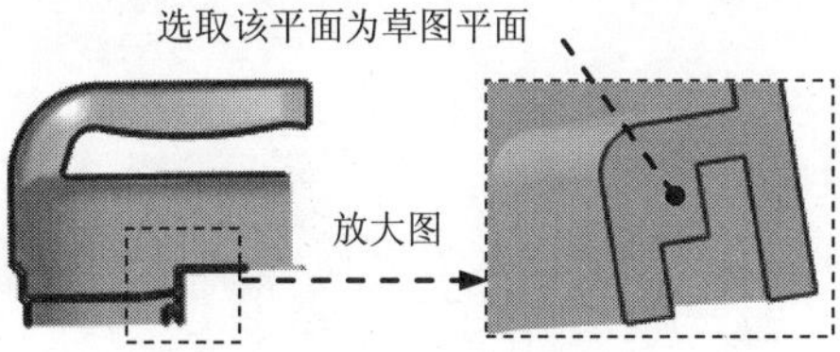

图 11.12.24 凸台 4

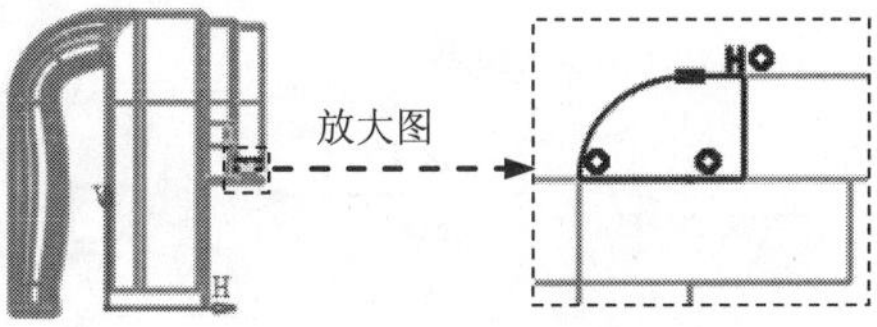

图 11.12.25 截面草图

Step20. 切换到“创成式外形设计”工作台。

Step21. 创建图 11.12.26 所示的特征——平面 1。选择下拉菜单 插入 → 线框 → 平面... 命令；在 平面类型： 下拉列表中选择 偏移平面 选项；激活 参考： 文本框并右击，在弹出的快捷菜单中选取 YZ 平面 为参考平面；在 偏移： 文本框中输入值 20；单击 确定 按钮，完成平面 1 的创建。

Step22. 切换到“零件设计”工作台。

Step23. 创建图 11.12.27 所示的特征——凸台 5。选择下拉菜单 插入 → 基于草图的特征 → 凸台... 命令，单击 按钮，选取“平面 1”为草图平面，绘制图 11.12.28 所示的截面草图，单击 按钮，退出草绘工作台。在 第一限制 区域的 类型： 下拉列表中选择 尺寸 选项，在 第一限制 区域的 长度： 文本框中输入值 1.5。选中 镜像范围 复选框，单击 确定 按钮，完成凸台 5 的创建。

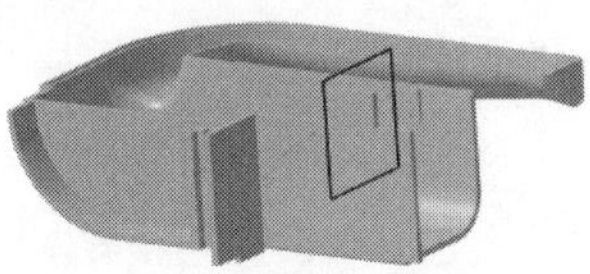

图 11.12.26 平面 1

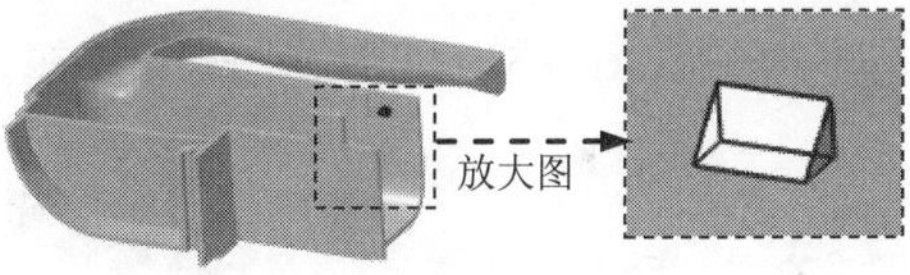

图 11.12.27 凸台 5

Step24. 创建图 11.12.29 所示的特征——倒圆角 6。选择下拉菜单 插入 → 修饰特征 → 倒圆角... 命令，选取相应边为倒圆角的对象。在 半径： 文本框中输入值 0.2。

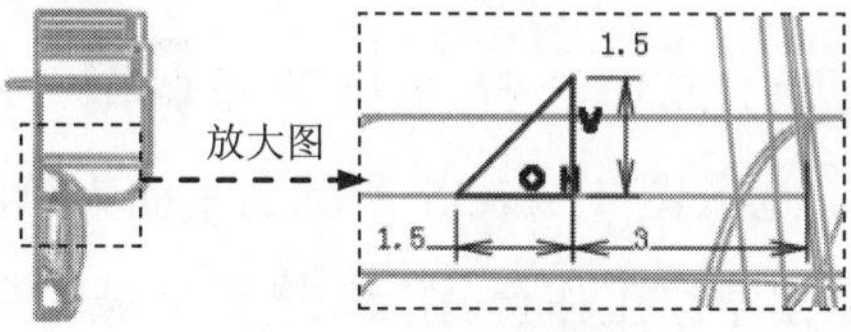

图 11.12.28 截面草图

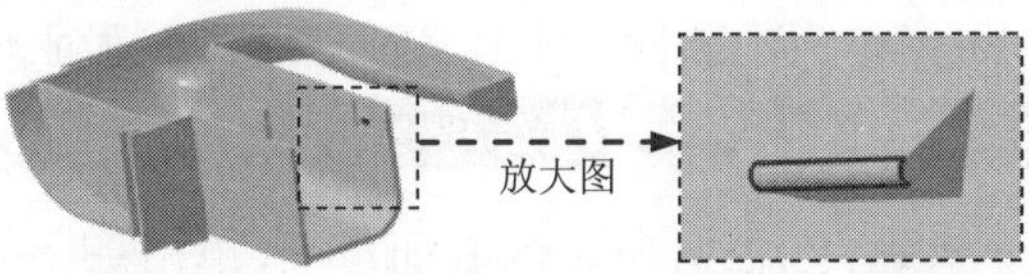

图 11.12.29 倒圆角 6

Step25. 创建图 11.12.30 所示的特征——凹槽 4。选择下拉菜单 插入 → 基于草图的特征 → 凹槽... 命令，选取图 11.12.30 所示的平面为草图平面，绘制图 11.12.31 所示的截面草图，单击 按钮，退出草绘工作台。在 第一限制 区域的 类型： 下拉列表中选择 直到下一个 选项，单击 确定 按钮，完成凹槽 4 的创建。

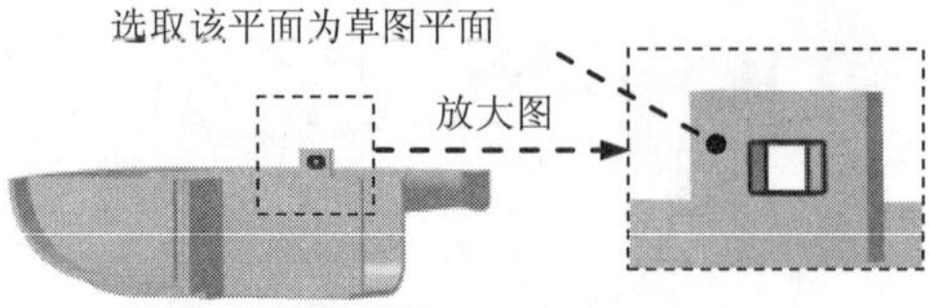

图 11.12.30　凹槽 4

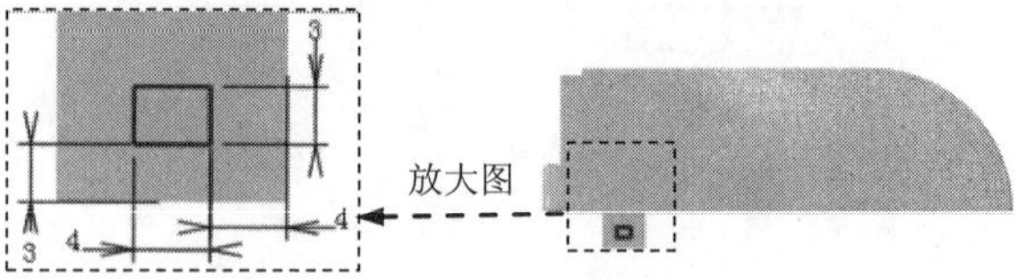

图 11.12.31　截面草图

Step26. 切换到“创成式外形设计”工作台。

Step27. 创建图 11.12.32 所示的特征——平面 2。选择下拉菜单 插入 → 线框 → 平面... 命令；在 平面类型: 下拉列表中选择 偏移平面 选项；激活 参考: 文本框并右击，在弹出的快捷菜单中选取 ZX 平面 为参考平面；在 偏移: 文本框中输入值 25；单击 确定 按钮，完成平面 2 的创建。

Step28. 切换到“零件设计”工作台。

Step29. 创建图 11.12.33 所示的特征——凸台 6。选择下拉菜单 插入 → 基于草图的特征 → 凸台... 命令，单击按钮，选取“平面 2”为草图平面，把图 11.12.34 所示的草图边线（以外部参考的草图 14 为参照）投影到草图平面，单击按钮，退出草绘工作台。在 第一限制 区域的 类型: 下拉列表中选择 直到下一个 选项，选中 厚 复选框；单击 更多>> 按钮，在 方向 区域选中 轮廓的法线 复选框；在 薄凸台 区域的 厚度 1 文本框中输入值 0.5；在 厚度 2: 文本框中输入值 0.5，单击 确定 按钮，完成凸台 6 的创建。

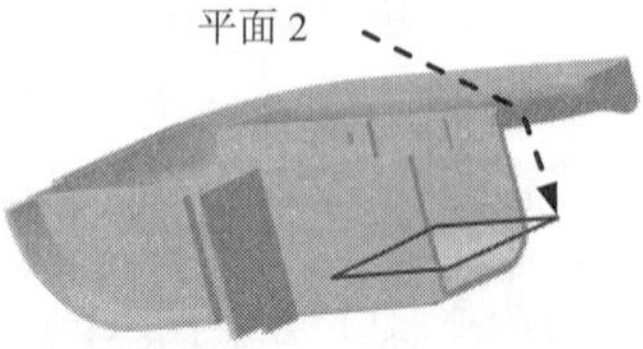

图 11.12.32　平面 2

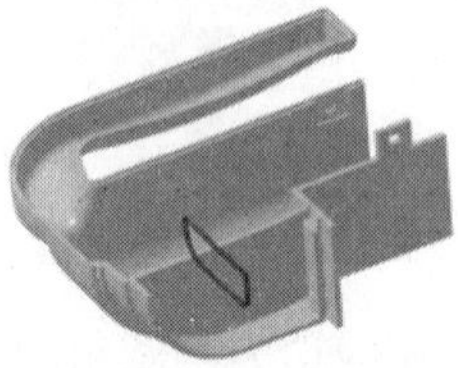

图 11.12.33　凸台 6

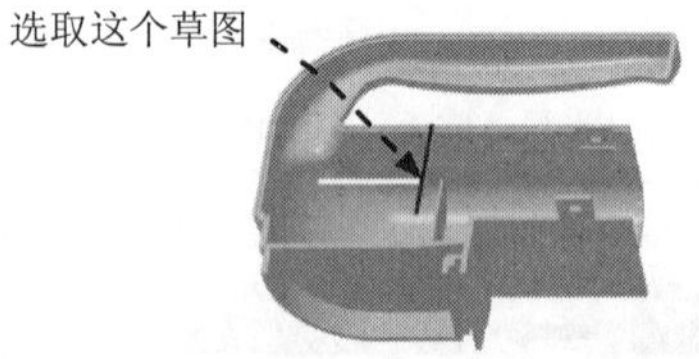

图 11.12.34　截面草图

Step30. 创建图 11.12.35 所示的特征——凸台 7。选择下拉菜单 插入 → 基于草图的特征 → 凸台... 命令，单击按钮，选取图 11.12.35 所示的平面为草图平面，绘制图 11.12.36 所示的截面草图，单击按钮，退出草绘工作台。在 第一限制 区域的 类型: 下拉列表中选择 直到下一个 选项，单击 确定 按钮，完成凸台 7 的创建。

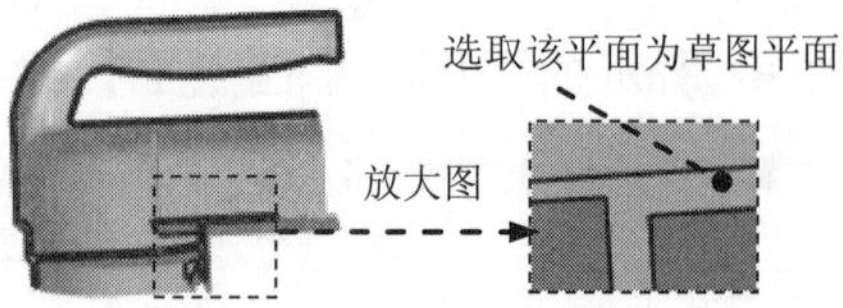

图 11.12.35　凸台 7

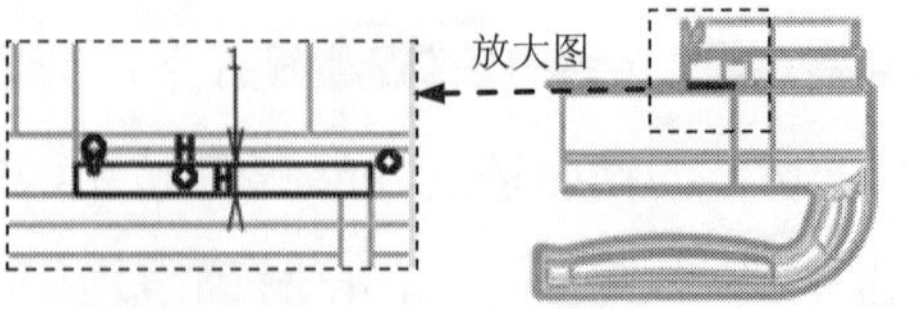

图 11.12.36　截面草图

Step31. 创建图 11.12.37 所示的特征——凸台 8。选择下拉菜单 插入 → 基于草图的特征 → 凸台... 命令，单击按钮，选取图 11.12.37 所示的平面为草图平面，把图 11.12.38 所示的草图边线（以外部参考的草图 14 为参照）投影到草图平面，单击按钮，退出草绘工作台。在 第一限制 区域的 类型：下拉列表中选择 直到下一个 选项，选中 厚 复选框；单击 更多>> 按钮，在 方向 区域选中 轮廓的法线 复选框；在 薄凸台 区域的 厚度 1 文本框中输入值 0.5；在 厚度 2：文本框中输入值 0.5，单击 确定 按钮，完成凸台 8 的创建。

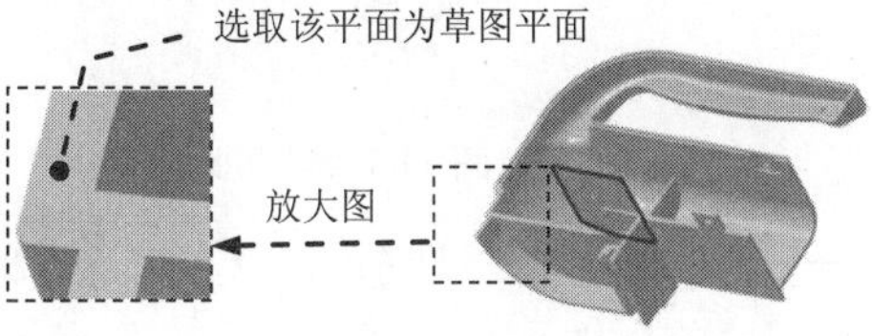

图 11.12.37 凸台 8

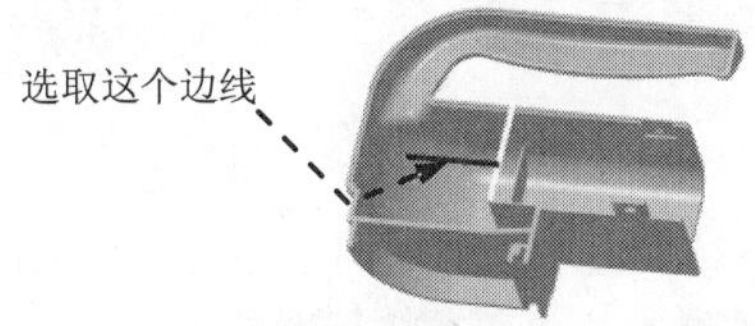

图 11.12.38 截面草图

Step32. 创建图 11.12.39 所示的特征——凸台 9。选择下拉菜单 插入 → 基于草图的特征 → 凸台... 命令，单击按钮，选取图 11.12.37 所示的平面为草图平面，绘制图 11.12.40 所示的草图，单击按钮退出草绘工作台。在 第一限制 区域的 类型：下拉列表中选择 直到下一个 选项，选中 厚 复选框；单击 更多>> 按钮，在 方向 区域选中 轮廓的法线 复选框；在 薄凸台 区域的 厚度 1 文本框中输入值 1；在 厚度 2：文本框中输入值 0，单击 确定 按钮，完成凸台 9 的创建。

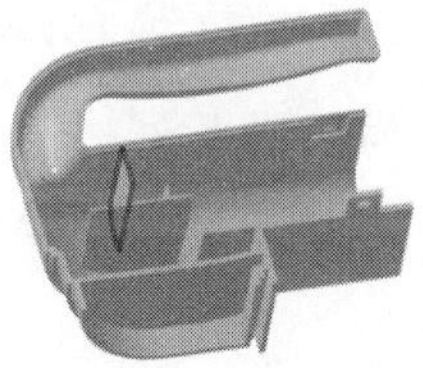

图 11.12.39 凸台 9

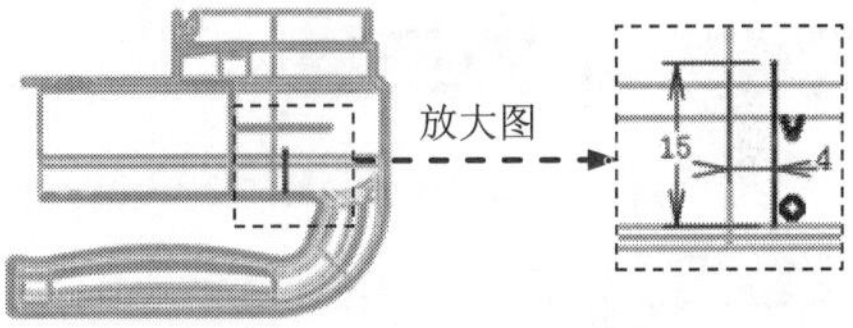

图 11.12.40 截面草图

Step33. 创建图 11.12.41 所示的特征—— 凹槽 5。选择下拉菜单 插入 → 基于草图的特征 → 凹槽... 命令，选取图 11.12.41 所示的平面为草图平面，绘制图 11.12.42 所示的截面草图，单击按钮，退出草绘工作台。在 第一限制 区域的 类型：下拉列表中选择 直到下一个 选项，单击 确定 按钮，完成凹槽 5 的创建。

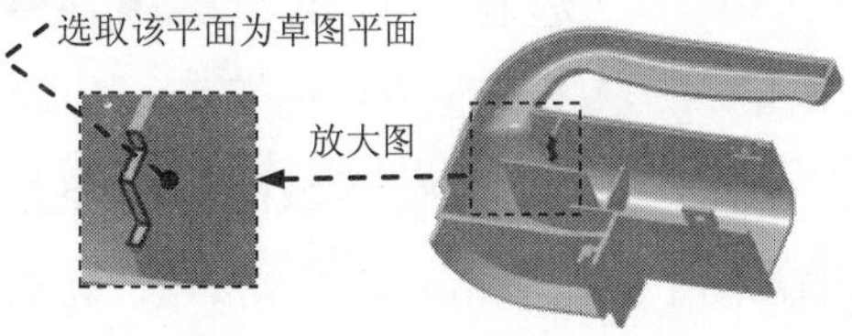

图 11.12.41 凹槽 5

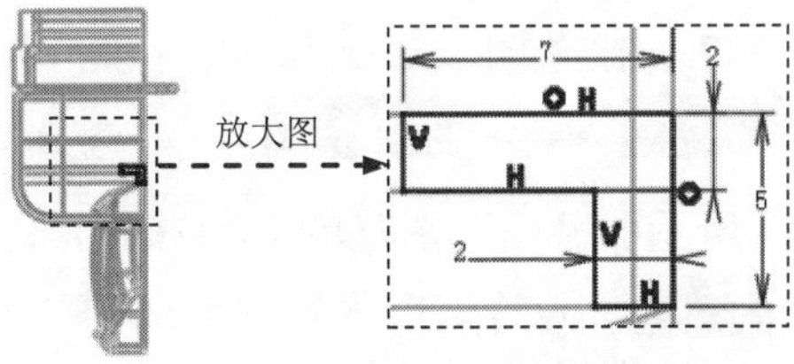

图 11.12.42 截面草图

Step34. 创建图 11.12.43 所示的特征—— 凹槽 6。选择下拉菜单 插入 →

基于草图的特征 ▸ ➡ 凹槽...命令，选取图 11.12.43 所示的面为草图平面，把图 11.12.44 所示草图（以外部参考的草图 19 为参照）投影到草图平面，在第一限制区域的类型：下拉列表中选择尺寸选项，在第一限制区域的深度：文本框中输入值 1，单击确定按钮，完成凹槽 6 的创建。

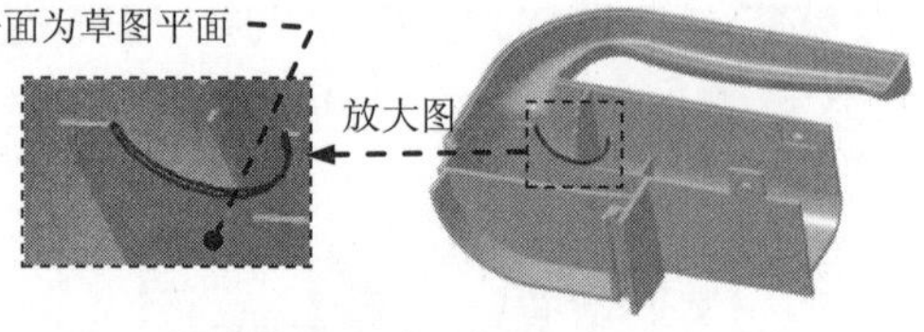

图 11.12.43 凹槽 6

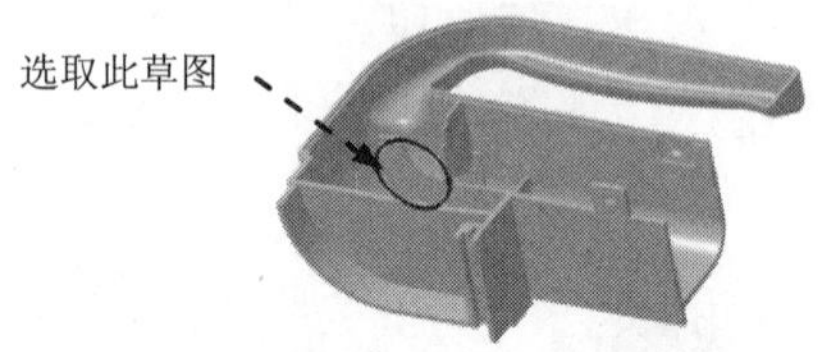

图 11.12.44 截面草图

Step35. 创建图 11.12.45b 所示的特征——倒圆角 7。选择下拉菜单插入 ➡ 修饰特征 ▸ ➡ 倒圆角...命令，选取图 11.12.45a 所示边线为倒圆角的对象。在半径：文本框中输入值 1。

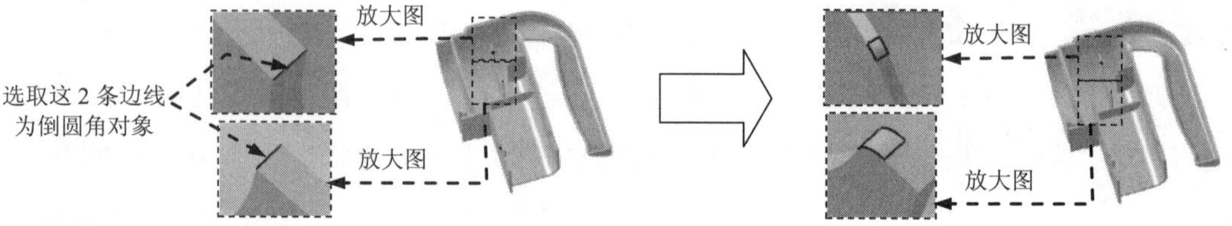

a）倒圆角前　　b）倒圆角后

图 11.12.45 倒圆角 7

Step36. 创建图 11.12.46 所示的特征——凸台 10。选择下拉菜单插入 ➡ 基于草图的特征 ▸ ➡ 凸台...命令，选取图 11.12.46 所示的面为草图平面，把图 11.12.47 所示草图（以外部参考的草图 12 为参照）投影到草图平面，在第一限制区域的类型：下拉列表中选择直到下一个选项，单击确定按钮，完成凸台 10 的创建。

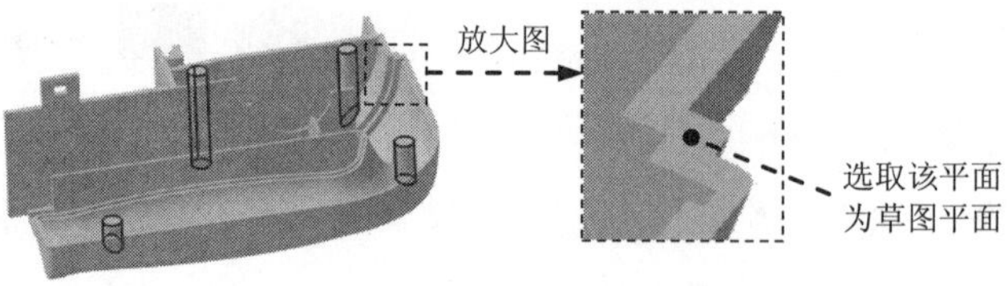

图 11.12.46 凸台 10

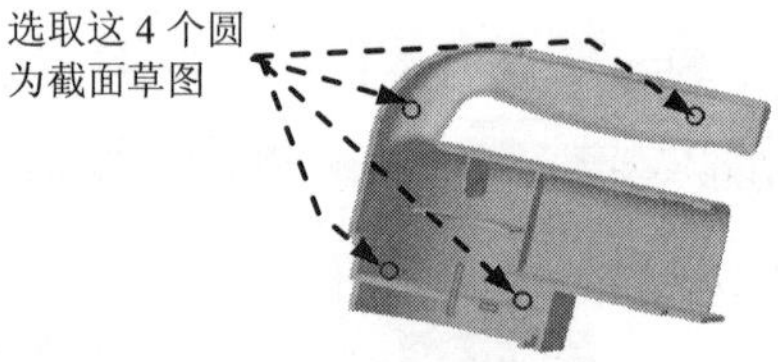

图 11.12.47 截面草图

Step37. 创建图 11.12.48 所示的特征——凹槽 7。选择下拉菜单插入 ➡ 基于草图的特征 ▸ ➡ 凹槽...命令，选取图 11.12.48 所示的平面为草图平面，绘制图 11.12.49 所示的截面草图，单击按钮，退出草绘工作台。在第一限制区域的类型：下拉列表中选择尺寸选项，在第一限制区域的深度：文本框中输入值 36，单击确定按钮，完成凹槽 7 的创建。

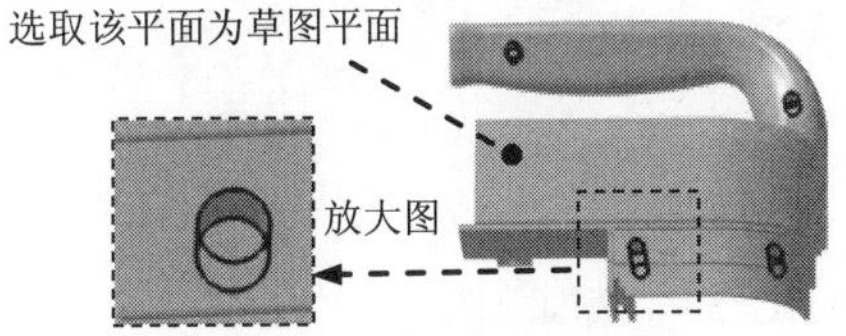

图 11.12.48 凹槽 7

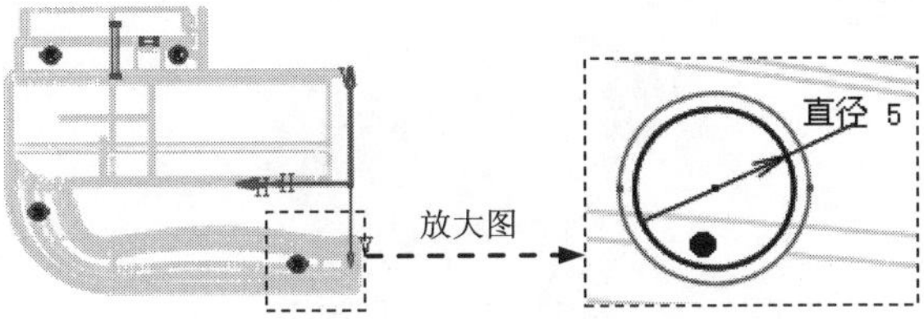

图 11.12.49 截面草图

Step38. 创建图 11.12.50 所示的特征——凹槽 8。选择下拉菜单 插入 → 基于草图的特征 → 凹槽... 命令，选取图 11.12.50 所指的平面为草图平面，绘制图 11.12.51 所示的截面草图，单击按钮，退出草绘工作台。在 第一限制 区域的 类型: 下拉列表中选择 尺寸 选项，在 第一限制 区域的 深度: 文本框中输入值 2，单击 确定 按钮，完成凹槽 8 的创建。

说明：读者在绘制草图时，也可以通过相合约束快速绘制。

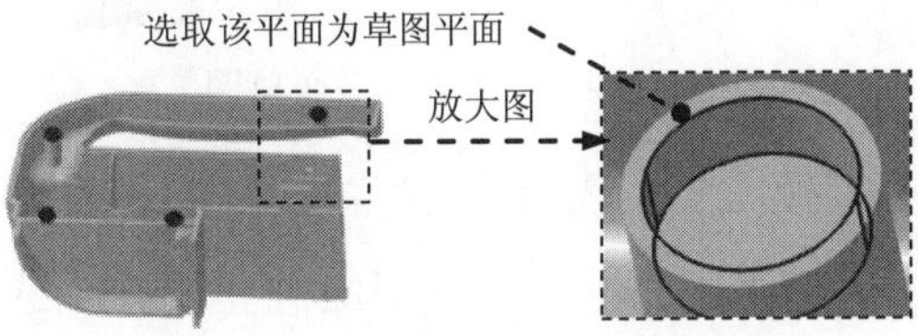

图 11.12.50 凹槽 8

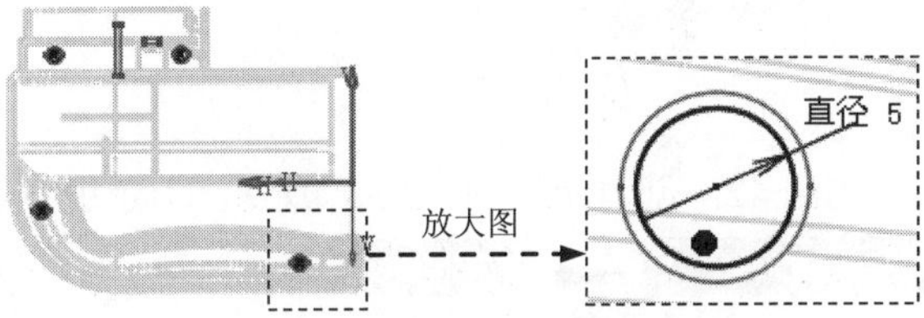

图 11.12.51 截面草图

Step39. 创建图 11.12.52 所示的特征——凹槽 9。选择下拉菜单 插入 → 基于草图的特征 → 凹槽... 命令，选取图 11.12.52 所示的平面为草图平面，绘制图 11.12.53 所示的截面草图，单击按钮，退出草绘工作台。在 第一限制 区域的 类型: 下拉列表中选择 直到下一个 选项，单击 确定 按钮，完成凹槽 9 的创建。

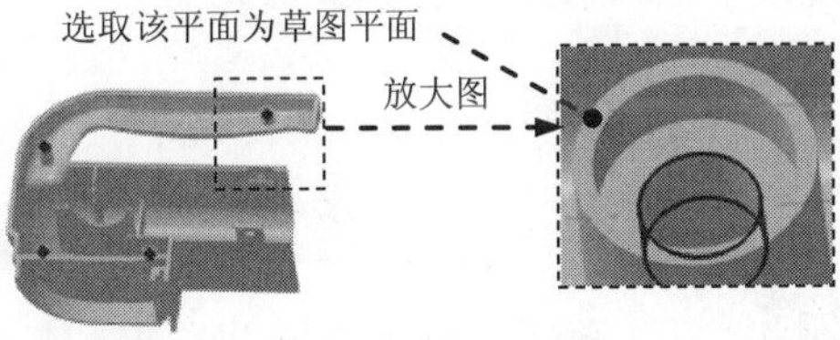

图 11.12.52 凹槽 9

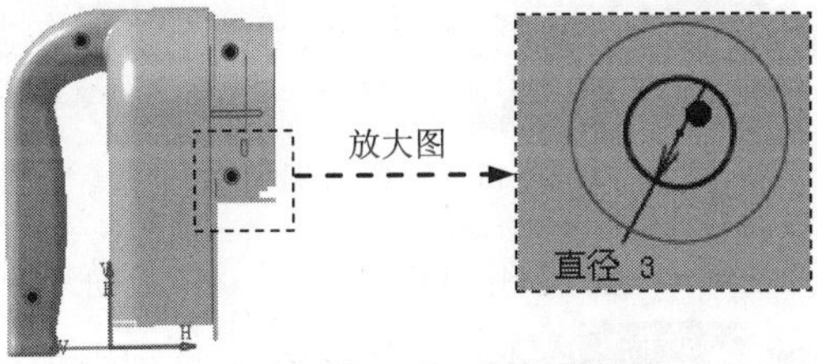

图 11.12.53 截面草图

Step40. 创建图 11.12.54 所示的特征—— 凹槽 10。选择下拉菜单 插入 → 基于草图的特征 → 凹槽... 命令，选取图 11.12.55 所示的草图（以外部参考的草图 16 为参照）为截面草图，在 第一限制 区域的 类型: 下拉列表中选择 尺寸 选项，在 第一限制 区域的 深度: 文本框中输入值 5，单击 确定 按钮，完成凹槽 10 的创建。

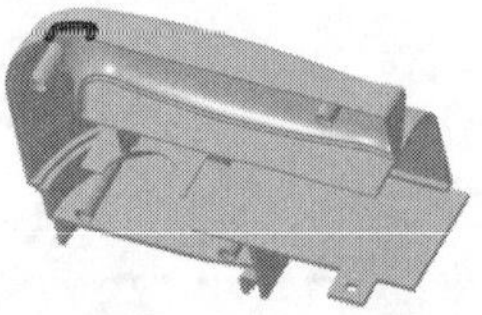

图 11.12.54　凹槽 10

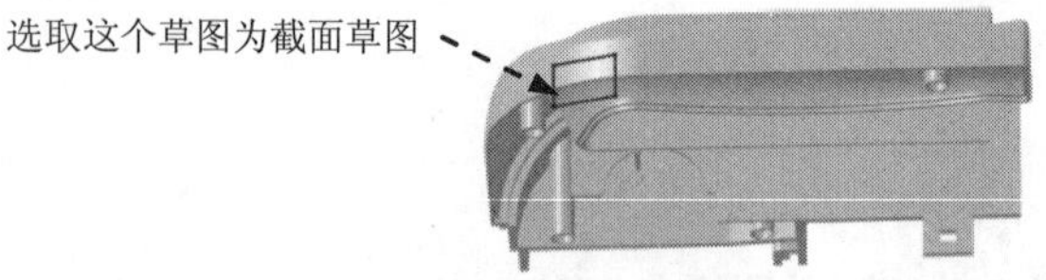

图 11.12.55　截面草图

Step41. 创建图 11.12.56 所示的特征——凹槽 11。选择下拉菜单 插入 → 基于草图的特征 → 凹槽... 命令，选取图 11.12.57 所示的圆（以外部参考的草图 17 为参照）为截面草图。在 第一限制 区域的 类型：下拉列表中选择 直到下一个 选项，单击 确定 按钮，完成凹槽 11 的创建。

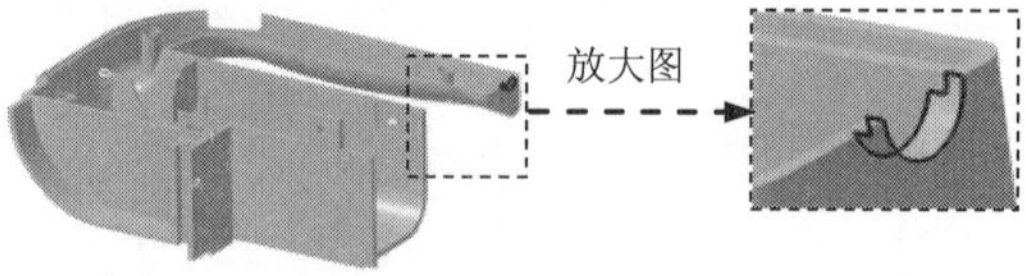

图 11.12.56　凹槽 11

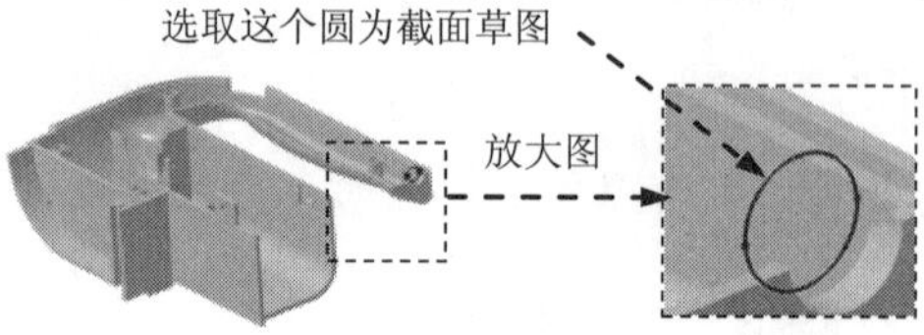

图 11.12.57　截面草图

Step42. 创建图 11.12.58 所示的特征——凹槽 12。选择下拉菜单 插入 → 基于草图的特征 → 凹槽... 命令，选取图 11.12.58 所示的平面为草图平面；把图 11.12.59 所示的草图投影到草图平面，单击 按钮，退出草绘工作台。在 第一限制 区域的 类型：下拉列表中选择 直到下一个 选项，单击 确定 按钮，完成凹槽 12 的创建。

Step43. 切换到“创成式外形设计”工作台。

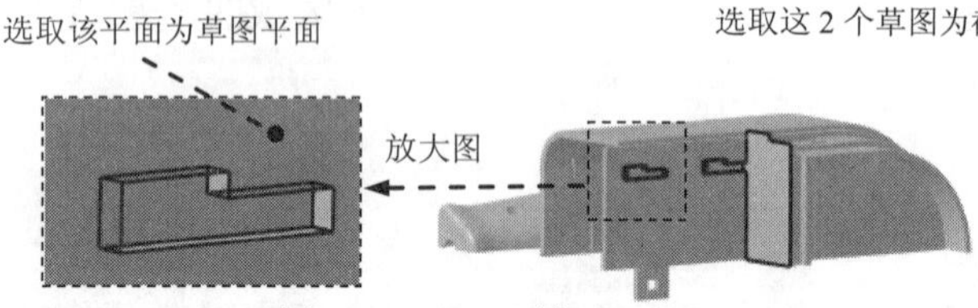

图 11.12.58　凹槽 12

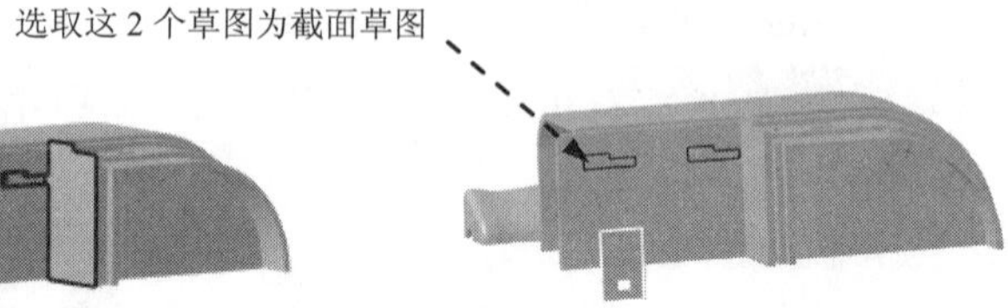

图 11.12.59　截面草图

Step44. 创建图 11.12.60 所示的特征——平面 3。选择下拉菜单 插入 → 线框 → 平面... 命令；在 平面类型：下拉列表中选择 偏移平面 选项；激活 参考：文本框并右击，在弹出的快捷菜单中选取 YZ 平面 为参考平面；在 偏移：文本框中输入值 60；单击 确定 按钮，完成平面 3 的创建。

Step45. 切换到“零件设计”工作台。

Step46. 创建图 11.12.61 所示的特征——加强肋 1。

（1）选择命令。选择下拉菜单 插入 → 基于草图的特征 → 加强肋... 命令，系统弹出“定义加强肋”对话框。

（2）创建截面草图。单击按钮，选取平面 3 为草图平面。绘制图 11.12.62 所示的截面草图，单击按钮，退出草绘工作台。

（3）定义拉伸深度属性。在厚度区域的厚度 1:文本框中输入值 2；选中其下的中性边界复选框，单击确定按钮，完成加强筋 1 的创建。

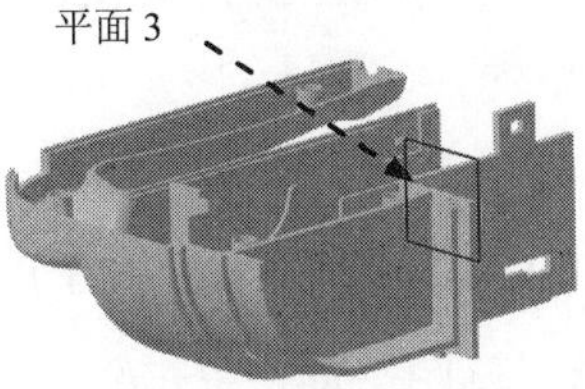

图 11.12.60　平面 3

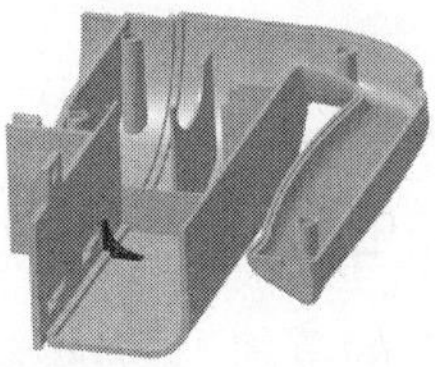
图 11.12.61　加强筋 1

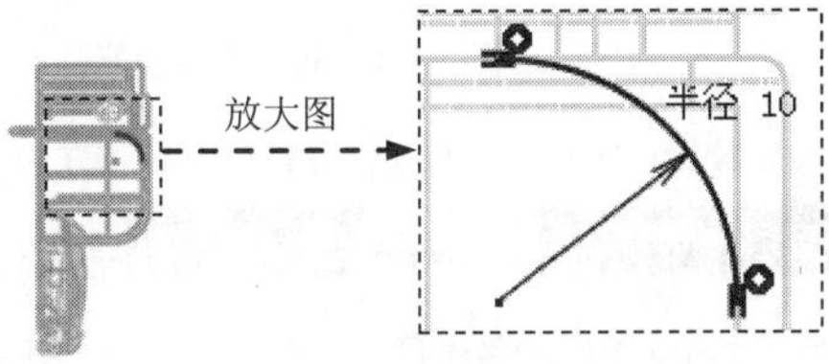

图 11.12.62　截面草图

Step47. 创建图 11.12.63 所示的变换特征——矩形阵列 1。

（1）选择命令。选择下拉菜单插入 → 变换特征 → 矩形阵列...命令（或单击按钮），系统弹出“定义矩形阵列”对话框。

（2）在第一方向选项的参数:文本框的下拉列表中选择实例和间距选项，在实例:文本框中输入值 2，并在间距:文本框中输入值-30。

（3）定义参考方向。在参考方向区域的参考元素:文本框处右击，在弹出的下拉菜单中选择X 轴选项为参考方向。

（4）定义阵列对象。在要阵列的对象区域处单击，在绘图区选取“加强肋 1”为阵列对象。

（5）单击确定按钮，完成矩形阵列 1 的创建。

Step48. 创建图 11.12.64 所示的特征—— 凹槽 13。选择下拉菜单插入 → 基于草图的特征 → 凹槽...命令，选取图 11.12.64 所示的平面为草图平面；绘制图 11.12.65 所示的截面草图，单击按钮，退出草绘工作台。在第一限制区域的类型:下拉列表中选择尺寸选项，在第一限制区域的深度:文本框中输入值 2；单击确定按钮，完成凹槽 13 的创建。

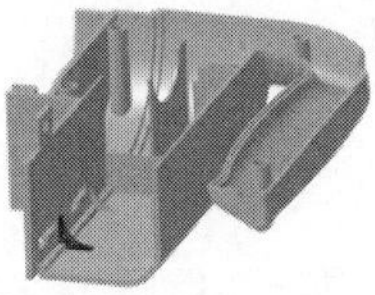
图 11.12.63　矩形阵列 1

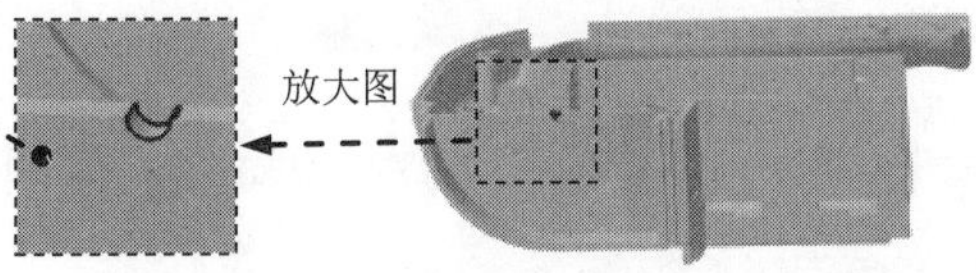

图 11.12.64　凹槽 13

Step49. 创建图 11.12.66 所示的特征——凹槽 14。选择下拉菜单插入 → 基于草图的特征 → 凹槽...命令，选取图 11.12.66 所示的平面为草图平面；绘制图 11.12.67 所示的截面草图，单击按钮，退出草绘工作台。在第一限制区域的类型:下拉列表中选择尺寸选项，在第一限制区域的深度：文本框中输入值 1；单击确定按钮，完成凹槽 14 的创建。

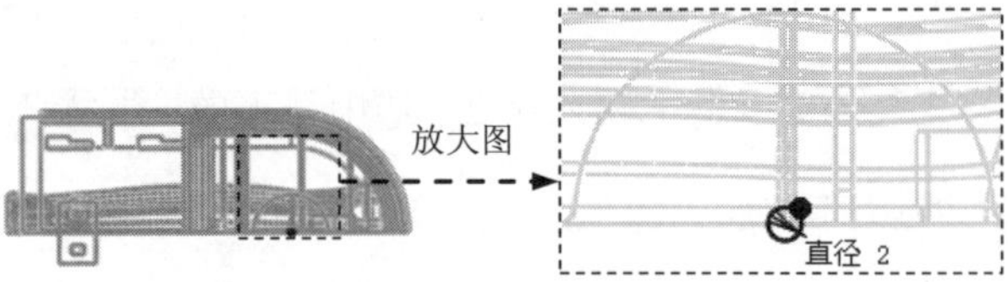

图 11.12.65　截面草图

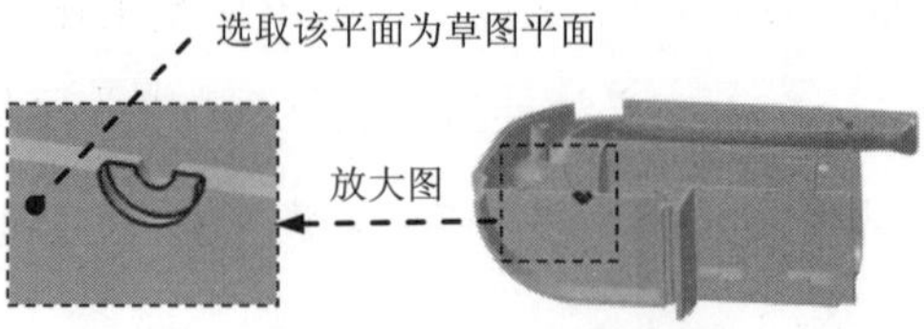

图 11.12.66　凹槽 14

Step50. 创建图 11.12.68 所示的特征——凸台 11。选择下拉菜单插入 → 基于草图的特征 → 凸台...命令，单击按钮，选取图 11.12.69 所示的平面为草图平面，把图 11.12.70 所示的曲线（以外部参考的草图 12 为参照）投影到草图平面，单击按钮，退出草绘工作台。在第一限制区域的类型：下拉列表中选择直到下一个选项，单击确定按钮，完成凸台 11 的创建。

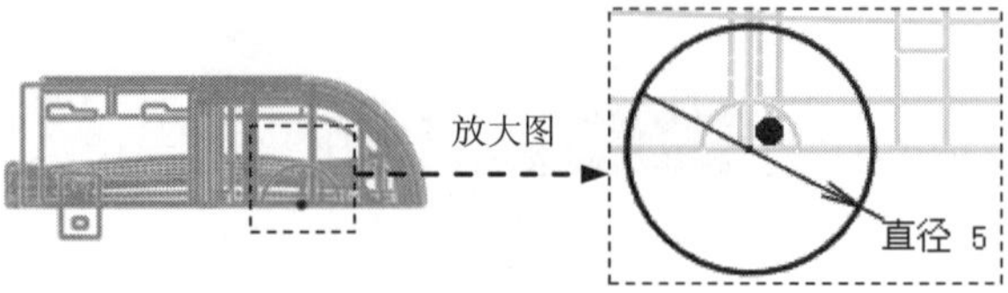

图 11.12.67　截面草图

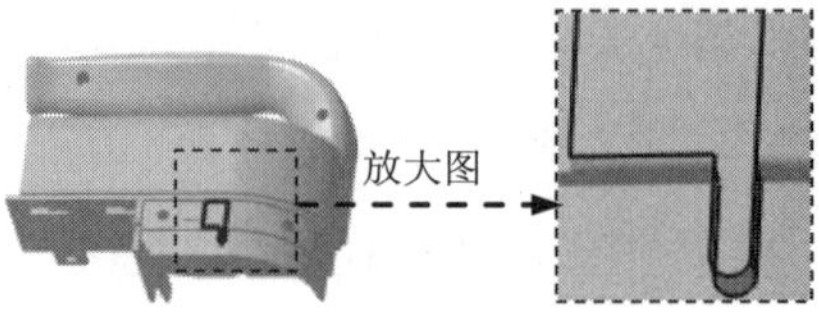

图 11.12.68　凸台 11

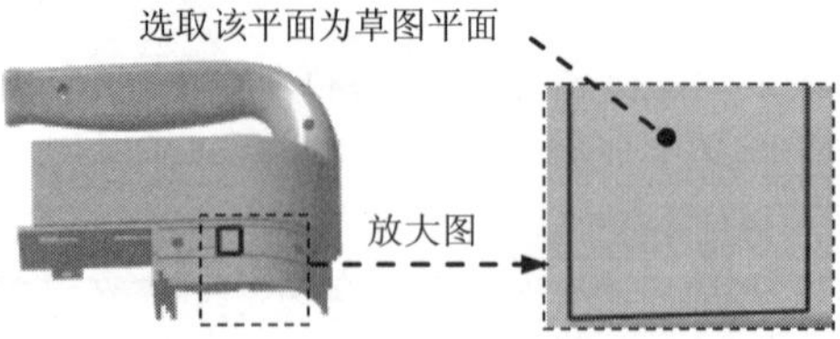

图 11.12.69　截面草图

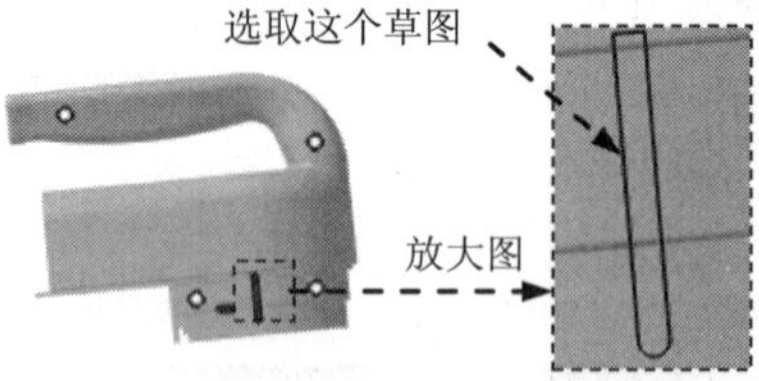

图 11.12.70　截面草图

Step51. 创建图 11.12.71 所示的特征—— 凸台 12。选择下拉菜单插入 → 基于草图的特征 → 凸台...命令，选取图 11.12.72 所示的草图（以外部参考的草图 20 为参照）为截面草图，在第一限制区域的类型：下拉列表中选择尺寸选项，在第一限制区域的长度：文本框中输入值 6。在第二限制区域的类型：下拉列表中选择尺寸选项；在长度：文本框中输入值-1，单击确定按钮，完成凸台 12 的创建。

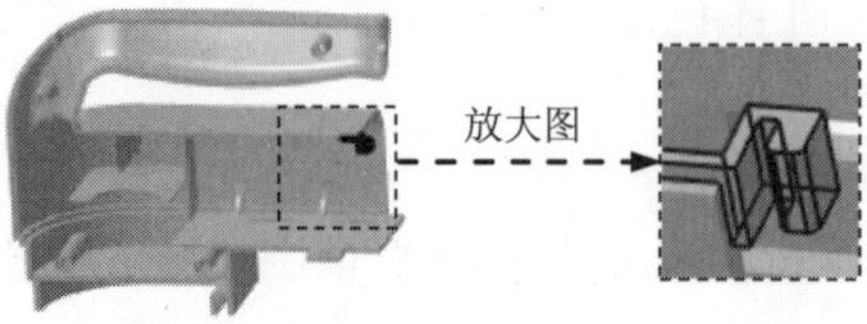

图 11.12.71　凸台 12

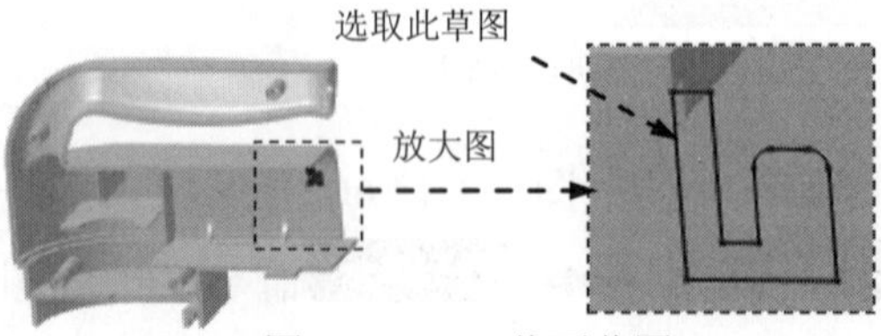

图 11.12.72　截面草图

Step52. 保存零件模型。选择下拉菜单 文件 ➡ 保存 命令，即可保存零件模型。

Step53. 选择下拉菜单 窗口 ➡ trim_pelucohi.CATProduct 命令并保存组件。

11.13 前端外壳

下面讲解前端外壳（crust）部分的创建过程。零件模型及相应的特征树如图 11.13.1 所示。

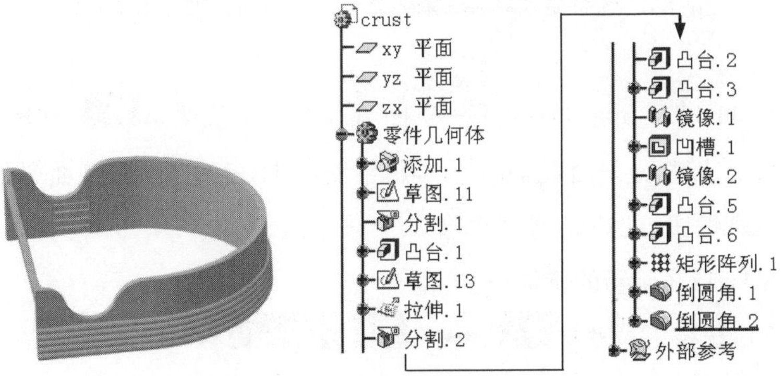

图 11.13.1 零件模型及特征树

Step1. 新建模型文件。激活 trim_pelucohi，选择下拉菜单 插入 ➡ 新建零件 命令；系统弹出“新零件：原点”对话框；单击 是(Y) 按钮完成零部件的创建。

Step2. 修改文件名。在 Part1 (Part1.12) 上右击，在弹出的快捷菜单中选择 属性 选项；系统弹出“属性”对话框。在 实例名称 和 零件编号 两个文本框中均输入文件名 crust；单击 确定 按钮完成文件名的修改。

Step3. 编辑 crust 部件。激活 crust (crust)；然后右击，在弹出的快捷菜单中选择 crust 对象 ➡ 在新窗口中打开 命令；系统进入“零件设计”工作台。

Step4. 创建实体外部引用。

（1）选择下拉菜单 窗口 ➡ fourth.CATPart 命令。系统切换到 fourth 模型文件。

（2）在特征树中选择 零件几何体 右击，在弹出的快捷菜单中选择 复制 命令。

（3）选择下拉菜单 窗口 ➡ crust.CATPart 命令。系统切换到 crust 模型文件。

（4）在特征树 crust 上右击，在弹出的快捷菜单中选择 选择性粘贴... 命令，系统弹出“选择性粘贴”对话框，选择 与原文档相关联的结果 选项，单击 确定 按钮，完成外部引用的创建。

（5）创建布尔操作。在特征树上选中 几何体.2，然后选择下拉菜单 插入 ➡ 布尔操作 ➡ 添加... 命令，完成布尔操作。

Step5. 创建特征外部引用。

（1）选择下拉菜单 窗口 → fourth.CATPart 命令。系统切换到 fourth 模型文件。

（2）在特征树上选中 fourth 所发布的单个特征及草图后右击，在弹出的快捷菜单中选择 复制 命令。

（3）选择下拉菜单 窗口 → crust.CATPart 命令。系统切换到 crust 模型文件。

（4）在特征树 crust 上右击，在弹出的快捷菜单中选择 选择性粘贴... 命令，系统弹出“选择性粘贴”对话框，选择 与原文档相关联的结果 选项，单击 确定 按钮，完成外部引用的创建。

Step6. 创建图 11.13.2 所示的特征——草图 1。选择下拉菜单 插入 → 草图编辑器 → 草图 命令；选取“zx 平面”为草图平面；绘制图 11.13.2 所示的截面草图，单击“工作台”工具栏中的按钮，退出草绘工作台。

Step7. 创建图 11.13.3 所示的特征——分割 1。

（1）选择命令。选择下拉菜单 插入 → 基于曲面的特征 → 分割... 命令。系统弹出“定义分割”对话框。

（2）定义分割元素。选取图 11.13.4 所示的曲面（特征树外部参考节点下的曲面 5）为分割元素。

（3）单击 确定 按钮，完成分割 1 的创建。

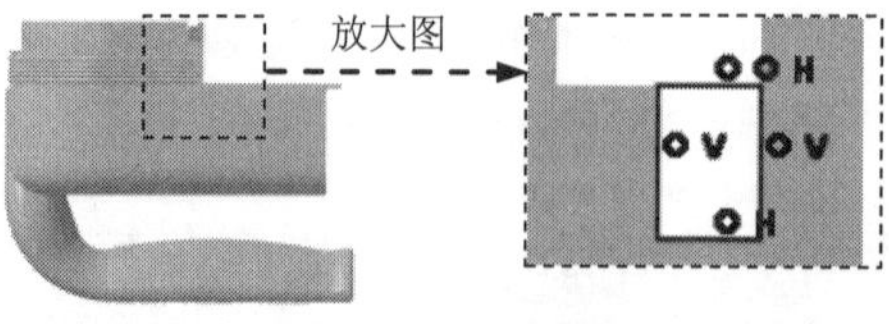

图 11.13.2　草图 1

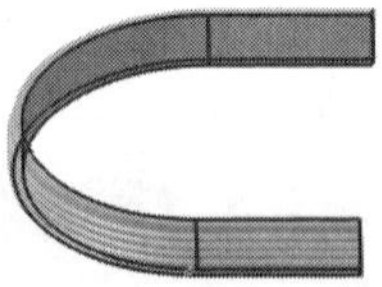

图 11.13.3　分割 1

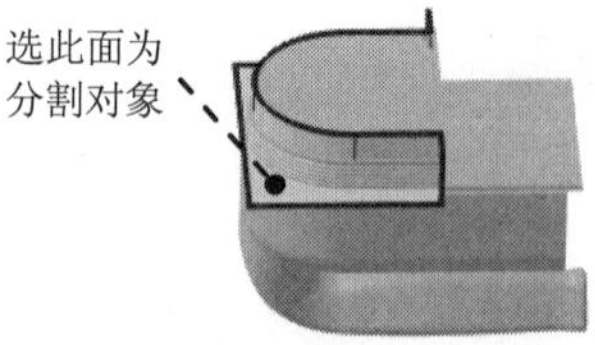

图 11.13.4　选取分割元素

Step8. 创建图 11.13.5 所示的特征——凸台 1。

（1）选择命令。选择下拉菜单 插入 → 基于草图的特征 → 凸台... 命令，系统弹出“定义凸台”对话框。

（2）创建截面草图。单击按钮，选取图 11.13.5 所示的面为草图平面。在草绘工作台中绘制图 11.13.6 所示的截面草图。单击按钮，退出草绘工作台。

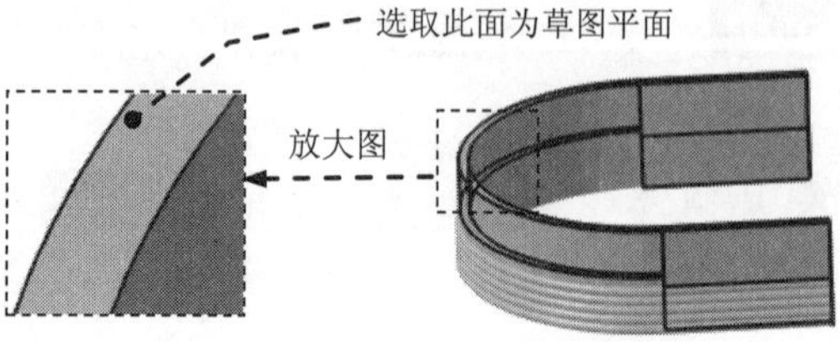

图 11.13.5　凸台 1

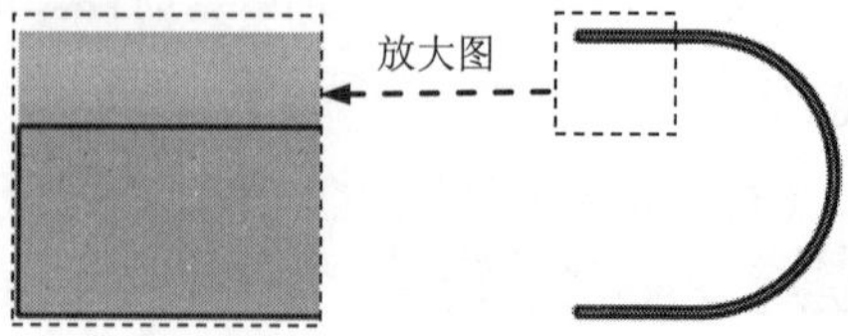

图 11.13.6　截面草图

（3）定义拉伸深度属性。在第一限制区域的类型：下拉列表中选择尺寸选项，在第一限制区域的长度：文本框中均输入值 10，单击确定按钮，完成凸台 1 的创建。

Step9. 创建图 11.13.7 所示的特征——草图 2。选择下拉菜单插入 → 草图编辑器 → 草图命令；选取“zx 平面”为草图平面；绘制图 11.13.7 所示的截面草图，单击“工作台”工具栏中的按钮，退出草绘工作台。

Step10. 切换到“创成式外形设计”工作台。

Step11. 创建图 11.13.8 所示的特征——拉伸 1。

（1）选择命令。选择下拉菜单插入 → 曲面 → 拉伸...命令。

（2）定义拉伸类型和尺寸。选取草图 2 为拉伸轮廓；选取 zx 平面为拉伸方向；在“拉伸曲面定义”对话框的限制 1 区域的类型：下拉列表中选择尺寸选项；在限制 1 区域的尺寸：文本框中输入值 50。在限制 2 区域的类型：下拉列表中选择尺寸选项；在限制 2 区域的尺寸：文本框中输入值 50。

（3）单击确定按钮，完成拉伸 1 的创建。

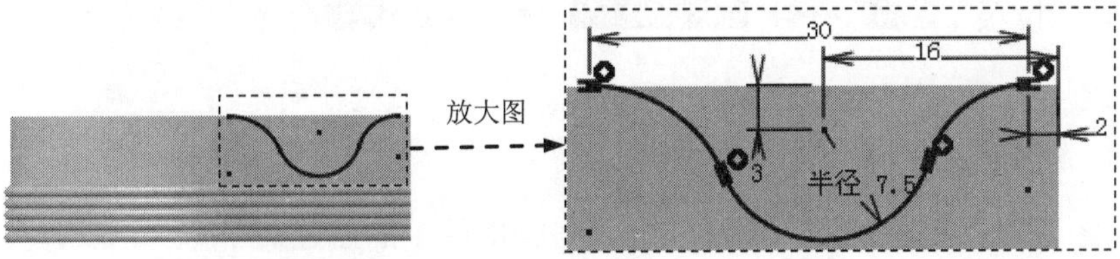

图 11.13.7 草图 2

图 11.13.8 拉伸 1

Step12. 切换到“零件设计”工作台。

Step13. 创建图 11.13.9 所示的特征——分割 2。选择下拉菜单插入 → 基于曲面的特征 → 分割...命令，选取拉伸 1 为分割元素。单击确定按钮，完成分割 2 的创建（隐藏曲面）。

Step14. 创建图 11.13.10 所示的特征——凸台 2。

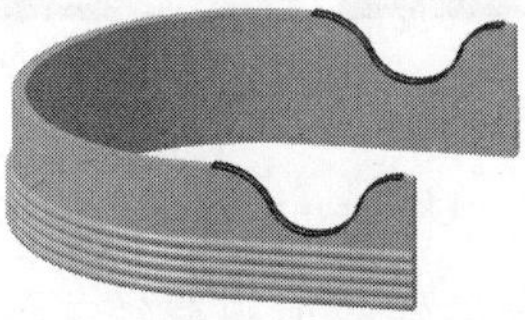

图 11.13.9 分割 2

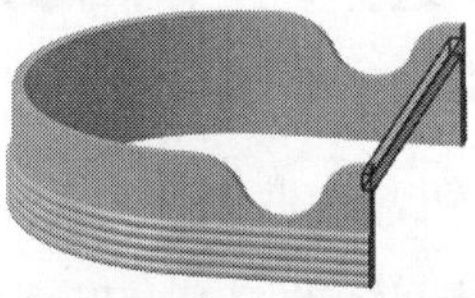

图 11.13.10 凸台 2

（1）选择命令。选择下拉菜单插入 → 基于草图的特征 → 凸台...命令，系统弹出“定义凸台”对话框。

（2）选取草图 1 为拉伸截面；在第一限制区域的类型：下拉列表中选择直到下一个选项，单击更多>>按钮，在第二限制区域的类型：下拉列表中选择直到下一个选项；在方向区域选中轮廓的法线复选框；单击 确定 按钮，完成凸台 2 的创建。

Step15. 创建图 11.13.11 所示的特征——凸台 3。选择下拉菜单 插入 → 基于草图的特征 ▸ → 凸台... 命令，单击按钮，选取图 11.13.11 所示的平面为草图平面，绘制图 11.13.12 所示的草图，单击按钮，退出草绘工作台。在 第一限制 区域的 类型: 下拉列表中选择 尺寸 选项，在 第一限制 区域的 长度: 文本框中输入值 2，单击 确定 按钮，完成凸台 3 的创建。

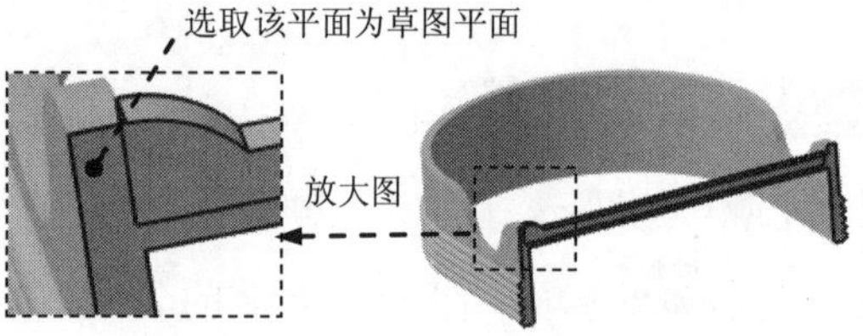

图 11.13.11　凸台 3

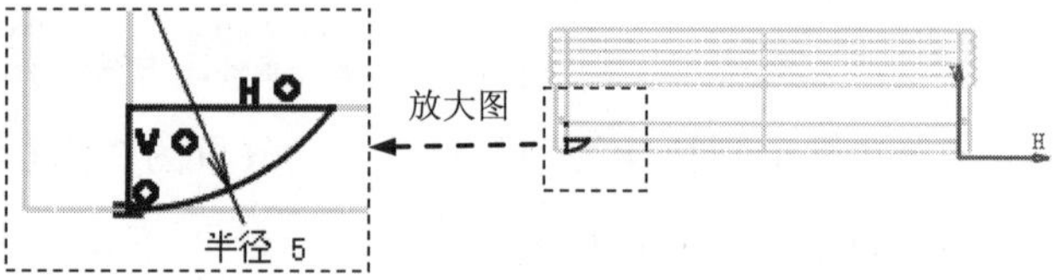

图 11.13.12　截面草图

Step16. 创建图 11.13.13 所示的零件特征——镜像 1。

（1）选取镜像对象。在特征树上选取凸台 3 作为镜像对象。

（2）选择命令。选择下拉菜单 插入 → 变换特征 ▸ → 镜像... 命令，系统弹出“定义镜像”对话框。

（3）定义镜像平面。选取 zx 平面作为镜像平面，

（4）单击“定义镜像”对话框中的 确定 按钮，完成镜像 1 的创建。

Step17. 创建图 11.13.14 所示的特征——凹槽 1。

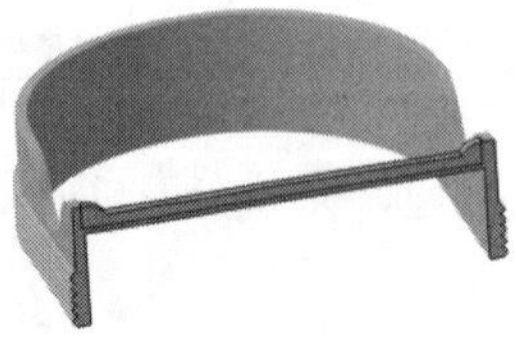

图 11.13.13　镜像 1

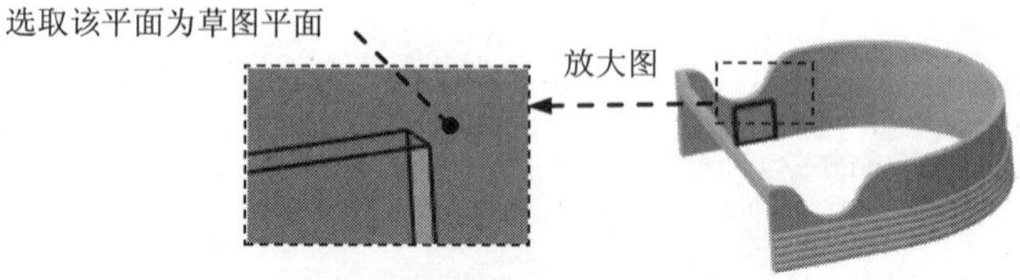

图 11.13.14　凹槽 1

（1）选择命令。选择下拉菜单 插入 → 基于草图的特征 ▸ → 凹槽... 命令，系统弹出“定义凹槽”对话框。

（2）单击按钮，选取图 11.13.14 所示的平面为草图平面。绘制图 11.13.15 所示的截面草图（以外部参考的草图 12 为尺寸参照），单击按钮，退出草绘工作台。

（3）定义深度属性。

① 定义深度方向。采用系统默认的深度方向。

② 定义深度类型。在对话框 第一限制 区域的 类型: 下拉列表中选择 尺寸 选项，在 第一限制 区域的 深度: 文本框中输入值 1。单击 确定 按钮，完成凹槽 1 的创建。

Step18. 创建图 11.13.16 所示的特征——镜像 2。

（1）选取镜像对象。在特征树上选取凹槽 1 作为镜像对象。

（2）选择命令。选择下拉菜单 插入 ➡ 变换特征 ▸ ➡ 镜像... 命令，系统弹出“定义镜像”对话框。

（3）定义镜像平面。选取 zx 平面作为镜像平面。

（4）单击“定义镜像”对话框中的 确定 按钮，完成镜像 2 的创建。

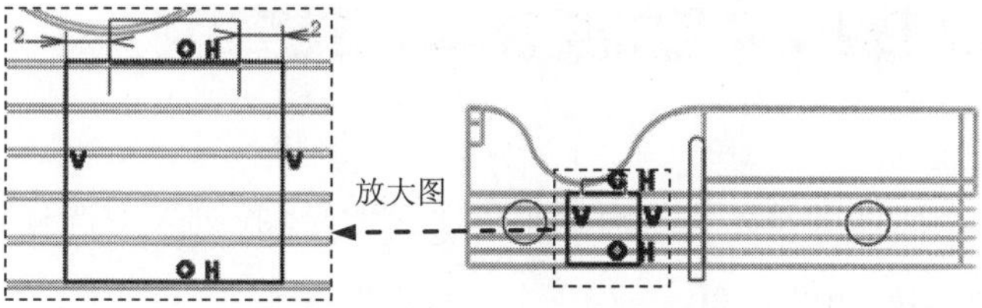

图 11.13.15 截面草图

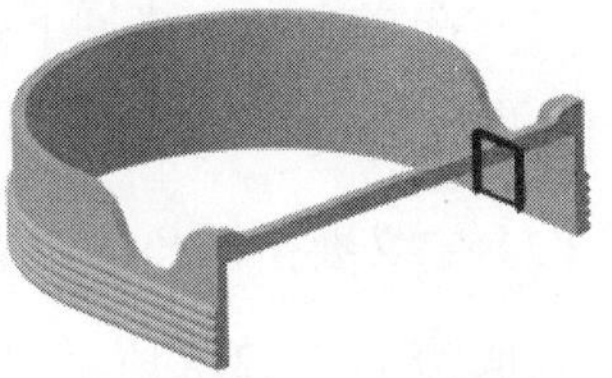

图 11.13.16 镜像 2

Step19. 创建图 11.13.17 所示的特征——凸台 5。选择下拉菜单 插入 ➡ 基于草图的特征 ▸ ➡ 凸台... 命令，单击 按钮，选取图 11.13.17 所示的平面为草图平面，绘制图 11.13.18 所示的草图，单击 按钮，退出草绘工作台。在 第一限制 区域的 类型： 下拉列表中选择 尺寸 选项，在 第一限制 区域的 长度： 文本框中输入值 1.5，单击 确定 按钮，完成凸台 5 的创建。

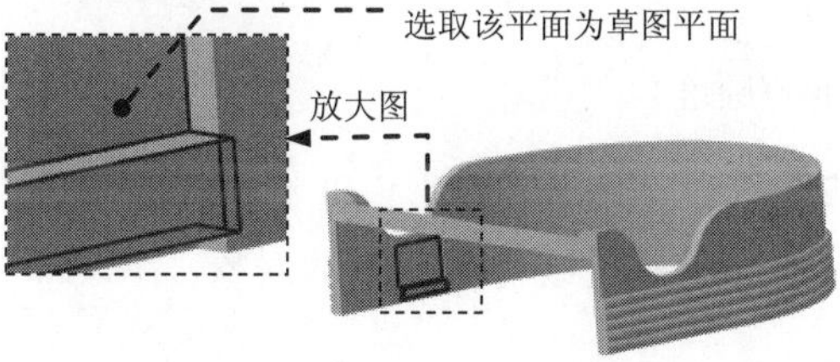

图 11.13.17 凸台 5

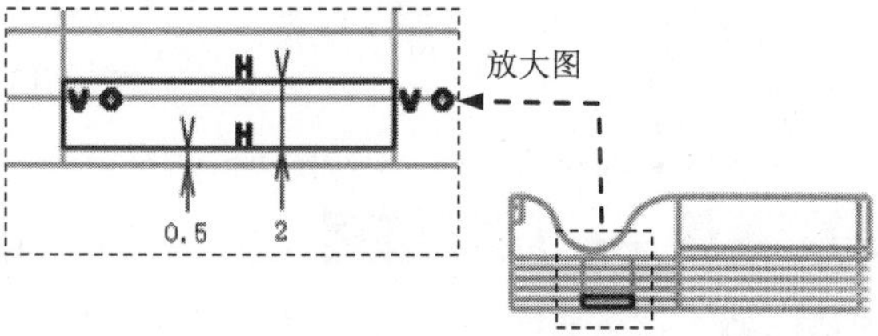

图 11.13.18 截面草图

Step20. 创建图 11.13.19 所示的特征——凸台 6。参照 Step19。

Step21. 创建图 11.13.20 所示的变换特征——矩形阵列 1。

（1）定义阵列对象。在绘图区选取“凸台 5”“凸台 6”为阵列对象。

（2）选择命令。选择下拉菜单 插入 ➡ 变换特征 ▸ ➡ 矩形阵列... 命令（或单击 按钮），系统弹出“定义矩形阵列”对话框。

（3）在 第一方向 选项的 参数： 文本框的下拉列表中选择 实例和间距 选项，在 实例： 文本框中输入值 4，并在 间距： 文本框中输入值 2.5。

（4）定义参考方向。在 参考方向 区域的 参考元素： 文本框处右击，在弹出的下拉菜单中选择 Z 轴 选项为参考方向。

（5）单击 确定 按钮，完成矩形阵列 1 的创建。

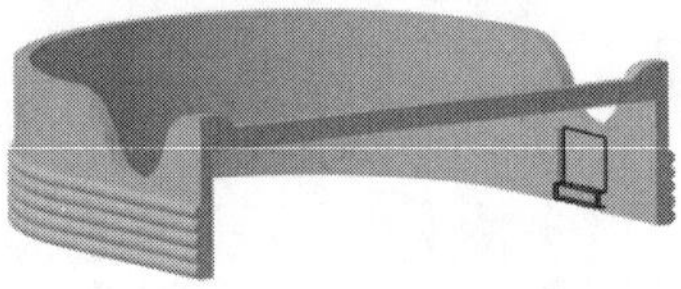

图 11.13.19　凸台 6

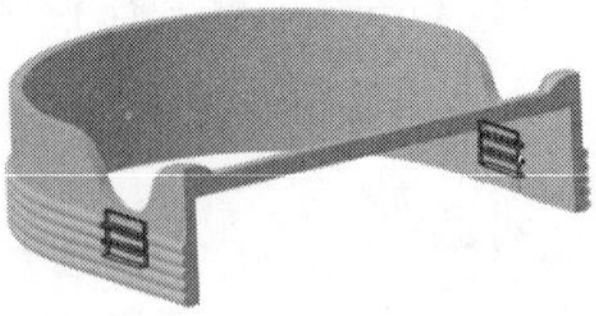

图 11.13.20　矩形阵列 1

Step22. 创建图 11.13.21b 所示的特征——倒圆角 1。

（1）选择命令。选择下拉菜单 插入 → 修饰特征 ▸ → 倒圆角... 命令，系统弹出“倒圆角定义”对话框。

（2）定义要倒圆角的对象。在“倒圆角定义”对话框的 选择模式： 下拉列表中选择 相切 选项，选取图 11.13.21a 所示边线为倒圆角的对象。

（3）定义倒圆角半径。在对话框的 半径： 文本框中输入值 0.3。

（4）单击 确定 按钮，完成倒圆角 1 的创建。

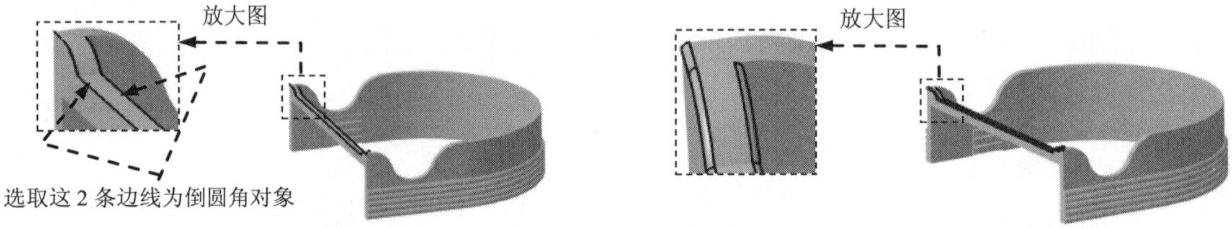

a）倒圆角前　　b）倒圆角后

图 11.13.21　倒圆角 1

Step23. 创建图 11.13.22b 所示的特征——倒圆角 2。选择下拉菜单 插入 → 修饰特征 ▸ → 倒圆角... 命令，选取图 11.13.22a 所示边线为倒圆角的对象。在 半径： 文本框中输入值 0.1。

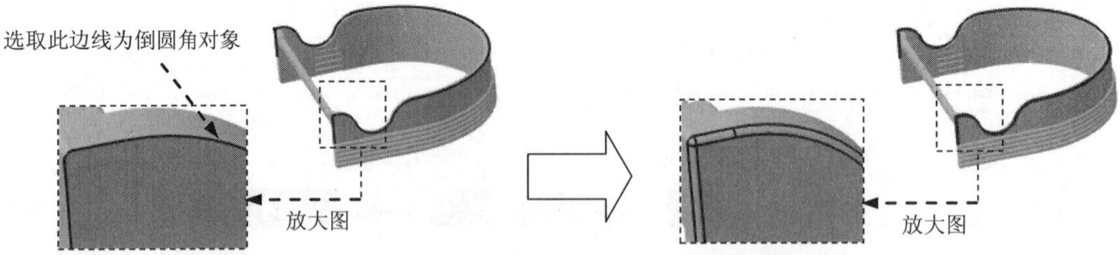

a）倒圆角前　　b）倒圆角后

图 11.13.22　倒圆角 2

Step24. 保存零件模型。选择下拉菜单 文件 → 保存 命令，即可保存零件模型。

Step25. 选择下拉菜单 窗口 → trim_pelucohi.CATProduct 命令并保存组件。

Step26. 隐藏控件。在特征树中选取 first (first)、second (second)、

third (third)、fourth (fourth) 和 fifth (fifth)，然后右击，在弹出的快捷菜单中选择 隐藏/显示 命令，完成模型的隐藏。

Step27. 保存装配体模型。选择下拉菜单 文件 → 保存 命令，即可保存装配体模型。

实例 12 玩具飞机

12.1 概 述

本实例详细介绍了一款玩具飞机的设计过程。设计过程中使用了自顶向下的设计方法，其中一级控件的设计过程相对较为复杂，而分割过程较简单。通过本实例读者能更好地理解自顶向下设计的思路，掌握其中的要领。玩具飞机模型如图 12.1.1 所示。其设计流程图如图 12.1.2 所示。

图 12.1.1 玩具飞机模型

12.2 一 级 控 件

下面讲解一级控件（first）的创建过程。一级控件在整个设计过程中起着十分重要的作用，它为飞机的上下盖提供原始模型，并且确保了玩具飞机的整体外观形状。该零件模型及特征树如图 12.2.1 所示。

Step1. 新建模型文件。选择下拉菜单 文件 → 新建... 命令；在类型列表框中选择

Product选项，单击 确定 按钮；进入“装配设计”工作台。

Step2. 修改文件名。在 Product1 上右击，在弹出的快捷菜单中选择 属性 命令；系统弹出“属性”对话框。在文本框 零件编号 中输入文件名 toy_airplane；单击 确定 按钮完成文件名的修改。

Step3. 新建零件及修改文件名。激活 toy_airplane ，选择下拉菜单 插入 → 新建零件 命令；在 Part1 (Part1.1) 上右击，在弹出的快捷菜单中选择 属性 选项；系统弹出“属性”对话框。在 实例名称 和 零件编号 两个文本框中均输入文件名 first；单击 确定 按钮，完成文件名的修改。

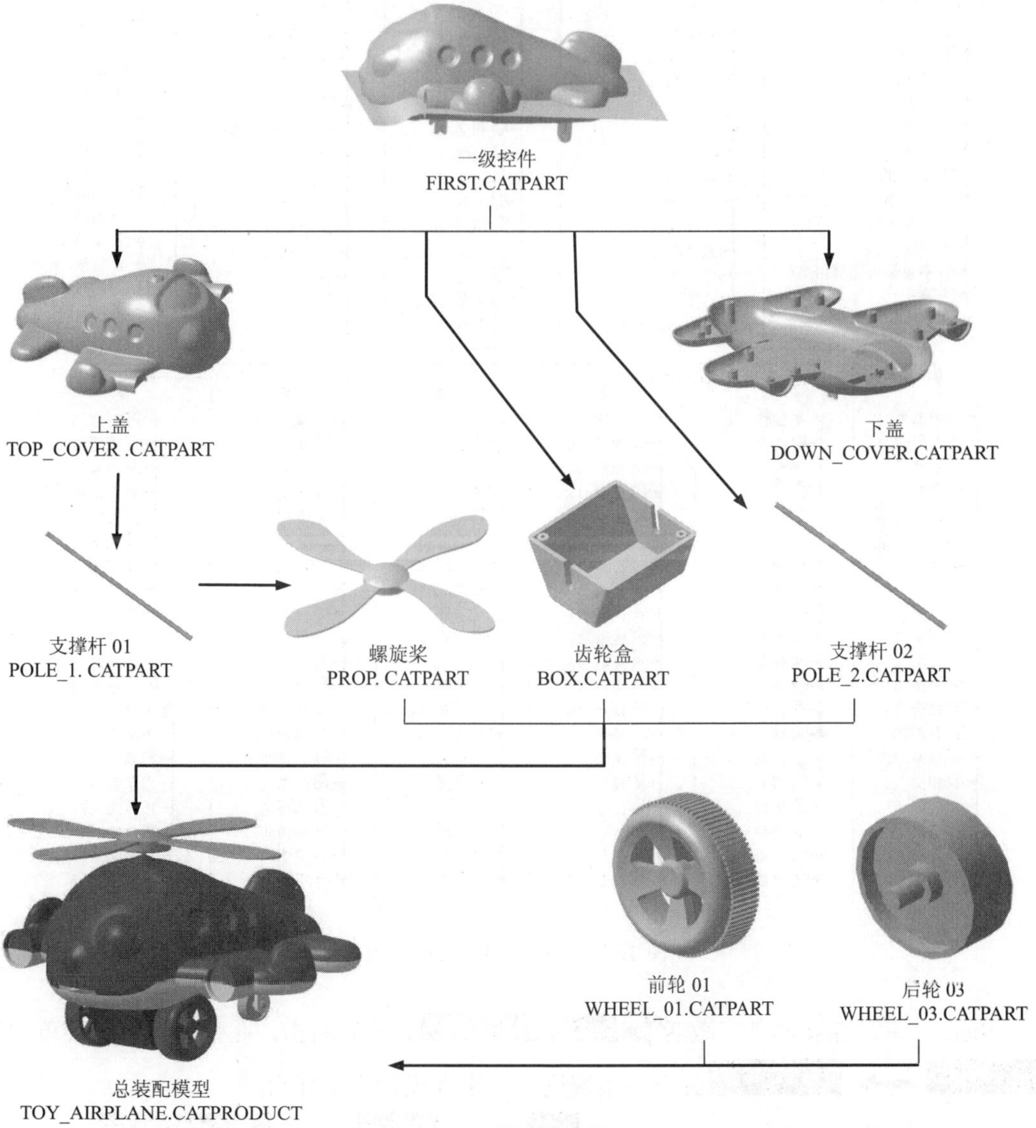

图 12.1.2 设计流程图

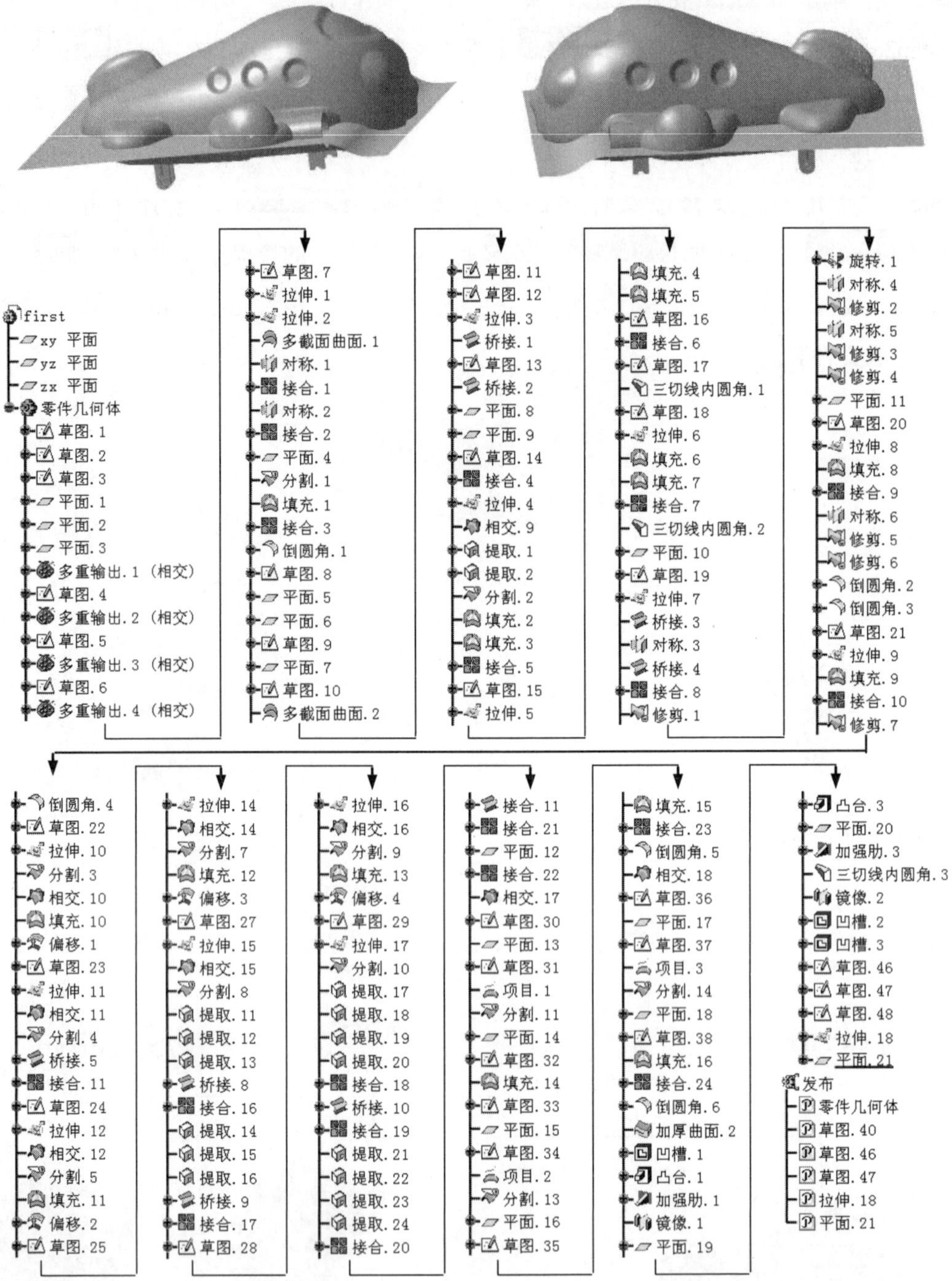

图 12.2.1 零件模型及特征树

Step4. 编辑 first 部件。激活 first (first)，然后右击，在弹出的快捷菜单中选择 first 对象 ▸ → 在新窗口中打开 命令；系统进入“零件设计”工作台。

Step5. 切换工作台。选择下拉菜单 开始 → 形状 → 创成式外形设计 命令，切换到“创成式外形设计”工作台。

Step6. 创建图 12.2.2 所示的特征——草图 1。选择下拉菜单 插入 ➡ 草图编辑器 ➡ 草图命令；选取“zx 平面”为草图平面；绘制图 12.2.3 所示的草图，单击“工作台”工具栏中的按钮，退出草绘工作台。

Step7. 创建图 12.2.3 所示的特征——草图 2。选择下拉菜单 插入 ➡ 草图编辑器 ➡ 草图命令；选取“zx 平面”为草图平面；绘制图 12.2.4 所示的样条曲线，使样条曲线的端点与草图 1 的端点相合，单击“工作台”工具栏中的按钮，退出草绘工作台。

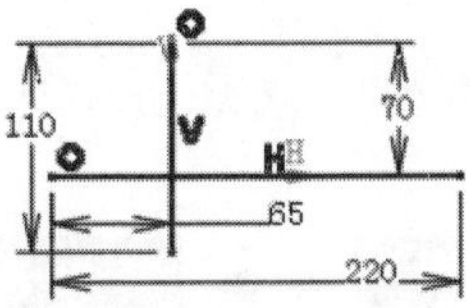

图 12.2.2 草图 1

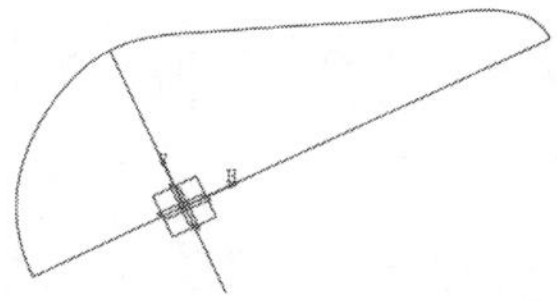

图 12.2.3 草图 2（建模环境）

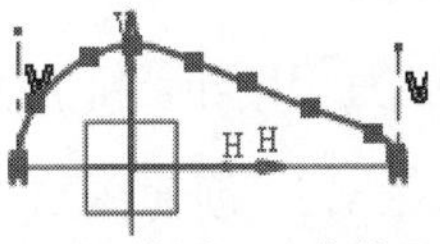

图 12.2.4 草图 2（草绘环境）

Step8. 创建图 12.2.5 所示的特征——草图 3。选择下拉菜单 插入 ➡ 草图编辑器 ➡ 草图命令；选取“xy 平面”为草图平面；绘制图 12.2.6 所示的草图 3，单击“工作台”工具栏中的按钮，退出草绘工作台。

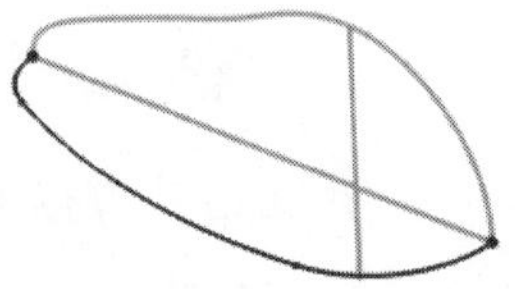

图 12.2.5 草图 3（建模环境）

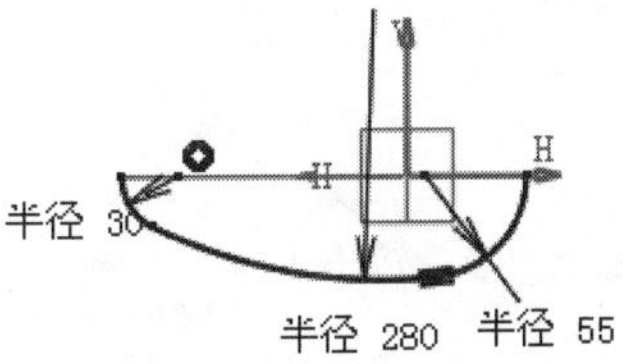

图 12.2.6 草图 3（草绘环境）

Step9. 创建图 12.2.7 所示的特征——平面 1。选择下拉菜单 插入 ➡ 线框 ➡ 平面命令；在平面类型：下拉列表中选择偏移平面选项；激活参考：文本框并右击，在弹出的快捷菜单中选择 YZ 平面为参考平面；在偏移：文本框中输入值 38，单击 确定 按钮，完成平面 1 的创建。

Step10. 创建图 12.2.8 所示的特征——平面 2。选择下拉菜单 插入 ➡ 线框 ➡ 平面命令；在平面类型：下拉列表中选择偏移平面选项；激活参考：文本框并右击，在弹出的快捷菜单中选择 YZ 平面为参考平面；在偏移：文本框中输入值 58 并单击 反转方向 按钮，反转偏移方向；单击 确定 按钮，完成平面 2 的创建。

Step11. 创建图 12.2.9 所示的特征—— 平面 3。选择下拉菜单 插入 ➡ 线框 ➡ 平面命令；在平面类型：下拉列表中选择偏移平面选项；激活参考：文本框并右击，在弹出的快捷菜单中选择 YZ 平面为参考平面；在偏移：文本框中输入值 138 并单击 反转方向 按钮，反转偏移方向；单击 确定 按钮，完成平面 3 的创建。

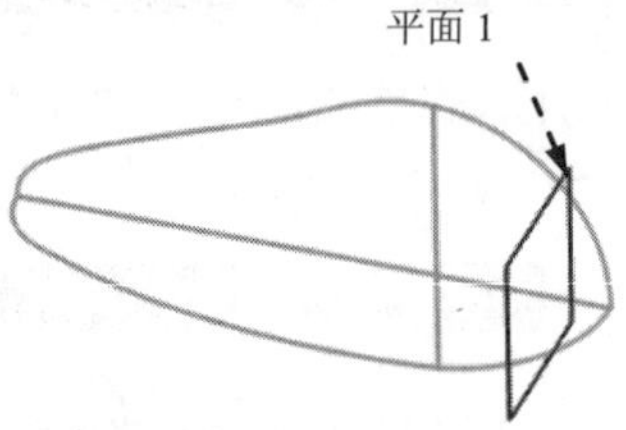

图 12.2.7　平面 1

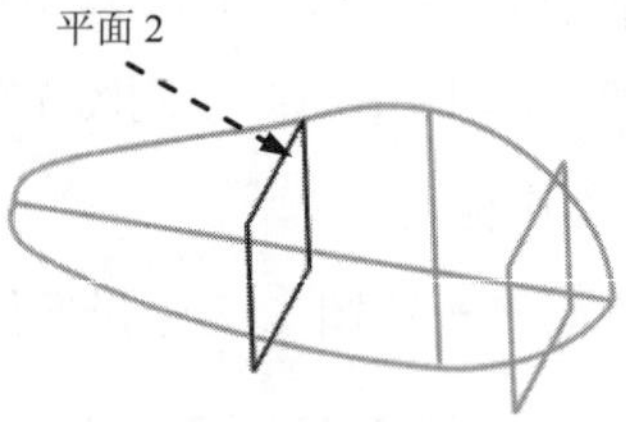

图 12.2.8　平面 2

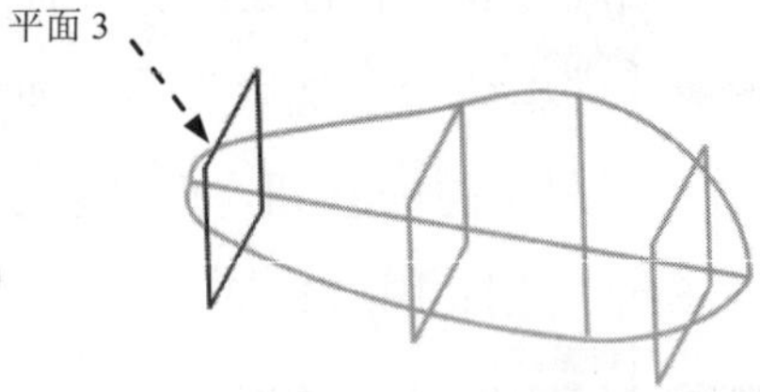

图 12.2.9　平面 3

Step12. 创建图 12.2.10 所示的特征——多重输出 1。选择 插入 → 线框 → 相交... 命令；选取“平面 1”为第一元素；选取“草图 2”和“草图 3”为第二元素；单击 确定 按钮，完成多重输出 1 的创建。

Step13. 创建图 12.2.11 所示的特征——草图 4。选择下拉菜单 插入 → 草图编辑器 → 草图 命令；选取“平面 1”为草图平面；绘制图 12.2.12 所示的样条曲线。

说明：使草图 4 中的样条曲线的端点分别与多重输出 1（相交）相合。类似不再叙述。

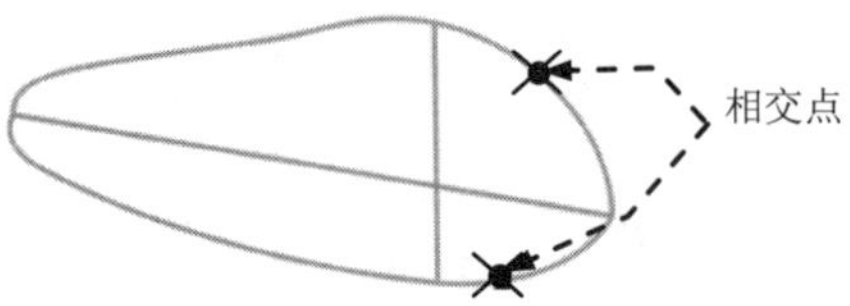

图 12.2.10　多重输出 1

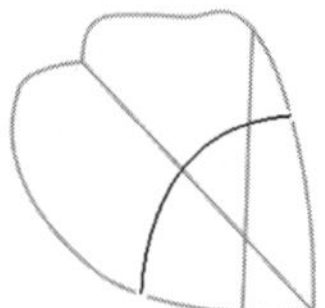
图 12.2.11　草图 4（建模环境）

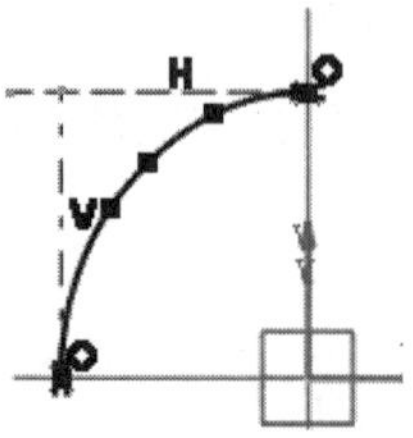

图 12.2.12　草图 4（草绘环境）

Step14. 创建图 12.2.13 所示的特征——多重输出 2。选择 插入 → 线框 → 相交... 命令；选取“yz 平面”为第一元素；选取“草图 2”和“草图 3”为第二元素；单击 确定 按钮，完成多重输出 2 的创建。

Step15. 创建图 12.2.14 所示的特征——草图 5。选择下拉菜单 插入 → 草图编辑器 → 草图 命令；选取“yz 平面”为草图平面；绘制图 12.2.15 所示的样条曲线。

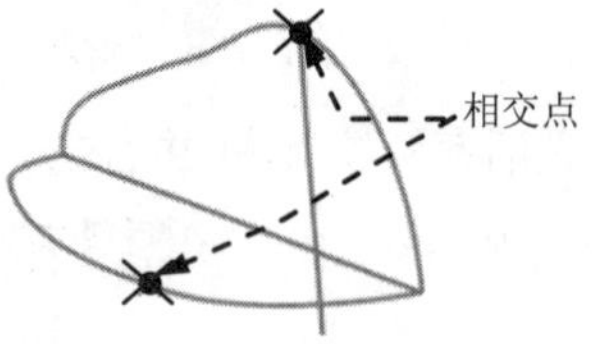

图 12.2.13　多重输出 2

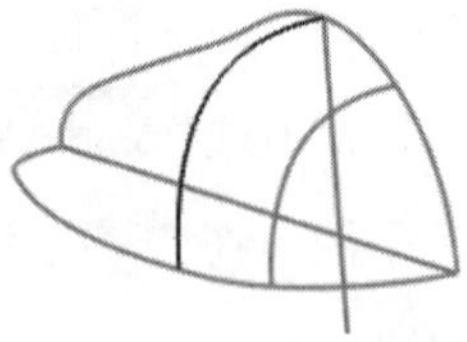
图 12.2.14　草图 5（建模环境）

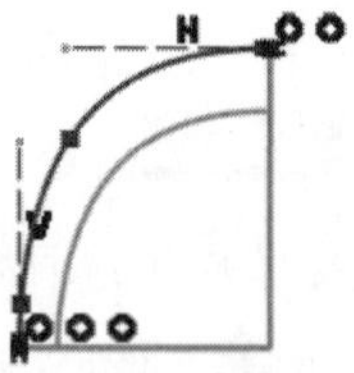

图 12.2.15　草图 5（草绘环境）

Step16. 创建图 12.2.16 所示的特征——多重输出 3。选择 插入 → 线框 → 相交... 命令；选取“平面 2”为第一元素；选取“草图 2”和“草图 3”为第二元素；单击 确定 按钮，完成多重输出 3 的创建。

Step17. 创建图 12.2.17 所示的特征——草图 6。选择下拉菜单 插入 → 草图编辑器

→ [草图]命令；选取“平面 2”为草图平面；绘制图 12.2.18 所示的样条曲线。

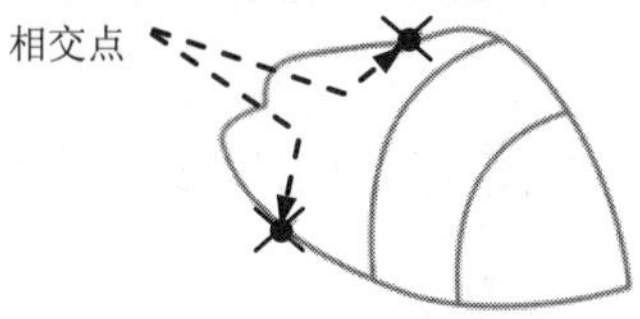

图 12.2.16 多重输出 3

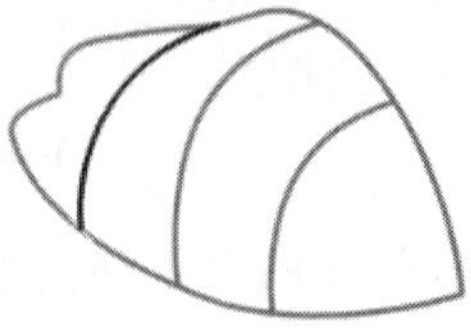

图 12.2.17 草图 6（建模环境）

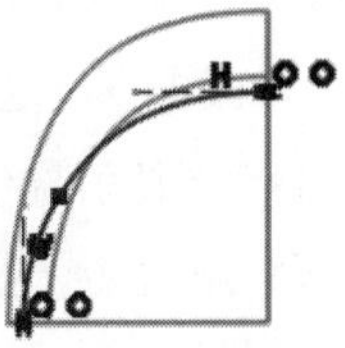

图 12.2.18 草图 6（草绘环境）

Step18. 创建图 12.2.19 所示的特征——多重输出 4。选择[插入] → [线框] → [相交...]命令；选取“平面 3”为第一元素；选取“草图 2”和“草图 3”为第二元素；单击[确定]按钮，完成多重输出 4 的创建。

Step19. 创建图 12.2.20 所示的特征——草图 7。选择下拉菜单[插入] → [草图编辑器] → [草图]命令；选取“平面 3”为草图平面；绘制图 12.2.21 所示的样条曲线。

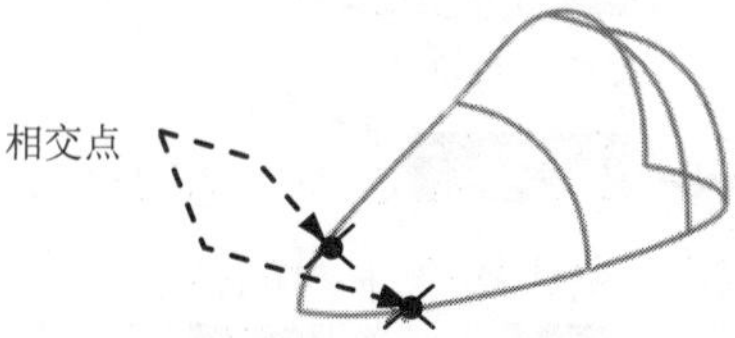

图 12.2.19 多重输出 4

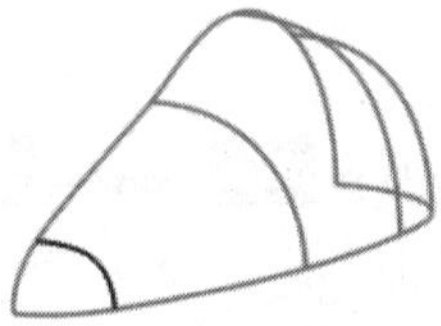

图 12.2.20 草图 7（建模环境）

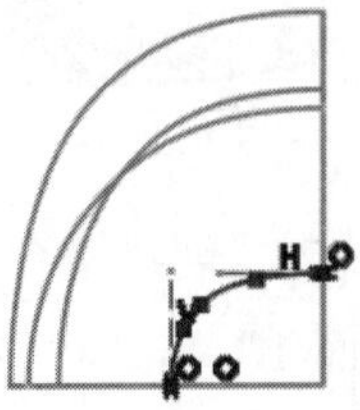

图 12.2.21 草图 7（草绘环境）

Step20. 创建图 12.2.22 所示的特征——拉伸 1。

（1）选择命令。选择下拉菜单[插入] → [曲面] → [拉伸...]命令。

（2）定义拉伸类型和尺寸。选取“草图 2”为拉伸轮廓；选取“zx 平面”为拉伸方向；在“拉伸曲面定义”对话框的[限制 1]区域的[类型:]下拉列表中选择[尺寸]选项；在[限制 1]区域的[尺寸:]文本框中输入值 0，在[限制 2]区域的[类型:]下拉列表中选择[尺寸]选项；在[限制 2]区域的[尺寸:]文本框中输入值 50。

（3）单击[确定]按钮，完成拉伸 1 的创建。

Step21. 创建图 12.2.23 所示的特征—— 拉伸 2。选择下拉菜单[插入] → [曲面] → [拉伸...]命令。选取“草图 3”为拉伸轮廓；选取“xy 平面”为拉伸方向；在“拉伸曲面定义”对话框的[限制 1]区域的[类型:]下拉列表中选择[尺寸]选项；在[限制 1]区域的[尺寸:]文本框中输入值 20，在[限制 2]区域的[类型:]下拉列表中选择[尺寸]选项；在[限制 2]区域的[尺寸:]文本框中输入值 0。单击[确定]按钮，完成拉伸 2 的创建。

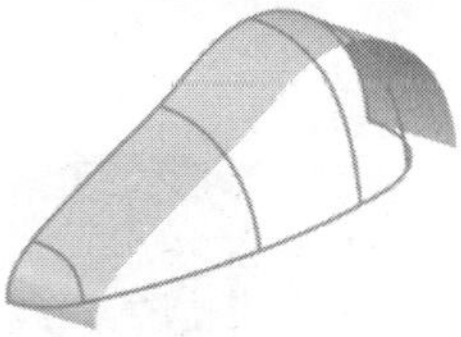

图 12.2.22 拉伸 1

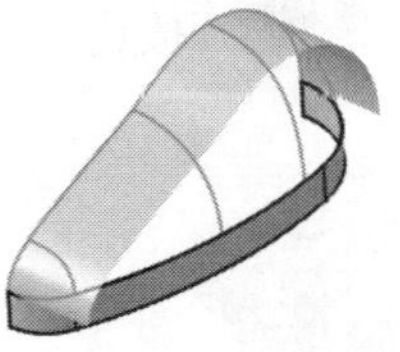

图 12.2.23 拉伸 2

Step22. 创建图 12.2.24 所示的特征——多截面曲面 1。

（1）选择命令。选择下拉菜单 插入 → 曲面 ▸ → 多截面曲面... 命令。

（2）定义截面曲线。选取“草图 2”为截面 1 ，选取拉伸 1 为截面 1 的切线；选取“草图 3”为截面 2，选取拉伸 2 为截面 2 的切线。

（3）定义引导线。依次选取“草图 4”“草图 5”“草图 6”“草图 7”为引导线。

（4）单击 确定 按钮，完成多截面曲面 1 的创建。

注意：选取截面曲线时，应使两个截面的闭合方向一致，其他文本框按系统默认设置。

Step23. 创建图 12.2.25 所示的特征——对称 1。选择下拉菜单 插入 → 操作 ▸ → 对称... 命令。选取“多截面曲面 1”为对称元素；选取“zx 平面”为参考元素；单击 确定 按钮，完成对称 1 的创建。

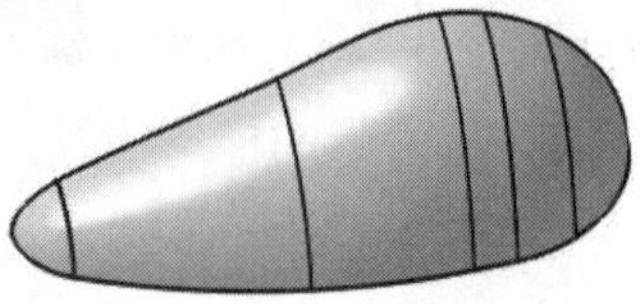
图 12.2.24　多截面曲面 1

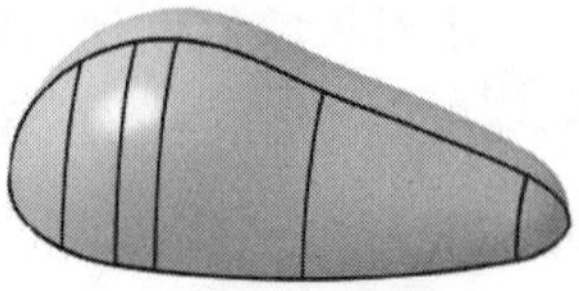
图 12.2.25　对称 1

Step24. 创建接合 1。选择下拉菜单 插入 → 操作 ▸ → 接合... 命令；选取“多截面曲面 1”和“对称 1”为要接合的元素；单击 确定 按钮，完成接合 1 的创建。

Step25. 创建图 12.2.26 所示的特征——对称 2。选择下拉菜单 插入 → 操作 ▸ → 对称... 命令。选取“接合 1”为对称元素；选取“xy 平面”为参考元素；单击 确定 按钮，完成对称 2 的创建。

Step26. 创建接合 2。选择下拉菜单 插入 → 操作 ▸ → 接合... 命令；选取接合 1 和对称 2 为要接合的元素；单击 确定 按钮，完成接合 2 的创建。

Step27. 创建图 12.2.27 所示的特征——平面 4。选择下拉菜单 插入 → 线框 ▸ → 平面... 命令；在 平面类型： 下拉列表中选择 偏移平面 选项；激活 参考： 文本框并右击，在弹出的快捷菜单中选取 XY 平面 为参考平面；在 偏移： 文本框中输入值 25 并单击 反转方向 按钮，反转偏移方向；单击 确定 按钮，完成平面 4 的创建。

Step28. 创建图 12.2.28 所示的特征——分割 1。

（1）选择命令。选择下拉菜单 插入 → 操作 ▸ → 分割... 命令。系统弹出“定义分割”对话框。

（2）选取“接合 2”为要切除的元素，选取“平面 4”为切除元素。

（3）单击 确定 按钮，完成分割 1 的创建。

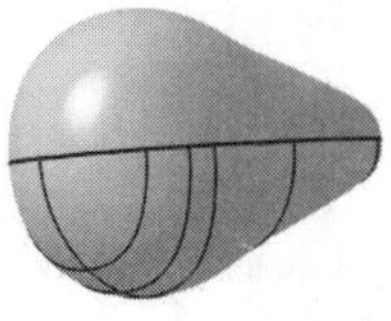
图 12.2.26　对称 2

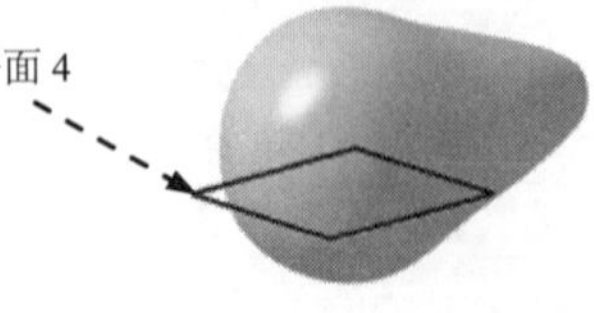

图 12.2.27　平面 4

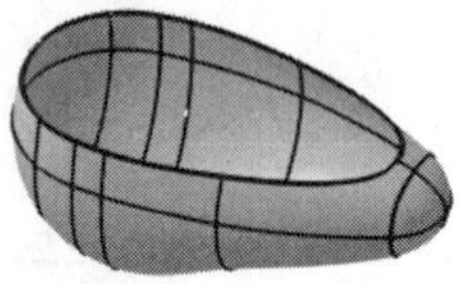
图 12.2.28　分割 1

Step29. 创建图 12.2.29 所示的特征——填充 1。选择下拉菜单 插入 ➡ 曲面 ➡ 填充... 命令；选取图 12.2.30 所示的边链为边界线；单击 确定 按钮，完成填充 1 的创建。

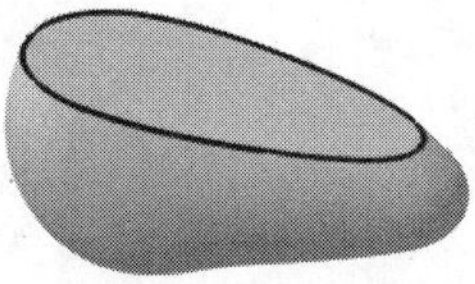

图 12.2.29　填充 1

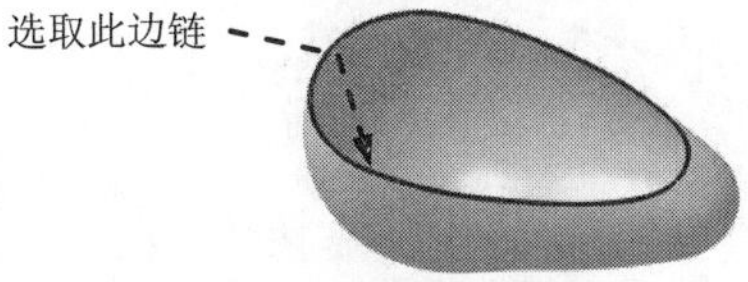

图 12.2.30　选取边界线

Step30. 创建接合 3。选择下拉菜单 插入 ➡ 操作 ➡ 接合... 命令；选取“填充 1”和“分割 1”为要接合的元素；单击 确定 按钮，完成接合 3 的创建。

Step31. 创建图 12.2.31b 所示的特征—— 倒圆角 1。选择下拉菜单 插入 ➡ 操作 ➡ 倒圆角... 命令；选取图 12.2.31a 所示的边线为要倒圆角的对象；在 半径: 文本框中输入值 12，单击 确定 按钮，完成倒圆角 1 的创建。

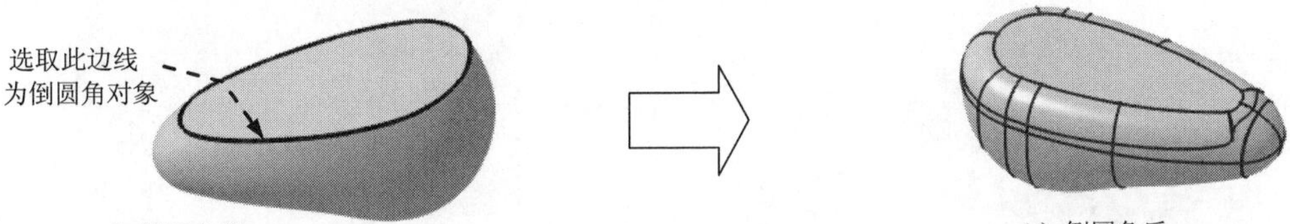

a）倒圆角前　　b）倒圆角后

图 12.2.31　倒圆角 1

Step32. 创建图 12.2.32 所示的特征——草图 8。选择下拉菜单 插入 ➡ 草图编辑器 ➡ 草图 命令；选取“yz 平面”为草图平面；绘制图 12.2.32 所示的草图。

Step33. 创建图 12.2.33 所示的特征——平面 5。选择下拉菜单 插入 ➡ 线框 ➡ 平面... 命令；在 平面类型: 下拉列表中选择 与平面成一定角度或垂直 选项；选取“草图 8”为旋转轴，激活 参考: 文本框并右击，在弹出的快捷菜单中选择 XY 平面 为参考平面；在 角度: 文本框中输入值-20；单击 确定 按钮，完成平面 5 的创建。

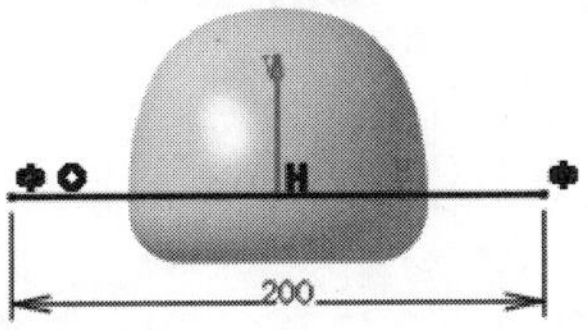

图 12.2.32　草图 8

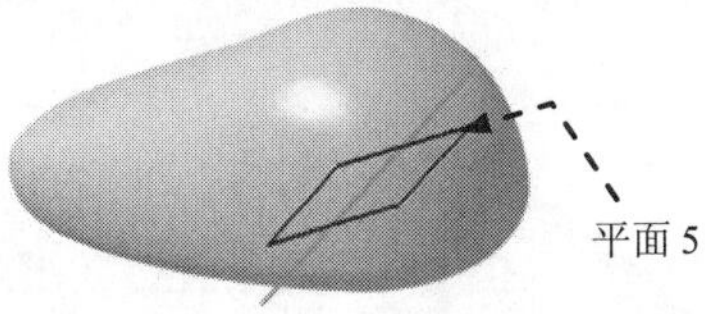

图 12.2.33　平面 5

Step34. 创建图 12.2.34 所示的特征——平面 6。选择下拉菜单 插入 ➡ 线框 ➡ 平面... 命令；在 平面类型: 下拉列表中选择 偏移平面 选项；激活 参考: 文本框，选取“平面 5”为参考平面；在 偏移: 文本框中输入值 60；单击 确定 按钮，完成平面 6 的创建。

Step35. 创建图 12.2.35 所示的特征——草图 9。选择下拉菜单 插入 → 草图编辑器 → 草图 命令；选取“平面 6”为草图平面；绘制图 12.2.35 所示的草图。

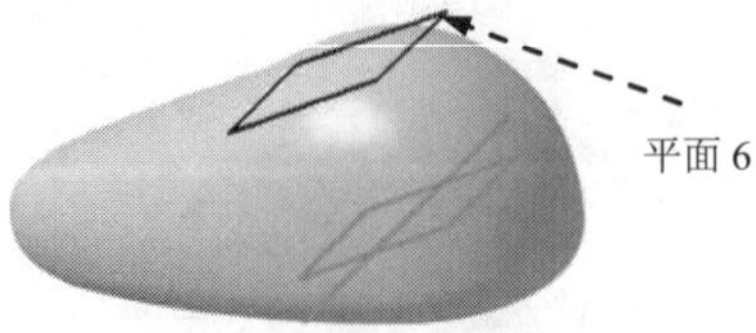

图 12.2.34 平面 6

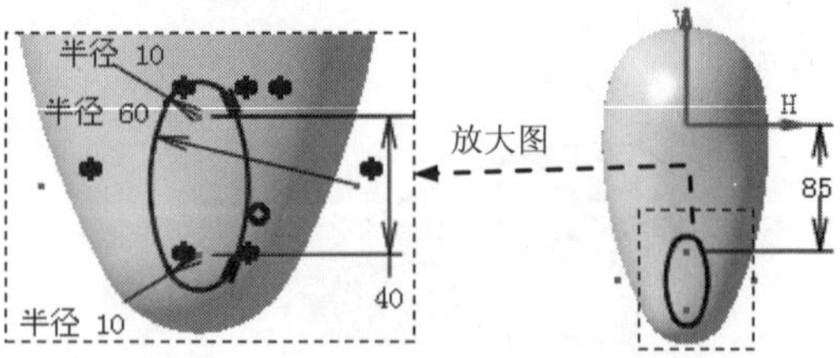

图 12.2.35 草图 9

Step36. 创建图 12.2.36 所示的特征——平面 7。选择下拉菜单 插入 → 线框 → 平面... 命令；在 平面类型: 下拉列表中选择 偏移平面 选项；激活 参考: 文本框，选取“平面 6”为参考平面；在 偏移: 文本框中输入值 17；单击 确定 按钮，完成平面 7 的创建。

Step37. 创建图 12.2.37 所示的特征——草图 10。选择下拉菜单 插入 → 草图编辑器 → 草图 命令；选取“平面 7”为草图平面；绘制图 12.2.37 所示的草图。

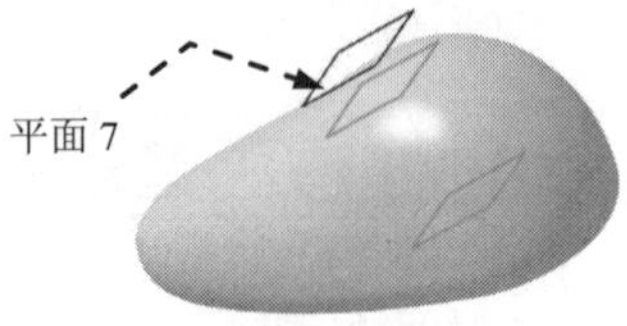

图 12.2.36 平面 7

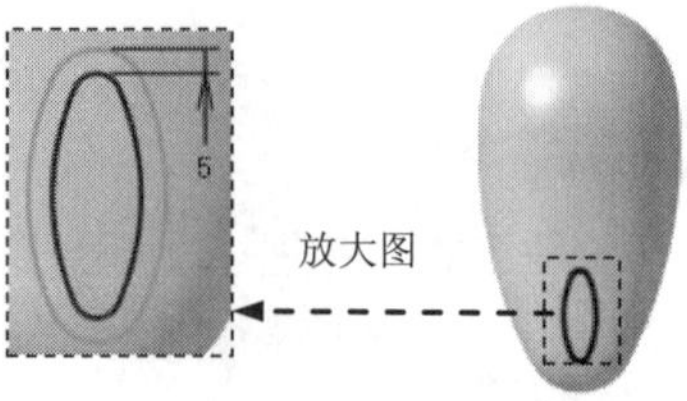

图 12.2.37 草图 10

Step38. 创建图 12.2.38 所示的特征——多截面曲面 2。选择下拉菜单 插入 → 曲面 → 多截面曲面... 命令。选取 “草图 9”为截面 1；选取“草图 10”为截面 2，在 耦合 选项卡的 截面耦合: 下拉列表中选择 顶点 选项。单击 确定 按钮，完成多截面曲面 2 的创建。

注意：选取截面曲线时，应使两个截面的闭合点在同一侧，并且闭合方向一致，其他文本框按系统默认设置。

Step39. 创建图 12.2.39 所示的特征——草图 11。选择下拉菜单 插入 → 草图编辑器 → 草图 命令；选取“zx 平面”为草图平面；绘制图 12.2.40 所示的草图。

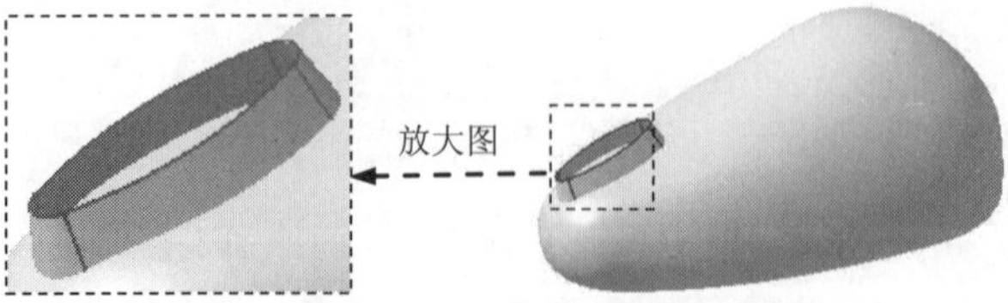

图 12.2.38 多截面曲面 2

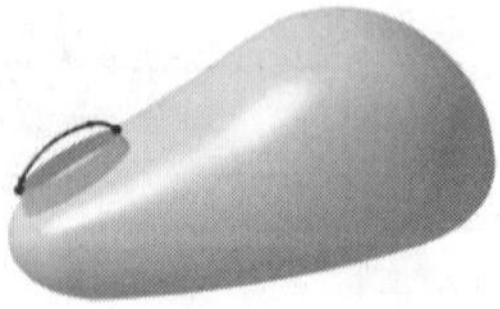

图 12.2.39 草图 11（建模环境）

Step40. 创建图 12.2.41 所示的特征——草图 12。选择下拉菜单 插入 → 草图编辑器 → 草图 命令；选取“平面 7”为草图平面；绘制图 12.2.41 所示的草图。

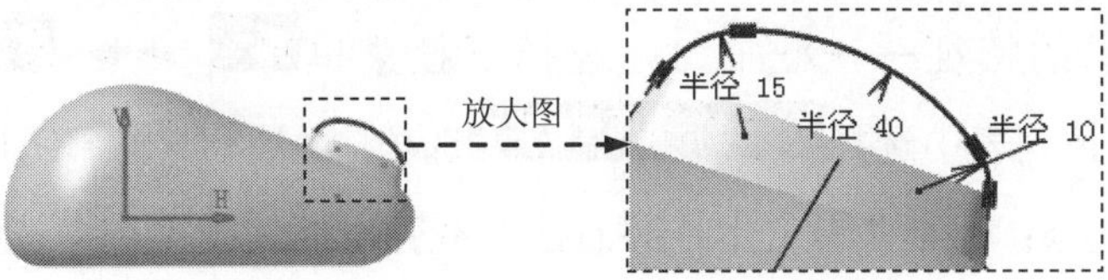

图 12.2.40　草图 11（草绘环境）

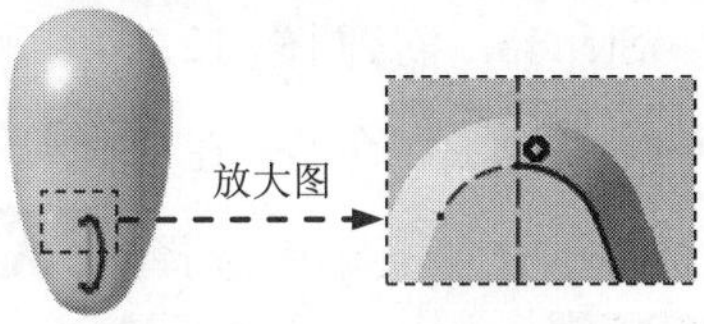

图 12.2.41　草图 12

Step41. 创建图 12.2.42 所示的特征—— 拉伸 3。选择下拉菜单 插入 → 曲面 → 拉伸... 命令。选取“草图 11”为拉伸轮廓；选取“zx 平面”为拉伸方向；在“拉伸曲面定义”对话框的 限制 1 区域的 类型: 下拉列表中选择 尺寸 选项；在 限制 1 区域的 尺寸: 文本框中输入值 20，在 限制 2 区域的 类型: 下拉列表中选择 尺寸 选项；在 限制 2 区域的 尺寸: 文本框中输入值 0。单击 确定 按钮，完成拉伸 3 的创建。

Step42. 创建图 12.2.43 所示的特征—— 桥接 1。

（1）选择下拉菜单 插入 → 曲面 → 桥接... 命令。系统弹出“桥接曲面定义”对话框。

（2）选取“草图 11”为第一曲线；选取“拉伸 3”为第一支持面；选取“草图 12”为第二曲线，选取“多截面曲面 2”为第二支持面；在 第一连续: 和 第二连续: 的下拉列表中均选择 相切 选项；在 耦合/脊线 选项卡的下拉列表中选择 顶点 选项。其他选项采用系统默认设置。

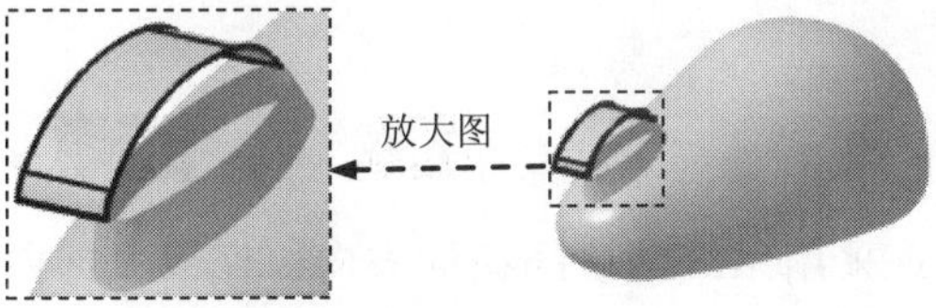

图 12.2.42　拉伸 3

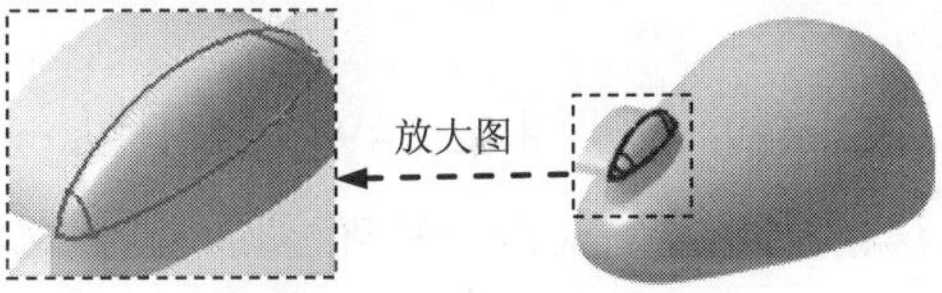

图 12.2.43　桥接 1

（3）单击 确定 按钮，完成桥接 1 的创建。

Step43. 创建图 12.2.44 所示的特征——草图 13。选择下拉菜单 插入 → 草图编辑器 → 草图 命令；选取“平面 7”为草图平面；绘制图 12.2.44 所示的草图。

Step44. 创建图 12.2.45 所示的特征—— 桥接 2。选择下拉菜单 插入 → 曲面 → 桥接... 命令；选取“草图 11”为第一曲线；选取“桥接 1”为第一支持面；选取“草图 13”为第二曲线，选取“多截面曲面 2”为第二支持面；在 耦合/脊线 选项卡的下拉列表中选择 顶点 选项。单击 确定 按钮，完成桥接 2 的创建。

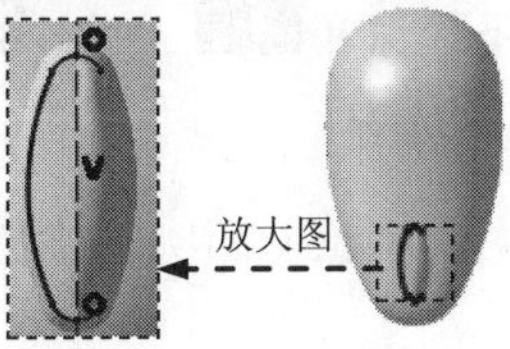

图 12.2.44　草图 13

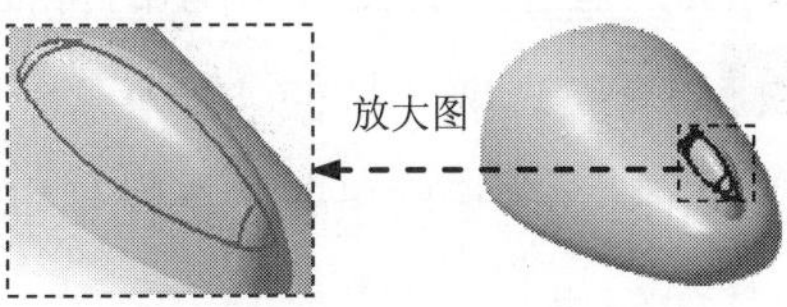

图 12.2.45　桥接 2

Step45. 创建图 12.2.46 所示的特征——平面 8。选择下拉菜单 插入 → 线框 → 平面... 命令；在 平面类型： 下拉列表中选择 与平面成一定角度或垂直 选项；激活 旋转轴： 并右击，在弹出的快捷菜单中选择 Y 轴 选项；激活 参考： 文本框并右击，在弹出的快捷菜单中选择 YZ 平面 为参考平面；在 角度： 文本框中输入值-18；单击 确定 按钮，完成平面 8 的创建。

Step46. 创建图 12.2.47 所示的特征——平面 9。选择下拉菜单 插入 → 线框 → 平面... 命令；在 平面类型： 下拉列表中选择 偏移平面 选项；激活 参考： 文本框并选取“平面 8”为参考平面；在 偏移： 文本框中输入值 100 并单击 反转方向 按钮，反转偏移方向；单击 确定 按钮，完成平面 9 的创建。

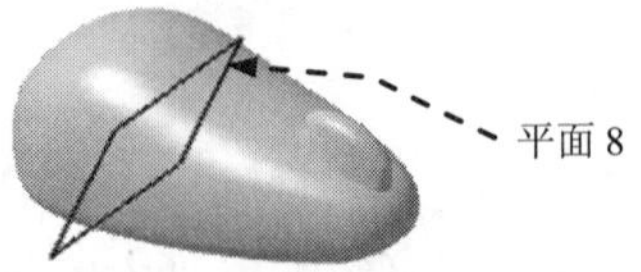

图 12.2.46　平面 8

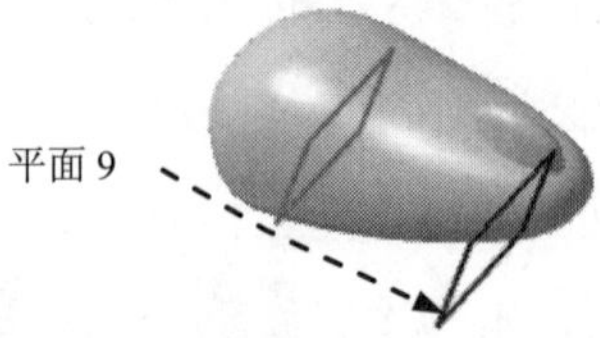

图 12.2.47　平面 9

Step47. 创建图 12.2.48 所示的特征——草图 14。选择下拉菜单 插入 → 草图编辑器 → 草图 命令；选取“平面 9”为草图平面；绘制图 12.2.48 所示的草图。

Step48. 创建接合 4。选择下拉菜单 插入 → 操作 → 接合... 命令；选取“桥接 1”“桥接 2”和“多截面曲面 2”为要接合的元素；单击 确定 按钮，完成接合 4 的创建。

Step49. 创建图 12.2.49 所示的特征—— 拉伸 4。选择下拉菜单 插入 → 曲面 → 拉伸... 命令。选取“草图 14”为拉伸轮廓；采用系统默认的拉伸方向；在“拉伸曲面定义”对话框的 限制 1 区域的 类型： 下拉列表中选择 尺寸 选项；在 限制 1 区域的 尺寸： 文本框中输入值 50，在 限制 2 区域的 类型： 下拉列表中选择 尺寸 选项；在 限制 2 区域的 尺寸： 文本框中输入值 50。单击 确定 按钮，完成拉伸 4 的创建。

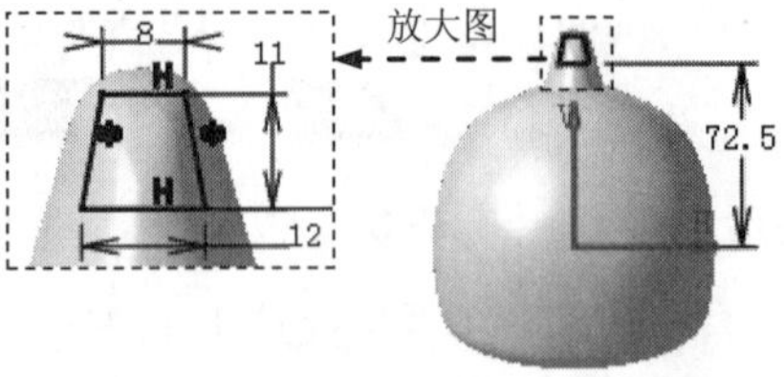

图 12.2.48　草图 14（草绘环境）

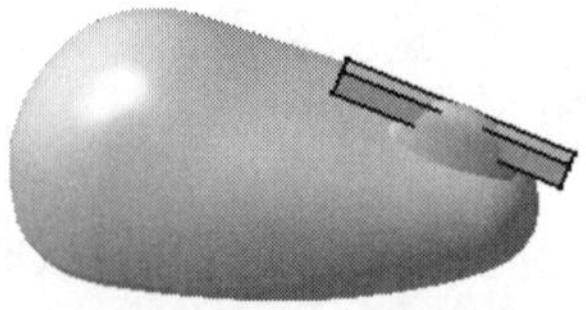
图 12.2.49　拉伸 4

Step50. 创建图 12.2.50 所示的特征—— 相交 9。选择下拉菜单 插入 → 线框 → 相交... 命令；选取“拉伸 4”为第一元素；选取“接合 4”为第二元素；单击 确定 按钮，在弹出的“多重结果管理”对话框中选中 保留所有子元素。单选项，单击 确定 按钮，完成相交 9 的创建。

Step51. 创建特征—— 提取 1。选择下拉菜单 插入 → 操作 → 提取... 命令；在 拓展类型： 的下拉列表中选择 点连续 选项；选取图 12.2.51 所示的相交边线为提取元素；单击 确定 按钮，完成提取 1 的创建。

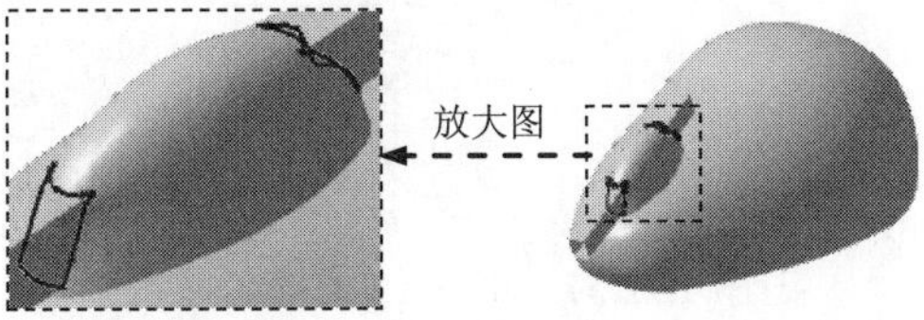

图 12.2.50 相交 9

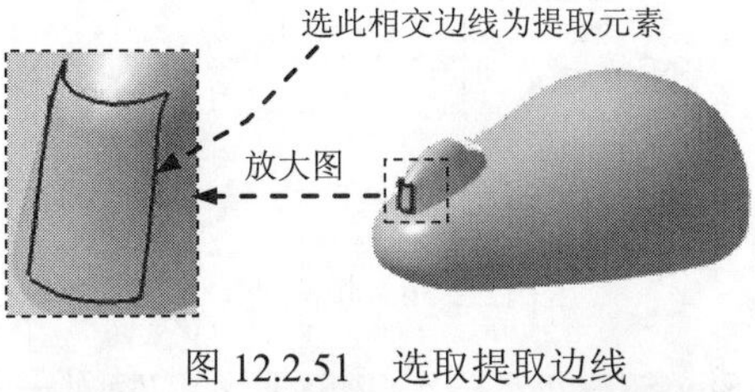

图 12.2.51 选取提取边线

Step52. 创建特征—— 提取 2。选择下拉菜单 插入 → 操作 → 提取... 命令；在 拓展类型： 的下拉列表中选择 点连续 选项；选取图 12.2.52 所示的相交边线为提取元素；单击 确定 按钮，完成提取 2 的创建。

Step53. 创建图 12.2.53 所示的特征—— 分割 2。选择下拉菜单 插入 → 操作 → 分割... 命令；选取“接合 4”为要切除的元素；选取拉伸 4 为切除元素；单击 确定 按钮，完成分割 2 的创建。

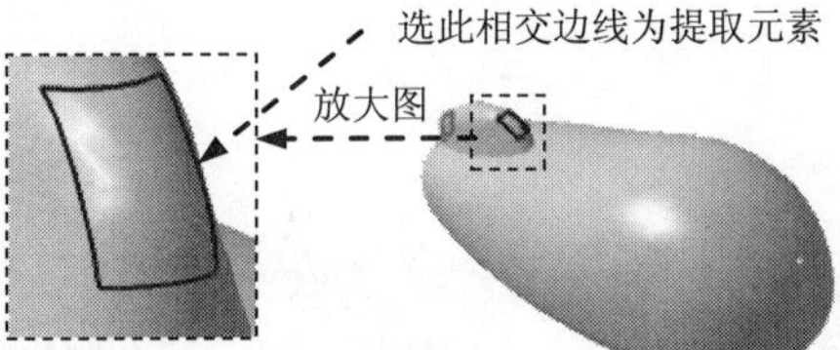

图 12.2.52 选取提取边线

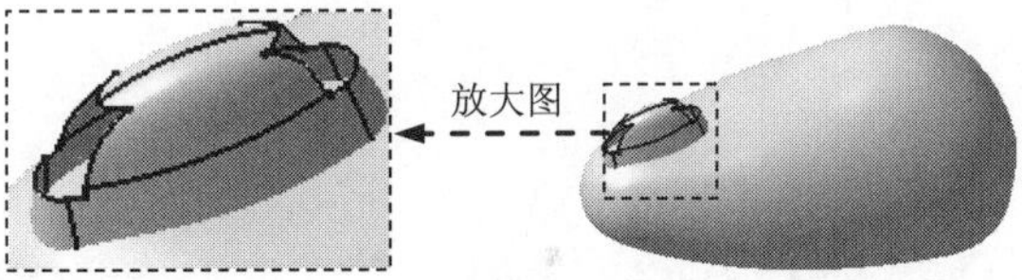

图 12.2.53 分割 2

Step54. 创建图 12.2.54 所示的特征—— 填充 2。选择下拉菜单 插入 → 曲面 → 填充... 命令；选取提取 1 为边界曲线，再选取图 12.2.55 所示的面为支持面；在 连续： 的下拉列表中选择 切线 选项。单击 确定 按钮，完成填充 2 的创建。

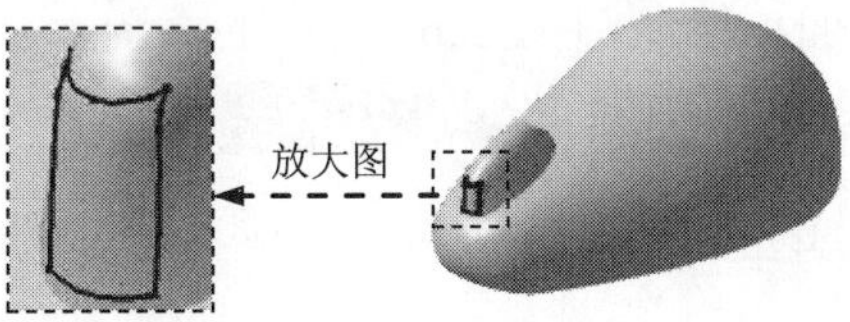

图 12.2.54 填充 2

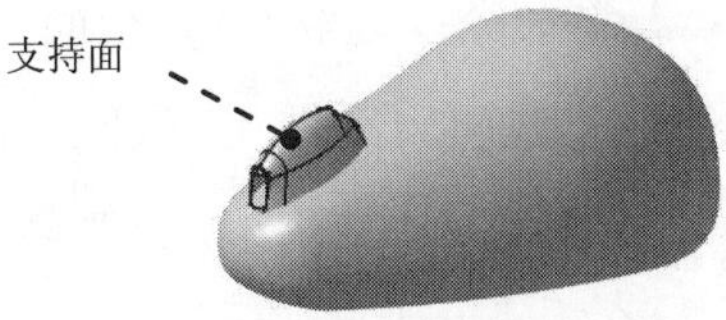

图 12.2.55 选取支持面

Step55. 创建图 12.2.56 所示的特征—— 填充 3。参照 Step54。

Step56. 创建接合 5。选择下拉菜单 插入 → 操作 → 接合... 命令；选取“填充 2”和“填充 3”及图 12.2.55 所示的面为要接合的元素；单击 确定 按钮，完成接合 5 的创建。

Step57. 创建图 12.2.57 所示的特征——草图 15。选择下拉菜单 插入 → 草图编辑器 → 草图 命令；选取“xy 平面”为草图平面；绘制图 12.2.57 所示的草图。

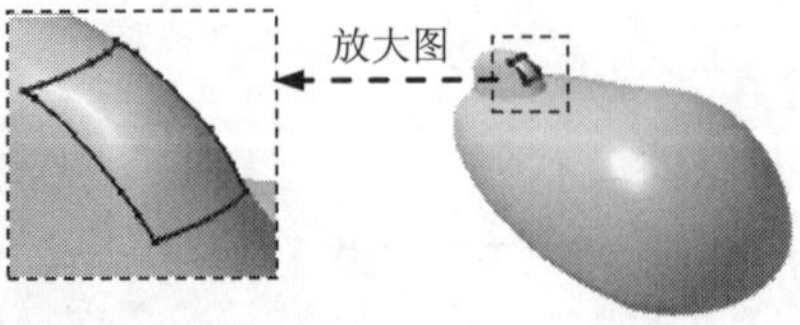

图 12.2.56　填充 3

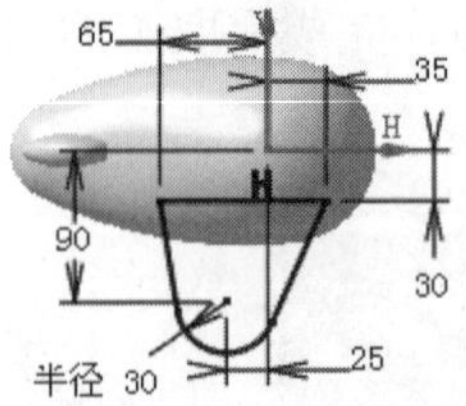

图 12.2.57　草图 15 （草绘环境）

Step58. 创建图 12.2.58 所示的特征—— 拉伸 5。选择下拉菜单 插入 → 曲面 → 拉伸... 命令。选取“草图 15”为拉伸轮廓；采用系统默认的拉伸方向；在“拉伸曲面定义”对话框的 限制 1 区域的 类型: 下拉列表中选择 尺寸 选项；在 限制 1 区域的 尺寸: 文本框中输入值 10，在 限制 2 区域的 类型: 下拉列表中选择 尺寸 选项；在 限制 2 区域的 尺寸: 文本框中输入值 10。单击 确定 按钮，完成拉伸 5 的创建。

Step59. 创建图 12.2.59 所示的特征—— 填充 4。选择下拉菜单 插入 → 曲面 → 填充... 命令；选取图 12.2.60 所示的边线为填充边界曲线（为了显示清楚，这里将倒圆角 1 隐藏）。单击 确定 按钮，完成填充 4 的创建。

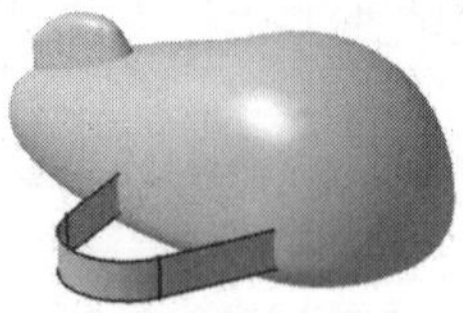

图 12.2.58　拉伸 5

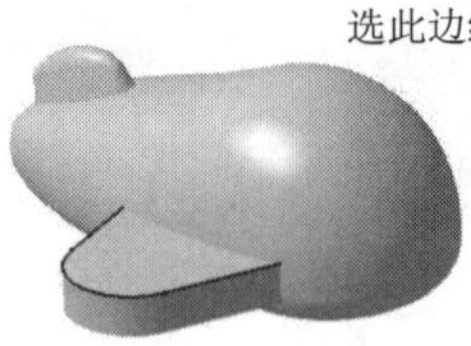

图 12.2.59　填充 4

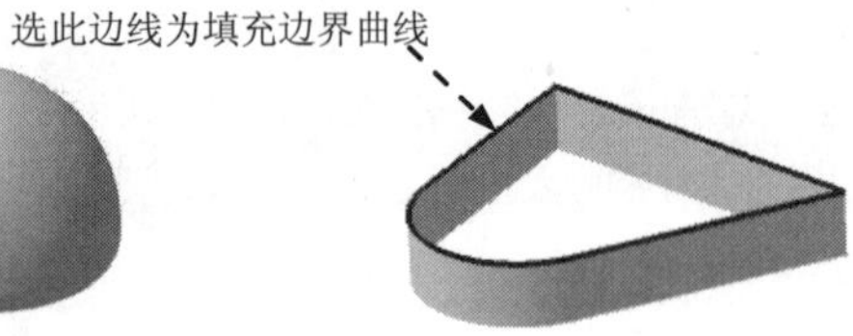

图 12.2.60　选取填充边线

Step60. 创建图 12.2.61 所示的特征—— 填充 5。参照 Step59。

Step61. 创建图 12.2.62 所示的特征——草图 16。选择下拉菜单 插入 → 草图编辑器 → 草图 命令；选取“xy 平面”为草图平面；绘制图 12.2.62 所示的草图。

Step62. 创建接合 6。选择下拉菜单 插入 → 操作 → 接合... 命令；选取“拉伸 5”“填充 4”和“填充 5”为要接合的元素；单击 确定 按钮，完成接合 6 的创建。

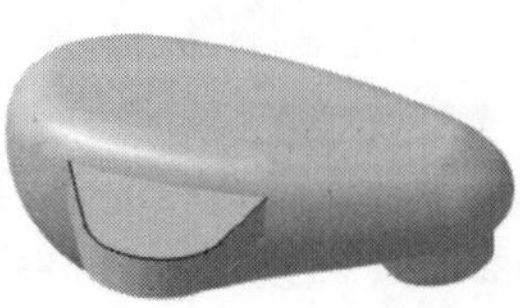

图 12.2.61　填充 5

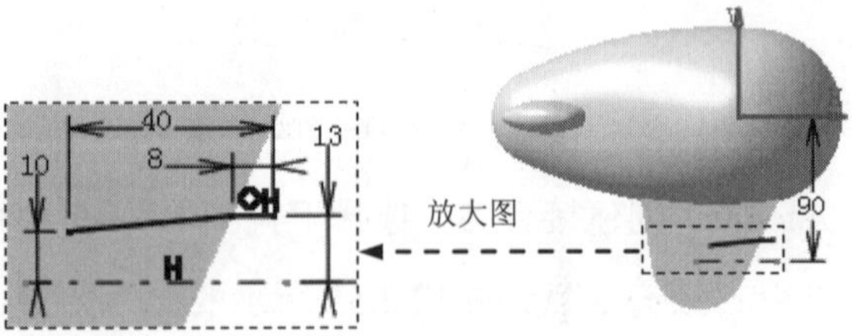

图 12.2.62　草图 16

Step63. 创建图 12.2.63 所示的特征——草图 17。选择下拉菜单 插入 ➡ 草图编辑器 ▸ ➡ 草图 命令；选取“xy 平面”为草图平面；绘制图 12.2.63 所示的草图。

Step64. 创建图 12.2.64 所示的特征——三切线内圆角 1。选择下拉菜单 插入 ➡ 操作 ▸ ➡ 三切线内圆角... 命令；选取“接合 6”上“填充面 4”和“填充面 5”所在的表面为要圆角的对象；选取“拉伸 5”所在的表面为要移除的面；单击 确定 按钮，完成三切线内圆角 1 的创建。

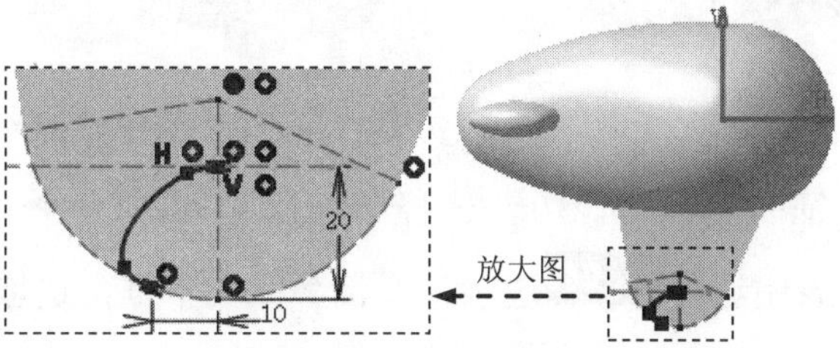

图 12.2.63　草图 17

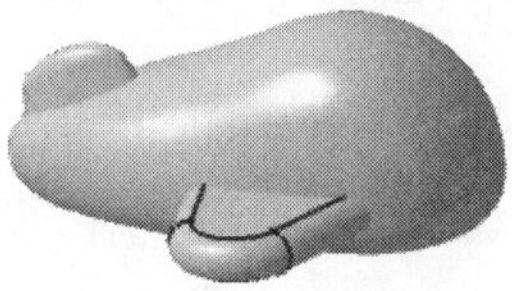
图 12.2.64　三切线内圆角 1

Step65. 创建图 12.2.65 所示的特征——草图 18。选择下拉菜单 插入 ➡ 草图编辑器 ▸ ➡ 草图 命令；选取“xy 平面”为草图平面；绘制图 12.2.65 所示的草图。

Step66. 创建图 12.2.66 所示的特征—— 拉伸 6。选择下拉菜单 插入 ➡ 曲面 ▸ ➡ 拉伸... 命令。选取“草图 18”为拉伸轮廓；采用系统默认的拉伸方向；在“拉伸曲面定义”对话框的 限制 1 区域的 类型: 下拉列表中选择 尺寸 选项；在 限制 1 区域的 尺寸: 文本框中输入值 10，在 限制 2 区域的 类型: 下拉列表中选择 尺寸 选项；在 限制 2 区域的 尺寸: 文本框中输入值 10。单击 确定 按钮，完成拉伸 6 的创建。

Step67. 创建图 12.2.67 所示的特征—— 填充 6。选择下拉菜单 插入 ➡ 曲面 ▸ ➡ 填充... 命令；选取图 12.2.68 所示的边线为边界曲线。单击 确定 按钮，完成填充 6 的创建。

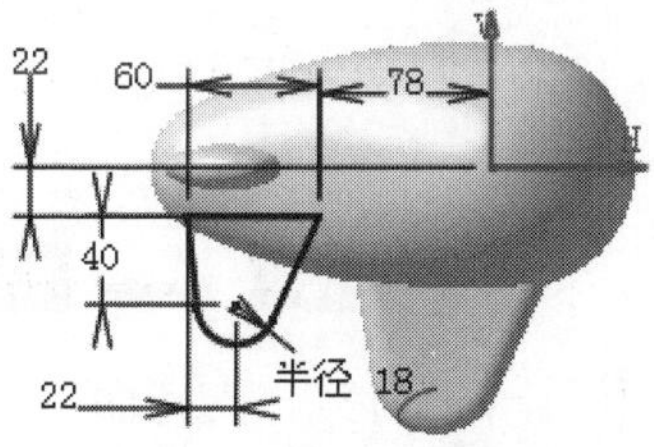

图 12.2.65　草图 18

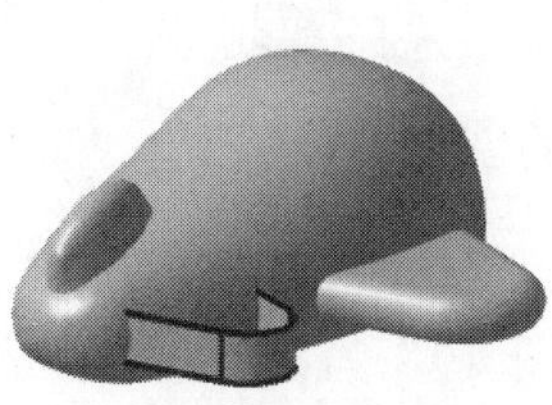
图 12.2.66　拉伸 6

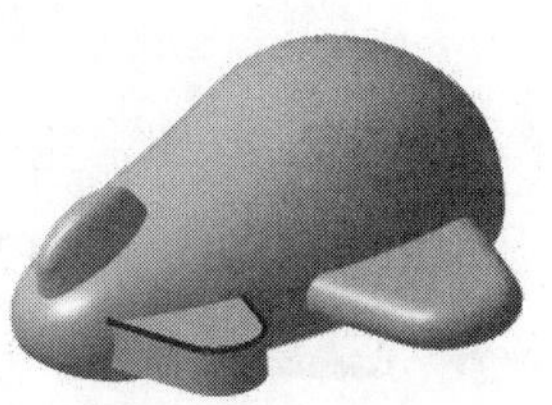
图 12.2.67　填充 6

Step68. 创建图 12.2.69 所示的特征——填充 7。参照 Step67。

Step69. 创建接合 7。选择下拉菜单 插入 ➡ 操作 ▸ ➡ 接合... 命令；选取“拉伸 6”“填充 6”和“填充 7”为要接合的元素；单击 确定 按钮，完成接合 7 的创建。

Step70. 创建图 12.2.70 所示的特征——三切线内圆角 2。选择下拉菜单 插入 ➡

操作 → 三切线内圆角...命令；选取“接合 7”上“填充面 6”和“填充面 7”所在的表面为要圆角的对象；选取“拉伸 6”所在的表面为要移除的面；单击确定按钮，完成三切线内圆角 2 的创建。

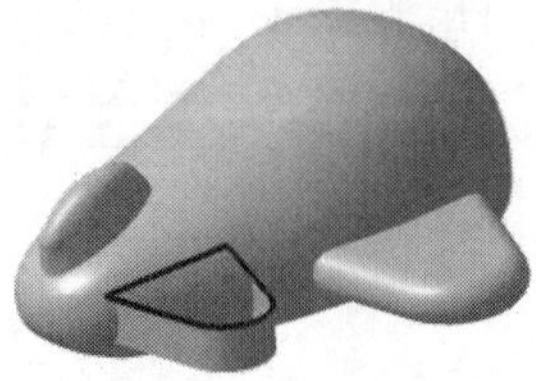

图 12.2.68 选取填充边线

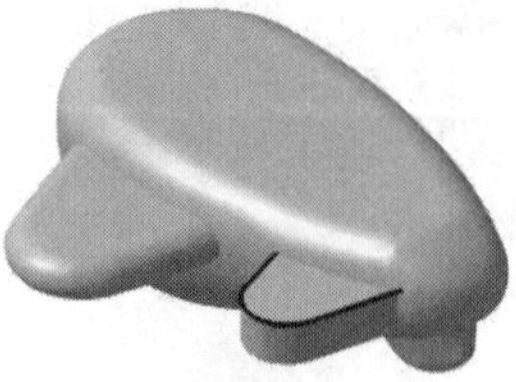

图 12.2.69 填充 7

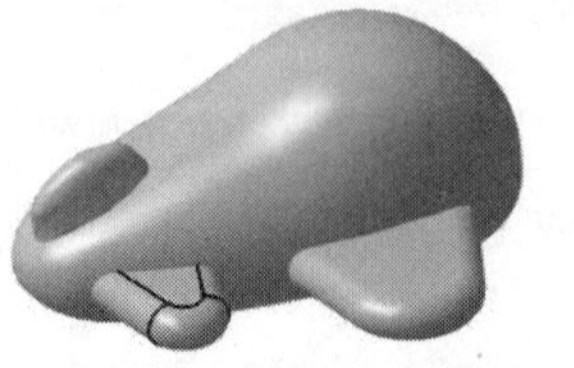

图 12.2.70 三切线内圆角 2

Step71. 创建图 12.2.71 所示的特征—— 平面 10。选择下拉菜单插入 → 线框 → 平面...命令；在平面类型:下拉列表中选择偏移平面选项；激活参考:文本框，选取“yz 平面”为参考平面；在偏移:文本框输入值 25 并单击反转方向按钮，反转偏移方向；单击确定按钮，完成平面 10 的创建。

Step72. 创建图 12.2.72 所示的特征——草图 19。选择下拉菜单插入 → 草图编辑器 → 草图命令；选取“平面 10”为草图平面；绘制图 12.2.73 所示的草图。

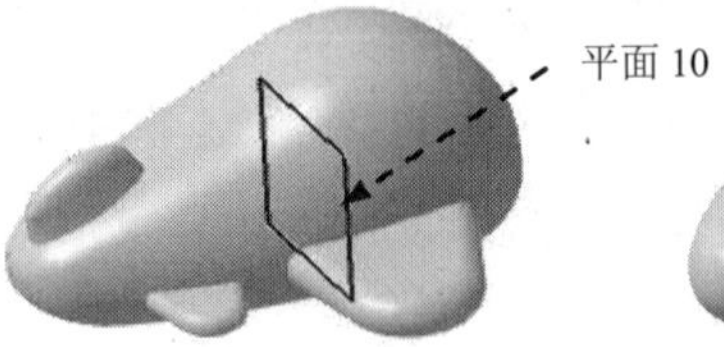

图 12.2.71 平面 10

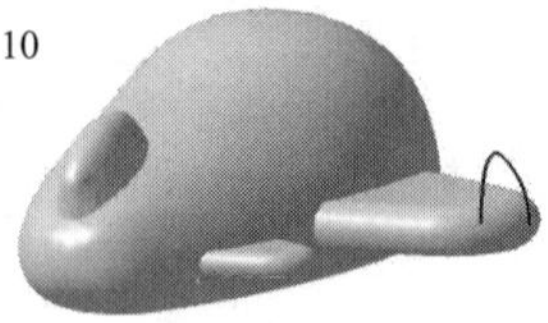

图 12.2.72 草图 19 （建模环境）

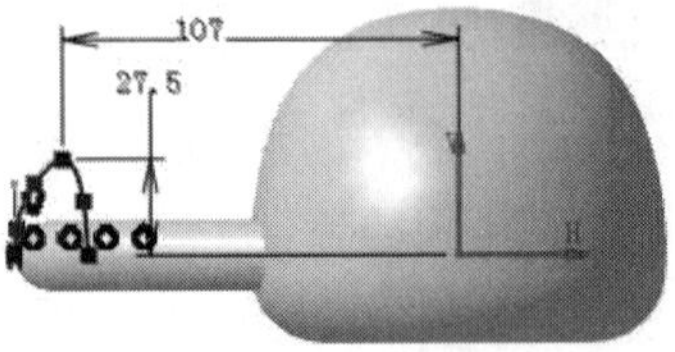

图 12.2.73 草图 19 （草绘环境）

Step73. 创建图 12.2.74 所示的特征—— 拉伸 7。选择下拉菜单插入 → 曲面 → 拉伸...命令。选取“草图 19”为拉伸轮廓；采用系统默认的拉伸方向；在“拉伸曲面定义”对话框的限制 1区域的类型:下拉列表中选择尺寸选项；在限制 1区域的尺寸:文本框中输入值 0，在限制 2区域的类型:下拉列表中选择尺寸选项；在限制 2区域的尺寸:文本框中输入值 10。单击确定按钮，完成拉伸 7 的创建。

Step74. 创建图 12.2.75 所示的特征——桥接 3。选择下拉菜单插入 → 曲面 → 桥接...命令；选取“草图 19”为第一曲线；选取“拉伸 7”为第一支持面；选取“草图 17”为第二曲线，在第一连续:的下拉列表中选择相切选项。单击确定按钮，完成桥接 3 的创建。

注意：选取“草图 17”后需单击“草图 19”上生成的桥接方向箭头，使其与“草图 17”上生成的桥接方向相反。

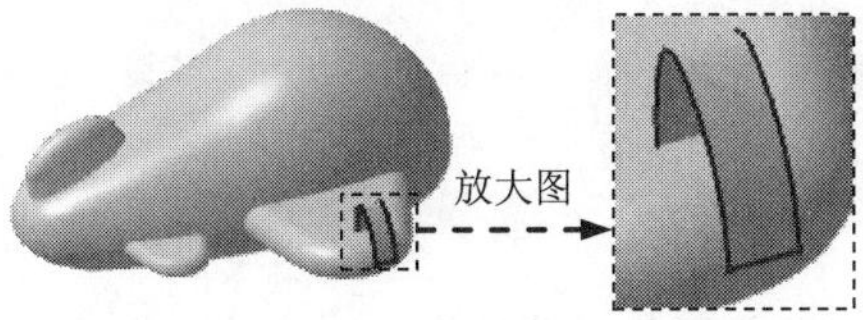

图 12.2.74 拉伸 7

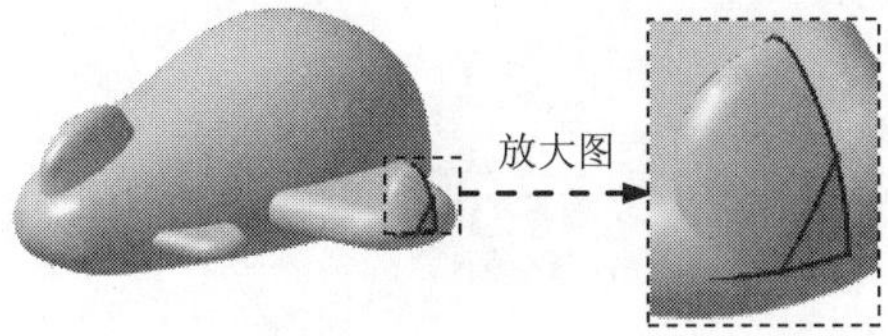

图 12.2.75 桥接 3

Step75. 创建图 12.2.76 所示的特征—— 对称 3。选择下拉菜单 插入 → 操作 ▸ → 对称... 命令。选取“草图 17”为对称元素；选取“平面 10”为参考元素；单击 确定 按钮，完成对称 3 的创建。

Step76. 创建图 12.2.77 所示的特征—— 桥接 4。选择下拉菜单 插入 → 曲面 ▸ → 桥接... 命令；选取“草图 19”为第一曲线；选取“桥接曲面 3”为第一支持面；选取“对称 3”为第二曲线，在 第一连续： 的下拉列表中选择 相切 选项。单击 确定 按钮，完成桥接 4 的创建。

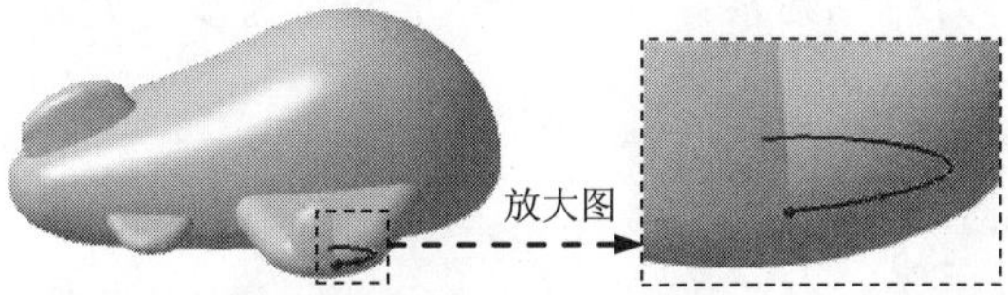

图 12.2.76 对称 3

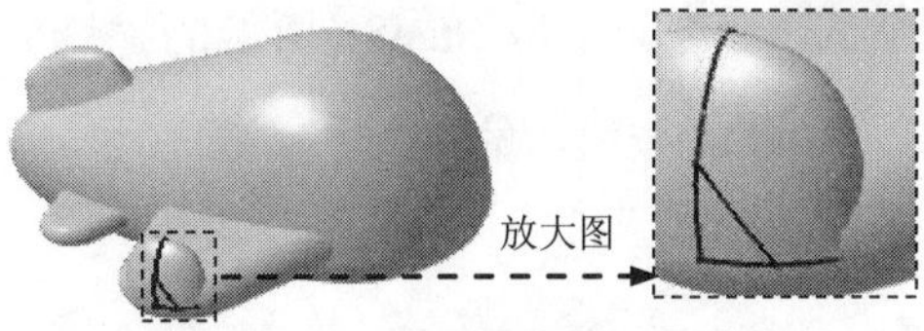

图 12.2.77 桥接 4

Step77. 创建接合 8。选择下拉菜单 插入 → 操作 ▸ → 接合... 命令；选取“桥接 4”和“桥接 3”为要接合的元素；单击 确定 按钮，完成接合 8 的创建。

Step78. 创建图 12.2.78 所示的特征—— 修剪 1。选择下拉菜单 插入 → 操作 ▸ → 修剪... 命令；选取图 12.2.79 所示的两个曲面为修剪元素；单击 确定 按钮，完成修剪 1 的创建。

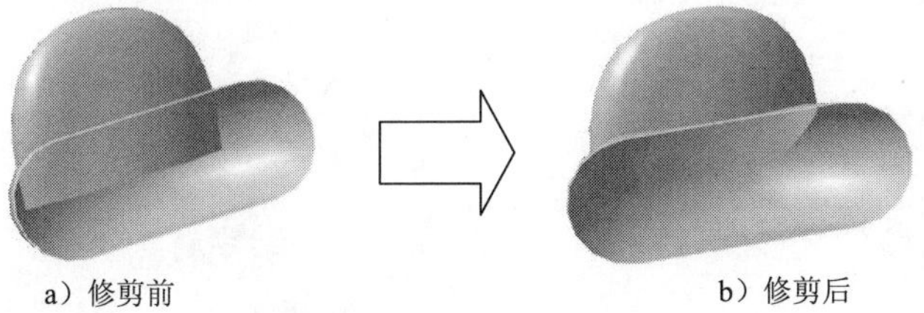

a）修剪前　　b）修剪后

图 12.2.78 修剪 1

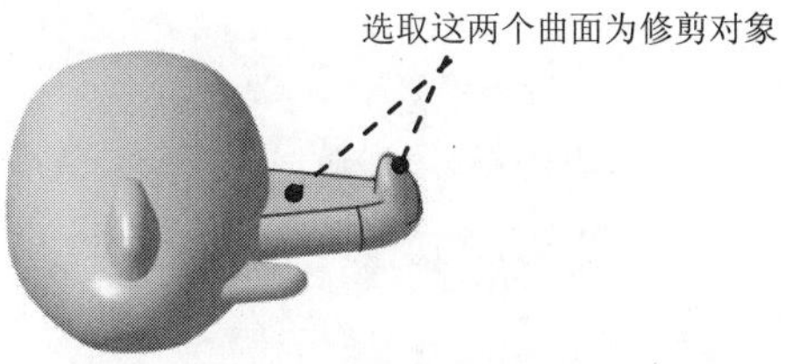

图 12.2.79 选取修剪对象

Step79. 创建图 12.2.80 所示的特征—— 旋转 1。选择下拉菜单 插入 → 曲面 ▸ → 旋转... 命令；选取图 12.2.81 所示的草图为旋转对象，在 角限制 区域的 角度 1： 文本框中输入值 360，其他选项采用系统默认设置，单击 确定 按钮，完成旋转 1 的创建。

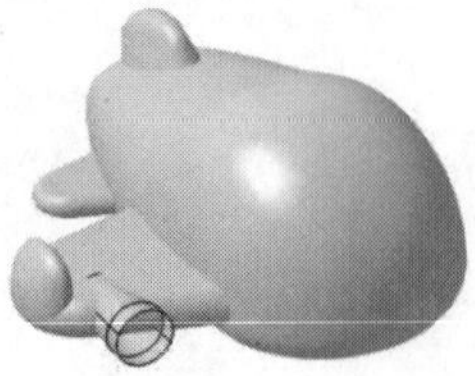
图 12.2.80　旋转 1

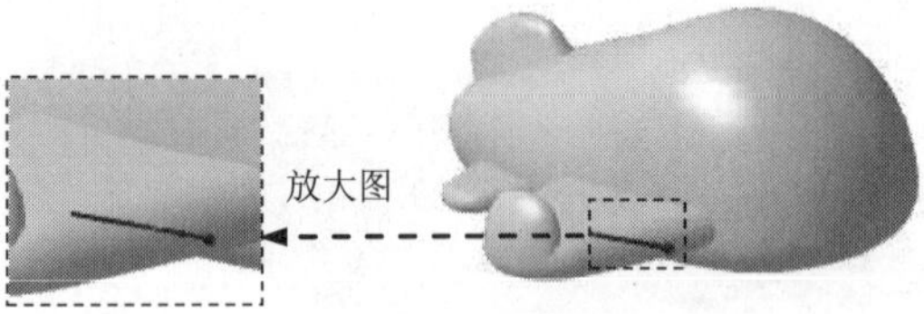

图 12.2.81　选取旋转对象

Step80. 创建图 12.2.82 所示的特征—— 对称 4。选择下拉菜单 插入 → 操作 → 对称... 命令。选取“三切线内圆角 2”为对称元素；选取“zx 平面”为参考元素；单击 确定 按钮，完成对称 4 的创建。

Step81. 创建图 12.2.83 所示的特征—— 修剪 2。选择下拉菜单 插入 → 操作 → 修剪... 命令；选取“旋转 1”和“修剪 1”两个特征为修剪元素；单击 确定 按钮，完成修剪 2 的创建。

Step82. 创建图 12.2.84 所示的特征—— 对称 5。选择下拉菜单 插入 → 操作 → 对称... 命令。选取 Step81 所做的“修剪 2”为对称元素；选取“zx 平面”为参考元素；单击 确定 按钮，完成对称 5 的创建。

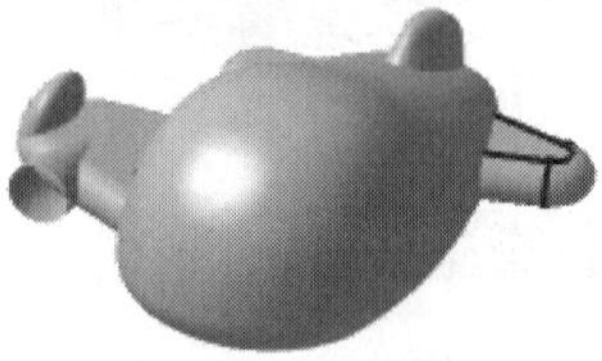
图 12.2.82　对称 4

图 12.2.83　修剪 2

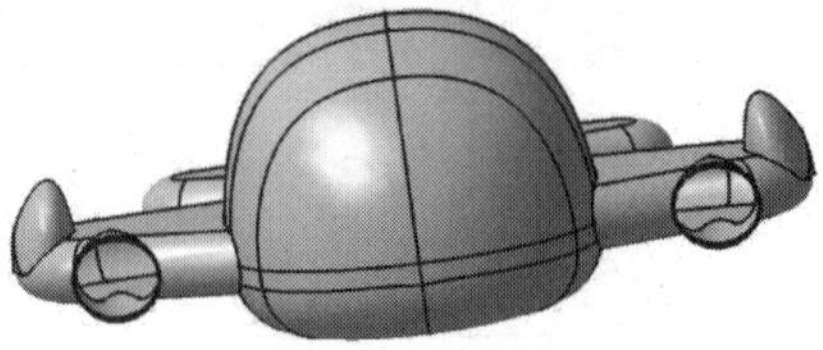
图 12.2.84　对称 5

Step83. 创建图 12.2.85 所示的特征—— 修剪 3。选择下拉菜单 插入 → 操作 → 修剪... 命令；选取图 12.2.86 所示的 5 个曲面为修剪元素；单击 确定 按钮，完成修剪 3 的创建。

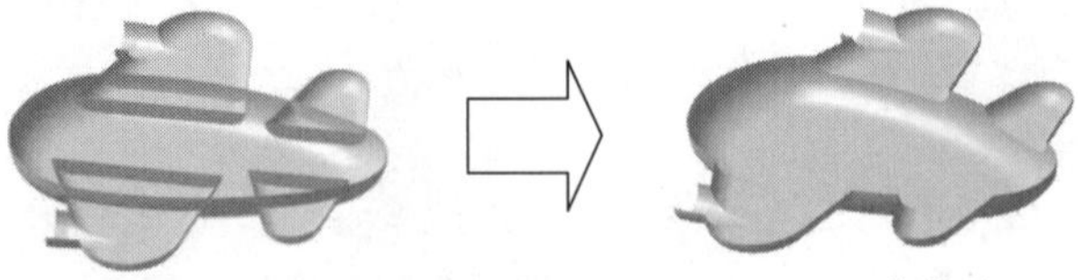
a）修剪前　　b）修剪后

图 12.2.85　修剪 3

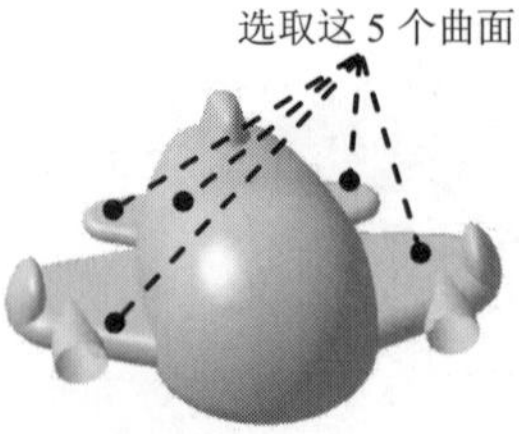

图 12.2.86　选取修剪对象

Step84. 创建图 12.2.87 所示的特征—— 修剪 4。选择下拉菜单 插入 → 操作 → 修剪... 命令；选取图 12.2.88 所示的 2 个曲面为修剪元素；单击 确定 按钮，完成修剪 4 的创建。

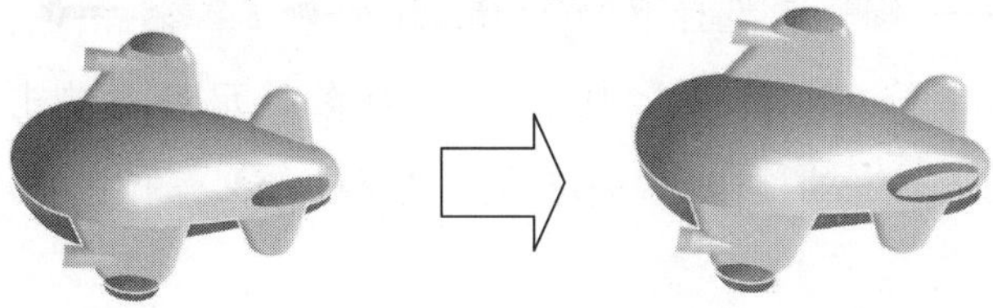

a）修剪前　　b）修剪后

图 12.2.87　修剪 4

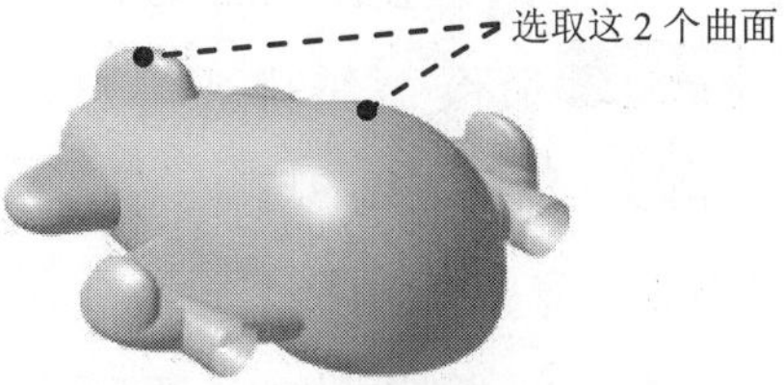

图 12.2.88　选取修剪对象

Step85. 创建图 12.2.89 所示的特征—— 平面 11。选择下拉菜单 插入 → 线框 → 平面... 命令；在 平面类型: 下拉列表中选择 偏移平面 选项；激活 参考: 文本框，选择“zx 平面”为参考平面；在 偏移: 文本框中输入值 30；单击 确定 按钮，完成平面 11 的创建。

Step86. 创建图 12.2.90 所示的特征——草图 20。选择下拉菜单 插入 → 草图编辑器 → 草图 命令；选取“平面 11”为草图平面；绘制图 12.2.90 所示的草图。

Step87. 创建图 12.2.91 所示的特征—— 拉伸 8。选择下拉菜单 插入 → 曲面 → 拉伸... 命令。选取“草图 20”为拉伸轮廓；采用系统默认的拉伸方向；在“拉伸曲面定义”对话框的 限制 1 区域的 类型: 下拉列表中选择 尺寸 选项；在 限制 1 区域的 尺寸: 文本框中输入值 30，在 限制 2 区域的 类型: 下拉列表中选择 尺寸 选项；在 限制 2 区域的 尺寸: 文本框中输入值 0。单击 确定 按钮，完成拉伸 8 的创建。

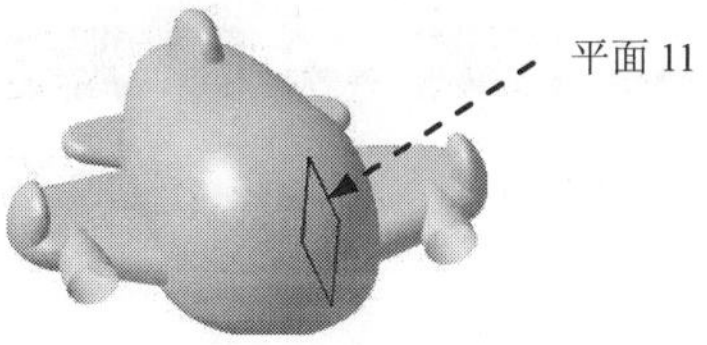

图 12.2.89　平面 11

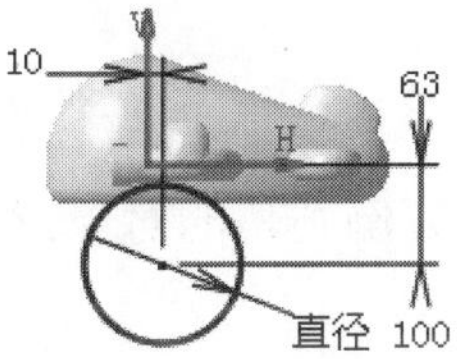

图 12.2.90　草图 20

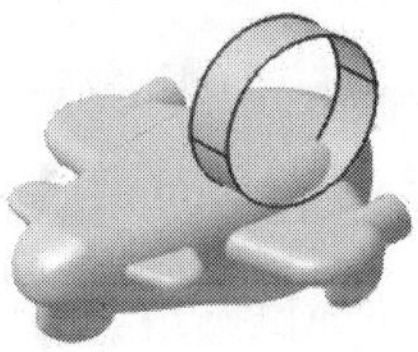

图 12.2.91　拉伸 8

Step88. 创建图 12.2.92 所示的特征—— 填充 8。选择下拉菜单 插入 → 曲面 → 填充... 命令；选取图 12.2.93 所示的边线为边界曲线。单击 确定 按钮，完成填充 8 的创建。

Step89. 创建接合 9。选择下拉菜单 插入 → 操作 → 接合... 命令；选取“拉伸 8”和“填充 8”为要接合的元素；单击 确定 按钮，完成接合 9 的创建。

Step90. 创建图 12.2.94 所示的特征—— 对称 6。选择下拉菜单 插入 → 操作 → 对称... 命令。选取“接合 9”为对称元素；选取“zx 平面”为参考元素；单击 确定 按钮，完成对称 6 的创建。

图 12.2.92　填充 8

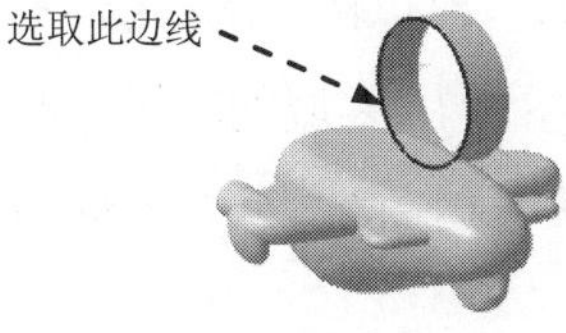

图 12.2.93　选取填充边线

图 12.2.94　对称 6

Step91. 创建图 12.2.95 所示的特征—— 修剪 5。选择下拉菜单 插入 → 操作 → 修剪... 命令；在特征树中依次选取“修剪 4”和“接合 9”为修剪元素。单击 另一侧/上一元素 按钮，调整修剪方向；单击 确定 按钮，完成修剪 5 的创建。

Step92. 创建图 12.2.96 所示的特征—— 修剪 6。选择下拉菜单 插入 → 操作 → 修剪... 命令；在特征树中依次选取“对称 6”和“修剪 5”为修剪元素，单击 另一侧/下一元素 按钮，调整修剪方向；单击 确定 按钮，完成修剪 6 的创建。

图 12.2.95 修剪 5

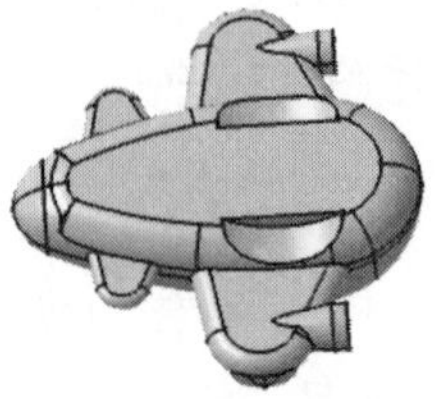
图 12.2.96 修剪 6

Step93. 创建特征—— 倒圆角 2。选择下拉菜单 插入 → 操作 → 倒圆角... 命令；选取图 12.2.97 所示的 2 条边为要倒圆角的对象；在 半径: 文本框中输入值 2，单击 确定 按钮，完成倒圆角 2 的创建。

Step94. 创建特征—— 倒圆角 3。选择下拉菜单 插入 → 操作 → 倒圆角... 命令；选取图 12.2.98 所示的 2 条边为要倒圆角的对象；在 半径: 文本框中输入值 3，单击 确定 按钮，完成倒圆角 3 的创建。

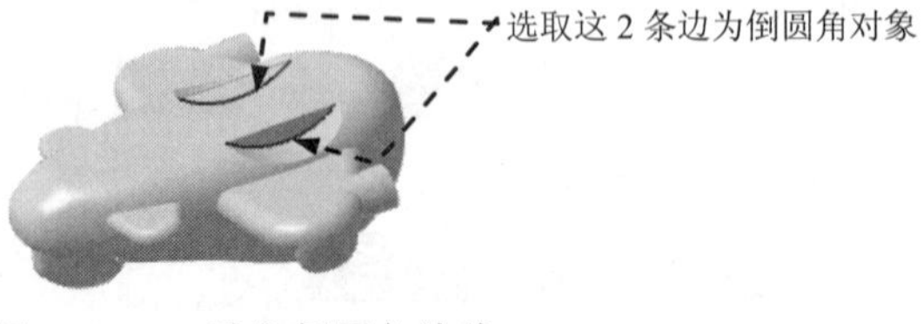

图 12.2.97 选取倒圆角边线

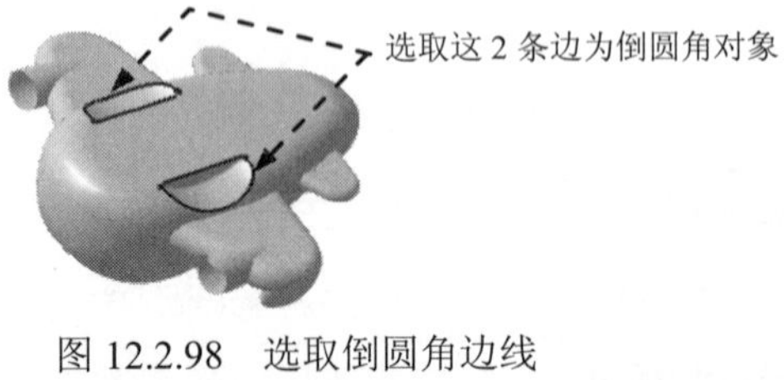

图 12.2.98 选取倒圆角边线

Step95. 创建图 12.2.99 所示的特征——草图 21。选择下拉菜单 插入 → 草图编辑器 → 草图 命令；选取图 12.2.100 所示的平面为草图平面；绘制图 12.2.99 所示的草图。

Step96. 创建图 12.2.100 所示的特征—— 拉伸 9。选择下拉菜单 插入 → 曲面 → 拉伸... 命令。选取“草图 21”为拉伸轮廓；在“拉伸曲面定义”对话框的 限制 1 区域的 类型: 下拉列表中选择 尺寸 选项；在 限制 1 区域的 尺寸: 文本框中输入值 5，在 限制 2 区域的 类型: 下拉列表中选择 尺寸 选项；在 限制 2 区域的 尺寸: 文本框中输入值 5。单击 确定 按钮，完成拉伸 9 的创建。

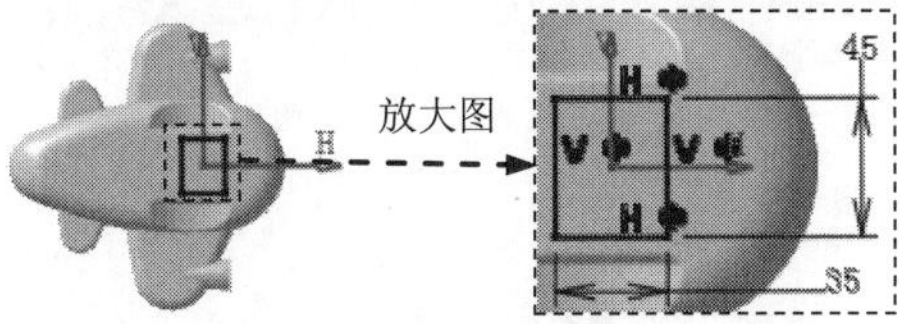

图 12.2.99 草图 21 （草绘环境）

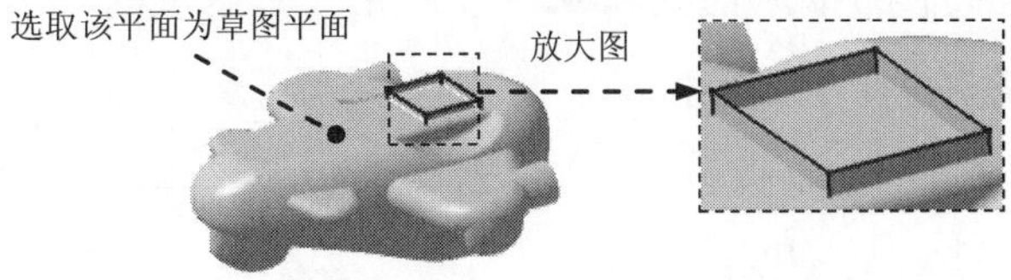

图 12.2.100 拉伸 9

Step97. 创建图 12.2.101 所示的特征——填充 9。选择下拉菜单 插入 → 曲面 → 填充... 命令；选取图 12.2.102 所示的 4 条边线为边界曲线。单击 确定 按钮，完成填充 9 的创建。

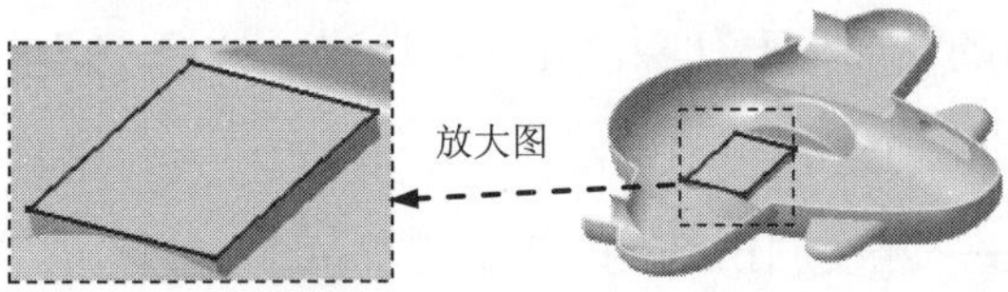

图 12.2.101 填充 9

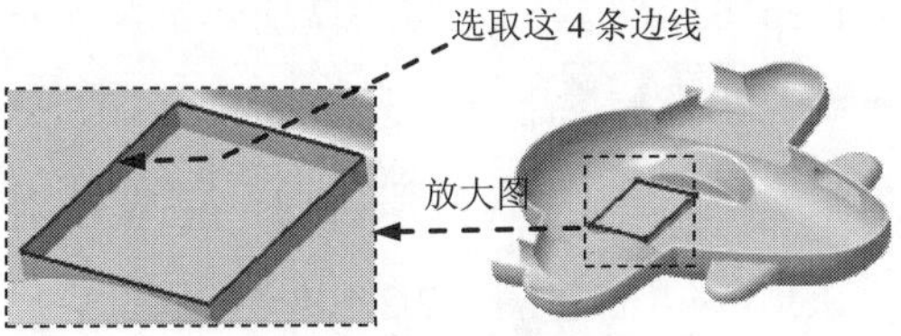

图 12.2.102 选取填充边线

Step98. 创建接合 10。选择下拉菜单 插入 → 操作 → 接合... 命令；选取“拉伸 9”和“填充 9”为要接合的元素；单击 确定 按钮，完成接合 10 的创建。

Step99. 创建图 12.2.103 所示的特征——修剪 7。选择下拉菜单 插入 → 操作 → 修剪... 命令；选取“接合 10”和图 12.2.103 所示的曲面为修剪元素；单击 确定 按钮，完成修剪 7 的创建。

Step100. 创建特征—— 倒圆角 4。选择下拉菜单 插入 → 操作 → 倒圆角... 命令；选取图 12.2.104 所示的 5 条边线为要倒圆角的对象；在 半径: 文本框中输入值 2。单击 确定 按钮，完成倒圆角 4 的创建。

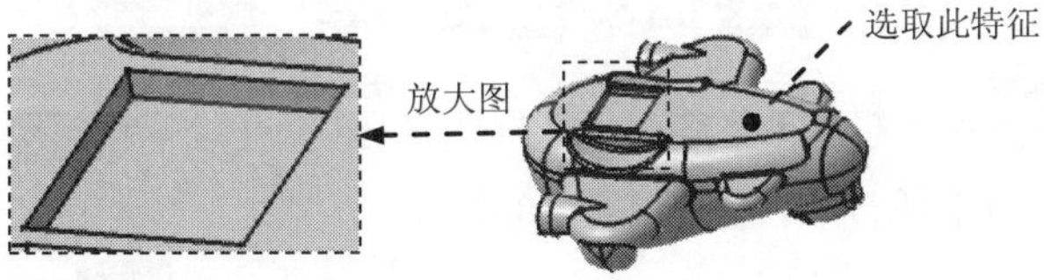

图 12.2.103 修剪 7

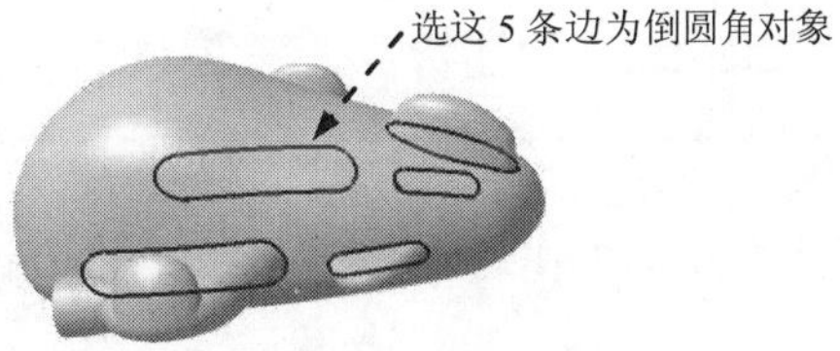

图 12.2.104 选取倒圆角边线

Step101. 创建图 12.2.105 所示的特征——草图 22。选择下拉菜单 插入 → 草图编辑器 → 草图 命令；选取“xy 平面”为草图平面；绘制图 12.2.105 所示的草图。

Step102. 创建图 12.2.106 所示的特征——拉伸 10。选择下拉菜单 插入 → 曲面 → 拉伸... 命令。选取“草图 22”为拉伸轮廓；在“拉伸曲面定义”对话框的 限制 1 区域的 类型: 下拉列表中选择 尺寸 选项；在 限制 1 区域的 尺寸: 文本框中输入值 75，在 限制 2 区域的类型：下拉列表中选择尺寸选项；在限制 2 区域的尺寸：文本框中输入值 0；单击确定按钮，完成拉伸 10 的创建。

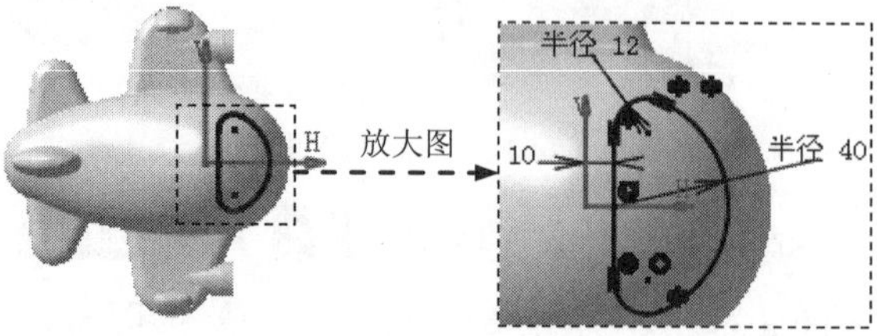

图 12.2.105 草图 22

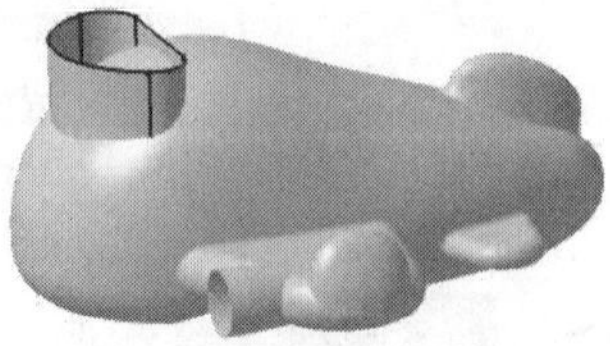

图 12.2.106 拉伸 10

Step103. 创建图 12.2.107 所示的特征—— 分割 3。选择下拉菜单插入 → 操作 → 分割...命令；选取图 12.2.107 所示的曲面为要切除的元素；选取“拉伸 10”为切除元素；单击确定按钮，完成分割 3 的创建。

Step104. 创建图 12.2.108 所示的特征—— 相交 10。选择下拉菜单插入 → 线框 → 相交...命令；选取“拉伸 10”为第一元素；选取图 12.2.107 所示的曲面为第二元素；单击确定按钮，完成相交 10 的创建（隐藏拉伸 10）。

图 12.2.107 分割 3

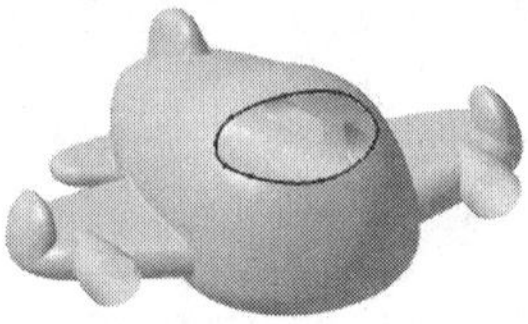

图 12.2.108 相交 10

Step105. 创建图 12.2.109 所示的特征—— 填充 10。选择下拉菜单插入 → 曲面 → 填充...命令；选取“相交 10”为边界曲线，再选取图 12.2.109 所示的面为支持面。单击确定按钮，完成填充 10 的创建。

Step106. 创建特征—— 偏移 1。选择下拉菜单插入 → 曲面 → 偏移...命令；选取“填充 10”为要偏移的元素，在偏移：文本框中输入值 3 并单击反转方向按钮，反转偏移方向。单击确定按钮，完成偏移 1 的创建（隐藏填充 10）。

Step107. 创建图 12.2.110 所示的特征—— 草图 23。选择下拉菜单插入 → 草图编辑器 → 草图命令；选取“xy 平面”为草图平面；将“草图 22”向内偏移 7 以绘制图 12.2.110 所示的草图。

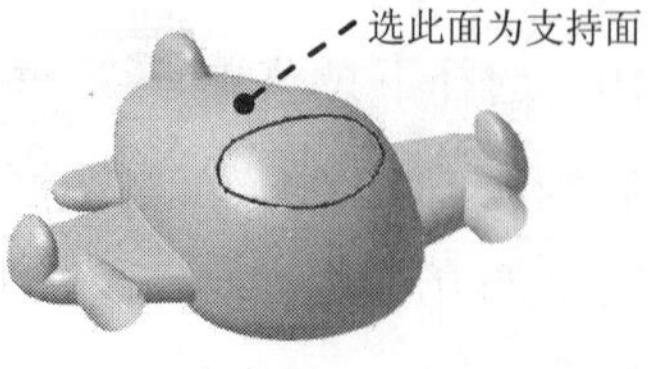

图 12.2.109 填充 10

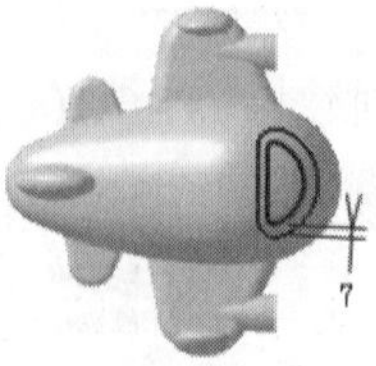

图 12.2.110 草图 23 （草绘环境）

Step108. 创建图 12.2.111 所示的特征—— 拉伸 11。选择下拉菜单 插入 → 曲面 → 拉伸... 命令。选取“草图 23”为拉伸轮廓；在“拉伸曲面定义”对话框的 限制 1 区域的 类型: 下拉列表中选择 尺寸 选项；在 限制 1 区域的 尺寸: 文本框中输入值 75，在 限制 2 区域的 类型: 下拉列表中选择 尺寸 选项；在 限制 2 区域的 尺寸: 文本框中输入值 0。单击 确定 按钮，完成拉伸 11 的创建。

Step109. 创建图 12.2.112 所示的特征—— 相交 11。选择下拉菜单 插入 → 线框 → 相交... 命令；选取“拉伸 11”为第一元素；选取“偏移 1”为第二元素；单击 确定 按钮，完成相交 11 的创建。

Step110. 创建图 12.2.113 所示的特征—— 分割 4。选择下拉菜单 插入 → 操作 → 分割... 命令；选取“偏移 1”为要切除的元素；在 切除元素 的空白处单击并选取“拉伸 11”为切除元素，单击 另一侧 按钮，调整分割方向；单击 确定 按钮，完成分割 4 的创建（隐藏拉伸 11）。

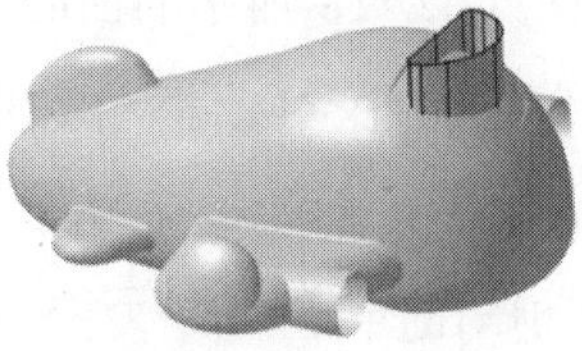

图 12.2.111 拉伸 11

图 12.2.112 相交 11

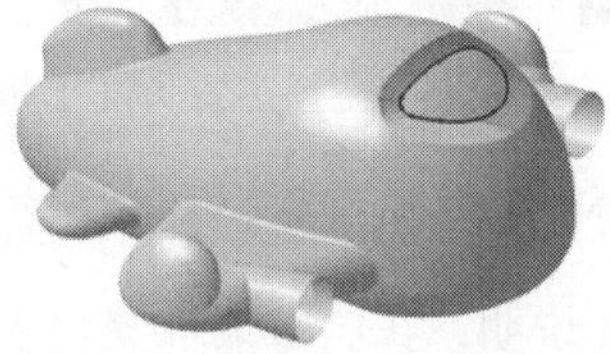

图 12.2.113 分割 4

Step111. 创建图 12.2.114 所示的特征—— 桥接 5。选择下拉菜单 插入 → 曲面 → 桥接... 命令；选取“相交 10”为第一曲线；选取“分割 3”为第一支持面；选取“相交 11”为第二曲线，选取“分割 4”为第二支持面；在 第一连续: 和 第二连续: 的下拉列表中均选择 相切 选项；在 闭合点 选项卡 第二闭合点: 文本框中右击，在弹出的快捷菜单中选择 创建中点 命令，选取图 12.2.115 所示的边线；单击 确定 按钮，完成桥接 5 的创建。

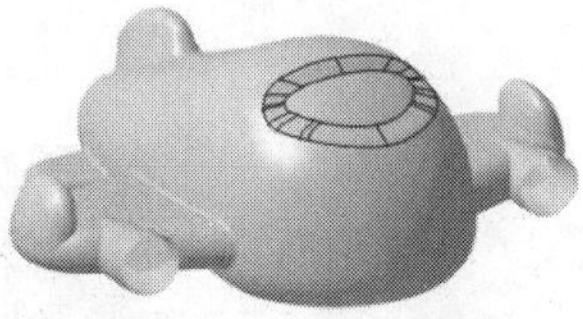

图 12.2.114 桥接 5

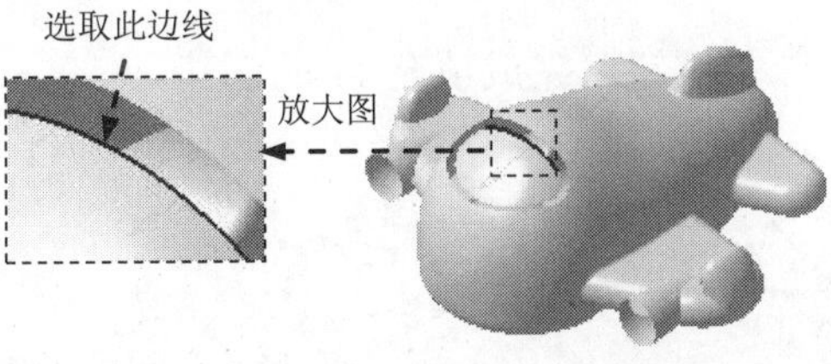

图 12.2.115 选取对象

说明：在确定闭合点时，若第一闭合点选择在另一侧的边线上，则在选择创建中点的边线时也需要选择第一闭合点同侧的边线。

Step112. 创建接合 11。选择下拉菜单 插入 → 操作 → 接合... 命令；选取“分割 4”和“桥接 5”为要接合的元素；单击 确定 按钮，完成接合 11 的创建。

Step113. 创建图 12.2.116 所示的特征——草图 24。选择下拉菜单 插入 → 草图编辑器 → 草图 命令；选取“zx 平面”为草图平面；绘制图 12.2.116 所示的草图。

Step114. 创建图 12.2.117 所示的特征—— 拉伸 12。选择下拉菜单 插入 → 曲面 → 拉伸... 命令。选取“草图 24”为拉伸轮廓；在“拉伸曲面定义”对话框的 限制 1 区域的 类型: 下拉列表中选择 尺寸 选项；在 限制 1 区域的 尺寸: 文本框中输入值 70，在 限制 2 区域的 类型: 下拉列表中选择 尺寸 选项；在 限制 2 区域的 尺寸: 文本框中输入值 70。单击 确定 按钮，完成拉伸 12 的创建。

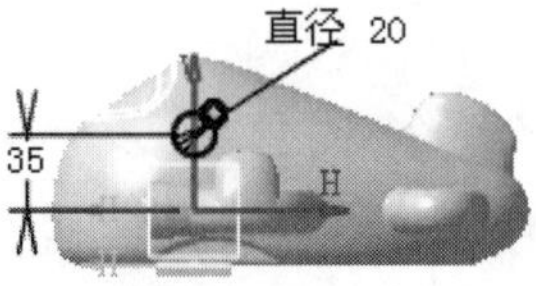

图 12.2.116 草图 24

图 12.2.117 拉伸 12

Step115. 创建图 12.2.118 所示的特征—— 相交 12。选择下拉菜单 插入 → 线框 → 相交... 命令；选取“拉伸 12”为第一元素；选取图 12.2.118 所示的曲面为第二元素；单击 确定 按钮，系统弹出“多重结果管理”对话框，在对话框中选中 保留所有子元素。单选项，单击 确定 按钮，完成相交 12 的创建。

说明：*在以后的相交特征中若弹出“多重结果管理”对话框，则均选中 保留所有子元素。单选项，下面不再叙述。*

Step116. 创建图 12.2.119 所示的特征—— 分割 5。选择下拉菜单 插入 → 操作 → 分割... 命令；选取图 12.2.118 所示的特征为要切除的元素；选取“拉伸 12”为切除元素；单击 确定 按钮，完成分割 5 的创建（隐藏拉伸 12）。

Step117. 创建图 12.2.120 所示的特征—— 填充 11。选择下拉菜单 插入 → 曲面 → 填充... 命令；选取“相交 12”为边界曲线，选取图 12.2.120 所示的面为支持面。单击 确定 按钮，完成填充 11 的创建。

图 12.2.118 相交 12

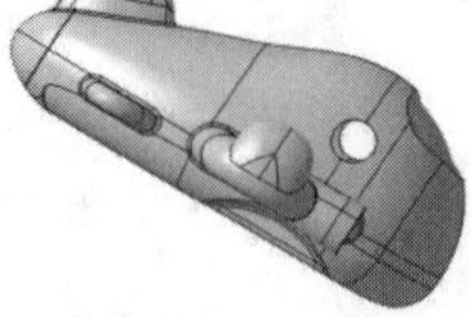
图 12.2.119 分割 5

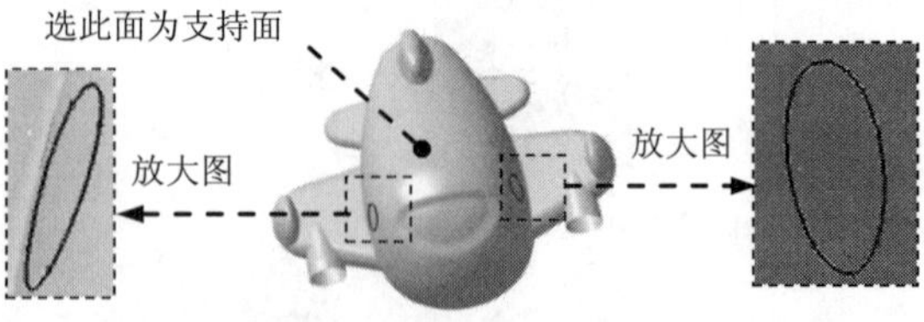

图 12.2.120 填充 11

Step118. 创建特征—— 偏移 2。选择下拉菜单 插入 → 曲面 → 偏移... 命令；选取“填充 11”为要偏移的元素，在 偏移: 文本框中输入值 3。单击 确定 按钮，完成偏移 2 的创建（隐藏填充 11）。

Step119. 创建图 12.2.121 所示的特征——草图 25。选择下拉菜单 插入 → 草图编辑器 → 草图 命令；选取“zx 平面”为草图平面；绘制图 12.2.121 所示的草图。

Step120. 创建图 12.2.122 所示的特征—— 拉伸 13。选择下拉菜单 插入 → 曲面 → 拉伸... 命令。选取“草图 25”为拉伸轮廓；在“拉伸曲面定义”对话框的 限制 1 区域的 类型: 下拉列表中选择 尺寸 选项；在 限制 1 区域的 尺寸: 文本框中输入值 70，在 限制 2 区域的 类型: 下拉列表中选择 尺寸 选项；在 限制 2 区域的 尺寸: 文本框中输入值 70。单击 确定 按钮，完成拉伸 13 的创建。

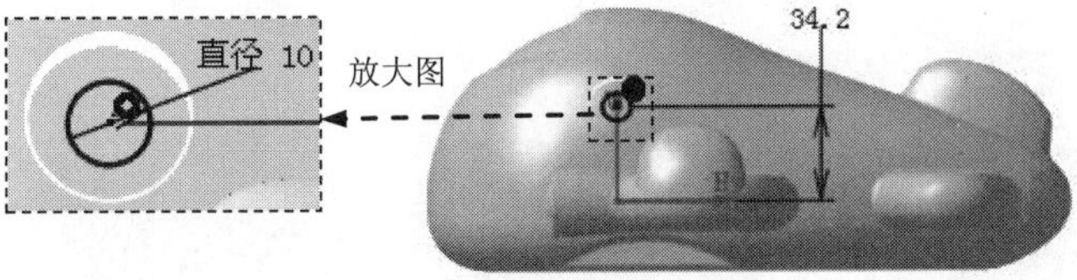

图 12.2.121 草图 25

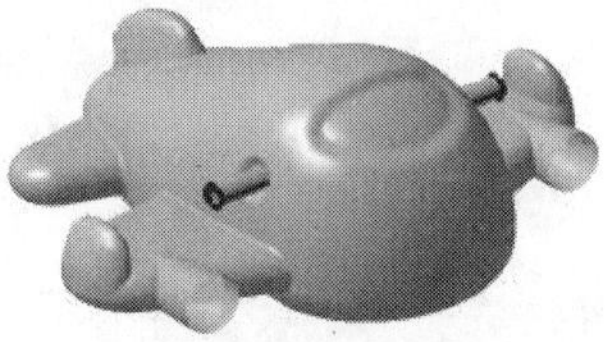
图 12.2.122 拉伸 13

Step121. 创建图 12.2.123 所示的特征—— 相交 13。选择下拉菜单 插入 → 线框 → 相交... 命令；选取“拉伸 13”为第一元素；选取“偏移 2”为第二元素；单击 确定 按钮，完成相交 13 的创建。

Step122. 创建图 12.2.124 所示的特征—— 分割 6。选择下拉菜单 插入 → 操作 → 分割... 命令；选取“偏移 2”为要切除的元素；在 切除元素 的空白处单击选取“拉伸 13”；单击 另一侧 按钮，调整分割方向，单击 确定 按钮，完成分割 6 的创建（隐藏拉伸 13）。

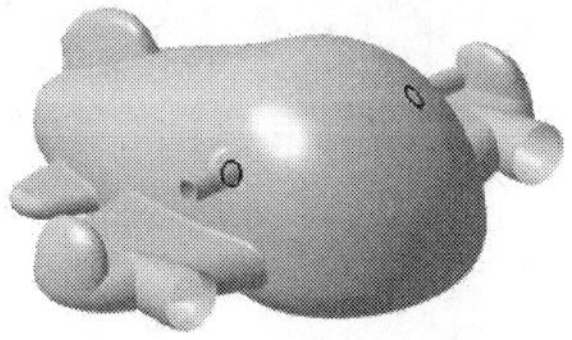
图 12.2.123 相交 13

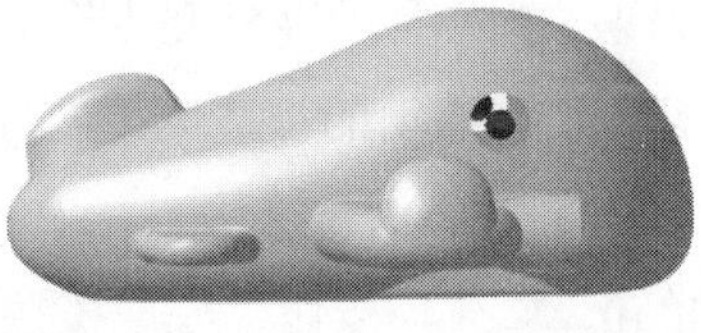
图 12.2.124 分割 6

Step123. 创建特征—— 提取 3。选择下拉菜单 插入 → 操作 → 提取... 命令；选取图 12.2.125 所示的面为要提取的元素。单击 确定 按钮，完成提取 3 的创建。

Step124. 创建特征—— 提取 4。选择下拉菜单 插入 → 操作 → 提取... 命令；选取图 12.2.126 所示的边线为要提取的元素，单击 确定 按钮，完成提取 4 的创建。

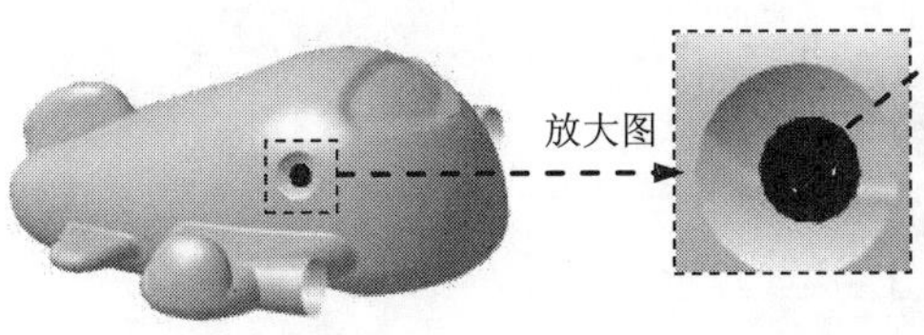

图 12.2.125 选取提取面

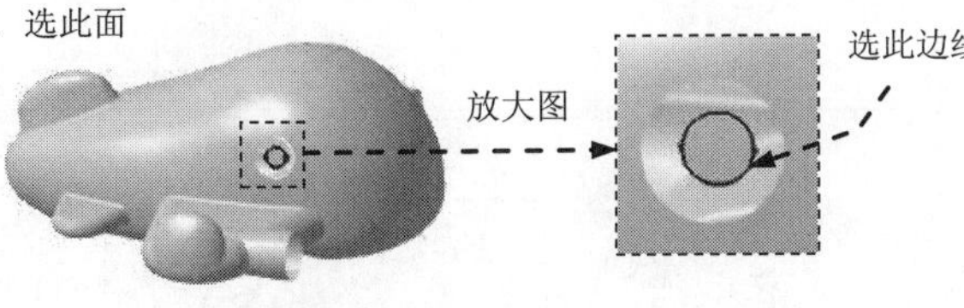

图 12.2.126 选取提取边线

Step125. 创建特征—— 提取 5。选择下拉菜单 插入 → 操作 ▸ → 提取... 命令；在 拓展类型： 的下拉列表中选择 无拓展 选项；选取图 12.2.127 所示的边线为要提取的元素。单击 确定 按钮，完成提取 5 的创建。

Step126. 创建特征—— 提取 6。选择下拉菜单 插入 → 操作 ▸ → 提取... 命令；选取图 12.2.128 所示的边线为要提取的元素。单击 确定 按钮，完成提取 6 的创建。

Step127. 创建接合 12。选择下拉菜单 插入 → 操作 ▸ → 接合... 命令；选取“提取 6”和“提取 5”为要接合的元素；单击 确定 按钮，完成接合 12 的创建。

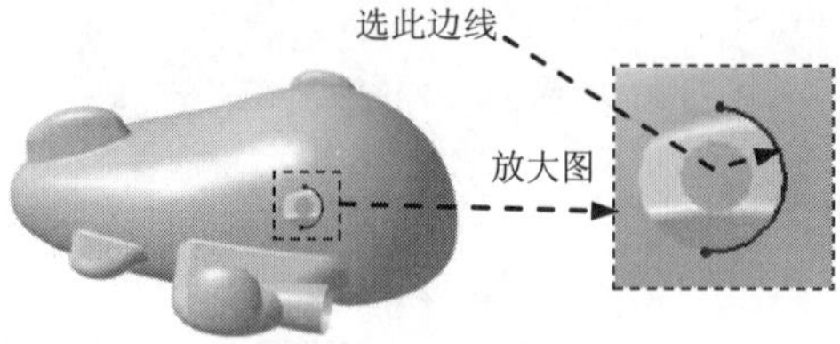

图 12.2.127　选取提取边线

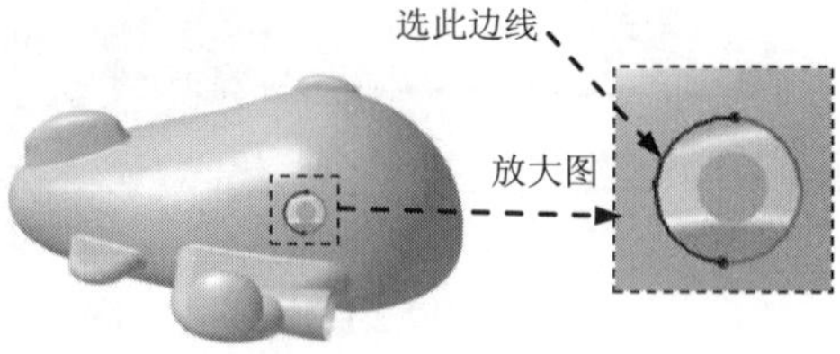

图 12.2.128　选取提取边线

Step128. 创建图 12.2.129 所示的特征—— 桥接 6。

（1）选择下拉菜单 插入 → 曲面 ▸ → 桥接... 命令。

（2）选取“提取 4”为第一曲线；选取“提取 3”为第一支持面；选取“接合 12”为第二曲线，选取“分割 5”为第二支持面；在 第一连续： 和 第二连续： 的下拉列表中均选择 相切 选项。

（3）单击 闭合点 选项卡 第一闭合点： 文本框后的 按钮，在系统弹出的“极值定义”对话框 方向： 文本框中右击，在弹出的快捷菜单中选择 Z 部件 选项并选中 最小值 单选项；单击 确定 按钮；单击 第二闭合点： 文本框后的 按钮，在系统弹出的“极值定义”对话框 方向： 文本框中右击，在弹出的快捷菜单中选择 Z 部件 选项并选中 最小值 单选项，单击 确定 按钮。

（4）单击 确定 按钮，完成桥接 6 的创建。

Step129. 创建接合 13。选择下拉菜单 插入 → 操作 ▸ → 接合... 命令；选取“提取 3”“桥接 6”为要接合的元素；单击 确定 按钮，完成接合 13 的创建。

Step130. 参照 Step123~ Step128 创建图 12.2.130 所示的特征—— 桥接 7。

Step131. 创建接合 15。选择下拉菜单 插入 → 操作 ▸ → 接合... 命令；选取图 12.2.130 所示面和“桥接 7”为要接合的元素；单击 确定 按钮，完成接合 15 的创建。

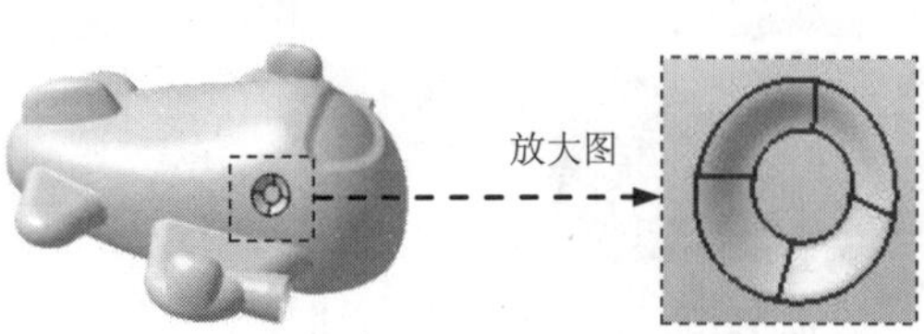

图 12.2.129　桥接 6

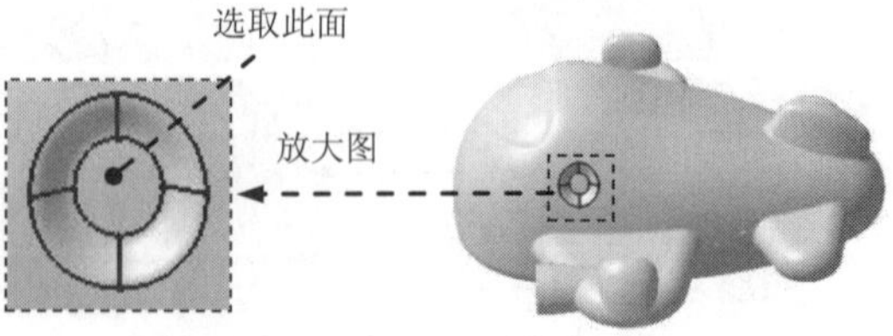

图 12.2.130　桥接 7

Step132. 创建图 12.2.131 所示的特征——草图 26。选择下拉菜单 插入 → 草图编辑器 → 草图 命令；选取“zx 平面”为草图平面；绘制图 12.2.131 所示的草图。

Step133. 创建图 12.2.132 所示的特征—— 拉伸 14。选择下拉菜单 插入 → 曲面 → 拉伸... 命令。选取“草图 26”为拉伸轮廓；在“拉伸曲面定义”对话框的 限制 1 区域的 类型: 下拉列表中选择 尺寸 选项；在 限制 1 区域的 尺寸: 文本框中输入值 70，在 限制 2 区域的 类型: 下拉列表中选择 尺寸 选项；在 限制 2 区域的 尺寸: 文本框中输入值 70；单击 确定 按钮，完成拉伸 14 的创建。

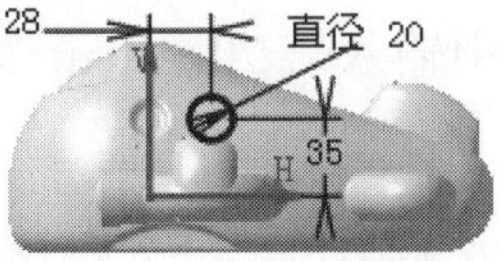

图 12.2.131 草图 26

图 12.2.132 拉伸 14

Step134. 创建图 12.2.133 所示的特征——相交 14。选择下拉菜单 插入 → 线框 → 相交... 命令；选取“拉伸 14”为第一元素；选取图 12.2.133 所示的曲面为第二元素；单击 确定 按钮，完成相交 14 的创建。

Step135. 创建图 12.2.134 所示的特征——分割 7。选择下拉菜单 插入 → 操作 → 分割... 命令；选取图 12.2.133 所示的曲面为要切除的元素；选取“拉伸 14”为切除元素；单击 确定 按钮，完成分割 7 的创建（隐藏拉伸 14）。

图 12.2.133 相交 14

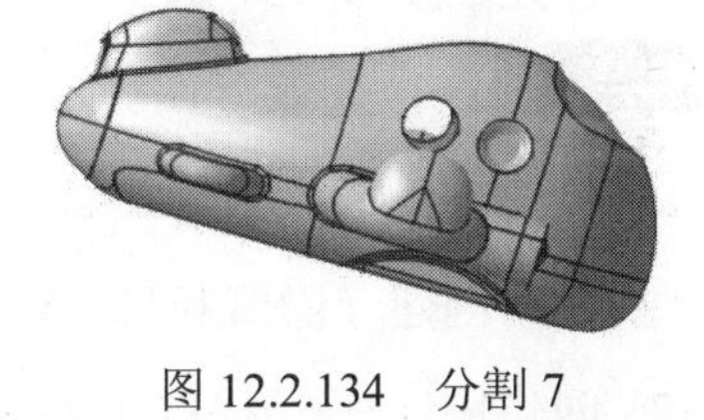
图 12.2.134 分割 7

Step136. 创建图 12.2.135 所示的特征——填充 12。选择下拉菜单 插入 → 曲面 → 填充... 命令；选取“相交 14”为边界曲线，再选取图 12.2.133 所示的面为支持面。单击 确定 按钮，完成填充 12 的创建。

Step137. 创建特征——偏移 3。选择下拉菜单 插入 → 曲面 → 偏移... 命令；选取“填充 12”为要偏移的元素，在 偏移: 文本框中输入值 3。单击 确定 按钮，完成偏移 3 的创建（隐藏填充 12）。

Step138. 创建图 12.2.136 所示的特征——草图 27。选择下拉菜单 插入 → 草图编辑器 → 草图 命令；选取“zx 平面”为草图平面；绘制图 12.2.136 所示的草图。

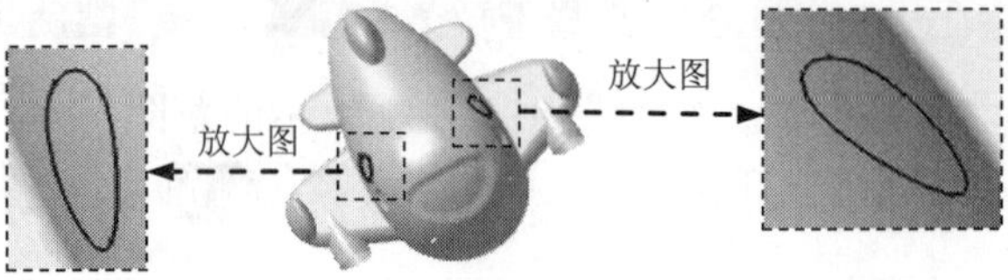

图 12.2.135　填充 12

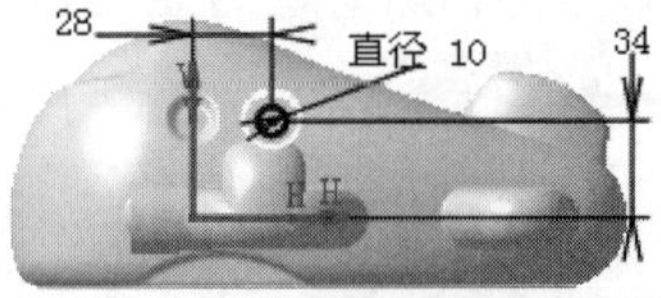

图 12.2.136　草图 27

Step139. 创建图 12.2.137 所示的特征—— 拉伸 15。选择下拉菜单 插入 → 曲面 ▸ → 拉伸... 命令。选取“草图 27”为拉伸轮廓；在“拉伸曲面定义”对话框的 限制 1 区域的 类型: 下拉列表中选择 尺寸 选项；在 限制 1 区域的 尺寸: 文本框中输入值 70，在 限制 2 区域的 类型: 下拉列表中选择 尺寸 选项；在 限制 2 区域的 尺寸: 文本框中输入值 70。单击 确定 按钮，完成拉伸 15 的创建。

Step140. 创建图 12.2.138 所示的特征—— 相交 15。选择下拉菜单 插入 → 线框 ▸ → 相交... 命令；选取“拉伸 15”为第一元素；选取“偏移 3”为第二元素；单击 确定 按钮，完成相交 15 的创建。

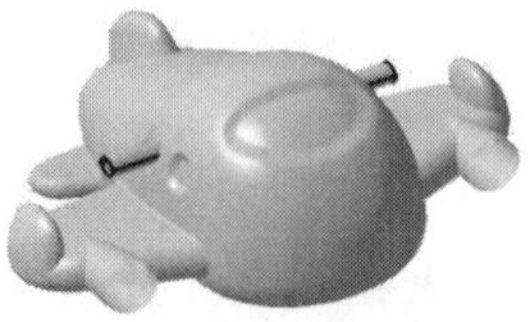

图 12.2.137　拉伸 15

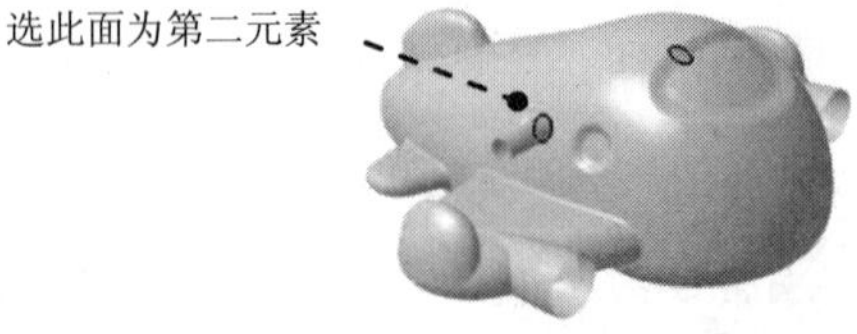

图 12.2.138　相交 15

Step141. 创建图 12.2.139 所示的特征—— 分割 8。选择下拉菜单 插入 → 操作 ▸ → 分割... 命令；选取“偏移 3”为要切除的元素；选取“拉伸 15”为切除元素，单击 另一侧 按钮，调整分割方向，单击 确定 按钮，完成分割 8 的创建（隐藏拉伸 15）。

Step142. 创建特征—— 提取 11。选择下拉菜单 插入 → 操作 ▸ → 提取... 命令；选取图 12.2.140 所示的面为要提取的元素，单击 确定 按钮，完成提取 11 的创建。

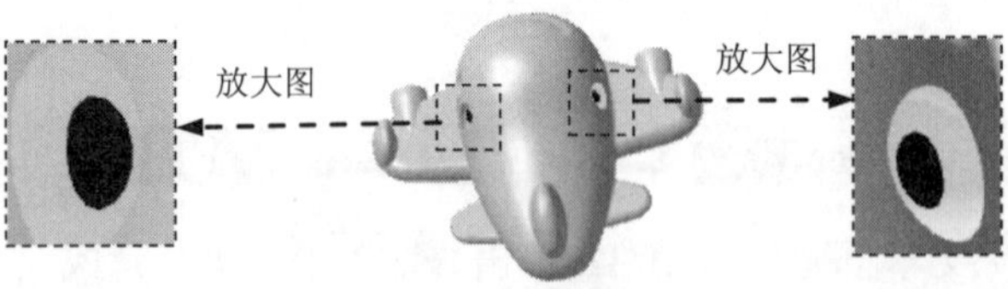

图 12.2.139　分割 8

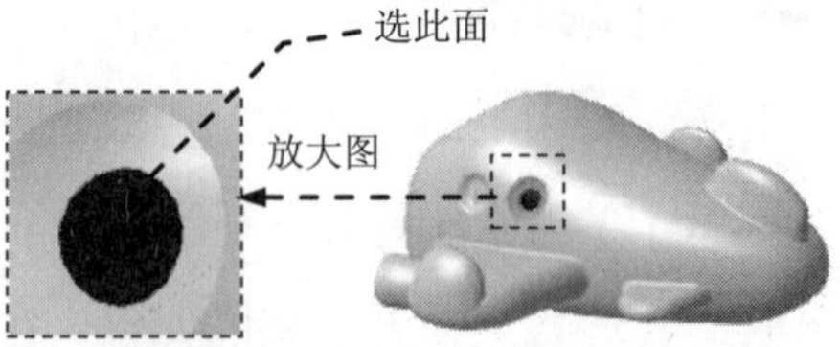

图 12.2.140　选取提取面

Step143. 创建特征—— 提取 12。选择下拉菜单 插入 → 操作 ▸ → 提取... 命令；选取图 12.2.141 所示的边线为要提取的元素。单击 确定 按钮，完成提取 12 的创建。

Step144. 创建特征—— 提取 13。 选择下拉菜单 插入 → 操作 ▸ → 提取... 命令；选取图 12.2.142 所示的边线为要提取的元素。单击 确定 按钮，完成提取 13 的创建。

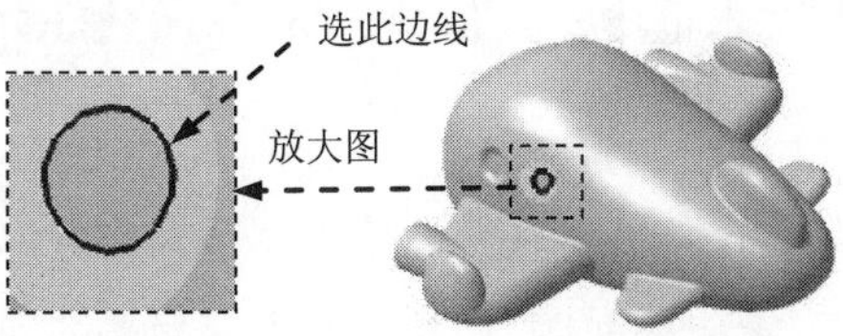

图 12.2.141 选取提取边线

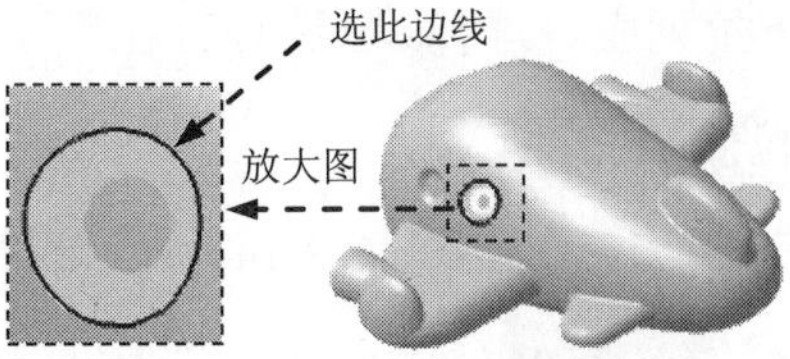

图 12.2.142 选取提取边线

Step145. 创建图 12.2.143 所示的特征—— 桥接 8。

（1）选择下拉菜单 插入 → 曲面 ▸ → 桥接... 命令。

（2）选取“提取 12”为第一曲线；选取“提取 11”为第一支持面；选取“提取 13”为第二曲线，选取图 12.2.143 所示的曲面为第二支持面；在 第一连续： 和 第二连续： 的下拉列表中均选择 相切 选项。

（3）单击 闭合点 选项卡 第一闭合点： 文本框后的按钮，在系统弹出的“极值定义”对话框 方向： 文本框中右击，在弹出的快捷菜单中选择 Z 部件 选项并选中 最小值 单选项；单击 确定 按钮；单击 第二闭合点： 文本框后的按钮，在系统弹出的“极值定义”对话框 方向： 文本框中右击，在弹出的快捷菜单中选择 Z 部件 选项并选中 最小值 单选项，单击 确定 按钮；在 耦合/脊线 选项卡的下拉列表中选择 顶点 选项。

（4）单击 确定 按钮，完成桥接 8 的创建。

Step146. 创建接合 16。选择下拉菜单 插入 → 操作 ▸ → 接合... 命令；选取“提取 11”和“桥接 8”为要接合的元素；单击 确定 按钮，完成接合 16 的创建。

Step147. 参照 Step142~ Step145 创建图 12.2.144 所示的特征—— 桥接 9。

Step148. 创建接合 17。选择下拉菜单 插入 → 操作 ▸ → 接合... 命令；选取图 12.2.144 所示面和“桥接 9”为要接合的元素；单击 确定 按钮，完成接合 17 的创建。

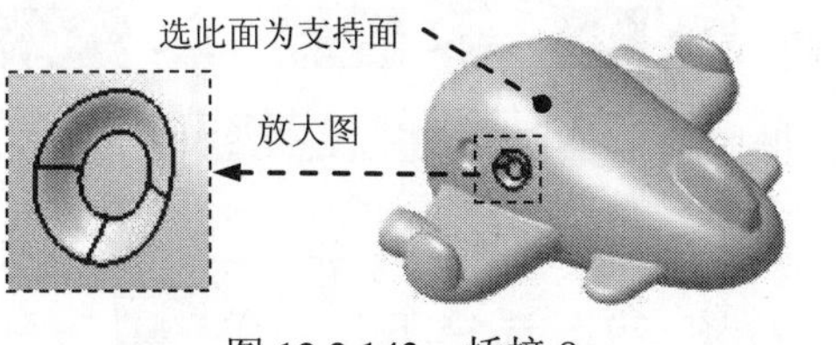

图 12.2.143 桥接 8

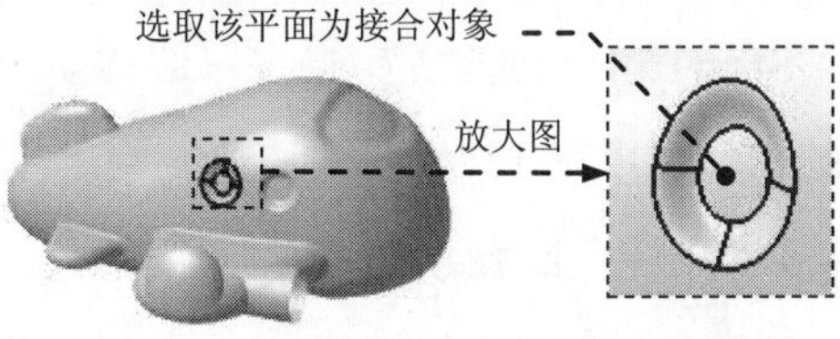

图 12.2.144 桥接 9

Step149. 创建图 12.2.145 所示的特征——草图 28。选择下拉菜单 插入 → 草图编辑器 ▸ → 草图 命令；选取“zx 平面”为草图平面；绘制图 12.2.145 所示的草图。

Step150. 创建图 12.2.146 所示的特征——拉伸 16。选择下拉菜单 插入 → 曲面 ▸

→ 拉伸... 命令。选取“草图 28”为拉伸轮廓；在“拉伸曲面定义”对话框的限制 1 区域的类型：下拉列表中选择尺寸选项；在限制 1 区域的尺寸：文本框中输入值 70，在限制 2 区域的类型：下拉列表中选择尺寸选项；在限制 2 区域的尺寸：文本框中输入值 70；单击 确定 按钮，完成拉伸 16 的创建。

Step151. 创建图 12.2.147 所示的特征—— 相交 16。选择下拉菜单 插入 → 线框 → 相交... 命令；选取“拉伸 16”为第一元素；选取图 12.2.147 所示的特征面为第二元素；单击 确定 按钮，完成相交 16 的创建。

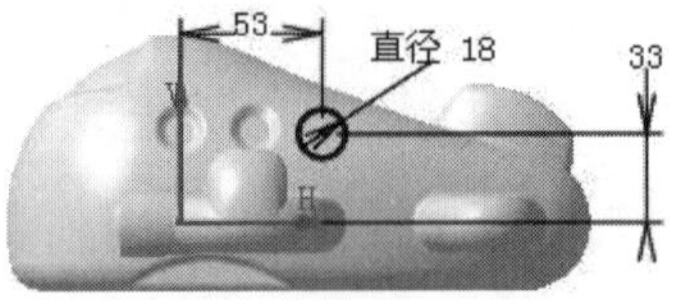

图 12.2.145 草图 28

图 12.2.146 拉伸 16

图 12.2.147 相交 16

Step152. 创建图 12.2.148 所示的特征——分割 9。选择下拉菜单 插入 → 操作 → 分割... 命令；选取图 12.2.148 所示的面为切除对象；选取“拉伸 16”为分割元素；单击 确定 按钮，完成分割 9 的创建（隐藏拉伸 16）。

Step153. 创建图 12.2.149 所示的特征——填充 13。选择下拉菜单 插入 → 曲面 → 填充... 命令；选取“相交 16”为边界曲线，再选取图 12.2.149 所示的面为支持面。单击 确定 按钮，完成填充 13 的创建。

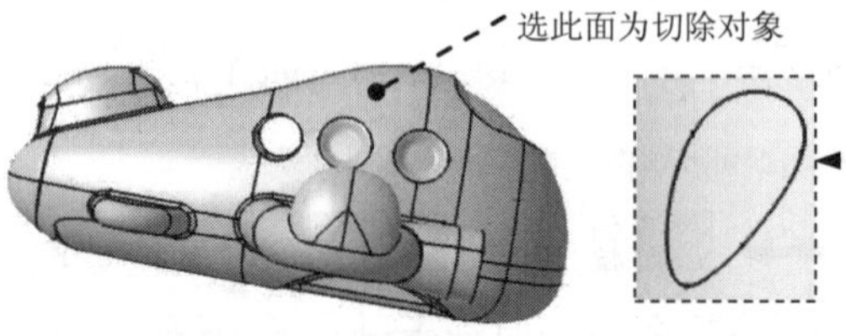

图 12.2.148 分割 9

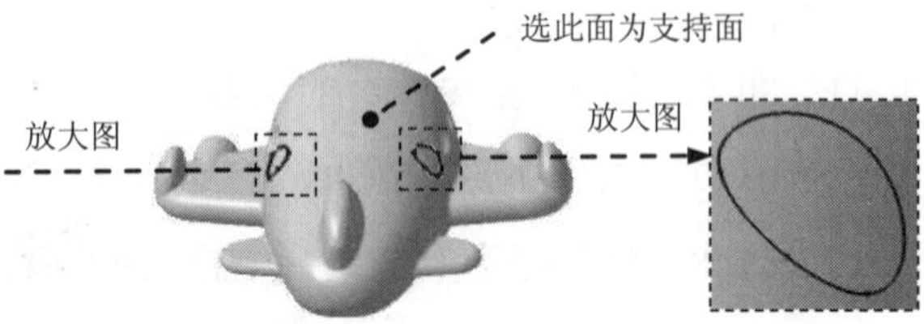

图 12.2.149 填充 13

Step154. 创建特征—— 偏移 4。选择下拉菜单 插入 → 曲面 → 偏移... 命令；选取“填充 13”为要偏移的元素，在偏移：文本框中输入值 3，单击 确定 按钮，完成偏移 4 的创建（隐藏填充 13）。

Step155. 创建图 12.2.150 所示的特征——草图 29。选择下拉菜单 插入 → 草图编辑器 → 草图 命令；选择“zx 平面”为草图平面；绘制图 12.2.150 所示的草图。

Step156. 创建图 12.2.151 所示的特征——拉伸 17。选择 插入 → 曲面 → 拉伸... 命令。选取“草图 29”为拉伸轮廓；在“拉伸曲面定义”对话框的限制 1 区域的类型：

下拉列表中选择尺寸选项；在限制 1区域的尺寸:文本框中输入值 70，在限制 2区域的类型:下拉列表中选择尺寸选项；在限制 2区域的尺寸:文本框中输入值 70；单击确定按钮，完成拉伸 17 的创建。

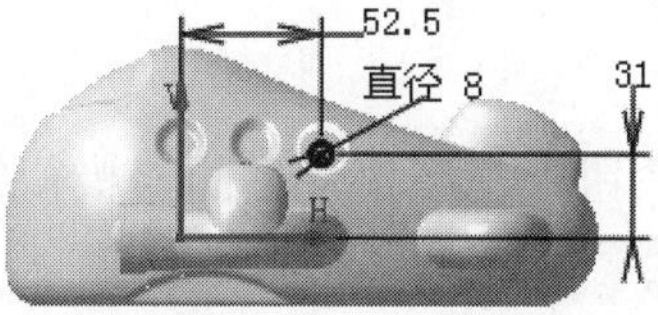

图 12.2.150 草图 29

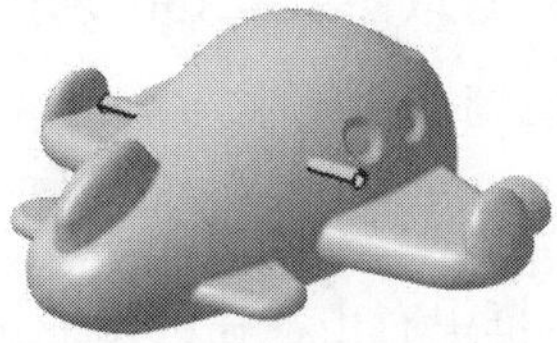

图 12.2.151 拉伸 17

Step157. 创建图 12.2.152 所示的特征——分割 10。选择下拉菜单插入 → 操作 → 分割...命令；选取“偏移 4”为要切除的元素；选取“拉伸 17”为切除元素；单击另一侧按钮，调整分割方向；单击确定按钮，完成分割 10 的创建。

Step158. 创建特征——提取 17。选择下拉菜单插入 → 操作 → 提取...命令；选取图 12.2.153 所示的面为要提取的元素；单击确定按钮，完成提取 17 的创建。

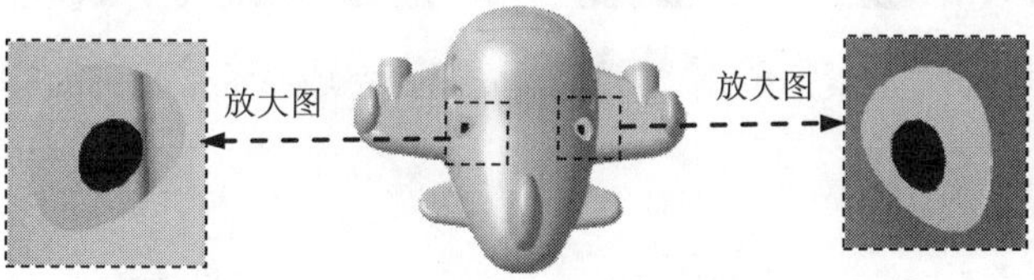

图 12.2.152 分割 10

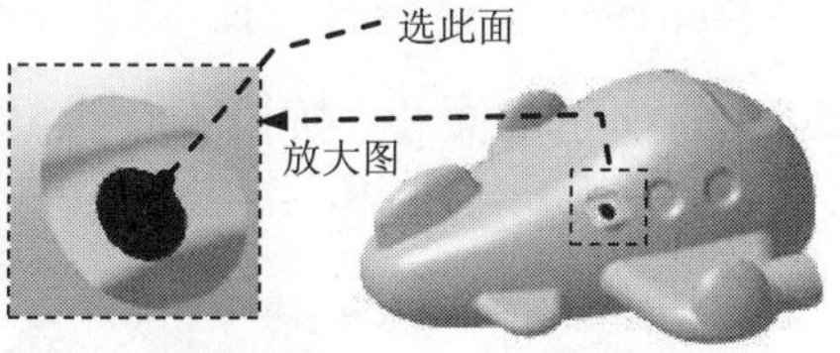

图 12.2.153 选取提取面

Step159. 创建特征——提取 18。选择下拉菜单插入 → 操作 → 提取...命令；选取图 12.2.154 所示边线为要提取的元素；单击确定按钮，完成提取 18 的创建。

Step160. 创建特征——提取 19、提取 20。按住 Ctrl 键后选取图 12.2.155 所示边线为要提取的元素。选择插入 → 操作 → 提取...命令；单击确定按钮，系统自动完成提取 19、提取 20 的创建。

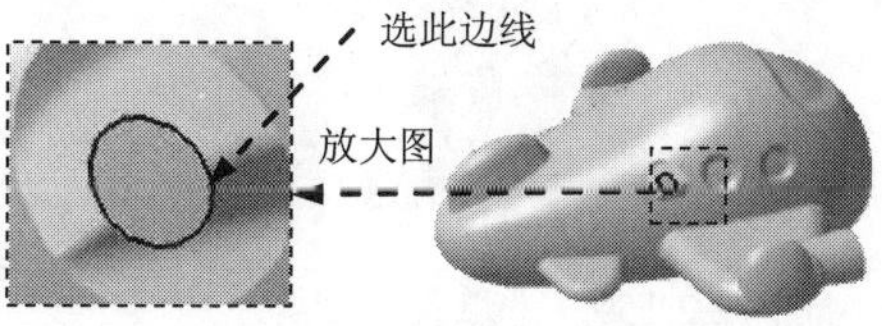

图 12.2.154 选取提取边

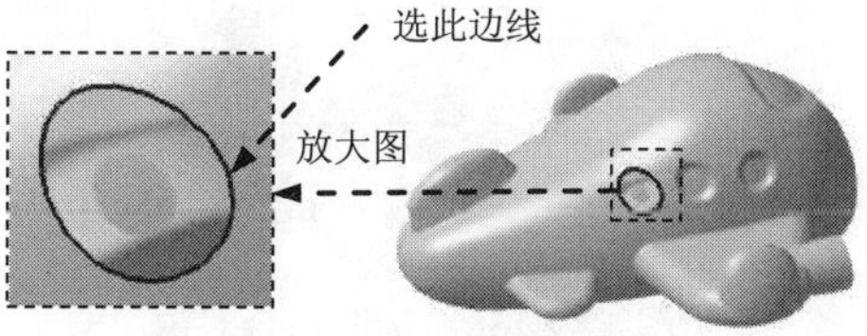

图 12.2.155 选取提取边

Step161. 创建接合 18。选择下拉菜单插入 → 操作 → 接合...命令；选取提取 20 和提取 19 为要接合的元素；单击确定按钮，完成接合 18 的创建。

Step162. 创建图 12.2.156 所示的特征—— 桥接 10。

（1）选择下拉菜单 插入 → 曲面 ▸ → 桥接... 命令。

（2）选取“提取 18”为第一曲线；选取“提取 17”为第一支持面；选取“接合 18”为第二曲线，选取图 12.2.156 所示的曲面为第二支持面；在 第一连续： 和 第二连续： 的下拉列表中均选择 相切 选项。

（3）单击 闭合点 选项卡 第一闭合点： 文本框后的按钮，在系统弹出的“极值定义”对话框 方向： 文本框中右击，在弹出的快捷菜单中选择 Z 部件 选项并选中 最小值 单选项，单击 确定 按钮；单击 第二闭合点： 文本框后的按钮，在系统弹出的“极值定义”对话框 方向： 文本框中右击，在弹出的快捷菜单中选择 Z 部件 选项并选中 最小值 单选项，单击 确定 按钮。

（4）单击 确定 按钮，完成桥接 10 的创建。

Step163. 创建接合 19。选择下拉菜单 插入 → 操作 ▸ → 接合... 命令；选取“提取 17”“桥接 10”为要接合的元素；单击 确定 按钮，完成接合 19 的创建。

Step164. 参照 Step158～Step162 创建图 12.2.157 所示的特征—— 桥接 11。

Step165. 创建接合 21。选择下拉菜单 插入 → 操作 ▸ → 接合... 命令；选取图 12.2.157 所示的面和“桥接 11”为要接合的元素；单击 确定 按钮，完成接合 21 的创建。

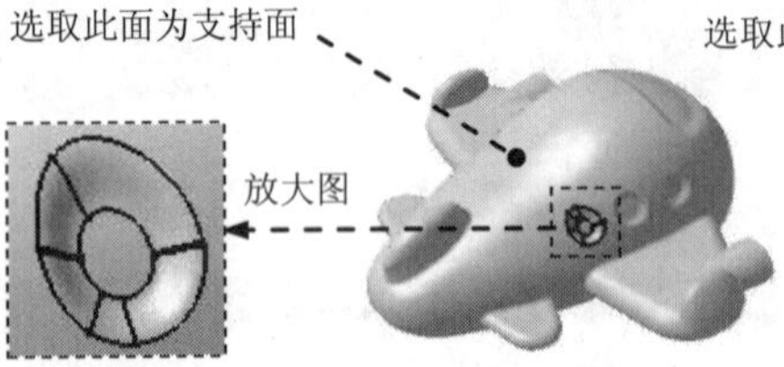

图 12.2.156　桥接 10

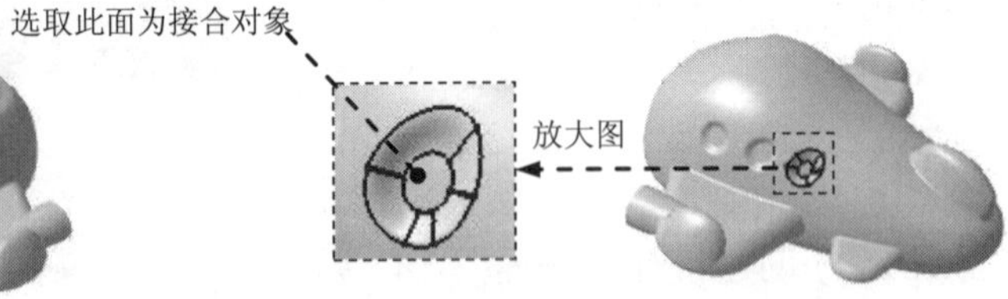

图 12.2.157　桥接 11

Step166. 创建接合 22。选择下拉菜单 插入 → 操作 ▸ → 接合... 命令；选取图 12.2.158 和图 12.2.159 所示的面为要接合的元素；单击 确定 按钮，完成接合 22 的创建。

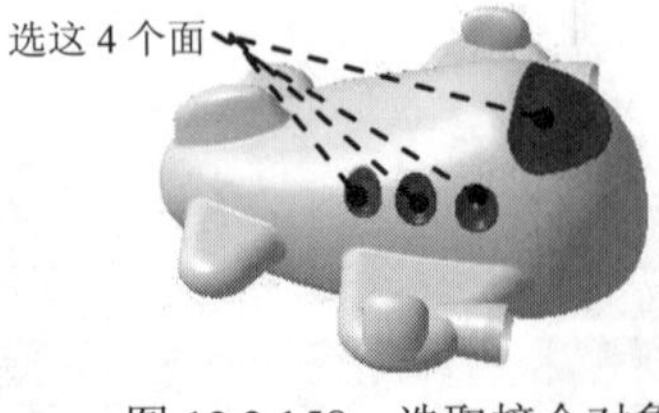

图 12.2.158　选取接合对象

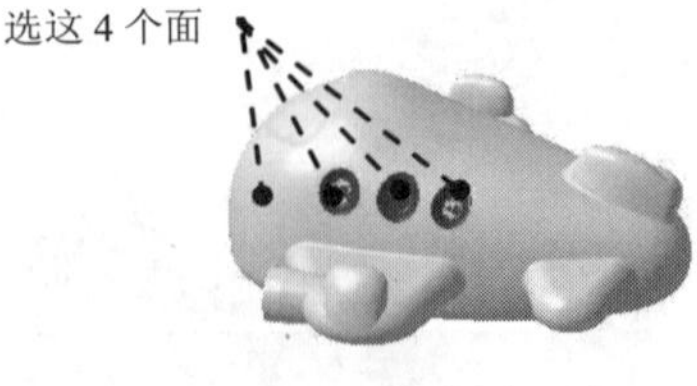

图 12.2.159　选取接合对象

Step167. 创建图 12.2.160 所示的特征—— 平面 12。选择下拉菜单 插入 → 线框 ▸ → 平面... 命令；在 平面类型： 下拉列表中选择 偏移平面 选项；激活 参考： 文本框，选取“yz

平面”为参考平面；在偏移:文本框中输入值 52；单击确定按钮，完成平面 12 的创建。

Step168. 创建图 12.2.161 所示的特征—— 相交 17。选择下拉菜单插入 → 线框 → 相交...命令；选取“平面 12”为第一元素；选取图 12.2.161 所示的曲面为第二元素；单击确定按钮，完成相交 17 的创建。

Step169. 创建图 12.2.162 所示的特征——草图 30。选择下拉菜单插入 → 草图编辑器 → 草图命令；选取“平面 12”为草图平面；绘制图 12.2.162 所示的草图。

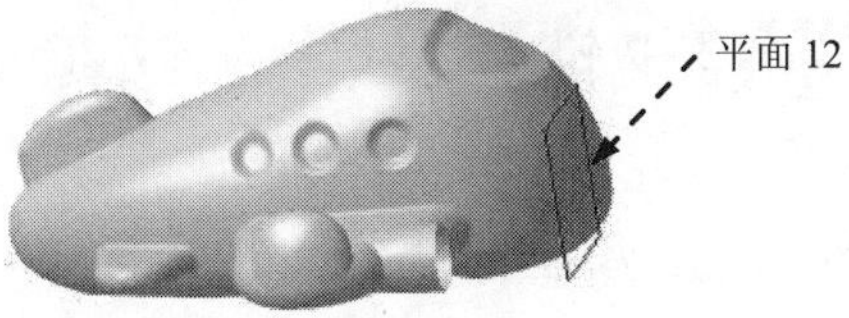

图 12.2.160 平面 12

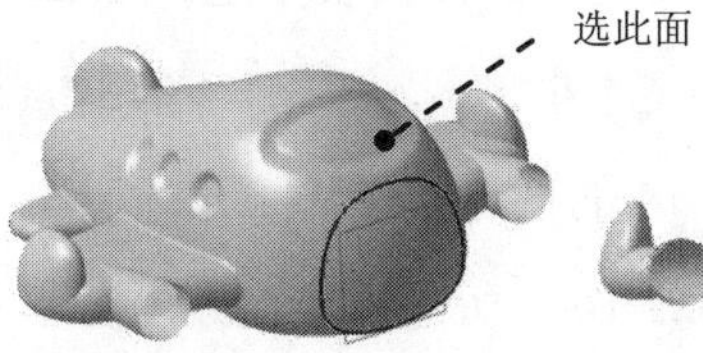

图 12.2.161 相交 17

图 12.2.162 草图 30

Step170. 创建图 12.2.163 所示的特征—— 平面 13。选择下拉菜单插入 → 线框 → 平面...命令；在平面类型:下拉列表中选择曲面的切线选项；选取“接合 22”为参考曲面；选取图 12.2.163 所示的点为相切点，单击确定按钮，完成平面 13 的创建。

Step171. 创建图 12.2.164 所示的特征—— 草图 31。选择下拉菜单插入 → 草图编辑器 → 草图命令；选取“平面 13”为草图平面；绘制图 12.2.164 所示的草图。

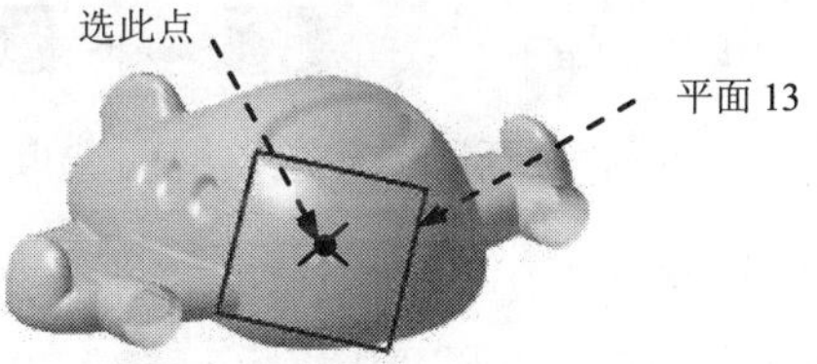

图 12.2.163 平面 13

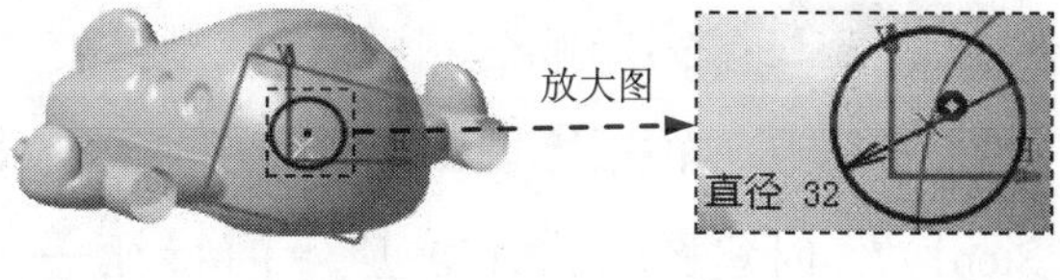

图 12.2.164 草图 31

说明：草图 31 中的圆的圆心与草图 30 中的点相合。

Step172. 创建图 12.2.165 所示的特征——投影 1。选择下拉菜单插入 → 线框 → 投影...命令；在投影类型:下拉列表中选择沿某一方向选项，选取“草图 31”为要投影的元素；选取图 12.2.165 所示的曲面为支持面；激活方向:文本框，选取“平面 13”为投影方向。单击确定按钮，完成投影 1 的创建。

Step173. 创建图 12.2.166 所示的特征—— 分割 11。选择下拉菜单插入 → 操作 → 分割...命令；选取图 12.2.166 所示的面为要切除的元素；在特征树中选取“项目 1”为切除元素；单击确定按钮，完成分割 11 的创建。

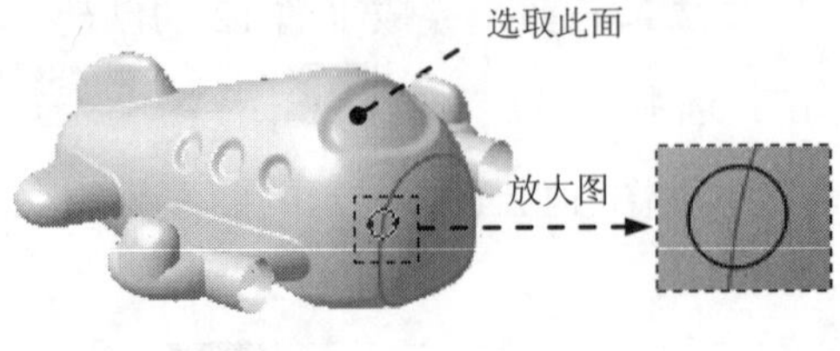

图 12.2.165 投影 1

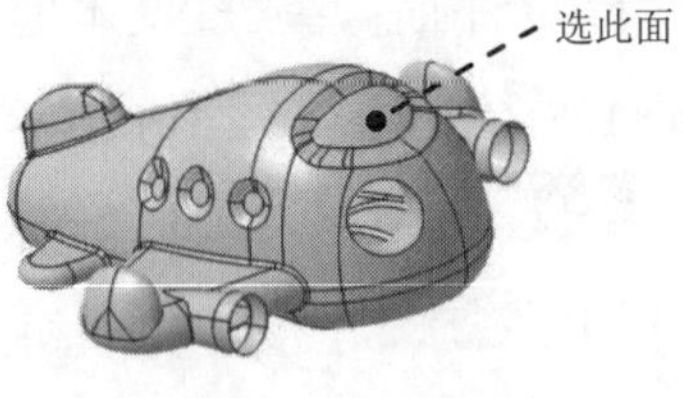

图 12.2.166 分割 11

Step174. 创建图 12.2.167 所示的特征—— 平面 14。选择下拉菜单 插入 → 线框 → 平面... 命令；在 平面类型： 下拉列表中选择 偏移平面 选项；激活 参考： 文本框，选取“平面 13”为参考平面；在 偏移： 文本框中输入值 4，单击 反转方向 按钮，反转偏移方向，单击 确定 按钮，完成平面 14 的创建。

Step175. 创建图 12.2.168 所示的特征——草图 32。选择下拉菜单 插入 → 草图编辑器 → 草图 命令；选取“平面 14”为草图平面；绘制图 12.2.168 所示的草图。

说明：草图 32 中的点与草图 30 中的点相合。

图 12.2.167 平面 14

图 12.2.168 草图 32

Step176. 创建图 12.2.169 所示的特征——填充 14。选择下拉菜单 插入 → 曲面 → 填充... 命令；在特征树中选取“项目 1”为边界曲线，激活 穿越点： 文本框后选取“草图 32”为穿越点。单击 确定 按钮，完成填充 14 的创建。

Step177. 创建图 12.2.170 所示的特征—— 草图 33。选择下拉菜单 插入 → 草图编辑器 → 草图 命令；选取“平面 12”为草图平面；绘制图 12.2.170 所示的点。

Step178. 创建图 12.2.171 所示的特征—— 平面 15。选择下拉菜单 插入 → 线框 → 平面... 命令；在 平面类型： 下拉列表中选择 曲面的切线 选项；选取“分割 11”为参考曲面；选取图 12.2.170 所示的点为相切点，单击 确定 按钮，完成平面 15 的创建。

图 12.2.169 填充 14

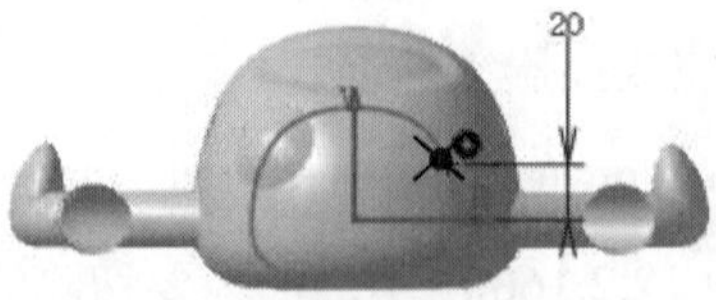

图 12.2.170 草图 33

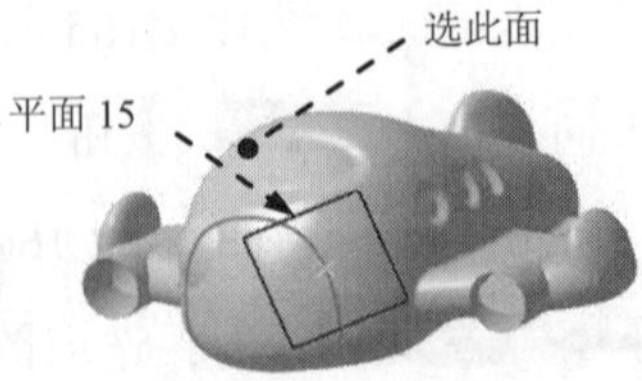

图 12.2.171 平面 15

Step179. 创建图 12.2.172 所示的特征——草图 34。选择下拉菜单 插入 →

草图编辑器 → 草图命令；选取“平面 15”为草图平面；绘制图 12.2.172 所示的草图。

说明：草图 34 中的圆的圆心与草图 33 中的点重合。

Step180. 创建图 12.2.173 所示的特征——投影 2。选择下拉菜单 插入 → 线框 → 投影...命令；在 投影类型：下拉列表中选择 沿某一方向 选项，选取“草图 34”为要投影的元素；选取图 12.2.173 所示的曲面为支持面；激活 方向：文本框，选取“平面 15”为投射方向。单击 确定 按钮，完成投影 2 的创建。

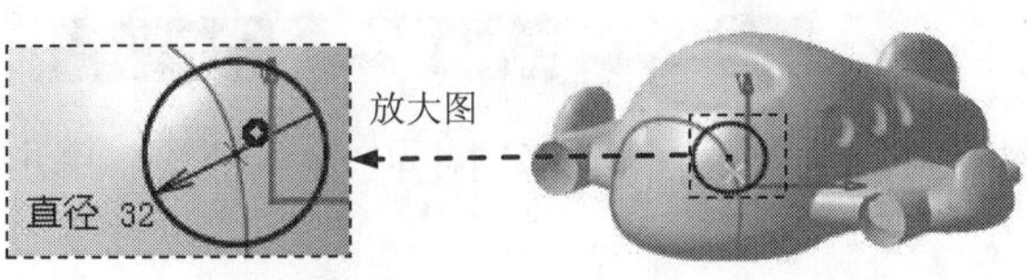

图 12.2.172 草图 34

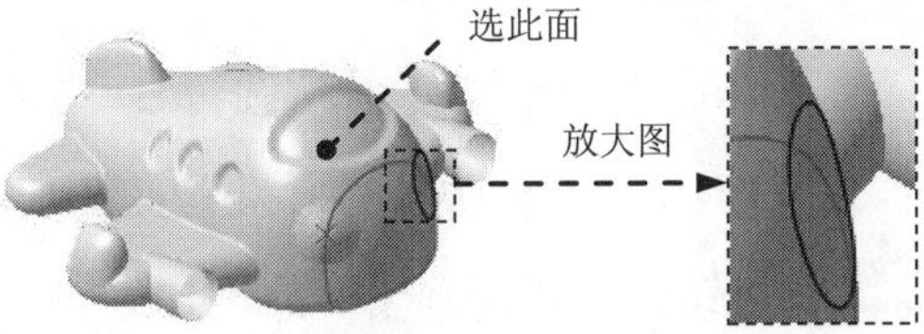

图 12.2.173 投影 2

Step181. 创建图 12.2.174 所示的特征——分割 12。选择下拉菜单 插入 → 操作 → 分割...命令；选取图 12.2.174 所示的面为要切除的元素；在特征树中选取“项目 2”为切除元素；单击 确定 按钮，完成分割 12 的创建。

Step182. 创建图 12.2.175 所示的特征—— 平面 16。选择下拉菜单 插入 → 线框 → 平面...命令；在 平面类型：下拉列表中选择 偏移平面 选项；激活 参考：文本框后选取“平面 15”为参考平面；在 偏移：文本框中输入值 4；单击 反转方向 按钮，反转偏移方向，单击 确定 按钮，完成平面 16 的创建。

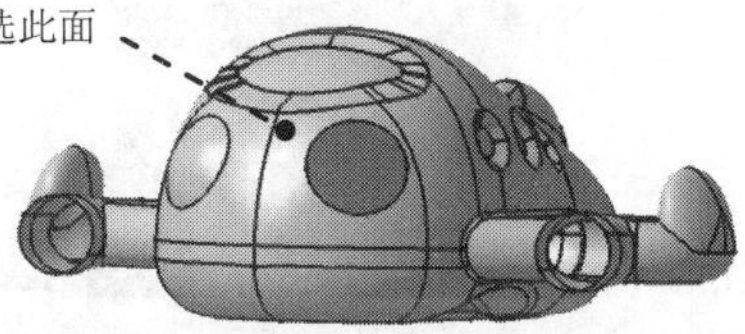

图 12.2.174 分割 12

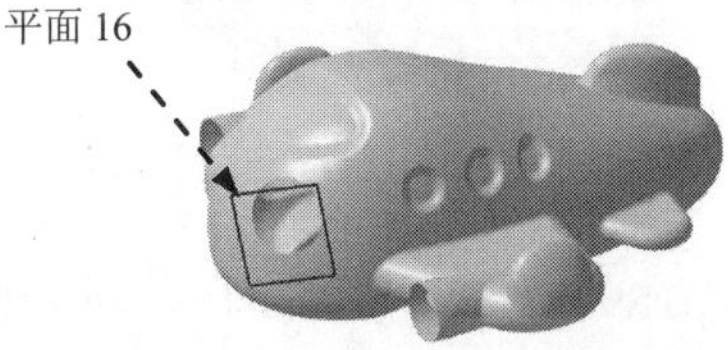

图 12.2.175 平面 16

Step183. 创建图 12.2.176 所示的特征——草图 35。选择下拉菜单 插入 → 草图编辑器 → 草图命令；选取“平面 16”为草图平面；绘制图 12.2.176 所示的草图，使图中的点与草图 34 中的圆心重合。

说明：草图 35 中的点与草图 33 中的点重合。

Step184. 创建图 12.2.177 所示的特征——填充 15。选择下拉菜单 插入 → 曲面 → 填充...命令；在特征树中选取“项目 2”为边界曲线，激活 穿越点：文本框后选取“草图 35”为穿越点。单击 确定 按钮，完成填充 15 的创建。

Step185. 创建接合 23。选择下拉菜单 插入 → 操作 → 接合...命令；选取“填充 14”“填充 15”和图 12.2.177 的曲面为要接合的元素；单击 确定 按钮，完成接合 23 的创建。

图 12.2.176　草图 35

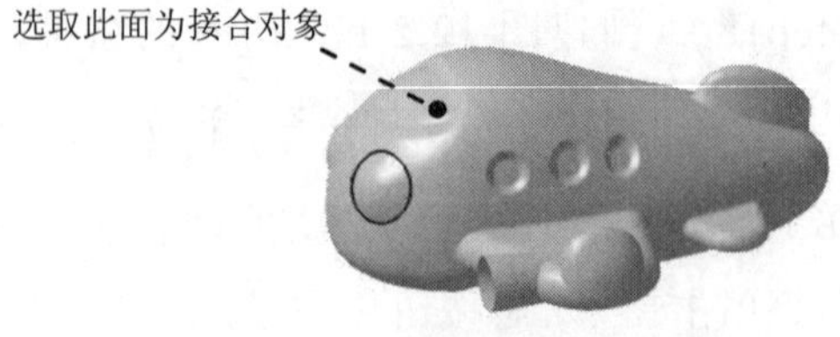

图 12.2.177　填充 15

Step186. 创建特征—— 倒圆角 5。选择下拉菜单 插入 → 操作 → 倒圆角... 命令；选取图 12.2.178 所示的 2 条边线为要倒圆角的对象；在 半径: 文本框中输入值 8。单击 确定 按钮，完成倒圆角 5 的创建。

Step187. 创建图 12.2.179 所示的特征—— 相交 18。选择下拉菜单 插入 → 线框 → 相交... 命令；选取“zx 平面”为第一元素；选取图 12.2.179 所示的曲面为第二元素；单击 确定 按钮，完成相交 18 的创建。

Step188. 创建图 12.2.180 所示的特征—— 草图 36。选择下拉菜单 插入 → 草图编辑器 → 草图 命令；选取“zx 平面”为草图平面；绘制图 12.2.180 所示的草图，使图中的点与“相交 18”相合。

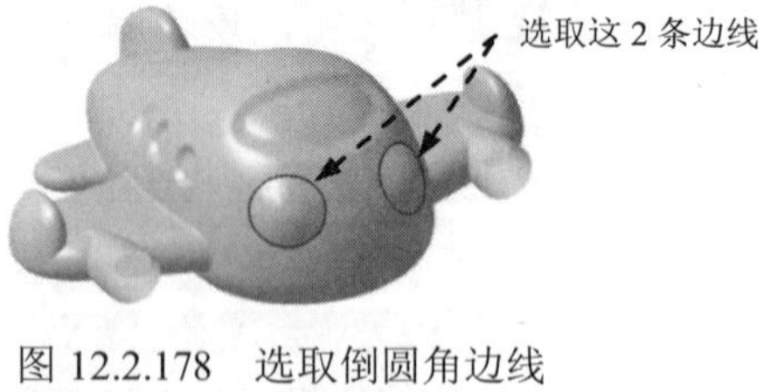

图 12.2.178　选取倒圆角边线

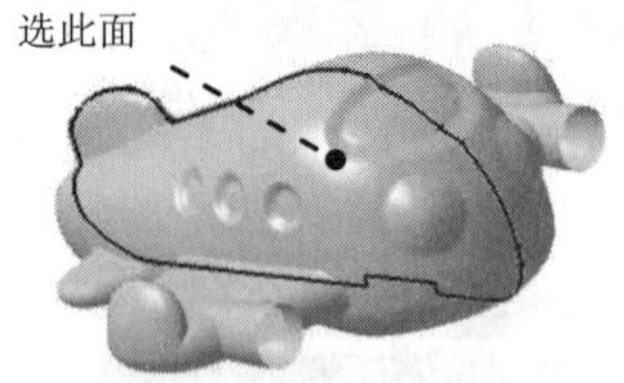

图 12.2.179　相交 18

Step189. 创建图 12.2.181 所示的特征—— 平面 17。选择下拉菜单 插入 → 线框 → 平面... 命令；在 平面类型: 下拉列表中选择 曲面的切线 选项；选取“倒圆角 5”为参考曲面；选取图 12.2.180 所示的点为相切点，单击 确定 按钮，完成平面 17 的创建。

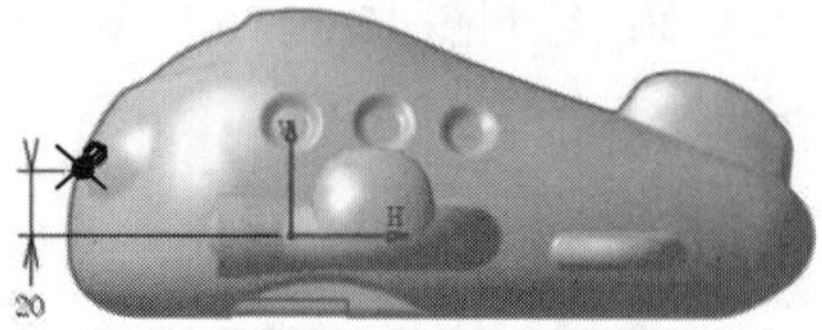

图 12.2.180　草图 36

图 12.2.181　平面 17

Step190. 创建图 12.2.182 所示的特征——草图 37。选择下拉菜单 插入 → 草图编辑器 → 草图 命令；选取“平面 17”为草图平面；绘制图 12.2.182 所示的草图。

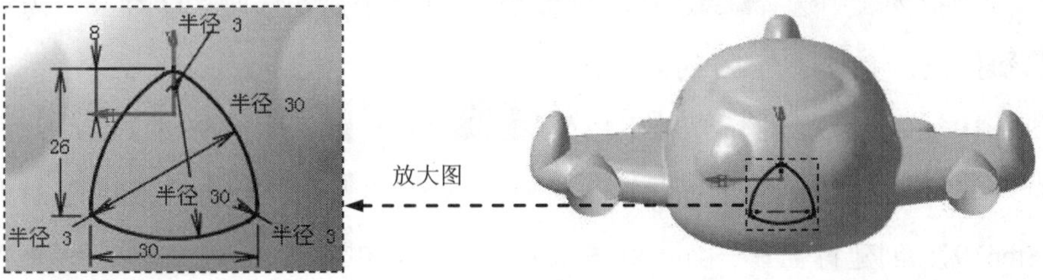

图 12.2.182 草图 37

Step191. 创建图 12.2.183 所示的特征——投影 3。选择下拉菜单 插入 → 线框 → 投影... 命令；在 投影类型： 下拉列表中选择 沿某一方向 选项，选取“草图 37”为要投影的元素；选取图 12.2.183 所示的曲面为支持面；激活 方向： 文本框，选取“平面 17”为投影方向。单击 确定 按钮，完成投影 3 的创建。

Step192. 创建图 12.2.184 所示的特征——分割 13。选择下拉菜单 插入 → 操作 → 分割... 命令；选取图 12.2.184 所示的面为要切除的元素；在特征树中选取“项目 3”为切除元素；单击 确定 按钮，完成分割 13 的创建。

图 12.2.183 投影 3

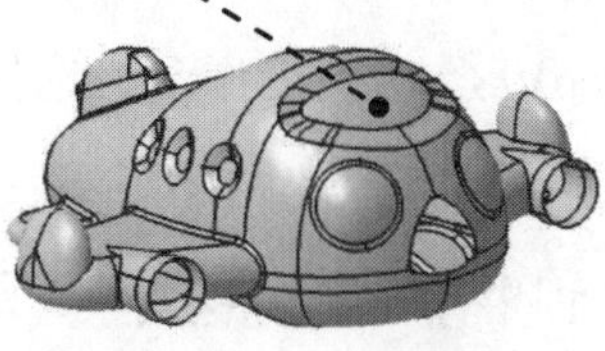

图 12.2.184 分割 13

Step193. 创建图 12.2.185 所示的特征—— 平面 18。选择下拉菜单 插入 → 线框 → 平面... 命令；在 平面类型： 下拉列表中选择 偏移平面 选项；激活 参考： 文本框，选取“平面 17”为参考平面；在 偏移： 文本框输入值 3 并单击 反转方向 按钮，反转偏移方向；单击 确定 按钮，完成平面 18 的创建。

Step194. 创建图 12.2.186 所示的特征——草图 38。选择下拉菜单 插入 → 草图编辑器 → 草图 命令；选取“平面 18”为草图平面；绘制图 12.2.186 所示的草图（与参考圆同心的一个点）。

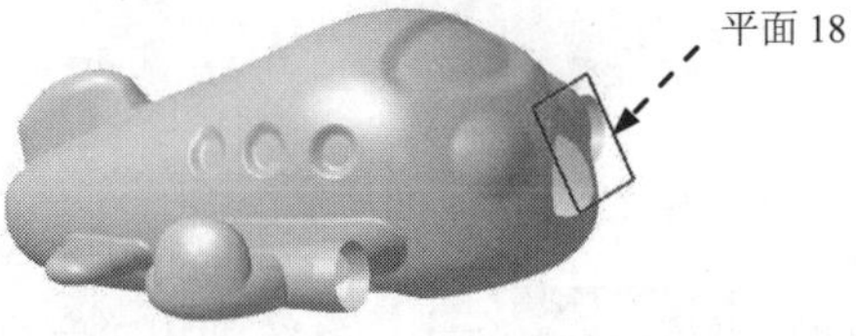

图 12.2.185 平面 18

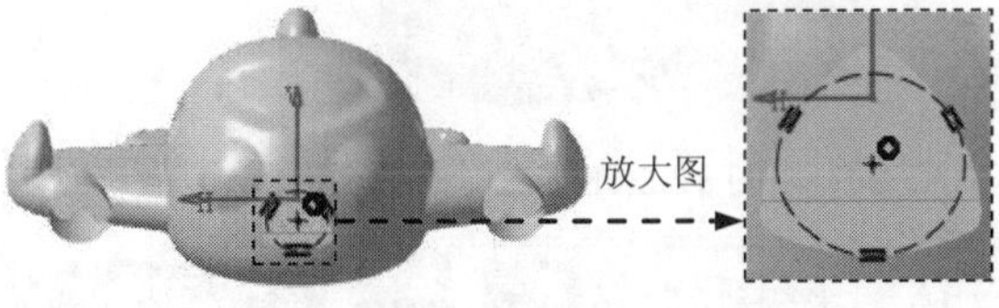

图 12.2.186 草图 38

Step195. 创建图 12.2.187 所示的特征——填充 16。选择下拉菜单 插入 → 曲面 → 填充... 命令；在特征树中选取“项目 3”为边界曲线，选取“分割 13”为支持面，在连续:的下拉列表中选择切线选项，激活穿越点:文本框后，选取“草图 38”为穿越点。单击确定按钮，完成填充 16 的创建。

Step196. 创建接合 24。选择下拉菜单插入 → 操作 → 接合...命令；选取“填充 16”和图 12.2.187 所示的面为接合对象；单击确定按钮，完成接合 24 的创建。

Step197. 创建特征——倒圆角 6。选择下拉菜单插入 → 操作 → 倒圆角...命令；选取图 12.2.188 所示的 2 条边线为要倒圆角的对象；在半径:文本框中输入值 4，单击确定按钮，完成倒圆角 6 的创建。

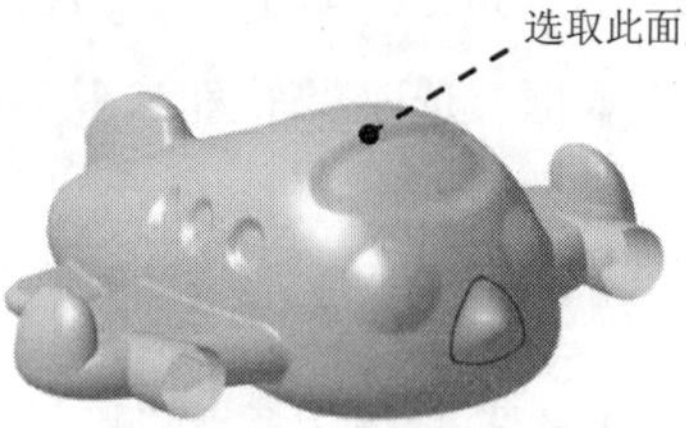

图 12.2.187　填充 16

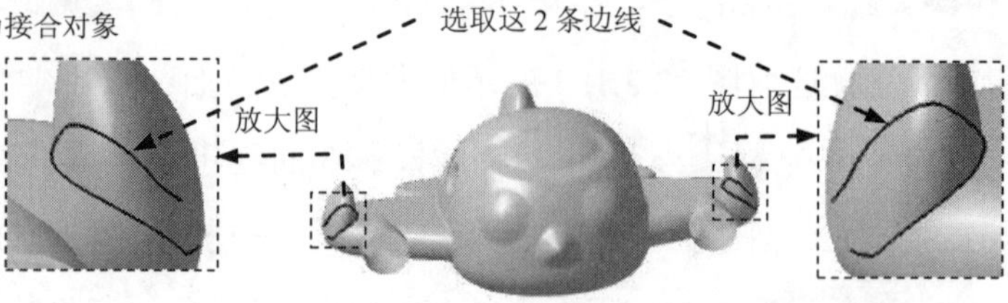

图 12.2.188　选取倒圆角边线

说明：完成倒圆角后系统弹出“警告”对话框，单击关闭按钮将其关闭即可。

Step198. 切换工作台。选择下拉菜单开始 → 机械设计 → 零件设计命令，切换到“零件设计”工作台。

Step199. 创建图 12.2.189 所示的特征——加厚曲面 1。

（1）选择命令。选择下拉菜单插入 → 基于曲面的特征 → 厚曲面...命令。

（2）在第一偏移:文本框中输入值 1.5；选取“倒圆角 6”为要偏移的对象，使加厚方向向内。

（3）单击确定按钮，完成加厚曲面 1 的创建。

说明：完成加厚曲面后，可将“倒圆角 6”隐藏。

Step200. 创建图 12.2.190 所示的特征—— 凹槽 1。

图 12.2.189　加厚曲面 1

图 12.2.190　凹槽 1

（1）选择下拉菜单插入 → 基于草图的特征 → 凹槽...命令，系统弹出“定义凹槽”对话框。

（2）创建截面草图。

① 定义草图平面。在“定义凹槽”对话框中单击按钮，选取“yz 平面”为草图平面。

② 绘制截面草图。在草绘工作台中绘制图 12.2.191 所示的截面草图。

③ 单击“工作台”工具栏中的按钮，退出草绘工作台。

(3)定义拉伸深度属性。单击 反转方向 按钮，反转拉伸方向，在 第一限制 区域的 类型： 下拉列表中均选择 直到下一个 选项，单击 确定 按钮，完成凹槽 1 的创建。

Step201. 创建图 12.2.192 所示的特征—— 凸台 1。

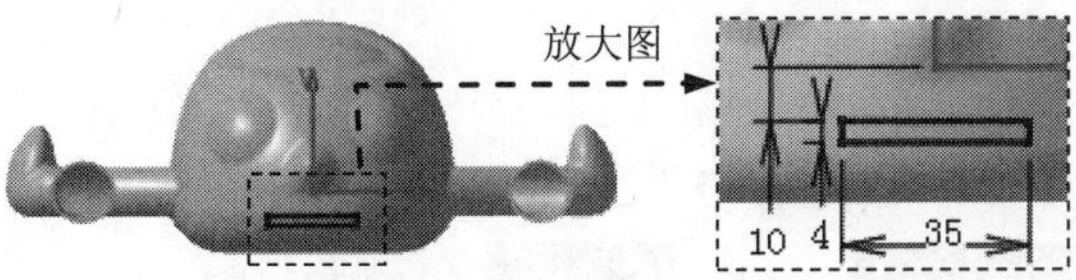

图 12.2.191 截面草图

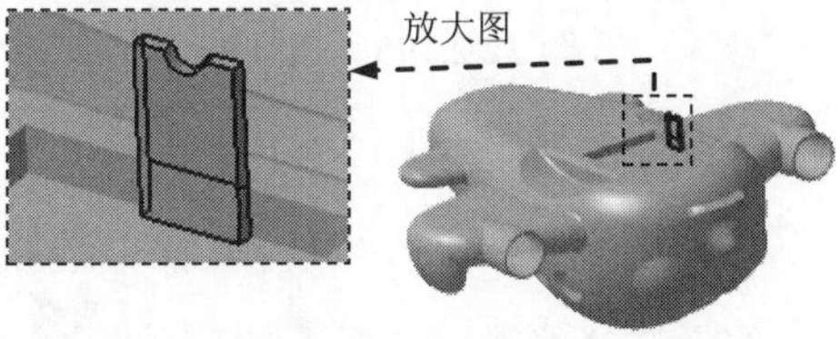

图 12.2.192 凸台 1

（1）选择下拉菜单 插入 → 基于草图的特征 → 凸台... 命令，系统弹出“定义凸台”对话框。

（2）创建截面草图。

① 定义草图平面。在“定义凸台”对话框中单击按钮，选取图 12.2.193 所示的面为草图平面。

② 绘制截面草图。在草绘工作台中绘制图 12.2.194 所示的截面草图。

③ 单击“工作台”工具栏中的按钮，退出草绘工作台。

（3）定义拉伸深度属性。在 第一限制 区域的 类型： 下拉列表中选择 尺寸 选项；在 第一限制 区域的 长度： 文本框中输入值 1.5，单击 确定 按钮，完成凸台 1 的创建。

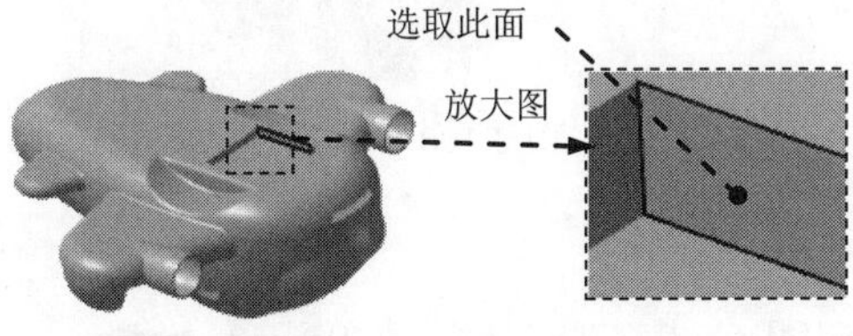

图 12.2.193 选取草图平面

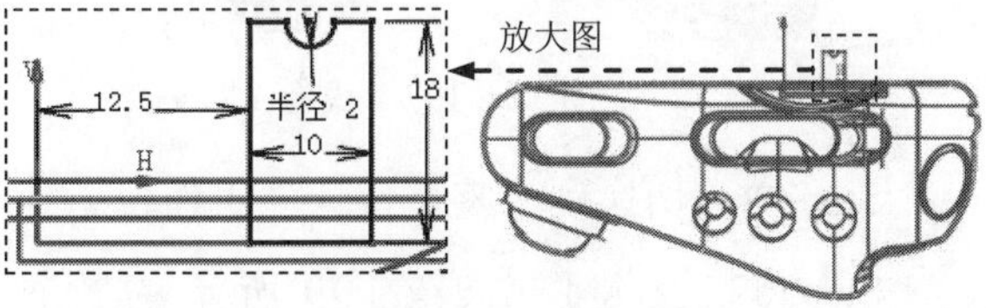

图 12.2.194 截面草图

Step202. 创建图 12.2.195 所示的特征——加强肋 1。

（1）选择命令。选择下拉菜单 插入 → 基于草图的特征 → 加强肋... 命令，系统弹出“定义加强肋”对话框。

（2）创建截面草图。单击按钮，选取“yz 平面”为草图平面。绘制图 12.2.196 所示的截面草图，单击按钮，退出草绘工作台。

（3）定义拉伸深度属性。在 厚度 区域的 厚度 1: 文本框中输入值 1.5；选中 中性边界 复选框，单击 确定 按钮，完成加强肋 1 的创建。

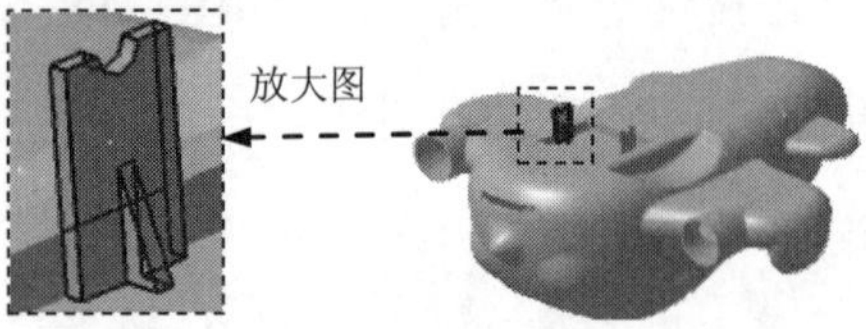

图 12.2.195　加强肋 1

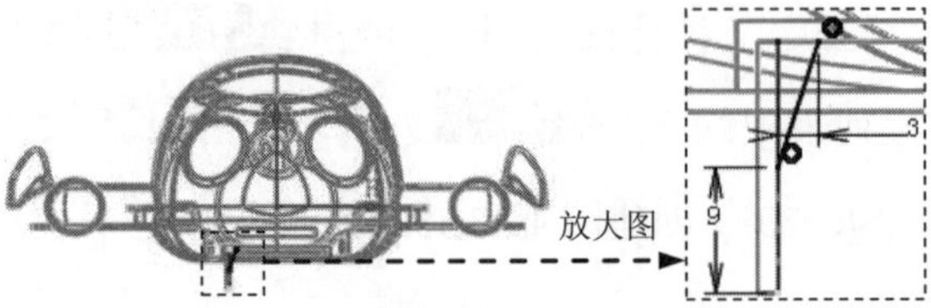

图 12.2.196　截面草图

Step203. 创建图 12.2.197 所示的特征——镜像 1。

（1）按住 Ctrl 键，在特征树中选取“凸台 1”和“加强肋 1”为镜像特征。

（2）选择命令。选择下拉菜单 插入 → 变换特征 → 镜像... 命令，系统弹出“定义镜像”对话框。

（3）在 镜像元素: 文本框中右击，在弹出的快捷菜单中选择 ZX 平面 选项。

（4）单击 确定 按钮，完成镜像 1 的创建。

Step204. 切换到“创成式外形设计”工作台。

Step205. 创建图 12.2.198 所示的特征—— 平面 19。选择下拉菜单 插入 → 线框 → 平面... 命令；在 平面类型: 下拉列表中选择 偏移平面 选项；激活 参考: 文本框，选取“xy 平面”为参考平面；在 偏移: 文本框输入值 45 并单击 反转方向 按钮，反转偏移方向。单击 确定 按钮，完成平面 19 的创建。

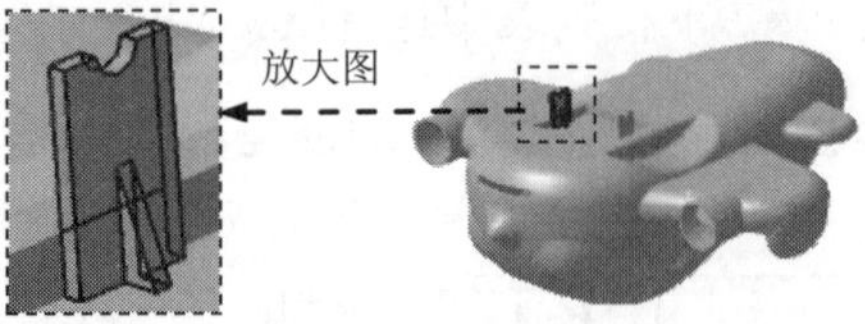

图 12.2.197　镜像 1

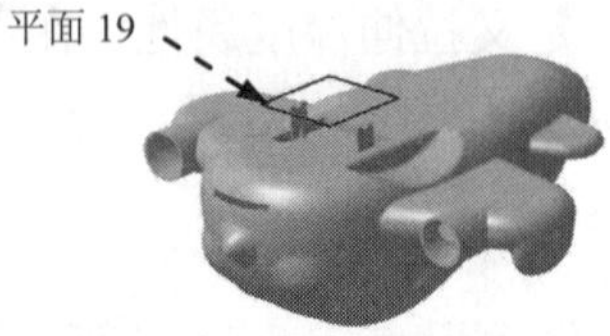

图 12.2.198　平面 19

Step206. 切换到“零件设计”工作台。

Step207. 创建图 12.2.199 所示的特征—— 凸台 3。选择下拉菜单 插入 → 基于草图的特征 → 凸台... 命令，选取“平面 19”为草图平面，绘制图 12.2.200 所示的截面草图，在 第一限制 区域的 类型: 下拉列表中选择 直到下一个 选项，单击 确定 按钮，完成凸台 3 的创建。

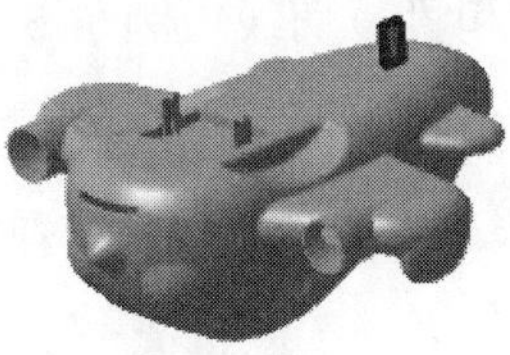

图 12.2.199 凸台 3

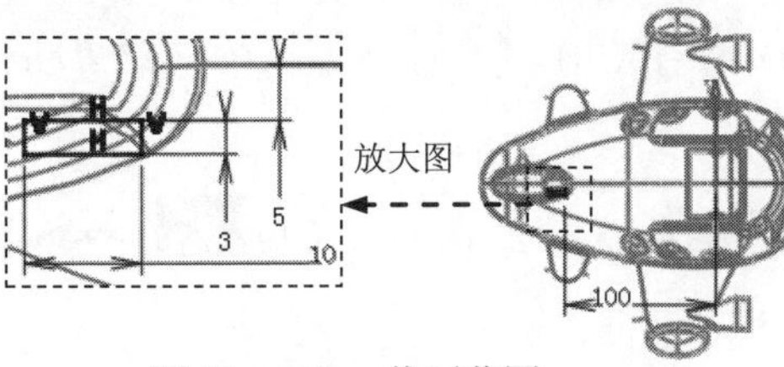

图 12.2.200 截面草图

Step208. 切换到“创成式外形设计”工作台。

Step209. 创建图 12.2.201 所示的特征—— 平面 20。选择下拉菜单 插入 → 线框 → 平面... 命令；在 平面类型： 下拉列表中选择 偏移平面 选项；激活 参考： 文本框，选取“yz 平面”为参考平面；在 偏移： 文本框中输入值 105 并单击 反转方向 按钮，反转偏移方向。单击 确定 按钮，完成平面 20 的创建。

Step210. 切换到“零件设计”工作台。

Step211. 创建图 12.2.202 所示的特征——加强肋 3。

（1）选择命令。选择下拉菜单 插入 → 基于草图的特征 → 加强肋... 命令，系统弹出“定义加强肋”对话框。

（2）创建截面草图。单击 按钮，选取“平面 20”为草图平面。绘制图 12.2.203 所示的截面草图，单击 按钮，退出草绘工作台。

（3）定义拉伸深度属性。在 厚度 区域的 厚度 1： 文本框中输入值 1.5；选中 中性边界 复选框，单击 确定 按钮，完成加强肋 3 的创建。

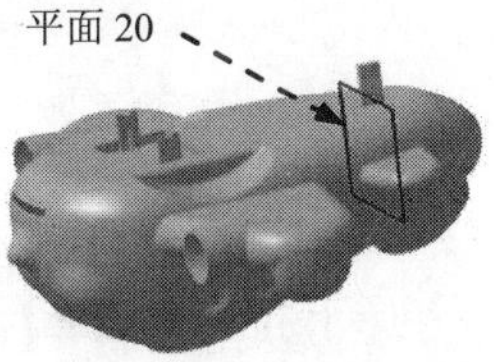

图 12.2.201 平面 20

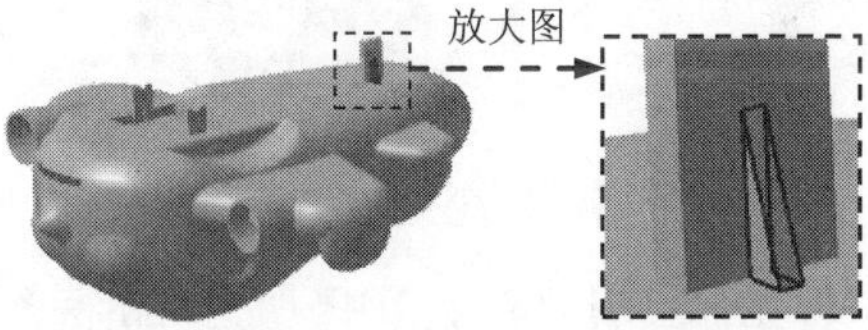

图 12.2.202 加强肋 3

Step212. 创建图 12.2.204 所示的特征——三切线内圆角 3。选择下拉菜单 插入 → 修饰特征 → 三切线内圆角... 命令；选取图 12.2.205 所示的面分别为要移除的面和要圆角化的面；单击 确定 按钮，完成三切线内圆角 3 的创建。

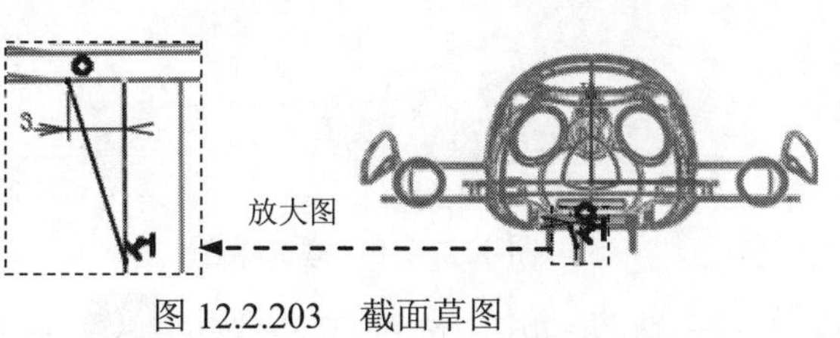

图 12.2.203 截面草图

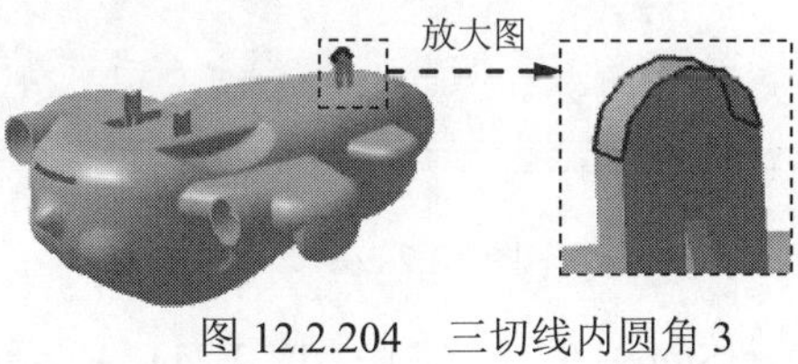

图 12.2.204 三切线内圆角 3

Step213. 创建图 12.2.206 所示的特征——镜像 2。

（1）按住 Ctrl 键，在特征树中选取“凸台 3”“加强肋 3”和“三切线内圆角 3”为镜像特征。

（2）选择命令。选择下拉菜单 插入 ➡ 变换特征 ▸ ➡ 镜像... 命令，系统弹出“定义镜像”对话框。

（3）在 镜像元素： 文本框中右击，在弹出的快捷菜单中选择 ZX 平面 选项。

（4）单击 确定 按钮，完成镜像 2 的创建。

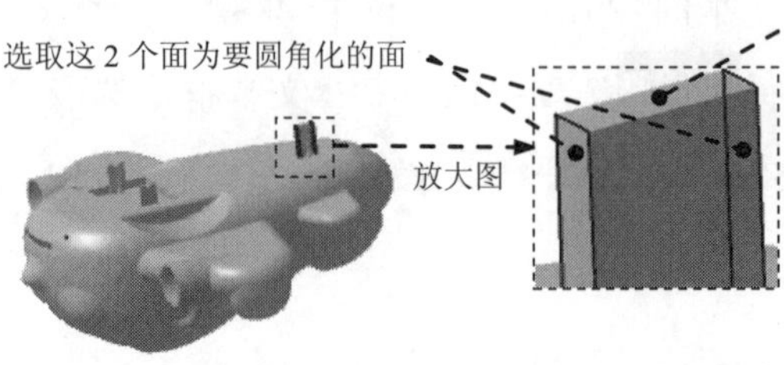

图 12.2.205　选取圆角对象

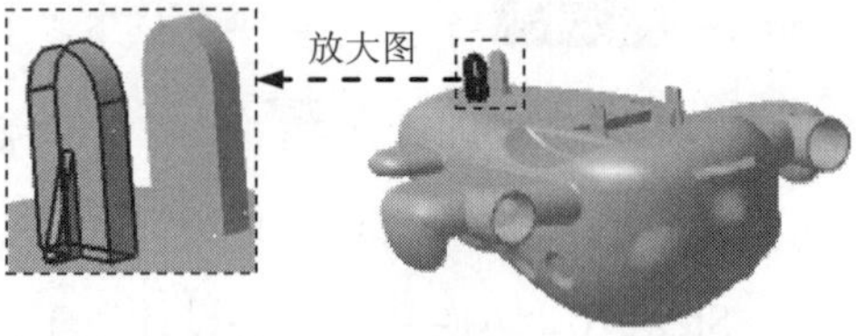

图 12.2.206　镜像 2

Step214. 创建图 12.2.207 所示的特征——凹槽 2。选择下拉菜单 插入 ➡ 基于草图的特征 ▸ ➡ 凹槽... 命令，选取“xy 平面”为草图平面，绘制图 12.2.208 所示的截面草图，在 第一限制 区域的 类型： 下拉列表中选择 尺寸 选项，在 第一限制 区域的 深度： 文本框中输入值 42，单击 确定 按钮，完成凹槽 2 的创建。

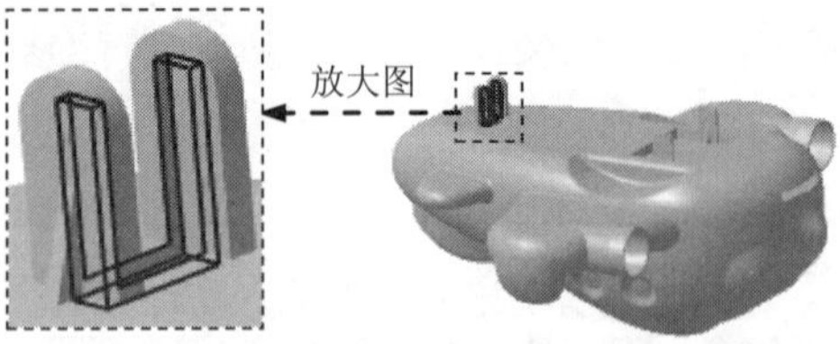

图 12.2.207　凹槽 2

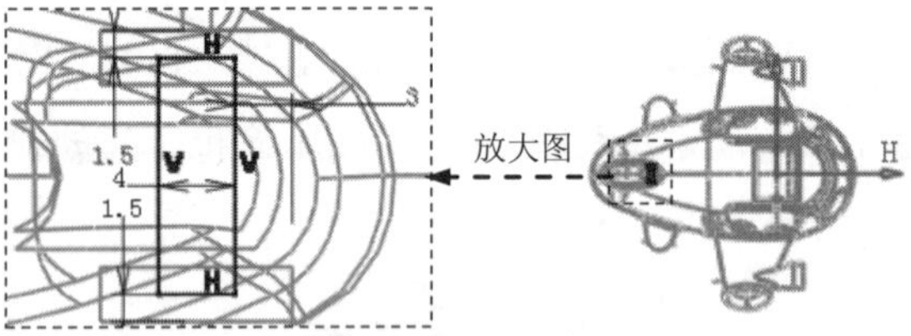

图 12.2.208　截面草图

Step215. 创建图 12.2.209 所示的特征—— 凹槽 3。选择下拉菜单 插入 ➡ 基于草图的特征 ▸ ➡ 凹槽... 命令，选取“zx 平面”为草图平面，绘制图 12.2.210 所示的截面草图，在 第一限制 区域的 类型： 下拉列表中选择 直到下一个 选项，在 第二限制 区域的 类型： 下拉列表中选择 直到下一个 选项，单击 确定 按钮，完成凹槽 3 的创建。

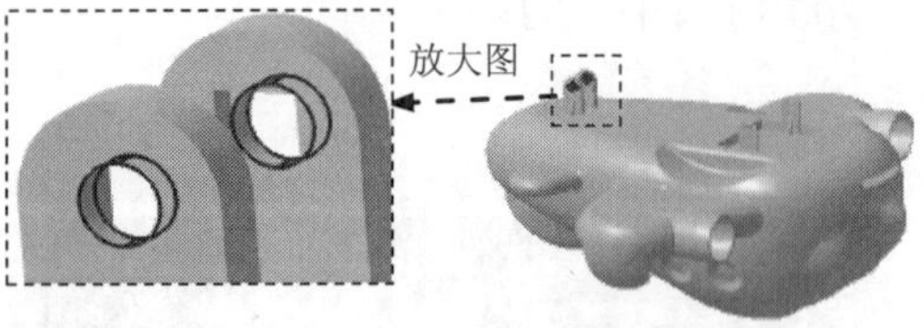

图 12.2.209　凹槽 3

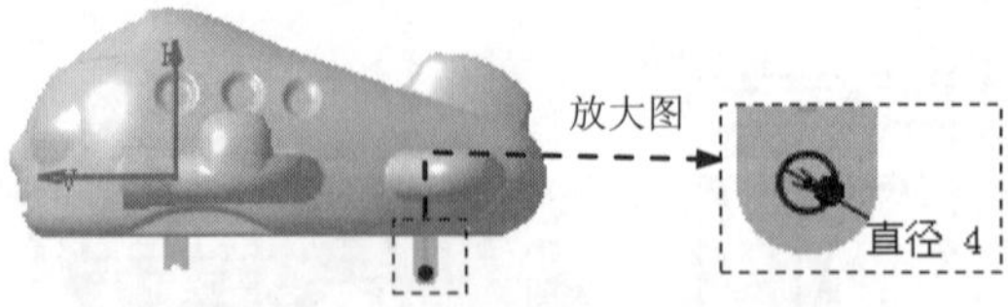

图 12.2.210　截面草图

Step216. 创建图 12.2.211 所示的特征——草图 46。选择下拉菜单 插入 ➡ 草图编辑器 ▸ ➡ 草图 命令；选取“xy 平面”为草图平面；绘制图 12.2.211 所示的草图。

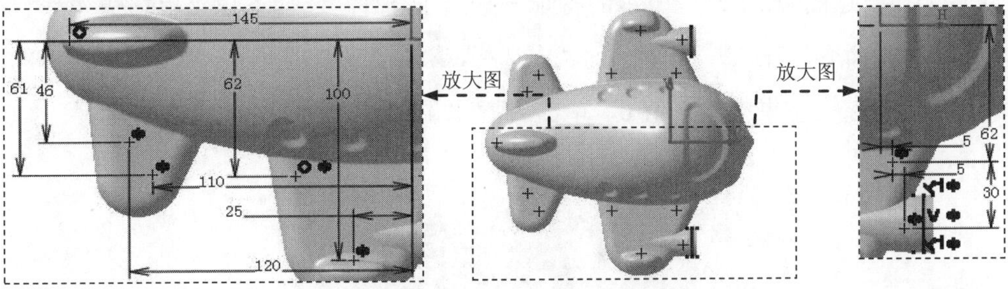

图 12.2.211 草图 46

Step217. 创建图 12.2.212 所示的特征——草图 47。选择下拉菜单 插入 → 草图编辑器 → 草图 命令；选取“xy 平面”为草图平面；绘制图 12.2.212 所示的草图。

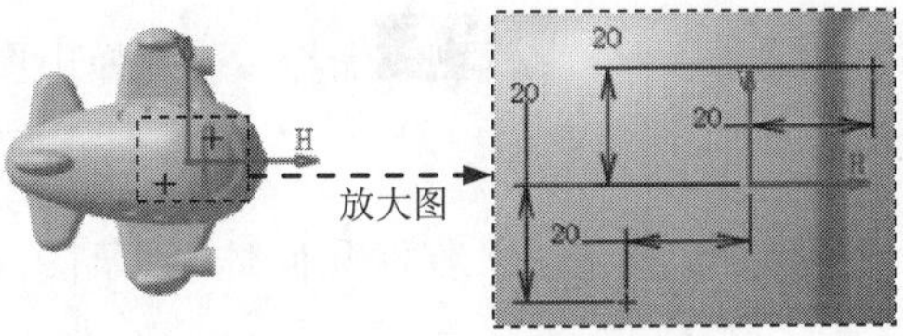

图 12.2.212 草图 47

Step218. 创建图 12.2.213 所示的特征——草图 48。选择下拉菜单 插入 → 草图编辑器 → 草图 命令；选取“zx 平面”为草图平面；绘制图 12.2.213 所示的草图。

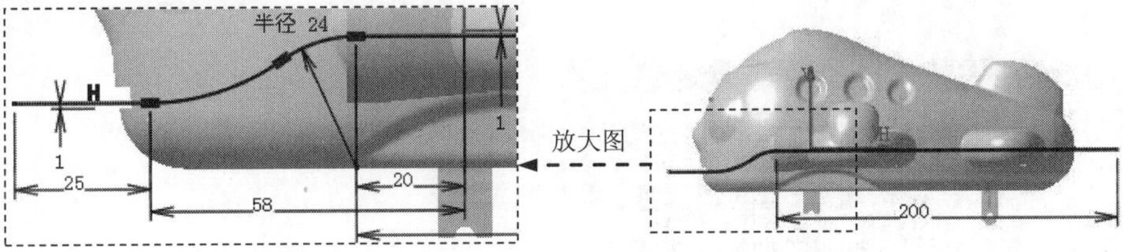

图 12.2.213 草图 48

Step219. 切换到“创成式外形设计”工作台。

Step220. 创建图 12.2.214 所示的特征——拉伸 21。选择下拉菜单 插入 → 曲面 → 拉伸... 命令。选取“草图 48”为拉伸轮廓；在“拉伸曲面定义”对话框 限制 1 区域的 类型: 下拉列表中选择 尺寸 选项；在 限制 1 区域的 尺寸: 文本框中输入值 130，在 限制 2 区域的 类型: 下拉列表中选择 尺寸 选项；在 限制 2 区域的 尺寸: 文本框中输入值 130。单击 确定 按钮，完成拉伸 21 的创建。

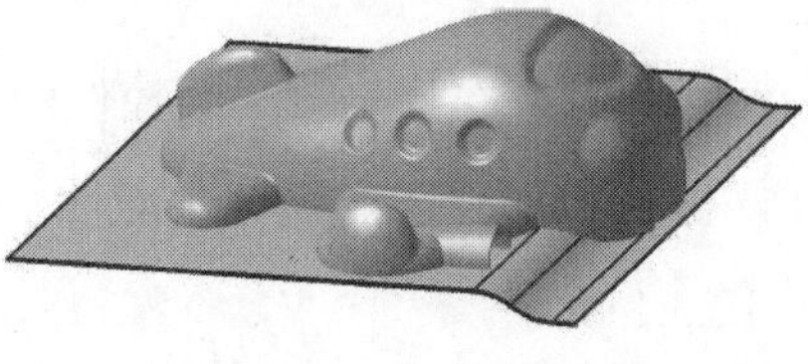

图 12.2.214 拉伸 21

Step221. 创建图 12.2.215 所示的特征—— 平面 21。选择下拉菜单 插入 → 线框 → 平面... 命令；在 平面类型：下拉列表中选择 偏移平面 选项；选取图 12.2.215 所示的面为参考平面；在 偏移：文本框中输入值 0，单击 确定 按钮，完成平面 21 的创建。

图 12.2.215 平面 21

Step222. 发布实体特征。

（1）选择命令。选择下拉菜单 工具 → 发布... 命令。系统弹出图 12.2.216 所示的“发布”对话框。

（2）选取要发布的特征。在特征树中选取“零件几何体”“草图 40”“草图 46”“草图 47”“拉伸 18”和“平面 21”为发布对象。发布后的特征树如图 12.2.217 所示。

（3）单击 确定 按钮，完成发布特征。

Step223. 保存零件模型。选择下拉菜单 文件 → 保存 命令，即可保存零件模型。

Step224. 选择下拉菜单 窗口 → 1 toy_airplane.CATProduct 命令，切换窗口并保存。

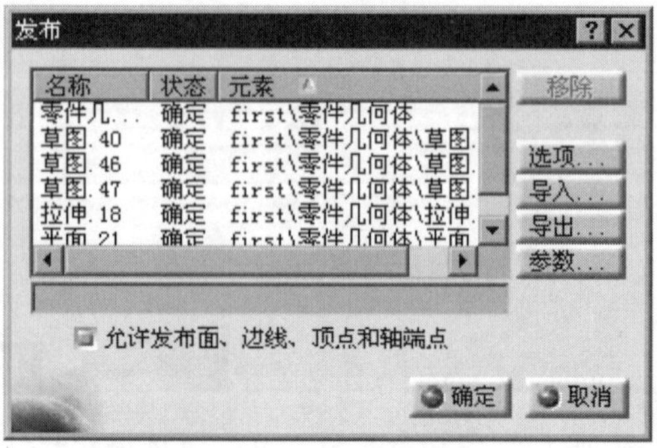

图 12.2.216 “发布”对话框

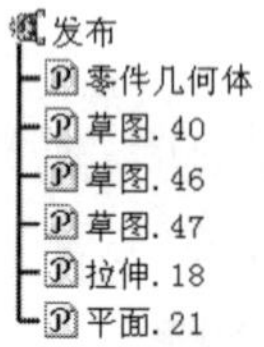

图 12.2.217 特征树

12.3 下 盖

下面要创建的下盖（down_cover）部分是从一级控件中分割出来的，然后引用 first 的部分草图和实体作细节设计，保证零部件之间的可装配性。下面讲解下盖的创建过程，零件模型及相应的特征树如图 12.3.1 所示。

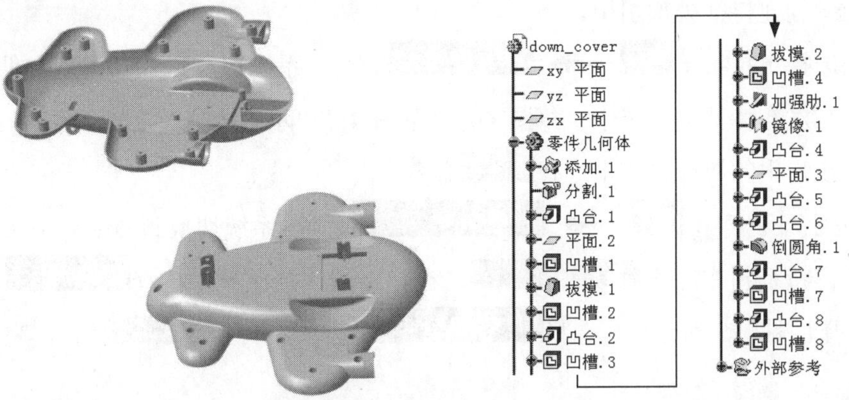

图 12.3.1 零件模型及特征树

Step1. 新建模型文件。激活 toy_airplane ，选择下拉菜单 插入 → 新建零件 命令；系统弹出“新零件：原点”对话框；单击 是(Y) 按钮完成零部件的创建。

Step2. 修改文件名。在 Part1 (Part1.2) 上右击，在弹出的快捷菜单中选择 属性 选项；系统弹出“属性”对话框。在 实例名称 和 零件编号 两个文本框中均输入文件名 down_cover；单击 确定 按钮完成文件名的修改。

Step3. 编辑 down_cover 部件。激活 down_cover (down_cover)，然后右击，在弹出的快捷菜单中选择 down_cover 对象 → 在新窗口中打开 命令；系统进入“创成式外形设计”工作台。

Step4. 切换工作台。选择下拉菜单 开始 → 机械设计 → 零件设计 命令，切换到“零件设计”工作台。

Step5. 创建实体外部引用。

（1）选择下拉菜单 窗口 → 2 first.CATPart 命令。

（2）在发布特征树中选择 零件几何体 右击，在弹出的快捷菜单中选择 复制 命令。

（3）选择下拉菜单 窗口 → 3 down_cover.CATPart 命令。系统切换到 down_cover 模型文件。

（4）在特征树中 down_cover 右击，在弹出的快捷菜单中选择 选择性粘贴... 命令，系统弹出图 12.3.2 所示的“选择性粘贴”对话框，选择 与原文档相关联的结果 选项，单击 确定 按钮，完成外部引用的创建。

（5）创建布尔操作。在特征树中选中 几何体.2 ，选择下拉菜单 插入 → 布尔操作 → 添加... 命令，此时特征树如图 12.3.3 所示。

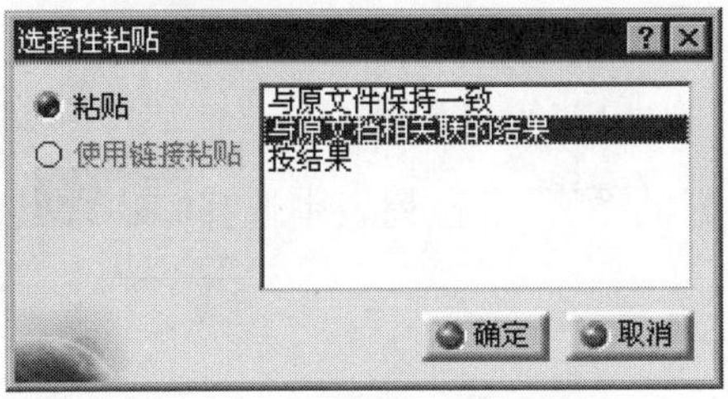

图 12.3.2 “选择性粘贴”对话框

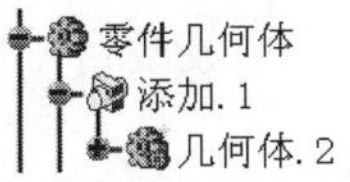

图 12.3.3 特征树

Step6. 创建特征外部引用。

（1）选择下拉菜单 窗口 → 2 first.CATPart 命令。系统切换到 first 模型文件。

（2）在发布特征树中选中“草图 40”“草图 46”“草图 47”“拉伸 18”和“平面 21”并右击，在弹出的快捷菜单中选择 复制 命令。

（3）选择下拉菜单 窗口 → 3 down_cover.CATPart 命令。系统切换到 down_cover 模型文件。

（4）在特征树中右击 down_cover，在弹出的快捷菜单中选择 选择性粘贴... 命令，系统弹出“选择性粘贴”对话框，选择 与原文档相关联的结果 选项，单击 确定 按钮，完成外部引用的创建。

Step7. 创建图 12.3.4 所示的特征——分割 1。

（1）选择命令。选择下拉菜单 插入 → 基于曲面的特征 → 分割... 命令。系统弹出“定义分割”对话框。

（2）定义要分割的对象。选取图 12.3.5 所示的曲面为分割元素，并单击曲面上自动生成的分割方向箭头，使其指向图 12.3.4 所示的实体。

（3）单击 确定 按钮，完成分割 1 的创建。

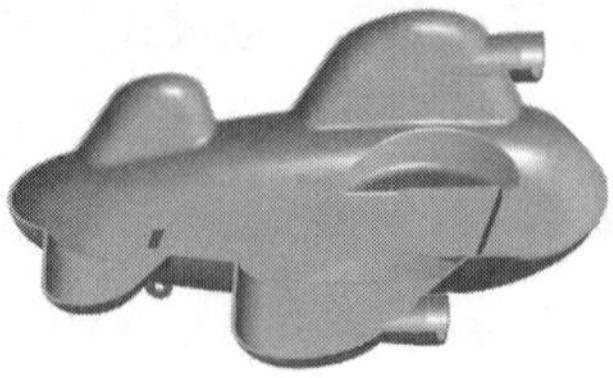

图 12.3.4　分割 1

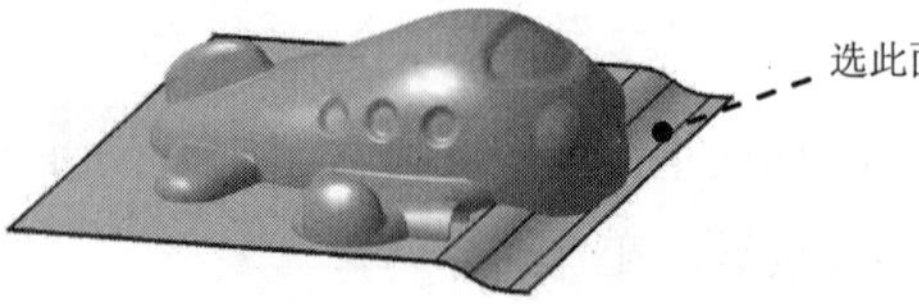

图 12.3.5　选取分割元素

Step8. 创建图 12.3.6 所示的特征——凸台 1。

（1）选择命令。选择下拉菜单 插入 → 基于草图的特征 → 凸台... 命令，系统弹出“定义凸台”对话框。

（2）创建截面草图。

① 定义草图平面。在“定义凸台”对话框中单击按钮，选取“xy 平面”为草图平面。

② 绘制截面草图。在草绘工作台中绘制图 12.3.7 所示的截面草图，使草图中圆的圆心与图 12.3.8 所示的 first 所发布的草图中的 6 个点相合。

③ 单击“工作台”工具栏中的按钮，退出草绘工作台。

（3）定义拉伸深度属性。在 第一限制 区域的 类型: 下拉列表中选择 直到下一个 选项，单击 确定 按钮，完成凸台 1 的创建。

图 12.3.6　凸台 1

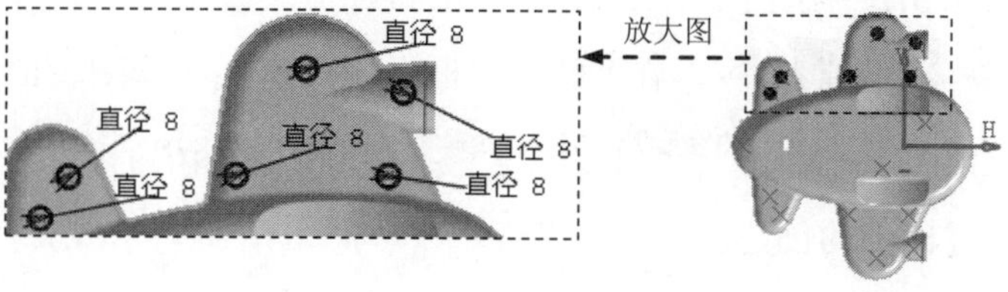

图 12.3.7　截面草图

Step9. 切换到“创成式外形设计”工作台。

Step10. 创建图 12.3.9 所示的特征—— 平面 2。选择下拉菜单 插入 → 线框 → 平面... 命令；在 平面类型: 下拉列表中选择 偏移平面 选项；选取图 12.3.9 所示的面为偏移面；在 偏移: 文本框中输入值 2，单击 反转方向 按钮，反转偏移方向；单击 确定 按钮，完成平面 2 的创建。

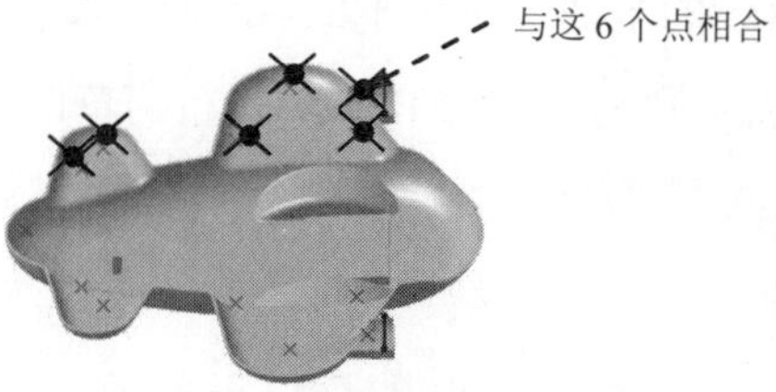

图 12.3.8　选取相合点

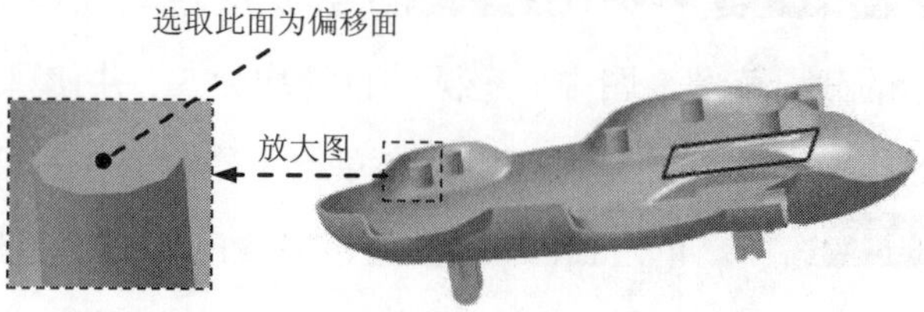

图 12.3.9　平面 2

Step11. 切换到“零件设计”工作台。

Step12. 创建图 12.3.10 所示的特征——凹槽 1。选择下拉菜单 插入 → 基于草图的特征 → 凹槽... 命令，选取“平面 2”为草图平面。绘制图 12.3.11 所示的截面草图，使草图中圆的圆心与 first 所发布的草图 46 中的点相合。单击 按钮，退出草绘工作台。在对话框 第一限制 区域的 类型: 下拉列表中选择 直到最后 选项并单击 反转方向 按钮，反转拉伸方向。单击 确定 按钮，完成凹槽 1 的创建。

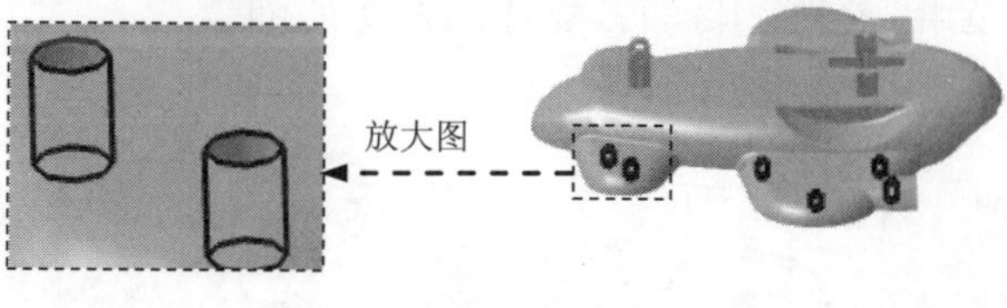

图 12.3.10　凹槽 1

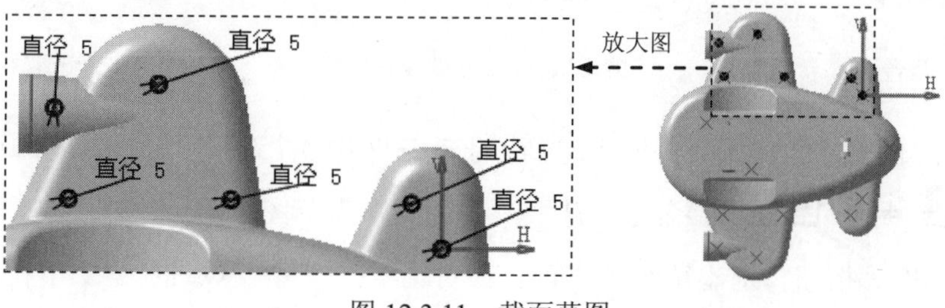

图 12.3.11　截面草图

Step13. 创建图 12.3.12 所示的特征——拔模 1。选择下拉菜单 插入 → 修饰特征 ▸ → 拔模... 命令，在 角度: 文本框中输入值 5；选取图 12.3.13 所示的 6 个圆柱侧表面为要拔模的面。激活 中性元素 区域的 选择: 文本框，选取“平面 2”为中性元素。单击 确定 按钮，完成拔模 1 的创建。

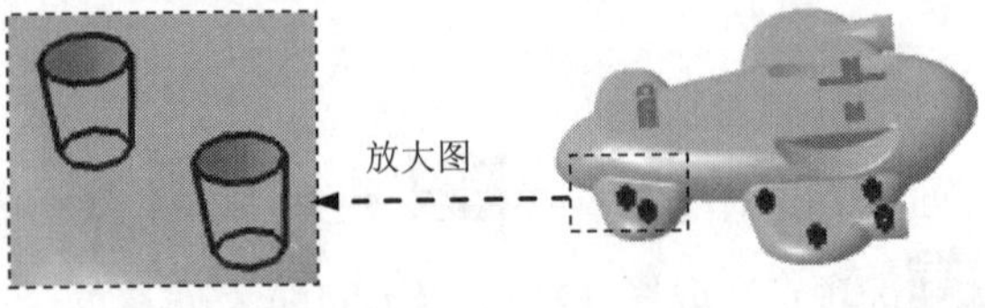

图 12.3.12　拔模 1

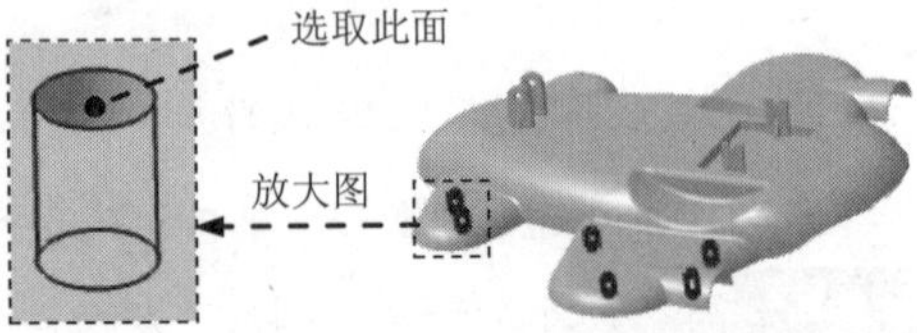

图 12.3.13　选取拔模面

Step14. 创建图 12.3.14 所示的特征——凹槽 2。选择下拉菜单 插入 → 基于草图的特征 ▸ → 凹槽... 命令，选取图 12.3.14 所示的平面为草图平面。绘制图 12.3.15 所示的截面草图，图中 6 个圆的直径均为 3，并使草图中圆的圆心与 first 所发布的草图 46 中的点相合。单击 按钮，退出草绘工作台。在对话框 第一限制 区域的 类型: 下拉列表中选择 直到最后 选项。单击 确定 按钮，完成凹槽 2 的创建。

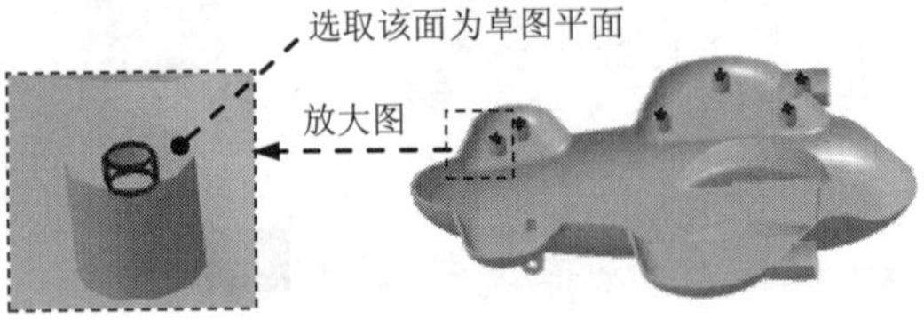

图 12.3.14　凹槽 2

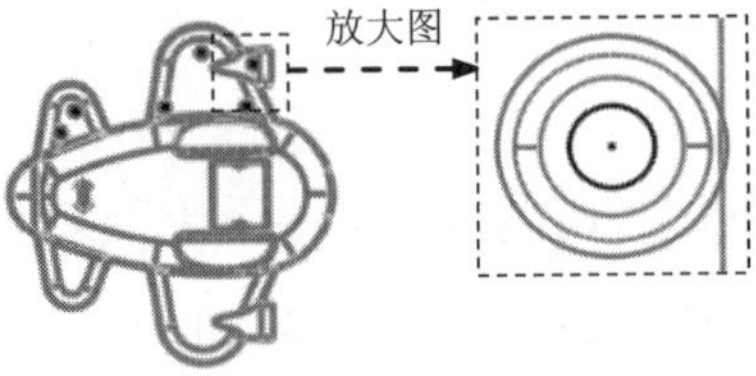

图 12.3.15　截面草图

Step15. 创建图 12.3.16 所示的特征——凸台 2。选择下拉菜单 插入 → 基于草图的特征 ▸ → 凸台... 命令，选取“xy 平面”为草图平面，绘制图 12.3.17 所示的截面草图，使圆心与图 12.3.18 所示草图 46 中的点相合，在 第一限制 区域的 类型: 下拉列表中选择 直到下一个 选项；单击 确定 按钮，完成凸台 2 的创建。

图 12.3.16　凸台 2

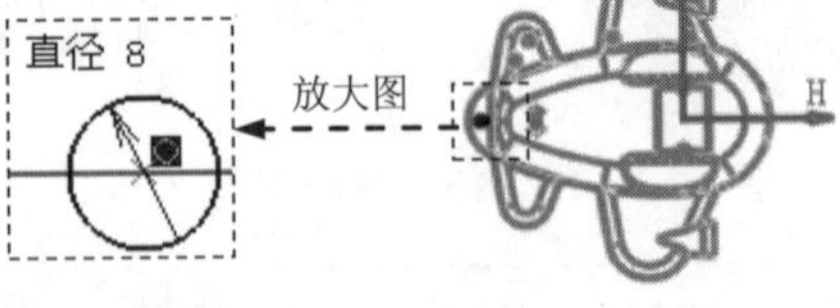

图 12.3.17　截面草图

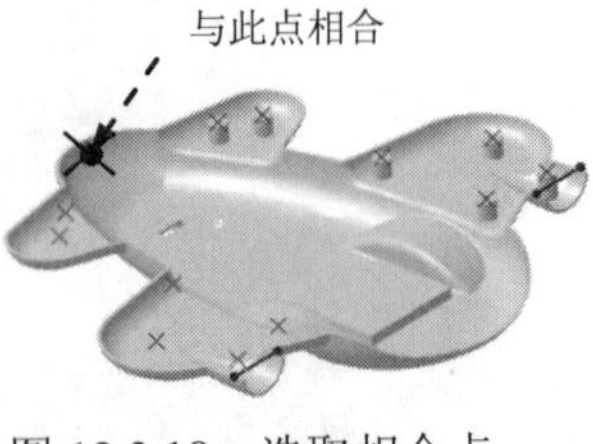

图 12.3.18　选取相合点

Step16. 创建图 12.3.19 所示的特征——凹槽 3。选择下拉菜单 插入 → 基于草图的特征 ▸ → 凹槽... 命令，选取“平面 2”为草图平面。绘制图 12.3.20 所示的截面草图。单击 按钮，退出草绘工作台。在对话框 第一限制 区域的 类型: 下拉列表中选择直到最后选项并单击 反转方向 按钮，单击 确定 按钮，完成凹槽 3 的创建。

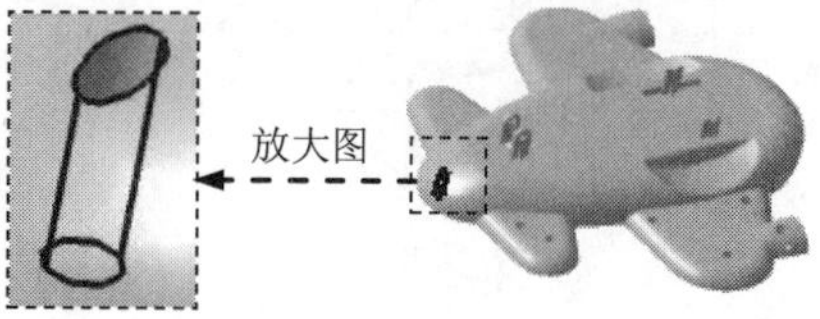

图 12.3.19 凹槽 3

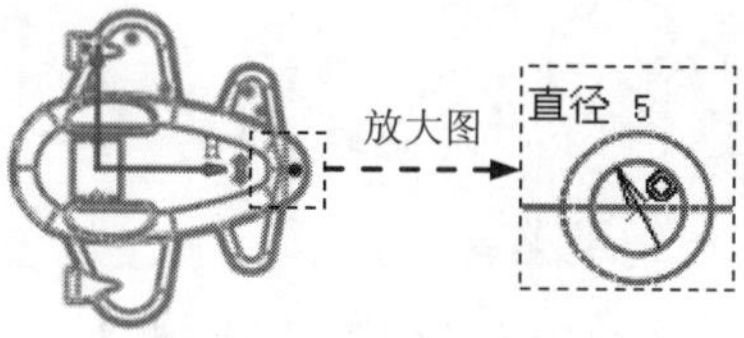

图 12.3.20 截面草图

Step17. 创建图 12.3.21 所示的特征——拔模 2。选择下拉菜单 插入 → 修饰特征 → 拔模... 命令，在 角度: 文本框中输入值 5；选取图 12.3.22 所示的圆柱侧表面为要拔模的面。激活 中性元素 区域的 选择: 文本框，选取“平面 2”为中性元素。单击 确定 按钮，完成拔模 2 的创建。

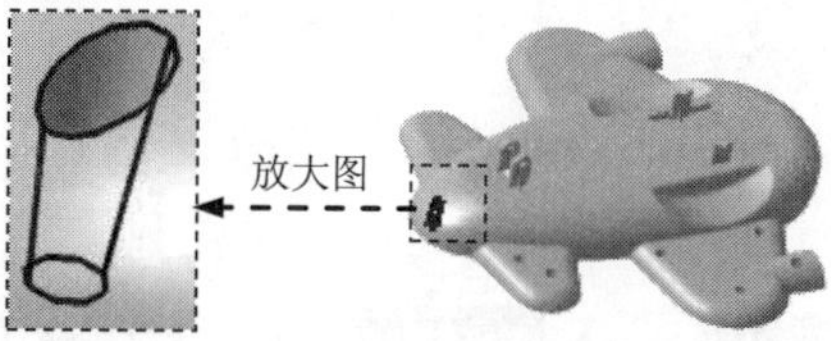

图 12.3.21 拔模 2

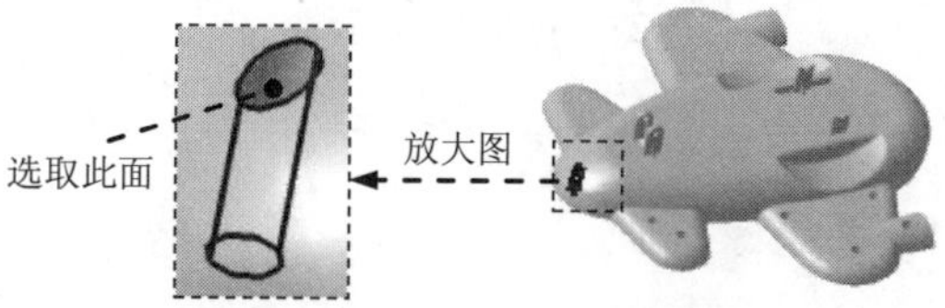

图 12.3.22 选取拔模面

Step18. 创建图 12.3.23 所示的特征——凹槽 4。选择下拉菜单 插入 → 基于草图的特征 → 凹槽... 命令，选取图 12.3.23 所示的平面为草图平面。绘制图 12.3.24 所示的截面草图。单击 按钮，退出草绘工作台。在对话框 第一限制 区域的 类型: 下拉列表中选择 直到最后 选项。单击 确定 按钮，完成凹槽 4 的创建。

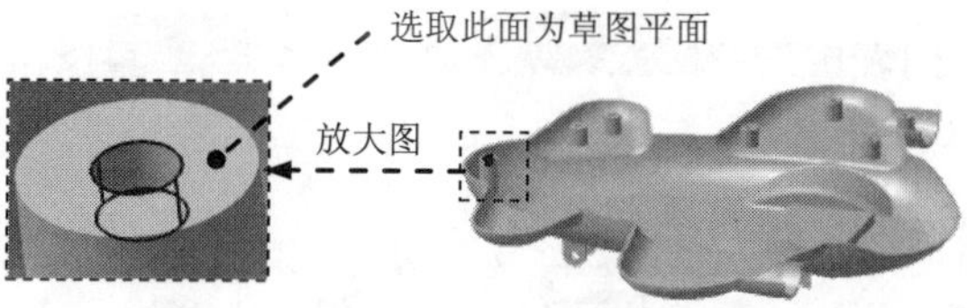

图 12.3.23 凹槽 4

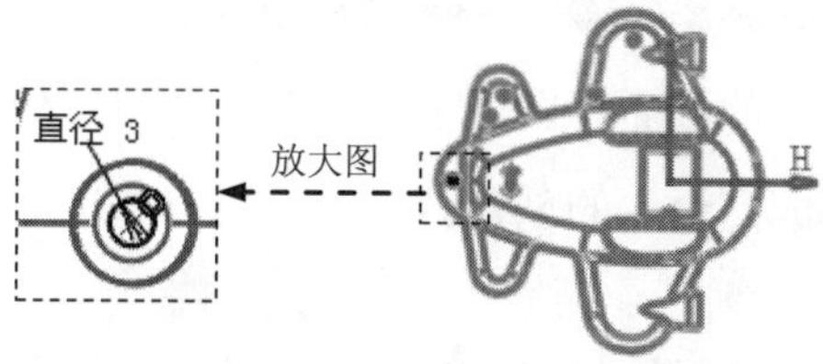

图 12.3.24 截面草图

Step19. 创建图 12.3.25 所示的特征——加强肋 1。

（1）选择命令。选择下拉菜单 插入 → 基于草图的特征 → 加强肋... 命令，系统弹出“定义加强肋”对话框。

（2）创建截面草图。选中 从顶部 单选项，单击 按钮，选取图 12.3.25 所示的面为草图平面。绘制图 12.3.26 所示的截面草图，使绘制的直线与 first 所发布的图 12.3.27 所示的直线相合。单击 按钮，退出草绘工作台。

（3）定义拉伸深度属性。在 厚度 区域的 厚度 1: 文本框中输入值 1.5；选中 中性边界 复选框，单击 确定 按钮，完成加强肋 1 的创建。

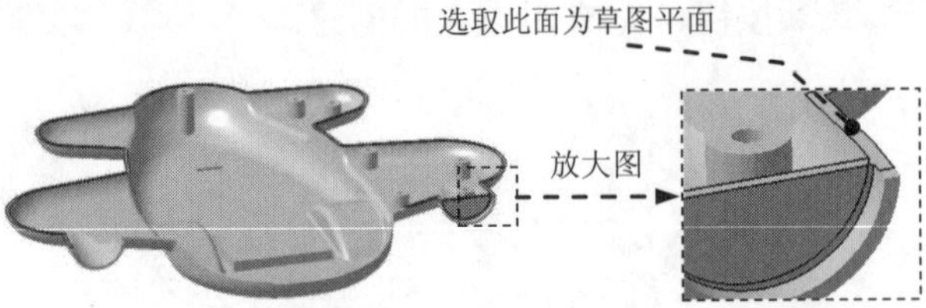

图 12.3.25　加强肋 1

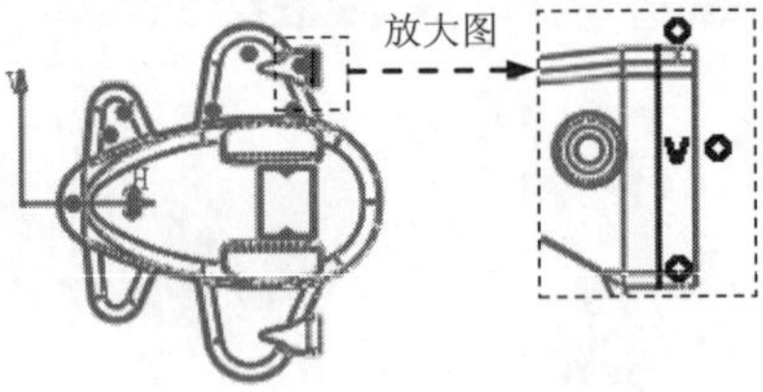

图 12.3.26　截面草图

Step20. 创建图 12.3.28 所示的特征——镜像 1。

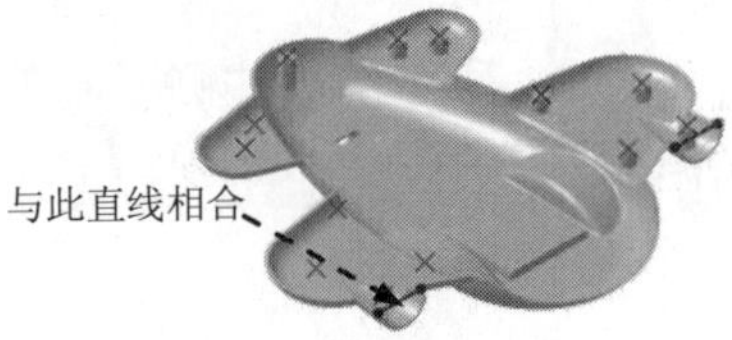

图 12.3.27　选取相合直线

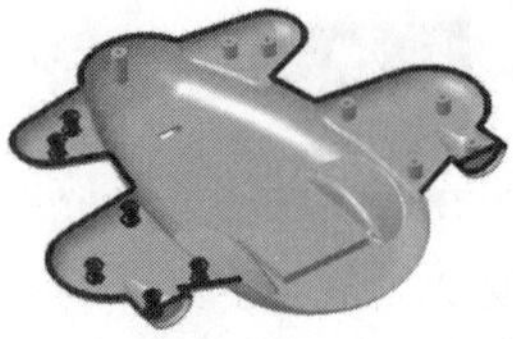

图 12.3.28　镜像 1

（1）按住 Ctrl 键，在特征树中选取 “凸台 1”“凹槽 1”“拔模 1”“凹槽 2” 和“加强肋 1”为镜像特征。

（2）选择命令。选择下拉菜单 插入 → 变换特征 → 镜像... 命令，系统弹出“定义镜像”对话框。

（3）在 镜像元素: 文本框中右击，在弹出的快捷菜单中选择 ZX 平面 选项。

（4）单击 确定 按钮，完成镜像 1 的创建。

Step21. 创建图 12.3.29 所示的特征—— 凸台 4。选择下拉菜单 插入 → 基于草图的特征 → 凸台... 命令，选取图 12.3.29 所示的面为草图平面，绘制图 12.3.30 所示的截面草图，在 第一限制 区域的 类型: 下拉列表中选择 直到下一个 选项；单击 确定 按钮，完成凸台 4 的创建。

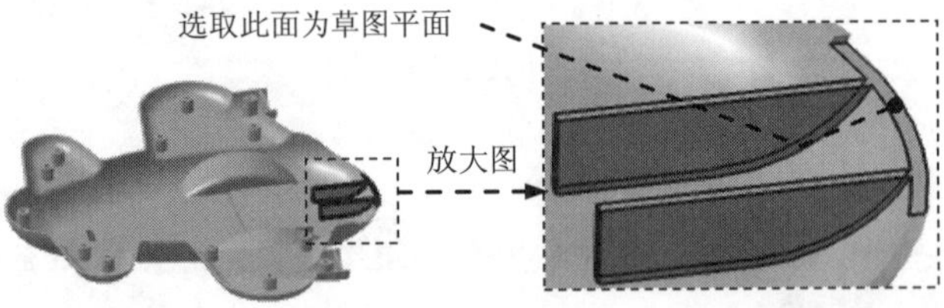

图 12.3.29　凸台 4

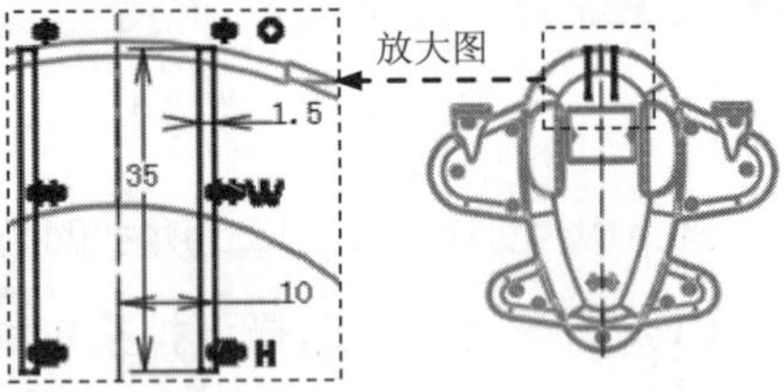

图 12.3.30　截面草图

Step22. 创建图 12.3.31 所示的特征—— 平面 3。

（1）切换至“创成式外形设计”工作台。

（2）选择下拉菜单 插入 → 线框 → 平面... 命令。

（3）在平面类型:下拉列表中选择偏移平面选项；选取“xy 平面”为参考平面；在偏移:文本框中输入值 12 并单击反转方向按钮，反转偏移方向；单击确定按钮，完成平面 3 的创建。

（4）切换至“零件设计”工作台。

Step23. 创建图 12.3.32 所示的特征——凸台 5。选择下拉菜单插入 → 基于草图的特征 → 凸台...命令，选取“平面 3”为草图平面，绘制图 12.3.33 所示的截面草图，在第一限制区域的类型:下拉列表中选择直到下一个选项；单击确定按钮，完成凸台 5 的创建。

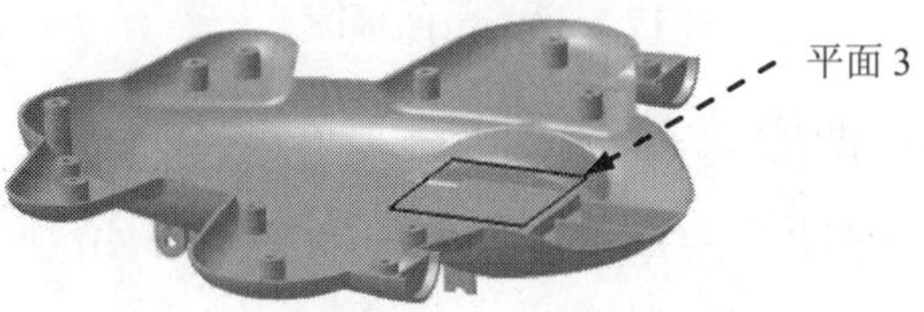

图 12.3.31　平面 3

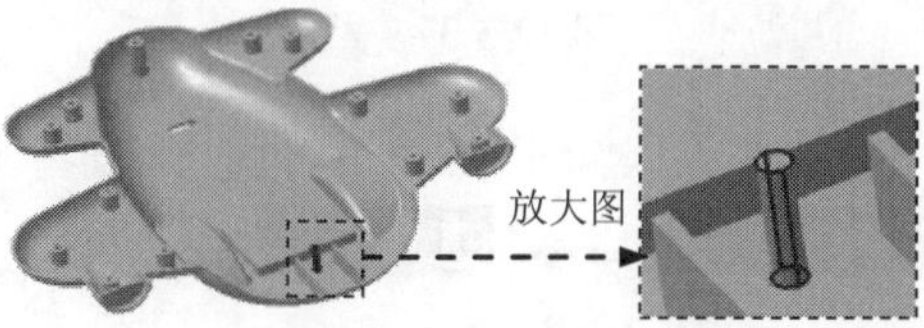

图 12.3.32　凸台 5

Step24. 创建图 12.3.34 所示的特征——凸台 6。选择下拉菜单插入 → 基于草图的特征 → 凸台...命令，选取“平面 3”为草图平面，绘制图 12.3.35 所示的截面草图，在第一限制区域的类型:下拉列表中选择尺寸选项，在第一限制区域的长度:文本框中输入值 1，单击确定按钮，完成凸台 6 的创建。

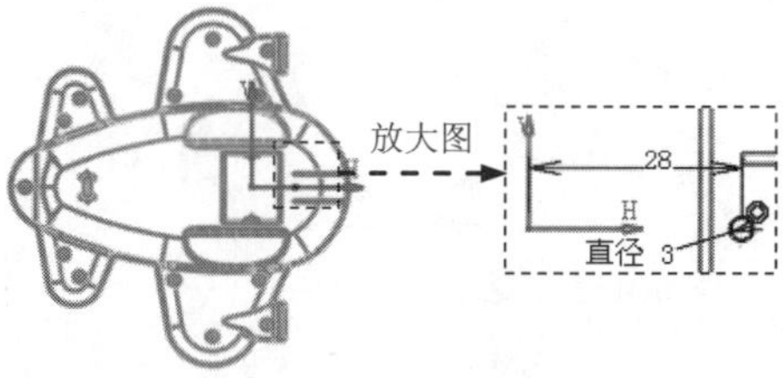

图 12.3.33　截面草图

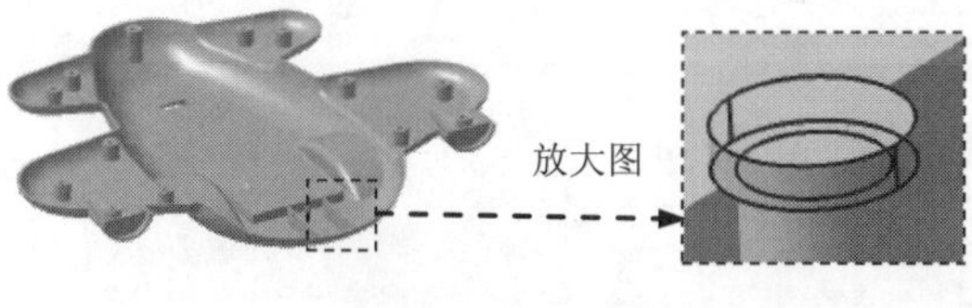

图 12.3.34　凸台 6

Step25. 创建特征——倒圆角 1。选择下拉菜单插入 → 修饰特征 → 倒圆角...命令，选取图 12.3.36 所示边为倒圆角的对象。在半径:文本框中输入值 0.7。

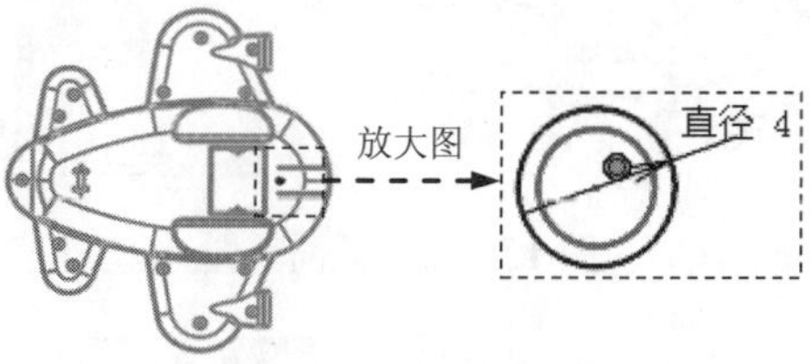

图 12.3.35　截面草图

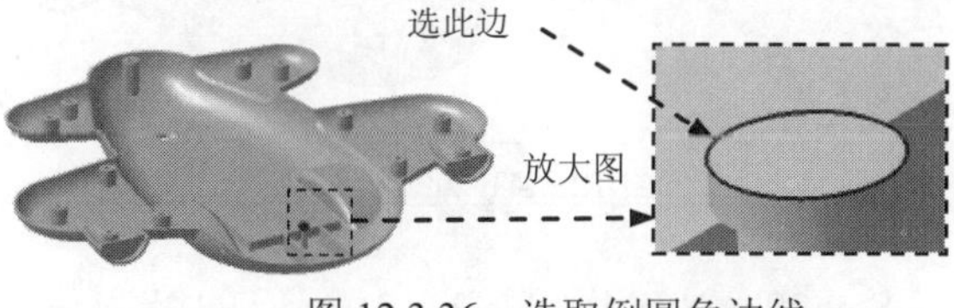

图 12.3.36　选取倒圆角边线

Step26. 创建图 12.3.37 所示的特征——凸台 7。选择下拉菜单插入 →

基于草图的特征 → 凸台... 命令，选取“zx 平面”为草图平面，绘制图 12.3.38 所示的截面草图，在 第一限制 区域的 类型: 下拉列表中选择 尺寸 选项，在 第一限制 区域的 长度: 文本框中输入值 0.5，选中 镜像范围 复选框，单击 确定 按钮，完成凸台 7 的创建。

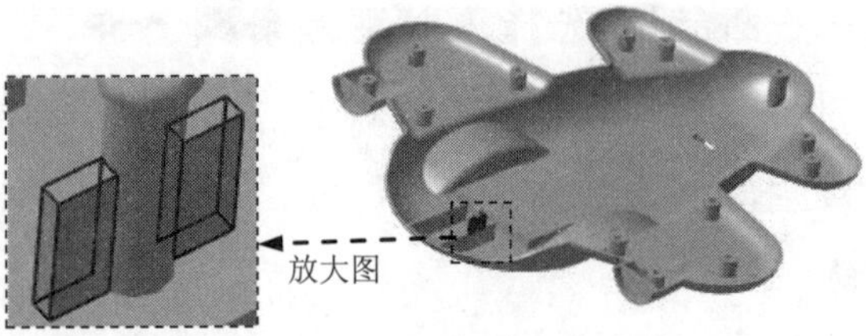

图 12.3.37　凸台 7

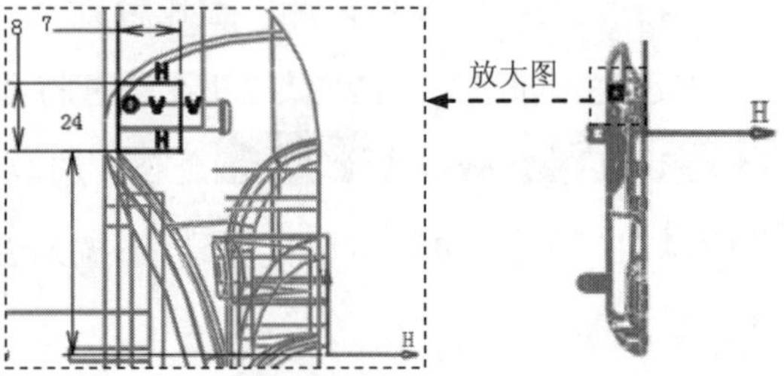

图 12.3.38　截面草图

Step27. 创建图 12.3.39 所示的特征——凹槽 7。选择下拉菜单 插入 → 基于草图的特征 → 凹槽... 命令，选取“xy 平面”为草图平面。绘制图 12.3.40 所示的截面草图。单击 按钮，退出草绘工作台。在对话框 第一限制 区域的 类型: 下拉列表中选择 直到最后 选项，单击 确定 按钮，完成凹槽 7 的创建。

Step28. 创建图 12.3.41 所示的特征—— 凸台 8。选择下拉菜单 插入 → 基于草图的特征 → 凸台... 命令，选取图 12.3.41 所示的面为草图平面，绘制图 12.3.42 所示的截面草图，使绘制的圆的圆心与 first 所发布的草图 47 中的点相合。在 第一限制 区域的 类型: 下拉列表中选择 尺寸 选项，在 第一限制 区域的 长度: 文本框中输入值 10，单击 确定 按钮，完成凸台 8 的创建。

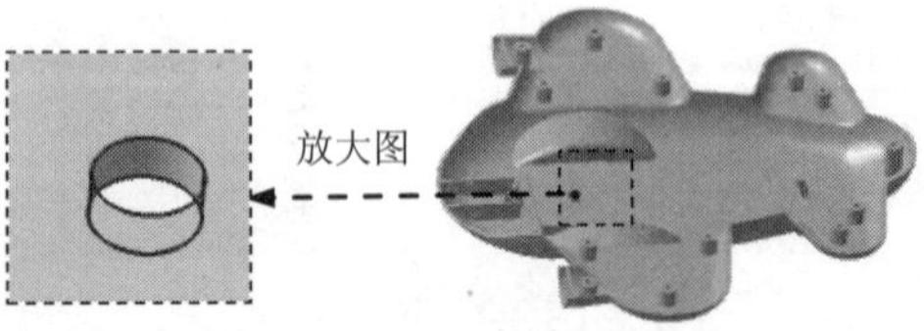

图 12.3.39　凹槽 7

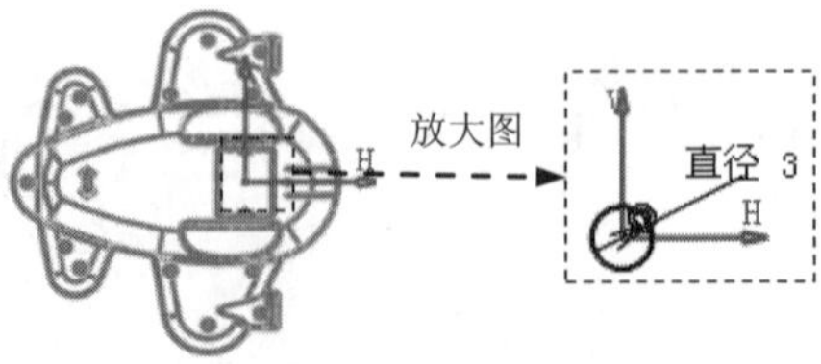

图 12.3.40　截面草图

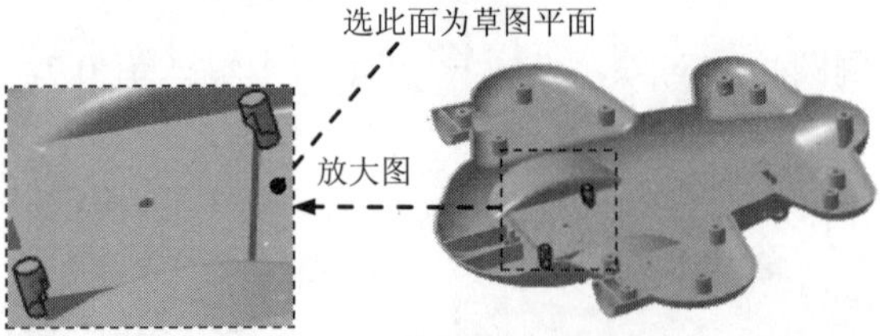

图 12.3.41　凸台 8

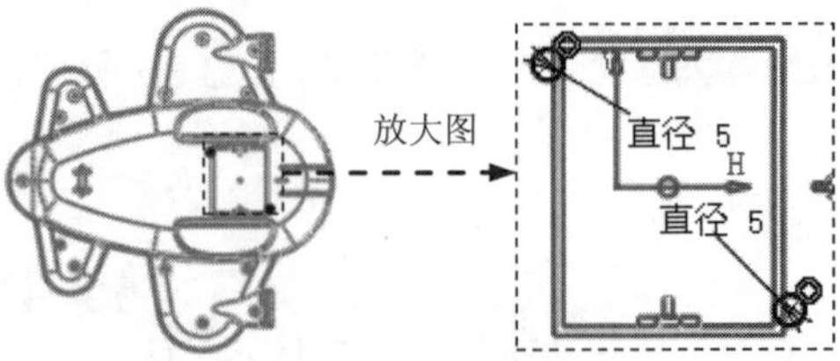

图 12.3.42　截面草图

Step29. 创建图 12.3.43 所示的特征——凹槽 8。选择下拉菜单 插入 → 基于草图的特征 → 凹槽... 命令，选取图 12.3.43 所示的面为草图平面。绘制图 12.3.44 所示的截面草图。单击 按钮，退出草绘工作台。在对话框 第一限制 区域的 类型: 下拉列表中选择尺寸选项，在深度:文本框中输入值 5。单击 确定 按钮，完成凹槽 8 的创建。

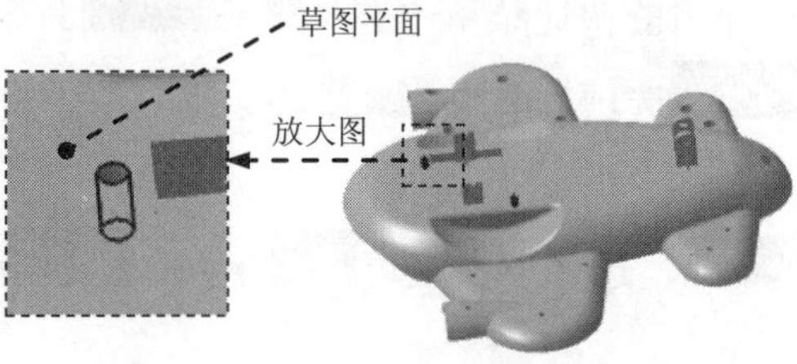

图 12.3.43 凹槽 8

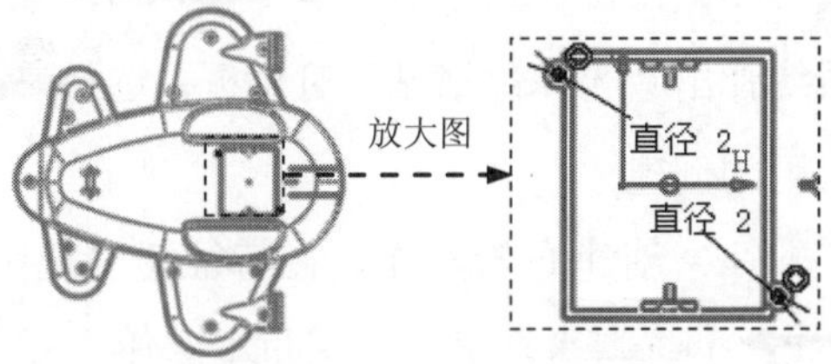

图 12.3.44 截面草图

Step30. 保存零件模型。选择下拉菜单文件 → 保存命令，即可保存零件模型；完成保存后将其关闭。

Step31. 选择下拉菜单窗口 → 1 toy_airplane.CATProduct命令，切换窗口并保存。

12.4 上 盖

下面要创建的上盖（top_cover）部分是引用一级控件部分的草图和实体。下面讲解上盖（top_cover）的创建过程，零件模型及相应的特征树如图 12.4.1 所示。

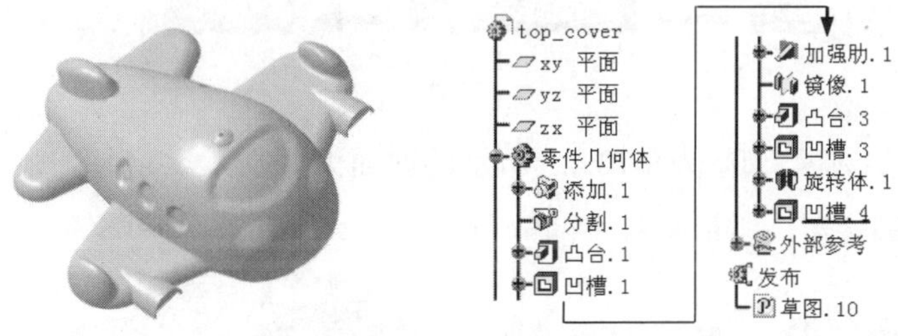

图 12.4.1 零件模型及特征树

Step1. 新建模型文件。激活 toy_airplane，选择下拉菜单插入 → 新建零件命令；系统弹出“新零件：原点”对话框；单击 是(Y) 按钮完成零部件的创建。

Step2. 修改文件名。右击 Part1 (Part1.3)，在弹出的快捷菜单中选择属性选项；系统弹出“属性”对话框。在实例名称和零件编号两个文本框中均输入文件名 top_cover；单击 确定 按钮完成文件名的修改。

Step3. 编辑 top_cover 部件。激活 top_cover (top_cover) 并右击，在弹出的快捷菜单中选择top_cover 对象 → 在新窗口中打开命令；系统进入“零件设计”工作台。

Step4. 创建实体外部引用。

(1) 选择下拉菜单窗口 → 2 first.CATPart命令。在特征树中选择零件几何体并右击，在弹出的快捷菜单中选择复制命令。

（2）选择下拉菜单 窗口 → top_cover.CATPart 命令。系统切换到 top_cover 模型文件。

（3）在特征树中选择 top_cover 并右击，在弹出的快捷菜单中选择 选择性粘贴... 命令，系统弹出“选择性粘贴”对话框，选择 与原文档相关联的结果 选项，单击 确定 按钮，完成外部引用的创建。

（4）创建布尔操作。在特征树中选中 几何体.2，选择下拉菜单 插入 → 布尔操作 → 添加... 命令，完成布尔操作。

Step5. 创建特征外部引用。

（1）选择下拉菜单 窗口 → 2 first.CATPart 命令，系统切换到 first 模型文件。

（2）在发布特征树中选中“草图 40”“草图 46”“草图 47”“拉伸 18”和“平面 21”并右击，在弹出的快捷菜单中选择 复制 命令。

（3）选择下拉菜单 窗口 → top_cover.CATPart 命令，系统切换到 top_cover 模型文件。

（4）在特征树中选择 top_cover 并右击，在弹出的快捷菜单中选择 选择性粘贴... 命令，系统弹出“选择性粘贴”对话框，选择 与原文档相关联的结果 选项，单击 确定 按钮，完成外部引用的创建。

Step6. 创建图 12.4.2 所示的特征——分割 1。

（1）选择命令。选择 插入 → 基于曲面的特征 → 分割... 命令。系统弹出“定义分割”对话框。

（2）定义要分割的对象。选取图 12.4.3 所示的曲面为分割元素。

（3）单击 确定 按钮，完成分割 1 的创建。

图 12.4.2　分割 1

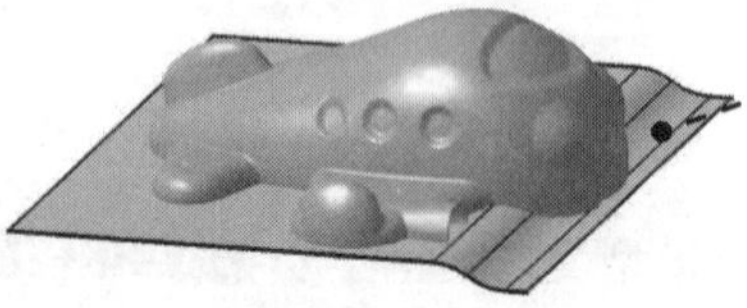

图 12.4.3　选取分割元素

Step7. 创建图 12.4.4 所示的特征——凸台 1。

（1）选择命令。选择下拉菜单 插入 → 基于草图的特征 → 凸台... 命令，系统弹出“定义凸台”对话框。

（2）创建截面草图。

① 定义草图平面。在“定义凸台”对话框中单击 按钮，选取“xy 平面”为草图平面。

② 绘制截面草图。在草绘工作台中绘制图 12.4.5 所示的截面草图，使圆心与图 12.4.6 所示的 first 所发布的草图中的点相合。

③ 单击“工作台”工具栏中的按钮，退出草绘工作台。

（3）定义拉伸深度属性。在第一限制区域的类型：下拉列表中均选择直到下一个选项，单击确定按钮，完成凸台 1 的创建。

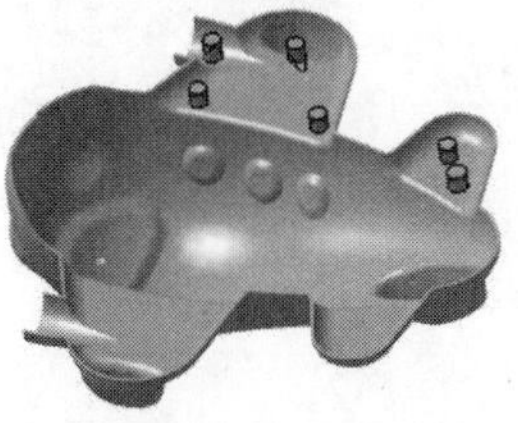

图 12.4.4 凸台 1

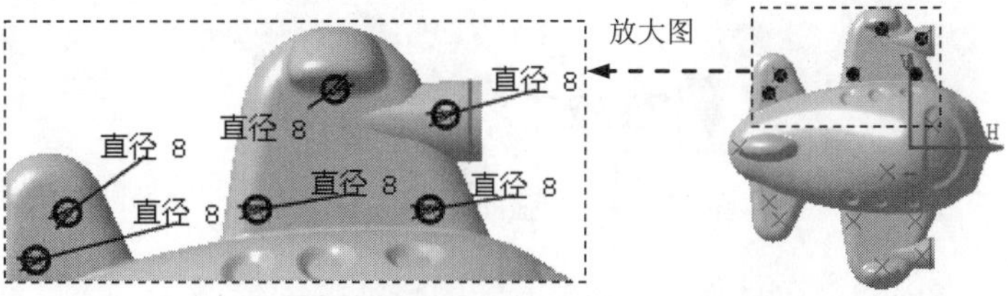

图 12.4.5 截面草图

Step8. 创建图 12.4.7 所示的特征——凹槽 1。选择下拉菜单插入 → 基于草图的特征 → 凹槽...命令，选取“xy 平面”为草图平面。绘制图 12.4.8 所示的截面草图，使圆心与 first 所发布的草图中的点相合。单击按钮，退出草绘工作台。在对话框第一限制区域的类型：下拉列表选择尺寸选项，在第一限制区域的深度：文本框中输入值 5 并单击反转方向按钮，反转拉伸方向。单击确定按钮，完成凹槽 1 的创建。

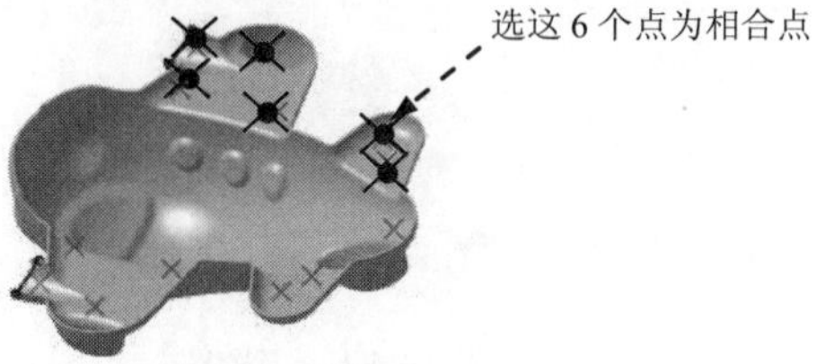

图 12.4.6 选取相合点

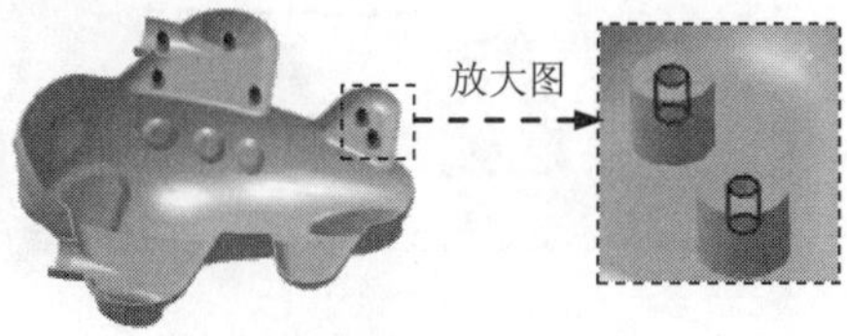

图 12.4.7 凹槽 1

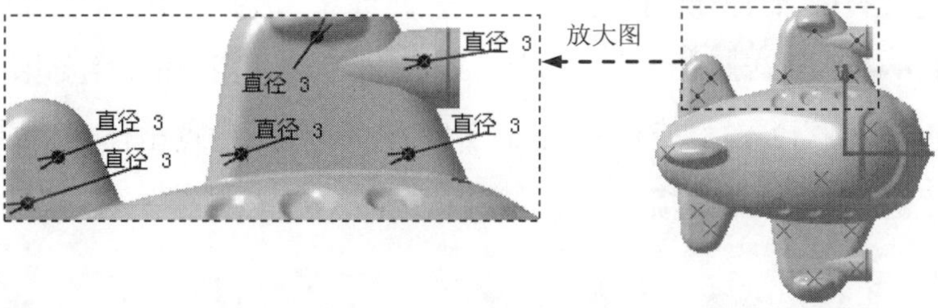

图 12.4.8 截面草图

Step9. 创建图 12.4.9 所示的特征——加强肋 1。

（1）选择命令。选择下拉菜单插入 → 基于草图的特征 → 加强肋...命令，系统弹出“定义加强肋”对话框。

（2）创建截面草图。选中从顶部单选项，单击按钮，选取图 12.4.9 所示的面为草图平面。绘制图 12.4.10 所示的截面草图，使绘制的直线与图 12.4.11 所示的 first 所发布的直线相合。单击按钮，退出草绘工作台。

（3）定义拉伸深度属性。在厚度区域的厚度 1：文本框中输入值 1.5；选中中性边界复选框；单击 确定 按钮，完成加强肋 1 的创建。

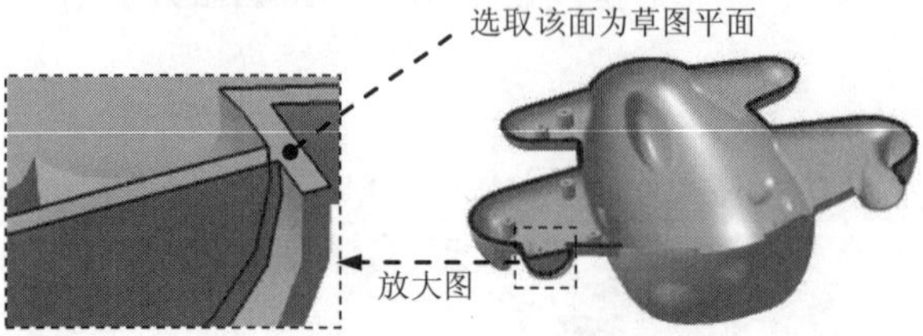

图 12.4.9　加强肋 1

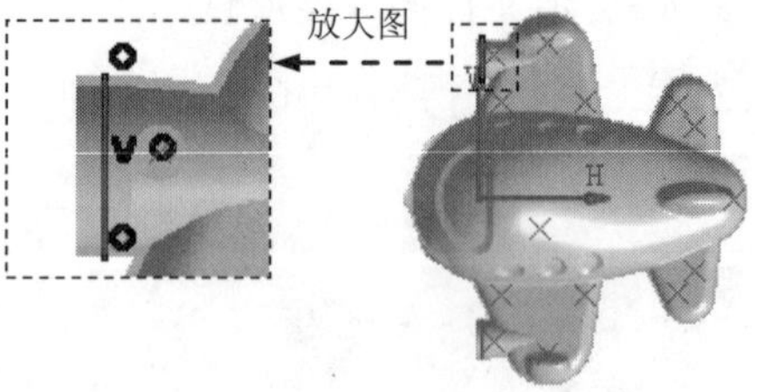

图 12.4.10　截面草图

Step10. 创建图 12.4.12 所示的特征——镜像 1。

（1）按住 Ctrl 键，在特征树中选取“凸台 1”“凹槽 1”和“加强肋 1”为镜像特征。

（2）选择命令。选择下拉菜单 插入 ➡ 变换特征 ▸ ➡ 镜像... 命令，系统弹出“定义镜像”对话框。

（3）在 镜像元素: 文本框中右击，在弹出的快捷菜单中选择 ZX 平面 选项。

（4）单击 确定 按钮，完成镜像 1 的创建。

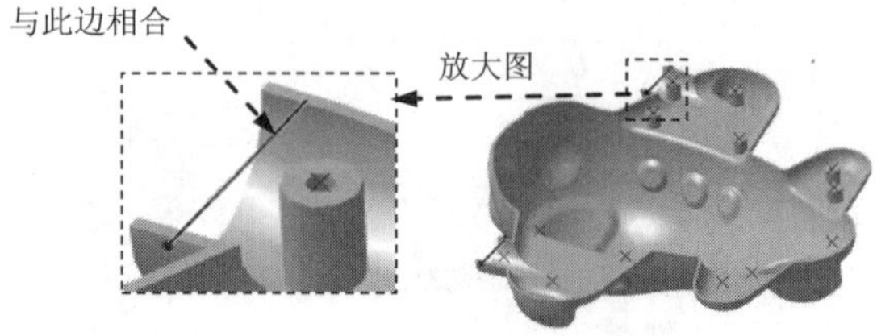

图 12.4.11　选取相合边线

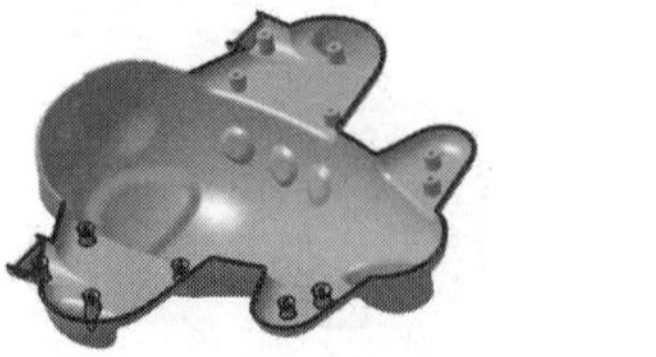
图 12.4.12　镜像 1

Step11. 创建图 12.4.13 所示的特征——凸台 3。选择下拉菜单 插入 ➡ 基于草图的特征 ▸ ➡ 凸台... 命令，选取“xy 平面”为草图平面，绘制图 12.4.14 所示的截面草图，使圆与图 12.4.15 所示的 first 所发布的草图中的点相合，在 第一限制 区域的 类型: 下拉列表中选择 直到下一个 选项，单击 确定 按钮，完成凸台 3 的创建。

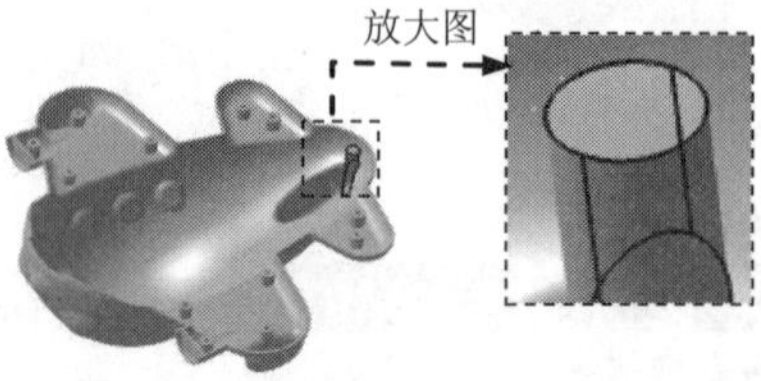

图 12.4.13　凸台 3

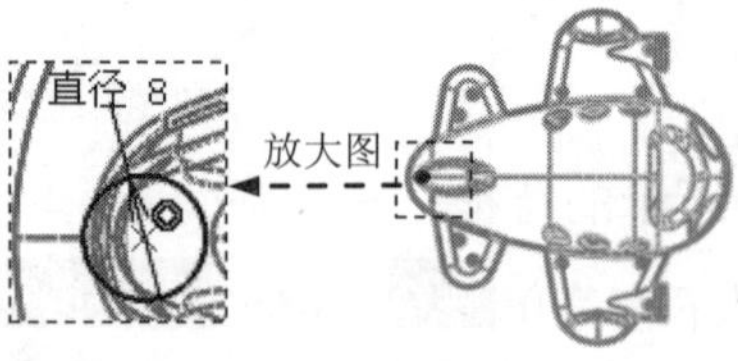

图 12.4.14　截面草图

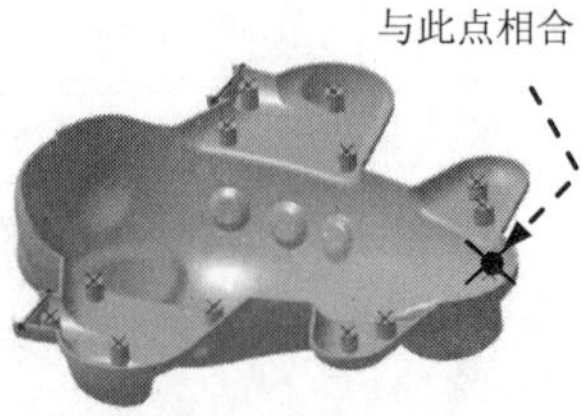

图 12.4.15　选取相合点

Step12. 创建图 12.4.16 所示的特征——凹槽 3。选择下拉菜单 插入 ➡ 基于草图的特征 ▸ ➡ 凹槽... 命令，选取 12.4.16 所示的面为草图平面。绘制图 12.4.17 所示的截面草图，使圆与图 12.4.15 所示的 first 所发布的草图中的点相合。单击 按钮，退出草绘工作台。在对话框 第一限制 区域的 类型: 下拉列表中选择 尺寸 选项，在 第一限制 区域的 深度:

文本框中输入值 5。单击 确定 按钮，完成凹槽 3 的创建。

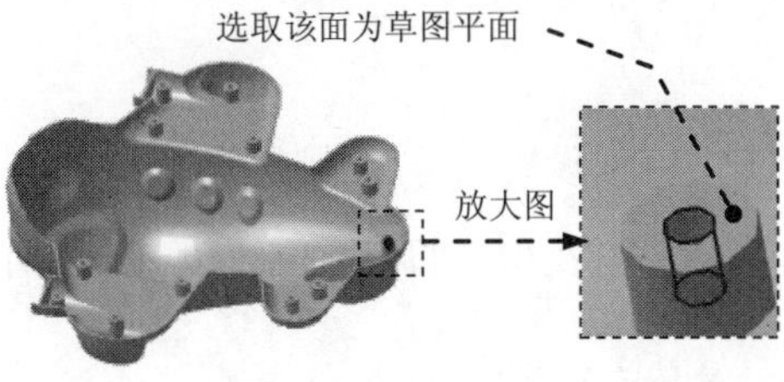

图 12.4.16 凹槽 3

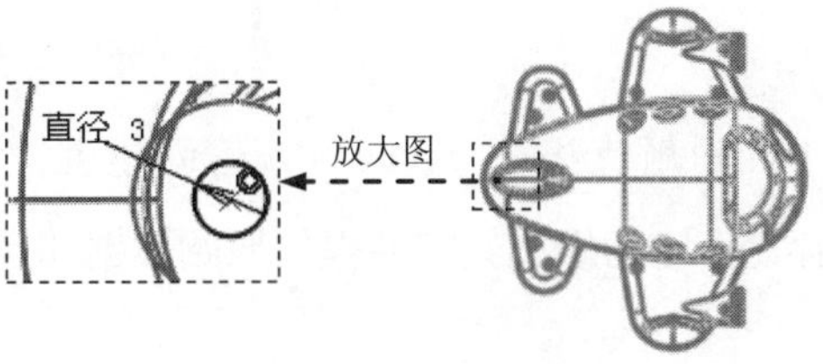

图 12.4.17 截面草图

Step13. 创建图 12.4.18 所示的特征——旋转体 1。选择下拉菜单 插入 ➡ 基于草图的特征 ➡ 旋转体... 命令；单击按钮，选取“yz 平面”为草图平面；绘制图 12.4.19 所示的截面草图；在 轴线 区域 选择: 文本框处右击，在弹出的快捷菜单中选择 Z 轴 选项，其他选项按系统默认设置，完成旋转体 1 的创建。

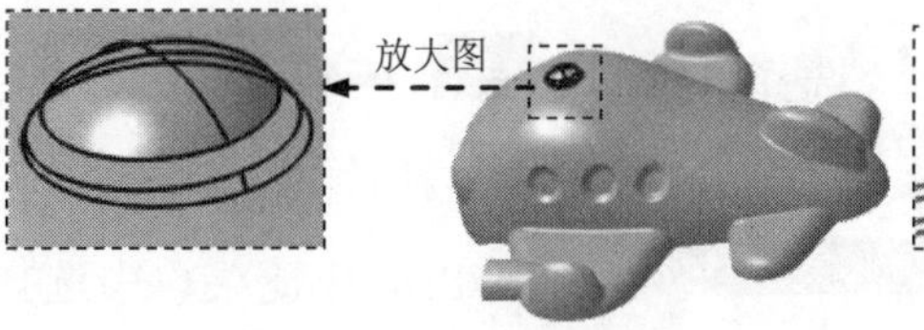

图 12.4.18 旋转体 1

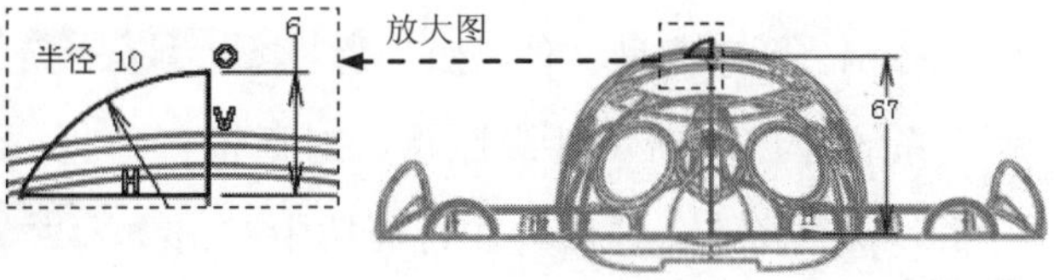

图 12.4.19 截面草图

Step14. 创建图 12.4.20 所示的特征——凹槽 4。选择下拉菜单 插入 ➡ 基于草图的特征 ➡ 凹槽... 命令，选取“xy 平面”为草图平面。绘制图 12.4.21 所示的截面草图。单击按钮，退出草绘工作台。在对话框 第一限制 区域的 类型: 下拉列表选择 直到最后 选项并单击 反转方向 按钮，反转拉伸方向。单击 确定 按钮，完成凹槽 4 的创建。

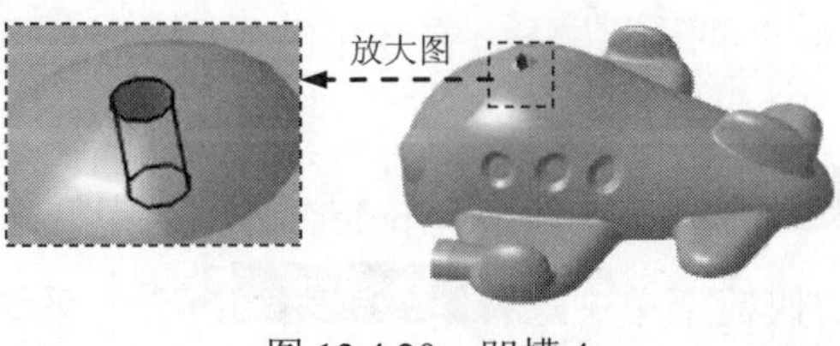

图 12.4.20 凹槽 4

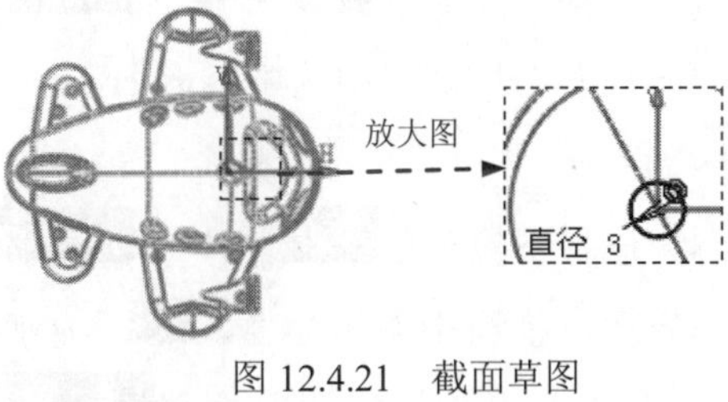

图 12.4.21 截面草图

Step15. 发布草图。选择下拉菜单 工具 ➡ 发布... 命令，在特征树中选取图 12.4.21 所示的截面草图（草图 10）为发布对象。

Step16. 保存零件模型。选择下拉菜单 文件 ➡ 保存 命令，即可保存零件模型。

Step17. 选择下拉菜单 窗口 ➡ 1 toy_airplane.CATProduct 命令，切换窗口并保存。

12.5 支 撑 杆 01

下面讲解支撑杆（pole_1）的创建过程。为简化模型设置，本例中支撑杆为“悬空”状态存在，它为螺旋桨零件提供原始数据和尺寸，零件模型及相应的特征树如图 12.5.1 所示。

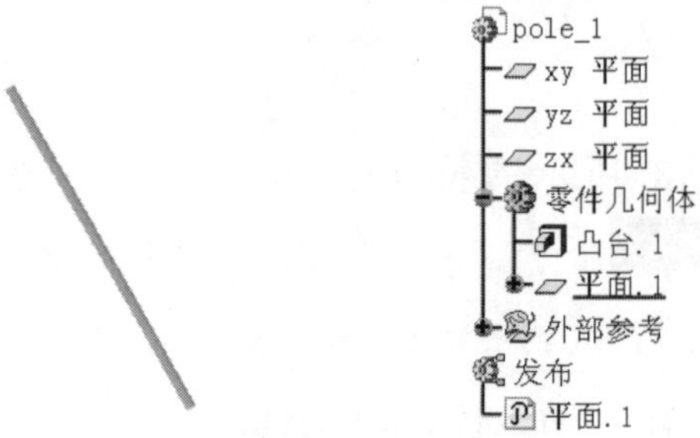

图 12.5.1　零件模型及特征树

Step1. 新建模型文件。激活 toy_airplane ，选择下拉菜单 插入 → 新建零件 命令；系统弹出“新零件：原点”对话框；单击 是(Y) 按钮完成零部件的创建。

Step2. 修改文件名。在特征树中右击 Part1 (Part1.4)，在弹出的快捷菜单中选择 属性 选项；系统弹出“属性”对话框。在 实例名称 和 零件编号 两个文本框中均输入文件名 pole_1；单击 确定 按钮完成文件名的修改。

Step3. 编辑 pole_1 部件。激活 pole_1 (pole_1) 并右击，在弹出的快捷菜单中选择 pole_1 对象 → 在新窗口中打开 命令；系统进入“零件设计”工作台。

Step4. 创建特征外部引用。

（1）选择下拉菜单 窗口 → top_cover.CATPart 命令。系统切换到 top_cover 模型文件。

（2）在发布特征树中选中 top_cover 所发布的草图后右击，在弹出的快捷菜单中选择 复制 命令。

（3）选择下拉菜单 窗口 → pole_1.CATPart 命令。系统切换到 pole_1 模型文件。

（4）在特征树中右击 pole_1，在弹出的快捷菜单中选择 选择性粘贴... 命令，系统弹出“选择性粘贴”对话框，选择 与原文档相关联的结果 选项，单击 确定 按钮，完成外部引用的创建，

Step5. 创建图 12.5.2 所示的特征——凸台 1。

（1）选择命令。选择下拉菜单 插入 → 基于草图的特征 → 凸台... 命令，系统弹出“定义凸台”对话框。

（2）选取截面草图。在特征树中选取外部应用的草图为截面。

（3）定义拉伸深度属性。在第一限制区域的类型：下拉列表中选择尺寸选项。在第一限制区域的长度：文本框中输入值 85，单击更多>>按钮，在第二限制区域的类型：下拉列表中选择尺寸选项。在第二限制区域的长度：文本框中输入值 25，单击确定按钮，完成凸台 1 的创建。

Step6.创建图 12.5.3 所示的特征—— 平面 1。在“参考元素（扩展）”工具条中单击平面按钮，系统弹出“平面定义”对话框；在平面类型：下拉列表中选择偏移平面选项；选取图 12.5.3 所示的面为偏移平面；在偏移：文本框中输入值 8 并单击反转方向按钮，反转偏移方向；单击确定按钮，完成平面 1 的创建。

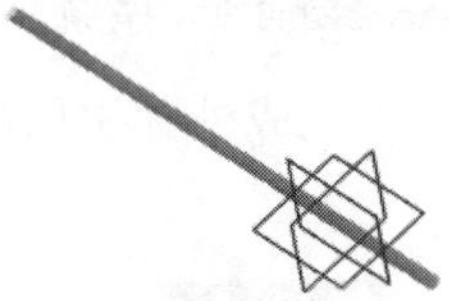

图 12.5.2 凸台 1

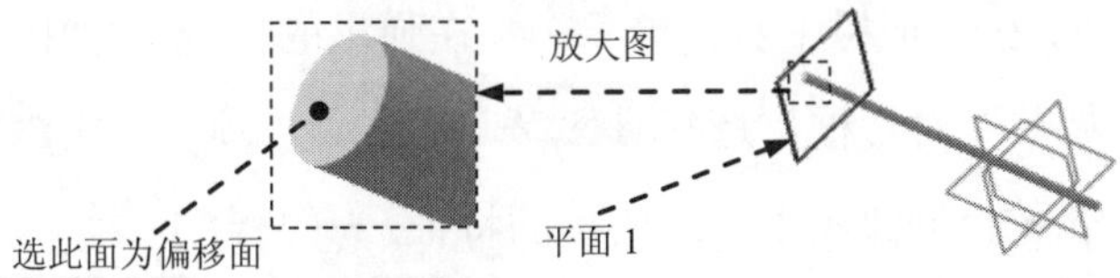

图 12.5.3 平面 1

Step7. 发布平面。选择下拉菜单工具 → 发布...命令，在特征树中选取“平面 1”为发布对象。

Step8. 保存零件模型。选择下拉菜单文件 → 保存命令，即可保存零件模型。

Step9. 选择下拉菜单窗口 → 1 toy_airplane.CATProduct命令，切换窗口并保存。

12.6 螺 旋 桨

下面讲解螺旋桨（prop）的创建过程，它引用支撑杆 01 的一个草图，这样能够保证零部件之间的可装配性。零件模型及相应的特征树如图 12.6.1 所示。

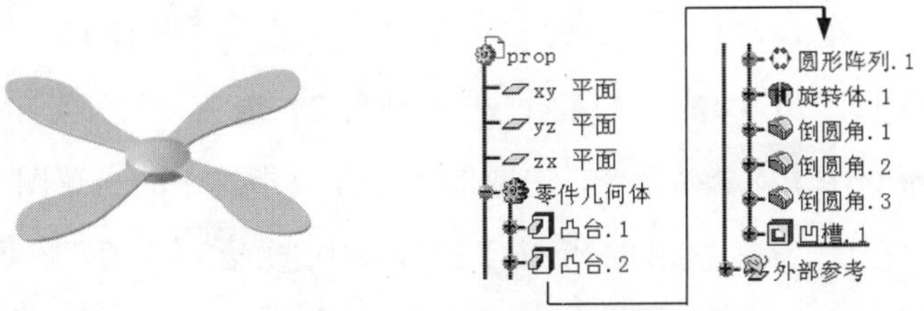

图 12.6.1 零件模型及特征树

Step1. 新建模型文件。激活 toy_airplane，选择下拉菜单插入 → 新建零件命令；系统弹出“新零件：原点”对话框；单击是(Y)按钮完成零部件的创建。

Step2. 修改文件名。在特征树中右击 Part1 (Part1.5)，在弹出的快捷菜单中选择属性选项；系统弹出“属性”对话框。在产品选项卡实例名称和零件编号两个文本框中均输入文件名 prop；单击 确定 按钮完成文件名的修改。

Step3. 编辑 prop 部件。激活 prop (prop)；然后右击，在弹出的快捷菜单中选择 prop 对象 → 在新窗口中打开 命令；系统进入“零件设计”工作台。

Step4. 创建特征外部引用。

（1）选择下拉菜单 窗口 → pole_1.CATPart 命令。系统切换到 pole_1 模型文件。

（2）在发布特征树中选中 pole_1 所发布的“平面 1”后右击，在弹出的快捷菜单中选择 复制 命令。

（3）选择下拉菜单 窗口 → prop.CATPart 命令。系统切换到 prop 模型文件。

（4）在特征树中右击 prop，在弹出的快捷菜单中选择 选择性粘贴... 命令，系统弹出“选择性粘贴”对话框，选择 与原文档相关联的结果 选项，单击 确定 按钮，完成外部引用的创建。

Step5. 创建图 12.6.2 所示的特征——凸台 1。

（1）选择命令。选择下拉菜单 插入 → 基于草图的特征 → 凸台... 命令，系统弹出“定义凸台”对话框。

（2）创建截面草图。在特征树中选取外部引用的“平面 1”为草图平面，绘制图 12.6.3 所示的截面草图，单击 按钮，退出草绘工作台。

（3）定义拉伸深度属性。在 第一限制 区域的 类型： 下拉列表中选择 尺寸 选项。在 第一限制 区域的 长度： 文本框中输入值 8 并单击 反转方向 按钮，反转拉伸方向，单击 确定 按钮，完成凸台 1 的创建。

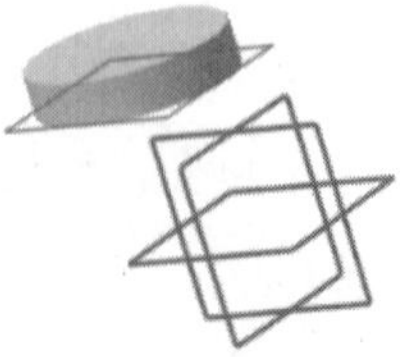
图 12.6.2 凸台 1

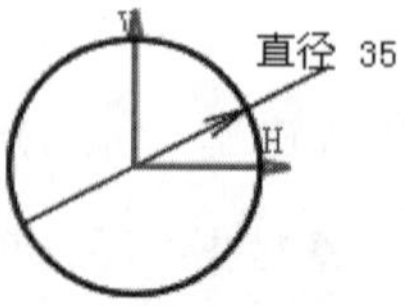

图 12.6.3 截面草图

Step6. 创建图 12.6.4 所示的特征——凸台 2。选择下拉菜单 插入 → 基于草图的特征 → 凸台... 命令，选取图 12.6.4 所指的平面为草图平面，绘制图 12.6.5 所示的截面草图，在 第一限制 区域的 类型： 下拉列表中选择 尺寸 选项。在 第一限制 区域的 长度： 文本框中输入值 2 并单击 反转方向 按钮，反转拉伸方向；单击 确定 按钮，完成凸台 2 的创建。

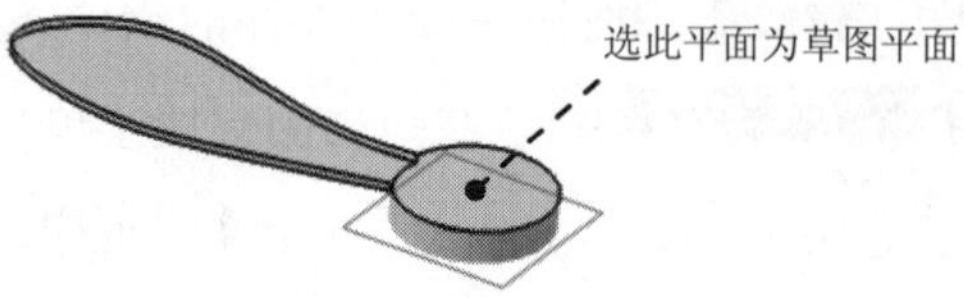

图 12.6.4 凸台 2

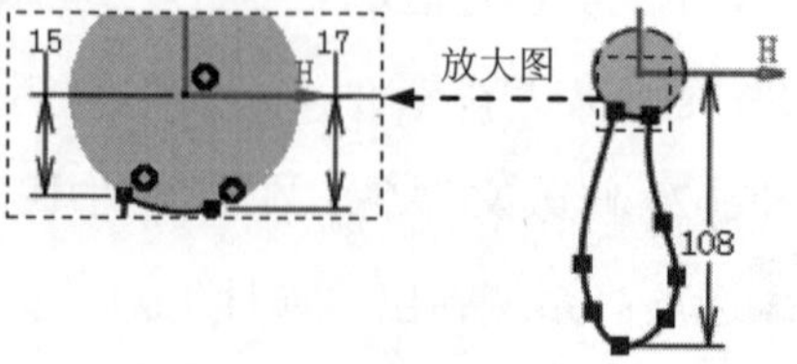

图 12.6.5 截面草图

Step7. 创建图 12.6.6 所示的变换特征——圆形阵列 1。

（1）选择命令。选择下拉菜单 插入 → 变换特征 ▸ → 圆形阵列... 命令，系统弹出“定义圆形阵列”对话框。

（2）在 轴向参考 选项卡 参数: 文本框的下拉列表中选择 实例和角度间距 选项，在 实例: 文本框中输入值 4，并在 角度间距: 文本框中输入值 90。

（3）定义参考方向。在 参考方向 区域的 参考元素: 文本框处右击，在弹出的快捷菜单中选择 Z 轴 选项为参考方向。

（4）定义图样对象。在 要阵列的对象 区域的 对象: 文本框中单击，在特征树中选取“凸台 2”为要阵列的对象。

（5）单击 确定 按钮，完成圆形阵列 1 的创建。

Step8. 创建图 12.6.7 所示的特征——旋转体 1。选择下拉菜单 插入 → 基于草图的特征 ▸ → 旋转体... 命令；单击 按钮，选取“zx 平面”为草图平面；绘制图 12.6.8 所示的截面草图；在 轴线 区域 选择: 文本框处右击，在弹出的快捷菜单中选择 Z 轴 选项，其他选项采用系统默认设置；单击 确定 按钮，完成旋转体 1 的创建。

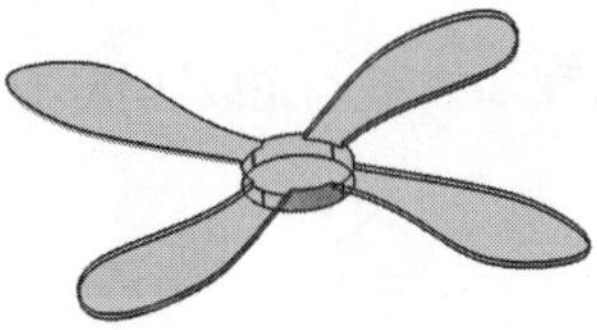

图 12.6.6 圆形阵列 1

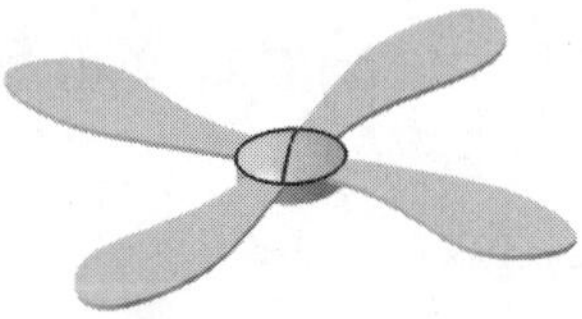

图 12.6.7 旋转体 1

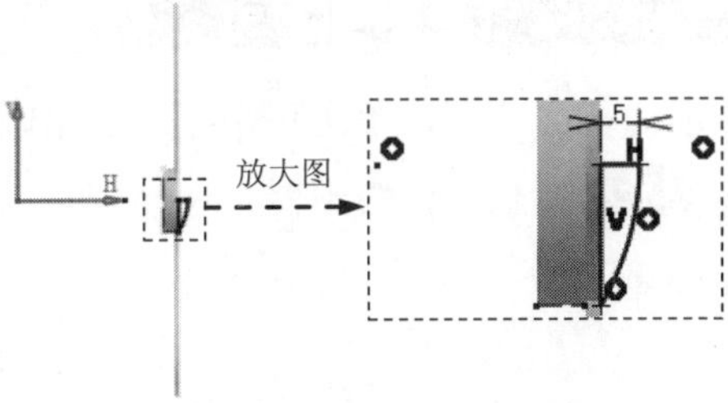

图 12.6.8 截面草图

Step9. 创建特征——倒圆角 1。选择下拉菜单 插入 → 修饰特征 ▸ → 倒圆角... 命令，选取图 12.6.9 所示的 8 条边线为倒圆角的对象，在 半径: 文本框中输入值 3。

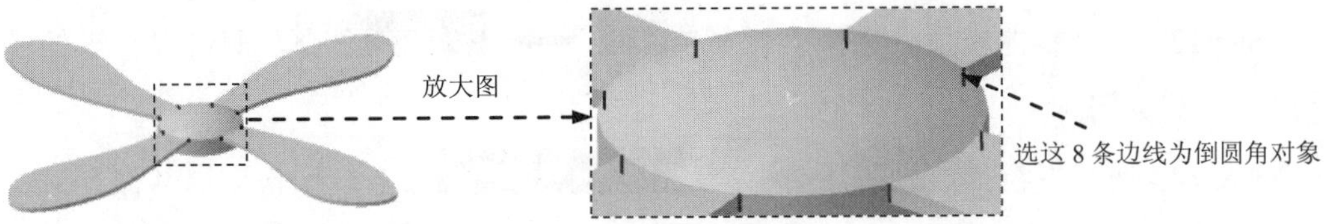

图 12.6.9 选取倒圆角边线

Step10. 创建特征——倒圆角 2。选择下拉菜单 插入 → 修饰特征 ▸ → 倒圆角... 命令，选取图 12.6.10 所示的 12 条边线为倒圆角的对象，在 半径: 文本框中输入值 0.5。

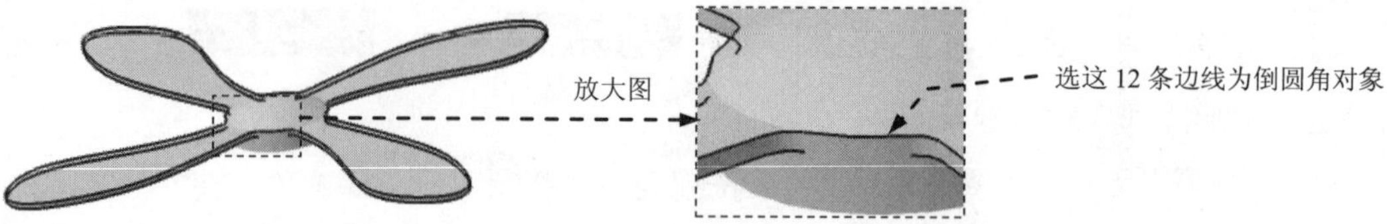

图 12.6.10　选取倒圆角边线

Step11. 创建特征——倒圆角 3。选择下拉菜单 插入 → 修饰特征 ▸ → 倒圆角... 命令，选取图 12.6.11 所示的 5 条边线为倒圆角的对象，在 半径: 文本框中输入值 1。

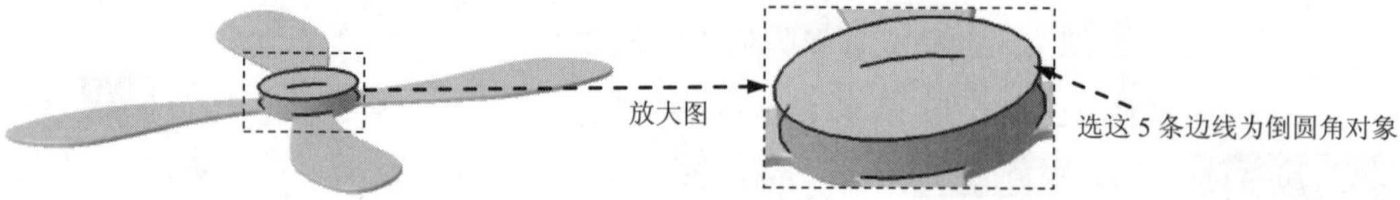

图 12.6.11　选取倒圆角边线

Step12. 创建图 12.6.12 所示的特征——凹槽 1。选择下拉菜单 插入 → 基于草图的特征 ▸ → 凹槽... 命令，选取图 12.6.12 所示的平面为草图平面。绘制图 12.6.13 所示的截面草图，单击 按钮，退出草绘工作台。在对话框 第一限制 区域的 类型: 下拉列表选择 尺寸 选项，在 第一限制 区域的 深度: 文本框中输入值 8。单击 确定 按钮，完成凹槽 1 的创建。

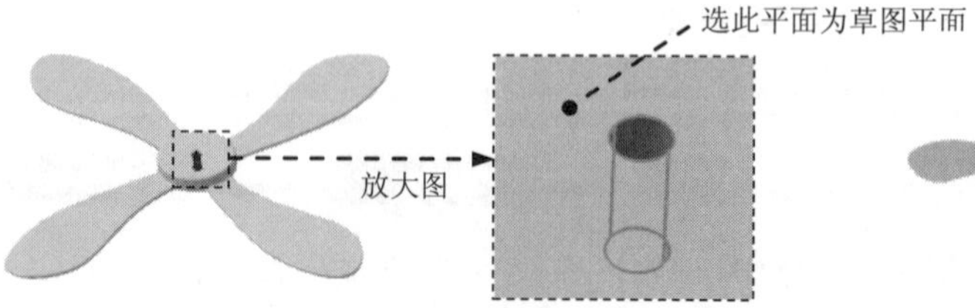

图 12.6.12　凹槽 1

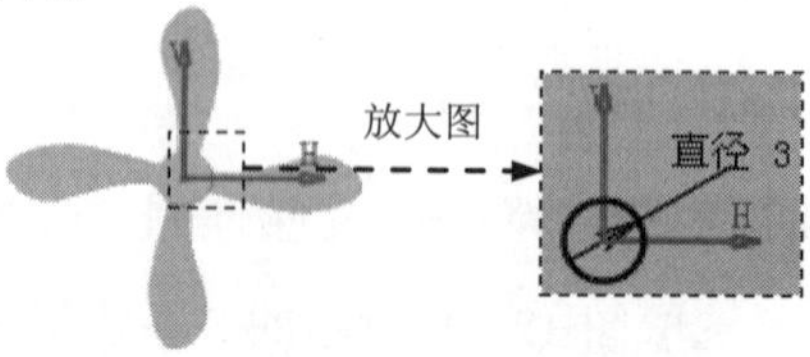

图 12.6.13　截面草图

Step13. 保存零件模型。选择下拉菜单 文件 → 保存 命令，即可保存零件模型，完成后将其关闭。

Step14. 选择下拉菜单 窗口 → 1 toy_airplane.CATProduct 命令，切换窗口并保存。

12.7 齿 轮 盒

下面要创建的齿轮盒（box）引用了一级控件的部分草图和平面。下面讲解齿轮盒（box）的创建过程，零件模型及相应的特征树如图 12.7.1 所示。

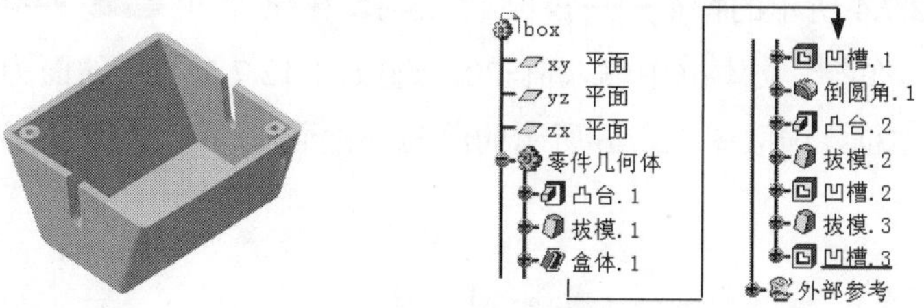

图 12.7.1 零件模型及特征树

Step1. 新建模型文件。激活 toy_airplane，选择下拉菜单 插入 → 新建零件 命令；系统弹出“新零件：原点”对话框；单击 是(Y) 按钮，完成零件的创建。

Step2. 修改文件名。在特征树中右击 Part1 (Part1.6)，在弹出的快捷菜单中选择 属性 选项；系统弹出“属性”对话框。在 产品 选项卡 实例名称 和 零件编号 两个文本框中均输入文件名 box；单击 确定 按钮完成文件名的修改。

Step3. 编辑 box 部件。激活 box (box)；然后右击，在弹出的快捷菜单中选择 box.CATPart → 在新窗口中打开 命令；系统进入“零件设计”工作台。

Step4. 创建特征——外部引用。

（1）选择下拉菜单 窗口 → 2 first.CATPart 命令。系统切换到 first 模型文件。

（2）在发布特征树中选中 first 所发布的“草图 40”“草图 47”和“平面 21”后右击，在弹出的快捷菜单中选择 复制 命令。

（3）选择下拉菜单 窗口 → box.CATPart 命令。系统切换到 box 模型文件。

（4）在特征树中右击 box，在弹出的快捷菜单中选择 选择性粘贴... 命令，系统弹出“选择性粘贴”对话框，选择 与原文档相关联的结果 选项，完成外部引用的创建。

Step5. 创建图 12.7.2 所示的特征——凸台 1。

（1）选择命令。选择下拉菜单 插入 → 基于草图的特征 → 凸台... 命令，系统弹出“定义凸台”对话框。

（2）创建截面草图。在特征树中选取外部引用的“平面 1”为草图平面，绘制图 12.7.3 所示的截面草图，单击 按钮，退出草绘工作台。

（3）定义拉伸深度属性。在 第一限制 区域的 类型： 下拉列表中选择 尺寸 选项。在 第一限制 区域的 长度： 文本框中输入值 30 并单击 反转方向 按钮，反转拉伸方向；单击 确定 按钮，完成凸台 1 的创建。

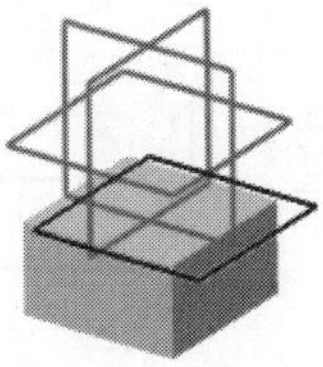

图 12.7.2 凸台 1

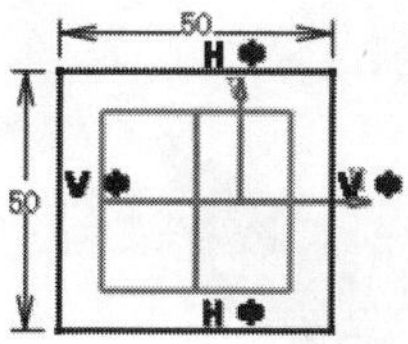

图 12.7.3 截面草图

Step6. 创建图 12.7.4 所示的特征——拔模 1。选择下拉菜单 插入 ➡ 修饰特征 ▸ ➡ 拔模... 命令，在角度：文本框中输入值-20；选取图 12.7.5 所示的面为拔模面。激活中性元素区域的选择：文本框，选取图 12.7.6 所示的面为中性面。单击 确定 按钮，完成拔模 1 的创建。

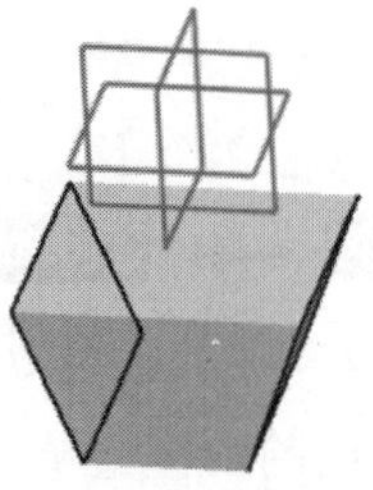

图 12.7.4 拔模 1

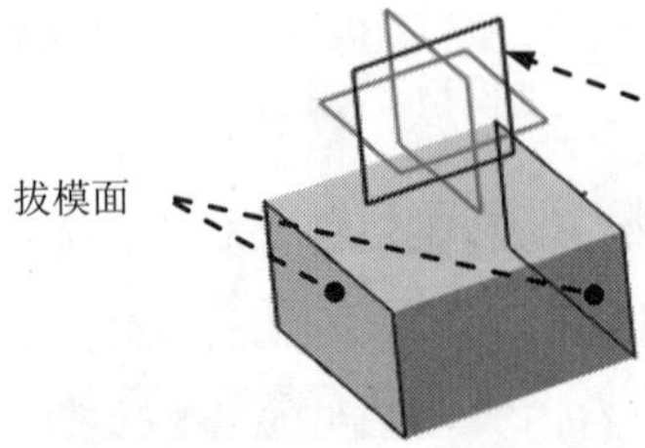

图 12.7.5 选取拔模面

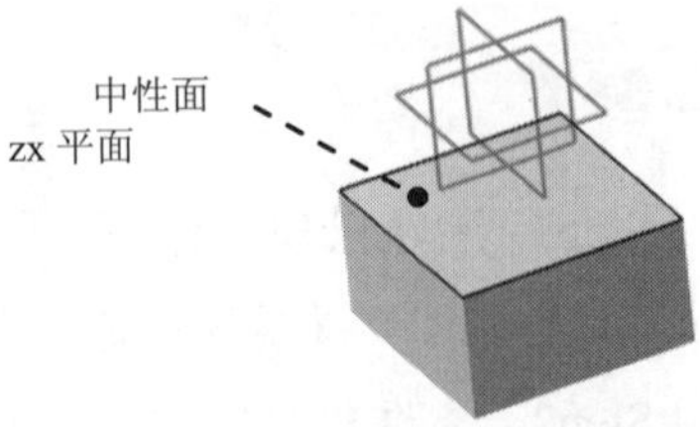

图 12.7.6 选取中性面

Step7. 创建图 12.7.7b 所示的特征——抽壳 1。选择下拉菜单 插入 ➡ 修饰特征 ▸ ➡ 抽壳... 命令；选择图 12.7.7a 所示的面为要移除的面；在默认内侧厚度：文本框中输入值 2，在默认外侧厚度：文本框中输入值 0；单击 确定 按钮，完成抽壳 1 的创建。

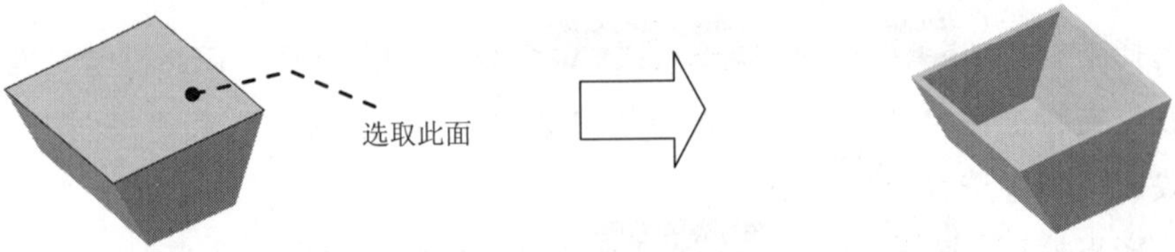

a）抽壳前　　b）抽壳后

图 12.7.7 抽壳 1

Step8. 创建图 12.7.8 所示的特征——凹槽 1。

（1）选择命令。选择下拉菜单 插入 ➡ 基于草图的特征 ▸ ➡ 凹槽... 命令，系统弹出“定义凹槽”对话框。

（2）单击 按钮，选取“zx 平面”为草图平面。绘制图 12.7.9 所示的截面草图，单击 按钮，退出草绘工作台。

说明：绘制图 12.7.9 所示的截面草图时可以 first 所发布的草图 40 为参照进行绘制。

（3）定义深度属性。在对话框 第一限制 区域的 类型：下拉列表中选择 直到最后 选项，单击 更多>> 按钮，在 第二限制 区域的 类型：下拉列表中选择 直到最后 选项。单击 确定 按钮，完成凹槽 1 的创建。

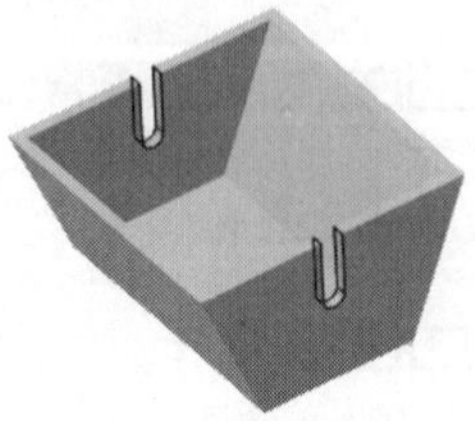

图 12.7.8 凹槽 1

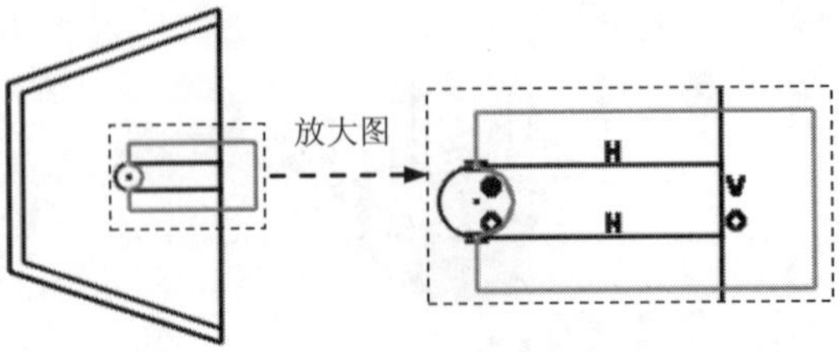

图 12.7.9 截面草图

Step9. 创建特征—— 倒圆角 1。选择下拉菜单 插入 → 修饰特征 → 倒圆角... 命令，选取图 12.7.10 所示的 8 条边线为倒圆角的对象。在 半径: 文本框中输入值 1。

Step10. 创建图 12.7.11 所示的零件基础特征—— 凸台 2。选择下拉菜单 插入 → 基于草图的特征 → 凸台... 命令，选取图 12.7.11 所示面为草图平面，绘制图 12.7.12 所示的截面草图，使截面草图中的圆心与 first 发布“草图 47”中的点相合；单击 按钮退出草绘工作台。在 第一限制 区域的 类型: 下拉列表中选择 直到下一个 选项。单击 确定 按钮，完成凸台 2 的创建。

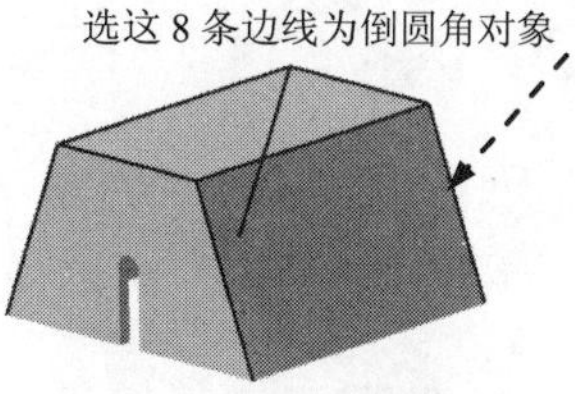

图 12.7.10 选取倒圆角对象

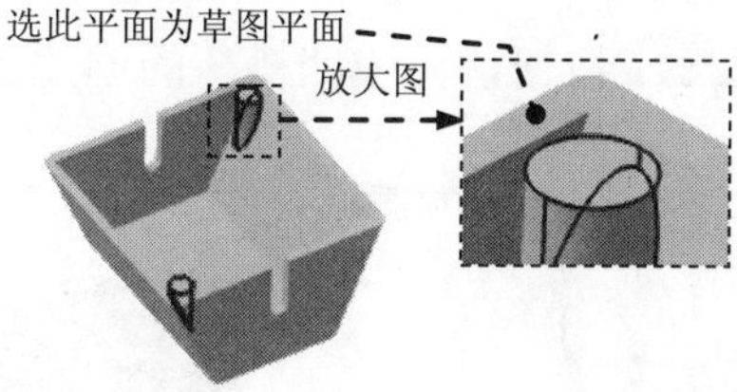

图 12.7.11 凸台 2

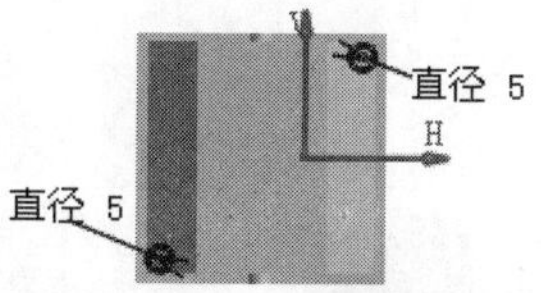

图 12.7.12 截面草图

Step11. 创建特征——拔模 2。选择下拉菜单 插入 → 修饰特征 → 拔模... 命令，在 角度: 文本框中输入值 1；选取图 12.7.13 所示的 2 个圆柱面为要拔模的面。激活 中性元素 区域的 选择: 文本框，选取图 12.7.14 所示的面为中性面。单击 确定 按钮，完成拔模 2 的创建。

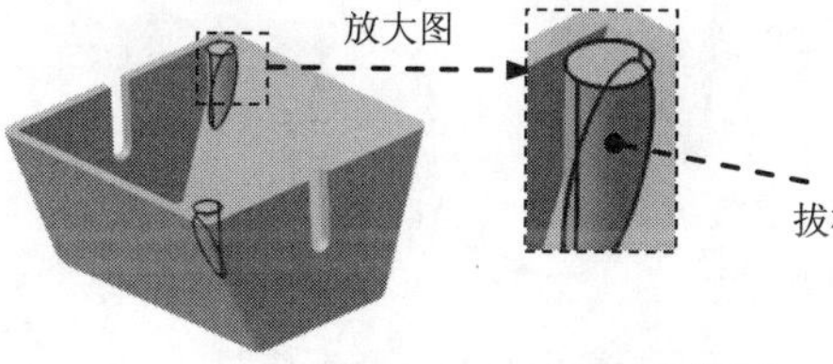

图 12.7.13 选取拔模面

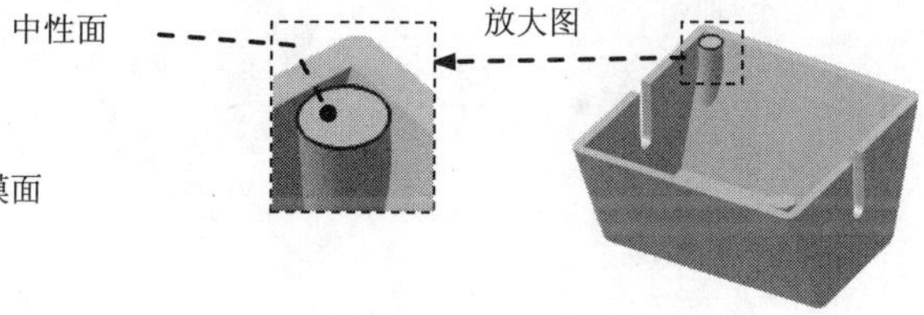

图 12.7.14 选取中性面

Step12. 创建图 12.7.15 所示的特征——凹槽 2。选择下拉菜单 插入 → 基于草图的特征 → 凹槽... 命令，选取图 12.7.15 所示的平面为草图平面。绘制图 12.7.16 所示的截面草图，使截面草图中的圆心与 first 发布“草图 47”中的点相合；单击 按钮，退出草绘工作台。在对话框 第一限制 区域的 类型: 下拉列表中选择 尺寸 选项，在 第一限制 区域的 深度: 文本框中输入值 28。单击 确定 按钮，完成凹槽 2 的创建。

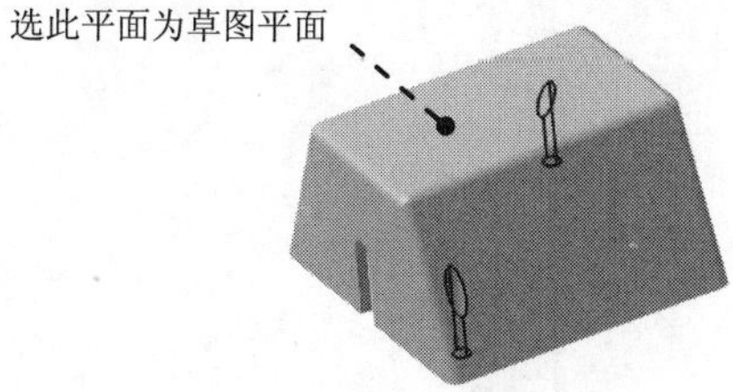

图 12.7.15 凹槽 2

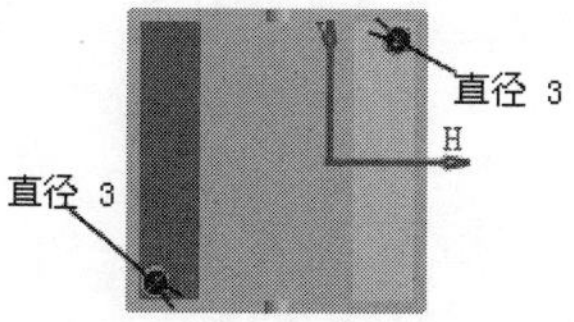

图 12.7.16 截面草图

Step13. 创建特征——拔模 3。选择下拉菜单 插入 → 修饰特征 ▸ → 拔模... 命令，在 角度：文本框中输入值-2；选取图 12.7.17 所示的 2 个圆柱面为拔模面。激活 中性元素 区域的 选择：文本框，选取图 12.7.18 所示的圆柱底面为中性面。单击 确定 按钮，完成拔模 3 的创建。

Step14. 创建图 12.7.19 所示的特征——凹槽 3。选择下拉菜单 插入 → 基于草图的特征 ▸ → 凹槽... 命令，选取图 12.7.19 所示的平面为草图平面。绘制图 12.7.20 所示的截面草图，单击 按钮，退出草绘工作台。在对话框 第一限制 区域的 类型：下拉列表中选择 直到最后 选项。单击 确定 按钮，完成凹槽 3 的创建。

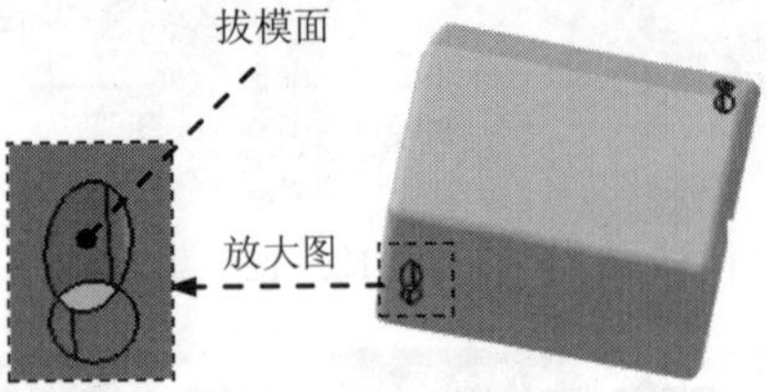

图 12.7.17　选取拔模面

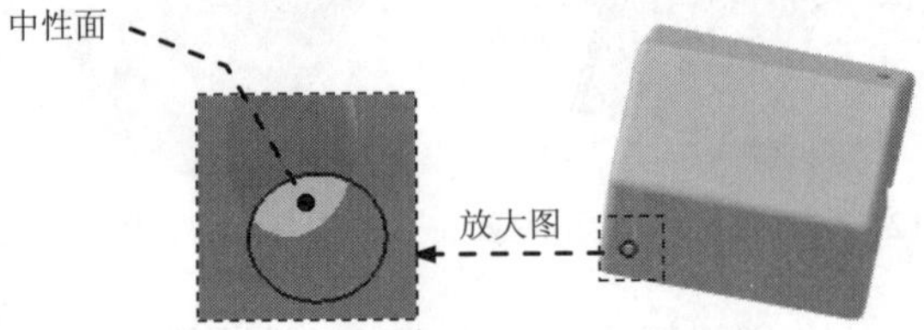

图 12.7.18　选取中性面

Step15. 保存零件模型。选择下拉菜单 文件 → 保存 命令，即可保存零件模型；完成后将其关闭。

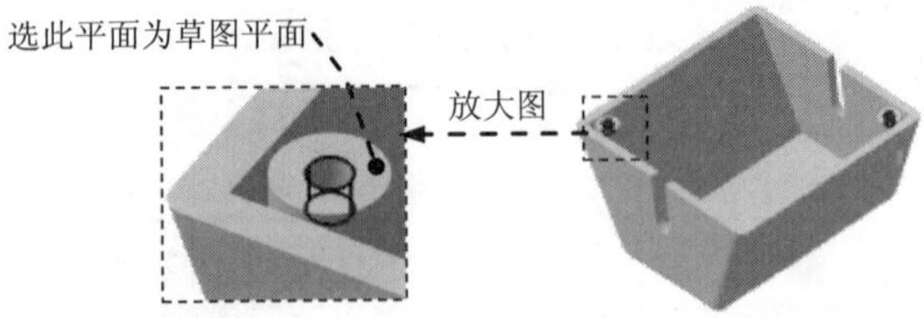

图 12.7.19　凹槽 3

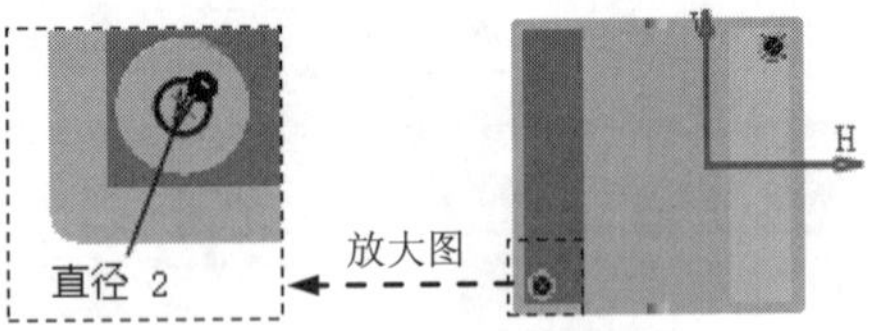

图 12.7.20　截面草图

Step16. 选择下拉菜单 窗口 → 1 toy_airplane.CATProduct 命令，切换窗口并保存。

12.8　支　撑　杆 02

下面要创建的支撑杆 02（pole_2）引用了 first 的一个草图。下面讲解支撑杆 02 的创建过程，零件模型及相应的特征树如图 12.8.1 所示。

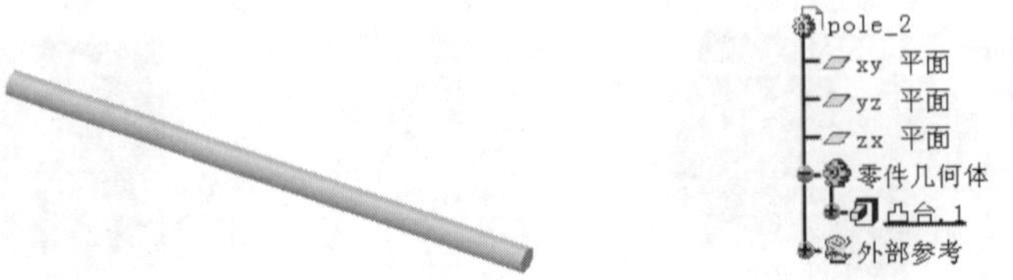

图 12.8.1　零件模型及特征树

Step1. 新建模型文件。激活 toy_airplane，选择下拉菜单 插入 → 新建零件 命令；系统弹出“新零件：原点”对话框；单击 是(Y) 按钮完成零部件的创建。

Step2. 修改文件名。在特征树中右击 Part1 (Part1.7)，在弹出的快捷菜单中选择 属性 选项；系统弹出“属性”对话框。在 产品 选项卡 实例名称 和 零件编号 两个文本框中均输入文件名 pole_2；单击 确定 按钮完成文件名的修改。

Step3. 编辑 pole_2 部件。激活 pole_2 (pole_2)；然后右击，在弹出的快捷菜单中选择 pole_2 对象 → 在新窗口中打开 命令；系统进入“零件设计”工作台。

Step4. 创建特征——外部引用。

（1）选择下拉菜单 窗口 → first.CATPart 命令。系统切换到 first 模型文件。

（2）在发布特征树中选中 first 所发布的“草图 40”后右击，在弹出的快捷菜单中选择 复制 命令。

（3）选择下拉菜单 窗口 → pole_2.CATPart 命令。系统切换到 pole_2 模型文件。

（4）在特征树中右击 pole_2，在弹出的快捷菜单中选择 选择性粘贴... 命令，系统弹出“选择性粘贴”对话框，选择 与原文档相关联的结果 选项，单击 确定 按钮，完成外部引用的创建。

Step5. 创建图 12.8.2 所示的特征——凸台 1。

（1）选择命令。选择下拉菜单 插入 → 基于草图的特征 → 凸台... 命令，系统弹出“定义凸台”对话框。

（2）创建截面草图。选取“zx 平面”为草图平面，绘制图 12.8.3 所示的圆，使圆与发布的草图的半圆边线相合，单击 按钮，退出草绘工作台。

（3）定义拉伸深度属性。在 第一限制 区域的 类型： 下拉列表中选择 尺寸 选项。在 第一限制 区域的 长度： 文本框中输入值 39，选中 镜像范围 复选框，单击 确定 按钮，完成凸台 1 的创建。

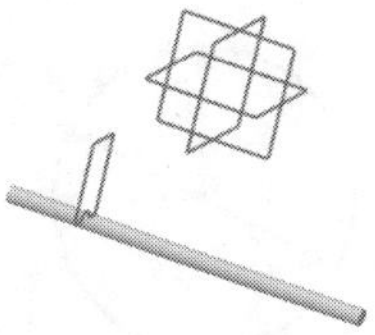

图 12.8.2　凸台 1

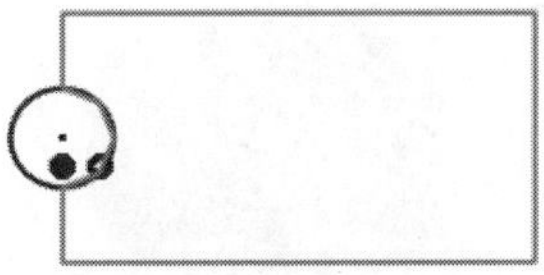

图 12.8.3　截面草图

Step6. 保存零件模型。选择下拉菜单 文件 → 保存 命令，即可保存零件模型；完成后将其关闭。

Step7. 选择下拉菜单 窗口 → 1 toy_airplane.CATProduct 命令，切换窗口并保存。

12.9 前轮 01

下面讲解前轮（wheel_01）的创建过程，零件模型及相应的特征树如图 12.9.1 所示。

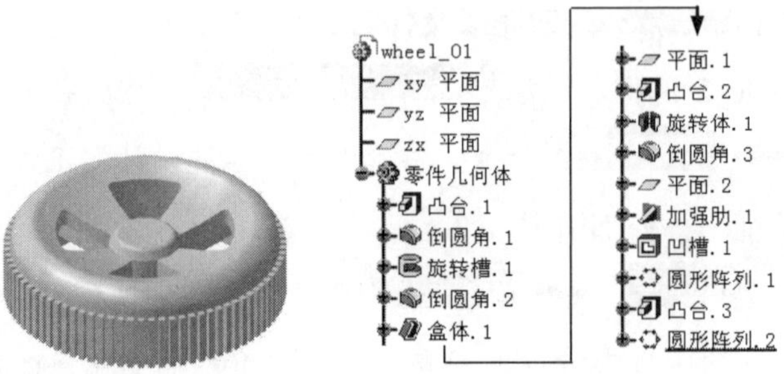

图 12.9.1　零件模型及特征树

Step1. 新建模型文件。

（1）选择下拉菜单 文件 → 新建... 命令，系统弹出“新建”对话框。

（2）在 类型列表： 文本框中选择 Part 选项，单击 确定 按钮，系统弹出“新建零件”对话框。

（3）在“输入零件名称”文本框中输入名称 wheel_01，选中 启用混合设计 复选框，单击 确定 按钮，进入“零件设计”工作台。

Step2. 创建图 12.9.2 所示的特征——凸台 1。

（1）选择命令。选择下拉菜单 插入 → 基于草图的特征 → 凸台... 命令，系统弹出“定义凸台”对话框。

（2）创建截面草图。选取“xy 平面”为草图平面，绘制图 12.9.3 所示的圆，单击按钮，退出草绘工作台。

（3）定义拉伸深度属性。在 第一限制 区域的 类型： 下拉列表中选择 尺寸 选项。在 第一限制 区域的 长度： 文本框中输入值 15，单击 确定 按钮，完成凸台 1 的创建。

图 12.9.2　凸台 1

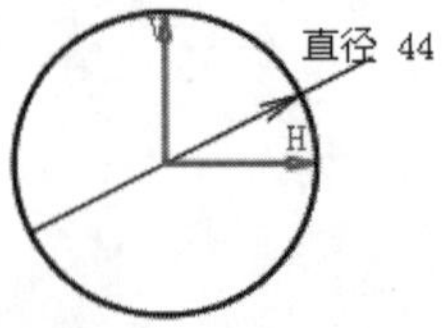

图 12.9.3　截面草图

Step3. 创建特征—— 倒圆角 1。选择下拉菜单 插入 → 修饰特征 → 倒圆角... 命令，选取图 12.9.4 所示的边线为倒圆角的对象。在 半径： 文本框中输入值 4。

Step4. 创建图 12.9.5 所示的零件特征——旋转槽 1。

（1）选择命令。选择下拉菜单 插入 → 基于草图的特征 ▸ → 旋转槽... 命令，系统弹出“定义旋转槽”对话框。

（2）创建图 12.9.6 所示的截面草图及轴线。单击按钮，选取“zx 平面”为草图平面。

（3）定义轴线。在 轴线 区域 选择: 文本框处右击，在弹出的快捷菜单中选择 Z 轴 选项。

（4）单击 确定 按钮，完成旋转槽 1 的创建。

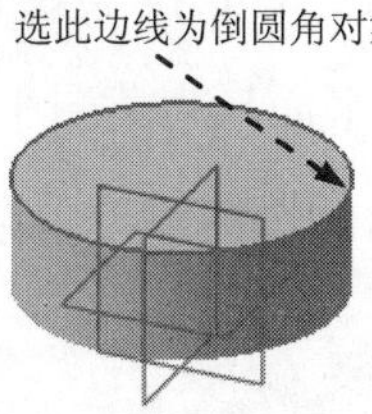

图 12.9.4　选取倒圆角边线

图 12.9.5　旋转槽 1

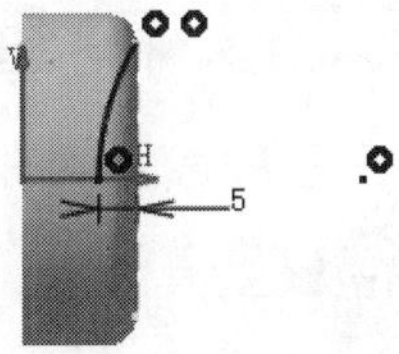

图 12.9.6　截面草图

Step5. 创建特征——倒圆角 2。选择下拉菜单 插入 → 修饰特征 ▸ → 倒圆角... 命令，选取图 12.9.7 所示的边线为倒圆角的对象。在 半径: 文本框中输入值 3。

Step6. 创建特征—— 抽壳 1。选择下拉菜单 插入 → 修饰特征 ▸ → 抽壳... 命令；选择图 12.9.8 所示的面为要移除的面；在 默认内侧厚度: 文本框中输入值 2，在 默认外侧厚度: 文本框中输入值 0；单击 确定 按钮，完成抽壳 1 的创建。

图 12.9.7　选取倒圆角边线

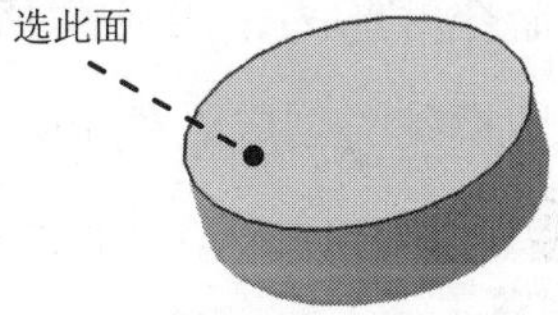

图 12.9.8　选取抽壳面

Step7. 切换到“创成式外形设计”工作台。

Step8. 创建图 12.9.9 所示的特征—— 平面 1。选择下拉菜单 插入 → 线框 ▸ → 平面... 命令；在 平面类型: 下拉列表中选择 偏移平面 选项；激活 参考: 文本框并右击，在弹出的快捷菜单中选取 XY 平面 为参考平面；在 偏移: 文本框中输入值 2 并单击 反转方向 按钮，反转偏移方向；单击 确定 按钮，完成平面 1 的创建。

Step9. 切换到“零件设计”工作台。

Step10. 创建图 12.9.10 所示的特征——凸台 2。选择下拉菜单 插入 → 基于草图的特征 ▸ → 凸台... 命令，选取“平面 1”为草图平面，绘制图 12.9.11 所示的截面草图，在 第一限制 区域的 类型: 下拉列表中选择 直到下一个 选项；单击 确定 按钮，完成凸台 2 的创建。

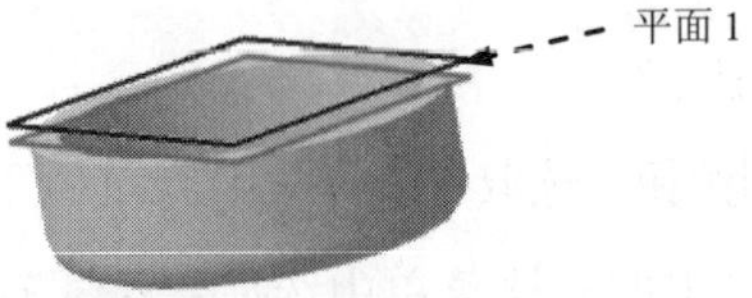

图 12.9.9　平面 1

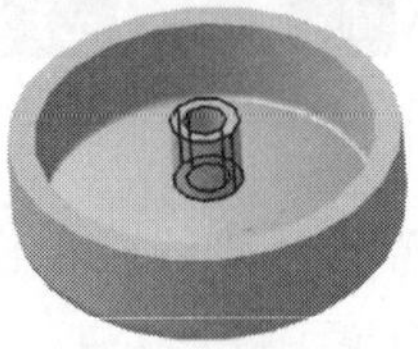

图 12.9.10　凸台 2

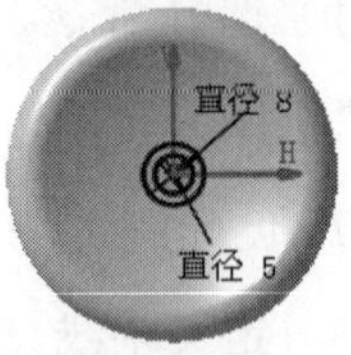

图 12.9.11　截面草图

Step11. 创建图 12.9.12 所示的特征——旋转体 1。选择下拉菜单 插入 → 基于草图的特征 → 旋转体... 命令；单击按钮，选取“zx 平面”为草图平面；绘制图 12.9.13 所示的截面草图；在 轴线 区域 选择： 文本框处右击，在弹出的快捷菜单中选择 Z 轴 选项，单击 确定 按钮，完成旋转体 1 的创建。

图 12.9.12　旋转体 1

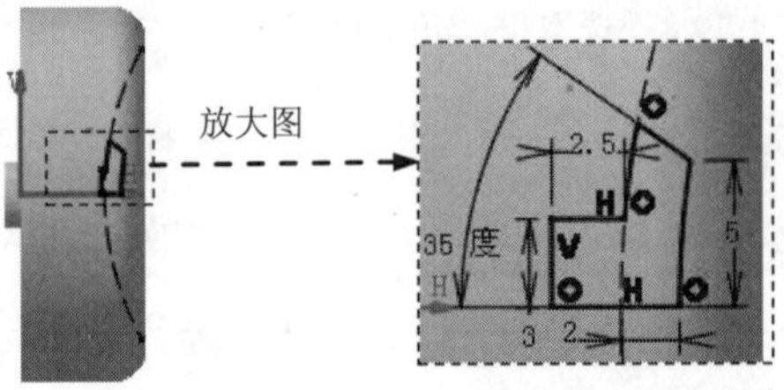

图 12.9.13　截面草图

Step12. 创建特征——倒圆角 3。选择下拉菜单 插入 → 修饰特征 → 倒圆角... 命令，选取图 12.9.14 所示的边线为倒圆角的对象。在 半径： 文本框中输入值 2。

Step13. 切换到“创成式外形设计”工作台。

Step14. 创建图 12.9.15 所示的特征——平面 2。选择下拉菜单 插入 → 线框 → 平面... 命令；在 平面类型： 下拉列表中选择 偏移平面 选项；激活 参考： 文本框并右击，在弹出的快捷菜单中选取 XY 平面 为参考平面；在 偏移： 文本框中输入值 2.6；单击 确定 按钮，完成平面 2 的创建。

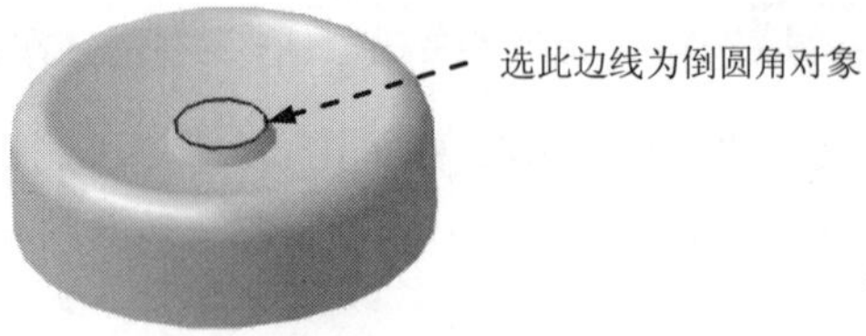

图 12.9.14　选取倒圆角边线

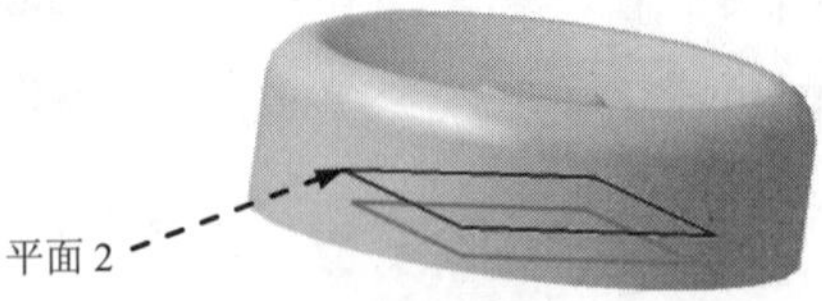

图 12.9.15　平面 2

Step15. 切换到“零件设计”工作台。

Step16. 创建图 12.9.16 所示的特征——加强肋 1。

（1）选择命令。选择下拉菜单 插入 → 基于草图的特征 → 加强肋... 命令，系统弹出“定义加强肋”对话框。

（2）创建截面草图。单击按钮，选取“平面 2”为草图平面。绘制图 12.9.17 所示的截面草图，单击按钮，退出草绘工作台。

（3）定义拉伸深度属性。选中从顶部单选项，在厚度区域的厚度 1：文本框中输入值 2；选中中性边界复选框，单击确定按钮，完成加强肋 1 的创建。

图 12.9.16　加强肋 1

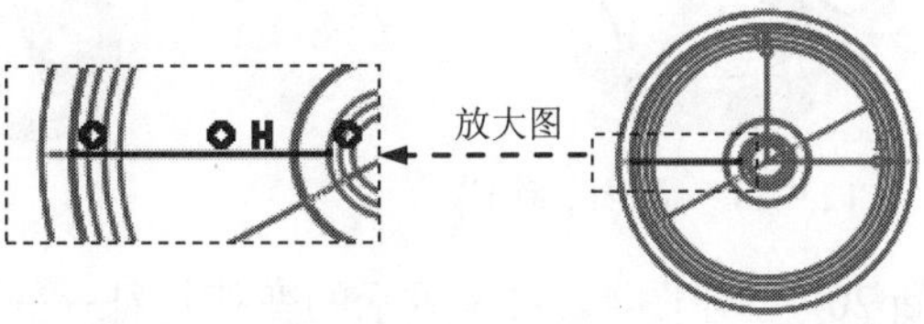

图 12.9.17　截面草图

Step17. 创建图 12.9.18 所示的特征—— 凹槽 1。选择下拉菜单插入 → 基于草图的特征 → 凹槽...命令，选取“xy 平面”为草图平面。绘制图 12.9.19 所示的截面草图，单击按钮，退出草绘工作台。在对话框第一限制区域的类型：下拉列表中选择直到最后选项，单击反转方向按钮，反转拉伸方向。单击确定按钮，完成凹槽 1 的创建。

图 12.9.18　凹槽 1

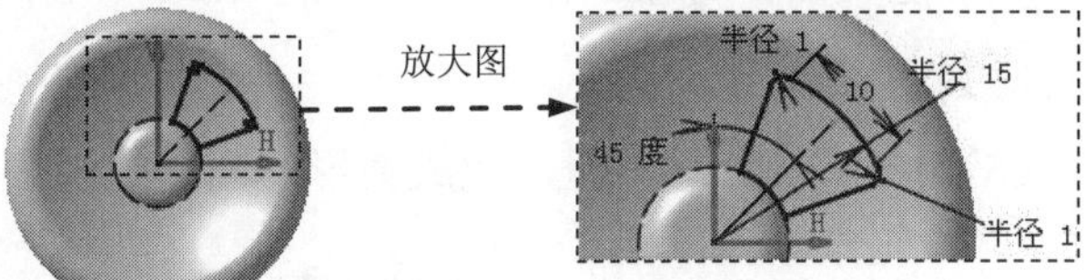

图 12.9.19　截面草图

Step18. 创建图 12.9.20 所示的变换特征—— 圆形阵列 1。

（1）定义要阵列的对象。按住 Ctrl 键，在特征树中选取“加强肋 1”和“凹槽 1”为阵列对象。

（2）选择命令。选择下拉菜单插入 → 变换特征 → 圆形阵列...命令，系统弹出“定义圆形阵列”对话框。

（3）在参数：文本框的下拉列表中选择实例和角度间距选项，在实例：文本框中输入值 4，并在角度间距：文本框中输入值 90。

（4）定义参考方向。在参考方向区域的参考元素：文本框处右击，在弹出的下拉菜单中选择Z 轴选项为参照方向。

（5）单击确定按钮，完成圆形阵列 1 的创建。

Step19. 创建图 12.9.21 所示的特征—— 凸台 3。选择下拉菜单插入 → 基于草图的特征 → 凸台...命令，选取图 12.9.21 所示的平面为草图平面，绘制图 12.9.22 所示的截面草图，在第一限制区域的类型：下拉列表中选择尺寸选项，在第一限制区域的长度：

文本框中输入值 10；单击 反转方向 按钮，反转拉伸方向；单击 确定 按钮，完成凸台 3 的创建。

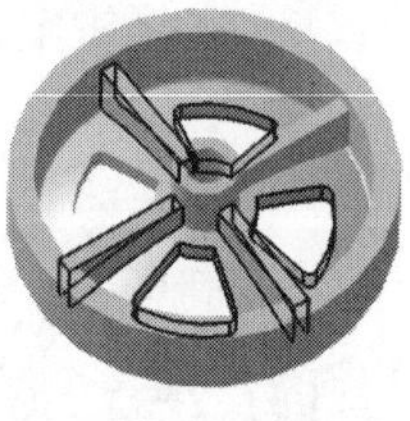

图 12.9.20 圆形阵列 1

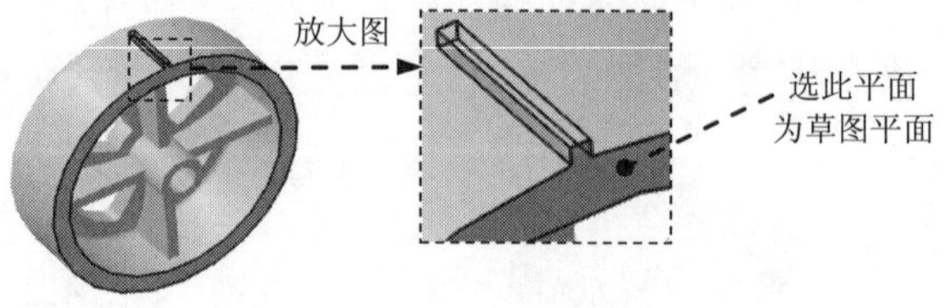

图 12.9.21 凸台 3

Step20. 创建图 12.9.23 所示的变换特征——圆形阵列 2。

（1）选择命令。选择下拉菜单 插入 → 变换特征 ▸ → 圆形阵列... 命令，系统弹出“定义圆形阵列”对话框。

（2）在 参数： 文本框的下拉列表中选择 完整径向 选项，在 实例： 文本框中输入值 85。

（3）定义参考方向。在 参考方向 区域的 参考元素： 文本框中右击，在弹出的下拉菜单中选择 Z 轴 选项为参考方向。

（4）定义图样对象。在 要阵列的对象 区域 对象： 文本框中单击，在特征树中选取“凸台 3”为要阵列的对象。

（5）单击 确定 按钮，完成圆形阵列 2 的创建。

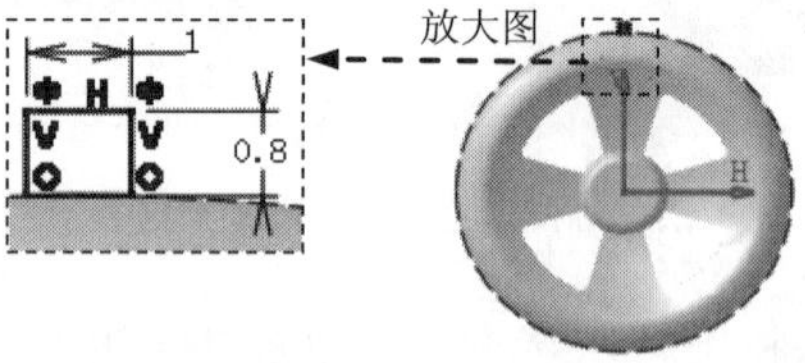

图 12.9.22 截面草图

图 12.9.23 圆形阵列 2

Step21. 保存零件模型。选择下拉菜单 文件 → 保存 命令，即可保存零件模型；完成后将其关闭。

12.10 后 轮 03

下面讲解后轮（wheel_03）的创建过程，零件模型及相应的特征树如图 12.10.1 所示。

图 12.10.1 零件模型及特征树

Step1. 新建模型文件。

（1）选择下拉菜单 文件 → 新建... 命令，系统弹出“新建”对话框。

（2）在 类型列表: 文本框中选择 Part 选项，单击 确定 按钮，系统弹出“新建零件”对话框。

（3）在“输入零件名称”文本框中输入名称 wheel_03，选中 启用混合设计 复选框，单击 确定 按钮，进入“零件设计”工作台。

Step2. 创建图 12.10.2 所示的特征—— 旋转体 1。选择下拉菜单 插入 → 基于草图的特征 → 旋转体... 命令；单击 按钮，选取“zx 平面”为草图平面；绘制图 12.10.3 所示的截面草图；在 轴线 区域的 选择: 文本框中右击，在弹出的快捷菜单中选择 Z 轴 选项，单击 确定 按钮，完成旋转体 1 的创建。

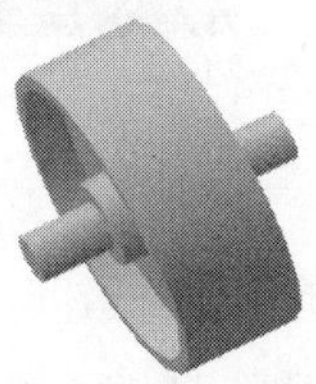

图 12.10.2　旋转体 1

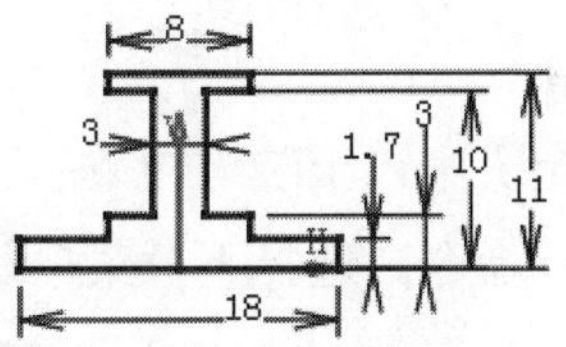

图 12.10.3　截面草图

Step3. 保存零件模型。选择下拉菜单 文件 → 保存 命令，即可保存零件模型；完成后将其关闭。

12.11　玩具飞机的总装配

Step1. 切换窗口。选择下拉菜单 窗口 → 1 toy_airplane.CATProduct 命令，切换至装配体模型。

Step2. 在特征树中右击 first (first)，在弹出的快捷菜单中选择 隐藏/显示 命令，完成 first 的隐藏。

Step3. 引入零件 wheel_01。

（1）在特征树中双击 toy_airplane，使其处于激活状态。

（2）选择命令。选择下拉菜单 插入 → 现有部件... （或单击 按钮），系统弹出“选择文件”对话框。

（3）选取模型。选择路径 D：\cat2014.7\work\ch12，选中零件 wheel_01 并单击 打开(O) 按钮。

Step4. 移动零件。选择下拉菜单 编辑 → 移动 ▸ → 操作... 命令，把零件 wheel_01 移动到图 12.11.1 所示的位置。

Step5. 定义第一个装配约束。

（1）选择命令。选择下拉菜单 插入 → 相合... （或单击按钮）。系统弹出“助手”对话框，选中 以后不再提示 复选框，单击 确定 按钮将其关闭。

（2）分别选取图 12.11.1 所示的两个圆柱面的轴线为相合轴。

说明：当选择相合命令，将鼠标移动到部件的圆柱面后，系统将自动出现一条轴线，此时单击即可选中轴线。

图 12.11.1　定义相合轴

Step6. 定义第二个装配约束。

（1）选择命令。选择下拉菜单 插入 → 相合... （或单击按钮）。

（2）分别选取图 12.11.2 和图 12.11.3 所示的模型表面 1 和模型表面 2 为相合面。

（3）更新操作。选择下拉菜单 编辑 → 更新 （或单击按钮）。完成 wheel_01 的装配约束。

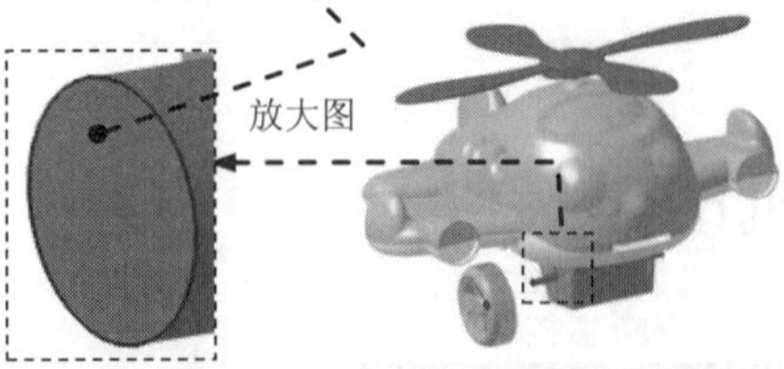

图 12.11.2　选取相合面

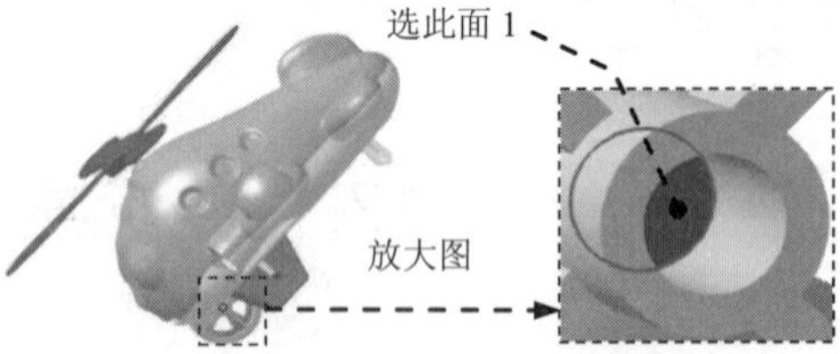

图 12.11.3　选取相合面

Step7. 引入零件 wheel_03。

（1）在特征树中双击 toy_airplane，使其处于激活状态。

（2）选择命令。选择下拉菜单 插入 → 现有部件... （或单击按钮）。系统弹出“选择文件”对话框。

（3）选取模型。选择路径 D：\cat2014.7\work\ch12，选中零件 wheel_03 并单击 打开(O) 按钮。

Step8. 移动零件。选择下拉菜单 编辑 → 移动 ▸ → 操作... 命令，把零件 wheel_01 移动到图 12.11.4 所示的位置。

Step9. 定义第三个装配约束。

（1）选择命令。选择下拉菜单 插入 → 相合... （或单击按钮）。

（2）分别选取图 12.11.4 所示的两个圆柱面的轴线为相合轴。

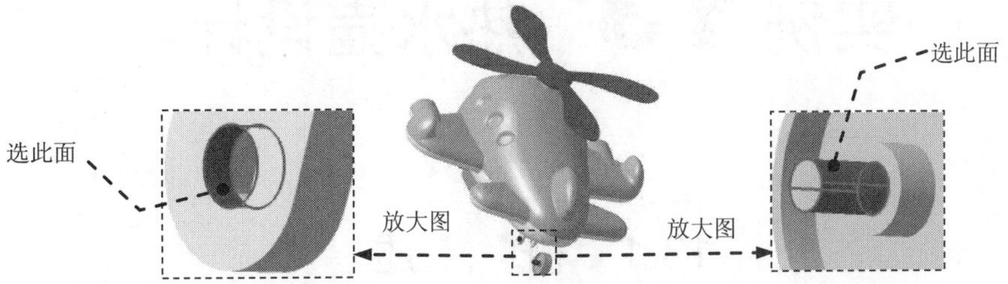

图 12.11.4　定义相合轴

Step10. 定义第四个装配约束。

（1）选择下拉菜单 插入 → 偏移... 命令，依次选取图 12.11.5 所示的面 1 和面 2 为偏移约束对象，系统弹出“约束属性”对话框。

（2）定义参数。在 偏移 文本框中输入值-1，单击 确定 按钮。

（3）更新操作。选择下拉菜单 编辑 → 更新（或单击按钮）。完成第四个装配约束。

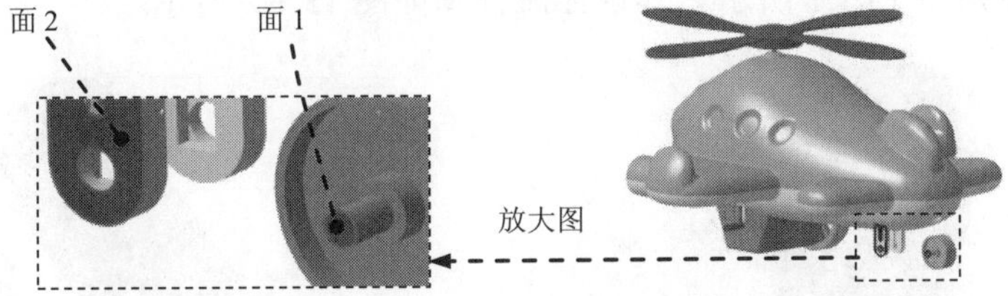

图 12.11.5　选取偏移面

Step11. 创建图 12.11.6 所示的装配特征—— 装配对称 1。

（1）在特征树中选取 wheel_01 (wheel_01.1) 为要镜像的对象。

（2）选择命令。选择下拉菜单 插入 → 对称 命令。系统弹出“装配对称向导”对话框（一）。

（3）选取 down_cover 零件的“zx 平面”为镜像平面，系统进入“装配对称向导”对话框（二），单击 完成 按钮，系统弹出“装配对称结果”对话框，单击 关闭 按钮完成装配对称 1 的创建。

Step12. 保存装配体模型。选择下拉菜单 文件 → 保存 命令，即可保存装配体模型。

图 12.11.6　装配对称 1

实例 13 热水壶设计

13.1 概　　述

本实例详细讲解了一款热水壶的整个设计过程，由于本实例中零件相对较多，在设计前首先要考虑如何分割创建出各零件，也就是在一级控件中如何创建分割面。在本例中，一级控件被分割成两个二级控件，第一个二级控件又被分割为两个三级控件，第二个二级控件被分割为两个零件，三级控件又被分割为四级控件和不同的零件，最后将控件隐藏就可以显示出已经装配好的热水壶模型。

热水壶模型如图 13.1.1 所示。其设计流程图如图 13.1.2 所示。

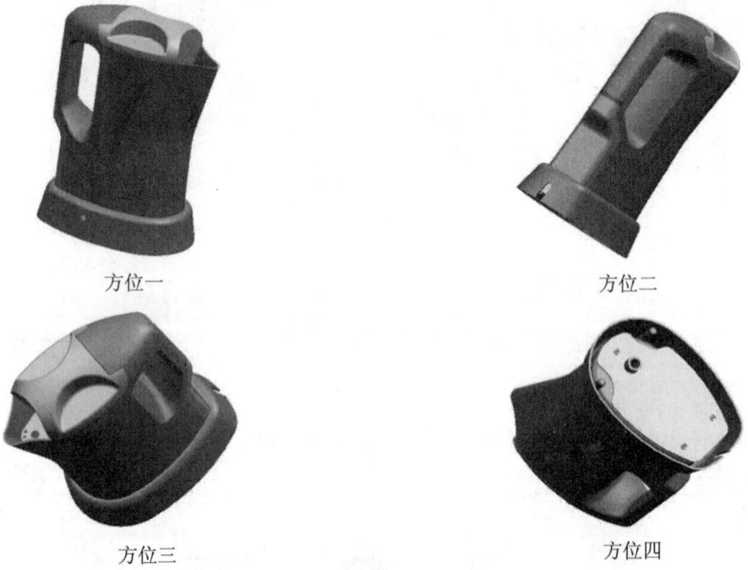

图 13.1.1　热水壶模型

13.2 一 级 控 件

下面讲解一级控件（first）的创建过程。一级控件在整个设计过程中起着十分重要的作用，它不仅为两个二级控件提供原始模型，而且确定了热水壶的整体外观形状。该零件模型及特征树如图 13.2.1 所示。

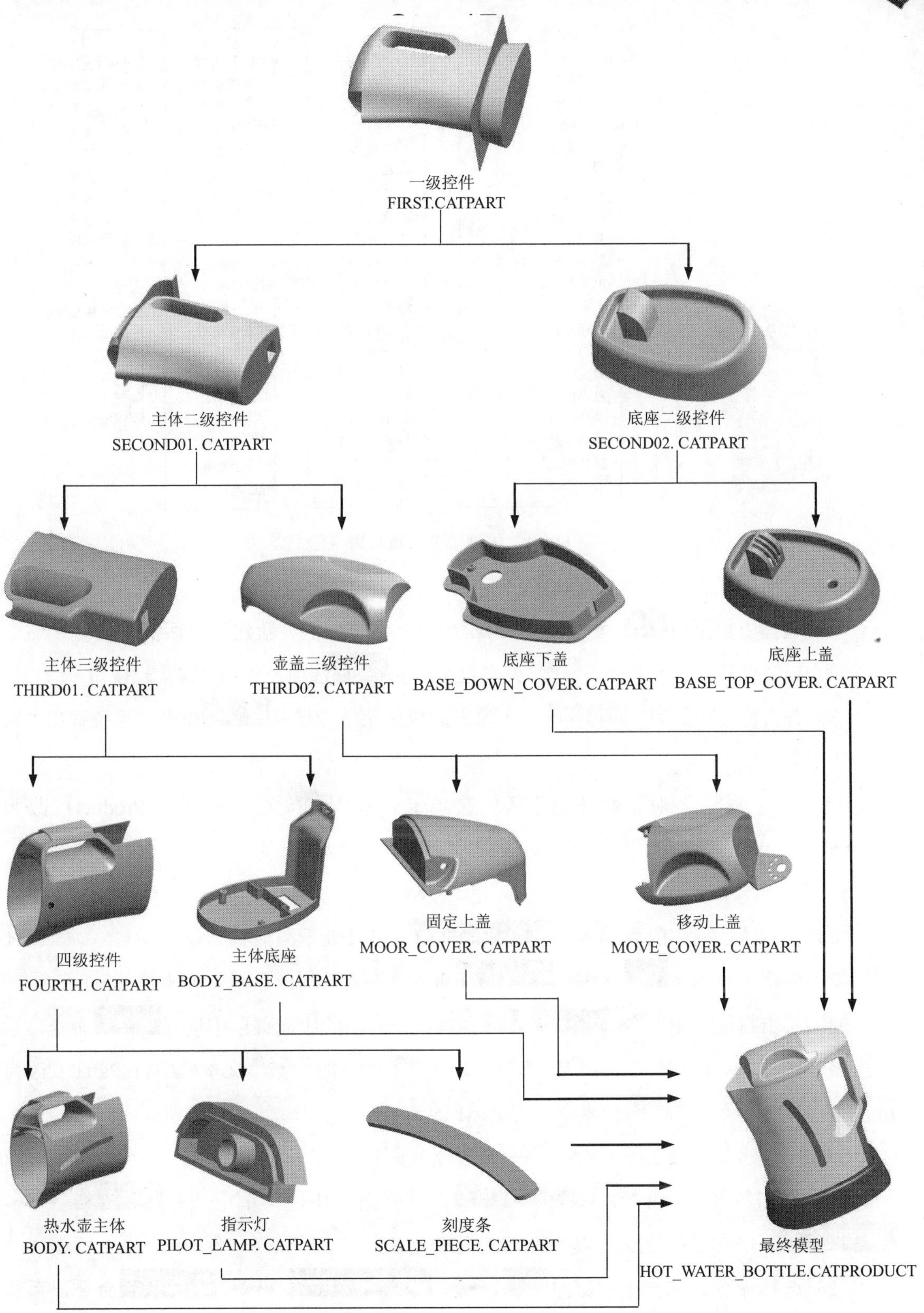
一级控件
FIRST.CATPART
主体二级控件
SECOND01. CATPART
底座二级控件
SECOND02. CATPART
主体三级控件
THIRD01. CATPART
壶盖三级控件
THIRD02. CATPART
底座下盖
BASE_DOWN_COVER. CATPART
底座上盖
BASE_TOP_COVER. CATPART
四级控件
FOURTH. CATPART
主体底座
BODY_BASE. CATPART
固定上盖
MOOR_COVER. CATPART
移动上盖
MOVE_COVER. CATPART
热水壶主体
BODY. CATPART
指示灯
PILOT_LAMP. CATPART
刻度条
SCALE_PIECE. CATPART
最终模型
HOT_WATER_BOTTLE.CATPRODUCT

图 13.1.2 设计流程图

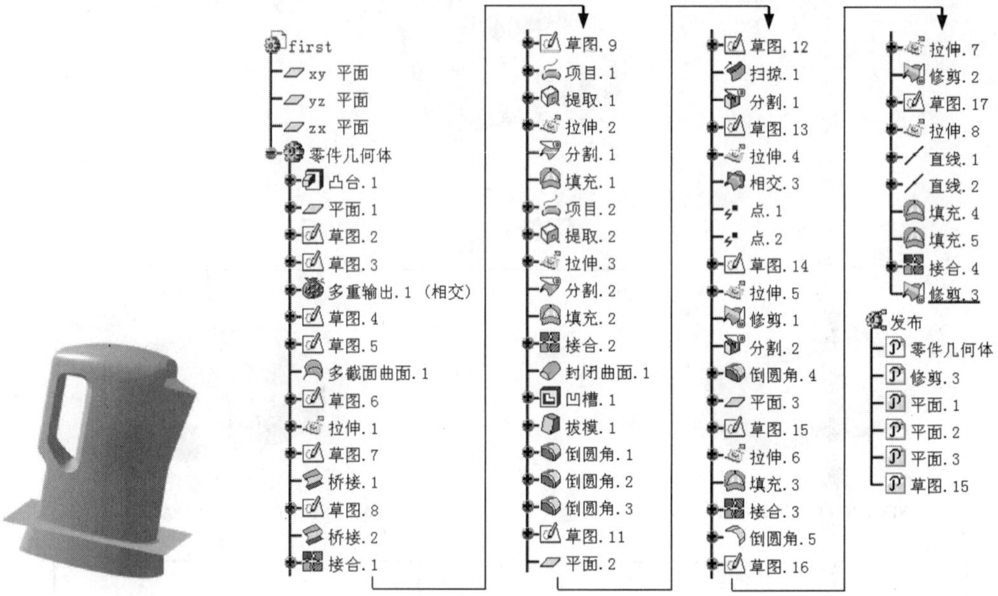

图 13.2.1　零件模型及特征树

Step1. 新建模型文件。

（1）选择下拉菜单 文件 → 新建... 命令，系统弹出“新建”对话框。

（2）在“新建”对话框的 类型列表： 列表框中选择 Product 选项，单击 确定 按钮。

（3）右击特征树的 Product1 ，在弹出的快捷菜单中选择 属性 命令，系统弹出“属性”对话框。

（4）在“属性”对话框中选择 产品 选项卡，在 零件编号 文本框中将 Product1 改为 hot_water_bottle，单击 确定 按钮。

Step2. 引入 first 模型文件。

（1）双击特征树中的 hot_water_bottle，使其处于激活状态。

（2）选择下拉菜单 插入 → 新建零件 命令，在特征树上创建新的零件 Part1。

（3）右击特征树中的 Part1 (Part1.1)，在弹出的快捷菜单中选择 属性 命令，系统弹出“属性”对话框，选择 产品 选项卡，在 部件 区域的 实例名称 文本框中将 Part1.1 改为 first，在 产品 区域的 零件编号 文本框中将 Part1 改为 first，单击 确定 按钮。

Step3. 创建图 13.2.2 所示的特征—— 凸台 1。

（1）右击特征树中的 first (first)，在弹出的快捷菜单中选择 first 对象 → 在新窗口中打开 命令；系统进入“零件设计”工作台。

（2）选择命令。选择下拉菜单 插入 → 基于草图的特征 → 凸台... 命令，系统弹出“定义凸台”对话框。

（3）创建截面草图。选取“xy 平面”为草图平面，绘制图 13.2.3 所示的截面草图（草图 1）。

（4）定义凸台类型和尺寸。在[第一限制]区域的[类型：]下拉列表中选择[尺寸]选项，并在[长度：]文本框中输入值 40。

（5）单击[确定]按钮，完成凸台 1 的创建。

图 13.2.2　凸台 1

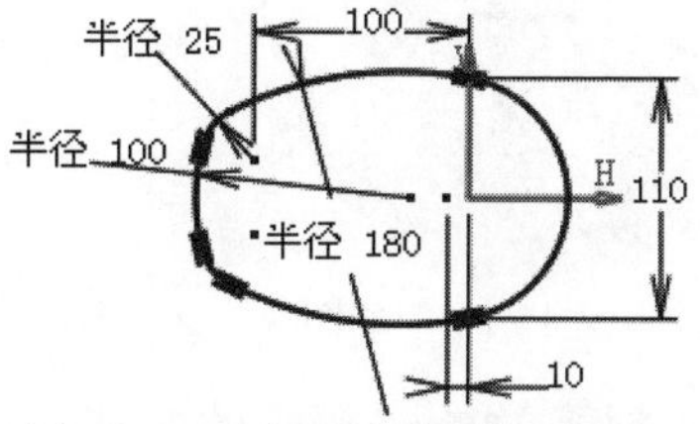

图 13.2.3　截面草图（草图 1）

Step4. 切换工作台。选择下拉菜单[开始] → [形状] → [创成式外形设计]命令，切换到“创成式外形设计”工作台。

Step5. 创建图 13.2.4 所示的特征—— 平面 1。选择下拉菜单[插入] → [线框] → [平面...]命令；在[平面类型：]下拉列表中选择[偏移平面]选项；激活[参考：]文本框，在绘图区选取图 13.2.4 所示的面为参考平面；在[偏移：]文本框中输入值 190；单击[确定]按钮，完成平面 1 的创建。

Step6. 创建图 13.2.5 所示的特征——草图 2。选择下拉菜单[插入] → [草图编辑器] → [草图]命令；选取图 13.2.4 所示的模型表面为草图平面；绘制图 13.2.5 所示的草图，单击“工作台”工具栏中的[]按钮，退出草绘工作台。

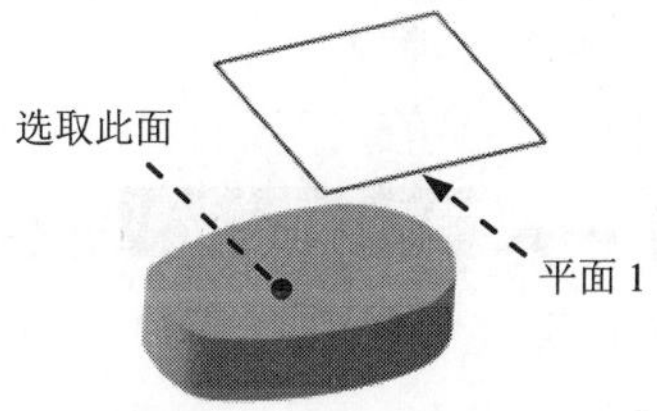

图 13.2.4　平面 1

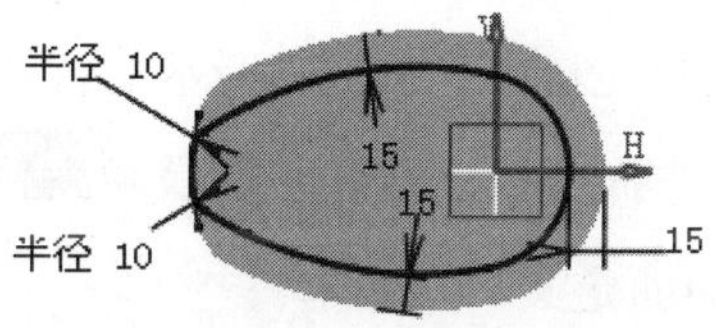

图 13.2.5　草图 2

Step7. 创建图 13.2.6 所示的特征——草图 3。选择下拉菜单[插入] → [草图编辑器] → [草图]命令；选取“平面 1”为草图平面；绘制图 13.2.6 所示的草图，单击“工作台”工具栏中的[]按钮，退出草绘工作台。

Step8. 创建图 13.2.7 所示的相交特征——多重输出 1。

（1）选择下拉菜单[插入] → [线框] → [相交...]命令；选取“草图 2”和“草图 3”为第一元素，选取“zx 平面”为第二元素；单击[确定]按钮，系统弹出“多重结果管理”对话框（一）。

（2）单击“多重结果管理”对话框（一）中的[是(Y)]按钮，系统弹出“多重结果管理”对话框（二）。

（3）选择“多重结果管理”对话框（二）中的 保留所有子元素。 单选项，并单击此对话框中的 确定 按钮，系统再次弹出“多重结果管理”对话框（二），选择 保留所有子元素。 单选项，并单击 确定 按钮，完成多重输出 1 的创建。

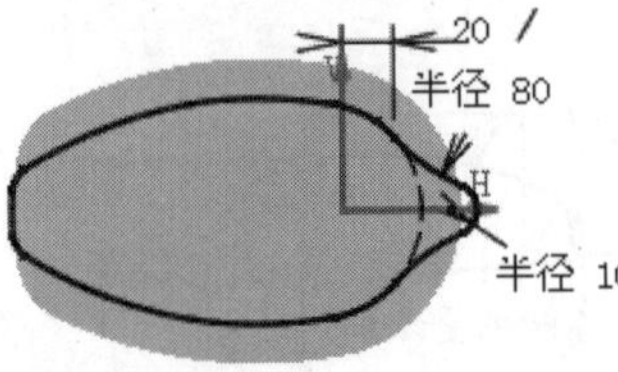

图 13.2.6　草图 3

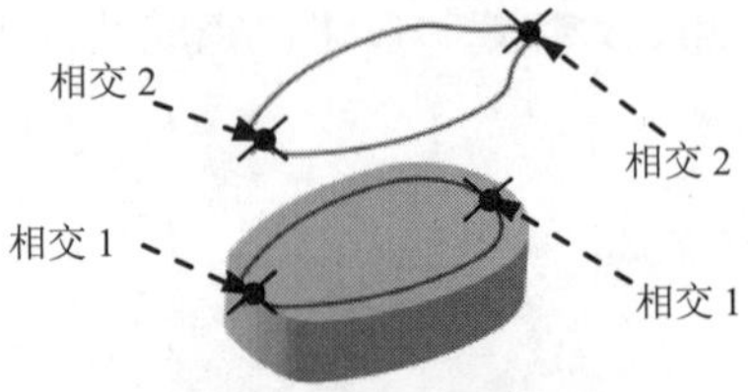

图 13.2.7　多重输出 1

Step9. 创建图 13.2.8 所示的特征——草图 4。选择下拉菜单 插入 → 草图编辑器 → 草图 命令；选取“zx 平面”为草图平面；绘制图 13.2.8 所示的草图，单击“工作台”工具栏中的 按钮，退出草绘工作台。

Step10. 创建图 13.2.9 所示的特征——草图 5。选择下拉菜单 插入 → 草图编辑器 → 草图 命令；选取“zx 平面”为草图平面；绘制图 13.2.9 所示的草图，单击“工作台”工具栏中的 按钮，退出草绘工作台。

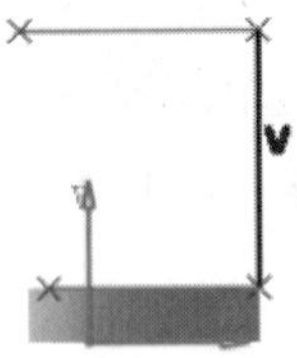

图 13.2.8　草图 4

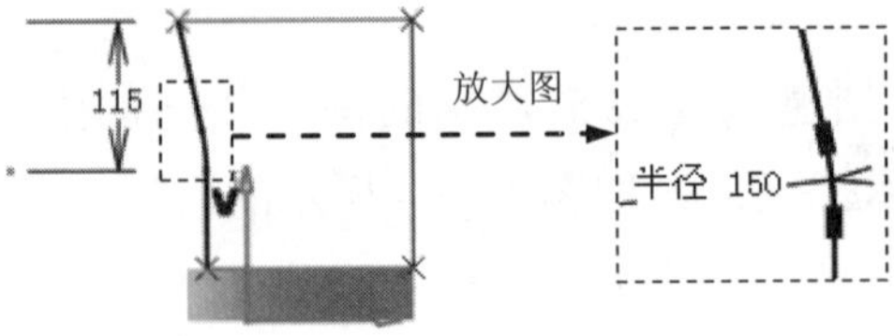

图 13.2.9　草图 5

Step11. 创建图 13.2.10 所示的特征——多截面曲面 1。

（1）选择命令。选择下拉菜单 插入 → 曲面 → 多截面曲面... 命令，系统弹出“多截面曲面定义”对话框。

（2）选取草图 2 和草图 3 为截面曲线，选取草图 4 和草图 5 为引导线，调整闭合点及切线方向，如图 13.2.11 所示。

（3）单击 确定 按钮，完成多截面曲面 1 的创建。

图 13.2.10　多截面曲面 1

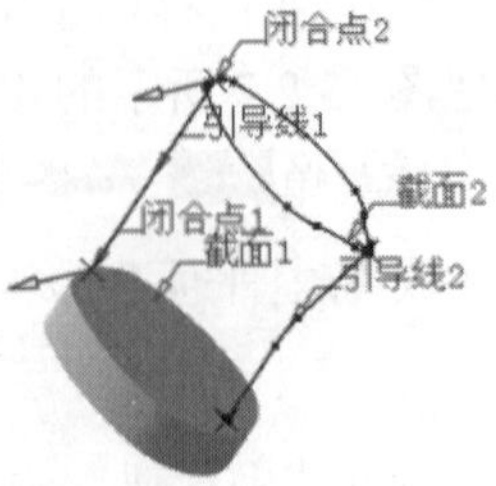

图 13.2.11　定义截面及引导线

Step12. 创建图 13.2.12 所示的特征——草图 6。选择下拉菜单 插入 → 草图编辑器 → 草图 命令；选取“zx 平面”为草图平面；绘制图 13.2.12 所示的草图，单击“工作台”工具栏中的 按钮，退出草绘工作台。

Step13. 创建图 13.2.13 所示的特征——拉伸 1。

（1）选择命令。选择下拉菜单 插入 → 曲面 → 拉伸... 命令。

（2）定义拉伸类型和尺寸。选取“草图 6”为拉伸轮廓；采用系统默认的拉伸方向；在“拉伸曲面定义”对话框的 限制 1 区域的 类型: 下拉列表中选择 尺寸 选项；在 限制 1 区域的 尺寸: 文本框中输入值 20。

（3）单击 确定 按钮，完成拉伸 1 的创建。

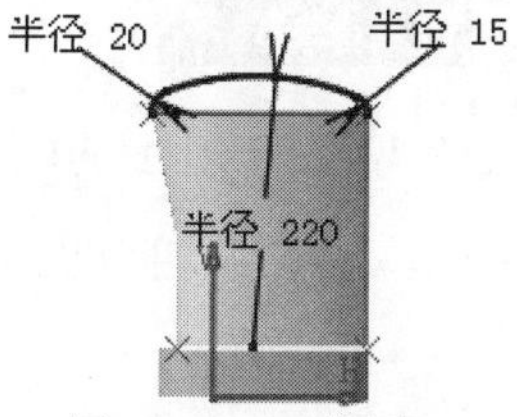

图 13.2.12 草图 6

图 13.2.13 拉伸 1

Step14. 创建图 13.2.14 所示的特征——草图 7。选择下拉菜单 插入 → 草图编辑器 → 草图 命令；选取“平面 1”为草图平面；绘制图 13.2.15 所示的草图，单击“工作台”工具栏中的 按钮，退出草绘工作台。

说明：草图 7 中的两段圆弧的端点分别与草图 6 相合。

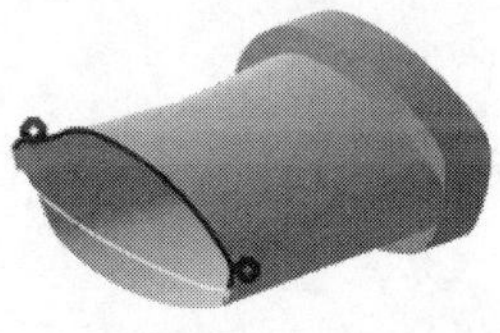

图 13.2.14 草图 7（建模环境）

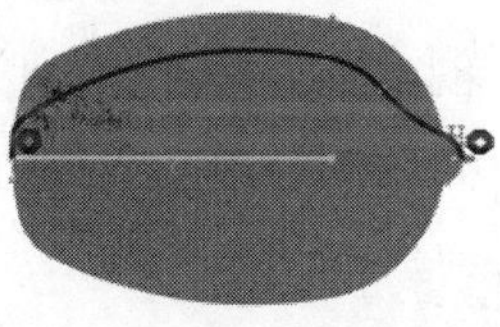

图 13.2.15 草图 7（草绘环境）

Step15. 创建图 13.2.16 所示的零件特征——桥接 1。

（1）选择命令。选择下拉菜单 插入 → 曲面 → 桥接... 命令。

（2）定义桥接参数。选取“草图 6”为第一曲线；选取图 13.2.17 所示的面 1 为第一支持面；选取草图 7 为第二曲线；选取图 13.2.17 所示的面 2 为第二支持面。

（3）定义约束类型。

（4）单击 确定 按钮，完成桥接 1 的创建。

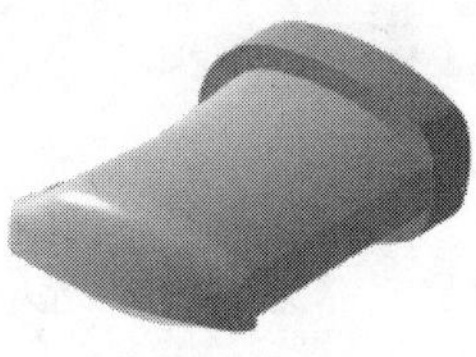

图 13.2.16 桥接 1

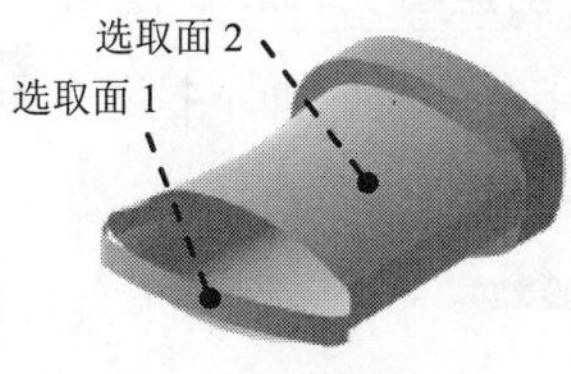

图 13.2.17 定义支持面

Step16. 创建图 13.2.18 所示的特征——草图 8。选择下拉菜单 插入 → 草图编辑器 → 草图 命令；选取“平面 1”为草图平面；绘制图 13.2.19 所示的草图，单击“工作台”工具栏中的按钮，退出草绘工作台。

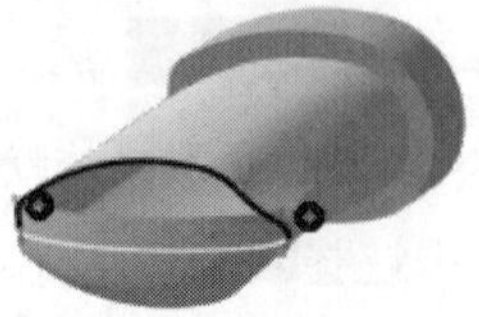

图 13.2.18　草图 8（建模环境）

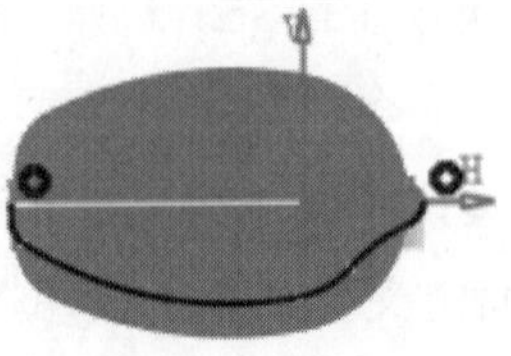

图 13.2.19　草图 7（草绘环境）

Step17. 创建图 13.2.20 所示的零件特征——桥接 2（拉伸 1 已隐藏）。

（1）选择命令。选择下拉菜单 插入 → 曲面 → 桥接曲面... 命令。

（2）定义桥接参数。选取“草图 8”为第一曲线；选取图 13.2.21 所示的面 2 为第一支持面；选取“草图 6”为第二曲线；选取图 13.2.21 所示的面 1 为第二支持面。

（3）单击 确定 按钮，完成桥接 2 的创建。

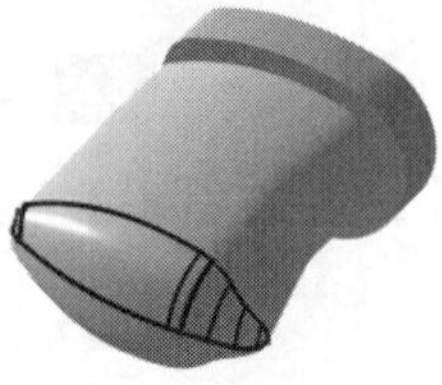

图 13.2.20　桥接 2

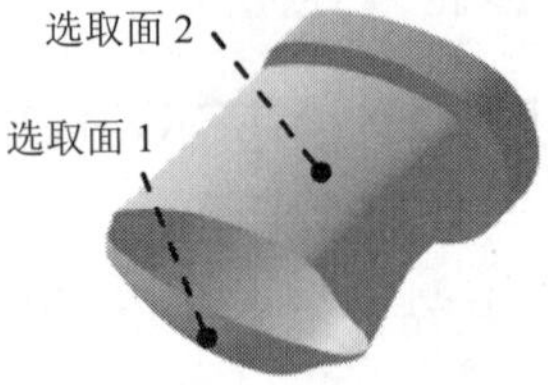

图 13.2.21　定义支持面

Step18. 创建零件特征——接合 1。

（1）选择命令。选择下拉菜单 插入 → 操作 → 接合... 命令。系统弹出“接合定义”对话框。

（2）在特征树中选取“多截面曲面 1”“桥接 1”和“桥接 2”为要接合的对象。

（3）单击 确定 按钮，完成接合 1 的创建。

Step19. 创建图 13.2.22 所示的特征——草图 9。选择下拉菜单 插入 → 草图编辑器 → 草图 命令；选取“yz 平面”为草图平面；绘制图 13.2.22 所示的草图，单击“工作台”工具栏中的按钮，退出草绘工作台。

说明：草图 9 所绘制的矩形的边线与草图 6 所绘制的圆弧的端点相合。

Step20. 创建图 13.2.23 所示的曲线特征——项目 1。

（1）选择命令。选择下拉菜单 插入 → 线框 → 投影... 命令（或单击按钮），系统弹出“投影定义”对话框。

（2）在 投影类型: 下拉列表中选取 沿某一方向 选项；激活 投影的: 文本框，选取“草图 9”为投影对象；激活支持面:文本框，选取接合 1 为支持面；在方向:文本框中右击，在弹出的快捷菜单中选择X 部件选项，取消选中□近接解法复选框。

（3）单击确定按钮，系统弹出“多重结果管理”对话框，选中使用提取，仅保留一个子元素，单选项，单击此对话框中的确定按钮，系统弹出“提取定义”对话框。

（4）选取图 13.2.24 所示的曲线为要提取的元素，单击确定按钮，完成项目 1 的创建。

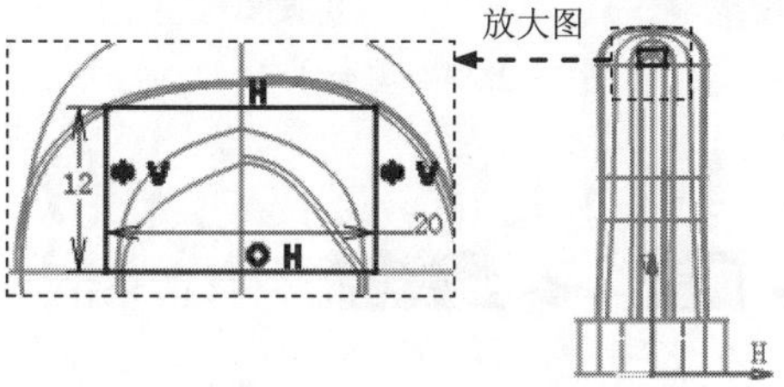

图 13.2.22 草图 9

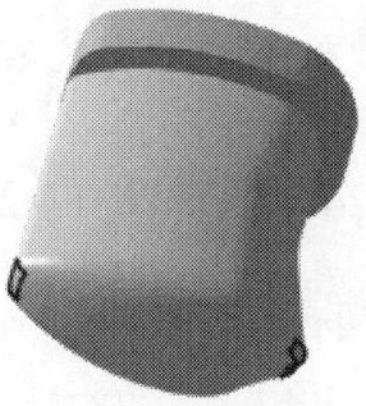

图 13.2.23 项目 1

Step21. 创建图 13.2.25 所示的特征——拉伸 2。

（1）选择命令。选择下拉菜单插入 → 曲面 → 拉伸...命令。

（2）定义拉伸类型和尺寸。选取“提取 1”为拉伸轮廓；选取X 部件为拉伸方向；在“拉伸曲面定义”对话框的限制 1区域的类型:下拉列表中选择尺寸选项；在限制 1区域的尺寸:文本框中输入值 0，在限制 2区域的类型:下拉列表中选择尺寸选项；在限制 2区域的尺寸:文本框中输入值 20。

（3）单击确定按钮，完成拉伸 2 的创建。

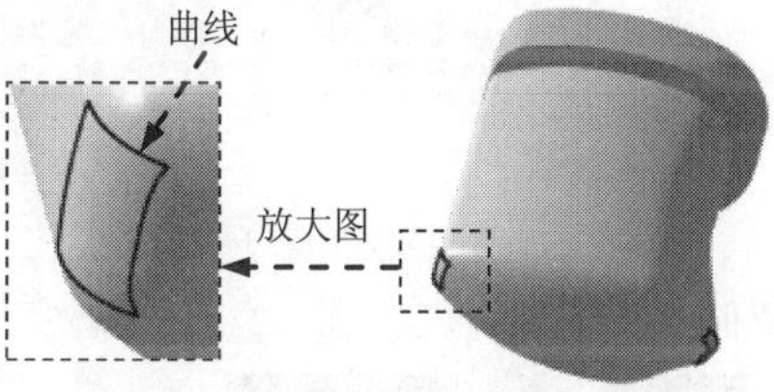

图 13.2.24 定义提取元素

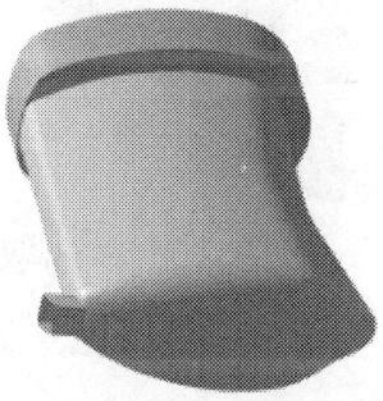

图 13.2.25 拉伸 2

Step22. 创建图 13.2.26 所示的特征——分割 1（拉伸 2 已隐藏）。

（1）选择命令。选择下拉菜单插入 → 操作 → 分割...命令。系统弹出“定义分割”对话框。

（2）选取“接合 1”为要切除的元素，选取“拉伸 2”为切除元素。

（3）单击确定按钮，完成分割 1 的创建。

Step23. 创建图 13.2.27 所示的特征——填充 1。

（1）选择命令。选择下拉菜单插入 → 曲面 → 填充...命令，系统弹出“填充曲面定义”对话框。

（2）分别选取“提取 1”为边界线，选取图 13.2.28 所示的面为支持面。

（3）单击 确定 按钮，完成填充 1 的创建。

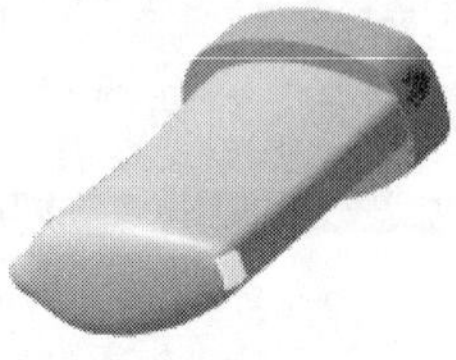

图 13.2.26　分割 1

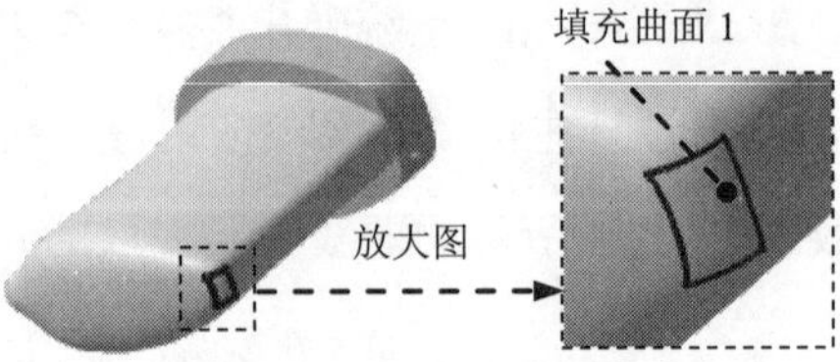

图 13.2.27　填充 1

Step24. 创建图 13.2.29 所示的曲线特征——项目 2。

（1）选择命令。选择下拉菜单 插入(I) → 线框 → 投影... 命令（或单击按钮），系统弹出“投影定义”对话框。

（2）在 投影类型: 下拉列表中选取 沿某一方向 选项；激活 投影的: 文本框，选取“草图 9”为投影对象；激活 支持面: 文本框，选取“分割 1”为支持面；在 方向: 文本框中右击，在弹出的快捷菜单中选择 X 部件 选项，取消选中 □近接解法 复选框。

（3）单击 确定 按钮，系统弹出“多重结果管理”对话框，选中 使用提取，仅保留一个子元素， 单选项，单击此对话框中的 确定 按钮，系统弹出“提取定义”对话框。

（4）选取图 13.2.29 所示的曲线为要提取的元素，单击 确定 按钮，完成项目 2 的创建。

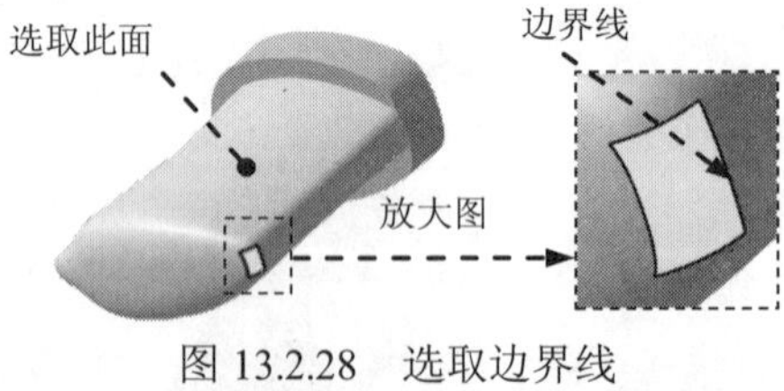

图 13.2.28　选取边界线

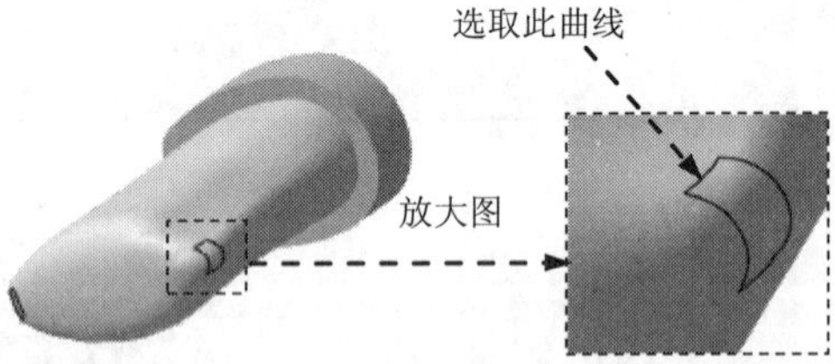

图 13.2.29　项目 2

Step25. 创建图 13.2.30 所示的特征——拉伸 3。

（1）选择命令。选择下拉菜单 插入 → 曲面 → 拉伸... 命令。

（2）定义拉伸类型和尺寸。选取“提取 1”为拉伸轮廓；选取 X 部件 为拉伸方向；在“拉伸曲面定义”对话框的 限制 1 区域的 类型: 下拉列表中选择 尺寸 选项；在 限制 1 区域的 尺寸: 文本框中输入值 20，在 限制 2 区域的 类型: 下拉列表中选择 尺寸 选项；在 限制 2 区域的 尺寸: 文本框中输入值 0。

（3）单击 确定 按钮，完成拉伸 3 的创建。

Step26. 创建图 13.2.31 所示的特征——分割 2（拉伸 3 已隐藏）。

（1）选择命令。选择下拉菜单 插入 → 操作 → 分割... 命令。系统弹出“定义分割”对话框。

（2）选取“分割 1”为要切除的元素，选取“拉伸 3”为切除元素，采用系统默认的分割方向。

（3）单击 确定 按钮，完成分割 2 的创建。

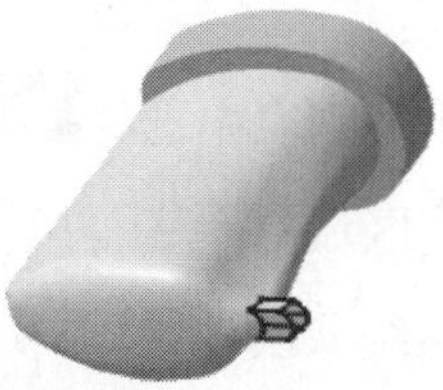

图 13.2.30 拉伸 3

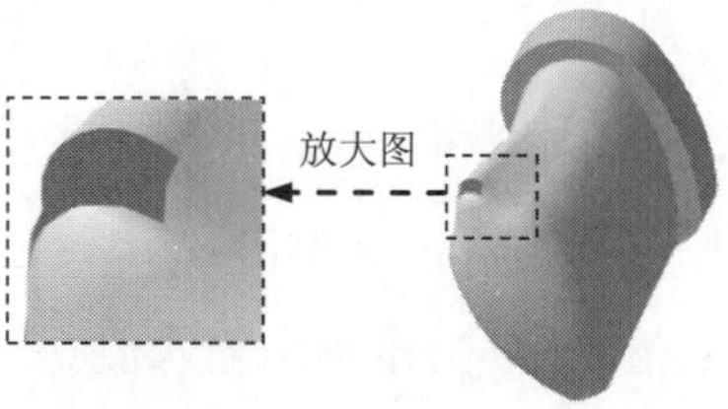

图 13.2.31 分割 2

Step27. 创建图 13.2.32 所示的特征——填充 2。

（1）选择命令。选择下拉菜单 插入 → 曲面 ▸ → 填充... 命令，系统弹出“填充曲面定义”对话框。

（2）选取图 13.2.33 所示的提取 2 为边界线，选取“分割 2”为支持面。

（3）单击 确定 按钮，完成填充 2 的创建。

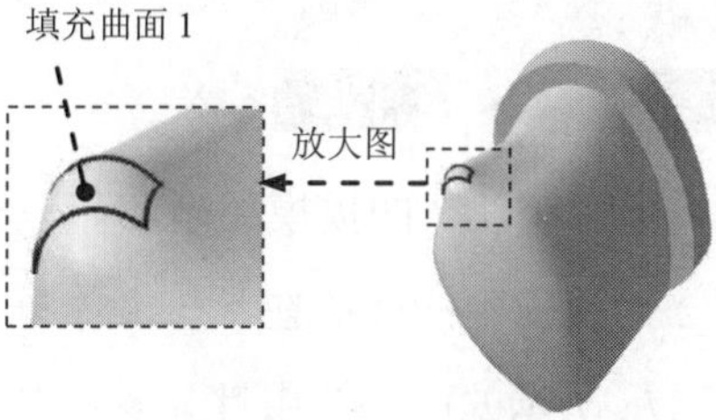

图 13.2.32 填充 2

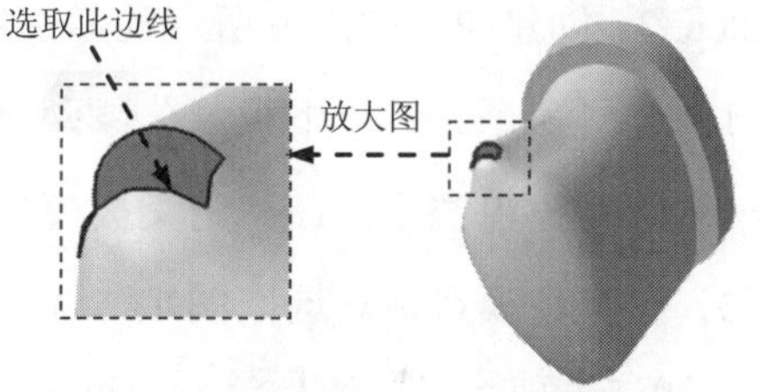

图 13.2.33 选取边界线

Step28. 创建零件特征——接合 2。

（1）选择命令。选择下拉菜单 插入 → 操作 ▸ → 接合... 命令。系统弹出“接合定义”对话框。

（2）在特征树中选取“填充 1”“填充 2”和“分割 2”为要接合的对象。

（3）单击 确定 按钮，完成接合 2 的创建。

Step29. 切换工作台。选择下拉菜单 开始 → 机械设计 ▸ → 零件设计 命令，切换到“零件设计”工作台。

Step30. 创建特征——封闭曲面 1。

（1）选择命令。选择下拉菜单 插入 → 基于曲面的特征 ▸ → 封闭曲面... 命令。

（2）定义要封闭的对象。在特征树中选取“接合 2”为要封闭的对象。

（3）单击 确定 按钮，完成封闭曲面 1 的创建。

Step31. 隐藏曲面。将所有曲面隐藏，结果如图 13.2.34 所示。

Step32. 创建图 13.2.35 所示的特征——凹槽 1。

（1）选择命令。选择下拉菜单 插入 → 基于草图的特征 ▸ → 凹槽... 命令。

（2）创建截面草图。选取“zx 平面”为草图平面，绘制图 13.2.36 所示的截面草图（草图 10）。

（3）定义凹槽类型和尺寸。在 第一限制 区域的 类型： 的下拉列表中选择 直到最后 选项；在 偏移： 文本框中输入值 0，并单击 更多>> 按钮；在 第二限制 区域的 类型： 的下拉列表中选择 直到最后 选项；在 偏移： 文本框中输入值 0，其他选项采用系统默认设置。

（4）单击 确定 按钮，完成凹槽 1 的创建。

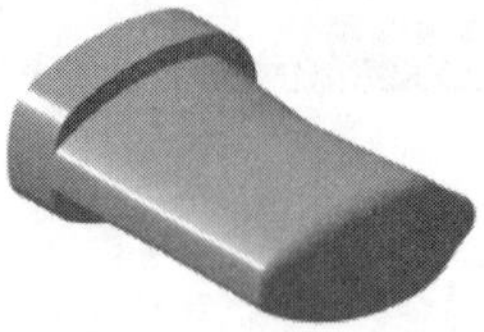
图 13.2.34 隐藏曲面特征

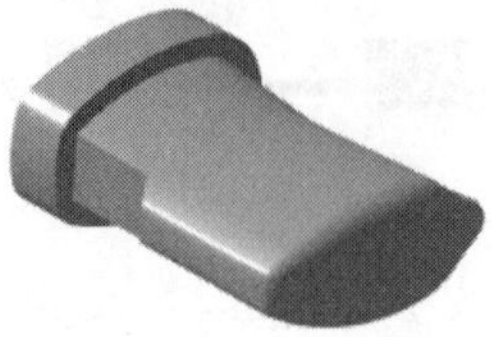
图 13.2.35 凹槽 1

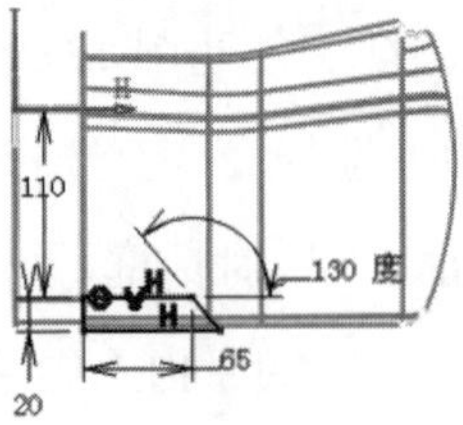

图 13.2.36 截面草图（草图 10）

Step33. 创建图 13.2.37b 所示的零件特征——拔模 1。

（1）选择命令。选择下拉菜单 插入 → 修饰特征 ▸ → 拔模... 命令。

（2）定义拔模类型。在“定义拔模”对话框中采用系统默认的拔模类型。

（3）定义拔模参数。选取图 13.2.37a 所示的面 2 为要拔模的面；在 角度： 文本框中输入值-10；激活 中性元素 区域的 选择： 文本框，选取图 13.2.37a 所示的面 1 为中性元素；在 拓展： 下拉列表中选择 无 选项。

（4）单击 确定 按钮，完成拔模 1 的创建。

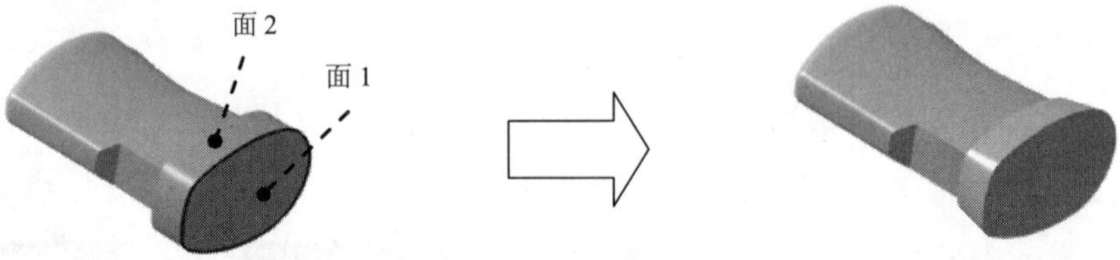

a）拔模前　　b）拔模后

图 13.2.37 拔模 1

Step34. 创建图 13.2.38b 所示的倒圆角 1。

（1）选择命令。选择下拉菜单 插入 → 修饰特征 ▸ → 倒圆角... 命令，系统弹出“倒圆角定义”对话框。

（2）选取图 13.2.38a 所示的边线为倒圆角对象，在 半径： 文本框中输入值 12。

（3）单击 确定 按钮，完成倒圆角 1 的创建。

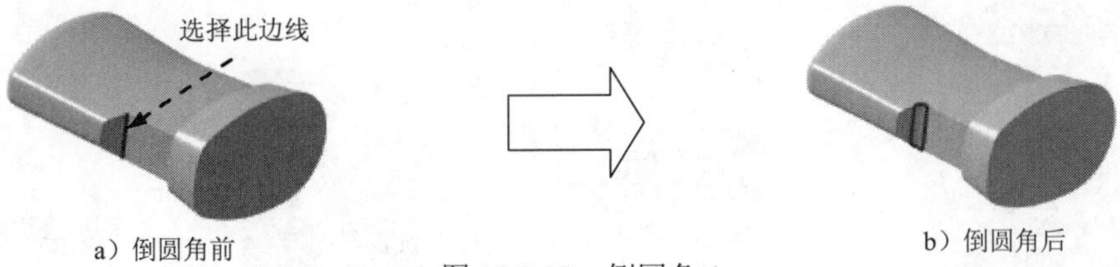

a）倒圆角前　　b）倒圆角后

图 13.2.38　倒圆角 1

Step35. 创建图 13.2.39b 所示的特征——倒圆角 2。选择下拉菜单 插入 → 修饰特征 ▸ → 倒圆角... 命令；选取图 13.2.39a 所示的边线为倒圆角的对象；在 半径: 文本框中输入值 8；单击 确定 按钮，完成倒圆角 2 的创建。

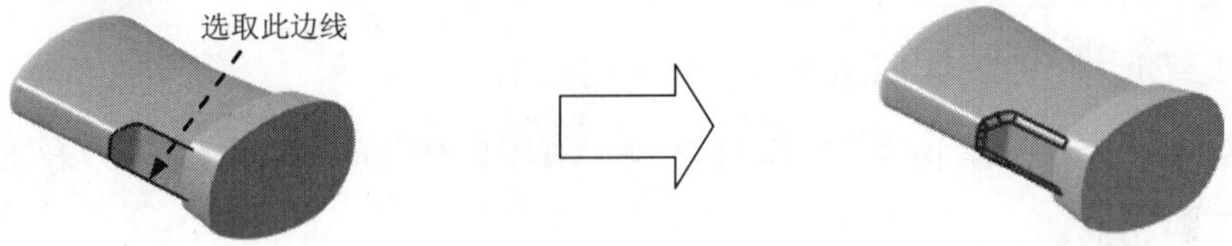

a）倒圆角前　　b）倒圆角后

图 13.2.39　倒圆角 2

Step36. 创建图 13.2.40b 所示的特征——倒圆角 3。选择下拉菜单 插入 → 修饰特征 ▸ → 倒圆角... 命令；选取图 13.2.40a 所示的边链为倒圆角的对象；在 半径: 文本框中输入值 8；单击 确定 按钮，完成倒圆角 3 的创建。

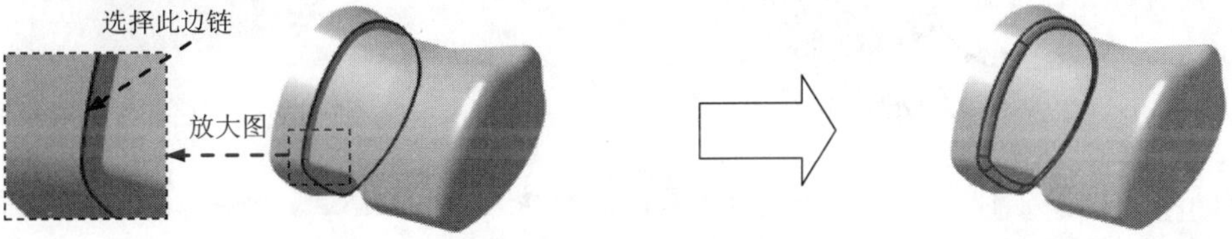

a）倒圆角前　　b）倒圆角后

图 13.2.40　倒圆角 3

Step37. 创建图 13.2.41 所示的特征——草图 11。选择下拉菜单 插入 → 草图编辑器 ▸ → 草图 命令；选取“zx 平面”为草图平面；绘制图 13.2.41 所示的草图，单击“工作台”工具栏中的 按钮，退出草绘工作台。

Step38. 切换工作台。选择下拉菜单 开始 → 形状 → 创成式外形设计 命令，切换到“创成式外形设计”工作台。

Step39. 创建图 13.2.42 所示的特征—— 平面 2。选择下拉菜单 插入 → 线框 ▸ → 平面... 命令；在 平面类型: 下拉列表中选择 平行通过点 选项；在 参考: 文本框中右击，在弹出的快捷菜单中选取 XY 平面，在绘图区选取图 13.2.42 所示的点为参考平面的参考点，单击 确定 按钮，完成平面 2 的创建。

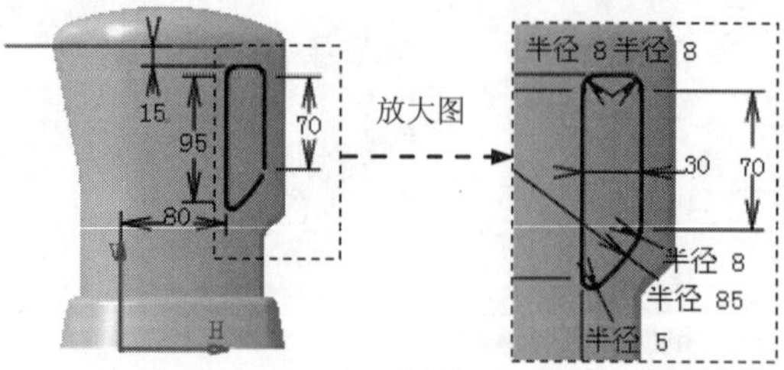

图 13.2.41　草图 11

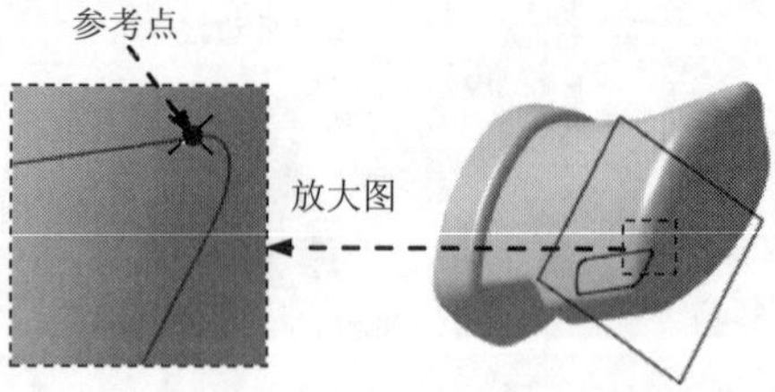

图 13.2.42　平面 2

Step40. 创建图 13.2.43 所示的特征——草图 12。选择下拉菜单 插入 → 草图编辑器 → 草图 命令；选取“平面 2”为草图平面；绘制图 13.2.43 所示的草图，单击“工作台”工具栏中的 按钮，退出草绘工作台。

Step41. 创建图 13.2.44 所示的特征——扫掠 1。

（1）选择命令。选择下拉菜单 插入 → 曲面 → 扫掠... 命令，系统弹出“扫掠曲面定义”对话框。

（2）定义轮廓线和引导线。选取“草图 12”为轮廓线；选取“草图 11”为引导曲线。

（3）单击 确定 按钮，完成扫掠 1 的创建。

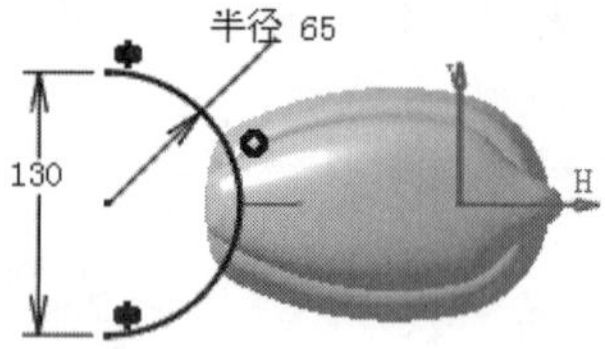

图 13.2.43　草图 12

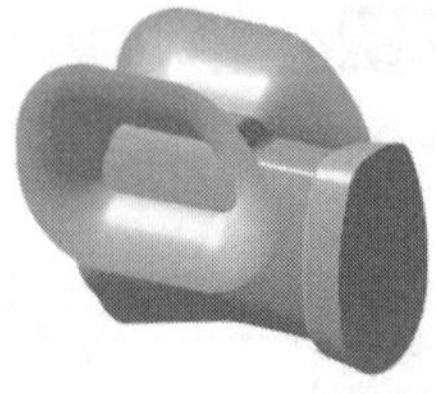

图 13.2.44　扫掠 1

Step42. 切换工作台。选择下拉菜单 开始 → 机械设计 → 零件设计 命令，切换到“零件设计”工作台。

Step43. 创建图 13.2.45b 所示的特征——分割 3。

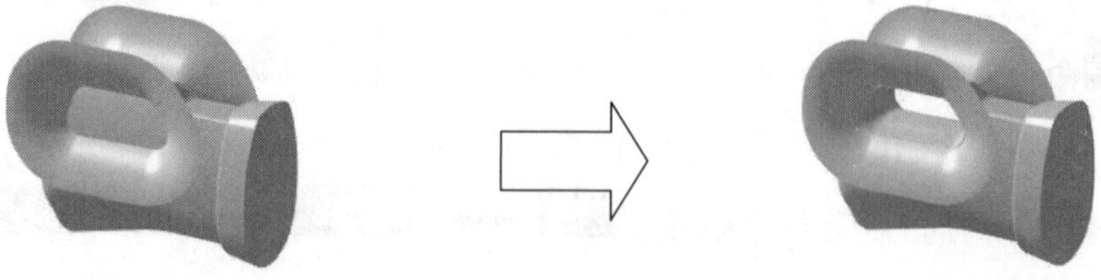

a）分割前　　　b）分割后

图 13.2.45　分割 3

（1）选择命令。选择下拉菜单 插入 → 基于曲面的特征 → 分割... 命令，系统弹出“定义分割”对话框。

（2）定义分割元素及方向。选取“扫掠 1”为分割元素，在绘图区单击系统生成的方向箭头，使其向外。

（3）单击确定按钮，完成分割 3 的创建。

Step44. 切换工作台。选择下拉菜单开始 → 形状 → 创成式外形设计命令，切换到“创成式外形设计”工作台。

Step45. 创建图 13.2.46 所示的特征——草图 13。选择下拉菜单插入 → 草图编辑器 → 草图命令；选取“zx 平面”为草图平面；绘制图 13.2.46 所示的草图，单击“工作台”工具栏中的按钮，退出草绘工作台。

Step46. 创建图 13.2.47 所示的特征——拉伸 4。

（1）选择命令。选择下拉菜单插入 → 曲面 → 拉伸...命令。

（2）定义拉伸类型和尺寸。选取“草图 13”为拉伸轮廓；在“拉伸曲面定义”对话框的限制 1区域的类型:下拉列表中选择尺寸选项；在限制 1区域的尺寸:文本框中输入值 50，在限制 2区域的类型:下拉列表中选择尺寸选项；在限制 2区域的尺寸:文本框中输入值 50。

（3）单击确定按钮，完成拉伸 4 的创建。

图 13.2.46　草图 13

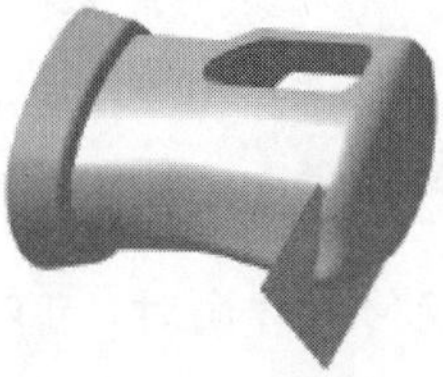
图 13.2.47　拉伸 4

Step47. 创建图 13.2.48 所示的特征——相交 3。选择下拉菜单插入 → 线框 → 相交...命令；选取“拉伸 4“为第一元素；选取“草图 3”为第二元素；单击确定按钮；在弹出的“多重结果管理”对话框中选中保留所有子元素。单选项，单击确定按钮，完成相交 3 的创建。

Step48. 创建拆解特征——点 1 和点 2。

（1）选择命令。选择下拉菜单插入 → 操作 → 拆解...命令，系统弹出“拆解”对话框。

（2）定义拆解对象。在特征树中选取“相交 3”为拆解对象。

（3）单击确定按钮，完成拆解特征的创建。

Step49. 创建图 13.2.49 所示的特征——草图 14。选择下拉菜单插入 → 草图编辑器 → 草图命令；选取“平面 1”为草图平面；绘制图 13.2.49 所示的草图，单击“工作台”工具栏中的按钮，退出草绘工作台。

说明：草图 14 中所绘制的圆弧的两个端点分别与图 13.2.48 所示的两个相交点相合。

Step50. 创建图 13.2.50 所示的特征——拉伸 5。

（1）选择命令。选择下拉菜单 插入 ➡ 曲面 ▸ ➡ 拉伸... 命令。

（2）定义拉伸类型和尺寸。选取“草图 14”为拉伸轮廓；在“拉伸曲面定义”对话框的 限制 1 区域的 类型: 下拉列表中选择 尺寸 选项；在 限制 1 区域的 尺寸: 文本框中输入值 20，在 限制 2 区域的 类型: 下拉列表中选择 尺寸 选项；在 限制 2 区域的 尺寸: 文本框中输入值 50。

（3）单击 确定 按钮，完成拉伸 5 的创建。

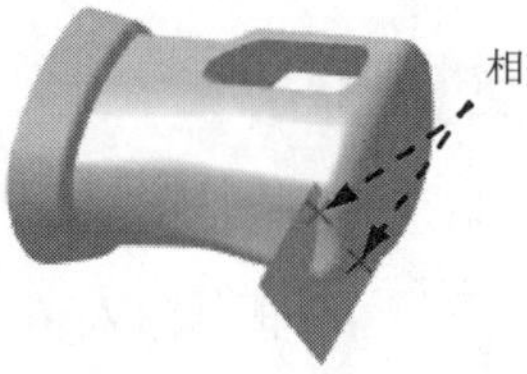

图 13.2.48　相交 3

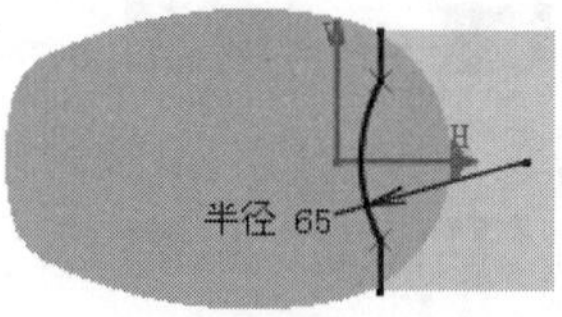

图 13.2.49　草图 14

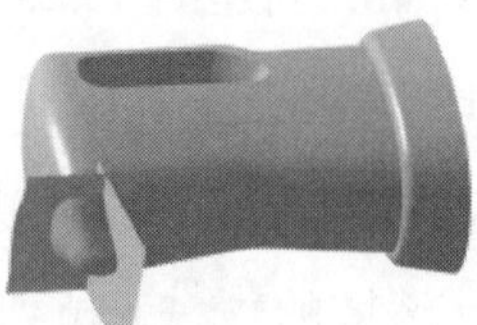

图 13.2.50　拉伸 5

Step51. 创建图 13.2.51b 所示的特征——修剪 1。

（1）选择命令。选择下拉菜单 插入 ➡ 操作 ▸ ➡ 修剪... 命令。

（2）选取“拉伸 5”和“拉伸 4”为修剪元素；选中 自动外插延伸 复选框。

（3）单击 确定 按钮，完成修剪 1 的创建。

说明：在切换修剪方向时，可以单击 另一侧/下一元素 和 另一侧/上一元素 来调整修剪方向，以确定所需保留的曲面，在以后需调整修剪方向时将不再说明。

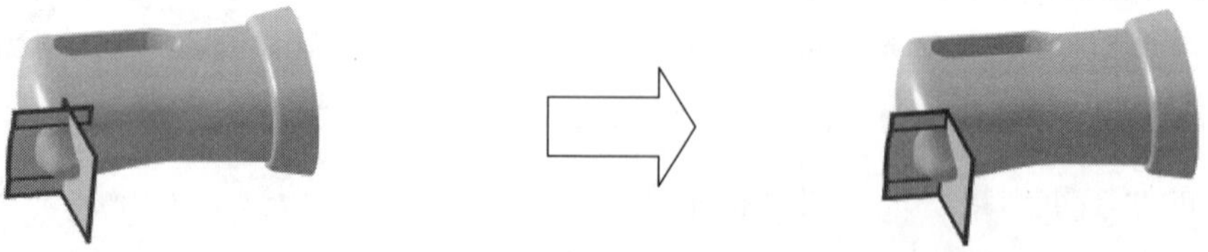

a）修剪前　　b）修剪后

图 13.2.51　修剪 1

Step52. 切换工作台。选择下拉菜单 开始 ➡ 机械设计 ▸ ➡ 零件设计 命令，切换到“零件设计”工作台。

Step53. 创建图 13.2.52b 所示的特征——分割 4。

（1）选择命令。选择下拉菜单 插入 ➡ 基于曲面的特征 ➡ 分割... 命令，系统弹出“定义分割”对话框。

（2）定义分割元素及方向。选取图 13.2.52a 所示的面为分割元素，在绘图区单击系统生成的方向箭头，使其向外。

（3）单击 确定 按钮，完成分割 4 的创建。

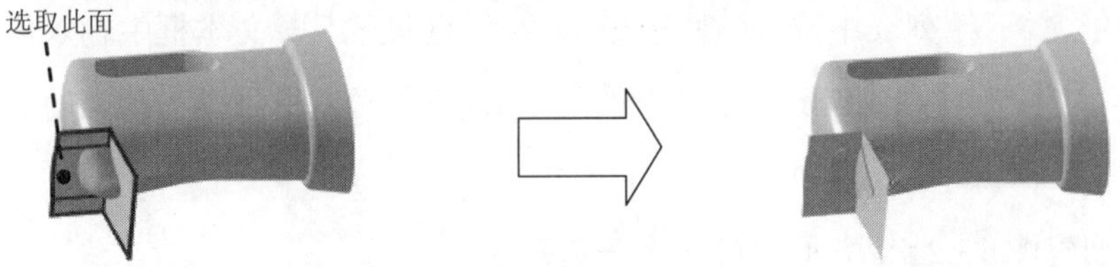

a）分割前　　　　b）分割后

图 13.2.52　分割 4

Step54. 创建图 13.2.53b 所示的特征——倒圆角 4。选择下拉菜单 插入 → 修饰特征 ▸ → 倒圆角... 命令；选取图 13.2.53a 所示的边线为倒圆角的对象；在 半径： 文本框中输入值 2；单击 确定 按钮，完成倒圆角 4 的创建。

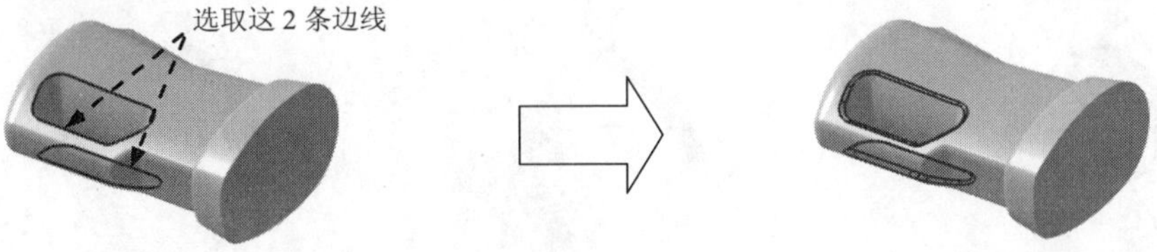

a）倒圆角前　　　　b）倒圆角后

图 13.2.53　倒圆角 4

Step55. 切换工作台。选择下拉菜单 开始 → 形状 → 创成式外形设计 命令，切换到“创成式外形设计”工作台。

Step56. 创建图 13.2.54 所示的特征——平面 3。选择下拉菜单 插入 → 线框 ▸ → 平面... 命令；在 平面类型： 下拉列表中选择 偏移平面 选项；激活 参考： 文本框，在绘图区选取“xy 平面”为参考平面；在 偏移： 文本框中输入值 40；单击 确定 按钮，完成平面 3 的创建。

Step57. 创建图 13.2.55 所示的特征——草图 15。选择下拉菜单 插入 → 草图编辑器 ▸ → 草图 命令；选取“平面 3”为草图平面；绘制图 13.2.56 所示的草图，单击“工作台”工具栏中的 按钮，退出草绘工作台。

说明： 图 13.2.56 所示的草图 15 中的草图实体为投影实体边线所得。

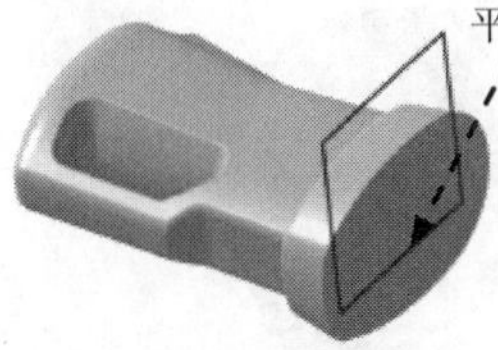

图 13.2.54　平面 3

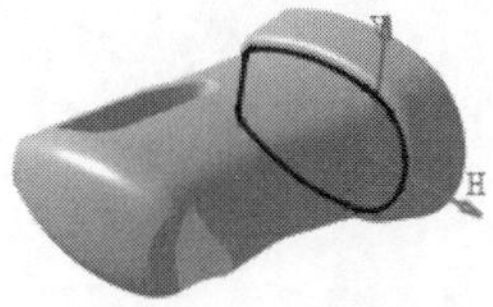

图 13.2.55　草图 15（建模环境）

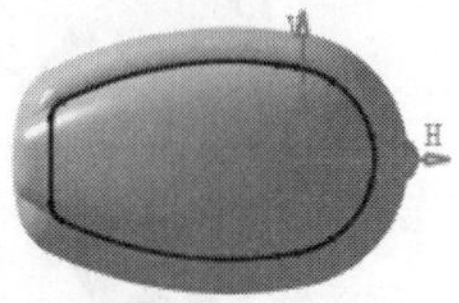

图 13.2.56　草图 15（草绘环境）

Step58. 创建图 13.2.57 所示的特征——拉伸 6（实体特征已隐藏）。

（1）选择命令。选择下拉菜单 插入 → 曲面 ▸ → 拉伸... 命令。

（2）定义拉伸类型和尺寸。选取“草图 15”为拉伸轮廓；在“拉伸曲面定义”对话框

的限制 1区域的类型：下拉列表中选择尺寸选项；在限制 1区域的尺寸：文本框中输入值 0，在限制 2区域的类型：下拉列表中选择尺寸选项；在限制 2区域的尺寸：文本框中输入值 15。

（3）单击确定按钮，完成拉伸 6 的创建。

Step59. 创建图 13.2.58 所示的特征——填充 3。

（1）选择命令。选择下拉菜单插入 → 曲面 → 填充...命令，系统弹出“填充曲面定义”对话框。

（2）在绘图区选取图 13.2.59 所示的边线为边界线。

（3）单击确定按钮，完成填充 3 的创建。

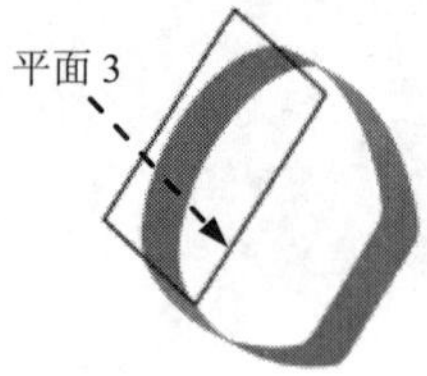

图 13.2.57 拉伸 6

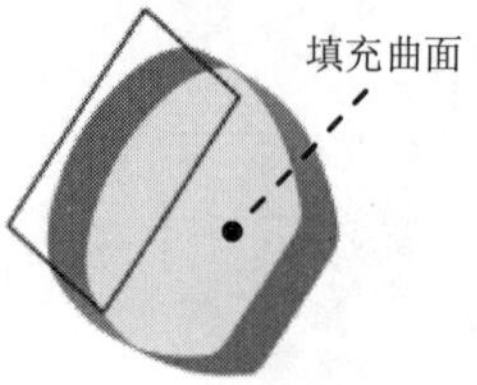

图 13.2.58 填充 3

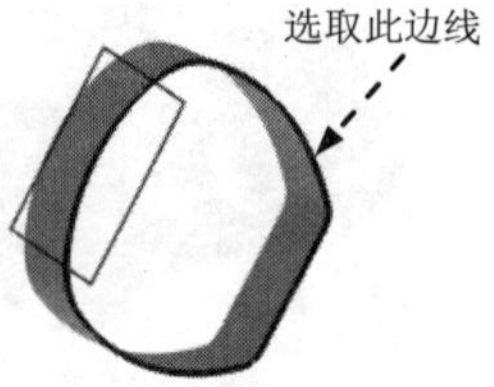

图 13.2.59 定义边界线

Step60. 创建零件特征——接合 3。

（1）选择命令。选择下拉菜单插入 → 操作 → 接合...命令。系统弹出“接合定义”对话框。

（2）在特征树中选取“填充 3”和“拉伸 6”为要接合的对象。

（3）单击确定按钮，完成接合 3 的创建。

Step61. 创建图 13.2.60b 所示的倒圆角 5。

（1）选择命令。选择下拉菜单插入 → 操作 → 倒圆角...命令（或单击按钮），系统弹出“倒圆角定义”对话框。

（2）在端点：下拉列表中选择光顺选项，并在半径：文本框中输入值 4；激活要圆角化的对象：文本框，选取图 13.2.60a 所示的边线为倒圆角对象，在选择模式：下拉列表中选择相切选项。

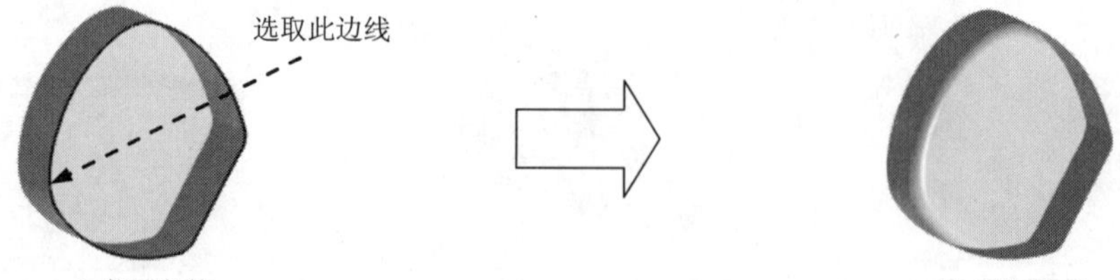

a）倒圆角前　　b）倒圆角后

图 13.2.60 倒圆角 5

（3）单击确定按钮，完成倒圆角 5 的创建。

Step62. 创建图 13.2.61 所示的特征——草图 16。选择下拉菜单插入 → 草图编辑器 → 草图命令；选取“zx 平面”为草图平面；绘制图 13.2.61 所示的草图，单击“工作台”工具栏中的按钮，退出草绘工作台。

Step63. 创建图 13.2.62 所示的特征——拉伸 7。

（1）选择命令。选择下拉菜单插入 → 曲面 → 拉伸...命令。

（2）定义拉伸类型和尺寸。选取“草图 16”为拉伸轮廓；在“拉伸曲面定义”对话框的限制 1区域的类型:下拉列表中选择尺寸选项；在限制 1区域的尺寸:文本框中输入值 75，在限制 2区域的类型:下拉列表中选择尺寸选项；在限制 2区域的尺寸:文本框中输入值 75。

（3）单击确定按钮，完成拉伸 7 的创建。

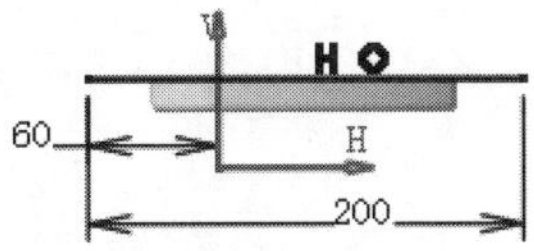

图 13.2.61　草图 16

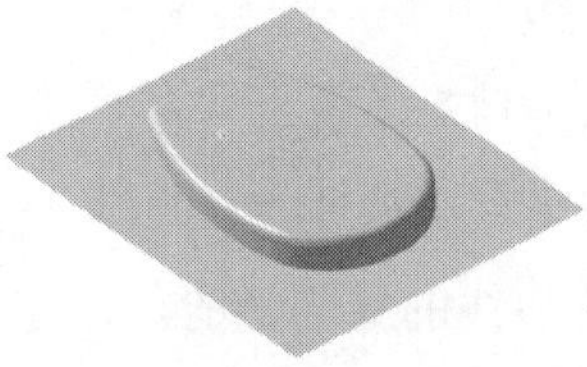

图 13.2.62　拉伸 7

Step64. 创建图 13.2.63 所示的特征——修剪 2。

（1）选择命令。选择下拉菜单插入 → 操作 → 修剪...命令。

（2）选取“拉伸 7”和“倒圆角 5”为修剪元素；改变修剪方向至图 13.2.63 所示的结果；选中自动外插延伸复选框。

（3）单击确定按钮，完成修剪 2 的创建。

Step65. 创建图 13.2.64 所示的特征——草图 17。选择下拉菜单插入 → 草图编辑器 → 草图命令；选取“zx 平面”为草图平面；绘制图 13.2.64 所示的草图，单击“工作台”工具栏中的按钮，退出草绘工作台。

图 13.2.63　修剪 2

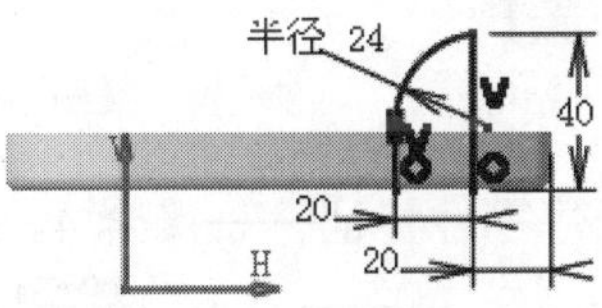

图 13.2.64　草图 17

Step66. 创建图 13.2.65 所示的特征——拉伸 8。

（1）选择命令。选择下拉菜单插入 → 曲面 → 拉伸...命令。

（2）定义拉伸类型和尺寸。选取“草图 17”为拉伸轮廓；在“拉伸曲面定义”对话框的限制 1区域的类型:下拉列表中选择尺寸选项；在限制 1区域的尺寸:文本框中输入值 15，在限制 2区域的类型:下拉列表中选择尺寸选项；在限制 2区域的尺寸:文本框中输入值 15。

（3）单击确定按钮，完成拉伸 8 的创建。

Step67. 创建图 13.2.66 所示的特征——直线 1。选择下拉菜单插入 → 线框▸ → ╱直线...命令；在“直线定义”对话框的线型：下拉列表中选择点-点选项；分别选取图 13.2.67 所示的“点 1”和“点 2”；单击 确定 按钮，完成直线 1 的创建。

说明：在创建直线 1 时，为了更加方便地选取所需的参考点，可将“修剪 2”隐藏。

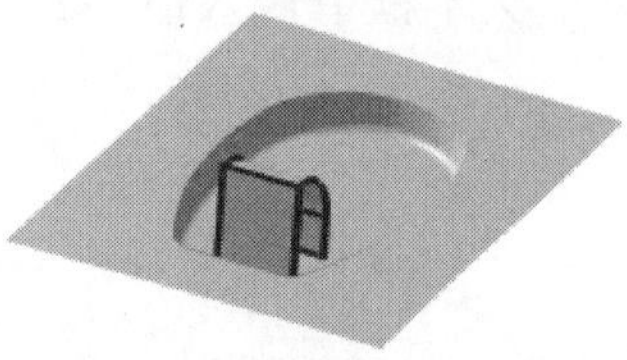

图 13.2.65　拉伸 8

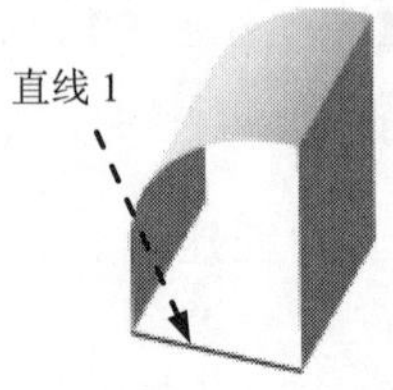

图 13.2.66　直线 1

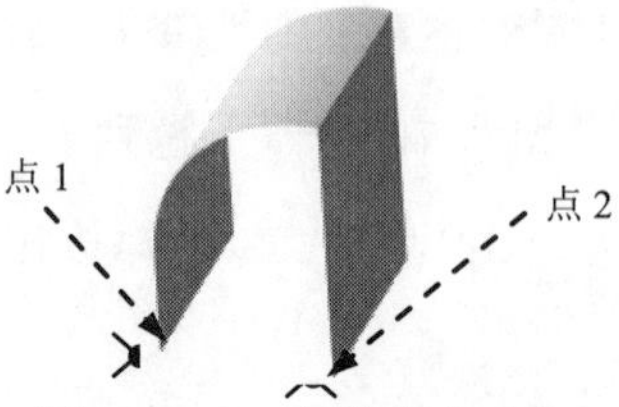

图 13.2.67　定义参考对象

Step68. 创建直线特征——直线 2。参照上一步操作，分别选取图 13.2.67 所示的“点 1”和“点 2”所在边线的另一侧的点，完成直线 2 的创建。

Step69. 创建图 13.2.68 所示的特征——填充 4。

（1）选择命令。选择下拉菜单插入 → 曲面▸ → 填充...命令，系统弹出“填充曲面定义”对话框。

（2）在绘图区依次选取图 13.2.69 所示的边线为边界线。

（3）单击 确定 按钮，完成填充 4 的创建。

Step70. 创建图 13.2.70 所示的特征——填充 5。参照上一步操作，完成另一侧的创建，结果如图 13.2.70 所示。

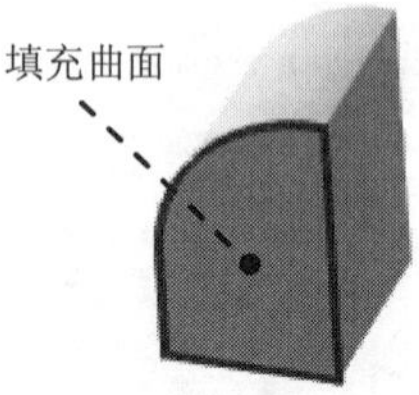

图 13.2.68　填充 4

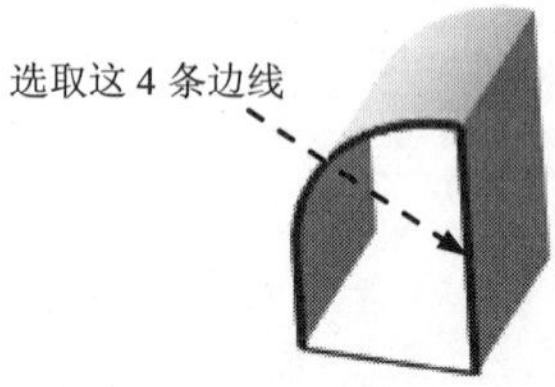

图 13.2.69　定义边界线

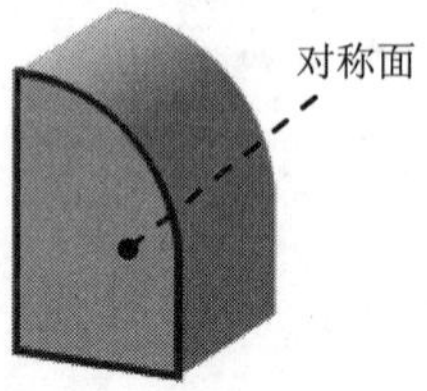

图 13.2.70　填充 5

Step71. 创建零件特征——接合 4。

（1）选择命令。选择下拉菜单插入 → 操作▸ → 接合...命令。系统弹出“接合定义”对话框。

（2）在特征树中选取“拉伸 8”“填充 4”和“填充 5”为要接合的对象。

（3）单击 确定 按钮，完成接合 4 的创建。

Step72. 创建图 13.2.71 所示的特征——修剪 3。

（1）选择命令。选择下拉菜单插入 → 操作▸ → 修剪...命令。

（2）选取“接合 4”和“修剪 2”为修剪元素，调整修剪方向，并选中自动外插延伸复选框。

（3）单击 确定 按钮，完成修剪 3 的创建。

Step73. 将实体模型显示，结果如图 13.2.72 所示。

Step74. 切换工作台。选择下拉菜单 开始 → 机械设计 → 零件设计 命令，切换到“零件设计”工作台。

Step75. 发布特征。

（1）选择命令。选择下拉菜单 工具 → 发布 命令，系统弹出“发布”对话框。

（2）在特征树上依次选取“零件几何体”“修剪 3”“平面 1” “平面 2”“平面 3”及“草图 15”为要发布的特征。发布后特征树如图 13.2.73 所示。

（3）单击 确定 按钮，完成发布特征。

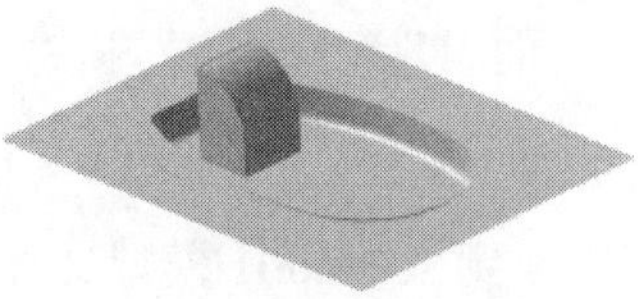

图 13.2.71 修剪 3

图 13.2.72 显示实体模型

图 13.2.73 特征树

Step76. 保存零件模型。选择下拉菜单 文件 → 保存 命令，即可保存零件模型。

说明：在保存模型时，系统会弹出“另存为”对话框，单击 是(Y) 按钮将其关闭即可。

13.3 主体二级控件

下面要创建的主体二级控件（second01）是从一级控件中分割出来的一部分，它继承了一级控件的相应外观形状，同时它又作为控件模型为主体三级控件和壶盖三级控件提供了相应的外观及对应尺寸，保证了设计零件的可装配性。下面讲解主体二级控件的创建过程，零件模型及相应的特征树如图 13.3.1 所示。

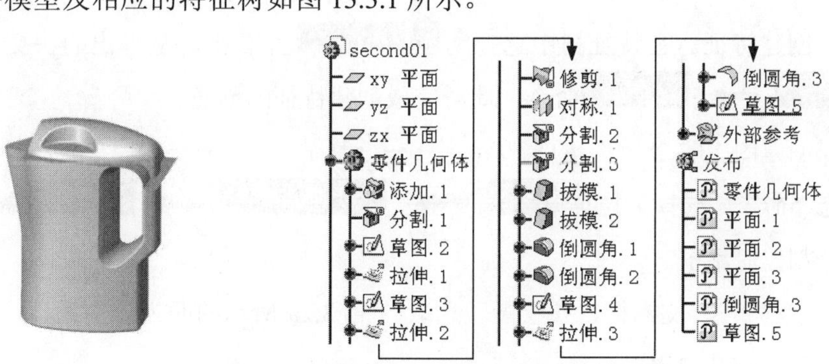

图 13.3.1 零件模型及特征树

Step1. 新建 second01 模型文件。

（1）在确认 hot_water_bottle 被激活状态下，选择下拉菜单 插入 → 新建零件 命令，系统弹出“新零件：原点”对话框，单击 是(Y) 按钮。

（2）右击特征树中的 Part1 (Part1.2)，在弹出的快捷菜单中选择 属性 命令，系统弹出“属性”对话框，选择 产品 选项卡，在 组件 区域的 实例名称 文本框中将 Part1.2 改为 second01，在 产品 区域的 零件编号 文本框中将 Part1 改为 second01，单击 确定 按钮。

（3）双击特征树中的 second01 (second01)，再右击，在弹出的快捷菜单中选择 second01 对象 → 在新窗口中打开 命令，系统切换到 second01 模型文件。

Step2. 创建外部参考。

（1）选择下拉菜单 窗口 → 2 first.CATPart 命令，系统切换到 first 模型文件。

（2）按住 Ctrl 键，在特征树中选取已发布特征“修剪 3“平面 1”“平面 2”和“平面 3”并右击，在弹出的快捷菜单中选择 复制 命令。

（3）选择下拉菜单 窗口 → 3 second01.CATPart 命令，系统切换到 second01 模型文件。

（4）右击特征树中的 [redacted]，在弹出的快捷菜单中选择 选择性粘贴... 命令，系统弹出“选择性粘贴”对话框，选择 与原文档相关联的结果 选项，单击 确定 按钮，完成外部参考的创建。

Step3. 创建几何体。

（1）选择下拉菜单 窗口 → 2 first.CATPart 命令，系统切换到 first 模型文件。

（2）在特征树中选取已发布特征“零件几何体”并右击，在弹出的快捷菜单中选择 复制 命令。

（3）选择下拉菜单 窗口 → 3 second01.CATPart 命令，系统切换到 second01 模型文件。

（4）右击特征树中的 [redacted]，在弹出的快捷菜单中选择 选择性粘贴... 命令，系统弹出“选择性粘贴”对话框，选择 与原文档相关联的结果 选项，单击 确定 按钮，完成几何体的创建。

Step4. 创建特征。在特征树中选择 [redacted] 并右击，从弹出的快捷菜单中选择 几何体.2 对象 → 添加... 命令，此时完成创建特征的创建。

Step5. 创建图 13.3.2b 所示的零件特征——分割 1。

（1）选择命令。选择下拉菜单 插入 → 基于曲面的特征 → 分割... 命令，系统弹出“定义分割”对话框。

（2）激活 分割元素： 文本框，在绘图区选取图 13.3.2a 所示的面为分割元素，单击系统生成的方向箭头，使其向内。

（3）单击 确定 按钮，完成分割 1 的创建。

Step6. 创建图 13.3.3 所示的特征——草图 2。选择下拉菜单 插入 → 草图编辑器 → 草图 命令；选取外部参考中的“平面 1”为草图平面；绘制图 13.3.3 所示的草图，单击“工作台”工具栏中的按钮，退出草绘工作台。

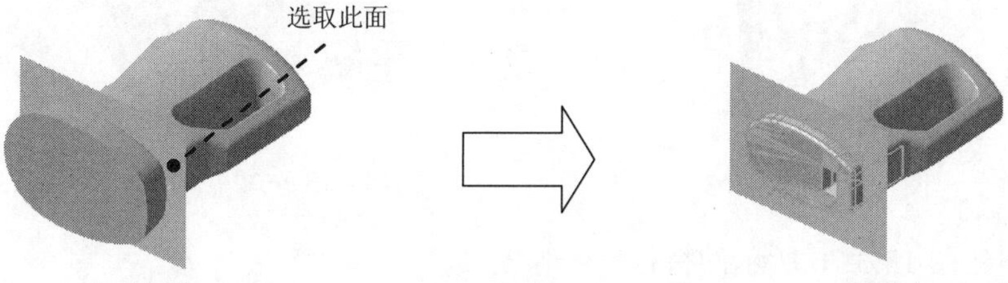

a）分割前　　b）分割后

图 13.3.2　分割 1

Step7. 切换工作台。选择下拉菜单 开始 → 形状 → 创成式外形设计 命令，切换到“创成式外形设计”工作台。

Step8. 创建图 13.3.4 所示的特征——拉伸 1。

（1）选择命令。选择 插入 → 曲面 → 拉伸... 命令。

（2）定义拉伸类型和尺寸。选取“草图 2”为拉伸轮廓；在“拉伸曲面定义”对话框的 限制 1 区域的 类型: 下拉列表中选择 尺寸 选项；在 限制 1 区域的 尺寸: 文本框中输入值 0，在 限制 2 区域的 类型: 下拉列表中选择 尺寸 选项；在 限制 2 区域的 尺寸: 文本框中输入值 50。

（3）单击 确定 按钮，完成拉伸 1 的创建。

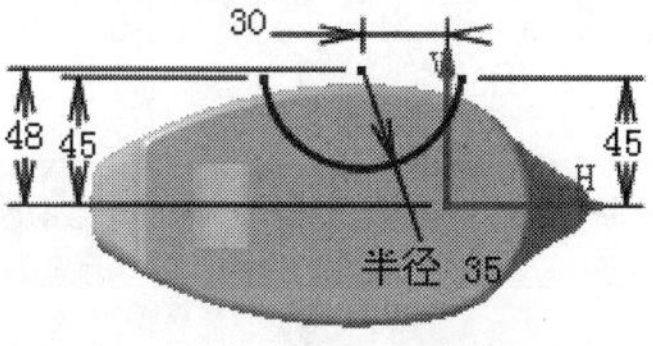

图 13.3.3　草图 2

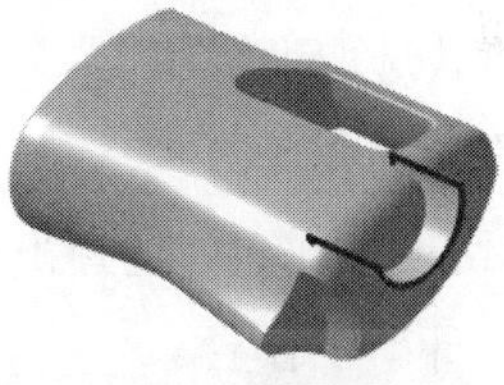

图 13.3.4　拉伸 1

Step9. 创建图 13.3.5 所示的特征——草图 3。选择下拉菜单 插入 → 草图编辑器 → 草图 命令；选取“zx 平面”为草图平面；绘制图 13.3.5 所示的草图，单击“工作台”工具栏中的按钮，退出草绘工作台。

说明：图 13.3.5 所示的直线的两个端点分别与拉伸 1 的两条边线相合。

Step10. 创建图 13.3.6 所示的特征——拉伸 2。

（1）选择命令。选择下拉菜单 插入 → 曲面 → 拉伸... 命令。

（2）定义拉伸类型和尺寸。选取“草图 3”为拉伸轮廓；在“拉伸曲面定义”对话框的 限制 1 区域的 类型: 下拉列表中选择 尺寸 选项；在 限制 1 区域的 尺寸: 文本框中输入值 0，在 限制 2

区域的类型:下拉列表中选择尺寸选项；在限制 2区域的尺寸:文本框中输入值 50。

（3）单击确定按钮，完成拉伸 2 的创建。

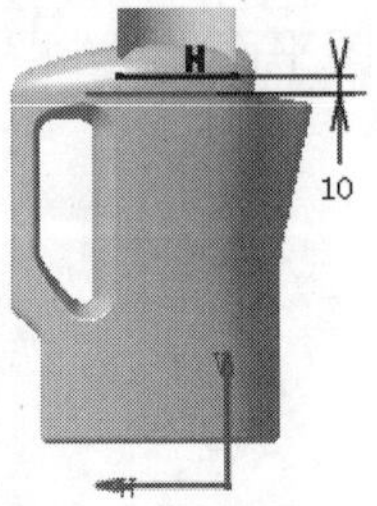

图 13.3.5　草图 3

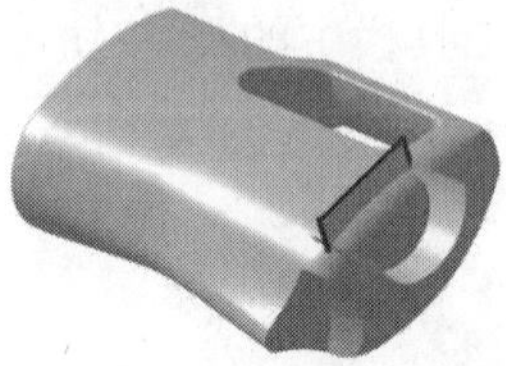
图 13.3.6　拉伸 2

Step11. 创建图 13.3.7b 所示的特征——修剪 1。

（1）选择命令。选择下拉菜单插入 → 操作 → 修剪...命令。

（2）选取“拉伸 1”和“拉伸 2”为修剪元素；改变修剪方向至图 13.3.7 所示的保留部分；选中自动外插延伸复选框。

（3）单击确定按钮，完成修剪 1 的创建。

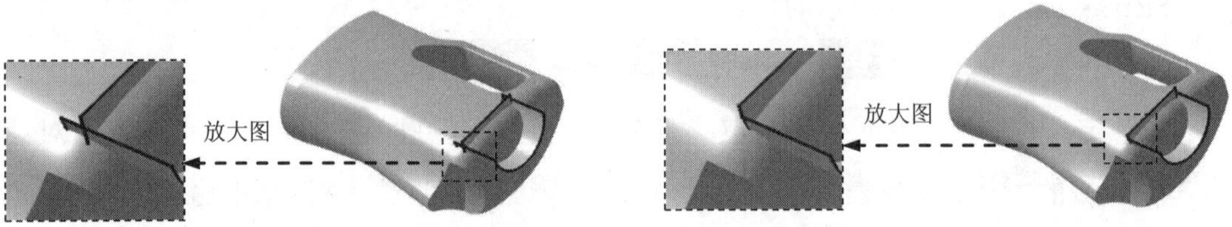

a）修剪前　　b）修剪后

图 13.3.7　修剪 1

Step12. 创建图 13.3.8 所示的特征——对称 1。选择下拉菜单插入 → 操作 → 对称...命令。选取“修剪 1”为对称元素；选取“zx 平面”为参考元素；单击确定按钮，完成对称 1 的创建。

Step13. 切换工作台。选择下拉菜单开始 → 机械设计 → 零件设计命令，切换到“零件设计”工作台。

Step14. 创建图 13.3.9b 所示的零件特征——分割 2。

（1）选择命令。选择下拉菜单插入 → 基于曲面的特征 → 分割...命令，系统弹出“定义分割”对话框。

（2）激活分割元素:文本框，在绘图区选取图 13.3.9a 所示的面为分割元素。

（3）单击确定按钮，完成分割 2 的创建。

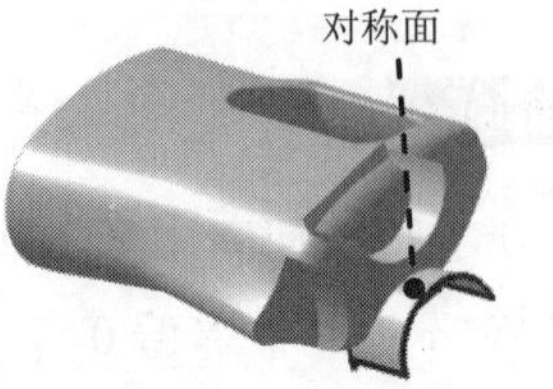

图 13.3.8　对称 1

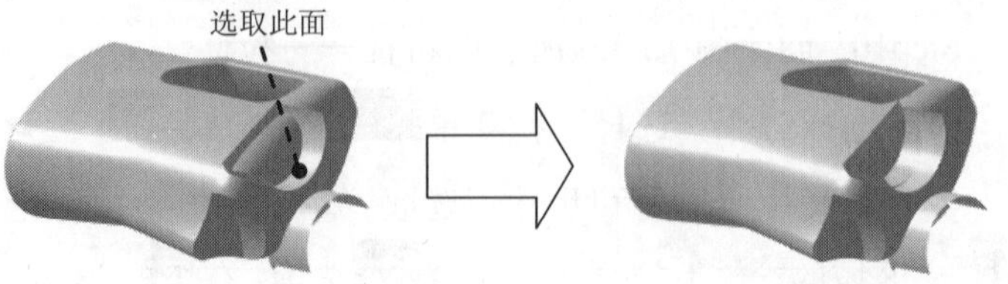

a）分割前　　b）分割后

图 13.3.9　分割 2

Step15. 创建图 13.3.10 所示的零件特征——分割 3。采用同样的方法完成分割 3 的创建，结果如图 13.3.10 所示。

Step16. 创建图 13.3.11b 所示的零件特征—— 拔模 1。

（1）选择命令。选择下拉菜单 插入 → 修饰特征 ▸ → 拔模... 命令。

（2）定义拔模类型。在“定义拔模”对话框中采用系统默认的拔模类型。

（3）定义拔模参数。选取图 13.3.11a 所示的面 1 为要拔模的面；在 角度: 文本框中输入值 5；激活 中性元素 区域的 选择: 文本框，选取图 13.3.11a 所示的面 2 为中性元素；在 拓展: 下拉列表中选择 无 选项。

（4）单击 确定 按钮，完成拔模 1 的创建。

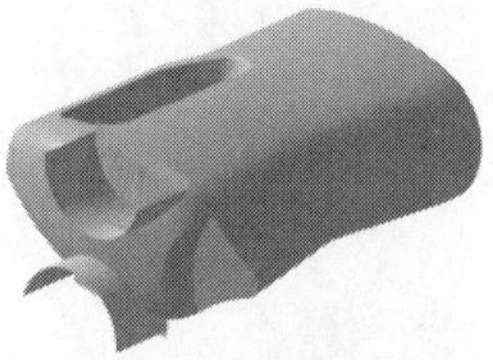

图 13.3.10 分割 3

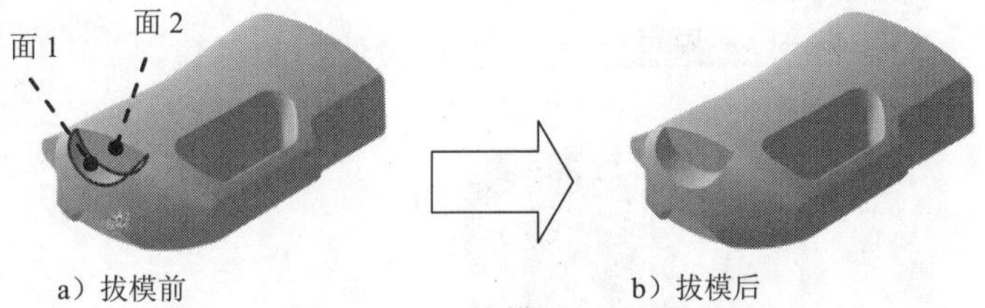

a）拔模前

b）拔模后

图 13.3.11 拔模 1

Step17. 创建特征—— 拔模 2。采用同样的方法完成对称一侧的拔模特征的创建。

Step18. 创建图 13.3.12b 所示的特征——倒圆角 1。选择下拉菜单 插入 → 修饰特征 ▸ → 倒圆角... 命令；选取图 13.3.12a 所示的边线为倒圆角的对象；在 半径: 文本框中输入值 3；单击 确定 按钮，完成倒圆角 1 的创建。

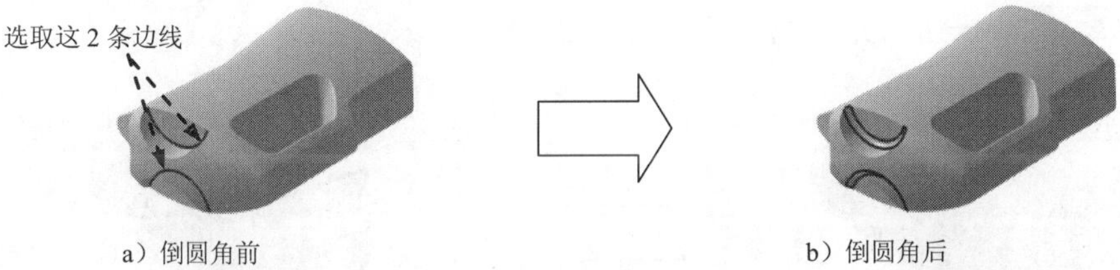

a）倒圆角前

b）倒圆角后

图 13.3.12 倒圆角 1

Step19. 创建图 13.3.13b 所示的特征——倒圆角 2。选择下拉菜单 插入 → 修饰特征 ▸ → 倒圆角... 命令；选取图 13.3.13a 所示的边线为倒圆角的对象；在 半径: 文本框中输入值 3；单击 确定 按钮，完成倒圆角 2 的创建。

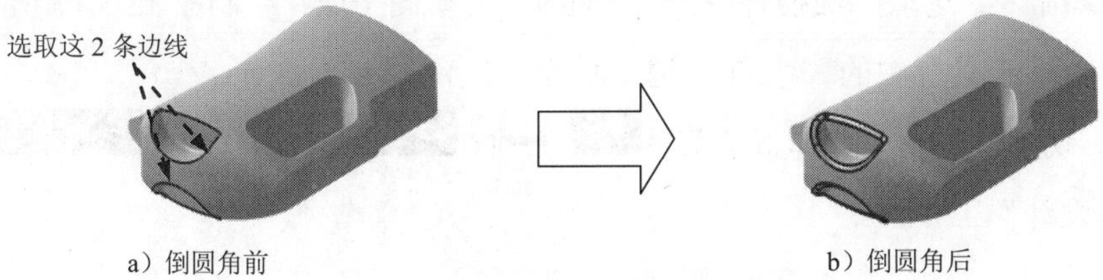

a）倒圆角前

b）倒圆角后

图 13.3.13 倒圆角 2

Step20. 切换工作台。选择下拉菜单开始 → 形状 → 创成式外形设计命令，切换到“创成式外形设计”工作台。

Step21. 创建图 13.3.14 所示的特征——草图 4。选择下拉菜单插入 → 草图编辑器 → 草图命令；选取“zx 平面”为草图平面；绘制图 13.3.14 所示的草图，单击“工作台”工具栏中的按钮，退出草绘工作台。

Step22. 创建图 13.3.15 所示的特征——拉伸 3。

（1）选择命令。选择下拉菜单插入 → 曲面 → 拉伸...命令。

（2）定义拉伸类型和尺寸。选取“草图 4”为拉伸轮廓；在“拉伸曲面定义”对话框的限制 1 区域的类型：下拉列表中选择尺寸选项；在限制 1 区域的尺寸：文本框中输入值 50，在限制 2 区域的类型：下拉列表中选择尺寸选项；在限制 2 区域的尺寸：文本框中输入值 50。

（3）单击确定按钮，完成拉伸 3 的创建。

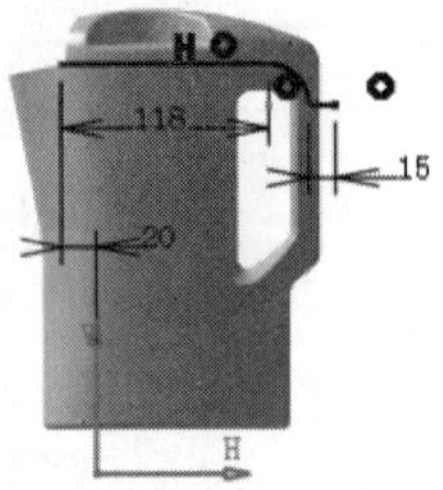

图 13.3.14　草图 4

图 13.3.15　拉伸 3

Step23. 创建图 13.3.16b 所示的特征—— 倒圆角 3。选择下拉菜单插入 → 操作 → 倒圆角...命令；选取图 13.3.16a 所示的边线为倒圆角的对象；在半径：文本框中输入值 2；单击确定按钮，完成倒圆角 3 的创建。

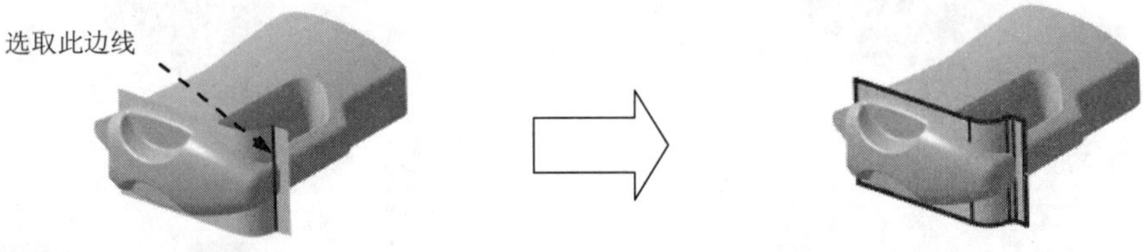

a）倒圆角前　　b）倒圆角后

图 13.3.16　倒圆角 3

Step24. 创建图 13.3.17 所示的特征——草图 5。选择下拉菜单插入 → 草图编辑器 → 草图命令；选取一级控件中的“平面 1”为草图平面；绘制图 13.3.17 所示的草图，单击“工作台”工具栏中的按钮，退出草绘工作台。

Step25. 切换工作台。选择下拉菜单开始 → 机械设计 → 零件设计命令，切换到“零件设计”工作台。

Step26. 发布特征。

（1）选择命令。选择下拉菜单 工具 → 发布... 命令，系统弹出“发布”对话框。

（2）选取要发布的特征。依次选取“零件几何体”“平面 1”“平面 2”“平面 3”“倒圆角 3”和“草图 5”为要发布的特征，发布后特征树如图 13.3.18 所示。

（3）单击 确定 按钮，完成发布特征。

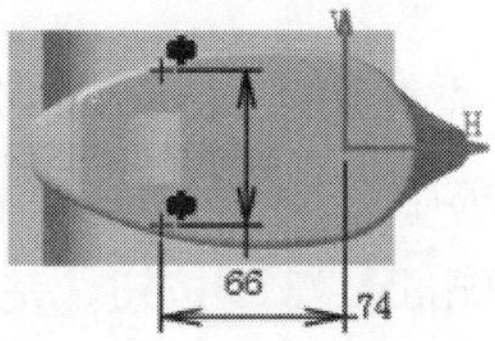

图 13.3.17 草图 5

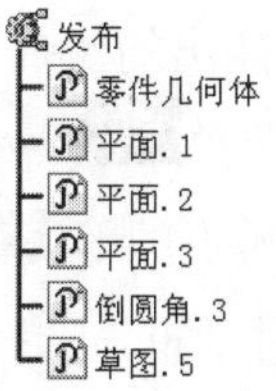

图 13.3.18 特征树

Step27. 保存零件模型。选择下拉菜单 文件 → 保存 命令，即可保存零件模型。

13.4 底座二级控件

下面要创建的底座二级控件（second02）是从一级控件中分割出来的一部分，它继承了一级控件的相应外观形状，同时它又作为控件模型为底座下盖和底座上盖提供了相应的外观及对应尺寸，也保证了设计零件的可装配性。下面讲解底座二级控件的创建过程，零件模型及相应的特征树如图 13.4.1 所示。

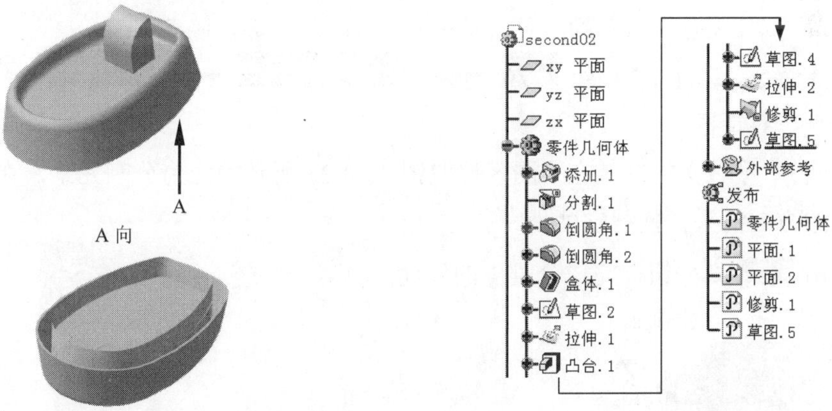

图 13.4.1 零件模型及特征树

Step1. 新建 second02 模型文件。

（1）在确认 hot_water_bottle 被激活状态下，选择下拉菜单 插入 → 新建零件 命令，系统弹出“新零件:原点”对话框，单击 是(Y) 按钮。

（2）右击特征树中的 Part1 (Part1.3)，在弹出的快捷菜单中选择 属性 命令，系统弹出“属性”对话框，选择 产品 选项卡，在 组件 区域的 实例名称 文本框中将 Part1.3 改为

second02，在 产品 区域的 零件编号 文本框中将 Part1 改为 second02，单击 确定 按钮。

（3）双击特征树中的 [redacted]，再右击，在弹出的快捷菜单中选择 second02 对象 → 在新窗口中打开 命令，系统切换到 second02 模型文件。

Step2. 创建外部参考。

（1）选择下拉菜单 窗口 → 2 first.CATPart 命令，系统切换到 first 模型文件。

（2）按住 Ctrl 键，在特征树中依次选取已发布特征“修剪 3”“平面 3”“平面 2”和“草图 15”并右击，在弹出的快捷菜单中选择 复制 命令。

（3）选择下拉菜单 窗口 → 4 second02.CATPart 命令，系统切换到 second02 模型文件。

（4）右击特征树中的 second02，在弹出的快捷菜单中选择 选择性粘贴... 命令，系统弹出“选择性粘贴”对话框，选择 与原文档相关联的结果 选项，单击 确定 按钮，完成外部参考的创建。

Step3. 创建几何体。

（1）选择下拉菜单 窗口 → 2 first.CATPart 命令，系统切换到 first 模型文件。

（2）在特征树中选取已发布特征“零件几何体”并右击，在弹出的快捷菜单中选择 复制 命令。

（3）选择下拉菜单 窗口 → 4 second02.CATPart 命令，系统切换到 second02 模型文件。

（4）右击特征树中的 second02，在弹出的快捷菜单中选择 选择性粘贴... 命令，系统弹出“选择性粘贴”对话框，选择 与原文档相关联的结果 选项，单击 确定 按钮，完成几何体的创建。

Step4. 创建特征。在特征树中选取 [redacted] 并右击，从弹出的快捷菜单中选择 几何体.2 对象 → 添加... 命令，此时完成创建特征的创建。

Step5. 创建图 13.4.2b 所示的零件特征——分割 1（曲面已隐藏）。

（1）选择命令。选择下拉菜单 插入 → 基于曲面的特征 → 分割... 命令，系统弹出“定义分割”对话框。

（2）激活 分割元素： 文本框，在绘图区选取图 13.4.2a 所示的面为分割元素，在绘图区单击系统生成的方向箭头，使得它朝外。

（3）单击 确定 按钮，完成分割 1 的创建。

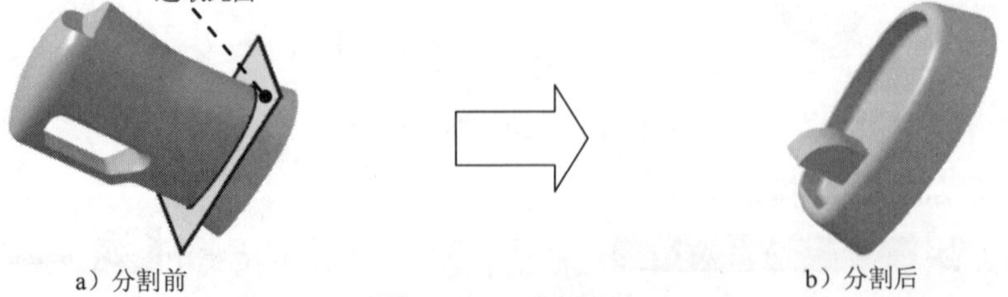

图 13.4.2 分割 1

Step6. 创建图 13.4.3b 所示的特征——倒圆角 1。选择下拉菜单 插入 → 修饰特征 → 倒圆角... 命令；选取图 13.4.3a 所示的边线为倒圆角的对象；在 半径： 文本框中输入值

3；单击 确定 按钮，完成倒圆角 1 的创建。

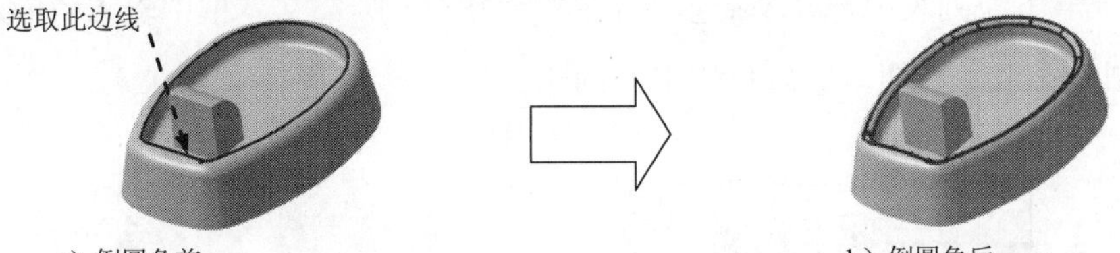

a）倒圆角前　　b）倒圆角后

图 13.4.3　倒圆角 1

Step7. 创建图 13.4.4b 所示的特征——倒圆角 2。选择下拉菜单 插入 → 修饰特征 ▸ → 倒圆角... 命令；选取图 13.4.4a 所示的边线为倒圆角的对象；在 半径: 文本框中输入值 3；单击 确定 按钮，完成倒圆角 2 的创建。

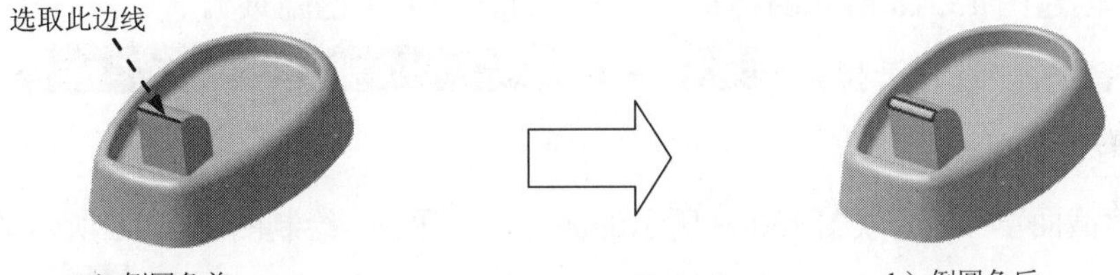

a）倒圆角前　　b）倒圆角后

图 13.4.4　倒圆角 2

Step8. 创建图 13.4.5b 所示的零件特征——抽壳 1。选择下拉菜单 插入 → 修饰特征 ▸ → 抽壳... 命令；选取图 13.4.5a 所示的面为要移除的面；在 默认内侧厚度: 文本框中输入值 2，在 默认外侧厚度: 文本框中输入值 0；单击 确定 按钮，完成抽壳 1 的创建。

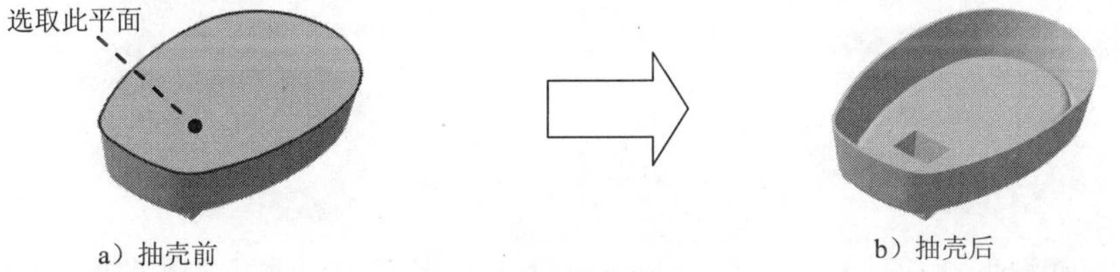

a）抽壳前　　b）抽壳后

图 13.4.5　抽壳 1

Step9. 切换工作台。选择下拉菜单 开始 → 形状 → 创成式外形设计 命令，切换到“创成式外形设计”工作台。

Step10. 创建图 13.4.6 所示的特征——草图 2。选择下拉菜单 插入 → 草图编辑器 ▸ → 草图 命令；选取“zx 平面”为草图平面；绘制图 13.4.6 所示的草图，单击“工作台”工具栏中的 按钮，退出草绘工作台。

Step11. 创建图 13.4.7 所示的特征——拉伸 1。

（1）选择命令。选择下拉菜单 插入 → 曲面 ▸ → 拉伸... 命令。

（2）定义拉伸类型和尺寸。选取“草图 2”为拉伸轮廓；在“拉伸曲面定义”对话框

的限制 1区域的类型：下拉列表中选择尺寸选项；在限制 1区域的尺寸：文本框中输入值 60，在限制 2区域的类型：下拉列表中选择尺寸选项；在限制 2区域的尺寸：文本框中输入值 60。

（3）单击 确定 按钮，完成拉伸 1 的创建。

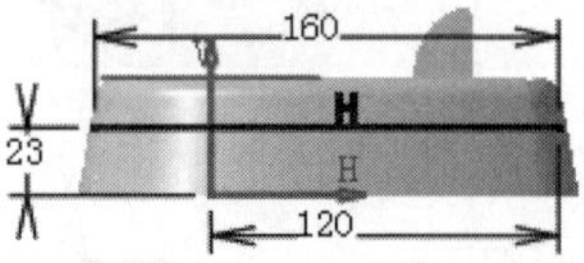

图 13.4.6　草图 2

图 13.4.7　拉伸 1

Step12. 切换工作台。选择下拉菜单开始 ➡ 机械设计 ▸ ➡ 零件设计命令，切换到“零件设计”工作台。

Step13. 创建图 13.4.8 所示的特征——凸台 1（拉伸 1 已隐藏）。

（1）选择命令。选择下拉菜单插入 ➡ 基于草图的特征 ▸ ➡ 凸台...命令，系统弹出“定义凸台”对话框。

（2）创建截面草图。选取图 13.4.9 所示的面为草图平面，绘制图 13.4.10 所示的截面草图。

（3）定义凸台类型和尺寸。在第一限制区域的类型：的下拉列表中选择尺寸选项，并在长度：文本框中输入值 15。

（4）单击 确定 按钮，完成凸台 1 的创建。

说明：图 13.4.10 所示的截面草图是使用“偏移”命令将一级控件中的草图 15 向外偏移 2 后得到的。

图 13.4.8　凸台 1

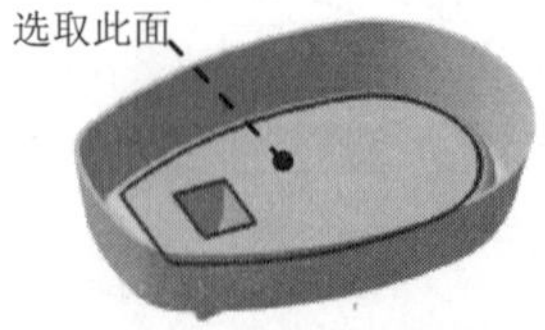

图 13.4.9　定义草图平面

Step14. 创建图 13.4.11 所示的特征——草图 4。选择下拉菜单插入 ➡ 草图编辑器 ▸ ➡ 草图命令；选取外部参考中的“平面 1”为草图平面；绘制图 13.4.11 所示的草图，单击“工作台”工具栏中的按钮，退出草绘工作台。

说明：草图 4 是选择下拉菜单插入 ➡ 操作 ▸ ➡ 3D 几何图形 ▸ ➡ 投影 3D 元素命令将图 13.4.12 所示的模型边线投影绘制而成的。

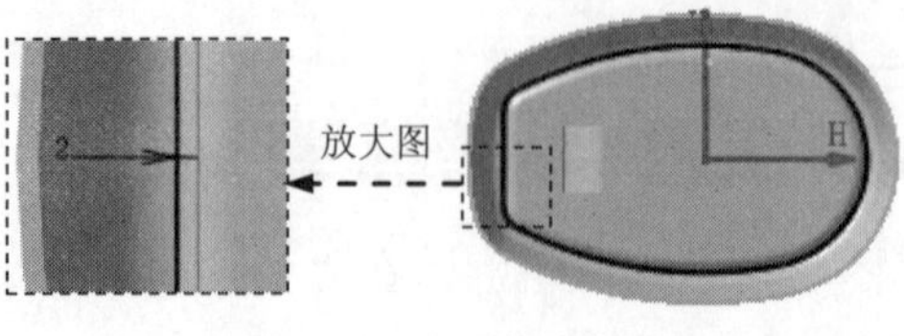

图 13.4.10　截面草图

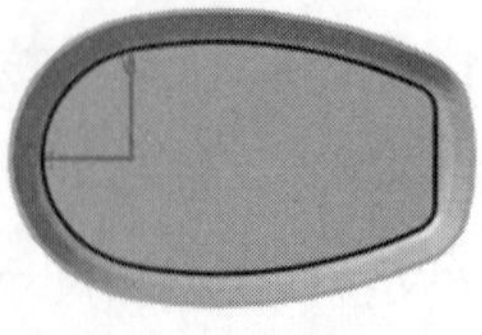
图 13.4.11　草图 4

Step15. 切换工作台。选择下拉菜单 开始 → 形状 → 创成式外形设计 命令，切换到“创成式外形设计”工作台。

Step16. 创建图 13.4.13 所示的特征——拉伸 2。

（1）选择命令。选择下拉菜单 插入 → 曲面 → 拉伸... 命令。

（2）定义拉伸类型和尺寸。选取“草图 3”为拉伸轮廓；在“拉伸曲面定义”对话框的 限制 1 区域的 类型: 下拉列表中选择 尺寸 选项；在 限制 1 区域的 尺寸: 文本框中输入值 0，在 限制 2 区域的 类型: 下拉列表中选择 尺寸 选项；在 限制 2 区域的 尺寸: 文本框中输入值 50。

（3）单击 确定 按钮，完成拉伸 2 的创建。

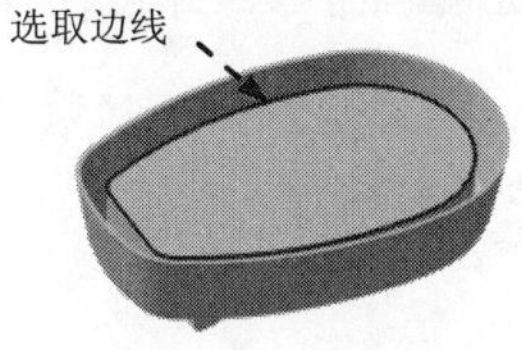

图 13.4.12 定义草图 4

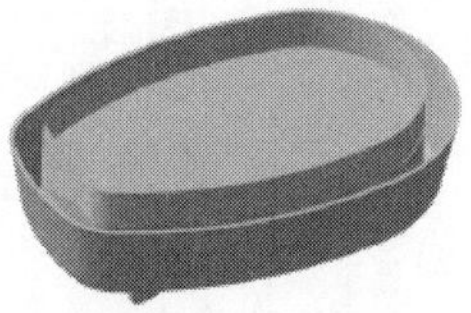

图 13.4.13 拉伸 2

Step17. 创建图 13.4.14b 所示的特征——修剪 1（将拉伸 1 显示）。

（1）选择命令。选择下拉菜单 插入 → 操作 → 修剪... 命令。

（2）选取“拉伸 1”和“拉伸 2”为修剪元素；并单击 另一侧/下一元素 按钮改变修剪方向；选中 自动外插延伸 复选框。

（3）单击 确定 按钮，完成修剪 1 的创建。

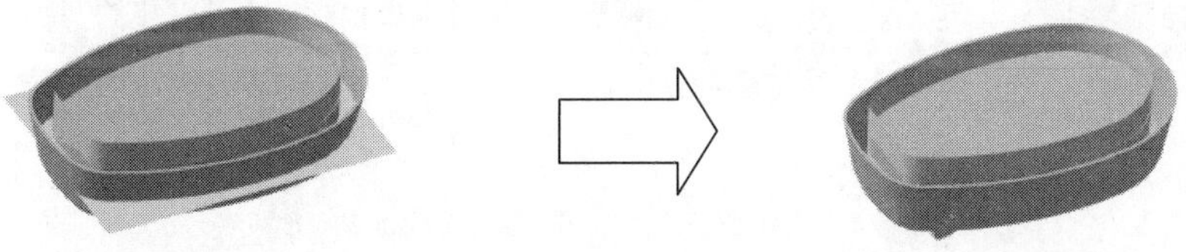

a）修剪前 b）修剪后

图 13.4.14 修剪 1

Step18. 创建图 13.4.15 所示的特征——草图 5。选择下拉菜单 插入 → 草图编辑器 → 草图 命令；选取“xy 平面”为草图平面；绘制图 13.4.15 所示的草图，单击“工作台”工具栏中的 按钮，退出草绘工作台。

Step19. 切换工作台。选择下拉菜单 开始 → 机械设计 → 零件设计 命令，切换到“零件设计”工作台。

Step20. 发布特征。

（1）选择命令。选择下拉菜单 工具 → 发布... 命令，系统弹出“发布”对话框。

（2）选取要发布的特征。在特征树中选取“零件几何体”“平面 1”“平面 2”“修剪 1”和“草图 5”为要发布的特征，发布后特征树如图 13.4.16 所示。

（3）单击 确定 按钮，完成发布特征。

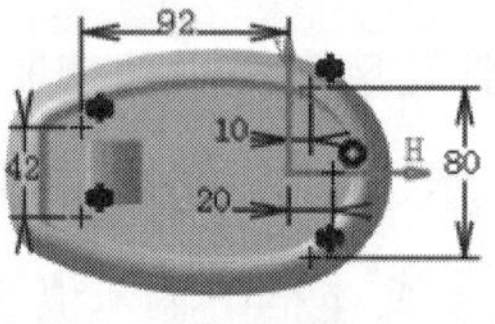

图 13.4.15　草图 5

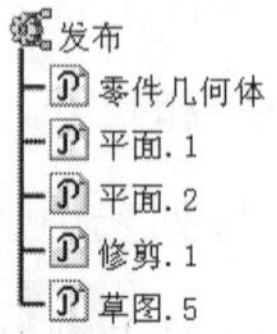

图 13.4.16　特征树

Step21. 保存零件模型。选择下拉菜单 文件 → 保存 命令，即可保存零件模型。

13.5　主体三级控件

下面讲解主体三级控件（third01）的创建过程，零件模型及相应的特征树如图 13.5.1 所示。

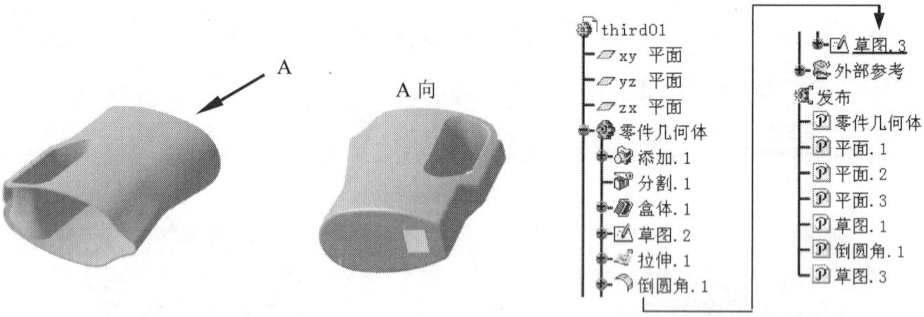

图 13.5.1　零件模型及特征树

Step1. 新建 third01 模型文件。

（1）在确认 hot_water_bottle 被激活状态下，选择下拉菜单 插入 → 新建零件 命令，系统弹出“新零件.原点”对话框，单击 是(Y) 按钮。

（2）右击特征树中的 Part1 (Part1.4)，在弹出的快捷菜单中选择 属性 命令，系统弹出“属性”对话框，选择 产品 选项卡，在 组件 区域的 实例名称 文本框中将 Part1.4 改为 third01，在 产品 区域的 零件编号 文本框中将 Part1 改为 third01，单击 确定 按钮。

（3）先双击特征树中的 third01 (third01)，再右击，在弹出的快捷菜单中选择 third01 对象 → 在新窗口中打开 命令，系统切换到 third01 模型文件。

Step2. 创建外部参考。

（1）选择下拉菜单 窗口 → 3 second01.CATPart 命令，系统切换到 sedond01 模型文件。

（2）按住 Shift 键，在特征树中选取已发布特征“平面 1”和“草图 5”并右击，在弹出的快捷菜单中选择 复制 命令。

（3）选择下拉菜单 窗口 → 5 third01.CATPart 命令，系统切换到 third01 模型文件。

（4）右击特征树中的 third01，在弹出的快捷菜单中选择 选择性粘贴... 命令，系统弹出“选择性粘贴”对话框，选择 与原文档相关联的结果 选项，单击 确定 按钮，完成外部参考的创建。

Step3. 创建几何体。

（1）选择下拉菜单 窗口 → 2 second01.CATPart 命令，系统切换到 second01 模型文件。

（2）在特征树中选取已发布特征“零件几何体”并右击，在弹出的快捷菜单中选择 复制 命令。

（3）选择下拉菜单 窗口 → 5 third01.CATPart 命令，系统切换到 third01 模型文件。

（4）右击特征树中的 third01，在弹出的快捷菜单中选择 选择性粘贴... 命令，系统弹出“选择性粘贴”对话框，选择 与原文档相关联的结果 选项，单击 确定 按钮，完成几何体的创建。

Step4. 创建特征。在特征树中选择 几何体.2 并右击，从弹出的快捷菜单中选择 几何体.2 对象 → 添加... 命令，此时完成创建特征的创建。

Step5. 创建图 13.5.2b 所示的零件特征——分割 1（曲面已隐藏）。

（1）选择命令。选择下拉菜单 插入 → 基于曲面的特征 → 分割... 命令，系统弹出“定义分割”对话框。

（2）激活 分割元素: 文本框，在绘图区选取图 13.5.2a 所示的面为切除元素，并在绘图区单击系统生成的箭头，使其指向保留部分。

（3）单击 确定 按钮，完成分割 1 的创建。

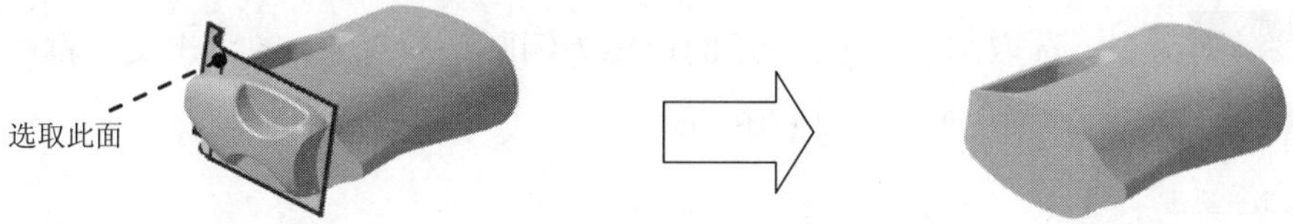

a）分割前　　b）分割后

图 13.5.2　分割 1

Step6. 创建图 13.5.3b 所示的零件特征——抽壳 1。选择下拉菜单 插入 → 修饰特征 → 抽壳... 命令；选取图 13.5.3a 所示的面为要移除的面；在 默认内侧厚度: 文本框中输入值 2，在 默认外侧厚度: 文本框中输入值 0；单击 确定 按钮，完成抽壳 1 的创建。

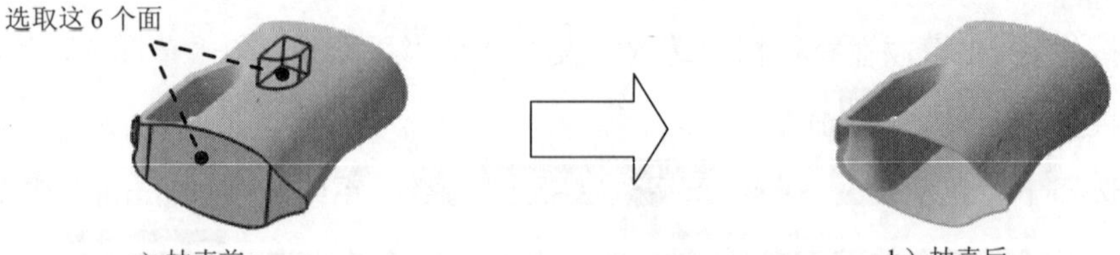

a）抽壳前　　b）抽壳后

图 13.5.3　抽壳 1

Step7. 创建图 13.5.4 所示的特征——草图 2。选择下拉菜单 插入 → 草图编辑器 → 草图 命令；选取“zx 平面”为草图平面；绘制图 13.5.4 所示的草图，单击“工作台”工具栏中的按钮，退出草绘环境。

Step8. 切换工作台。选择下拉菜单 开始 → 形状 → 创成式外形设计 命令，切换到“创成式外形设计”工作台。

Step9. 创建图 13.5.5 所示的特征——拉伸 1。

（1）选择命令。选择下拉菜单 插入 → 曲面 → 拉伸... 命令。

（2）定义拉伸类型和尺寸。选取“草图 2”为拉伸轮廓；在“拉伸曲面定义”对话框的 限制 1 区域的 类型: 下拉列表中选择 尺寸 选项；在 限制 1 区域的 尺寸: 文本框中输入值 50，在 限制 2 区域的 类型: 下拉列表中选择 尺寸 选项；在 限制 2 区域的 尺寸: 文本框中输入值 50。

（3）单击 确定 按钮，完成拉伸 1 的创建。

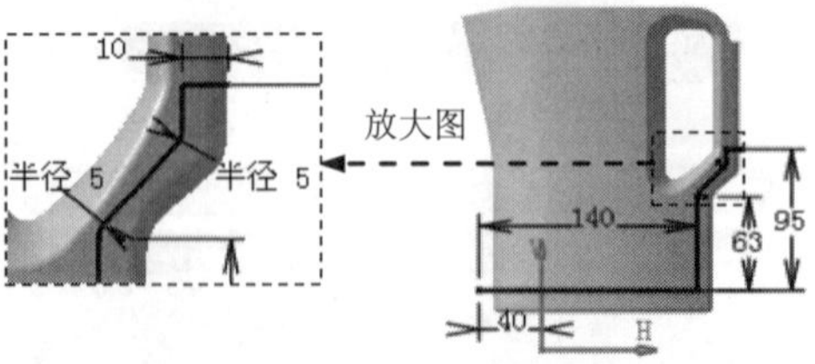

图 13.5.4　草图 2

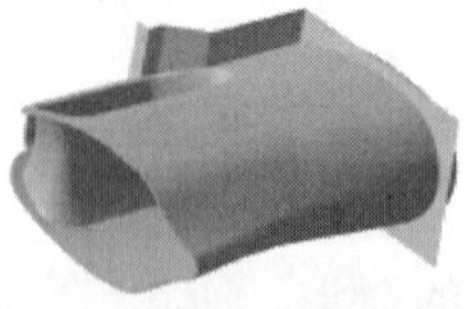

图 13.5.5　拉伸 1

Step10. 创建图 13.5.6b 所示的特征—— 倒圆角 1。选择下拉菜单 插入 → 操作 → 倒圆角... 命令；选取图 13.5.6a 所示的边线为倒圆角的对象；在 半径: 文本框中输入值 2；单击 确定 按钮，完成倒圆角 1 的创建。

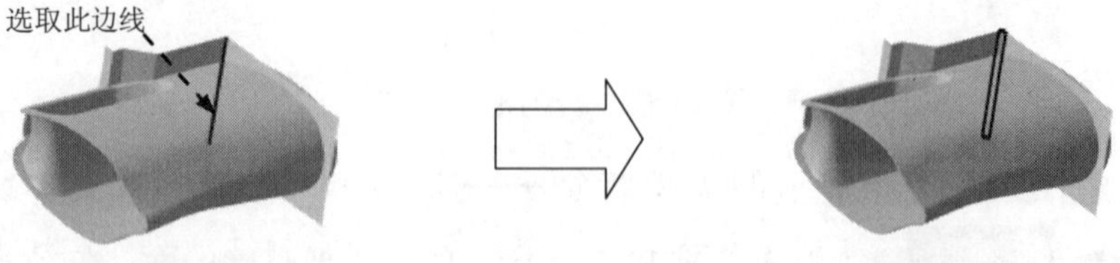

a）倒圆角前　　b）倒圆角后

图 13.5.6　倒圆角 1

Step11. 创建图 13.5.7 所示的特征——草图 3。选择下拉菜单 插入 → 草图编辑器

→ 草图命令；在外部参考中选取“平面 3”为草图平面；绘制图 13.5.7 所示的草图，单击“工作台”工具栏中的按钮，退出草绘工作台。

Step12. 切换工作台。选择下拉菜单开始 → 机械设计 → 零件设计命令，切换到“零件设计”工作台。

Step13. 发布特征。

（1）选择命令。选择下拉菜单工具 → 发布...命令，系统弹出“发布”对话框。

（2）选取要发布的特征。在特征树中依次选取“零件几何体”“平面 1”“平面 2”“平面 3”“草图 1”“倒圆角 1”和“草图 3”为要发布的特征，发布后特征树如图 13.5.8 所示。

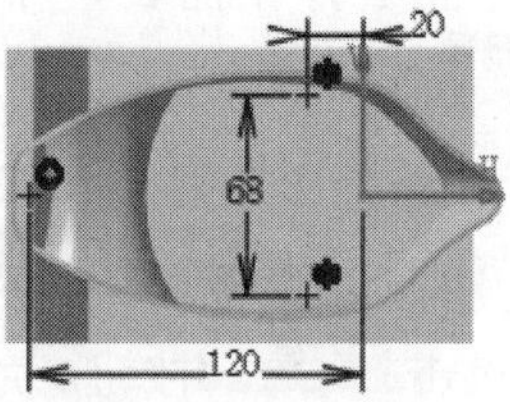

图 13.5.7 草图 3

图 13.5.8 特征树

（3）单击确定按钮，完成发布特征。

Step14. 保存零件模型。选择下拉菜单文件 → 保存命令，即可保存零件模型。

13.6 壶盖三级控件

下面讲解壶盖三级控件（third02）的创建过程，零件模型及相应的特征树如图 13.6.1 所示。

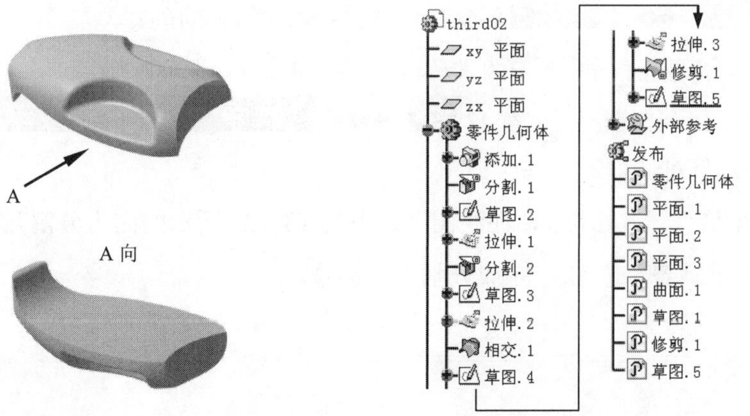

图 13.6.1 零件模型及特征树

Step1. 新建 third02 模型文件。

（1）在确认 hot_water_bottle 被激活状态下，选择下拉菜单 插入 → 新建零件 命令，系统弹出“新零件：原点”对话框，单击 是(Y) 按钮。

（2）右击特征树中的 Part1 (Part1.5)，在弹出的快捷菜单中选择 属性 命令，系统弹出“属性”对话框，选择 产品 选项卡，在 部件 区域的 实例名称 文本框中将 Part1.5 改为 third02，在 产品 区域的 零件编号 文本框中将 Part1 改为 third02，单击 确定 按钮。

（3）先双击特征树中的 third02 (third02)，再右击，在弹出的快捷菜单中选择 third02 对象 → 在新窗口中打开 命令，系统切换到 third02 模型文件。

Step2. 创建外部参考。

（1）选择下拉菜单 窗口 → 3 second01.CATPart 命令，系统切换到 second01 模型文件。

（2）按住 Shift 键，在特征树中选取已发布特征“平面 1”“平面 2”“平面 3”“倒圆角 3”和“草图 5”并右击，在弹出的快捷菜单中选择 复制 命令。

（3）选择下拉菜单 窗口 → 6 third02.CATPart 命令，系统切换到 third02 模型文件。

（4）右击特征树中的 third02，在弹出的快捷菜单中选择 选择性粘贴... 命令，系统弹出“选择性粘贴”对话框，选择 与原文档相关联的结果 选项，单击 确定 按钮，完成外部参考的创建。

Step3. 创建几何体。

（1）选择下拉菜单 窗口 → 3 second01.CATPart 命令，系统切换到 second01 模型文件。

（2）在特征树中选取已发布特征“零件几何体”并右击，在弹出的快捷菜单中选择 复制 命令。

（3）选择下拉菜单 窗口 → 6 third02.CATPart 命令，系统切换到 third02 模型文件。

（4）右击特征树中的 third02，在弹出的快捷菜单中选择 选择性粘贴... 命令，系统弹出“选择性粘贴”对话框，选择 与原文档相关联的结果 选项，单击 确定 按钮，完成几何体的创建。

Step4. 创建特征。在特征树中选取 几何体.2 并右击，从弹出的快捷菜单中选择 几何体.2 对象 → 添加... 命令，此时完成创建特征的创建。

Step5. 创建图 13.6.2b 所示的零件特征——分割 1（曲面已隐藏）。

（1）选择命令。选择下拉菜单 插入 → 基于曲面的特征 → 分割... 命令，系统弹出“定义分割”对话框。

（2）激活 分割元素： 文本框，在绘图区选取图 13.6.2a 所示的面为分割元素。

（3）单击 确定 按钮，完成分割 1 的创建。

a）分割前　　b）分割后

图 13.6.2　分割 1

Step6. 切换工作台。选择下拉菜单 开始 ➡ 形状 ➡ 创成式外形设计 命令，切换到“创成式外形设计”工作台。

Step7. 创建图 13.6.3 所示的特征——草图 2。选择下拉菜单 插入 ➡ 草图编辑器 ▸ ➡ 草图 命令；在特征树中选取“平面 1”为草图平面；绘制图 13.6.3 所示的草图，单击“工作台”工具栏中的 按钮，退出草绘工作台。

说明：草图 2 是选择下拉菜单 插入 ➡ 操作 ▸ ➡ 3D 几何图形 ▸ ➡ 投影 3D 元素 命令将图 13.6.4 所示的边线投影而成的。

Step8. 创建图 13.6.5 所示的特征——拉伸 1。

（1）选择命令。选择下拉菜单 插入 ➡ 曲面 ▸ ➡ 拉伸... 命令。

（2）定义拉伸类型和尺寸。选取“草图 2”为拉伸轮廓；在“拉伸曲面定义”对话框的 限制 1 区域的 类型: 下拉列表中选择 尺寸 选项；在 限制 1 区域的 尺寸: 文本框中输入值 0，在 限制 2 区域的 类型: 下拉列表中选择 尺寸 选项；在 限制 2 区域的 尺寸: 文本框中输入值 30。

（3）单击 确定 按钮，完成拉伸 1 的创建。

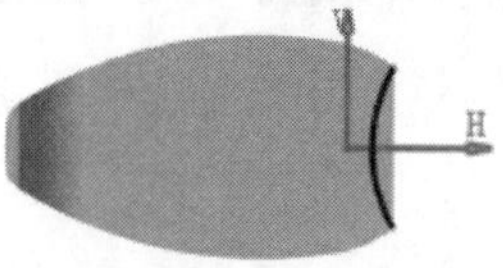

图 13.6.3 草图 2

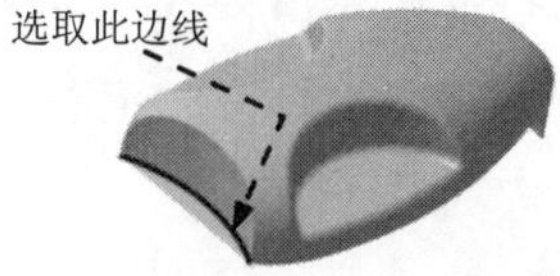

图 13.6.4 定义草图 2

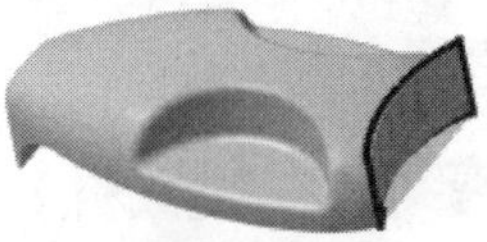

图 13.6.5 拉伸 1

Step9. 切换工作台。选择下拉菜单 开始 ➡ 机械设计 ▸ ➡ 零件设计 命令，切换到“零件设计”工作台。

Step10. 创建图 13.6.6b 所示的零件特征——分割 2（曲面已隐藏）。

（1）选择命令。选择下拉菜单 插入 ➡ 基于曲面的特征 ➡ 分割... 命令，系统弹出“定义分割”对话框。

（2）激活 分割元素: 文本框，在绘图区选取图 13.6.6a 所示的面为分割元素。

（3）单击 确定 按钮，完成分割 2 的创建。

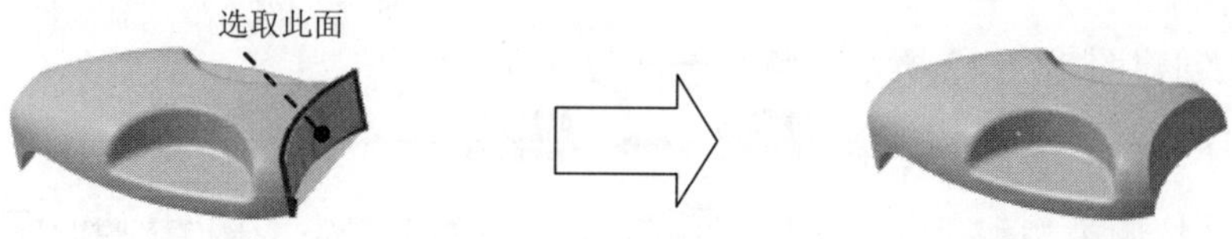

a）分割前　　b）分割后

图 13.6.6 分割 2

Step11. 创建图 13.6.7 所示的特征——草图 3。选择下拉菜单 插入 ➡ 草图编辑器 ▸ ➡ 草图 命令；选取外部参考中的“平面 1”为草图平面；绘制图 13.6.7 所示的草图，单击“工作台”工具栏中的按钮，退出草绘工作台。

Step12. 切换工作台。选择下拉菜单开始(S) → 形状 → 创成式外形设计命令，切换到“创成式外形设计”工作台。

Step13. 创建图 13.6.8 所示的特征——拉伸 2。

（1）选择命令。选择下拉菜单插入 → 曲面 → 拉伸...命令。

（2）定义拉伸类型和尺寸。选取“草图 3”为拉伸轮廓；在“拉伸曲面定义”对话框的限制 1区域的类型:下拉列表中选择尺寸选项；在限制 1区域的尺寸:文本框中输入值 0，在限制 2区域的类型:下拉列表中选择尺寸选项；在限制 2区域的尺寸:文本框中输入值 50。

（3）单击确定按钮，完成拉伸 2 的创建。

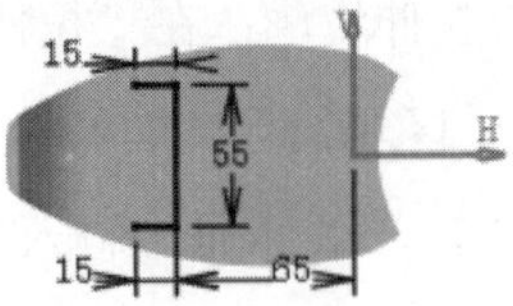

图 13.6.7 草图 3

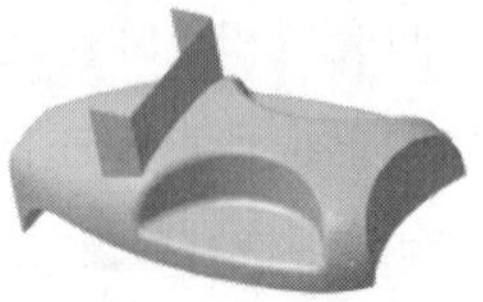
图 13.6.8 拉伸 2

Step14. 创建图 13.6.9 所示的特征——相交 1。选择下拉菜单插入 → 线框 → 相交...命令；选取图 13.6.10 所示的边线为第一元素；选取实体模型为第二元素；单击确定按钮，完成相交 1 的创建。

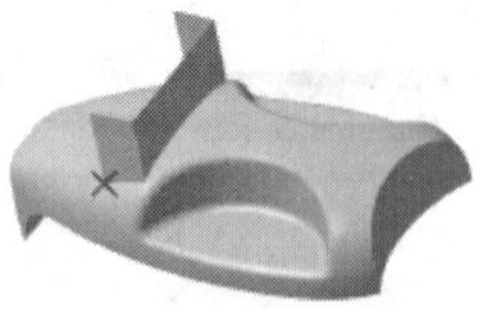
图 13.6.9 相交 1

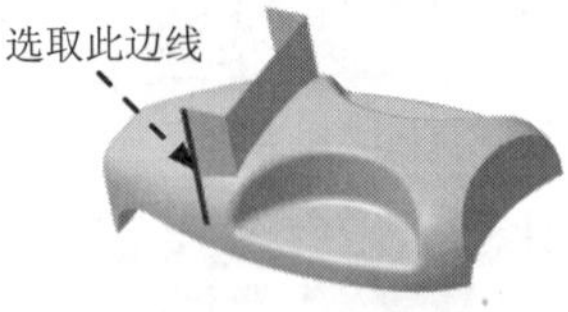

图 13.6.10 选择边线

Step15. 创建图 13.6.11 所示的特征——草图 4。选择下拉菜单插入 → 草图编辑器 → 草图命令；选取“zx 平面”为草图平面；绘制图 13.6.11 所示的草图，单击“工作台”工具栏中的按钮，退出草绘工作台。

说明：“草图 4”中的圆弧的端点与图 13.6.9 所示的相交点相合。

Step16. 创建图 13.6.12 所示的特征——拉伸 3。

（1）选择命令。选择下拉菜单插入 → 曲面 → 拉伸...命令。

（2）定义拉伸类型和尺寸。选取“草图 4”为拉伸轮廓；在“拉伸曲面定义”对话框的限制 1区域的类型:下拉列表中选择尺寸选项；在限制 1区域的尺寸:文本框中输入值 50，在限制 2区域的类型:下拉列表中选择尺寸选项；在限制 2区域的尺寸:文本框中输入值 50。

（3）单击确定按钮，完成拉伸 3 的创建。

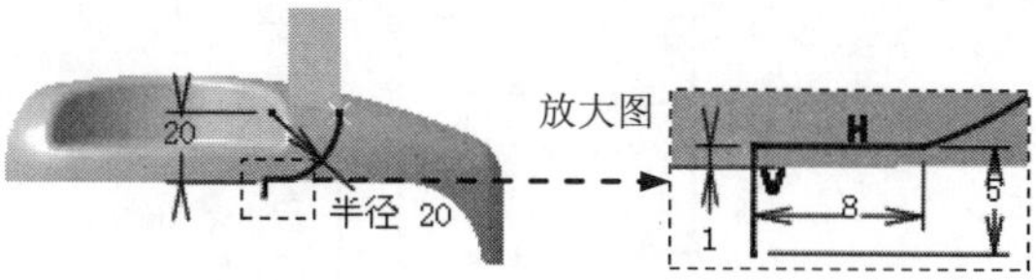

图 13.6.11 草图 4

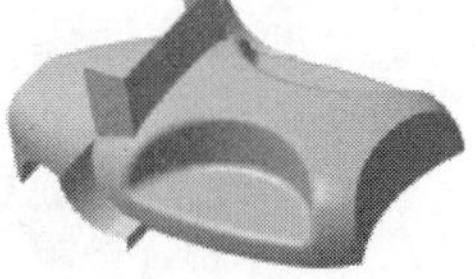

图 13.6.12 拉伸 3

Step17. 创建图 13.6.13 所示的特征——修剪 1。

（1）选择命令。选择下拉菜单 插入 → 操作 ▸ → 修剪... 命令。

（2）选取“拉伸 2”和“拉伸 3”为修剪元素；选中 自动外插延伸 复选框。

（3）单击 确定 按钮，完成修剪 1 的创建。

Step18. 创建图 13.6.14 所示的特征——草图 5。选择下拉菜单 插入 → 草图编辑器 ▸ → 草图 命令；选取“zx 平面”为草图平面；绘制图 13.6.14 所示的草图，单击“工作台”工具栏中的 按钮，退出草绘工作台。

Step19. 切换工作台。选择下拉菜单 开始 → 机械设计 ▸ → 零件设计 命令，切换到“零件设计”工作台。

Step20. 发布特征。

（1）选择命令。选择下拉菜单 工具 → 发布... 命令，系统弹出“发布”对话框。

（2）选取要发布的特征。在特征树中依次选取“零件几何体”“平面 1”“平面 2”“平面 3”“曲面 1”“草图 1”“修剪 1”和“草图 5”为要发布的特征，发布后特征树如图 13.6.15 所示。

（3）单击 确定 按钮，完成发布特征。

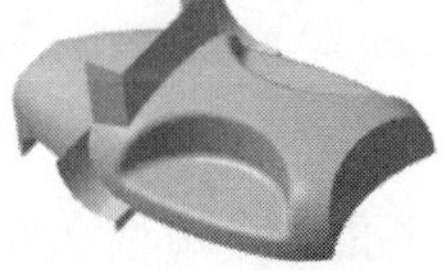

图 13.6.13 修剪 1

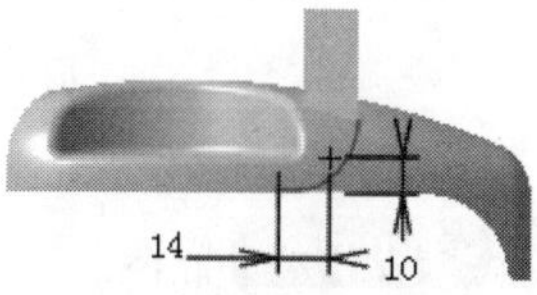

图 13.6.14 草图 5

图 13.6.15 特征树

Step21. 保存零件模型。选择下拉菜单 文件 → 保存 命令，即可保存零件模型。

13.7 四 级 控 件

下面讲解四级控件（fourth）的创建过程，零件模型及相应的特征树如图 13.7.1 所示。

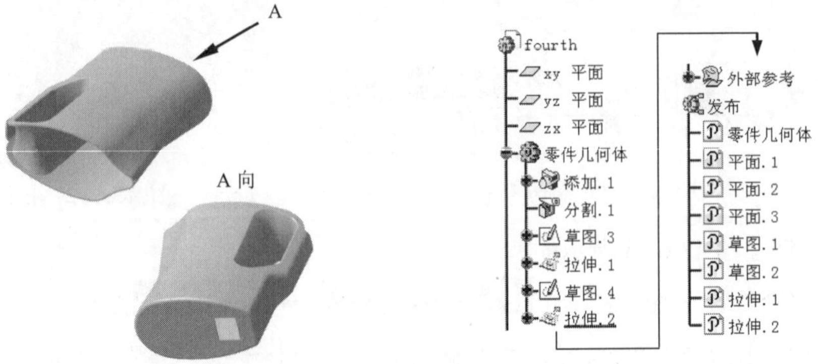

图 13.7.1　零件模型及特征树

Step1. 新建 fourth 模型文件。

(1)在确认 hot_water_bottle 被激活状态下，选择下拉菜单 插入 → 新建零件 命令，系统弹出“新零件：原点”对话框，单击 是(Y) 按钮。

(2）右击特征树中的 Part1 (Part1.6)，在弹出的快捷菜单中选择 属性 命令，系统弹出“属性”对话框，选择 产品 选项卡，在 组件 区域的 实例名称 文本框中将 Part1.6 改为 fourth，在 产品 区域的 零件编号 文本框中将 Part1 改为 fourth，单击 确定 按钮。

(3）右击特征树中的 fourth (fourth)，在弹出的快捷菜单中选择 fourth 对象 → 在新窗口中打开 命令，系统切换到 fourth 模型文件。

Step2. 创建外部参考。

(1）选择下拉菜单 窗口 → 5 third01.CATPart 命令，系统切换到 third01 模型文件。

(2）按住 Shift 键，在特征树中选取已发布特征“平面 1”和“草图 3”并右击，在弹出的快捷菜单中选择 复制 命令。

(3）选择下拉菜单 窗口 → 7 fourth.CATPart 命令，系统切换到 fourth 模型文件。

(4）右击特征树中的 fourth，在弹出的快捷菜单中选择 选择性粘贴... 命令，系统弹出“选择性粘贴”对话框，选择 与原文档相关联的结果 选项，单击 确定 按钮，完成外部参考的创建。

Step3. 创建几何体。

(1）选择下拉菜单 窗口 → 5 third01.CATPart 命令，系统切换到 third01 模型文件。

(2)在特征树中选择已发布特征“零件几何体”并右击，在弹出的快捷菜单中选择 复制 命令。

(3）选择下拉菜单 窗口 → 7 fourth.CATPart 命令，系统切换到 fourth 模型文件。

(4）右击特征树中的 fourth，在弹出的快捷菜单中选择 选择性粘贴... 命令，系统弹出“选择性粘贴”对话框，选择 与原文档相关联的结果 选项，单击 确定 按钮，完成几何体的创建。

Step4. 创建特征。在特征树中选择 几何体.2 并右击，从弹出的快捷菜单中选择 几何体.2 对象 → 添加... 命令，此时完成创建特征的创建。

Step5. 创建图 13.7.2b 所示的零件特征——分割 1。

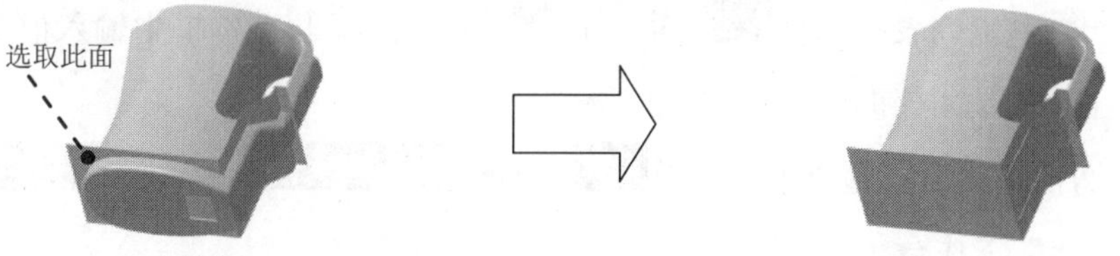

a）分割前　　b）分割后

图 13.7.2　分割 1

（1）选择命令。确认当前模型处于“零件设计”工作台，选择下拉菜单 插入 → 基于曲面的特征 → 分割... 命令，系统弹出“定义分割”对话框。

（2）激活 分割元素: 文本框，在绘图区选取图 13.7.2a 所示的面为分割元素，并在绘图区单击系统生成的箭头，使其指向保留部分。

（3）单击 确定 按钮，完成分割 1 的创建。

Step6. 切换工作台。选择下拉菜单 开始 → 形状 → 创成式外形设计 命令，切换到“创成式外形设计”工作台。

Step7. 创建图 13.7.3 所示的特征——草图 3。选择下拉菜单 插入 → 草图编辑器 → 草图 命令；选取“zx 平面”为草图平面；绘制图 13.7.3 所示的草图，单击“工作台”工具栏中的按钮，退出草绘工作台。

Step8. 创建图 13.7.4 所示的特征——拉伸 1。

（1）选择命令。选择下拉菜单 插入 → 曲面 → 拉伸... 命令。

（2）定义拉伸类型和尺寸。选取“草图 3”为拉伸轮廓；在“拉伸曲面定义”对话框的 限制 1 区域的 类型: 下拉列表中选择 尺寸 选项；在 限制 1 区域的 尺寸: 文本框中输入值 50，在 限制 2 区域的 类型: 下拉列表中选择 尺寸 选项；在 限制 2 区域的 尺寸: 文本框中输入值 0。

（3）单击 确定 按钮，完成拉伸 1 的创建。

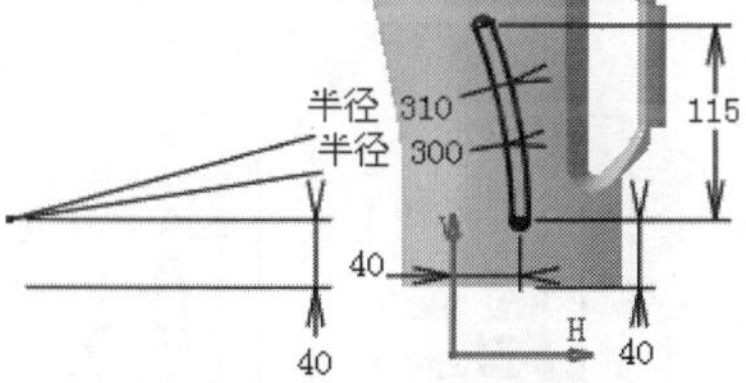

图 13.7.3　草图 3

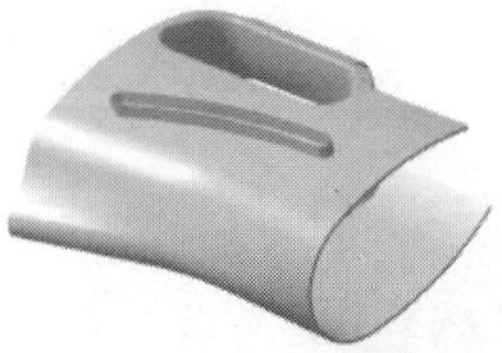

图 13.7.4　拉伸 1

Step9. 创建图 13.7.5 所示的特征——草图 4。选择下拉菜单 插入 → 草图编辑器 → 草图 命令；选取“zx 平面”为草图平面；绘制图 13.7.5 所示的草图，单击“工作台”工具栏中的按钮，退出草绘工作台。

Step10. 创建图 13.7.6 所示的特征——拉伸 2。

（1）选择命令。选择下拉菜单 插入 → 曲面 → 拉伸... 命令。

（2）定义拉伸类型和尺寸。选取“草图 4”为拉伸轮廓；在“拉伸曲面定义”对话框

的限制 1区域的类型:下拉列表中选择尺寸选项；在限制 1区域的尺寸:文本框中输入值 25，在限制 2区域的类型:下拉列表中选择尺寸选项；在限制 2区域的尺寸:文本框中输入值 25。

（3）单击确定按钮，完成拉伸 2 的创建。

Step11. 切换工作台。选择下拉菜单开始 → 机械设计 → 零件设计命令，切换到“零件设计”工作台。

Step12. 发布特征。

（1）选择命令。选择下拉菜单工具 → 发布...命令，系统弹出“发布”对话框。

（2）选取要发布的特征。选取“零件几何体”“平面 1”“平面 2”“平面 3”“草图 1”“草图 2”“拉伸 1” 和“拉伸 2”为要发布的特征，发布后特征树如图 13.7.7 所示。

（3）单击确定按钮，完成发布特征。

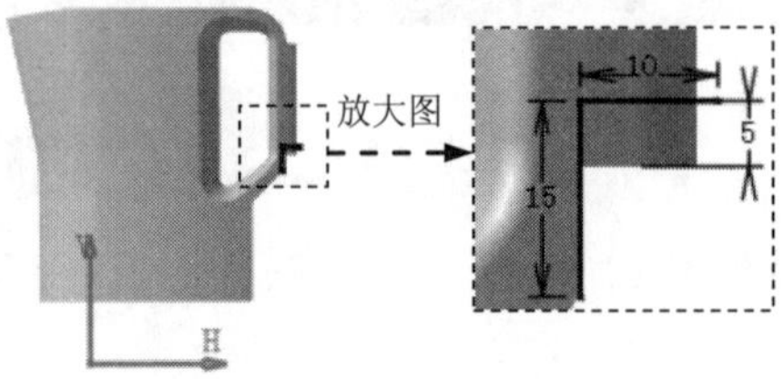

图 13.7.5　草图 2

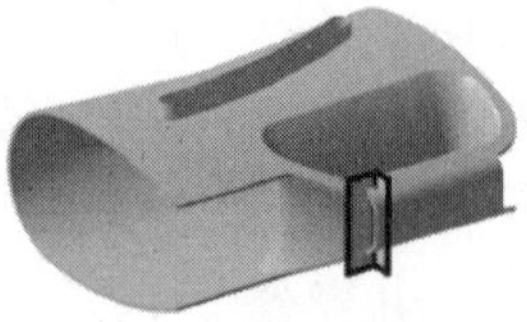
图 13.7.6　拉伸 2

图 13.7.7　特征树

Step13. 保存零件模型。选择下拉菜单文件 → 保存命令，即可保存零件模型。

13.8　热水壶主体

下面讲解热水壶主体（body）的创建过程，零件模型及相应的特征树如图 13.8.1 所示。

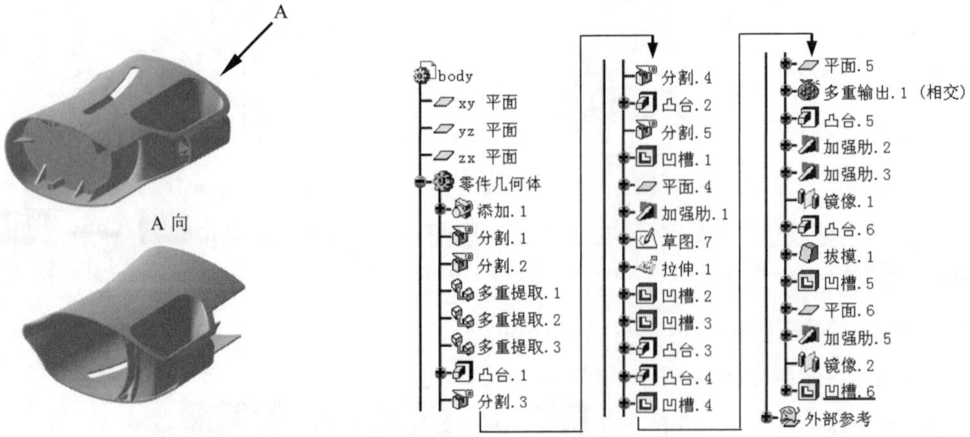

图 13.8.1　零件模型及特征树

Step1. 新建 body 模型文件。

（1）在确认 hot_water_bottle 被激活状态下，选择下拉菜单 插入 ➡ 新建零件 命令，系统弹出“新零件：原点”对话框，单击 是(Y) 按钮。

（2）右击特征树中的 Part1 (Part1.7)，在弹出的快捷菜单中选择 属性 命令，系统弹出“属性”对话框，选择 产品 选项卡，在 组件 区域的 实例名称 文本框中将 Part1.7 改为 body，在 产品 区域的 零件编号 文本框中将 Part1 改为 body，单击 确定 按钮。

（3）先双击特征树中的 body (body)，再右击，在弹出的快捷菜单中选择 body 对象 ➡ 在新窗口中打开 命令，系统切换到 body 模型文件。

Step2. 创建外部参考。

（1）选择下拉菜单 窗口 ➡ 7 fourth.CATPart 命令，系统切换到 fourth 模型文件。

（2）按住 Shift 键，在特征树中选取已发布特征“平面 1”和“拉伸 2”并右击，在弹出的快捷菜单中选择 复制 命令。

（3）选择下拉菜单 窗口 ➡ 8 body.CATPart 命令，系统切换到 body 模型文件。

（4）右击特征树中的 [illegible]，在弹出的快捷菜单中选择 选择性粘贴... 命令，系统弹出“选择性粘贴”对话框，选择 与原文档相关联的结果 选项，单击 确定 按钮，完成外部参考的创建。

Step3. 创建几何体。

（1）选择下拉菜单 窗口 ➡ 7 fourth.CATPart 命令，系统切换到 fourth 模型文件。

（2）在特征树中选取已发布特征“零件几何体”并右击，在弹出的快捷菜单中选择 复制 命令。

（3）选择下拉菜单 窗口 ➡ 8 body.CATPart 命令，系统切换到 body 模型文件。

（4）右击特征树中的 [illegible]，在弹出的快捷菜单中选择 选择性粘贴... 命令，系统弹出“选择性粘贴”对话框，选择 与原文档相关联的结果 选项，单击 确定 按钮，完成几何体的创建。

Step4. 创建特征。在特征树中选择 几何体.2 并右击，从弹出的快捷菜单中选择 几何体.2 对象 ➡ 添加... 命令，此时完成创建特征的创建。

Step5. 创建图 13.8.2b 所示的零件特征——分割 1（曲面已隐藏）。

（1）选择命令。选择下拉菜单 插入 ➡ 基于曲面的特征 ➡ 分割... 命令，系统弹出“定义分割”对话框。

（2）激活 分割元素: 文本框，在图形区选中图 13.8.2a 中加亮的曲面为分割元素。

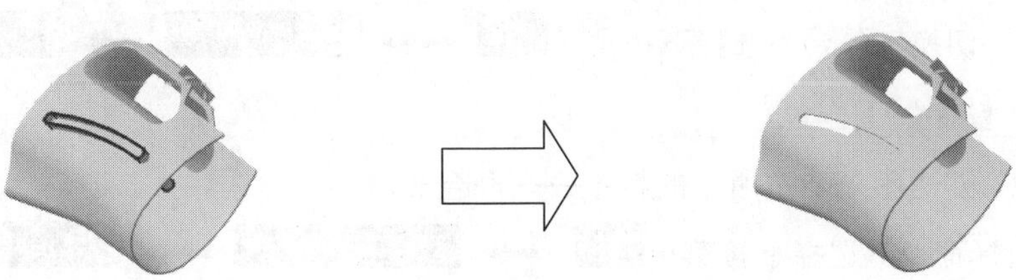

a）分割前　　b）分割后

图 13.8.2　分割 1

（3）单击 确定 按钮，完成分割 1 的创建。

Step6. 创建图 13.8.3b 所示的零件特征——分割 2。

（1）选择命令。选择下拉菜单 插入 → 基于曲面的特征 → 分割... 命令，系统弹出“定义分割”对话框。

（2）激活 分割元素： 文本框，选取图 13.8.3a 所示的面为分割元素。

（3）单击 确定 按钮，完成分割 2 的创建。

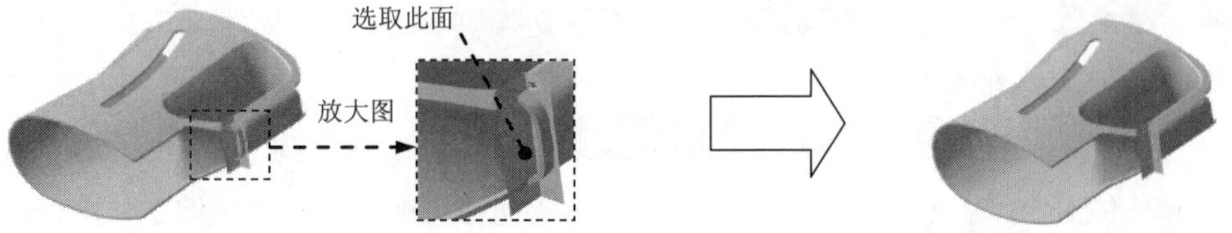

a）分割前　　b）分割后

图 13.8.3　分割 2

Step7. 切换工作台。选择下拉菜单 开始 → 形状 → 创成式外形设计 命令，切换到“创成式外形设计”工作台。

Step8. 创建特征——多重提取 1。选择下拉菜单 插入 → 操作 ▸ → 多重提取... 命令；选取图 13.8.4 所示的面为要提取的元素；单击 确定 按钮，完成提取 1 的创建。

Step9. 创建特征——多重提取 2。选择下拉菜单 插入 → 操作 ▸ → 多重提取... 命令；选取图 13.8.5 所示的面为要提取的元素；单击 确定 按钮，完成提取 2 的创建。

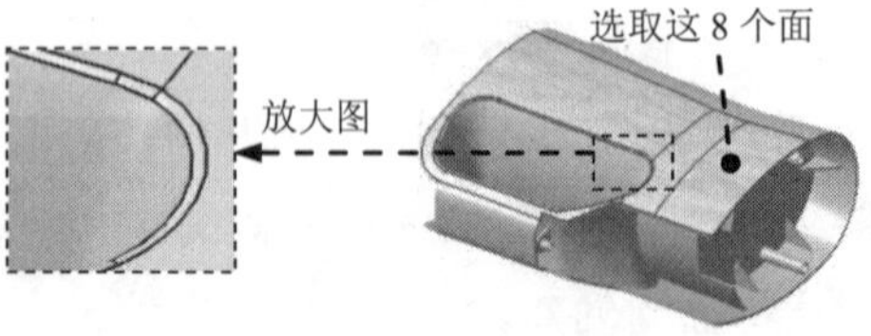

图 13.8.4　多重提取 1

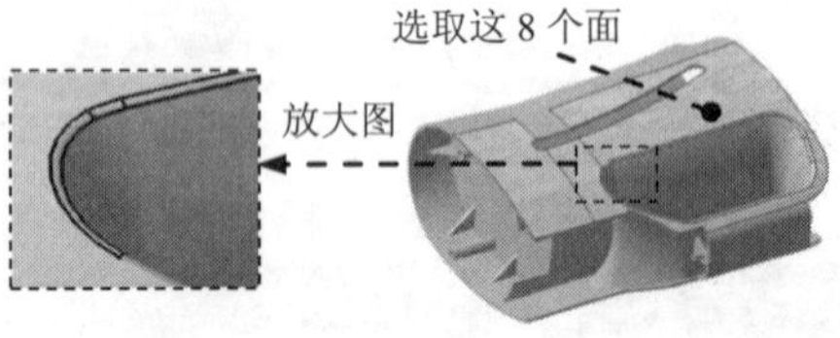

图 13.8.5　多重提取 2

Step10. 创建特征——多重提取 3。选择下拉菜单 插入 → 操作 ▸ → 多重提取... 命令；选取图 13.8.6 所示的面为要提取的元素；单击 确定 按钮，完成多重提取 3 的创建。

Step11. 切换工作台。选择下拉菜单 开始 → 机械设计 ▸ → 零件设计 命令，切换到“零件设计”工作台。

Step12. 创建图 13.8.7 所示的特征——凸台 1。

（1）选择命令。选择下拉菜单 插入 → 基于草图的特征 ▸ → 凸台... 命令，系统弹出“定义凸台”对话框。

（2）创建截面草图。在特征树中选取“平面 2”为草图平面，绘制图 13.8.8 所示的截面草图。

（3）定义凸台类型和尺寸。在 第一限制 区域的 类型： 的下拉列表中选择 直到平面 选项，在绘图区选取图 13.8.9 所示的面，并选中 厚 复选框；在 第二限制 区域的 类型： 的下拉列表中选择 尺寸 选项，并在其下的文本框中输入值 162；在 薄凸台 区域的 厚度 1 的文本框中输入值 0，在 厚度 2： 的文本框中输入值 1.5。

（4）单击 确定 按钮，完成凸台 1 的创建。

说明：

- 图 13.8.8 所示的截面草图是使用 投影 3D 元素 命令绘制而成的，并且使用与其相切的样条线将其延伸至与模型的外表面相交。
- 由于图 13.8.8 所示的截面草图是开轮廓，因此在退出草图工作台后系统会弹出“特征定义错误”对话框，单击 确定 按钮将其关闭即可；以后未加说明，均按此操作。

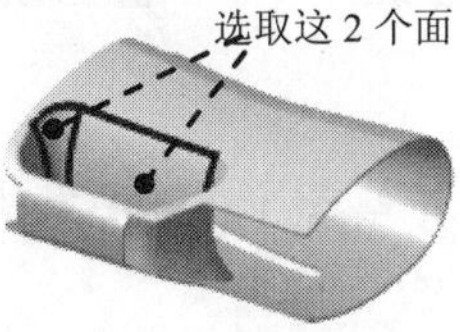

图 13.8.6 多重提取 3

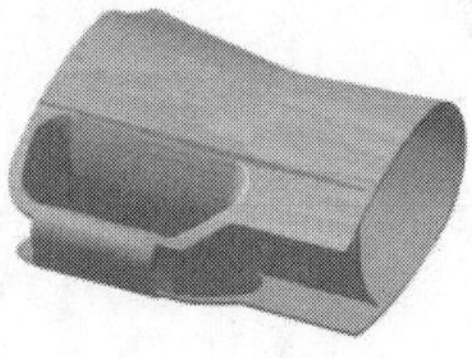

图 13.8.7 凸台 1

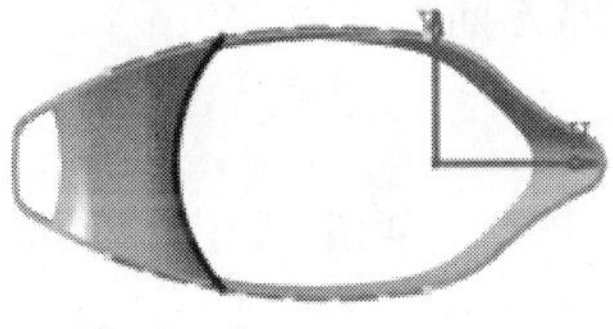

图 13.8.8 截面草图

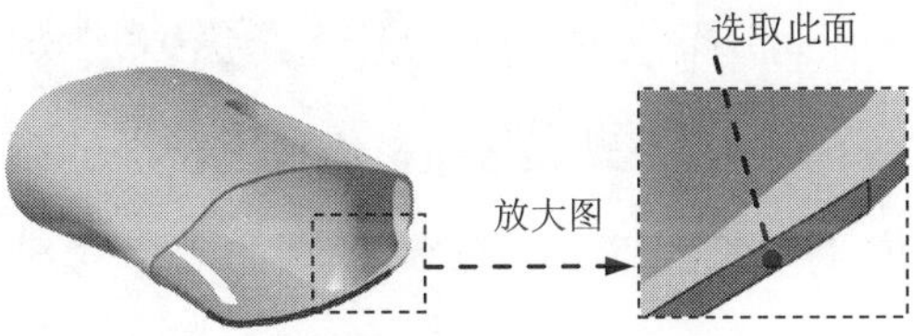

图 13.8.9 定义终止面

Step13. 创建图 13.8.10b 所示的零件特征——分割 3。

（1）选择命令。选择下拉菜单 插入 → 基于曲面的特征 → 分割... 命令，系统弹出“定义分割”对话框。

（2）激活 分割元素： 文本框，在特征树中选取“多重提取 1”为分割元素。

（3）单击 确定 按钮，完成分割 3 的创建。

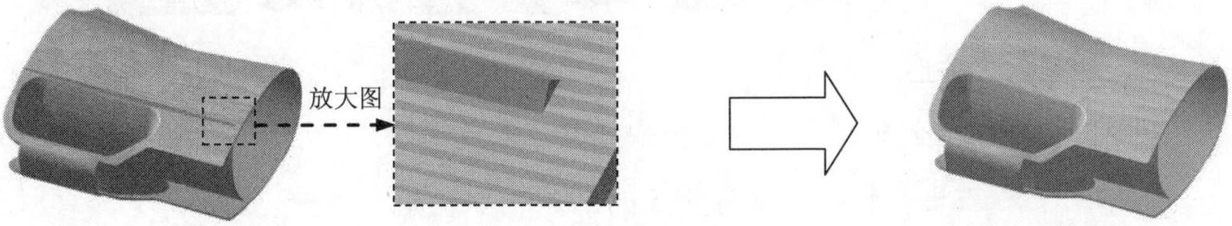

a）分割前　　b）分割后

图 13.8.10 分割 3

Step14. 创建图 13.8.11b 所示的零件特征——分割 4。

（1）选择命令。选择下拉菜单 插入 → 基于曲面的特征 → 分割... 命令，系统弹出“定义分割”对话框。

（2）激活 分割元素: 文本框，在特征树中选取“多重提取 2”为分割元素。

（3）单击 确定 按钮，完成分割 4 的创建。

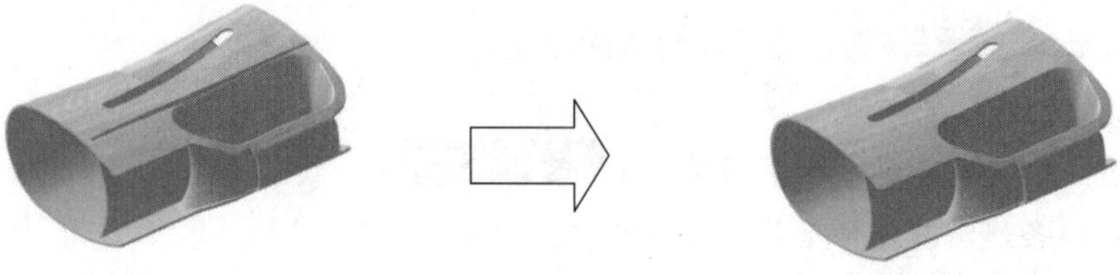

a）分割前　　b）分割后

图 13.8.11　分割 4

Step15. 创建图 13.8.12 所示的特征——凸台 2。

（1）选择命令。选择下拉菜单 插入 → 基于草图的特征 → 凸台... 命令，系统弹出“定义凸台”对话框。

（2）创建截面草图。选取图 13.8.13 所示的模型表面为草图平面，绘制图 13.8.14 所示的截面草图。

（3）定义凸台类型和尺寸。在 第一限制 区域的 类型: 的下拉列表中选择 尺寸 选项，并在 长度: 文本框中输入值 20，单击 反转方向 按钮，反转拉伸方向。

（4）单击 确定 按钮，完成凸台 2 的创建。

说明：图 13.8.14 所绘制的圆的圆心分别与四级控件中的“草图 1”所绘制的点相合。

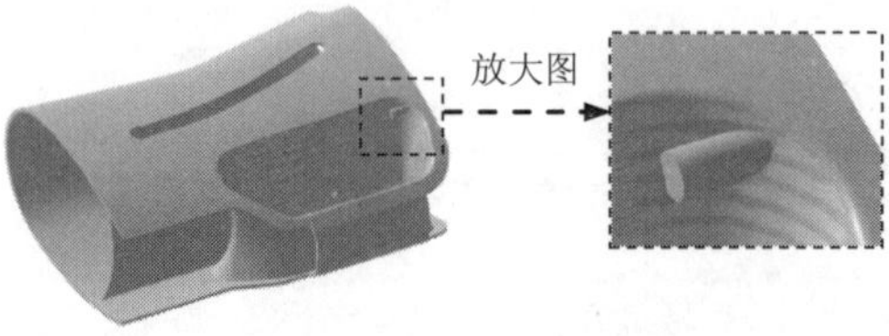

图 13.8.12　凸台 2

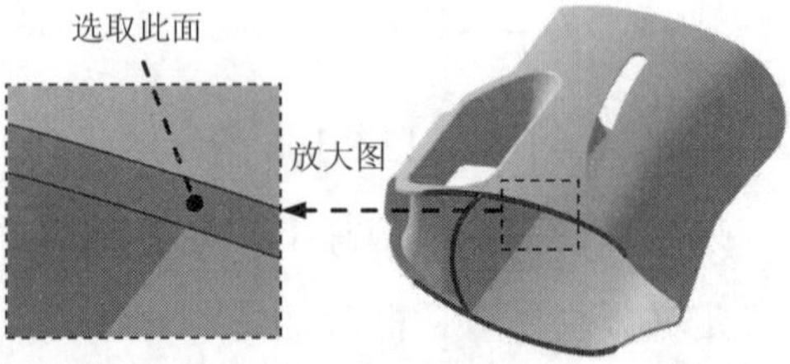

图 13.8.13　定义草图平面

Step16. 创建图 13.8.15 所示的零件特征——分割 5。

（1）选择命令。选择下拉菜单 插入 → 基于曲面的特征 → 分割... 命令，系统弹出“定义分割”对话框。

（2）激活 分割元素: 文本框，在特征树中选取“多重提取 3”为分割元素。

（3）单击 确定 按钮，完成分割 5 的创建。

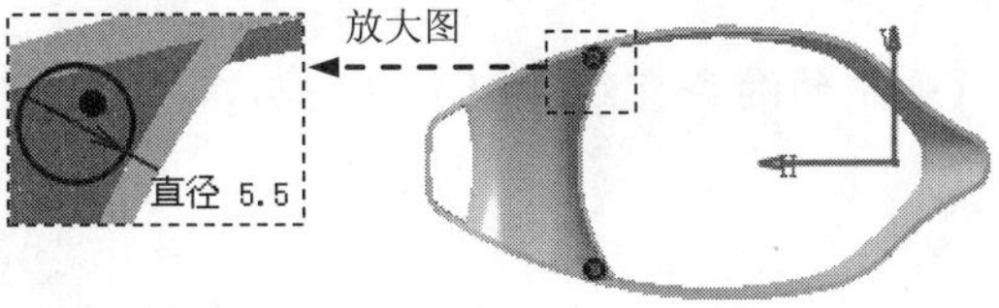

图 13.8.14 截面草图

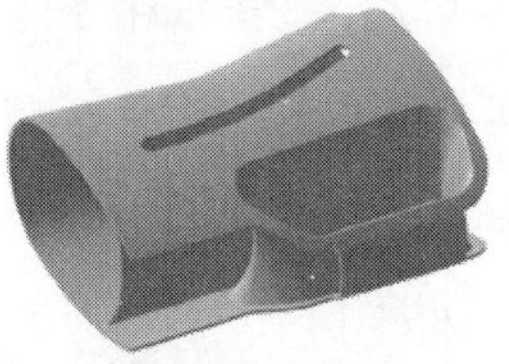

图 13.8.15 分割 5

Step17. 创建图 13.8.16 所示的特征——凹槽 1。

（1）选择命令。选择下拉菜单 插入 ➡ 基于草图的特征 ▸ ➡ 凹槽... 命令。

（2）创建截面草图。选取图 13.8.13 所示的模型表面为草图平面，绘制图 13.8.17 所示的截面草图。

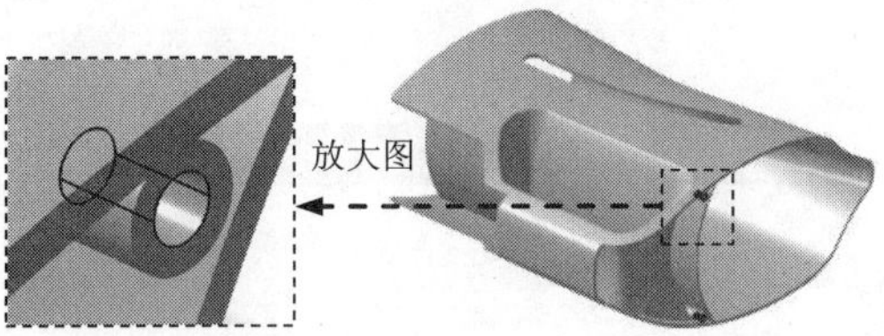

图 13.8.16 凹槽 1

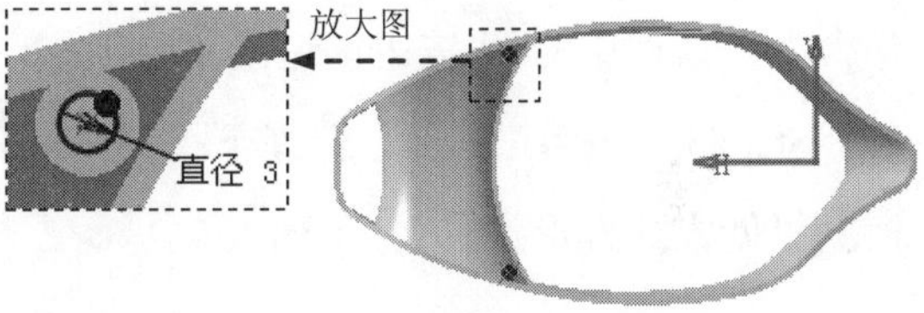

图 13.8.17 截面草图

（3）定义凹槽类型和尺寸。在 第一限制 区域的 类型： 的下拉列表中选择 尺寸 选项，并在其后的文本框中输入值 5。

（4）单击 确定 按钮，完成凹槽 1 的创建。

Step18. 切换工作台。选择下拉菜单 开始 ➡ 形状 ➡ 创成式外形设计 命令，切换到“创成式外形设计”工作台。

Step19. 创建图 13.8.18 所示的特征—— 平面 4。选择下拉菜单 插入 ➡ 线框 ▸ ➡ 平面... 命令；在 平面类型： 下拉列表中选择 偏移平面 选项；激活 参考： 文本框，在绘图区选取“yz 平面”为参考平面；在 偏移： 文本框中输入值 86，单击 反转方向 按钮，反转拉伸方向；单击 确定 按钮，完成平面 4 的创建。

Step20. 切换工作台。选择下拉菜单 开始 ➡ 机械设计 ▸ ➡ 零件设计 命令，切换到“零件设计”工作台。

Step21. 创建图 13.8.19 所示的零件特征——加强肋 1。

（1）选择命令。选择下拉菜单 插入 ➡ 基于草图的特征 ▸ ➡ 加强肋... 命令，系统弹出“定义加强肋”对话框。

（2）定义加强肋轮廓。选取“平面 4”为草图平面，绘制图 13.8.20 所示的截面草图。

（3）定义加强肋属性。在“定义加强肋”对话框中选中 从侧面 单选项，在 厚度 1： 文本框中输入值 1.5，并选中 中性边界 复选框。

（4）单击 确定 按钮，完成加强肋 1 的创建。

说明：图 13.8.20 所示的截面草图所绘制的两条直线的端点分别与四级控件中的草图 1 所绘制的点相合。

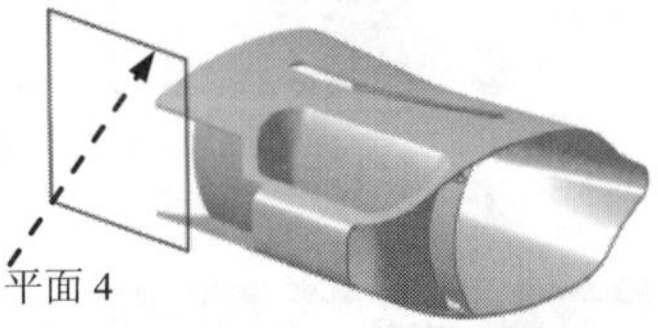

图 13.8.18 平面 4

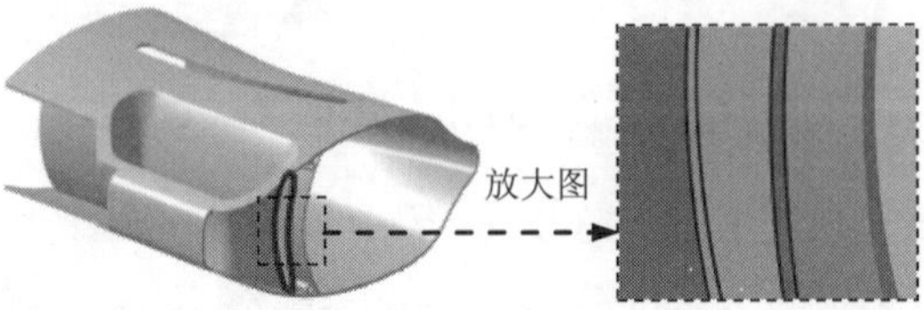

图 13.8.19 加强肋 1

Step22. 创建图 13.8.21 所示的特征——草图 5。选择下拉菜单 插入 → 草图编辑器 → 草图 命令；选取“zx 平面”为草图平面；绘制图 13.8.21 所示的草图，单击“工作台”工具栏中的 按钮，退出草绘工作台。

Step23. 切换工作台。选择下拉菜单 开始 → 形状 → 创成式外形设计 命令，切换到“创成式外形设计”工作台。

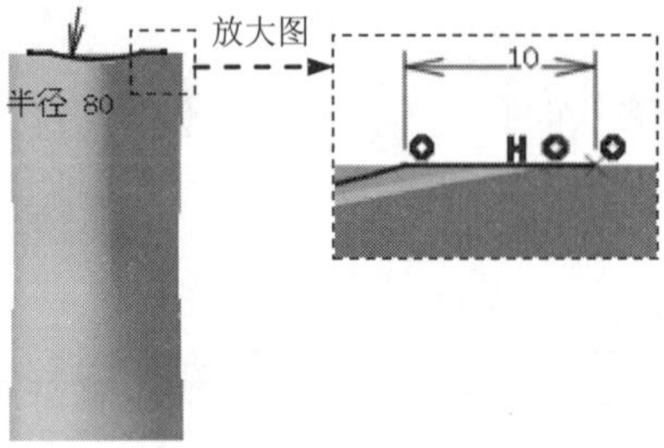

图 13.8.20 截面草图

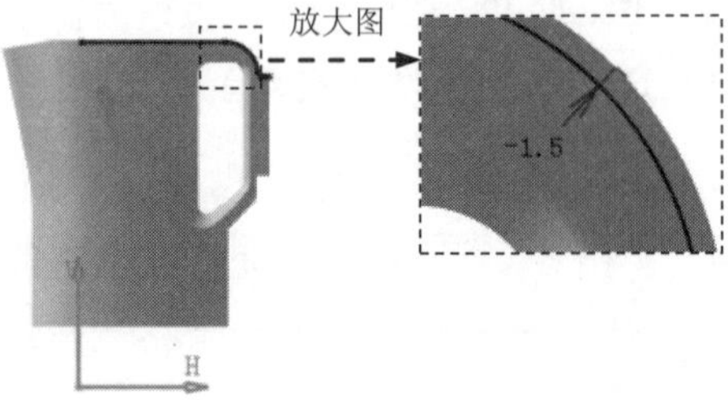

图 13.8.21 草图 5

Step24. 创建图 13.8.22 所示的曲面特征——拉伸 1。

（1）选择命令。选择下拉菜单 插入 → 曲面 → 拉伸... 命令。

（2）定义拉伸类型和尺寸。选取“草图 7”为拉伸轮廓；在“拉伸曲面定义”对话框的 限制 1 区域的 类型: 下拉列表中选择 尺寸 选项；在 限制 1 区域的 尺寸: 文本框中输入值 50，在 限制 2 区域的 类型: 下拉列表中选择 尺寸 选项；在 限制 2 区域的 尺寸: 文本框中输入值 50。

（3）单击 确定 按钮，完成拉伸 1 的创建。

Step25. 切换工作台。选择下拉菜单 开始 → 机械设计 → 零件设计 命令，切换到“零件设计”工作台。

Step26. 创建图 13.8.23 所示的特征——凹槽 2。

（1）选择命令。选择下拉菜单 插入 → 基于草图的特征 → 凹槽... 命令。

（2）创建截面草图。选取图 13.8.24 所示的面为草图平面，绘制图 13.8.25 所示的截面草图。

（3）定义凹槽类型和尺寸。在 第一限制 区域的 类型： 的下拉列表中选择 直到曲面 选项，选取“拉伸 1”为凹槽终止面。

（4）单击 确定 按钮，完成凹槽 2 的创建。

说明：图 13.8.25 所示的截面草图是使用 投影 3D 元素 和 偏移 命令绘制而成的，对于截面不封闭部分，可以用相切的样条线和样条曲线连接。

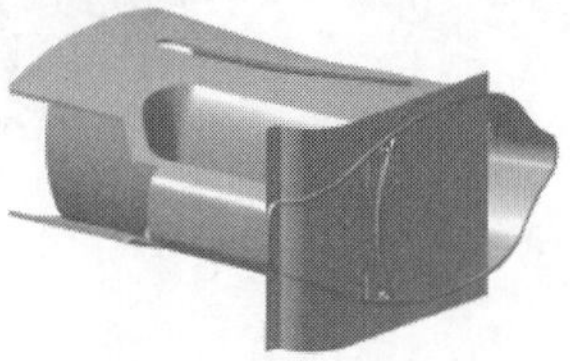

图 13.8.22 拉伸 1

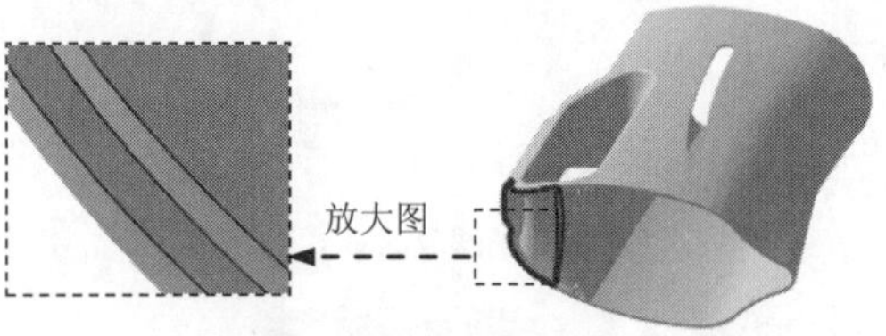

图 13.8.23 凹槽 2

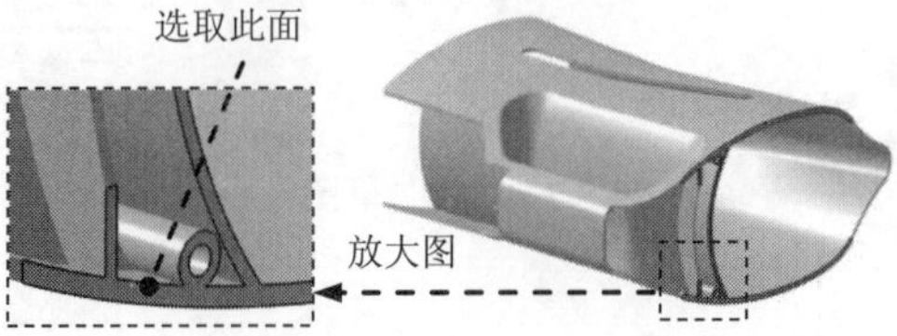

图 13.8.24 定义草图平面

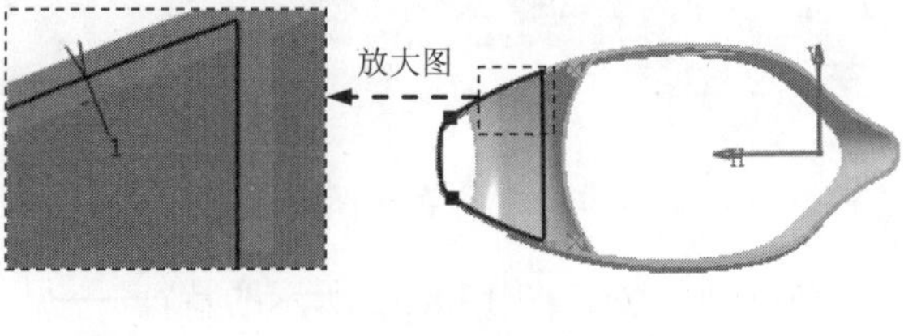

图 13.8.25 截面草图

Step27. 创建图 13.8.26 所示的特征——凹槽 3。

（1）选择命令。选择下拉菜单 插入 → 基于草图的特征 → 凹槽... 命令。

（2）创建截面草图。选取图 13.8.27 所示的面为草图平面，绘制图 13.8.28 所示的截面草图。

（3）定义凹槽类型和尺寸。在 第一限制 区域的 类型： 的下拉列表中选择 尺寸 选项，并在其后的文本框中输入值 10。

（4）单击 确定 按钮，完成凹槽 3 的创建。

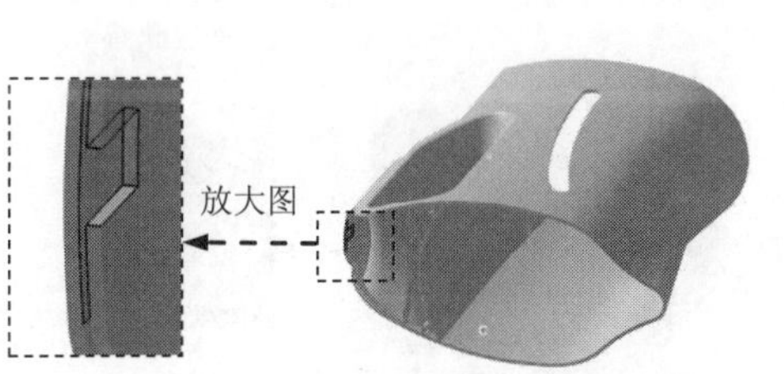

图 13.8.26 凹槽 3

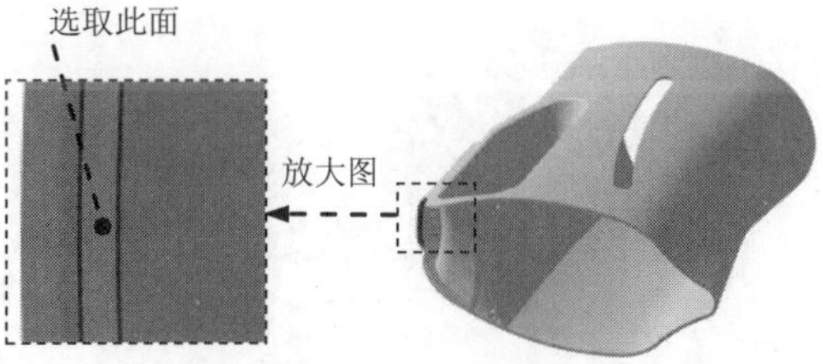

图 13.8.27 定义草图平面

Step28. 创建图 13.8.29 所示的特征——凸台 3。

（1）选择命令。选择下拉菜单 插入 → 基于草图的特征 → 凸台... 命令，系统弹出“定义凸台”对话框。

（2）创建截面草图。选取图 13.8.30 所示的面为草图平面，绘制图 13.8.31 所示的截面草图。

(3)定义凸台类型和尺寸。在 第一限制 区域的 类型： 的下拉列表中选择 尺寸 选项，并在 长度： 文本框中输入值 1.5，单击 反转方向 按钮。

（4）单击 确定 按钮，完成凸台 3 的创建。

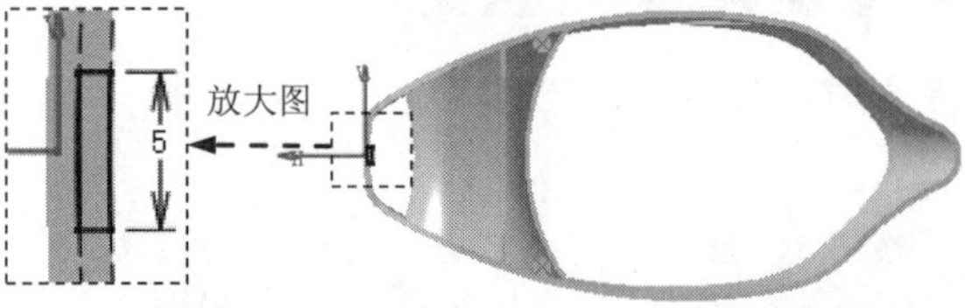

图 13.8.28　截面草图

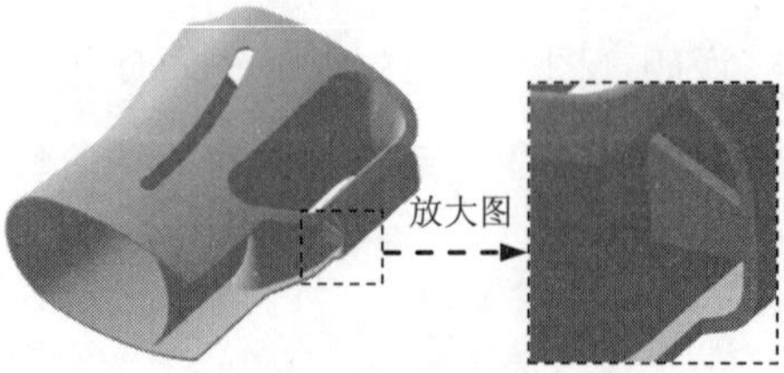

图 13.8.29　凸台 3

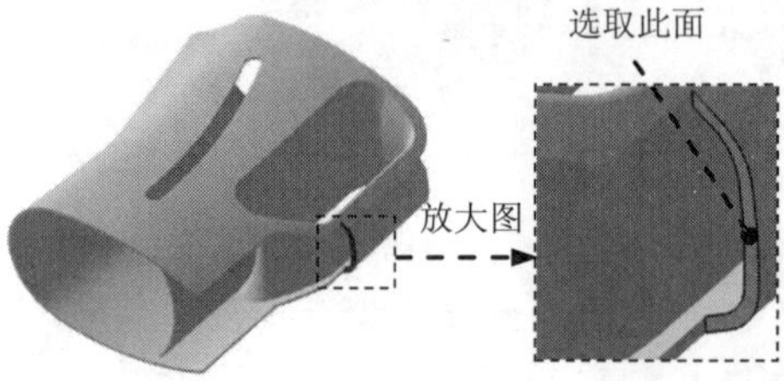

图 13.8.30　定义草图平面

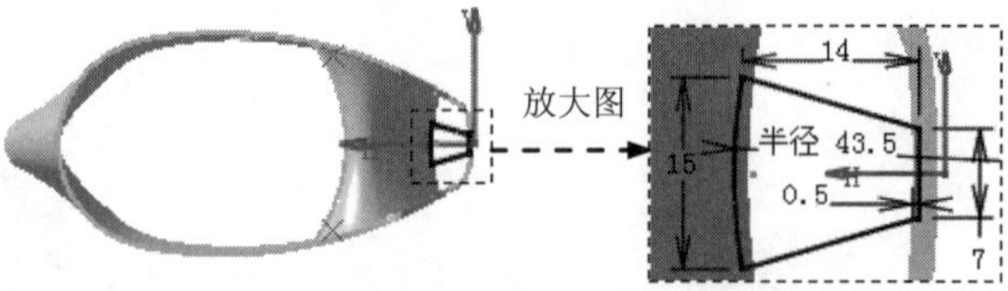

图 13.8.31　截面草图

Step29. 创建图 13.8.32 所示的特征——凸台 4。

（1）选择命令。选择下拉菜单 插入 → 基于草图的特征 → 凸台... 命令，系统弹出“定义凸台”对话框。

(2)创建截面草图。选取图 13.8.33 所示的面为草图平面；绘制图 13.8.34 所示的截面草图。

(3)定义凸台类型和尺寸。在 第一限制 区域的 类型： 的下拉列表中选择 尺寸 选项，并在 长度： 文本框中输入值 5.5。

（4）单击 确定 按钮，完成凸台 4 的创建。

说明：图 13.8.34 所绘制的圆的圆心与四级控件中的草图 2 所绘制的点相合。

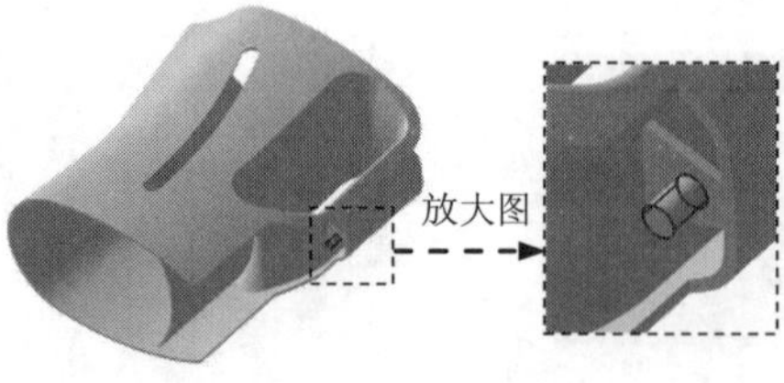

图 13.8.32　凸台 4

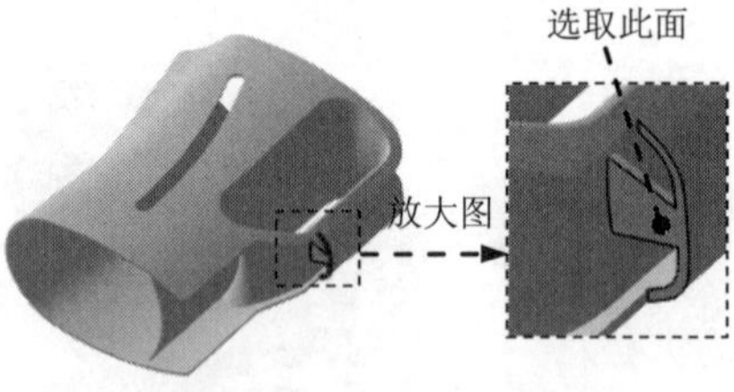

图 13.8.33　定义草图平面

Step30. 创建图 13.8.35 所示的特征——凹槽 4。

（1）选择命令。选择下拉菜单 插入 → 基于草图的特征 → 凹槽... 命令。

(2)创建截面草图。选取图 13.8.33 所示的面为草图平面，绘制图 13.8.36 所示的截面草图。

（3）定义凹槽类型和尺寸。在 第一限制 区域的 类型： 的下拉列表中选择 直到下一个 选项，在 限制 2 区域的 类型： 的下拉列表中选择 直到下一个 选项。

（4）单击 确定 按钮，完成凹槽 4 的创建。

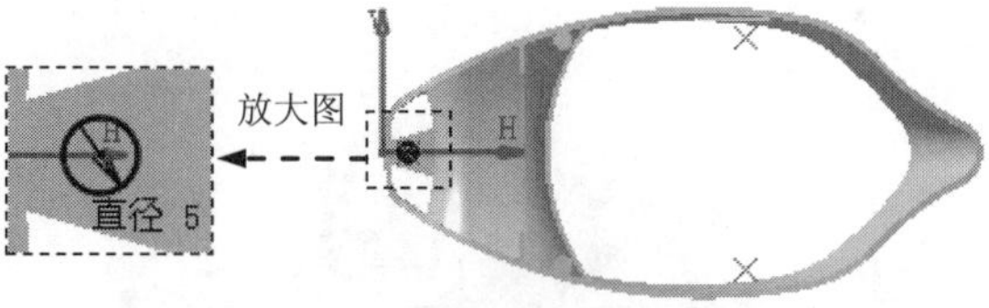

图 13.8.34 截面草图

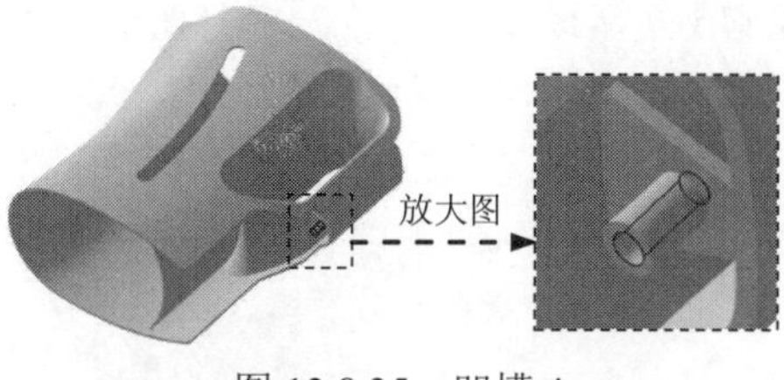

图 13.8.35 凹槽 4

Step31. 切换工作台。选择下拉菜单 开始 → 形状 → 创成式外形设计 命令，切换到“创成式外形设计”工作台。

Step32. 创建图 13.8.37 所示的特征——平面 5。选择下拉菜单 插入 → 线框 → 平面... 命令；在 平面类型: 下拉列表中选择 偏移平面 选项；激活 参考: 文本框，在特征树中选取“平面 3”为参考平面；在 偏移: 文本框输入值 30；单击 确定 按钮，完成平面 5 的创建。

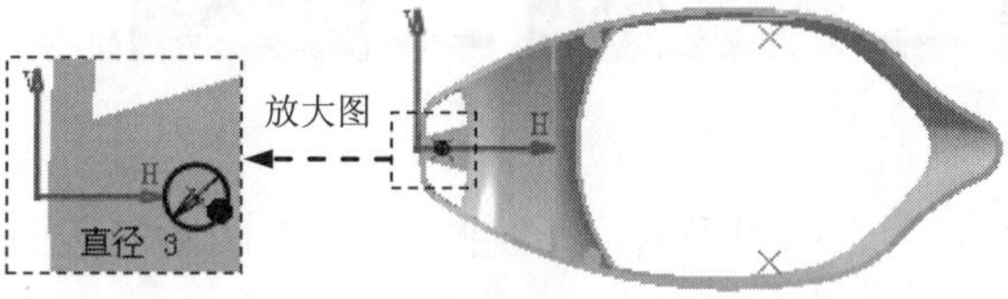

图 13.8.36 截面草图

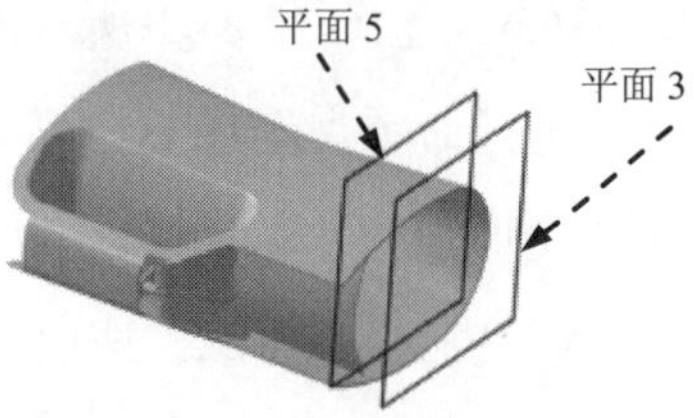

图 13.8.37 平面 5

Step33. 创建图 13.8.38 所示的相交曲线特征——相交 1。选择下拉菜单 插入 → 线框 → 相交... 命令；选取实体模型的外表面为第一元素；选取“平面 5”为第二元素；单击 确定 按钮，完成相交 1 的创建。

注意：在选取外表面时不易选取，可激活“用户选择过滤器”工具栏中的“曲面过滤器”按钮进行选择。

Step34. 切换工作台。选择下拉菜单 开始 → 机械设计 → 零件设计 命令，切换到“零件设计”工作台。

Step35. 创建图 13.8.39 所示的特征——凸台 5。

（1）选择命令。选择下拉菜单 插入 → 基于草图的特征 → 凸台... 命令，系统弹出“定义凸台”对话框。

（2）创建截面草图。选取“平面 5”为草图平面，绘制图 13.8.40 所示的截面草图。

（3）定义凸台类型和尺寸。在 第一限制 区域的 类型: 的下拉列表中选择 尺寸 选项，并在 长度: 文本框中输入值 3，单击 反转方向 按钮。

（4）单击 确定 按钮，完成凸台 5 的创建。

说明：图 13.8.40 所示的截面草图是使用 偏移 命令将图 13.8.38 所示的相交曲线向内偏移 0.2 所绘制而成的，不封闭的部分可用相切的样条曲线进行连接。

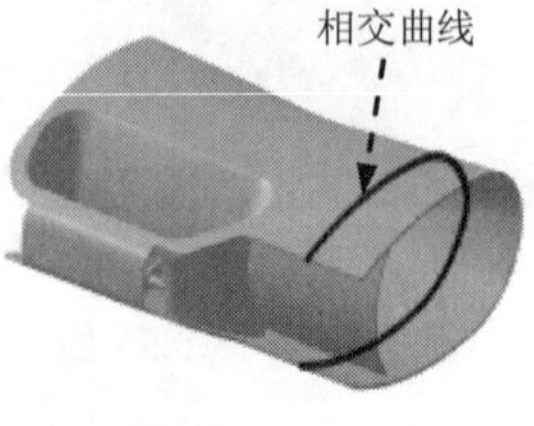

图 13.8.38　相交 1

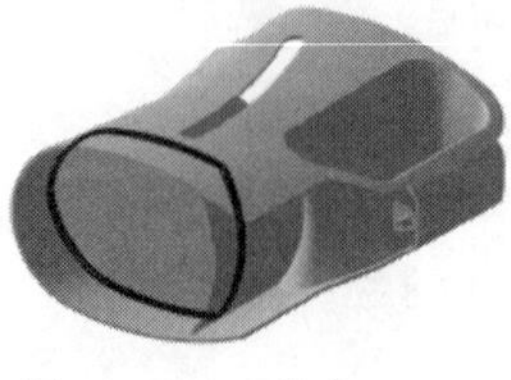
图 13.8.39　凸台 5

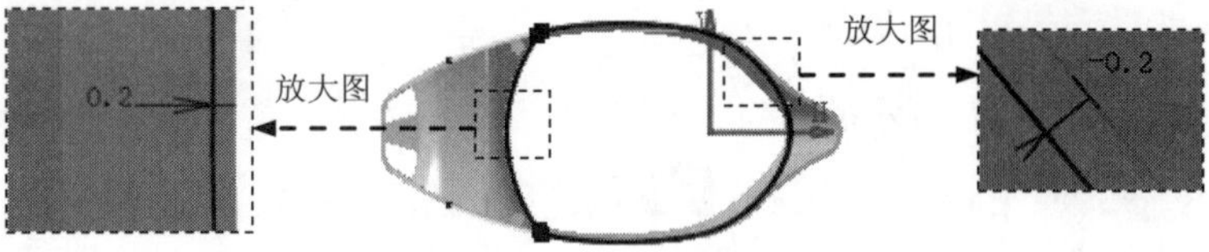

图 13.8.40　截面草图

Step36. 创建图 13.8.41 所示的零件特征——加强肋 2。

（1）选择命令。选择下拉菜单 插入 ➡ 基于草图的特征 ➡ 加强肋... 命令，系统弹出“定义加强肋”对话框。

（2）定义加强肋轮廓。选取“zx 平面”为草图平面，绘制图 13.8.42 所示的截面草图。

（3）定义加强肋属性。在“定义加强肋”对话框中选中 从侧面 单选项，在 厚度 1: 文本框中输入值 2，并选中 中性边界 复选框。

（4）单击 确定 按钮，完成加强肋 2 的创建。

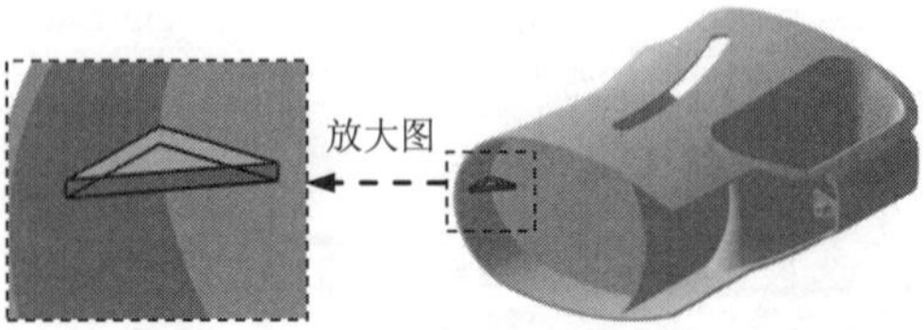

图 13.8.41　加强肋 2

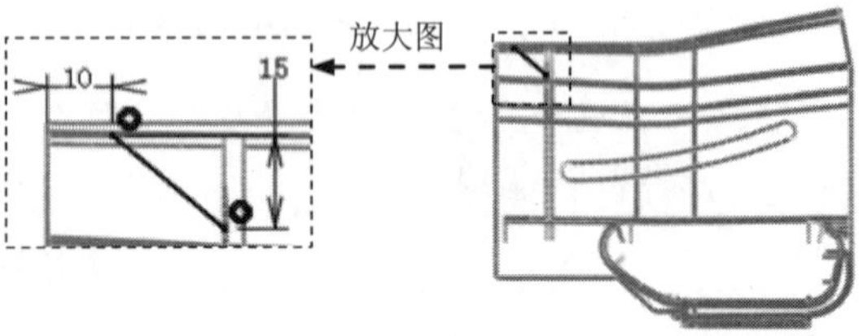

图 13.8.42　截面草图

Step37. 创建图 13.8.43 所示的零件特征——加强肋 3。

（1）选择命令。选择下拉菜单 插入 ➡ 基于草图的特征 ➡ 加强肋... 命令，系统弹出“定义加强肋”对话框。

（2）定义加强肋轮廓。选取“yz 平面”为草图平面，绘制图 13.8.44 所示的截面草图。

（3）定义加强肋属性。在“定义加强肋”对话框中选中 从侧面 单选项，在 厚度 1: 文本框中输入值 2，并选中 中性边界 复选框。

（4）单击 确定 按钮，完成加强肋 3 的创建。

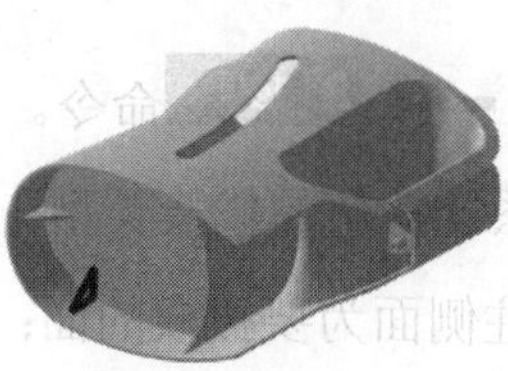

图 13.8.43 加强肋 3

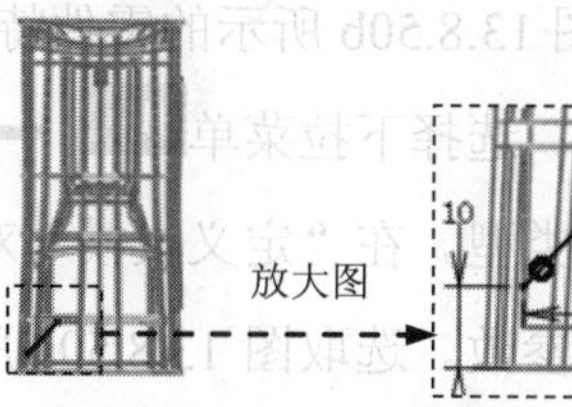

图 13.8.44 截面草图

Step38. 创建图 13.8.45 所示的零件特征——镜像 1。选取“加强肋 3”为要镜像的对象；选择下拉菜单 插入 → 变换特征 → 镜像... 命令；选取“zx 平面”为镜像元素；单击 确定 按钮，完成镜像 1 的创建。

Step39. 创建图 13.8.46 所示的特征——凸台 6。

（1）选择命令。选择下拉菜单 插入 → 基于草图的特征 → 凸台... 命令，系统弹出“定义凸台”对话框。

（2）创建截面草图。选取图 13.8.47 所示的面为草图平面，绘制图 13.8.48 所示的截面草图。

（3）定义凸台类型和尺寸。在 第一限制 区域的 类型: 的下拉列表中选择 直到平面 选项，选取图 13.8.49 所示的面为终止面。

（4）单击 确定 按钮，完成凸台 6 的创建。

说明：图 13.8.48 所示的截面草图所绘制的圆的圆心分别与四级控件中的草图 2 所绘制的点相合。

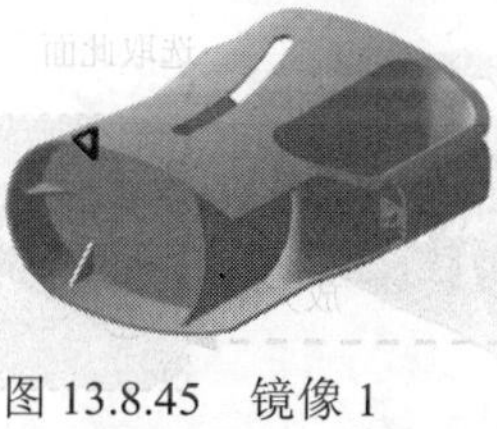

图 13.8.45 镜像 1

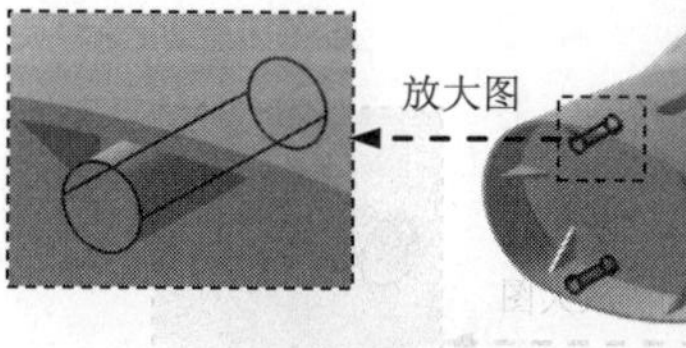

图 13.8.46 凸台 6

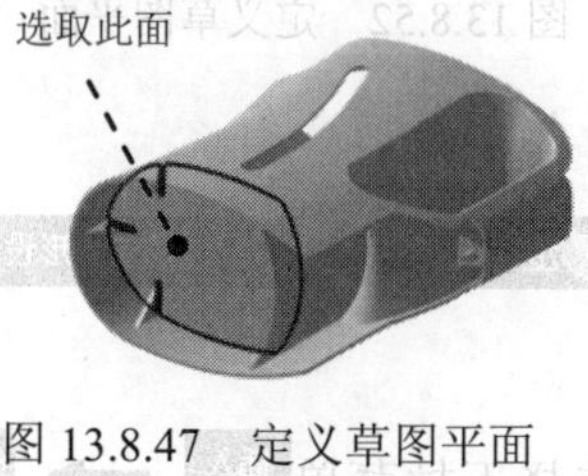

图 13.8.47 定义草图平面

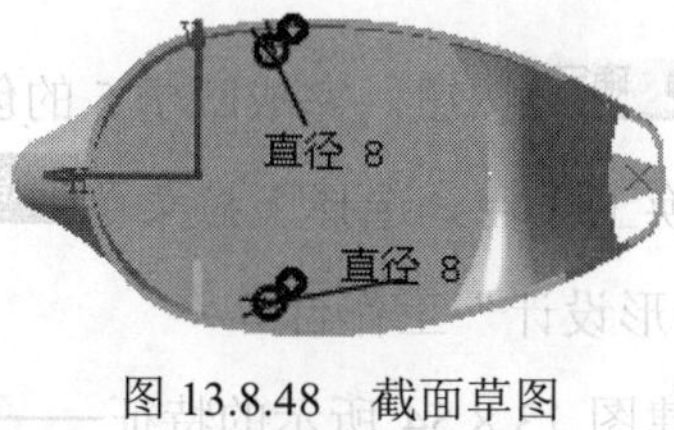

图 13.8.48 截面草图

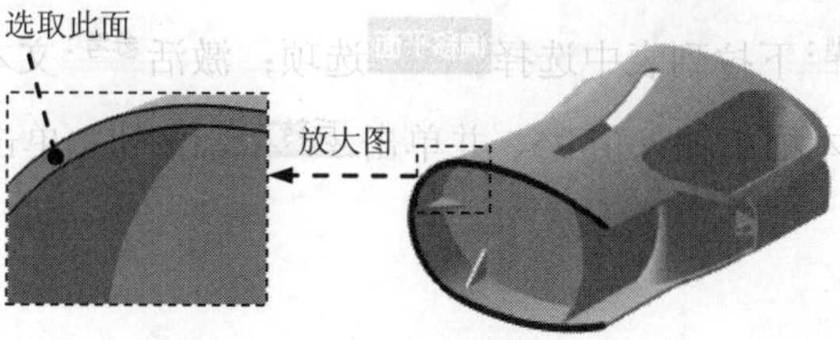

图 13.8.49 定义终止面

Step40. 创建图 13.8.50b 所示的零件特征——拔模 1。

（1）选择命令。选择下拉菜单 插入 → 修饰特征 ▸ → 拔模... 命令。

（2）定义拔模类型。在“定义拔模”对话框中采用系统默认的拔模类型。

（3）定义拔模参数。选取图 13.8.50a 所示的 2 个圆柱侧面为要拔模的面；在 角度：文本框中输入值 1；激活 中性元素 区域的 选择：文本框，选取图 13.8.50a 所示的面 1 为中性元素；在 拓展：下拉列表中选择 无 选项。

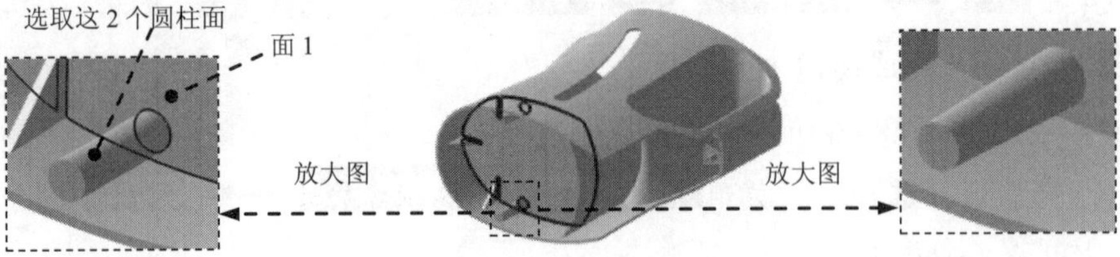

a）拔模前　　b）拔模后

图 13.8.50　拔模 1

（4）单击 确定 按钮，完成拔模 1 的创建。

Step41. 创建图 13.8.51 所示的特征——凹槽 5。

（1）选择命令。选择下拉菜单 插入 → 基于草图的特征 ▸ → 凹槽... 命令。

（2）创建截面草图。选取图 13.8.52 所示的面为草图平面，绘制图 13.8.53 所示的截面草图。

（3）定义凹槽类型和尺寸。在 第一限制 区域的 类型：的下拉列表中选择 直到下一个 选项，并在其后的文本框中输入值-2。

图 13.8.51　凹槽 5

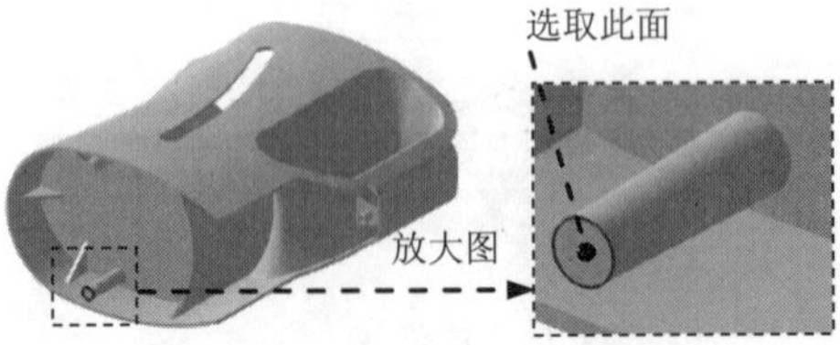

图 13.8.52　定义草图平面

（4）单击 确定 按钮，完成凹槽 5 的创建。

Step42. 切换工作台。选择下拉菜单 开始 → 形状 → 创成式外形设计 命令，切换到“创成式外形设计”工作台。

Step43. 创建图 13.8.54 所示的特征——平面 6。选择下拉菜单 插入 → 线框 ▸ → 平面... 命令；在 平面类型：下拉列表中选择 偏移平面 选项；激活 参考：文本框，选取“yz 平面”为参考平面；在 偏移：文本框中输入值 45，并单击 反转方向 按钮；单击 确定 按钮，完成平面 6 的创建。

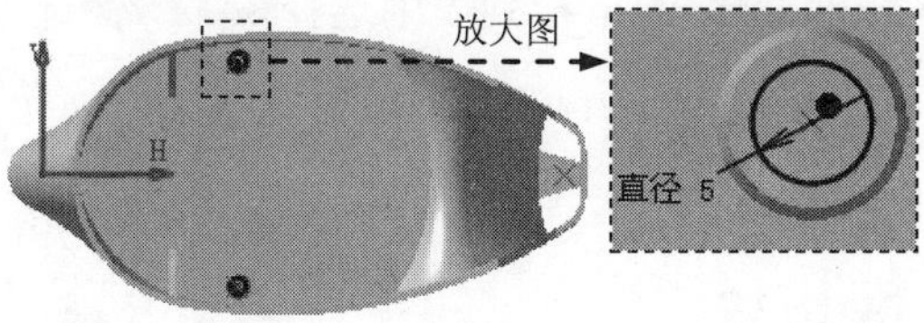

图 13.8.53 截面草图

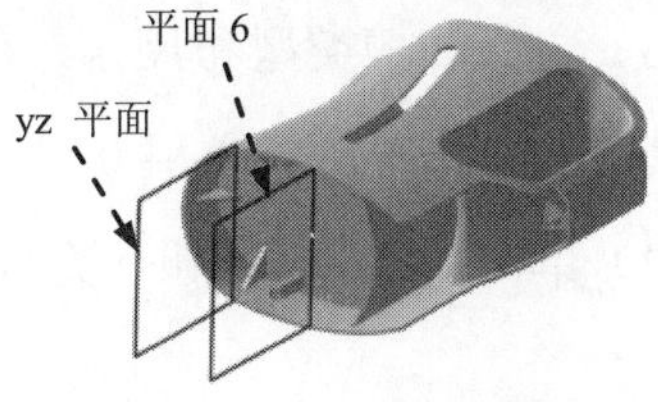

图 13.8.54 平面 6

Step44. 切换工作台。选择下拉菜单 开始 → 机械设计 ▸ → 零件设计 命令，切换到“零件设计”工作台。

Step45. 创建图 13.8.55 所示的零件特征——加强肋 5。

（1）选择命令。选择下拉菜单 插入 → 基于草图的特征 ▸ → 加强肋... 命令，系统弹出“定义加强肋”对话框。

（2）定义加强肋轮廓。选取“平面 6”为草图平面，绘制图 13.8.56 所示的截面草图。

（3）定义加强肋属性。在“定义加强肋”对话框中选中 从侧面 单选项，在 厚度 1: 文本框中输入值 2，并选中 中性边界 复选框。

（4）单击 确定 按钮，完成加强肋 5 的创建。

图 13.8.55 加强肋 5

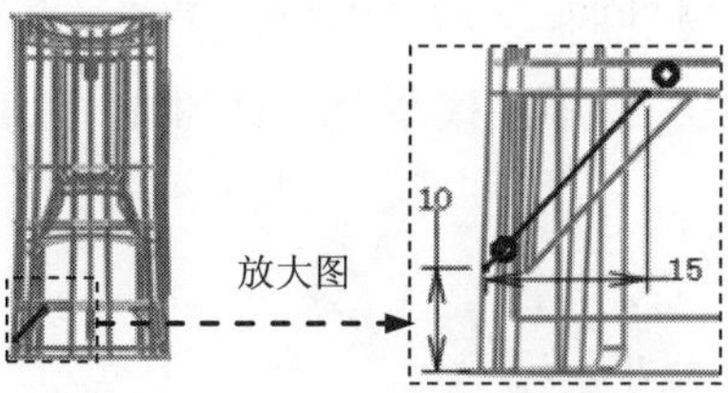

图 13.8.56 截面草图

Step46. 创建图 13.8.57 所示的零件特征——镜像 2。选取“加强肋 5”为要镜像的对象；选择下拉菜单 插入 → 变换特征 ▸ → 镜像... 命令；选取“zx 平面”为镜像元素；单击 确定 按钮，完成镜像 2 的创建。

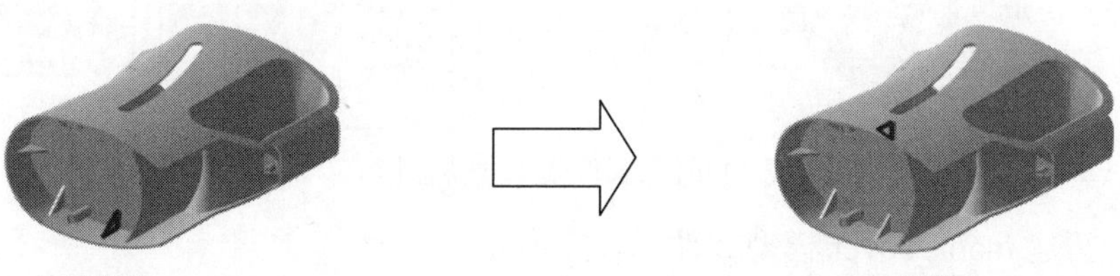

a）镜像前 b）镜像后

图 13.8.57 镜像 2

Step47. 创建图 13.8.58 所示的特征——凹槽 6。

（1）选择命令。选择下拉菜单 插入 → 基于草图的特征 ▸ → 凹槽... 命令。

（2）创建截面草图。选取“平面 6”为草图平面，绘制图 13.8.59 所示的截面草图。

（3）定义凹槽类型和尺寸。在第一限制区域的类型：的下拉列表中选择直到下一个选项，并在其后的文本框中输入值 0。

（4）单击确定按钮，完成凹槽 6 的创建。

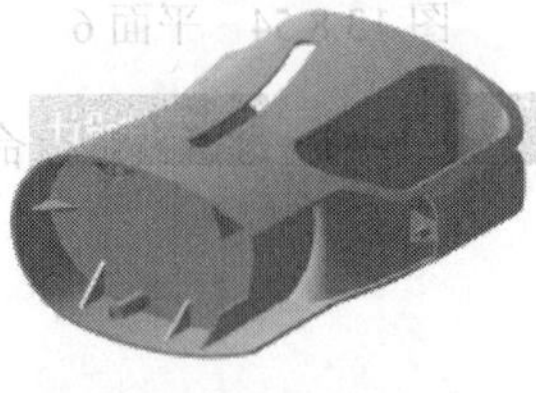

图 13.8.58　凹槽 6

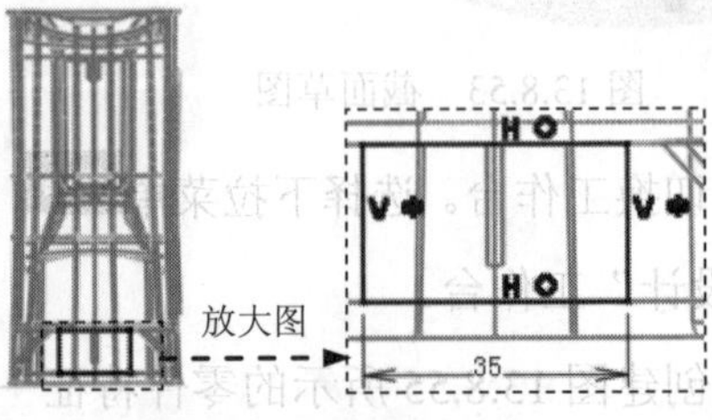

图 13.8.59　截面草图

Step48. 保存零件模型。选择下拉菜单文件 → 保存命令，即可保存零件模型；完成零件保存后将其关闭。

13.9　固 定 上 盖

下面讲解固定上盖（moor_cover）的创建过程，固定上盖零件模型是从壶盖三级控件中分割出来的。零件模型及特征树如图 13.9.1 所示。

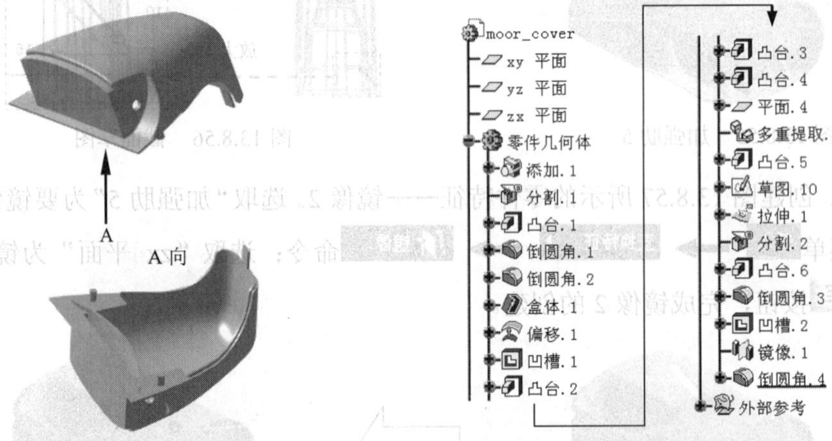

图 13.9.1　零件模型及特征树

Step1. 新建 moor_cover 模型文件。

（1）在确认 hot_water_bottle 被激活状态下，选择下拉菜单插入 → 新建零件命令，系统弹出“新零件：原点”对话框，单击是(Y)按钮。

（2）右击特征树中的 Part1 (Part1.8)，在弹出的快捷菜单中选择属性命令，系统弹出“属性”对话框，选择产品选项卡，在组件区域的实例名称文本框中将 Part1.8 改为 moor_cover，在产品区域的零件编号文本框中将 Part1 改为 moor_cover，单击确定按钮。

（3）先双击特征树中的 moor_cover (moor_cover)，再右击，在弹出的快捷菜单中选择 moor_cover.1 对象 → 在新窗口中打开 命令，系统切换到 moor_cover 模型文件。

Step2. 创建外部参考。

（1）选择下拉菜单 窗口 → 6 third02.CATPart 命令，系统切换到 third02 模型文件。

（2）按住 Shift 键，在特征树中选取已发布的特征“平面 1”和“草图 5”并右击，在弹出的快捷菜单中选择 复制 命令。

（3）选择下拉菜单 窗口 → 8 moor_cover.CATPart 命令，系统切换到 moor_cover 模型文件。

（4）右击特征树中的 moor_cover (moor_cover)，在弹出的快捷菜单中选择 选择性粘贴... 命令，系统弹出“选择性粘贴”对话框，选择 与原文档相关联的结果 选项，单击 确定 按钮，完成外部参考的创建。

Step3. 创建几何体。

（1）选择下拉菜单 窗口 → 6 third02.CATPart 命令，系统切换到 third02 模型文件。

（2）在特征树中选取已发布特征“零件几何体”并右击，在弹出的快捷菜单中选择 复制 命令。

（3）选择下拉菜单 窗口 → 8 moor_cover.CATPart 命令，系统切换到 moor_cover 模型文件。

（4）右击特征树中的 moor_cover (moor_cover)，在弹出的快捷菜单中选择 选择性粘贴... 命令，系统弹出“选择性粘贴”对话框，选择 与原文档相关联的结果 选项，单击 确定 按钮，完成几何体的创建。

Step4. 创建特征。在特征树中选择 moor_cover (moor_cover) 并右击，从弹出的快捷菜单中选择 几何体.2 对象 → 添加... 命令，此时完成创建特征的创建。

Step5. 创建图 13.9.2b 所示的零件特征——分割 1（曲面已隐藏）。

（1）选择命令。选择下拉菜单 插入 → 基于曲面的特征 → 分割... 命令，系统弹出“定义分割”对话框。

（2）激活 分割元素: 文本框，选取“曲面 2”为分割元素，并在绘图区单击系统生成的箭头，使其指向保留的一侧。

（3）单击 确定 按钮，完成分割 1 的创建。

a）分割前　　b）分割后

图 13.9.2　分割 1

Step6. 创建图 13.9.3 所示的特征——凸台 1。

（1）选择命令。选择下拉菜单 插入 ➡ 基于草图的特征 ▸ ➡ 凸台... 命令，系统弹出“定义凸台”对话框。

（2）创建截面草图。选取图 13.9.4 所示的面为草图平面，绘制图 13.9.5 所示的截面草图。

（3）定义凸台类型和尺寸。在 第一限制 区域的 类型： 的下拉列表中选择 尺寸 选项，并在其后的文本框中输入值 3。

（4）单击 确定 按钮，完成凸台 1 的创建。

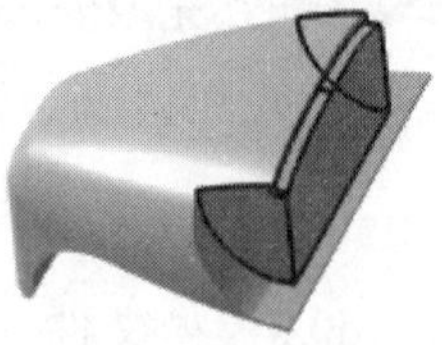

图 13.9.3 凸台 1

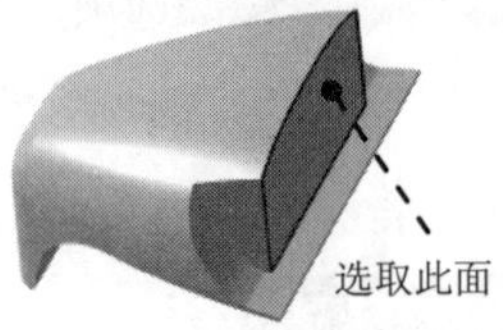

图 13.9.4 定义草图平面

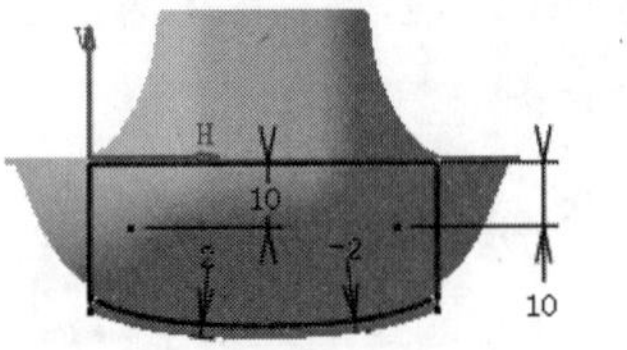

图 13.9.5 截面草图（草绘环境）

Step7. 创建图 13.9.6b 所示的特征——倒圆角 1。选择下拉菜单 插入 ➡ 修饰特征 ▸ ➡ 倒圆角... 命令；选取图 13.9.6a 所示的边线为倒圆角的对象；在 半径： 文本框中输入值 1；单击 确定 按钮，完成倒圆角 1 的创建。

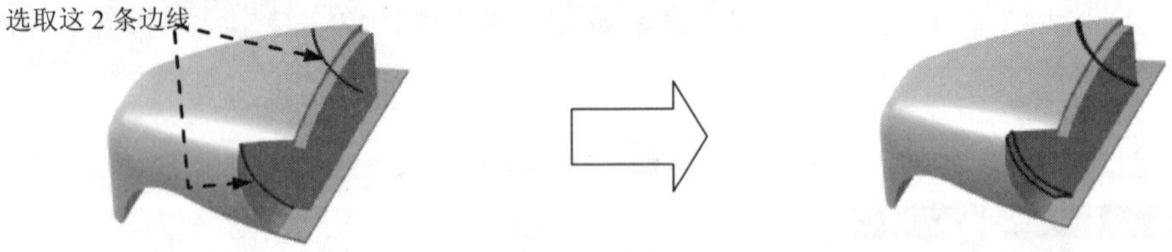

a）倒圆角前　　b）倒圆角后

图 13.9.6 倒圆角 1

Step8. 创建图 13.9.7b 所示的特征——倒圆角 2。选择下拉菜单 插入 ➡ 修饰特征 ▸ ➡ 倒圆角... 命令；选取图 13.9.7a 所示的边线为倒圆角的对象；在 半径： 文本框中输入值 1；单击 确定 按钮，完成倒圆角 2 的创建。

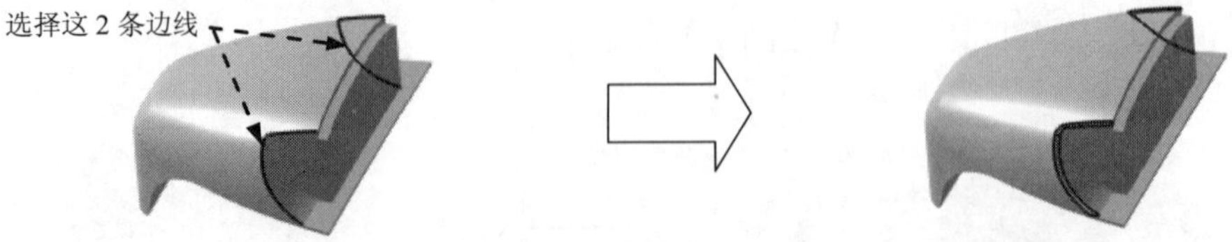

a）倒圆角前　　b）倒圆角后

图 13.9.7 倒圆角 2

Step9. 创建图 13.9.8b 所示的零件特征——抽壳 1。选择下拉菜单 插入 ➡ 修饰特征 ▸

→ 抽壳... 命令；选取图 13.9.8a 所示的面为要移除的面；在默认内侧厚度：文本框中输入值 2，在默认外侧厚度：文本框中输入值 0；单击 确定 按钮，完成抽壳 1 的创建。

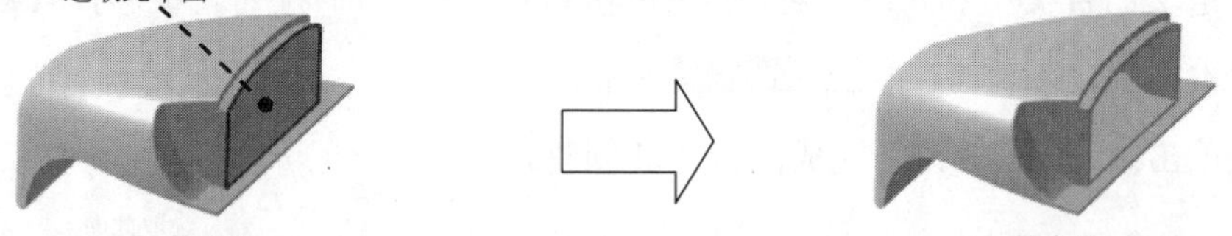

a) 抽壳前　　b) 抽壳后

图 13.9.8　抽壳 1

Step10. 切换工作台。选择下拉菜单 开始 → 形状 → 创成式外形设计 命令，切换到“创成式外形设计”工作台。

Step11. 创建图 13.9.9 所示的特征——偏移 1。

（1）选择命令。选择下拉菜单 插入 → 曲面 → 偏移... 命令。

（2）定义要偏移的曲面和偏移距离。在特征树中选取“曲面 1”为要偏移的曲面；在“偏移曲面定义”对话框的 偏移：文本框中输入偏移距离值 2；采用系统默认的偏移方向。

（3）单击 确定 按钮，完成偏移 1 的创建。

Step12. 切换工作台。选择下拉菜单 开始 → 机械设计 → 零件设计 命令，切换到“零件设计”工作台。

Step13. 创建图 13.9.10 所示的特征—— 凹槽 1。

（1）选择命令。选择下拉菜单 插入 → 基于草图的特征 → 凹槽... 命令。

（2）创建截面草图。选取“xy 平面”为草图平面，绘制图 13.9.11 所示的截面草图。

说明：图 13.9.11 所示草图中的圆弧是使用 投影 3D 元素 命令投影抽壳后实体内壁边线。

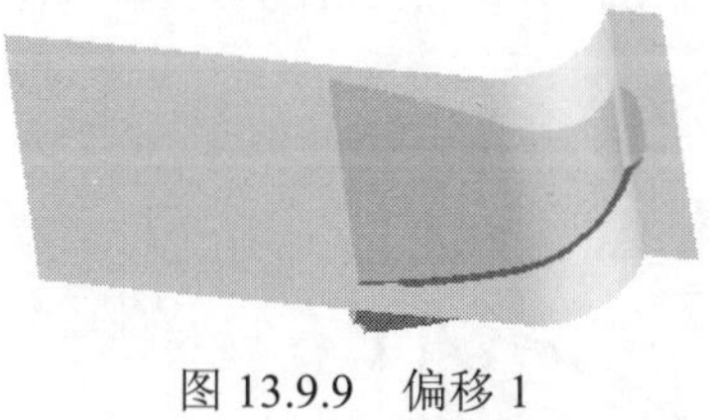

图 13.9.9　偏移 1

图 13.9.10　凹槽 1

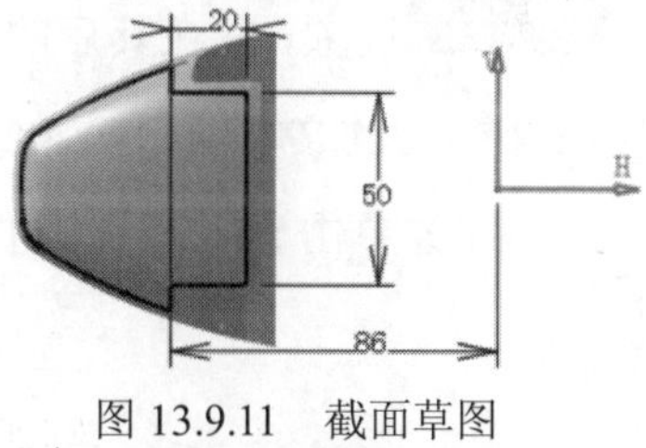

图 13.9.11　截面草图

（3）定义凹槽类型和尺寸。在 第一限制 区域的 类型：的下拉列表中选择 直到曲面 选项，选取“偏移 1”作为限制面。

（4）单击 确定 按钮，完成凹槽 1 的创建。

Step14. 创建图 13.9.12 所示的特征——凸台 2。

（1）选择命令。选择下拉菜单 插入 → 基于草图的特征 → 凸台... 命令，系统弹出“定义凸台”对话框。

（2）创建截面草图。选取图 13.9.13 所示的面为草图平面，绘制图 13.9.14 所示的截面草图。

（3）定义凸台类型和尺寸。在 第一限制 区域的 类型： 的下拉列表中选择 尺寸 选项，并在其后的文本框中输入值 1，单击 反转方向 按钮。

（4）单击 确定 按钮，完成凸台 2 的创建。

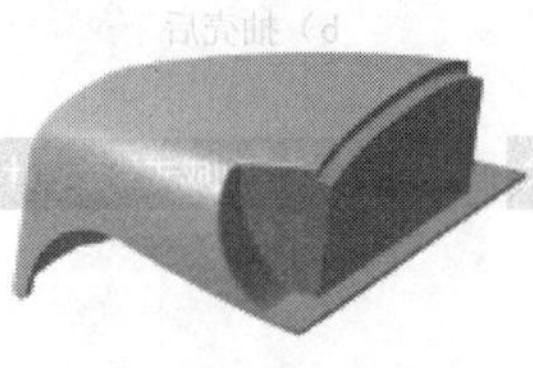

图 13.9.12 凸台 2

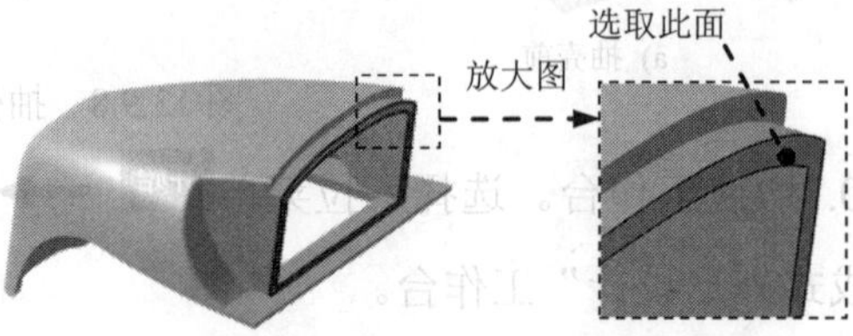

图 13.9.13 定义草图平面

Step15. 创建图 13.9.15 所示的特征——凸台 3。

（1）选择命令。选择下拉菜单 插入 → 基于草图的特征 ▸ → 凸台... 命令，系统弹出“定义凸台”对话框。

（2）创建截面草图。选取图 13.9.16 所示的面为草图平面，绘制图 13.9.17 所示的截面草图。

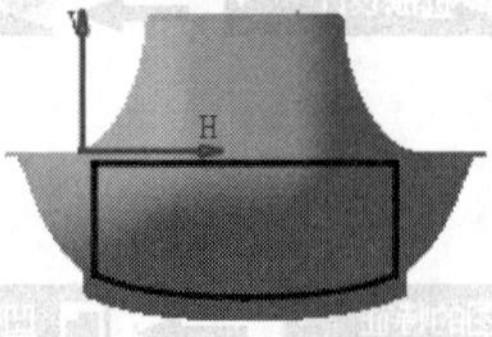

图 13.9.14 截面草图

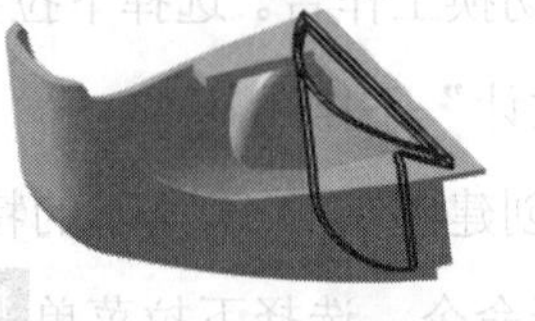

图 13.9.15 凸台 3

（3）定义凸台类型和尺寸。在 第一限制 区域的 类型： 的下拉列表中选择 尺寸 选项，并在其后的文本框中输入值 2，选中 厚 复选框；在 第二限制 区域的 类型： 的下拉列表中选择 直到下一个 选项，并在其后的文本框中输入值 0；在 薄凸台 区域的 厚度 1 的文本框中输入值 1，在 厚度 2： 的文本框中输入值 0。

（4）单击 确定 按钮，完成凸台 3 的创建。

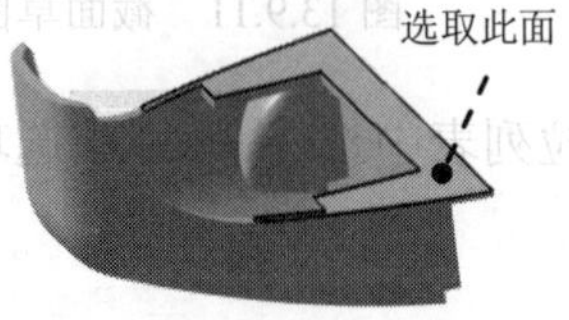

图 13.9.16 定义草图平面

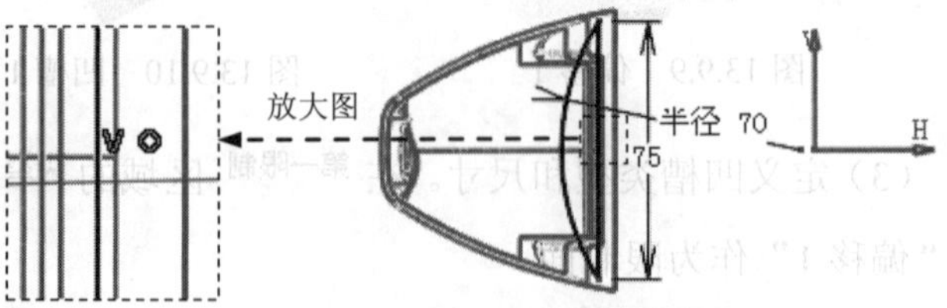

图 13.9.17 截面草图

Step16. 创建图 13.9.18 所示的特征——凸台 4。

（1）选择命令。选择下拉菜单 插入 → 基于草图的特征 ▸ → 凸台... 命令，系统弹出“定义凸台”对话框。

（2）创建截面草图。选取图 13.9.16 所示的面为草图平面，绘制图 13.9.19 所示的截面草图。

（3）定义凸台类型和尺寸。在第一限制区域的类型：的下拉列表中选择尺寸选项，并在其后的文本框中输入值 4.5。

（4）单击确定按钮，完成凸台 4 的创建。

说明：图 13.9.19 所示的截面草图中的圆的圆心与草图 1 中的点相合。

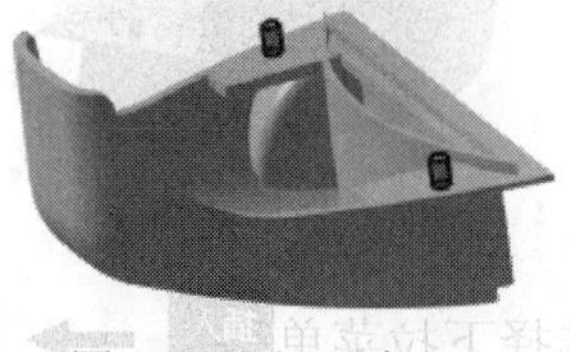

图 13.9.18　凸台 4

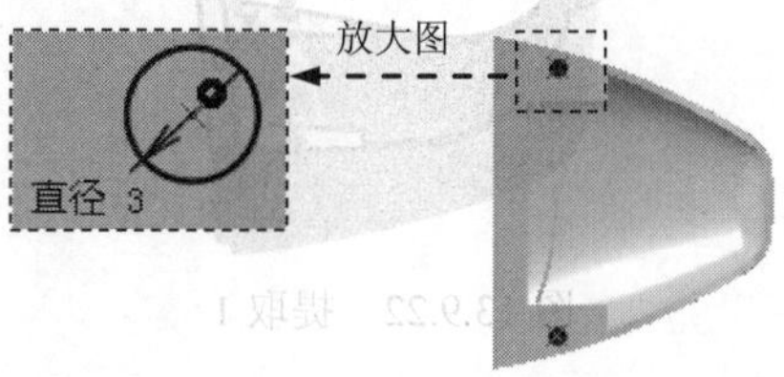

图 13.9.19　截面草图

Step17. 切换工作台。选择下拉菜单开始 → 形状 → 创成式外形设计命令，切换到“创成式外形设计”工作台。

Step18. 创建图 13.9.20 所示的特征——平面 4。选择下拉菜单插入 → 线框 → 平面...命令；在平面类型：下拉列表中选择偏移平面选项；激活参考：文本框，在绘图区选取图 13.9.21 所示的面为参考平面；在偏移：文本框中输入值 4.5；单击确定按钮，完成平面 4 的创建。

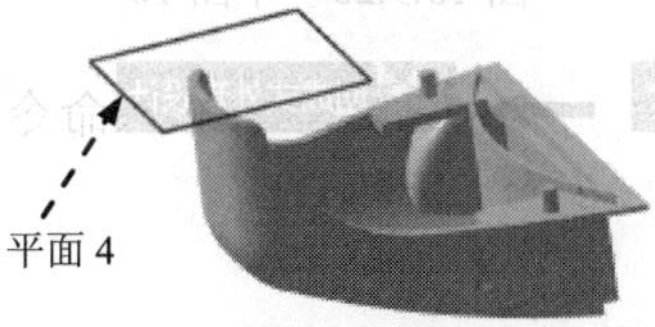

图 13.9.20　平面 4

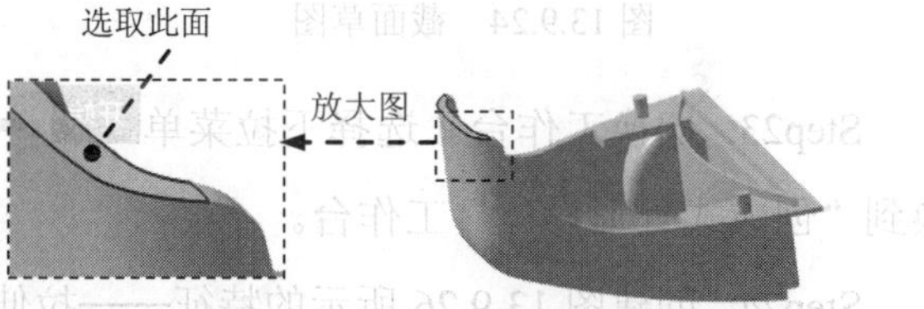

图 13.9.21　定义参考平面

Step19. 创建特征——多重提取 1。选择下拉菜单插入 → 操作 → 多重提取...命令；选取图 13.9.22 所示的面为要提取的元素；单击确定按钮，完成多重提取 1 的创建。

Step20. 切换工作台。选择下拉菜单开始 → 机械设计 → 零件设计命令，切换到“零件设计”工作台。

Step21. 创建图 13.9.23 所示的特征——凸台 5。

（1）选择命令。选择下拉菜单插入 → 基于草图的特征 → 凸台...命令，系统弹出“定义凸台”对话框。

（2）创建截面草图。选取“平面 4”为草图平面；绘制图 13.9.24 所示的截面草图。

（3）定义凸台类型和尺寸。选中厚复选框；在第二限制区域的类型：的下拉列表中选择尺寸选项，并在其下的文本框中输入值 0；在第一限制区域的类型：的下拉列表中选择直到曲面选项，选取“多重提取 1”为凸台终止面，并在其后的文本框中输入值 0；在薄凸台区域的厚度 2：的文本框中输入值 0，在厚度 1的文本框中输入值 1。

（4）单击确定按钮，完成凸台 5 的创建。

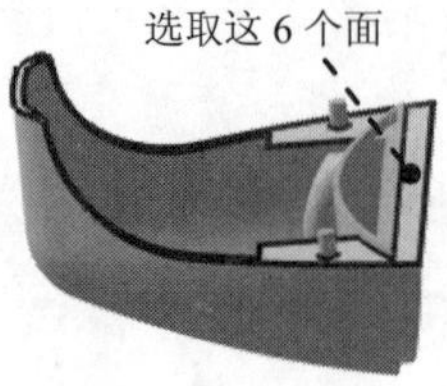

图 13.9.22　提取 1

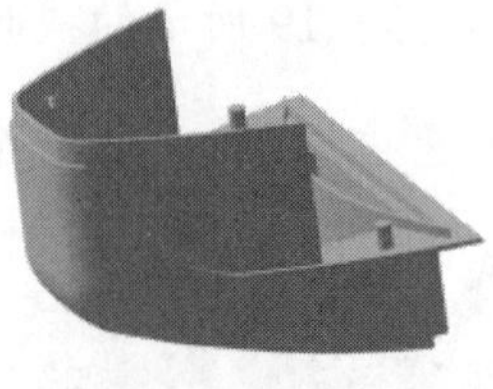
图 13.9.23　凸台 5

Step22. 创建图 13.9.25 所示的特征——草图 10。选择下拉菜单插入 → 草图编辑器 → 草图命令；选取“zx 平面”为草图平面；绘制图 13.9.25 所示的草图，单击“工作台”工具栏中的按钮，退出草绘工作台。

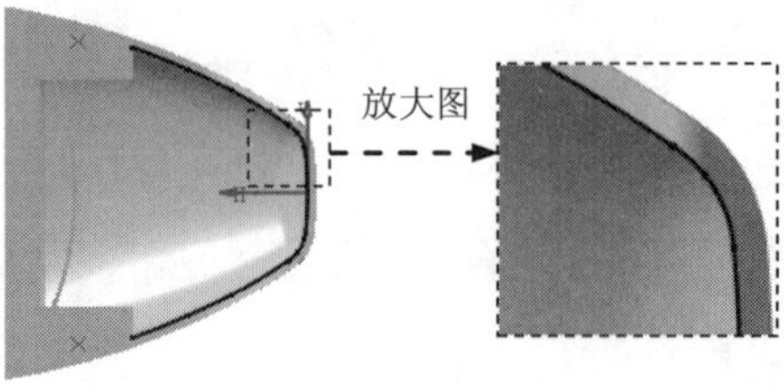

图 13.9.24　截面草图

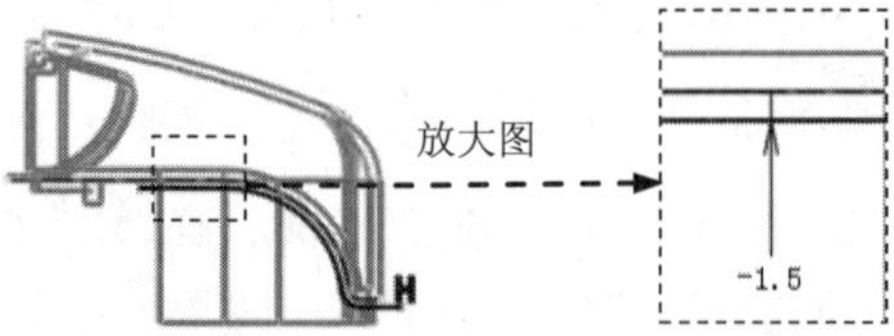

图 13.9.25　草图 10

Step23. 切换工作台。选择下拉菜单开始 → 形状 → 创成式外形设计命令，切换到“创成式外形设计”工作台。

Step24. 创建图 13.9.26 所示的特征——拉伸 1。

（1）选择命令。选择下拉菜单插入 → 曲面 → 拉伸...命令。

（2）定义拉伸类型和尺寸。选取“草图 10”为拉伸轮廓；在“拉伸曲面定义”对话框的限制 1区域的类型：下拉列表中选择尺寸选项；在限制 1区域的尺寸：文本框中输入值 50，在限制 2区域的类型：下拉列表中选择尺寸选项；在限制 2区域的尺寸：文本框中输入值 50。

（3）单击确定按钮，完成拉伸 1 的创建。

Step25. 切换工作台。选择下拉菜单开始 → 机械设计 → 零件设计命令，切换到“零件设计”工作台。

Step26. 创建图 13.9.27b 所示的零件特征——分割 2（曲面已隐藏）。

（1）选择命令。选择下拉菜单插入 → 基于曲面的特征 → 分割...命令，系统弹出“定义分割”对话框。

（2）激活分割元素：文本框，选取“拉伸 1”为分割元素，采用系统默认的分割方向。

（3）单击确定按钮，完成分割 2 的创建。

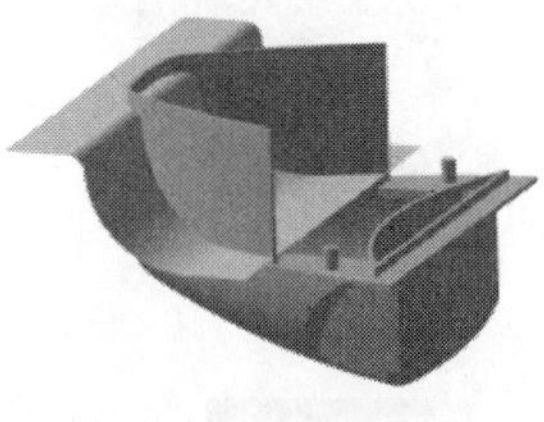

图 13.9.26　拉伸 1

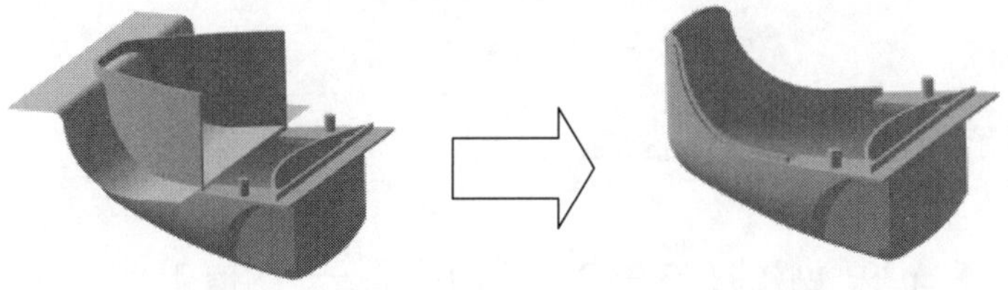

a）分割前　　b）分割后

图 13.9.27　分割 2

Step27. 创建图 13.9.28 所示的特征——凸台 6。

（1）选择命令。选择下拉菜单插入 ➡ 基于草图的特征 ▸ ➡ 凸台...命令，系统弹出“定义凸台”对话框。

（2）创建截面草图。选取图 13.9.29 所示的面为草图平面，绘制图 13.9.30 所示的截面草图。

（3）定义凸台类型和尺寸。在第一限制区域的类型：的下拉列表中选择尺寸选项，并在其下的文本框中输入值 8。

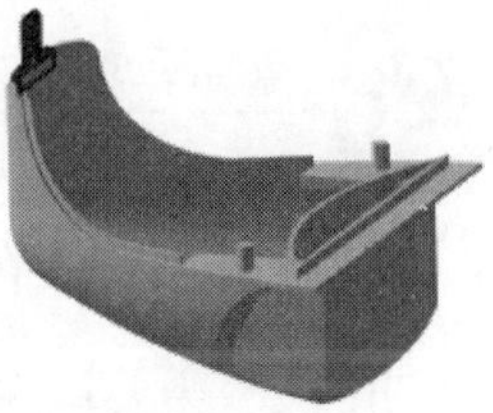

图 13.9.28　凸台 6

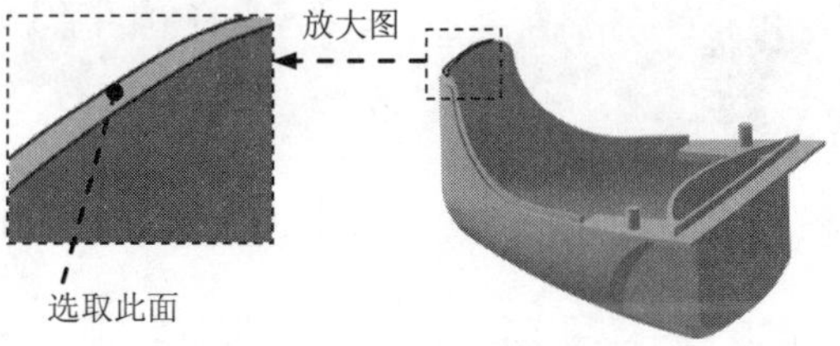

图 13.9.29　定义草图平面

（4）单击确定按钮，完成凸台 6 的创建。

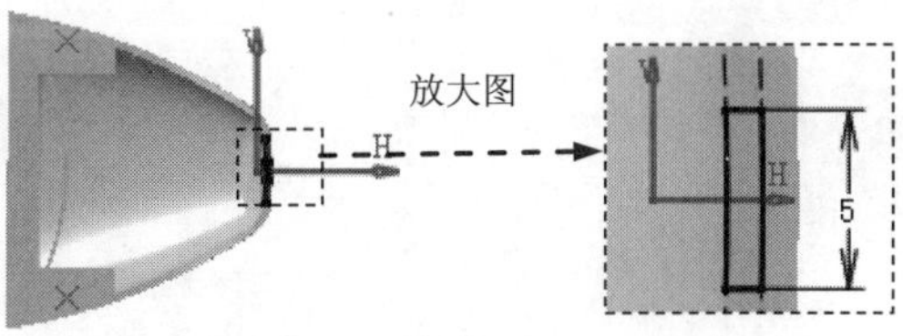

图 13.9.30　截面草图

Step28. 创建图 13.9.31b 所示的特征——倒圆角 3。选择下拉菜单插入 ➡ 修饰特征 ▸ ➡ 倒圆角...命令；选取图 13.9.31a 所示的边线为倒圆角的对象；在半径：文本框中输入值 1；单击确定按钮，完成倒圆角 3 的创建。

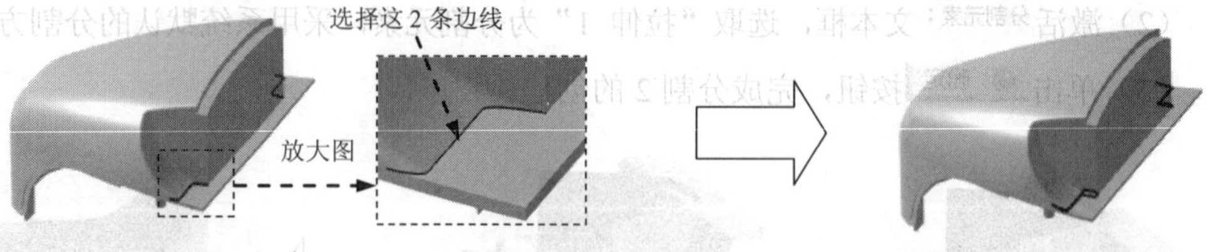

a）倒圆角前　　　　　　　　　　b）倒圆角后

图 13.9.31　倒圆角 3

Step29. 创建图 13.9.32 所示的特征——凹槽 2。

（1）选择命令。选择下拉菜单 插入 ➡ 基于草图的特征 ▸ ➡ 凹槽... 命令。

（2）创建截面草图。选取图 13.9.33 所示的面为草图平面；绘制图 13.9.34 所示的截面草图。

说明：图 13.9.34 所示的截面草图中的圆的圆心与草图 2 中的点相合。

（3）定义凹槽类型和尺寸。在 第一限制 区域的 类型： 的下拉列表中选择 直到下一个 选项，在其下的文本框中输入值 0。

（4）单击 确定 按钮，完成凹槽 2 的创建。

图 13.9.32　凹槽 2

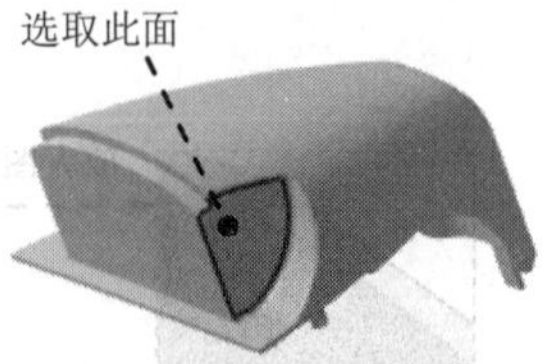

图 13.9.33　定义草图平面

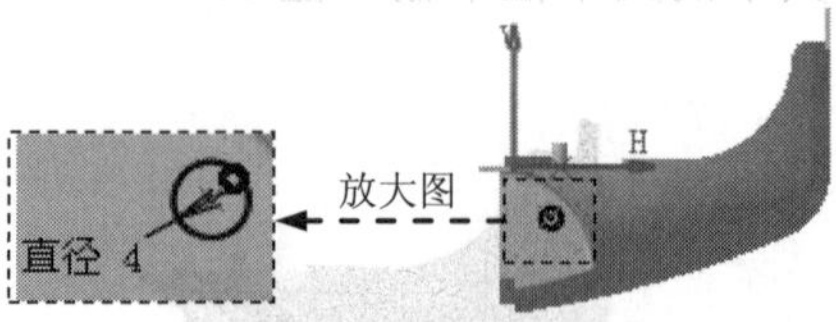

图 13.9.34　截面草图

Step30. 创建图 13.9.35 所示的零件特征——镜像 1。选取“凹槽 2”为要镜像的对象；选择下拉菜单 插入 ➡ 变换特征 ▸ ➡ 镜像... 命令；选取“zx 平面”为镜像元素；单击 确定 按钮，完成镜像 1 的创建。

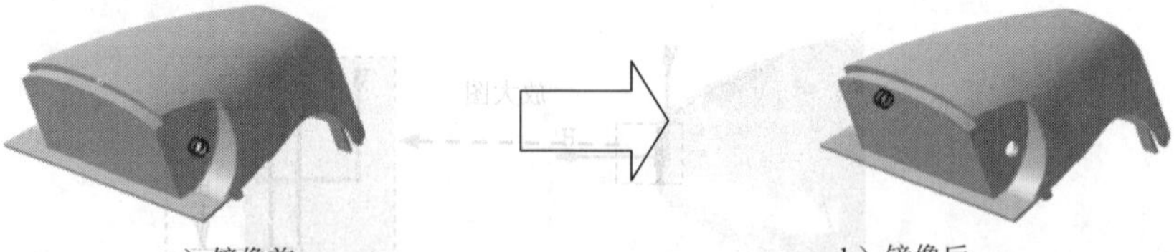

a）镜像前　　　　　　　　　　b）镜像后

图 13.9.35　镜像 1

Step31. 创建图 13.9.36b 所示的特征——倒圆角 4。选择下拉菜单 插入 ➡ 修饰特征 ▸ ➡ 倒圆角... 命令；选取图 13.9.36a 所示的边线为倒圆角的对象；在 半径： 文本框中输入值 1；单击 确定 按钮，完成倒圆角 4 的创建。

Step32. 保存零件模型。选择下拉菜单 文件 ➡ 保存 命令，即可保存零件模型；

完成模型的保存后将其关闭。

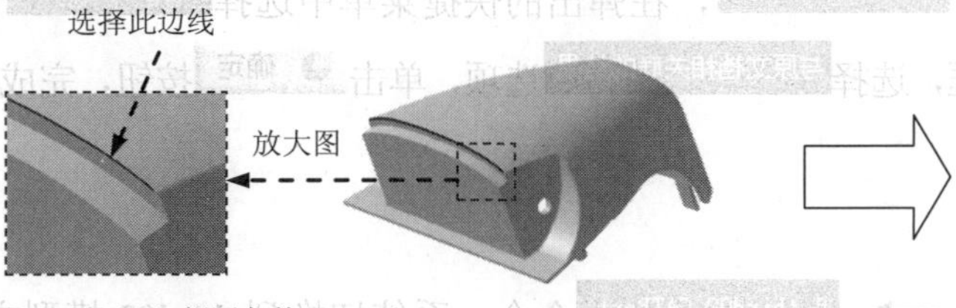

a）倒圆角前　　b）倒圆角后

图 13.9.36　倒圆角 4

13.10 移动上盖

下面讲解移动上盖（move_cover）的创建过程，零件模型及特征树如图 13.10.1 所示。

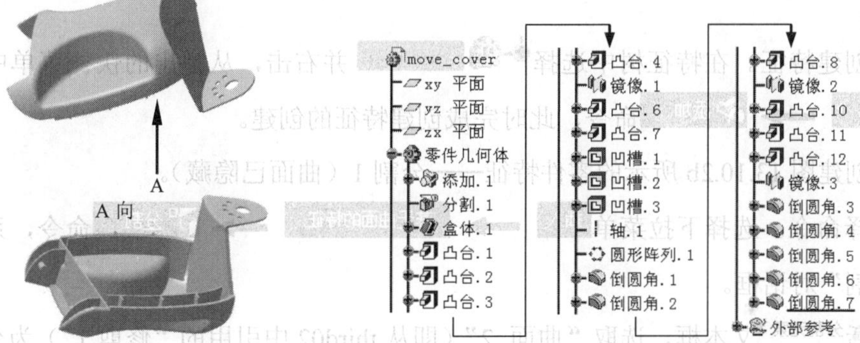

图 13.10.1　零件模型及特征树

Step1. 新建 move_cover 模型文件。

（1）在确认 hot_water_bottle 被激活状态下，选择下拉菜单 插入 → 新建零件 命令，系统弹出"新零件：原点"对话框，单击 是(Y) 按钮。

（2）右击特征树中的 Part1 (Part1.9)，在弹出的快捷菜单中选择 属性 命令，系统弹出"属性"对话框，选择 产品 选项卡，在 部件 区域的 实例名称 文本框中将 Part1.9 改为 move_cover，在 产品 区域的 零件编号 文本框中将 Part1 改为 move_cover，单击 确定 按钮。

（3）先双击特征树中的 move_cover (move_cover)，再右击，在弹出的快捷菜单中选择 move_cover.1 对象 → 在新窗口中打开 命令，系统切换到 move_cover 模型文件。

Step2. 创建外部参考。

（1）选择下拉菜单 窗口 → 6 third02.CATPart 命令，系统切换到 third02 模型文件。

（2）按住 Shift 键，在特征树中选取已发布的特征"平面 1"和"草图 5"并右击，在弹出的快捷菜单中选择 复制 命令。

（3）选择下拉菜单 窗口 → 8 move_cover.CATPart 命令，系统切换到 move_cover 模型文件。

（4）右击特征树中的 move_cover，在弹出的快捷菜单中选择 选择性粘贴... 命令，系统弹出“选择性粘贴”对话框，选择 与原文档相关联的结果 选项，单击 确定 按钮，完成外部参考的创建。

Step3．创建几何体。

（1）选择下拉菜单 窗口 → 6 third02.CATPart 命令，系统切换到 third02 模型文件。

（2）在特征树中选择已发布特征“零件几何体”并右击，在弹出的快捷菜单中选择 复制 命令。

（3）选择下拉菜单 窗口 → 8 move_cover.CATPart 命令，系统切换到 move_cover 模型文件。

（4）右击特征树中的 move_cover，在弹出的快捷菜单中选择 选择性粘贴... 命令，系统弹出“选择性粘贴”对话框，选择 与原文档相关联的结果 选项，单击 确定 按钮，完成几何体的创建。

Step4．创建特征。在特征树中选择 几何体.2 并右击，从弹出的快捷菜单中选择 几何体.2 对象 → 添加... 命令，此时完成创建特征的创建。

Step5．创建图 13.10.2b 所示的零件特征——分割 1（曲面已隐藏）。

（1）选择命令。选择下拉菜单 插入 → 基于曲面的特征 → 分割... 命令，系统弹出“定义分割”对话框。

（2）激活 分割元素: 文本框，选取“曲面 2”（即从 third02 中引用的“修剪 1”）为分割元素，在绘图区单击系统生成的方向箭头，使其指向要保留的那一侧。

（3）单击 确定 按钮，完成分割 1 的创建。

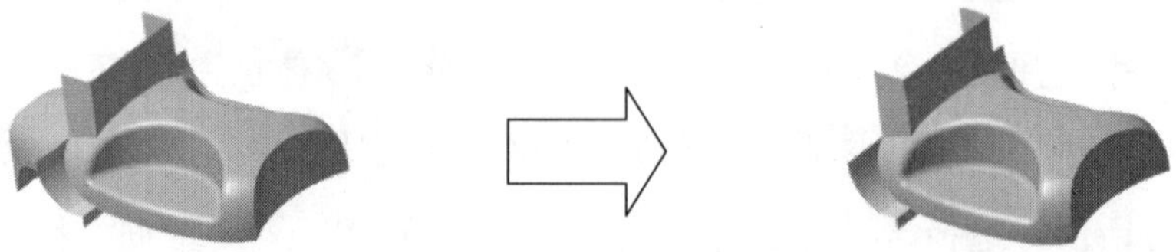

a）分割前　　b）分割后

图 13.10.2　分割 1

Step6．创建图 13.10.3b 所示的零件特征——抽壳 1。选择下拉菜单 插入(I) → 修饰特征 → 抽壳... 命令；选取图 13.10.3a 所示的面（6 个面）为要移除的面；在 默认内侧厚度: 文本框中输入值 2，在 默认外侧厚度: 文本框中输入值 0；单击 确定 按钮，完成抽壳 1 的创建。

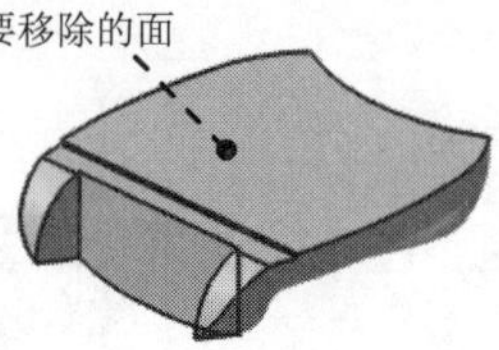

a) 抽壳前

b) 抽壳后

图 13.10.3 抽壳 1

Step7. 创建图 13.10.4 所示的特征——凸台 1。

（1）选择命令。选择下拉菜单 插入 → 基于草图的特征 ▸ → 凸台... 命令，系统弹出“定义凸台”对话框。

（2）创建截面草图。选取图 13.10.5 所示的面为草图平面，绘制图 13.10.6 所示的截面草图。

（3）定义凸台类型和尺寸。选中 厚 复选框；在 第二限制 区域的 类型： 的下拉列表中选择 直到下一个 选项，并在其后的文本框中输入值 0；在 薄凸台 区域的 厚度 1 的文本框中输入值 1，在 厚度 2： 的文本框中输入值 0，在 第一限制 区域的 类型： 的下拉列表中选择 尺寸 选项，并在 长度： 文本框中输入值 0。

（4）单击 确定 按钮，完成凸台 1 的创建。

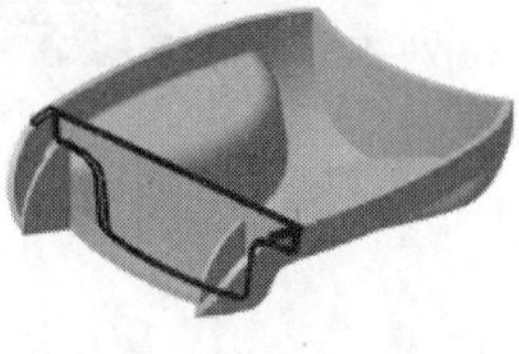

图 13.10.4 凸台 1

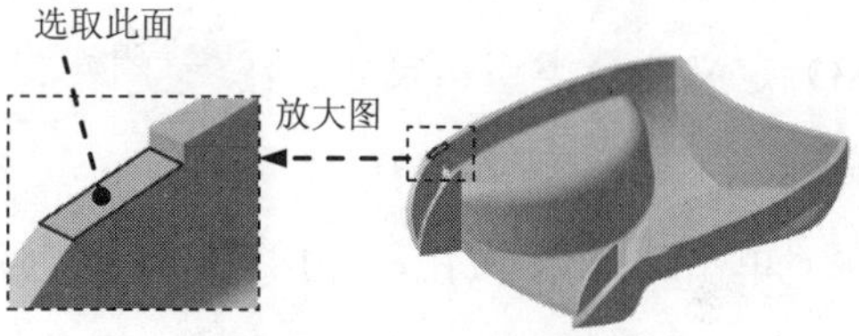

图 13.10.5 定义草图平面

Step8. 创建图 13.10.7 所示的特征——凸台 2。

（1）选择命令。选择下拉菜单 插入 → 基于草图的特征 ▸ → 凸台... 命令，系统弹出“定义凸台”对话框。

（2）创建截面草图。选取图 13.10.8 所示的面为草图平面，绘制图 13.10.9 所示的截面草图（图 13.10.10 所示为建模环境中）。

（3）定义凸台类型和尺寸。在 第一限制 区域的 类型： 的下拉列表中选择 直到下一个 选项，并在 偏移： 文本框中输入值 0。

（4）单击 确定 按钮，完成凸台 2 的创建。

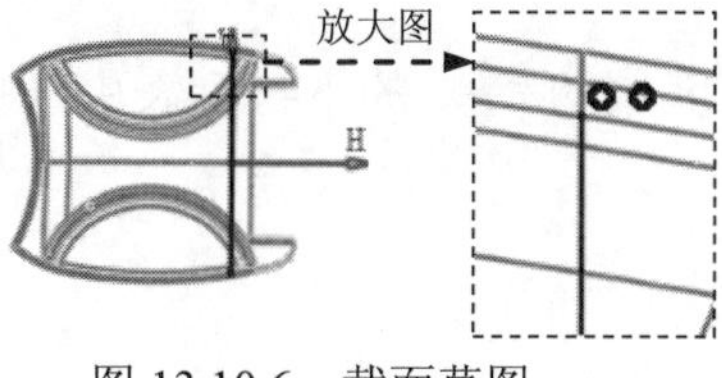

图 13.10.6 截面草图

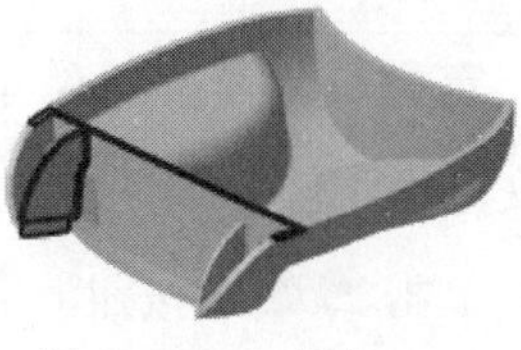

图 13.10.7 凸台 2

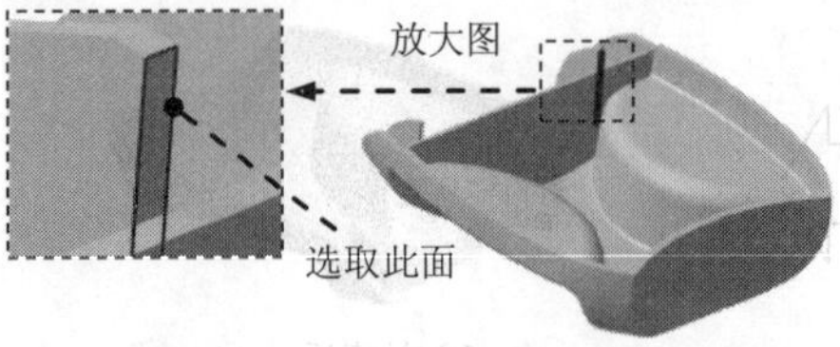

图 13.10.8 定义草图平面

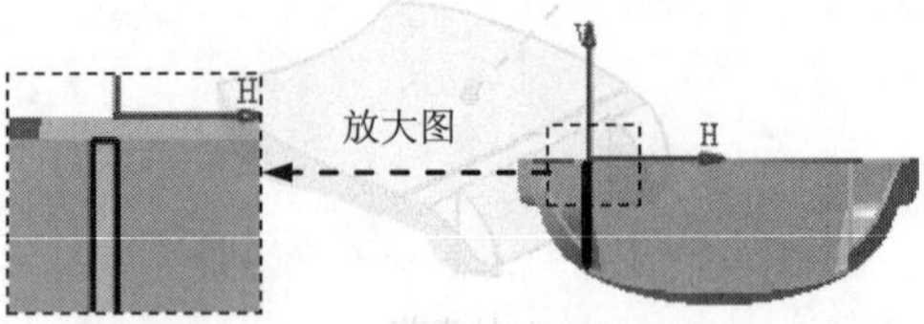

图 13.10.9 截面草图（草绘环境）

Step9. 创建图 13.10.11 所示的特征——凸台 3。

（1）选择命令。选择下拉菜单 插入 → 基于草图的特征 → 凸台... 命令，系统弹出“定义凸台”对话框。

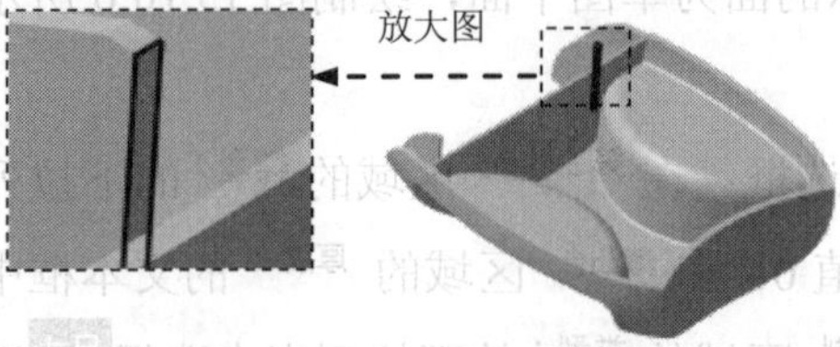

图 13.10.10 截面草图（建模环境）

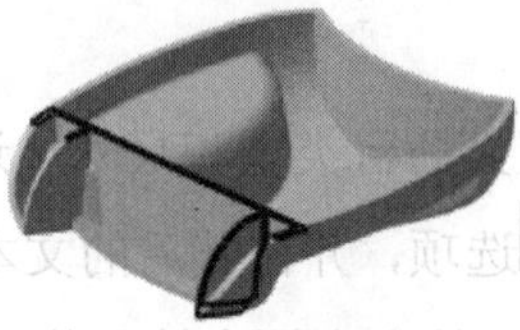
图 13.10.11 凸台 3

（2）创建截面草图。选取图 13.10.12 所示的面为草图平面，绘制图 13.10.13 所示的截面草图（图 13.10.14 所示为建模环境中）。

（3）定义凸台类型和尺寸。在 第一限制 区域的 类型： 的下拉列表中选择 直到下一个 选项，并在 偏移： 文本框中输入值 0。

（4）单击 确定 按钮，完成凸台 3 的创建。

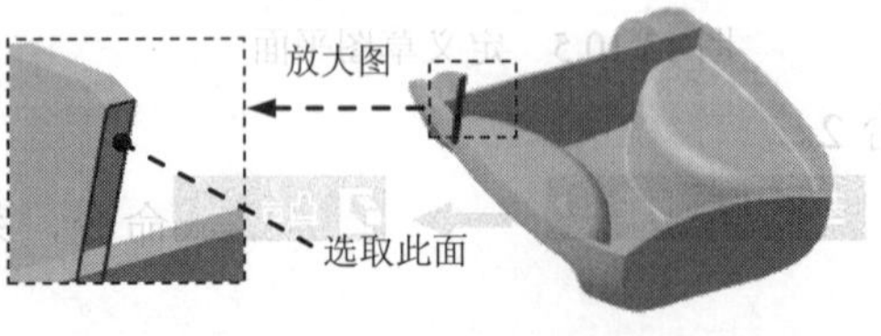

图 13.10.12 定义草图平面

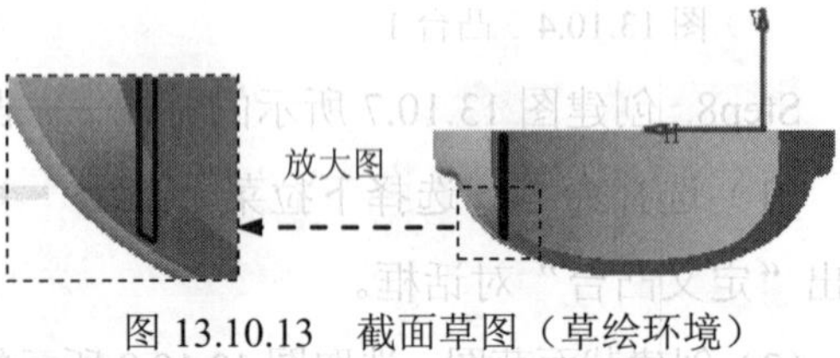

图 13.10.13 截面草图（草绘环境）

Step10. 创建图 13.10.15 所示的特征——凸台 4。

（1）选择命令。选择下拉菜单 插入 → 基于草图的特征 → 凸台... 命令，系统弹出“定义凸台”对话框。

（2）创建截面草图。选取图 13.10.16 所示的面为草图平面，绘制图 13.10.17 所示的截面草图。

（3）定义凸台类型和尺寸。在 第一限制 区域的 类型： 的下拉列表中选择 尺寸 选项，并在其下的文本框中输入值 5。

（4）单击 确定 按钮，完成凸台 4 的创建。

说明：图 13.10.17 所示的截面草图所绘制的圆的圆心与 third02 中的“草图 5”所绘制的点相合。

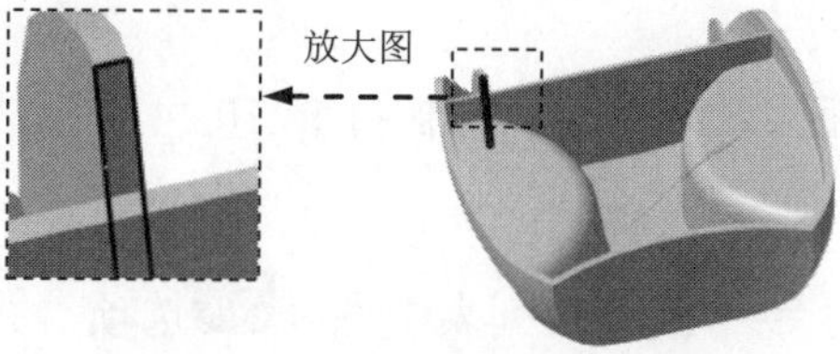

图 13.10.14 截面草图（建模环境）

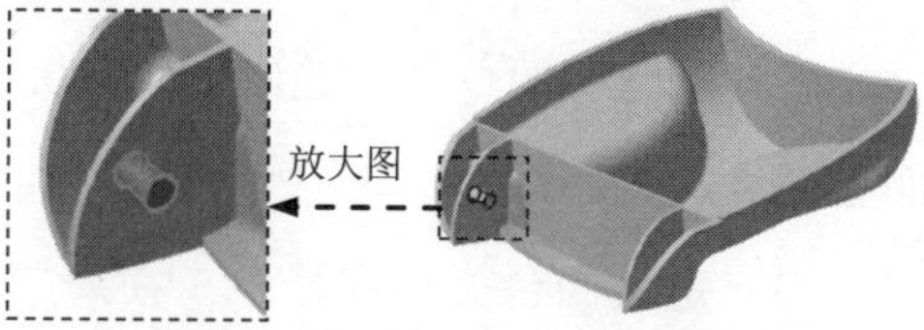

图 13.10.15 凸台 4

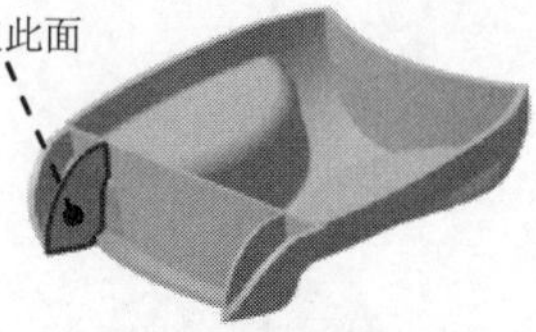

图 13.10.16 定义草图平面

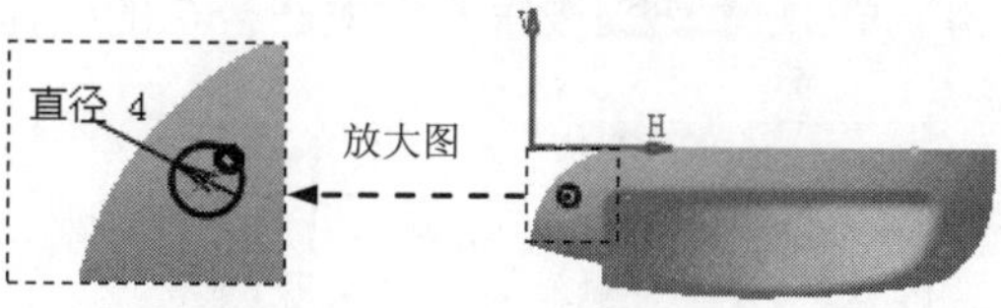

图 13.10.17 截面草图

Step11. 创建图 13.10.18 所示的零件特征——镜像 1。选取“凸台 4”为要镜像的对象；选择下拉菜单 插入 → 变换特征 → 镜像... 命令；选取“zx 平面”为镜像元素；单击 确定 按钮，完成镜像 1 的创建。

a）镜像前　b）镜像后

图 13.10.18 镜像 1

Step12. 创建图 13.10.19 所示的特征——凸台 6。

（1）选择命令。选择下拉菜单 插入 → 基于草图的特征 → 凸台... 命令，系统弹出“定义凸台”对话框。

（2）创建截面草图。选取图 13.10.20 所示的面为草图平面，绘制图 13.10.21 所示的截面草图。

（3）定义凸台类型和尺寸。在 第一限制 区域的 类型: 的下拉列表中选择 尺寸 选项，并在其后的文本框中输入值 35。

（4）单击 确定 按钮，完成凸台 6 的创建。

图 13.10.19 凸台 6

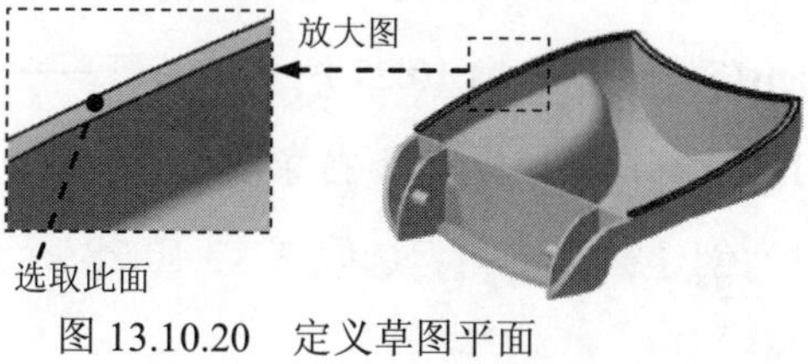

图 13.10.20 定义草图平面

Step13. 创建图 13.10.22 所示的特征——凸台 7。

（1）选择命令。选择下拉菜单 插入 → 基于草图的特征 ▸ → 凸台... 命令，系统弹出“定义凸台”对话框。

（2）创建截面草图。选取图 13.10.23 所示的面为草图平面，绘制图 13.10.24 所示的截面草图。

（3）定义凸台类型和尺寸。在 第一限制 区域的 类型： 的下拉列表中选择 尺寸 选项，并在其后的文本框中输入值 1，单击 反转方向 按钮，反转拉伸方向。

（4）单击 确定 按钮，完成凸台 7 的创建。

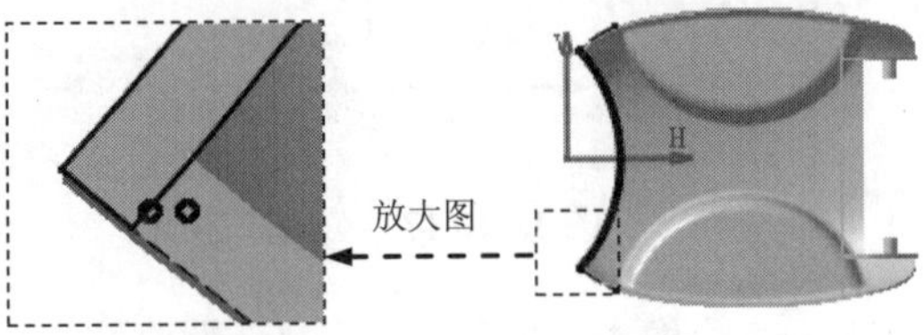

图 13.10.21　截面草图

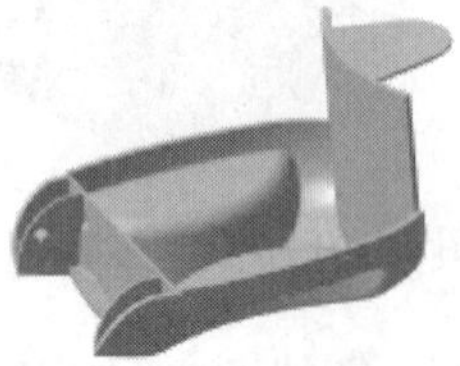
图 13.10.22　凸台 7

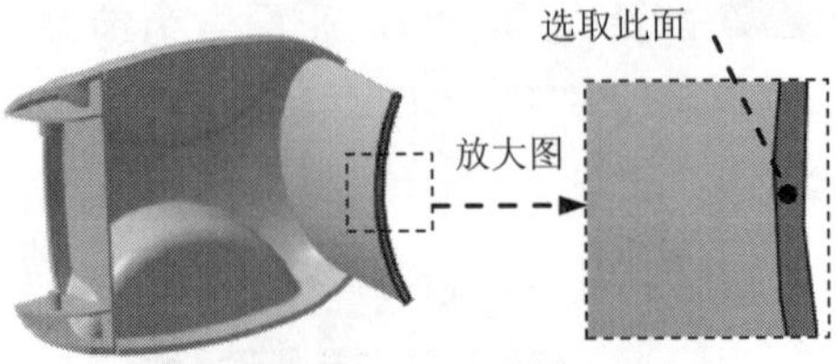

图 13.10.23　定义草图平面

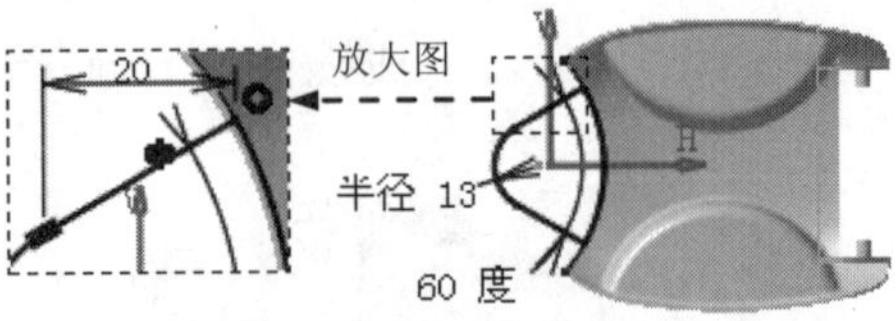

图 13.10.24　截面草图

Step14. 创建图 13.10.25 所示的特征——凹槽 1。

（1）选择命令。选择下拉菜单 插入 → 基于草图的特征 ▸ → 凹槽... 命令。

（2）创建截面草图。选取“yz 平面”为草图平面，绘制图 13.10.26 所示的截面草图。

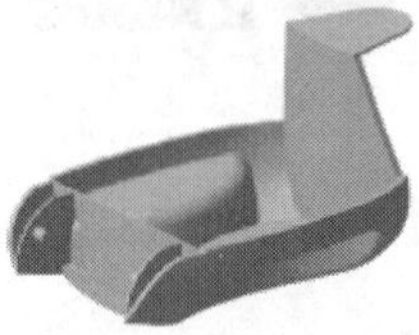
图 13.10.25　凹槽 1

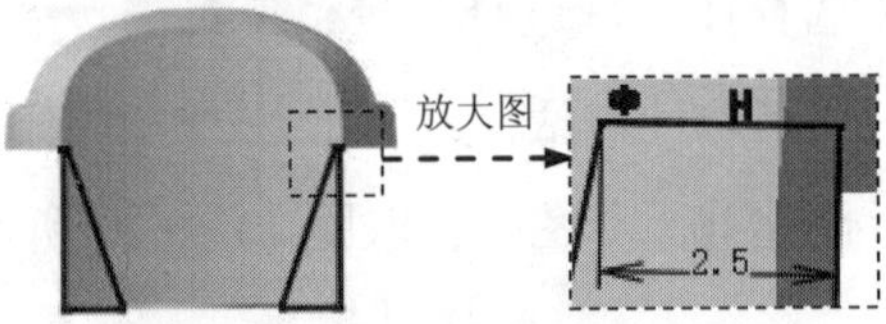

图 13.10.26　截面草图

（3）定义凹槽类型和尺寸。在 第一限制 区域的 类型： 的下拉列表中选择 直到最后 选项；在 偏移： 文本框中输入值 0，单击 反转方向 按钮，反转拉伸方向。

（4）单击 确定 按钮，完成凹槽 1 的创建。

Step15. 创建图 13.10.27 所示的特征——凹槽 2。

（1）选择命令。选择下拉菜单 插入 → 基于草图的特征 ▸ → 凹槽... 命令。

（2）创建截面草图。选取图 13.10.28 所示的面为草图平面，绘制图 13.10.29 所示的截面草图。

（3）定义凹槽类型和尺寸。在 第一限制 区域的 类型： 的下拉列表中选择 直到最后 选项；在 偏移： 文本框中输入值 0。

（4）单击 确定 按钮，完成凹槽 2 的创建。

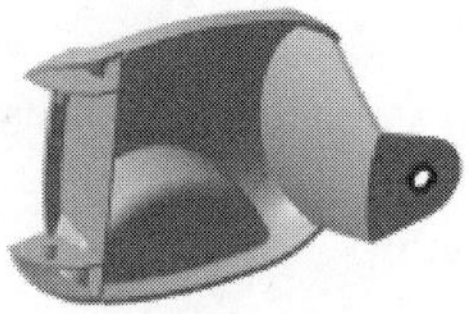

图 13.10.27 凹槽 2

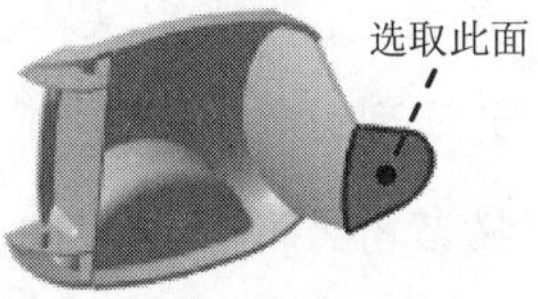

图 13.10.28 定义草图平面

Step16. 创建图 13.10.30 所示的特征——凹槽 3。

（1）选择命令。选择下拉菜单 插入 → 基于草图的特征 → 凹槽... 命令。

（2）创建截面草图。选取图 13.10.28 所示的面为草图平面，绘制图 13.10.31 所示的截面草图。

（3）定义凹槽类型和尺寸。在 第一限制 区域的 类型： 的下拉列表中选择 直到最后 选项；在 偏移： 文本框中输入值 0。

（4）单击 确定 按钮，完成凹槽 3 的创建。

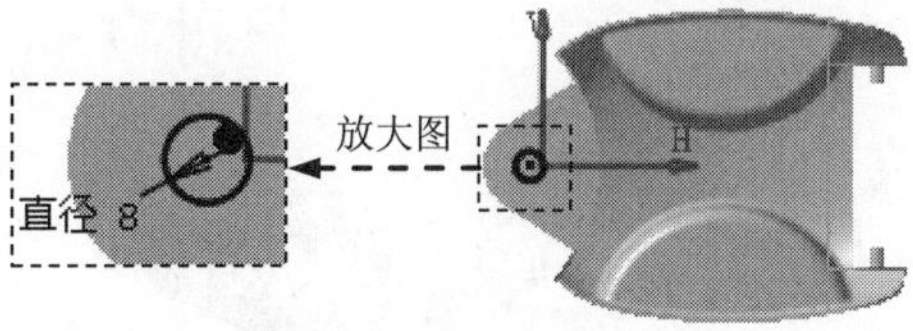

图 13.10.29 截面草图

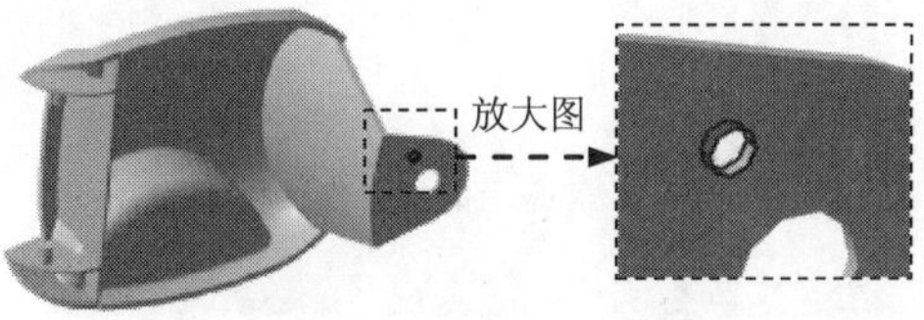

图 13.10.30 凹槽 3

Step17. 切换工作台。选择下拉菜单 开始 → 形状 → 创成式外形设计 命令，切换到“创成式外形设计”工作台。

Step18. 创建图 13.10.32 所示的特征——轴 1。选择下拉菜单 插入(I) → 线框 → 轴线... 命令；选取图 13.10.32 所示的边线，在 轴线类型： 下拉列表中选择 圆的法线 选项，单击 确定 按钮，完成轴 1 的创建。

Step19. 切换工作台。选择下拉菜单 开始 → 机械设计 → 零件设计 命令，切换到“零件设计”工作台。

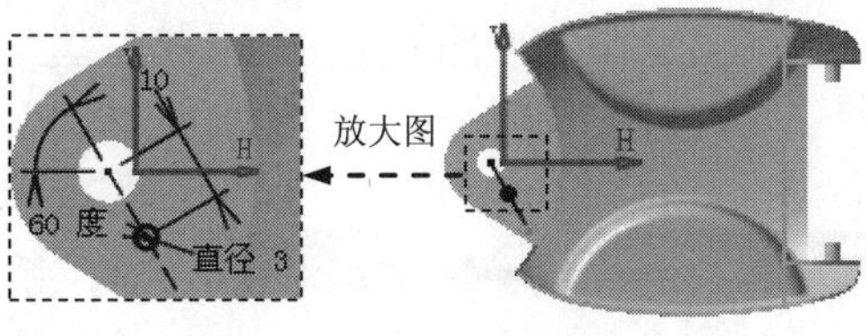

图 13.10.31 截面草图

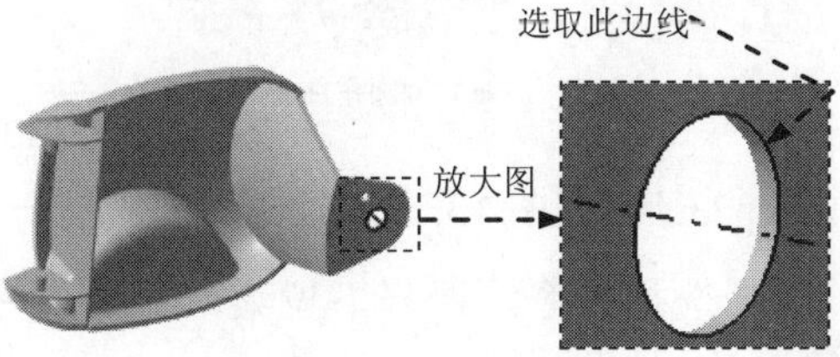

图 13.10.32 轴 1

Step20. 创建图 13.10.33b 所示的零件特征——圆形阵列 1。

（1）选择下拉菜单 插入 ➔ 变换特征 ➔ 圆形阵列... 命令，系统弹出“定义圆形阵列”对话框。

（2）定义阵列参数。在 轴向参考 选项卡的 参数: 下拉列表中选择 实例和角度间距 选项；在 实例: 文本框中输入值 5；在 角度间距: 文本框中输入值 30。

（3）定义阵列对象。激活 要阵列的对象 区域内的 对象: 文本框，选取凹槽 3 为要阵列的对象。

（4）定义参考方向。选取轴 1 为阵列的参考方向。

（5）单击 确定 按钮，完成圆形阵列 1 的创建。

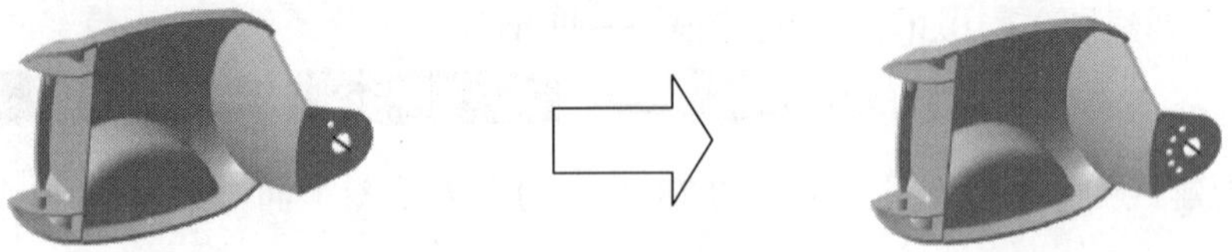

a）阵列前　　b）阵列后

图 13.10.33　圆形阵列 1

Step21. 创建图 13.10.34b 所示的特征——倒圆角 1。选择下拉菜单 插入 ➔ 修饰特征 ➔ 倒圆角... 命令；选取图 13.10.34a 所示的边线为倒圆角的对象；在 半径: 文本框中输入值 1；单击 确定 按钮，完成倒圆角 1 的创建。

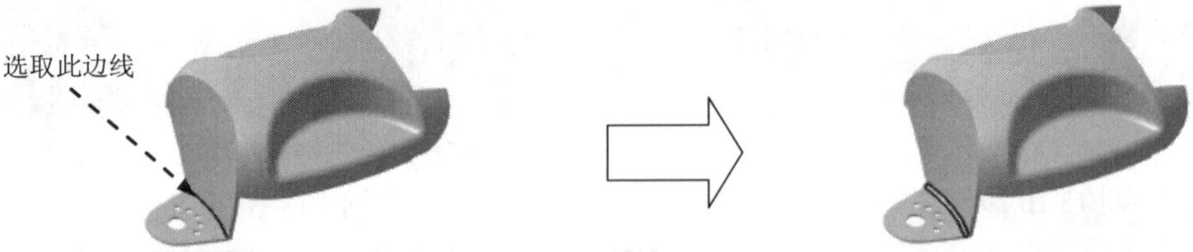

a）倒圆角前　　b）倒圆角后

图 13.10.34　倒圆角 1

Step22. 创建图 13.10.35b 所示的特征——倒圆角 2。选择下拉菜单 插入 ➔ 修饰特征 ➔ 倒圆角... 命令；选取图 13.10.35a 所示的边线为倒圆角的对象；在 半径: 文本框中输入值 2；单击 确定 按钮，完成倒圆角 2 的创建。

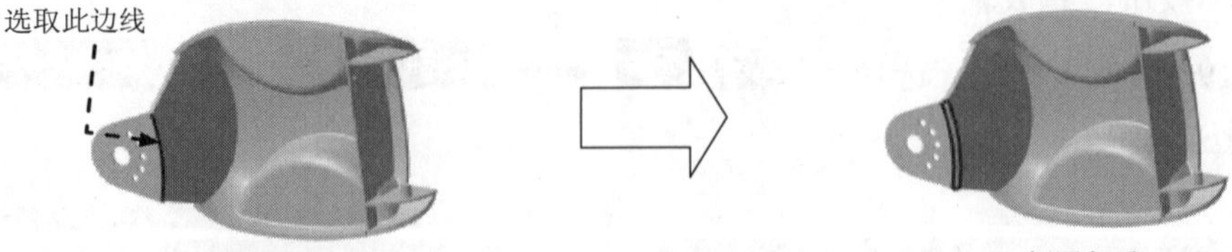

a）倒圆角前　　b）倒圆角后

图 13.10.35　倒圆角 2

Step23. 创建图 13.10.36 所示的特征——凸台 8。

（1）选择命令。选择下拉菜单 插入 ➔ 基于草图的特征 ➔ 凸台... 命令，系统弹出“定义凸台”对话框。

（2）创建截面草图。选取图 13.10.37 所示的面为草图平面，绘制图 13.10.38 所示的截面草图。

（3）定义凸台类型和尺寸。选中 厚 复选框；在 第一限制 区域的 类型： 的下拉列表中选择 尺寸 选项，并在其下的文本框中输入值 3；在 第二限制 区域的 类型： 的下拉列表中选择 直到下一个 选项，并在其下的文本框中输入值 0；在 薄凸台 区域的 厚度 1 的文本框中输入值 1，在 厚度 2： 的文本框中输入值 0。

（4）单击 确定 按钮，完成凸台 8 的创建。

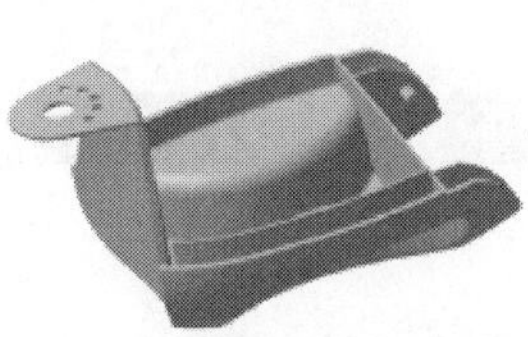

图 13.10.36　凸台 8

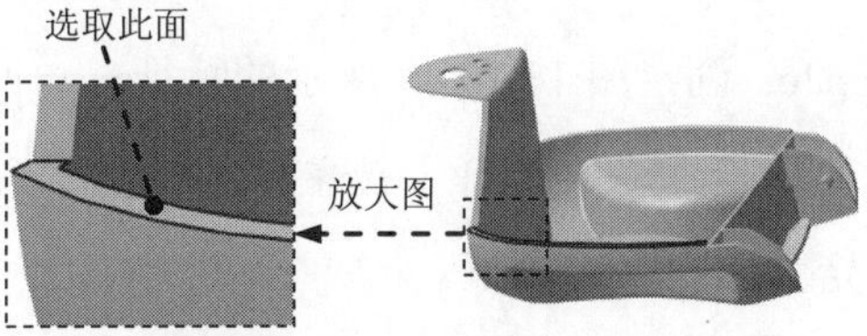

图 13.10.37　定义草图平面

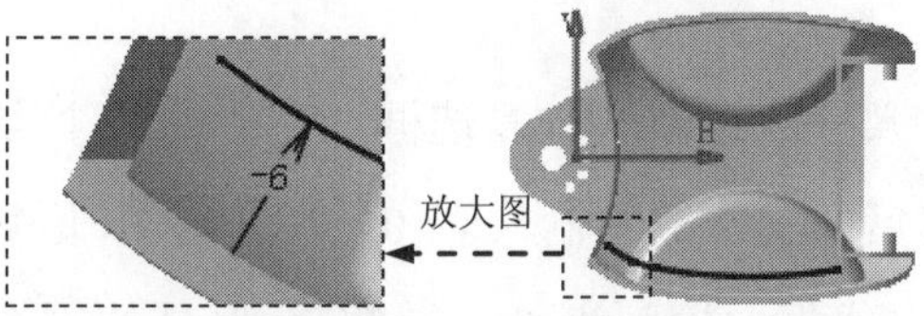

图 13.10.38　截面草图

Step24. 创建图 13.10.39b 所示的零件特征——镜像 2。选取“凸台 8”为要镜像的对象；选择下拉菜单 插入 → 变换特征 → 镜像... 命令；选取“zx 平面”为镜像元素；单击 确定 按钮，完成镜像 2 的创建。

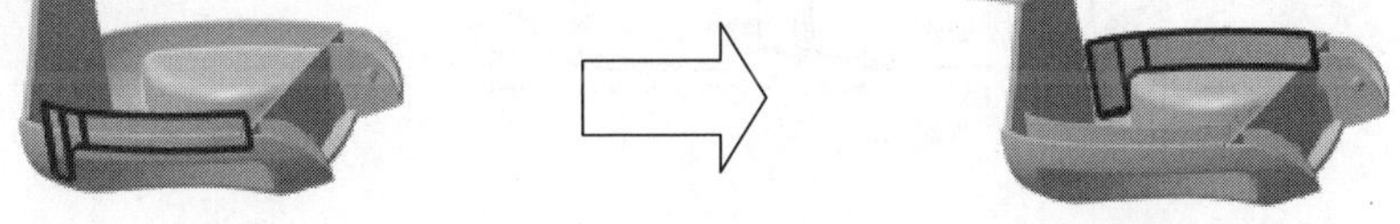

a）镜像前　　b）镜像后

图 13.10.39　镜像 2

Step25. 创建图 13.10.40 所示的特征——凸台 10。

（1）选择命令。选择下拉菜单 插入 → 基于草图的特征 → 凸台... 命令，系统弹出“定义凸台”对话框。

（2）创建截面草图。选取图 13.10.41 所示的面为草图平面，绘制图 13.10.42 所示的截面草图。

（3）定义凸台类型和尺寸。在 第一限制 区域的 类型： 的下拉列表中选择 直到下一个 选项，并在其后的文本框中输入值 0，选中 厚 复选框；在 第二限制 区域的 类型： 的下拉列表中选择 尺寸 选项，并在其后的文本框中输入值 0；在 薄凸台 区域的 厚度 1 的文本框中输入值 1，在 厚度 2： 的文本框中输入值 0。

（4）单击 确定 按钮，完成凸台 10 的创建。

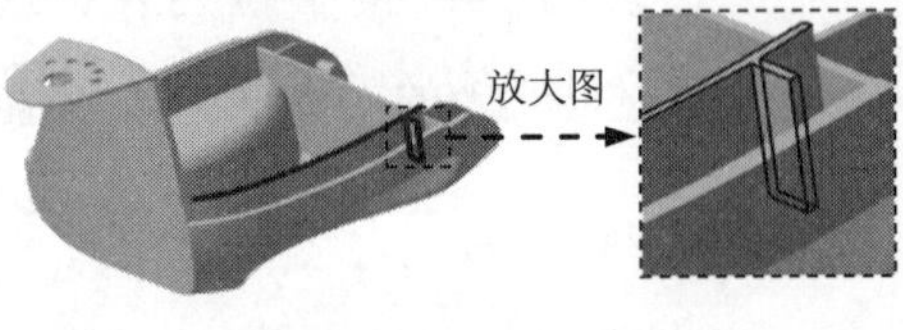

图 13.10.40　凸台 10

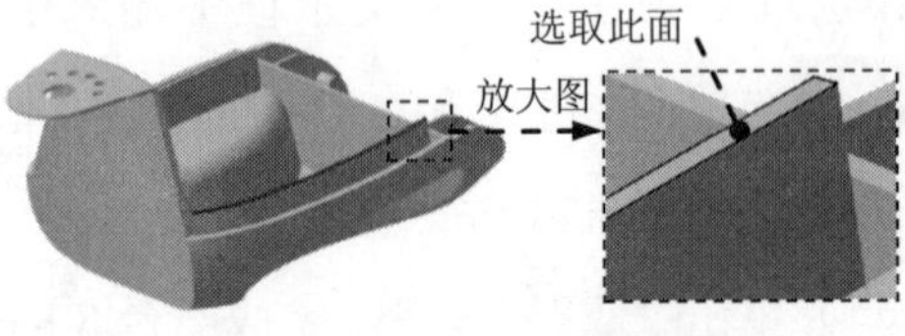

图 13.10.41　定义草图平面

Step26. 创建图 13.10.43 所示的特征——凸台 11。

（1）选择命令。选择下拉菜单 插入 → 基于草图的特征 → 凸台... 命令，系统弹出“定义凸台”对话框。

（2）创建截面草图。选取图 13.10.41 所示的面为草图平面，绘制图 13.10.44 所示的截面草图。

（3）定义凸台类型和尺寸。选中 厚 复选框；在 第二限制 区域的 类型： 的下拉列表中选择 直到下一个 选项，并在其后的文本框中输入值 0；在 第一限制 区域的 类型： 的下拉列表中选择 尺寸 选项，并在其后的文本框中输入值 0；在 薄凸台 区域的 厚度 1 的文本框中输入值 1，在 厚度 2： 的文本框中输入值 0。

（4）单击 确定 按钮，完成凸台 11 的创建。

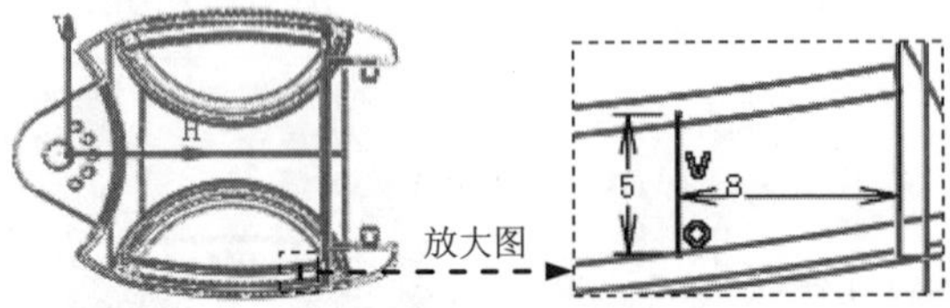

图 13.10.42　截面草图

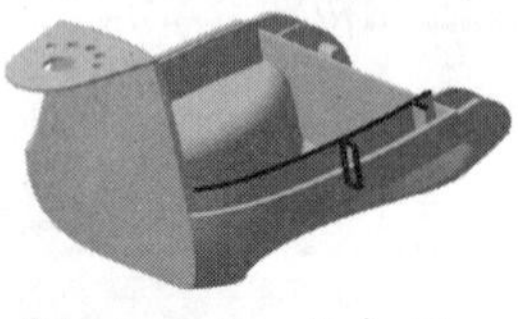
图 13.10.43　凸台 11

Step27. 创建图 13.10.45 所示的特征——凸台 12。

（1）选择命令。选择下拉菜单 插入 → 基于草图的特征 → 凸台... 命令，系统弹出“定义凸台”对话框。

（2）创建截面草图。选取图 13.10.41 所示的面为草图平面，绘制图 13.10.46 所示的截面草图。

（3）定义凸台类型和尺寸。选中 厚 复选框；在 第二限制 区域的 类型： 的下拉列表中选择 直到下一个 选项，并在其后的文本框中输入值 0；在 第一限制 区域的 类型： 的下拉列表中选择尺寸选项，并在其后的文本框中输入值 0；在薄凸台区域的厚度 1的文本框中输入值 1，在厚度 2：的文本框中输入值 0。

（4）单击确定按钮，完成凸台 12 的创建。

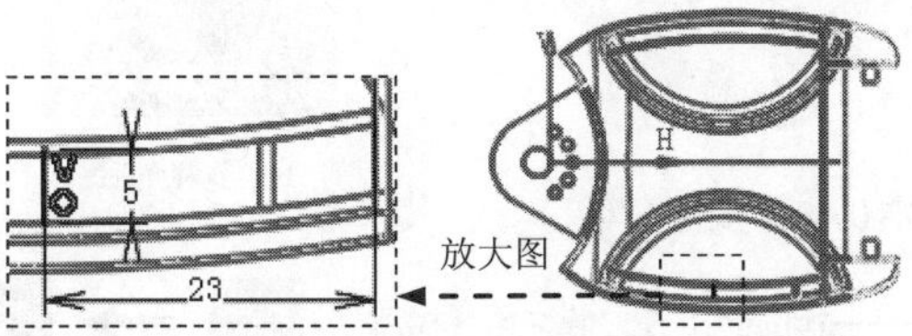

图 13.10.44　截面草图

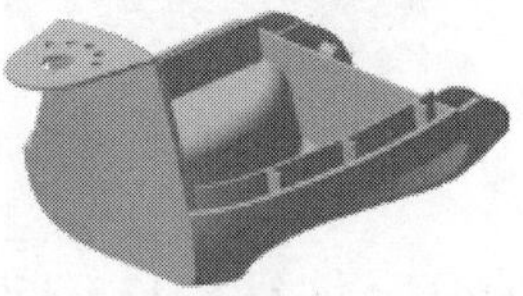
图 13.10.45　凸台 12

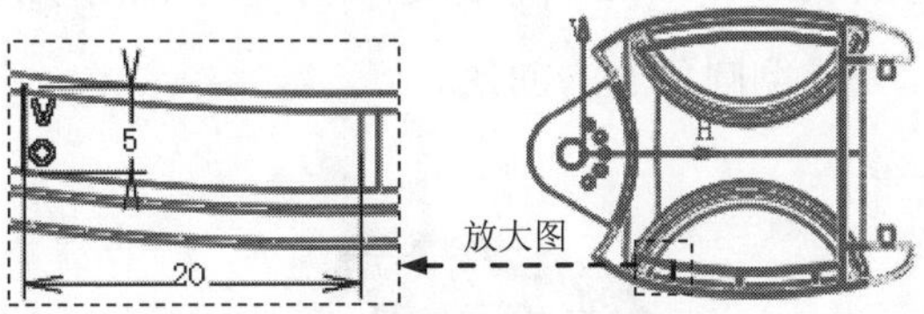

图 13.10.46　截面草图

Step28. 创建图 13.10.47 所示的零件特征—— 镜像 3。选取“凸台 10”“凸台 11” 和“凸台 12”为要镜像的对象；选择下拉菜单插入 → 变换特征 → 镜像...命令；选取“zx 平面”为镜像元素；单击确定按钮，完成镜像 3 的创建。

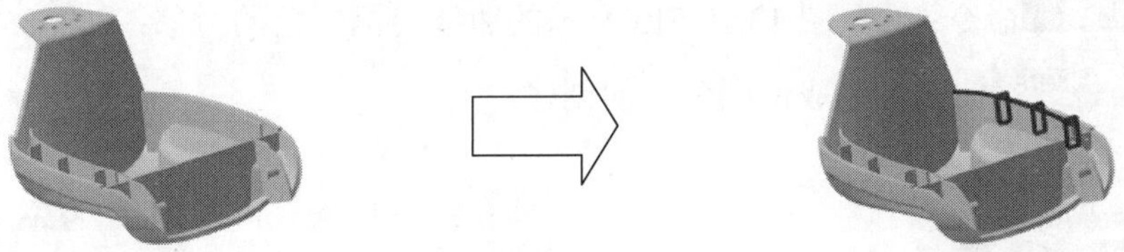
a）镜像前　　b）镜像后

图 13.10.47　镜像 3

Step29. 创建图 13.10.48b 所示的特征—— 倒圆角 3。选择下拉菜单插入 → 修饰特征 → 倒圆角...命令；选取图 13.10.48a 所示的边线为倒圆角的对象；在半径：文本框中输入值 1；单击确定按钮，完成倒圆角 3 的创建。

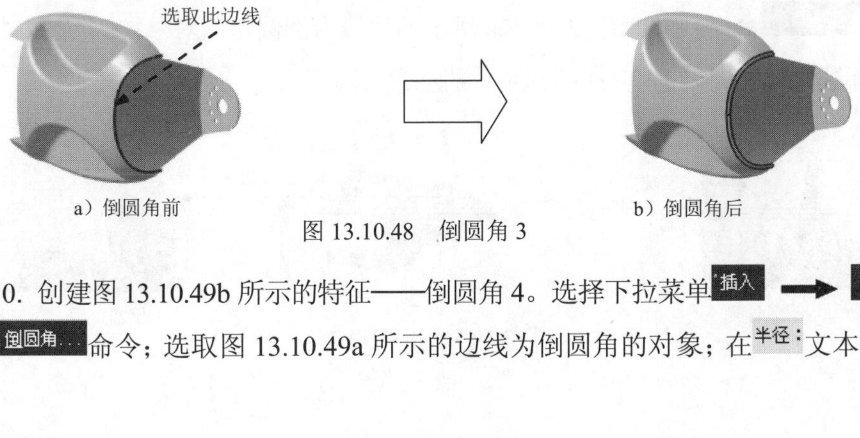

a）倒圆角前　　b）倒圆角后

图 13.10.48　倒圆角 3

Step30. 创建图 13.10.49b 所示的特征——倒圆角 4。选择下拉菜单插入 → 修饰特征 → 倒圆角...命令；选取图 13.10.49a 所示的边线为倒圆角的对象；在半径：文本框中输入值 0.5；单击 确定 按钮，完成倒圆角 4 的创建。

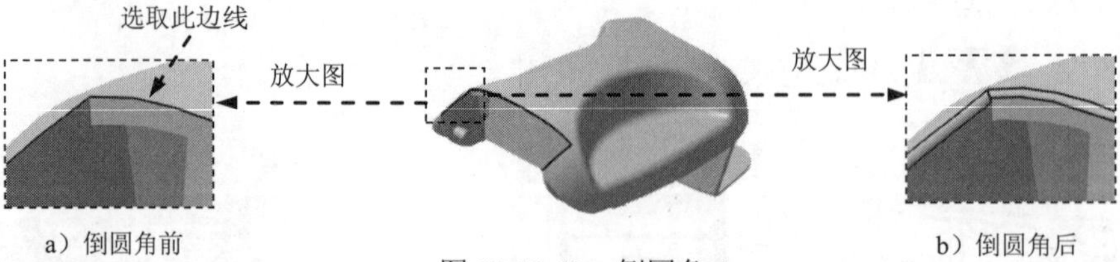

图 13.10.49　倒圆角 4

Step31. 创建图 13.10.50b 所示的特征——倒圆角 5。选择下拉菜单 插入 → 修饰特征 → 倒圆角... 命令；选取图 13.10.50a 所示的边线为倒圆角的对象；在 半径: 文本框中输入值 2；单击 确定 按钮，完成倒圆角 5 的创建。

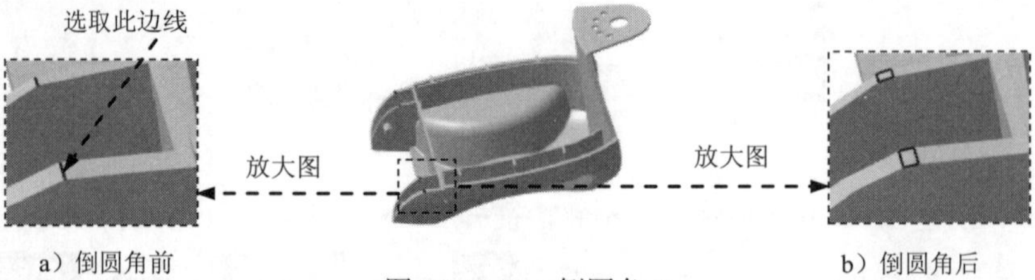

图 13.10.50　倒圆角 5

Step32. 创建图 13.10.51b 所示的特征——倒圆角 6。选择下拉菜单 插入 → 修饰特征 → 倒圆角... 命令；选取图 13.10.51a 所示的边线为倒圆角的对象；在 半径: 文本框中输入值 1；单击 确定 按钮，完成倒圆角 6 的创建。

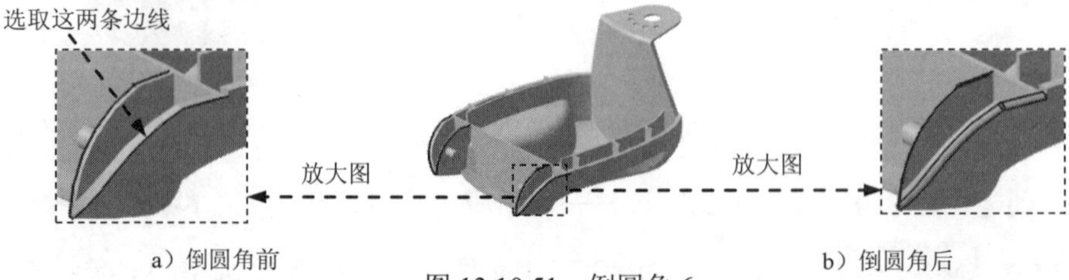

图 13.10.51　倒圆角 6

Step33. 创建图 13.10.52b 所示的特征——倒圆角 7。选择下拉菜单 插入 → 修饰特征 → 倒圆角... 命令；选取图 13.10.52a 所示的边线为倒圆角的对象；在 半径: 文本框中输入值 0.2；单击 确定 按钮，完成倒圆角 7 的创建。

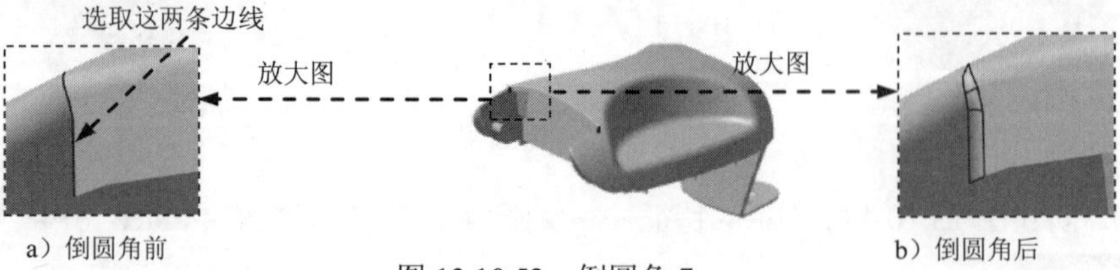

图 13.10.52　倒圆角 7

Step34. 保存零件模型。选择下拉菜单 文件 → 保存 命令，即可保存零件模型；完成保存后将其关闭。

13.11 指 示 灯

下面讲解指示灯（pilot_lamp）的创建过程。前盖零件模型是从二级控件中分割出来的，为了保证前盖和后盖模型在配合时更加完美，在创建前盖和后盖模型时使用同一草图作参考。零件模型及特征树如图 13.11.1 所示。

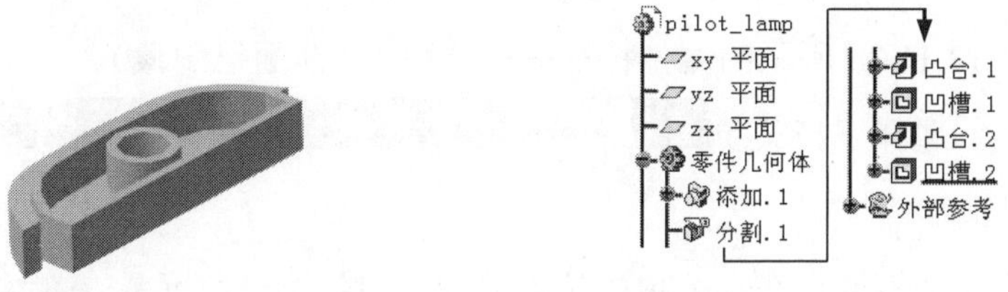

图 13.11.1 零件模型及特征

Step1. 新建 pilot_lamp 模型文件。

（1）在确认 hot_water_bottle 被激活状态下，选择下拉菜单 插入 → 新建零件 命令，系统弹出“新零件：原点”对话框，单击 是(Y) 按钮。

（2）右击特征树中的 Part1 (Part1.10)，在弹出的快捷菜单中选择 属性 命令，系统弹出“属性”对话框，选择 产品 选项卡，在 组件 区域的 实例名称 文本框中将 Part1.10 改为 pilot_lamp，在 产品 区域的 零件编号 文本框中将 Part1 改为 pilot_lamp，单击 确定 按钮。

（3）先双击特征树中的 pilot_lamp (pilot_lamp)，再右击，在弹出的快捷菜单中选择 pilot_lamp.1 对象 → 在新窗口中打开 命令，系统切换到 pilot_lamp 模型文件。

Step2. 创建外部参考。

（1）选择下拉菜单 窗口 → 7 fourth.CATPart 命令，系统切换到 fourth 模型文件。

（2）按住 Ctrl 键，在特征树中选取已发布的特征“拉伸 2”和“草图 2”并右击，在弹出的快捷菜单中选择 复制 命令。

（3）选择下拉菜单 窗口 → 8 pilot_lamp.CATPart 命令，系统切换到 pilot_lamp 模型文件。

（4）右击特征树中的 pilot_lamp，在弹出的快捷菜单中选择 选择性粘贴... 命令，系统弹出“选择性粘贴”对话框，选择 与原文档相关联的结果 选项，单击 确定 按钮，完成外部参考的创建。

Step3. 创建几何体。

（1）选择下拉菜单 窗口 → 7 fourth.CATPart 命令，系统切换到 fourth 模型文件。

（2）在特征树中选取已发布特征“零件几何体”并右击，在弹出的快捷菜单中选择 复制 命令。

（3）选择下拉菜单 窗口 → 8 pilot_lamp.CATPart 命令，系统切换到 pilot_lamp 模型文件。

（4）右击特征树中的 pilot_lamp，在弹出的快捷菜单中选择 选择性粘贴... 命令，系统弹出“选择性粘贴”对话框，选择 与原文档相关联的结果 选项，单击 确定 按钮，完成几何体的创建。

Step4. 创建特征。在特征树中选择 几何体.2 并右击，从弹出的快捷菜单中选择 几何体.2 对象 → 添加... 命令，此时完成创建特征的创建。

Step5. 创建图 13.11.2b 所示的零件特征——分割 1（曲面已隐藏）。

（1）选择命令。选择下拉菜单 插入 → 基于曲面的特征 → 分割... 命令，系统弹出“定义分割”对话框。

（2）激活 分割元素: 文本框，在特征树中选取“曲面 1”为分割元素，在绘图区单击系统生成的方向箭头，使其指向要保留的那一侧面。

（3）单击 确定 按钮，完成分割 1 的创建。

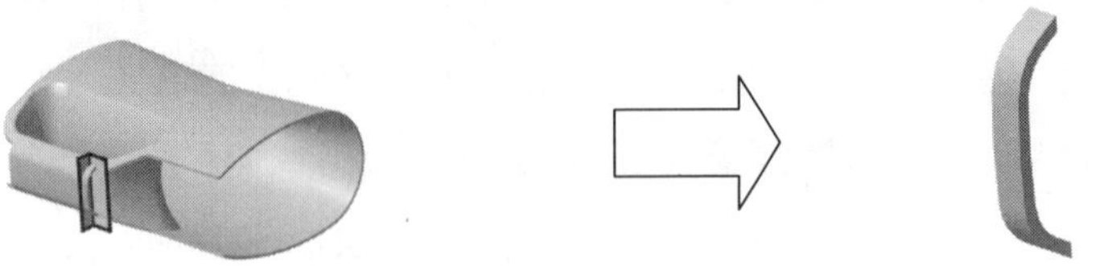

a）分割前　　b）分割后

图 13.11.2　分割 1

Step6. 创建图 13.11.3 所示的特征——凸台 1。

（1）选择命令。选择下拉菜单 插入 → 基于草图的特征 → 凸台... 命令，系统弹出“定义凸台”对话框。

（2）创建截面草图。选取图 13.11.4 所示的面为草图平面，绘制图 13.11.5 所示的截面草图。

（3）定义凸台类型和尺寸。在 第一限制 区域的 类型: 的下拉列表中选择 尺寸 选项，并在其后的文本框中输入值 4，单击 反转方向 按钮，反转拉伸方向。

（4）单击 确定 按钮，完成凸台 1 的创建。

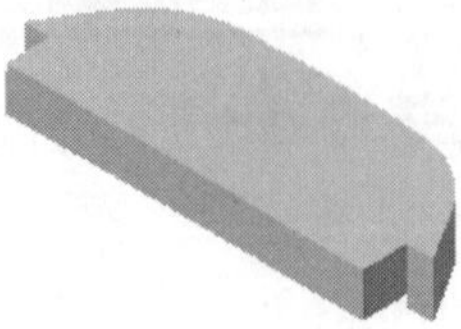

图 13.11.3　凸台 1

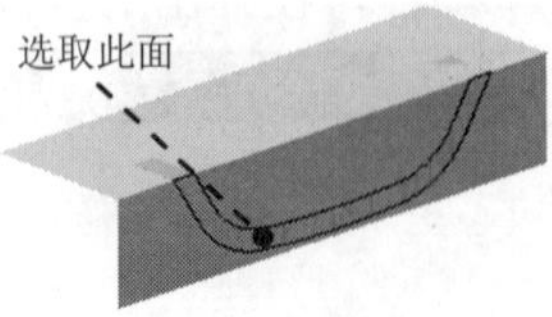

图 13.11.4　定义草图平面

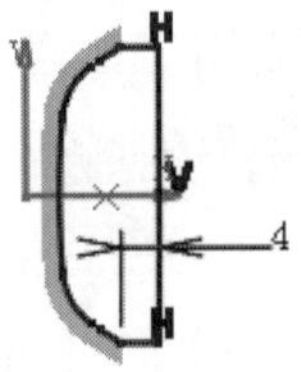

图 13.11.5　截面草图

Step7. 创建图 13.11.6 所示的特征——凹槽 1。

（1）选择命令。选择下拉菜单 插入 ➡ 基于草图的特征 ▸ ➡ 凹槽... 命令。

（2）创建截面草图。选取图 13.11.7 所示的面为草图平面，绘制图 13.11.8 所示的截面草图。

（3）定义凹槽类型和尺寸。在 第一限制 区域的 类型: 的下拉列表中选择 尺寸 选项；在 偏移: 文本框中输入值 3。

（4）单击 确定 按钮，完成凹槽 1 的创建。

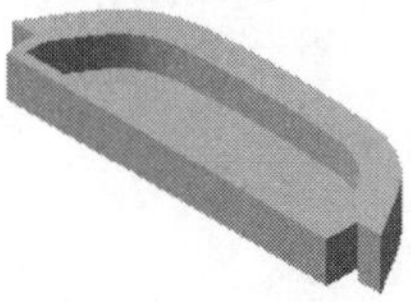

图 13.11.6 凹槽 1

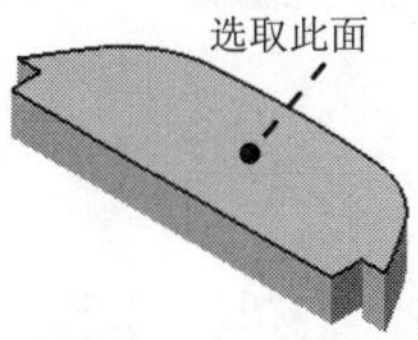

图 13.11.7 定义草图平面

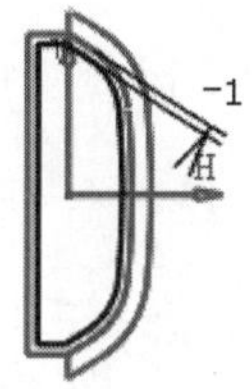

图 13.11.8 截面草图

Step8. 创建图 13.11.9 所示的特征——凸台 2。

（1）选择命令。选择下拉菜单 插入 ➡ 基于草图的特征 ▸ ➡ 凸台... 命令，系统弹出“定义凸台”对话框。

（2）创建截面草图。选取图 13.11.10 所示的面为草图平面，绘制图 13.11.11 所示的截面草图。

（3）定义凸台类型和尺寸。在 第一限制 区域的 类型: 的下拉列表中选择 尺寸 选项，并在其下的文本框中输入值 5，单击 反转方向 按钮，反转拉伸方向。

（4）单击 确定 按钮，完成凸台 2 的创建。

说明： 图 13.11.11 所绘制的圆的圆心与 fourth 中的“草图 2”中的点相合。

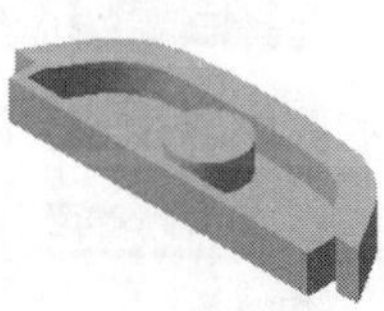

图 13.11.9 凸台 2

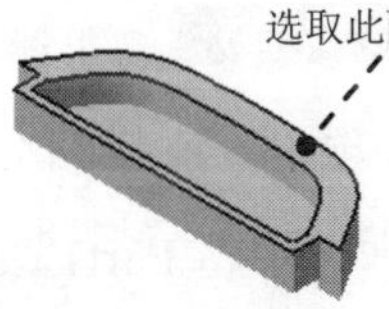

图 13.11.10 定义草图平面

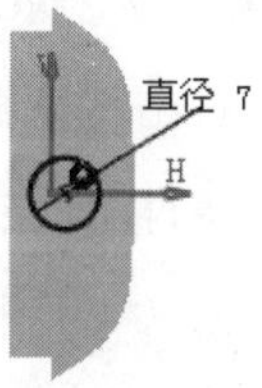

图 13.11.11 截面草图

Step9. 创建图 13.11.12 所示的特征——凹槽 2。

（1）选择命令。选择下拉菜单 插入 ➡ 基于草图的特征 ▸ ➡ 凹槽... 命令。

（2）创建截面草图。选取图 13.11.10 所示的面为草图平面，绘制图 13.11.13 所示的截面草图。

（3）定义凹槽类型和尺寸。在 第一限制 区域的 类型: 的下拉列表中选择 直到下一个 选项；在 偏移: 文本框中输入值 0。

（4）单击 确定 按钮，完成凹槽 2 的创建。

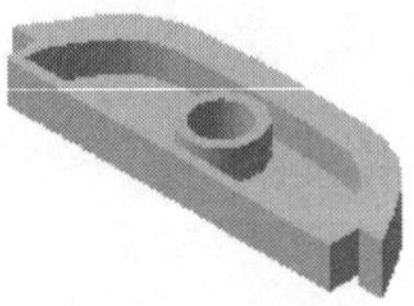

图 13.11.12 凹槽 2

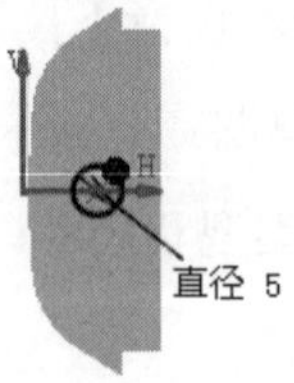

图 13.11.13 截面草图

Step10. 保存零件模型。选择下拉菜单 文件 → 保存 命令，即可保存零件模型；完成保存后将其关闭。

13.12 刻 度 条

下面讲解刻度条（scale_piece）的创建过程，零件模型及特征树如图 13.12.1 所示。

图 13.12.1 零件模型及特征树

Step1. 新建 scale_piece 模型文件。

（1）在确认 hot_water_bottle 被激活状态下，选择下拉菜单 插入 → 新建零件 命令，系统弹出“新零件：原点”对话框，单击 是(Y) 按钮。

（2）右击特征树中的 Part1 (Part1.11)，在弹出的快捷菜单中选择 属性 命令，系统弹出“属性”对话框，选择 产品 选项卡，在 组件 区域的 实例名称 文本框中将 Part1.11 改为 scale_piece，在 产品 区域的 零件编号 文本框中将 Part1 改为 scale_piece，单击 确定 按钮。

（3）先双击特征树中的 scale_piece (scale_piece)，再右击，在弹出的快捷菜单中选择 scale_piece 对象 → 在新窗口中打开 命令，系统切换到 scale_piece 模型文件。

Step2. 创建外部参考。

（1）选择下拉菜单 窗口 → 7 fourth.CATPart 命令，系统切换到 fourth 模型文件。

（2）在特征树中选取已发布的特征“拉伸 1”并右击，在弹出的快捷菜单中选择 复制 命令。

（3）选择下拉菜单 窗口 → 8 scale_piece.CATPart 命令，系统切换到 scale_piece 模型文件。

（4）右击特征树中的 scale_piece，在弹出的快捷菜单中选择 选择性粘贴... 命令，系统弹出“选择性粘贴”对话框，选择 与原文档相关联的结果 选项，单击 确定 按钮，完成外部参考的创建。

Step3. 创建几何体。

（1）选择下拉菜单 窗口 ➡ 7 fourth.CATPart 命令，系统切换到 fourth 模型文件。

（2）在特征树中选取已发布特征“零件几何体”并右击，在弹出的快捷菜单中选择 复制 命令。

（3）选择下拉菜单 窗口 ➡ 8 scale_piece.CATPart 命令，系统切换到 scale_piece 模型文件。

（4）右击特征树中的 scale_piece，在弹出的快捷菜单中选择 选择性粘贴... 命令，系统弹出“选择性粘贴”对话框，选择 与原文档相关联的结果 选项，单击 确定 按钮，完成几何体的创建。

Step4. 创建特征。在特征树中选择 几何体.2 并右击，从弹出的快捷菜单中选择 几何体.2 对象 ➡ 添加... 命令，此时完成创建特征的创建。

Step5. 创建图 13.12.2b 所示的零件特征——分割 1（曲面已隐藏）。

（1）选择命令。选择下拉菜单 插入 ➡ 基于曲面的特征 ➡ 分割... 命令，系统弹出“定义分割”对话框。

（2）激活 分割元素： 文本框，在特征树中选取“曲面 1”为分割元素，在绘图区单击系统生成的方向箭头，使其指向要保留的那一侧。

（3）单击 确定 按钮，完成分割 1 的创建。

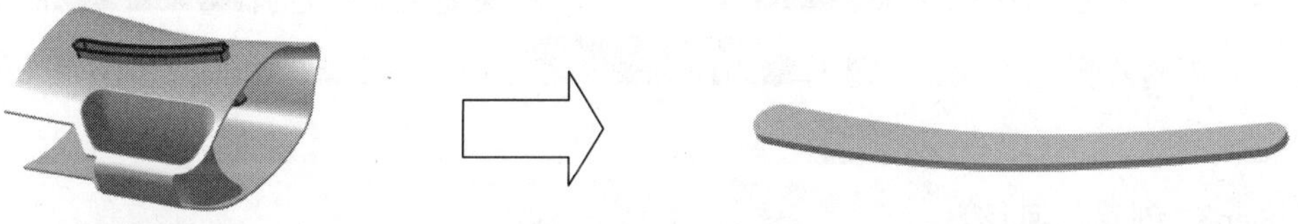

a）分割前　　b）分割后

图 13.12.2 分割 1

Step6. 保存零件模型。选择下拉菜单 文件 ➡ 保存 命令，即可保存零件模型；完成保存后将其关闭。

13.13 主体底座

下面讲解主体底座（body_base）的创建过程，零件模型及特征树如图 13.13.1 所示。

Step1. 新建 body_base 模型文件。

（1）在确认 hot_water_bottle 被激活状态下，选择下拉菜单 插入 → 新建零件 命令，系统弹出“新零件：原点”对话框，单击 是(Y) 按钮。

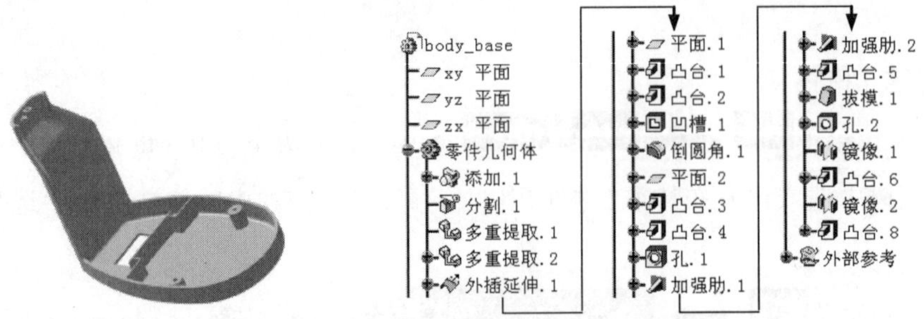

图 13.13.1 零件模型及特征树

（2）右击特征树中的 Part1 (Part1.12)，在弹出的快捷菜单中选择 属性 命令，系统弹出“属性”对话框，选择 产品 选项卡，在 组件 区域的 实例名称 文本框中将 Part1.12 改为 body_base，在 产品 区域的 零件编号 文本框中将 Part1 改为 body_base，单击 确定 按钮。

（3）先双击特征树中的 body_base (body_base)，再右击，在弹出的快捷菜单中选择 body_base.1 对象 → 在新窗口中打开 命令，系统切换到 body_base 模型文件。

Step2. 创建外部参考。

（1）选择下拉菜单 窗口 → 5 third01.CATPart 命令，系统切换到 third01 模型文件。

（2）按住 Ctrl 键，在特征树中依次选取已发布的特征“草图 1”“倒圆角 1”和“草图 3”并右击，在弹出的快捷菜单中选择 复制 命令。

（3）选择下拉菜单 窗口 → 8 body_base.CATPart 命令，系统切换到 body_base 模型文件。

（4）右击特征树中的 body_base，在弹出的快捷菜单中选择 选择性粘贴... 命令，系统弹出“选择性粘贴”对话框，选择 与原文档相关联的结果 选项，单击 确定 按钮，完成外部参考的创建。

Step3. 创建几何体。

（1）选择下拉菜单 窗口 → 5 third01.CATPart 命令，系统切换到 third01 模型文件。

（2）在特征树中选取已发布特征“零件几何体”并右击，在弹出的快捷菜单中选择 复制 命令。

（3）选择下拉菜单 窗口 → 8 body_base.CATPart 命令，系统切换到 body_base 模型文件。

（4）右击特征树中的 零件几何体，在弹出的快捷菜单中选择 选择性粘贴... 命令，系统弹出“选择性粘贴”对话框，选择 与原文档相关联的结果 选项，单击 确定 按钮，完成几何体的创建。

Step4. 创建特征。在特征树中选择 [illegible] 并右击，从弹出的快捷菜单中选择 几何体.2 对象 ➡ 添加... 命令，此时完成创建特征的创建。

Step5. 创建图 13.13.2b 所示的零件特征——分割 1（曲面已隐藏）。

（1）选择命令。选择下拉菜单 插入 ➡ 基于曲面的特征 ➡ 分割... 命令，系统弹出“定义分割”对话框。

（2）激活 分割元素: 文本框，在特征树中选取“曲面 1”为分割元素，在绘图区单击系统生成的方向箭头，使其指向要保留的一侧。

（3）单击 确定 按钮，完成分割 1 的创建。

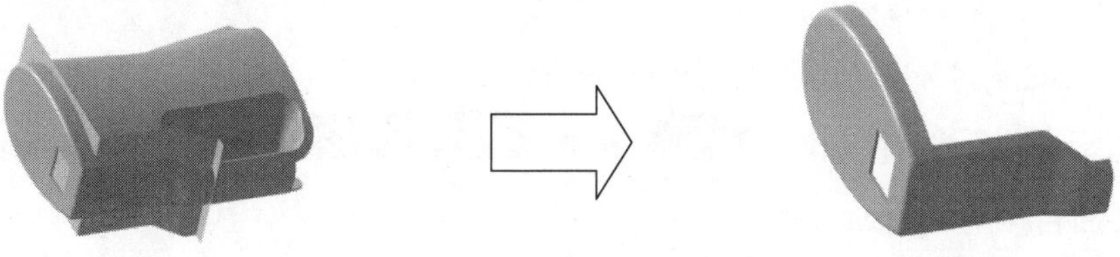

a）分割前　　b）分割后

图 13.13.2　分割 1

Step6. 切换工作台。选择下拉菜单 开始 ➡ 形状 ➡ 创成式外形设计 命令，切换到“创成式外形设计”工作台。

Step7. 创建特征——多重提取 1。选择下拉菜单 插入 ➡ 操作 ▸ ➡ 多重提取... 命令；选取图 13.13.3 所示的面为要提取的元素；单击 确定 按钮，完成多重提取 1 的创建。

Step8. 创建特征——多重提取 2。选择下拉菜单 插入 ➡ 操作 ▸ ➡ 多重提取... 命令；选取图 13.13.4 所示的边线为要提取的元素；单击 确定 按钮，完成多重提取 2 的创建。

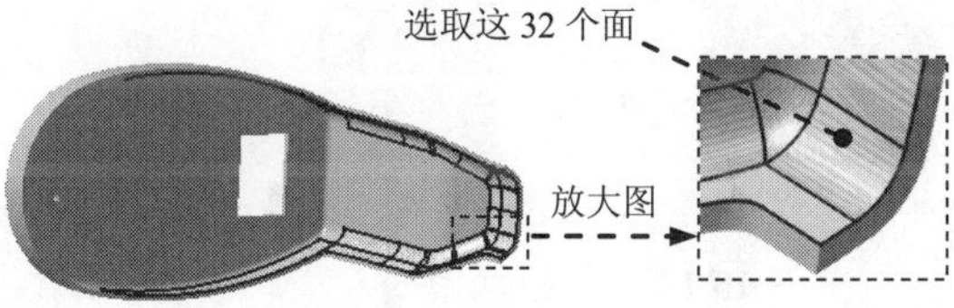

图 13.13.3　多重提取 1

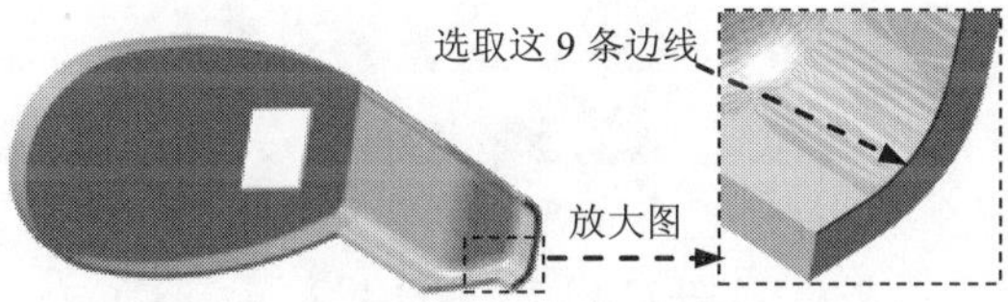

图 13.13.4　多重提取 2

Step9. 创建图 13.13.5 所示的延伸特征——外插延伸 1。选择下拉菜单 插入 ➡ 操作 ▸ ➡ 外插延伸... 命令；选取“多重提取 2”为外插边界元素，选取“多重提取 1”为外插延伸元素；在 限制 区域 类型: 的下拉列表中选择 长度: 选项，在 长度 文本框中输入值 10；在 连续: 和 端点: 的下拉列表中分别选择 切线 选项，单击 确定 按钮，完成外插延伸 1 的创建。

Step10. 创建图 13.13.6 所示的特征——平面 1。选择下拉菜单 插入 ➡ 线框 ▸ ➡ 平面... 命令；在 平面类型: 下拉列表中选择 偏移平面 选项；激活 参考: 文本框，选取“yz 平面”

为参考平面；在偏移：文本框中输入值 90，并单击反转方向按钮；单击确定按钮，完成平面 1 的创建。

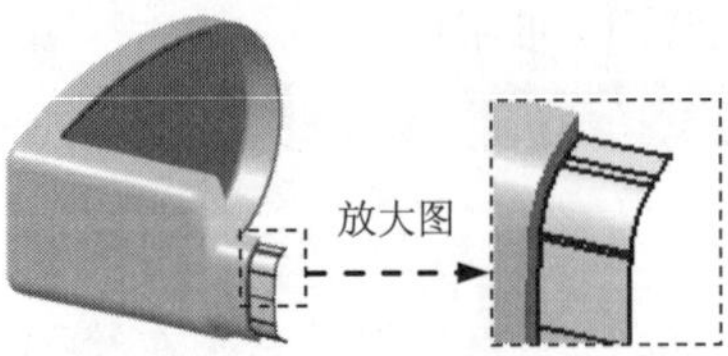

图 13.13.5　外插延伸 1

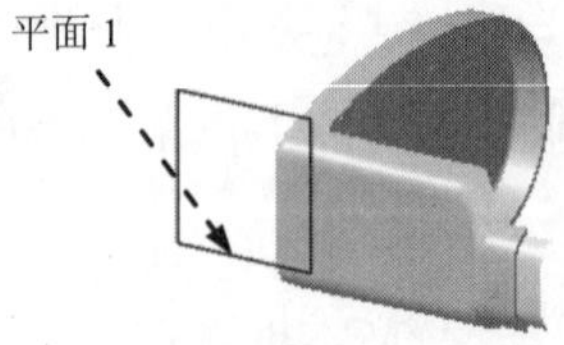

图 13.13.6　平面 1

Step11. 切换工作台。选择下拉菜单开始 → 机械设计 → 零件设计命令，切换到“零件设计”工作台。

Step12. 创建图 13.13.7 所示的特征——凸台 1。

（1）选择命令。选择下拉菜单插入 → 基于草图的特征 → 凸台...命令，系统弹出“定义凸台”对话框。

（2）创建截面草图。选取“平面 1”为草图平面，绘制图 13.13.8 所示的截面草图。

（3）定义凸台类型和尺寸。在“定义凸台”对话框中选中厚复选框；在第二限制区域的类型：的下拉列表中选择尺寸选项，并在其下的文本框中输入值 0；在薄凸台区域厚度 1 的文本框中输入值 1，在厚度 2：的文本框中输入值 0。在第一限制区域类型：的下拉列表中选择直到曲面选项，在特征树中选取“外插延伸 1”为凸台终止面，并在偏移：文本框中输入值 0。

（4）单击确定按钮，完成凸台 1 的创建。

图 13.13.7　凸台 1

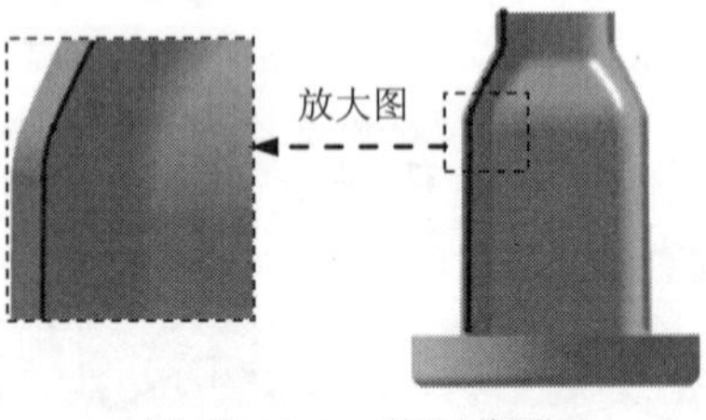

图 13.13.8　截面草图

Step13. 创建图 13.13.9 所示的特征——凸台 2。

（1）选择命令。选择下拉菜单插入 → 基于草图的特征 → 凸台...命令，系统弹出“定义凸台”对话框。

（2）创建截面草图。选取“平面 1”为草图平面，绘制图 13.13.10 所示的截面草图。

（3）定义凸台类型和尺寸。在“定义凸台”对话框中选中厚复选框；在第二限制区域的类型：的下拉列表中选择尺寸选项，并在其后的文本框中输入值 0；在薄凸台区域厚度 1 的文本框中输入值 1，在厚度 2：的文本框中输入值 0。在第一限制区域类型：的下拉列表中选

择 直到曲面 选项，在特征树中选取“外插延伸 1”为凸台终止面，并在 偏移： 文本框中输入值 0。

（4）单击 确定 按钮，完成凸台 2 的创建。

图 13.13.9 凸台 2

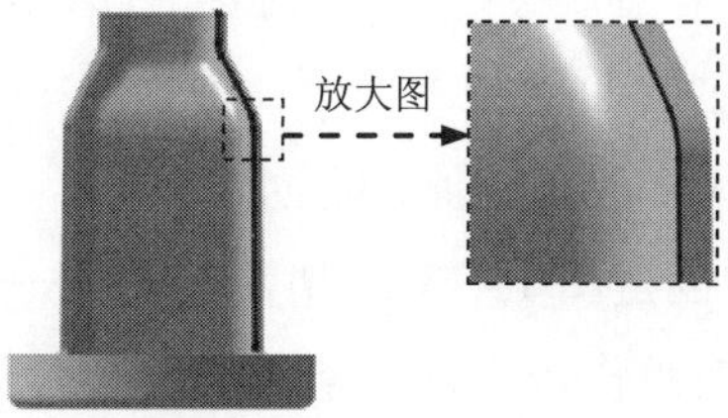

图 13.13.10 截面草图

Step14. 创建图 13.13.11 所示的特征——凹槽 1。

（1）选择命令。选择下拉菜单 插入 → 基于草图的特征 → 凹槽... 命令。

（2）创建截面草图。选取“zx 平面”为草图平面，绘制图 13.13.12 所示的截面草图。

（3）定义凹槽类型和尺寸。在 第一限制 区域的 类型： 的下拉列表中选择择 直到最后 选项，在其下的文本框中输入值 0，并单击 更多>> 按钮；在 第二限制 区域的 类型： 的下拉列表中选择 直到最后 选项，并在其后的文本框中输入值 0。

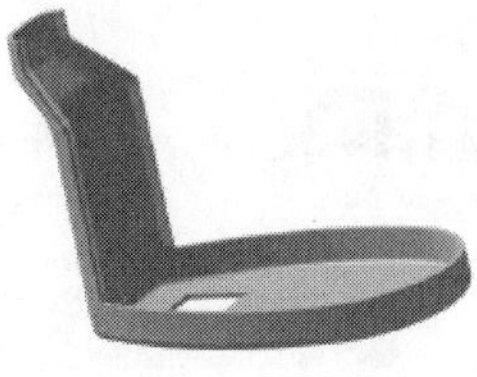

图 13.13.11 凹槽 1

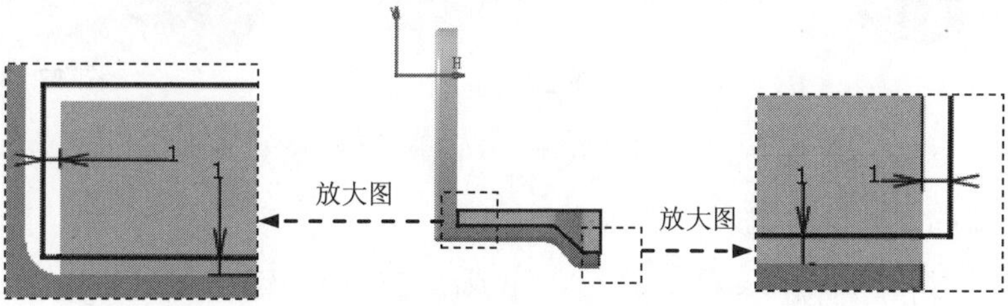

图 13.13.12 截面草图

（4）单击 确定 按钮，完成凹槽 1 的创建。

Step15. 创建图 13.13.13b 所示的倒圆角特征——倒圆角 1。

（1）选择命令。选择下拉菜单 插入 → 修饰特征 → 倒圆角... 命令，系统弹出“倒圆角定义”对话框。

（2）选取图 13.13.13a 所示的边线为倒圆角对象，在 半径： 文本框中输入值 3。

（3）单击 确定 按钮，完成倒圆角 1 的创建。

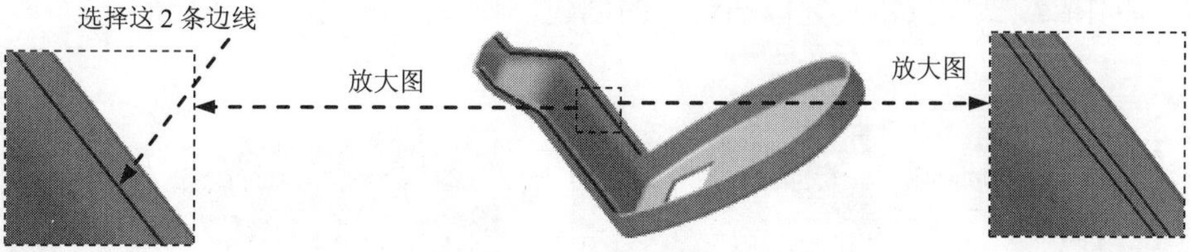

a）倒圆角前 b）倒圆角后

图 13.13.13 倒圆角 1

Step16. 切换工作台。选择下拉菜单开始 ➡ 形状 ➡ 创成式外形设计命令，切换到“创成式外形设计”工作台。

Step17. 创建图 13.13.14 所示的特征——平面 2。选择下拉菜单插入 ➡ 线框▸ ➡ 平面...命令；在平面类型：下拉列表中选择偏移平面选项；激活参考：文本框，在绘图区选取图 13.13.14 所示的面为参考平面；在偏移：文本框中输入值 5，并单击反转方向按钮；单击确定按钮，完成平面 2 的创建。

Step18. 创建图 13.13.15 所示的特征——凸台 3。

（1）切换工作台。选择下拉菜单开始 ➡ 机械设计▸ ➡ 零件设计命令，切换到“零件设计”工作台。

（2）选择命令。选择下拉菜单插入 ➡ 基于草图的特征▸ ➡ 凸台...命令，系统弹出“定义凸台”对话框。

（3）创建截面草图。选取“平面 2”为草图平面，绘制图 13.13.16 所示的截面草图。

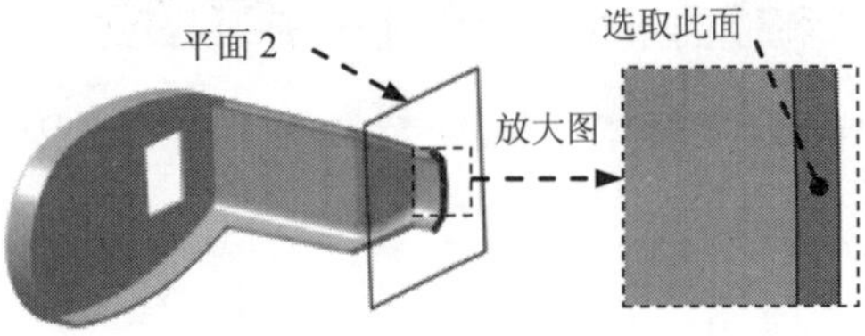

图 13.13.14 平面 2

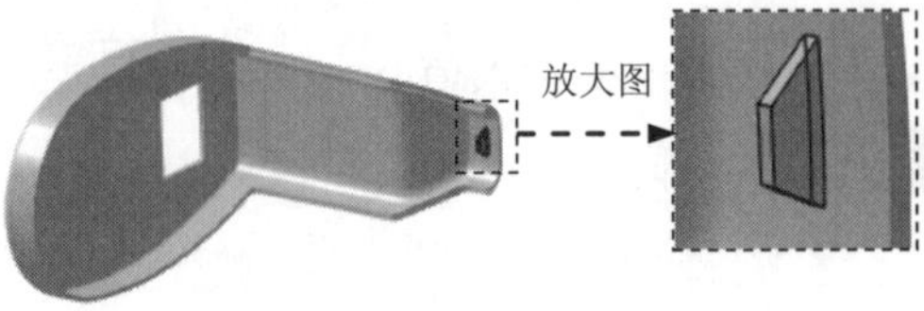

图 13.13.15 凸台 3

（4）定义凸台类型和尺寸。在第一限制区域类型：的下拉列表中选择尺寸选项，并在其后的文本框中输入值 1。

（5）单击确定按钮，完成凸台 3 的创建。

Step19. 创建图 13.13.17 所示的特征——凸台 4。

（1）选择命令。选择下拉菜单插入 ➡ 基于草图的特征▸ ➡ 凸台...命令，系统弹出“定义凸台”对话框。

（2）创建截面草图。选取图 13.13.18 所示的面为草图平面；绘制图 13.13.19 所示的截面草图。

（3）定义凸台类型和尺寸。在第一限制区域类型：的下拉列表中选择尺寸选项，并在其后的文本框中输入值 5；在第二限制区域的类型：的下拉列表中选择尺寸选项，并在其后的文本框中输入值 1。

（4）单击确定按钮，完成凸台 4 的创建。

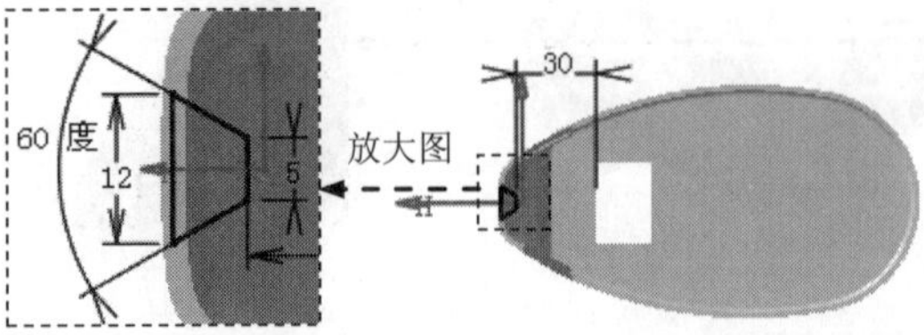

图 13.13.16 截面草图

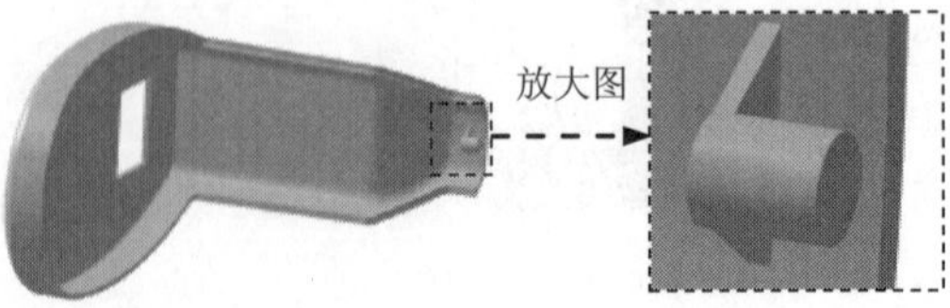

图 13.13.17 凸台 4

说明：图 13.13.19 所示的圆的圆心与 third01 中的“草图 2”所绘制的点相合。

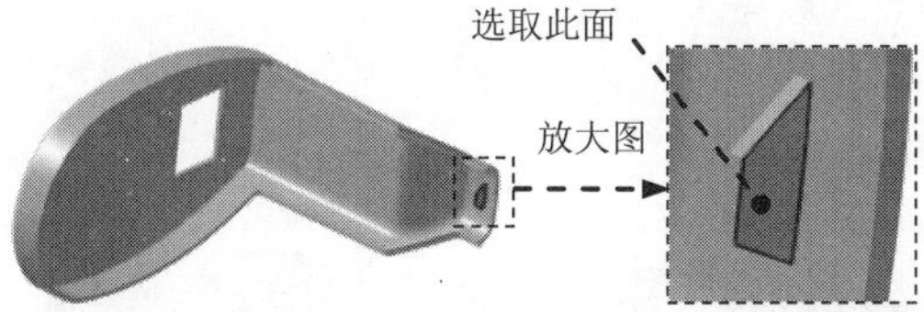

图 13.13.18　定义草图平面

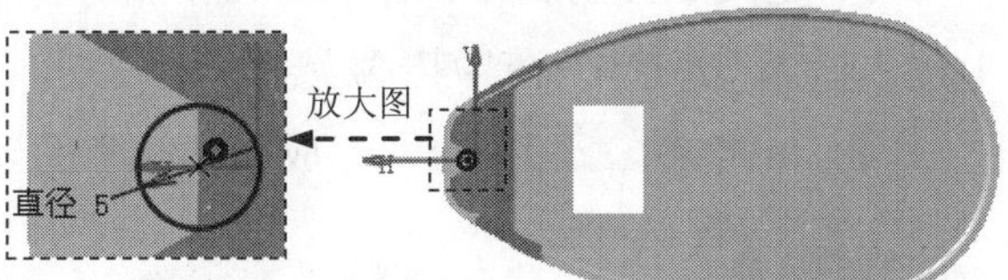

图 13.13.19　截面草图

Step20. 创建图 13.13.20 所示的零件特征——孔 1。

（1）选择命令。选择下拉菜单 插入 → 基于草图的特征 ▸ → 孔... 命令。

（2）定义孔的放置面。选取图 13.13.21 所示的模型表面为孔的放置面，系统弹出“定义孔”对话框。

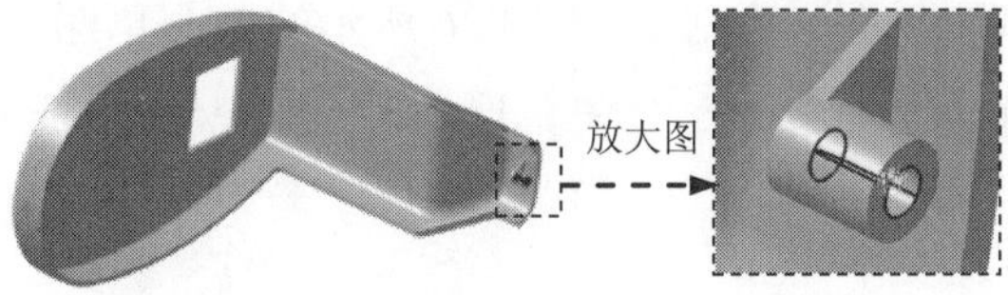

图 13.13.20　孔 1

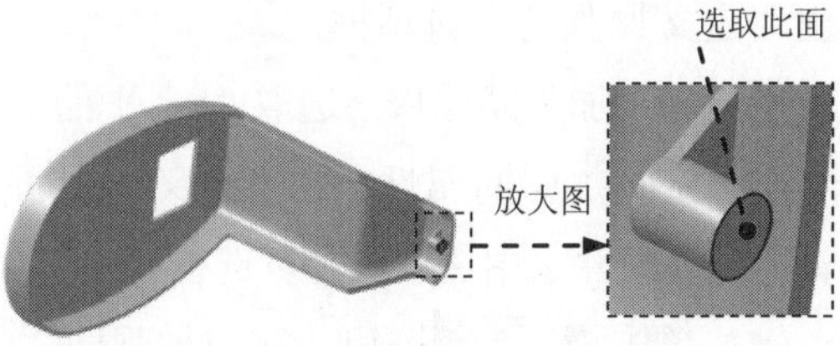

图 13.13.21　定义孔的位置

（3）定义孔的位置。在“定义孔”对话框中单击 按钮；约束孔的中心与草图 3 中的点重合，如图 13.13.22 所示；单击 按钮，退出草绘工作台。

（4）定义孔的扩展参数。

① 定义孔的扩展深度。在“定义孔”对话框的 扩展 选项卡的下拉列表中选择 盲孔 选项。

② 定义孔的直径。在 扩展 选项卡的 直径： 文本框中输入值 4.5。

（5）定义孔的类型及参数。在“定义孔”对话框的 类型 选项卡中选择 简单 选项。

（6）定义螺纹类型及参数。

① 定义螺纹类型。在“定义孔”对话框的 定义螺纹 选项卡中选择 螺纹孔 复选框，在 定义螺纹 区域 类型： 下拉列表中选择 公制粗牙螺纹 选项，在 螺纹描述： 的下拉列表中选择 M3 选项。

说明：在 定义螺纹 区域 类型： 下拉列表中选择 公制粗牙螺纹 选项后，系统会弹出“警告”对话框，单击 确定 按钮将其关闭即可。

② 定义螺纹参数。在 螺纹深度： 文本框中输入值 2.5，在 孔深度： 文本框中输入值 4.5。

（7）单击“定义孔”对话框中的 确定 按钮，完成孔 1 的创建。

Step21. 创建图 13.13.23 所示的零件特征——加强肋 1。

（1）选择命令。选择下拉菜单 插入 → 基于草图的特征 ▸ → 加强肋... 命令，系统弹出“定义加强肋”对话框。

（2）定义加强肋轮廓。选取“zx 平面”为草图平面，绘制图 13.13.24 所示的截面草图。

（3）定义加强肋属性。在“定义加强肋”对话框中选中 从侧面 单选项，在 厚度 1: 文本框中输入值 1，并选中 中性边界 复选框。

（4）单击 确定 按钮，完成加强肋 1 的创建。

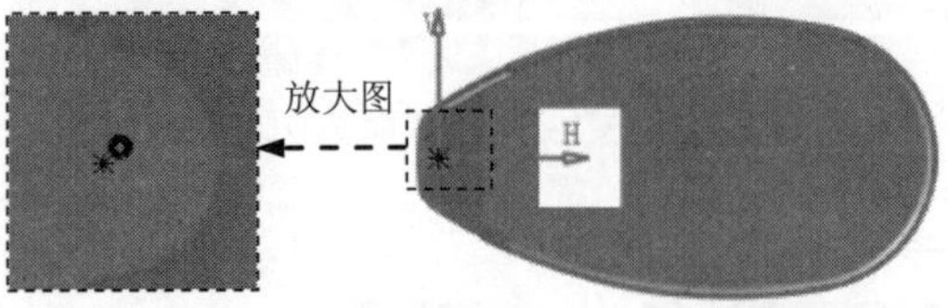

图 13.13.22　截面草图

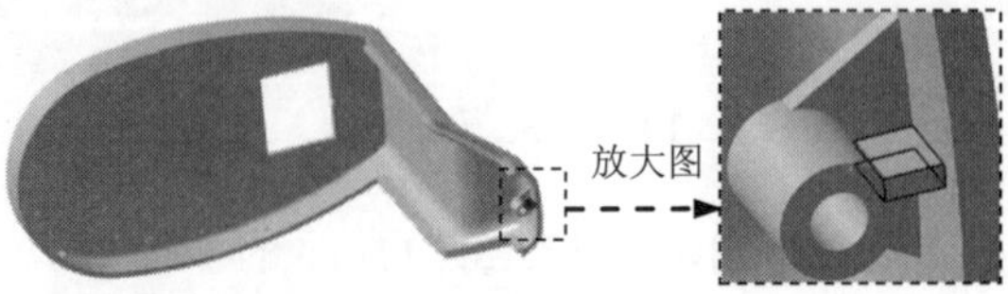

图 13.13.23　加强肋 1

Step22. 创建图 13.13.25 所示的零件特征——加强肋 2。

（1）选择命令。选择下拉菜单 插入 → 基于草图的特征 ▸ → 加强肋... 命令，系统弹出“定义加强肋”对话框。

（2）定义加强肋轮廓。选取“zx 平面”为草图平面；绘制图 13.13.26 所示的截面草图。

（3）定义加强肋属性。在“定义加强肋”对话框中选中 从侧面 单选项，在 厚度 1: 文本框中输入值 1，并选中 中性边界 复选框。

（4）单击 确定 按钮，完成加强肋 2 的创建。

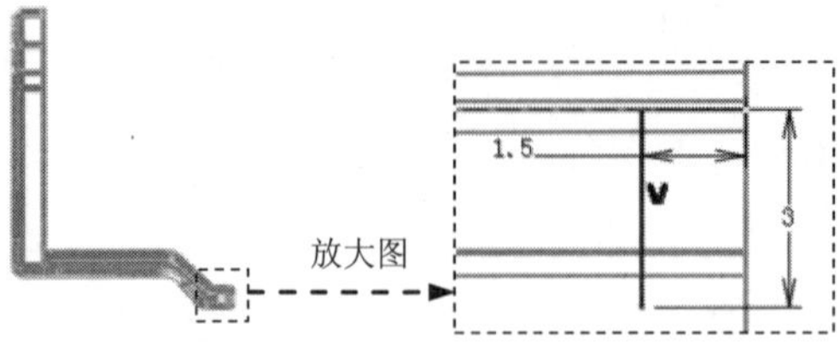

图 13.13.24　截面草图

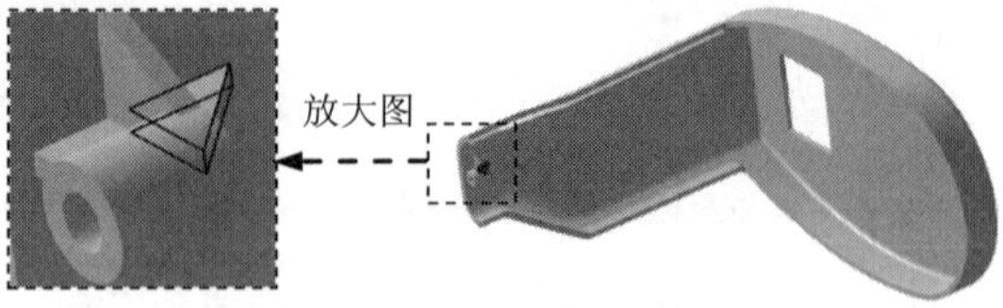

图 13.13.25　加强肋 2

Step23. 创建图 13.13.27 所示的特征——凸台 5。

（1）选择命令。选择下拉菜单 插入 → 基于草图的特征 ▸ → 凸台... 命令，系统弹出“定义凸台”对话框。

（2）创建截面草图。选取图 13.13.28 所示的面为草图平面，绘制图 13.13.29 所示的截面草图。

（3）定义凸台类型和尺寸。在 第一限制 区域的 类型: 的下拉列表中选择 尺寸 选项，并在 长度: 文本框中输入值 14，单击 反转方向 按钮，反转拉伸方向。

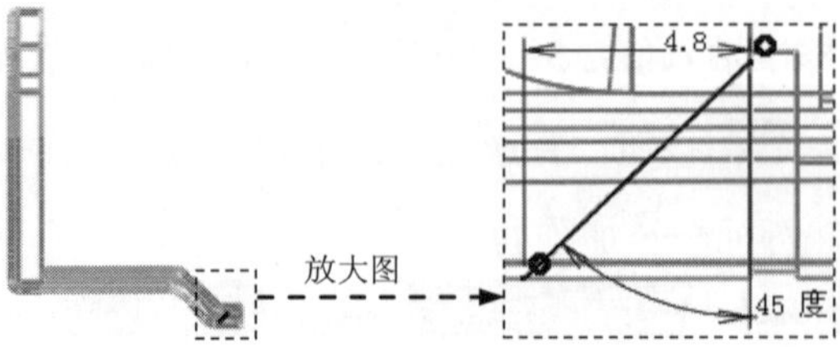

图 13.13.26　截面草图

图 13.13.27　凸台 5

（4）单击 确定 按钮，完成凸台 5 的创建。

说明：图 13.13.29 所示的圆的圆心分别与 third01 中的“草图 3”所绘制的点相合。

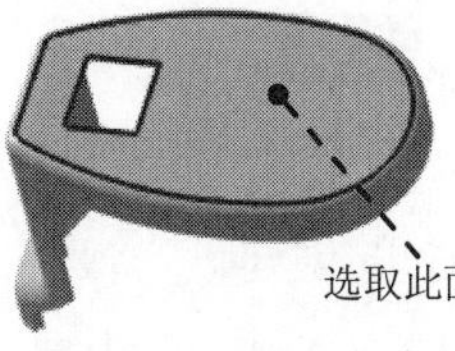

图 13.13.28 定义草图平面

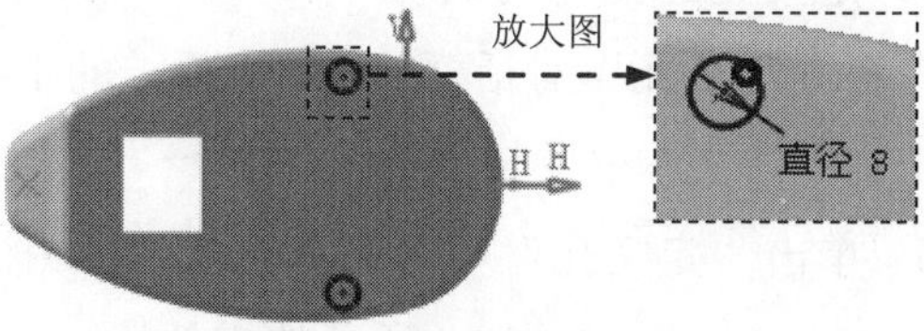

图 13.13.29 截面草图

Step24. 创建图 13.13.30b 所示的零件特征——拔模 1。

（1）选择命令。选择下拉菜单 插入 → 修饰特征 → 拔模... 命令。

（2）定义拔模类型。在“定义拔模”对话框中采用系统默认的拔模类型。

（3）定义拔模参数。选取图 13.13.30a 所示的 2 个圆柱侧面为要拔模的面；在 角度： 文本框中输入值 1；激活 中性元素 区域的 选择： 文本框，选取图 13.13.30 所示的面 1 为中性元素；在 拓展： 下拉列表中选择 无 选项。

（4）单击 确定 按钮，完成拔模 1 的创建。

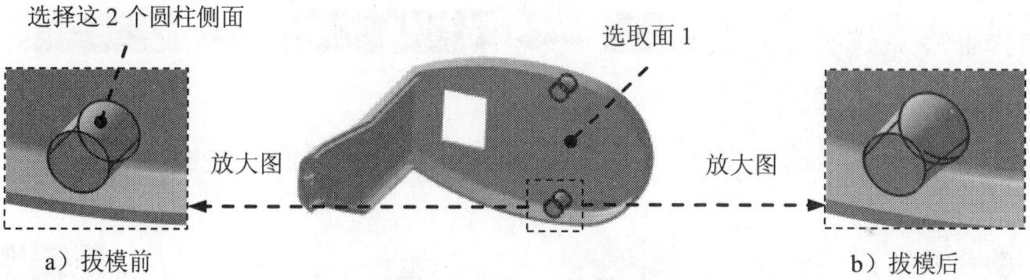

图 13.13.30 拔模 1

Step25. 创建图 13.13.31 所示的零件特征——孔 2。

（1）选择命令。选择下拉菜单 插入 → 基于草图的特征 → 孔... 命令。

（2）定义孔的放置面。选取图 13.13.32 所示的模型表面为孔的放置面，系统弹出“定义孔”对话框。

（3）定义孔的位置。在“定义孔”对话框中单击 按钮；约束孔的中心与草图 3 中的点重合，如图 13.13.33 所示；单击 按钮，退出草绘工作台。

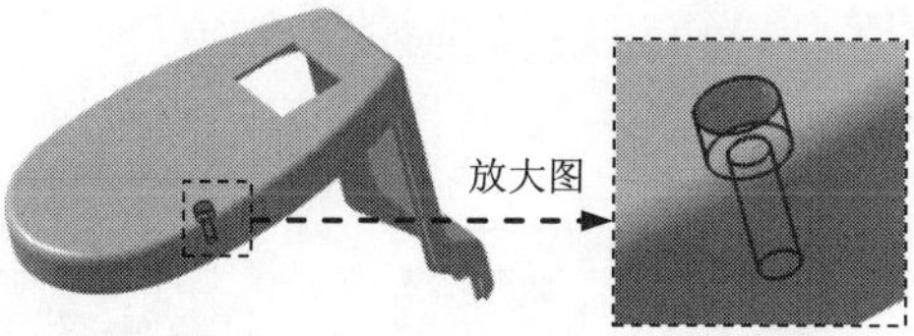

图 13.13.31 孔 2

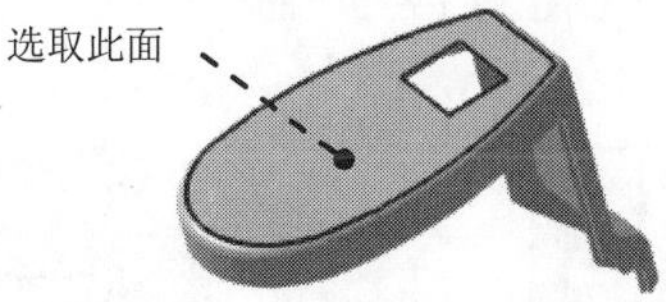

图 13.13.32 定义孔的位置

（4）定义孔的扩展参数。

① 定义孔的扩展深度。在“定义孔”对话框的 扩展 选项卡的下拉列表中选择 直到最后 选

项，在定义螺纹选项卡中取消选中☐螺纹孔复选框。

② 定义孔的直径。在扩展选项卡的直径：文本框中输入值 3。

（5）定义孔的类型及参数。

① 在“定义孔”对话框的类型选项卡的下拉列表中选择沉头孔选项。

② 在直径：文本框中输入值 6，在深度：文本框中输入值 4。

（6）单击“定义孔”对话框中的确定按钮，完成孔 2 的创建。

Step26. 创建图 13.13.34 所示的零件特征—— 镜像 1。选取“孔 2”为要镜像的对象；选择下拉菜单插入 → 变换特征 → 镜像...命令；选取“zx 平面”为镜像元素；单击确定按钮，完成镜像 1 的创建。

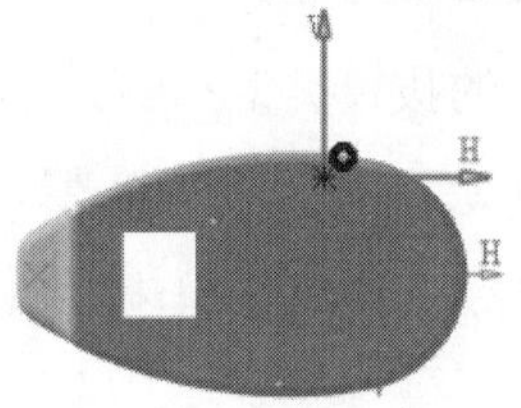

图 13.13.33　定位孔中心

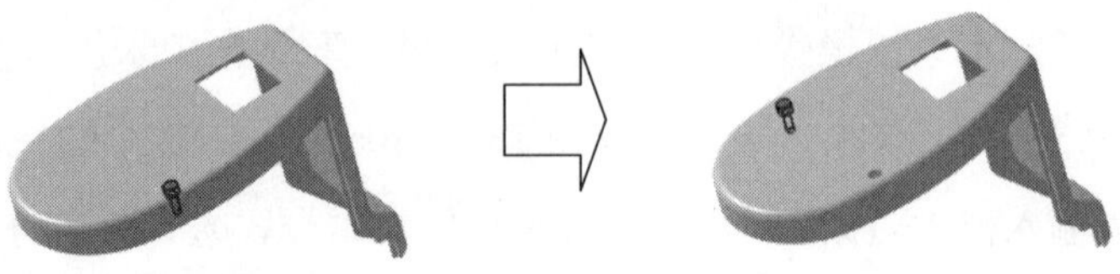

a）镜像前　b）镜像后

图 13.13.34　镜像 1

Step27. 创建图 13.13.35 所示的特征——凸台 6。

（1）选择命令。选择下拉菜单插入 → 基于草图的特征 → 凸台...命令，系统弹出“定义凸台”对话框。

（2）创建截面草图。选取图 13.13.36 所示的面为草图平面，绘制图 13.13.37 所示的截面草图。

（3）定义凸台类型和尺寸。在第一限制区域的类型：的下拉列表中选择直到平面选项，在绘图区选取图 13.13.38 所示的面为终止面，并在偏移：文本框中输入值 0，选中厚复选框；在第二限制区域的类型：的下拉列表中选择尺寸选项，并在其后的文本框中输入值 0；在薄凸台区域厚度 1 的文本框中输入值 1，在厚度 2：的文本框中输入值 0。

图 13.13.35　凸台 6

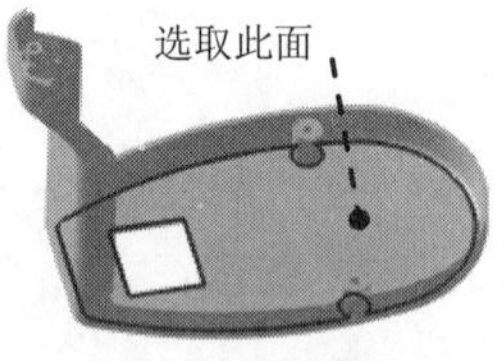

图 13.13.36　定义草图平面

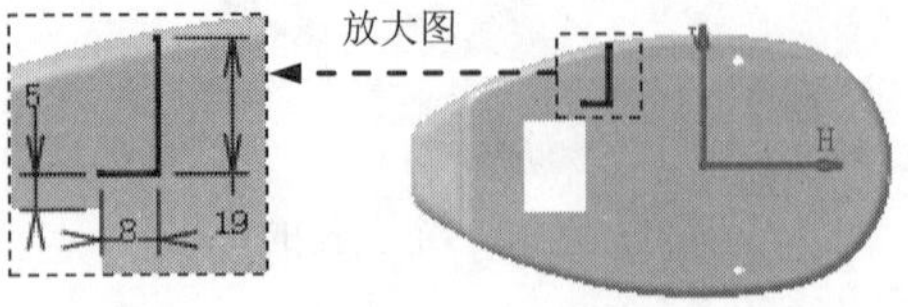

图 13.13.37　截面草图

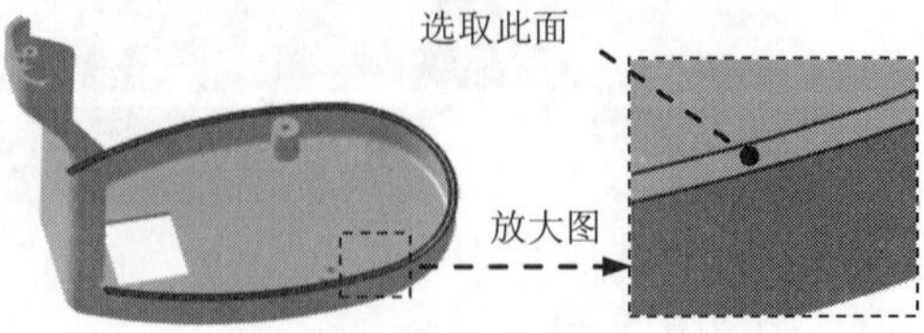

图 13.13.38　定义终止面

（4）单击 确定 按钮，完成凸台 6 的创建。

Step28. 创建图 13.13.39 所示的零件特征—— 镜像 2。选取“凸台 6”为要镜像的对象；选择下拉菜单 插入 → 变换特征 ▸ → 镜像... 命令；选取“zx 平面”为镜像元素；单击 确定 按钮，完成镜像 2 的创建。

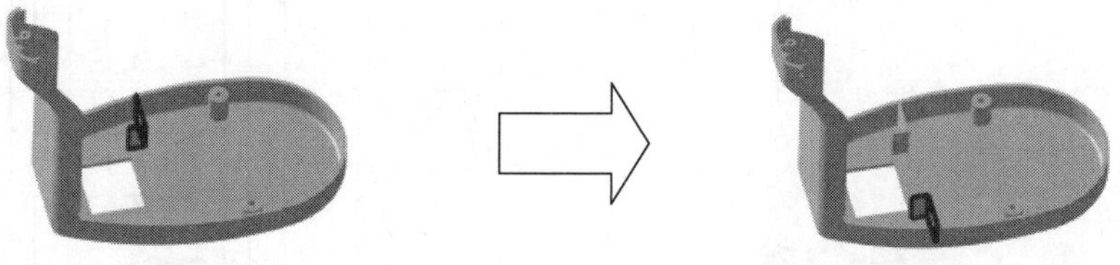

a）镜像前　　b）镜像后

图 13.13.39　镜像 2

Step29. 创建图 13.13.40 所示的特征——凸台 8。

（1）选择命令。选择下拉菜单 插入 → 基于草图的特征 ▸ → 凸台... 命令，系统弹出“定义凸台”对话框。

（2）创建截面草图。选取图 13.13.36 所示的面为草图平面，绘制图 13.13.41 所示的截面草图。

（3）定义凸台类型和尺寸。在“定义凸台”对话框中选中 厚 复选框；在 第一限制 区域的 类型： 的下拉列表中选择 直到平面 选项，在绘图区选取图 13.13.38 所示的面为终止面，并在 偏移： 文本框中输入值 0；在 第二限制 区域的 类型： 的下拉列表中选择 尺寸 选项，并在其后的文本框中输入值 0；在 薄凸台 区域 厚度 1 的文本框中输入值 1，在 厚度 2： 的文本框中输入值 0。

（4）单击 确定 按钮，完成凸台 8 的创建。

图 13.13.40　凸台 8

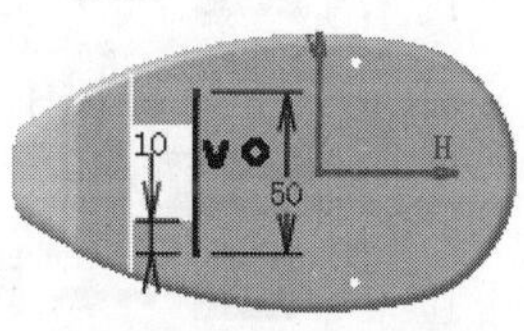

图 13.13.41　截面草图

Step30. 保存零件模型。选择下拉菜单 文件 → 保存 命令，即可保存零件模型；完成后将其关闭。

13.14　底 座 上 盖

下面讲解底座上盖（base_top_cover）的创建过程。底座上盖是从底座二级控件中分割出来的，零件模型及特征树如图 13.14.1 所示。

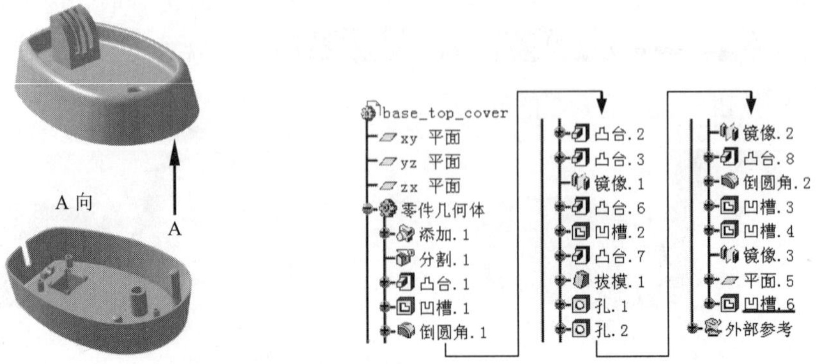

图 13.14.1 零件模型及特征树

Step1. 新建 base_top_cover 模型文件。

（1）在确认 hot_water_bottle 被激活状态下，选择下拉菜单 插入 ➡ 新建零件 命令，系统弹出“新零件：原点”对话框，单击 是(Y) 按钮。

（2）右击特征树中的 Part1 (Part1.13)，在弹出的快捷菜单中选择 属性 命令，系统弹出“属性”对话框，选择 产品 选项卡，在 组件 区域的 实例名称 文本框中将 Part1.13 改为 base_top_cover，在 产品 区域的 零件编号 文本框中将 Part1 改为 base_top_cover，单击 确定 按钮。

（3）先双击特征树中的 base_top_cover (base_top_cover)，再右击，在弹出的快捷菜单中选择 base_top_cover.1 对象 ➡ 在新窗口中打开 命令，系统切换到 base_top_cover 模型文件。

Step2. 创建外部参考。

（1）选择下拉菜单 窗口 ➡ 4 second02.CATPart 命令，系统切换到 second02 模型文件。

（2）按住 Shift 键，在特征树中选取已发布的特征“平面 1”和“草图 5”并右击，在弹出的快捷菜单中选择 复制 命令。

（3）选择下拉菜单 窗口 ➡ 8 base_top_cover.CATPart 命令，系统切换到 base_top_cover 模型文件。

（4）右击特征树中的 [redacted]，在弹出的快捷菜单中选择 选择性粘贴... 命令，系统弹出“选择性粘贴”对话框，选择 与原文档相关联的结果 选项，单击 确定 按钮，完成外部参考的创建。

（5）采用同样的方法，将窗口切换到 first 模型文件，在特征树中选取已发布的特征“平面 1”并右击，在弹出的快捷菜单中选择 复制 命令，将其复制到 [redacted] 模型文件中。

Step3. 创建几何体。

（1）选择下拉菜单 窗口 → 4 second02.CATPart 命令，系统切换到 second02 模型文件。

（2）在特征树中选取已发布特征“零件几何体”并右击，在弹出的快捷菜单中选择 复制 命令。

（3）选择下拉菜单 窗口 → 8 base_top_cover.CATPart 命令，系统切换到 base_top_cover 模型文件。

（4）右击特征树中的 BASE_TOP_COVER，在弹出的快捷菜单中选择 选择性粘贴... 命令，系统弹出“选择性粘贴”对话框，选择 与原文档相关联的结果 选项，单击 确定 按钮，完成几何体的创建。

Step4. 创建特征。在特征树中选择 几何体.2 并右击，从弹出的快捷菜单中选择 几何体.2 对象 → 添加... 命令，此时完成创建特征的创建。

Step5. 创建图 13.14.2b 所示的零件特征——分割 1。

（1）选择命令。选择下拉菜单 插入 → 基于曲面的特征 → 分割... 命令，系统弹出“定义分割”对话框。

（2）激活 分割元素: 文本框，在特征树中选取“曲面 1”为分割元素，在绘图区单击系统生成的方向箭头，使其指向要保留的那一侧。

（3）单击 确定 按钮，完成分割 1 的创建。

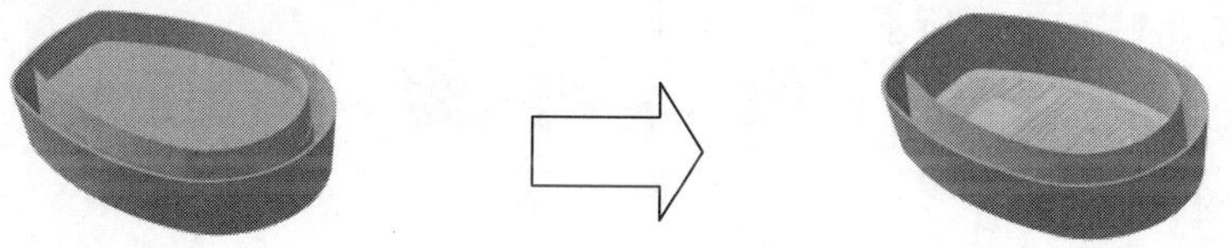

a）分割前　　b）分割后

图 13.14.2　分割 1

Step6. 创建图 13.14.3 所示的特征——凸台 1。

（1）选择命令。选择下拉菜单 插入 → 基于草图的特征 → 凸台... 命令，系统弹出“定义凸台”对话框。

（2）创建截面草图。选取图 13.14.4 所示的面为草图平面，绘制图 13.14.5 所示的截面草图。

（3）定义凸台类型和尺寸。在 第一限制 区域 类型: 的下拉列表中选择 直到平面 选项，在绘图区选取图 13.14.6 所示的面为终止面，并在其后的文本框中输入值 0。

（4）单击 确定 按钮，完成凸台 1 的创建。

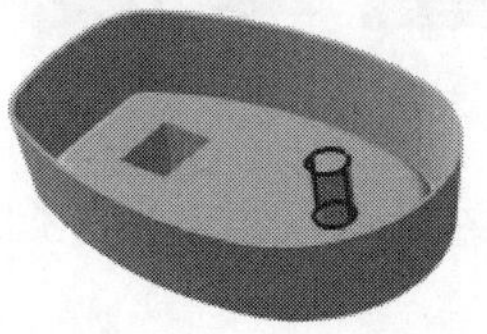

图 13.14.3　凸台 1

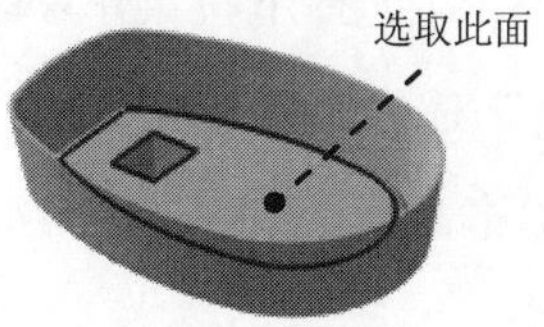

图 13.14.4　定义草图平面

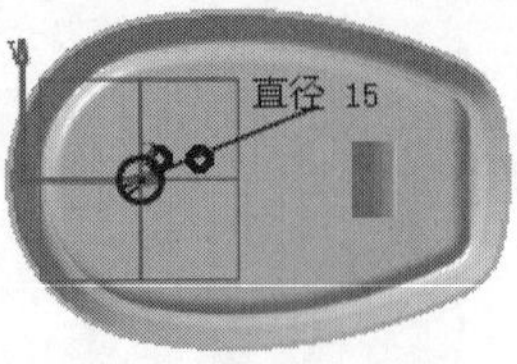

图 13.14.5　截面草图

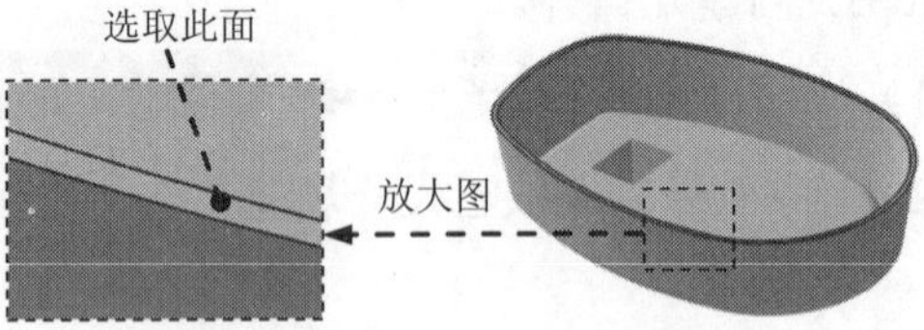

图 13.14.6　定义终止面

Step7. 创建图 13.14.7 所示的特征——凹槽 1。

（1）选择命令。选择下拉菜单 插入 → 基于草图的特征 ▸ → 凹槽... 命令。

（2）创建截面草图。选取图 13.14.8 所示的面为草图平面，绘制图 13.14.9 所示的截面草图。

（3）定义凹槽类型和尺寸。在 第一限制 区域的 类型： 的下拉列表中选择 直到最后 选项；在 偏移： 文本框中输入值 0，其他选项采用系统默认设置。

（4）单击 确定 按钮，完成凹槽 1 的创建。

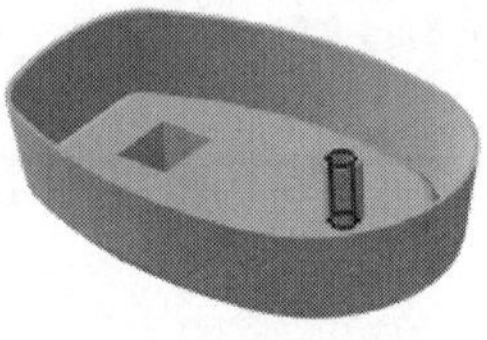

图 13.14.7　凹槽 1

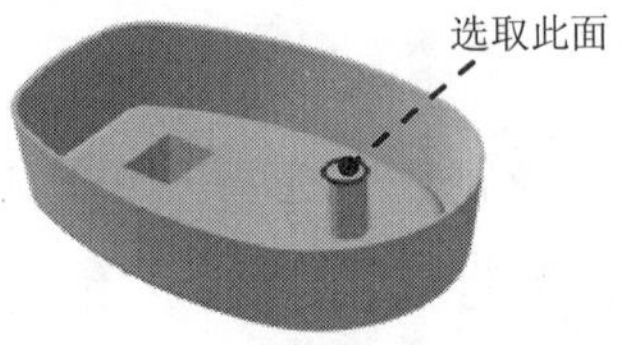

图 13.14.8　定义草图平面

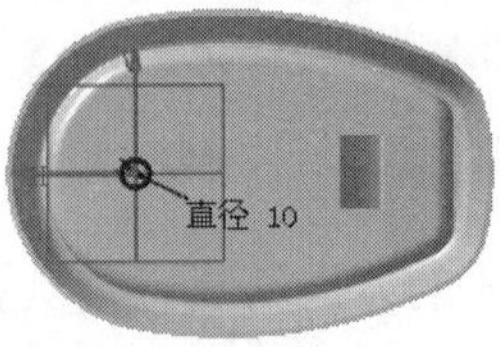

图 13.14.9　截面草图

Step8. 创建图 13.14.10b 所示的倒圆角 1。

（1）选择命令。选择下拉菜单 插入 → 修饰特征 ▸ → 倒圆角... 命令，系统弹出“倒圆角定义”对话框。

（2）选取图 13.14.10a 所示的边线为倒圆角对象，在 半径： 文本框中输入值 3。

（3）单击 确定 按钮，完成倒圆角 1 的创建。

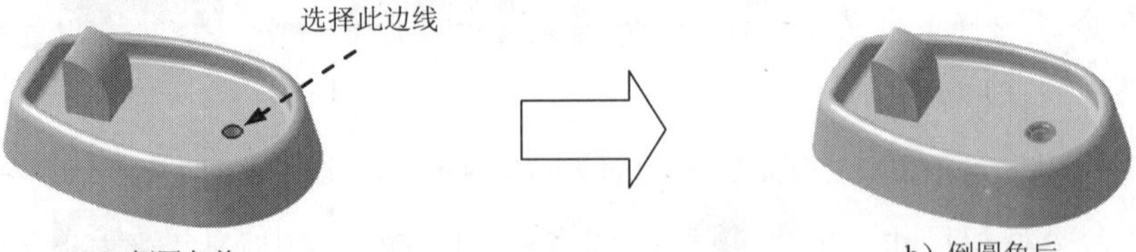

a）倒圆角前　　b）倒圆角后

图 13.14.10　倒圆角 1

Step9. 创建图 13.14.11 所示的特征——凸台 2。

（1）选择命令。选择下拉菜单 插入 → 基于草图的特征 ▸ → 凸台... 命令，系统弹出“定义凸台”对话框。

（2）创建截面草图。选取图 13.14.12 所示的面为草图平面，绘制图 13.14.13 所示的截面草图。

（3）定义凸台类型和尺寸。在 第一限制 区域 类型： 的下拉列表中选择 尺寸 选项，并在其后的文本框中输入值 4，并选中 厚 复选框；在 第二限制 区域的 类型： 的下拉列表中选择 尺寸 选项，并在其后的文本框中输入值 0；在 薄凸台 区域 厚度 1 的文本框中输入值 0，在 厚度 2： 的文本框中输入值 1。

（4）单击 确定 按钮，完成凸台 2 的创建。

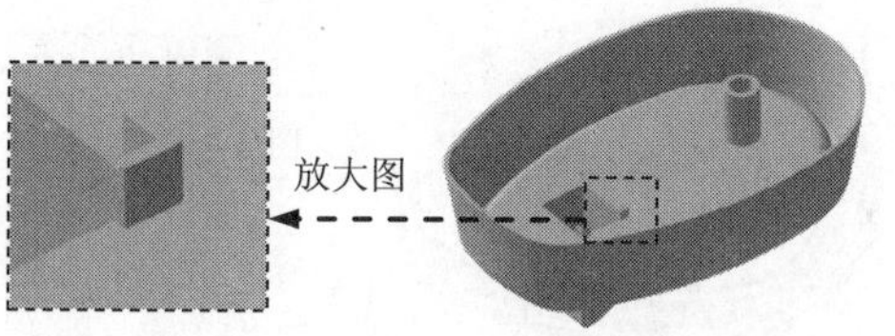

图 13.14.11　凸台 2

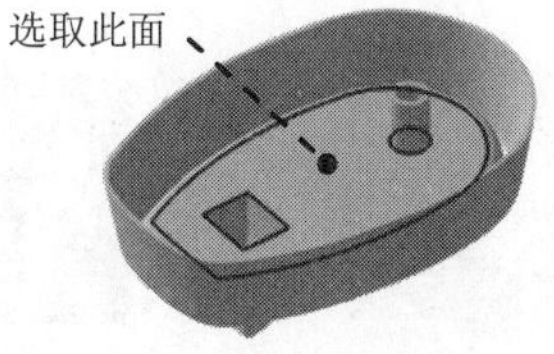

图 13.14.12　定义草图平面

Step10. 创建图 13.14.14 所示的特征——凸台 3。

（1）选择命令。选择下拉菜单 插入 → 基于草图的特征 ▸ → 凸台... 命令，系统弹出“定义凸台”对话框。

（2）创建截面草图。选取图 13.14.12 所示的面为草图平面，绘制图 13.14.15 所示的截面草图。

（3）定义凸台类型和尺寸。在 第一限制 区域 类型： 的下拉列表中选择 尺寸 选项，并在其后的文本框中输入值 4，选中 厚 复选框；在 第二限制 区域的 类型： 的下拉列表中选择 尺寸 选项，并在其后的文本框中输入值 0；在 薄凸台 区域 厚度 1 的文本框中输入值 0，在 厚度 2： 的文本框中输入值 1。

（4）单击 确定 按钮，完成凸台 3 的创建。

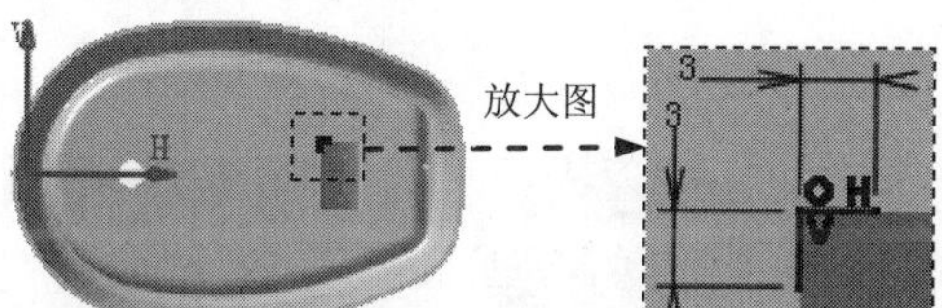

图 13.14.13　截面草图

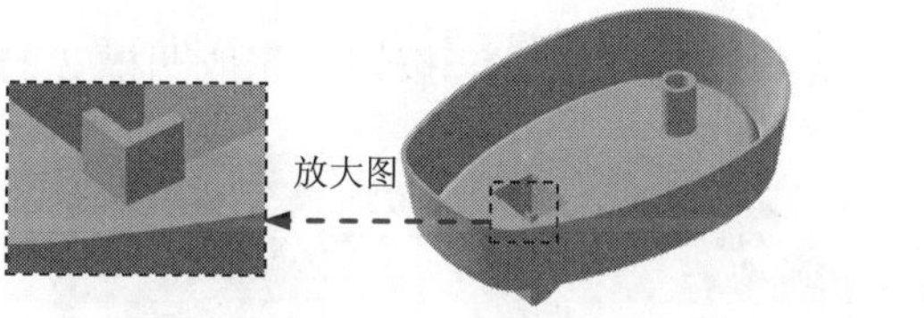

图 13.14.14　凸台 3

Step11. 创建图 13.14.16 所示的零件特征——镜像 1。选取“凸台 2”和“凸台 3”为要镜像的对象；选择下拉菜单 插入 → 变换特征 ▸ → 镜像... 命令；选取“zx 平面”为镜像元素；单击 确定 按钮，完成镜像 1 的创建。

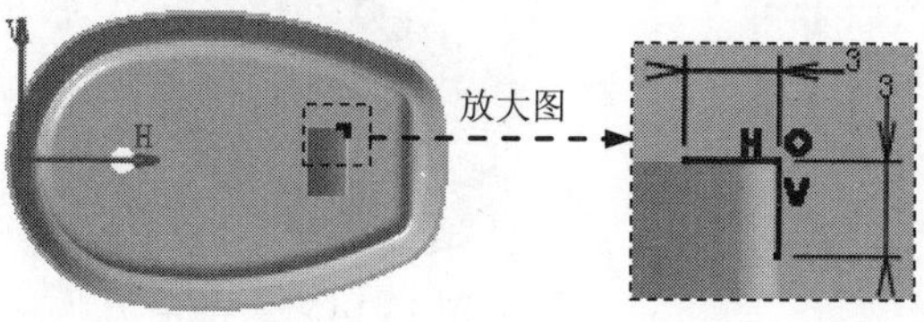

图 13.14.15　截面草图

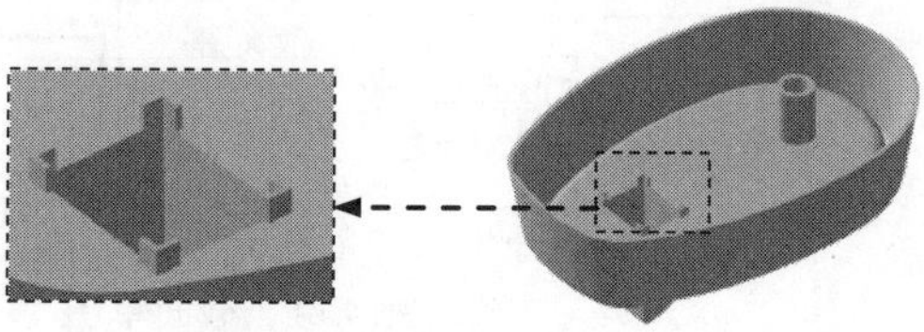

图 13.14.16　镜像 1

Step12. 创建图 13.14.17 所示的特征——凸台 6。

（1）选择命令。选择下拉菜单 插入 → 基于草图的特征 ▸ → 凸台... 命令，系统弹出“定义凸台”对话框。

（2）创建截面草图。选取图 13.14.12 所示的面为草图平面，绘制图 13.14.18 所示的截面草图。

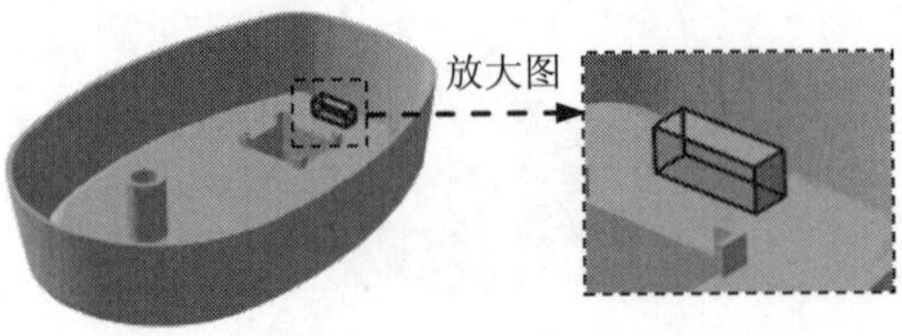

图 13.14.17　凸台 6

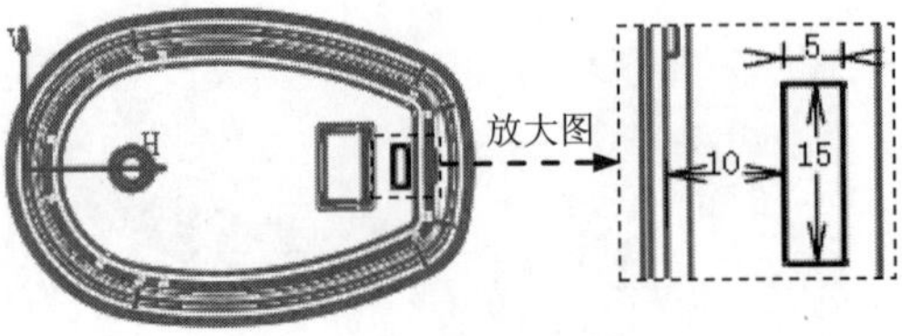

图 13.14.18　截面草图

（3）定义凸台类型和尺寸。在 第一限制 区域 类型： 的下拉列表中选择 尺寸 选项，并在其后的文本框中输入值 6。

（4）单击 确定 按钮，完成凸台 6 的创建。

Step13. 创建图 13.14.19 所示的特征——凹槽 2。

（1）选择命令。选择下拉菜单 插入 → 基于草图的特征 ▸ → 凹槽... 命令。

（2）创建截面草图。选取图 13.14.20 所示的面为草图平面，绘制图 13.14.21 所示的截面草图。

（3）定义凹槽类型和尺寸。在 第一限制 区域的 类型： 的下拉列表中选择 直到下一个 选项；在 偏移： 文本框中输入值 0，其他选项采用系统默认设置。

（4）单击 确定 按钮，完成凹槽 2 的创建。

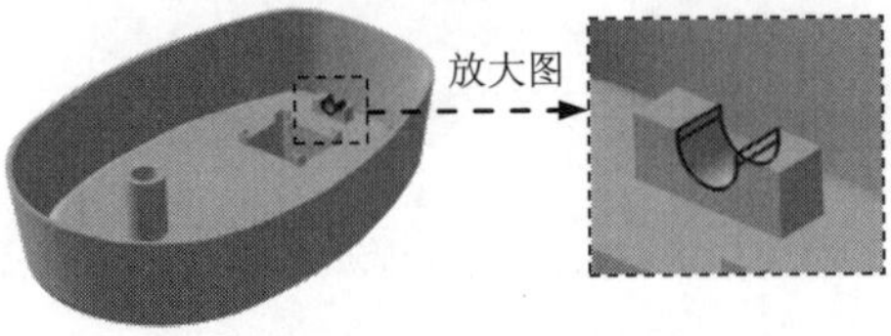

图 13.14.19　凹槽 2

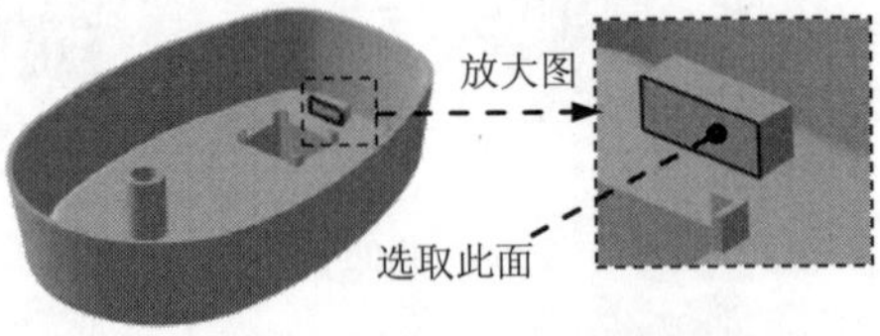

图 13.14.20　定义草图平面

Step14. 创建图 13.14.22 所示的特征——凸台 7。

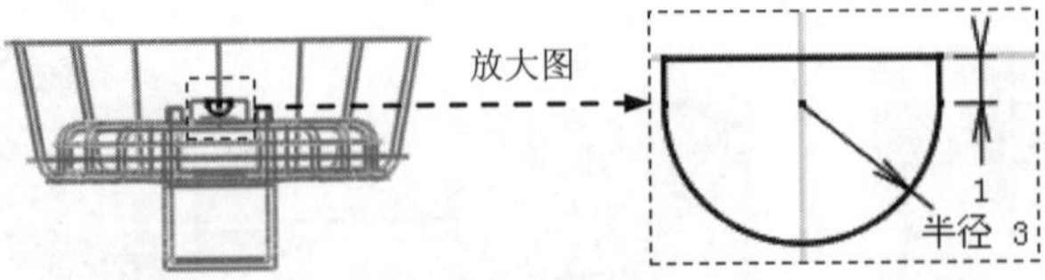

图 13.14.21　截面草图

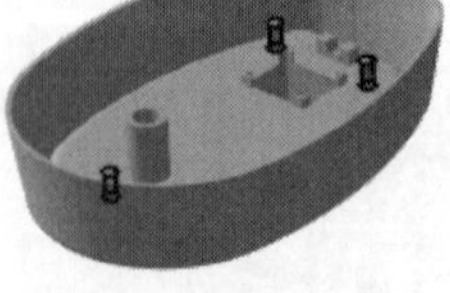
图 13.14.22　凸台 7

（1）选择命令。选择下拉菜单插入 ➡ 基于草图的特征 ➡ 凸台...命令，系统弹出“定义凸台”对话框。

（2）创建截面草图。选取图 13.14.23 所示的面为草图平面，绘制图 13.14.24 所示的截面草图。

说明：图 13.14.24 所示的截面草图中的圆的圆心与 second02 中的“草图 5”所绘制的点相合。

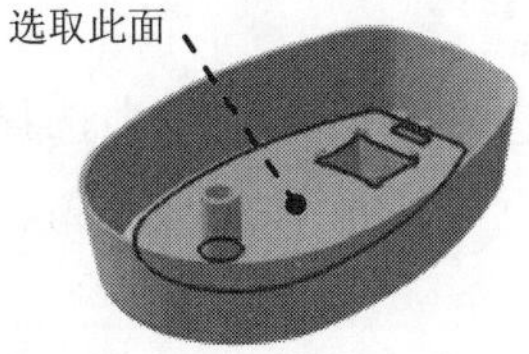

图 13.14.23 定义草图平面

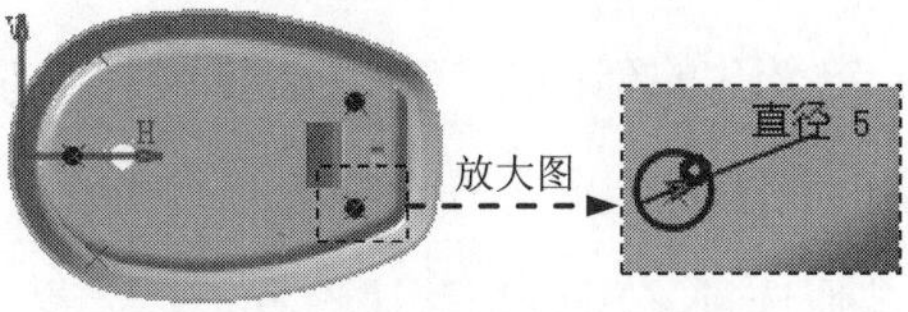

图 13.14.24 截面草图

（3）定义凸台类型和尺寸。在第一限制区域类型：的下拉列表中选择尺寸选项，并在其后的文本框中输入值 10。

（4）单击确定按钮，完成凸台 7 的创建。

Step15. 创建图 13.14.25b 所示的零件特征——拔模 1。

（1）选择命令。选择下拉菜单插入 ➡ 修饰特征 ➡ 拔模...命令。

（2）定义拔模类型。在“定义拔模”对话框中采用系统默认的拔模类型。

（3）定义拔模参数。选取图 13.14.25a 所示的 3 个圆柱侧面为要拔模的面；在角度：文本框中输入值 1；激活中性元素区域的选择：文本框，选取图 13.14.25 所示的面 1 为中性元素；在拓展：下拉列表中选择无选项。

（4）单击确定按钮，完成拔模 1 的创建。

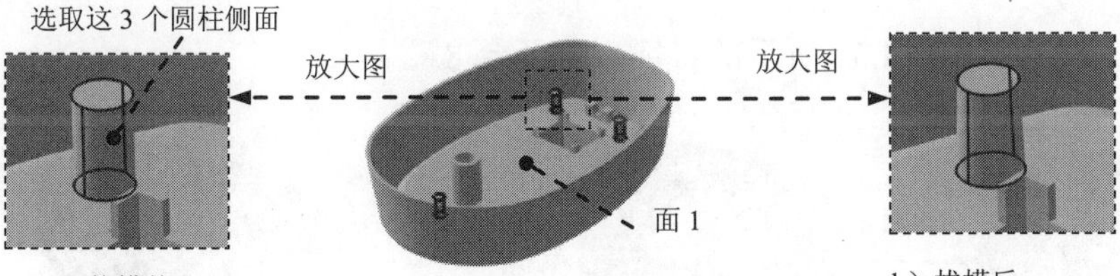

a）拔模前 b）拔模后

图 13.14.25 拔模 1

Step16. 创建图 13.14.26 所示的零件特征——孔 1。

（1）选择命令。选择下拉菜单插入 ➡ 基于草图的特征 ➡ 孔...命令。

（2）定义孔的放置面。选取图 13.14.27 所示的模型表面为孔的放置面，系统弹出“定义孔”对话框。

（3）定义孔的位置。在“定义孔”对话框中单击按钮；添加图 13.14.28 所示的孔中心约束；单击按钮，退出草绘工作台。

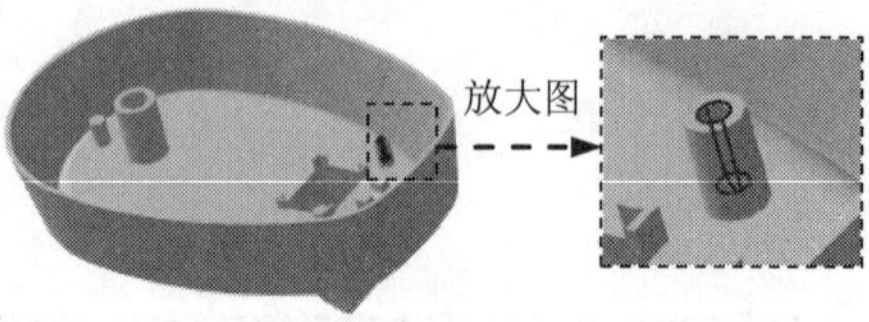

图 13.14.26　孔 1

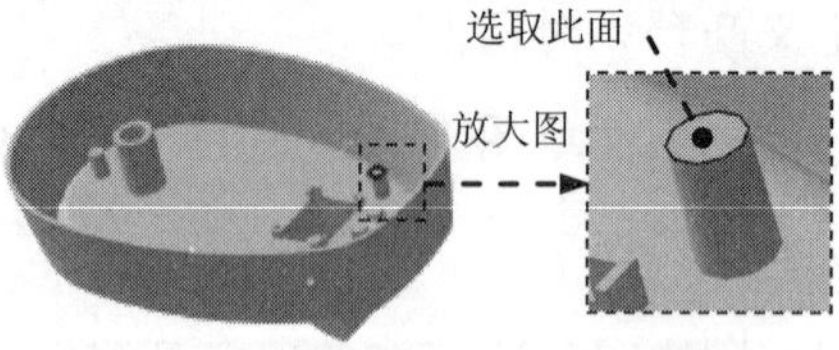

图 13.14.27　定义孔的位置

（4）定义孔的扩展参数。

① 定义孔的延伸深度。在“定义孔”对话框的扩展选项卡下拉列表中选择盲孔选项。

② 定义孔的直径。在扩展选项卡的直径：文本框中输入值 3.3，并在深度：文本框中输入值 8，其他选项采用系统默认设置。

（5）单击“定义孔”对话框中的确定按钮，完成孔 1 的创建。

说明：图 13.14.27 所示的孔中心与 second02 中的“草图 5”所绘制的点相合。

Step17. 创建图 13.14.29 所示的零件特征——孔 2。参照上一步操作，完成图 13.14.29 所示的孔 2 的创建。

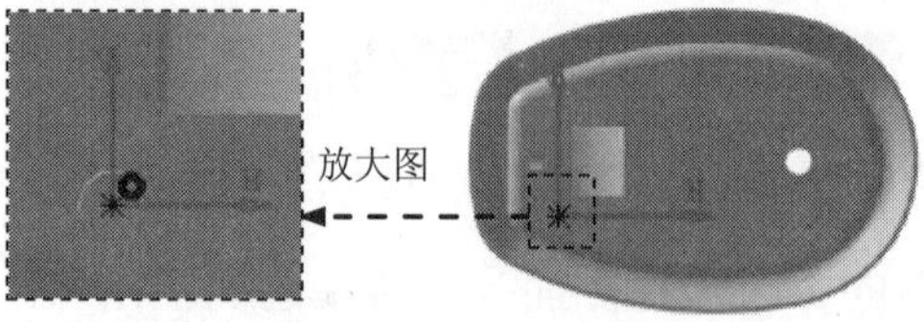

图 13.14.28　草图 1

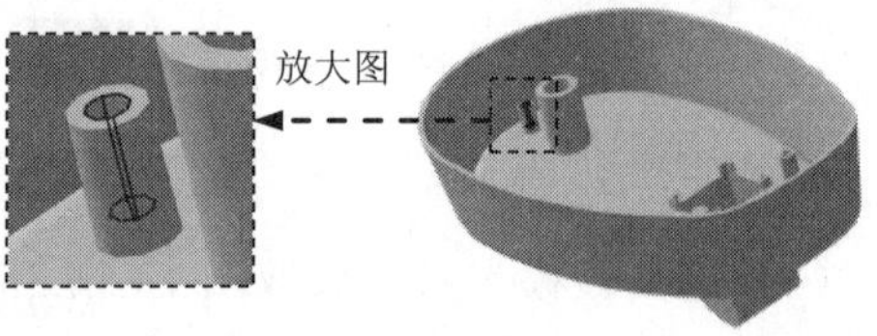

图 13.14.29　孔 2

Step18. 创建图 13.14.30 所示的零件特征——镜像 2。选择“孔 1”为要镜像的对象；选择下拉菜单插入 → 变换特征 → 镜像...命令；选取“zx 平面”为镜像元素；单击确定按钮，完成镜像 2 的创建。

Step19. 创建图 13.14.31 所示的特征——凸台 8。

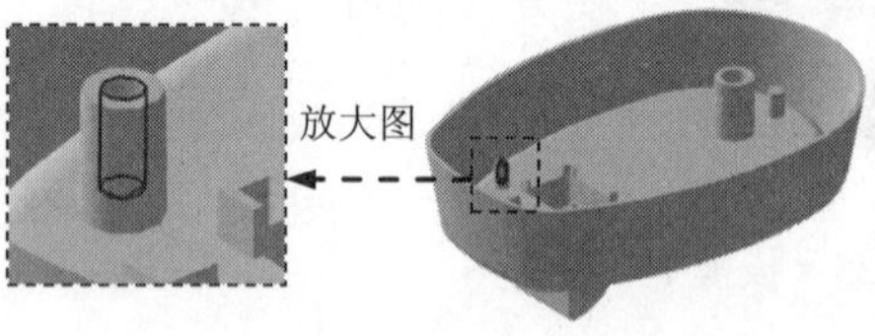

图 13.14.30　镜像 2

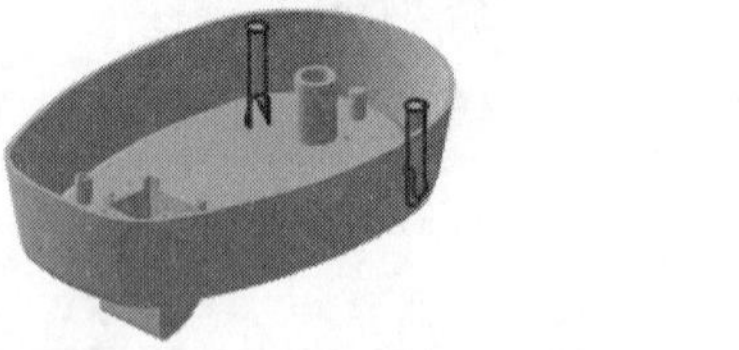
图 13.14.31　凸台 8

（1）选择命令。选择下拉菜单插入 → 基于草图的特征 → 凸台...命令，系统弹出“定义凸台”对话框。

（2）创建截面草图。选取图 13.14.32 所示的面为草图平面；绘制图 13.14.33 所示的截面草图。

（3）定义凸台类型和尺寸。在第一限制区域类型：的下拉列表中选择直到下一个选项，并在其后的文本框中输入值 0。

（4）单击确定按钮，完成凸台 8 的创建。

说明：图 13.14.33 所绘制的圆的圆心与 second02 中的“草图 5”所绘制的点相合。

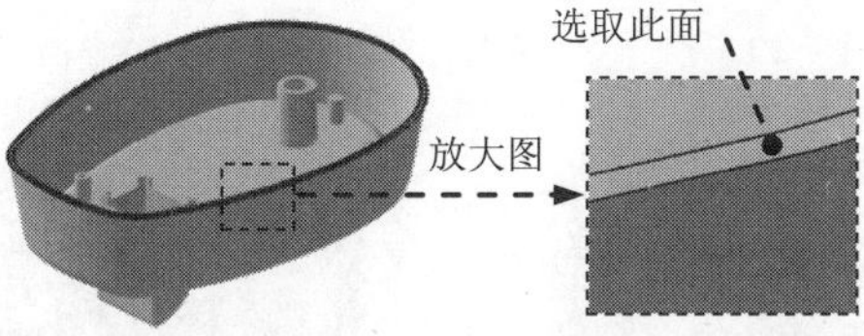

图 13.14.32　定义草图平面

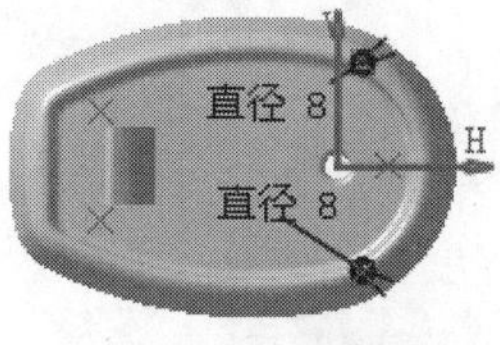

图 13.14.33　截面草图

Step20. 创建图 13.14.34b 所示的特征——倒圆角 2。选择下拉菜单插入 ➡ 修饰特征 ▸ ➡ 倒圆角...命令；选取图 13.14.34a 所示的边线为倒圆角的对象；在半径：文本框中输入值 2；单击确定按钮，完成倒圆角 2 的创建。

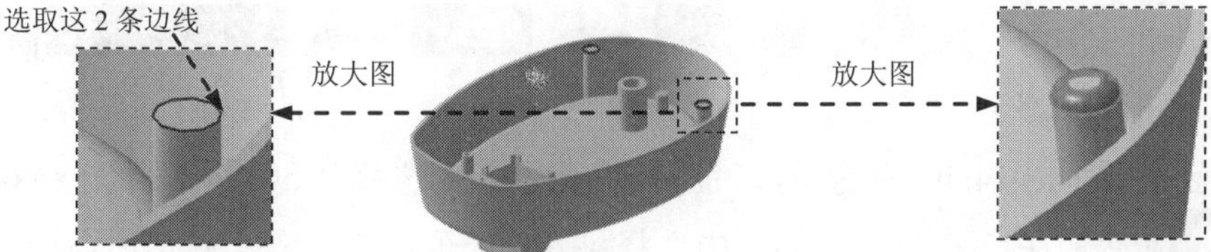

a）倒圆角前　　b）倒圆角后

图 13.14.34　倒圆角 2

Step21. 创建图 13.14.35 所示的特征——凹槽 3。

（1）选择命令。选择下拉菜单插入 ➡ 基于草图的特征 ▸ ➡ 凹槽...命令。

（2）创建截面草图。选取外部参考中的“平面 3”为草图平面，绘制图 13.14.36 所示的截面草图。

（3）定义凹槽类型和尺寸。在第一限制区域的类型：的下拉列表中选择尺寸选项，并在其后的文本框中输入值 195，单击反转方向按钮，反转拉伸方向。

（4）单击确定按钮，完成凹槽 3 的创建。

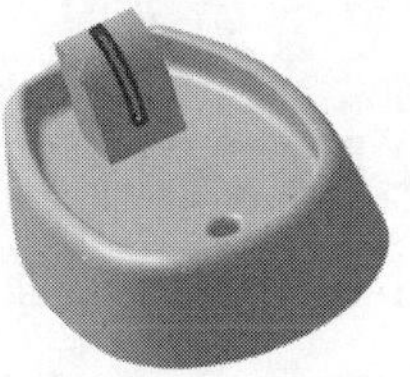

图 13.14.35　凹槽 3

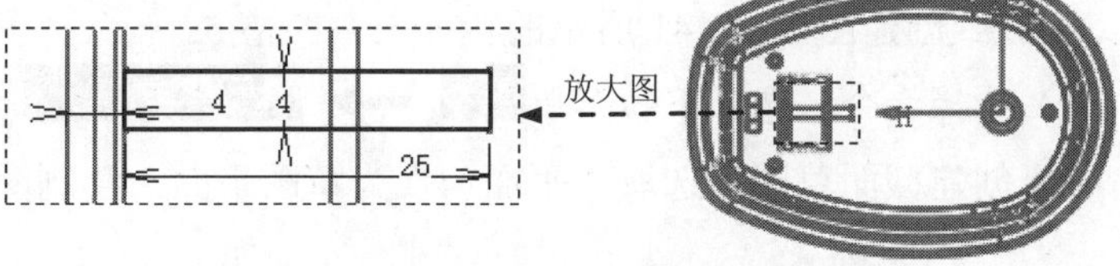

图 13.14.36　截面草图

Step22. 创建图 13.14.37 所示的特征——凹槽 4。

（1）选择命令。选择下拉菜单插入 ➡ 基于草图的特征 ▸ ➡ 凹槽...命令。

（2）创建截面草图。选取外部参考中的“平面 3”为草图平面，绘制图 13.14.38 所示的截面草图。

（3）定义凹槽类型和尺寸。在 第一限制 区域的 类型： 的下拉列表中选择 尺寸 选项，并在其后的文本框中输入值 193，单击 反转方向 按钮，反转拉伸方向。

（4）单击 确定 按钮，完成凹槽 4 的创建。

图 13.14.37 凹槽 4

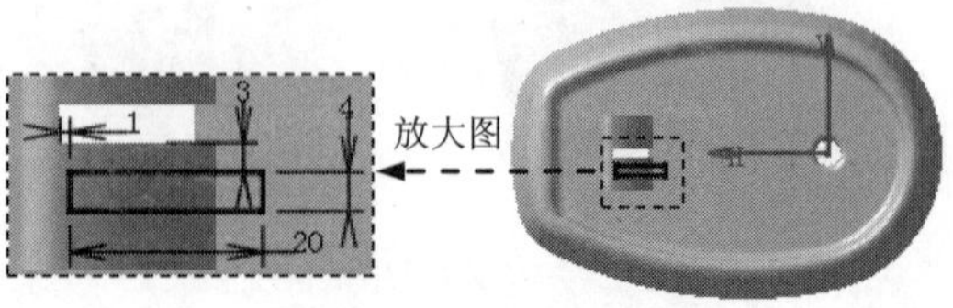

图 13.14.38 截面草图

Step23. 创建图 13.14.39 所示的零件特征——镜像 3。选取“凹槽 4”为要镜像的对象；选择下拉菜单 插入 → 变换特征 → 镜像... 命令；选取“zx 平面”为镜像元素；单击 确定 按钮，完成镜像 3 的创建。

Step24. 切换工作台。选择下拉菜单 开始 → 形状 → 创成式外形设计 命令，切换到“创成式外形设计”工作台。

Step25. 创建图 13.14.40 所示的特征——平面 4。选择下拉菜单 插入 → 线框 → 平面... 命令；在 平面类型： 下拉列表中选择 偏移平面 选项；激活 参考： 文本框，在绘图区选取“yz 平面”为参考平面；在 偏移： 文本框输入值 130 并单击 反转方向 按钮，反转偏移方向。单击 确定 按钮，完成平面 4 的创建。

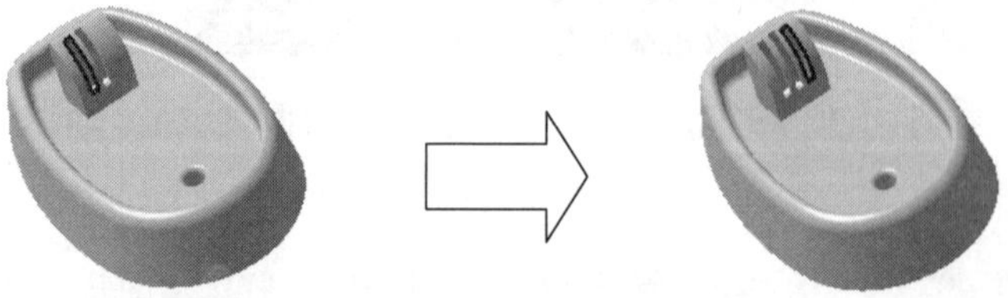

a）镜像前　　b）镜像后

图 13.14.39 镜像 3

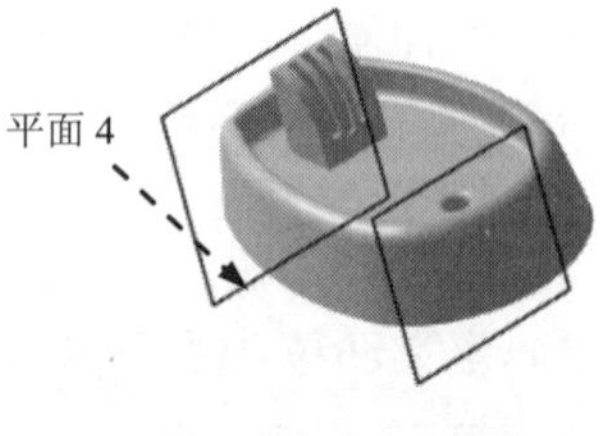

图 13.14.40 平面 4

Step26. 切换工作台。选择下拉菜单 开始 → 机械设计 → 零件设计 命令，切换到“零件设计”工作台。

Step27. 创建图 13.14.41 所示的特征——凹槽 5。

（1）选择命令。选择下拉菜单 插入 → 基于草图的特征 → 凹槽... 命令。

（2）创建截面草图。选取“平面 4”为草图平面；绘制图 13.14.42 所示的截面草图。

图 13.14.41 凹槽 5

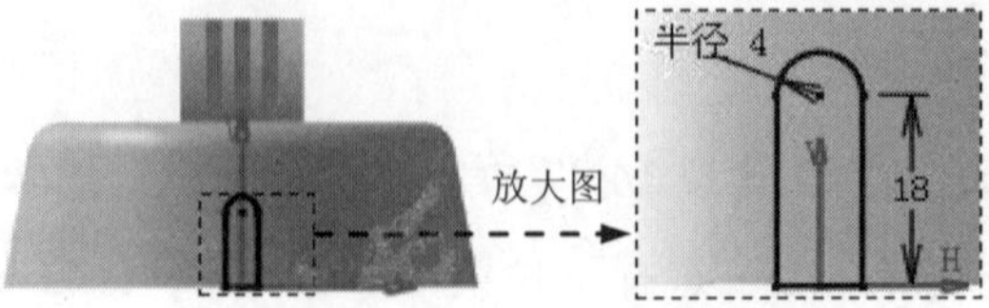

图 13.14.42 截面草图

（3）定义凹槽类型和尺寸。在 第一限制 区域的 类型： 的下拉列表中选择 直到下一个 选项，并在 偏移： 文本框中输入值 0，其他选项采用系统默认设置。

（4）单击 确定 按钮，完成凹槽 5 的创建。

Step28. 保存零件模型。选择下拉菜单 文件 → 保存 命令，即可保存零件模型；完成后将其关闭。

13.15 底 座 下 盖

下面讲解底座下盖（base_down_cover）的创建过程。零件模型及特征树如图 13.15.1 所示。

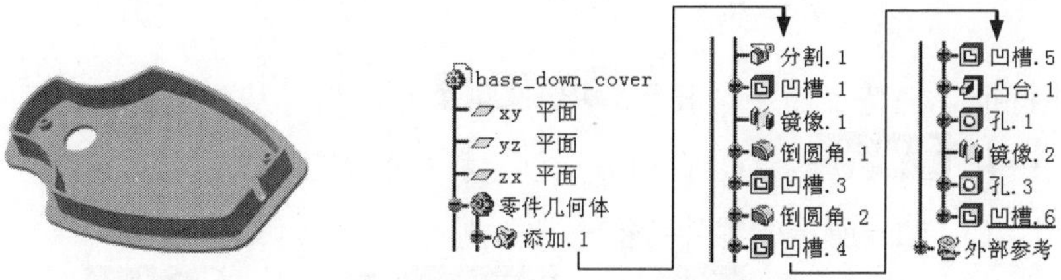

图 13.15.1 零件模型及特征树

Step1. 新建 base_down_cover 模型文件。

（1）在确认 hot_water_bottle 被激活状态下，选择下拉菜单 插入 → 新建零件 命令，系统弹出“新零件：原点”对话框，单击 是(Y) 按钮。

（2）右击特征树中的 Part1 (Part1.14)，在弹出的快捷菜单中选择 属性 命令，系统弹出“属性”对话框，选择 产品 选项卡，在 组件 区域的 实例名称 文本框中将 Part1.13 改为 base_down_cover，在 产品 区域的 零件编号 文本框中将 Part1 改为 base_down_cover，单击 确定 按钮。

（3）先双击特征树中的 base_down_cover (base_down_cover)，再右击，在弹出的快捷菜单中选择 base_down_cover.1 对象 → 在新窗口中打开 命令，系统切换到 base_down_cover 模型文件。

Step2. 创建外部参考。

（1）选择下拉菜单 窗口 → 4 second02.CATPart 命令，系统切换到 second02 模型文件。

（2）按住 Shift 键，在特征树中选取已发布的特征“平面 1”和“草图 5”并右击，在弹出的快捷菜单中选择 复制 命令。

（3）选择下拉菜单 窗口 → 8 base_down_cover.CATPart 命令，系统切换到 base_down_cover 模型文件。

（4）右击特征树中的[redacted]，在弹出的快捷菜单中选择选择性粘贴...命令，系统弹出“选择性粘贴”对话框，选择与原文档相关联的结果选项，单击确定按钮，完成外部参考的创建。

Step3. 创建几何体。

（1）选择下拉菜单窗口 → 3 second02.CATPart命令，系统切换到 second02 模型文件。

（2）在特征树中选取已发布特征“零件几何体”并右击，在弹出的快捷菜单中选择复制命令。

（3）选择下拉菜单窗口 → 2 base_down_cover.CATPart命令，系统切换到 base_down_cover 模型文件。

（4）右击特征树中的[redacted]，在弹出的快捷菜单中选择选择性粘贴...命令，系统弹出“选择性粘贴”对话框，选择与原文档相关联的结果选项，单击确定按钮，完成几何体的创建。

Step4. 创建特征。在特征树中选择[redacted]并右击，从弹出的快捷菜单中选择几何体.2 对象 → 添加...命令，此时完成创建特征的创建。

Step5. 创建图 13.15.2b 所示的零件特征——分割 1。

（1）选择命令。选择下拉菜单插入 → 基于曲面的特征 → 分割...命令，系统弹出“定义分割”对话框。

（2）激活分割元素：文本框，在特征树中选取“曲面 1”为分割元素。

（3）单击确定按钮，完成分割 1 的创建。

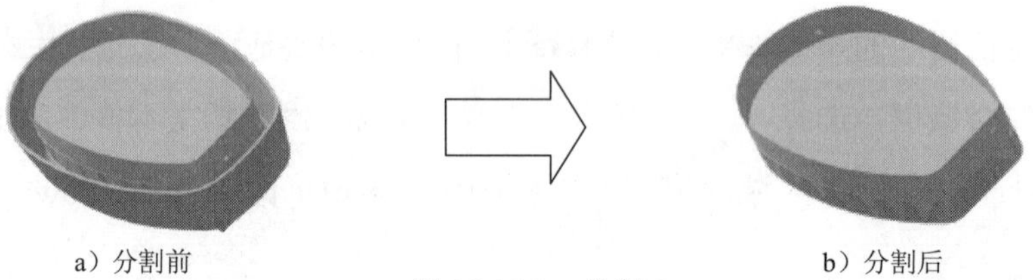

a）分割前　　b）分割后

图 13.15.2　分割 1

Step6. 创建图 13.15.3 所示的特征——凹槽 1。

（1）选择命令。选择下拉菜单插入 → 基于草图的特征 → 凹槽...命令。

（2）创建截面草图。选取图 13.15.4 所示的面为草图平面，绘制图 13.15.5 所示的截面草图。

图 13.15.3　凹槽 1

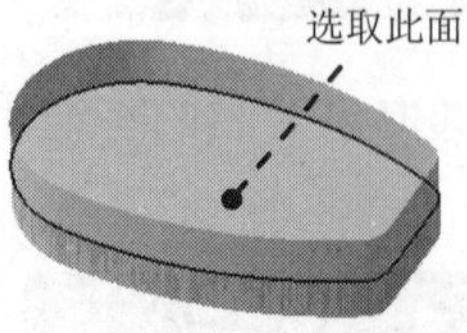

图 13.15.4　定义草图平面

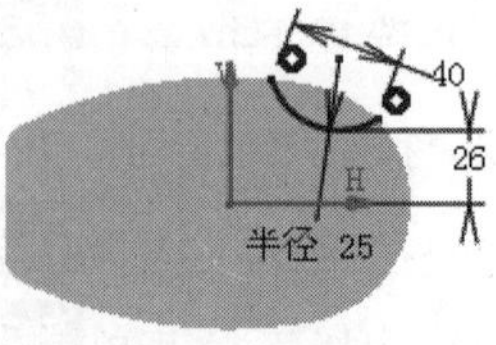

图 13.15.5　截面草图

（3）定义凹槽类型和尺寸。在 第一限制 区域的 类型： 的下拉列表中选择 直到最后 选项，并在 偏移： 文本框中输入值 0，其他采用系统默认设置。

（4）单击 确定 按钮，完成凹槽 1 的创建。

Step7. 创建图 13.15.6 所示的零件特征——镜像 1。选取“凹槽 1”为要镜像的对象；选择下拉菜单 插入 → 变换特征 → 镜像... 命令；选取“zx 平面”为镜像元素；单击 确定 按钮，完成镜像 1 的创建。

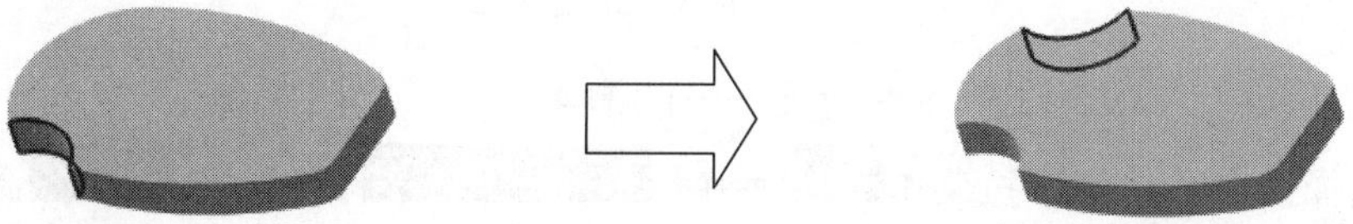

a）镜像前　　b）镜像后

图 13.15.6　镜像 1

Step8. 创建图 13.15.7b 所示的特征——倒圆角 1。选择下拉菜单 插入 → 修饰特征 → 倒圆角... 命令；选取图 13.15.7a 所示的边线为倒圆角的对象；在 半径： 文本框中输入值 8；单击 确定 按钮，完成倒圆角 1 的创建。

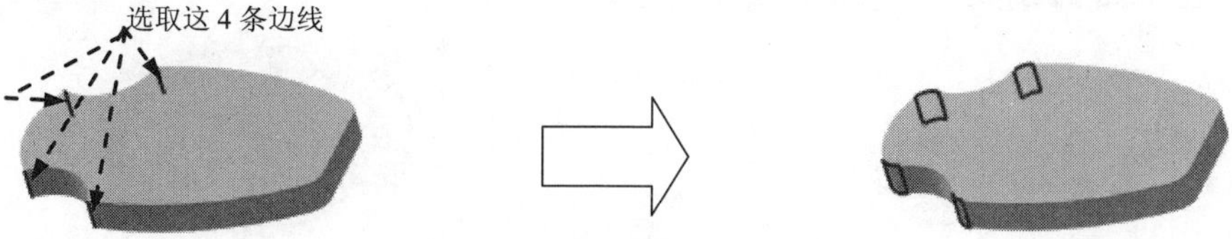

a）倒圆角前　　b）倒圆角后

图 13.15.7　倒圆角 1

Step9. 创建图 13.15.8 所示的特征——凹槽 3。

（1）选择命令。选择下拉菜单 插入 → 基于草图的特征 → 凹槽... 命令。

（2）创建截面草图。选取图 13.15.9 所示的面为草图平面，绘制图 13.15.10 所示的截面草图。

（3）定义凹槽类型和尺寸。在 第一限制 区域的 类型： 的下拉列表中选择 尺寸 选项，并在其后的文本框中输入值 13；其他选项采用系统默认设置。

（4）单击 确定 按钮，完成凹槽 3 的创建。

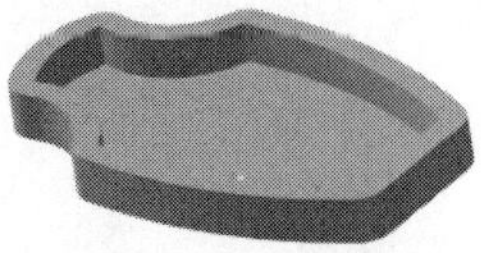

图 13.15.8　凹槽 3

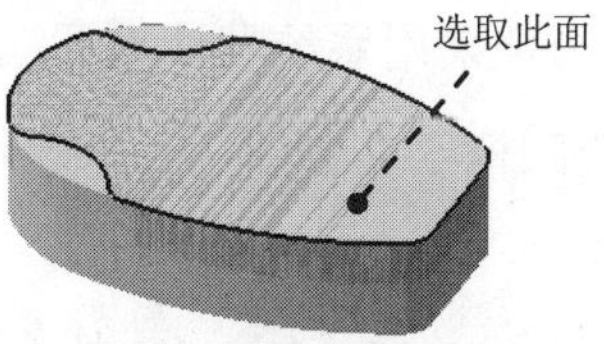

图 13.15.9　定义草图平面

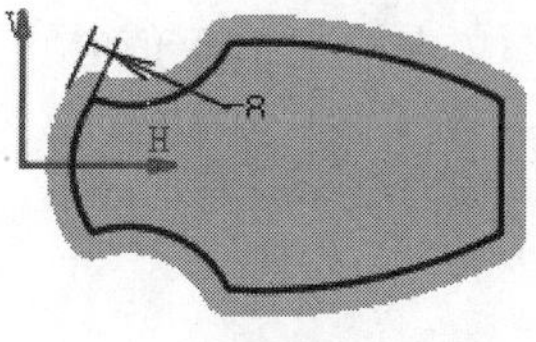

图 13.15.10　截面草图

Step10. 创建图 13.15.11b 所示的特征——倒圆角 2。选择下拉菜单 插入(I) →

修饰特征 ▸ ➡ 倒圆角... 命令；选取图 13.15.11a 所示的边线为倒圆角的对象；在 半径: 文本框中输入值 3；单击 确定 按钮，完成倒圆角 2 的创建。

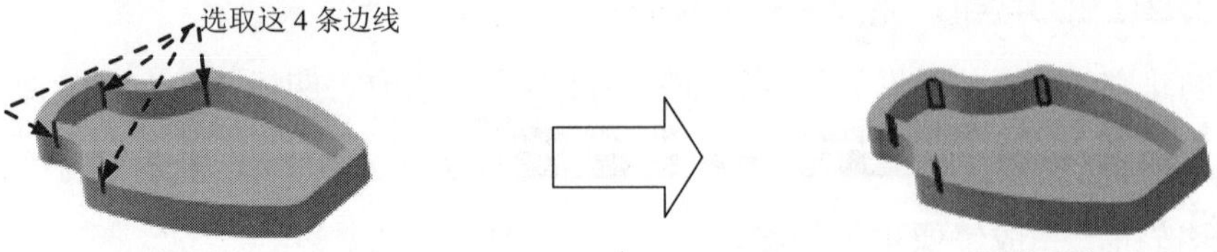

a）倒圆角前　　b）倒圆角后

图 13.15.11　倒圆角 2

Step11. 创建图 13.15.12 所示的特征——凹槽 4。

（1）选择命令。选择下拉菜单 插入 ➡ 基于草图的特征 ▸ ➡ 凹槽... 命令。

（2）创建截面草图。选取图 13.15.9 所示的面为草图平面，绘制图 13.15.13 所示的截面草图。

（3）定义凹槽类型和尺寸。在 第一限制 区域的 类型: 的下拉列表中选择 尺寸 选项，并在其后的文本框中输入值 13；单击 反转边 按钮，反转切除方向；其他采用系统默认设置。

（4）单击 确定 按钮，完成凹槽 4 的创建。

图 13.15.12　凹槽 4

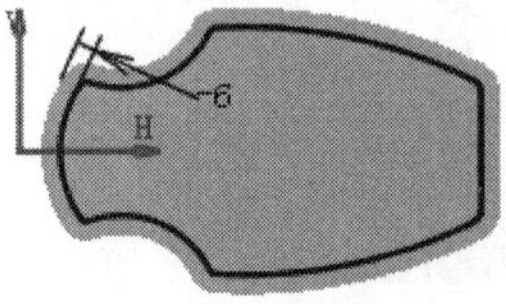

图 13.15.13　截面草图

Step12. 创建图 13.15.14 所示的特征——凹槽 5。

图 13.15.14　凹槽 5

（1）选择命令。选择下拉菜单 插入 ➡ 基于草图的特征 ▸ ➡ 凹槽... 命令。

（2）创建截面草图。选取“xy 平面”为草图平面，绘制图 13.15.15 所示的截面草图。

（3）定义凹槽类型和尺寸。在 第一限制 区域的 类型: 的下拉列表中选择 直到最后 选项，并在 偏移: 文本框中输入值 0，其他选项采用系统默认设置。

（4）单击 确定 按钮，完成凹槽 5 的创建。

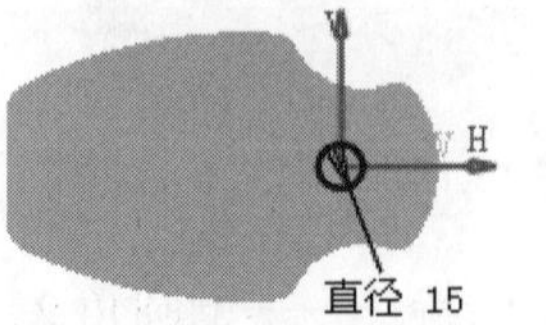

图 13.15.15　截面草图

Step13. 创建图 13.15.16 所示的特征——凸台 1。

（1）选择命令。选择下拉菜单 插入 ➡ 基于草图的特征 ▸ ➡ 凸台... 命令，系统弹出“定义凸台”对话框。

（2）创建截面草图。选取图 13.15.17 所示的面为草图平面，绘制图 13.15.18 所示的截面草图。

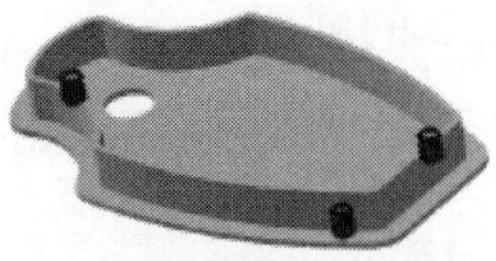

图 13.15.16　凸台 1

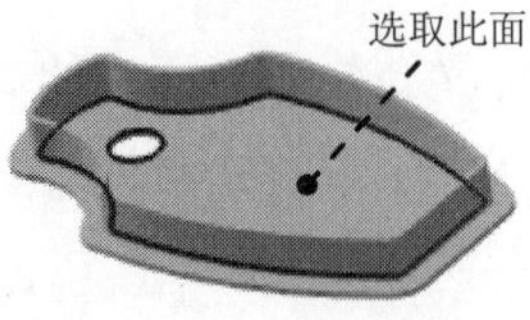

图 13.15.17　定义草图平面

（3）定义凸台类型和尺寸。在 第一限制 区域的 类型： 的下拉列表中选择 尺寸 选项，并在其后的文本框中输入值 4；单击 更多>> 按钮，在 第二限制 区域的 类型： 的下拉列表中选择 尺寸 选项，并在其后的文本框中输入值 5。

（4）单击 确定 按钮，完成凸台 1 的创建。

说明：图 13.15.18 所绘制的圆的圆心与 second02 中的“草图 5”所绘制的点相合。

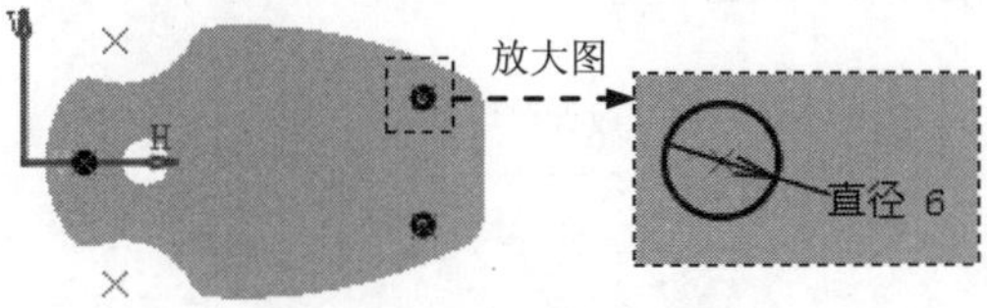

图 13.15.18　截面草图

Step14. 创建图 13.15.19 所示的零件特征——孔 1。

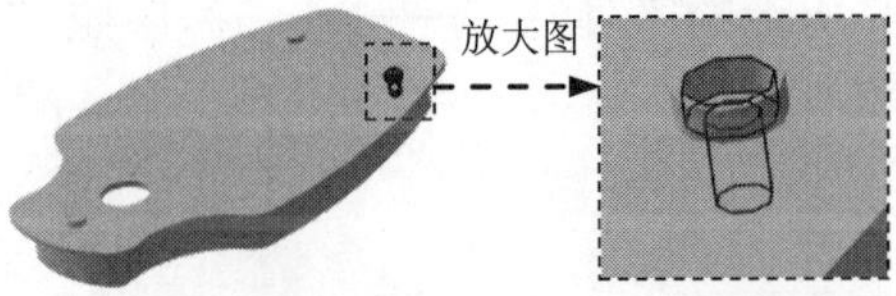

图 13.15.19　孔 1

（1）选择命令。选择下拉菜单 插入 ➡ 基于草图的特征 ▸ ➡ 孔... 命令。

（2）定义孔的放置面。选取图 13.15.20 所示的模型表面为孔的放置面，系统弹出“定义孔”对话框。

（3）定义孔的位置。在“定义孔”对话框中单击 按钮；添加图 13.15.21 所示的位置约束；单击 按钮，退出草绘工作台。

（4）定义孔的延伸。

① 定义孔的扩展深度。在“定义孔”对话框的 扩展 选项卡的下拉列表中选择 直到最后

选项。

② 定义孔的直径。在 扩展 选项卡的 直径: 文本框中输入值 3。

（5）定义孔的类型及参数。

① 在“定义孔”对话框的 类型 选项卡下拉列表中选择 沉头孔 选项。

② 在 直径: 文本框中输入值 5，在 深度: 文本框中输入值 2。

（6）单击“定义孔”对话框中的 确定 按钮，完成孔 2 的创建。

说明：图 13.15.21 中的孔的中心与 second02 中的“草图 5”所绘制的点相合。

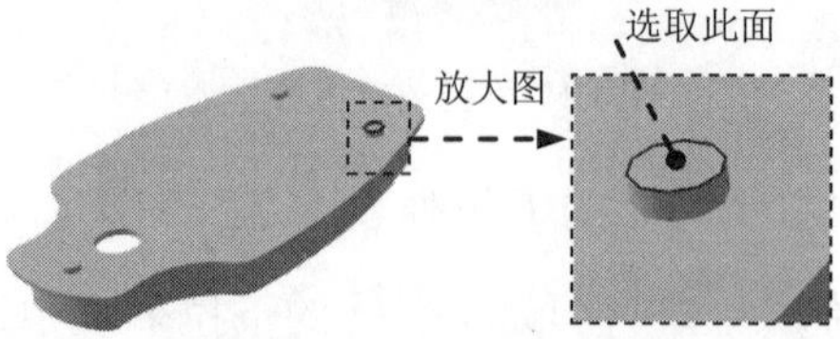

图 13.15.20　定义孔的位置

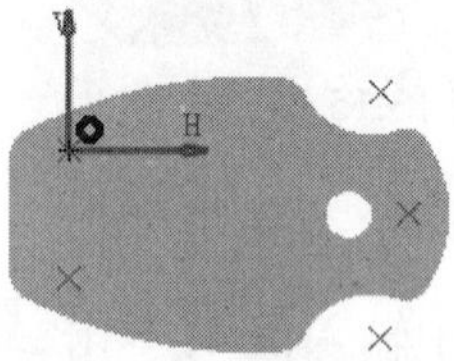

图 13.15.21　定义孔的位置

Step15. 创建图 13.15.22 所示的零件特征——镜像 2。选取“孔 1”为要镜像的对象；选择下拉菜单 插入 ➡ 变换特征 ➡ 镜像... 命令；选取“zx 平面”为镜像元素；单击 确定 按钮，完成镜像 2 的创建。

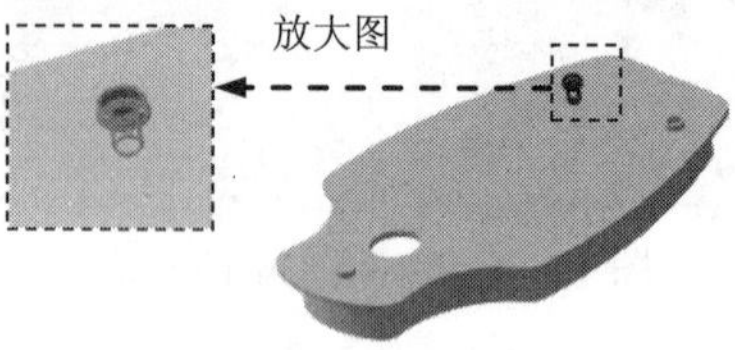

图 13.15.22　镜像 2

Step16. 创建图 13.15.23 所示的零件特征——孔 3。参照 Step14 中的操作，完成图 13.15.23 所示的孔 3 的创建。

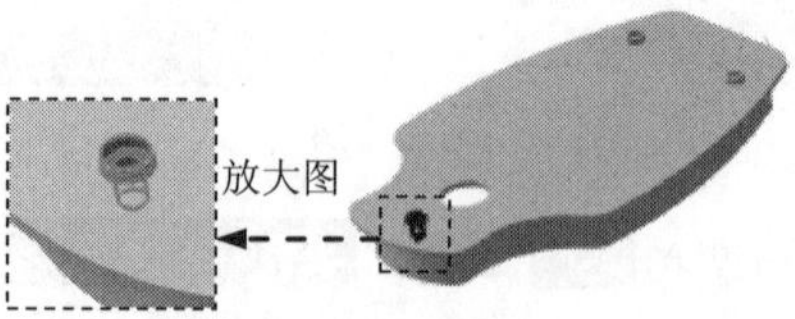

图 13.15.23　孔 3

Step17. 创建图 13.15.24 所示的特征——凹槽 6。

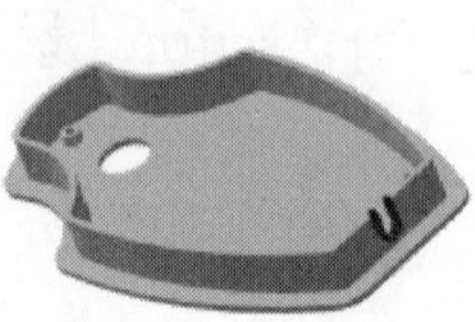

图 13.15.24　凹槽 6

（1）选择命令。选择下拉菜单 插入 → 基于草图的特征 ▸ → 凹槽... 命令。

（2）创建截面草图。选取图 13.15.25 所示的面为草图平面，绘制图 13.15.26 所示的截面草图。

（3）定义凹槽类型和尺寸。在 第一限制 区域的 类型: 的下拉列表中选择 直到下一个 选项，并在 偏移: 文本框中输入值 0，其他选项采用系统默认设置。

（4）单击 确定 按钮，完成凹槽 6 的创建。

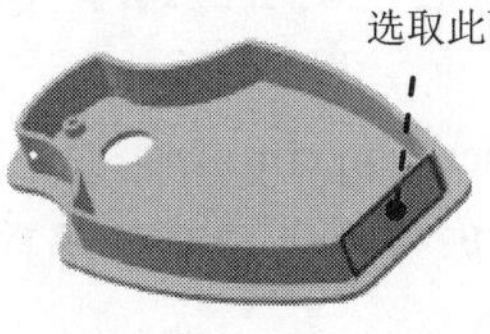

图 13.15.25 定义草图平面

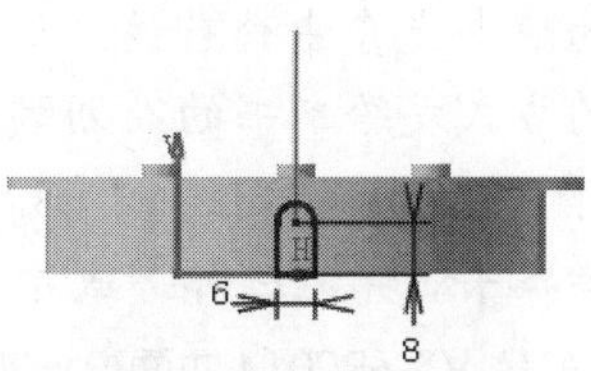

图 13.15.26 截面草图

Step18. 保存零件模型。选择下拉菜单 文件 → 保存 命令，即可保存零件模型。

Step19. 至此，所有零件创建完毕，关闭所有控件并保存装配体模型。

读者意见反馈卡

尊敬的读者：

感谢您购买机械工业出版社出版的图书！

我们一直致力于CAD、CAPP、PDM、CAM和CAE等相关技术的跟踪，希望能将更多优秀作者的宝贵经验与技巧介绍给您。当然，我们的工作离不开您的支持。如果您在看完本书之后，有什么好的意见和建议，或是有一些感兴趣的技术话题，都可以直接与我联系。

策划编辑：丁锋

注：本书的随书光盘中含有该"读者意见反馈卡"的电子文档，您可将填写后的文件采用电子邮件的方式发给本书的策划编辑或主编。

E-mail：詹熙达 zhanygjames@163.com；丁锋 fengfener@qq.com。

请认真填写本卡，并通过邮寄或 *E-mail* 传给我们，我们将奉送精美礼品或购书优惠卡。

书名：《CATIA V5-6R2014 曲面设计实例精解》

1．读者个人资料：

姓名：_________性别：___年龄：____职业：________职务：________学历：______

专业：_______单位名称：___________________电话：___________手机：_________

邮寄地址：__________________________邮编：____________E-mail：____________

2．影响您购买本书的因素（可以选择多项）：

□内容　　□作者　　□价格

□朋友推荐　　□出版社品牌　　□书评广告

□工作单位（就读学校）指定　　□内容提要、前言或目录　　□封面封底

□购买了本书所属丛书中的其他图书　　□其他____________

3．您对本书的总体感觉：

□很好　　□一般　　□不好

4．您认为本书的语言文字水平：

□很好　　□一般　　□不好

5．您认为本书的版式编排：

□很好　　□一般　　□不好

6．您认为CATIA其他哪些方面的内容是您所迫切需要的？

____

7．其他哪些CAD/CAM/CAE方面的图书是您所需要的？

____

8．您认为我们的图书在叙述方式、内容选择等方面还有哪些需要改进？

____

如若邮寄，请填好本卡后寄至：

北京市百万庄大街22号机械工业出版社汽车分社　丁锋（收）

邮编：100037　　联系电话：（010）88379439　　传真：（010）68329090

如需本书或其他图书，可与机械工业出版社网站联系邮购：

http://www.golden-book.com　**咨询电话：**（010）88379203，68326294。